주기율표 Periodic Table of the Elements

원소 기호 → C 6 ← 원자 번호
영어명 → Carbon
한글명 → 탄소
원자량 → 12.011

- 금속 (Metal)
- 준금속 (Semimetal)
- 비금속 (Nonmetal)

주기 \ 족	1A 1	2A 2	3B 3	4B 4	5B 5	6B 6	7B 7	8B 8	8B 9	8B 10	1B 11	2B 12	3A 13	4A 14	5A 15	6A 16	7A 17	8A 18
1	H 1 Hydrogen 수소 1.00794																	He 2 Helium 헬륨 4.0026
2	Li 3 Lithium 리튬 6.941	Be 4 Beryllium 베릴륨 9.0122											B 5 Boron 붕소 10.811	C 6 Carbon 탄소 12.011	N 7 Nitrogen 질소 14.0067	O 8 Oxygen 산소 15.9994	F 9 Fluorine 플루오린 18.9984	Ne 10 Neon 네온 20.1797
3	Na 11 Sodium 소듐(나트륨) 22.9898	Mg 12 Magnesium 마그네슘 24.305											Al 13 Aluminium 알루미늄 26.9815	Si 14 Silicon 규소 28.0855	P 15 Phosphorus 인 30.9738	S 16 Sulfur 황 32.0650	Cl 17 Chlorine 염소 35.4533	Ar 18 Argon 아르곤 39.948
4	K 19 Potassium 포타슘(칼륨) 39.0983	Ca 20 Calcium 칼슘 40.078	Sc 21 Scandium 스칸듐 44.9559	Ti 22 Titanium 타이타늄 47.867	V 23 Vanadium 바나듐 50.9415	Cr 24 Chromium 크로뮴 51.9961	Mn 25 Manganese 망가니즈 54.938	Fe 26 Iron 철 55.845	Co 27 Cobalt 코발트 58.9332	Ni 28 Nickel 니켈 58.6934	Cu 29 Copper 구리 63.546	Zn 30 Zinc 아연 65.409	Ga 31 Gallium 갈륨 69.723	Ge 32 Germanium 저마늄 72.64	As 33 Arsenic 비소 74.9216	Se 34 Selenium 셀레늄 78.96	Br 35 Bromine 브로민 79.904	Kr 36 Krypton 크립톤 83.798
5	Rb 37 Rubidium 루비듐 85.4678	Sr 38 Strontium 스트론튬 87.62	Y 39 Yttrium 이트륨 88.9059	Zr 40 Zirconium 지르코늄 91.224	Nb 41 Niobium 나이오븀 92.9064	Mo 42 Molybdenum 몰리브데넘 95.94	Tc 43 Technetium 테크네튬 98.9063	Ru 44 Ruthenium 루테늄 101.07	Rh 45 Rhodium 로듐 102.9055	Pd 46 Palladium 팔라듐 106.42	Ag 47 Silver 은 107.8682	Cd 48 Cadmium 카드뮴 112.411	In 49 Indium 인듐 114.818	Sn 50 Tin 주석 118.71	Sb 51 Antimony 안티모니 121.76	Te 52 Tellurium 텔루륨 127.6	I 53 Iodine 아이오딘 126.9045	Xe 54 Xenon 제논 131.293
6	Cs 55 Cesium 세슘 132.9055	Ba 56 Barium 바륨 137.327	La 57 Lanthanum 란타넘 138.9055	Hf 72 Hafnium 하프늄 178.49	Ta 73 Tantalum 탄탈럼 180.9479	W 74 Tungsten 텅스텐 183.84	Re 75 Rhenium 레늄 186.207	Os 76 Osmium 오스뮴 190.23	Ir 77 Iridium 이리듐 192.217	Pt 78 Platinum 백금 195.078	Au 79 Gold 금 196.9666	Hg 80 Mercury 수은 200.59	Tl 81 Thallium 탈륨 204.3833	Pb 82 Lead 납 207.2	Bi 83 Bismuth 비스무트 208.9804	Po 84 Polonium 폴로늄 208.9824	At 85 Astatine 아스타틴 209.9871	Rn 86 Radon 라돈 222.0176
7	Fr 87 Francium 프랑슘 223.0197	Ra 88 Radium 라듐 226.0254	Ac 89 Actinium 악티늄 227.0278	Rf 104 Rutherfordium 러더포듐 261.1088	Db 105 Dubnium 더브늄 262.1142	Sg 106 Seaborgium 시보귬 266.1219	Bh 107 Bohrium 보륨 264.1247	Hs 108 Hassium 하슘 269.13	Mt 109 Meitnerium 마이트너륨 268.1388	Ds 110 Darmstadtium 다름스타튬 271.15	Rg 111 Roentgenium 뢴트게늄 272.1535	Cn 112 Copernicium 코페르니슘 (277)	Nh 113 Nihonium 니호늄 (284.18)	Fl 114 Flerovium 플레로븀 (289.19)	Mc 115 Moscovium 모스코븀 (288.19)	Lv 116 Livermorium 리버모륨 (293)	Ts 117 Tennessine 테네신 (294)	Og 118 Oganesson 오가네손 (294)

	주기														
란타넘족 (Lanthanides)	6	Ce 58 Cerium 세륨 140.116	Pr 59 Praseodymium 프라세오디뮴 140.9077	Nd 60 Neodymium 네오디뮴 144.24	Pm 61 Promethium 프로메튬 146.9151	Sm 62 Samarium 사마륨 150.36	Eu 63 Europium 유로퓸 151.964	Gd 64 Gadolinium 가돌리늄 157.25	Tb 65 Terbium 터븀 158.925	Dy 66 Dysprosium 디스프로슘 162.5	Ho 67 Holmium 홀뮴 164.93	Er 68 Erbium 어븀 167.259	Tm 69 Thulium 툴륨 168.9342	Yb 70 Ytterbium 이터븀 173.04	Lu 71 Lutetium 루테튬 174.967
악티늄족 (Actinides)	7	Th 90 Thorium 토륨 232.0381	Pa 91 Protactinium 프로트악티늄 231.0359	U 92 Uranium 우라늄 238.0289	Np 93 Neptunium 넵투늄 237.0482	Pu 94 Plutonium 플루토늄 244.0642	Am 95 Americium 아메리슘 243.0614	Cm 96 Curium 퀴륨 247.0703	Bk 97 Berkelium 버클륨 247.0703	Cf 98 Californium 캘리포늄 251.0796	Es 99 Einsteinium 아인슈타이늄 252.083	Fm 100 Fermium 페르뮴 257.0951	Md 101 Mendelevium 멘델레븀 258.0984	No 102 Nobelium 노벨륨 259.101	Lr 103 Lawrencium 로렌슘 262.1097

COLLEGE
ESSENTIAL

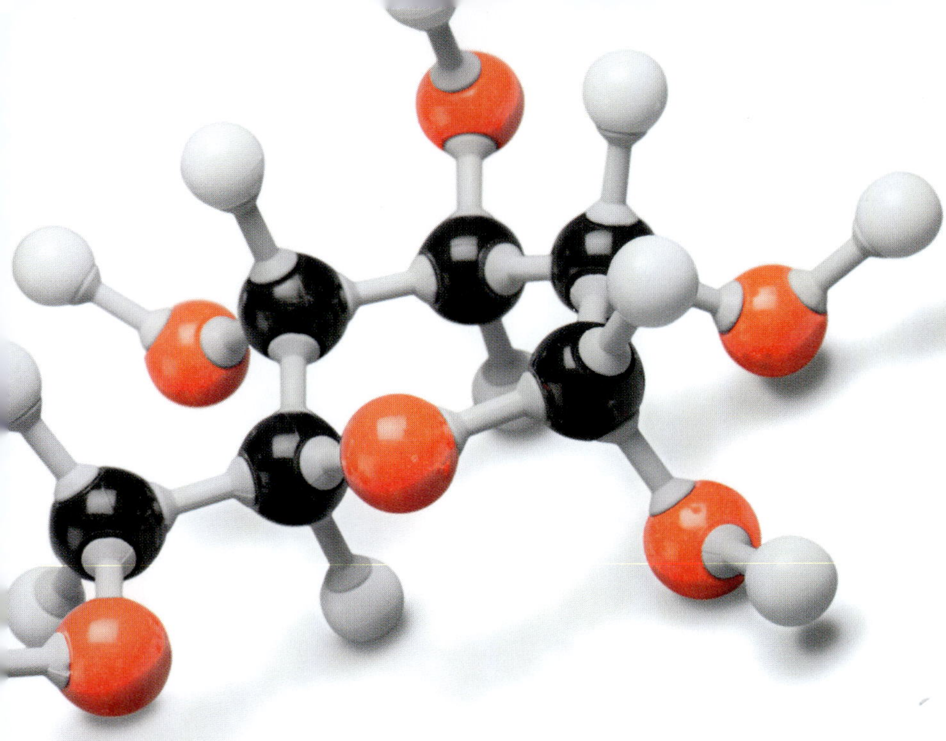

Helle Visdom

일반화학

GENERAL CHEMISTRY
Foundations and Principles

강효찬 권성학 박경호 민길식 유규선
이동기 이택호 정윤성 제재영 최용화

자유아카데미

머리말

현대 과학과 산업은 하루가 다르게 변화하고 있습니다. 반도체 기술은 나노미터 단위의 정밀함을 요구하고, 2차 전지는 에너지 전환 시대의 핵심 동력으로 자리 잡았습니다. 3D프린팅과 신약 개발 분야 역시 새로운 소재와 복합 재료를 기반으로 혁신이 이루어지고 있습니다. 이러한 흐름 속에서 화학은 모든 기술의 근간이자 출발점이 되고 있습니다. 원자와 분자의 세계를 이해하지 못한다면 새로운 소재를 설계할 수도, 변화되는 산업 구조 속에서 전문성을 갖추기도 어렵습니다. 이 책은 바로 그 지점에서 출발했습니다. 다양한 전공을 향해 첫걸음을 내딛는 대학생들이 화학의 기초를 단단하게 쌓을 수 있도록 돕는 것, 그것이 이 책을 집필한 가장 큰 목적입니다.

최근 대학 교육 현장에서 느낀 점 중 하나는, 상당수의 신입생이 고등학교에서 화학Ⅰ · 화학Ⅱ 과정을 충분히 경험하지 못한 상태로 대학의 일반화학을 접한다는 사실입니다. 이러한 배경 차이는 학습 속도와 이해도에 큰 간극을 만들곤 합니다. 그래서 이 책은 고교 화학을 접하지 않은 학생도 자연스럽게 따라올 수 있는 구성을 최우선으로 삼았습니다. 개념의 순서를 재정비하고, 설명의 단계를 세분화했으며, 핵심 원리를 이해하는 데 꼭 필요한 예시를 풍부하게 담았습니다. 단순 암기가 아니라 원리와 현상을 스스로 설명할 수 있도록 돕는 데 초점을 맞추었습니다.

또한 번역된 교재에서 흔히 볼 수 있는 어색한 표현이나 실제 과학적 맥락과 동떨어진 번역어를 최소화하고자 했습니다. 전공자가 아닌 학생들도 이해하기 쉬운 자연스러운 한국어 표현을 사용하여, 처음 화학을 접하는 독자라도 부담 없이 읽어나갈 수 있도록 문장을 다듬었습니다. 난해해 보이는 개념도 친근한 언어로 풀어 쓰며, '왜 이런 현상이 나타나는가'라는 질문에 스스로 답을 찾을 수 있도록 설명의 흐름을 구성했습니다.

이 책을 통해 독자 여러분에게 제공하고자 한 가치는 단순한 지식의 전달이 아닙니다. 미래 기술의 핵심이 되는 소재 및 재료의 세상을 이해하기 위한 화학적 사고의 틀, 그리고 다른 과학 · 공학 분야로 확장해 나갈 수 있는 기초 학문의 기반입니다. 본 교재가 독자 여러분의 학습 여정에 든든한 길잡이가 되기를 바라며, 더 나아가 현대 과학기술의 변화 속에서 자신만의 전문성을 구축하는 데 도움이 되기를 진심으로 소망합니다.

좋은 책이 되도록 노력하였으나, 부족한 점이 있을 수 있습니다. 이 점은 양해를 바라며, 추후 수정사항 등은 자유아카데미 홈페이지 자료실(www.freeaca.com)을 통해 제공할 예정이니 참고하시기 바랍니다.

끝으로 이 책이 나오기까지 많은 시간과 노력이 필요했습니다. 독자 여러분이 이 책을 통해 화학의 매력을 새롭게 발견하고, 그 지식이 미래를 향한 성장의 발판이 되길 바랍니다.

2025년 12월

정 윤 성

이 책의 사용법

학생들은 본 교재의 기본 구성이 다음과 같음을 숙지하고, 학습에 임하길 바란다.

1. 본문

이론의 기초적인 내용에서부터 각 단원별로 강조하고자 하는 핵심 내용을 이해하기 쉽게 여러 사례들과 구체적인 그림과 도식, 그래프와 표로 제시하였다. 무엇보다 번역서의 직역으로 인해 난해한 표현이 없도록 우리말의 어감과 문어체에 맞도록 서술하였다. 이 부분을 학습할 때에는 차분하게 정독할 필요가 있다. 각종 핵심 용어의 의미와 공식이나 수식의 의미를 쉽게 풀어 놓았으며, 이론의 원리를 이해하기 쉽도록 도움이 되는 그림과 그림 해설, 표, 그래프와 그 설명을 착실하게 기술하였다. 본문을 먼저 확실하게 이해하여야만 이후에 학습할 예제와 응용문제, 연습문제 등을 잘 풀 수 있을 것이다.

2. 예제와 응용문제

본문의 기본적인 내용을 충분히 이해하였는지를 가늠하기 위해 문제를 선별하여 제시하였다. 또한 예제의 경우에는 풀이 과정을 서술해 두었다. 본문을 충분히 숙지하였다면 풀이 과정을 쉽게 이해할 수 있을 것이다. 예제에 뒤따라오는 응용문제는 별도의 풀이 과정은 달지 않았다. 스스로 생각을 하며 정답을 구해보길 바란다. 응용문제의 정답은 이 책의 뒤쪽에 있으므로 직접 확인할 수 있다.

3. 핵심요약

단원에서 필수핵심사항을 정리해 놓은 것으로 본문 전체의 내용을 학습자 스스로가 잘 숙지하고 있는지 판단할 수 있다. 소단원별로 구별하여 놓았기 때문에 만약 핵심 요약의 내용이 이해가 되지 않는다면 해당 소단원의 본문으로 다시 돌아가서 내용을 정독하여 숙지하기 바란다.

4. 핵심 용어 정리

본문에는 많은 설명과 함께 중간중간에 다수의 용어 정의가 나와 있다. 한 단원을 마무리할 때 이 단원에서 정말 놓쳐서는 안 될 용어가 무엇인지를 한눈에 알 수 있게 해 주는 부분이 핵심 용어 정리이며, 연습문제를 풀기 전에 반드시 최종 점검을 하는 기회로 삼으면 많은 도움이 될 것이다.

5. 연습문제

각 장별로 평균 25문항의 필수 문제로 구성되어 있다. 연습문제만큼은 반드시 풀어 보기를 권한다. 그렇게 한다면 해당 단원의 이론과 지식을 거의 완벽히 습득했다고 자신할 수 있을 것이다.

6. Deep Insight

해당 단원의 이론 내용과 연관이 있는 산업에서의 실제 응용사례나 과학계의 발견사례 등을 정리한 것으로 단원별 평균 2건의 내용으로 구성하였다. 일반화학을 학습하는 학생의 향후 진로와 관련하여 흥미를 가지거나 관심을 가질 수 있는 실마리가 될 것으로 예상된다.

7. 부록 및 응용문제, 연습문제 정답

본문에서 계산 문제 풀이나 핵심 이론을 공부하기 위해서는 수많은 참고 자료(각종 상수와 측정 기준값)가 필요하다. 이를 부록으로 세세하게 정리하여 일목요연하게 찾아볼 수 있도록 하였다. 이 책뿐만 아니라 관련 여러 과목을 공부할 때 다시금 찾아보아도 도움이 될 정보들이 수록되어 있으므로 이후에도 요긴하게 이용하길 바란다. 응용문제와 연습문제의 정답은 장별로 순차적으로 정리해 두었으며, 이 책으로 혼자 화학을 공부하고자 하는 학생에게 도움이 되도록 계산이 필요하지 않는 몇몇 장들을 제외하고는 상세한 풀이도 제공하고 있다.

8. 기타

이 책의 앞표지 안쪽과 뒤표지 안쪽에는 각각 대한화학회에서 공인하는 주기율표와 각 원소의 영어 명칭과 원소 기호, 원자량을 정리한 표가 실려 있다. 지금까지 인류가 발견하고 연구해낸 총 118가지 원소에 대한 기본 정보가 있으니 물질의 양을 계산하는 화학량론이나 핵화학과 같은 핵종의 성질을 다루는 단원을 공부할 때 적극 활용하길 바란다.

차례

06 몰 개념과 화학식

07 수용액의 성질과 반응

08 기체

09 열화학

10 분자간 힘과 액체 및 고체

11 용액의 물리 및 화학적 성질

CHAPTER

1

화학 학습을 위한 기초 개념

◀ 오래전 연금술사는 물질의 양을 양팔저울로 측정하였다. 물질을 다루는 화학에서 질량을 측정한다는 것은 가장 기본적인 관찰의 시작이다. (출처: DALL·E)

1.1 화학의 유래와 역사, 전망

아리스토텔레스
아리스토텔레스는 모든 물질은 물, 불, 공기, 흙의 네 가지 원소에 특유한 성질인 건조함, 습함, 따뜻함, 차가움의 조합으로 형성된다고 주장하였다. 또한 4원소 중 가장 가벼운 원소인 불은 가장 높은 곳을 차지할 것이고, 점점 무거워지는 순으로 그 아래를 공기, 물, 흙이 차례로 자리 잡게 될 것이라고 생각했다.

보일
보일 법칙으로 널리 알려진 보일은 기체에서의 압력과 부피 사이의 관계를 입증한 영국의 화학자이자 물리학자이다. 또한, 원소의 개념을 정의하는 등 과학사에 크게 이바지하였다.

앙투안 라부아지에
프랑스의 화학자이자 공직자인 라부아지에는 연소에 관한 새로운 이론을 주장하여 플로지스톤설을 폐기하면서 화학을 크게 발전시켰고, 산화 과정에서 산소의 작용, 산화나 호흡 간의 정량적인 유사점 등을 발견하기도 하였다.

생명 존재의 유무와 무관하게 우주 전체를 포함한 모든 것들이 화학의 범주에 속한다. 화학은 물질의 조성과 조성의 변화, 그리고 변화의 과정에서 관찰되는 에너지와 에너지의 변화 등을 합리적으로 연구하고 규정하는 학문이다. 이런 화학이라는 학문의 최종 목적은 모든 물체의 거동에 영향을 미치는 일반적인 원리, 이론, 법칙 등을 확립하는 것이다.

화학은 개념적으로는 B.C. 3500년경에 시작되었다. 근본적으로는 그리스의 **엠페도클레스(Empedocles**, B.C. 490~B.C. 430)가 주장한 **4원소설**을 바탕으로 이후에 중세 시대에 이르러서는 값싼 금속을 귀금속으로 바꾸는 시도를 한 연금술사(alchemist)로부터 출발하였다. 특히 엠페도클레스의 4원소설은 세상의 만물이 네 가지의 자연 원소인 물, 불, 바람, 흙이 서로 조합되고 배합되는 방식에 따라 탄생한다고 생각했던 관념적인 가설이었다. 이 개념은 **아리스토텔레스(Aristoteles**, B.C. 384~322)에게로 계승되었으며 당시에는 체계적인 과학적 접근이나 고찰이 없던 학문적인 깊이가 빈약한 시절이었기에 이 4원소설이 진리인 것으로 무려 2000년 동안 받아들여지기도 하였다.

중세 시대의 연금술로부터 시작하여 산업혁명에 이르는 동안 본격적으로 새로운 물질을 발견하고 증류 및 재결정하는 등에 필요한 다양한 기구들이 발명되었다. 영국의 **보일(Boyle**, R., 1627~1691)은 화학을 독립된 학문의 한 분야로 구별하며 정밀한 화학 실험을 시도한 첫 번째 과학자이다. 그리고 4원소설이 잘못되었음을 입증한 대표적인 사건이 바로 프랑스의 화학자 **라부아지에(Antoine-Laurent de Lavoisier**, 1743~1794)의 실험이었으며 이 실험은 물과 흙의 변환 가능성(플로지스톤설)을 부정하였다.

화학이 비약적으로 발전하게 된 계기는 두 번에 걸친 세계대전이었다. 1차 세계대전 이후 패전한 독일은 막대한 전쟁배상금을 전승국에게 납부를 하게 되어 경제적 빈곤에 허덕였다. 이를 극복하기 위해 자원 하나 없는 당시 독일은 필수 자원만을 수입하고 부족한 자원이나 물질은 화학적으로 합성하여 확보하려고 노력하였다. 그런 과정에서 독일을 중심으로 유기/무기 화학이 비약적으로 발전하였다. 이때의 화학 발전을 원동력으로 하여 인류의 화학 기술은 꾸준히 성장했으며, 특히 2차 세계대전 중에는 인조 고무와 같은 특수한 군사적 목적에 의한 소재 개발이 첨단으로 진행되었다. 종전 이후에는 이 기술이 민간으로 반영되어 인류의 일상에 큰 도움이 되었다.

이러한 화학의 발전은 큰 학문적 지식의 근간이 되었으며, 화학은 물리학과 함께 오늘날 첨단 기술의 지표인 의학, 약학, 에너지와 환경 분야의 기틀을 이루고 있다. 새로운 신기술을 구현하기 위해서는 물질을 다루지 않고서는 거의 불가능하기 때문이다. 즉, 화학에서 다루는 물질 및 소재는 대부분의 과학과 공학의 기본이 된다. 따라서 과학자와 공학 기술자가 자기들이 다루는 물질의 특성을 체계적으로 이해하기 위해서는 화학적 이해가 반드시 뒷받침되어야 한다.

첨단 화학 기술 분야
- 나노 과학
- 배터리 소재 산업
- 첨단 제약
- 친환경 소재 산업
- 유전자 조작/조합 기술
- 우주 개척 기술

1.2 물질을 바라보는 기본 개념

직관적으로 설명할 수 있는 물리학의 정의가 '물체(또는 만물)의 원리를 연구하는 학문'이라고 한다면, 상대적으로 화학의 정의는 '물질의 성질을 연구하는 학문'이라 할 수 있다. 여기서 말하는 물질은 **일정한 질량과 부피를 가지고 있는 존재**라고 정의한다. 태초부터 화학은 처음 발견하고 목격한 어떤 물질의 성질을 규명하려는 작업에서부터 시작하였으며 그 과정에서 실험적인 **관찰**이라는 방법을 수행한다.

이후 단원에서 자세히 공부하겠지만 일반적으로 물질은 **원자(atom)**, **분자(molecule)**, **이온(ion)** 등의 입자들로 구성되어 있다. 여기서 **원자**라는 것은 간단하게 물질을 이루고 있는 기본 입자라고 생각하면 된다. **분자**라는 것은 원자라고 하는 작은 입자가 두 개 이상 결합하여 고유한 화학적 성질을 띠는 단위체가 된 입자를 말한다. 쉽게 말하자면 원자가 두 개 이상 일정한 비율로 짝지어 하나의 큰 입자를 형성하면 그것을 분자라고 부른다.

여기서 잠시 한 가지 짚고 넘어가야 할 **원소(element)**라는 용어 정의를 소개하고자 한다. 많은 학생이 화학을 공부할 때, 원자라는 용어와 원소라는 용어를 명확한 구별 없이 그저 '물질을 구성하는 작은 입자'로 동일하게 인식하는 경우가 더러 있다. 원소나 원자나 물질을 이루는 기본 입자라는 것은 틀리지 않는 이야기이다. 하지만, 물질을 구성하는 작은 입자인 원자라고 해서 다 똑같은 입자들이 아니다. 즉, 원자들 간에도 크기, 색깔, 화학적 성질이 서로 다른 입자들로 구별이 될 수 있다. 즉, 각기 다른 종류의 원자가 있다는 뜻이다. 이때 우리는 원자를 특성별로 구별해서 인식하여 부를 때 원소라는 용어를 쓴다. 예를 들면, 탄소 원소, 질소 원소, 수소 원소 등이 이에 해당되며, 현존하는 원자들은 지금까지 인류가 연구한 바로는 총 118가지의 원소로 구별될 수 있다.

보다 더 쉽게 원자와 원소의 개념을 이해하려면 다음과 같은 두 질문과 그에 대한 답을 보면 알 수 있을 것이다.

질문 1 12.1 g의 다이아몬드를 구성하고 있는 원자의 개수는 총 몇 개인가?

답 6.022×10^{23}개의 원자

다이아몬드는 탄소라는 1가지 원소로 이루어져 있다.

소금
소금은 소듐 양이온(Na^+)과 염소 음이온(Cl^-)으로 구성된 물질이다.

질문 2 12.1 g의 다이아몬드를 구성하고 있는 원소의 종류는 총 몇 가지인가?

답 탄소(C) 원소 1가지

따라서, 원소란 고유의 성질을 갖는 원자의 종류를 구분하여 일컫는 용어이다.

이온은 양이온과 음이온으로 나뉘는데, 대표적으로 우리가 식재료로 사용을 하는 흔한 소금(salt)의 경우는 소듐 양이온(Na^+)과 염소 음이온(Cl^-)이 무수히 많이 결합된 물질이다. **양이온**은 중성을 띠고 있는 중성 원자가 내부에 지니고 있는 전자를 잃어서 된 양극을 띠게 된 입자를, 반대로 **음이온**은 중성을 띠고 있는 중성 원자가 외부로부터 전자를 얻어서 된 음극을 띠게 된 입자를 말한다. 전자 1개의 극성을 −1가로 보기 때문에, 어떤 중성 원자가 전자를 1개 잃으면 +1가 양이온이, 2개를 잃으면 +2가 양이온이 된다. 반대로 어떤 중성 원자가 전자 1개를 얻으면 −1가, 2개를 얻으면 −2가 음이온이 된다. 이외에도 다원자 이온이라는 개념이 있는데, 보다 자세한 내용은 이후 3단원과 4단원에서 공부하기로 하자.

물질은 앞에서 말한 원자, 분자, 이온들로 이루어져 있기 때문에 앞으로 화학을 공부하는 데에 있어서 이 입자들의 관점에서 바라보고 생각해야 한다. 최소한 이 입자들의 정의나 개념이 무엇인지는 간단하게나마 알아야 이후 내용을 공부하는 데에 막힘이 적을 것이다.

1.3 측정과 국제 표준단위(SI 단위)

앞서 화학은 물질의 성질을 연구하는 학문이라고 하였으며, 이를 연구하는 데에 있어서는 실험을 통한 관찰이 선행되어야 한다고 설명하였다. 그럼 관찰은 어떻게 할까? 관찰도 과학적인 방법으로 해야 하며, 과학적 방법을 통한 관찰을 **측정(measurement)**이라고 한다. 측정은 **도구와 장비를 이용하여 수치로 기록하는 과정**이다. 화학에서 어떤 물질의 성질을 연구할 때 기본적으로 측정하는 요소는 **질량**, **길이**, **부피**, **온도**이다.

또한 측정에서는, 반드시 그 수치와 함께 어떤 요소에 대한 값인지를 명확히 나타내기 위해 단위까지 함께 기록한다. 단위를 사용할 때는, 동서양의 역사상 다양하게 사용되어 왔던 많은 종류의 단위 중에서 국제 표준단위를 사용하도록 화학을 비롯한 모든 과학계에서 약속하였다. **국제 표준단위**는 편의상 **SI 단위**라고 하며, 이는 단위에 관한 국제기구인 국제도량형 총연맹(The general conference of Weights and Measures)이 1960년에 국제단위계(International system of Unit, 프랑스어 Systeme Internationale d'Unites로부터 SI로 간단하게 표기)라고 하는 개량형 미터법으로서 제안한 것이다. SI 단위는 화학뿐만 아니라 물리학에서 측정하는 요소에도 모두 적용되며, 대표적인 예시는 표 1.1과 같다.

표 1.1 대표적인 SI 단위

측정된 물리량	양의 기호	단위의 이름	단위 기호
길이(length)	l	미터(meter)	m
질량(mass)	m	킬로그램(kilogram)	kg
시간(time)	t	초(second)	s
전류(electrical current)	I	암페어(ampere)	A
온도(temperature)	T	켈빈(kelvin)	K
물질의 양(amount of substance)	n	몰(mole)	mol
밝기의 세기(luminous intensity)	I_V	칸델라(candela)	cd
부피(volume)	V	리터(liter) 또는 미터세제곱(cubic meter)	L 또는 m^3

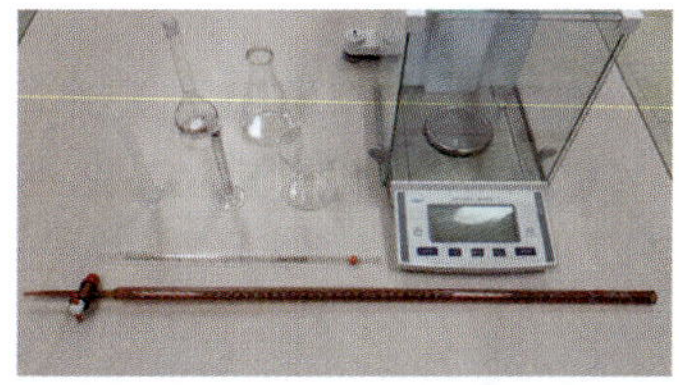

▲ 과학적인 관찰의 기본은 다양한 도구를 이용한 측정으로부터 시작된다.

처음 발견하였거나 합성으로 얻은 물질의 성질은 가장 먼저 얼마나 무거운지를 확인하기 위하여 **질량(mass)**을 측정한다. 질량은 물질의 양을 의미한다. 질량과 **무게(weight)**는 얼핏 비슷한 개념이라 생각하기 쉽다. 그러나 질량은 지구나 행성의 중력의 영향을 받지 않는 절대적인 값으로서 동일한 양의 물질이나 물체라면 적도나 극지방 그리고 고도의 높고 낮음에 상관없이 동일하게 측정된다. 반면에 무게는 지구와 같은 행성의 중력에 의하여 영향을 받는 값으로 같은 양의 물질이나 물체일지라도 적도나 극지방 그리고 고도의 높고 낮음에 따라 측정값이 달라진다. 심지어 행성 간 중력의 차이 때문에 같은 물체일지라도 지구에서의 무게와 달에서의 무게가 다르다. 따라서 화학에서는 무게가 아닌 변하지 않는 물질의 양을 나타내는 질량을 측정해야 옳다.

질량의 SI 단위는 킬로그램(kg)을 사용한다. 여타 파운드(pound, lb)나 온스(ounce, oz)와 같은 비표준 질량 단위와의 상관관계는 표 1.2를 참조하라.

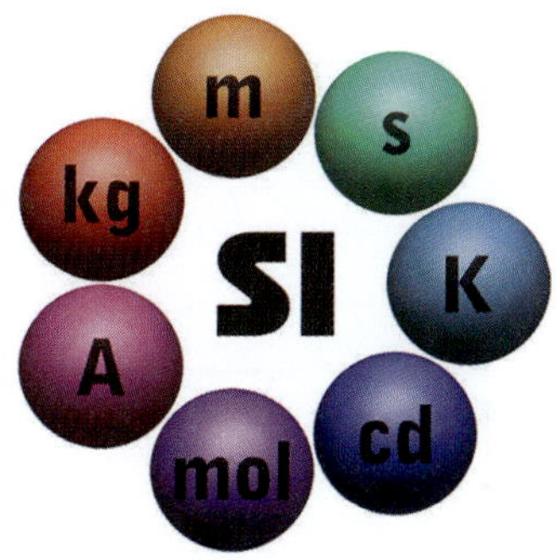

▲ SI 기본 단위는 과학 및 공학계의 국제적인 약속이다.

표 1.2 미터법 단위(SI 단위)와 상용 단위(영국)의 관계

질량	길이	부피
1 kg = 2.205 lb	m = 39.37 inches	1 L = 1.057 qt
1 pound = 453.6 g	1 inch = 2.540 cm	1 fluid oz = 29.57 mL
1 ounce[oz] = 28.35 g 1 ton = 2000 lb	1 mile = 1.609 km	1 pt = 16 oz(cf: pint) 1 qt = 2 pt(cf: quart) 1 gal = 4 qt(cf: gallon)

▲ 같은 질량이라도 단위가 다르면 수치가 달라진다.

길이(length)는 눈금이 새겨진 자를 측정 도구로 사용하여 물질이나 물체의 신장이 얼마나 길고 짧은가를 측정하는 요소로서 측정에 사용하는 공식적인 국제 표준단위는 미터(m)이다. 보통 서양의 경우, 용도에 맞추어서 도로 같은 큰 규모의 길이는 마일(mile, mi.)을, 사람의 신장이나 의류의 허리둘레와 같은 짧은 길이는 인치(inch, in.)를 사용하는 경향이 크다. 마일이나 인치와 같은 비표준 길이 단위와의 상관관계는 표 1.2를 참조하라.

부피(volume)는 물질이 차지하고 있는 공간적인 크기를 측정하는 요소로서 SI 단위는 리터(L)이다. 하지만 통상 수학에서 처음 부피를 배우고 계산할 때 기본적으로 직육면체의 가로, 세로, 높이라는 세 변을 곱한다. 이때 각 변의 길이를 나타내는 국제 표준단위가 미터인 점을 고려하여 부피의 단위를 미터세제곱(m^3)으로 볼 수 있다. 따라서, 리터(L)와 함께 미터세제곱(m^3)도 부피의 국제 표준단위로 인정한다.

부피의 SI 단위로 L와 m^3를 모두 동일하게 사용할 수 있으나, 그렇다고 해서 그 단위의 사용되는 절댓값까지 같다는 의미가 아님에 유의해야 한다. 즉, 1 L가 곧 1 m^3라고 생각해서는 안 된다. 1리터는 1세제곱데시미터(dm^3)와 같다. 즉, 1리터의 부피는 1,000 mL 또는 1,000 cm^3이다.

국제도량형국(BIPM, 프랑스어로 le Bureau international des poids et mesures, 영어로는 the International Bureau of Weights and Measures)은 1875년 5월 20일 파리에서 열렸던 미터 외교 회의의 최종회기에 17개국이 서명한 미터협약에 따라 설립되었다. 이 협약은 1921년에 개정되었다.

$$1\ \text{L} = 1\ \text{dm}^3 = 1{,}000\ \text{mL} = 1{,}000\ \text{cm}^3$$

표 1.2에 나타난 바와 같이, 표준화되지 않은 갤런(gallon, gal)이나 파인트(pint, pt) 등의 단위와 리터(L) 단위와의 관계를 통해서 각 단위간 양적 상호 관계를 알 수 있다.

온도(temperature)는 물질이 얼마나 뜨거운지 혹은 차가운지를 가늠하기 위해 측정하는 요소이다. 초기 국제도량형국(BIPM, le Bureau international des poids et mesures)에서는 한때 오랫동안 서양에서 주로 사용하는 온도 단위인 화씨(Fahrenheit degree, ℉)와 동양에서 주로 사용하는 섭씨(Celsius degree, ˚C) 중에서 어느 것을 국제 표준단위로 삼아야 할지 결정하지 못했던 적이 있었다. 그만큼 동서양을 막론하고 온도는 일기예보나 음식조리, 체온측정 등의 일상에서 익숙하게 사용하는 단위였기에 좀처럼 국제 표준단위의 선정이 쉽지 않았다. 결국 온도의 국제 표준단위는 영국의 물리학자이자 수학자인 캘빈(Kelvin, 1824~1907)의 이름을 딴 절대 온도 켈빈(K)을 SI 단위로 정하게 되었다. 여기서 절대 온도라는 의미는 우주 전체에서 이론적으로 그리고 실질적으로 얻을 수 있는 가장 낮은 온도를 0 K(−273.15 ˚C)으로 규정한 단위라는 뜻이다. 따라서, 물은 273.15 K(0 ˚C)에서 얼고 373.15 K(100 ˚C)에서 끓는다고 설명하면 된다.

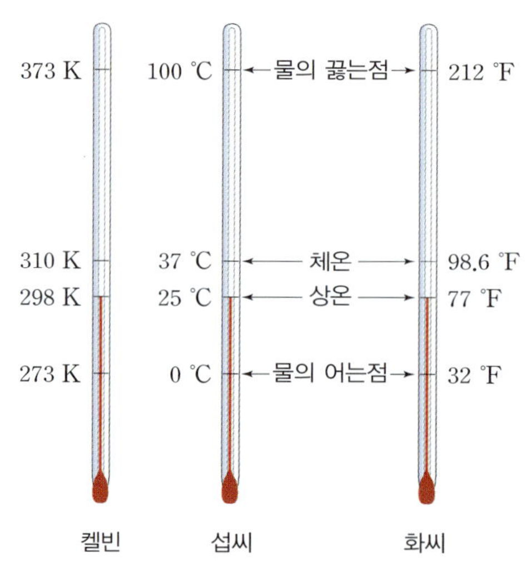

그림 1.1 세 종류 온도계의 눈금 비교

그림 1.1은 섭씨 온도(°C)와 화씨 온도(°F) 그리고 절대 온도(K) 간 눈금의 상관관계를 나타낸 것이다. 이 그림을 근거로 하여 유도되는 세 온도 단위 사이의 변환 관계식은 다음과 같다.

- 섭씨 온도 $$°C = \frac{5}{9}(°F - 32) \quad (1.1)$$
- 화씨 온도 $$°F = \frac{9}{5}°C + 32 \quad (1.2)$$
- 절대 온도 $$K = °C + 273.15 \quad (1.3)$$

표준단위에 더해서 유도단위도 과학계에서 흔하게 사용하기 때문에 알아두어야 한다. 대표적인 유도단위로 밀도와 에너지 단위를 들 수 있다.

밀도(density, *d*)의 정의는 어떤 물질의 일정 부피에 대한 질량, 즉 질량 ÷ 부피이다. 따라서 단위 역시 기본 SI 단위로 표기된 kg/L로 표기하는 것이 마땅하다. 하지만 실제 실험이나 연구에서 어떤 물질의 밀도를 측정하기 위해 그 양을 kg이나 L 수준의 큰 규모로 측정하기보다는 g이나 mL(= cm^3)의 작은 규모로 측정하기 때문에 현실적인 단위인 g/mL 또는 g/cm^3로 사용한다. 에너지의 단위인 **줄(joule, J)**은 물리학적인 유도식에 따라 기본 SI 단위로 판단해 보면 그 단위가 $kg \cdot m^2 \cdot s^{-2}$이어야 타당하지만, 단위 사용의 편의성을 고려하여 과학계에서는 J 단위로 약속하여 사용한다. 그 외에도 몇 가지 다양한 SI 유도단위에 대하여 표 1.3에 제시하였다.

켈빈
영국의 물리학자이자 수학자이다. 절대 온도의 개념을 정의하였으며, 열역학, 전자기학, 지구물리학 등의 여러 분야에서 많은 업적을 남겼다.

표 1.3 SI 유도단위

물리량	양의 기호	단위 이름	단위 기호(유도단위)
힘(force)	*F*	뉴턴(newton)	N($kg \cdot m/s^2$)
압력(pressure)	*P*	파스칼(pascal)	Pa(N/m^2)
에너지(energy)와 일(work)	*E*	줄(joule)	J($kg \cdot m^2 \cdot s^2$)
밀도(density)	*d*	밀도(density)	g/mL, g/cm^3

1.1 예제

온도, 질량, 길이, 부피에 대한 국제 표준단위(SI 단위)를 적으시오.

정답 온도: 절대 온도 K (켈빈)
질량: kg (킬로그램)
길이: m (미터)
부피: L (리터) 또는 m^3(미터세제곱)

응용문제 1.1

힘과 압력에 대한 SI 유도단위를 적으시오.

예제 1.2

절대 온도 287.3 K은 화씨와 섭씨 온도로 몇 도에 해당하는가?

풀이

식 (1.2)와 식 (1.3)을 다음과 같이 활용하여 계산한다.

$$287.3\text{ K} = x\text{°C} + 273.15$$
$$x\,(\text{°C}) = 287.3 - 273.15 = \underline{14.15\text{°C}}$$
$$y\,(\text{°F}) = 1.8 \times 14.15\,(\text{°C}) + 32 = \underline{57.47\text{°F}}$$

정답 화씨 14.15도
섭씨 57.47도

응용문제 1.2

섭씨 온도와 화씨 온도가 같아지는 온도는 몇 도인가?

측정을 하다 보면 측정되는 수치의 크기가 다양할 수 있다. 어떤 대상에 대해서 어떤 요소를 측정하느냐에 따라 엄청나게 크거나 지나치게 작은 수치를 측정할 수 있다. 이때, 너무나 크거나 작은 수치를 간편하게 표기하기 위해 단위 앞에 표 1.4와 같은 **접두사(prefix)**를 붙여서 활용하기도 한다. 예를 들어 사람의 머리카락 두께는 대략 100 μm(마이크로미터)이다. 여기서 m(미터) 단위 앞에 붙어 있는 μ(마이크로)라는 기호가 바로 접두사이며, 마이크로의 의미는 $\times 10^{-6}$라는 **십진제곱수의 의미**를 갖는다. 통상 접두사는 지나치게 큰 10의 자리의 수 또는 1 미만의 매우 작은 여러 자리의 소수를 단축화화여 표기하는 데에 그 목적이 있다.

표 1.4 SI 접두사로 쓰이는 십진제곱수

접두사(prefix)	기호	제곱인자	접두사	기호	제곱인자
엑사(exa)	E	10^{18}	데시(deci)	d	10^{-1}
페타(peta)	P	10^{15}	센티(centi)	c	10^{-2}
테라(tera)	T	10^{12}	밀리(milli)	m	10^{-3}
기가(giga)	G	10^{9}	마이크로(micro)	μ	10^{-6}
메가(mega)	M	10^{6}	나노(nano)	n	10^{-9}
킬로(kilo)	k	10^{3}	피코(pico)	p	10^{-12}
헥토(hecto)	h	10^{2}	펨토(femto)	f	10^{-15}
데카(deka)	da	10^{1}	아토(atto)	a	10^{-18}

예제 1.3

사람의 머리카락의 굵기는 대략 100 μm정도 된다. 이 수치를 나노미터 단위로 답해 보시오.

풀이

$$100\ \mu\text{m} = 100 \times 10^{-6}\ \text{m} = 10^{-4}\ \text{m} = 10^{-4} \times 10^{9}\ \text{nm} = 10^{5}\ \text{nm}$$

정답 10^{5} nm

응용문제 1.3

메모리 용량의 저장 용량은 기본단위인 바이트(byte)이다. 광호의 휴대폰 메모리 용량이 256 Gbyte(기가바이트)이다. 이 용량을 Mbyte(메가바이트) 바꾸어 표기하시오.

1.4 측정의 불확실성(정확도와 정밀도)

측정은 근본적으로 사람이 측정 도구를 이용하여 이루어지는 작업이므로, 사람에 의한 그리고 측정 도구에 의한 참값과의 오차가 반드시 발생하게 되어 있다. 여기서 **참값(true value)**은 측정 대상이 지니고 있는 정확한 실제 물리량(실제값)을 말한다. 그리고 **오차(error)**는 참값과 측정값(measured value)의 차이이다. 측정 결과에 영향을 미치는 오차에는 계통 오차와 우연 오차 두 가지가 있다.

계통 오차(systematic error, 체계적 오차)는 측정된 값이 참값으로부터 빗나간 편향(bias, 차이)이다. 보통 이런 경우는 측정 도구의 오류로 발생하는 경우가 대부분인데, 측정 횟수를 늘려 평균을 내더라도 계통 오차는 소멸되지 않는다. 계통 오차는 측정의 타당성을 높여야 줄어든다. 예를 들어, 기본적으로 3 kg이 더 많게 측정이 되는 잘못된 저울로 아무리 특정 물체의 질량을 여러 번 측정하더라도 기본적으로 발생하는 +3 kg의 계통 오차는 막을 수 없다. 이럴 때는 불량한 측정 도구를 정상적인 도구로 교체하거나, 측정값에서 계통 오차만큼의 값인 3 kg의 값을 감안하여 판단 및 기록하는 보정 작업(recorrection)이 필요하다.

우연 오차(random error)는 우연적으로 발생하는 예상치 못한 또는 피할 수 없는 오차이다. 그 의미가 상당히 추상적이고 어려울 수 있으나, 여러 사람이 읽는 온도계의 눈금을 예로 들면 쉽게 이해할 수 있다. 만약 섭씨 1도 간격으로 눈금이 그어져 있는 온도계로 따뜻한 물의 온도를 여러 사람이 측정한다면 측정된 온도의 1의 자리까지는 모든 측정자가 공통적으로 동일하게 읽을 수 있지만, 눈금과 눈금 사이를 가늠하여 읽는 소수점 첫 번째 자릿값은 측정자마다 차이가 발생할 수 있다. 이렇게 발생하는 오차를 우연 오차라고 하며, 동일한 측정을 여러 번 반복 측정함으로써 표준 편차의 값을 최소화하면 측정의 신뢰도가 높아지면서 우연 오차를 줄이는 것이 가능하다.

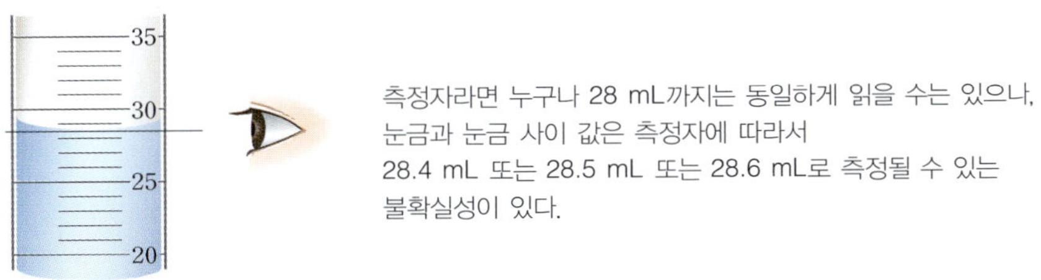

그림 1.2 측정 시 발생하는 우연 오차

이러한 오차 때문에 연구 과정에서의 측정에는 반드시 불확실성이 발생할 수밖에 없으며, 이 때문에 **측정값을 기록할 때에는 불확실성을 정확도와 정밀도의 개념을 담아 기입**해야 한다. 그래야 실제 측정자를 제외한 그러한 측정값을 참고하는 제삼자가 얼마만큼의 신뢰도를 가지고 그 측정값을 받아들이고 이해할 수 있는지를 가늠할 수 있게 된다.

정확도(accuracy)는 측정값이 실제값에 얼마나 가까운가를 의미하는 것이고, **정밀도(precision)**는 두 번 이상 반복해서 측정할 때 그 측정값이 서로 얼마나 근접한가를 의미한다. 실제로 정확도와 정밀도는 동일한 측정을 n회 반복하는 경우에 적용하여 설명할 수 있다. 과녁에 바늘을 던져서 맞추는 다트의 경우에 빗대어서 생각하면 정확도와 정밀도의 개념을 보다 쉽게 이해할 수 있다.

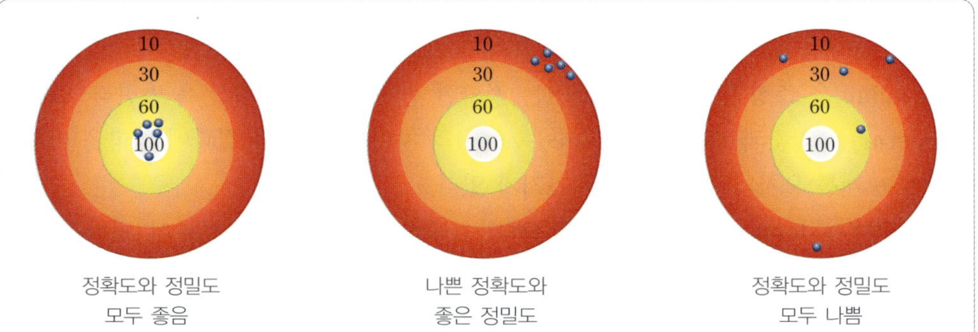

그림 1.3 정확도와 정밀도 예시

그림 1.3과 같이 과녁의 정중앙이 참값이라고 보면 이 참값을 맞추기 위해 바늘을 던지는 작업을 측정이라고 볼 수 있다. 여기서 바늘을 던지는 동일한 동작(측정)을 총 5회 반복한다고 가정하자. 그림의 가장 왼쪽의 과녁 결과는 참값인 정중앙에 거의 근접하게 모든 화살이 집중되어 적중하였으므로 정확하게 던진 과녁이며 동시에 정밀하게 던진 과녁(높은 정확도와 높은 정밀도를 갖는 측정 결과)이다.

이에 비해 가운데 과녁은 5개의 화살이 모두 한곳을 향해 집중적으로 밀집하여 과녁에 맞은 것으로 보아 정밀도가 높은 결과라고 할 수는 있으나 참값인 과녁의 정중앙을 전혀 맞추지 못하였고 오히려 크게 동떨어진 장소에 밀집된 결과를 보이므로 정확도는 매우 불량하다고 할 수 있다(낮은 정확도와 높은 정밀도를 갖는 측정 결과).

마지막으로 가장 오른쪽에 있는 과녁의 결과는 참값인 정중앙을 화살이 전혀 맞추지 못했을 뿐만 아니라 5개의 화살이 꽂힌 위치가 매우 분산되어 정확도도 불량하고 정밀도도 불량한 결과(낮은 정확도와 낮은 정밀도를 갖는 측정 결과)라고 할 수 있다.

통상 n회 반복 측정하는 실험에서 측정 결과의 정확도는 전체 측정값들의 **평균(mean value)**으로, 정밀도는 **표준 편차(standard deviation)**로 나타내어 기록한다. 평균과 표준 편차는 다음 식으로 계산하므로 예제와 연습문제를 풀면서 연습을 해 보도록 한다.

$$\text{평균} = \frac{\sum_i x_i}{n}, \quad \text{표준 편차} = \pm\sqrt{\sum_i \frac{(x_i - \text{평균})^2}{(n-1)}}$$

(n은 반복 측정 횟수)

정밀도의 개념에 관하여 한 가지 알아두어야 할 것이 있다. 동일한 측정을 여러 번 반복 측정하는 경우가 아닌 **단일 측정값 또는 반복 측정을 했더라도 각각의 개별 측정값을 두고서 정밀도를 언급하는 경우**가 있다. 이럴 경우에는 정밀도의 의미는 **세밀하게 측정된 정도**를 뜻한다. 예를 들면, 학생 A와 학생 B가 책상 위에 놓여 있는 연필 하나의 길이를 한 번씩 측정한다고 가정했을 때, 그 측정값이 학생 A는 7.4 cm, 학생 B는

7.417 cm이었다면 소수점 첫째 자리까지 측정을 한 학생 A의 측정값보다 소수점 세 번째 자리까지 측정을 한 학생 B의 측정값이 더 세밀하게 측정되었으므로 학생 B의 측정값이 상대적으로 정밀도가 더 높다고 이야기할 수 있다.

따라서, 정밀도의 개념은 동일 대상을 여러 번 반복하여 측정된 다수의 측정값을 두고 이야기할 때와 단일 측정값(또는 개별 측정값)만을 두고 이야기할 때에 의미가 미묘하게 구별된다는 점을 유념해야 한다.

1.4 예제

다음에 제시된 사례에서 가장 정밀도가 높은 측정값과 가장 정밀도가 낮은 측정값을 구별하시오.

화학 교수가 커피를 마시기 위해 저울을 이용하여 정확히 18.21 g의 커피 가루와 200. g의 물, 설탕 11.125 g, 프림 2.1 g을 혼합하여 커피 한 잔을 만들었다.

정답

소수점 세 자리까지 측정된 설탕 11.125 g이 가장 정밀도가 높으며, 일의 자리까지만 측정된 200. g의 물이 가장 정밀도가 낮다.

응용문제 1.4

미술용 4B 연필 한 자루 속에 들어 있는 연필심의 질량은 공장에서 대량 생산되었을 때 보통 0.092 ~ 0.110 g 정도 된다. 이 사실을 들은 철수는, 현재 본인이 가지고 있는 4B 연필 두 자루의 연필심 질량을 정확히 측정하고자 한다. 아래와 같이 전원이 들어와 있는 5개의 저울 중에서 철수는 어느 저울을 선택하는 것이 적합할까? 또 그 이유는 무엇인가?

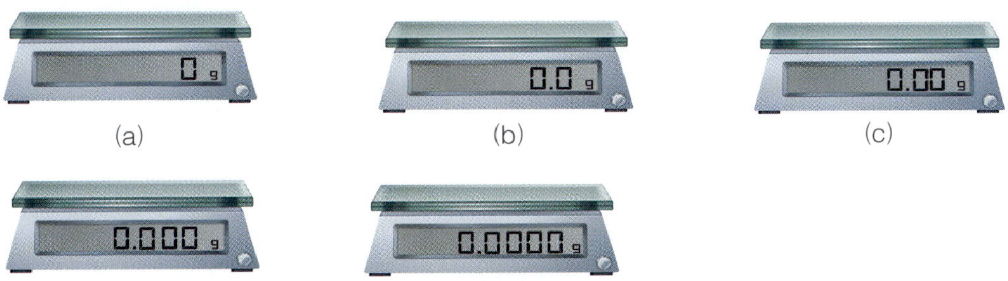

(a) (b) (c) (d) (e)

ⓒBlueRingMedia/Shutterstock

1.5 예제

철수, 영희, 마이클, 토마스, 채희는 함께 캠핑 여행을 떠났다. 캠핑 야영지에 도착한 이들은 첫 식사로 큐브 스테이크를 준비하기 위해 소고기를 120 g 단위로 썰려고 하였다. 제대로 소고기를 썰었는지 확인하기 위해 마이클이 가져온 식자재용 저울(아날로그 바늘 저울)로 고깃덩어리 하나를 선택하여 저울에 올려서 모든 학생이 각각 무게를 재 보았다. 그 결과표가 아래와 같을 때, 해당 고깃덩어리의 무게는 몇 g으로 볼 수 있는가? 그리고 신뢰도는 어떻게 되는지 답하시오. (단, 토마스에 의하면 가져온 저울은 실제 무게보다 5 g 정도 많이 측정된다고 한다.)

학생	철수	영희	마이클	토마스	채희
고깃덩어리 무게(g)	199.5	120.1	120.2	121.0	120.7

풀이

마이클의 저울이 5 g 정도 많이 측정이 된다면, 위 측정값의 계통 오차는 +5 g이 된다(부호에 유의한다). 따라서 위 결과는 계통 오차를 반영하여 다음과 같이 보정되어야 한다.

학생	고기 무게(g) (측정값)	고기 무게(g) (보정값)
철수	199.5	194.5
영희	120.1	115.1
마이클	120.2	115.2
토마스	121.0	116.0
채희	120.7	115.7

총 측정 횟수(n)는 5회이다.
고깃덩어리의 평균 무게는 다음 식처럼 계산하면 알 수 있고,

$$\text{평균} = \frac{\sum_i x_i}{n} = \frac{194.5\text{ g} + 115.1\text{ g} + 115.2\text{ g} + 116.0\text{ g} + 115.7\text{ g}}{5} = 131.3\text{ g}$$

표준 편차는 다음 식에 대입하여 계산할 수 있다.

$$\text{표준 편차} = \pm\sqrt{\sum_i \frac{(x_i - \text{평균})^2}{(n-1)}}$$

$$= \pm\sqrt{\frac{(194.5-131.3)^2+(115.1-131.3)^2+(115.2-131.3)^2+(116.0-131.3)^2+(115.7-131.3)^2}{5-1}}$$

$$= \pm 35.33\text{ g}$$

정답

계통 오차를 고려하면 고깃덩어리의 무게는 평균 131.3 g으로 볼 수 있고 처음에 예상했던 참값인 120 g에 비해 많이 차이가 생긴 것으로 보아 정확도는 낮다고 볼 수 있다. 측정값의 우연 오차(표준 편차)가 35.33 g으로 측정값이 평균값을 기준으로 대략 30% 정도의 편차를 보이므로 신뢰도가 좋은 결과로 볼 수 없다.

응용문제 1.5

모범택시를 운행하는 김도기 기사는 작년에 세 번에 걸쳐서 택시의 배기가스 내 일산화 탄소 농도 검사를 받았다. 환경안전 검사소로부터 통보받은 총 3번의 검사 결과는 다음 표와 같았으며, 실제 김 기사의 택시가 배출하는 일산화 탄소의 농도, 즉 참값이 47.2 ppm이라고 할 때 다음 물음에 답하시오.

매연 검사일	당일 측정 반복 회수	일산화 탄소 농도 (ppm, 평균)	표준 편차 (ppm)
4월 15일	9	45.4	±0.71
8월 9일	7	46.9	±0.90
11월 29일	11	48.8	±0.31

(a) 위 검사 결과 중 가장 정확한 결과는 언제 검사결과인가?
(b) 가장 정밀하게 측정된 결과의 날짜는 언제인가?

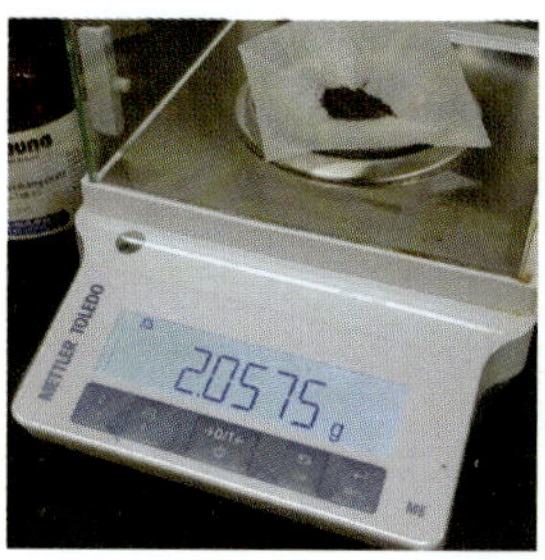

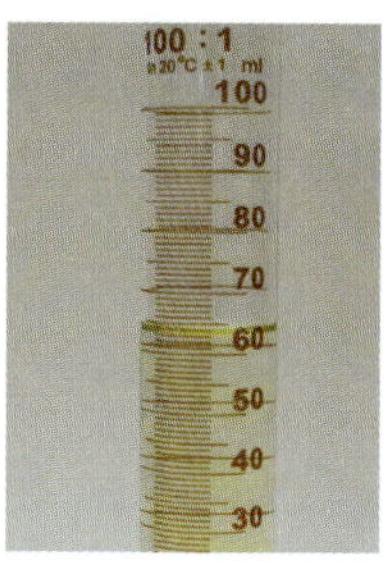

반복적으로 측정을 수행함으로써 그 결과에 대하여 정확도와 정밀도를 나타낼 수 있다.

Deep Insight

달라진 kg의 정의

그동안 과학계에서 표준으로 삼았던 질량의 표준인 1 kg은 백금(Pt) 90 %와 이리듐(Ir) 10 %의 합금으로 만들어진 높이와 지름이 각각 39 mm인 원기둥 모양의 1 kg짜리 분동(국제질량 원기)으로 정의되어 사용되었다. 이 물체는 유리관에 담겨 파리 인근 국제도량형국(BIPM) 지하 금고에 보관되어 왔다. 이 원기는 130년 동안 표준 질량의 기준 1 kg으로 사용되어 왔으나, 그동안 100 마이크로그램(100×10^{-6} g)이 감소하였음이 발견되었다.

이에 2018년 11월 16일 프랑스에서 열린 제26차 국제도량형총회(CGPM)에서 국제단위계(SI) 기본 단위를 새롭게 재정의하는 것으로 의결하였다.

반응성이 낮은 백금이라도 공기와 반응하거나 이물질이 묻는 등 시간이 흐르면서 생기는 변화를 피할 수 없었던 것이다. 물론 이런 차이는 인간의 일상생활에 영향을 크게 미칠 만큼의 오차는 아니지만 정밀과학기술에는 고정불변의 기준이 절대적인 요소이기 때문에 이번 도량형 총회에서 국제사회는 언제든 변할 수 있는 '물체' 대신, 영원히 변치 않는 '상수'로 기본 단위를 새롭게 정의하기로 합의한 것이다.

우선 킬로그램의 재정의에는 기본 물리 상수 중 하나인 '플랑크 상수(h, 6.626×10^{-34} J·s)'를 이용하기로 하였다. 플랑크 상수는 빛에너지와 파장 사이의 관계를 설명하는 양자역학 상수이다. 실험적으로 플랑크 상수는 물리적 에너지(중력 에너지와)와 전기적 에너지를 비교하는 장치인 '키블 저울(kibble balance)'로 이 상수를 도출한다.

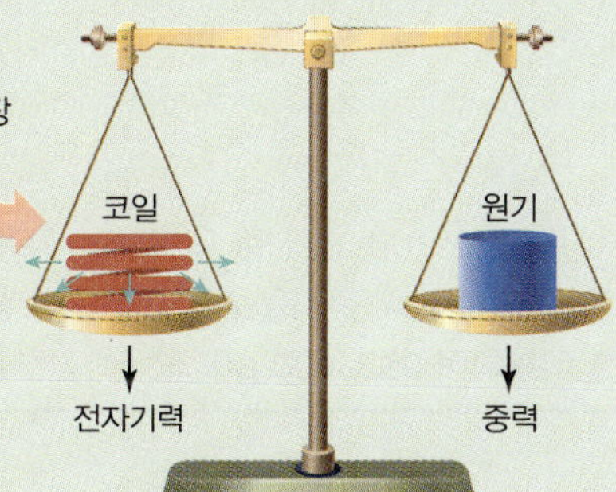

영국의 물리학자 브라이언 키블의 이름을 딴 이 저울은 양팔 저울처럼 생겼으며 저울 한쪽에는 1 kg 물체를 올려놓고 다른 한쪽은 전기로 발생한 자력으로 균형을 맞춘다. 질량 측정의 정밀도는 10억분의 1 수준이다. 오늘날의 발전된 키블 저울은 질량 모드(weighing mode)와 운동 모드(moving mode)로 측정이 가능하다. 두 모드를 통해 측정된 전자기력과 중력의 관계식으로부터 질량 m인 추의 질량을 정확하고 동시에 변하지 않는 플랑크 상수로 유도할 수 있다.

플랑크 상수를 제외한 모든 인자는 실험을 통해 정확한 계산이 가능하다. 이로서 매우 안정적인 kg이 정의되었다.

$$m = \frac{1}{gv}\frac{n^2 i}{4} f^2 h$$

m = 추의 질량
g = 중력 가속도
v = 운동 모드에서 저울 코일의 이동 속도
n = 전류를 흘려주는 초전도체가 연결된 개수
f = 시간에 따른 전극간의 위상 차이의 변화
i = 전자 밀도
h = 플랑크 상수

새 1 kg의 정의는 전류, 온도, 물질의 양 단위인 '암페어'(A), '켈빈'(K), '몰'(mol)에 대한 정의도 함께 세계측정의 날인 2019 5월 20일부터 산업계 및 학계에서 공식적으로 사용되었다.

© realpeople/Shutterstock

1.5 유효 숫자와 과학적 표기법

다른 관찰자가 측정한 데이터를 넘겨받아서 활용한다고 가정할 때, 그 넘겨받은 측정값을 얼마만큼 신뢰할 수 있을까? 모든 측정값에는 이른바 유효 숫자라는 개념이 존재한다. 타인이 측정한 결과를 볼 때 우리는 유효 숫자의 개념을 가지고 그 값을 이후에 목적에 맞게 활용하여 필요한 연산에 이용하기도 한다. 여기서 **유효 숫자(significant figure)**란 **측정자가 측정수단(도구)을 이용하여 최대한 가늠하여 읽고 판단해 낸 수치의 자릿수**를 말한다. 개념이 다소 추상적이고 익숙하지 않아 이해하기 어려울 수 있다. 다음과 같은 몇 가지 사례를 통해서 유효 숫자를 공부해 보자.

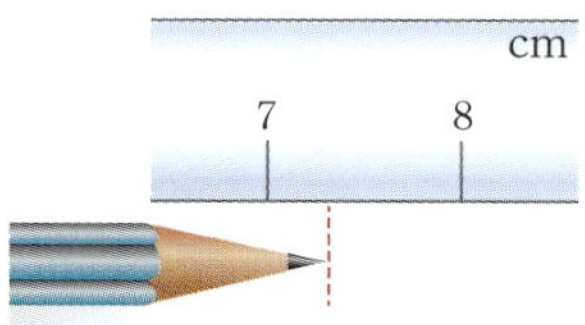

사례 1

남수는 평소 집에 있는 1 cm 간격으로 눈금이 새겨진 자를 이용하여 문구점에서 구매한 연필 한 자루의 길이를 측정해 보았다. 그 결과, 7.3 cm라는 측정값을 얻었다.

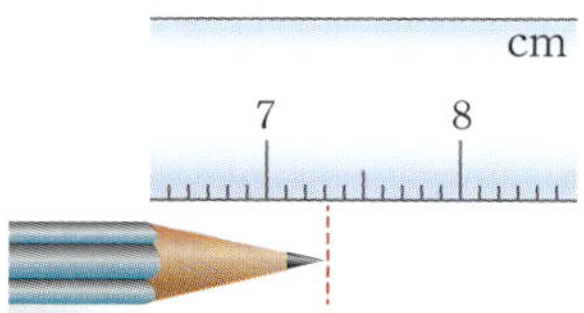

사례 2

남수의 동생 팽수는 사례 1에서 형이 구매한 그 연필을 0.1 cm 간격으로 눈금이 새겨진 자를 이용하여 길이를 새롭게 측정해 보았다. 그 결과, 7.32 cm라는 측정값을 얻었다.

먼저 사례 1과 2를 통해서 우리가 확인한 연필 길이의 측정값은 7.3 cm와 7.32 cm일 것이다. 유효 숫자의 정의대로 두 값 모두 측정도구의 눈금과 눈금 사이의 값까지 최대한 가늠하여 읽어낸 값이므로 모든 숫자가 다 유효 숫자라고 봐야 한다. 따라서 이런 상황에서 우리는 측정값 7.3 cm은 숫자 7과 3이 모두 유효 숫자이므로 **두 자리의 유효 숫자를 갖는 측정값**이라고 부르고, 측정값 7.32 cm은 숫자 7, 3, 2가 모두 유효 숫자이므로 **세 자리의 유효 숫자를 갖는 측정값**이라고 부른다. 강조하여 설명하지만, 유효 숫자는 그 측정값을 측정하는 측정자가 도구를 이용하여 실질적으로 어디까지 판단하여 그 값을 읽어냈는지가 중요하다.

그럼 추가 사례를 또 살펴보자.

사례 3

식품과학연구소에 근무하는 영희와 상만은 실험 시료인 소고기 한 덩어리의 질량을 측정하기 위해 실험실에 있는 두 대의 정밀 전자저울을 사용하였다. 영희는 저울 A를 이용하여 정확히 602.1 g이라는 측정값을 확인하였고, 상만은 저울 B를 이용하여 602.100 g이라는 측정값을 확인하였다.

사례 4

철수는 평소 주인을 잘 아는 정육점을 방문해서 소고기 한 근을 주문했다. 통상 고기 한 근은 600 g이므로 잠시 뒤 정육점 주인은 큰 고깃덩어리를 일정 크기로 잘라서 저울(용수철 바늘 저울)에 올려 무게를 확인한 뒤, 포장하여 철수에게 건네주었다.

이번에는 사례 3과 4를 서로 비교하면서 생각해 보자. 먼저 사례 3의 영희는 실험실에서 저울 A를 이용하여 602.1 g을 측정하였는데, 전자저울로 측정하였고 이 측정치는 영희가 아무리 노력을 한다고 해도 전자저울의 특성상 소수점 첫째 자리까지만 확인할 수 있다. 즉, 그 이후 자리는 전혀 예상조차 불가능하다. 반면에 상만이 사용한 저울 B는 저울 A보다는 상대적으로 더 정밀측정이 가능하여 소수점 셋째 자리까지 표시가 가능하였으며, 602.100 g이라는 측정값을 확인하였다. 반복하여 강조하지만 유효 숫자란 측정자가 **측정 도구를 이용하여 최대한 가늠하여 읽고 판단**해 낸 측정지의 자릿수로 정의하기 때문에 영희의 측정치 602.1 g는 **유효 숫자가 네 자리**(6, 0, 2, 1이 유효 숫자)이며, 상만의 측정치 602.100 g는 **유효 숫자가 여섯 자리**(6, 0, 2, 1, 0, 0이 유효 숫자)이다.

사례 4의 경우, 정육점에서 사용하는 저울이 전자저울이 아닌 바늘로 나타내는 용수철 눈금 저울인 관계로 상황에 따라서 정확한 600 g의 고깃덩어리가 아닐 수도 있다. 결국 첫 글자 6만이 정확히 측정된 유효 숫자 한 자리 측정값일 수도, 아니면 6과 0까지만 정확히 측정된 유효 숫자 두 자리인 측정값일 수도, 혹은 모든 숫자가 정확히 측정된 유효 숫자 세 자리인 측정값일 수도 있다.

이제 마지막으로 사례 5와 6을 살펴보자.

사례 5

삼국사기에 의하면 612년 수나라가 고구려를 침략했을 때 병력의 수가 30만 명인 것으로 기록되어 있다.

사례 6

사례 6. 방송국 인터뷰 과정에서 강원도 꿀벌 양봉업자 A씨는 "여왕벌이 한 마리와 함께 대략 7,000마리의 일벌이 함께 움직인다."라고 밝혔다.

사례 5와 6에서 각각 언급되는 30만 명(300,000명)의 군사의 수와 7,000마리의 꿀벌의 수는 일의 자리까지 확실하게 도구를 이용하여 측정된 것이 아닌 대략적인 값이므로 모든 숫자가 다 유효 숫자가 아니다. 역사서에 기록된 군사의 수 300,000명은 앞의 3과 0의 숫자만 유효 숫자이고 이후는 세세하게 정확히 측정이 되지 않았기 때문에 **유효 숫자 두 자리인 측정값**이라고 봐야 한다. 꿀벌의 수 7,000마리도 맨 앞의 7까지는 유효 숫자라고 볼 수는 있지만 나머지 세 개의 숫자 0은 유효 숫자인지 여부가 명확하지 않기 때문에 **유효 숫자 한 자리인 측정값**이라고 해야 한다.

따라서 유효 숫자를 판단하는 기준은 다음과 같다.

- 규칙 1 0이 아닌 모든 숫자는 유효 숫자이다. 4.112 m는 4개의 유효 숫자를 가진다.
- 규칙 2 측정값에 표기 되는 숫자 0의 경우, 다음 규칙에 따라서 유효 숫자가 일수도 아닐 수도 있다.

'0'의 형태	보기	규칙
소수점의 왼쪽에 있는 0	0.0123 m	소수점 왼쪽의 0은 유효하지 않다. 단지, 소수점을 표기하는 수단이다.

소수점의 오른쪽에 있는 0	0.00213 m	소수점 오른쪽의 두 0도 유효하지 않다. 다만, 수의 크기를 나타내는 역할을 한다.
유효 숫자 사이에 들어 있는 0	5002 mm	이 0은 유효하다. 유효 숫자에 해당한다.
소수점 이하 맨끝에 있는 0	12.30 mL	소수점 이하 맨 끝의 0까지 확실히 측정하여 읽어낸 값이므로 이때의 0은 유효 숫자이다.
0이 아닌 숫자의 오른쪽에 있는 0	1200 kg	이 경우의 두 0은 애매한 숫자이므로 유효 숫자일 수도 있지만, 그저 크기만 나타내기 위해 사용되어 유효 숫자가 아닌 0일 수도 있다.

- 규칙 3 **완전수(perfect number)**의 모든 자리의 숫자는 유효 숫자이다. 운동장에 서 있는 13명의 사람을 하나하나 세어 측정했다면 정확하고 확실한 13명이라는 측정값이 나온 것이다. 좀 더 명확히 말하자면, 여기서 말하는 13명이라는 측정값은 실제로 운동장에는 13.24명의 사람이 있는데, 측정하는 도구나 측정 방법에 불확실성이 있어서 어쩔 수 없이 일의 자리인 13명이라고밖에 측정이 된 값이 절대 아니라는 것이다. 운동장에 실제로 서 있는 인원수인 참값이 13명, 그리고 측정자가 측정한 값도 13명이다. 그래서 **참값과 측정값이 일치하는 그 수**를 완전수라고 한다. 이런 완전수의 경우 몇 자리가 되었든 모든 자리가 다 유효 숫자이다.

  또한 이후에 환산 인자라고 공부하게 될, 1 m = 100 cm처럼 **확실히 정의되어 있는 수**에서 숫자 1과 100은 부인할 수 없는 명확한 수이다. 이렇게 명확하고 정확한 수는 표기하는 모든 숫자가 유효할 수밖에 없다. 마지막으로 **평균 같은 것을 계산하기 위해 여러 수를 전체적으로 더해주고 나서 나누어 주는 수**(n)의 경우도 완전수에 해당된다.

예제 1.6

다음 각 경우에서 유효 숫자가 몇 개인지 판단하시오.

(a) 열차 탑승 요금 $25.03

(b) 이번 경기에 참여한 ○○고교 축구부 학생은 후보선수 포함해서 13명이다.

(c) 아프리카 국가들의 국내선 여객기의 2년간 평균 순항 거리 72,100 km

(d) 이번에 인도양 해저 심층에서 발견된 박테리아의 크기는 0.036653 mm이다.

(e) 7.2100×10^{-9} L의 수증기

풀이

(a) 가격이나 요금을 나타내는 값은 일반적으로 대략적이 아닌 정확한 값으로 확인된 수로 모든 숫자가 유효 숫자이다.

(b) 사람은 셀 때 한 명 한 명 확실하게 세서 측정한다. 13명 정도의 운동선수의 작은 수는 사람이 세서 측정한 수와 실제값이 완벽히 일치하는 완전수이다.

(c) 수많은 여객기의 대략적인 평균치를 설명하는 과정에서 나온 수는 모든 자릿수가 다 유효 숫자라고 단정할 수 없다.

(d) 박테리아의 크기를 소수점 여섯 번째 자리까지 측정하여 말한 값이므로 0이 아닌 숫자 앞의 0을 제외하고는 모두 유효 숫자로 봐야한다.

(e) 과학적 표기법($a.bc \times 10^n$)으로 적은 숫자는 곱셈 기호(×) 앞의 모든 숫자를 유효 숫자로 생각한다.

정답

(a) 유효 숫자 네 자리 (2, 5, 0, 3)

(b) 유효 숫자 두 자리 (완전수로서 1, 3)
(c) 최소 유효 숫자는 세 자리(7, 2, 1)이나 상황에 따라 유효 숫자가 네 자리(7, 2, 1, 0) 또는 다섯 자리(7, 2, 1, 0, 0)일 가능성도 있다.
(d) 유효 숫자 다섯 자리 (3, 6, 6, 5, 3)
(e) 유효 숫자 다섯 자리 (7, 2, 1, 0, 0)

응용문제 1.6

세 학생이 줄자를 이용하여 측정한 막대사탕의 길이가 21.30 cm, 21.33 cm, 21.34 cm이었다.
(a) 각 측정값에서 어림잡은 숫자는 무엇인가?
(b) 측정값마다 확실한 숫자는 몇 개씩인가?
(c) 각 측정값의 유효 숫자는 몇 개인가?

유효 숫자는 측정값이 어느 자리까지 신뢰할 수 있는 의미를 가지고 있는지를 나타내는 수단이라 할 수 있다. 이런 측정값의 유효 숫자 자릿수가 드러나도록 숫자를 표기하는 방법을 **과학적 표기법(scientific notation)**이라고 한다. 과학적 표기법은 다음과 같이 계수와 10의 지수 부분으로 표기한다.

통상적인 측정치 과학적 표기법으로 기입한 측정치

$$0.0003240\ \text{g} = \underline{3.240} \times \underline{10^{-4}}\ \text{g}$$

(유효 숫자 4자리) 계수 10의 지수

만약, 유효 숫자가 세 자리인 7.31 cm라는 측정값의 단위를 어떤 필요에 의해서 마이크로단위(μm)로 바꾼다면 이 값은 7,310,000 μm이 될 것이다. 그럼 이때의 7,310,000 μm는 유효 숫자가 일곱 자리일까? 그렇지 않다. 눈금을 정확히 보고서 측정한 숫자는 7과 3과 1이기 때문에 유효 숫자가 세 자리인 값임에는 변화가 없다. 따라서, 이렇게 단위 변환을 했음에도 유효 숫자가 어디까지인지를 확실하게 보여 주려면 과학적 표기법에 따라 7.31×10^6 μm로 나타내야 한다.

1.7 예제

다음 측정값을 과학적 표기법으로 적으시오.
(a) 3025 ft
(b) 0.001 mile
(c) 3500 g

정답
(a) 3.025×10^3 ft
(b) 1×10^{-3} mile
(c) 이 값의 유효 숫자가 네 자리라면 3.500×10^3 g, 세 자리라면 3.50×10^3 g, 두 자리라면 3.5×10^3 g

응용문제 1.7

모 기업의 반도체 소재 연구실에서 근무하는 정상철 대리는 선임 연구원의 지시로 이번 신제품 소자에서 발생하는 미세 전류를 측정하라는 지시를 받고 측정을 실시하였다. 측정 결과는 평균 0.0342 A(암페어)로 나와서 그대로 결과를 보고하였으나, 단위가 지나치게 크다는 지적과 함께 μA(마이크로암페어)로 다시 보고하라고 지시받았다. 이때, 정 대리는 어떻게 수치를 바꾸어서 보고해야 맞을까? 과연 꼭 과학적 표기법을 써서 보고해야 하는 이유는 무엇일까?

1.6 유효 숫자를 고려한 연산

화학에서는 기본적으로 많은 연산을 수행한다. 연산 과정에서 사용하는 숫자들이 측정된 값이며 값마다 각기 다른 유효 숫자 자릿수가 있다면, 최종적으로 연산을 마치고 나온 계산 결과의 유효 숫자를 어떻게 즉, 어느 자리까지 처리해야 할지도 고민해 봐야 한다.

우리가 가장 많이 하는 연산은 바로 가감승제(덧셈, 뺄셈, 곱셈, 나눗셈)일 것이다. 그리고 이공계 학문에서는 가감승제에 못지않게 로그(log) 연산 및 제곱근이나 세제곱근 연산도 빈번하므로 이들의 경우에 대하여 계산 결과의 유효 숫자처리를 어떻게 하는지 순차적으로 알아보자.

덧셈 및 뺄셈 연산에서의 유효 숫자 정리법

덧셈/뺄셈의 연산에서는 사용한 숫자 중 각 유효 숫자와는 상관없이 가장 정밀도가 낮은 수와 동일한 정밀도로 맞추어서 계산 결과를 정리한다. 이때, 반올림을 적용하여 정리한다.

둘 이상의 수를 더하거나 뺄 때, 계산에 사용하는 각 수의 유효 숫자에서 자릿수의 위치를 눈여겨봐야 한다. 다음과 같이 어떤 화학교수가 커피 한 잔을 타 마시는데, 뜨거운 물과 커피가루, 설탕, 프림의 양을 일일이 저울로 질량을 측정해서 만든다고 가정해 보자.

	질량(g)	
뜨거운 물:	230	(유효 숫자 세 자리, 일의 자리까지만 측정되어 알 수 있는 값)
커피 가루:	48.125	(유효 숫자 다섯 자리, 소수점 이하 세 자리까지만 측정되어 알 수 있는 값)
설탕 가루:	9.1	(유효 숫자 두 자리, 소수점 이하 첫 자리까지만 측정되어 알 수 있는 값)
+) 프림 가루:	2.51	(유효 숫자 세 자리, 소수점 이하 두 자리까지만 측정되어 알 수 있는 값)
총 질량:	289.735 →	290 g 또는 2.90×10^2 g (유효 숫자 세 자리, 일의 자리까지만 확실한 양)

이 예시처럼 교수가 제조한 커피 용액의 질량을 단순 계산으로 모든 값을 더한 289.735 g이라고 말할 수 있을 것이다. 다만, 유효 숫자의 개념을 적용한다면, 이는 옳은 답이라고 할 수 없다. 이 덧셈에 사용된 모든 숫자를 살펴보면, 커피 가루는 소수점 세 자리까지는 측정을 거쳐서 읽은 값이므로 확실히 확인된 값이고, 반면에 뜨거운 물은 일의 자리까지밖에 정확히 측정되지 않아 그 이후 자릿수(소수점 이하)는 정확히 알 수 없는 수이다. 이 때문에 최종적으로 계산되어 나온 289.735 g에서 2, 3, 9 까지만(일의 자리까지만) 확실히 알 수 있는 값이고 나머지 7, 3, 5는 확실히 알 수 없는 값이 된다. 이 점을 고려하여 소수점 첫 자리에서 반올림을 한 290 g이 최종 계산값이 된다. 또한 이 값의 유효 숫자는 2, 9, 0으로 세 자리이기 때문에 과학적 표기법으로 나타낸다면 2.90×10^2 g이라고 해야 한다.

결국, **사용된 숫자들 중 정밀도가 가장 낮은 측정값(일의 자리의 정밀도)인 뜨거운 물의 질량값의 정밀도와 동일하게 일의 자리까지만 살려서 최종 계산결과를 정리한 것**이라고 볼 수 있다.

곱셈과 나눗셈 연산에서의 유효 숫자 정리법

> 곱셈 혹은 나눗셈 연산에서는 사용한 숫자 중 가장 유효 숫자 자릿수가 가장 작은 수와 동일하게 계산 결과의 유효 숫자를 정리한다. 이때, 반올림을 적용하여 정리한다.

곱셈과 나눗셈에 대한 다음의 예시를 살펴보자.

$$4.000 \div 1.0 \times 1.00 = 4.0$$

유효 숫자 — 네 자리, 두 자리, 세 자리, 두 자리

이 예시에서 곱셈과 나눗셈 연산 과정에서 사용한 숫자 중 1.0이 가장 작은 유효 숫자 자릿수, 즉 두 자리인 숫자이기 때문에 계산 결과도 유효 숫자 두 자리로 정리한다. 덧셈 또는 뺄셈의 연산 과정과는 다르게 사용한 수의 정밀도와는 상관없이 최소 유효 숫자 자릿수에만 신경을 쓰면 된다.

로그(log) 연산에서의 유효 숫자 정리법

> 유효 숫자 자릿수가 n개인 수를 로그 연산 처리를 했을 경우, 그 연산 결과는 $n+1$개의 자릿수로 유효 숫자를 정리한다. 이때, 반올림을 적용하여 정리한다.

다소 생소하게 개념일 수 있기에 아래와 같은 예시를 들어서 설명한다.

$$-\log(2.7 \times 10^{-3}) = -2.568636\cdots = -2.57$$

유효 숫자 두 자리 (2.7) — 소수점 이하 두 자리까지 반올림 처리 (.57)

유효 숫자 두 자리인 수 2.7×10^{-3}에 밑이 10인 지수로그(log10 또는 log)로 처리하면, 계산기의 화면에는 −2.568636⋯이라고 나올 것이다. 이때, **소수점 앞 숫자 한 자리만을 남겨 두고 이후 소수점 이하로 두 자리까지만** 반올림 처리하여 −2.57로 정리한다. 이유는 위 예시의 연산 과정을 아래와 같이 연산을 풀어 보면 확실한 수(완전수)와 불완전한 1보다 작은 소수 사이의 덧셈 혹은 뺄셈이기 때문이다.

$$-\log(\underline{2.7} \times \underline{10^{-3}}) = -\log 2.7 + -\log 10^{-3} = -0.\underline{42}13\cdots + \underline{3} = -2.\underline{56}8636\cdots$$

- 2.7: 유효 숫자 두 자리 측정값
- 10^{-3}: 10의 지수승을 나타내는 완전수
- 0.42: 유효 숫자 두 자리 측정값
- 3: 완전수 (확실한수)
- .56: 유효 숫자 두 자리 측정값

이와는 반대로 아래와 같이 역로그 연산을 한다면 유효 숫자에 대해서 어떻게 처리해야 하는지는 충분히 유추하여 이해가 될 것이다.

$$10^{-2.57} = 0.002691\cdots = 0.0027 = 2.7 \times 10^{-3}$$

↑ 반올림하여 유효 숫자 두 자리로 정리

제곱근이나 세제곱근 연산에서의 유효 숫자 정리법

> 제곱근($\sqrt{\ }$) 연산을 할 때, 대상 측정값의 유효 숫자가 "n"개라면 계산 결괏값의 유효 숫자는 "$n+1$"개로 맞춘다. 이때, 반올림을 적용하여 정리한다.
>
> 세제곱근($\sqrt[3]{\ }$) 연산을 할 때, 대상 측정값의 유효 숫자가 "n"개라면 계산 결괏값의 유효 숫자도 "n"개이다(바뀌지 않음). 이 때에도 반올림을 적용하여 정리한다.

다음의 예시와 같이 제곱근과 세제곱근의 유효 숫자를 정리한다.

사칙연산에서는 괄호로 묶여 있는 연산을 최우선으로 먼저하고, 다음으로 괄호로 묶이지 않은 곱셈과 나눗셈을 우선으로 계산하고, 덧셈과 뺄셈을 먼저 나온 연산(가장 왼쪽에 있는 연산)부터 계산한다.

$$\sqrt{2.00} = 1.41421356\cdots = 1.414$$

2.00의 유효 숫자 개수가 **3**개이므로, 유효 숫자 **4**개로 맞춘다.

$$\sqrt[3]{23.9} = 2.88048\cdots = 2.880$$

23.9의 유효 숫자 개수가 **3**개이므로, 유효 숫자 **4**개로 맞춘다.

예제 1.8

유효 숫자를 적용하여 다음 연산을 계산하시오.

(a) 1.6 + 23 − 0.005

(b) (1.039 − 1.020) ÷ 1.039

(c) 100.21 + log (3.701 × 10^{13})

정답

(a) 25

(b) 1.8 × 10^{-2}

(c) 113.78

응용문제 1.8

유효 숫자를 적용하여 다음 연산을 계산하시오. 모 공업 단지에서 배출되는 하수의 산성도 pH를 측정하였더니 6.132가 측정되었다. 이때, 수소 이온의 농도 $[H^+]$를 계산하시오. (단, pH = −log $[H^+]$, 여기서 $[H^+]$의 단위는 M(몰농도)이다.)

1.7 단위 환산

보통 우리는 단위를 사용하여 측정값을 표기하고, 필요에 따라서 그 단위를 바꾸면서 측정값을 조정하여 변형하는 과정을 거치기도 한다. 예를 들어,

4 m(미터) → 400 cm(센티미터)
100 inch(인치) → 254 cm(센티미터)
20 lb(파운드) → 0.90 kg(킬로그램)
18 m^3(세제곱미터) → 1.8×10^3 L(리터)

이와 같이 상황이나 목적에 맞게 기존의 단위를 다른 단위로 바꾸는 작업을 **단위 환산**(**unit conversion**) 또는 **차원 변환**(**dimension conversion**)이라고 한다. 이런 단위 변환을 하기 위해서는 바꾸기 전 단위와 바꾼 후 단위 간의 등가 관계가 명확하게 정의 내려진 **환산 인자**(**conversion factor**)가 있어야 한다(표 1.5).

반올림 법

1. 반올림할 숫자의 바로 뒤의 숫자가 0~4이면 버린다.
2. 반올림할 숫자의 바로 뒤의 숫자가 6~9이면 올린다.
3. 반올림할 숫자의 바로 뒤의 숫자가 5라면,
– 5 이후에 0을 포함하는 숫자가 하나라도 있다면 올린다.
– 5 이후에 어떤 값이라도 확실하게 없다면(즉, 0을 포함한 숫자 자체가 없다면) 5 앞의 수가 홀수인 경우에만 올리고, 5 앞의 수가 짝수이면 버린다.

표 1.5 몇 가지 대표적인 환산 인자

1 m = 100 cm
1 inch = 2.54 cm
1 lb = 0.45359 kg
1 m^3 = 1000 L

표 1.5는 예시에 해당하는 환산 인자만 몇 가지 골라서 나타낸 것이지만, 실제 이 세상에 무수히 많이 존재하는 각종 도량형 단위의 환산 인자는 이 책의 마지막에 있는 **부록 A**에 있으니 각종 예제나 연습문제 등에서 단위 변환을 할 때, 적극적으로 활용하도록 한다.

환산 인자를 사용하여 단위 변환을 하는 데에는 아래와 같은 규칙이 있다.

1. 바꾸고자 하는 단위를 소거하고 원하는 단위가 계산되어 나올 수 있도록 본래 측정값에 환산 인자를 아래와 같은 분수 형태로 곱해준다.

$$\text{단위 A} \times \underbrace{\left(\frac{\text{단위 B}}{\text{단위 A}}\right)}_{\text{환산 인자}} = \text{단위 B}$$

예 $$20\ \text{lb} \times \left(\frac{0.45359\ \text{kg}}{1\ \text{lb}}\right) = 0.90\ \text{kg}$$

2. 환산 인자는 두 단위 간의 등가관계를 정의한 것이므로 완전수로 취급한다. 따라서, 계산 결과의 유효 숫자에는 어떠한 영향도 미치지 않는다.

환산 인자를 사용하여 단위를 변환하는 것이 번거롭거나 시간이 많이 걸리는 과정이라고 생각할 수는 있으나 예제 1.9나 예제 1.10에서 알 수 있듯이 여러 단위를 거쳐서 단위를 변환해야 할 경우 복합적으로 환산 인자를 중첩하여 사용해야 하는 경우가 있다. 이런 경우는 환산 인자를 이용한 단위 변환법을 이용해야만 실수 없이 계산이 가능하고 이것이 결과적으로 더 빠른 계산이 되는 경우가 흔하다.

예제 1.9

밀가루 1.50 lb는 몇 그램인가? 부록 A의 환산 인자를 참고하여 계산하시오.

풀이

관련 환산 인자: 1 lb = 453.59 g

$$1.50\ \text{lb} \times \frac{453.59\ \text{g}}{1\ \text{lb}} = 6.80 \times 10^2\ \text{g}$$

정답

6.80×10^2 g

응용문제 1.9

배스킨라빈스31에서 초코 아이스크림을 1.000 L 가까이(그러나 넘지는 않게) 구매하려고 한다. 파인트(pint, pt) 컵으로 몇 개 정도 주문을 해야 할까? 부록 A의 환산 인자를 참고하여 계산하시오.

예제 1.10

한국으로 유학을 온 교환 대학생 토마스가 편의점에서 아르바이트를 하고 이번 달에 편의점 사장으로부터 미화 700달러를 받았다고 한다. 토마스의 시급이 9,900원이고, 현재 달러 환율이 1,300원/달러라고 할 때, 토마스는 지난 한 달 동안 총 몇 초를 편의점에서 일한 것일까?

풀이

먼저 사용할 수 있는 환산 인자를 확인해 보면 다음과 같다.

1시간 = 60분
1분 = 60초
근무시간 1시간 = 급여 9,900원
1달러 = 1300원

위 환산 인자를 잘 조합해서 연산식을 세우면 다음과 같다.

$$\text{급여 700달러} \times \frac{1300\text{원}}{1\ \text{달러}} \times \frac{\text{근무시간 1시간}}{\text{급여 9900원}} \times \frac{60\text{분}}{1\text{시간}} \times \frac{60\text{초}}{1\text{분}} = \text{근무시간 330,909초}$$

정답

근무시간은 330,909초이다.

응용문제 1.10

이 책의 맨 마지막에 있는 부록 A의 환산 인자표를 이용하여 시속 32.5마일(mile/h)이 몇 m/s인지 계산하시오.

핵심 요약

1.4 측정의 불확실성(정확도와 정밀도)

- 오차(error)는 참값과 측정값(measured value)의 차이를 말한다.
- 오차(error)는 계통 오차(systematic error)와 우연 오차(random error) 두 가지가 있다.
- 정확도(accuracy)는 측정값이 실제값에 얼마나 가까운가를 의미한다.
- 정밀도(precision)는 두 번 이상 반복해서 측정할 때 그 측정값이 서로 얼마나 근접한가를 의미한다.
- *n*회 반복 측정하는 실험에서 측정 결과는 통상 정확도는 전체 측정값들의 평균(mean value)으로, 정밀도는 표준편차(standard deviation)로 나타내어 기록한다.

1.5 유효 숫자와 과학적 표기법

- 유효 숫자(significant figure)란 '측정자가 측정수단(도구)을 이용하여 최대한 가늠하여 읽고 판단해 낸 수치의 자릿수'를 말한다.
- 측정값의 유효 숫자 자릿수가 드러나도록 숫자를 표기하는 방법을 과학적 표기법(scientific notation)이라고 한다.
- 완전수(perfect number)의 모든 자리의 숫자는 유효 숫자이다.

1.6 유효 숫자를 고려한 연산

- 덧셈/뺄셈의 연산에서는 사용한 숫자 중 각 유효 숫자와는 상관없이 가장 정밀도가 낮은 수와 동일한 정밀도로 맞추어서 계산 결과를 정리한다. 이때, 반올림을 적용하여 정리한다.
- 곱셈 혹은 나눗셈 연산에서는 사용한 숫자 중 가장 유효 숫자 자릿수가 가장 작은 수와 동일하게 계산 결과의 유효 숫자를 정리한다. 이때, 반올림을 적용하여 정리한다.
- 유효 숫자 자릿수가 n개인 수를 로그 연산 처리를 했을 경우, 그 연산 결과는 $n+1$개의 자릿수로 유효 숫자를 정리한다. 이때, 반올림을 적용하여 정리한다.
- 제곱근($\sqrt{\ }$) 연산을 할 때, 대상 측정값의 유효 숫자가 "n"개라면 계산 결괏값의 유효 숫자는 "$n+1$"개로 맞춘다. 이때, 반올림을 적용하여 정리한다.

1.7 단위 환산

- 바꾸고자 하는 단위를 소거하고 원하는 단위가 계산되어 나올 수 있도록 본래 측정값에 환산 인자를 분수 형태로 곱해준다.
- 환산 인자는 두 단위 간의 등가관계를 정의한 것이므로 완전수로 취급한다. 따라서, 계산 결과의 유효 숫자에는 어떠한 영향도 미치지 않는다.

핵심 용어 정리

용어	정의
정밀도(precision)	반복 측정값의 재현성 정도
정확도(accuracy)	측정값이 참값과 일치하는 정도
계통 오차 (systematic error)	참값과 측정값 사이의 소멸되지 않는 근원적인 오차
우연 오차 (random error)	우연적으로 발생하는 예상치 못한 또는 예상하지 못한 오차
측정(measurement)	물질을 관찰하는 수단의 하나
국제단위계(International system of Unit)	SI 단위계, 국제 도량형 표준 단위계
과학적 표기법(effusion)	유효 숫자를 알 수 있도록 10의 지수형태로 나타낸 숫자 표기법
환산 인자 (conversion factor)	차원 분석(단위 환산)을 위해 사용되는 두 단위의 등가관계를 나타내는 인자
차원 분석 (dimensional analysis)	환산 인자를 이용한 단위 분석 및 단위 변환
유효 숫자 (significant figure)	오차의 범위를 정확히 표시할 수 있는 수의 자리
원자 (atom)	간단하게 물질을 이루고 있는 기본 입자
분자 (molecule)	원자라고 하는 작은 입자가 두 개 이상 결합하여 고유한 화학적 성질을 띠는 단위체가 된 입자
참값(true value)	측정 대상이 지니고 있는 정확한 실제 물리량(실제값)

Deep Insight

완전수의 개념과 유효 숫자

중학교에 들어간 철수는 1학년 1학기 첫 중간고사를 보았다. 철수가 받아온 성적표에 적힌 세 과목의 점수는 아래와 같았다. 이때 철수의 전체 평균점수는 얼마일까?

과목	국어	영어	수학
점수	95	99	97

유효 숫자 규칙에 따라 철수의 평균점수는 아래와 같이 계산될 것이다.

$$평균점수 = (95 + 99 + 97) \div 3 = 291 \div 3 = 97점$$

하지만 유효 숫자 세 자리인 291을 유효 숫자 한 자리인 3으로 나눌 경우, '곱셈과 나눗셈'에서의 규칙대로라면 결괏값을 유효 숫자 한 자리로 조정해서 반올림까지 적용하면 평균점수가 97점이 아닌 100점이 된다. 여기서 우리는 숫자 3이 완전수라는 것을 고려하여 **계산 과정에서 완전수의 유효 숫자는 고려하지 않는다**라는 추가 규칙을 알고 있어야만 평균 97점이라는 정상적인 답을 얻을 수 있다.

완전수란 계산 과정에서 매우 확실한 수, 그리하여 계산에서 이 숫자 외에는 다른 숫자를 절대 쓸 수 없는 수를 말한다. 철수의 성적에서 세 과목의 평균점수를 내기 위해서는 반드시 정확히 3이라는 숫자로 총점을 나누어야만 한다. 3.1도 아니고 3.02도 아닌 정확히 3이라는 완전히 확실한 숫자, 그것이 완전수인 것이다. 이와 비슷한 다음 예를 생각해보자.

> 유효 숫자를 공부한 영희는 개당 600원인 사과 12개를 구매한 후 단위 환산법을 이용한 계산법으로 가게 주인에게 7천 원만을 지불하려고 하다가 경찰서에서 조사를 받게 되었다.

위 예에서 영희는 아마도 아래와 같이 구매한 사과 12개의 금액을 계산했을 것이다.

$$사과\ 12개 \times \frac{600원}{1개} = 7200원$$

하지만, 여기서 12는 유효 숫자 2개, 600은 유효 숫자 3개, 1은 유효 숫자 1개이기 때문에 '곱셈과 나눗셈'에서의 규칙을 적용하면 반올림하여 유효 숫자 한 자리로 7000원 이라는 결론에 도달한 것이다.

여기서도 완전수의 개념을 적용하지 않았기에 이러한 오류가 발생한 것이다. 환산 인자로 사용된 '사과 1개 = 600원'이라는 정의는 아주 확실하게 사과 개수와 금액의 정의를 내린 것이다. 즉 1개의 사과는 601원도 아니고 599원도 아닌 정확히 600원이고, 600원으로는 사과 1.5개도 2개도 아닌 꼭 1개의 사과만 살 수 있으므로 여기서 환산 인자로 사용되는 600과 1은 다른 숫자를 쓸 수 없는 완전수이다. 600과 1의 유효 숫자는 이 계산에서 고려 대상이 아닌 것이다. 따라서 정상적으로 영희는 사과 구입 가격으로 7200원을 모두 지불해야 하는 것이다. 또한, "사과 12개의 가격은 얼마인가?"라는 명확한 질문을 하였을 때에는 질문자의 질문 의도가 11.5개의 사과도 아닌, 12.2개의 사과도 아닌 '정확히' 12개 사과의 금액을 물어본 것이므로 12도 완전수로 봐야 한다. 결국 위 상황에서는 어느 숫자도 유효 숫자를 생각해서는 안된다.

이 외에도 완전수로 봐야 할 여러 대상이 있다. 예를 들어. "3.21 L의 공기가 정확히 6배로 팽창하였다."라는 상황에서와 같이 단순한 숫자의 배수도 완전수로 보아야 늘어난 부피를 정상적인 계산 결과로 나타낼 수 있다. 또, 사람의 수나 동물의 수와 같이 정확한 정수로 소수점 이하가 모두 0임을 알 수 있는 확실한 숫자는 완전수로 생각한다.

완전수의 여부도 유효 숫자의 자릿수를 판단하는 경우와 같이 그 측정값이나 숫자가 나오게 된 배경, 즉 전후 사정을 확실히 따져봐야 알 수 있다. 한편으로는 완전수를 무시했을 경우 계산 결괏값에 매우 큰 오차가 발생할 수 있어 다소 까다롭더라도 계산과정에서 완전수의 존재를 꼭 살펴야 한다.

완전수에 관하여 정의를 내린 몇몇 해외의 수학 서적을 살펴보면 **"완전수의 유효 숫자는 무한개이다."**라는 표현이 있다. 이 직역된 설명을 보고 계산에 있어서 매우 혼란해 하는 이가 많은데, 이 말은 **"완전수는 그 모든 숫자가 매우 확실한 숫자이기 때문에 몇 자리의 숫자가 되었든 모두 유효 숫자로 봐야 한다."**라는 의미이다. 사람 121명, 사람 32212명, 사람 5321123명이라는 값은 각각 유효 숫자 3자리, 5자리, 7자리인 완전수이다. 즉, 완전수는 모든 숫자가 유효 숫자이므로 몇 자리의 숫자이든 신경 쓸 필요가 없다는 말이기도 하다.

연습문제

1.1 1 Å (옹스트롬) = 10^{-8} cm이다. 580 Å은 몇 m인가?

1.2 660 nm는 몇 cm인가?

1.3 수은의 밀도는 13.6 g/mL이다. 수은 450 mL(유효 숫자 세 자리)의 질량을 구하시오.

1.4 52주는 몇 피코초(ps)인가?

1.5 어떤 감기 환자의 체온이 102 °F이었다면 섭씨 온도로는 얼마인가?

1.6 고려 시대 말엽에 당나라 태종 이세민은 20만 대군을 이끌고 고려를 침공하였다고 역사서에 기록되어 있다. 여기서 말하는 20만 대군은 200,000명의 군사라는 뜻인데, 이 숫자의 유효 숫자는 몇 자리로 봐야 하는가?

1.7 괄호 안에 적절한 부등호(>, <, =)를 넣으시오.

(a) 32,120 mg (   ) 0.3212 kg

(b) 1.128 m^3 (   ) 1,128,310 cm^3

(c) 645 nm (   ) 0.645×10^6 mm

1.8 도넛 1다스(doz., 12개)에 $3.25이면 $123으로 도넛 몇 개를 살 수 있는가?

1.9 높이 0.50 cm, 폭 1.55 cm, 길이 25.00 cm인 납(Pb) 육면체의 질량이 220.9 g이라면 납의 밀도는 몇 g/cm^3인가?

1.10 다음 물음에 답하시오.

(a) 100 °F는 몇 °C인가?

(b) 63 °C는 몇 °F인가?

(c) 79 kg의 물체가 평균 속도 5.5 m/s로 움직일 때 몇 cal의 에너지가 소요될까? (1 cal = 4.18 J, 1 J = 1 $kg \cdot m^2/s^2$, 운동 에너지 $= \frac{1}{2}mv^2$)

1.11 9.85 L를 갤런으로 환산하시오.

1.12 다음 계측기에 의해 계측을 할 때 어느 단위까지 측정 결과를 나타내는 것이 바람직한가?

(a) 0.1 m 척도 계측기

(b) 1 kg 척도 계측기

(c) 1 mg 척도 계측기

(d) 0.01 g 척도 계측기

1.13 다음 설명이나 상황에서 등장하는 측정값이나 숫자들의 유효 숫자에 밑줄을 긋고, 유효 숫자의 개수를 밝히고, 완전수 여부도 밝히시오.

(a) 태양과 지구 사이의 거리는 약 150,000,000 km로, 천문학에서는 이 거리를 '천문단위(AU)'라고 합니다. 빛으로는 약 8분 19초가 걸립니다.

(b) 대한민국의 인공위성 우리별 2호의 고도는 820 km입니다. 우리별 2호는 1993년 9월 26일에 프랑스의 기아나 우주 센터에서 발사되어 태양동기궤도에 진입했습니다.

(c) 보건복지부에서는 2024년 대한민국의 기대수명은 남성이 81.4세, 여성이 87.1세라고 발표하였습니다.

(d) 인간게놈프로젝트에 참여하고 있는 과학자들은 인간 게놈지도를 정밀 분석한 결과 당초 10만 개쯤으로 추산된 인간의 유전자 수가 파리와 비슷한 20,000~25,000개 정도에 불과하다는 사실을 확인했다.

1.14 다음을 유효 숫자에 유의하면서 계산하시오.

(a) $2.54 \times 42.23 \times 0.1$

(b) $65.235 \times \frac{4.25}{25.05}$

1.15 다음을 계산하시오.

(a) $3.02 \times 10^{-2} + 9.3 \times 10^{-3}$

(b) $7.50 \times 10^{-5} + 2.345 \times 10^{-3}$

(c) $\frac{2.3 \times 23.5}{7.234}$

1.16 다음 수들을 반올림하여 정수로 나타내시오.

(a) 24.5 (b) 29.5

(c) 3.5 (d) 4.5

1.17 다음을 계산하고, 알맞은 유효 숫자를 사용하여 답을 구하시오.
(a) $(8.25 \times 10^{-5}) \times (5.442 \times 10^{-3})$
(b) $(4.68 \times 10^{16}) \div (9.1 \times 10^{-5})$

1.18 셔츠에 단추를 다는 공장에서 18초마다 단추 1개를 달 수 있는 작업자가 일하고 있다. 셔츠 한 장당 단추가 6개 달려야 하며, 이 작업자는 하루 출근해서 셔츠 120장을 완성한다. 셔츠 하나에 단추를 완벽하게 달면 작업자가 셔츠마다 800원의 급여를 받는다고 할 때, 이 작업자의 시간당 급여는 얼마인가? (주의: 필요한 환산 인자만 적절히 사용할 것)

1.19 1300 kg의 트럭이 115 km/hr로 달리고 있을 때, 운동 에너지를 계산하시오.

$$\text{운동 에너지(J)} = \frac{1}{2}mv^2$$

m(질량, kg), v(속도, m/s)

1.20 서울시 축구 선수단이 마시는 이온 음료의 정확한 산성도를 측정하기 위해 식품영양관리사 10명이 각각 pH를 측정하였고 그 결과가 다음 표와 같이 보고되었다. 이 측정 결과 최종평균값은 얼마이며 신뢰도는 어떻게 되는지 답하시오.

식품영양관리사	측정한 pH 값
김 씨	6.21
조 씨	6.22
황 씨	6.21
나 씨	6.31
정 씨	5.99
서 씨	6.02
장 씨	6.11
주 씨	6.19
황 씨	6.23
최 씨	6.30

1.21 어느 날 뉴스를 보니 미국의 서부텍사스산중질류(WTI)의 국제 유가가 갤런당 84.05달러라고 한다. 환율이 달러당 1,232원인 상황에서 이대로 한국이 이 원유를 수입한다면 리터당 얼마(원)짜리 기름을 수입하는 것일까? 부록 A를 참고하시오.

1.22 주어진 NaCl 수용액 100.0 mL에는 0.95 g의 NaCl이 녹아 있다. 이 NaCl 수용액의 부피가 1.00 L일 때, 그 속에 녹아 있는 NaCl의 질량(g)을 구하시오.

1.23 주어진 NaCl 수용액의 밀도는 1.051 g/mL이다. 이 NaCl 수용액 4.211 L의 무게는 몇 g인가? 과학적 표기법으로 답하시오.

1.24 어떤 수용액에서 $\text{pCa}(=-\log[\text{Ca}^{2+}])=3.457$인 경우, 이 수용액 속 칼슘 이온의 농도 $[\text{Ca}^{2+}]$의 값을 구하시오.

1.25 민식이는 밀도가 8.67 g/cm^{3}인 금속을 녹여서 무게(질량)가 83 g인 정육면체를 만들었다. 이 금속 정육면체의 한 변의 길이는 몇cm인가?

CHAPTER

2

물질과 원자, 그리고 분자

◀ 제주도와 거제 해금강의 주상절리는 육각형 형태의 구조를 이루면서 굳은 용암(마그마, magma) 고체이다. 용암처럼 세상의 모든 물질(matter, substance)은 고체, 액체의 형태로 존재할 수 있으며, 매우 높은 온도에서는 기체의 형태로도 관찰할 수 있다. (출처: pixabay)

2.1 물질의 분류

세상의 만물은 모두 원자라고 하는 입자로 구성 되어 있기 때문에 물질이라면 당연히 질량과 부피가 있다.

우리 주변의 모든 존재는 물질(또는 물체)이다.

이 명제를 한 번쯤은 들어 보았을 것이다. 물리 및 화학적인 정의에 의하면 **물질(matter)**이란 부피와 질량을 동시에 지니고 있는 존재를 뜻한다. 진공인 경우를 제외하고 부피가 있는 존재라면 질량도 반드시 있기 때문에 분명히 물질이라고 할 수 있다. 이러한 의미에서 적어도 지구상의 모든 존재, 심지어 우리가 들이쉬고 내쉬는 공기까지도 물질이라 할 수 있다(그림 2.1).

그림 2.1 자연의 모든 대상은 부피와 질량을 지닌 물질(matter)이다.

영어로 matter와 substance는 우리말로 똑같이 '물질'이라 번역되지만, 이 둘 사이에는 아주 명확한 차이가 있다. **Matter는 우리가 눈으로 볼 수 있는 모든 물질을 포괄하는 개념**이고, **Substance는 화학적으로 구분할 수 있는 개별적인 순물질을 의미**한다. 간단한 예시로 설명을 하자면, 바닷물은 matter지만, 순수한 물(H_2O)은 substance이다. 즉, 바닷물은 다양한 물질(소금, 미네랄 등)이 섞여 있어 matter이며, 그중 H_2O만 따로 떼어내면 substance가 된다.

구분	Matter	Substance
의미	모든 형태의 물질	특정한 화학 조성을 가진 물질
강조점	물리적 개념(공간+질량)	화학적 조성과 성질
포함 범위	모든 물질(혼합물 포함)	순물질(원소, 화합물)
예시	공기, 돌, 종이, 강철	순수한 물, 산소, 소금

이러한 matter로서의 물질에 관한 연구는 많은 과학자에 의해서 오랜 시간 화학의 역사와 함께 진행되었고, 그 과정에서 물질은 그림 2.2와 같이 분류되었다. 그림에서와 같이, 물질은 크게 순물질과 혼합물로 구별할 수 있다.

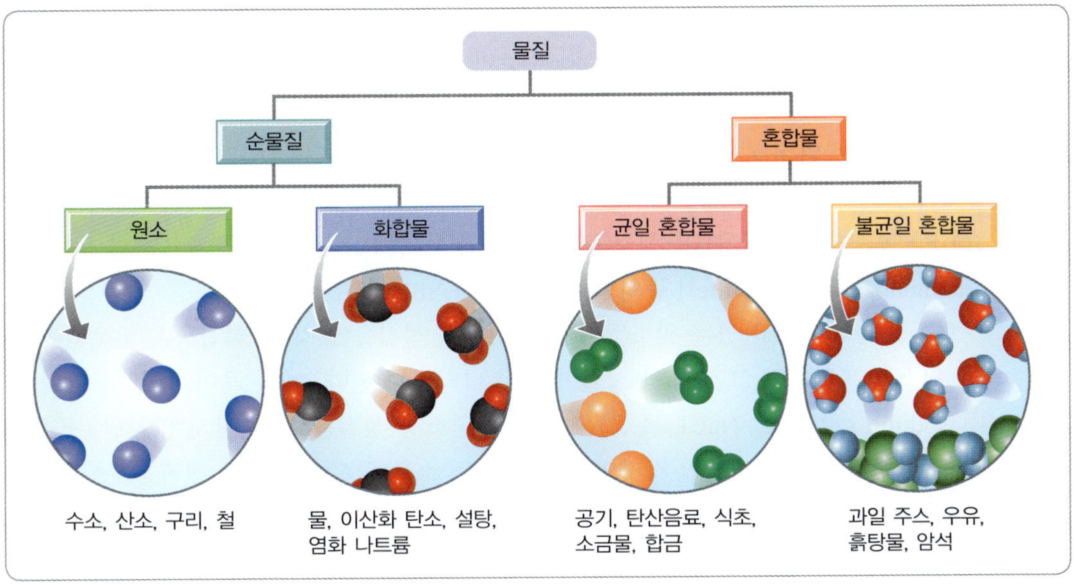

그림 2.2 물질의 분류

순물질(pure substance)이란 일정한 공간 안에 오직 한 가지 종류의 물질로만 순수하게 채워진 상태를 의미한다. 이와는 상대적인 의미인 **혼합물(mixture)**이란 일정한 공간 안에 두 가지 이상의 순물질이 섞여 있는 상태를 의미한다. 이러한 개념을 적용시켜 보면 그림 2.3에서 풍선 (a), (b), (c), (d)는 풍선이라고 하는 제한된 공간 안에 오로지 각각 한 종류의 기체만 담겨 있으므로 순물질이고, 풍선 (e)는 내부 공간에 여러 기체가 섞여 있는 혼합물이라고 할 수 있다. 순물질은 끓는점, 녹는점, 밀도, 용해도와 같은 성질이 일정한 반면, 혼합물은 이런 성질들이 일정하게 나타나지 않는다.

순물질은 다시 원소로서의 순물질과 화합물로서의 순물질로 나눌 수 있다. 사전적인 정의로 **원소(element)**란 화학적으로 가장 단순하고 안정한 상태로 더는 분리될 수 없는 물질을 뜻한다. 반면에 두 종류 이상의 원소들이 일정한 비율로 화학 결합을 하여 만들어진 순물질을 **화합물(compound)**이라고 정의한다.

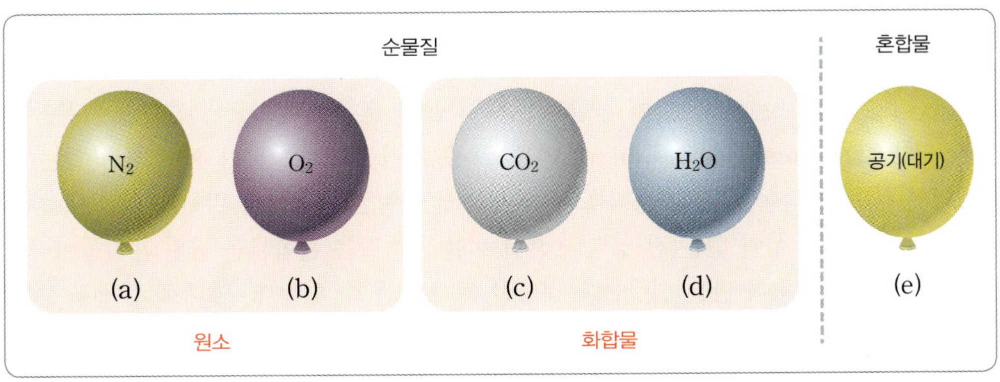

그림 2.3 원소와 화합물의 차이. (a) 질소 기체, (b) 산소 기체, (c) 이산화 탄소, (d) 수증기, (e) 공기(대기)

보다 쉽게 이야기하자면 순물질을 구성하고 있는 구성 성분 원소가 한 종류라면 이를 원소라고 하며, 구성 성분 원소가 두 종류 이상이라면 화합물이라 한다. 그림 2.3에서 순물질로 분류된 풍선 (a), (b), (c), (d) 중 질소(N_2) 기체와 산소(O_2) 기체가 채워진 풍선 (a)와 (b)는 각각 N(질소) 원소 한 종류와 O(산소) 원소 한 종류로만 이루어진 물질로서 원소로서의 순물질로 분류한다. 또한 이와 같은 기준에서 두 종류의 원소가 화학 결합하여 이루어진 이산화 탄소(CO_2)와 수증기(H_2O)가 각각 담긴 풍선 (c)와 (d)는 화합물로서의 순물질이다.

원소 순물질의 추가적인 예로는 철(Fe), 주석(Sn), 알루미늄(Al), 구리(Cu), 금(Au), 은(Ag), 백금(Pt), 텅스텐(W) 등의 금속 원소와 그림 2.3에서 보이는 질소(N_2), 산소(O_2)를 포함하여 수소(H_2), 염소(Cl_2), 오존(O_3), 인(P_4), 황(S_8), 탄소[C; 다이아몬드(diamond), 흑연(graphite)] 등의 비금속 원소가 있다.

▲ 소금은 화합물이다.
ⓒVictor Josan/Shutterstock

화합물을 구성하고 있는 원소들은 원소 고유의 성질을 잃지만, 화합물이 분해되어 자유 원소로 복원되면 그 고유의 성질이 다시 나타내게 된다. 예를 들어, 화합물 염화 소듐(sodium chloride, NaCl, 소금)은 소듐과 염소의 성질을 전혀 갖지 않지만, 용융된 소금 액체를 전기 분해하면 각자의 특성을 띠는 소듐 금속(Na, 수분 접촉 시 폭발 연소성)과 염소 기체(Cl_2, 독성)를 다시 얻을 수 있다(그림 2.4). 이와 비슷하게 화합물인 물(H_2O)을 전기 분해하면 원소 물질인 수소 기체(H_2)와 산소(O_2) 기체를 각각 생성할 수 있다. 이외에도 메테인(CH_4), 에탄올(C_2H_5OH)도 화합물로 분류된다.

그림 2.4 소금과 고체 소듐, 염소 기체

그림 2.2에서 보는 바와 같이 혼합물은 다시 균일 혼합물과 불균일 혼합물로 분류한다. **균일 혼합물(homogeneous mixture)**은 두 종류 이상의 순물질이 서로 섞여 있는 전 영역(공간)에 대하여 혼합 비율이 모두 일정하게 동일한 혼합물을 말한다. 즉, 두 종류 이상의 순물질이 섞여 있는 전 영역의 혼합 비율이 똑같은 혼합물을 균일 혼합물이라고 한다. 잘 저어서 녹여 만든 설탕물을 적당한 예시로 들 수 있는데, 빨대로 컵에 담긴 설탕물의 위, 중간, 아랫부분에서 맛을 보아도 느껴지는 단맛의 정도가 똑같은 이유는 설

탕 입자가 물속에 모든 영역에 걸쳐서 일정한 비율로 녹아있기 때문이다. 즉, 개념적으로 이를 다시 설명하면 설탕물은 물이라는 순물질과 설탕이라는 순물질이 정해진 공간 전체에서 동일한 비율로 혼합되어 있기 때문에 균일 혼합물이라고 부를 수 있다.

설탕물뿐만 아니라 소금물이나 식초와 같은 균일 혼합물을 다른 용어로 용액이라고 부를 수 있다. **용액(solution)**이란 용질과 용매가 균일하게 혼합되어 있는 균일 혼합물일 경우에만 부를 수 있는 용어이다. 즉, 흙탕물과 같이 균일하지 않게 혼합된 혼합물을 용액이라고 부를 수는 없다.

혼합되어 있는 상태를 기준으로 가장 양이 많은 순물질을 **용매(solvent)**, 적은 물질을 **용질(solute)**이라고 한다. 용액은 당연히 액체 상태라고 생각하기 쉽지만, 실제로는 고체, 액체, 기체 상태의 다양한 용액상이 존재한다. 표 2.1을 살펴보면 용질과 용매의 성격에 따라 얼마나 다양한 상태의 용액이 존재할 수 있는지를 알 수 있다.

한 가지 예로 그림 2.3의 풍선 e 안에 들어있는 우리가 숨쉬는 공기는 균일 혼합물이기 때문에 기체 상태의 용액이라고 할 수 있다. 그 속에 혼합되어 있는 많은 기체 중에서 약 78%의 비율을 차지할 정도로 가장 많은 질소(N_2) 기체가 이 용액의 용매가 되며 나머지 기체들은 용질이 된다.

균일 혼합물과 상대적인 개념인 **불균일 혼합물(heterogeneous mixture)**은 두 종류 이상의 순물질이 서로 섞여 있는 전 영역(공간)에 대하여 혼합 비율이 똑같지 않고 부분마다 차이가 나는 혼합물을 말한다. 이전 문단에서 언급한 흙탕물이 대표적인 불균일 혼합물로 분류되며, 그 외에 혈액, 우유 등도 이에 해당한다. 또한 불균일 혼합물은 그 특성상 기름과 물이 섞여 있는 모습처럼 두 가지 이상의 물리적으로 구별된 상(phase)으로 이루어진 것이 관찰되기도 한다. 불균일 혼합물은 혼합 성분의 성질과 특성에 따라 **콜로이드(colloid)**, **에멀션(emulsion)**, **서스펜션(suspension)** 등으로 다시 구별되기도 한다.

▲ 화장품과 같은 크림이나 로션은 대표적인 에멀션으로, 불균일 혼합물이다.

2.1 예제

다음을 순물질과 혼합물로 구분하시오.

(a) 식초(4% 아세트산과 96% 물)
(b) 염화 소듐(소금) 수용액
(c) 금
(d) 우유

정답

(a) 아세트산과 물이 균일하게 혼합되어 있으므로 **혼합물**이다.
(b) 소금과 물이 섞여서 만들어진 용액이므로 **혼합물**이다.
(c) 금은 100% 순수하게 한 물질로만 이루어져 있는 **순물질**이다.
(d) 우유는 물, 단백질, 지방, 탄수화물 및 기타 영양분이 섞여 있는 **혼합물**이다.

응용문제 2.1

다음을 원소, 화합물, 균일 혼합물, 불균일 혼합물로 분류하시오.

(a) 다이아몬드
(b) 온실기체의 일종인 이산화 탄소
(c) 풍선 속에 담긴 사람의 숨

표 2.1 다양한 형태의 용액

예	용액의 상태	용질의 상태	용매의 상태
공기, 천연 가스	기체	기체	기체
보드카, 부동액	액체	액체	액체
놋쇠	고체	고체	고체
탄산수	액체	기체	액체
바닷물, 설탕물	액체	고체	액체
백금 속의 수소	고체	기체	고체

2.2 원자 관련 법칙

물질은 원자라고 하는 작은 입자들로 구성되어 있음이 그간의 과학자들의 연구결과로 밝혀져 오늘날 많은 이들이 알고 있는 상식이 되었다. 애초에 물질에 관한 개념이나 연구가 과학적이고 체계적으로 잡혀 있지 않았던 시절에는 그저 막연한 관념으로 물질의 기본 성분을 설명하려고 시도하였다. 그리스의 철학자 **데모크리토스(Democritus**, BC 460? ~ BC 370?)는 모든 물질은 매우 작고 단단하며 더 이상 쪼개질 수 없는 입자로 이루어져 있다고 생각하였다. 당시에 데모크리토스는 이 입자를 **아토모스(atomos**, 더 이상 자르거나 나누어질 수 없다는 뜻)라고 명명하였다.

하지만 이러한 데모크리토스의 '원자론(atomism)'은 다른 학자들, 특히 당시 주류를 형성하였던 플라톤과 아리스토텔레스에게 받아들이지 않았다. 이들은 대신 '4원소설'을 주장하였으며, 이것이 무려 2천 년가량 정설로 받아들여졌다. 그러다 초기의 과학적 실험으로부터 얻은 여러 증거를 통해서 데모크리토스의 원자론이 다시 주목받게 되었고, 오늘날의 원소와 화합물에 대한 현대적 정의를 이루는 기반이 되었다.

돌턴(Dalton, J., 1766~1844)
영국 화학자이며 원자설을 처음 제창하였고, 이를 바탕으로 배수 비례 법칙을 발견하였다. 기후학자이기도 했던 돌턴은 기체의 부분 압력 법칙도 발견하였다.

1808년에 영국의 과학자이자 교사인 **돌턴(Dalton**, J., 1766~1844)은 '원자에 대한 기본적인 가설(fundamental hypothesis of atom)'과 함께 **원자론(Dalton's atomic theory)**을 제안하였다. 이때 돌턴은 이 원자론에서 처음으로 원자(atom)라는 용어를 정확히 정의하여 사용하였고, 이후의 모든 과학자가 원자라는 개념을 이용하게 되었다. 돌턴이 말한 원자론의 내용은 아래와 같다.

* 돌턴의 원자론(Dalton's atomic theory)

1. 물질은 원자라는 매우 작은 입자로 구성되어 있다.

돌턴은 수소, 산소, 질소와 같은 다른 종류의 원소들의 존재를 설명하기 위해서 원자라는 입자의 개념이 필요하다는 점을 잘 알고 있었다.

2. 같은 원소의 모든 원자는 질량과 성질이 같으나, 다른 원소의 원자와는 질량과 성질이 다르다.

돌턴은 한 원소의 원자는 다른 원소의 원자와 구별할 수 있는 어떤 특징이 있어야 한다는 점을 알았다. 물(H_2O)을 구성하는 산소(O) 원소의 원자와 이산화 탄소(CO_2)를 구성하는 산소(O) 원소의 원자는 질량과 크기, 모양, 색깔 등의 특성이 일치하는 같은 원자이다. 하지만, 이산화 탄소(CO_2)를 구성하는 산소(O)라는 원소의 원자는 탄소(C)라고 하는 원소의 원자와 서로 다른 종류의 원자이기 때문에 질량, 크기, 모양, 색깔 등이 절대로 같을 수 없다.

3. 화학 반응은 원자의 재배열을 의미할 뿐 어떤 원자도 화학 반응 도중에 새로 생기거나, 없어지거나, 다른 원소로 변하거나, 깨지지 않는다.

즉, 한 원소의 원자들은 더 이상 쪼개질 수 없으며, 다른 원소의 원자로 바뀔 수 없다. 원자는 일반적인 화학적 방법으로 생성되거나 파괴될 수 없다. 수소 기체(H_2)와 산소 기체(O_2)가 반응하여 물(H_2O)을 만드는데, 이 과정에서 수소 분자와 산소 분자, 물 분자를 구성하고 있는 각 원소의 원자는 절대로 변하지 않으며, 단지 원소 원자간 결합 방식만 변화하면서 화학 반응이 진행된다.

'이론'과는 다르게 그 어떠한 예외도 없이 적용될 수 있는 명제를 '법칙'이라고 한다. '원자론'이 '원자 법칙'이 되지 못한 이유는 동위 원소의 존재로 2번 이론에서, 원자 내 양성자와 중성자, 전자의 발견으로 3번 이론에서 예외가 존재함이 발견되었기 때문이다.

4. 화합물은 서로 다른 원소의 원자가 정해진 비율로 결합할 때 생긴다.

화합물 AB와 A_2B의 경우, 원소 A 대 원소 B의 결합비는 각각 1 : 1 및 2 : 1과 같은 간단한 정수비를 보인다. 원자들은 절대로 분수비나 소수비로 화학 반응에 참여하지 않는다.

동위 원소
원자 번호는 같아서 동일 종류 원소이지만 질량이 다른 원소
예) 우라늄 동위 원소($^{235}_{92}U$, $^{238}_{92}U$)

위와 같은 돌턴의 원자론의 내용을 통해서 우리가 알 수 있는 큰 명제는 바로 **만물은 원자라고 하는 작은 기본 입자로 이루어져 있다**는 것이다. 이와 같은 명제 덕분에 질량 보존 법칙, 일정 성분비 법칙, 배수 비례 법칙과 같은 화학의 대표 '3법칙'을 설명할 수 있는 것이다. 이들 법칙 하나하나에 대하여 다음과 같이 알아보자.

엄밀하게 말하면 시간 순서상 질량 보존 법칙, 일정 성분비 법칙, 배수 비례 법칙이 먼저 발표되었다. 이것들이 성립하는 이유를 설명하기 위해 돌턴이 '원자론'을 발표한 것이다.

질량 보존 법칙

반응 결과에서 생긴 생성물의 총 질량은 반응에 쓰인 반응물의 총 질량과 항상 같다.

라부아지에(Lavoisier, A., 1743~1794)는 1772년에 수은의 연소 실험으로 질량 보존 법칙(law of mass conservation)을 증명하여 종래의 연소설(phlogiston hypothesis)을 뒤집고 근대 화학의 기초를 마련하였다. 화학 반응 중에 반응에 참여하는 물질의 전체 질량은 창조되지도 않고 소멸하지도 않는다. 다만 어떤 물질로부터 다른 물질로 이동할 따름이다. 화학 반응이 일어나더라도 물질의 질량은 그대로 보존된다.

프랑스의 귀족이었던 라부아지에는 중요한 화학 법칙인 질량 보존 법칙을 확립하였다. 또한 원소와 화합물을 구분하여 근대 화합물 명명법의 기초를 마련하였다.

일정 성분비 법칙

주어진 순수한 화합물을 구성하고 있는 성분 원소의 질량비는 항상 일정하다.

프랑스의 화학자 **프루스트(Proust, J., 1754~1826)**는 1799년에, 어떤 화합물이든 그 속에 있는 구성 원소 사이에는 항상 일정하게 정해진 어떤 질량비가 있다는 법칙을 발견하였고 이를 일정 성분비 법칙(law of constant composition)이라고 한다. 다음 예와 같이 화합물은 구성 원소들의 원자들이 언제나 일정한 질량비로 결합되어 있다는 점을

확인할 수 있다.

(예시) • H_2O 18 g은 H 2 g과 O 16 g으로 구성되어 있다.

⬇

H_2O의 성분(질량)비 = 수소 1 : 산소 8

• 44 g의 CO_2를 만들기 위해서는 C 12 g과 O 32 g이 필요하다.

⬇

CO_2의 성분(질량)비 = 탄소 3 : 산소 8

배수 비례 법칙

정해진 원소들이 다양한 방법으로 결합하여 여러 화합물을 만들 수 있을 때, 한 원소의 정해진 양만큼의 질량과 결합하고 있는 다른 원소의 질량 사이에는 간단한 정수비가 성립한다.

돌턴에 의해서 1803년에 발견된 배수 비례 법칙(law of multiple proportions)은 두 종류의 원소 A와 B가 화합하여 두 종류 이상의 화합물을 만들 때 각 화합물에서 A의 일정량에 대한 B의 양은 간단한 정수비를 이루는 것을 의미한다. 참고할 만한 좋은 예시는 다음의 일산화 탄소와 이산화 탄소의 배수 비례 관계이다.

(예시)

• CO와 CO_2에서 C에 대한 O의 비율 = 1 : 2

동일한 원소로 이루어진 두 화합물의 배수 비례를 성분 원소의 질량으로 계산을 하여 알아낼 수도 있다. 그 방법을 응용문제와 연습문제를 통해서 알기 쉽게 경험할 수 있도록 하였으니 반드시 참고하길 바란다.

예제 2.2

프루스트는 철(Fe) 산화물의 한 종류인 산화 철의 질량 중 27 %가 산소라고 하였다. 이 산화물의 화학식 Fe_xO_y를 구하시오. 산소 원자 하나의 질량이 16 g이라면, 철 원자 하나의 질량이 약 63.6 g이라는 점을 이용하여 일정 성분비 법칙을 적용한다.

풀이

산화 철에서 산소가 27 %이므로 산화 철 100 g이 있을 때, 그중 산소는 27 g, 철은 73 g이라고 할 수 있다. 즉, 산화철을 구성하는 (철 : 산소) 원자 수의 비는 다음과 같이 생각할 수 있다.

$$\text{철}: \frac{73\text{ g}}{63.6\text{ g/개}} = 1.15\text{개},\ \text{산소}: \frac{27\text{ g}}{16\text{ g/개}} = 1.69\text{개}$$

철 원자 수: 산소 원자 수 = 1.15 : 1.69 ≒ 1 : 1.5 = 2 : 3

즉, 철과 산소 원자는 2 : 3의 성분비로 결합하여 산화 철을 형성한다.

정답

이 산화 철의 화학식은 Fe_2O_3이다.

응용문제 2.2

메테인과 프로페인은 천연가스의 성분이다. 메테인 시료는 탄소(C) 5.70 g과 수소(H) 1.90 g을 포함하고, 프로페인 시료는 탄소 4.47 g과 수소 0.993 g을 포함한다. 이 두 물질이 배수 비례 법칙을 따른다는 것을 보이시오.

2.3 분자 관련 법칙

일반적으로 **분자(molecule)**는 화학적 힘(화학 결합)에 의하여 두 개 이상의 원자들이 이룬 중성의 집합체라고 정의한다. 이미 설명한 대로, 물질은 원자라는 기본 입자로 구성되어 있다는 점은 명백한 사실이다. 그러나 각 물질만의 무수히 많은 고유한 화학적 성질은 물질을 이루는 원자보다는 각 성분 원소의 원자들이 화학 결합으로 연결되어 집합체를 이룬 입자에서 나타난다.

왼쪽에서부터 산소 원자, 산소(기체) 분자, 오존 분자임을 구별할 수 있어야 한다.

즉, 일상에 존재하는 각종 물질은 원자 자체가 아닌 여러 원자가 뭉쳐서 이룬 어떤 단위 입자(분자)를 이루기 때문에 고유의 화학적 성질을 띨 수 있다. 반대로 이야기하면, 분자가 파괴되어 개개의 원자로 쪼개지면 본래 분자의 화학적 성질은 사라진다. 예를 들어, 물 분자는 수소 원자 두 개와 산소 원자 한 개의 비율로 결합되어 있으며, 이 원자들 사이에는 결합을 이룰 정도의 강한 인력이 작용하고 있다. 이때 끓는점, 녹는점, 밀도와 같이 물이 가진 특성은 수소와 산소가 결합하여 물이라는 분자를 이루었기 때문에 탄생한 것이며, 물을 다시 수소와 산소로 분해하면 물 분자만의 특성은 사라지고 두 번 다시 그 성질을 볼 수 없게 된다.

원자의 개념으로 물질에 적용할 수 있는 법칙이 앞서 설명한 질량 보존 법칙, 일정 성분비 법칙, 배수 비례 법칙이었다면, 분자의 개념으로 물질에 적용할 수 있는 법칙으로는 기체 반응 법칙이 있다. 1809년에 발표된 **게이뤼삭(Gay-Lussac, J.**, 1778~1850)의 **기체 반응 법칙(law of gaseous reaction)**은 다음과 같이 서술할 수 있다.

기체들이 반응하여 다른 기체를 만드는 경우, 반응하는 기체들과 생성된 기체 등 반응에 관련된 모든 기체의 부피 사이에는 간단한 정수비가 성립한다.

이러한 간단한 정수비 관계는 곧 분자의 존재를 증명할 수 있는 좋은 근거라고 할 수 있다. 실제로 실험실에서 화학 반응을 진행시켜 보면, 수소가 반응하여 수증기가 되는 경우에 수소 2부피와 산소 1부피가 반응하여 수증기 2부피가 얻어짐을 관찰할 수 있다(그림 2.5). 이렇게 관찰된 사실을 근거로 수소와 산소가 각각의 원자로 존재하는 물질이라고 가정하면, 그림 2.5와 같이 원자가 반으로 쪼개진 상태에서 수증기가 형성되어야 한다는 오류가 생긴다. 이것은 원자는 더 이상 쪼개질 수 없다는 돌턴의 원자론에 모순되는 것이다. 이 당시에 원자론만 이해하고 있었던 이들은 이러한 모순 때문에 혼란스러워했을 것이다.

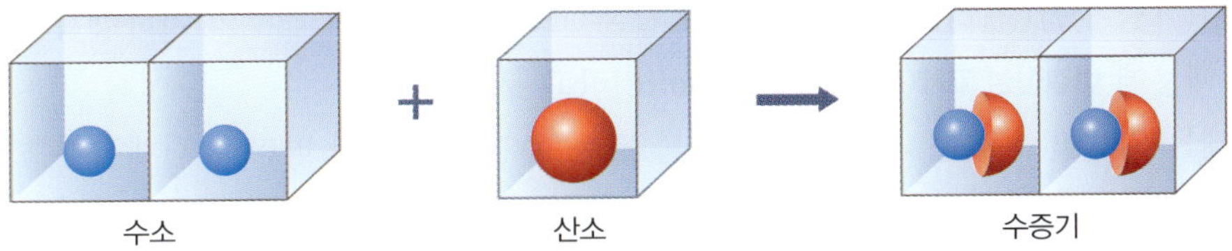

그림 2.5 원자론에 모순되는 기체 반응 현상

하지만 여기서 만약 산소와 수소가 하나의 원자로 구성된 물질이 아닌 두 개의 원자가 결합하여 형성된 **이원자 분자(diatomic molecule)**라고 가정한다면, 그림 2.6과 같이 원자를 쪼개지 않고도 그래서 돌턴의 원자론을 위배하지 않고 2:1:2의 반응 부피비를 설명하는 것이 가능하게 된다.

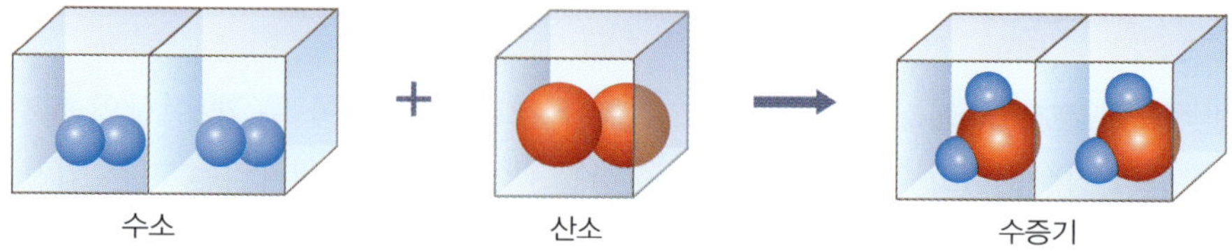

그림 2.6 분자론에 근거한 논리적으로 설명된 기체 반응 현상

이와 같이 기체 분자 간의 반응을 공부할 때 함께 알아두어야 하는 원리가 있다. 1811년에 아보가드로(Avogadro, A., 1776~1856)가 발표한 **아보가드로 원리(Avogadro's principle)**이다. 이 원리의 내용은 다음과 같다.

모든 이상 기체는 기체의 종류와는 상관없이 같은 온도와 압력 조건하에서 같은 부피에 같은 수의 기체 분자가 들어 있다.

이후에 아보가드로는 게이뤼삭의 기체 반응 법칙과 아보가드로 원리를 종합하여 1811년에 원자들이 모여서 이루는 입자인 분자라는 개념, 즉 **분자설**을 공식적으로 제시하였다.

2.4 물질의 상태와 성질

상태(phase)란 온도와 압력 변화에 따른 물질의 형태라고 정의한다. 물질은 원자로 구성되어 있으나 온도나 압력의 영향을 받아서 여러 상태로 존재한다. 우리가 흔히 접할 수 있는 물을 예로 들어 보면, 온도 변화에 따라서 물은 고체인 얼음, 액체인 물, 기체인 수증기의 형태로 발견할 수 있다(그림 2.7). 이렇게 고체, 액체, 기체의 형태를 정확하게 물리적 상태라고 부르는 것이며, 한 물질의 물리적 상태 변화는 물질의 본질인 분자 구조는 유지하면서 압력과 온도에 따라 변하는 형태이다. 10장에서 물질의 물리적 상태의 변화를 다루는 '상변화'를 보다 상세하게 공부하겠지만, 물리적 상태라는 것이 물질의 기본적인 성질이므로 이 절에서는 화학을 알려주는 필수 개념적인 내용으로서 간단히 언급하도록 하겠다(표 2.2).

고체는 고정된 모양과 부피를 가지는 것이 가장 큰 특징이며, 얼음, 다이아몬드, 금속 덩어리 등이 이에 해당한다. 대부분의 고체는 **결정성 고체(crystalline)**로 존재한다. 결정성 고체 물질을 형성하는 입자는 규칙적이고 반복되는 삼차원의 기하학적 패턴으로 존재한다(그림 2.7). 플라스틱, 유리, 젤과 같은 고체는 규칙적인 내부의 기하학적 패턴이 없기 때문에 **비결정성 고체(amorphous solid)**라고 부른다.

비결정성이란 일정한 모양이나 형태가 없음을 의미한다.

액체는 일정한 부피는 가지지만 액체를 담는 용기의 모양에 따라서 전체적인 모양이 결정되는 특징을 지녔다. 그리고 액체를 구성하는 입자는 단단히 응집되어 있기는 하지만, 견고하지는 않다. 이들 입자는 강한 인력에 의해 결합되어 있고, 서로 밀착되어 있지만 자유롭게 움직일 수 있다. 이러한 입자의 이동성 때문에 액체는 유동적이고, 액체의 모양은 담긴 용기의 모양과 같다. 휘발유, 물, 혈액, 알코올 등이 이에 해당한다.

마지막으로 기체의 경우는 고정된 부피나 모양을 지니고 있지 않으며 담고 있는 용기의 모양과 부피를 그대로 따라가는 경향이 있으나 동시에 압축성이 우수하여 외부의 압력에 의하여 수축과 팽창을 통해 부피가 변할 수 있는 특징을 지녔다. 기체 상태의 입자는 액체나 고체 상태를 유지시키는 입자 간의 힘, 즉 인력을 극복할 수 있는 충분한 에너지를 가지고 있다. 기체는 모든 방향으로 움직이면서 용기 벽에 압력을 가한다. 이러한 성질 때문에 기체는 용기를 완전히 채운다. 액체와 고체의 입자에 비해 기체 입자는 상대적으로 멀리 떨어져 있다. 대표적인 기체 물질로는 일반적인 대기의 공기, 산소, 헬륨 등이 있다.

표 2.2 고체, 액체, 기체의 물리적 성질

상태	모양	부피	입자	압축성
고체	일정함	일정함	견고하게 결합, 촘촘히 쌓임	매우 작음
액체	일정하지 않음	일정함	유동적, 응집함	작음
기체	일정하지 않음	일정하지 않음	서로 독립적이며, 상대적으로 멀리 떨어짐	큼

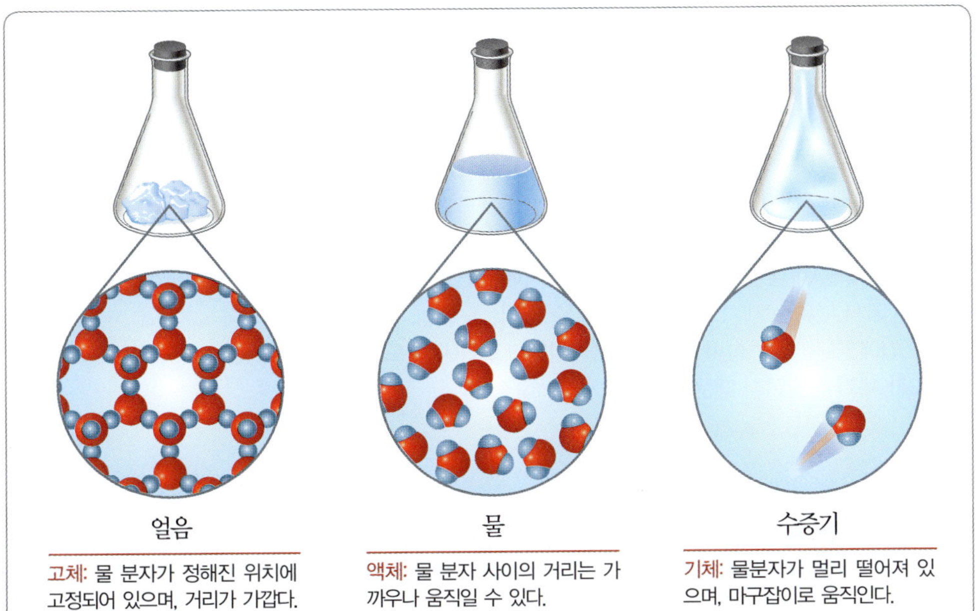

그림 2.7 물의 세 가지 물리적 상태

각각의 물질은 특징적인 성질을 가지고 있다. 물질의 특징을 나타낼 수 있는 성질로는 녹는점(melting point, mp), 끓는점(boiling point, bp), 어는점(freezing point, fp), 뽑힘성(연성, ductility), 펴짐성(전성, malleability), 용해도(solubility), 광택(luster), 비중(specific gravity), 밀도(density), 비열(specific heat), 고유 광회전도(specific rotation), 자성(magnetism) 등이 있다.

이러한 성질은 크기 성질과 세기 성질로 구분된다. **크기 성질(extensive property, 용량 인자)**은 물질의 양에 의해 영향을 받거나 결정되는 성질을 말한다. 물질의 부피, 길이, 질량, 총액 등이 이에 해당한다. 이와는 대조적으로 **세기 성질(intensive property, 강도**

물질의 상태는 약자로 다음과 같이 표기한다.
- 기체(gas) ➡ (*g*)
- 액체(liquid) ➡ (*l*)
- 고체(solid) ➡ (*s*)

단, 액체가 수용액일 경우에는 (*aq*)으로 표기

예) 얼음: $H_2O(s)$
물: $H_2O(l)$
수증기: $H_2O(g)$
소금물 수용액: $NaCl(aq)$

인자)은 물질의 양에 전혀 영향을 받지 않는 성질을 말한다. 색깔, 밀도, 맛, 압력, 밝기, 전압, 속력, 끓는점, 어는점, 단가 등이 이에 해당한다.

한편, 물질의 성질은 조성이나 본질이 변하지 않고 관측할 수 있는 **물리적 성질**(**physical properties**)과 물질이 화학적으로 변화되는 특성을 나타내는 **화학적 성질**(**chemical properties**)로 크게 구분할 수도 있다. 물질이 화학적 변화를 일으킬 때 관찰되는 성질로는 물질의 조성, 구조, 분자량, 화학식량 등에 걸쳐 여러 가지 변화(산화, 연소, 변색, 경화, 폭발 등)가 일어날 수 있다. 물리적 성질은 물질 그 자체에 의한 성질로서, 어떤 물질인가를 판별하는 기준이 되는 특징, 즉 끓는점, 어는점, 밀도, 비열 등이 이에 해당한다.

예제 2.3

다음 성질을 물리적 성질과 화학적 성질로 구분하시오.

(a) 금속 전선이 전류를 전도한다.
(b) 설탕이 발효하여 알코올을 생성한다.
(c) 다이아몬드의 경도는 매우 우수하다.
(d) 대기압에서 에틸알코올의 끓는점은 78.8 °C이다.
(e) 암모니아에서 코를 쏘는 듯한 냄새가 난다.
(f) 하얀 종이가 연소하여 까만색의 재가 된다.

정답

물리적 성질: (a), (c), (d), (e)
화학적 성질: (b), (f)

응용문제 2.3

다음의 설명 중 맞는 것은 ○, 틀린 것은 ×를 표기하시오.

(a) 원자들이 분자를 이루면 개별 원자일 때는 볼 수 없는 새로운 독특한 성질이 나타난다.
(b) 얼음이 물로 변하고, 물이 수증기로 변하게 하는 원동력인 열은 화학적 성질이다.
(c) 300 mL 물이 담긴 페트병에 200 mL의 정수기 물을 담았더니 부피가 500 mL로 늘어났다. 이 과정에서 부피는 세기 성질이라고 볼 수 있다.
(d) 두 컵에 담겨 있는 섭씨 25도의 물을 합친다고 해서 온도가 섭씨 50도 상승하지 않는 이유는 온도가 세기 성질이기 때문이다.

2.5 물질의 분리와 정제

앞서 설명한 균일 혼합물과 불균일 혼합물은 본래 두 종류 이상의 순물질이 한데 섞여 만들어지는 것이므로, 혼합물을 구성하고 있는 순물질 각각의 물리적, 화학적 성질의 특징을 이용하여, 또는 성분 순물질 간 물리적, 화학적 성질 차이를 이용하여 각각의 순물질로 분리해 내는 것이 가능하다. 이러한 일련의 과정을 **분리**(**separation**) 또는 **정제**(**purification**)라고 한다. 분리 및 정제는 화학 반응이 단계별로 진행되는 모든 과정에서 실험자가 관심이 있는 또는 얻어내고자 하는 혼합 물질 중 특정 순물질을 골라내기 위해 반드시 거쳐야 하는 과정이다.

화학 반응을 통하여 기발한 물질을 만들어내었다고 하더라도 이를 순수한 형태로 분리하여 정제하지 못한다면, 목표한 화학 물질을 생산해 낼 수 없을 것이다. 예를 들면,

약국이나 편의점에서 구입하여 사용하는 아스피린이나 이부프로펜을 생산하는 공장에서 화학 반응을 통해 합성할 때, 결과적으로 마지막에 만들어지는 용액 속에는 목표 성분인 아스피린이나 이부프로펜 말고도 다른 여러 가지 화합물(이른바 부수물)도 함께 섞여 있다. 여기서 효과적으로 모든 부수물과 목표 성분을 완벽히 분리하고, 목표 성분만을 순도 높게 정제하여야 상품으로서 가치가 생기게 된다.

혼합물의 분리에는 거름(여과), 분별 깔때기 분리법, 증류, 분별 증류, 크로마토그래피법, 침전법 등이 있다.

우리가 마시는 내림 원두커피(드립백)의 경우가 거름종이를 이용한 대표적인 거름 분리법이라고 할 수 있다.

거름(여과)

거름(여과, filtration)은 고체와 액체로 구성된 불균일 혼합물을 필터(filter)라고 부르는 거름종이나 거름망을 이용하여 분리하는 방법이다. 특정 용매에 잘 녹는 성분은 액체의 형태로 용매와 함께 거름종이를 통과하여 빠져나가는 것이 가능하지만, 해당 용매에 용해되지 못하여 여전히 고체의 형태를 유지하는 물질은 거름종이에 걸려서 따로 분리된다. 이때 분리된 액체를 거른 액(여과액, filtrate)이라고 한다.

분별 깔때기 분리법

분별 깔때기(separation funnel)는 서로 섞이지 않는 두 액체의 혼합물을 밀도 차이를 이용하여 분리하는 데 사용하는 유리 기구이다. 기름과 식초의 분리, 수용액과 기름에 녹은 물질의 분리 등 서로 섞이지 않고 밀도가 다른 액체 혼합물을 분별 깔때기에 넣고 가만히 놓아두면 밀도가 큰 무거운 액체는 아래층으로, 밀도가 작은 액체는 위층으로 층을 이루게 된다. 이때 밸브를 열어 아래층의 액체만을 밑으로 뽑아내어 분리할 수 있다. 두 층의 경계 부근에 있는 액체는 따로 받아 내고 위층에 있는 액체는 분별 깔때기의 위쪽으로 따라 낸다.

분별 깔때기는 기름과 물과 같이 층분리(상분리)가 명확한 액체를 분리하는 데 매우 적합한 분리 및 정제 방법이다.

증류 및 분별 증류

액체에 다른 물질이 녹아 있는 용액을 가열할 때 그 액체의 끓는점 근처에서 나오는 기체를 냉각시키면 순수한 액체를 단독으로 얻을 수 있는데, 이와 같은 방법을 **증류(distillation)** 혹은 **단순 증류(simple distillation)**라고 한다. 이 방법을 사용하면 고체 성분이 녹아 있는 용액에서 액체 성분만 쉽게 분리할 수 있다(그림 2.8).

두 가지 이상의 액체가 섞여 있는 액체 혼합물로부터 성분 물질의 끓는점 차이를 이용해서 증류로 각 성분을 분리해 내는 방법을 **분별 증류(fractional distillation)**라고 한다. 여러 가지 휘발성 물질들이 섞인 액체 혼합물을 끓는점 차이를 이용하여 동시다발적으로 분리할 수 있다(그림 2.9). 여기서 증류탑의 상부로 올라갈수록 증류탑의 가열 온도가 낮아지고 아래로 내려갈수록 가열 온도가 높아지기 때문에 끓는점이 낮은 천연가스나 휘발유(가솔린)는 증류탑의 상부에서 증기 형태로 분리 회수가 가능하며, 끓는점이 높은 중유나 기타 찌꺼기는 증류탑의 하부에서 얻을 수 있다.

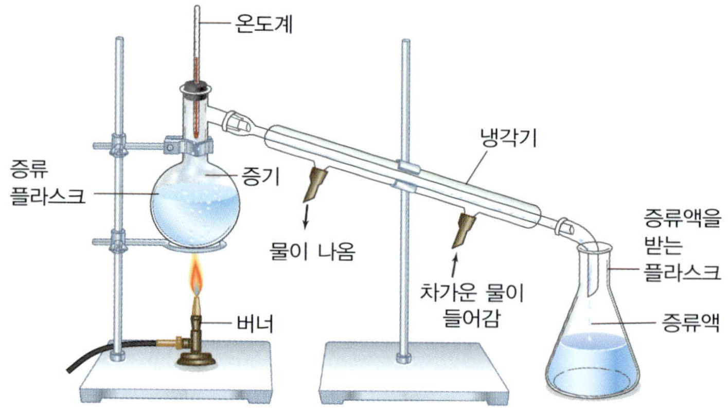

그림 2.8 단순 증류장치. 냉각수는 냉각기의 외부를 순환하면서 발생한 증기를 액체로 응축한다.

그림 2.9 원유공장과 분별 증류탑 모식도. 정유 회사에서는 분별 증류를 할 수 있는 증류탑을 이용하여 원유로부터 다양한 정제유를 생산한다.

ⓒPhoto smile/Shutterstock
ⓒFouad A. Saad/Shutterstock

크로마토그래피법

크로마토그래피(chromatography)법은 이동상과 고정상을 사용하여 혼합물을 분리하는 방법이다. **이동상(moblie phase)**이란 분리할 혼합물 성분들을 잘 녹여서 유체의 흐름에 따라 이동시킬 수 있는 액체를 일컫는 말이며, **고정상(stationary phase)**이란 작은 틈과 구멍이 존재하여 액체인 이동상이 스며들어 젖어들며 흐를 수 있는 지지대 역할을 하는 고체 지지체이다. 그림 2.10과 같이 거름종이와 물을 이용하여 혼합 색소를 분리하는 **종이 크로마토그래피(paper chromatography)**의 예시를 살펴보면, 이때의 이동상은 물이고, 고정상은 거름종이인 셈이다.

혼합물에 섞여 있는 성분마다 이동상에 용해되는 정도가 다르고, 고정상의 비어 있는 작은 빈틈이나 공간을 헤쳐나가면서 고정상을 따라 흐르며 이동할 수 있는 정도, 그리고 고정상에 붙는 흡착 정도가 다르다. 이러한 원리를 이용하여 분리하는 방법이 곧 크로마토그래피이다. 혼합 성분의 전개율 차이를 이용한 방법인 셈이다. 전개율이 높은 성분일수록 이동상에 잘 용해되어 잘 이동하고, 고정상에는 잘 흡착하지 않는 특성을 보인다. 반면에 전개율이 낮은 성분일수록 고정상에 잘 흡착하거나 이동상에 잘 용해되지 않아 잘 이동하지 않는다.

그림 2.10 혼합 색소 분리하는 종이 크로마토그래피

ⓒChoksawatdikorn/Shutterstock

최초에 이 정제 방법은 그림 2.10처럼 색소를 분리할 목적으로 사용하였으나 오늘날에는 의학, 약학, 생명과학, 식품학, 범죄수사학, 수질 및 대기 환경과학 등 다양한 분야에서 널리 사용하고 있는 첨단 기법이다.

침전법

마지막으로 **침전법(precipitation)**은 용매를 충분히 증발시키거나 용액의 온도에 변화를 주어 용질의 용해도를 낮추어서 용질의 고체 침전을 유도한 뒤 이를 걸러내는 방법을 뜻한다. 우리가 음식에서 주로 사용하는 천일제염이라 불리는 소금이 염전에서 이러한 침전법을 이용하여 생산된 것이라고 보면 된다. 경우에 따라서는 용매의 증발이나 온도 변화 없이 분리해 내려는 특정 용질(특히 이온)과 침전 반응을 일으킬 수 있는 특정 화합물을 반응물로 섞어서 합성된 침전을 걸러서 회수하는 방식의 침전법도 있다. 수질에 녹아있는 중금속 이온을 검출하거나 분리해 낼 때 이런 방식을 많이 사용하기도 한다.

바닷물에서 용매인 물을 증발시켜서 침전하는 소금을 걷어내서 얻는 염전이 바로 대표적인 침전법의 사례이다.
ⓒArt Snaillife/Shutterstock

2.4 예제

다음 빈칸에 알맞은 용어나 문장을 채워 넣으시오.

(a) 증류는 혼합물의 ________ 차이를 이용한 분리 방법이다.
(b) 크로마토그래피에서 고정상을 따라 흐르면서 혼합물을 분리하는 액체를 ________이라고 한다.
(c) 분별 깔때기는 층 분리가 형성되는 두 액체의 ________ 차이를 이용한 분리 방법이다.

정답

(a) 끓는점
(b) 이동상
(c) 밀도

응용문제 2.4

다음의 설명 중 맞는 것은 ○, 틀린 것은 ×를 표기하시오.

(a) 아스팔트는 원유 중에서 가장 끓는점이 낮다.
(b) 소금물은 증류법을 이용하여 물과 소금을 분리할 수 있다.
(c) 흙탕물의 진흙 성분과 물을 분리하는 방법으로 분별 깔때기를 이용할 수 있다.

Deep Insight

증류의 걸작 - 술

양조장에서는 우리가 마시는 술을 제조하기 위해 에탄올을 효과적으로 증류하여 정제하는 과정을 거친다. 통상 대한민국이 수입을 많이 하는 서양 술로는 영국/스코틀랜드산 위스키가 일반적일 것이다. 위스키는 영국 지방에서 재배되는 서양 밀과 곡물을 주종으로 발효시켜서 충분한 에탄올이 생성되었다고 판단될 때, 사진에서 보이는 대형 증류장치에 담아 끓는점 차이를 이용하여 에탄올만을 추출해낸다.

단순히 끓는점 차이를 이용해서 증류만 한다고 해서 최고의 상품가치를 내는 양주가 만들어지는 것이 아니다. 적절한 온

▲ 영국 소재의 위스키 양조장의 증류장치 ⓒlanaid12

도와 증류 조건에 따라서 술의 맛과 향기가 크게 달라지기 때문에 위스키 양조장에서의 증류라는 것은 상당한 숙련과 경험을 요구하기도 한다. 실제 아주 유명한 위스키의 라벨에는 그 술을 직접 증류한 증류가의 이름과 서명을 넣어 판매하기도 한다. 최상급의 증류 전문가를 마스터 증류가(master distiller)라고 부를 정도이니 그 역사와 증류주로서의 자부심이 대단하다고 할 수 있다.

국내에서 서민들이 가장 쉽게 접하는 증류주인 소주는 쌀이 아닌 고구마를 원료로 발효하여 증류를 거쳐서 제조한다. 쌀로 소주를 빚는 것은 과거 1970년대 이전의 일이라고 한다. 상품성이 떨어지는 맛이 없는 고구마를 원료로 수주를 증류하여 제조하면 제조단가가 낮아진다는 장점이 있다. 최근에는 전통 방식으로 쌀을 이용하여 빚은 소주도 보다 비싼 가격으로 다양하게 판매되고 있다.

2.6 주기율표

이 책의 겉표지 안쪽에는 **원소의 주기율표(periodic table of elements)**가 있다. 주기율표는 모든 화학 원소를 보여주며, 원소들에 대한 많은 유용한 정보를 담고 있다. 앞으로도 화학을 공부하는 과정에서 주기율표를 매우 빈번하게 그리고 유용하게 이용하게 될 것이다.

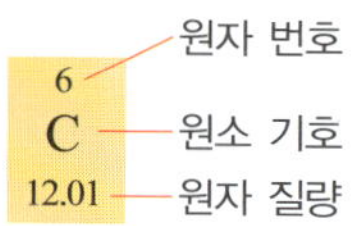

간단한 형태의 주기율표를 그림 2.11에 나타내었다. 각 상자에는 **원자 번호(atomic number)**와 **원소 기호(symbol)**가 표기되어 있다. 본래 주기율표에는 원자 질량까지 표기되어 있으나 원자 질량에 관해서는 3단원에서 자세히 공부하게 되므로 이 절에서는 생략하기로 한다.

원소들은 1869년 **멘델레예프(Dmitri Mendeleev)**가 제안한 특별한 배열에 따라 원자 번호가 증가하는 순서대로 표에 나열되었는데 이것이 주기율표의 시초였다. 참고로 원자 번호가 증가하면 원소의 질량도 증가하는데, 그의 배열 방법은 유사한 화학적 성질을 갖는 원소들을 **족(group)**이라는 세로열(column)에 정렬시키는 것이다. 멘델레예프의 초창기 주기율표를 바탕으로 많은 원소들이 발견되는 과정을 거쳐서 118개의 원소가 담긴 오늘날의 주기율표가 완성되었다. 그러면서 자연스럽게 가로줄인 **주기(period)**가 완성되었다. 오늘날 인간이 발견한 자연 원소는 88개(원자번호 1번부터 88번까지)이며 나머지(89번부터 118번까지) 원소는 인공적으로 합성한 원소이다. 물론 이 합성 원소들은 너무 희귀하여 초극미량만 존재하니 쉽게 관찰할 수 없다.

최초의 주기율표는 특별한 배열에 따라 원자 번호가 증가하는 순서, 즉 원자가 무거워지는 순서로 배열한 것이 시초였다.

주기율표를 읽을 때는 족과 주기를 기준으로 읽어야 한다. 그림 2.11을 보면 주기율표는 총 18개의 족이 있으며, 가장 왼쪽 열에서부터 시작하여 오른쪽 열까지 순차적으로 1족부터 18족으로 번호를 붙여서 부른다. 또한 주기율표상 주기는 맨 위 가로줄부터 시작하여 맨 아래 가로줄까지 총 7개 주기가 있다. 오늘날의 족의 경우 1~18족으로 숫자를 일괄적으로 붙여서 부르지만 과거 주기율표가 점차 완성되어 가는 과정에서 A족과 B족으로 따로 나누어서 부르기도 했다. 그 이유는 뒤에서 설명할 것이다. 일단 주기율표의 족이 표기되어 있는 부분에 1A, 2A, … 혹은 1B, 2B, …라고 적힌 부분이 이런 의미임을 인지하고 있으면 된다.

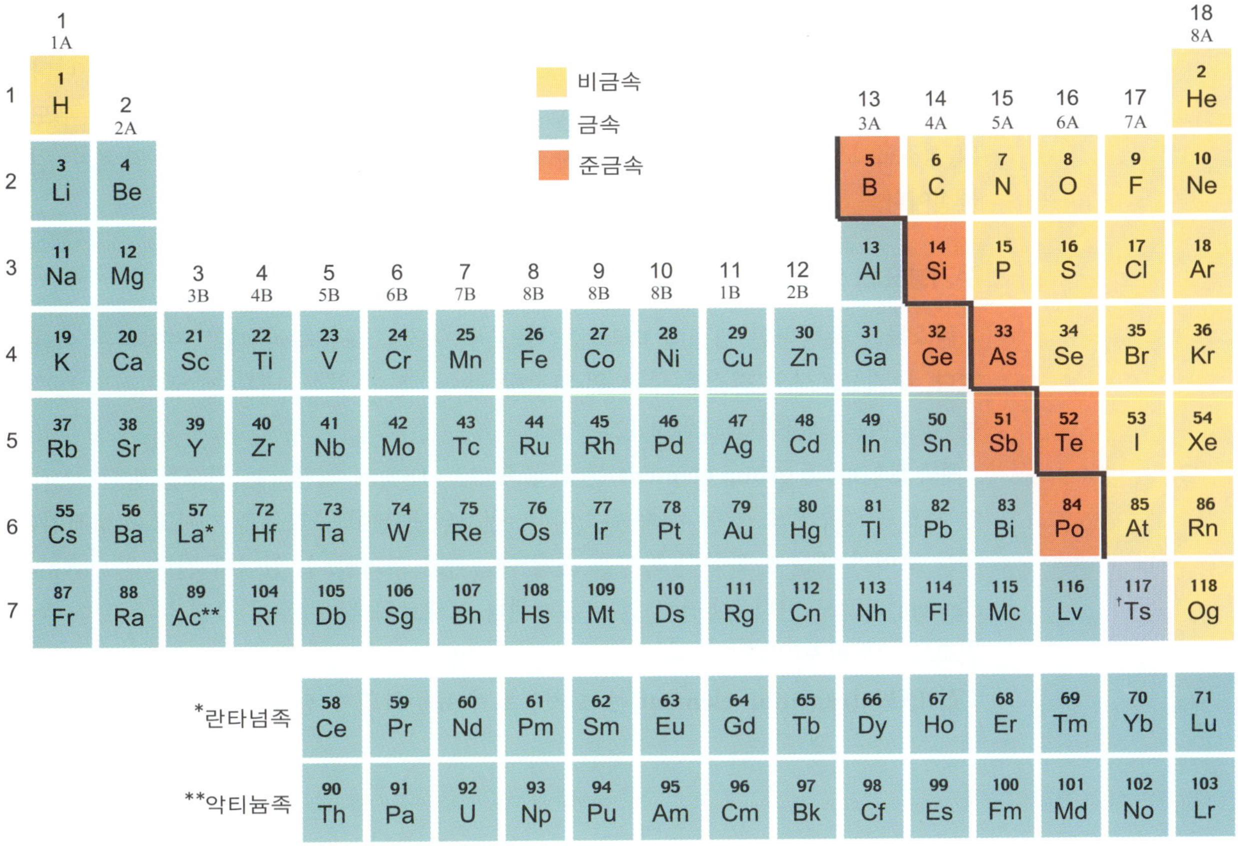

그림 2.11 주기율표 – 원소의 금속성 여부에 따른 구분

금속성에 따른 분류

원소는 그 성질에 따라 금속 원소와 비금속 원소, 준금속 원소로 구별할 수 있다(그림 2.11). 금속은 연장, 건축 자재, 자동차 등에 널리 사용되기 때문에 우리에게 잘 알려져 있다. 그러나 비금속 역시 옷, 음식, 연료, 유리, 플라스틱, 목재 등의 주요 성분으로서 일상생활에 매우 유용하다. 또한 준금속은 반도체와 같은 전자 산업에 자주 이용된다.

금속(metal)은 상온에서 고체로 존재한다(액체인 수은은 예외이다). 즉, 상온에서 기체 금속 원소는 없다. 금속은 **광택**을 내며, 열과 전기의 좋은 **전도체**이고, **전성(malleable**, 때리면 판상으로 펴질 수 있는)과 **연성(ductile**, 당기면 도선으로 뽑힐 수 있는)을 가지고 있다. 대부분의 금속은 녹는점과 밀도가 높다. 잘 알려진 금속은 알루미늄(Al), 크로뮴(Cr), 구리(Cu), 금(Au), 철(Fe), 납(Pb), 마그네슘(Mg), 수은(Hg), 니켈(Ni), 백금(Pt), 은(Ag), 주석(Sn), 아연(Zn) 등이다. 덜 알려졌지만 중요한 금속은 칼슘(Ca), 코발트(Co), 포타슘(K), 소듐(Na), 우라늄(U), 타이타늄(Ti) 등이다.

비금속(nonmetal)은 금속과 달리 광택이 없으며, 상대적으로 녹는점과 밀도가 낮다. 그리고 일반적으로 열과 전기의 전도도가 좋지 않다. 상온에서 탄소(C), 인(P), 황(S), 셀레늄(Se), 아이오딘(I)은 고체이고, 브로민(Br)은 유일하게 액체이다. 나머지 비금속은 모두 기체이다. 자연계에서 다른 원소와 결합하지 않은 상태로 발견되는 비금속으로는 탄소(흑연과 다이아몬드), 질소(N), 산소(O), 황, 비활성 기체(헬륨(He), 네온(Ne), 아르곤(Ar), 크립톤(Kr), 제논(Xe), 라돈(Rn))가 있다.

몇 가지 원소들(붕소(B), 규소(Si), 저마늄(Ge), 비소(As), 안티모니(Sb), 텔루륨(Te), 폴로늄(Po))은 **준금속**(**metalloid**)으로 분류되며, 금속과 비금속의 중간적 성질을 나타낸다. 규소와 저마늄과 같은 준금속은 전기가 통하는 도체와 전기가 흐르지 않는 부도체의 성질을 모두 가진 반도체로서 전자 산업을 가능하게 하는 반도체 소자의 필수 원료 물질이다.

주기율표의 영역에 따른 구분

원소들은 특징적인 성질에 따라 주기율표상 구역을 구분하여 따로 지칭하는 이름이 있다. 주기율표상의 원소를 주족 원소(전형 원소), 전이 원소, 내부 전이 원소로 분류하는 것이 바로 그것이다(그림 2.12).

주족 원소(**main group element**)는 1~2족, 13~18족에 해당하는 원소를 말한다. 과거에 부르던 A족 원소가 이 주족 원소이다. 원소의 특성이 규칙성을 가지고 전형적인 경향을 보이기 때문에 화학적 특성을 쉽게 예측하고 파악할 수 있어서 전형 원소(typical element)라고도 한다. 생명이 있는 유기체나 식재료와 같은 유기 물질은 주로 이 주족 원소로 이루어져 있다.

전이 원소(**transition element**)는 주기율표가 표준화되기 전 B족 원소로 불리던 원소

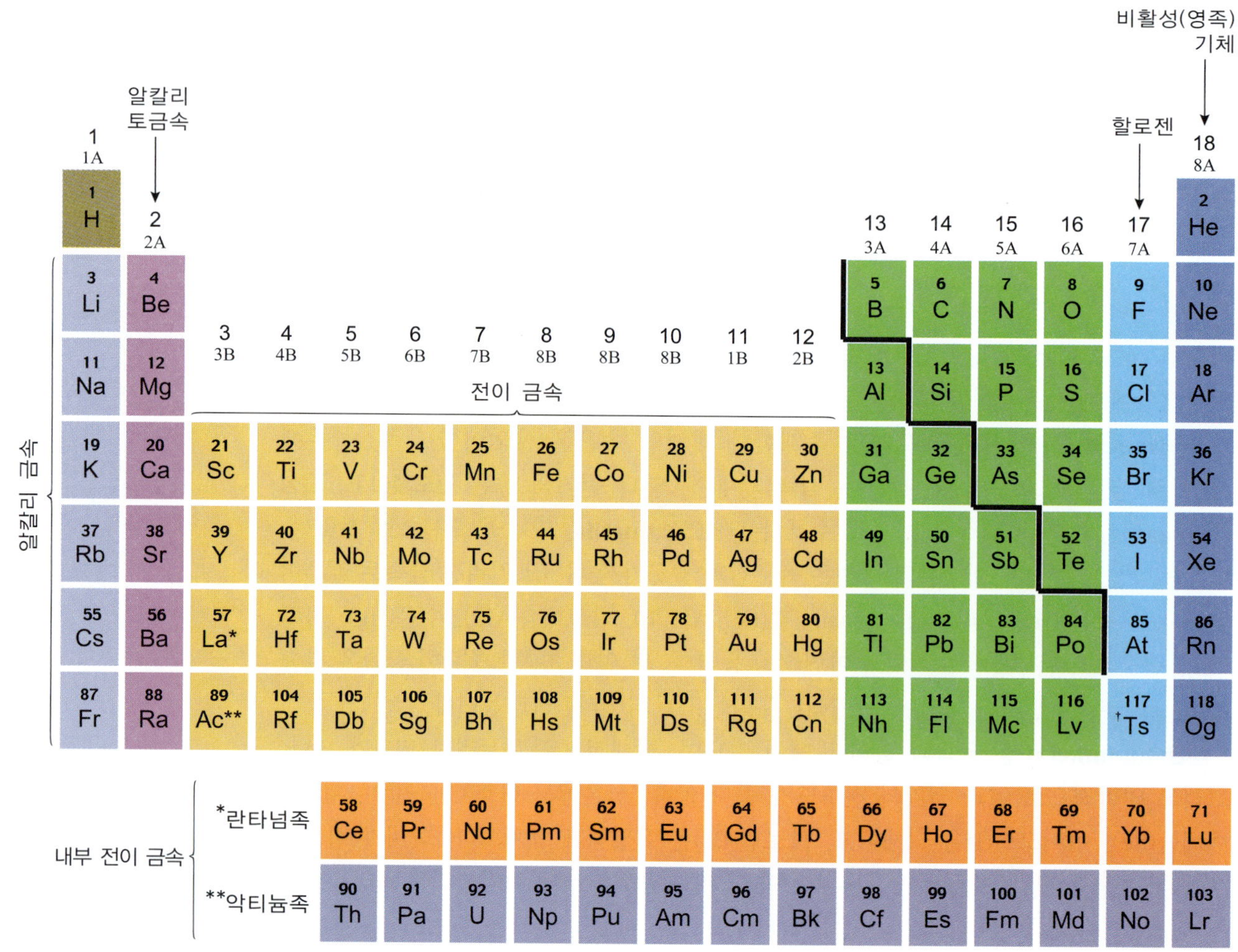

그림 2.12 주기율표 – 동족 원소의 공통 특성에 따른 구분

를 말한다. 전이 원소는 주족 원소와 달리 각 원소마다의 특이성과 독특한 성질이 발견된다. 전이 원소는 4주기 이후부터 존재하며, 주로 무거운 금속, 즉 중금속(heavy metal) 원소가 대부분을 차지하고 있다.

내부 전이 원소(inner transition element)는 주기율표 밖에 별도의 두 줄로 표기하는 원소로서 란타넘족 계열과 악티늄족 계열로 구분된다. **란타넘 계열(lanthanide series)**은 란타넘족 또는 희토류계(rare earth series)라고 하는 14개의 원소로 Ce에서 Lu까지 있다. 이 란타넘족 계열은 6주기에 해당한다. **악티늄 계열(actinide series)**은 마지막 원소 계열로, 악티늄족은 89번 Ac 다음의 Th부터 109번 Lr까지이며 모두 인공 원소로 방사능이 있다. 7주기 원소에 해당하며 이들 대부분은 자연계에서 발견되지 않고 인공적으로 합성된다.

동족 원소의 공통 특성에 따른 구분

앞에서 전형 원소에 해당하는 A족 원소들은 그 성질이 예측하기 쉽다는 특징이 있다고 설명하였다. 그래서 일부 A족의 경우에는 따로 특별하게 불리는 명칭이 있다(그림 2.12).

먼저 비금속인 수소(H)를 제외한 **1A족**의 금속의 경우 **알칼리 금속(alkali metal)**족 원소라고 부른다. 이 원소들은 물에 이온의 형태로 용해되었을 때 수용액의 액성을 알칼리로 만든다는 공통적인 성질을 지니고 있다.

2A족은 **알칼리 토금속(alkaline earth metal)**족이라고 불리는데, 이유는 이 2A족 금속 원소들이 토양에서 이온의 형태로 존재할 경우 토양의 성질을 알칼리성으로 만들기 때문이다.

7A족의 비금속 원소들은 **할로젠(halogen)** 원소라고 불리는데, 이들의 공통적인 특성은 반응성이 매우 뛰어나다는 것이다. 플루오린(F)이 가장 반응성이 크고, 이어 염소(Cl), 브로민(Br), 아이오딘(I) 순으로 반응성이 작아진다.

8A족 원소는 **비활성 기체(noble gas)**족 또는 **영족 기체**족 원소라고 부른다. 이 원소들은 공통적으로 모두 기체로 상온에서 존재하고 발견되며, 화학적 반응성이 거의 없어서 활성이 없다는 특징이 있다.

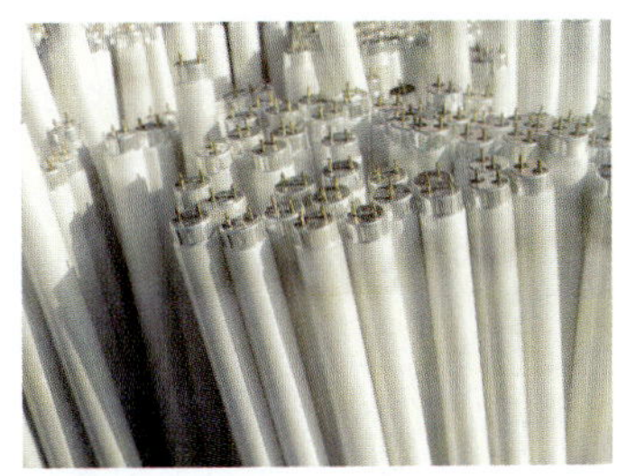

형광등에는 전기가 흐르더라도 폭발하거나 연소하지 않는 안정한 비활성 기체인 아르곤(Ar) 기체가 충전되어 있다.

2.5 예제

다음의 설명 중 맞는 것은 ○, 틀린 것은 ×를 표기하시오.

(a) 최초 주기율표는 특별한 배열에 따라 원자 번호가 증가하는 순서, 즉 원자가 무거워지는 순서로 배열하기 시작한 것이 그 시초였다.

(b) 비금속의 고유 성질은 고유의 광택, 열과 전기 전도성, 연성과 전성을 들 수 있다.

(c) 전이 금속은 그 원소의 화학적 성질을 쉽게 예측할 수 있는 매우 규칙적인 특성을 띠는 것이 일반적이다.

(d) 내부 전이 금속의 주기는 각각 8주기와 9주기에 해당한다.

정답

(a) ○ (b) × (c) × (d) ×

응용문제 2.5

다음 질문에 답하시오.

(a) 준금속 원소 기호를 모두 적으시오.

(b) 다음 보기 중 알칼리 금속과 알칼리 토금속 원소를 구별하시오.

보기 Sc, Rb, La, Ba, Ac, Fr, Cs, Y, Sr, Ra

Deep Insight

독극물, 비소와 수은

현재 주기율표의 118개 원소 중에는 소량이라도 체내에 유입이 되거나 중독이 되면 목숨을 잃을 수 있는 독극물로 알려진 원소가 있다. 대표적인 것이 비소(As, arsenic)와 수은(Hg, mercury)이다.

범죄 드라마에 등장하는 독성을 나타내는 비소는 실제로는 비소 산화물이다. 프랑스 역사에서 세인트 헬레나 섬으로 유배되어 1821년에 사망한 나폴레옹 유해의 모발에서 정상인의 50배에 해당하는 비소가 발견됨에 따라 비소가 독극물로 사용된 역사적인 대표 사례로 기록되어 있다. 비소에 중독이 되면 심한 복통과 구강과 식도가 화상을 입은 것처럼 벗겨지는 고통을 겪으면서 사망하게 된다. 하지만 비소가 처음부터 이런 목적만으로 사용된 것은 아니다.

연금술사들에 의해서 산화물 형태로 발견 정제된 이후 인간 역사상 비소 산화물(삼산화 비소, As_2O_3)이 사용된 최초의 용도는 여인들의 미백용 화장품이었으며 20세기 초에는 성병인 매독의 치료제로 사용되었다. 20세기 중반에는 치사량에 대한 연구가 진행되었고, 고순도의 비소 산화물의 정제가 가능해짐에 따라 백혈병 치료에 사용되었다. 비소 화합물은 해충을 잡는 농약으로도 사용되었다. 물론 오늘날에는 그 독성으로 인한 부작용이 더 크기 때문에 그리고 더 안전한 농약이 개발되었기 때문에 절대 사용되지 않는다.

또 다른 대표 독극물인 수은은 금속 원소 중에서 유일하게 상온에서 액체로 존재한다. 병원에서 사용하는 체온계 중에는 수은이 들어있는 것도 있다. 수은의 중독 방식은 수은 증기의 흡입이나 피부 접촉, 수은으로 오염된 식수나, 어패류를 섭취하는 방식으로 상당 기간 체내에 누적이 되면서 뇌 및 신경계, 그리고 신장과 간 조직을 파괴하여 사망에 이르게 한다.

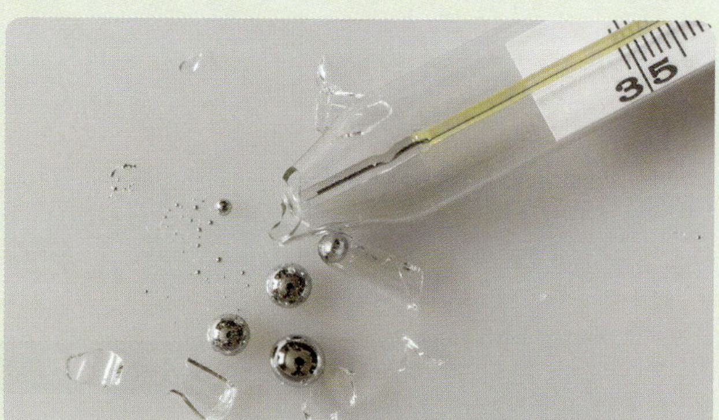

역사상 수은의 독성이 기록되어 있는 사례는 중국을 최초로 통일한 진시황의 경우이다. 진시황은 중국 통일 후 불로초를 찾을 만큼 영생에 대한 집착이 강했으나 당시 약물에 대한 정확한 지식이 없는 궁중 의원들이 영생에 도움이 될 것으로 판단한 수은을 진시황에게 장기간 처방함으로써 결국에는 그의 영생의 꿈은 실패하게 되었다. 후대에 이르러 의약학이 발전하여 역사서에 기록된 진시황의 처방에 관한 사료를 통해서 비로소 위와 같은 사실이 밝혀지게 되었다.

근대 수은 중독의 큰 사건은 일본 미나마타 현과 니가타현의 사업폐수로 인한 연안 바닷물의 오염으로 당시 바닷물고기를 섭취했던 2000명에 가까운 일본 국민이 사망한 사례이다. 그 이후로 미국을 비롯한 각 선진국들은 수은에 의한 환경오염을 강력한 법으로 규제하고 방지하고 있다. 무엇보다도 먹이사슬의 상위에 있는 인간일수록 수은의 누적 중독의 효과는 크기 때문에 한때 농약으로 사용되었던 수은은 오늘날 절대 사용할 수 없는 금지 물질이 되었다.

조기 발견 및 조기 진단이라는 극히 제한적인 조건이 있기는 하지만 수은, 카드뮴(Cd)과 같은 중금속으로 중독이 된 환자를 치료하는 방법에는 EDTA 수용액의 주사 처방을 받기도 한다. 체내에 쌓여 자연 배출이 되지 않는 중금속을 매우 강력하게 붙잡을 수 있는 EDTA 분자의 특성상 수은−EDTA 혹은 카드뮴−EDTA 착물은 소변으로 배출할 수 있다. EDTA (Ethylenediaminetetraacetic acid)는 수용액 상태에서 배위 결합을 통해 강력하게 금속 양이온과 결합하는 화합물이다.

비소와 수은 이외에도 카드뮴과 안티모니, 납 등도 소량이라도 중독되면 건강과 생명을 해칠 수 있는 원소이다. 오늘날에는 각 유해 원소들의 치사량이 조사되어 있고, 그와 더불어 환경 기준량이 규정되어 있어 국제적으로 각종 산업에 이와 관련한 엄격한 관리와 감시가 적용된다.

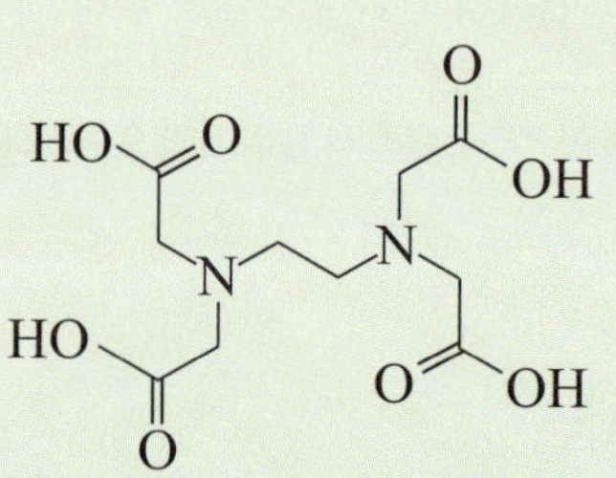

Ethylenediaminetetraacetic acid

핵심 요약

2.1 물질의 분류

- 진공인 경우를 제외하고 부피가 있는 존재라면 질량도 반드시 있기 때문에 분명히 물질이라고 할 수 있다.
- 순물질(pure substance)이란 일정한 공간 안에 오직 한 가지 종류의 물질로만 순수하게 채워진 상태를 의미한다
- 혼합물(mixture)이란 일정한 공간 안에 두 가지 이상의 순물질이 섞여 있는 상태를 의미한다.
- 화합물을 구성하고 있는 원소들은 원소 고유의 성질을 잃지만, 화합물이 분해되어 자유 원소로 복원되면 그 고유의 성질이 다시 나타내게 된다.

2.2 원자의 법칙

- 돌턴의 원자론(Dalton's atomic theory)
  1. 물질은 원자라는 매우 작은 입자로 구성되어 있다.
  2. 같은 원소의 모든 원자는 질량과 성질이 같으나, 다른 원소의 원자와는 질량과 성질이 다르다.
  3. 화학 반응은 원자의 재배열을 의미할 뿐 어떤 원자도 화학 반응 도중에 새로 생기거나, 없어지거나, 다른 원소로 변하거나 깨지지 않는다.
  4. 화합물은 서로 다른 원소의 원자가 정해진 비율로 결합할 때 생긴다.
- 질량 보존 법칙(law of mass conservation)−반응 결과에서 생긴 생성물의 총 질량은 반응에 쓰인 반응물의 총 질량과 항상 같다.
- 일정 성분비 법칙(law of constant composition)−주어진 순수한 화합물을 구성하고 있는 성분 원소의 질량비는 항상 일정하다.
- 배수 비례 법칙(law of multiple proportions)−정해진 원소들이 다양한 방법으로 결합하여 여러 화합물을 만들 수 있을 때, 한 원소의 정해진 양만큼의 질량과 결합하고 있는 다른 원소의 질량 사이에는 간단한 정수비가 성립한다.

2.3 분자의 법칙

- 일상에 존재하는 각종 물질은 원자 자체가 아닌 여러 원자가 뭉쳐서 이룬 어떤 단위 입자(분자)를 이루기 때문에 고유의 화학적 성질을 띨 수 있다.
- 기체 반응 법칙(law of gaseous reaction)−기체들이 반응하여 다른 기체를 만드는 경우 반응하는 기체들과 생성된 기체 등, 반응에 관련된 모든 기체의 부피 사이에는 간단한 정수비가 성립한다.
- 아보가드로 원리(Avogadro's principle)−모든 이상 기체는 기체의 종류와는 상관없이 같은 온도와 압력 조건하에서 같은 부피에 같은 개수의 기체 분자가 들어 있다.

2.4 물질의 상태와 성질

- 물질은 원자로 구성되어 있으나 온도나 압력의 영향을 받아서 여러 상태로 존재한다.
- 고체, 액체, 기체를 물리적 상태라고 부르며, 한 물질의 물리적 상태 변화는 물질의 본질인 분자 구조를 유지하면서 압력과 온도에 따라 변하는 형태이다.
- 고체는 고정된 모양과 부피를 가진다.
- 액체는 일정한 부피는 가지지만 액체를 담는 용기의 모양에 따라서 전체적인 모양이 결정된다.

- 기체의 경우는 고정된 부피나 모양을 지니고 있지 않으며 압축성이 좋다.
- 크기 성질(extensive property)은 물질의 양에 의해 영향을 받거나 결정되는 성질을 말하고, 세기 성질(intensive property)은 물질의 양에 전혀 영향을 받지 않는 성질을 말한다.
- 물질의 성질은 물리적 성질(physical properties)과 화학적 성질(chemical properties)로 구분할 수 있다.

2.5 물질의 분리와 정제

- 분리(separation) 또는 정제(purification)– 혼합물을 구성하고 있는 순물질 각각의 물리적, 화학적 성질의 특징을 이용하여, 또는 성분 순물질 간 물리적 화학적 성질 차이를 이용하여 각각의 순물질로 분리해 내는 것
- 거름(여과, filtration)
- 증류(distillation)/분별 증류(fractional distillation)
- 크로마토그래피(chromatography)
- 침전법(precipitation)

2.6 주기율표

- 멘델레예프(Dmitri Mendeleev)가 제안한 특별한 배열에 따라 원자 번호가 증가하는 순서대로 표에 나열되었는데 이것이 주기율표의 시초이다.
- 원소는 그 성질에 따라 금속(metal) 원소와 비금속(nonmetal) 원소, 준금속(metaloid) 원소로 구별할 수 있다.
- 주기율표의 영역에 따른 구분으로 주족 원소(main group element), 전이 원소(transition element), 내부 전이 원소(inner transition element)로 구별할 수 있다.
- 동족 원소의 공통 특성에 따른 구분으로 알칼리 금속족(alkali metal, 1A), 알칼리 토금속족(alkaline earth metal, 2A), 할로젠(halogen, 7A), 비활성 기체(noble gas, 8A)족이 있다.

핵심 용어 정리

- 물질(matter): 부피와 질량을 동시에 지니고 있는 존재
- 순물질(pure substance): 일정한 공간 안에 오직 한 가지 종류의 물질로만 순수하게 채워진 상태
- 혼합물(mixture): 일정한 공간 안에 두 가지 이상의 순물질이 섞여 있는 상태
- 원소(element): 화학적으로 가장 단순하고 안정한 상태로 더는 분리될 수 없는 물질
- 화합물(compound): 두 종류 이상의 원소들이 일정한 비율로 화학 결합을 하여 만들어진 순물질
- 균일 혼합물(homogeneous mixture): 두 종류 이상의 순물질이 서로 섞여 있는 전 영역(공간)에 대하여 혼합 비율이 모두 일정한 혼합물
- 용액(solution): 용질과 용매가 균일하게 혼합되어 있는 균일 혼합물
- 불균일 혼합물(heterogeneous mixture): 두 종류 이상의 순물질이 서로 섞여 있는 전 영역(공간)에 대하여 혼합 비율이 똑같지 않고 부분마다 차이가 나는 혼합물
- 분자(molecule): 화학적 힘(화학 결합)에 의하여 두 개 이상의 원자들이 이룬 중성의 집합체

- 상태 (phase) — 온도와 압력 변화에 따른 물질의 형태
- 크기 성질 (extensive property, 용량 인자) — 물질의 양에 의해 영향을 받거나 결정되는 성질
- 세기 성질 (intensive property, 강도 인자) — 물질의 양에 전혀 영향을 받지 않는 성질
- 거름 (여과, filtration) — 고체와 액체로 구성된 불균일 혼합물을 필터(filter)라고 부르는 거름종이나 거름망을 이용하여 분리하는 방법
- 증류(distillation) — 액체의 끓는점을 이용한 분리법
- 크로마토그래피 (chromatography) — 이동상과 고정상을 사용하여 혼합물을 분리하는 방법
- 분별 증류(fractional distillation) — 두 가지 이상의 액체가 섞여 있는 액체 혼합물로부터 성분 물질의 끓는점 차이를 이용해서 증류로 각 성분을 분리해 내는 방법

연습문제

2.1 아보가드로 원리에 의하면 모든 기체는 같은 온도와 같은 압력에서 같은 (   )에 같은 수의 분자가 들어 있다.

2.2 (   )란 화학적으로 가장 단순하고 안정된 상태로, 더는 분리될 수 없는 물질이다.

2.3 기체 반응 법칙에 따르면 기체들이 반응하여 다른 기체를 만드는 경우 반응하는 기체들과 생성된 기체 등 반응에 관련된 모든 기체의 부피 사이에는 간단한 (   )가 성립하다.

2.4 두 가지 이상의 액체가 섞여 있는 액체 혼합물로부터 성 분 물질의 끓는점 차이를 이용해서 증류로 동시다발적으로 각 성분을 분리해 내는 방법을 (   )라고 한다.

2.5 (   )이란 때리면 판상으로 펴질 수 있는 금속의 성질이다.

2.6 다음 중 어느 것이 순물질인가?
(a) 설탕 (b) 모래 (c) 금
(d) 단풍 시럽 (e) 계란

2.7 다음 각 혼합물이 균일한지, 불균일한지 결정하시오.
(a) (침전물이 전혀 없는) 수돗물
(b) 탄산음료
(c) 오일과 식초 샐러드드레싱
(d) 축구 경기장 안의 사람들

2.8 다음 각 혼합물이 균일한지, 불균일한지 결정하시오.
(a) 스테인리스강
(b) 모터 오일(모터 속에 채우는 윤활/냉각유)
(c) 흙
(d) 나무

2.9 다음 성분이 순물질인지 혼합물인지를 구분하시오.
(a) 물
(b) 닭 국물(닭을 요리하고 냄비에 남은 액체)
(c) 소금
(d) 겨자 분말

2.10 다음 원소의 이름을 쓰시오.
(a) Ti (b) Ta (c) Th
(d) Tc (e) Tl

2.11 다음을 원소, 화합물, 혼합물로 분류하시오.

(a)

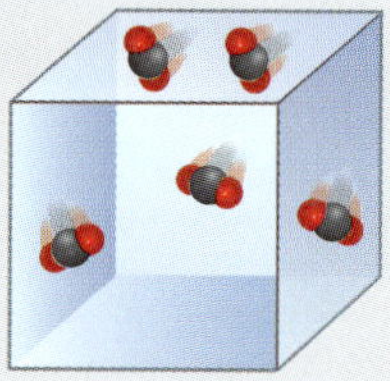
(b)

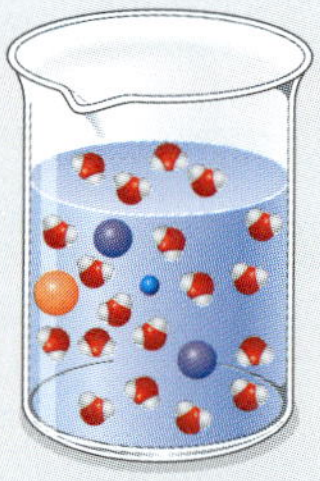
(c)

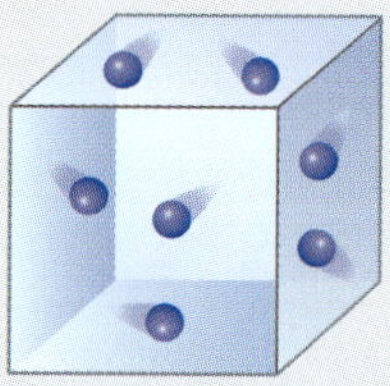
(d)

2.12 다음 원소의 기호를 쓰시오.
(a) 철 (b) 납 (c) 은
(d) 금 (e) 안티모니

2.13 (a) 다음 보기 중 옳은 설명을 한 학생이 누구인지 고르시오.
(b) 그리고 틀린 설명을 옳게 수정하시오.

보기
- 은우: 주기율표에서 118번 원소는 가장 무거운 원소이다.
- 동석: 수소는 거의 금속성을 띤다.
- 승범: 알려진 원소 중 가장 많은 원소가 비금속 원소이다.
- 지은: 상온에서 기체 상태로 발견되는 원소는 비금속 원소뿐이다.
- 원영: Si(규소)는 전도체와 부도체의 성질을 모두 가지고 있다.

2.14 다음 각각을 원소와 화합물로 분류하시오.
(a) O_2 (b) Fe_2O_3 (c) P_4
(d) He (e) NaCl (f) H_2O

2.15 다음 각 원소의 물리적 상태를 기호로부터 확인하시오.
(a) $Cl_2(g)$ (b) $Hg(l)$ (c) $C(s)$

2.16 금속만의 고유한 성질은 크게 네 가지가 있다. 첫째로 고유의 광택, 둘째로 잡아당기면 길게 늘어나는 연성, 셋째로 강한 힘으로 때리면 펴지는 전성, 넷째로 전기 및 열 전도성이 있다. 이 네 가지 성질들을 화학적 성질과 물리적 성질로 구별하시오.

2.17 다음 각각이 물리적 성질인지, 화학적 성질인지를 쓰시오.
(a) 질량
(b) 밀도
(c) 종이의 가연성
(d) 금속의 부식성
(e) 고체의 녹는점
(f) 물과의 반응성

2.18 다음의 변화를 물리적 변화와 화학적 변화로 구별하시오.
(a) 27 %의 알코올 수용액을 장시간 방치해 두었더니 알코올이 증발하여 23 %의 수용액이 되었다.
(b) 철광석의 주성분인 산화철과 코크스가 반응하면 액체와 이산화 탄소가 생성된다.
(c) 모기에 물린 피부에 바른 물파스는 곧 흡수되거나 증발한다.
(d) 콩을 갈아서 나온 추출액은 간수를 섞으면 두부가 된다.

2.19 염소(Cl_2)의 응축 과정에서 일어나는 변화에 대한 기호 표기와 분자 수준의 표기를 쓰시오.

2.20 메테인에서 수소와 탄소는 1 : 3의 질량비로 결합한다. 탄소와 수소만으로 구성된 시료가 32.0 g의 탄소와 8.0 g의 수소를 포함한다면 이 시료는 메테인일 수 있을까? 이 시료가 메테인이 아니라면, 배수 비례 법칙이 메테인과 이 물질에 적용됨을 보이시오.

2.21 다음과 같이 질량 백분율 조성을 갖는 탄소와 산소로 구성된 화합물이 있다.

> 화합물 1: 탄소 42.9 %와 산소 57.1 %
> 화합물 2: 탄소 27.3 %와 산소 72.7 %

배수 비례 법칙이 성립함을 보이시오. 만약 화합물 1의 화학식이 CO라면 화합물 2의 화학식은 무엇인가?

2.22 화합물 A는 황 8.60 g과 산소 12.88 g으로 구성되어 있으며, 화합물 B는 황 6.00 g과 산소 5.99 g으로 구성되어있다면, 두 화합물 사이에 산소의 배수 비례가 얼마인지 쓰시오.

2.23 문제 2.22에서 화합물 A의 화학식이 SO_3일 때, 화합물 B의 화학식을 쓰시오.

2.24 아연(Zn) 원자 하나의 질량이 65.41 g이라면 황(S) 원자 하나의 질량은 32.07 g이다. 지질학자가 운석 파편에서 발견한 화합물을 질량 분석을 해보았더니 66.1 %가 아연이고 나머지가 황임을 확인하였다. 이 화합물의 아연 대 황 원자의 정수비를 구하시오. (실제 아연 원자와 황 원자 하나의 질량이 65.41 g과 32.07 g인 것은 아니다. 사실 이는 각 원자 1몰에 해당하는 질량이다. 몰 단위에 대해서 6장에 배우기 때문에 문제 풀이의 편의를 위해 가정한 것이다.)

2.25 다음 혼합물은 어떤 방법을 이용하면, 각각의 순물질로 분리할 수 있는가?
(a) 톱밥이 섞인 물
(b) 소금물 용액
(c) 경유 20 %와 휘발유 70 %, 10 %의 벤젠의 혼합 석유
(d) 물이 섞여 있는 자동차 휘발유
(e) 11 % 소주

CHAPTER 3

원자 모형과 주기율표

◀ 주기율표는 인류의 현 과학기술을 바탕으로 최대한 발견하거나 합성한 118가지의 원소를 일련의 규칙에 근거하여 배열을 한 표이다. (출처: pixabay)

3.1 아원자 입자의 발견

돌턴의 원자론에서 언급하였듯이 원자는 만물을 구성하는 기본 입자이다. 원자론이 발표되었던 그 당시에는 원자는 더 작게 쪼개거나 분해할 수 없는 것이라고 생각하였다. 하지만, 원자의 성질을 연구하기 위해 실행된 많은 실험적 시도 덕분에 원자를 구성하는 한 단계 더 작은 수준의 존재를 발견하게 되었다. 일반적으로 이러한 존재를 **아원자 입자**(**subatomic particle**)라고 부른다. 아원자 입자란, 원자의 핵을 구성하고 있는 **양성자**(**p, proton**)와 **중성자**(**n, neutron**) 그리고 핵의 주변을 돌고 있는 **전자**(e^-, **electron**) 세 가지를 말한다.

원자의 내부 모습을 직관적으로 이해하자면 그림 3.1과 같이 양극을 띠고 있는 원자의 핵을 중심으로 음극을 띤 다수의 전자가 운동하고 있는 모습이라고 할 수 있다. 이때, 원자의 핵은 양극을 띠고 있는 입자인 양성자와 아무런 극성도 띠지 않는 중성자로 이루어져 있다. 원자핵은 원자 전체의 질량의 99 % 이상을 차지할 정도로 원자 질량의 대부분이 곧 핵의 질량이라 볼 수 있다. 이 말은 원자핵을 돌고 있는 전자의 질량이 너무나도 가볍다는 뜻이기도 하다.

아원자 입자 중에서 가장 무거운 입자는 중성자이고, 중성자와 비슷한 질량이지만 미세하게나마 가벼운 것이 양성자이다. 이 양성자의 질량은 대략 전자 1개의 질량의 1,800배 정도이며, 따라서 양성자나 중성자에 비해 전자의 질량은 거의 없는 것이나 마찬가지라고 할 정도로 가볍다. 양성자와 전자의 전자는 서로 반대 극성을 띠고 있으며 전하량은 서로 같다. 아원자 입자 간 이러한 질량 관계와 전하 관계는 표 3.1에서 확인할 수 있다.

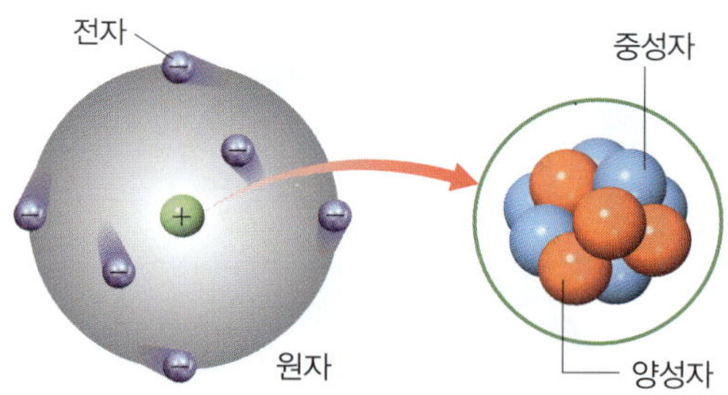

그림 3.1 원자와 아원자 입자

표 3.1 원자의 주요 입자

입자	질량	전하량
전자	9.109390×10^{-28} g(5.485799×10^{-4} amu)	$-1.602177 \times 10^{-19}$ C
양성자	1.672623×10^{-24} g(1.007276 amu)	$+1.602177 \times 10^{-19}$ C
중성자	1.674929×10^{-24} g(1.008664 amu)	0

그림 3.1과 표 3.1을 보며 아원자 입자에 대하여 공부를 했다면 다음의 다섯 가지 사항을 함께 반드시 알고 있어야 한다.

- 모든 원자의 원자 번호(Z)는 핵 속의 양성자(p)의 수와 같다.
- 양성자(p)와 중성자(n)의 수를 합해서 그 원소의 질량수(A)라고 한다.
- 중성 원자는 무조건 양극을 띤 양성자의 수와 음극을 띤 전자(e^-)의 수가 같다.
- 원소 기호를 표기할 때 아래와 같이 왼쪽 위 첨자로 질량수를, 그리고 왼쪽 아래 첨자로 원자 번호를 표기하여 나타낼 수 있으며, 이를 통해 아원자 입자의 개수를 알 수 있다.

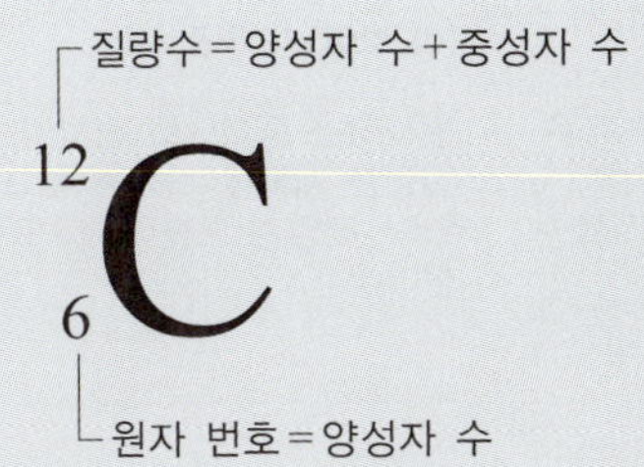

– 알 수 있는 정보: 양성자(원자 번호) = 6개,
중성자(질량수 – 원자 번호) = 6개
전자(중성 원자이므로 양성자 수와 동일) = 6개

- 중성 원자는 양성자보다 전자의 수가 적으면 양이온이 되고, 반대로 양성자보다 전자의 수가 많으면 음전하가 된다. 양전하(+)와 음전하(–)의 차이만큼 원소 기호 우측 위 첨자에 +, 2+, 3+, … 또는 –, 2–, 3–와 같은 표기를 한다.

예 $^{23}_{11}Na^+$ 양성자(+) = 11개, 중성자 = 12개, 전자(–) = 10개
$^{16}_{8}O^{2-}$ 양성자(+) = 8개, 중성자 = 12개, 전자(–) = 10개

3.1 예제

다음 원소 기호 표기법을 보고, 그 원소가 지닌 아원자 입자의 수를 맞춰 보시오.

(a) $^{19}_{9}F$ (b) $^{63}_{29}Cu$ (c) $^{131}_{54}Xe$ (d) $^{118}_{50}Sn^{4+}$

정답

(a) 양성자 = 9개, 중성자 = 10개, 전자 = 9개
(b) 양성자 = 29개, 중성자 = 34개, 전자 = 29개
(c) 양성자 = 54개, 중성자 = 77개, 전자 = 54개
(d) 양성자 = 50개, 중성자 = 68개, 전자 = 46개

응용문제 3.1

다음 표를 완성하시오.

원소/이온명	원소 기호	양성자 수	중성자 수	전자 수
셀레늄	$^{79}_{34}Se$		45	
알루미늄	$^{27}_{13}Al^{3+}$			
		15	16	18
		47	61	47

이러한 아원자 입자의 발견과 그 특성의 규명은 여러 과학자를 거쳐서 진행되었다. 그 때문에 원자의 모습이 어떻게 생겼는지를 설명하는 **원자 모형(atomic model)**도 시간에 따라 단계적으로 변하게 되었다(그림 3.2).

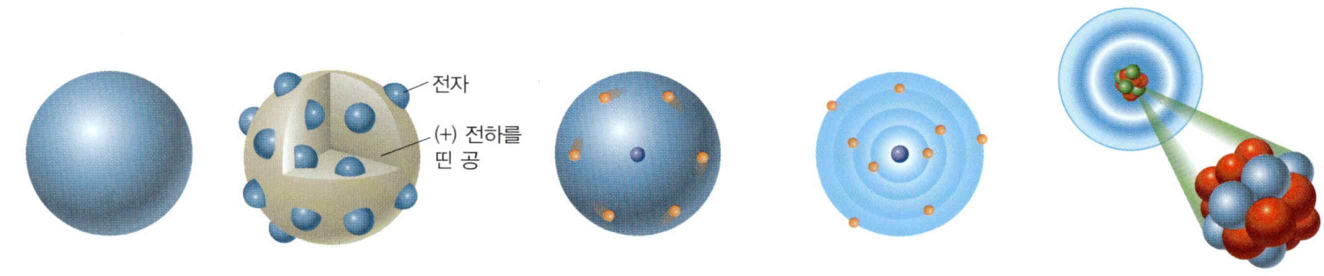

(a) 돌턴, 1803년

원자는 더 이상 쪼갤 수 없는 단단한 작은 공과 같다.

(b) 톰슨, 1903년

양전하가 가득 차 있는 곳을 음전하를 띤 전자가 움직이고 있다.

(c) 러더퍼드, 1911년

원자의 중심에 크기가 매우 작고 질량이 큰 양전하의 원자핵이 있고, 그 둘레를 음전하를 띤 전자가 움직이고 있다.

(d) 보어, 1913년

원자핵을 중심으로 전자가 일정한 궤도를 그리며 돌고 있다. 태양계 모형이라고도 한다.

(e) 현대 원자모형, 1926년~현재

전자구름 모형으로, 원자핵 둘레에 전자가 구름처럼 퍼져 있다.

그림 3.2 원자 모형의 변천 과정

돌턴의 원자 모형

최초의 원자 모형은 돌턴의 원자 모형으로서 단순히 원자는 원자론에 근거하여 더 이상 쪼갤 수 없는 완전한 구 모양의 입자로 여기게 되었다(그림 3.2(a)). 하지만 이러한 원자 모형은 어떤 실험적인 근거를 바탕으로 고안된 것이 아니기 때문에 돌턴 이후의 과학자들에 의해 개선되고 변화하게 되었다.

톰슨의 원자 모형(건포도-푸딩 모형)

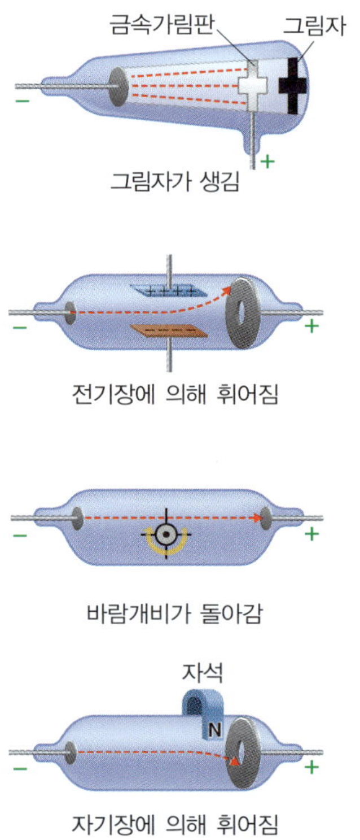

톰슨의 음극선 실험에서 관찰되는 음극선의 현상

1897년에 영국의 톰슨(Thomson, J.J., 1856~1940)은 많은 과학자와 복사의 한 종류인 음극선에 관하여 토론하였다. 앞선 1878년에 크룩스(Crookes, 1832~1919)라는 영국 물리학자가 크룩스관이라 하는 진공관에서 금속에 강한 전압의 전류를 흘려주었을 때 발생하는 음극선(cathode ray)이 발생함을 관찰하고, 이어 1895년 또 다른 프랑스 과학자 페랭(Jean Baptiste Perrin, 1870~1942)이 크룩스관 안의 음극선이 음으로 하전되었음을 발견했기 때문에 이에 톰슨은 이 음극선 본질을 파악하기 위해 노력하였다.

영국 과학자는 음극선이 전기화된 입자의 광선(beam)이라고 생각하였고, 독일 과학자는 음극선이 가시광선과 같은 에너지의 형태로 구성되어 있다고 주장하였지만, 이러한 시기에 톰슨은 일명 **음극선 실험(cathode ray experiment)**을 통해서 음극선이 입자임을 실험적으로 증명하였고, 입자의 질량 대비 전하량(e/m_e)을 측정하였다. 이 실험에 의하면 내부의 압력을 대기압력 760 torr보다 훨씬 낮은 10 torr 정도로 낮게 조절한 **음극선관(cathode ray tube**, 그림 3.3)에 있는 두 금속 판 사이에 높은 전압을 걸어 전류가 흐르면, 음으로 하전된 판(음극, cathode)에서 눈에 보이지 않는 선(ray)이 나오는 것을 관찰할 수 있다. **음극선(cathode ray)**이라고 하는 이 선은 양(양극, anode)으로 이끌리게 된다. 이 음극선이 음으로 하전된 소립자의 흐름이라는 가설을 제시하였고, 이 미립자를 **전자(electron)**라고 하였다.

이와 같은 실험을 통하여 톰슨은 원자의 모습을 '마치 푸딩 속에 건포도가 박혀있는 모습'이라고 설명하였고 음극은 띤 전자가 양극으로 하전이 되어 있는 구체 안에 들어가 있는 모습이라 하여 톰슨의 원자 모형을 **건포도 – 푸딩 모형(Plum pudding model)**이라고 부르기도 한다(그림 3.2(b)).

참고로 전자의 정확한 질량은 1909년 밀리컨(Millikan, R., 1868~1953)의 기름방울 낙하실험을 통해서 밝혀지게 되었는데, 전자의 질량(9.109×10^{-28} g)은 가장 가벼운 원소인 수소보다 1,836배 정도 가볍다는 사실을 밝혀내었다.

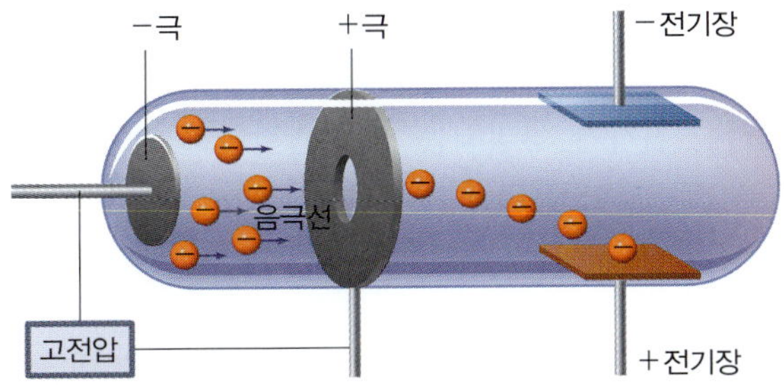

그림 3.3 음극선관 모식도

러더퍼드의 모형

1911년 러더퍼드(Rutherford, E., 1871~1937)는 강력한 에너지를 갖는 α(알파)−입자(헬륨의 원자핵)를 얇은 금박 조각에 충돌시키는 이른바 **알파 입자 산란 실험(Rutherford gold foil experiment)**을 하였다(그림 3.4). 이때 금박의 두께는 금 원자 2~3개 지름에 해당할 정도로 매우 얇았다. 전자보다 무거운 α 입자는 +2e(전자 2개에 해당하는 양의 전하량)의 전하를 가지고 있으며 많은 방사성 물질로부터 수 MeV(mega electron volt, 백만 전자 전압)의 에너지를 가지고 폴로늄(Po) 원소의 자연 붕괴 과정에서 헬륨 양이온(He^{2+})의 형태로 자연적으로 방출된다. 러더퍼드는 이 실험으로 α 입자들이 금박 조각을 통과하면서 휘어지는 양을 측정하려 했다.

실험의 결과, 대부분의 α 입자들은 작은 각도로 산란되지만, 놀랍게도 매우 적은 양의 α 입자가 180도에 가까운 큰 각도로 산란되었다. 이 실험을 통해 인류는 원자핵의 존재를 알게 되었다. 결국 1914년 러더퍼드는 다음과 같은 결론을 내렸다.

"원자핵의 반지름은 원자의 반지름보다 매우 작아야 하며, 그 비는 약 10^4이다. 다시 말하면 원자의 대부분은 빈 공간으로 구성되어 있다."

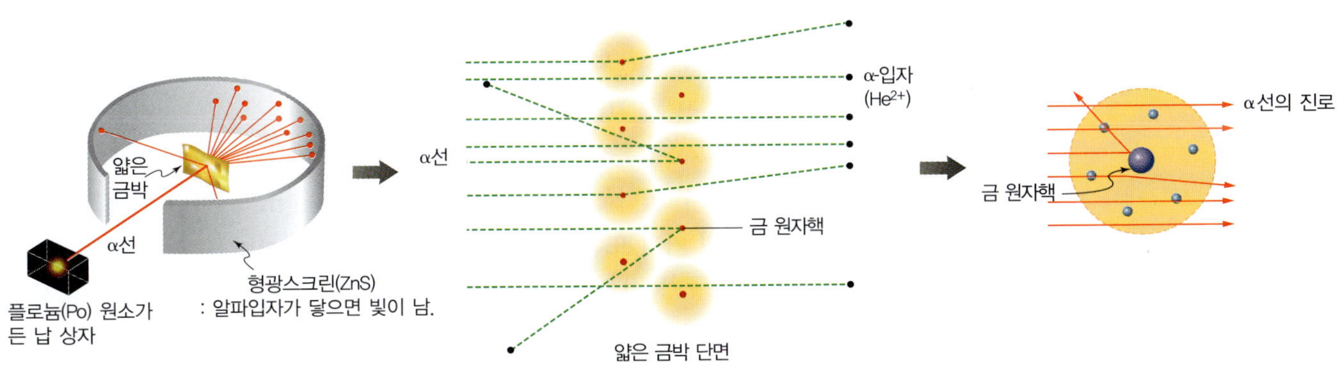

그림 3.4 러더퍼드의 알파(α) 입자 산란 실험

러더퍼드의 실험의 큰 의미는 바로 원자의 핵을 발견했다는 점이며, 양극을 띠고 있는 α-입자를 튕겨내는 것으로 보아 원자핵의 극성도 같은 양극임을 짐작할 수 있었다. 이 실험의 결과를 토대로 기존의 톰슨의 원자 모형은 대폭 수정되어 무거운 양전하의 원자핵 주변에 음전하의 전자들이 존재하는 러더퍼드의 원자 모형(그림 3.2(c))이 고안되었다.

참고로 양성자와 함께 원자핵을 구성하고 있는 중성자는 1932년에 채드윅(Chadwick, J., 1891~1972)에 의하여 발견되었다. Be(베릴륨)에 알파 입자가 충돌할 때 투과력이 강한 방사선 입자가 생성되는 것을 관찰하고 이를 근거로 중성자(neutron)의 존재가 밝혀졌다.

3.2 보어의 원자 모형

톰슨과 러더퍼드, 채드윅의 활약으로 아원자 입자의 존재가 밝혀지고 대략적으로 예상할 수 있는 원자 모형이 제시되었지만, 그것만으로는 원자의 실제 내부 구조가 어떻게 생겼는지는 누구도 자신할 수 없었다. 그러던 중에 물리학에서 관찰되던 신기한 실험 현상의 원인을 찾는 과정에서 결과적으로 원자의 실제 모습에 더욱 근접한 원자 모형을 발전시킬 수 있었다. 그 실험 현상은 원소의 불꽃 반응에 의한 **선 방출 스펙트럼(line emission spectrum)** 현상이다. 이 현상 덕분에 보어의 원자 모형(그림 3.2(d))이 고안될 수 있었다.

우선적으로 알고 있어야 할 물리적 기본 성질: 전자기파(빛)

선 스펙트럼 현상과 광전 효과, 그리고 보어의 원자 모형을 이해하려면 빛이라고 하는 전자기 복사선의 기본적인 성질을 먼저 충분히 알아두어야 할 필요성이 있다.

일반적으로 우리가 친숙하게 접하는 빛은 태양을 출발하여 지구에 도달하는 햇빛, 즉 자연광(백색광)이다. 태양에서 지구로 도달하는 빛은 직선으로 진행한다는 점은 너무나도 잘 알려져 있다. 하지만 **직선 방향으로 진행하는 빛**은 자세히 살펴보면 **전기장과 자기장이라는 두 파동이 수직으로 함께 진행되는** 이른바 **전자기 복사선(electromagnetic radiation)** 또는 **전자기파(electromagnetic wave)**라고 부른다. 이 사실은 1873년에 영국의 물리학자 맥스웰(Maxwell, J., 1831~1879)에 의하여 제안되었는데, 즉 빛은 파동의 형태로 직선 방향으로 진행된다는 뜻이다(그림 3.5).

따라서, 빛은 파동의 형태를 띠고 한 점에서 다른 점으로 확산하는 점진적이고 반복적인 물결과 같은 파동의 특성을 가지고 있기 때문에 빛을 언급할 때에는 주로 파장, 진폭, 진동수로 설명을 할 수 있다(그림 3.6(a)). **파장(wavelength, λ)**이란 **연속적인 파동에서 마루와 마루 사이의 거리 또는 골과 골 사이의 거리**를 말하며, 람다(λ)라는 기호로 나타내고 길이 단위로 nm를 사용한다. **진폭(amplitude)**은 **파동의 중앙 기준선에서 최고점이나 최저점까지의 길이**를 말한다. 마지막으로 **진동수(frequency, ν)**는 **초당 한 지점을 지나는 파동의 개수**를 뜻하며, 기호는 뉴(ν)이며 단위는 s^{-1} 또는 헤르츠(Hertz, Hz)를 사용한다.

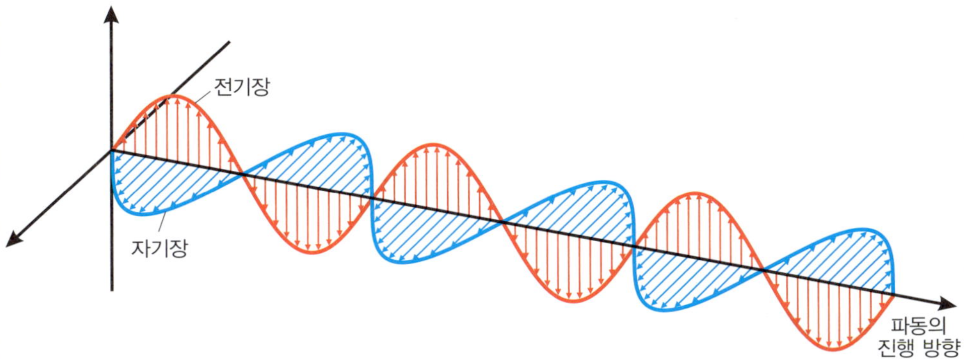

그림 3.5 전자기 복사선(전자기파, 빛)의 형태

빛은 파장이나 진동수에 의해 자외선, 가시광선(눈에 보이는 빛, 무지개 색깔의 빛), 적외선과 같이 그 종류를 다양하게 구별할 수 있다. 예를 들어, 가시광선에서 보라색의 빛은 파장이 대략 400 nm이고, 진동수는 7.50×10^{14} Hz이다. 적외선의 빛은 파장이 대략 800 nm이며, 진동수는 3.70×10^{14} Hz이다(그림 3.6(b)). 나중에 보다 자세히 설명하겠지만 파장이 긴 빛은 진동수가 작고, 반대로 파장이 짧은 빛은 진동수가 크다는 사실을 알아둬야 한다.

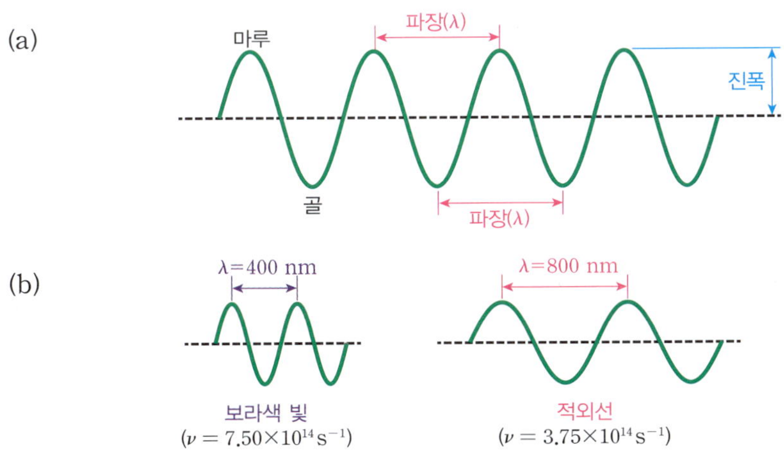

그림 3.6 (a) 파동의 파장과 진폭 (b) 보라색 빛과 적외선의 비교

그렇다면 백색광이라고 하는 햇빛은 어떤 종류의 빛일까? 사실 햇빛의 **전자기 스펙트럼(electromagnetic spectrum)**을 보면 알 수 있듯이 햇빛은 감마선에서부터 라디오파까지 많은 종류의 전자기파가 종합되어 있다고 봐야 한다(그림 3.7). 여기서 **스펙트럼(spectrum)**이란 **빛을 프리즘에 투과시켰을 때 관찰되는 증폭/확대된 빛의 띠**를 말한다. 그 햇빛 속에는 우리가 눈으로 볼 수 있는 무지개 색깔의 빛인 가시광선도 포함되어 있다.

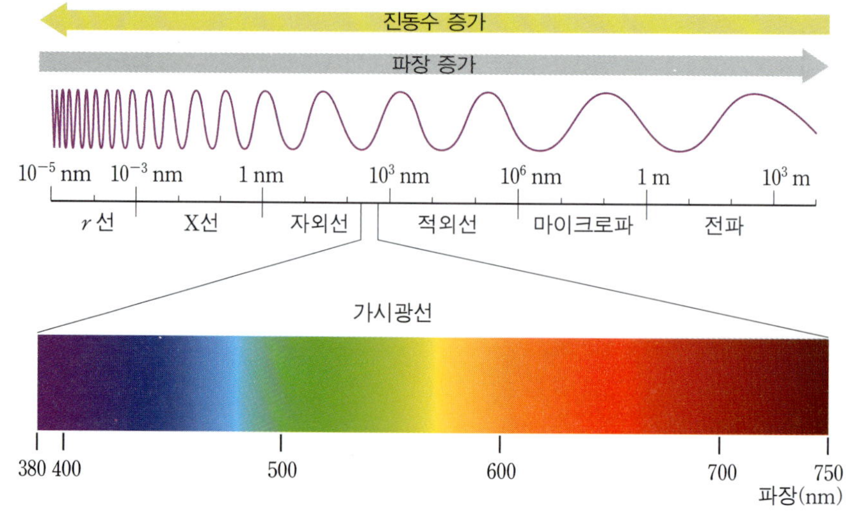

그림 3.7 백색광(햇빛)의 전자기 스펙트럼

앞서 빛의 파장(λ)과 진동수(v)는 서로 반비례한다는 점을 강조하였다. 이 말을 근거로 하여 파장과 진동수가 어떤 관련이 있는지 알아야 한다. 이해를 돕기 위해 적색광(빨간색의 빛)과 자색광(보라색의 빛)을 예를 살펴보자. 상대적으로 파장이 긴 적색광이든 파장이 짧은 자색광이든 둘 다 동일한 빛이기 때문에 빛으로서의 이동 속도(c)는 흔히 '초당 지구 일곱 바퀴 반'이라고 하는 약 3.00×10^8 m/s이다. 이 말은 파동 1개의 길이(파장)가 짧은 자색광은 1초 동안 반복되는 파동의 수(진동수)가 커야만, 파동의 길이가 긴 적색광이 상대적으로 1초 동안 적은 수로 진동했을 때 이동하는 거리와 동일하게 나아갈 수 있다는 뜻이다. 따라서, 진동수와 파장 사이의 관계식은 다음과 같다(식 3.1, 식 3.2). 참고로 빛의 속도는 명백한 상수이다.

$$\text{파장}\times\text{진동수}=\text{속도}$$

$$\lambda(\text{m})\times v(\text{s}^{-1})=c=3.00\times10^8\ \text{m/s} \tag{3.1}$$

$$v=\frac{c}{\lambda} \tag{3.2}$$

흑체(black body)
전자기 복사선을 방출할 수 있는 물체

전자기파인 빛은 에너지를 가진 존재이며, 빛의 종류에 따라, 보다 정확히 말하자면 진동수에 따라 빛의 에너지 크기 또한 다르다. 1900년 플랑크(Max Planck, 1858~1947)의 이론에 따르면 양초나 난로와 같은 흑체에서 방출되는 전자기파의 에너지(E)는 그 진동수(v)에 비례한다. 식 3.3과 같이 이를 정리할 수 있다.

$$E=hv \tag{3.3}$$

$$E=\frac{hc}{\lambda} \tag{3.4}$$

또한 식 3.2와의 관계를 고려하면 전자기파의 파장(λ)을 알면 그 에너지를 계산하는 것이 가능하다(식 3.4). 여기서 비례 상수처럼 사용된 h는 플랑크 상수(Planck's constant)이고, 그 값은 $h=6.626\times10^{-34}$ J·s이다. 결과적으로 식 3.3과 식 3.4를 통해서 빛의 에너지(E)는 파장(λ)에 반비례하고 진동수(ν)에 비례한다는 점을 알 수 있다.

3.2 예제

빨간색 빛의 파장이 약 700 nm라고 한다. 이 빛의 진동수는 몇 Hz(s^{-1})인가?

풀이

빛의 속도와 파장의 진동수에 대한 관계식을 이용하면

$$\nu = \frac{c}{\lambda}$$

$(c = 3.00 \times 10^8 \text{ m/s},\ \lambda = 700 \text{ nm} = 700 \times 10^{-9} \text{ m})$

$$\text{진동수 } \nu = \frac{3.00 \times 10^8 \text{ m/s}}{700 \times 10^{-9} \text{ m}} = 4.29 \times 10^{14} \text{ s}^{-1}$$

정답

진동수 $= 4.29 \times 10^{14}$ Hz

응용문제 3.2

예제 3.2에서 언급한 광자(빛)의 에너지는 몇 J인지 계산하시오.

선 스펙트럼 방출 현상

중학교 또는 고등학교의 과학 교과를 공부해본 사람이라면 원소의 불꽃 반응 실험을 기억할 것이다. **불꽃 반응**이란 **금속 원소가 포함된 시약을 불꽃에 넣으면 특유의 색이 나타나는 현상**을 말한다. 불꽃 반응에 의하면 소듐(Na) 원소를 태우면 노란색 빛을 내며 타고, 리튬(Li)은 붉은색, 구리는 녹색, 칼슘은 주황색의 빛을 내며 타는 등 원소마다 독특한 불꽃 반응의 결과가 나타난다(표 3.2).

불꽃놀이의 화려하고 다채로운 불꽃 색깔은 폭죽 안에 충전된 다양한 원소들이 하늘에서 폭발 후 연소하는 과정에서 발생하는 불꽃 반응의 결과이다. (출처: pixabay)

표 3.2 대표적인 원소들의 불꽃 반응

원소	불꽃색	원소	불꽃색	원소	불꽃색
Al	은백색	Cs	약한 보라색	Na	노란색
As	청색	Cu	강한 녹색	P	약한 녹색
B	강한 녹색	In	적색	Li	빨간색
Ba	황록색	K	약한 보라색	Rb	약한 보라색
Ca	주황색	Mo	황록색	Sb	약한 녹색

원소가 타며 발생하는 불꽃의 빛을 프리즘으로 증폭/확대를 해 보았을 때 관찰할 수 있는 스펙트럼의 모습이 일반적인 햇빛(백색광, 자연광)의 스펙트럼과는 비교해 보면 확연히 차이가 있다. 그림 3.8에서 알 수 있듯이 햇빛의 경우는 슬릿과 프리즘을 통과하고 나면 **무지개 색깔의 빛이 끊김없이 이어진 형태로 관찰되는 방출 스펙트럼**, 이른바 **연속 스펙트럼(continuous spectrum)**이 방출되어 나온다. 일반적으로 연속 스펙트럼은 다른 말로 모든 파장의 빛이 연속적으로 방출되었다는 것을 의미한다. 반면에 이런 백색광과는 다르게 리튬(Li) 원소의 불꽃 반응에서 발생하는 빛의 스펙트럼은 그림 3.8에

서 보는 것처럼 **특정 색깔에 해당하는 빛(특정 파장에 해당되는 빛)만 골라서 선의 형태로 관찰할 수 있는 방출 스펙트럼**인 **선 스펙트럼(line spectrum)**이 방출되어 나온다. 이런 선 스펙트럼 방출 현상은 리튬 원소 이외에 다른 원소에서도 다양한 형태로 관찰되었다(그림 3.9).

이 선 스펙트럼 방출 현상이 발견되었을 당시에는 그 원인을 알 수 없어서 많은 과학자들이 오랜 시간 다양한 실험과 이론을 통해 고심을 하게 되었다.

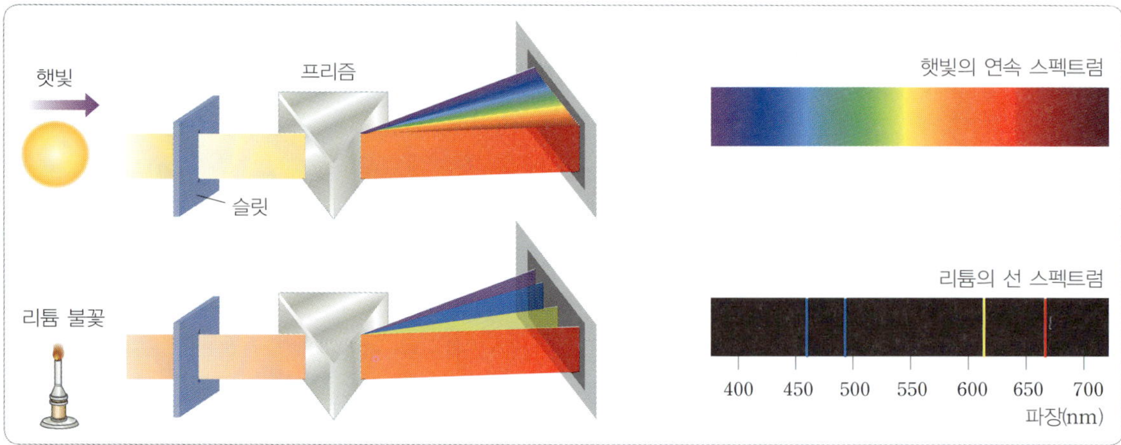

그림 3.8 햇빛(백색광)과 리튬 불꽃의 스펙트럼

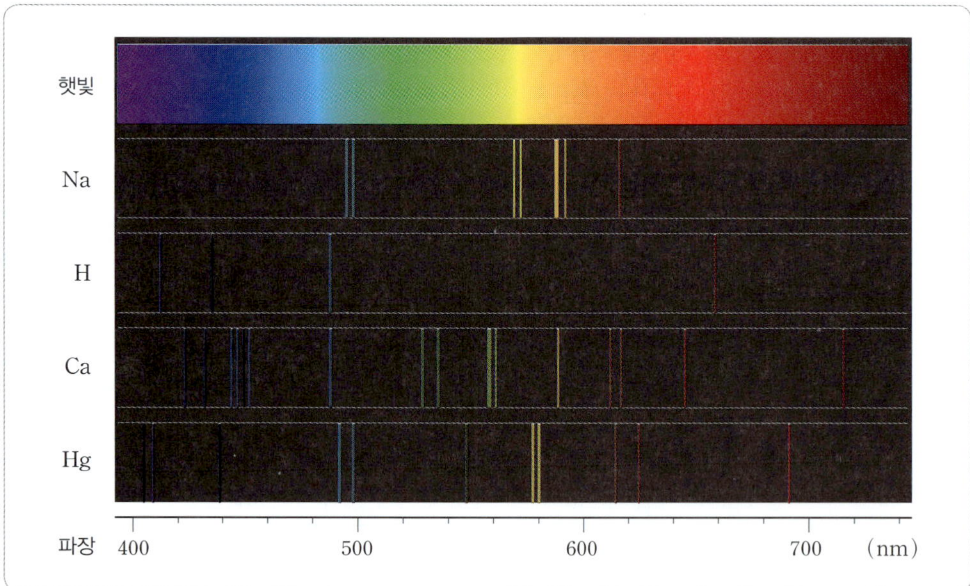

그림 3.9 몇몇 원소들이 방출한 선 스펙트럼

보어의 수소 원자 모형

1912~1913년에 덴마크 물리학자 보어(Bohr, N., 1885~1962)는 원자의 구조를 이해하는 데 필요한 중요한 이론을 제안하였다. 그는 수소의 선 스펙트럼을 연구하면서 원자 속 전자는 핵으로부터 다양한 거리에 있는 특정한 지역에 존재하며, 이는 마치 그림 3.10(a)에서 볼 수 있듯이 태양을 중심으로 행성이 회전하는 것처럼 **전자가 핵 주위의**

궤도를 따라 회전하는 것이라고 예상하였다. 이후에 이 개념을 수소 이외의 원소에도 비슷하게 적용함으로써 그림 3.2(d)와 같은 일반적인 **보어의 원자 모형**이 제시되었다.

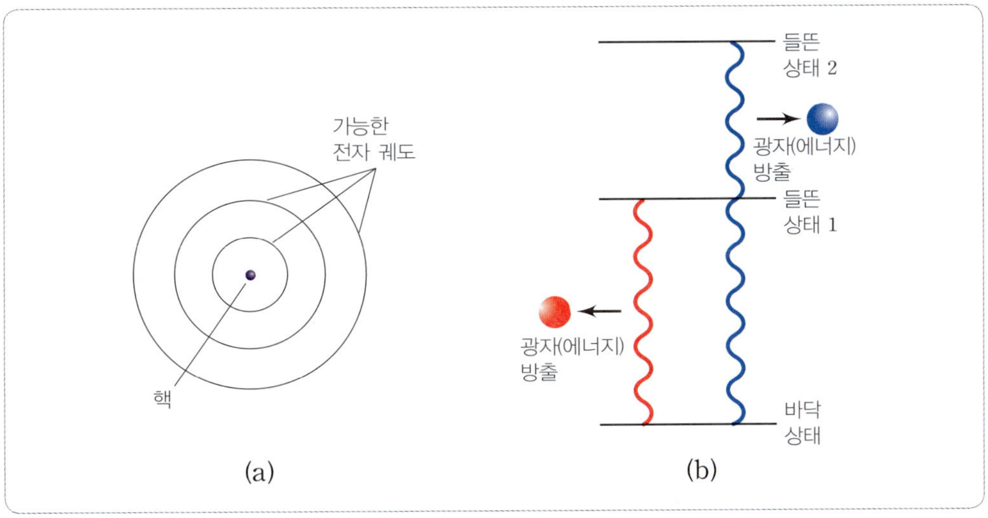

그림 3.10 (a) 보어의 수소 원자 모형. 전자가 핵 주위를 허용된 원 궤도를 따라 운동하는 것으로 나타낸다. (b) 전자 전이와 광자 방출. 들뜬 상태 준위에서 바닥 상태 준위로 전자가 전이할 때, 광자(빛) 형태로 에너지가 방출된다. 이때 빛의 색깔(파장)은 들뜬 상태와 바닥 상태의 에너지 간격(차이)에 의해 결정된다.

이 분야에 대한 보어의 첫 번째 연구 논문에서 그는 수소 원자를 취급하였으며, 수소 원자 내에서 하나의 전자가 상대적으로 무거운 핵 주위의 한 궤도를 회전하는 것으로 설명하였다. 그는 관찰한 수소의 선 스펙트럼에 플랑크가 1900년에 제안한 양자 에너지 개념을 도입하였다. 플랑크는 에너지는 연속적인 흐름으로 방출되는 것이 아니고, 양자(quanta, 라틴어로 *quantus*, "양"이라는 뜻)라고 부르는 작은 불연속 다발로 방출된다고 주장하였다. 보어는 이 이론에서 전자는 핵으로부터 각기 다른 거리에 있는 여러 가능한 궤도에 대응하는 여러 에너지를 가진다는 생각을 이론화하였다. 따라서 **한 개**의 전자는 **한 개의** 특정한 에너지 준위에 존재해야 한다. 전자는 에너지 준위 사이에는 존재할 수 없다. 다시 말하면, 전자의 에너지는 **양자화(quantized)**되었다고 말할 수 있다. 또한 보어는 수소 원자가 하나 이상의 양자 에너지를 흡수하면 수소 원자의 전자가 더 높은 에너지 준위로 '도약'한다고 주장하였다.

에너지 준위
에너지 상태

보어의 이런 원자 모형 덕분에 비로소 수소 스펙트럼의 선들을 설명하는 것이 가능해졌다. 많은 에너지 준위가 가능하며, 이 중 가장 낮은(적은) 에너지 준위를 바닥 상태(ground state)라고 한다. 전자가 높은(큰) 에너지 준위에서 낮은 에너지 준위로 떨어질 때 두 준위 사이의 에너지 차이만큼 특정한 진동수나 파장을 갖는 빛으로 양자 에너지가 방출된다(그림 3.10(b)). 이 빛은 수소 스펙트럼의 선 중의 하나와 일치한다(그림 3.11). 이 스펙트럼에서 여러 선을 볼 수 있는데, 각 선은 수소 원자 내에서 특정 에너지 준위 간 전자의 이동(전이)으로 생긴 것이다. 에너지 준위 사이를 전이하면서 방출되는 빛의 에너지(파장)에 따라 라이먼 계열, 발머 계열, 파셴 계열의 스펙트럼으로 구별된다. 특히, 우리가 무지개빛이라고 알고 있는 가시광선의 방출 스펙트럼은 오로지 높은 들뜬 상태에서 두 번째 들뜬 상태의 궤도($n=2$)로 전자 전이가 발생할 경우인 발머 계열의 스펙트럼에서만 관찰이 가능하다.

바닥 상태(혹은 바닥 상태 에너지 준위)
에너지적으로 가장 안정한 상태를 뜻하며, 에너지 값이 가장 작은(낮은) 상태를 말한다. 다른 말로 기저 상태(基底 狀態)라고도 한다.

들뜬 상태(혹은 들뜬 상태 에너지 준위)
에너지적으로 불안정한 상태를 뜻하며, 바닥 상태보다는 에너지 값이 반드시 큰(높은) 상태이다. 에너지가 클수록 더욱 들뜬 상태라고 한다. 다른 말로 흥분 상태 또는 여기 상태(勵起 狀態)라고도 한다.

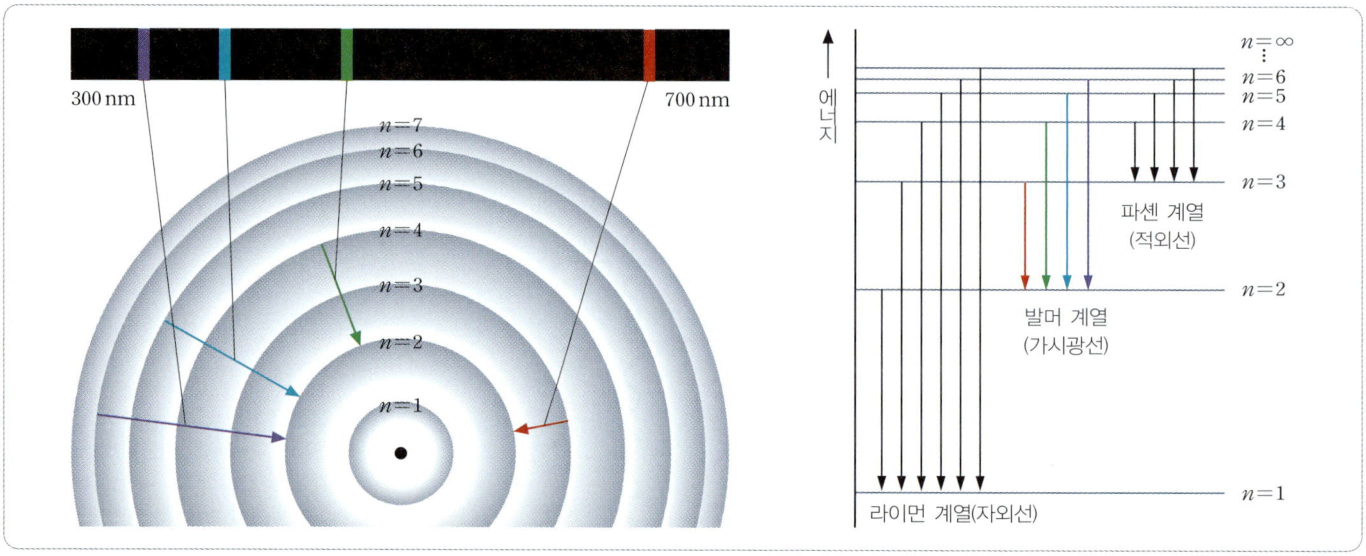

그림 3.11 수소 원자의 전자 전이와 스펙트럼 계열

이때, 수소의 선 스펙트럼에서 관찰되는 색깔을 띠고 있는 빛의 선 하나하나의 파장이나 진동수를 계산할 수 있을까? 이것은 다음의 발머-리드베리 식을 이용하면 가능해진다(식 3.8). 이 식의 형성 과정을 한번 살펴보자.

일단 수소 원자의 에너지 준위 n에 있는 전자가 지닌 에너지(혹은 준위 n의 에너지) E_n는 아래 식 3.5와 같이 계산된다. 여기서 R_H는 리드베리 상수($R_H = 2.178 \times 10^{-18}$ J)이다.

$$E_n = -R_H \times \left(\frac{1}{n^2}\right) \tag{3.5}$$

만약 전자가 n_i 준위에 있다면, 그때 그 전자가 지닌 에너지는 E_i로 계산할 수 있으며(식 3.6a), 이 전자가 n_f 준위로 이동했다면 그 전자가 지닌 에너지 E_f도 계산이 가능하다(식 3.6b).

$$E_i = -R_H \times \left(\frac{1}{n_i^2}\right) \tag{3.6a}$$

$$E_f = -R_H \times \left(\frac{1}{n_f^2}\right) \tag{3.6b}$$

전이 과정에서 발생한 에너지 차이 ΔE는 다음과 같이 계산되어(식 3.7), 결국 식 3.8과 같은 발머-리드베리 식이 완성된다.

$$\begin{aligned} \Delta E &= \text{나중 상태 에너지} - \text{최초 상태 에너지} \\ &= E_f - E_i \\ &= -R_H \times \left(\frac{1}{n_f^2}\right) + R_H \times \left(\frac{1}{n_i^2}\right) \\ &= -R_H\left(\frac{1}{n_f^2} - \frac{1}{n_i^2}\right) \end{aligned} \tag{3.7}$$

$$\Delta E = h\nu = \frac{hc}{\lambda} = -R_H\left(\frac{1}{n_f^2} - \frac{1}{n_i^2}\right) \tag{3.8}$$

여기서 n_i은 전이 초기에 전자가 위치한 에너지 준위(출발 준위)를, n_f는 전이 종료 후 전자가 위치한 에너지 준위(도착 준위)를 뜻하며, ν와 λ는 각각 방출되는 빛의 진동수(Hz 또는 s^{-1})와 파장(m)이다. 또 h는 플랑크 상수(6.626×10^{-34} J·s), c는 빛의 속도 상수(3.00×10^8 m/s)임을 알고 있어야 한다.

참고로 $E_f < E_i$일 경우는 전자가 낮은 준위로 전이하면서 에너지(빛)를 방출하는 경우를 의미하고, 반대로 $E_f > E_i$ 경우는 전자가 높은 준위로 전이하는 과정에서 에너지(빛)를 흡수하는 경우에 해당한다.

3.3 예제

수소 원자에서 전자가 $n=2$ 준위에서 $n=1$ 준위로 전이할 때, 방출하는 빛의 에너지 양(J)과 파장(nm)을 계산하시오.

풀이

발머-리드베리 식을 이용한다.

$$\Delta E = h\nu = \frac{hc}{\lambda} = -R_H\left(\frac{1}{n_f^2} - \frac{1}{n_i^2}\right)$$

$(n_i = 2,\ n_f = 1,\ R_H = 2.178 \times 10^{-18}\ \text{J},\ c = 3.00 \times 10^8\ \text{m/s},\ h = 6.626 \times 10^{-34}\ \text{J·s})$

i) 방출 에너지 $\Delta E = -(2.178 \times 10^{-18})\left(\frac{1}{1^2} - \frac{1}{2^2}\right)$

$= -1.633 \times 10^{-18}$ J (방출 에너지이기 때문에 부호가 − 임)

ii) $\lambda = \frac{hc}{|\Delta E|}$

$= \frac{(6.626 \times 10^{-34})(3.00 \times 10^8)}{1.633 \times 10^{-18}} = 1.22 \times 10^{-7}\ \text{m} = 122\ \text{nm}$

(파장은 음수가 될 수 없기 때문에 에너지 양을 대입)

정답

방출 에너지의 양 = 1.633×10^{-18} J

방출 빛의 파장 = 122 nm

응용문제 3.3

만약 예제 3.2에서 $n=2$가 아니라 $n=3$에서 $n=1$ 준위로 전이한다면 방출 에너지와 파장은 어떻게 변화하겠는가? 증가와 감소로 답하시오.

발머-리드베리 식까지 유도되어 수소의 선 스펙트럼이 해석되면서 원자의 내부 구조가 완벽하게 밝혀졌다고 생각할 수 있으나, 보어의 원자 모형에도 분명한 한계는 있었다. 전자의 개수가 1개인 수소 원자의 에너지는 보어의 원자 모형으로 완벽히 설명할 수 있었지만, 전자의 개수가 2개 이상인 그 외의 다른 원소에서는 잘 설명할 수 없었다. 즉, 완벽한 원자 모형이 아니라는 뜻이다.

무엇보다 발머-리드베리 식의 경우 중성 원자에서는 오로지 수소 원자에서만 적용할 수 있을 뿐 전자가 2개 이상인 원소나, 이온에서는 적용되지 않았다. 식 3.5에서 더 이상 리드베리 상수 R_H의 값이 유지되지 않고 원소의 종류에 따라 그 값이 변하기 때문이다. 정리하여 설명하자면 원자 내부라는 좁은 공간에서 음극을 띠고 있는 **전자와 전자 사이의 반발력** 때문에 에너지 준위에 있어 **추가 변수**가 발생하기 때문에 수소 이외의 원자들의 선 스펙트럼까지는 설명할 수 없는 것이 보어의 모델의 한계라고 요약할 수 있다. 과학자들은 보어의 원자 모형을 여러 차례 수정해 오늘날 **현대적 원자 모형**이라고 불리는 오비탈(전자 구름) 모형으로 발전시켰다(그림 3.2(e)).

Deep Insight

폭죽의 구조와 원리

불꽃놀이 폭죽(Fireworks Firecracker)은 크게 몇 가지 주요 부분으로 구성되어 있다.

첫 번째로, 외부 케이스가 있다. 이 케이스는 일반적으로 종이나 플라스틱으로 만들어지며, 폭죽의 내부를 보호하고, 불꽃이 터질 때 발생하는 압력을 견딜 수 있도록 설계되어 있다.

두 번째로 중요한 부분은 연료와 산화제이다. 연료는 폭죽이 연소할 때 에너지를 제공하는 물질이고, 산화제는 연료가 연소할 수 있도록 도와주는 역할을 한다. 이 두 가지가 적절히 혼합되어야 폭죽이 잘 터질 수 있다. 일반적으로 연료로는 알루미늄 가루나 마그네슘이 사용되고, 산화제로는 질산염(nitrate)이나 퍼클로레이트(perchlorate)가 사용된다.

세 번째 부분은 색깔을 내는 화합물이다. 다양한 금속 화합물이 이 부분에 포함되어 있어, 폭죽이 터질 때 특정한 색깔을 만들어낸다. 예를 들어, 붉은색은 스트론튬, 초록색은 바륨, 파란색은 구리 화합물로 이루어져 있다. 이 화합물들은 각각의 고유한 색깔을 내기 위해 연소 시 방출되는 빛의 파장에 영향을 미친다.

네 번째로, 폭죽의 구조에서 또 다른 중요한 요소는 점화 장치이다. 이 장치는 폭죽을 점화하여 연소를 시작하게 한다. 점화 장치는 일반적으로 전기 점화 장치나 화약으로 작동한다. 점화가 되면 내부의 연료와 산화제가 반응하여 화학 반응이 일어나고, 이 과정에서 가스와 열이 발생한다.

© Vinayak Jagtap/Shutterstock

마지막으로, 폭죽의 발사기 부분이다. 이 부분은 폭죽이 하늘로 발사되는 경로를 제공한다. 발사기가 없으면 폭죽이 제대로 터지지 않고, 일반적으로 발사기는 튼튼한 튜브 형태로 되어 있으며, 폭죽이 안전하게 발사될 수 있도록 설계되어 있다.

이렇게 불꽃놀이 폭죽은 여러 가지 구조적 요소로 이루어져 있으며, 각각의 역할이 중요하다.

3.3 현대적 원자 모형

앞서 설명한 것처럼 보어의 원자 모형은 수소 원자에 한해서만 마치 태양계와 같이 전자가 원자핵을 중심으로 몇 가지 정해진 원 궤도를 돌고 있다고 설명할 수 있을 뿐이었다. 이후 다른 원자의 선 스펙트럼의 경우 수소의 스펙트럼과는 다른 설명할 수 없는 두 가지 특징이 관찰되었는데, 하나는 수소의 선 스펙트럼은 일정한 공식을 통해 예측이 가능할 정도로 단순하지만 다른 원소의 스펙트럼은 그렇지 않다는 점, 그리고 다른 하나는 다른 원소의 선 스펙트럼을 잘 확인해 보면 한 줄기의 빛의 선 안에 여러 개의 세세한 선 스펙트럼이 중첩되어 있는 경우도 자주 관찰된다는 점이다. 이에 한동안 수많은 과학자들이 이 원인의 해답을 찾고자 노력하였으며, 이때 등장한 인물이 프랑스 물리학자 드브로이(Louis de Broglie, 1892~1987)와 독일 물리학자 하이젠베르크(Werner Karl Heisenberg, 1901~1976)였다.

드브로이는 입자라고 알려진 전자가 파동의 성질도 **동시에** 가지고 운동하고 있다는 점을, 그리고 하이젠베르크는 아주 좁은 공간에서 매우 작고 매우 빠르게 움직이는 입자는 그 **위치를 정확히 알 수 없다**는 점을 이론화하였다. 이들은 각각 자신의 이론을 근거로 핵 주변에서 운동하고 있는 전자의 존재를, **어떤 영역에서 전자가 발견될 확률**로 설명해야 함을 이론적으로 확립하여 밝혀내었다.

드브로이의 입자와 파동의 개념

드브로이는 식 3.9를 통해 정상파(standing wave)처럼 행동하는 전자의 파동이 입자처럼 행동할 수 있고, 그 입자는 파동의 성질을 나타낼 수 있다는 결론에 도달하였다. 여기서 정상파란 실제로 기타줄을 튕겼을 때 관찰 할 수 있는 것과 같은 파동으로서 파동의 진동이 이동을 하지 않고 정해져 있는 시작점과 끝점 사이에서 정지된 상태에서 나타나는 파동을 말한다. 다른 말로는 마디(node)가 이동하지 않는 파동을 뜻한다(그림 3.12(a)). 전자가 핵 주변의 특정 에너지 준위(궤도)에서 운동을 하며 존재한다면 이는 같은 자리를 반복해서 돌면서 동일한 파동을 보이고 있는 정상파와 닮았다고 생각할 수 있다(그림 3.12(b)). 정상파는 정해진 길이의 공간 안에서만 형성된다는 조건 때문에 특정 길이의 파장만을 가질 수 있다는 것이 특징이다.

정상파
멈춰있는 파(standing wave)라는 의미로 물리학에서 진폭의 크기가 시간에 따라 변화하지 않는 파동이다. 진동의 마디(node)의 위치는 공간적으로 이동하지 않는다.

마디
파동의 기준선과 파동이 만나는 부분

$$\lambda = \frac{h}{mv} \qquad (3.9)$$

여기서 λ, m, v는 각각 움직이는 입자와 관련한 파장, 입자의 질량, 입자의 속력이다. 이 식은 움직이는 입자는 파동으로 취급할 수 있고, 파동은 입자의 성질을 나타내는 것을 의미한다. 이 식을 잘 살펴보면 좌변의 파장 λ은 파동의 성질을 포함하고 있으며, 우변은 입자의 성질에 해당하는 질량 m이 들어있는 항이라는 점을 알 수 있다.

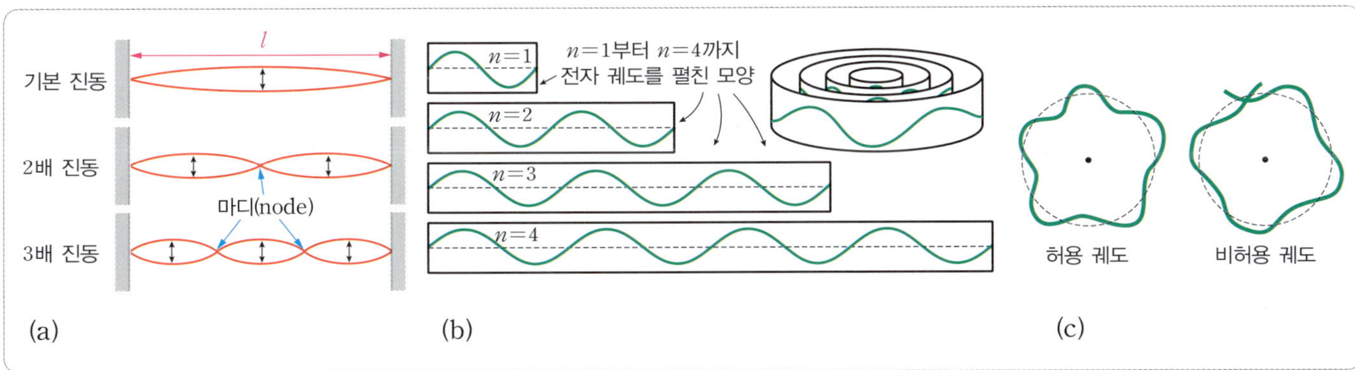

그림 3.12 (a) 기타줄처럼 정해진 공간(길이) l 안에서 형성되는 정상파. 정상파 파장의 반($\lambda/2$)의 정수배가 정해진 공간의 길이(l)와 같다는 점을 알고 있어야 한다. (b) 원자 궤도(n)에 맞게 형성되는 전자의 정상파. 한 궤도를 따라 운동하는 전자는 정상파를 그리면서 특정 파장을 가진 상태로 운동을 한다. (c) 정상파에 맞는 허용된 궤도(좌)와 정상파에 맞지 않아 허용되지 않는 궤도(우)

하이젠베르크의 입자 위치 이론

확실히 파동이라는 존재는 공간에 퍼져있기 때문에 파동의 정확한 위치를 정의할 수는 없다. 파동처럼 행동하는 아원자 입자, 특히 전자의 위치를 설명하기 위해 하이젠베르크의 **불확정성의 원리**(uncertainty principle)를 이해해야 한다. 불확정성 원리란 양자역학의 세계에서 입자의 **운동량(질량과 속도의 곱)과 위치를 동시에 정확하게 아는 것은 불가능**하다는 점을 수식으로 정리한 것이다(식 3.10).

양자역학의 세계
원자 이하의 작은 세계

$$\Delta x \Delta p \geq \frac{h}{4\pi} \tag{3.10}$$

여기서 Δx와 Δp는 각각 위치와 운동량을 측정할 때마다 일어날 수 있는 불확정성이다. 부등호 $\geq$는 다음과 같은 의미가 있다.

위치와 운동량의 측정된 불확실성이 크면, 그 곱은 $h/4\pi$보다 훨씬 커진다.

이 말은 가장 좋은 조건에서 입자의 위치와 운동량을 측정했더라도 그 불확실성의 곱은 $h/4\pi$보다 작아질 수 없다(최소한 $h/4\pi$와 같아질 수는 있다)는 뜻으로서, 입자의 운동량을 정확히 측정한다면(Δp를 작게 만들면) 위치는 상대적으로 보다 덜 정확하게(Δx이 더 크게) 될 것이라는 의미이다. 마찬가지로 입자의 위치가 정확하게 확인되면 그 운동량의 측정값은 확실히 계산할 수 없다는 것이다. 하이젠베르크의 불확정성 원리를 수소 원자에 적용하면 실제로는 전자가 보어가 생각했던 것처럼 잘 정의가 된(정해진) 궤도를 따라서 핵 주위를 돌고 있는 것이 아니라는 것을 설명해 준다.

파동 함수(ψ)의 의미: 원자 궤도함수(원자 오비탈)

슈뢰딩거
오스트리아의 물리학자 슈뢰딩거는 양자 역학의 체계를 세우는 데 큰 공헌을 하였고, 슈뢰딩거 방정식을 발표하여 1933년 노벨 물리학상을 받았다. 그는 양자 역학의 불완전함을 설명하기 위해 '슈뢰딩거의 고양이'라는 유명한 사고 실험을 고안하였는데, 오히려 양자 역학의 대표적인 예시로 사용되었다.

그러면 이제 입자이면서 파동을 성질을 가지고 있고 운동량과 위치를 동시에 정확히 예측할 수 없는 전자의 존재를 어떻게 정의하여 파악할 수 있을까? 이 질문에 대한 단서를 제공한 과학자는 오스트리아의 물리학자 슈뢰딩거(Erwin Schrödinger, 1887~1961)이다. 그는 **파동 방정식**(wave equation)이라는 식을 고안하였는데, 이 식은 전자를 파동으로 기술하는 수학적인 모형이었다. 이 파동 방정식 덕분에 양자역학(또는 파동역학)이라는 현대 인류사에 혁명적인 학문이 생겨나게 되었다.

고급 대수학을 통해서 구할 수 있는 슈뢰딩거의 파동 방정식의 해(풀이)는 입자의 질량 m과 입자의 자성 그리고 계의 공간상 위치에 의존하는 파동 함수 ψ(psi)이다. 이 **파동 함수**(wave function) ψ는 함수 자체가 직접적인 물리적 의미를 가지고 있지는 않지만, 그와는 다르게 파동 함수의 제곱인 ψ^2은 어느 지역에서 **전자를 발견할 확률에 비례**하는 수식이 된다. 파동 이론에 의하면 빛의 세기는 파의 진폭의 제곱 또는 파동 함수의 제곱 ψ^2에 비례한다는 말인데 파동의 성질이 있는 광자를 발견할 확률에 비례하는 ψ^2를 광자처럼 파동을 가지고 운동하는 전자의 존재 확률에 비례하는 의미로 전환하여 해석할 수 있는 것이다.

결국 이를 이용하여 수소 원자를 잘 설명할 수 있는 새로운 원자 모형을 생각해 볼 수가 있다. 양자역학이 원자 내에서 전자의 위치를 정확하게 알려줄 수는 없지만 주어진 시간에 전자가 있을 만한 영역(공간)을 정의할 수는 있다. 여기서 전자 밀도라는 개념이 새롭게 등장하는데, **전자 밀도**(electron density)란 **원자의 특정 영역에서 전자가 발견될**

확률을 말한다. 파동 함수의 제곱인 ψ^2는 핵 주위의 3차원 공간에서 전자 밀도의 분포를 정해 준다. 전자 밀도가 높은 영역은 전자가 위치하는 높은 확률을 나타내고 밀도가 낮은 영역은 낮은 확률로 전자가 위치한다는 뜻인 셈이다. 이 전자 밀도의 개념은 전자가 2개 이상인 다전자 원자에서도 동일하게 적용하여 모든 원자에 대하여 핵 주변에 전자가 존재하는 확률적 공간을 예측하는 것이 가능해졌다.

이렇게 **원자 내 전자가 존재할 수 있는 예측 가능한 확률적 공간**을 **원자 궤도함수**(**atomic orbital**)라고 하며, 보어의 모델에서 말하는 정해져 있는 궤도(orbit)와는 그 의미가 다르다는 점을 구별할 줄 알아야 한다. 그리고 이런 원자 궤도함수가 원자의 모습을 정의하는 모형으로서의 **현대적 원자 모형**인 셈이다(그림 3.2(e)). 그림 3.13은 현대적 원자 모형으로 바라본 수소의 전자 밀도 모습이며, 오늘날 화학자들이 말하는 수소 원자의 지름은 **전자가 발견될 수 있는 확률이 90 %인 공간**으로 정의한다.

앞으로 이 책의 내용에서 언급하는 '오비탈'은 현대적 원자 모형에서 이야기하는 원자 궤도함수를 말하는 것이라고 이해하기 바란다.

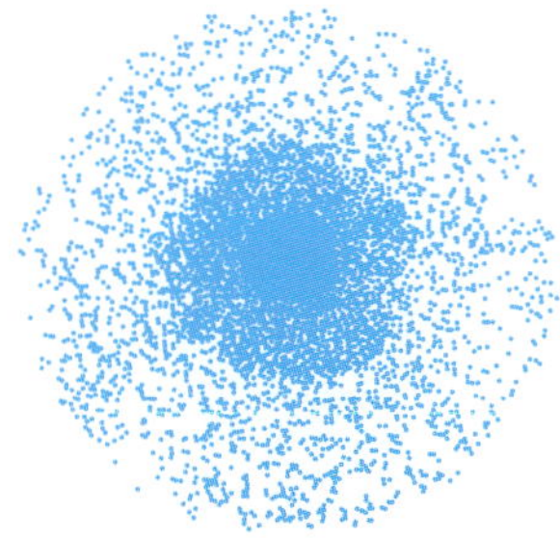

그림 3.13 수소 원자의 전자 밀도. 색깔이 진한 부분일수록 전자의 발견 확률이 높은 공간 즉, 오비탈(궤도함수)이다.

3.4 오비탈과 쌓음 원리, 그리고 양자수

앞에서 설명된 원자 오비탈의 내용을 근거로 하여 수소 이외에 여러 개의 전자가 있는 원자를 모습을 본다면 원자핵 주변의 전자 구름으로만 원자의 모습이 단순하게 보일 것이다. 하지만 원자 오비탈 이론에 의하면 원자의 모습, 특히 내부 전자가 존재하고 있는 공간의 모습은 생각처럼 단순하지 않다. 그림 3.14에서 간략하게 예시를 들어 보여주는 것과 같이 전자 11개가 있는 소듐(Na)의 경우처럼 원자는 일반적으로 마치 양파껍질과 같이 원자핵 주변으로 전자가 **높은 확률로 발견되는(존재하는) 공간**이 층(shell)을 이루고 있다는 점을 간단하게나마 알 수 있다. 더구나 이런 껍질 형태의 전자 구름층이 존재한다는 개념을 시작으로 오비탈이라는 층마다 다수의 전자들이 높은 확률로 존재할 수 있는 형태로 해당 층의 입체공간을 **효율적으로 분할한다**는 사실까지 이해를 해야 원자의 진짜 모습, 즉 **진정한 현대적 원자 모형**을 정확히 알고 있다고 말할 수 있을 것이다.

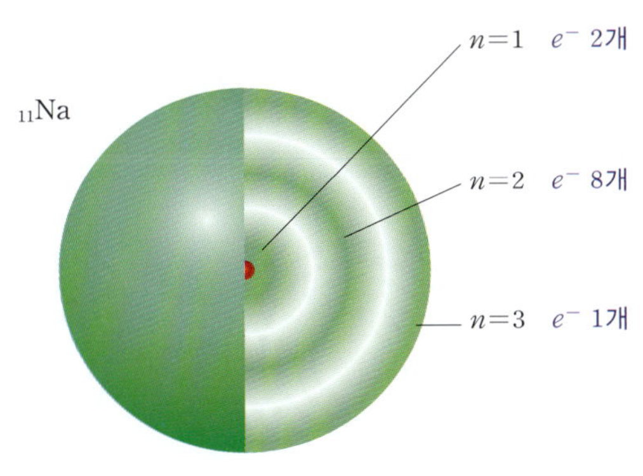

그림 3.14 소듐의 전자 구름층(electron shell). 내부에 11개의 전자를 담고 있는 소듐 원자의 경우 마치 양파 껍질처럼 총 3개의 전자 구름층을 이루고 있고 층마다 전자가 채워지는 최대 개수도 일정하게 정해져 있다.

현대적 원자 모형의 이론은 다음 7가지 요점으로 정리할 수 있다.

- 주기율표상 현 118개의 원소를 기준으로 전자 구름층(껍질)은 최대 7개까지 존재할 수 있다. ($n = 1, 2, 3, 4, 5, 6, 7$)
- 전자 구름층(껍질)마다 다수의 오비탈이 있다. 단, 첫 번째 껍질($n = 1$)은 오로지 1개의 오비탈만 있다.
- 오비탈은 모양, 방향에 따라 크게 4종류(s, p, d, f)로 구분된다.
- 오비탈 하나당 전자가 스핀을 띠고 최대 2개의 전자까지 존재할 수 있다.
- 원자에 다수의 전자가 채워질 때는 쌓음 원리를 따른다. 단, 일부 예외는 있다.
- 오비탈과 쌓음의 원리의 개념을 바탕으로 한 원자의 전자 배치를 표기하는 것이 가능하다.
- 한 원자 내에 존재하는 개개의 전자는 네 자리의 양자수로 특정할 수 있다.

이 요점에 관하여 하나하나 자세히 살펴보자.

주기율표상 현 118개의 원소를 기준으로 전자 구름층(껍질)은 최대 7개까지 존재할 수 있다. ($n = 1, 2, 3, 4, 5, 6, 7$)

현재 발견되었거나 인공적으로 합성을 시킨 현존하는 원소는 총 118가지이다. 이러한 원소들을 일련의 규칙에 따라서 배열하여 종합한 것이 주기율표이다. 지금의 주기율표가 완성된 이후로 추가로 발견되거나 합성된 원소는 없는 것으로 알려져 있다.

전자 1개를 가지고 있는 원자 번호 1번 수소($_1H$)에서부터 118개의 전자를 지닌 원자 번호 118번 오가네손(Oganesson, $_{118}UUO$ 혹은 $_{118}Og$)까지 원자 번호를 하나씩 증가시켜가며 원소들의 중성 원자 형태를 살펴보면, 원자핵 주변의 전자가 배치될 때 단 하나의 전자 구름층에 모든 전자가 배치되지는 않는다. 가장 큰 이유는, 다수의 전자가 각각 가지고 있는 음극 극성이 서로 반발하며, 이런 반발력은 원자 번호가 커질수록 더욱 증가하기 때문이다. 따라서 단일 껍질에 전자가 채워진다면 중성 원자가 안정적인 형태로 존재하기 어렵게 된다.

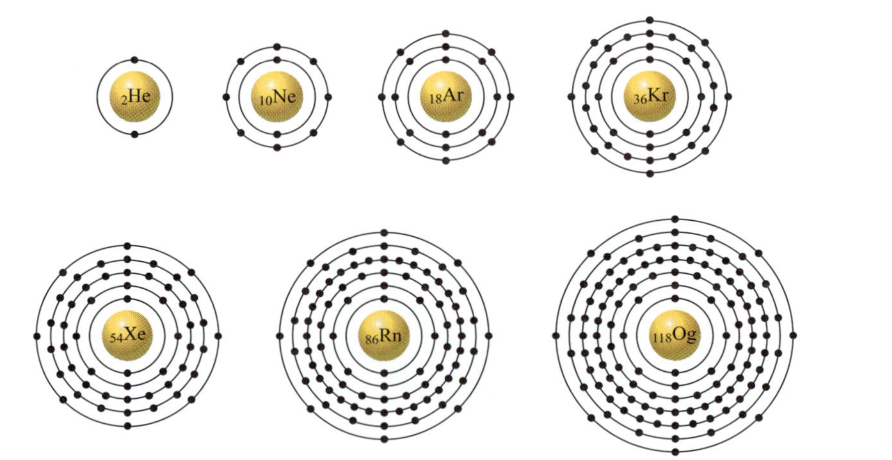

그림 3.15 전자 구름층(껍질)의 개념으로 전자를 배열한 모습. 껍질마다 채워질 수 있는 전자의 수가 한정되어 있고 최대 7개 껍질까지 전자를 채울 수 있다.

전자 구름층(껍질)의 전자는 핵으로부터 거리가 점점 멀어질수록 핵과의 인력이 작아지고 에너지가 높아진다. 즉, 이 껍질이 **증가할수록**($n=1 \rightarrow n=7$) 그 위의 전자의 **에너지가 불안정하고 들뜬다**는 점에서 이 껍질들을 선 스펙트럼 현상과 보어의 원자 모형에서 언급하는 **에너지 준위(energy level)**로 이해하는 것이 옳다.

전자 구름층(껍질)마다 다수의 오비탈이 있다. 단, 첫 번째 껍질($n=1$)은 오로지 1개의 오비탈만 있다.

전자가 높은 확률로 존재할 수 있는 입체 공간의 의미가 바로 오비탈이라고 이미 설명한 바 있다. 이런 오비탈의 개수는 표 3.3과 같이 껍질별로 정해져 있다. 첫 번째 껍질을 제외하고는 모든 껍질이 여러 개의 오비탈로 이루어져 있다. 껍질이 증가할수록 더 많은 전자가 채워지기 때문에 그 공간인 오비탈도 따라서 증가하는 경향이 있으나, 이는 $n=1$에서 $n=4$ 껍질까지에 해당하고, $n=5$ 이후로는 더 이상 오비탈의 개수가 증가하지 않는다는 점을 유념해야 한다.

표 3.3 전자 구름층(껍질)별 오비탈의 수와 종류, 최대 수용 가능 전자 수

껍질	오비탈의 수	오비탈의 종류	채워질 수 있는 전자의 최대 수
$n=1$	1개	s 1개	2개
$n=2$	4개	s 1개, p 3개	8개
$n=3$	9개	s 1개, p 3개, d 5개	18개
$n=4$	16개	s 1개, p 3개, d 5개, f 7개	32개
$n=5$	16개	s 1개, p 3개, d 5개, f 7개	32개
$n=6$	16개	s 1개, p 3개, d 5개, f 7개	32개
$n=7$	16개	s 1개, p 3개, d 5개, f 7개	32개

■ 오비탈은 모양, 방향에 따라 크게 4종류(s, p, d, f)로 구분된다.

그림 3.16(a)와 같이 ***s* 오비탈**은 완벽한 구(sphere) 모양이다. 영문 sphere의 첫 글자를 단 이름이며, **한 종류**의 **구형**이기 때문에 입체적으로 방향성이 없다. 표 3.3에서 보는 바와 같이 모든 껍질마다 s 오비탈이 공통적으로 존재하지만, 껍질의 크기에 비례하여 각 껍질의 s 오비탈의 크기도 달라진다. s 오비탈이 첫 번째 껍질에 있으면 1s, 두 번째 껍질에 있으면 2s로 표기한다. 오비탈 앞에 붙이는 숫자는 그 오비탈이 속해있는 껍질의 숫자(n)를 의미한다. 이런 의미로 3s, 4s, 5s, 6s, 7s라는 표기가 가능하다.

그림 3.16(b)와 같이 ***p* 오비탈**(영문 polar의 첫 글자를 가져왔음)은 둥글면서 원자 중심의 핵을 지나는 마디(node)가 있는 긴 **막대 모양(lobe)**이다. p 오비탈은 입체적으로 x, y, z 세 축 방향으로 자리를 잡아 배향되어 있어 세 종류 형태로 구별할 수 있도록 그 배향의 의미를 담아 각각 p_x, p_y, p_z으로 표기한다. 동일한 껍질에서는 이 세 p 오비탈의 크기와 모양이 똑같으며, 껍질이 증가할수록 s 오비탈처럼 p 오비탈도 비례해서 크기가 커진다. p 오비탈은 첫 번째($n=1$)을 제외하고 모든 껍질에서 존재할 수 있다. p 오비탈도 s 오비탈처럼 오비탈 앞에 붙이는 숫자가 그 오비탈이 속해있는 껍질의 숫자(n)를 의미한다. 그래서 $2p_x$, $2p_y$, $2p_z$, $3p_x$, $3p_y$, $3p_z$, ... 등의 표기가 얼마든지 가능하다.

오비탈에서 마디(node)란 전자가 발견되거나 존재할 확률이 0인 공간을 뜻한다.

그림 3.16(c)와 같이 ***d* 오비탈**(영문 dimension의 첫 글자를 가져왔음)은 총 **다섯 종류**의 배향과 형태를 가지고 있다. p 오비탈과는 다르게 모든 모양이 동일하지는 않다. xy

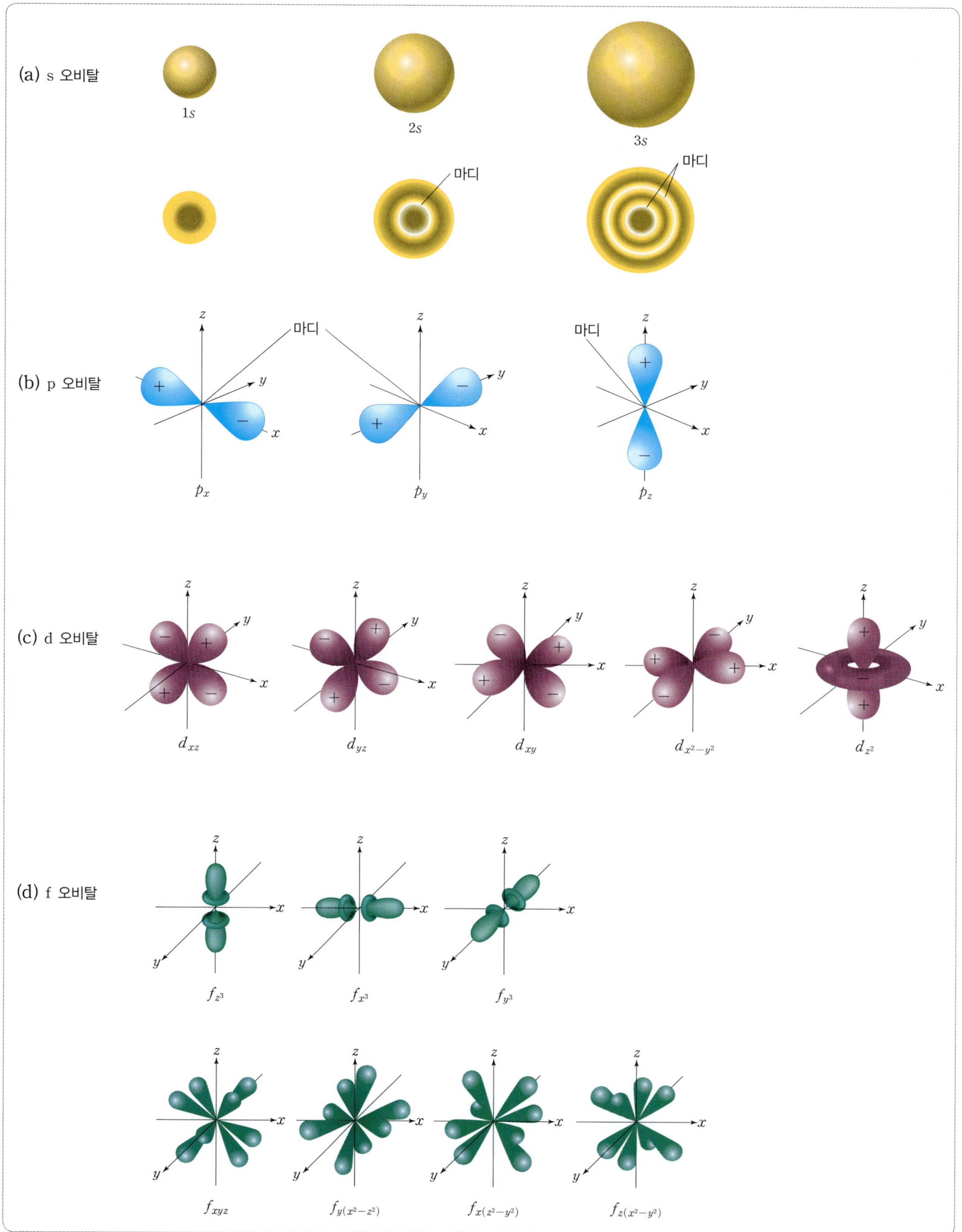

그림 3.16 *s, p, d, f* 오비탈의 모양. 그림에 표기된 +/− 부호는 전자의 파동 운동 시 나타나는 위상을 나타낸다.

평면에 x축과 y축을 피해서 클로버 모양의 형태를 띠는 오비탈을 d_{xy}라고 부르고, 이와 같은 원리로 yz 평면과 xz 평면에서 동일한 모양으로 각 축을 피해서 펼쳐져 있는 오비탈을 각각 d_{yz}, d_{xz} 오비탈이라고 구별할 수 있다. 그리고 xy 평면에서 x축과 y축에 동시에 걸쳐 있는 클로버 형태의 오비탈을 $d_{x^2-y^2}$으로, 평면 방향과는 상관없이 오로지 z축에만 걸쳐 있으면서 도넛에 막대가 들어가 있는 형태의 오비탈을 d_{z^2} 오비탈이라고 지칭한다. 다른 오비탈과 마찬가지로 껍질이 증가할수록 다섯 종류의 d 오비탈들의 크기 또한 증가한다. d 오비탈은 $n=3$에서 $n=7$까지의 껍질에서만 존재할 수 있다. 마찬가지로 d 오비탈도 오비탈 앞에 붙이는 숫자가 그 오비탈이 속해있는 껍질의 숫자(n)를 의미하기 때문에 $4d_{xy}$, $5d_{x^2-y^2}$, $5d_{z^2}$, … 등의 표기가 가능하다.

그림 3.16(d)와 같이 ***f* 오비탈**(영문 fractal의 첫 글자를 가져왔음)은 보다 더 복잡한 형태와 배향을 띠는 오비탈이다. 총 일곱 종류의 형태를 띠고 있으며, $n=4$에서 $n=7$까지의 껍질에서만 존재할 수 있다.

이렇게 오비탈의 종류와 모양이 복잡하고 다양한 이유는 이 오비탈들의 모양에 따라서 핵 주변의 공간을 입체적으로 분할하여 전자가 존재해야만 여러 전자 사이의 반발력을 **최소화**할 수 있기 때문이다. 그림 3.17은 $n=1$와 $n=2$ 껍질의 오비탈과 $3s$ 오비탈이 동시에 한 원자 안에 있을 경우의 입체적인 모습을 도식한 것으로서 어떻게 높은 확률로 전자가 발견되고 존재할 수 있는 공간이 나누어져 있는지 짐작할 수 있다. 이처럼 공간을 입체적으로 분할하여 할애하는 오비탈 덕분에 핵 주위의 좁은 공간에 담고 있는 전자의 수가 수십 개가 되어도 전자 간 반발력을 효과적으로 최소화하여 원자의 형태가 지금처럼 안정적으로 유지될 수 있는 것이다. 이러한 점은 보어의 원자 모형이 지닌 단점이 해결되는 근거이기도 하다.

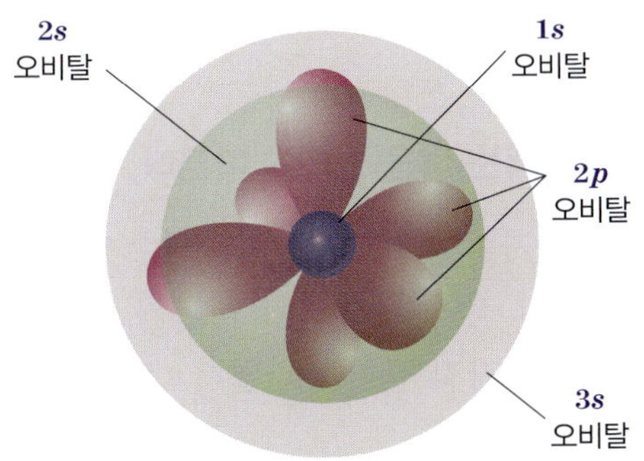

그림 3.17 한 원자 안에 다수 오비탈($1s$, $2s$, $2p$, $3s$)이 동시에 있을 경우의 입체적인 모습

오비탈 하나당 전자가 스핀을 띠고 최대 2개의 전자까지 존재할 수 있다.

오비탈은 전자가 1개 혹은 2개까지만 존재할 수 있는 공간이다. 이 이유 때문에 표 3.3에서와 같이 $1s$ 오비탈 하나만 있는 $n=1$ 껍질은 전자가 최대 2개만 채워질 수 있다. 그 다음으로 네 개의 오비탈이 있는 $n=2$ 껍질은 최대 8개의 전자가, 9개의 오비탈이 있는 $n=3$ 껍질은 18개의 전자가, 16개의 오비탈이 있는 $n=4$, 5, 6, 7 껍질의 경우는 각각 동일하게 최대 32개의 전자가 채워질 수 있다.

단일 오비탈에 하나의 전자(홑전자)가 채워져 있을 때와는 달리 두 개의 전자(짝전자)가 채워져 있는 경우에는 특별히 두 전자 간 정전기적인 반발력이 반드시 존재할 수밖에 없다. 이는 분명히 오비탈의 형태가 안정적으로 유지되기 어려운 중대한 문제인데, 이 문제는 전자의 스핀 현상에 의하여 해소된다.

전자는 완전한 구형의 음전하를 띠고 있는 입자이며, 3차원 공간에서 전자는 마치 지구처럼 자전이 가능하다. 이렇게 음전하의 **전자가 일정한 축을 가지고 자전하는 현상**을 **스핀(spin)**이라고 하는데, 이 스핀을 하는 전자의 주변에는 작은 자기장이 형성된다. 동일 오비탈 안에서 발견될 수 있는 두 전자가 서로 반대 방향으로 스핀을 한다면 그림 3.18과 같이 형성되는 자기장도 서로 반대 방향을 이루게 될 것이다. 이 모습은 마치 서로 반대 방향을 하고 있는 두 개의 막대자석으로 보이는데, 이들 두 반대 방향으로 돌고 있는 전자 사이에는 자기장에 의한 인력이 작용할 수 있는 환경이 새롭게 조성된 셈이다. 이 때문에 비록 동일한 극성 때문에 두 전자 사이에 정전기적인 반발력이 있다 해도 반대 스핀에 의한 자기장의 인력으로 인해 **반발력이 어느 정도 상쇄되어** 안정적으로 오비탈 안에 짝전자가 존재할 수 있게 된다. 즉, 하나의 오비탈에는 절대로 같은 스핀의 전자가 안정적으로 짝지어 들어갈 수 없다.

편의상 스핀으로 인하여 위 방향으로 N극이 형성되는 전자를 **윗스핀(up-spin)** 전자라 부르고 위로 향하는 **화살표** ↑로 전자를 표기하며, 반대로 아래 방향으로 N극이 형성되는 스핀을 하는 전자를 **아랫스핀(down-spin)** 전자라고 부르고, 아래로 향하는 **화살표** ↓로 표기한다.

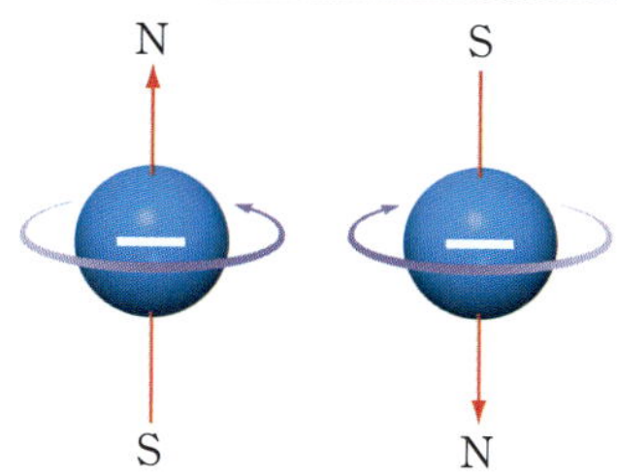

그림 3.18 윗스핀 전자와 아랫스핀 전자

원자에 다수의 전자가 채워질 때는 쌓음 원리를 따른다. 단, 일부 예외는 있다.

중성 원자의 원자 번호가 증가할 때마다 전자의 개수가 하나씩 증가한다는 사실은 이전 단원에서 공부했던 내용일 것이다. 전자가 하나씩 채워질 때는 이른바 **쌓음 원리(aufbau principle)**라고 하는 세 가지 규칙을 따른다. 전자 배치를 결정하는 쌓음 원리는 다음과 같이 정리할 수 있다.

쌓음 원리

① 여러 오비탈마다 에너지 차이가 있으므로 가장 안정한 오비탈부터 우선적으로 전자가 채워진다.

② 하나의 원자 오비탈은 최대 두 개의 전자까지 수용할 수 있고 이때 전자들은 반대 스핀을 가져야 한다.

③ 훈트 규칙(**Hund's rule**)에 따라 전자들이 같은 에너지의 오비탈에 들어갈 때는 먼저 같은 스핀(평행한)의 홀전자로 각 오비탈을 모두 채운다. 반대 스핀의 짝전자는 그 다음에 채워진다.

그림 3.19는 전자가 하나인 수소 원자와 기타 다전자 원자 내에 존재하는 오비탈들의 에너지 상태를 나타낸 것이다. 수소의 경우는 하나의 전자만 있기 때문에 기타 원자들이 겪는 전자 간의 반발력(또는 가림 효과)가 없기 때문에 동일한 에너지 준위(껍질)에 속한 오비탈의 종류가 다르더라도 같은 에너지를 지닌다(그림 3.19(a)). 예를 들어, 두 번째 에너지 준위인 $n=2$ 껍질에 속한 $2s$ 오비탈 1개와 $2p$ 오비탈 3개($2p_x$, $2p_y$, $2p_z$)는 수소의 경우 모두 에너지 상태가 동일하다. 즉, 안정도가 동일한 오비탈이라는 뜻이다.

하지만 전자가 여러 개인 원자의 경우, 안쪽 껍질의 전자와 바깥 껍질의 전자 간 반발력에 의해서 발생하는 **가림 효과**(**shielding effect**, 그림 3.20) 때문에 같은 껍질(같은 준위)의 오비탈이라 할지라도 미세하게 에너지의 차이가 생긴다.

일반적으로 동일한 껍질에서 보았을 때, $s < p < d < f$ 오비탈 순으로 에너지가 높아지고, 그 순으로 점점 상대적으로 불안정한 오비탈이 된다. 이러한 현상 때문에 그림 3.19(b)에서처럼 전체적으로 오비탈마다 에너지상으로 안정도가 달라지고, 결국 전자는 가장 에너지가 낮은(안정한) $1s$ 오비탈을 시작으로 하나씩 하나씩 그 다음 높은 에너지의 오비탈 순으로 채워진다. 그림 3.21은 전자가 채워지는 오비탈의 순서를 나타낸 것이므로 반드시 기억해 두어야 한다.

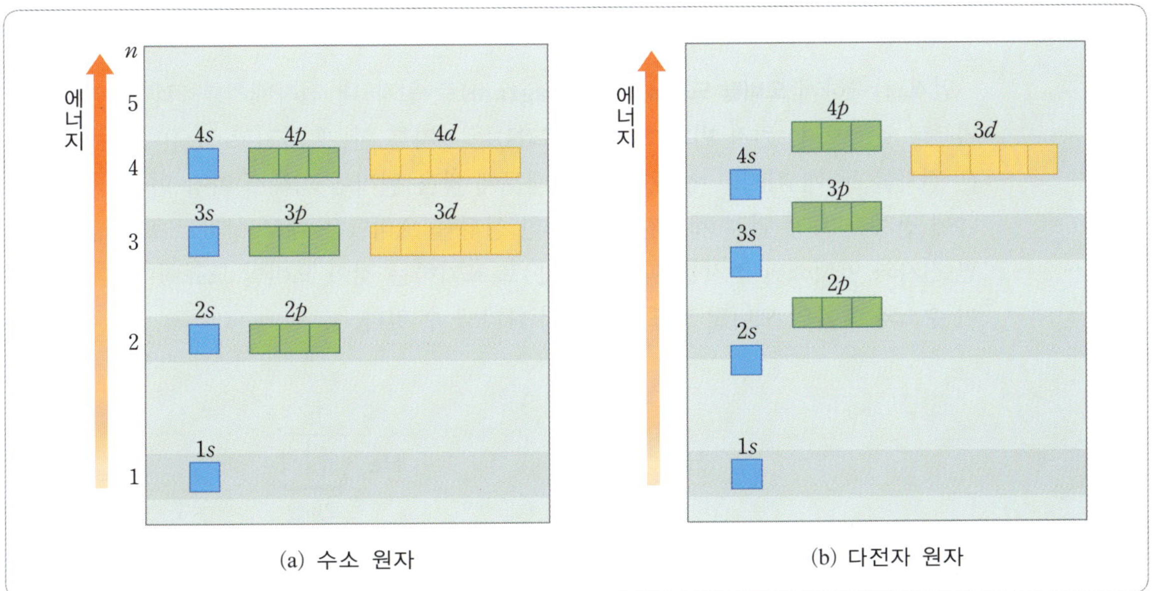

그림 3.19 원자에서 오비탈의 에너지 상태

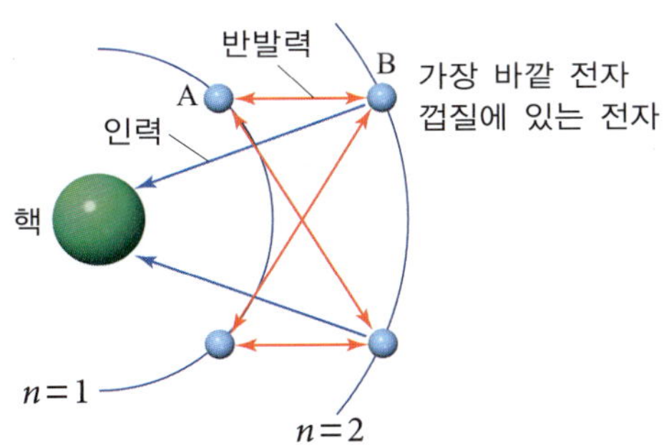

그림 3.20 다전자 원자에서 발생하는 가림 효과. 바깥 껍질 전자 B 입장에서 보면 안쪽 껍질에 있는 전자 A가 양극의 핵을 가리면서 동시에 반발력으로 전자 B를 미는 효과가 발생한다. 이 때문에 전자 A가 느끼는 핵의 양전하보다 전자 B가 느끼는 핵의 양전하가 더 약하다. 이 가림 효과(σ) 때문에 바깥 껍질을 따라 돌고 있는 전자가 실질적으로 느끼는 핵의 양전하, 즉 유효 핵전하($Z_{유효}$)는 핵이 실제로 띠고 있는 핵전하($Z_{실제}$)보다 작을 수밖에 없다($Z_{유효} = Z_{실제} - \sigma$).

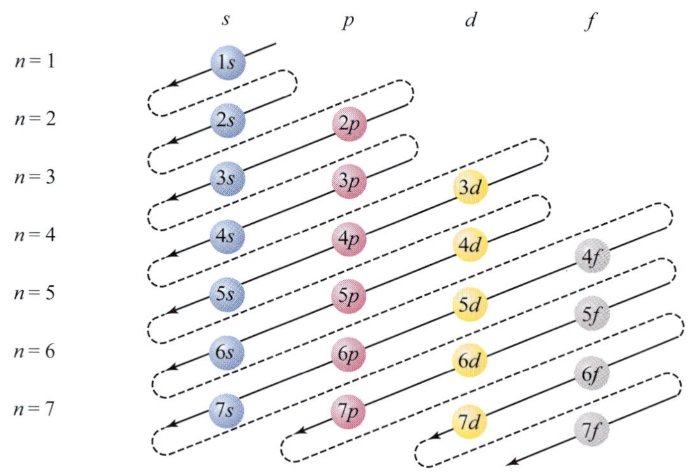

전자 쌓음 순서:

1s → 2s → 2p → 3s → 3p → 4s → 3d → 4p → 5s → 4d →
5p → 6s → 4f → 5d → 6p → 7s → 5f → 6d → 7p → 6f → 7d → 7f

그림 3.21 오비탈에 전자가 채워지는 순서

오비탈과 쌓음 원리의 개념을 바탕으로 한 원자의 전자 배치를 표기하는 것이 가능하다.

먼저 간략하게 **오비탈 도표(orbital diagram)**로 원자 내 전자배치를 그려서 나타내는 법부터 알아보자. 원자 번호 1번인 수소(H)는 전자를 한 개 가지고 있으며, 2번인 헬륨은 전자를 두 개 가지고 있다. 그렇기 때문에 쌓음 원리에 의해서 가장 안정한 1*s* 오비탈에 전자가 가장 먼저 채워진다. 이러한 상황을 오비탈을 네모 상자로 표시하고 윗스핀 전자와 아랫스핀 전자를 화살표(↑, ↓)로 표기하는 것이 오비탈 도표이다. 다음과 같이 수소와 헬륨의 오비탈 도표를 그려서 나타낼 수 있다.

다음은 **전자 배치(electron configuration)** 표기법에 대해서 알아보자. 이 방법은 전자가 채워지는 각 종류의 오비탈을 나열하고, 채워진 전자의 수를 윗 첨자로 표기를 하는 것이다. 위 오비탈 도표에서 예시를 들었던 수소와 헬륨의 전자 배치는 다음과 같이 적을 수 있다.

H $1s^1$ (전자 배치) He $1s^2$ (전자 배치)

전자 배치 표기법의 의미

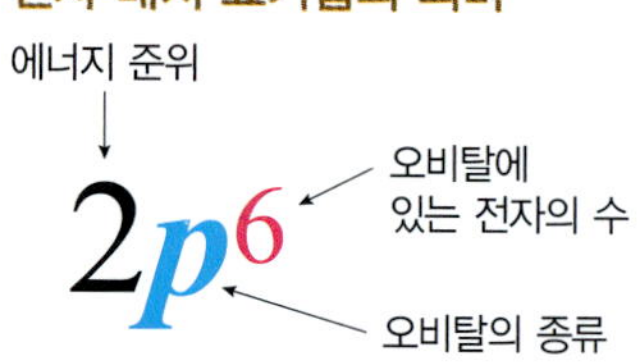

이해를 돕기 위해 중성 원자 탄소(C)의 오비탈 도표와 전자 배치를 표기해 보자. 원자 번호 6번 탄소(C)는 6개의 전자가 있다. 이 때문에 쌓음 원리에서 배운 오비탈이 채워

지는 순서에 따라서 처음 2개의 전자는 첫 번째 껍질의 1*s* 오비탈에 먼저 채워지고, 다음 전자 2개는 두 번째 껍질에서 2*s* 오비탈을 채운 후에 그다음으로 에너지가 높은 2*p* 오비탈에 나머지 전자 2개가 채워질 것이다. 따라서 다음과 같이 탄소의 전자 배치를 그릴 수 있다. 오비탈 도표를 완성하고 나면 전자 배치도 표기할 수 있다.

	1*s*	2*s*	2*p*			
C	↑↓	↑↓	↑	↑		$1s^1 2s^2 2p^2$

단, 세 칸의 2*p* 오비탈의 두 칸에만 홀전자가 채워지는 방식으로 전자가 배치된 이유는 바로 쌓음 원리의 '③ **훈트 규칙(Hund's rule)**에 따라 전자들이 같은 에너지의 오비탈에 들어갈 때는 먼저 같은 스핀(평행한)의 홀전자로 각 오비탈을 모두 채운다.'라는 내용 때문이다. 세 칸의 $2p_x$, $2p_y$, $2p_z$ 오비탈은 에너지적으로 살펴보면 동일한 에너지 상태를 갖기 때문에 이중 어느 한 오비탈부터 짝전자를 바로 채우는 것이 아니라 홀전자를 먼저 균등하게 채우고 나서 추가 전자가 있을 때 짝전자를 순차적으로 채우게 된다. 이는 원자 번호 5번 붕소(B)에서부터 10번 네온(Ne)까지의 오비탈 도표를 순서대로 보면 쉽게 이해할 수 있을 것이다. 이러한 훈트의 규칙은 *d* 오비탈과 *f* 오비탈에 전자가 채워질 때도 동일하게 적용된다.

원자 번호	원소	오비탈 도표 1*s*	2*s*	2*p*			전자 배치
6	C	↑↓	↑↓	↑	↑		$1s^2 2s^2 2p^2$
7	N	↑↓	↑↓	↑	↑	↑	$1s^2 2s^2 2p^3$
8	O	↑↓	↑↓	↑↓	↑	↑	$1s^2 2s^2 2p^4$
9	F	↑↓	↑↓	↑↓	↑↓	↑	$1s^2 2s^2 2p^3$
10	Ne	↑↓	↑↓	↑↓	↑↓	↑↓	$1s^2 2s^2 2p^6$

훈트의 규칙이 적용되는 부분

표 3.4는 원자 번호 1에서부터 18번까지 중성 원자의 오비탈 도표와 전자 배치 표기를 정리해 둔 것이다. 앞서 공부했던 쌓음 원리에 근거해서 살펴보면 전자의 배치가 왜 그렇게 될 수 있는지 직관적으로 이해할 수 있을 것이다.

표 3.4 1~18번 원소의 오비탈 도표 및 전자 배치

원자 번호	원소	오비탈 도표 1s	2s	2p	3s	3p	전자 배치
1	H	[↑]					$1s^1$
2	He	[↑↓]					$1s^2$
3	Li	[↑↓]	[↑]				$1s^2 2s^1$
4	Be	[↑↓]	[↑↓]				$1s^2 2s^2$
5	B	[↑↓]	[↑↓]	[↑][ ][ ]			$1s^2 2s^2 2p^1$
6	C	[↑↓]	[↑↓]	[↑][↑][ ]			$1s^2 2s^2 2p^2$
7	N	[↑↓]	[↑↓]	[↑][↑][↑]			$1s^2 2s^2 2p^3$
8	O	[↑↓]	[↑↓]	[↑↓][↑][↑]			$1s^2 2s^2 2p^4$
9	F	[↑↓]	[↑↓]	[↑↓][↑↓][↑]			$1s^2 2s^2 2p^5$
10	Ne	[↑↓]	[↑↓]	[↑↓][↑↓][↑↓]			$1s^2 2s^2 2p^6$
11	Na	[↑↓]	[↑↓]	[↑↓][↑↓][↑↓]	[↑]		$1s^2 2s^2 2p^6 3s^1$
12	Mg	[↑↓]	[↑↓]	[↑↓][↑↓][↑↓]	[↑↓]		$1s^2 2s^2 2p^6 3s^2$
13	Al	[↑↓]	[↑↓]	[↑↓][↑↓][↑↓]	[↑↓]	[↑][ ][ ]	$1s^2 2s^2 2p^6 3s^2 3p^1$
14	Si	[↑↓]	[↑↓]	[↑↓][↑↓][↑↓]	[↑↓]	[↑][↑][ ]	$1s^2 2s^2 2p^6 3s^2 3p^2$
15	P	[↑↓]	[↑↓]	[↑↓][↑↓][↑↓]	[↑↓]	[↑][↑][↑]	$1s^2 2s^2 2p^6 3s^2 3p^3$
16	S	[↑↓]	[↑↓]	[↑↓][↑↓][↑↓]	[↑↓]	[↑↓][↑][↑]	$1s^2 2s^2 2p^6 3s^2 3p^4$
17	Cl	[↑↓]	[↑↓]	[↑↓][↑↓][↑↓]	[↑↓]	[↑↓][↑↓][↑]	$1s^2 2s^2 2p^6 3s^2 3p^5$
18	Ar	[↑↓]	[↑↓]	[↑↓][↑↓][↑↓]	[↑↓]	[↑↓][↑↓][↑↓]	$1s^2 2s^2 2p^6 3s^2 3p^6$

예제 3.4

다음 중성 원소의 전자 배치를 적어 보시오.

(a) Si (b) Mn (c) Cs

정답

(a) $1s^2 2s^2 2p^6 3s^2 3p^2$ (b) $1s^2 2s^2 2p^6 3s^2 3p^6 3d^5 4s^2$

(c) $1s^2 2s^2 2p^6 3s^2 3p^6 3d^{10} 4s^2 4p^6 4d^{10} 5s^2 5p^6 6s^1$

주의 그림 3.21에서 알려주는 순서대로(전자가 채워지는 순서대로) 그대로 오비탈을 배열하여 전자 배치를 표기해야 한다.

응용문제 3.4

다음의 전자 배치를 갖는 중성 원소 기호를 적어 보시오.

(a) $1s^2 2s^2 2p^6 3s^2 3p^6 3d^{10} 4s^2 4p^6 4d^{10} 4f^{14} 5s^2 5p^6 5d^9 6s^1$

(b) $1s^2 2s^2 2p^6 3s^2 3p^6 3d^{10} 4s^2 4p^6 4d^{10} 4f^{14} 5s^2 5p^6 5d^{10} 5f^3 6s^2 6p^6 6d^1 7s^2$

한 원자 내에 존재하는 개개의 전자는 네 자리의 양자수로 특정할 수 있다.

과학자들은 s, p, d, f 오비탈이 여러 다양한 모양을 갖는다는 것을 어떻게 알 수 있었을까? 오비탈의 모양은 앞서 소개했던 Ψ^2에 **양자수(quantum number)**라고 하는 세 가지 변수(n, l, m_l)를 대입해서 전자가 높은 확률로 존재할 수 있는 공간을 도출해낸 결과이다. 원자 오비탈에 대입되는 양자수가 어떤 값이냐에 따라 껍질별로 구성하고 있는 오비탈의 모양을 알아낼 수 있으며, 고기능의 컴퓨터가 발전한 오늘날의 양자역학에서는 계산을 통해 3차원 그래프의 형태로 앞에서 공부한 오비탈들의 다양한 모습을 확인하는 것이 가능하다. 오늘날 양자역학에서 이야기하는 양자수는 전자의 스핀을 구별할 수 있는 양자수(m_s)까지 포함하여 총 네 종류(n, l, m_l, m_s)이다.

양자수의 가장 직관적인 용도는 바로 원자 내에 있는 전자를 지칭하는 일종의 위치 좌표처럼 사용하는 것이다. 그림 3.22는 소듐 원자의 오비탈 도표와 그 안에 존재하는 몇몇 전자들의 4자리 양자수 좌표를 나타낸 것이다. 이 네 자리 양자수(n, l, m_l, m_s)에는 각각 어떤 의미가 있을까?

• 주양자수 n

첫 번째 양자수 n의 정식 명칭은 **주양자수(principal quantum number)**이며, 정수 값(1, 2, 3, 4, ...)을 갖는다. 주양자수는 지금까지 우리가 공부해 왔던 전자 껍질 또는 주에너지 준위를 뜻한다. 어떤 전자가 n번째 껍질에 존재한다면 그 전자의 주양자수 값은 n이 된다. 앞서 설명했듯이 주기율표상 전자 껍질이 최대 7까지 가능하므로, 현존 원소에 대해서는 $n=1$에서 $n=7$까지의 값을 갖는다. 에너지 준위의 개념도 포함하는 주양자수 n는 그 값이 커질수록 에너지가 높아지고 불안정해진다는 사실도 함께 알고 있어야 한다.

• 각 운동량 양자수 l

두 번째 양자수 l의 정식 명칭은 **각운동량 양자수(angular momentum quantum number)**이다. 각운동량 양자수 l은 다음과 같이 오비탈의 종류를 구별하는 수라고 보면 이해하기 쉬울 것이다. 만약 어떤 전자가 p 오비탈에 존재한다면 그 전자의 l 값은 1이다. 현존하는 118가지 원소에서 발견할 수 있는 l은 0, 1, 2, 3뿐이며 혹시라도 새롭게 합성되거나 발견된 원소가 등장한다면 그 이상의 정수 값이 나올 가능성도 있다.

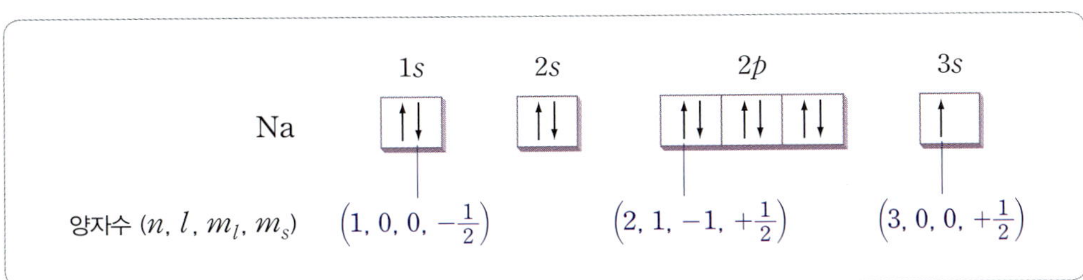

그림 3.22 소듐의 오비탈 도표와 몇몇 전자의 양자수

오비탈 종류	l
s	0
p	1
d	2
f	3

• **자기 양자수 m_l**

세 번째 양자수 m_l의 정식 명칭은 **자기 양자수(magnetic quantum number)**이다. 동일한 종류의 오비탈 중에서 각기 다른 오비탈의 배향을 구별해 주는 정수로 나타내는 양자수이다. m_l은 각운동량 양자수 l값에 영향을 받으며, 그 값은 $-l$에서부터 $+l$까지의 정수이다. 예를 들어, p 오비탈은 $l = 1$이기 때문에 가능한 m_l은 −1, 0, +1이다. 실제로 p 오비탈은 p_x, p_y, p_z의 세 종류가 있으며, 각각의 m_l이 −1, 0, +1이 된다. 예를 들어 어떤 전자가 p_z 오비탈에 들어있다면(p_z 오비탈에 위치할 확률이 가장 높다면) 그 전자의 자기 양자수는 $m_l = +1$이다.

오비탈 종류	l	가능한 m_l
s	0	0
p	1	−1, 0, +1
d	2	−2, −1, 0, +1, +2
f	3	−3, −2, −1, 0, +1, +2, +3

• **스핀 양자수 m_s**

마지막 네 번째 양자수 m_s의 정식 명칭은 **스핀 양자수(spin quantum number)**이다. 전자는 윗스핀 전자와 아랫스핀 전자로 구분되므로, 각각 $m_s = +\frac{1}{2}$과 $m_s = -\frac{1}{2}$로 나타낸다.

윗스핀 전자 ↑ $m_s = +\frac{1}{2}$

아랫스핀 전자 ↓ $m_s = -\frac{1}{2}$

그림 3.21에서 보는 바와 같이 동일한 원자 안의 모든 전자에 대해서, 네 자리의 양자수가 모두 일치하는 전자는 없다. 이를 두고 오스트리아 물리학자 파울리(Wolfgang Pauli, 1900~1958)는 **한 원자에서 어떠한 두 전자도 같은 값의 네 가지 양자수(n, l, m_l, m_s)를 가질 수 없다**라는 **파울리의 배타 원리(Pauli's exclusion principle)**를 규정하였다.

3.5 예제

다음 오비탈 도표에서 청색원으로 지정한 전자 (a), (b), (c)의 네 자리 양자수를 각각 적으시오.

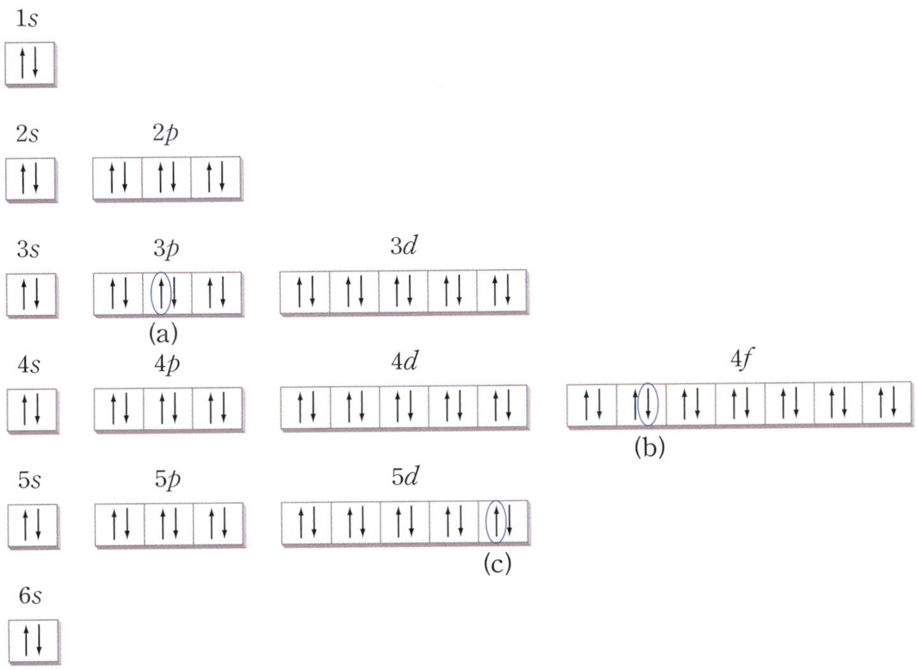

정답

(a) $(n,\ l,\ m_l,\ m_s) = \left(3,\ 1,\ 0,\ +\frac{1}{2}\right)$

(b) $(n,\ l,\ m_l,\ m_s) = \left(4,\ 3,\ -2,\ -\frac{1}{2}\right)$

(c) $(n,\ l,\ m_l,\ m_s) = \left(5,\ 2,\ +2,\ +\frac{1}{2}\right)$

응용문제 3.5

다음 보기 중 존재 불가능한 네 자리 양자수의 조합이 무엇인지 고르고 그 이유를 설명하시오.

① $(n,\ l,\ m_l,\ m_s) = \left(2,\ 3,\ +3,\ +\frac{1}{2}\right)$

② $(n,\ l,\ m_l,\ m_s) = \left(3,\ 0,\ -1,\ +\frac{1}{2}\right)$

③ $(n,\ l,\ m_l,\ m_s) = (1,\ 1,\ 0,\ 0)$

④ $(n,\ l,\ m_l,\ m_s) = \left(3,\ 1,\ 0,\ +\frac{1}{2}\right)$

3.5 축소 전자 배치

원자 번호가 큰 원소일수록 전자의 수도 많기 때문에 통상적인 전자 배치를 적는다면 매우 복잡하고 길어질 것이다. 따라서 이를 보다 간편화하기 위하여 고안된 것이 축소 전자 배치이다. 축소 전자 배치를 적을 때에는 다음의 간단한 규칙을 지켜야 한다. 해당 원소에 가장 가까우면서 원자 번호가 작은 18족 원소의 전자 배치를 대괄호([ ])로 묶어서 간단히 표시하고, 나머지 전자 배치만을 추가로 적는다. 즉, 축약하는 대괄호 안에 들어가는 원소는 18족 원소이어야만 한다.

예를 들어, 소듐(Na) 원소의 전자 배치는 $1s^2 2s^2 2p^6 3s^1$로 표기하는데, 여기서 두 번째 껍질까지의 전자 배치인 $1s^2 2s^2 2p^6$까지는 원자 번호 10번인 18족 원소 네온(Ne)의 전자 배치와 동일하다. 따라서, 소듐의 축소 전자 배치는 전자 배치의 초반 부분이 네온의 전자 배치와 똑같음을 나타내주기 위해 [Ne]로 표기하고 나머지 뒷부분인 $3s^1$만을 이어서 적어준다. 결국 소듐의 축소 전자 배치는 [Ne]$3s^1$가 된다. 이해를 돕기 위해 표 3.5에 추가적인 예시를 제시하였다.

표 3.5 축소 전자 배치 표기의 예시

원자 번호	원소	전자 배치	축소 전자 배치
11	Na	$1s^2\ 2s^2\ 2p^6\ 3s^1$	[Ne]$3s^1$
12	Mg	$1s^2\ 2s^2\ 2p^6\ 3s^2$	[Ne]$3s^2$
13	Al	$1s^2\ 2s^2\ 2p^6\ 3s^2\ 3p^1$	[Ne]$3s^2\ 3p^1$
14	Si	$1s^2\ 2s^2\ 2p^6\ 3s^2\ 3p^2$	[Ne]$3s^2\ 3p^2$
15	P	$1s^2\ 2s^2\ 2p^6\ 3s^2\ 3p^3$	[Ne]$3s^2\ 3p^3$
16	S	$1s^2\ 2s^2\ 2p^6\ 3s^2\ 3p^4$	[Ne]$3s^2\ 3p^4$
17	Cl	$1s^2\ 2s^2\ 2p^6\ 3s^2\ 3p^5$	[Ne]$3s^2\ 3p^5$
18	Ar	$1s^2\ 2s^2\ 2p^6\ 3s^2\ 3p^6$	[Ne]$3s^2\ 3p^6$

예제 3.6

예제 3.4의 전자 배치를 축소 전자 배치로 고쳐 적어 보시오.

정답

(a) [Ne]$3s^2 3p^2$
(b) [Ar]$3d^5 4s^2$
(c) [Xe]$6s^1$

응용문제 3.6

응용문제 3.4의 전자 배치를 축소 전자 배치로 바꾸어 적어 보시오.

3.6 쌓음 원리의 예외성

원자의 전자 껍질이 $n = 4$ 이상으로 넘어가면서 쌓음 원리에 따라 d 오비탈과 f 오비탈까지 전자가 채워지다 보면 몇몇 전이 원소에서 전자 배치상의 에너지 안정성 차이 때문에 가끔 전자 채움에 예외가 발견되기도 한다. 그 대표적인 예시로 원자 번호 24번 크로뮴(Cr)과 29번 구리(Cu)의 전자 배치를 살펴보자.

쌓음 원리에 의하면 크로뮴의 전자 배치는 [Ar]$4s^2 3d^4$이어야 하고, 구리의 전자 배치는 [Ar]$4s^2 3d^9$이어야 한다. 하지만 실제 전자 배치는 크로뮴 [Ar]$4s^1 3d^5$, 구리 [Ar]$4s^1 3d^{10}$이다. 둘 다 공통적으로 마치 s 오비탈에 있는 전자 하나가 d 오비탈로 옮겨간 것처럼 보인다. 이런 현상은 절반이 채워진 오비탈(d^5) 또는 완전히 채워진 오비탈(d^{10})이 그렇지 않은 경우보다 상대적으로 더 안정하기 때문에 발생하는 전자 배치의 예외이다(그림 3.23). 이는 같은 종류의 오비탈에 들어있는 전자들, 이번의 예시에서는 같은 d 오비탈에 분포되어 있는 전자들끼리는 그들끼리의 가림 효과가 비교적 적게 발생하는 안정한 상태가 될 수 있기 때문이다. 이러한 현상은 원자 번호가 큰 내부 전이 원소에서 발견되는 f 오비탈에도 동일하게 적용이 된다. 절반 채워진 f^7과 모두 채워진 f^{14}가 그렇지 않은 f 오비탈보다 상대적으로 안정하다.

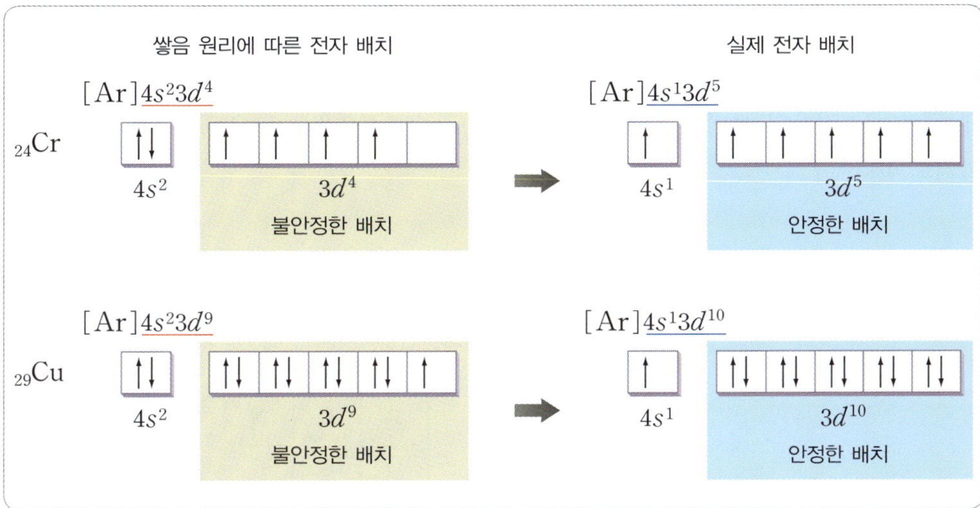

그림 3.23 전자 배치의 예외성. 전이 금속인 크로뮴과 구리는 전자 배치의 상대적 안정성 때문에 쌓음 원리를 약간 벗어나는 예외가 발생한다.

3.7 전자 배치와 주기율표

2단원에서 주기율표상 같은 족의 원소(특히 전형 원소)는 화학적 성질이 유사하다고 설명하였다. 같은 족의 원소들의 전자 배치를 살펴보면 전자 배치의 공통점을 확인할 수 있다. 먼저 1족 원소와 2족 원소의 전자 배치를 표기해서 어떤 공통점이 발견되는지 확인해 보자. 다음은 같은 족의 원소의 전자 배치에 있어 가장 맨 마지막 전자가 채워지는 오비탈을 중심으로 나타내었다. 어떤 공통점이 보이는가?

1A	2A
1 **H** $1s^1$	
3 **Li** $2s^1$	4 **Be** $2s^2$
11 **Na** $3s^1$	12 **Mg** $3s^2$
19 **K** $4s^1$	20 **Ca** $4s^2$
37 **Rb** $5s^1$	38 **Sr** $5s^2$
55 **Cs** $6s^1$	56 **Ba** $6s^2$
87 **Fr** $7s^1$	88 **Ra** $7s^2$

가장 나중에 전자가 채워지는 형태 혹은 가장 바깥 껍질의 전자 배치에 있어서 같은 족의 원소는 동일하다는 것을 알 수 있다. 이처럼 전자를 오비탈에 채움으로써 원자 구조를 살펴보면, 똑같은 오비탈 배치가 각 에너지 준위에 나타난다. 이것은 똑같은 전자 배치가 각 준위에서 규칙적으로 재현된다는 것을 의미한다. 이 때문에 같은 족의 원소들은 가장 바깥쪽의 전자 배치의 유사성 때문에 비슷한 화학적 성질을 보인다. 이러한 규칙성은 일부 전이 원소(내부 전이 원소 포함)을 제외하고 거의 모든 원소에서 관찰된다(그림 3.24). 이를 근거로 오늘날 주기율표를 이 원소들 사이의 공통점, 즉 맨 마지막에 채워지는 전자의 오비탈 위치를 근거로 *s*, *p*, *d*, *f* 구역(block)으로 구획화하여 구별하기도 한다.

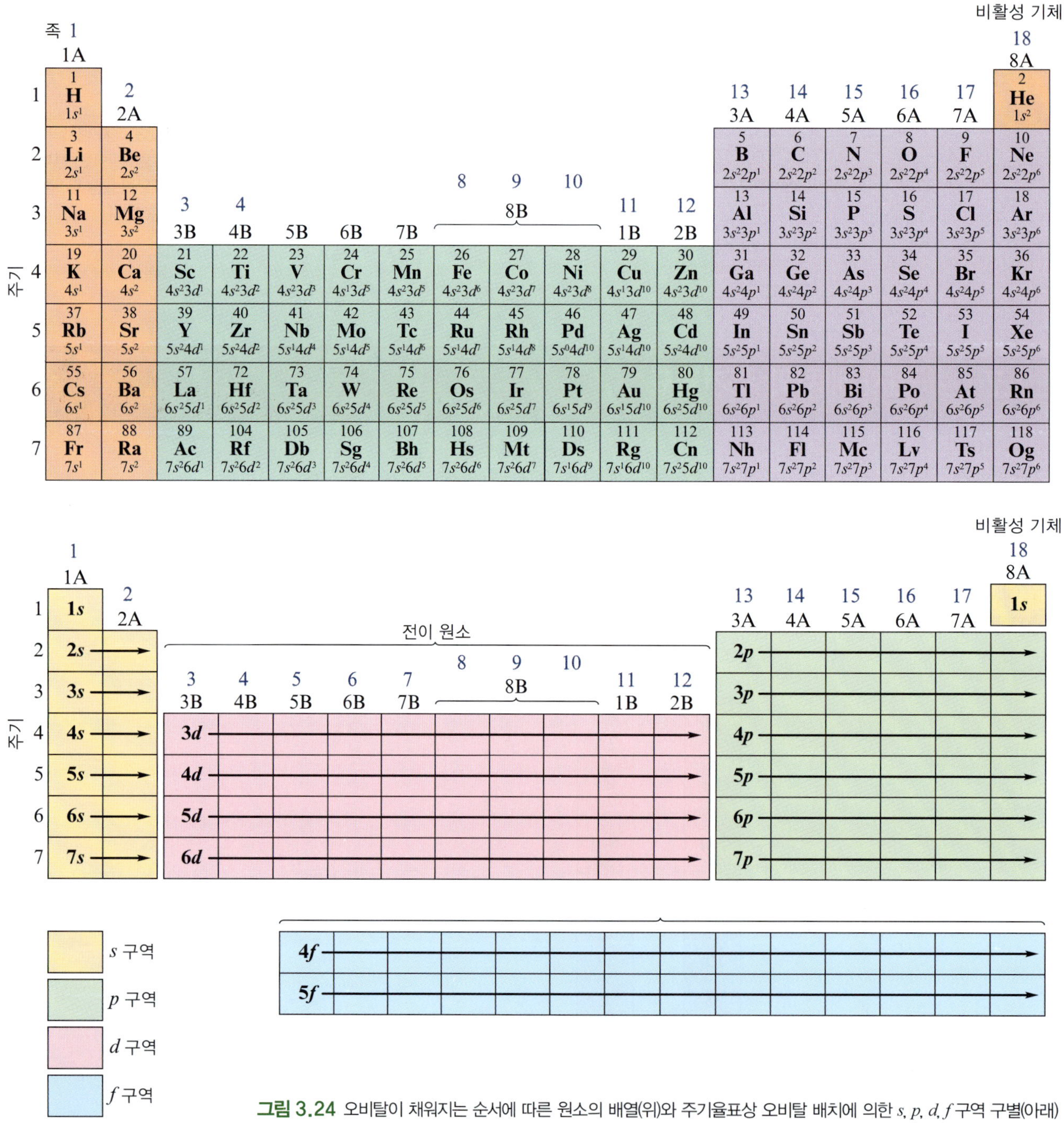

그림 3.24 오비탈이 채워지는 순서에 따른 원소의 배열(위)와 주기율표상 오비탈 배치에 의한 *s*, *p*, *d*, *f* 구역 구별(아래)

Deep Insight

전자의 스핀과 최첨단 반도체 기술

전자 스핀 기술은 MRAM(자기저항 랜덤 액세스 메모리) 개발을 통해 메모리 용량 증대의 새로운 패러다임을 제시하고 있다. 기존 DRAM이나 SRAM과 달리, MRAM은 전자의 스핀 상태를 이용해 데이터를 저장함으로써 더 높은 집적도와 안정성을 실현한다.

스핀트로닉스 기술은 전자의 스핀 방향을 정보 저장 단위로 활용하여 기존 메모리 기술의 한계를 극복하고 있다. 이 기술은 트랜지스터 기반 메모리에 비해 훨씬 적은 전력으로 더 많은 정보를 저장할 수 있어, 고밀도 메모리 솔루션으로 주목받고 있다. 여러 연구에 따르면 스핀 기반 메모리 기술은 기존 DRAM 대비 최대 50% 이상의 저장 용량 증대를 가능케 하며, 동시에 전력 소비를 획기적으로 줄일 수 있다. 삼성전자와 인텔 같은 글로벌 기업들도 이 기술의 상용화를 위해 집중적인 연구개발을 진행하고 있다.

전자 스핀 기술은 기존 반도체 메모리 기술에 비해 획기적인 전력 효율 개선을 실현하고 있다. 스핀트로닉스 기반 메모리는 전자의 스핀 상태를 이용해 정보를 저장하기 때문에, 기존 CMOS 트랜지스터 방식보다 전력 소모를 크게 줄일 수 있다.

특히 모바일 기기 분야에서 이 기술의 잠재력이 두드러진다. 스마트폰과 노트북에 적용될 경우, 배터리 수명을 최대 30% 이상 연장할 수 있을 것으로 예상된다. 예를 들어, 삼성전자의 최신 MRAM 기술은 기존 메모리 대비 전력 소비를 획기적으로 감소시켜 모바일 기기의 에너지 효율성을 크게 향상시킬 수 있다.

이러한 전력 효율 향상은 단순히 기기 성능 개선을 넘어 중요한 환경적 이점을 제공한다. 전자기기의 전력 소비 감소는 탄소 배출 저감에 직접적으로 기여할 수 있어, 지속 가능한 기술 발전의 중요한 방향성을 제시하고 있다.

전자 스핀 기술은 데이터 보안 측면에서 혁신적인 접근법을 제시한다. 스핀트로닉스 기반 메모리는 전자의 고유한 스핀 상태를 정보 저장 및 전송 메커니즘으로 활용함으로써, 기존 반도체 메모리 기술에 비해 근본적으로 다른 보안 특성을 갖는다.

핵심 요약

3.1 아원자 입자의 발견

- 아원자 입자란 양성자(p, proton), 중성자(n, neutron), 전자(e^-, electron)이다.
- 톰슨의 원자 모형은 음극선관 실험을 통한 전자의 발견에 의한 것으로, 원자에 전자가 박혀있는 건포도-푸딩 모형이다.
- 러더퍼드의 모형은 알파(α) 입자 산란 실험의 결과에 의한 것으로, 양극을 띤 무거운 원자 중심의 핵과 양성자를 발견한 모형이다.

3.2 보어의 원자 모형

- 보어의 원자 모형은 태양을 중심으로 행성이 회전하는 것처럼 전자가 핵 주위의 궤도를 따라 회전하는 모습이다.

- 원소의 불꽃 반응에 의한 선 방출 스펙트럼(line emission spectrum) 현상 덕분에 보어의 원자 모형이 고안되었다.
- 발머-리드베리 식을 통해서 수소의 선 스펙트럼의 에너지, 파장, 진동수를 계산할 수 있다.

$$\Delta E = h\nu = \frac{hc}{\lambda} = -R_H\left(\frac{1}{n_f^2} - \frac{1}{n_i^2}\right)$$

- 수소 이외의 다전자 원자의 선 스펙트럼까지는 설명할 수 없는 것이 보어의 모델의 한계이다.

3.3 현대적 원자 모형

- 입자인 전자는 파동의 성질도 동시에 가지고 있다.
- 불확정성의 원리(uncertainty principle)에 의하면 전자의 운동량(질량과 속도의 곱)과 위치를 동시에 정확하게 아는 것은 불가능하다.
- 전자 밀도(electron density)란 원자의 특정 영역에서 전자가 발견될 확률이다.
- 원자 궤도함수(atomic orbital), 즉 원자 오비탈은 원자 내 전자가 존재할 수 있는 예측 가능한 확률적 공간이다.
- 오비탈의 종류와 모양이 복잡하고 다양한 이유는 이 오비탈들의 모양에 따라서 핵 주변의 공간을 입체적으로 분할하여 전자가 존재해야만 다수의 전자 간 반발력을 최소화할 수 있기 때문이다.

3.4 오비탈과 쌓음 원리, 그리고 양자수

- 주기율표상 현 118개의 원소를 기준으로 전자 구름층(껍질)은 최대 7개까지 존재할 수 있다(n = 1, 2, 3, 4, 5, 6, 7).
- 전자 구름층(껍질)마다 다수의 오비탈이 있다. 단, 첫 번째 껍질(n = 1)은 오로지 1개의 오비탈만 있다.
- 오비탈은 모양, 방향에 따라 크게 4종류(s, p, d, f)로 구분된다.
- 오비탈 하나당 전자가 스핀을 띠고 최대 2개의 전자까지 존재할 수 있다.
- 원자에 다수의 전자가 채워질 때는 쌓음 원리를 따른다. 단, 일부 예외는 있다.
- 오비탈과 쌓음의 원리의 개념을 바탕으로 한 원자의 전자 배치를 표기하는 것이 가능하다.
- 한 원자 내에 존재하는 개개의 전자는 네 개의 양자수로 특정할 수 있다.

3.5 축소 전자 배치

- 전자 수가 많은 높은 원자 번호의 원소의 전자 배치를 간략하게 줄여서 표기하는 것이 가능하다.
- 전자 배치의 초반 부분이 18족 원소와 동일함을 나타내주기 위해 대괄호 [18족 원소]로 표기하고 나머지 전자 배치를 이어서 적어준다.

3.6 쌓음 원리의 예외성

- 몇몇 전이 원소(또는 내부 전이 원소)에서 전자 배치상의 에너지 안정성 차이 때문에 가끔 전자 채움에 예외가 발견된다.
- 절반이 채워진 또는 완전히 채워진 d나 f 오비탈이 그렇지 않은 경우보다 상대적으로 더 안정하다.

3.7 전자 배치와 주기율표

- 같은 족의 원소들의 전자 배치를 살펴보면 전자 배치의 공통점을 확인할 수 있다.
- 가장 나중에 전자가 채워지는 형태 혹은 가장 바깥 껍질의 전자 배치에 있어서 같은 족의 원소는 동일하다.
- 주기율표상 같은 족의 원소(특히 전형 원소)는 화학적 성질이 유사하다.

핵심 용어 정리

용어	정의
• 아원자 입자 (subatomic particle)	양성자(p, proton), 중성자(n, neutron), 전자(e^-, electron)
• 건포도-푸딩 모형 (Plum pudding model)	음극은 띤 전자가 양극으로 하전이 되어 있는 구체안에 들어가 있다고 보는 원자 모형
• 전자기 복사선 (electromagnetic radiation) 또는 전자기파 (electromagnetic wave)	전지장과 자기장의 파동이 수직을 이루면서 직선 운동을 하는 빛
• 파장(wavelength, λ)	연속적인 파동에서 마루와 마루 사이의 거리 또는 골과 골 사이의 거리
• 진폭(amplitude)	파동의 중앙 기준선에서 최고점이나 최저점까지의 길이
• 진동수(frequency, ν)	초당 한 지점을 지나는 파동의 개수
• 스펙트럼(spectrum)	빛을 프리즘에 투과시켰을 때 관찰되는 증폭/확대된 빛의 띠
• 연속 스펙트럼 (continuous spectrum)	프리즘을 통과하여 무지개 색깔의 빛이 끊김없이 이어진 형태로 관찰되는 방출 스펙트럼
• 원자 궤도함수 (atomic orbital)	원자 내 전자가 존재할 수 있는 예측 가능한 확률적 공간
• 훈트 규칙 (Hund's rule)	전자들이 같은 에너지의 오비탈에 들어갈 때는 먼저 같은 스핀(평행한)의 홀전자로 각 오비탈을 모두 채운다는 규칙
• 주양자수 (principle quantum number)	전자껍질 또는 주 에너지 준위를 나타내는 양자수
• 각운동량 양자수 (angular momentum quantum number)	오비탈의 종류를 구별하는 양자수
• 자기 양자수 (magnetic quantum number)	동일한 종류의 오비탈 중에서 각기 다른 오비탈의 배향을 구별해 주는 정수로 나타내는 양자수
• 스핀 양자수 (spin quantum number)	윗스핀 전자와 아랫스핀 전자로 구분하는 양자수
• 파울리의 배타 원리 (Pauli's exclusion principle)	한 원자에서 어떠한 두 전자도 같은 값의 네 가지 양자수(n, l, m_l, m_s)를 가질 수 없다는 원리

연습문제

● (3.1～3.5) 다음 설명 중 옳은 것은 ○, 틀린 것은 ×를 표시하시오.

3.1 주양자수는 해당 전자가 위치한 껍질이 몇 번째 껍질인지를 나타낸다. (　　)

3.2 같은 주기(n)의 오비탈은 에너지 상태가 동일하다. (　　)

3.3 한 오비탈에는 같은 스핀의 전자 두 개가 서로 짝지어 들어갈 수 있다. (　　)

3.4 라이먼 계열의 빛은 발머나 파셴 계열의 빛보다 진동수가 더 크다. (　　)

3.5 $2f$ 오비탈에도 전자가 채워질 수 있다. (　　)

● (3.6～3.12) 다음 문장의 빈 칸에 올바른 용어(단어) 혹은 문구를 채워 넣으시오.

3.6 (　　　　)에 의하면 한 원자에서 어떠한 두 전자도 같은 값의 네 가지 양자수(n, l, m_l, m_s)를 가질 수 없다.

3.7 (　　　　)는 전자 껍질 또는 주 에너지 준위를 의미하는 양자수이다.

3.8 오비탈이란 높은 (　　　　)로 전자가 발견될 수 있는 공간을 의미한다.

3.9 오비탈의 모양과 방향이 다양한 이유는 음극으로 하전된 다수의 전자 사이의 정전기적 (　　　　)을 최소화하기 위함이다.

3.10 전자가 여러 개인 원자의 경우, 안쪽 껍질의 전자와 바깥 껍질의 전자 간의 반발력에 의해서 발생하는 (　　　　) 때문에 같은 껍질(같은 준위)의 오비탈이라 할지라도 미세하게 에너지의 차이가 생긴다.

3.11 (　　　　)에 따르면 전자들이 같은 에너지의 오비탈에 들어갈 때는 먼저 같은 스핀(평행한)의 홀전자로 각 오비탈을 모두 채운다.

3.12 스핀 양자수의 값은 윗스핀 전자의 경우 m_s = (　　　　), 아랫스핀 전자의 경우 m_s = (　　　　)이다.

● (3.13～3.25) 다음 물음에 답하시오.

3.13 세 번째 주 에너지 준위에는 얼마나 많은 전자가 존재할 수 있는가?

3.14 다음 그림과 같이 두 종류의 전자기파 a와 b가 있다고 가정하자.

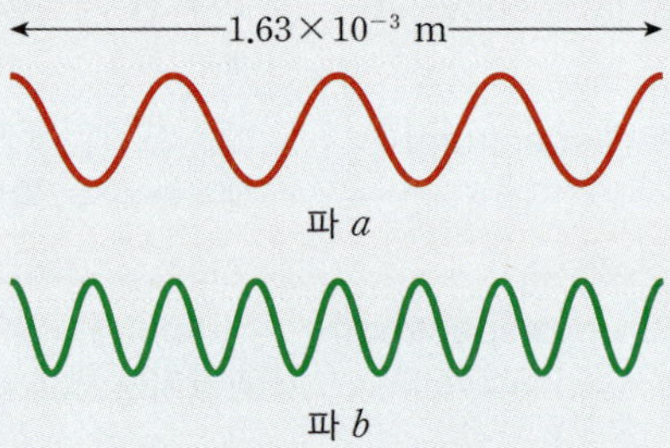

(a) 광자의 에너지가 높은 것은 어느 것인가?
(b) 이동 속도가 빠른 것은 어느 것인가?
(c) 파장이 큰 전자기파는 어느 것인가?

3.15 보어의 원자 모형의 한계에 대하여 설명하시오.

3.16 어떤 원자의 전자가 $n=3$의 에너지 준위에 있다. 그 전자가 가질 수 있는 가능한 l과 m_l 값을 나열하시오.

3.17 인간의 눈에 있는 망막은 최소 4.00×10^{-17} J의 복사 에너지를 가진 빛이 닿아야 비로소 빛을 감지할 수 있다. 파장이 600 nm인 빛이 사람의 망막에서 감지가 되려면 몇 개의 광자가 눈에 도달해야 할지 계산하시오.

3.18 높은 준위에서 낮은 준위로 전자가 전이하면 에너지가 방출되지만, 반대로 낮은 준위에서 높은 준위로 전이할 때는 에너지를 흡수한다. 바닥 상태에 있는 수소 원자에서 완전하게 전자를 떼어내는 데 필요한 에너지를 계산하시오.

3.19 $n=5$ 상태의 전자를 가지고 있는 들뜬 상태의 수소 원자가 진동수 7.39×10^{13} s^{-1}의 빛을 방출한다면 이 전

자가 최종적으로 전이하여 도달하는 에너지 준위(n)는 몇인지 계산하시오.

3.20 다음 전자 배치를 갖는 중성 원소는 어떤 원소인가? 기호와 이름을 적으시오.

(a) $1s^2 2s^2 2p^5$　　(b) $[Ne]3s^2 3p^4$
(c) $1s^2 2s^2 2p^6 3s^2$　　(d) $[Ar]4s^2 3d^8$

3.21 다음 중성 원소의 오비탈 도표를 알맞게 그리시오.

(a) O　　(b) Ca　　(c) Ar
(d) Br　　(e) Fe

3.22 다음 중성 원소의 알맞은 전자 배치를 적으시오.

(a) Li　　(b) P　　(c) Zn
(d) Na　　(e) K

3.23 다음 중 잘못된 오비탈 도표를 찾아서 바르게 수정하시오.

	$1s$	$2s$	$2p$	$3s$	$3p$	$4s$	$4p$	$3d$
(a)	↑↓	↑↓	↑ | ↑ | ↑					
(b)	↑↓	↑↓	↑↓ | ↑↓ | ↑↓	↑↓	↑↓ | ↑↓ | ↑↓	↑↓	↑↓ | ↑↓ | ↑↓	↑ | ↑ | | |
(c)	↑↓	↑↓	↑↓ | ↑↓ | ↑↓	↑↓	↑↓ | ↑↓ | ↑↓	↑↑		
(d)	↑↓	↑↓	↑↓ | ↑↓ | ↑↓	↑↓	↑↓ | ↑ | ↑			

3.24 주기율표에서 원자 번호 20인 칼슘은 원자 번호 12, 19, 21, 38인 원소에 의해 둘러싸여 있다. 물리적 및 화학적 성질이 칼슘과 가장 비슷한 것은 어느 것인지 답하고 그 이유를 설명하시오.

3.25 다음 양자수를 가질 수 있는 중성 원자가 있다고 가정하자. 이 원자가 가질 수 있는 전자의 최소 개수는 몇 개인가? 그 이유까지 설명하시오.

$$(n,\ l,\ m_l,\ m_s) = \left(2,\ 1,\ -1,\ -\frac{1}{2}\right)$$

CHAPTER 4

원소의 주기성과 화합물의 명명법

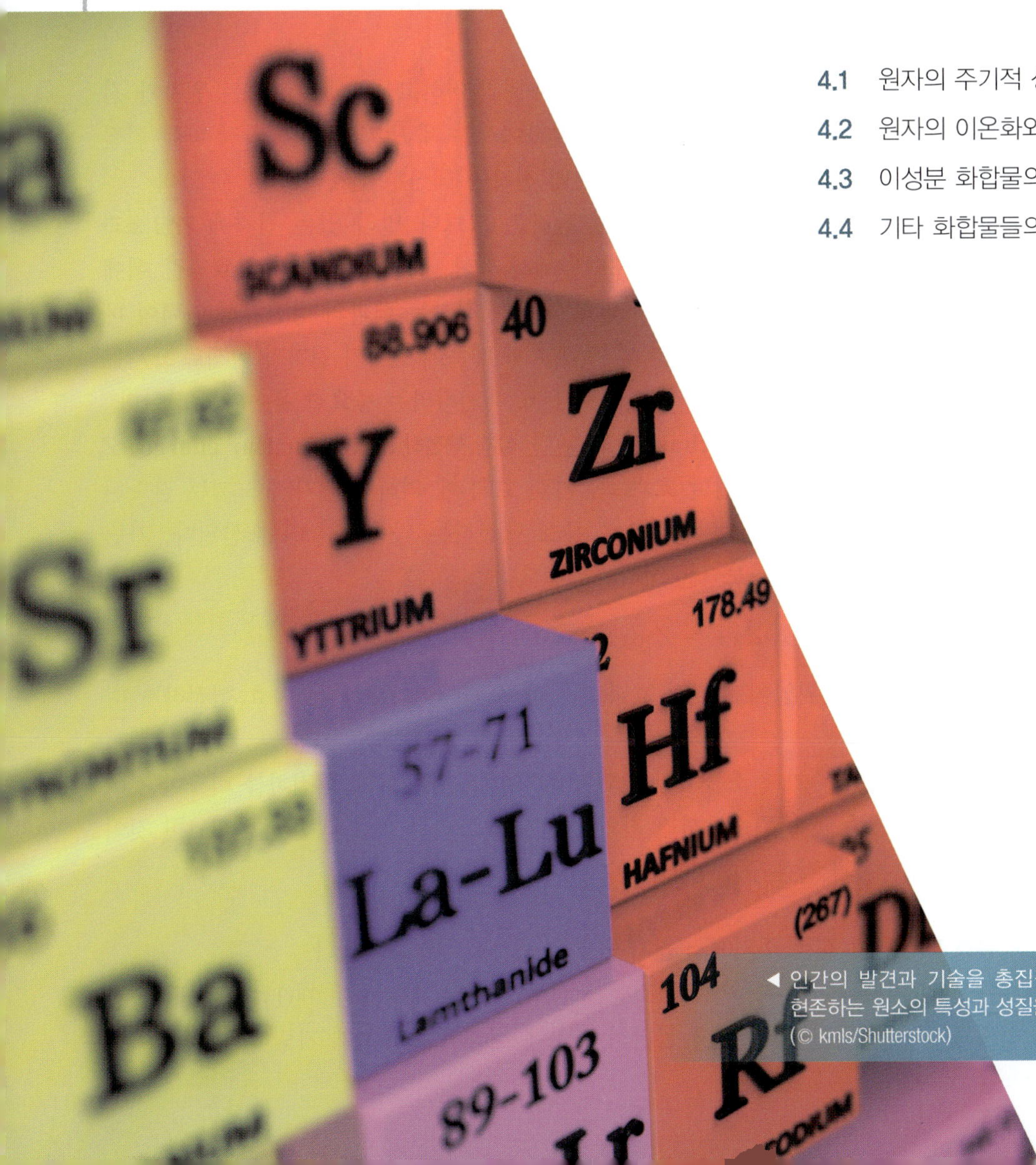

◀ 인간의 발견과 기술을 총집결하여 완성한 오늘날의 주기율표에는 현존하는 원소의 특성과 성질을 알 수 있는 원리가 포함되어 있다. (© kmls/Shutterstock)

4.1 원자의 주기적 성질

원자 번호가 증가하는 순서로 원자의 성질을 관찰해보면 일정하면서도 공통적인 특성이 주기(period)를 가지고 규칙적으로 관찰된다. 여기서 주기란 **일정 간격으로 나타나는 반복적인 패턴**을 말한다. 이를 원자의 **주기성**이라고 한다. 주기성은 크게 유효 핵전하, 원자 반지름(원자 크기), 이온화 에너지, 전자 친화도, 전기 음성도의 다섯 가지 특징으로 설명할 수 있다. 원소의 주기성은 주족 원소에서 가장 규칙적으로 나타나며, 전이 원소나 내부 전이 원소에서는 예외가 빈번하게 관찰된다.

유효 핵전하

3단원에서 이미 원자의 전자 배치를 공부하였다. 규소(Si)의 전자 배치를 다음과 같이 적어 보았을 때, 배치된 전자들을 **원자가 전자**(**최외각 전자**, **valence shell electron**)와 **핵심부 전자**(**core electron**)로 구분하여 부를 수 있다.

$$\text{Si} \qquad \underbrace{1s^2\,2s^2\,2p^6}_{\text{핵심부 전자}}\,\underbrace{3s^2\,3p^2}_{\text{원자가 전자}}$$

여기서 원자가 전자는 **가장 바깥 껍질의 전자**를 의미하고, 핵심부 전자는 **원자가 전자를 내외한 나머지 전자**를 의미한다. 규소 원자에서는 세 번째 껍질이 가장 바깥 껍질이므로 원자가 전자는 4개이고, 나머지 10개의 전자는 핵심부 전자라고 할 수 있다.

다전자 원자에서 핵에 가깝게 존재하는 전자는 그보다 멀리 있는 전자에 **가림 효과**(**shielding effect**, σ)를 미친다는 것을 3단원에서 짧게 설명하였다. 가림 효과란 **핵에 가까운 전자와의 반발력 때문에 핵에서 멀리 떨어진 전자는 핵과의 정전기적 인력이 다소 약해지는 효과**이다. 즉, 핵심부 전자의 가림 효과 때문에 원자가 전자가 실제로 느끼는 핵의 양전하는 상대적으로 약해진다. 여기서 유효 핵전하라는 중요한 용어가 등장한다.

유효 핵전하(**effective nuclear charge**, $Z_{유효}$)란 **실제 핵전하**(**active nuclear charge**, $Z_{실제}$)와는 다르게 안쪽 전자의 반발 효과(즉, 가림 효과)에 의하여 전자가 느끼는 감소된 **실질적인 핵전하**를 의미한다. 일반적으로 유효 핵전하는 다음과 같이 계산된다. 가림 효과 σ는 0보다는 크고 $Z_{실제}$보다는 작다.

$$Z_{유효} = Z_{실제} - \sigma \ (0 < \sigma < Z_{실제})$$

그림 4.1은 같은 준위임에도 가림 효과 때문에 오비탈마다 느끼는 유효 핵전하가 다름을 보여 준다.

표 4.1(a)는 같은 2주기 원소들끼리 최외각 전자가 느끼는 유효 핵전하를 비교한 것이고, 표 4.1(b)는 1족 금속 원소들끼리 최외각 전자가 느끼는 유효 핵전하를 비교한 것이다. 이를 통해 다음과 같은 규칙성을 알 수 있다.

- 유효 핵전하는 같은 주기에서 원자 번호가 증가할수록 증가한다.

같은 2주기 원소들 모두 첫 번째 껍질인 핵심부 전자의 개수는 두 개($1s^2$)로 동일하다. 첫 번째 껍질은 최외각인 두 번째 껍질의 전자에 대해서 꾸준하게 가림 효과를 보이고

Z or $Z_{유효}$	H							He
Z	1.00							2.00
1s	1.00							1.69

Z or $Z_{유효}$	Li	Be	B	C	N	O	F	Ne
Z	3.00	4.00	5.00	6.00	7.00	8.00	9.00	10.00
1s	2.69	3.69	4.68	5.67	6.67	7.66	8.65	9.64
2s	1.28	1.91	2.58	3.22	3.85	4.49	5.13	5.76
2p			2.42	3.14	3.83	4.45	5.10	5.76

Z or $Z_{유효}$	Na	Mg	Al	Si	P	S	Cl	Ar
Z	11.00	12.00	13.00	14.00	15.00	16.00	17.00	18.00
1s	10.63	11.61	12.59	13.58	14.56	15.54	16.52	17.51
2s	6.57	7.39	8.21	9.02	9.83	10.63	11.43	12.23
2p	6.80	7.83	8.96	9.95	10.96	11.98	12.99	14.01
3s	2.51	3.31	4.12	4.90	5.64	6.37	7.07	7.76
3p			4.07	4.29	4.89	5.48	6.12	6.76

Z or $Z_{유효}$	K	Ca	Sc	Ti	V	Cr	Mn	Fe	Co	Ni	Cu	Zn	Ga	Ge	As	Se	Br	Kr
Z	19.00	20.00	21.00	22.00	23.00	24.00	25.00	26.00	27.00	28.00	29.00	30.00	31.00	32.00	33.00	34.00	35.00	36.00
1s	18.49	19.47	20.46	21.44	22.43	23.41	24.40	25.38	26.37	27.35	28.34	29.33	30.31	31.29	32.28	33.26	34.25	35.23
2s	13.01	13.78	14.57	15.38	16.18	16.98	17.79	18.60	19.41	20.21	21.02	21.83	22.60	23.37	24.16	24.89	25.64	26.40
2p	15.03	16.04	17.06	18.07	19.07	20.08	21.08	22.09	23.09	24.10	25.10	26.10	27.09	28.08	29.07	30.07	31.06	32.05
3s	8.68	9.60	10.34	11.03	11.71	12.37	13.02	13.68	14.32	14.96	15.59	16.22	17.00	17.79	18.60	19.40	20.22	21.03
3p	7.73	8.66	9.41	10.10	10.79	11.47	12.11	12.78	13.44	14.09	14.73	15.37	16.20	17.01	17.85	18.71	19.57	20.43
4s	3.50	4.40	4.63	4.82	4.98	5.13	5.28	5.43	5.58	5.71	5.84	5.97	7.07	8.04	8.94	9.76	10.55	11.32
3d			7.12	8.14	8.98	9.76	10.53	11.18	11.86	12.53	13.20	13.88	15.09	16.25	17.38	18.48	19.56	20.63
4p													6.22	6.78	7.45	8.29	9.03	9.34

Z or $Z_{유효}$	Rb	Sr	Y	Zr	Nb	Mo	Tc	Ru	Rh	Pd	Ag	Cd	In	Sn	Sb	Te	I	Xe
Z	37.00	38.00	39.00	40.00	41.00	42.00	43.00	44.00	45.00	46.00	47.00	48.00	49.00	50.00	51.00	52.00	53.00	54.00
1s	36.21	37.19	38.18	39.16	40.14	41.13	42.11	43.09	44.08	45.06	46.04	47.03	48.01	48.99	49.97	50.96	51.94	52.92
2s	27.16	27.90	28.62	29.37	30.13	30.88	31.63	32.38	33.16	33.88	34.63	35.37	36.14	36.86	37.60	38.33	39.07	39.80
2p	33.04	34.03	35.00	35.99	36.98	37.97	38.94	39.95	40.94	41.93	42.92	43.91	44.90	45.89	46.87	47.86	48.85	49.84
3s	21.84	22.66	23.55	24.36	25.17	25.98	26.79	27.60	28.44	29.22	30.03	30.84	31.63	32.42	33.21	34.00	34.79	35.58
3p	21.30	22.17	23.09	23.85	24.62	25.49	26.38	27.225	28.15	29.02	29.81	30.69	31.52	32.35	33.18	34.01	34.84	35.67
4s	12.37	13.44	14.26	14.90	15.28	16.10	17.20	17.66	18.58	18.99	19.87	20.87	21.76	22.66	23.54	24.41	25.30	26.17
3d	21.62	22.73	25.40	25.57	26.25	27.23	28.35	29.36	30.41	31.45	32.54	33.64	34.68	35.74	36.80	37.84	38.90	39.95
4p	10.88	11.93	12.75	13.46	14.08	14.98	15.81	16.44	17.14	17.72	18.56	19.41	20.37	21.27	22.18	23.12	24.03	24.96
5s	4.99	6.07	6.26	6.45	5.92	6.11	7.23	6.49	6.64		6.76	8.19	9.51	10.63	11.62	12.54	13.40	14.22
4d			15.96	13.07	11.24	11.39	12.88	12.81	13.44	13.62	14.76	15.88	16.94	17.97	18.97	19.96	20.93	21.89
5p													8.47	9.10	10.00	10.81	11.61	12.43

그림 4.1 원소의 실제 전하(Z)와 각 오비탈에서의 유효 핵전하($Z_{유효}$)

있는 상태이다. 이때, 원자 번호가 증가하면 핵의 양성자도 증가하므로 원자가 전자가 느끼는 유효 핵전하도 따라서 증가한다.

- 유효 핵전하는 같은 족에서 주기가 증가할수록 증가한다.

같은 1족을 따라서 원자 번호가 증가할수록(원자 번호가 증가할수록) 유효 핵전하는 증가한다. 이 상황에서는 핵의 양전하가 크게 증가하지만, 전자 껍질 수도 함께 증가한다. 따라서 가림 효과도 대폭 증가한다. 그 결과 핵의 양전하 증가에 비해 큰 폭으로 유효 핵전하가 증가하지는 않는다.

표 4.1 (a) 같은 주기의 원자에서 원자 번호가 증가함에 따른 유효 핵전하 변화, (b) 같은 족의 원자에서 원자 번호가 증가함에 따른 유효 핵전하 변화.

(a)

	Le	Be	B	C	N	O	F	Ne
$Z_{실제}$	3	4	5	6	7	8	9	10
$Z_{유효}$	1.28	1.91	2.42	3.14	3.83	4.45	5.10	5.76

(b)

	Li	Na	K	Rb	Cs
$Z_{실제}$	3	11	19	37	55
$Z_{유효}$	1.28	2.51	3.50	4.98	6.36

원자 반지름

원자의 크기는 보통 핵 주위에 전제 전자 밀도의 90 %를 포함하는 부피로 간주한다. 하지만 엄밀히 말하자면 원자는 다른 원자와 결합을 하여 존재하는 경우가 많기 때문에 원자의 크기는 원자 반지름으로 이야기한다. **원자 반지름(atomic radius)**은 **동일한 종류의 두 원자가 결합하고 있을 때 두 원자핵 간의 직선 거리의 절반**으로 정의한다.

주족 원자의 반지름은 주기율표의 주기와 족에 따라 일정한 경향을 나타낸다. 주족 원자에 대해, **같은 주기에서는 왼쪽에서 오른쪽으로 갈수록, 즉 원자 번호가 증가할수록 원자 반지름이 작아진다.** 원자 번호가 증가할수록 원자핵에 들어 있는 양전하를 띠는 양성자 수가 증가하므로, 원자핵 주변에 돌고 있는 매우 가벼운 전자를 강하게 중심으로 끌어당기기 때문에 이러한 경향이 관찰된다.

하지만 위와 같은 주족 원소에서 달리 *d* 오비탈과 *f* 오비탈에도 전자가 채워지는 전이 원소 또는 내부 전이 원소의 원자 반지름에서는 불규칙성이 빈번하게 관찰된다(그림 4.2).

2주기 원소들의 원자 반지름

원자	Li	Be	B	C	N	O	F
반지름(pm)	152	112	88	77	70	66	64

3주기 원소들의 원자 반지름

원자	Na	Mg	Al	Si	P	S	Cl
반지름(pm)	186	160	143	117	110	104	99

같은 족에서는 위에서 아래로 내려갈수록, 즉 원자 번호가 증가할수록 원자 반지름이 커진다. 주기가 커질수록 원자핵 주변에 전자가 채워지는 껍질의 수가 하나씩 증가하여 원자의 크기가 커지기 때문이다.

1족(알칼리 금속) 원소들의 원자 반지름

원자	Li	Na	K	Rb	Cs	Fr
반지름(pm)	152	186	231	244	262	270

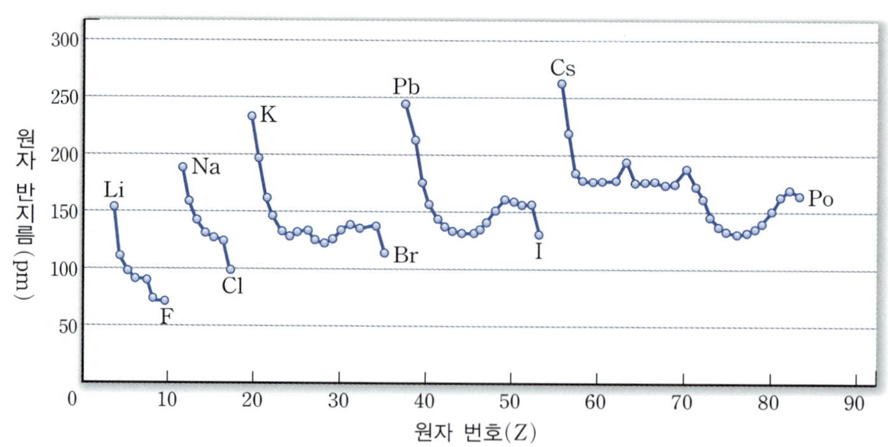

그림 4.2 원자 번호 증가에 따른 주족 및 전이 원소의 원자 반지름의 변화

이온화 에너지

이온화 에너지(IE, ionization energy)는 **1 mol의 중성 기체 원자가 기체의 양이온이 되기 위해서 전자 1 mol을 떼어내는 데 필요한 에너지**를 말한다. 원자로 흡수되어야 하는 에너지이기 때문에 이온화 에너지는 양수를 가지며 단위는 kJ/mol을 사용한다. 이온화 과정에서 제거되는 전자는 당연히 가장 바깥쪽 껍질에 있는 전자이며, 이 전자를 떼어내기 어려울수록 더 많은 에너지가 필요하고 반대로 전자를 떼어내기 쉬울수록 적은 이온화 에너지가 필요하다. 보다 정확히 말하자면 원자 반지름이 작을수록 핵-전자의 거리가 가까워 전자를 떼어내기가 어렵고 이온화 에너지가 커진다.

$$\mathrm{A}(g) \longrightarrow \mathrm{A}^+(g) + \mathrm{e}^- \qquad \Delta H = IE\ (> 0) \qquad (IE_1\text{: 1차 이온화 에너지})$$

위 식에서 보는 바와 같이 원자에서 처음 전자를 떼어낼 때의 이온화 에너지를 **1차 이온화 에너지**(IE_1, **1st ionization energy**)라고 한다. 이때 알 수 있는 원소의 주기성은 **원자의 반지름이 증가할수록 1차 이온화 에너지는 점차 감소한다**는 점이다.

제거되어야 할 가장 바깥쪽의 전자가 원자핵으로부터 멀리 떨어져 있으면(즉, 원자 반지름이 크면) 양전하를 띠는 원자핵과 음전하를 띠는 전자 간의 인력이 그만큼 약해진다. 따라서 적은 양의 에너지 공급으로도 전자를 떼어낼 수 있다. 결론적으로 주족(전형) 원소의 **원자 반지름이 작을수록 1차 이온화 에너지가 커진다**. 물론 일부 예외적인 부분이 있지만, 일반적으로 이러한 경향은 족으로든 주기로든 쉽게 확인할 수 있다.

그럼 어떠한 경우에 예외가 발생할까? 전자 하나가 제거되면서 원자의 **전자 배치가 더욱 안정해질 수 있는 상황**이라면 전자는 예상보다 훨씬 적은 이온화 에너지를 흡수하더라도 쉽게 제거되기도 한다. 예를 들어 2주기 원소에서 붕소($Z = 5$)는 베릴륨($Z = 4$)보다, 산소($Z = 8$)는 질소($Z = 7$)보다 원자 반지름이 크기 때문에 원칙적으로 1차 이온화 에너지도 커야 합당하다. 하지만 실제로는 그림 4.4에서 보는 바와 같이 1차 이온화 에너지가 오히려 반지름이 큰 원소인 베릴륨과 질소에서 더 크다.

그 이유를 알아보려면 그림 4.3을 확인해야 한다. 전자 4개를 지닌 베릴륨은 이미 모든 오비탈에 짝전자가 채워져 있는 나름 안정한 전자 배치 상태이다. 여기서 베릴륨의 전자를 하나 제거하면 오비탈에 홀전자가 채워진 불안정한 전자 배치가 된다. 따라서 베릴륨은 안정한 전자 배치를 깨고 불안정한 전자 배치 상태가 되지 않으려 한다. 결국 이를 극복하고 베릴륨에서 전자를 떼어내기 위해서는 더 많은 에너지가 필요한 것이다.

반면에, 5개의 전자를 갖는 붕소는 p 오비탈에 있는 홀전자 하나가 제거되면 오히려 모든 오비탈에 짝전자가 채워지는 상대적으로 안정한 전자 배치가 될 수 있다. 따라서 붕소는 생각보다 적은 양의 에너지를 흡수해도 전자 하나를 쉽게 떼어낼 수 있는 입장이 된다.

질소와 산소의 경우도 살펴 보자. 먼저 7개의 전자가 있는 질소의 전자 배치를 보자(그림 4.3). 질소는 에너지 수준이 동일한 세 개의 p 오비탈 각각에 전자 1개씩을 균등하게 채우고 있는 나름 안정한 전자 배치를 갖는다. 여기서 전자 하나를 제거한다면 p 오비탈 두 개에만 전자가 채워지고 하나에는 전자가 없는 균형이 깨진 상태, 즉 비교적 불안정한 전자 배치 상태가 된다. 이런 이유로 질소는 가능하면 전자 하나를 잃어서 불안정한 전자 배치가 되려 하지 않을 것이다. 그렇기 때문에 질소에서 요구하는 1차 이

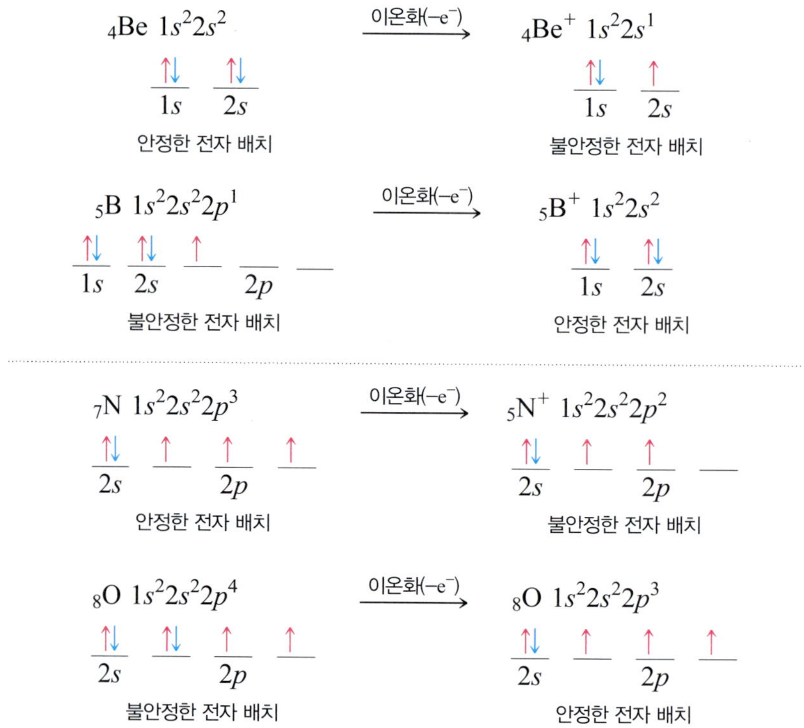

그림 4.3 전자 하나가 제거되면서 더 안정한 전자 배치를 이룰 수 있다면, 전자는 예상보다 훨씬 적은 이온화 에너지를 흡수해도 쉽게 제거된다.

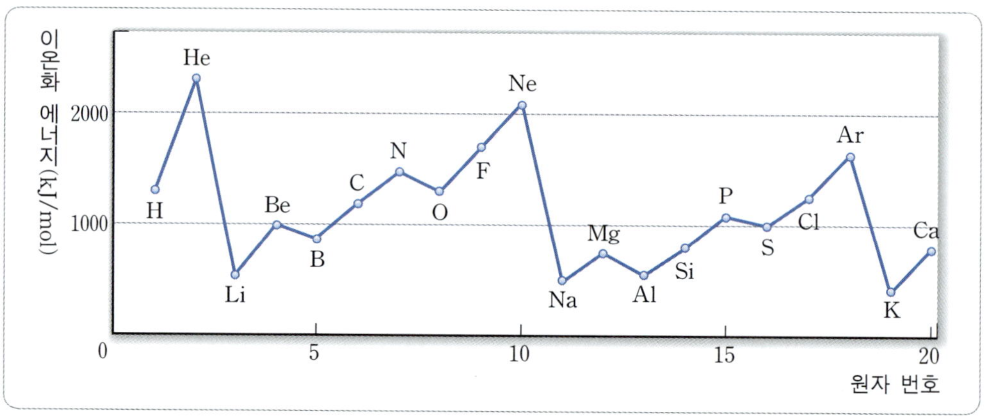

그림 4.4 원자 번호 1번~20번 원소의 1차 이온화 에너지

온화 에너지의 양은 생각보다 클 수밖에 없다.

마찬가지 원리로 산소 원자의 전자 배치를 살펴보자. 전자 8개가 채워진 산소의 전자 배치를 보면, 특히 에너지 수준이 같은 세 개의 p 오비탈 중에서 하나에만 짝전자가 채워지고 나머지 두 개에는 홀전자가 채워진 불균형한 전자 배치를 갖는다. 이런 전자 배치는 다소 불안정한 전자 배치라 볼 수 있다. 만약, 여기서 전자 하나가 제거된다면 모든 p 오비탈에 균등하게 홀전자가 채워지는 나름 안정한 전자 배치 상태로 변할 수 있다. 따라서, 산소는 생각보다 적은 1차 이온화 에너지를 흡수하더라도 쉽게 전자 1개를 떼어 낼 수 있다.

이와 같은 이유로 그림 4.4와 같이 원자 번호가 증가할수록 원자의 크기가 점점 작아짐에도 불구하고 2주기와 3주기 상의 1차 이온화 에너지 증가 그래프가 지속적으로 증가하지 못하고 예외성을 보인다.

1차 이온화 에너지 이외에도 2차, 3차, 4차 이온화 에너지도 있다. 1차 이온화 에너지 이후로 **추가로 1 mol의 양이온에서 전자를 1 mol씩 제거할 때마다 필요한 에너지를 다차 이온화 에너지**라고 부른다. 표 4.2는 대표적인 주족(전형) 원소의 다차 이온화 에너지를 정리한 것이다. 이 표를 통해서 우리가 알 수 있는 사실은 차수가 **증가할수록** 이온화 에너지는 **급격하게 증가**한다는 점이다. 그 이유는 첫째, 전자가 하나씩 제거될수록 최외각 전자가 느끼는 유효 핵전하가 그만큼 증가하기 때문이며, 둘째, 1차 이온화 이후 이미 양전하를 띠고 있는 이온의 양극성이 강해질수록 핵과의 인력이 증가한 전자를 추가로 하나씩 더 제거하는 데에 많은 에너지가 필요하기 때문이다.

$$
\begin{array}{llll}
A(g) \longrightarrow A^+(g) + e^- & \Delta H = IE_1 & (IE_1\text{: 1차 이온화 에너지}) \\
A^+(g) \longrightarrow A^{2+}(g) + e^- & \Delta H = IE_2 & (IE_2\text{: 2차 이온화 에너지}) \\
A^{2+}(g) \longrightarrow A^{3+}(g) + e^- & \Delta H = IE_3 & (IE_3\text{: 3차 이온화 에너지}) \\
A^{3+}(g) \longrightarrow A^{4+}(g) + e^- & \Delta H = IE_4 & (IE_4\text{: 4차 이온화 에너지}) \\
\vdots & \vdots & \vdots
\end{array}
$$

$$IE_1 < IE_2 < IE_3 < IE_4 < \ldots$$

표 4.2 몇 가지 원소의 순차 이온화 에너지(kJ/mol)

원소	IE_1	IE_2	IE_3	IE_4
H	1312	–	–	–
He	2362	5250	–	–
C	1086	2352	4619	6221
N	1402	2855	4561	7472
O	1313	3387	5295	7467
F	1680	3375	6044	8407
Ne	2080	3962	6126	9360
Na	495.7	4563	6919	9540
Mg	737.5	1450	7732	10544
Al	577.3	1816	2744	11574

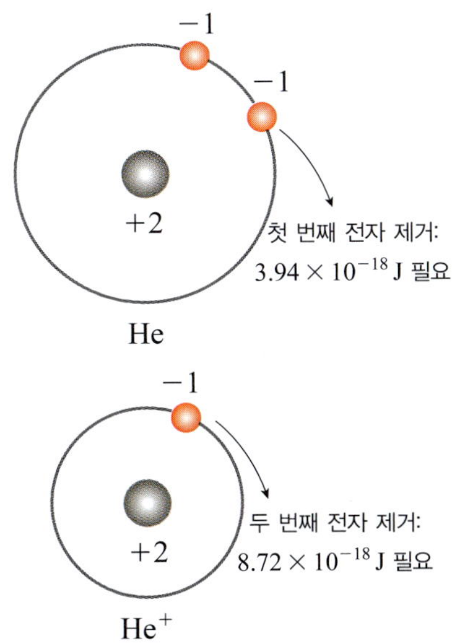

전자 친화도

원자로부터 전자를 제거하여 양이온을 형성할 때의 에너지 변화를 측정할 수 있는 것처럼 원자에 전자를 첨가하여 음이온을 형성할 때의 에너지 변화도 측정이 가능하다. 다음 반응식처럼 **중성 기체 원자 1 mol에 전자 1 mol의 전자를 붙여 음이온을 생성할 때 방출하는 에너지를 전자 친화도**(***EA*****, electron affinity**)라고 한다.

$$B(g) + e^- \longrightarrow B^-(g) \qquad \Delta H = EA\ (< 0)$$

전자 친화도의 단위는 kJ/mol이며, 방출되는 에너지이기 때문에 음의 부호를 갖는다. 이온화 에너지처럼 전자 친화도도 그 원소의 전자 배치와 관련된 주기성을 나타낸다. 예외가 존재하기는 하지만, 일반적으로 주족(전형) 원소는 원자의 크기가 작을수록 원자핵과 가장 바깥 전자 껍질 사이의 거리가 가까우므로 핵과의 인력도 커서 전자를 얻기 쉽다. 전자를 얻을 때 많은 에너지가 방출되면 전자 친화도(정도)는 높아지고, 반면에 전자 친화도의 값 자체는 음수 값이므로 더욱 작아진다. 즉, **원자의 반지름이 작을수록** 유효 핵전하가 크고, 그에 따라 인력도 강해지기 때문에 방출되는 에너지가 커 **전자 친화도는 높아진다**(표 4.3).

전자 친화도가 높을수록 전자 친화도 값(음수)은 작아진다.

표 4.3 주족 원소의 전자 친화도(kJ/mol). 보기 편하도록 이 표의 전자 친화도 수치는 음수를 양수로 변경하여 나타내었다.

1A	2A	3A	4A	5A	6A	7A	8A
H							He
73							< 0
Li	Be	B	C	N	O	F	N
60	≤ 0	27	122	0	141	328	< 0
Na	Mg	Al	Si	P	S	Cl	Ar
53	≤ 0	44	134	72	200	349	< 0
K	Ca	Ga	Ge	As	Se	Br	Kr
48	2.4	29	118	77	195	325	< 0
Rb	Sr	In	Sn	Sb	Te	I	Xe
47	4.7	29	121	101	190	295	< 0
Cs	Ba	Tl	Pb	Bi	Po	At	Rn
45	14	30	110	110	?	?	< 0

전기 음성도

전기 음성도(EN, electronegativity)는 폴링(Pauling, L., 1901~1994)에 의해 제안되었는데, 간략하게 **원자가 분자 안에서 전자를 끌어당기는 힘**으로 정의된다. 보다 정확하게 설명하면 **결합 중인 두 원소 중에서 한쪽 원소의 원자핵이 인접 원소의 전자를 끌어당기는 힘을 수치화한 것**이다. 이 값은 이온화 에너지와는 달리 정수로 주어지지 않으며, 0.0~4.0 범위의 값으로 나타낸다. 조건에 따라 달라질 수 있으나 일반적으로 모든 환경의 평균값으로 정하며 상대적인 값으로 활용하고 있다. 수소와 18족 원소인 비활성 기체들, 그리고 일부 전이 금속을 제외하면 **전기 음성도는 대체로 원자 번호가 증가할수록 같은 주기에서는 증가하고, 같은 족에서는 감소한다**. 즉, 주기율표에서 왼쪽에서 오른쪽으로 갈수록 커지고, 위에서 아래로 내려갈수록 작아진다(그림 4.5). 18족 원소는 전기 음성도가 0이거나 거의 0에 가까울 정도이다.

18족 원소 중 예외적으로 Kr과 Xe의 전기 음성도는 각각 3.0, 2.6으로 0이 아니다.

전기 음성도도 다른 주기성과 마찬가지로 주족 원소에서는 규칙성을 잘 보이지만 전이 원소에서는 예외가 빈번하다.

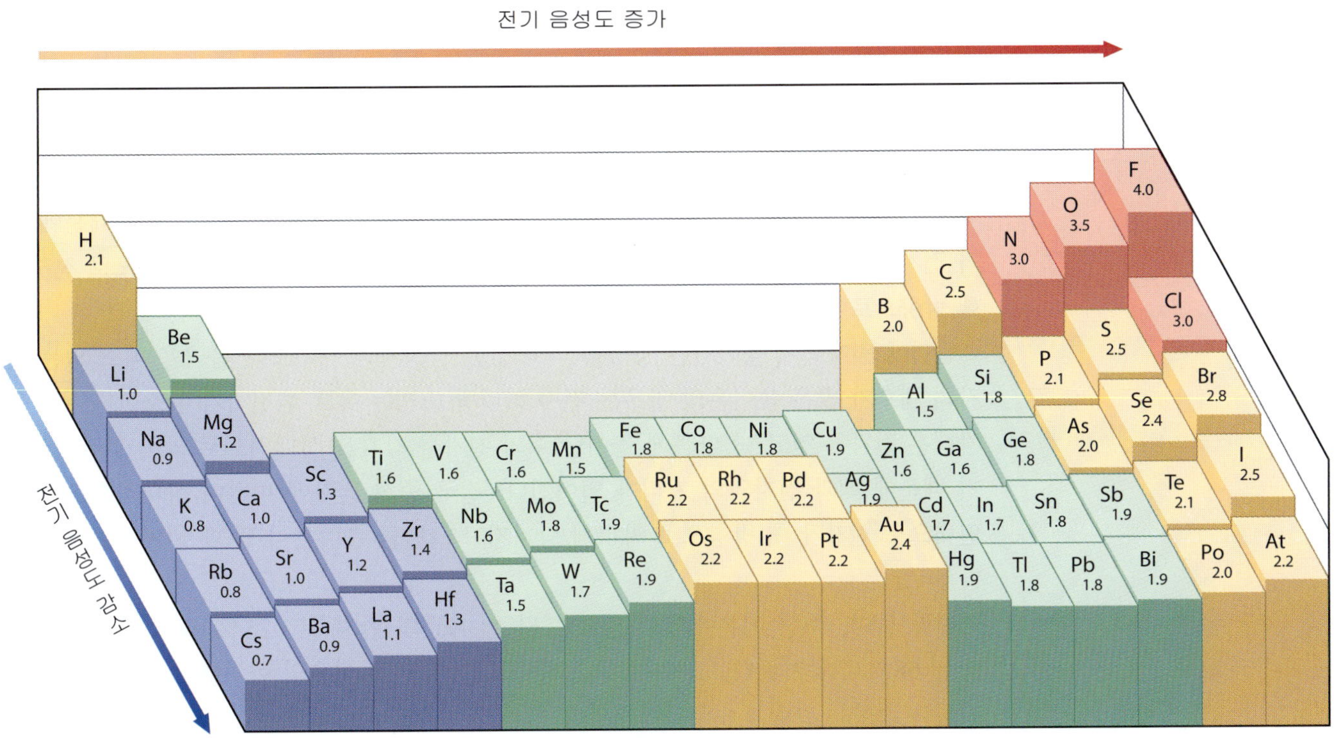

그림 4.5 대표적인 원소들의 전기 음성도

4.2 원자의 이온화와 이온의 특성

중성 원자는 전자를 잃거나 얻는 과정을 통해 전하를 띠는 이온(ion)이 될 수 있다. 이온은 전하에 따라 양이온과 음이온으로 구분한다. **양이온(cation)**은 **중성 원자가 음극을 띤 입자인 전자(e^-)를 잃으면서 만들어지는 양극을 띤 입자**이다. 반면에 **음이온(anion)**은 **중성 원자가 음극을 띤 전자를 얻으면서 만들어지는 음극을 띤 입자**이다. 잃는 전자의 개수에 따라 +1가, +2가, +3가...의 다양한 양이온이 될 수 있고, 얻는 전자의 개수에 따라 −1가, −2가, −3가...의 다양한 음이온이 될 수 있다. 대부분의 금속 원자는 양이온이 되기 쉽고, 대부분의 비금속 원소는 음이온이 되기 쉽다. 금속이 아님에도 양이온이 되는 예외로는 수소 이온(H^+)과 암모늄 이온(NH_4^+)이 있다.

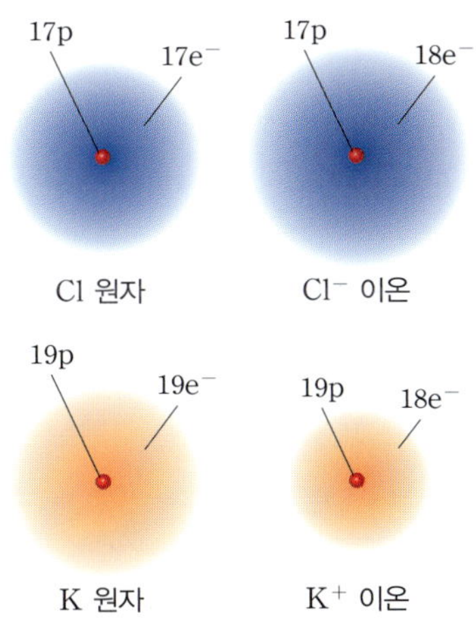

양성자와 전자 수 차이에 따라 형성되는 이온

다음과 같이 원자 하나가 전자를 잃거나 얻음으로써 만들어지는 이온을 **단원자 이온(monoatomic ion)**이라고 한다.

$$Na \rightarrow Na^+ + e^- \qquad Cl + e^- \rightarrow Cl^-$$
$$Ca \rightarrow Ca^{2+} + 2e^- \qquad O + 2e^- \rightarrow O^{2-}$$
$$Al \rightarrow Al^{3+} + 3e^- \qquad N + 3e^- \rightarrow N^{3-}$$

NH_4^+(암모늄 이온), CO_3^{2-}(탄산 이온)과 같이 여러 원자가 결합된 원자단이 그 자체에서 전자를 잃거나 얻는 과정에서 만들어지는 이온인 **다원자 이온(polyatomic ion)**도 얼마든지 존재한다. 즉, 단일 원자뿐만 아니라 원자단도 양전하를 띠는 양이온과 음전하를 띠는 음이온으로 구분할 수 있다(표 4.5).

이온 반지름의 변화

일반적으로 중성 원자에 비해서 **양이온의 반지름은 작고, 반대로 음이온의 반지름은 크다.** 원자핵에 들어있는 양극을 띠고 있는 양성자의 개수보다 음극을 띠고 있는 전자의 개수가 적은 양이온의 경우는 전자 하나당 느끼는 유효 핵전하가 증가한다. 즉, 원자핵은 전자를 잃고 난 다음에 줄어든 수의 남은 전자를 더 강하게 끌어당기기 때문에 핵과 전자와의 거리가 가까워진다. 중성 원자에 비하여 **상대적으로 강한 인력**으로 전자가 핵 방향으로 강하게 당겨지고 그만큼 양이온이 될 때 반지름이 **감소**한다.

반면에 원자핵에 들어있는 양극을 띠고 있는 양성자의 개수보다 음극을 띠고 있는 전자의 개수가 많은 음이온의 경우는 전자 하나당 느끼는 유효 핵전하가 감소한다. 즉, 원자핵은 전자를 얻고 난 다음에 늘어난 수의 전자들 각각을 상대적으로 약하게 끌어당기기 때문에 핵과 전자와의 거리가 멀어진다. 결국 중성 원자에 비하여 **상대적으로 약한 인력**으로 전자가 핵 방향으로 약하게 당겨지고 그만큼 음이온이 될 때 반지름이 **증가**한다.

예를 들어, 중성 이온에서 이온으로 될 때 Na^+의 반지름은 25 % 정도 감소하는데, F^-는 68 %나 증가한다. 그 외에 주족 중성 원자에 비해 이온의 반지름이 감소하거나 증가하는 경향을 그림 4.6에 나타내었다.

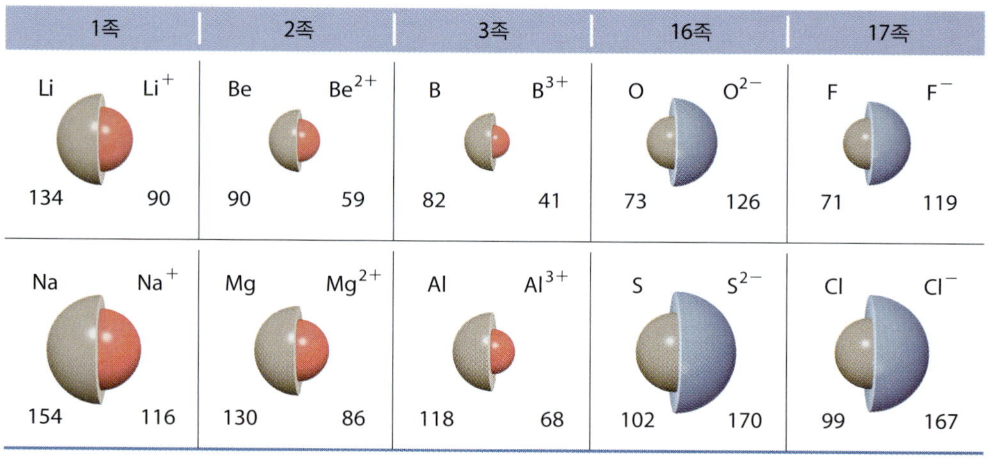

그림 4.6 이온 반지름(pm)의 변화

주족 원소가 이온이 되는 규칙

소듐(Na)과 포타슘(K)은 무조건 +1가 양이온만 되고, 플루오린(F)은 −1가 음이온만 된다. 이들이 +2 혹은 +3가나 −2 혹은 −3가와 같이 다른 전하를 띠는 이온은 좀처럼 되지 않는다. 이처럼 주족 원소의 이온을 확인을 해보면, 같은 족의 원소들은 이온 전하수가 거의 비슷한 **규칙성**이 있다. 1족 금속 양이온의 경우 +1가 양이온이 되려는 경향이 강하고, 2족 금속 양이온은 예외 없이 2+가 양이온이 되려고 한다. 17족의 비금속 원소는 −1가 음이온이, 16족의 비금속 원소는 −2가 음이온이 되려고 한다. 심지어 18족 원소는 아예 이온이 되려고 하지 않는다(그림 4.7).

이런 현상도 일종의 주기성에 해당한다. 일반적으로 주족 원소의 전자 배치가 에너지 상으로 가장 안정한 경우는 최외각 오비탈의 전자가 모두 짝전자를 이루고 있는 때이다. 따라서, 원자가 첫 번째 껍질만 가져야 하는 경우라면 $1s^2$의 전자 배치가 가장 안

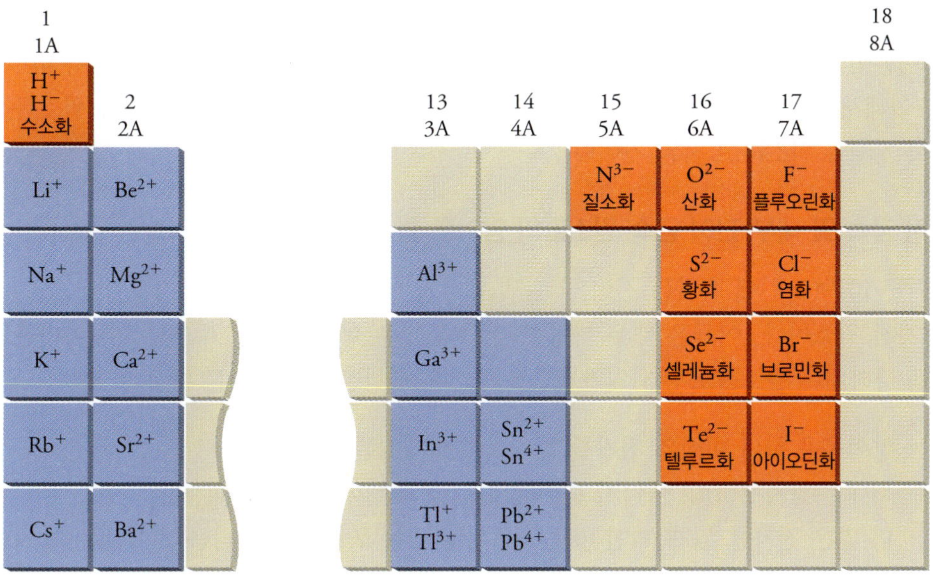

그림 4.7 주기율과 주요한 양이온과 음이온

정한 전자 배치 상태이다. 그리고 원자가 그 외의 최외각 껍질 n을 가지고 있는 경우라면 ns^2np^6의 전자 배치가 가장 안정한 전자 배치 상태이다. 따라서 중성 원자들은 이온이 될 때 가장 안정한 전자 배치 상태가 되려고 한다. 여러 주족 원소가 이온으로 변했을 때의 전자 배치를 보면 이 사실을 보다 확실하게 이해할 수 있다.

$$\text{Li} \quad 1s^2 2s^1 \rightarrow \text{Li}^+ \quad 1s^2 = [\text{He}]$$
$$\text{Be} \quad 1s^2 2s^2 \rightarrow \text{Be}^{2+} \quad 1s^2 = [\text{He}]$$

$$\text{Na} \quad 1s^2 2s^2 2p^6 3s^1 \rightarrow \text{Na}^+ \quad 1s^2 2s^2 2p^6 = [\text{Ne}]$$
$$\text{Mg} \quad 1s^2 2s^2 2p^6 3s^2 \rightarrow \text{Mg}^{2+} \quad 1s^2 2s^2 2p^6 = [\text{Ne}]$$
$$\text{Al} \quad 1s^2 2s^2 2p^6 3s^2 3p^1 \rightarrow \text{Al}^{3+} \quad 1s^2 2s^2 2p^6 = [\text{Ne}]$$

$$\text{K} \quad 1s^2 2s^2 2p^6 3s^2 3p^6 4s^1 \rightarrow \text{K}^+ \quad 1s^2 2s^2 2p^6 3s^2 3p^6 = [\text{Ar}]$$
$$\text{Ca} \quad 1s^2 2s^2 2p^6 3s^2 3p^6 4s^2 \rightarrow \text{Ca}^{2+} \quad 1s^2 2s^2 2p^6 3s^2 3p^6 = [\text{Ar}]$$

$$\text{F} \quad 1s^2 2s^2 2p^5 \rightarrow \text{F}^- \quad 1s^2 2s^2 2p^6 = [\text{Ne}]$$
$$\text{Cl} \quad 1s^2 2s^2 2p^6 3s^2 3p^5 \rightarrow \text{Cl}^- \quad 1s^2 2s^2 2p^6 3s^2 3p^6 = [\text{Ar}]$$
$$\text{Br} \quad 1s^2 2s^2 2p^6 3s^2 3p^6 4s^2 3d^{10} 4p^5 \rightarrow \text{Br}^- \quad 1s^2 2s^2 2p^6 3s^2 3p^6 4s^2 3d^{10} 4p^6 = [\text{Kr}]$$

$$\text{O} \quad 1s^2 2s^2 2p^4 \rightarrow \text{O}^{2-} \quad 1s^2 2s^2 2p^6 = [\text{Ne}]$$
$$\text{S} \quad 1s^2 2s^2 2p^6 3s^2 3p^4 \rightarrow \text{S}^{2-} \quad 1s^2 2s^2 2p^6 3s^2 3p^6 = [\text{Ar}]$$
$$\text{N} \quad 1s^2 2s^2 2p^3 \rightarrow \text{N}^{3-} \quad 1s^2 2s^2 2p^6 = [\text{Ne}]$$

이를 통해서 알 수 있듯이 주족 원소의 이온은 원자 번호상 **가장 근접한 18족 원소(비활성 기체족 원소)의 전자 배치**와 같아지려는 방향으로 전자를 잃거나 얻으면서 전자 배치를 형성한다.

헬륨(He)의 전자 배치가 첫 번째 껍질의 모든 오비탈이 완전히 채워지는 $1s^2$로서 가장 안정한 상태의 전자 배치이고, 나머지 18족 원소인 네온, 아르곤, 크립톤, 제논, 라돈 모두 최외각의 오비탈이 ns^2np^6인 형태로 이들 또한 모든 오비탈에 짝전자가 채워져 있는 매우 안정한 상태인 셈이다. 그리하여 비활성 기체는 좀처럼 전자를 잃거나 얻어서 이온이 되려 하지 않고 중성으로 존재하려고 하는 성질이 강하다. 전자의 득실이 없는, 그래서 반응성이 거의 없는 이른바 비활성의 성질이 강하다고 하여 18족 원소를 비활성 기체족 원소라고 하는 것이다.

전이 금속 및 내부 전이 금속 원소들의 양이온 형성

3족~12족(B족)에 속하는 전이 금속 및 내부 전이 금속 원소는 d 오비탈이나 f 오비탈을 가진 원소이다. 이들은 매우 다양한 전하의 이온 형태를 가질 수 있으며, 이러한 특징을 나타내는 원소들로부터 일반적으로 양이온이 형성되는 규칙은 다음과 같다.

- 양이온은 하나 이상의 전자를 잃음으로써 생성된다.
- 최대 주양자수(n)의 에너지 준위에 있는 전자를 가장 먼저 잃는다.
- 더 많은 전자를 잃게 되면 $(n-1)$ 준위에 있는 d 전자들을 다음 번에 잃는다. (단, d 전자가 있을 때)
- 더 많은 전자를 잃게 되면 $(n-2)$ 준위의 f 전자들이 뒤따르게 된다.
  (전자를 잃는 순서는 처음에는 ns, 두 번째는 $(n-1)d$, 세 번째는 $(n-2)f$이다.)

이와 같은 변칙적인 규칙 때문에 전이 금속 원소들은 같은 원소라 할지라도 Fe^{2+}/Fe^{3+} 혹은 Pb^{2+}/Pb^{4+}처럼 상황에 따라서 여러 종류의 전하를 띠는 양이온이 가능하다.

예제 4.1

다음 각 경우에서 원소 및 이온의 반지름 크기를 비교하시오.
(a) Na^+, Li^+
(b) N^-, N, O^{2-}
(c) Ba^{2+}, Te^{2-}

풀이

(a) $Na^+ > Li^+$
2주기 원소(Li)와 3주기 원소(Na)는 양이온이 되더라도 기본적으로 전자 껍질의 수 차이가 분명하므로 껍질 수가 많은 이온이 더 반지름이 크다.

(b) $N < O^{2-} < N^{3-}$
- $O^{2-} < N^{3-}$: 산소의 핵전하(Z, 양성자)는 +8, 질소의 핵전하는 +7인데, 두 입자의 전자 개수(e^-)는 10개로 같다. 같은 수의 전자를 더 큰 핵전하로 붙잡고 있는 입자의 반지름이 더 작다.
- $N < O^{2-}$: 질소의 핵전하는 +7이면서 전자는 7개(전하 하나당 핵전하 +1), 산소 음이온의 핵전하는 +8이면서 전자는 10개(전자 1개당 핵전하 +0.8)이다. 같은 2주기 원소로서 껍질의 수가 동일하기 때문에 상대적인 핵전하가 적은 이온의 반지름이 더 크다.
  (실제 반지름: N 70 pm, O^{2-} 126 pm, N^{3-} 171 pm)

(c) $Ba^{2+} < Te^{2-}$
테크네튬 이온의 핵전하는 +52, 바륨 이온의 핵전하는 +56인데 전자의 수는 54개로 같다. 두 이온의 전자 수가 동일한 상황에서는 핵전하가 더 큰 쪽이 반지름이 더 작다.

응용문제 4.1

다음 이온들의 반지름 크기를 비교하시오.

Be^{2+}, Mg^{2+}, Ca^{2+}, Sr^{2+}

4.2 예제

중성 원자 인(P)과 황(S)의 반지름을 비교하면 황이 인보다 더 크다. 하지만 이온화 에너지는 각각 1,060 kJ/mol, 1,005 kJ/mol로 인에서 더 크다. 이유를 설명하시오.

정답

P $1s^2 2s^2 2p^6 3s^2 3p^3$ → P^+ $1s^2 2s^2 2p^6 3s^2 3p^2$
S $1s^2 2s^2 2p^6 3s^2 3p^4$ → S^+ $1s^2 2s^2 2p^6 3s^2 3p^3$

황의 $3p$ 오비탈에 들어 있는 4개의 전자 중 하나가 제거되어 황 +1가 이온이 되면 p^3가 되어 더욱 안정한 전자 배치가 되기 때문에 적은 양의 이온화 에너지가 필요하다. 반면에 인의 $3p$ 오비탈에 들어 있는 3개의 전자 중 하나가 제거되어 인 +1가 이온이 되면 $3p$ 오비탈에 2개의 전자가 들어가게 된다. 이 배치는 오히려 불안정한 전자 배치가 되어 예상보다 더 큰 이온화 에너지가 필요하다.

응용문제 4.2

다음과 같은 전자 배치를 갖는 원소가 있다고 가정하자. 1차 이온화 에너지가 작은 것에서부터 큰 순으로 배열하시오.

원소 A $1s^2 2s^2 2p^6$
원소 B $1s^2 2s^2 2p^6 3s^1$
원소 C $1s^2 2s^2 2p^6 3s^2$

4.3 이성분 화합물의 화학식 표기와 명명법

화학식(formula)이란 **화합물, 이온, 분자들을 나타내는 원소 기호들의 조합**으로, 복합물이나 이온에 포함된 원소들의 상대적인 양과 원자들 사이의 결합 상태를 나타낸다. 이 세상에 존재하는 화합물의 종류는 너무나도 많아서 일일이 고유명사로 부르기는 어렵다. 따라서 화학식의 이름을 부르는 방법은 규칙적이고 체계적인 명명법을 따라야 한다. 화합물을 고유명사로 부르는 이름을 **일반명(common name)** 혹은 관용명이라고 하며, 화합물을 일정 규칙에 따라서 부르는 이름을 **체계명(systemic name)**이라고 한다. 체계명은 기본적으로 영문 명명법과 국문 명명법이 있는데, 여기서는 화합물의 국문 명명법에 대하여 설명하도록 하겠다.

이온 결합 화합물의 명명법

이온 결합 화합물은 양이온과 음이온이 만나서 결합한 화합물을 말한다. 수소 이온(H^+)과 암모늄(NH_4^+) 양이온을 제외하고는 거의 모든 양이온은 금속 원소가 전자를 잃어서 된 입자이다. 거의 모든 음이온은 예외 없이 비금속 원소가 전자를 얻어서 된 입자이다. 이러한 양이온과 음이온이 결합하여 형성되는 이온 결합 화합물은 다음과 같은 규칙을 따라서 화합물의 이름을 붙인다.

가. 화학식을 보았을 때 음이온의 이름을 먼저 부르고 이어서 양이온의 이름을 부른다. 이때, 단원자 음이온의 이름에는 끝에 '~화'를 붙인다(표 4.4). 다만 산소, 염소의 경우에만 각각 산화, 염화로 표기한다. 양이온은 원소의 이름을 그대로 부른다.

Na^{+}	+	Cl^{-}	→	NaCl
(양이온)		(음이온)		(화합물)
소듐		~~염소~~ 염화		염화 소듐

Ca^{2+}	+	O^{2-}	→	NaCl
(양이온)		(음이온)		(화합물)
칼슘		~~산소~~ 산화		산화 칼슘

Al^{3+}	+	N^{3-}	→	AlN
(양이온)		(음이온)		(화합물)
알루미늄		질소(×) 질소화(○)		질소화 알루미늄

NH_4^{+}	+	F^{-}	→	NH_4F
(양이온)		(음이온)		(화합물)
암모늄		플루오린(×) 플루오린화(○)		플루오린화 암모늄

표 4.4 주요 단원자 양이온과 음이온의 이름

양이온	이름	양이온	이름
H^{+}	수소	H^{-}	수소화
Li^{+}	리튬	F^{-}	플루오린화
Na^{+}	소듐	Cl^{-}	염화
K^{+}	포타슘	Br^{-}	브로민화
Cs^{+}	세슘	I^{-}	아이오딘화
Be^{2+}	베릴륨	O^{2-}	산화
Mg^{2+}	마그네슘	S^{2-}	황화
Ca^{2+}	칼슘	N^{3-}	질소화(질화)
Ba^{2+}	바륨	P^{3-}	인화
Al^{2+}	알루미늄		
Ag^{+}	은		

나. 원소의 개수는 이름에 언급하지 않는다. 즉, 이온 결합 화합물에서는 화학식에 동일한 이온이 여러 개 있더라도 그 개수를 나타내는 숫자를 이름에 넣지 않는다. 화합물의 이름에서 양이온과 음이온을 종류를 확인하고, 전하의 균형이 이루어지도록 화학식을 맞춰서 적는 것을 수 있기 때문이다. 그러려면 그림 4.8과 같이 각 양이온과 음이온의 전하수를 어느 정도는 익숙하게 파악하고 있어야 한다.

$3Li^{+}$	+	N^{3-}	→	Li_3N
리튬		~~질소~~ 질소화		질소화 알루미늄(○) 일질소화 삼알루미늄(×)

Ca^{2+}	+	$2Cl^{-}$	→	$CaCl_2$
칼슘		염~~소~~		염화 칼슘(○)
		염화		이염화 칼슘(×)

$2Al^{3+}$	+	$3O^{2-}$	→	Al_2O_3
알루미늄		산~~소~~		산화 알루미늄(○)
		산화		삼산화 이알루미늄(×)

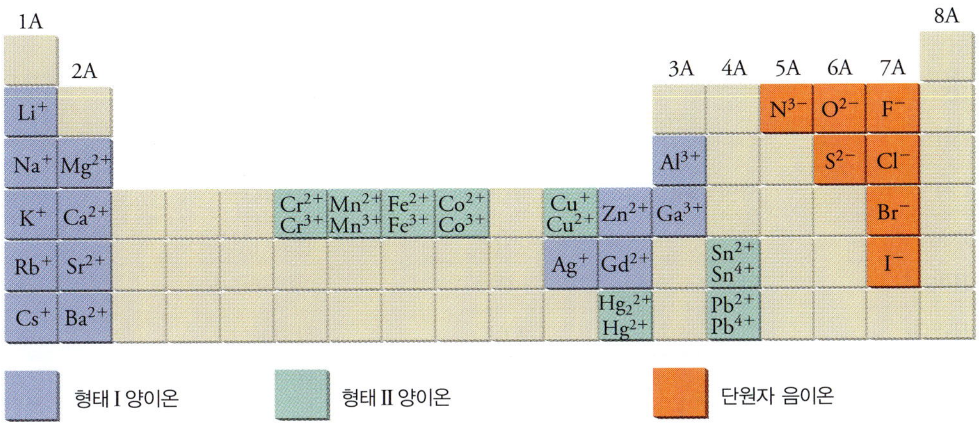

그림 4.8 일반적인 양이온과 음이온들

다. 만약 음이온이 다원자 음이온이라면, '~화'를 붙이지 않고 이름을 그대로 사용한다. 이온 결합 화합물에서 빈번히 등장하는 다원자 음이온은 표 4.5에서 확인할 수 있다. 다원자 이온의 이름과 전하수를 모두 잘 익혀두고 있어야 정확한 체계명을 지을 수 있다.

Li^{+}	+	NO_3^{-}	→	$LiNO_3$
(양이온)		(다원자 음이온)		
리튬		질산~~화~~		질산 리튬 (○)
		질산		질산화 리튬 (×)

Ca^{2+}	+	$2ClO_4^{-}$	→	$Ca(ClO_4)_2$
(양이온)		(다원자 음이온)		
칼슘		과염소산~~화~~		과염소산 칼슘 (○)
		과염소산		과염소산화 칼슘 (×)

$2Al^{3+}$	+	$3CO_3^{2-}$	→	$Al_2(CO_3)_3$
(양이온)		(다원자 음이온)		
알루미늄		탄산~~화~~		탄산 알루미늄 (○)
		탄산		탄산화 알루미늄 (×)

Na^{+}	+	OH^{-}	→	$NaOH$
(양이온)		(다원자 음이온)		
소듐		수산화~~화~~		수산화 소듐 (O)
		수산화		수산화화 소듐 (×), 수산 소듐 (×)

Be^{2+}	+	$2CN^{-}$	→	$Be(CN)_2$
(양이온)		(다원자 음이온)		
베릴륨		사이안화~~화~~		사이안화 베릴륨 (○)
		사이안화		사이안화화 베릴륨 (×), 사이안 베릴륨 (×)

표 4.5 일반적인 다원자 이온과 이름

이온	이름	이온	이름
Hg_2^{2+}	수은(I)	NCS^- 또는 SCN^-	싸이오사이안화
NH_4^+	암모늄	CO_3^{2-}	탄산
NO_2^-	아질산	HCO_3^-	탄산수소(또는 중탄산이 관용명으로 널리 사용되고 있음)
NO_3^-	질산		
SO_3^{2-}	아황산	ClO^- 또는 OCl^-	하이포염소산(차아염소산)
SO_4^{2-}	황산	ClO_2^-	아염소산
HSO_4^-	황산수소	ClO_3^-	염소산
OH^-	수산화	ClO_4^-	과염소산
CN^-	사이안화	$C_2H_3O_2^-$	아세트산
PO_4^{3-}	인산	MnO_4^-	과망가니즈산
HPO_4^{2-}	인산수소	$Cr_2O_7^{2-}$	다이크로뮴산
$H_2PO_4^-$	인산이수소	CrO_4^{2-}	크로뮴산
		O_2^{2-}	과산화
		$C_2O_4^{2-}$	옥살산
		$S_2O_3^{2-}$	싸이오황산

라. 만약, 양이온이 여러 종류의 전하를 가지는 전이 금속이라면 양이온 이름 뒤에 '(로마숫자)'로 양이온의 전하수를 나타낸다. 이 규칙은 모든 전이 금속 양이온에 해당하는 것이 아니라 표 4.6과 그림 4.8에서 알 수 있듯이 하나의 원소임에도 두 종류 이상의 양이온이 존재하는 금속에만 적용된다. 예를 들어, 구리 이온은 +1가와 +2가 두 종류가 있기 때문에 Cu^+는 '구리(I)'로, Cu^{2+}는 '구리(II)'로 써야 한다. 하지만, 은(Ag)은 양이온이 Ag^+로 한 종류만 있기 때문에 '은(I)'이 아닌 '은'으로 불러야 한다.

$$Fe^{2+} + 2Cl^- \rightarrow FeCl_2$$
철(II) 이온 → 염화 철(II)

$$Fe^{3+} + 3Cl^- \rightarrow FeCl_3$$
철(III) 이온 → 염화 철(III)

$$2Cu^+ + CO_3^{2-} \rightarrow Cu_2CO_3$$
구리(I) 이온 → 탄산 구리(I)

$$Cu^{2+} + CO_3^{2-} \rightarrow CuCO_3$$
구리(II) 이온 → 탄산 구리(II)

$$2Ag^+ + CO_3^{2-} \rightarrow Ag_2CO_3$$
은 이온 → 탄산 은 (○)
탄산 은(I) (×)

1	2	3	4	5
I	II	III	IV	V

6	7	8	9	10
VI	VII	VIII	IX	X

로마 숫자는 양이온 이름의 일부이다.

표 4.6 주요 양이온 이름

양이온	이름	양이온	이름
H^+	수소 이온(hydrogen ion)	Hg_2^{2+}	수은(I) 이온(mercury(I) ion)
Li^+	리튬 이온(lithium ion)	Hg^{2+}	수은(II) 이온(mercury(II) ion)
Na^+	소듐 이온(sodium ion)	Cr^{2+}	크로뮴(II) 이온(chromium(II) ion)
K^+	포타슘 이온(potassium ion)	Cr^{3+}	크로뮴(III) 이온(chromium(III) ion)
Rb^+	루비듐 이온(rubidium ion)	Mn^{2+}	망가니즈(II) 이온(manganese(II) ion)
Cs^+	세슘 이온(cesium ion)	Fe^{2+}	철(II) 이온(iron(II) ion)
Fr^+	프란슘 이온(francium ion)	Fe^{3+}	철(III) 이온(iron(III) ion)
Cu^+	구리(I) 이온(copper(I) ion)	Co^{2+}	코발트(II) 이온(cobalt(II) ion)
Cu^{2+}	구리(II) 이온(copper(II) ion)	Co^{3+}	코발트(III) 이온(cobalt(III) ion)
NH_4^+	암모늄 이온(ammonium ion)	Pd^{2+}	팔라듐(II) 이온(palladium(II) ion)
Mg^{2+}	마그네슘 이온(magnesium ion)	Pt^{2+}	백금(II) 이온(platinum(II) ion)
Ca^{2+}	칼슘 이온(calcium ion)	Al^{3+}	알루미늄 이온(aluminium ion)
Sr^{2+}	스트론튬 이온(strontium ion)	Sn^{2+}	주석(II) 이온(tin(II) ion)
Ba^{2+}	바륨 이온(barium ion)	Pb^{2+}	납(II) 이온(lead(II) ion)

4.3 예제

다음 화합물의 이름을 적으시오.

(a) Na_2O

(b) $Ca_3(PO_4)_2$

(c) SnO_2

(d) Co_2S_3

풀이

(a) 산화 소듐

Na_2O는 일원자 소듐 양이온과 산소 음이온으로 구성되어 있고 각 이온의 전하는 주기율표에서 예상할 수 있다. 비금속 이름의 어미에 '~화'를 붙여 먼저 부른 다음, 금속 이온의 이름을 붙인다.

(b) 인산 칼슘

$Ca_3(PO_4)_2$는 일원자 칼슘 양이온과 인산 다원자 음이온으로 구성되어 있다. 따라서 음이온의 이름 끝은 '~화'로 바꿀 필요 없이 다원자 이온 이름을 그대로 써서 음이온 이름 먼저 부르고 이어서 양이온 이름을 부르면 된다.

(c) 산화 주석(IV)

주석 양이온은 +2가와 +4가가 될 수 있는 이온이며, 여기에 −2가 전하를 띤 산소 이온이 두 개 결합되어 있으므로, 주석은 +4가 양이온임을 알 수 있다.

(d) 황화 코발트(III)

코발트 양이온은 +2가와 +3가 모두 가능한 이온이며, 코발트 이온 2개가 −2가인 황이온 3개와 결합하고 있으므로 전하의 균형을 생각해 본다면 코발트는 +3가 양이온이다.

응용문제 4.3

다음 화합물의 화학식을 적으시오

(a) 플루오린화 알루미늄

(b) 셀레늄화 칼슘

(c) 인산 구리(I)

(d) 황산 철(III)

Deep Insight

이온 음료는 전해질 수용액

ⓒSaid21 Photography / Shutterstock.com

이온 음료는 현대인의 건강 관리에 필수적인 음료로, 운동 중과 후의 수분 및 전해질 균형 유지에 핵심적인 역할을 한다. 나트륨(소듐), 칼륨(포타슘), 염화물, 당류로 구성된 이온 음료는 신체의 생리학적 기능을 최적화하고 빠른 에너지 공급을 돕는다. 특히 격렬한 운동, 고온 환경, 장시간 신체 활동 시 탈수와 전해질 불균형을 예방하는 데 효과적이다. 이온 음료의 다음과 같은 핵심 성분들은 인체의 생리학적 기능을 최적화하는 중요한 역할을 한다.

나트륨은 체내 수분 균형 조절의 핵심 전해질로, 세포 내외 수분 교환을 조절하고 근육과 신경 기능을 지원한다. 특히 심한 운동이나 발한 시 손실되는 나트륨을 신속하게 보충해 탈수를 예방한다. 칼륨은 근육 수축과 신경 신호 전달에 필수적인 미네랄이다. 심장 박동의 규칙성 유지와 근육 경련 방지에 중요한 역할을 한다. 염화물은 위산 생성을 돕고 체내 산-염기 균형을 유지하는 데 기여한다.

칼륨은 인체의 세포 내 가장 풍부한 양이온으로, 생명 유지에 필수적인 전해질이다. 세포막을 통한 이온 이동을 조절하여 신경 신호 전달과 근육 수축의 핵심 메커니즘을 담당한다. 특히 심장 근육에서 칼륨은 전기적 자극 전달과 리듬 유지에 결정적인 역할을 수행하여 부정맥 예방에 중요하다. 또한 골격근에서 칼륨은 근육 피로를 감소시키고 수축-이완 과정을 원활하게 하여 운동 성능과 회복을 향상시킨다. 체내 칼륨 농도의 균형은 신경계 기능, 근육 활동, 심혈관 건강에 직접적인 영향을 미치므로 적절한 섭취가 매우 중요하다.

염화물은 인체의 중요한 전해질로, 다양한 생리학적 기능을 수행한다. 위산의 주요 구성 성분인 염화물은 소화 과정에서 핵심적인 역할을 담당한다. 위산의 주요 성분인 염산(HCl)을 형성하여 단백질 소화를 촉진하고, 유해 미생물로부터 소화관을 보호하다. 또한 체내 산-염기 균형 유지에 필수적으로, 세포의 적절한 pH 조절을 돕는다. 신경 신호 전달과 근육 기능을 지원하며, 체액의 삼투압 조절에도 중요한 역할을 수행한다. 이온 음료를 통해 적절히 보충된 염화물은 운동 중 전해질 균형을 유지하고 신체의 정상적인 생리 기능을 지원한다.

공유 결합 화합물(분자)의 명명법

공유 결합 화합물은 양이온과 음이온 간의 결합이 아닌 비금속 원소끼리 결합한 화합물이다. 이온 결합 화합물의 명명법과는 다르게 공유 결합 화합물은 다음 규칙에 따라서 명명한다.

가. 화학식에서 뒷 원소 이름을 먼저 부르고 이어서 앞 원소의 이름을 부른다. 단, 뒷 원소의 이름의 끝에 '~화'를 붙이며(산소와 염소에 대해서는 산화, 염화를 사용한다), 결합된 원소의 개수는 이름에 반드시 언급한다. 보통 원소 이름 앞에 접두사처럼 숫자를 붙인다. 주의할 점은, 화학식에서 가장 먼저 등장하는 원소가 1개라면 '일'을 생략하고 그 이후에 오는 원소 1개일 경우에는 '일'을 생략하지 않는다.

C	+	O	→	CO
(비금속 원소)		(비금속 원소)		
탄소		산~~소~~		일산화 탄소 (○)
		산화		일산화 일탄소 (×)

C	+	2O	→	CO_2
(비금속 원소)		(비금속 원소)		
탄소		산~~소~~		이산화 탄소 (○)
		산화		이산화 일탄소 (×)

간혹, 약학이나 도금학, 무기화학(염료, 안료) 분야에서는 '일, 이, 삼, 사...'가 아닌 '모노, 디, 트리, 테트라...'라는 표현의 영어식 접두사를 일부 혼용하여 쓰기도 한다.

대한화학회에서는 원소의 이름이 한글명(염소, 산소 등)일 경우 한글 접두사(일, 이, 삼, 사...)를, 원소의 이름이 영어(브로민, 플루오린 등)일 경우 영문 접두사(모노, 다이, 트라이, 테트라...)를 붙이도록 권장하고 있다.

1	2	3	4	5	6	7	8
모노 mono	디(다이) di	트리(트라이) tri	테트라 tetra	펜타 penta	헥사 hexa	헵타 hepta	옥타 octa

SF_6	육플루오린화 황	헥사플루오린화 황 (hexa)
PCl_5	오염화 인	펜타염화 인 (penta)
IF	일플루오린화 아이오딘	모노플루오린화 아이오딘 (mono)
$AsBr_3$	삼브로민화 비소	트라이브로민화 비소 (tri)

나. 만약, 더 짧은 이름의 일반명이 존재한다면 체계명보다는 일반명(관용명)으로 이름을 부른다. 일반명은 체계명이 등장하기 전부터 이미 일상적으로 익숙하게 사용하던 고유 이름이다. 오히려 체계명으로 부를 경우 이름이 길어지기 때문에 익숙한 일반명으로 부른다. 표 4.7에 몇 가지 공유 결합 화합물의 일반명을 추가로 정리해 두었다.

H_2O	산화 이수소 (×) (체계명)	물 (○) (일반명)
H_2O_2	이산화 이수소 (×) (체계명)	과산화 수소 (○) (일반명)
NH_3	삼수소화 질소 (×) (체계명)	암모니아 (○) (일반명)

표 4.7 다원자 이온의 이름

화학식	일반명	화학식	일반명
H_2O	물(water)	AsH_3	아르신(arsine)
NH_3	암모니아(ammonia)	SbH_3	스티빈(stibine)
PH_3	포스핀(phosphine)	BiH_3	비스무틴(bismuthine)

다. 준금속과 비금속 사이의 이성분계 화합물은 이온 결합 및 공유 결합의 두 가지 명명이 모두 가능하며 어느 것을 써도 무방하다.

$2B^{(+3)}$	+	$3O^{(2-)}$	→	B_2O_3	
(준금속 원소)		(비금속 원소)			
붕소		산화		삼산화 이붕소 (○)	산화 붕소 (○)
				(공유 결합 화합물)	(이온 결합 화합물)
$Sb^{(+5)}$	+	$5Cl^{(-)}$	→	$SbCl_5$	
(준금속 원소)		(비금속 원소)			
안티모니		염화		오염화 안티모니 (○)	염화 안티모니(V) (○)
				(공유 결합 화합물)	(이온 결합 화합물)

예제 4.4

다음 화합물의 체계명을 적으시오.

(a) P_4O_{10}

(b) NO_2

(c) N_2O

(d) SO_3

정답

(a) 십산화 사인

(b) 이산화 질소

(c) 일산화 이질소

(d) 삼산화 황

응용문제 4.4

다음 화합물의 화학식을 적으시오.

(a) 브로민화 수소

(b) 아이오딘화 수소

(c) 탄소화 규소

(d) 테트라플루오린화 황

4.4 기타 화합물들의 명명법

삼성분 이상의 화합물의 명명법

지금까지 설명한 이성분 화합물들 외에도 세 가지 이상의 원소로 형성되는 화합물들이 많다. 이 경우에는 종종 하나 이상의 다원자 이온이 포함된 경우이다. 화학식에서 다원자 이온이 확인된다면, 이들을 명명하는 것은 이미 앞서 설명한 방법을 따라서 적용하면 된다. 즉, 이온의 종류를 우선 확인하고 주어진 순서에 따라 음이온 먼저, 양이온은 나중에(화학식의 뒤에서 앞으로) 명명한다. 표 4.8을 참고하라.

표 4.8 삼성분 이상의 화합물의 체계명

화학식	이름	화학식	이름
$NaHCO_3$	탄산수소 소듐	NH_4HS	황화수소 암모늄
NaHS	황화수소 소듐	NaH_2PO_4	인산이수소 소듐
$MgNH_4PO_4$	인산 암모늄 마그네슘	Na_2HPO_4	인산수소 소듐
$NaKSO_4$	황산 포타슘 소듐	KHC_2O_4	옥살산수소 포타슘
$KHSO_4$	황산수소 포타슘	$KAl(SO_4)_2$	황산 알루미늄 포타슘
$Ca(HSO_3)_2$	아황산수소 칼슘	$Al(HCO_3)_3$	탄산수소 알루미늄

산의 명명법

– 수소산(혹은 비산소산)의 명명법

어떤 이성분 수소(H) 화합물들은 물에 용해되면 **산(acid)**의 성질을 갖는 용액이 된다. 이 성질 때문에 이 화합물들은 두 개의 이름을 가질 수가 있는데, 하나는 순수한 해당 **분자 자체의 체계명**과 나머지 하나는 **수용액일 때의 산의 이름**을 갖는다. 예를 들면, 기체 상태(g)로 존재하는 순수 HCl 분자는 공유 결합 화합물의 이름과 같이 '염화 수소'라고 부른다. 하지만, 물에 용해된 수용액 상태(aq)라면 염화수소**산**(염**산**)으로 바꿔 부른다. 즉, 수용액의 수소산의 경우만 이름 끝을 '~산'으로 끝나도록 이름을 짓는다.

이성분 산은 수소와 또 다른 비금속 원소로 구성된다. 그러나 이성분 수소 화합물들이 모두 산은 아니다. 이성분 산의 화학식은 수소의 기호를 먼저 쓰고 이어서 두 번째 원소의 기호를 쓰는 것이 관례이다(예: HCl, HBr, H_2S). CH_4나 NH_3와 같은 화학식을 보면, 이 화합물들은 일반적으로 산이 아님을 알 수 있다.

	순수 분자 자체	수용액 상태
HF	플루오린화 수소	플루오린화수소산(혹은 불산)
HCl	염화 수소	염화수소산(혹은 염산)
HBr	브로민화 수소	브로민화수소산
HI	아이오딘화 수소	아이오딘화수소산
HCN	사이안화 수소	사이안화수소산
H_2S	황화 수소	황화수소산
H_2Se	셀레늄화 수소	셀레늄화수소산

– 산소산의 명명법

수소(H), 산소(O)와 또 다른 한 원소를 포함하는 무기 화합물을 **산소산(oxy-acid)**이라고 부른다. 화합물의 화학식에서 수소(H)가 첫 번째 원소이고, 그 수소에 바로 이어지는 다원자 이온(음이온)에 산소(O)를 포함하고 있다면 그 화합물은 산소산이다. 산소산은 다음 두 가지 규칙에 따라 체계명을 결정한다.

- 기본적으로 접미사 '~산'으로 끝마친다. 산소산에서 수소 원자의 이름은 산 이름에서 특별히 적지 않는다. 화합물에서 수소의 존재는 물질의 이름에서 산(acid)이

라는 글자를 사용함으로써 나타낸다. 산의 특별한 형태를 결정하기 위하여 수소 이온 뒤의 다원자 이온의 종류와 이름을 정확히 파악해야 한다. 표 4.9에서 알 수 있듯이 다원자 이온의 이름 자체가 '~산 이온' 일 때, 이 다원자 이온을 포함하는 산소산의 이름은 단순하게 다원자 이온의 이름을 그대로 사용한 '~산'으로 끝마친다.

표 4.9 산소산의 이름과 산소산에 포함된 다원자 음이온

산	음이온	산	음이온	산	음이온
H_2SO_4 황산	SO_4^{2-} 황산 이온	H_2CO_3 탄산	CO_3^{2-} 탄산 이온	HIO_3 아이오딘산	IO_3^- 아이오딘산 이온
H_2SO_3 아황산	SO_3^{2-} 아황산 이온	H_3BO_3 붕산	BO_3^{3-} 붕산 이온	$HC_2H_3O_2$ 아세트산	$C_2H_3O_2^-$ 아세트산 이온
HNO_3 질산	NO_3^- 질산 이온	H_3PO_4 인산	PO_4^{3-} 인산 이온	$H_2C_2O_4$ 옥살산	$C_2O_4^{2-}$ 옥살산 이온
HNO_2 아질산	NO_2^- 아질산 이온	H_3PO_3 아인산	PO_3^{3-} 아인산 이온	$HBrO_3$ 브로민산	BrO_3^- 브로민산 이온

'하이포~' 접두사와 '하이포아(치아)~' 접두사는 학계 및 산업계에서 두루 혼용되고 있다.

- 산소의 개수가 다양하게 변하는 **다중 산소산**의 이름은 산소의 개수의 증감을 고려하여 '과~산' 혹은 '~산' 혹은 '아~산' 혹은 '하이포(아)~산' 등으로 구별하여 명명한다. 염소(Cl)의 다중 산소산의 체계명 예시(표 4.10)를 참조하여, 그 규칙성을 익히도록 한다. 이러한 규칙은 브로민(Br), 아이오딘(I)의 다중 산소산에서도 동일하게 적용된다(예: HBrO, $HBrO_2$, $HBrO_3$, $HBrO_4$, HIO, HIO_2, HIO_3, HIO_4).

표 4.10 염소의 다중 산소산의 체계명

산	음이온	체계명	산의 이름
HClO	ClO^-	하이포염소산 이온	하이포염소산
$HClO_2$	ClO_2^-	아염소산 이온	아염소산
$HClO_3$	ClO_3^-	염소산 이온	염소산
$HClO_4$	ClO_4^-	과염소산 이온	과염소산

수화물의 명명법

종종 이온 결합 화합물은 수화물의 형태로 존재하기도 한다. **수화물(hydrate)**은 **특정 개수의 물 분자가 결합되어 있는 화합물**이다. 예를 들어, 보통 상태에서 황산 구리(II)의 단위체에는 물 분자 다섯 개가 결합되어 있다. 이 화합물에 대한 체계적인 이름은 황산 구리(II) 오수화물이고, 화학식은 $CuSO_4 \cdot 5H_2O$로 쓴다. 붙어 있는 물 분자의 개수를 기본 화학식 이름 뒤에 명시해서 표기한다. 물 분자는 가열을 통해서 제거가 가능하며, 이때 무수 황산 구리(II)인 $CuSO_4$가 얻어진다. **무수물(anhydrous)**이란 화합물에서 **물 분자가 전혀 결합되지 않은 화합물**이라는 것을 의미한다.

$BaCl_2 \cdot 2H_2O$	염화 바륨 이수화물
$LiCl \cdot 2H_2O$	염화 리튬 일수화물
$MgSO_4 \cdot 7H_2O$	황산 마그네슘 칠수화물
$Sr(NO_3)_2 \cdot 4H_2O$	질산 스트론튬 사수화물

$Sr(NO_3)_2$	질산 스트론튬(무수물)

유기 화합물의 명명법

유기 화합물(organic compound)은 과거에는 **살아있는 생명체(유기물)에서** 주로 발견되거나 생성되는 물질을 뜻했다. 오늘날의 이보다는 넓어서 탄소와 수소로 주로 이루어진 탄화수소 화합물까지 포함한다. 기본적으로 석유 화합물부터 단백질, 지방, 탄수화물 등을 모두 유기 화합물로 보기 때문에 체계명을 짓는 규칙이 상당히 많다. 여기서 그 방대한 내용을 소개할 수는 없고 이 책의 마지막 단원인 '20장 유기화학'에서 간략하게 다루었으니 추후에 살펴보기로 하자.

4.5 예제

다음 화합식의 이름을 말하시오.

(a) KH_2PO_4
(b) NH_4ClO_3
(c) NH_4ClO
(d) $Mn(IO_4)_2$

정답

(a) 인산이수소 포타슘 (양이온: K^+, 음이온: $H_2PO_4^-$)
(b) 염소산 암모늄 (양이온: K^+, 음이온: $H_2PO_4^-$)
(c) 하이포염소산 암모늄 (양이온: NH_4^+, 음이온: ClO^-)
(d) 과아이오딘산 망가니즈(II)(양이온: Mn^+, 음이온: IO_4^-)

응용문제 4.5

다음 이름의 화학식을 적으시오.

(a) 탄산 소듐 십수화물
(b) 사이안화 수소산
(c) 인산
(d) 브로민산 백금(II)

Deep Insight

현대 건축의 필수 소재 콘크리트

©Lucian Coman / Shutterstock

콘크리트는 현대 건축에서 가장 널리 사용되는 재료 중 하나이다. 그 이유는 콘크리트가 강도와 내구성이 뛰어나며, 다양한 형태로 가공할 수 있기 때문이다. 콘크리트는 시멘트, 물, 골재를 혼합하여 생산된다. 먼저, 시멘트와 물이 혼합되어 페이스트가 형성된다. 그다음, 이 페이스트에 미세골재(모래)와 굵은 골재(자갈)를 추가하여 콘크리트를 만든다. 이 과정에서 각 성분의 비율은 콘크리트의 최종 성질에 큰 영향을 미친다. 예를 들어, 물의 양이 많으면 콘크리트의 강도가 낮아질 수 있다.

콘크리트는 물리적 성질과 화학적 성질이 복합적으로 작용하여 그 특성을 결정한다. 콘크리트의 주요 물리적 성질로는 압축 강도, 인장 강도, 내구성 등이 있다. 또한, 콘크리트의 화학적 성질은 수화 반응에 의해 결정된다. 수화 반응은 시멘트와 물이 반응하여 새로운 화합물이 형성되는 과정이다. 이 과정에서 발생하는 열은 콘크리트의 경화 속도에 영향을 미친다.

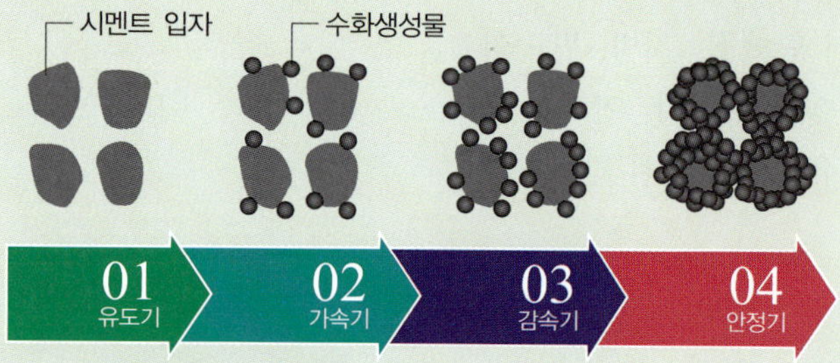

콘크리트의 화학적 원리는 주로 수화 반응에 기반한다. 시멘트의 주요 성분인 C_3S와 C_2S는 물과 반응하여 수산화 칼슘($Ca(OH)_2$)과 실리카 젤을 생성한다. 이 반응은 콘크리트의 강도를 높이는 데 중요한 역할을 한다. 이러한 화학적 반응은 콘크리트의 경화 과정에서 지속적으로 일어나며, 시간이 지남에 따라 콘크리트의 강도는 증가하게 된다.

$$C_3S + H_2O \rightarrow 3CaO \cdot 2SiO_2 \cdot 3H_2O + Ca(OH)_2$$

(C_3S의 함량의 약 45 %)

$$C_2S + H_2O \rightarrow 3CaO \cdot 2SiO_2 \cdot 3H_2O + Ca(OH)_2$$

(C_2S의 함량의 약 25 %)

$$C_3A + H_2O \rightarrow 3CaO \cdot Al_2O_3 \cdot 3H_2O$$

$$\rightarrow 4CaO \cdot Al_2O_3 \cdot 14H_2O + Ca(OH)_2 \rightarrow 3CaO \cdot Al_2O_3 \cdot 6H_2O$$

$$C_4AF + H_2O \rightarrow 3CaO \cdot Al_2O_3 \cdot 6H_2O + 3CaO \cdot Fe_2O_3 \cdot 6H_2O$$

핵심 요약

4.1 원자의 주기적 성질

- 원자 번호가 증가하는 순서로 원자의 성질을 관찰해보면 일정하면서도 공통적인 특성이 주기를 가지고 규칙적으로 관찰된다.
- 주기성: 유효 핵전하, 원자 반지름(원자 크기), 이온화 에너지, 전자 친화도, 전기 음성도

(1) 유효 핵전하

- 핵심부 전자의 가림 효과 때문에 원자가 전자가 실제로 느끼는 핵의 양전하가 상대적으로 약해진다.
- 유효 핵전하는 같은 주기에서 원자 번호가 증가할수록 증가한다.
- 유효 핵전하는 같은 족에서 주기가 증가할수록 증가한다.

(2) 원자 반지름

- 주족 원자는 같은 주기에서는 왼쪽에서 오른쪽으로 갈수록, 즉 원자 번호가 증가할수록 원자 반지름이 작아진다.
- 주족 원자는 같은 족에서는 위에서 아래로 내려갈수록, 즉 원자 번호가 증가할수록 원자 반지름이 커진다.
- 주족 원소에서 달리 d 오비탈과 f 오비탈에도 전자가 채워지는 전이 원소 또는 내부 전이 원소의 원자 반지름은 불규칙성이 빈번하게 관찰된다.

(3) 이온화 에너지

- 전자 하나가 제거되면서 원자의 전자 배치가 더욱 안정해질 수 있는 상황이라면 전자는 예상보다 훨씬 적은 이온화 에너지를 흡수하더라도 쉽게 제거되기도 한다.
- 원자의 반지름이 증가할수록 점점 1차 이온화 에너지는 점차 감소한다.
- 차수가 증가할수록 이온화 에너지(다차 이온화 에너지)는 급격하게 증가한다.

(4) 전자 친화도

- 원자의 반지름이 작을수록 전자 친화도는 높아진다.

(5) 전기 음성도

- 전기 음성도는 대체로 원자 번호가 증가할수록 같은 주기에서는 증가하고, 같은 족에서는 감소한다.

4.2 원자의 이온화와 이온의 특성

(1) 이온 반지름의 변화

- 일반적으로 중성 원자에 비해서 양이온의 반지름은 작고, 반대로 음이온의 반지름은 크다.
- 양이온에서는 중성 원자에 비하여 상대적으로 강한 인력으로 전자가 핵 방향으로 강하게 당겨지고 그만큼 반지름이 감소한다.
- 음이온에서는 중성 원자에 비하여 상대적으로 약한 인력으로 전자가 핵 방향으로 약하게 당겨지고 그만큼 반지름이 증가한다.

(2) 주족 원소가 이온이 되는 규칙

- 주족 원소의 이온은 같은 족의 원소들은 이온 전하수가 거의 비슷한 규칙성이 있다.
- 주족 원소의 이온은 원자 번호상 가장 근접한 18족 원소(비활성 기체족 원소)의 전자 배치와 같아지려는 방향으로 전자를 잃거나 얻으면서 전자 배치를 형성한다.

(3) 전이 금속 및 내부 전이 금속 원소들의 양이온 형성

- 전이 금속 및 내부 전이 금속 원소 중에서 d 오비탈이나 f 오비탈을 가진 원소로 매우 다양한 이온들이 존재한다.

4.3 이성분 화합물의 화학식 표기와 명명법

(1) 이온 결합 화합물의 명명법

- 화학식을 보았을 때 음이온의 이름을 먼저 부르고 이어서 양이온의 이름을 부른다.
- 원소의 개수는 이름에 언급하지 않는다.
- 만약, 음이온이 다원자 음이온이라면 이름의 끝을 '~화'로 변형해서 쓰지 않고, 다원자 이온 자체의 이름을 그대로 사용한다.
- 만약, 양이온이 여러 종류의 전하를 가지는 전이 금속이라면 양이온 이름 뒤에 '(로마숫자)'로 양이온의 전하수를 나타낸다.

(2) 공유 결합 화합물(분자)의 명명법

- 화학식에서 뒷 원소 이름을 먼저 부르고 이어서 앞 원소의 이름을 부른다.
- 만약, 더 짧은 이름의 일반명이 존재한다면 체계명보다는 일반명(관용명)으로 이름을 부른다.
- 준금속과 비금속 사이의 이성분계 화합물은 이온 결합 및 공유 결합의 두 가지 명명이 모두 가능하며 어느 것을 써도 무방하다.

4.4 기타 화합물들의 명명법

(1) 삼성분 이상의 화합물의 명명법

- 이온의 종류를 우선 확인하고 주어진 순서에 따라 음이온 먼저, 양이온은 나중에(화학식의 뒤에서 앞으로) 명명한다.

(2) 산의 명명법

- 수소산(혹은 비산소산)의 명명법: 수용액의 수소산의 경우만 이름 끝을 '~산'으로 끝나도록 이름을 짓는다.

- 산소산의 명명법: 다원자 이온의 이름 자체가 '~산 이온' 일 때, 이 다원자 이온을 포함하는 산소산의 이름은 단순하게 다원자 이온의 이름을 그대로 사용한 '~산'으로 끝마친다.
- 산소의 개수가 다양하게 변하는 다중 산소산의 이름은 산소의 개수의 증감을 고려하여 '과~산' 혹은 '~산' 혹은 '아~산' 혹은 '하이포~산' 등으로 구별하여 명명한다.

(3) 수화물의 명명법

- 붙어 있는 물 분자의 개수를 기본 화학식 이름 뒤에 명시한다.

핵심 용어 정리

용어	정의
• 주기성(period)	일정하면서도 공통적인 특성이 일정 간격으로 나타나는 반복적인 패턴
• 원자가 전자(최외각 전자, valence shell electron)	가장 바깥 껍질의 전자
• 핵심부 전자(core electron)	원자가 전자를 내외한 나머지 전자
• 가림 효과(shielding effect)	핵에 가까운 전자와의 반발력 때문에 핵에서 멀리 떨어진 전자는 핵과의 정전기적 인력이 다소 약해지는 효과
• 실제 핵전하(active nuclear charge, $Z_{실제}$)	양성자에 의해 실제 원자핵이 띠고 있는 양전하
• 유효 핵전하(effective nuclear charge, $Z_{유효}$)	가림 효과에 의하여 전자가 느끼는 감소된 실질적인 핵전하
• 원자 반지름(atomic radius)	동일한 종류의 두 원자가 결합하고 있을 때 두 원자핵 간의 직선거리의 절반
• 이온화 에너지(ionization energy)	1 mol의 중성 기체 원자가 기체의 양이온이 되기 위해서 전자 1 mol을 떼어내는 데 필요한 에너지
• 1차 이온화 에너지(1st ionization energy)	원자에서 처음 전자를 떼어낼 때의 이온화 에너지
• 전자 친화도(electron affinity)	중성 기체 원자 1 mol에 전자 1 mol의 전자를 붙여 음이온을 생성할 때 방출하는 에너지
• 전기 음성도(electronegativity)	결합 중인 두 원소 중에서 한쪽 원소의 원자핵이 인접 원소의 전자를 끌어당기는 힘의 정도($0.0 \le EN \le 4.0$)
• 양이온(cation)	중성 원자가 음극을 띤 전자(e^-)를 잃으면서 만들어지는 양극을 띤 입자
• 음이온(anion)	중성 원자가 음극을 띤 전자(e^-)를 얻으면서 만들어지는 음극을 띤 입자
• 단원자 이온(monoatomic ion)	원자 하나가 전자를 잃거나 얻음으로써 만들어지는 이온
• 다원자 이온(polyatomic ion)	여러 원자가 결합된 원자단이 그 자체에서 전자를 잃거나 얻는 과정에서 만들어지는 이온
• 화학식(formula)	원소들의 상대적인 양과 원자들 사이의 결합 상태를 나타내는 화합물, 이온, 분자들을 나타내는 원소 기호들의 조합
• 일반명(common name) 또는 관용명	체계명의 규칙이 생기기 전부터 화합물을 고유명사로 부르는 이름
• 체계명(systemic name)	화합물을 일정 규칙에 따라서 부르는 이름
• 산소산(oxy-acid)	수소(H), 산소(O)와 또 다른 한 원소를 포함하는 무기 화합물인 산
• 수화물(hydrate)	특정 개수의 물 분자가 결합되어 있는 화합물
• 무수물(anhydrous)	물 분자가 더 이상 결합되어 있지 화합물
• 유기 화합물(organic compound)	살아있는 생명체(유기물)에서 주로 발견되거나 생성되는 물질

연습문제

● (4.1~4.7) 다음 설명 중 옳은 것은 ○, 틀린 것은 ×를 표시하시오.

4.1 원자가 전자는 가장 바깥 껍질의 전자를 의미하고, 핵심부 전자는 원자가 전자를 내외한 나머지 전자를 의미한다. (　　　)

4.2 유효 핵전하는 같은 족에서 주기가 증가할수록 감소한다. (　　　)

4.3 주족 원자는 같은 주기에서는 왼쪽에서 오른쪽으로 갈수록, 즉 원자 번호가 증가할수록 원자 반지름이 커진다. (　　　)

4.4 주족(전형) 원소의 원자 반지름이 작을수록 1차 이온화 에너지가 커진다. (　　　)

4.5 전자를 얻을 때 많은 에너지가 방출되면 전자 친화도(정도)는 높아지고, 반면에 전자 친화도의 값 자체는 음수 값이므로 더욱 작아진다. (　　　)

4.6 전기 음성도는 대체로 원자 번호가 증가할수록 같은 주기에서는 감소하고, 같은 족에서는 증가한다. (　　　)

4.7 일반적으로 중성 원자에 비해서 양이온의 반지름은 작고, 반대로 음이온의 반지름은 크다. (　　　)

● (4.8~4.13) 다음 문장의 빈칸에 올바른 용어(단어) 혹은 문구를 채워 넣으시오.

4.8 (　　　)란 핵에 가까운 전자와의 반발력 때문에 핵에서 멀리 떨어진 전자는 핵과의 정전기적 인력이 다소 약해지는 효과이다.

4.9 중성 기체 원자 1 mol에 전자 1 mol의 전자를 붙여 음이온을 생성할 때 방출하는 에너지를 (　　　)라고 한다.

4.10 (　　　)는 결합 중인 두 원소 중에서 한쪽 원소의 원자핵이 인접 원소의 전자를 끌어당기는 힘을 수치화한 것을 말한다.

4.11 화합물을 고유명사로 부르는 이름을 (　　　)이라고 하며, 화합물을 일정 규칙에 따라서 부르는 이름을 (　　　)이라고 한다.

4.12 (　　　)은 특정 개수의 물 분자가 결합되어 있는 화합물이다.

4.13 (　　　)은 원칙적으로는 살아있는 생명체(유기물)에서 주로 발견되거나 생성되는 물질을 말한다.

● (4.14~4.15) 아래 그래프는 그림 4.4와 동일한 그래프이다. 이 그래프에 관한 다음 물음에 답하시오.

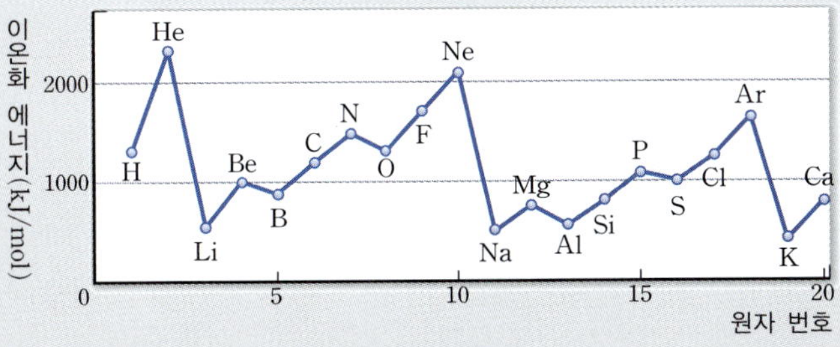

4.14 원자 반지름이 Mg > Al 임에도, 1차 이온화 에너지가 Mg > Al인 이유를 설명하시오.

4.15 원자 반지름이 P > S 임에도, 1차 이온화 에너지가 P > S인 이유를 설명하시오.

● (4.16~4.25) 다음 물음에 답하시오.

4.16 다음 원소들을 원자 크기가 증가하는 순서대로 나열하시오.

P, O, S

4.17 염소 원자가 황 원자보다 더 작은 이유는 무엇인가?

4.18 다음 두 화학종 중 어느 쪽이 큰지를 명시하시오.
(a) Mg, Mg^{2+} (b) P, P^{3-}

4.19 K^+와 Ca^{2+} 중 어느 쪽이 더 큰 이온인지를 명시하고 그 이유를 설명하시오.

4.20 다음 중 이온 결합과 공유 결합 화합물을 구별하시오.
(a) HF (b) NaF (c) NCl_3
(d) $MgBr_2$ (e) CF_4

4.21 주기적 경향을 사용하여 다음 원자들을 전기 음성도가 점점 감소하는 순서로 나열하시오.
(a) Br, Cl, F, I, He, At
(b) C, F, N, O

4.22 다음 이름을 가지는 다원자 이온의 화학식을 쓰시오.
(a) 탄산(carbonate)
(b) 암모늄(ammonium)
(c) 수산화(hydroxide)
(d) 과망가니즈산(permanganate)

4.23 주어진 다음 화학식에서 금속의 전하는 얼마인가? 각 화합물의 이름은 무엇인가?
(a) $CoCl_2$ (b) PbO_2
(c) $Cr(NO_3)_3$ (d) $Fe_2(SO_4)_3$

4.24 다음 이온 결합 화합물의 화학식을 쓰시오.
(a) 수산화 알루미늄
(b) 질산 망가니즈(II)
(c) 산화 크로뮴(III)
(d) 인산 구리(II)

4.25 다음 화합물을 명명하시오.
(a) PF_5 (b) PCl_3
(c) CO (d) SO_2

CHAPTER

5

화학 결합과 분자의 입체 구조

◀ 모든 분자는 특정한 원리에 의해서 만들어지는 각자의 입체 구조를 가지고 있다. (© Anusorn Nakdee / Shutterstock)

4단원에서 원자의 전자 배치를 공부하였고, 동시에 주기율표의 원리와 원자의 주기성에 관하여 이해하였다. 이번 단원에서는 이 내용을 바탕으로 전자의 관점에서 원자끼리 형성하는 결합의 원리를 설명하고, 분자의 입체 구조와 분자의 극성에 관한 내용을 다룬다.

물과 기름은 왜 섞이지 않고 두 액체가 뚜렷한 경계를 이루면서 층이 분리되는가? 그리고 아세톤은 왜 물과는 다르게 가열하지 않아도 쉽게 액체에서 증기로 변하여 증발하는가? 이런 의문에 대한 근본적인 대답은 분자의 입체 구조와 극성에 있다. 앞서서 다소 어렵고 복잡한 전자 배치와 주기율표를 공부했던 이유는 최종적으로 분자의 입체 구조와 극성의 원리를 이해하기 위함이라고도 볼 수 있다.

5.1 루이스 점전자 표기와 팔전자 규칙

앞서 전자 배치와 주기율표, 그리고 주기성을 공부할 때, 같은 족의 원소라면 원자가 전자의 전자 배치가 동일하다고 공부한 바 있다(특히 주족 원소). 최외각의 전자 배치가 동일하거나 유사하면 화학적 및 물리적 성질도 유사하다. 그림 5.1처럼 같은 족의 동일한 **원자가 전자(최외각 전자)를 원소 기호 주변에 점으로 표기한 것**을 **루이스 점전자 (Lewis dot) 표기법**이라고 한다.

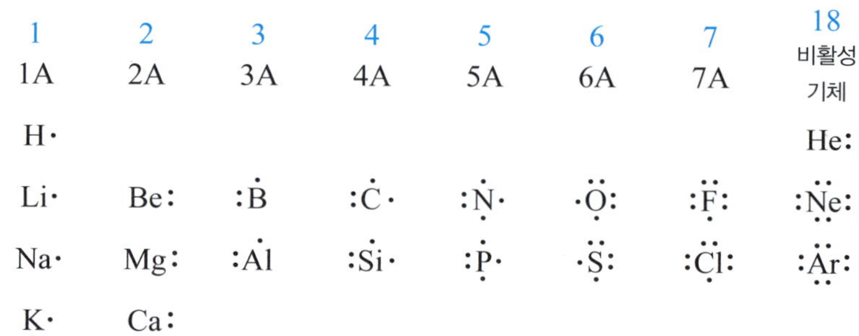

그림 5.1 주족 원소의 원자가 전자를 표기한 루이스 점전자 표기

루이스(Lewis, G. N., 1875~1946)는 원자 사이의 화학 결합에서 원자가 전자가 중요하다고 생각하였고, 원자가 전자를 원소 기호 주변에 점으로 찍어서 표기하여 화학 결합을 설명하고자 하였다. 18족 헬륨(He)을 제외하면, 같은 족에 위치한 주족 원소의 원자가 전자의 수는 동일하기 때문에 같은 개수의 점을 원소 기호 주변에 찍게 된다.

점을 찍는 요령은 베릴륨(Be)과 탄소(C)의 예시와 같이 원소 기호 주변에 방향을 잡아서 홀전자처럼 점 하나(·)만 찍던가 아니면 짝전자의 형태로 두 개씩 묶어서 두 개의 점(··)을 찍는다.

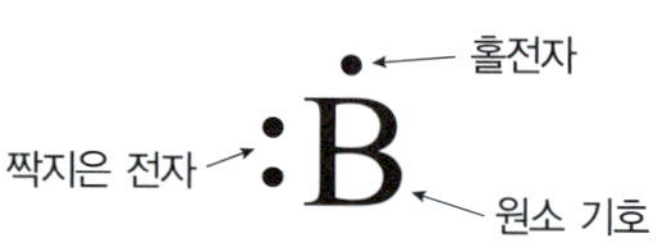

	전자 배치	원자가 전자	점전자 표기법
Be	$1s^2 2s^2$	2개	·Be· (O) Be: (O)
C	$1s^2 2s^2 2p^2$	4개	·C· (O) :C: (O) ·C· (O) ·C⋮ (×)

4단원 2절에서 이미 설명했듯이 1주기 원소를 제외한 다른 주기의 주족 원소는 가장 바깥 껍질의 s 오비탈과 p 오비탈에 위쪽 스핀과 아래쪽 스핀의 전자가 서로 짝을 지은 상태로 모두 채워져서 ns^2np^6의 전자 배치를 이룰 때, 즉 최외각 전자가 8개인 원자나 이온 상태가 가장 안정한 상태이다. 따라서 주족 원소의 원자나 이온은 가장 바깥 껍질에 있는 s 오비탈과 p 오비탈을 모두 채워서 전자 8개를 만들어 **가장 안정한 상태의 전자 배치**를 만드는 경향이 있다. 이러한 경향을 **팔전자 규칙(octet rule)**이라고 한다. 이후에 설명할 이온 결합과 공유 결합에서 팔전자 규칙은 매우 유용하다. 다만 1주기 원소인 수소나 헬륨은 첫 번째 전자 껍질을 가득 채운 $1s^2$의 전자 배치가 가장 안정한 상태이다.

5.2 이온 결합과 공유 결합

이온 결합

이온 결합(ionic bond)은 양이온과 음이온 사이의 정전기적 인력으로 형성되는 결합이다. 이미 언급한 대로 주로 금속 원소와 비금속 원소 사이의 결합으로서, **금속의 전자가 비금속 원소 쪽으로 이동**된 결과 생성된 결합 방식이다. 이러한 전자의 이동 과정에도 앞에서 말한 팔전자 규칙이 적용됨을 기억해야 한다.

이온 결합이 이루어지는 목적은 서로 전자를 주고받음으로써, 보다 바깥 껍질의 전자 배치를 안정화하는 데 있다. 즉, 한 원자에서 다른 원자로 1개 이상의 전자가 완전히 이동함으로써 형성되는 이온들 사이의 결합이다. 가장 간단한 예로 Na 원자와 Cl 원자로부터 형성되는 NaCl을 들 수 있다.

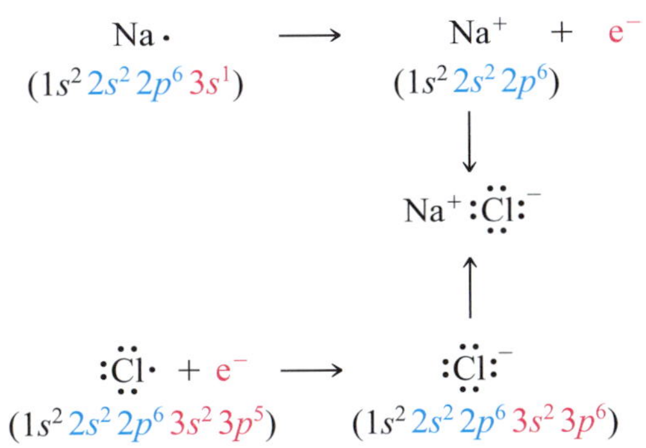

이 반응식과 같이 Na는 전자를 하나 잃어 Na^+가 됨으로써 $2s^22p^6$의 전자 배치를 형성하면서 팔전자 규칙을 만족한다. 그러면서 원자가 전자가 7개인 Cl은 전자 하나를 받아서 팔전자 규칙을 만족하는 $3s^23p^6$의 전자 배치를 보이며 Cl^-를 형성한다. 그 이후에 두 이온이 정전기적 인력에 의하여 결합하여 이온 결합을 이루는 것이다.

결과적으로는 Na의 전자 하나가 Cl로 이동하면서 양이온과 음이온이 형성되고 이온 결합이 완성된 것으로 볼 수 있다. 특히 이온이 완성되고 난 뒤의 전자 배치는 18족 비활성 기체의 전자 배치와 같다는 점을 꼭 기억해야 한다. 이온 결합 반응은 양이온과 음이온의 결합이 이루어짐을 나타내는 반응식으로 다음처럼 간단하게 표현할 수 있다.

$$Na^+ + Cl^- \longrightarrow NaCl$$

비활성 기체 중 He, Ne, Ar 등은 반응이 전혀 없고, 나머지 Kr, Xe, Rn 역시 반응이 거의 없다는 사실은 이들의 가장 바깥 껍질의 전자 수가 8개(단, He는 2개)로 매우 안정한 구조를 가진 물질임을 설명해 주고 있다. 그러기 때문에 이들은 안정한 **단원자 분자(monoatomic molecule)**로 존재한다.

예제 5.1

마그네슘 이온과 황화 이온에 대한 루이스 점전자 표기를 쓰시오. 그리고 루이스 기호와 화학 반응식을 사용하여 황화 마그네슘이 생성되는 과정을 나타내시오.

풀이

마그네슘은 원자가 전자 두 개를 잃고 비활성 기체의 전자 배치를 이루어서 남은 원자가 전자가 없는 Mg^{2+} 양이온을 생성한다.

$$\cdot Mg \cdot \longrightarrow Mg^{2+} + 2e^-$$

황은 두 개의 전자쌍과 두 개의 고립 전자로 이루어진 총 6개의 원자가 전자를 가진 원소로, 전자 두 개를 얻어 S^{2-} 음이온을 형성한다.

$$:\!\ddot{\underset{\cdot}{S}}\cdot + 2e^- \longrightarrow :\!\ddot{\underset{\cdot\cdot}{S}}\!:^{2-}$$

이 이온들은 1:1의 비로 결합하여 MgS를 형성한다.

$$Mg^{2+} + :\!\ddot{\underset{\cdot\cdot}{S}}\!:^{2-} \longrightarrow (Mg^{2+})(:\!\ddot{\underset{\cdot\cdot}{S}}\!:^{2-}) \text{ 또는 } MgS$$

응용문제 5.1

다음 원소 사이에 만들어지는 이온 결합 화합물의 화학식을 루이스 점전자 표기 방식으로 적으시오.

(a) 알루미늄과 플루오린

(b) 바륨과 황

공유 결합과 루이스 구조

공유 결합(covalent bond)은 비금속 원소끼리 화학 결합을 할 때, **팔전자 규칙을 만족하는 전자 배치를 이루기 위하여 부족한 만큼의 전자를 공유하여 이루어지는 결합**으로, 원자 간의 정전기 상호작용(양성자와 전자 간의 인력과 양성자와 양성자 및 전자와 전자 간의 반발력)이 작용하는 결합이다(그림 5.2). 즉, 이온 결합이 원자 상호 간에 전자가 이동함으로써 이루어지는 결합인 데 반해 공유 결합은 원자들 사이에 적절한 **원자가 전자의 공유(electron sharing)**를 통해 팔전자계를 이루어 안정한 분자를 형성한다.

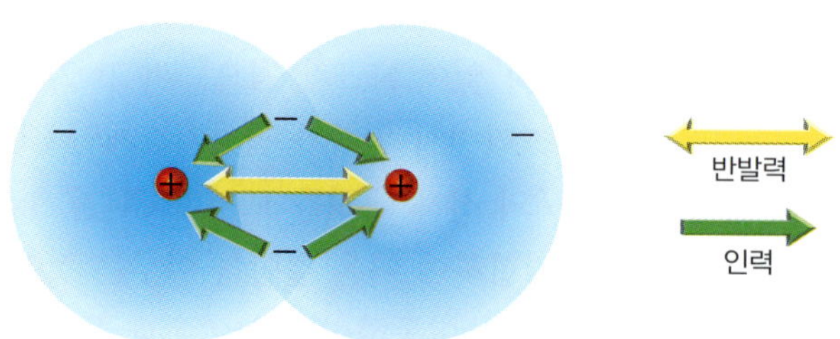

그림 5.2 공유 결합에서 작용하는 양성자와 전자 간의 인력과 양성자와 양성자 및 전자와 전자 간의 반발력. 인력과 반발력의 균형이 이루어질 때 공유 결합의 길이가 결정된다.

참고로 공유 결합을 통해 형성된 화합물만 **분자(molecule)**라고 부른다. 즉, 양이온과 음이온이 결합하는 이온 결합 화합물은 분자라고 부를 수 없음을 의미한다.

그럼 공유 결합 화합물(분자)들이 어떻게 팔전자 규칙을 만족하면서, 그리고 어떻게 전자를 공유하면서 결합을 형성할까?

간단한 예로 다음과 같이 수소(H_2), 산소(O_2), 질소(N_2), 물(H_2O) 분자를 살펴볼 수 있다.

수소 원자는 최외각에
전자를 가득 채워 안정성 만족

수소 분자(H_2)는 두 개의 수소 원자가 결합을 하여 만들어진다. 수소 원자는 전자를 하나만 가지고 있기 때문에 원자가 전자 1개를 원소 기호 옆에 점으로 찍어서 루이스 점 전자 표기를 할 수 있다. 가장 바깥 껍질에 전자가 하나밖에 없는 수소 원자 입장에서 서로 전자를 공유하며 결합을 한다면, 그림에서 보는 바와 같이 두 수소 원자가 양쪽에서 전자를 하나씩 주고받으면서 **전자쌍(electron pair)**을 공유하는 방식이 유일하다. 결과적으로 전자쌍 공유 덕분에 공유 결합을 하고 있는 수소 원자는 최외각인 첫 번째 껍질에 전자가 가득 찬 안정한 상황이 된다. 그리하여, 안정적으로 수소 분자가 존재할 수 있게 된다.

다음으로 산소 분자(O_2)의 공유 결합에 대하여 살펴보자. 산소 원자의 원자가 전자, 즉 바깥 껍질의 전자는 6개이다. 산소 원자가 가장 바깥 껍질인 두 번째 껍질을 전자 8개로 가득 채워 안정한 전자 배치 상태를 만들려면 전자 2개가 더 필요하다. 이런 상황에서 동일한 다른 산소 원자와 결합을 한다면 서로 전자 두 개씩 공유하면서 부족한 전자를 채우는 과정이 가능하게 된다. 결과적으로 이웃 산소와 전자를 2개씩 공유하면서 형성된 두 쌍의 공유 전자쌍 덕분에 팔전자계를 만족하는 안정한 분자가 형성될 수 있다.

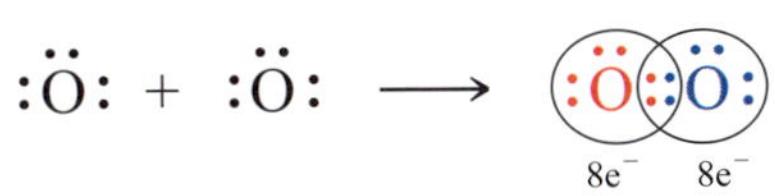

원자마다 최외각에
팔전자 규칙 만족

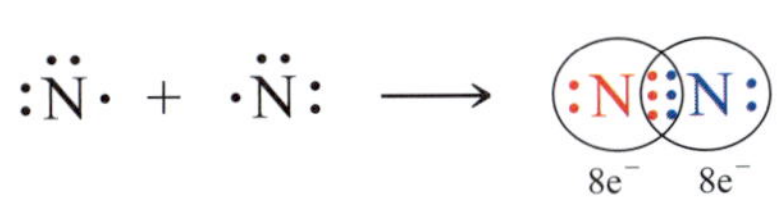

원자마다 최외각에
팔전자 규칙 만족

이와 비슷하게 질소 분자는 질소 원자의 원자가 전자가 5개이다. 팔전자계를 완성시켜 안정한 최외각의 전자 배치를 완성하기 위해서는 추가로 전자 3개가 필요하다. 같은 질소 원자끼리 서로 필요한 전자를 세 개씩 공유하여 총 세 쌍의 전자쌍을 공유함으로써 공유 결합 분자를 완성할 수 있다.

마지막으로 물 분자는 다음의 그림에서와 같이 중심 원자의 산소 원자가 팔전자계를 완성하는 데 필요한 전자 두 개를 두 수소 원자로부터 각각 하나씩 공유함으로써 충족할 수 있다. 그 결과 두 수소 원자 역시 첫 번째 껍질에 전자 2개를 가득 채워 만족스러운 상태를 이루게 된다. 이로써 물 분자는 안정적으로 공유 결합을 하면서 산소와 수소 사이에 한 쌍의 공유 전자쌍이 형성된 구조를 만든다.

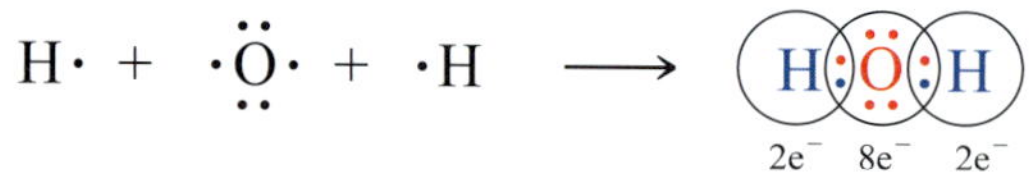

산소 원자는 최외각에
팔전자 규칙 만족
수소 원자는 최외각에
전자를 가득 채워 안정성 만족

앞서 말한 화학자 루이스는 원자 사이에 공유하고 있는 전자쌍 하나(:)를 직선 하나(—)로 표현함으로써 **팔전자 규칙을 만족하는** 공유 결합 화합물의 구조를 그리는 방법을 착안하였다. 이를 공유 결합 분자의 구조를 나타내는 **루이스 구조(Lewis structure)**라고 부른다. 따라서 위의 예시를 들어 설명한 네 분자(수소(H_2), 산소(O_2), 질소(N_2), 물(H_2O))의 루이스 구조는 아래와 같이 정리하여 나타낼 수 있다.

H—H   :Ö=Ö: :N≡N: H—Ö—H

루이스 구조에서는 전자쌍도 구별해서 부른다. **원자와 원자 사이에 공유하고 있는 전자쌍**은 **공유 전자쌍**(또는 **결합 전자쌍**), **공유하고 있지 않은 전자쌍**은 **비공유 전자쌍**(또는 **고립 전자쌍**)이라고 한다. 따라서, 물 분자에서 확인되는 공유 전자쌍은 두 쌍이며, 비공유 전자쌍도 두 쌍이다. 질소 분자의 경우는 공유 전자쌍은 총 세 쌍, 비공유 전자쌍은 총 두 쌍이다.

그리고 위 네 분자의 루이스 구조에서와 같이 전자를 공유하는 공유 결합에는 공유 전자쌍 수에 따라 **단일 결합**(—, 공유 전자 1쌍), **이중 결합**(=, 공유 전자 2쌍), **삼중 결합**(≡, 공유 전자 3쌍)이 있다.

루이스 구조 그리기

루이스 구조를 그리는 과정을 이미 수소(H_2), 산소(O_2), 질소(N_2), 물(H_2O)에서 상세히 설명했으며, 그 방법을 다음과 같이 다섯 단계로 정리할 수 있다. 각종 예제와 연습문제 그리고 이후 다양한 화합물의 화학식을 접할 때마다 알맞은 루이스 구조를 그려서 구조식의 파악할 수 있도록 해야 한다.

> 1단계: 다원자 분자(혹은 이온)의 각 구성 원자의 원자가 전자의 총 개수를 파악한다.
> 2단계: 각 원자(원소)를 적당히 평면에 배치하여 골격 구조를 작성한다.
> 3단계: 각 원자가 팔전자를 만족하도록 말단 원자들 주위에 공유 전자쌍과 비공유 전자쌍을 최대한 배치한다.
> 4단계: 중심 원자 주변에 이중 혹은 삼중 결합과 같은 다중 결합의 가능성도 염두하고 전자를 배치한다.
> 5단계: 팔전자계가 완성되었으면 최종적으로 결합 전자쌍(:)을 직선(—)으로 처리한다.

예제 5.2

이산화 탄소(CO_2)의 루이스 구조를 그리시오.

풀이

1단계: 다원자 분자(혹은 이온)의 각 구성 원자의 원자가 전자의 총 개수를 파악한다.
이산화 탄소의 원자가 전자의 합은, 탄소에서 4개, 각 산소에서 6개로 총 16개이다.

2단계: 각 원자(원소)를 적당히 평면에 배치하여 골격 구조를 작성한다.
이산화 탄소의 골격 구조는 O, C, O일 것으로 예상하고 아래와 같이 배열한다.

O C O

3단계: 각 원자가 팔전자를 만족하도록 말단 원자들 주위에 공유 전자쌍과 비공유 전자쌍을 최대한 배치한다.

4단계: 중심 원자 주변에 이중 혹은 삼중 결합과 같은 다중 결합의 가능성도 염두하고 전자를 배치한다.

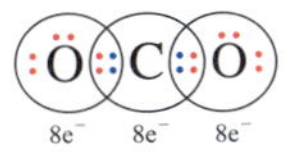

5단계: 팔전자계가 완성되었으면 최종적으로 결합 전자쌍(:)을 직선(−)으로 처리한다.

$:\ddot{O}=C=\ddot{O}:$

응용문제 5.2

NCl_3의 루이스 구조를 그리시오.

5.3 팔전자 규칙의 예외

다양한 분자(공유 결합 화합물)의 루이스 구조를 확인해 보면 종종 팔전자를 따르지 않는 구조를 발견할 수 있다. 비록 팔전자 규칙을 따르지 않는 구조라 할지라도 이 분자들은 자연계에서 매우 안정적으로 존재하여 관찰된다. 이런 경우는 분자 구조의 중심 원소의 특성에 따라 발생한다.

결핍된 팔전자 규칙에 해당하는 루이스 구조

2주기와 3주기 원소 중 2족과 13족 원소에 해당하는 원소인 Be, B, Mg, Al 중 하나가 분자의 중심 금속일 경우 화합물을 완성한 후 루이스 구조를 확인해 보면 8개 전자보다 더 적은 전자에 둘러싸이게 된다. 이 원소들이 지니고 있는 원자가 전자의 수(2개 혹은 3개)가 팔전자 규칙을 이루기에 **부족**하기 때문이다. 간단한 예로 염화 베릴륨($BeCl_2$)과 보레인(BH_3) 분자를 들 수가 있는데, 루이스 구조를 다음과 같이 그릴 수밖에 없음을 알 수 있다.

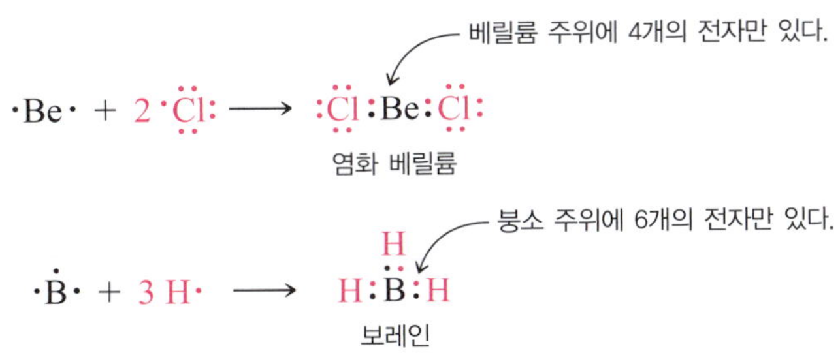

확장된 팔전자 규칙에 해당하는 루이스 구조

그림 5.3에 표시된 주기율표에서 3주기와 그 아래 주기에 해당하는 13족~18족 원소 중 일부는 때때로 팔전자 규칙으로 예측한 것보다 **더 많은** 전자를 가지고 결합을 형성한다. 이러한 경우를 확장된 팔전자 규칙을 따르는 경우라 말하며, 8개의 전자보다 많

은 10개의 전자나 12개의 전자를 가지는 중심 원소로서 결합을 이룬다.

이유는 간단하다. 3주기 이후부터는 전자 껍질의 수가 증가함에 따라 원소의 크기가 커지고 동시에 *d* 오비탈과 *f* 오비탈이 존재한다. 이에 따라 전자가 채워질 수 있는 여유가 충분해지기 때문이다. 같은 주기에서는 전기 음성도가 비교적 큰 원소에서 이런 현상이 나타나기 때문에 13족 이후의 원소에서 발견할 수 있다. 테트라플루오린화 황(SF_4)이나 테트라플루오린화 제논(XeF_4)의 예를 통해 확인할 수 있다.

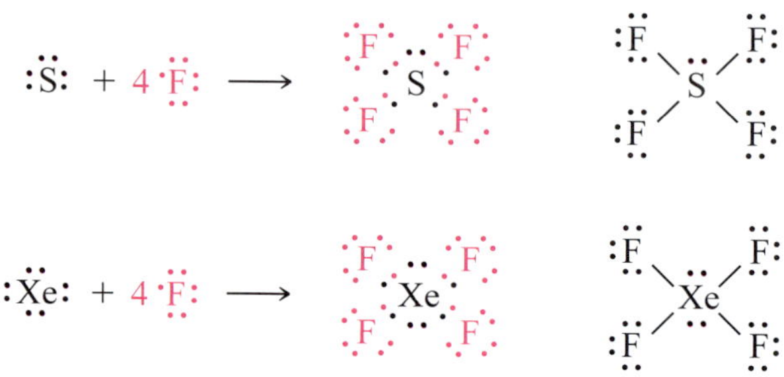

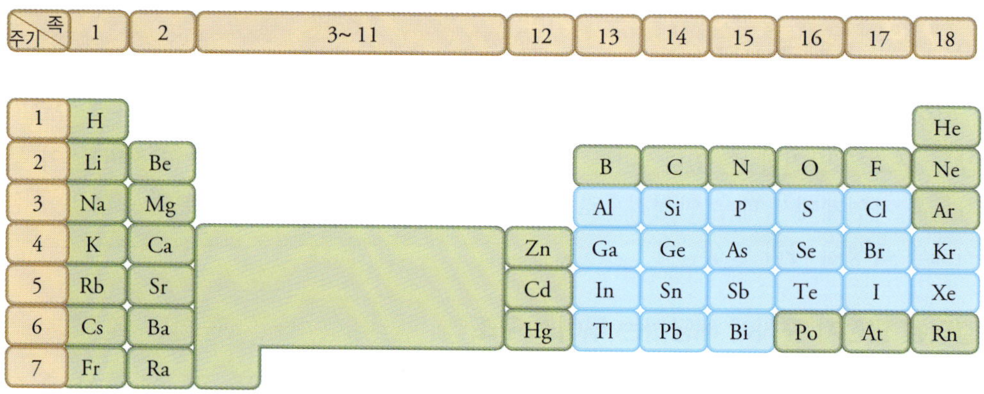

그림 5.3 확장된 팔전자 규칙에 해당하는 원소들(청색 원소 기호). 원소에 추가로 전자가 채워질 수 있는 여유가 있는 *d* 또는 *f* 오비탈을 가지면서 동시에 같은 주기에서 전기 음성도가 비교적 큰 원소에서 확장된 팔전자 규칙이 발견되기도 한다.

예제 5.3

PCl_5의 루이스 구조를 그리시오.

풀이

본문에서 테트라플루오린화 황의 루이스 구조를 결정하던 방법을 적용한다.

1. 원자가 전자의 총수를 계산한다.

$$5 + 5 \times (7) = 40 \text{ 전자}$$

↑ P ↑ Cl

2. 결합한 원자들 사이에 단일 결합을 배치한다.

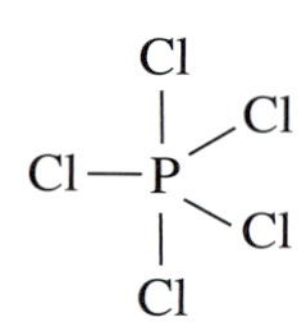

3. 남은 전자들을 배치한다. 이 경우에는 30개의 전자(40−10)가 남는다. 이 전자들은 각 염소 원자의 팔전자 규칙을 만족시키기 위해 사용된다. 최종 루이스 구조는 다음과 같다.

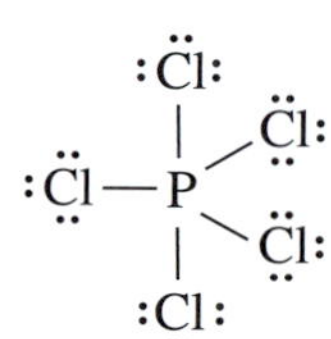

3주기 원소인 인은 팔전자 규칙보다 두 개의 전자를 초과하였다.

응용문제 5.3

ICl_4^-의 루이스 구조를 그리시오.

5.4 배위 공유 결합

배위 결합 또는 **배위 공유 결합**(**coordinate covalent bond**)이란 **팔전자 규칙에 맞춰 루이스 구조를 완성하는 과정에서 원자가 다른 원자나 이온에 일방적으로 전자쌍을 제공하여 공유함으로써 이루어지는 결합**이다. 즉, 하나의 원자가 공유 전자쌍 모두를 다른 원자에 제공하여 이루어지는 결합이다. 안정한 전자 배치 상태인 팔전자 규칙을 완성하기 위해서 실제로 이러한 배위 결합은 빈번하게 발생한다. 대표적인 예로 암모늄 이온(NH_4^+)과 하이드로늄 이온(H_3O^+)의 생성을 들 수 있다.

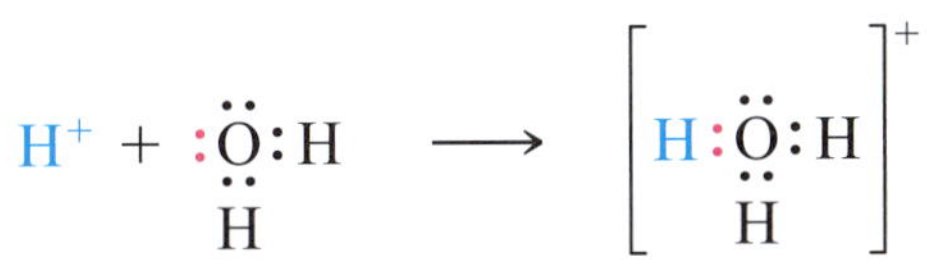

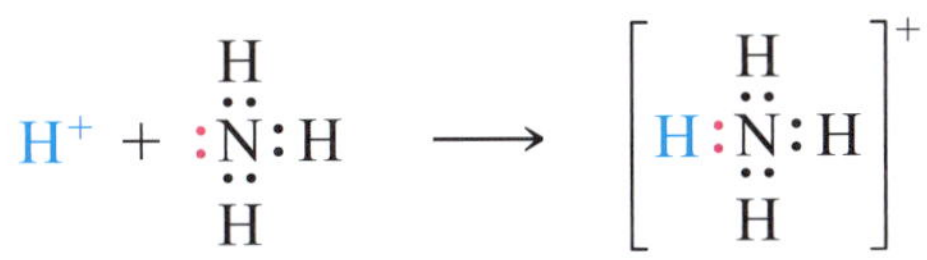

이러한 배위 결합은 하나의 분자나 분자 이온을 형성하는 과정뿐 아니라 화학 반응 중에서도 발견할 수 있다. 대표적인 예로 보레인(BH_3)과 암모니아(NH_3)의 반응을 들 수 있는데 다음 반응식과 같이 결핍된 팔전자 규칙에 해당하는 보레인이 암모니아로부터 전자쌍을 일방적으로 받으면서 배위 결합을 하게 되면 최종적으로는 안정한 팔전자 규칙을 만족하는 상태가 될 수 있다.

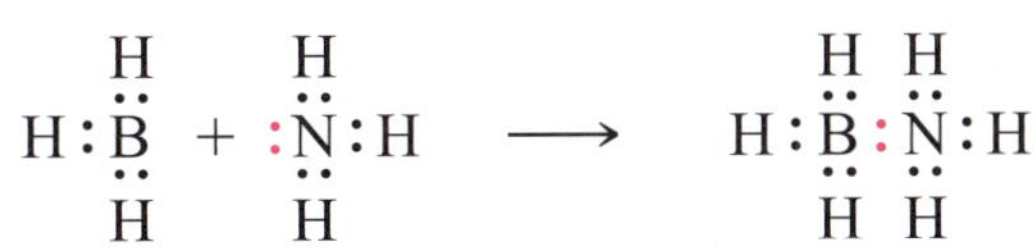

5.5 공명 구조와 형식 전하

공명 구조

만약 분자의 루이스 구조를 그리는 과정에서 배위 결합이 존재할 경우, **팔전자 규칙에 맞도록 분자 하나를 나타내는 구조가 경우에 따라 여러 경우의 수로 그려질 수도 있다.** 이러한 구조를 **공명 구조**(**resonance structure**)라고 한다.

공명 구조가 배위 결합 화합물에서만 나타나는 것은 아니다. (예: 벤젠)

이해를 돕기 위한 예시로, 팔전자의 규칙에 맞게 오존(O_3) 분자의 루이스 구조를 그린다고 가정해 보자. 이 분자를 구성하는 산소 원자 세 개의 최외각 전자의 총 개수는 18개이다. 세 개의 산소가 나란히 배열된다고 하였을 때, 그림 5.4(a)와 같은 골격 구조까지는 쉽게 그릴 수 있다. 이어서 그림 5.4(b)처럼 두 산소 원자 사이에 팔전자계가 형성되도록 두 쌍의 공유 전자쌍을 배치하게 된다.

문제는 남은 한 개의 산소 원자를 배치할 때 발생한다. 중심 산소 원자 주변에 공유 결합을 할 때 좌우 대칭의 배치는 할 수 없다(그림 5.4(c)). 그렇게 되면 중심 산소가 최외각에 가지고 있는 총 전자의 수가 10개가 되어 팔전자 규칙을 만족할 수 없다. 이는 불안정하며, 존재할 수 없는 상태이다.

따라서, 분자 내 모든 산소 원자가 팔전자계를 구성하면서 오존 분자가 만들어질 수 있는 유일한 방법은 그림 5.4(d)와 같이 중심 산소 원자가 세 번째로 결합할 산소 원자에게 일방적으로 전자쌍을 제공하면서 공유를 하는 배위 공유 결합을 하는 것뿐이다.

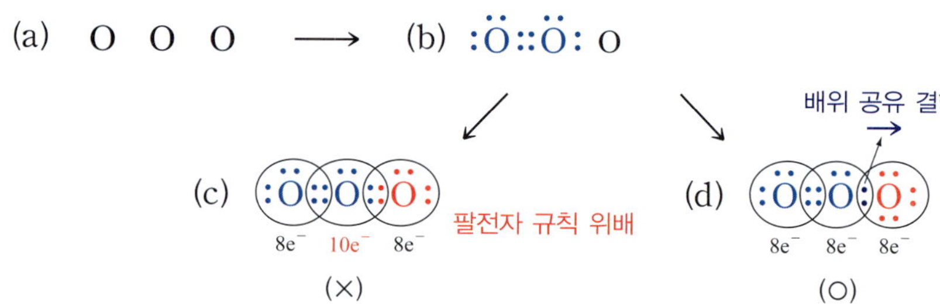

그림 5.4 오존(O_3) 분자의 루이스 구조. 그리는 과정에서 배위 공유 결합이 적용된다.

이로써 오존 분자의 루이스 구조는 중심 산소를 기준으로 한 쪽은 이중 결합, 다른 한 쪽은 단일 결합을 하는 형태로 루이스 구조를 그릴 수 있다. 다만 배위 공유 전자쌍을 어느 쪽으로 보내느냐에 따라 이중 결합이 왼쪽에 그려질 수도, 오른쪽에 그려질 수도 있다(그림 5.5).

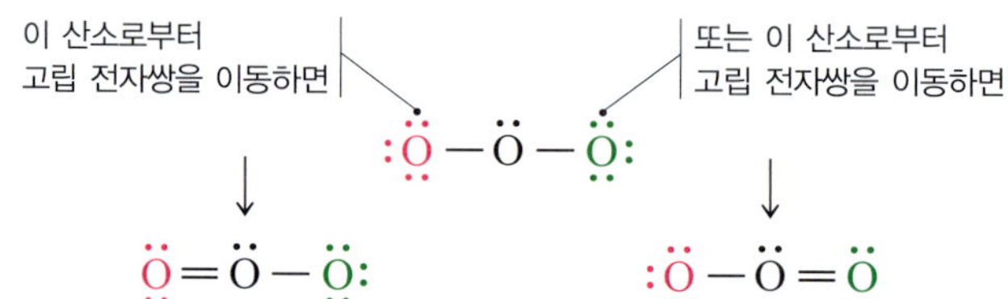

그림 5.5 오존(O_3) 분자 루이스 구조의 두 가지 경우의 수

두 가지 경우 어느 쪽이든 오존 분자의 루이스 구조는 팔전자 규칙을 준수하기 때문에 둘 다 맞는 구조이다. 이럴 때 오존 분자는 '공명 구조를 갖는다'라고 한다. 이런 공명 구조는 앞서 설명한 배위 공유 결합이 있는 분자에서 주로 발견된다. 팔전자 규칙에 맞게 루이스 구조를 그리다 보면 배위 공유 결합 때문에 **두 가지 이상**의 올바른 루이스 구조를 그릴 수 있는 경우에 공명 구조를 갖는 분자라고 할 수 있다.

공명 구조를 이루는 개개의 구조를 **공명 참여 구조**(**resonance contributor**)라고 한다. 이 공명 참여 구조 사이에는 **이중 머리 화살표**(⟷)를 사용함으로써 동일한 분자의 구조라는 점을 나타낸다(그림 5.6(a)). 이렇게 표기를 하면 다음과 같이 전자쌍 한 쌍이 분자 내에서 순차적으로 밀리듯이 이동하면서 두 공명 참여 구조가 동시에 유지되는 것처럼 보인다.

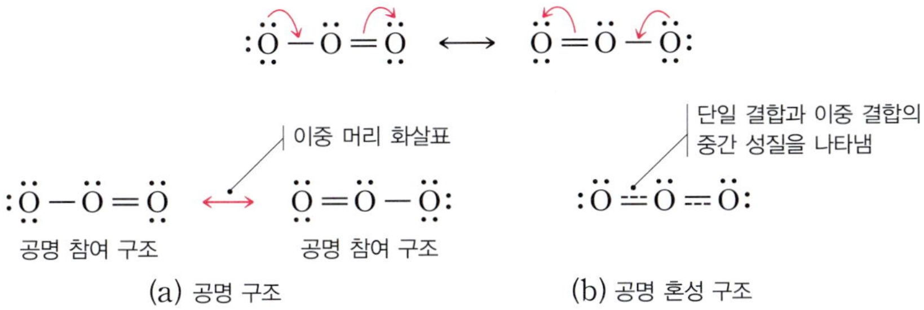

그림 5.6 오존(O_3)의 공명 구조와 공명 혼성 구조

오존의 경우, 종이 위에 팔전자 규칙을 만족하도록 루이스 구조를 그리다 보니 두 가지 경우의 공명 구조가 그려지는 상황이지만 사실 오존 분자의 실제 구조는 한 종류이다. 정확히는, 오존 분자에서는 전자쌍이 어느 한쪽으로 쏠려 있는 것이 아니라 모든 전자가 분자 내에 **골고루** 잘 퍼져 있는 상태, 즉 **비편재화(delocalization)**된 상태로 존재한다.

공명 참여 구조의 가짓수가 많은 분자일수록 비편재화가 잘 되어 있다고 생각할 수 있다. 오존이 비편재화된 분자라는 점을 반영하기 위하여 화학자들은 공명 참여 구조들의 **중간적인 형태**인 **공명 혼성 구조(resonance hybrid)**로 표기하기도 한다(그림 5.6(b)). 공명 혼성 구조는 배위 결합이 형성될 수 있는 결합에 점선 형태의 결합을 그려줌으로써 표현한다는 특징이 있다.

오존의 실제 구조가 한 종류라고 밝혔듯이, 공명 구조를 가지고 있다고 해서 그 분자의 실제 구조가 **다수라고 생각하면 안 된다**. 이 세상의 모든 분자의 실제 구조는 **단 하나**이다. 단지 종이 위의 평면상에 팔전자 규칙에 맞도록 루이스 구조를 그리다 보니 여러 경우의 수(다수의 공명 참여 구조)로 나타내는 것뿐이다. 이러한 오해를 방지하기 위해 분자의 구조를 한 가지로 나타내려고 공명 혼성 구조를 사용하는 것이다.

전자의 편재화(localization)와 비편재화(delocalization)
분자 전체적으로 전자 혹은 전자 구름(전자의 전하)이 퍼져있는 형태를 확인했을 때, 분자 전체에 골고루 전자가 분포되어 있을수록 비편재화가 잘 되어 있는 분자라 하며, 어느 한쪽으로 전자 분포가 쏠려 있는 경우에는 편재된 분자라 한다. 안정한 분자나 분자단(다원자 이온)일수록 비편재화가 잘 되어 있다. 공명 참여 구조의 종류가 많은 분자일수록 비편재화가 잘 된 안정한 분자로 볼 수 있다.

5.4 예제

탄소는 석회석과 조개껍데기의 탄산 이온의 형태로 자연에서 존재한다. 탄산 이온(CO_3^{2-})에 대한 루이스 식의 공명 참여 구조를 모두 그리시오. 공명 혼성 구조도 그리시오.

풀이

1. 본문에서 요약한 절차의 단계를 따르면 먼저 다음의 루이스 식을 얻는다.

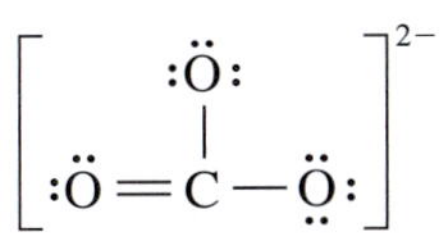

2. 두 개의 다른 산소 원자 중 어느 것이든 이중 결합으로 나타낼 수 있다.

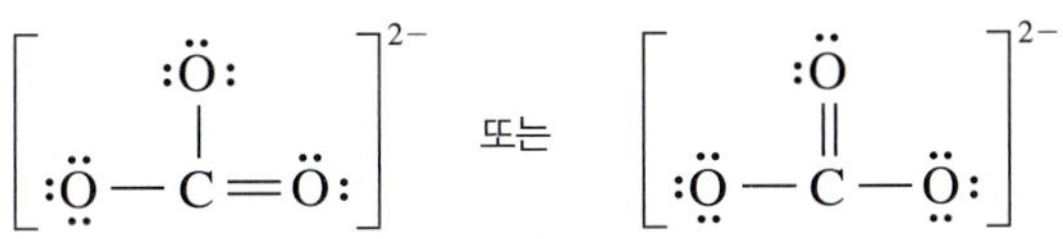

3. 실제 구조는 이 세 가지 구조들의 공명 참여 구조이다.

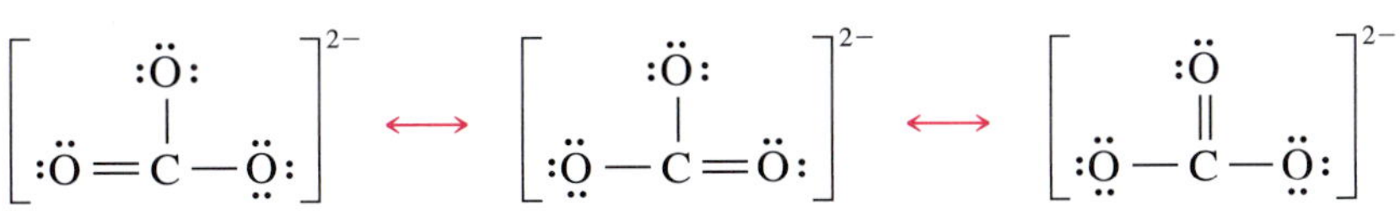

4. 위 공명 참여 구조를 모두 아우르는 중간적인 공명 혼성 구조는 아래와 같다.

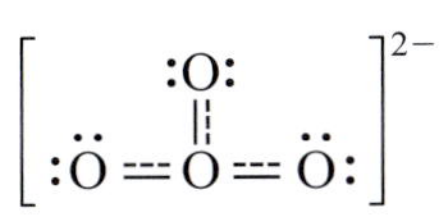

응용문제 5.4

질산 이온(NO_3^-)의 공명 혼성 구조를 그리시오.

형식 전하

형식 전하(formal charge)는 계산을 통해서 알아내는 **가상적인 의미의 전하**로, 공유 결합 중인 분자 내 각각의 원자가 공유 결합 과정에서 얼마만큼의 전자를 받거나 제공하였는지를 나타내는 수단이다. 물론 실제 공유 결합 분자 내의 각각 원자들은 전하를 가지고 있지 않다. 즉, 루이스 구조에서 모든 공유 결합 내의 전자들이 결합에 참여한 원자들에 대해 동등한 기여도를 나타낸다면 형식 전하는 없고, 단지 형식 전하는 배위 공유 결합이 포함될 때만 발생한다. 암모늄 이온(NH_4^+)의 예를 통해 살펴보면 쉽게 이해할 수 있다.

$$\text{형식 전하} = (\text{자유 원자의 원자가 전자 수}) - \frac{1}{2}(\text{결합 전자 수}) - (\text{비결합 전자 수})$$

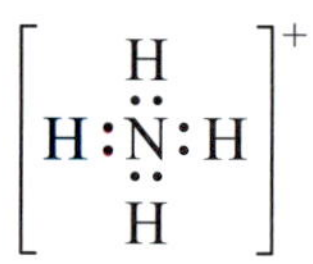

수소:	고립 수소의 원자가 전자	1
	결합 수소의 결합 전자	2
	결합 수소의 비결합 전자	0
	형식 전하$=1-\frac{1}{2}\times(2)-0=0$	
질소:	고립 질소의 원자가 전자	5
	결합 질소의 결합 전자	8
	결합 질소의 비결합 전자	0
	형식 전하$=5-\frac{1}{2}\times(8)-0=+1$	

위 암모늄 이온의 형식 전하를 통해 해석할 수 있는 것은 암모늄 이온을 구성하고 있는 수소의 경우 공유 결합을 하는 과정에서 전자를 질소와 동등하게 공유하고 있다는 의미로 형식 전하가 0을 띠고 있다는 점과 질소 원자는 이들 수소와 공유 결합을 하는 과정에서 전자가 하나 부족하게 된 상황이라는 점이다. 암모늄 이온처럼 다원자 이온에서 이온을 구성하고 있는 모든 원자의 형식 전하를 합친 값은 그 이온의 **전체 전하수**와 항상 같다.

형식 전하를 계산함으로써 어떤 분자의 루이스 구조가 맞는 구조인지 아닌지를 판단하는 기준으로 삼을 수 있다. 보통 다음과 같은 간단한 규칙에 따라 올바른 루이스 구조 여부를 판가름한다.

1. 일반적으로 가장 올바른 루이스 구조는 형식 전하를 가지지 않는(형식 전하값이 0인) 구조이다. 하지만 어쩔 수 없이 형식 전하가 존재하는 경우에는 가장 적은 값의 + 및 − 값에 해당하는 형식 전하가 형성된 구조가 합당한 구조이다.
2. 형식 전하가 필요한 곳에는 가능하면 작은 절댓값을 가지고, 음의 형식 전하는 전기 음성도가 가장 큰 원자에 나타나야 한다.

3. 한 구조에서 같은 전하 부호의 형식 전하를 갖는 원자끼리 결합할 수 없다.

5.5 예제

황산 이온(SO_4^{2-})의 구조를 구성하는 모든 원소의 형식 전하를 계산하고 표기하시오.

풀이

형식 전하의 계산 과정

1. 루이스 구조를 먼저 알맞게 그린다.

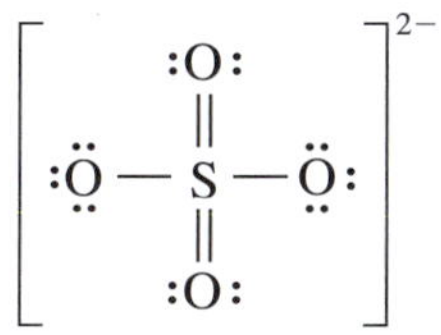

2. 다음과 같이 각 구성 원소에 대해서 형식 전하를 계산 공식을 따라 계산한다.
   i) 중심에 위치한 황 원자의 형식 전하
   $=6-\frac{1}{2}\times(12)-0=0$
   ii) 황 원자와 이중 결합을 하고 있는 산소 원자의 형식 전하
   $=6-\frac{1}{2}\times(4)-4=0$
   ii) 황 원자와 단일 결합을 하고 있는 산소 원자의 형식 전하
   $=6-\frac{1}{2}\times(2)-6=-1$
3. 다음과 같이 형식 전하를 표기한다.

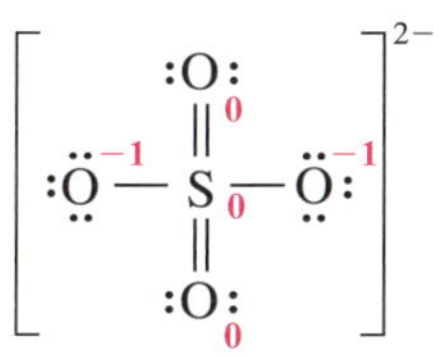

응용문제 5.5

대학원생 혁중이는 화학식이 CH_2O인 분자의 루이스 구조를 팔전자 규칙에 맞게 다음과 같이 두 가지로 그렸다. 사실 두 구조 중에 한 구조만이 옳은 루이스 구조이다. 어느 것이 옳은 구조인지 밝히고 그 이유를 설명하시오.

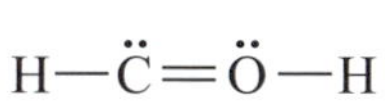

(a)

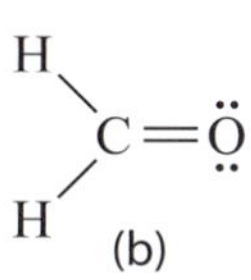

(b)

5.6 분자의 기하 구조

VSEPR 모형(valence shell electron pair repulsion model)이란 '원자가 껍질 전자쌍 반발 모형'의 영문 약자 용어이다. 보다 쉽게 설명하면 분자 구조상 중심 원자 주변에 있는 음극을 띠는 **전자쌍들의 반발을 고려한 분자 예측 모형**이라는 뜻이다. 이 원리 덕분에 분자의 입체적인 모양, 즉 기하 구조를 비교적 정확히 예측할 수 있다. 분자의 기하 구조를 예측할 수 있어야, 분자의 여러 성질을 중요한 특성인 분자의 극성을 판단할 수 있다.

VSEPR 원리를 쉽게 설명하기 위해 물(H_2O), 암모니아(NH_3), 메테인(CH_4) 분자의 구조를 살펴보자. 이 세 분자의 올바른 루이스 구조는 다음과 같다. 그러나 이 루이스 구조는 그저 평면인 종이 위에 원자와 원자간 연결 상황을 쉽게 알아볼 수 있도록 적은 것일 뿐 실제 입체적인 모양까지 알 수는 없다.

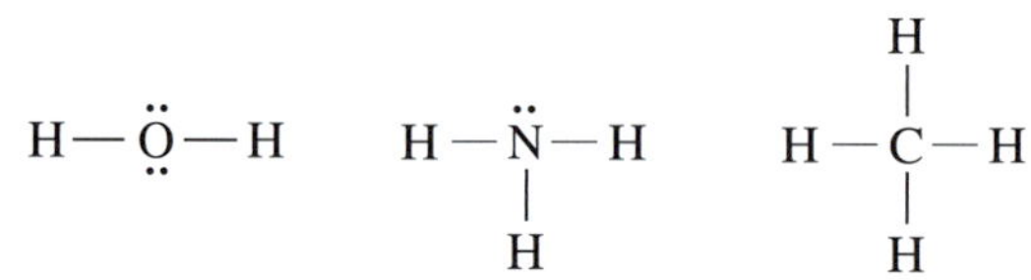

여기서 우리는 이들의 루이스 구조를 보면서 한 가지 사실을 알 수 있다. 이 세 분자의 중심 원소는 각각 O, N, C인데, 이 중심 원소 주변에 결합 전자쌍이나 고립 전자쌍이 모두 공통으로 네 쌍씩 있다는 것이다.

여기서 중요하게 짚고 넘어가야 할 세 가지 사실이 있다.

첫째, 이 네 쌍의 전자쌍은 중심 원소의 가장 바깥 껍질(원자가)을 채우고 있는 전자쌍이다.

둘째, 이 전자쌍은 음극을 띠는 전자들로 이루어진 것이기 때문에 음극을 띤 전하 구름으로 볼 수 있으며 이들 사이에는 반발력이 강하게 작용한다.

셋째, 전하 구름(전자쌍) 사이의 반발력은 2차원이 아닌 3차원 공간에서 작용하기 때문에 반발력을 최소화하기 위하여 전하 구름(전자쌍)들이 최대한 벌어져서 위치한다.

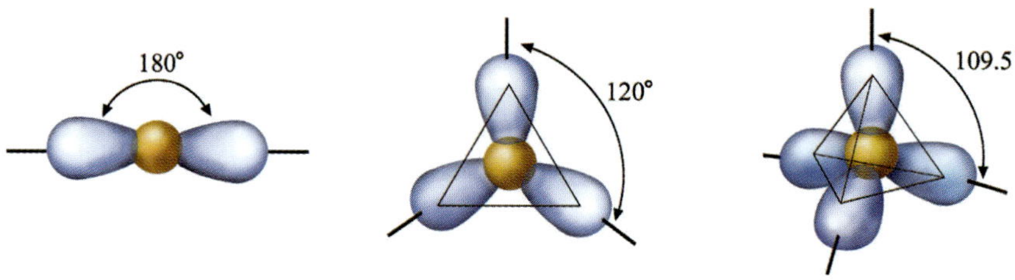

부모 구조
중심 원자 주변에 존재하는 전하 구름(전자쌍)의 개수로 결정되는 입체 구조의 기본 틀. 이 부모 구조에는 크게 삼각 평면, 사면체, 삼각쌍뿔, 팔면체가 있다.

이런 이유로 최종적으로 물(H_2O), 암모니아(NH_3), 메테인(CH_4)의 세 종류 분자는 사면체라는 부모 구조 틀에 들어가면서 각기 전하 구름(전자쌍)끼리 반발함에 따라 그림 5.7과 같이 각각 굽은 구조, 삼각뿔 구조, 사면체 구조를 형성한다.

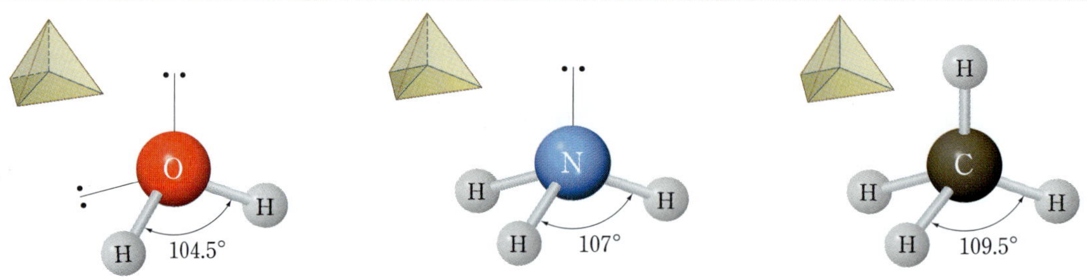

물 분자는 104.5°의 결합각을 가진 굽은 형	암모니아 분자는 107°의 결합각을 가진 삼각뿔 구조	메테인 분자는 109.5°의 결합각을 가진 사면체 구조

그림 5.7 분자의 기하 구조(굽은 형, 삼각뿔, 사면체 구조). 중심 원소 주변에 네 쌍의 전자쌍 묶음이 존재하면 사면체 부모 구조 틀 안에서 전자쌍 간에 반발력이 작용한다.

그림 5.7을 보면 동일한 사면체 틀에서 전자쌍 간의 반발력을 고려하더라도 최종 분자의 기하 구조는 똑같은 것이 아니라 굽은 형, 삼각뿔, 사면체 구조로 달라진다. 이유는 분자의 입체 구조의 실제 모습은 고립 전자쌍은 생각하지 않고 오로지 원자핵이 있는 원자에 중점을 맞추어 판단하기 때문에다. 그러므로 위 세 분자 모두 전하 구름이 네 개여서 공통으로 사면체 구조이지만, 고립 전자쌍을 제외한 나머지 결합 전자쌍으로 연결된 원자만을 판단하여 세 종류의 다른 기하 구조(입체 구조)로 불린다.

그리고 이들 기하 구조별로 원자–원자–원자 사이의 **결합각**이 각각 다르다는 것이 그림 5.7에 나타나 있다. 일반적으로, 고립 전자쌍이 결합 전자쌍보다 부피가 커서 **고립 전자쌍의 수가 많을수록 결합 각도가 작아진다**고 할 수 있다. 물, 암모니아, 메테인 세 분자 모두 공통적으로 사면체 부모 구조에 해당하지만, 고립 전자쌍이 없는 메테인은 결합각이 109.5도로 이 분자 중에서 가장 크고, 고립 전자쌍이 하나인 암모니아는 107도, 두 개인 물은 104.5도의 결합각을 가진다. 그만큼 고립 전자쌍이 결합 전자쌍보다 부피가 크기 때문이다. 전자쌍 간의 반발력은 다음과 같은 순서로 결정된다.

결합 전자쌍–결합 전자쌍 < 비결합 전자쌍–결합 전자쌍
< 비결합 전자쌍–비결합 전자쌍

지금까지의 내용을 이해했다면 중심 원자 주변에 있는 **전하 구름의 개수**가 분자의 입체 구조를 좌우한다는 것을 알 수 있을 것이다. **전하 구름(charge cloud)**이란 **음극의 전하를 띠고 있는 전자쌍의 다발**이다. 고립 전자쌍, 단일 결합, 이중 결합, 삼중 결합 각각을 하나의 전하 구름으로 생각한다. 즉, 이중 결합은 전하 구름이 두 개가 아니고 하나이다.

대부분의 화합물은 루이스 구조를 그려보면 2, 3, 4, 5, 6개의 전하 구름을 형성한다. 이에 따라 부모 구조도 삼각 평면, 사면체, 삼각쌍뿔, 팔면체로 각기 다양하다. 이 점에 대해서는 그림 5.8을 참조하여 그 예에 해당하는 분자들도 함께 잘 기억해 두어야 한다. 단, 전하 구름이 2개인 경우에는 단순한 선형 구조이기 때문에 별도의 부모 구조가 없다.

다음은 VSEPR 모형을 적용하여 분자의 기하 구조(입체 구조)를 판단하는 과정이다. 예제를 통해 다음 내용을 숙달하길 바란다.

① 분자 혹은 다원자 이온의 올바른 루이스 구조를 그린다.
② 중심 원자 주위의 전자쌍의 수를 결정하고 중심 원자 주변에 형성된 전자쌍(결합 전자쌍과 고립 전자쌍), 즉 전하 구름의 개수를 파악한다.
③ 이 다수의 전하 구름끼리의 반발을 고려하여 입체 공간에서 형성될 부모 구조를 선택한다.
④ 이 부모 구조 안에 고립 전자쌍이 아닌 다른 원자들에 의해서 점유되는 중심 원자 주위의 위치에 근거하여 기하학적 모양을 서술한다.

결합수	고립 전자쌍 수	전하 구름 수	부모 구조	기하 구조 및 모양	예
2	0	2		 선형	O=C=O
3	0	3	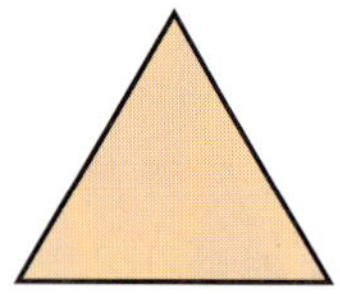 삼각 평면	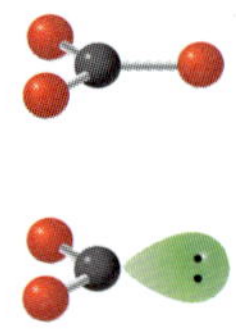 삼각 평면	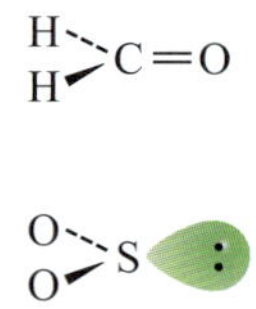
2	1			굽은형	
4	0	4	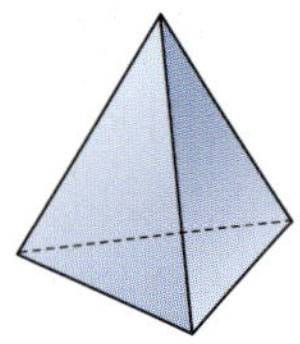 사면체	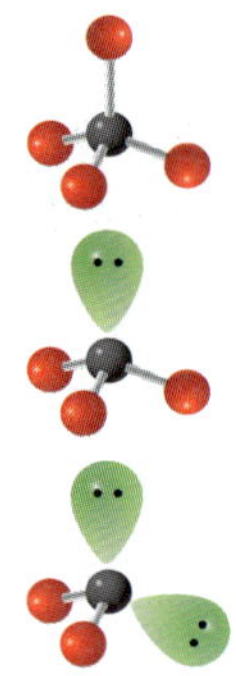 사면체	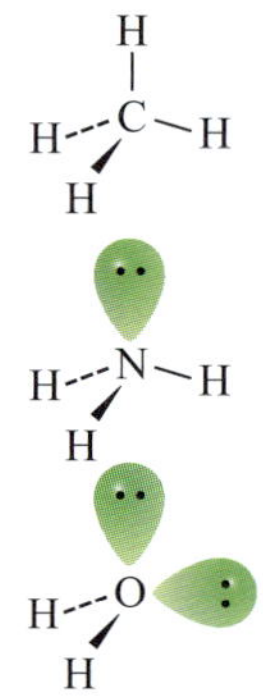
3	1			삼각뿔	
2	2			굽은형	
5	0	5	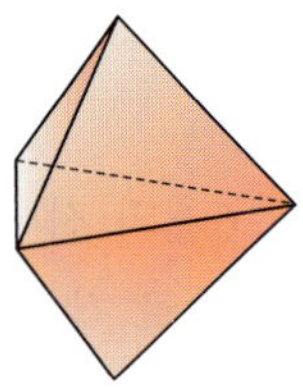 삼각쌍뿔	 삼각쌍뿔	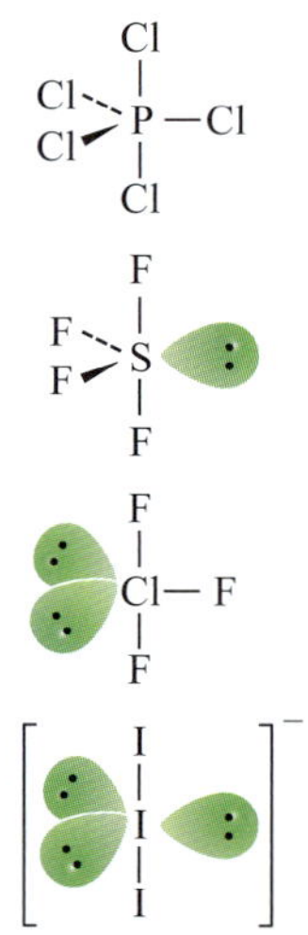
4	1			시소 모양	
3	2			T 모양	
2	3			선형	
6	0	6	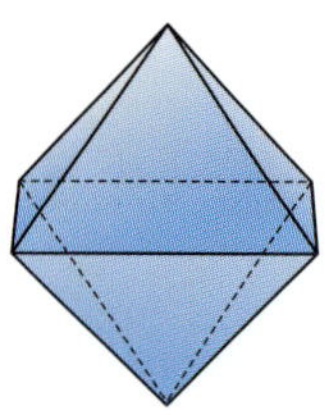 정팔면체	 팔면체	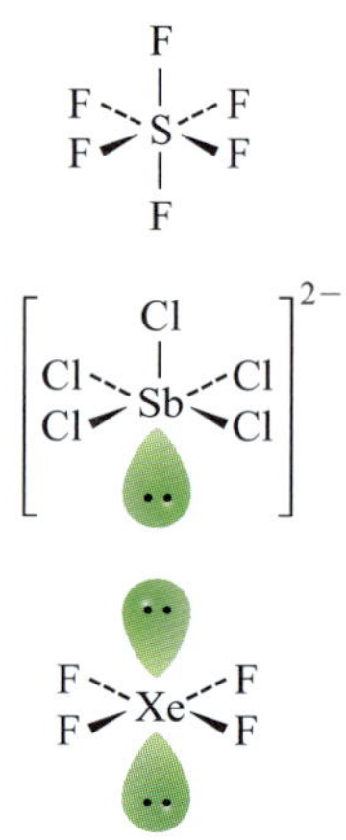
5	1			사각뿔	
4	2			사각 평면	

그림 5.8 중심 원자의 전하 구름의 수, 부모 구조, 기하 구조와 예

5.6 예제

염소 원자가 주변에 산소 세 개와 공유 결합을 하고 있고, 동시에 한 쌍의 비공유 전자쌍을 갖는 ClO_3^- 이온의 부모 구조는 무엇인가?

풀이

루이스 구조는 다음과 같다.

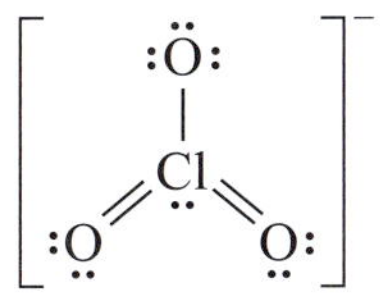

루이스 구조상 중심 원자 주변의 전하 구름이 네 방향이므로, 부모 구조는 사면체이다.

응용문제 5.6

다음 분자의 기하 구조를 판단하시오.

(a) PCl_4^-

(b) PCl_6^-

(c) XeF_4

(d) NO_3^-

Deep Insight

벤젠의 구조를 알아낸 꿈

현대 산업에서 중요하게 사용되는 벤젠의 발견은 19세기 중반으로 거슬러 올라간다. 석유를 분해해 얻는 벤젠은 각종 화학제품의 합성원료, 각종 수지의 원료, 가솔린 첨가물 등으로 사용된다. 이처럼 현대사회에 와서 더욱 널리 사용되는 벤젠은 1800년대 유기화학의 창시자인 리비히의 문하생 호프만이 석탄 타르에서 분리하는 데 성공하며 알려졌다. 하지만 화학 구조를 풀어내는 게 어려워 많은 과학자가 애를 먹었다.

당시 화학자들은 벤젠의 구조를 해명하기 위해 여러 연구를 시도했다. 그 중에서도 프리드리히 아우구스트 케쿨레(Friedrich August Kekulé)가 벤젠 분자 구조 규명에 결정적인 역할을 했다.

당시에도 모든 화학 물질은 화학식으로 표현했다. 예를 들어, 물은 H_2O다. 수소 원자 2개와 산소 원자 1개의 결합으로 존재한다는 의미다. 당시 과학자들은 벤젠의 화학식이 C_6H_6라는 것을 알고 있었지만, 어떤 구조가 돼야 C_6H_6라는 화학식을 만족시킬 수 있는지 밝히지 못했다.

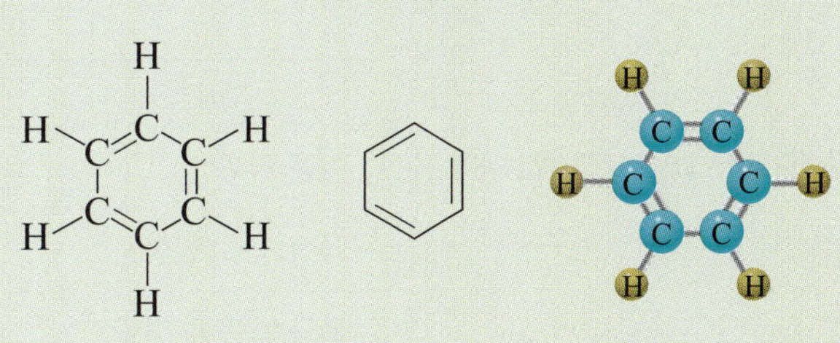

케쿨레가 제안한 벤젠의 구조

케쿨레도 벤젠 구조를 풀고자 밤낮으로 고민했다. 당시 그는 유기 화합물을 사슬 결합 구조로 설명한 이론으로 유명한 연구자였다. '사슬 구조'란 이름 그대로 많은 유기물이 사슬 모양으로 길게 결합해 연결하는 구조다. 하지만 벤젠 구조는 이러한 사슬 구조로 설명할 수 없었다. 답 없이 날마다 고민을 이어가던 케쿨레에게 어느 날 결정적인 기회가 찾아왔다.

학자이자 교사였던 그는 어느 날 교과서를 집필하던 도중 난로 옆에 깜빡 잠이 들었다. 꿈속에 빙글빙글 돌아 스스로의 꼬리를 문 뱀이 나왔다. 사슬 구조를 처음 만들어 냈을 때도 꿈에서 힌트를 얻었던 그였다. 케쿨레는 이번 기회 역시 놓치지 않았다. 꿈에서 자신의 꼬리를 문 채 동그랗게 몸을 말고 있는 뱀을 본 그는, 잠에서 깨자마자 노트에 꿈에서 본 뱀의 모습을 그리기 시작했다. 이어 고민 중이던 벤젠 구조식을 하나하나 대입했다. 그 결과 사슬구조에서 한발 더 나아간 고리 구조의 패턴을 만들어 낼 수 있었다. 지금으로부터 150여 년 전인 1865년의 일이다.

엄청난 집념으로 간절함을 갈구하다 보면 꿈속에서도 해답을 얻을 수 있다는 교훈을 보여주는 사례라고 할 수 있다.

5.7 분자의 극성

물은 극성 분자이고, 석유에서 분리 정제하여 얻을 수 있는 휘발유과 같은 기름은 비극성 분자이다. 그래서 물과 기름을 혼합하면 극성이 다르기 때문에 층 분리가 일어나면서 섞이지 않는다. 반면에 에탄올과 아세트산은 극성 분자이기 때문에 이 두 물질은 모두 물과 잘 섞인다. 그래서 마트에서 구매할 수 있는 식초와 각종 주류를 보면 각각 아세트산과 에탄올이 물과 일정 비율로 균일하게 혼합되어 있다고 볼 수 있다. 이렇게 분자의 기본적인 물리적인 성질은 분자의 극성이 연관이 깊다.

분자의 극성 여부를 판단하기 위해서는 가장 먼저 결합의 극성 여부를 판단해야 하고, 동시에 분자의 입체 구조까지 고려해야 한다. 그럼 결합의 극성과 분자의 극성을 순차적으로 공부해 보자.

결합의 극성

두 원자 사이에 형성되는 화학 결합이 이온 결합인지 공유 결합인지 판단하려면 두 원소의 **전기 음성도 차이**를 살펴보아야 한다. 전기 음성도는 한 원소의 원자핵이 결합 중인 인접 원소의 전자를 끌어당기는 힘을 수치화한 것이다.

전기 음성도 값은 그림 4.5를 참고하다.

	두 원자간 전기 음성도 차이(α)
이온 결합	$1.9 < \alpha$
극성 공유 결합	$0.4 < \alpha \leq 1.9$
무극성 공유 결합	$0 \leq \alpha \leq 0.4$

결합 중인 두 원자의 전기 음성도 차이가 **1.9를 초과**하면 전자가 결합 중인 한쪽 원자에서 다른 원자로 완벽하게 끌려가 이동한 것으로 보고 대개 그 결합을 **이온 결합**으로 판단한다. 마찬가지로 전기 음성도의 차이가 **1.9 이하**이면 전자의 치우침 정도는 있을 수는 있으나 확실한 강한 힘으로 전자가 이동하지 않는 **공유 결합**인 것으로 간주한다.

예를 들어, 이온 결합 화합물인 NaCl은 Na와 Cl의 전기 음성도가 각각 0.9와 3.0으로 그 차이가 2.1이다. 전기 음성도가 큰 Cl 원소 쪽으로 확실히 Na의 전자가 하나 넘어간 것으로 판단하여 Na와 Cl 사이의 결합을 이온 결합이라고 판단할 수 있다. 반면 공유 결합 화합물인 HCl의 경우, H와 Cl의 전기 음성도는 각각 2.1과 3.0으로 그 차이가 0.9이다. 이것은 전자가 어느 한쪽으로 확실히 이동하지 않는 대신 공유 중인 전자쌍이 전기 음성도가 약간 더 높은 염소 쪽으로 쏠려 있는 공유 결합으로 볼 수 있다.

또한 공유 결합은 **극성 공유 결합(polar covalent bond)**과 **무극성 공유 결합(nonpolar covalent bond)**으로 다시 구별한다. 두 원소 사이의 전기 음성도 차이가 **0.4 초과 1.9 이하**인 결합은 **극성 공유 결합**으로 판단한다. 그 외 전기 음성도의 차이가 **0.4 이하**이면 미미한 전기 음성도 차이로 인해 두 원소 사이의 공유 전자쌍이 한쪽 원소를 향해 치우치지 않는다고 보기 때문에 **무극성 공유 결합**이라고 한다. 예를 들어, HCl은 극성 공유 결합을 하고 있으며, 같은 원자끼리 결합한 Cl_2, H_2, I_2 같은 원소 분자는 무극성 공유 결합이다.

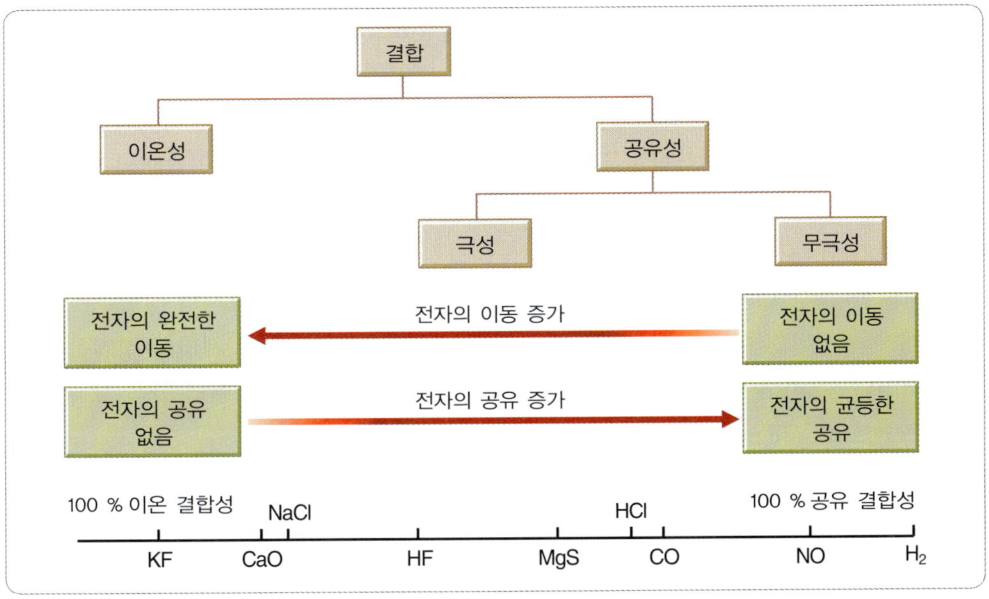

그림 5.9 화합물의 결합성 구별법

간혹 전기 음성도의 차이가 1.9를 넘지 않음에도 극성 공유 결합이 아닌 이온성 결합을 하는 경우도 있다. 그 대표적인 예시가 황화 마그네슘(MgS)이다(그림 5.9). 마그네슘의 전기 음성도는 1.2, 황의 전기 음성도는 2.5이므로 두 원소의 전기 음성도 차이는 1.3이다. 그런데 이 화합물의 결합은 극성 공유 결합이 아닌 이온 결합으로 규정한다. 기본적으로 이온 결합 화합물의 정의 자체가 몇몇 예외를 제외하고는 금속 원소가 양이온으로, 비금속 원소가 음이온으로 상호 정전기적 형성된 결합이기 때문이다. 또, 극성 공유 결합은 비금속 원소끼리의 결합인 공유 결합이라는 전제하에서 판단해야 하는 결합인 것이다. 즉, 기본적으로 금속 원소와 비금속 원소 간의 결합은 전기 음성도의 차이와는 **다소 무관하게** 이온 결합이라고 봐야 하며, 비금속 원소 간의 결합에 있어서만 전기 음성도의 차이를 근거로 결합성을 판단해야 한다.

분자의 극성

분자 극성의 개념을 이해하기 위해서 **결합 쌍극자(bond dipole)**와 **쌍극자 모멘트(dipole moment)**의 개념을 정립해야 한다. 앞서 전기 음성도가 다른 두 종류의 원소가 결합할 때 그 차이가 0.4를 초과하면 극성 공유 결합(polar covalent bond)이라고 하였다. 이때 HCl의 경우와 같이 전기 음성도가 강한 원소 쪽으로 전자의 분포가 쏠린다. 이 때문에 부분 양전하(δ^+)와 부분 음전하(δ^-)가 분자의 양쪽 끝에 형성되었음이 표시되어 있다. 그림 5.10을 보면 정전기 퍼텐셜 지도상 붉은색을 띠는 부분, 즉 음극을 띠는 전자의 분포가 많은 쪽은 δ^-가 표기되어 있다. 반대로 정전기 퍼텐셜 지도상 청색을 띠는 부분, 즉 전자가 쏠려 있지 않고 오히려 부족한 부분은 δ^+가 표기되어 있다.

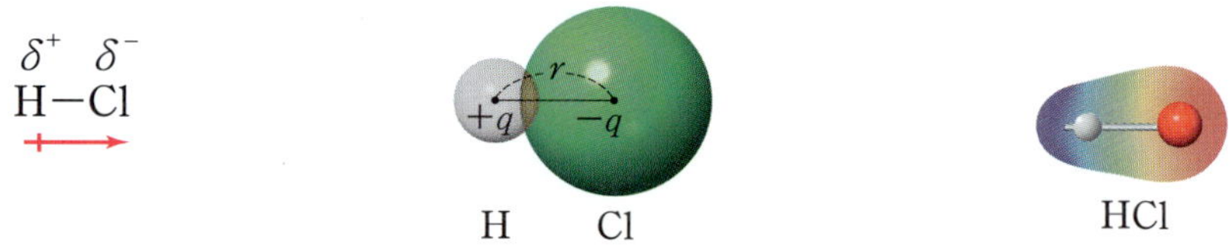

그림 5.10 분자의 극성

이렇게 극성 공유 결합의 양 끝에 약한 두 극성(δ^+, δ^-)이 조성되어 있는 상태를 **편극(polarization)**이라고 한다. 이 편극 상태, 즉 전자가 쏠려 있는 상황을 나타내기 위해 분자 구조식 옆에 한쪽 끝이 십자 모양인 화살표(⟼)를 표시해 준다. 이렇게 **결합의 편극 현상을 나타내는 화살표**를 **쌍극자(dipole)**, 더 정확히 말하자면 **결합 쌍극자(bond dipole)**라고 부른다. 이 쌍극자는 전자의 쏠림 정도에 따라 그 편극 정도가 달라지기 때문에 크기가 달라진다.

그런데 한 분자 내에 극성 공유 결합이 여러 개가 존재한다면 각각의 결합 쌍극자도 여러 개가 생성될 것이다. 여기서 중요한 점은 바로 결합 쌍극자는 벡터의 성질을 가진다는 것이다. 그리하여 그 **분자 내 각 쌍극자 화살표들의 최종적인 벡터 합**을 그 분자의 **쌍극자 모멘트(dipole moment**, μ)라고 한다.

쌍극자는 기본적으로 **벡터의 특성**을 가지고 있기 때문에 쌍극자 모멘트는 분자의 **입체 구조**에 따라 큰 영향을 받을 수밖에 없다. 분자 내 다수의 결합 쌍극자에 따라서 쌍극자 모멘트는 0일 때와 0이 아닐 때로 구분하며, 결정적으로 분자의 극성 여부는 쌍극자 모멘트를 중심으로 다음의 기준에 따라 판가름한다.

- 극성 분자: 쌍극자 모멘트(μ) 값이 있는 분자($\mu \neq 0$)
- 무극성(비극성) 분자: 쌍극자 모멘트(μ) 값이 없는 분자($\mu = 0$)

쌍극자 모멘트는 분자 전체에 전자가 어느 부분에 **쏠려** 있는지를 나타내는 의미로 생각할 수 있다. 쌍극자 모멘트의 기호는 μ(그리스어 발음으로 '뮤')로 표기하고, 단위는 D(Debye, 디바이)를 사용한다.

쌍극자 모멘트는 $\mu = Q \times r$와 같이 쌍극자의 양쪽 끝단의 전하량 Q와 끝단 사이의 거리 r의 곱으로 정의한다. SI 단위로 1 D $= 3.336 \times 10^{-30}$ C·m이다. 만약 전하량이 1.60×10^{-19} C인 전자가 양성자 하나와 100 pm만큼 떨어져 있다면 쌍극자 모멘트는 다음과 같이 계산할 수 있다.

$$\mu = Q \times r$$

$$\mu = (1.60 \times 10^{-19}\ \text{C})(100 \times 10^{-12}\ \text{m})\left(\frac{1\ \text{D}}{3.336 \times 10^{-30}\ \text{C}\cdot\text{m}}\right) = 4.80\ \text{D}$$

쌍극자 모멘트는 실험적으로 측정할 수 있다. 물(H_2O)과 암모니아(NH_3)의 경우, μ값이 암모니아보다 더 큰 것으로 보아 물이 암모니아보다 분자 내 전자의 쏠림 현상이 더 크다고 해석한다(그림 5.11).

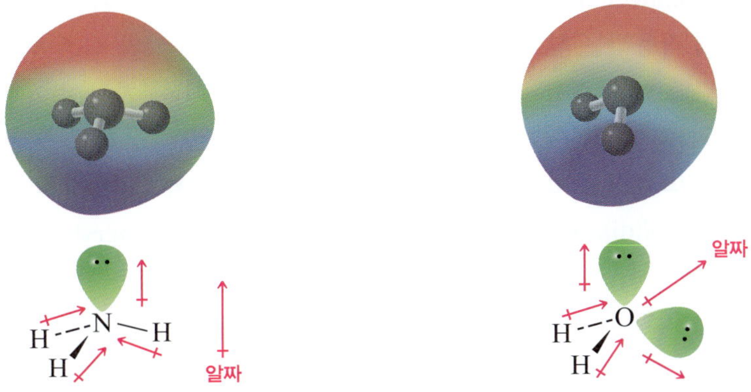

암모니아(μ = 1.47 D) 물(μ = 1.85 D)

그림 5.11 암모니아와 물의 쌍극자 모멘트

물, 암모니아와는 상대적으로 다른 경향을 보이는 쌍극자 모멘트도 있다. 바로 이산화 탄소(CO_2)와 사염화 탄소(CCl_4)인데 이들은 극성 공유 결합을 가지고 있는 분자임에도 불구하고 분자의 기하학적 구조의 특성상 결합 쌍극자의 벡터합, 즉 쌍극자 모멘트가 0($\mu = 0$)이 되어, 분자 전체적으로 전자가 분자의 어느 한쪽으로 쏠리지 않는다(그림 5.12). 결론적으로 이야기하자면 물과 암모니아는 분자 전체적으로 전자의 쏠림 현상이 있어 부분적인 극성을 띠고 있는 **극성 분자(polar molecule)**이며, 이산화 탄소와 사염화 탄소는 분자 전체적으로 전자의 쏠림 현상이 없는 **무극성 분자(nonpolar molecule**, 혹은 비극성 분자)이다.

실제 실험실에서 측정된 몇몇 분자의 쌍극자 모멘트(μ)

이름	쌍극자 모멘트(D)
$NaCl$[a]	9.0
CH_3Cl	1.90
H_2O	1.85
NH_3	1.47
HCl	1.11
CO_2	0
CCl_4	0

[a]기체상에서 측정

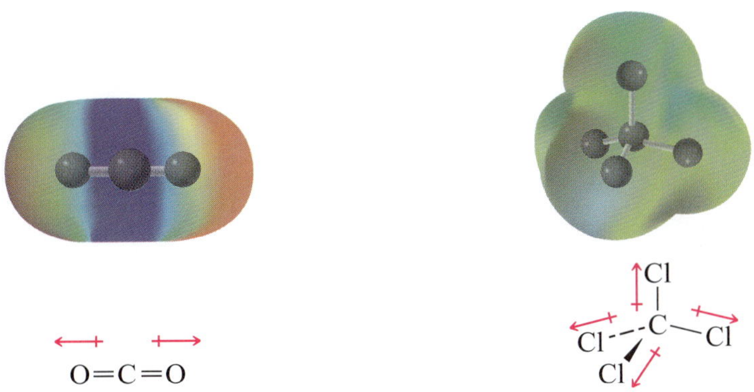

이산화 탄소(μ = 0) 사염화 탄소(μ = 0)

그림 5.12 이산화 탄소와 사염화 탄소의 쌍극자 모멘트

5.7 예제

대학원생 현민은 $C_2H_2Cl_2$ 분자의 구조를 연구하다가 이 분자의 루이스 구조가 두 종류임을 확인하였다. 이 두 종류의 루이스 구조를 모두 그리고 각 분자 구조의 극성 여부를 밝히시오.

풀이

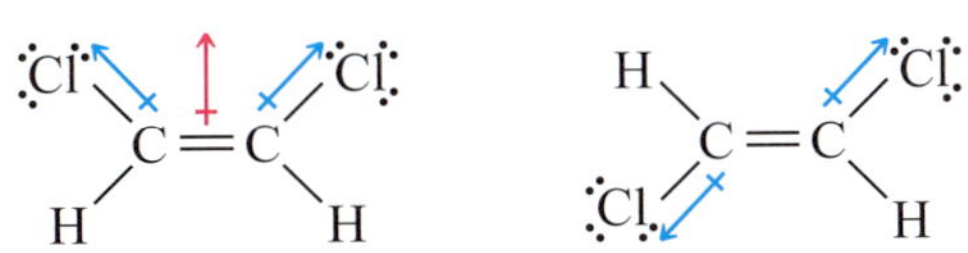

극성($\mu \neq 0$) 비극성($\mu = 0$)

응용문제 5.7

이산화 황(SO_2) 분자의 기하 구조와 극성 여부를 밝히시오.

5.8 분자간 상호작용

분자간 힘(**intermolecular force**, 분자간 상호작용)은 **개개의 입자(단원자 분자, 분자 및 이온) 사이에 작용하는 힘**으로 물질의 종류마다 다르다. 분자간 힘은 분자 사이에 작용하며 금속 결합, 이온 결합 및 공유 결합보다 훨씬 약하다. 분자간 힘의 중요 형태는 반데르발스 힘과 수소 결합이다.

여기서 **반데르발스 힘**(**van der Waals force**)은 **쌍극자-쌍극자 힘**(**dipole-dipole force**), **쌍극자-유도 쌍극자 힘**(**dipole-induced dipole force**) 및 **분산력**(**dispersion force**)을 한데 묶어서 부르는 용어로, 실제 기체가 이상 기체로부터 벗어남을 연구한 반데르발스의 이름을 딴 것이다. 이와는 별도로, 이온과 쌍극자는 **이온-쌍극자 힘**(**ion-dipole force**)이라고 하는 정전기적 힘에 의해 서로 잡아당기며, 극성 액체 내의 이온 물질이 녹아있는 용액에서 작용하는 힘이므로 반데르발스 힘에 포함되지는 않는다.

쌍극자-쌍극자 힘

쌍극자-쌍극자 힘(**dipole-dipole force**)은 쌍극자 모멘트를 가지고 있는 극성 분자들 사이에 **정전기적으로 작용하는 인력**으로 한 분자 내에서 (δ^+)극과 이웃한 다른 분자의 (δ^-)극이 매우 가까워질 때 서로 끌어당기면서 발생하며, 같은 극끼리 가까워지면 반발력이 생긴다. 쌍극자-쌍극자 힘은 분자들이 매우 가까이 있을 때 존재한다. 쌍극자 모멘트가 클수록 쌍극자-쌍극자 힘도 커진다. 그림 5.13은 고체에서 극성 분자의 배향이 서로 반대 방향으로 배열됨을 보여 주고 있다.

그림 5.13 쌍극자-쌍극자 힘 고체상에서 분자들은 최대 인력을 유지하기 위하여 쌍극자가 반대 방향으로 배열된다.

이온-쌍극자 힘

이온-쌍극자 힘(**ion-dipole force**)은 **양 또는 음이온과 극성 분자의 끝 부분이 서로 끌어당기는 힘**이다(그림 5.14). 양이온은 쌍극자의 (δ^-)전하 쪽에 끌리고, 음이온은 쌍극자의 (δ^+)전하 쪽에 끌린다. 이온-쌍극자 힘은 물속에 NaCl이 녹아 있는 경우와 같이, 극성 액체에서 이온 물질이 녹아 있는 용액에서 발생한다. 이온의 전하량, 쌍극자 모멘트의 크기 및 이온과 분자의 크기가 클수록 이온-쌍극자 힘의 크기는 증가한다.

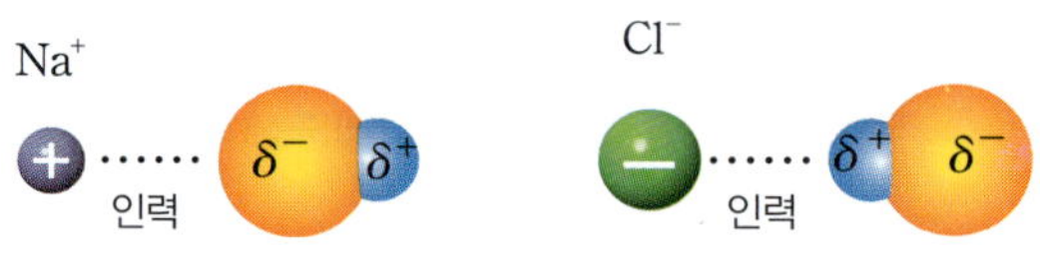

그림 5.14 이온-쌍극자 힘

그림 5.15는 Na^+과 Mg^{2+}이 물과 이온−쌍극자 인력을 보여 준다. Mg^{2+}(반지름 78 pm)이 Na^+(반지름 98 pm)보다 더 큰 전하와 더 작은 반지름을 가지기 때문에 물 분자와 더 강하게 상호작용을 하여 이온−쌍극자 힘이 Na^+보다 강하다. 용액에서 각 이온은 다수의 물 분자, 즉 산소 원자에 의해 둘러싸여 있다. 실제로 Na^+와 Mg^{2+}에 대한 수화열은 각각 −405 kJ/mol과 −1,926 kJ/mol로 나타난다. 이온−쌍극자 힘은 $MgCl_2$ 또는 NaCl 경우에서와 같이 극성 액체 속 이온 결합 물질이 녹아 있는 용액에서 매우 중요한 힘이다. 따라서 용액 내에 존재하는 분자간 힘은 반데르발스 힘으로 분류하지 않는다.

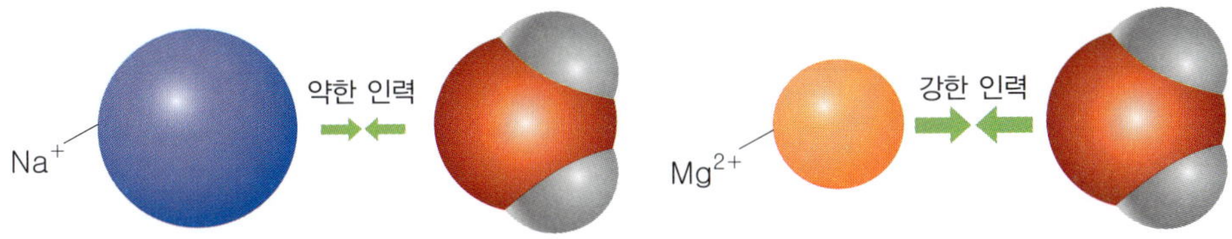

그림 5.15 물과 Na^+ 및 Mg^{2+} 간의 이온−쌍극자 힘

런던 분산력(분산력)

런던 분산력(dispersion force, 또는 **분산력**)은 1930년 미국 물리학자 런던(London, F. W., 1900~1954)에 의하여 처음으로 제안되었으며, 극히 짧은 거리에서 나타나며 매우 약한 힘이다. 분산력은 모든 분자에서 볼 수 있는 **가장 일반적인 형태**의 분자간 힘이다. 전기적으로 중성이며, 무극성 원자 또는 분자 사이에는 정전기적 상호작용이 존재하지 않는다고 생각할 수 있다. 그러나 이러한 물질 사이에도 매우 약한 인력이 존재하고 있다. 이 인력은 응축상의 모든 분자에 존재한다. 즉, 헬륨, 아르곤, 질소 등과 같은 무극성 기체는 액화될 수 있으므로 이들 사이에도 분산력이 작용하고 있다.

분산력을 이해하려면 순간 쌍극자와 유도 쌍극자의 개념을 알아야 한다. 분자를 구성하는 다수의 원자핵이 분자 전체적으로 퍼져 있는 전자 구름을 끌어당기다 보면 순간적으로 전자 분포의 불균형, 즉 순간적인 쌍극자가 발생한다. 전자가 분자의 한쪽 부분으로 순간적으로 쏠리면서 편극 현상이 발생한다고 생각하면 된다. 이 순간적인 쌍극자에 의해 다수의 인접 분자에서도 **추가적인 편극 현상**이 발생하며(유도되며), 이를 **유도 쌍극자(induced dipole**)라고 한다(그림 5.16). 이때, 다수의 **유도 쌍극자 사이에 발생하는 약한 정전기적 인력**이 바로 분산력이다.

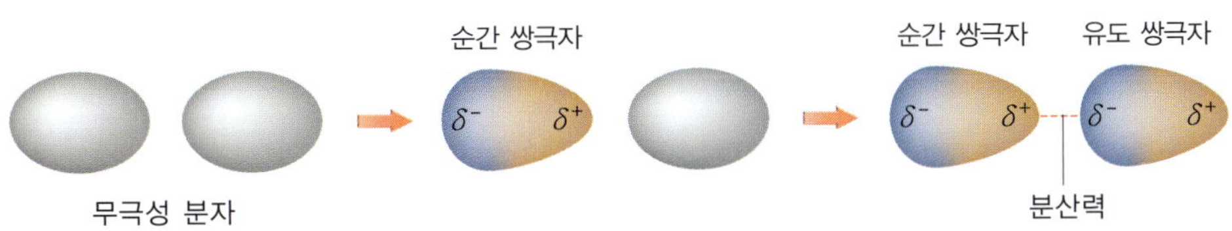

그림 5.16 무극성 분자에서 발생하는 순간적인 유도 쌍극자. 쌍극자가 형성되면 순차적으로 연속해서 배열이 형성된다.

런던 분산력에 대한 중요한 사항을 정리하면 다음과 같다.

(1) 무극성 분자 간에도 분자간 상호작용이 존재한다.

무극성 분자의 경우 분자 내 전자의 순간적인 쏠림 현상에 의하여 순간적으로 형성된 쌍극자에 의하여 런던 분산력이 발생하다.

(2) 분자량과 런던 분산력은 비례한다.

분자량이 큰 분자일수록 분자 내 전자의 개수가 많다. 이는 순간 쏠릴 수 있는 전자의 수가 증가한다는 뜻이므로 순간적인 쌍극자가 강해져서 런던 분산력도 강해진다는 이야기가 된다. 표 5.1을 보면 실제로 녹는점과 끓는점이 분자량에 따라 비례함을 알 수 있다.

표 5.1 분자량과 물리적 성질의 관계

할로젠	녹는점(K)	끓는점(K)
F_2	53.5	85.0
Cl_2	171.6	239.1
Br_2	265.9	331.9
I_2	386.8	457.5

(3) 분산력은 분자의 모양에도 영향을 받는다.

같은 분자량을 가진 무극성 분자라 할지라도 분자의 모양이 길쭉할수록 분산력이 더 강하다. 이유는 편극성 때문이다. **편극성(polarizability)**이란 **원자나 분자의 전자 분포도가 일그러지는 정도**를 뜻한다. 순간적인 전자의 쏠림이 길쭉한 분자에서 발생할수록 분자 전체적으로 관찰할 수 있는 δ^+, δ^-의 편극 현상, 즉 편극성이 더 또렷해지기 때문이다. 다음 그림을 참고하라.

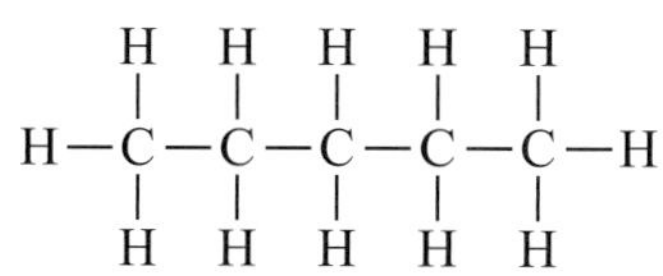

펜테인
(bp = 309.2 K)
길고 덜 조밀한 분자–분산력 큼

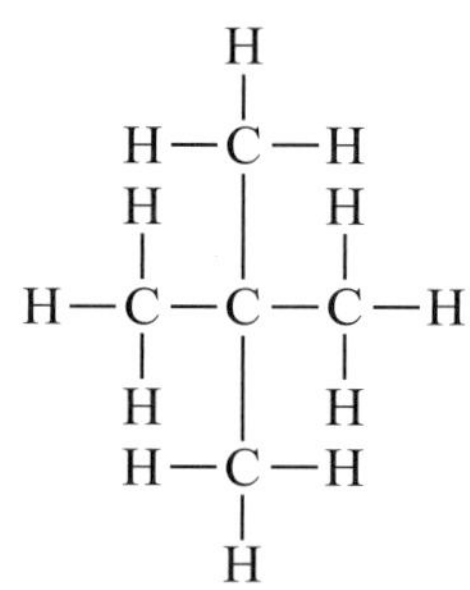

2,2-다이메틸프로페인
(bp = 282.6 K)
더 조밀한 분자–분산력 작음

수소 결합

수소 결합(hydrogen bond)은 **전기 음성도가 매우 큰 원자(F, O, N)와 결합한 수소 원자가, 같은 분자 또는 다른 분자의 전자가 풍부한 영역과 상호작용할 때 발생하는 인력**을 뜻한다. 보통 전자가 풍부한 영역은 전기 음성도가 큰 원자의 비공유 전자쌍이 존재하는 부분이다. 예를 들어, 물과 암모니아는 모두 수소 결합을 한다(그림 5.17).

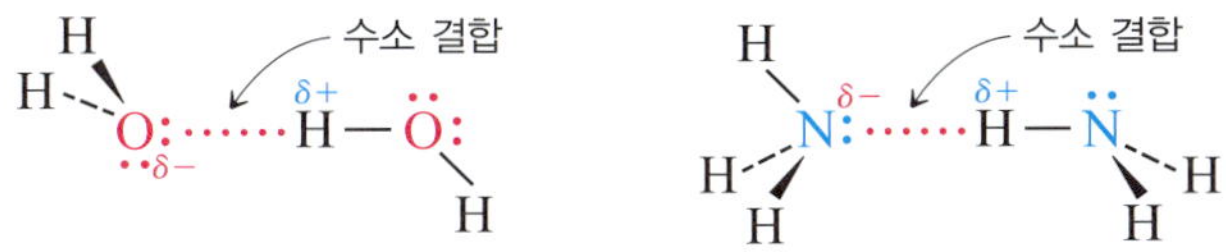

그림 5.17 물과 암모니아의 수소 결합

수소 결합이 가능한 이유는 N−H, O−H, F−H 결합에서 수소는 부분 양전하를 띠고 전기 음성도가 큰 원자(N, O, F)가 부분 음전하를 띠므로 극성이 크기 때문이다. 또한, 수소 원자는 핵을 가려 막을 수 있게 내줄 전자가 없고 크기가 작아서 다른 분자가 접근하기 쉽다. 따라서, 수소와 이웃 원자의 비공유 전자쌍 사이에는 매우 큰 쌍극자–쌍극자 인력이 생겨 수소 결합을 할 수 있게 된다. 특히 물 분자(H_2O)는 두 개의 수소와 두 개의 전자쌍을 갖기 때문에 물 분자 하나가 물 분자 네 개와 수소 결합을 하여 3차원 그물 구조를 형성할 수 있다(그림 5.18).

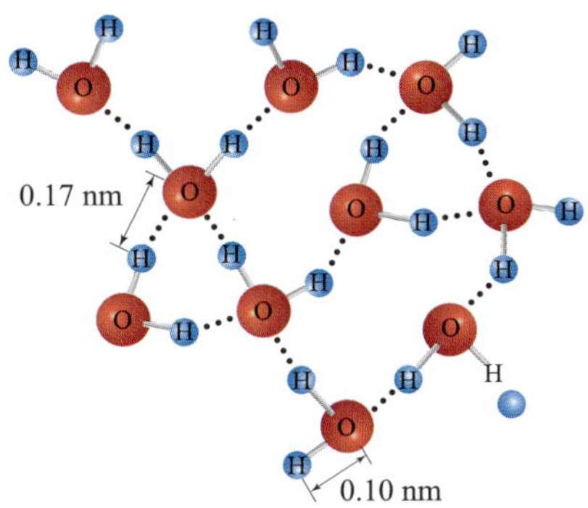

그림 5.18 물 분자에서 수소 결합

수소 결합은 최대 40 kJ/mol의 에너지를 가질 정도로 매우 강한 인력이다. 그러므로 그림 5.19처럼 이성분 수소 화합물의 끓는점 차이에 큰 영향을 미친다. 주기율표와 같은 족을 따라 아래로 내려가면 분자량이 증가하기 때문에 런던 분산력도 동시에 증가하여 분자의 끓는점이 상승하는 경향이 가장 일반적이라 할 수 있다.

$$CH_4 < SiH_4 < GeH_4 < SnH_4$$

하지만, 이 그래프에서 세 가지 물질, 암모니아, 물, 플루오린화 수소는 수소 결합을 하기 때문에 분자량이 작음에도 비정상적으로 끓는점이 높음을 알 수 있다.

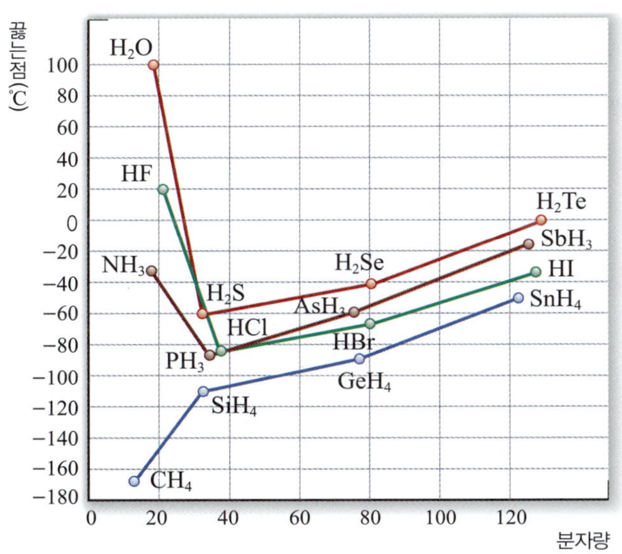

그림 5.19 이성분 수소 화합물의 끓는점 비교

예제 5.8

다음 중 물과 수소 결합을 할 수 있는 것은 어느 것인가?

CH_4, F^-, HCOOH, Na^+

풀이

CH_4와 Na^+에는 전기 음성도가 큰 원소(F, O, N)가 없어서 물과의 수소 결합은 불가능하다. 나머지 화학종(F^-, HCOOH)은 다음과 같이 수소 결합이 가능하다(붉은 점선이 수소 결합이다).

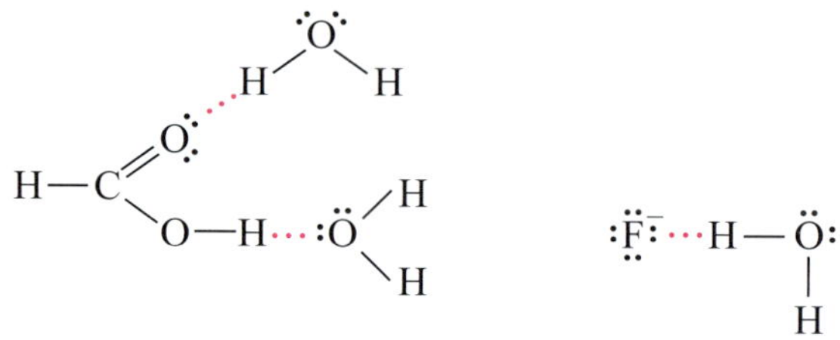

응용문제 5.8

다음 각각 분자가 밀폐용기 안에 순수하게 담겨 존재할 때, 관찰할 수 있는 분자간 힘의 종류를 모두 밝히시오.

(a) NH_3
(b) CH_4
(c) N_2
(d) SO_2

Deep Insight

수용성 비타민과 지용성 비타민

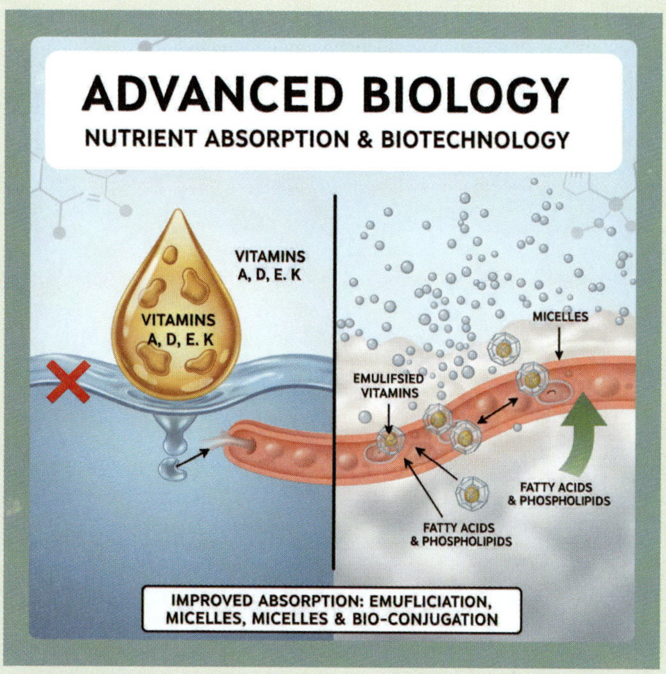

(출처: Gemini)

영양학에서는 수용성 비타민(B군, C)은 물에 잘 녹아 체내에서 비교적 빠르게 흡수되지만 저장되지 않아 매일 꾸준히 섭취해야 한다고 한다. 남은 양은 소변으로 쉽게 배출되기 때문에 과다복용 위험은 낮지만, 부족 시 쉽게 피로해지거나 면역이 저하될 수 있다. 반면 지용성 비타민(A, D, E, K)은 지방에 녹아 체내에 저장되므로 섭취가 부족해도 한동안 기능을 유지할 수 있다. 그러나 과량 섭취 시 간이나 지방 조직에 축적되어 독성을 유발할 수 있어 주의가 필요하다. 따라서 수용성 비타민은 '자주, 적당히', 지용성 비타민은 '과하지 않게' 섭취하는 균형 있는 식단이 중요하다.

화학의 관점에서 보자면 지용성 비타민은 원래 기름에 잘 녹고 물에는 거의 녹지 않아 체내 흡수율이 낮거나 음식 속 지방량에 따라 흡수가 크게 달라지는 한계가 있었다. 실제로 당근 속 비타민 A를 사람이 효과적으로 흡수하려면, 당근을 식용유로 조리해야 한다. 오늘날 시판되는 지용성 비타민 제품들은 이러한 문제를 개선하기 위해 여러 기술이 적용된 것이다. 대표적으로 유화(emulsification) 기술을 사용해 비타민 A · D · E · K를 미세한 입자로 분산시켜 물에서도 잘 섞이도록 만들어 장에서의 흡수를 높인다. 또 마이셀(micelle)화 기술을 통해 실제 소장에서 지방이 흡수되는 방식과 유사한 구조를 인공적으로 만들어 흡수 효율을 크게 향상시킨 제품도 많다. 일부 제품은 지방산 · 인지질과 결합시켜 생체 이용률을 높이기도 한다. 이러한 개량 덕분에 과거보다 적은 용량으로도 체내 흡수가 잘 이루어지는 지용성 비타민 보충제가 널리 사용되고 있다.

핵심 요약

5.1 루이스 점전자 표기법과 팔전자 규칙

- 주족 원소의 경우, 같은 족의 원소라면 원자가 전자의 전자 배치가 동일하다.
- 원자가 전자(최외각 전자)를 원소 주변에 점으로 표기한 것이 루이스 점전자 표기법이다.
- 주기율표상 주족에 해당하는 원자나 이온은 가장 바깥 껍질에 있는 *s* 오비탈과 *p* 오비탈을 모두 채워서 전자 8개를 만들어 가장 안정한 상태의 전자 배치를 만드는 경향(팔전자 규칙(octet rule))이 있다.
- 1주기 원소인 수소나 헬륨은 첫 번째 전자 껍질을 가득 채운 $1s^2$의 전자 배치가 가장 안정한 상태이다.

5.2 이온 결합과 공유 결합

- 이온 결합은 양이온과 음이온 사이의 정전기적 인력으로 형성되는 결합이다.
- 이온 결합은 주로 금속 원소와 비금속 원소 사이의 결합으로서 금속 원소의 전자가 비금속 원소 쪽으로 이동된 결과 생성된 결합 방식이다.
- 공유 결합은 비금속 원소끼리 화학 결합을 할 때, 팔전자 규칙을 만족하는 전자 배치를 이루기 위하여 부족한 만큼의 전자를 공유하여 이루어지는 결합이다.
- 공유 결합은 원자들 사이에 적절한 원자가 전자의 공유를 통해 팔전자계를 이루어 안정한 분자를 형성하는 결합이다.
- 공유 결합을 통해 형성된 화합물만 '분자'라고 부를 수 있다.
- 루이스 구조에서는 원자와 원자 사이에 공유하고 있는 전자쌍을 공유 전자쌍(또는 결합 전자쌍)이라 부르고, 공유하고 있지 않은 전자쌍은 비공유 전자쌍(또는 고립 전자쌍)이라고 부른다.
- 공유 전자쌍 수에 따라 단일 결합(—, 공유 전자 1쌍), 이중 결합(=, 공유 전자 2쌍), 삼중 결합(≡, 공유 전자 3쌍)으로 분류한다.

5.3 팔전자 규칙의 예외

- 분자의 중심 원자가 지니고 있는 원자가 전자의 수(2개 혹은 3개)로 팔전자 규칙을 이루기에 부족하면 결핍된 팔전자 규칙에 해당하는 루이스 구조가 가능하다.
- 주기율표에서 3주기와 그 아래 주기에 해당하는 13족~18족 원소 중 일부는 때때로 팔전자 규칙으로 예측한 것보다 더 많은 전자를 가지고 확장된 팔전자 규칙을 따르며 결합을 형성한다.

5.4 배위 공유 결합

- 루이스 구조를 그리며 분자의 구조를 파악하다 보면 팔전자 규칙을 완성하는 과정에서 원자가 다른 원자나 이온

에 일방적으로 전자쌍을 제공하여 공유면서 배위 공유 결합을 하는 경우가 있다.

5.5 공명 구조와 형식 전하

- 루이스 구조를 그리는 과정에서 배위 결합이 존재할 경우, 팔전자 규칙에 맞도록 분자 하나를 나타내는 구조가 경우에 따라 여러 경우의 수로 그려질 수 있는 구조인 공명 구조를 그릴 수 있다.
- 팔전자 규칙에 맞게 루이스 구조를 그리다 보면 배위 공유 결합 때문에 두 가지 이상의 올바른 루이스 구조를 그릴 수 있는 경우에 공명 구조를 갖는 분자라고 할 수 있다.
- 공명 참여 구조 사이에는 이중 머리 화살표(⟷)를 사용함으로써 동일한 분자의 구조라는 점을 나타낸다.
- 비편재화된 분자라는 점을 반영하기 위하여 여러 공명 참여 구조들의 중간적인 형태로 공명 혼성 구조를 그릴 수 있다.
- 공명 구조가 있는 분자의 실제 구조는 다수가 아닌 하나다. 이 세상의 모든 분자는 그 실제 구조가 단 하나이다.
- 형식 전하는 계산을 통해서 알아내는 가상적인 의미의 전하로, 공유 결합 중인 분자 내 각각의 원자가 공유 결합 과정에서 얼마만큼의 전자를 받거나 제공하였는지를 나타내는 수단이다.

5.6 분자의 기하 구조

- VSEPR 모형은 분자 구조상 중심 원자 주변에 있는 음극을 띠는 전자쌍들의 반발을 고려한 분자 예측 모델이다.
- 중심 원자 주변에 있는 전하 구름의 개수가 분자의 입체 구조를 좌우한다.
- 전하 구름(전자쌍)끼리 반발함에 따라 굽은 구조, 삼각뿔 구조, 사면체 구조 등의 기하 구조를 형성할 수 있게 된다.

5.7 분자의 극성

- 두 개의 원자 사이에 형성되는 화학 결합이 이온 결합인지 공유 결합인지 판단하려면 두 원소의 전기 음성도의 차이가 어느 정도인지를 보면 가능하다.
- 결합 중인 두 원자의 전기 음성도의 차이가 1.9를 초과하면 이온 결합으로 판단한다.
- 두 원소 사이의 전기 음성도 차이가 0.4 초과 1.9 이하인 결합은 극성 공유 결합으로 판단한다.
- 원소 사이의 전기 음성도의 차이가 0.4 이하이면 무극성 공유 결합으로 판단한다.
- 기본적으로 금속 원소와 비금속 원소의 결합은 전기 음성도의 차이와는 다소 무관하게 이온 결합이라고 봐야 하며, 비금속 원소 간의 결합에 있어서 전기 음성도의 차이를 근거로 결합성을 판단해야 한다.
- 쌍극자는 벡터의 특성을 가지고 있기 때문에 쌍극자 모멘트(μ)는 분자의 입체 구조에 큰 영향을 받을 수밖에 없다.
- 극성 분자: 쌍극자 모멘트 값이 있는 분자($\mu \neq 0$)
- 무극성(비극성) 분자: 쌍극자 모멘트 값이 없는 분자($\mu = 0$)

5.8 분자간 상호작용

- 분자간 힘 또는 분자간 상호작용은 개개의 입자(단원자 분자, 분자 및 이온) 사이에 작용하는 힘으로 물질의 종류마다 다르다.
- 반데르발스 힘은 쌍극자–쌍극자 힘, 쌍극자–유도 쌍극자 힘 및 분산력을 한데 묶어서 부르는 용어이다.
- 쌍극자–쌍극자 힘은 쌍극자 모멘트를 가지고 있는 극성 분자들 사이에 정전기적으로 작용하는 인력이다.

- 이온–쌍극자 힘은 양이온이나 음이온과 같은 이온과 극성 분자의 부분 전하가 서로 끌어당기는 힘이다.
- 런던 분산력 또는 분산력은 모든 분자에서 볼 수 있는 가장 일반적인 형태의 분자간 힘이며, 유발 쌍극자 사이에 발생하는 약한 정전기적 인력이다.
- 분산력은 분자의 모양에도 영향을 받는다.
- 분자량과 런던 분산력은 비례한다.
- 수소 결합은 전기 음성도가 매우 큰 원자(F, O, N)와 결합한 수소 원자가 같은 분자 또는 다른 분자의 전자가 풍부한 영역과 상호작용할 때 발생하는 인력이다.

핵심 용어 정리

- 루이스 점전자(Lewis dot) 표기법 — 최외각 전자(원자가 전자)를 원소 주변에 점으로 표기한 것
- 팔전자 규칙(octet rule) — 주기율표상 주족에 해당하는 원자나 이온은 가장 바깥 껍질에 있는 s 오비탈과 p 오비탈을 모두 채워서 전자 8개를 만들어 가장 안정한 상태의 전자 배치를 만드는 경향
- 이온 결합(ionic bond) — 주로 금속 원소와 비금속 원소 사이의 결합으로서 금속의 전자가 비금속 원소 쪽으로 이동된 결과 생성된 결합 방식
- 공유 결합(covalent bond) — 비금속 원소끼리 화학 결합을 할 때 팔전자 규칙을 만족하는 전자 배치를 이루기 위하여 부족한 만큼의 전자를 공유하여 이루어지는 결합
- 분자(molecule) — 공유 결합을 통해 형성된 화합물
- 루이스 구조(Lewis structure) — 팔전자 규칙을 만족하는 공유 결합 화합물의 구조
- 공유 전자쌍(또는 결합 전자쌍) — 원자와 원자 사이에 공유하고 있는 전자쌍
- 비공유 전자쌍(또는 고립 전자쌍) — 공유하고 있지 않은 전자쌍
- 배위 공유 결합(coordinate covalent bond) — 팔전자 규칙에 맞춰 루이스 구조를 완성하는 과정에서 원자가 다른 원자나 이온에 일방적으로 비공유 전자쌍을 제공하여 공유함으로써 이루어지는 결합
- 공명 구조(resonance structure) — 팔전자 규칙에 맞도록 분자 하나를 나타내는 구조이지만 경우에 따라 여러 경우의 수로 나타낼 수 있는 구조
- 공명 참여 구조(resonance contributor) — 공명 구조를 이루는 개개의 구조
- 비편재화(delocalization) — 모든 전자가 분자 내에 골고루 잘 퍼져 있는 상태
- 공명 혼성 구조(resonance hybrid) — 공명 참여 구조들의 중간적인 형태
- 형식 전하(formal charge) — 계산을 통해서 알아내는 가상적인 의미의 전하로, 공유 결합 중인 분자 내 각각의 원자가 공유 결합 과정에서 얼마만큼의 전자를 받거나 제공하였는지를 나타내는 수단
- VSEPR 모형(valence shell electron pair repulsion model) — 분자 구조상 중심 원자 주변에 있는 음극을 띠는 전자쌍들의 반발을 고려한 분자 예측 모형
- 전하 구름(charge cloud) — 음극의 전하를 띠고 있는 전자쌍의 다발
- 편극(polarization) — 극성 공유 결합의 양 끝에 약한 두 극성(δ^+, δ^-)이 조성되어 있는 상태
- 결합 쌍극자(bond dipole) — 결합의 편극 현상을 나타내는 화살표
- 쌍극자 모멘트(dipole moment) — 분자 내 각 쌍극자 화살표들의 최종적인 벡터 합
- 극성 분자(polar molecule) — 쌍극자 모멘트가 0이 아닌 분자($\mu \neq 0$)
- 무극성 분자(nonpolar molecule, 또는 비극성 분자) — 쌍극자 모멘트가 0인 분자($\mu = 0$)
- 분자간 힘(intermolecular force) — 개개의 입자(단원자 분자, 분자 및 이온) 사이에 작용하는 힘

- 쌍극자–쌍극자 힘(dipole-dipole force): 쌍극자 모멘트를 가지고 있는 극성 분자들 사이에 정전기적으로 작용하는 인력
- 이온–쌍극자 힘(ion-dipole force): 양이온이나 음이온과 같은 이온과 극성 분자의 부분 전하가 서로 끌어당기는 힘
- 런던 분산력(dispersion force, 또는 분산력): 유발 쌍극자 사이에 발생하는 약한 정전기적 인력
- 유도 쌍극자(induced dipole): 순간적인 쌍극자에 의해 다수의 인접 분자에 발생하는 추가 편극 현상
- 편극성(polarizability): 원자나 분자의 전자 분포도가 일그러지는 정도
- 수소 결합(hydrogen bond): 전기 음성도가 매우 큰 원자(F, O, N)와 결합한 수소 원자가, 같은 분자 또는 다른 분자의 전자가 풍부한 영역과 상호작용할 때 발생하는 인력

연습문제

● (5.1~5.8) 다음 설명 중 옳은 것은 ○, 틀린 것은 ×를 표시하시오.

5.1 1주기 원소인 수소나 헬륨은 첫 번째 전자 껍질을 가득 채운 $1s^2$의 전자 배치가 가장 안정한 상태이다. (　　　)

5.2 이온 결합을 통해 형성된 화합물만 분자(molecule)라고 부를 수 있다. (　　　)

5.3 주기율표에서 3주기와 그 아래 주기에 해당하는 13족~18족 원소 중 일부는 결핍된 팔전자 규칙을 따를 수 있다. (　　　)

5.4 분산력은 모든 분자에서 볼 수 있는 가장 일반적인 형태의 분자간 힘이다. (　　　)

5.5 다원자 이온은 이온을 구성하고 있는 모든 원자의 형식 전하를 합친 값은 그 이온의 전체 전하수와 항상 같다. (　　　)

5.6 공명 구조를 가지고 있으면 그 분자의 실제 구조도 여러 개다. (　　　)

5.7 한 구조에서 같은 전하 부호의 형식 전하를 갖는 원자끼리 결합할 수 없다. (　　　)

5.8 분자 구조상 중심 원자 주변에 있는 음극을 띠는 전자쌍들은 서로 반발한다. (　　　)

● (5.9~5.15) 다음 문장의 빈칸에 올바른 용어(단어) 혹은 문구를 채워 넣으시오.

5.9 극성 공유 결합의 양 끝에 약한 두 극성(δ^+, δ^-)이 조성되어 있는 상태를 (　　　)이라 한다.

5.10 쌍극자는 기본적으로 (　　　)의 특성을 가지고 있기 때문에 쌍극자 모멘트는 분자의 입체 구조에 큰 영향을 받을 수밖에 없다.

5.11 공명 구조를 이루는 개개의 구조를 (　　　)라고 부르며, 이 (　　　) 사이에는 이중 머리 화살표($\longleftrightarrow$)를 사용함으로써 동일한 분자의 구조라는 점을 나타낸다.

5.12 분자 구조상 중심 원자 주변에 있는 음극을 띠는 전자쌍들의 반발을 고려한 분자 예측 모형을 (　　　) 모형이라 부른다.

5.13 결합 중인 두 원자의 전기 음성도 차이가 (　　　)를 초과하면 대개 그 결합을 이온 결합으로 판단한다.

5.14 두 원소 사이의 전기 음성도 차이가 0.4 초과 1.9 이하인 결합은 (　　　)으로 판단한다.

5.15 (　　　)은 전기 음성도가 매우 큰 원자(F, O, N)에 결합한 수소 원자와 같은 분자 또는 다른 분자의 전자가 풍부한 영역 간의 상호작용(인력)을 뜻한다.

● (5.16~5.25) 다음 물음에 답하시오.

5.16 다음 분자의 결합을 극성 및 비극성 공유 결합 혹은 이온 결합으로 구분하시오.

(a) HF　(b) NaF　(c) NCl_3
(d) $MgBr_2$　(e) CF_4

5.17 다음 분자의 루이스 구조를 그리시오.

(a) HCN　(b) BBr_3　(c) SCl_2
(d) PH_3　(e) CO

5.18 다음 다원자 이온의 루이스 구조식을 쓰시오.

(a) SO_4^{2-}　(b) SO_3^{2-}　(c) NO_2^-
(d) NO_2^+　(e) PO_4^{3-}

5.19 다음 각 물질의 루이스 구조식을 쓰시오.

(a) H_2CO　(b) H_3CCN　(c) C_2H_2

(d) C_2H_4 (e) C_6H_6

5.20 다음 결합들을 극성이 작은 것에서부터 증가하는 것 순서로 나열하시오.
(a) O—H, C—H, H—H, F—H
(b) O—Cl, C—Cl, H—Cl, F—Cl

5.21 다음 분자의 결합각을 예측하시오.
(a) HCl (b) HCN (c) BF_3
(d) H_2CO (e) PCl_3

5.22 문제 5.17의 분자들의 기하 구조를 밝히시오.

5.23 문제 5.18의 다원자 이온들의 입체 구조를 밝히시오.

5.24 문제 5.17의 분자들이 각각 순수 물질로서 밀폐용기에 담겨 있을 때, 분자 사이에 작용할 수 있는 상호 인력에는 어떤 것이 있을지 예측하시오.

5.25 다음 아래 분자들의 끓는점의 차이를 비교하여 가장 끓는점이 높은 물질에서 낮은 순으로 배열하고, 그 이유를 설명하시오.

H_2O CO_2 C_6H_6 NaCl

CHAPTER

6

몰 개념과 화학식

◀ 같은 몰수의 금과 탄소는 질량의 차이가 확실하게 난다. 화학에서는 화학량론이라는 체계적 이론을 통해서 반응물이나 생성물의 양을 정확히 계산하는 것이 가능하다. (© Africa Studio / Shutterstock)

6.1 원자 질량과 몰

원자의 질량 단위, amu

원자는 일반적인 질량 단위인 g로 표현하기에는 매우 작은 입자이다. 그래서 과학자들은 원자 1개의 질량을 지칭하는 별도의 단위가 필요했다. 이를 위해 19세기에는 산소를 기준으로 하여 다른 원자의 질량을 amu라는 단위로 표현하였다. 즉, 산소의 질량을 16으로 하여 다른 원소의 질량을 나타낸 것이다.

하지만 원자 번호는 같으나 질량수가 다른 원소(동위 원소)가 발견됨에 따라서 다음과 같은 문제점을 인식하게 되었다. 당시 화학자가 원자 질량의 표준으로 사용했던 산소의 질량은 자연계에 존재하는 산소 동위 원소가 함께 섞여 있던 값이었기 때문에, 정확하게 원자 질량이 16인 산소를 표준으로 삼았던 물리학계의 원자 질량 값과 차이가 있었다. 동위 원소에 대해서는 6.2절에서 보다 자세히 설명하겠다.

현대 과학에서는 단위 amu를 u로 줄여서 사용한다.

이에 따라 1950년대 후반 과학자들은 국제적인 협약을 통하여 원자 질량수가 12인 순수한 탄소 원소를 원자 질량의 표준으로 정하고 그 질량을 12 원자 질량 단위(12 amu)로 하기로 약속하였다. 이 표준에 따라 **원자 질량 단위(atomic mass unit, amu 또는 u)**는 원자 질량이 12인 탄소의 정확한 1/12로 정의되었다.

$$^{12}C \text{ 원자의 질량} = 12 \text{ amu}$$

이처럼 12 amu로 정의된 ^{12}C 원자의 질량은 다른 모든 원자의 질량값을 표시하는 기준이다.

여기서 탄소를 기준으로 삼은 까닭은 자연계에서 숯이나 흑연, 다이아몬드처럼 가장 안정적이며 순수한 고체 형태로 쉽게 확보할 수 있기 때문이다. 탄소의 동위 원소에는 탄소-12($^{12}_{6}C$ 또는 ^{12}C)와 탄소-13($^{13}_{6}C$ 또는 ^{13}C)이 있으며, 이 중 ^{12}C를 기준으로 택한 이유는 자연에서의 존재 비율이 ^{12}C가 98.90%, ^{13}C가 1.10%로 ^{12}C가 압도적으로 많기 때문이다. 책의 앞표지 안쪽에 있는 주기율표에서 각 원소 기호의 아래에 적혀있는 소수점 값은 각각의 원자 질량인 amu 값을 표기한 것이다.

작은 입자의 수를 세는 묶음 단위: 몰 (mol)

개수를 세야 하는 대상의 수가 다소 크거나 많을 때는 묶음 단위를 사용한다. 연필 12자루를 한 다스라고 하거나, 계란 30개를 계란 한 판, A4용지 500장을 1연이라 부르는 것이 이에 해당한다. 눈에 보이지 않을 정도로 작은 원자나 분자, 이온 등의 입자를 다룰 때도 마찬가지로 이러한 묶음 단위가 필요하다.

화학에서는 이들 작은 입자의 개수를 몰(mole)이라는 묶음 단위를 사용하여 나타낸다. 표기는 mol로 한다. 1 mol은 6.022×10^{23}**개**를 의미한다. 여기서 묶어주는 매우 큰 수인 6.022×10^{23}는 특별히 **아보가드로 수**(N_A)라고 한다. 몰 개념은 원자, 이온, 분자, (이온성 물질의 경우) 화학식 단위에 모두 적용된다(그림 6.1). 아보가드로 수는 국제적인 약속에 의해 유효 숫자 4자리로 표현한다.

1몰의 원자 = 6.022×10^{23}개의 원자
1몰의 분자 = 6.022×10^{23}개의 분자
1몰의 전자 = 6.022×10^{23}개의 전자

환산 인자: 1몰(mol) = 6.022×10^{23}개

이 아보가드로 수는 탄소의 동위 원소 중에 질량수가 12인 탄소(^{12}C)의 양이 완전수로서의 정확한 12 g, 즉 소수점 이후에는 어떠한 값도 없는 정확히 딱 12 g이 있을 때, 이 질량을 구성하는 원자의 개수를 뜻한다. 즉, 1몰이자 아보가드로 수는 탄소-12(^{12}C) 동위 원소를 기준 원소로 하여 정의된 것이다.

앞서 설명한 원자 질량 단위 amu와 원자 질량의 개념을 다음과 같이 정리하였으니 반드시 숙지하길 바란다.

^{12}C 12 g = 1 mol의 ^{12}C = 6.022137×10^{23}개의 ^{12}C 원자
^{12}C 원자 한 개의 질량 = 1.99265×10^{-23} g = 12 amu
1 amu = 1.66054×10^{-24} g

그림 6.1
대표적 물질의 1몰의 실제량

6.1 예제

보석상에서 판매하고 있는 다이아몬드 한 개의 질량이 4.3 g이라고 할 때, 이 다이아몬드를 이루고 있는 탄소-12 원자의 개수는 몇 개인가? (이 다이아몬드는 100% 탄소-12로만 이루어져 있다고 가정한다.)

풀이

1 mol의 탄소-12(^{12}C)의 질량이 12 g이므로, 다음과 같이 환산 인자를 사용하여 계산식을 세운다.

$$\text{다이아몬드 } 4.3\text{ g} \times \frac{1\text{ mol}}{12\text{ g}} \times \frac{6.022 \times 10^{23}\text{개}}{1\text{ mol}} = 2.158 \times 10^{23}\text{개}$$

정답

탄소-12 원자의 수 = 2.158 × 10^{23}개

응용문제 6.1

${}^{12}C$로만 이루어진 흑연을 확인해 보니 원자의 개수가 7.710 × 10^{33}개라는 것을 확인하였다. 이 흑연의 질량은 몇 g인가?

6.2 동위 원소와 몰질량

동위 원소

동위 원소(isotope)란 **양성자(p) 수는 동일하지만, 중성자(n) 수가 다른 원소**를 말한다. 다르게 말하면 **원자 번호(Z)는 같지만 질량수(A)가 다른 원소**이다. 주기율표에 있는 118종의 원소들은 모두 동위 원소가 있다. 단지 원소마다 동위 원소의 가짓수가 다를 뿐이다. 예를 들어, 원자 번호 1번인 수소의 경우 다음과 같은 총 세 가지의 동위 원소가 있다.

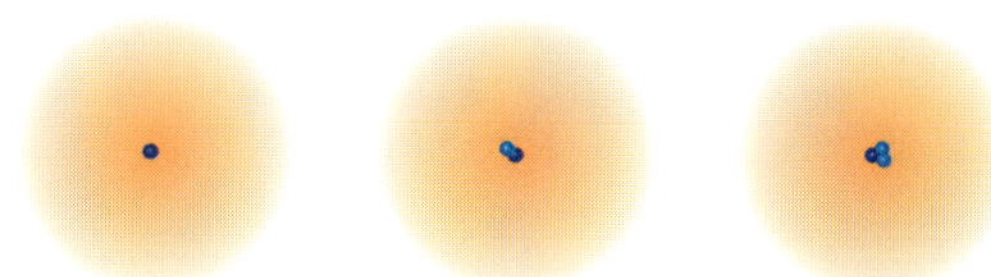

	${}^{1}_{1}H$ 경수소	${}^{2}_{1}H$ 또는 D 중수소	${}^{3}_{1}H$ 또는 T 삼중수소
양성자	1개	1개	1개
중성자	1개	2개	3개
전자	1개	1개	1개
원자 질량(amu)	1.007825	2.014101	3.016049
자연 존재 비율(%)	99.9855	0.0145	$\ll$ 0.01

이들은 양성자의 개수가 1개로 같아 원자 번호가 1번인 것은 맞으나 중성자의 개수가 달라 원자의 질량이 다르다. 또한 자연계에서 존재하는 비율도 각기 다르다. 질량수가 1인 수소(수소-1 또는 ${}^{1}H$ 또는 ${}^{1}_{1}H$)가 가장 큰 비율로 존재하여 흔히 발견되고, '경수소' 또는 그냥 '수소'라고 부른다. 원소 기호는 H(Hydrogen)로 나타낸다. 질량수가 2인 수소(수소-2 또는 ${}^{2}H$ 또는 ${}^{2}_{1}H$)는 무겁다는 의미의 한자어 '중(重, heavy)'을 붙여서 '중수소'라고 부르며, 원소 기호는 D(Deuterium)로도 표기한다. 존재 비율이 가장 희박한 질량수가 3인 수소(수소-3 또는 ${}^{3}H$ 또는 ${}^{3}_{1}H$)는 '삼중수소'로 부르며, 원소 기호는 T(Tritium)로도 표기한다.

이외에 염소(Cl)의 경우는 ${}^{35}_{17}Cl$(Cl-35 또는 ${}^{35}Cl$)와 ${}^{37}_{17}Cl$(Cl-37 또는 ${}^{37}Cl$) 두 종류의 동위 원소가 있다. 가장 대표적인 원소들의 동위 원소 몇 가지를 표 6.1에 정리해 놓았다. 수소의 동위 원소에서와 마찬가지로 원소별로 존재하는 동위 원소마다 자연계에 존재하는 비율이 다르다.

표 6.1 대표적인 원소들의 동위 원소와 자연 존재 비율

원소	양성자 수	동위 원소 기호	중성자 수	자연 존재 비율(%)
C	6	$^{12}_{6}C$	6	98.9
		$^{13}_{6}C$	7	1.1
		$^{14}_{6}C$	8	극미량
N	7	$^{14}_{7}N$	7	99.64
		$^{15}_{7}N$	8	0.36
O	8	$^{16}_{8}O$	6	99.76
		$^{17}_{8}O$	9	0.04
		$^{18}_{8}O$	10	0.2
Si	14	$^{28}_{14}Si$	14	92.23
		$^{29}_{14}Si$	15	4.67
		$^{30}_{14}Si$	16	3.10
S	16	$^{32}_{16}S$	16	95.0
		$^{33}_{16}S$	17	0.76
		$^{34}_{16}S$	18	4.22

원자 평균 질량

탄소의 원자 질량을 책 표지 안쪽의 주기율표에서 찾아보면, 그 값이 12.00 amu가 아니라 12.01 amu이다. 그 이유는 자연계에서 존재하는 탄소 원소에는 질량이 다른 두 동위 원소가 있기 때문이다. 즉, 가벼운 동위 원소와 무거운 동위 원소가 자연계에서 일정 비율로 함께 섞여서 존재한다.

	$^{12}_{6}C$	$^{13}_{6}C$
양성자	6개	6개
중성자	6개	7개
전자	6개	6개
원자 질량(amu)	12	13.003354
자연 존재 비율(%)	98.90	1.10

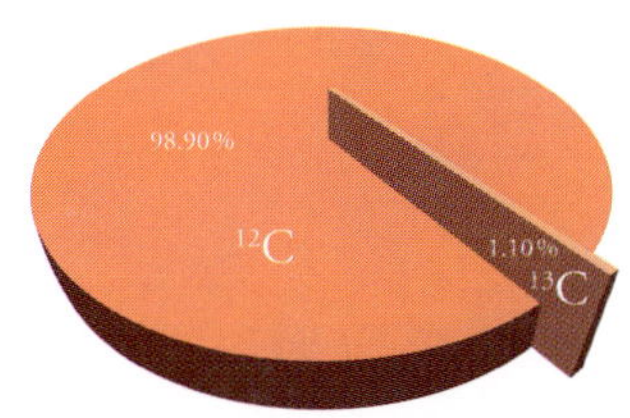

탄소 동위 원소의 자연 존재 비율

따라서, **자연계에 존재하는 동위 원소들의 존재 비율까지 고려한 가중 평균치를 계산한 질량값**인 **평균 원자 질량**을 원자 질량으로 삼아야 한다. 그래서 탄소의 원자 질량은 아래와 같은 방식으로 그 평균 원자 질량을 계산하여 알아낼 수 있다.

$$\text{탄소의 원자량} = (^{12}\text{C의 존재 비율}) \times (^{12}\text{C의 질량}) + (^{13}\text{C의 존재 비율}) \times (^{13}\text{C의 질량})$$
$$= (0.9899 \times 12\ \text{amu}) + (0.0110 \times 13.003354\ \text{amu})$$
$$= 12.01\ \text{amu (유효 숫자 4자리로 정리)}$$
$$= \text{주기율표상 원자 질량}$$

주기율표상 원소의 원자량

주기율표에 있는 원소의 원자량은 자연계에 존재하는 해당 원소 1 mol의 질량이다.
이것은 자연계에 존재하는 해당 원소의 동위 원소 존재 비율까지 고려한 원소 1 mol의 평균 질량에 해당한다.

예

- Os(오스뮴)의 원자량은 190.23 amu
- Os(오스뮴)의 원자량은 1 mol의 질량은 190.23 g

결국, 일반적인 탄소 원소 1개의 원자 질량은 12.01 amu이라고 해야 하며, 동시에 1 mol의 일반적인 탄소 원소의 질량은 12.01 g이라고 봐야 한다. 여기서 원자 질량이나 1 mol의 질량값이 유효 숫자 4자리로 표기되는 이유는 아보가드로 수의 유효 숫자를 4자리로 약속해서 정의했기 때문이다. 이러한 이유로 각종 화학적인 계산을 할 때는 주기율표에 적혀 있는 원자 질량 값을 읽어서 유효 숫자 4자리로 정리하여 가져와서 사용해야 한다.

예제 6.2

철(Fe)과 아연(Zn)이 3:2의 질량비로 합금이 되어 만들어진 쇠구슬이 있다. 이 쇠구슬의 질량이 182.9 g이라고 할 때, 이 구슬을 이루고 있는 철 원자는 몇 몰인가?

풀이

질량비 Fe:Zn = 3:2이므로, 쇠구슬 182.9 g 중 철은

$$182.9\ \text{g} \times \frac{3}{5} = 109.7\ \text{g}$$

주기율표를 확인해 보면 Fe의 원자량은 55.85 g/mol이다.

따라서, $\text{Fe } 109.7\ \text{g} = \dfrac{1\ \text{mol}}{55.85\ \text{g}} = 1.946\ \text{mol Fe}$

응용문제 6.2

바닷가에 떨어진 운석 잔해에서 A라고 불리는 원소(평균 원자 질량 234.9 amu)가 발견되었다고 가정하자. 이 원소의 동위 원소는 크게 세 종류이다. 이 중 가장 가벼운 동위 원소의 원자 질량이 234.1 amu이며, 자연계에 존재 비율은 56.12 %이다. 나머지 두 동위 원소의 각 존재 비율을 구하시오. 다른 두 동위 원소의 원자 질량은 234.5 amu, 236.0 amu이다.

몰질량

화학에서는 물질의 질량을 언급할 때, **몰질량(molar mass)**이라는 용어를 자주 사용한다. 몰질량이란 원자나 화합물 **1 mol의 질량**을 의미한다. 몰질량은 그 정의에 따라 단위가 g/mol이다. 원자의 몰질량은 **원자량(atomic mass)**이라고 하며, 분자의 몰질량은 **분자량(molecular mass)**이라고 한다.

기본적으로 물질은 다수의 원자가 결합하여 분자의 형태로 존재한다. 물론 이온 결합 화합물과 같이 분자 단위로 존재하지 않는 물질들도 있지만 H_2, CO_2, H_2O처럼 우리에게 친숙한 대부분의 물질들은 하나 이상의 원소 여러 개가 서로 화학 결합을 하여 물질의 고유 특성을 나타내는 기본 단위인 분자(molecule)의 형태로 존재한다.

분자량의 개념을 쉽게 이해하기 위해서 예를 들어 보자. 천연가스의 주성분인 메테인(methane)은 탄소 원자 하나와 수소 원자 네 개가 합쳐진 분자(CH_4)들로 되어 있다. 메테인 1 mol의 질량인 메테인의 분자량은 아보가드로 수(6.022×10^{23}개)의 CH_4 분자의 질량이므로 다음과 같이 계산한다.

1 mol CH_4를 구성하고 있는 원소 = C 1 mol, H 4 mol

1 mol CH_4의 질량 = C 1 mol 질량 + H 4 mol의 질량

C 1 mol의 질량 = C 1 mol × C의 원자량 = C 1 mol × 12.01 g/mol = 12.01 g

+) H 4 mol의 질량 = H 4 mol × H의 원자량 = H 4 mol × 1.008 g/mol = 4.032 g

1 mol CH_4 질량 = CH_4의 분자량 = (12.01 + 4.032) = 16.04 g/mol

즉, 분자를 구성하고 있는 모든 원자의 원자량을 그 몰수만큼 더하면 분자량을 계산할 수 있다.

우리가 소금이라고 알고 있는 염화 소듐(NaCl)과 같은 이온 결합 화합물은 분자라고 부를 수 없기 때문에, 표기하여 나타내는 'NaCl'은 **분자식(molecular formula)**이 아닌 **화학식(chemical formula)**이라고 부른다. 따라서, NaCl과 같은 이온 결합 화합물의 몰질량은 분자량이 아닌 **화학식량(chemical formula mass)**이라고 부른다. 화학식량의 계산 방법은 분자량 구하는 방식과 동일하다. 다음에 나타낸 염화 소듐(NaCl)과 황산 마그네슘($MgSO_4$) 두 이온 결합 화합물의 화학식량 계산법을 참고하라.

예시 1 1 mol NaCl을 구성하는 원소 = Na 1 mol, Cl 1 mol

1 mol NaCl 질량 = Na 1 mol의 질량 + Cl 1 mol의 질량

Na 1 mol의 질량 = Na 1 mol × 22.99 g/mol = 22.99 g

+) Cl 1 mol의 질량 = Cl 1 mol × 35.45 g/mol = 35.45 g

1 mol NaCl 질량 = NaCl의 화학식량 = (22.99 + 35.45) = 58.44 g/mol

예시 2 1 mol $MgSO_4$을 구성하는 원소 = Mg 1 mol, S 1 mol, O 4 mol

1 mol NaCl 질량 = Mg 1 mol의 질량 + S 1 mol의 질량 + O 4 mol의 질량

Mg 1 mol의 질량 = Mg 1 mol × 24.31 g/mol = 24.31 g

S 1 mol의 질량 = S 1 mol × 32.07 g/mol = 32.07 g

+) O 4 mol의 질량 = O 4 mol × 16.00 g/mol = 46.00 g

1 mol $MgSO_4$ 질량 = $MgSO_4$의 화학식량 = (24.31 + 32.07 + 46.00) = 102.4 g/mol

6.3 예제

물(H_2O)의 몰질량을 계산하시오.

풀이

물 분자 1 mol에는 수소 원자가 2 mol, 산소 원자가 1 mol 있으므로,

H의 질량 = H 2 mol × 1.008 g/mol = 2.016 g

+) O의 질량 = O 1 mol × 16.00 g/mol = 16.00 g

분자 전체 질량 = 18.02 g

정답

물의 몰질량: 18.02 g/mol

응용문제 6.3

암모니아와 이산화 탄소의 몰질량을 계산하시오.

6.3 화학식과 조성 백분율

화학식

화학식은 분자식, 구조식, 시성식, 실험식을 일괄하여 전체적으로 일컫는 통칭이다. 이들 중에서 필요에 따라 분류하여 부른다. 각각에 대한 정의는 다음과 같다.

- **분자식(molecular formula)**: 분자를 구성하는 각 원소의 종류와 그 원자의 정확한 개수를 나타내는 화학식
- **구조식(structural formula)**: 원자들의 연결 및 배열 상태를 보여주는 화학식
- **시성식(rational formula)**: 화합물의 성질을 밝히기 위해 분자 내의 화학적 특성을 지배하는 원자단을 쉽게 알 수 있도록 나타낸 화학식
- **실험식(experimental formula)**: 화합물을 구성하는 원소의 원자 개수 비를 가장 간단한 정수비로 나타낸 화학식

이들 다양한 종류의 화학식에 대한 좋은 예시는 그림 6.2와 같다. 그림 6.2를 통해서 각 화학식의 차이점을 확실하게 파악할 수 있을 것이다.

그림 6.2의 아세트산을 예시로 하여 살펴보자. 아세트산(acetic acid)은 식초의 신맛을 내는 성분이다. 아세트산의 분자식은 어느 원소가 몇 개씩 결합하여 구성되어 있는지를 나타내는 $C_2H_4O_2$이다. 아세트산의 구조식은 그림 6.2에서 보는 바와 같이 두 개의 탄소가 단일 결합(—)으로 연결되어 있고 탄소 하나에 세 개의 수소 원자가 단일 결합으로 결합되어 있으며, 다른 탄소에는 산소 원자 두 개가 각각 이중 결합(═)과 단일 결합(—)으로 결합되어 있다. 마지막으로 단일 결합으로 탄소와 연결된 산소 원자에는 단일 결합으로 수소 원자가 결합되어 있다. 구조식은 앞서 공부했던 루이스 구조를 그릴 줄 알면 이해하기 편하다. 다만, 일반적인 구조식은 루이스 구조와는 다르게 고립 전자쌍은 표기하지 않는다.

화학식	물	과산화 수소	아세트산	에탄올
분자식	H_2O	H_2O_2	$C_2H_4O_2$	C_2H_5O
구조식	H—O—H	H—O—O—H	H O | ‖ H—C—C—O—H | H	H H | | H—C—C—O—H | | H H
시성식	H_2O	HOOH(또는 H_2O_2)	CH_3COOH	C_2H_5OH
실험식	H_2O	HO	CH_2O	C_2H_5O

그림 6.2 화학식의 예시

아세트산의 시성식은 구조식을 보았을 때 산성 물질(acid)로서 신맛을 내는 특징적인 부분인 '—COOH' 원자단을 살려서 따로 특정하여 표기하고 나머지 원소들(CH_3—)를 바로 옆에 붙여서 정리하여 표기한다. 따라서, 아세트산의 시성식은 CH_3COOH이다. 이 식에서 '—COOH' 원자단을 보고 누구나 산성 물질이면서 신맛이 나는 물질이라는 것을 알 수 있다. 시성식은 곧 **분자의 성질을 알아볼 수 있도록 나타내는 식**인 셈이다.

마지막으로 아세트산의 실험식은 CH_2O으로서, 이 분자를 구성하는 탄소와 수소, 산소 원자의 결합비를 표기한 것이다. 실험식이란 본래 실험실에서 이 분자를 합성하는 과정에서 확인되는 식으로 구성 원소들이 어떤 간단한 결합비(정수)를 이루고 있는지를 알 수 있다. 그렇기 때문에 표 6.2에서처럼 분자의 종류가 다르더라도(분자식이 다르더라도) 실험식이 동일한 경우도 있다.

표 6.2 대표적인 화합물의 실험식과 분자식

물질	실험식	분자식
아세틸렌	CH	C_2H_2
벤젠	CH	C_6H_6
에틸렌	CH_2	C_2H_4
폼알데하이드	CH_2O	CH_2O
아세트산	CH_2O	$C_2H_4O_2$
글루코스	CH_2O	$C_6H_{12}O_6$
염화 수소	HCl	HCl
이산화 탄소	CO_2	CO_2
다이보레인	BH	B_2H_6
하이드라진	NH	N_2H_4
수소	H	H_2
염소	Cl	Cl_2
브로민	Br	Br_2
산소	O	O_2
질소	N	N_2
아이오딘	I	I_2

조성 백분율

조성 백분율(**percent composition, %**)은 질량 백분율이라고도 하며, 각 원소의 총 질량을 화학식량으로 각각 나누어서 얻은 몫에 100을 곱하여 나타낸 값으로 백분율(%)로 나타낸다. 화합물마다 각자 구성 원소에 대한 **고유**의 조성 백분율이 있다. 물질의 분자식이나 화학식을 알면 그 분자를 구성하고 있는 각 원소의 조성 백분율을 계산하는 것이 가능하다.

$$\text{특정 원소의 조성 백분율(\%)} = \frac{\text{화합물 중 그 원소만의 총 질량(g)}}{\text{화합물의 전체 질량(g)}} \times 100$$

$$= \frac{\text{화학식량 중 그 원소가 차지하는 총 질량(g)}}{\text{화합물의 몰질량(g)}} \times 100$$

예제를 풀어 보면 알 수 있겠지만, 화학식을 보고 각 구성 원소의 조성 백분율을 구하는 것은 단순 계산이기 때문에 그다지 어렵지 않다. 하지만, 거꾸로 조성 백분율을 보고 그 화합물의 분자식을 알아내는 과정은 조금 복잡한 절차를 따라야 한다. 간단히 말해 조성 백분율로부터 실험식을 먼저 구하고, 분자량을 근거로 분자식을 알아 맞추는 과정이다. 세부 과정은 다음과 같이 정리해 두었으니 예제와 응용문제를 풀면서 숙달하길 바란다.

질량 백분율을 근거로 분자식을 구하는 방법

1단계: 구성 원소들의 질량 백분율을 질량 g으로 바꾼다(화합물 전체 질량을 100 g이라고 가정).

2단계: 구성 원소들의 질량을 원자량을 근거로 몰수로 변환한다(g → mol).

3단계: 이 중 가장 작은 몰수로 전체 구성 원소의 몰수를 나눈다.

4단계: 구성 원소 사이에 가장 간단한 정수비를 파악한다(실험식 완성).

5단계: 실험식량을 구하고, 분자량과 비교하여 분자식을 완성한다 (분자량 = 실험식량 × n(정수배)).

예제 6.4

물 분자의 조성 백분율을 구하시오.

풀이

물 분자의 분자식은 H_2O이고 분자량은 18.02이다.

$$\text{H의 조성 백분율(\%)} = \frac{\text{수소 원자만의 질량}}{\text{분자 전체 질량}} \times 100 = \frac{2 \times 1.008\ \text{g}}{18.02\ \text{g}} \times 100 = 11.19\%$$

$$\text{O의 조성 백분율(\%)} = \frac{\text{수소 원자만의 질량}}{\text{분자 전체 질량}} \times 100 = \frac{16.00\ \text{g}}{18.02\ \text{g}} \times 100 = 88.79\%$$

참고: 전체 질량 백분율(99.98%)이 100%가 되지 않는 이유는 주기율표에서 원자량을 읽어서 가져올 때 유효 숫자 4자리로 정리(반올림)하여 사용하기 때문이다.

정답

물 분자의 조성 백분율은 수소가 11.19%, 산소가 88.79%이다.

응용문제 6.4

아세트산(CH_3COOH)의 조성 백분율을 구하시오.

예제 6.5

K, C, O로 이루어진 어떤 화합물의 질량을 분석하였더니 각 원소가 다음과 같이 함유되어 있음을 확인하였다. 이 화합물의 실험식은 무엇인가?

분석 결과(질량): K 56.57 g, C 8.683 g, O 34.74 g

풀이

1단계: 구성 원소들의 질량 백분율을 질량 g으로 바꾼다.
(이미 질량 g으로 자료가 주어졌으므로 다음 단계를 진행한다.)

2단계: 구성 원소들의 질량을 원자량을 근거로 몰수로 변환한다(g → mol).

$$K = 56.57\ \text{g} \times \frac{1\ \text{mol}}{39.10\ \text{g}} = 1.447\ \text{mol}$$

$$C = 8.683\ \text{g} \times \frac{1\ \text{mol}}{12.01\ \text{g}} = 0.723\ \text{mol}$$

$$O = 34.74\ \text{g} \times \frac{1\ \text{mol}}{16.00\ \text{g}} = 2.171\ \text{mol}$$

3단계: 이 중 가장 작은 몰수로 전체 구성 원소의 몰수를 나눈다.

$$K = \frac{1.447\ \text{mol}}{0.723\ \text{mol}} \fallingdotseq 2.00$$

$$C = \frac{0.723\ \text{mol}}{0.723\ \text{mol}} = 1.00$$

$$O = \frac{2.171\ \text{mol}}{0.723\ \text{mol}} \fallingdotseq 3.00$$

4단계: 구성 원소 사이에 가장 간단한 정수비를 파악한다(실험식 완성).

K:C:O의 가장 간단한 정수비는 2:1:3이다.

정답

실험식: K_2CO_3

응용문제 6.5

철(Fe) 2.233 g과 황(S) 1.926 g을 결합하여 철 황화물을 생성하였다. 이 화합물의 실험식은 무엇인가?

6.6 예제

몰질량이 92.00 g인 질소와 산소 화합물의 실험식이 NO_2이다. 이 화합물의 분자식을 구하시오.

풀이

NO_2 = 실험식

실험식량 = 실험식의 몰질량 = NO_2의 몰질량 = 14.01 g + 2 × 16.00 g = 46.01 g

분자량 = 실험량식 × n(정수배)이므로

$$n = \frac{92.00}{46.01} = 2$$

따라서, 모든 원자의 수가 2배가 되어 분자식은 $(NO_2)_2 \rightarrow N_2O_4$이다.

정답

분자식은 N_2O_4이다.

응용문제 6.6

밧줄, 빨래 주머니, 담요, 카펫, 직물 섬유 등에 사용되는 폴리프로필렌을 만들기 위해서는 프로필렌을 중합한다. 프로필렌의 몰질량은 42.08 g/mol이며, 14.3 %의 H와 85.7 %의 C를 포함한다. 프로필렌의 분자식을 구하시오.

Deep Insight

새롭게 정의된 mol

몰은 물질량의 단위로 국제단위계의 기본 단위이며, 기호로 mol을 사용한다. 몰은 1971년 제14차 국제도량형총회(Conference generale des poids et mesures, CGPM)에서 정의되었다가 2018년 제26차 CGPM에서 kg의 정의가 플랑크 상수를 이용하여 재정립되면서 그와 연관하여 함께 재정의되었다. 재정의된 1몰은 $6.02214076 \times 10^{23}$개의 구성 요소를 포함한다. 이 숫자는 아보가드로 상수를 mol^{-1} 단위로 나타낼 때 정해지는 수치로서 아보가드로수라고 부른다.

어떤 계의 물질의 양(기호: n)은 명시된 특정 구성 요소들의 수를 나타내는 척도이다. 특정 구성 요소란 원자, 분자, 이온, 전자, 그 외의 입자 또는 그런 입자들의 특정한 집합체가 될 수 있다.

제14차 CGPM에서 몰은 탄소-12(^{12}C)의 0.012 kg에 있는 원자의 개수와 같은 수의 구성 요소를 포함한 어떤 계의 물질량으로 정의되었다. 탄소-12, 즉 핵자가 12개인 탄소의 동위 원소 12 g 안에 있는 ^{12}C의 개수를 아보가드로수라고 한다. 따라서 어떤 물질 1 mol 안에 있는 구성 요소의 개수는 아보가드로수인데, 2018년 12월의 CODATA[1)]의 값은 $6.022140857(74) \times 10^{23}$이다. 탄소-12의 질량의 $\frac{1}{12}$을 원자 질량 단위(atomic mass unit, 기호 u)라고 하는데, 2018년 12월의 CODATA의 값은 $1\ u \approx 1.660539040(20) \times 10^{-27}$ kg이다. 이 시기에 정의된 몰의 유일한 단점은 탄소라는 특정 원소에 의존한다는 것이었다.

그리하여 제26차 CGPM에서는 국제단위계의 기본 단위 7개를 모두 불변량인 상수를 기반으로 정의하기로 하였고, 1몰은 $6.02214076 \times 10^{23}$개의 구성 요소를 포함하는 것으로 정의되었다. 몰을 이렇게 정의함으로써 아보가드로수는 $6.02214076 \times 10^{23}$으로 고정되었고, 원자 질량 단위 u도

$$1\ u = \frac{1}{6.02214076 \times 10^{23}}\ g = 1.660539067 \cdots \times 10^{-27}\ kg$$

으로 고정되었다. 이 값들은 2019년 5월 20일부터 공식 사용하게 되었다.

어떤 원소의 원자량은 그 원소의 평균 질량을 u로 표시한 값이다. 바꾸어 말하면, 어떤 원소의 평균 질량은 그 원소의 원자량에 u의 단위를 붙인 것이 된다. 원자량은 대략 그 원소의 핵자의 숫자와 같지만, 동위 원소의 존재나 결합 에너지 등으로 인해 정확히 자연수는 아니다. 그 원소 1 mol의 질량, 즉 몰질량(molar mass)을 g으로 표시하면 원자량과 같은 숫자가 된다. 마찬가지로 어떤 분자의 분자량도 그 분자의 평균 질량을 u로 표시한 값이고, 그 분자의 몰질량은 분자량에 g의 단위를 붙인 값이다.

원자량은 ^{12}C의 원자량을 12라고 하고 다른 원소의 질량을 ^{12}C와 비교하여 나타낸 상대 질량이다. 이 원자량의 기준이 되는 원소는 처음에는 수소였다. 즉 수소의 원자량을 1로 정하였다. 그다음에는 자연 산소, 즉 자연에 존재하는 비율로 산소의 동위 원소(산소-16,17,18)를 가중 평균한 산소이었다가 산소-16(^{16}O)을 거쳐 탄소-12가 되었다. 탄소-12를 기준으로 하면 수소, 자연 산소, 산소-16의 원자량은 각각 1.0079, 15.9994, 15.9949 정도이다. 제14차 CGPM에서의 몰의 정의에 나오는 탄소-12는, 더욱 정확하게 말하면, 바닥 상태에 정지해 있으며 속박되어 있지 않은 원자를 가리킨다.

주석: 1) 과학 기술 데이터 위원회(CODATA, Committee on Data for Science and Technology)는 1966년에 국제학술연합회의(ICSU)의 위원회로 설립되었으며, 과학과 기술 분야에서 중요한 데이터의 접근, 관리, 처리를 개선하려는 목적이 있다.

6.4 균형 잡힌 화학 반응식

반응식 균형 맞추기

하나 이상의 물질이 일정 시간이 지나서 전혀 새로운 성질의 물질로 변할 때 우리는 이를 '화학 반응이 진행되었다'라고 말한다. 그리고 이렇게 진행된 화학 반응을 명확히 표기한 것을 **화학 반응식(chemical equation)** 또는 반응식이라고 부른다. 화학 반응식의 정확한 정의는 **화학 반응이 일어날 때 반응하는 물질(반응물) 사이에서 원자의 재배열이 일어나 새로운 결합을 형성하게 된 생성물의 생성 과정을 화학식과 기호를 이용하여 나타낸 식**이다. A와 B라는 물질이 반응하여 C와 D라는 물질이 만들어질 때, 반응식은 다음과 같다.

$$A + B \longrightarrow C + D$$

중간에 표시된 화살표($\longrightarrow$)는 반응 진행 방향을 나타내고, 이 화살표를 기준으로 왼쪽에 적힌 A와 B는 **반응물(reactant)**, 화살표 오른쪽에 있는 C와 D는 **생성물(product)**이다. 또한, 화살표가 오른쪽을 향하면($\longrightarrow$) **정반응(forward reaction)**, 반대로 왼쪽을 향하면($\longleftarrow$) **역반응(reverse reaction)**이다.

예를 들어, 물(H_2O)이 만들어지는 화학 반응식을 적어보자. 물은 일반적으로 공기 중에 있는 수소(H_2) 기체 분자와 산소(O_2) 기체 분자가 반응하여 생성될 수 있다. 일단 직관적으로 다음과 같이 반응식을 적을 수 있다.

$$H_2 + O_2 \longrightarrow H_2O$$

이 반응식은 완전한 반응식이 아니다. 화학 반응은 질량 보존 법칙을 따르기 때문에 반응이 일어나기 전의 질량과 반응이 일어난 후의 질량은 같아야 한다. 그 이유는 화학 반응의 주체가 원자로 이루어진 분자들로 진행되기 때문이다. 위 반응식을 살펴보면 반응물과 생성물 간 원소의 종류와 개수가 일치하지 않아 질량 보존 법칙을 위배하고 있다. 즉, 반응물 쪽에 비해 생성물 쪽의 산소 원자(O)가 하나 부족하다.

따라서, 반응식을 올바르게 적기 위해서는 **화학 반응식 균형 맞추기(balancing)** 작업을 해야 한다. 균형 맞추기란 반응물과 생성물 간 원소의 종류와 개수가 같아지도록 반응물과 생성물의 분자식 앞에 **적당한 정수**를 붙여주는 작업을 말한다. 따라서 물 생성 반응식은 균형 맞추기를 통해서 다음과 같이 표현할 수 있다.

균형 맞춘 화학 반응식: $2H_2 + O_2 \longrightarrow 2H_2O$

반응물	생성물
H 4개	H 4개
O 2개	O 2개

이와 같이 반응물과 생성물 간 원소의 **종류와 개수가 일치하는** 완벽한 반응식을 **균형 맞춘 반응식(balanced formula)** 또는 **균형 잡힌 반응식**, **균형 반응식**이라고 부른다. 즉, 어떠한 반응식이든 균형 맞춘 반응식이어야만 질량 보존의 법칙에 위배되지 않는다. 앞으로 어떠한 화학 반응을 다루더라도 반응식을 적을 때는 반드시 이러한 균형 맞춘 반응식으로 표기해야 한다. 이것이 세계적으로 화학계에서 약속된 표기법이기 때문이다.

각 분자 앞에 붙어 있는 정수 2, 1, 2는 마치 방정식에서 미지수 앞에 붙이는 계수와 비슷하다고 하여 **반응 계수**라고 하며, 정수로 표현하는 것이 일반적이다. 반응 계수의 비는 반응에 참여하는 각 원자 개수의 비이므로, 곧 반응 몰수비와 같다. 이를 바탕으로 반응식의 각 화합물의 반응 질량비도 유추해서 파악할 수 있다.

프로페인(C_3H_8, propane)은 산소 기체(O_2)와 반응하여 이산화 탄소(CO_2)와 물(H_2O)을 생성한다. 이 반응의 균형 맞춘 반응식과 그 해석은 그림 6.3과 같다.

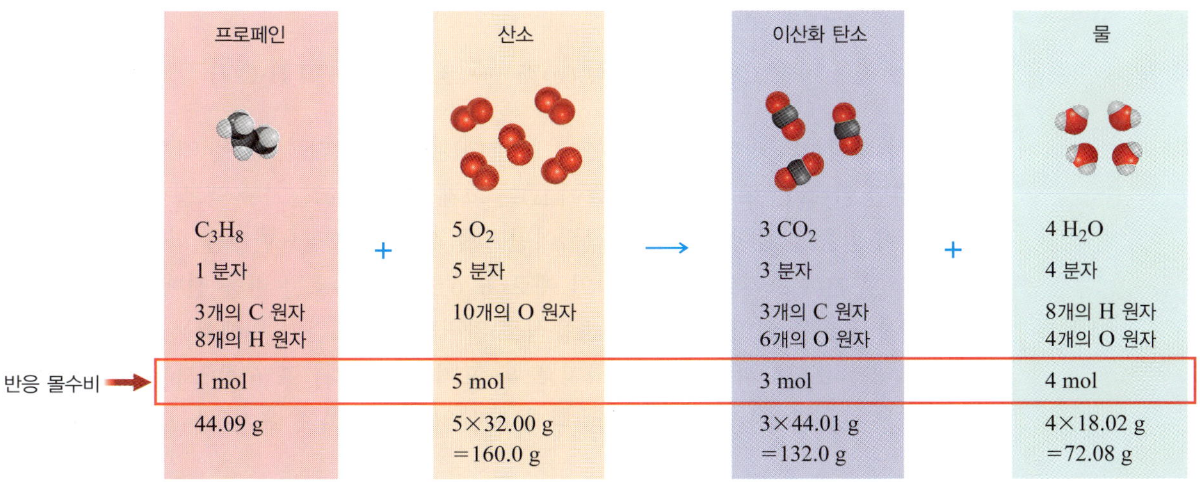

그림 6.3 균형 맞춘 반응식에서 반응 계수의 의미

예제 6.7

수산화 알루미늄이 황산과 섞이면 황산 알루미늄과 물이 생성된다. 이 반응의 균형 맞춘 반응식을 쓰시오.

풀이

반응물과 생성물을 적는다.

$$\text{수산화 알루미늄} + \text{황산} \longrightarrow \text{황산 알루미늄} + \text{물}$$

각 반응물과 생성물을 화학식으로 나타낸다.

$$Al(OH)_3 + H_2SO_4 \longrightarrow Al_2(SO_4)_3 + H_2O \text{ (균형이 맞지 않음)}$$

균형 맞추기를 시작한다.

1) Al의 균형을 맞추기 위해 $Al(OH)_3$ 앞에 2를 붙인다. 그리고 $SO_4{}^{2-}$를 하나의 단위로 보고 H_2SO_4 앞에 3을 붙여 균형을 맞춘다.

$$2\ Al(OH)_3 + 3\ H_2SO_4 \longrightarrow Al_2(SO_4)_3 + H_2O \text{ (아직 균형이 맞지 않음)}$$

2) H_2O 앞에 6을 붙여서 H와 O의 균형을 맞춘다.

$$2\ Al(OH)_3 + 3\ H_2SO_4 \longrightarrow Al_2(SO_4)_3 + 6\ H_2O \text{ (균형이 맞음)}$$

3) 전제적으로 모든 원소에 대하여 균형이 맞음을 재확인한다.

정답

$2\ Al(OH)_3 + 3\ H_2SO_4 \longrightarrow Al_2(SO_4)_3 + 6\ H_2O$

응용문제 6.7

"암모니아 기체는 수소 기체와 질소 기체의 반응으로 형성된다."라는 의미의 균형 잡힌 반응식을 쓰시오.

반응식에서 화합물의 상태와 반응 조건 표시

앞서 예로 들었던 프로페인의 연소 반응은 다음과 같이 설명할 수 있다.

"프로페인(C_3H_8) 기체는 산소(O_2) 기체와 반응하여 이산화 탄소(CO_2)와 물(H_2O)을 생성한다."

이 설명대로 반응식을 적으려면 알맞은 반응 계수와 동시에 화합물의 상태(액체, 기체, 고체, 수용액)도 기호로 표기를 해주어야 정확하게 의미를 전달할 수 있다. 이 점을 적용하면 다음과 같은 반응식이 된다.

$$C_3H_8(g) + 5\ O_2(g) \longrightarrow 3\ CO_2(g) + 4\ H_2O(l)$$

여기서 화합물의 상태를 나타내는 기호인 (g)는 기체 상태를, (l)은 액체 상태를 말한다. 이뿐만 아니라, 표 6.3에서와 같이 (s)는 고체 상태, (aq)는 수용액 상태를 뜻한다.

또한 이 반응이 진행되기 위해서는 어떤 실험적 조건이 필요한지를 화살표의 윗부분이나 아랫부분에 표기한다. 대표적인 예로 표 6.3의 △ 기호는 반응 진행 시 가열을 한다는 반응 조건을 의미한다. 화학 반응식을 완벽하게 표기하기 위해서는 반응 계수, 화합물 상태를 포함해서 반응 조건까지 모두 표기해야 한다. 표 6.4에서는 용매, 온도, 빛, 산성도 등 다양한 반응 조건을 나타내기 위해 다양하게 표기하는 사례를 나타내었다.

표 6.3 화학 반응식에 표기되는 기호의 의미

기호	의미
$\longrightarrow$	반응 진행 (화살 방향은 생성물 쪽으로)
(s)	고체
(l)	액체
(g)	기체
(aq)	수용액 (물에 녹아 있는 물질)
$\triangle$	가열 (반응 화살표 아래에 표기)

표 6.4 반응식의 각 기호의 사용 사례와 그 의미

반응식	반응 조건
반응물 $\xrightarrow[\text{에탄올}]{}$ 생성물	에탄올을 용매로 사용해서 반응시킬 경우
반응물 $\xrightarrow{h\nu}$ 생성물	강한 빛을 쪼여서 반응시킬 경우
반응물 $\xrightarrow{\text{pH } 10.2}$ 생성물	pH 10.2 조건에서 반응시킬 경우
반응물 $\xrightarrow[\triangle]{}$ 생성물	가열해서 반응시킬 경우
반응물 $\xrightarrow{80\ ^\circ\text{C}}$ 생성물	섭씨 80도 조건에서 반응시킬 경우
반응물 $\xrightarrow[\text{에탄올, pH } 2.1]{25\ ^\circ\text{C}}$ 생성물	(복합) 에탄올을 용매로 하여 섭씨 25도, pH 2.1 유지하에 반응시킬 경우

6.8 예제

고체 염소산 포타슘을 가열하였더니 고체 염화 포타슘과 산소 기체가 생성되었다. 이 반응의 균형 맞춘 반응식을 쓰시오.

풀이

반응물과 생성물을 적는다.

$$\text{염소산 포타슘} \xrightarrow[\triangle]{} \text{염화 포타슘} + \text{산소}$$

각 반응물과 생성물을 화학식으로 상태까지 나타낸다.

$$KClO_3(s) \xrightarrow[\triangle]{} KCl(s) + O_2(g)$$

다음으로 균형을 맞춘다.

$$2\ KClO_3(s) \xrightarrow[\triangle]{} KCl(s) + 3\ O_2(g)$$

정답

$2\ KClO_3(s) \xrightarrow[\triangle]{} 2\ KCl(s) + 3\ O_2(g)$

응용문제 6.8

고체 다이크로뮴산 암모늄($(NH_4)_2Cr_2O_7$)을 가열하면 수증기와 질소 기체가 생성되며, 고체 산화 크로뮴(III)을 얻을 수 있다. 이 반응의 반응식을 완벽하게 완성하시오.

6.5 화학량론

올바른 화학 반응식에 의하여 **반응물과 생성물 간의 정량적인 관계를 다루는 화학의 한 분야**를 **화학량론**(**stoichiometry**)이라고 한다. 화학량론은 화학에서의 일반적인 화합물(반응물, 생성물)의 몰수나 질량, 기체 반응의 경우 부피를 수치적으로 계산하는 것을 뜻한다. 이런 계산을 정확하게 하기 위해서는 화학 반응식을 통해 정확한 **반응 몰수비**를 파악하여 이를 근거로 삼아야 한다. 무엇보다 화학량론을 익히려면 본문에 수록되어 있는 각종 예제와 연습문제로 충분히 숙달해야 한다. 다음은 화학량론 문제를 풀 때 적용해야 할 풀이 전략이다.

> **화학량론 문제 풀이 전략**
> 1. 문제에서 제공된 화합물의 양(g, %, mL 등)이 몰수가 아니라면 화학식량 등을 이용하여 몰수로 변환한다.
> 2. 균형 맞춘 반응식의 반응 계수를 통해 각 화합물 간 반응 몰수비를 파악한다.
> 3. 1번에서 구한 화합물의 몰수와 2번의 반응 몰수비를 근거로 구하고자 하는 목표 화합물의 양을 몰수로 계산한다.
> 4. 3번에서 계산된 목표 화합물의 몰수를 문제에서 화학식량 등을 이용하여 요구하는 단위(g, %, mL 등)로 변환한다.

가장 간단한 화학량론은 다음과 같은 세 가지 방식이 있다.

(1) **몰–몰 계산법**: 몰 단위의 물질의 양을 근거로 목적 물질의 양을 몰 단위로 계산하는 방식
  – 예제 6.9, 예제 6.10

(2) **몰–질량 계산법**: 몰 단위의 물질의 양을 근거로 목적 물질의 양을 질량 단위로 계산하는 방식
  – 예제 6.11, 예제 6.12

(3) **질량–질량 계산법**: 질량 단위의 물질의 양을 근거로 목적 물질의 양을 질량 단위로 계산하는 방식
  – 예제 6.13

각 방식에 맞는 예제와 응용문제를 제시하였으니 충분히 습득할 수 있도록 연습하기 바란다.

예제 6.9

화학 반응식 $CO_2 + 4\ H_2 \longrightarrow CH_4 + 2\ H_2O$를 이용하여
(a) CO_2 3 mol로부터 얻을 수 있는 물의 몰수를 계산하시오.
(b) 물 3 mol을 만들기 위해 필요한 수소의 몰수를 계산하시오.

풀이

먼저 구하고자 하는 물질과 출발 물질과의 몰수비 관계를 알아야 한다.
(a) 이 경우에 구하고자 하는 물질은 물이므로, 물의 몰수는 몰수비에서 분자에 적는다.

출발 물질인 CO_2의 몰수는 몰수비에서 분모에 적는다.

균형 맞춘 반응식의 계수를 이용하면, 몰수비가 $\frac{2\text{ mol } H_2O}{1\text{ mol } CO_2}$임을 알 수 있다.

따라서, 다음과 같이 식을 세워 생성되는 물의 mol을 구할 수 있다.

$$3\text{ mol } CO_2 \times \frac{2\text{ mol } H_2O}{1\text{ mol } CO_2} = 6\text{ mol } H_2O$$

(b) (a)에서와 같은 방식으로 물과 수소 기체의 몰수비는 다음과 같다.

$$\text{몰비} = \frac{4\text{ mol } H_2}{2\text{ mol } H_2O}$$

따라서, 다음과 같이 식을 세워 생성되는 수소 기체의 mol을 구할 수 있다.

$$3\text{ mol } H_2O \times \frac{4\text{ mol } H_2}{2\text{ mol } H_2O} = 6\text{ mol } H_2$$

정답

(a) 물: 6 mol

(b) 수소: 6 mol

응용문제 6.9

운동하는 사람의 근육에서 포도당($C_6H_{12}O_6$)이 연소하면 이산화 탄소와 물이 생성된다. 이 경우의 균형 잡힌 반응식을 참고하여 포도당:이산화 탄소의 반응 몰수비가 얼마인지 쓰시오.

6.10 예제

수소 8.00 mol이 질소와 반응하여 생성되는 암모니아는 몇 몰인가?

풀이

균형 맞춘 반응식은 다음과 같다.

$$3\ H_2 + N_2 \longrightarrow 2\ NH_3$$

균형 맞춘 반응식은 3 mol의 H_2로부터 2 mol의 NH_3를 얻음을 말해 준다.

균형 맞춘 반응식으로부터 몰수비는 $\frac{2\text{ mol } NH_3}{3\text{ mol } H_2}$이다.

따라서, 다음과 같이 계산할 수 있다.

$$8.00\text{ mol } H_2 \times \frac{2\text{ mol } NH_3}{3\text{ mol } H_2} = 5.33\text{ mol } NH_3$$

정답

5.33 mol의 암모니아가 생성된다.

응용문제 6.10

0.110 mol의 물을 만들려면 수소 분자와 산소 분자가 각각 몇 mol 필요한가? 균형 맞춘 반응식은 다음과 같다.

$$2\ H_2 + O_2 \longrightarrow 2\ H_2O$$

6.11 예제

별도의 산소와의 반응 없이 질산 암모늄이 자체 분해하여 폭발하면 질소, 산소, 수증기의 세 기체가 생성된다. 4.4 mol의 질산 암모늄이 실험실에서 폭발할 때 생성되는 질소 기체의 질량을 계산하시오.

풀이

먼저 균형 맞춘 반응식부터 완성하여 반응 몰수비를 확인한다.

$$NH_4NO_3 + N_2 \longrightarrow 2\ O_2 + 2\ H_2O$$

1 mol의 질산 암모늄이 분해되면 1 mol의 질소 기체가 생성되는 것을 알 수 있다.
질산 암모늄 4.4 mol을 근거로 질소 기체의 몰수로 변환을 하고 이어서 질소 질량으로 환산하기 위해 다음과 같은 계산식을 세운다.

$$4.4\ \text{mol}\ NH_4NO_3 \times \frac{1\ \text{mol}\ N_2}{1\ \text{mol}\ NH_4NO_2} \times \frac{28.02\ \text{g}\ N_2}{1\ \text{mol}\ N_2} = 123.3\ \text{g}\ N_2$$

정답

123.3 g의 질소 기체가 생성된다.

응용문제 6.11

6.0 mol의 알루미늄이 염산과 반응하여 생성되는 수소의 질량은 얼마인가? 균형 맞춘 반응식은 다음과 같다.

$$2\ Al(s) + 6\ HCl(aq) \longrightarrow 2\ AlCl_3(aq) + 3\ H_2(g)$$

예제 6.12

325 g의 옥테인(C_8H_{18})을 연소시키면 몇 몰의 물이 생성되는가?
균형 맞춘 반응식은 $2C_8H_{18}(l) + 25\ O_2(g) \longrightarrow 16\ CO_2(g) + 18\ H_2O(g)$이다.

풀이

C_8H_{18}의 질량(325 g)을 통해서 C_8H_{18}의 몰수를 계산하고, 이어서 H_2O의 몰수를 구하는 순서로 환산 인자를 적용하여 다음과 같은 계산식을 세운다.

$$325\ \text{g}\ C_8H_{18} \times \frac{1\ \text{mol}\ C_8H_{18}}{114.2\ \text{g}\ C_8H_{18}} \times \frac{18\ \text{mol}\ H_2O}{2\ \text{mol}\ C_8H_{18}} = 25.7\ \text{mol}\ H_2O$$

정답

25.7 mol

응용문제 6.12

실험실 알코올 램프는 메탄올(CH_3OH)을 연소 연료로 사용한다. 메탄올의 연소 반응은 다음의 반응식과 같다.

$$2\ CH_3OH + 3\ O_2 \longrightarrow 2\ CO_2 + 4\ H_2O$$

이 알코올 램프에서 이산화 탄소 43.9 g이 발생하였다면 메탄올은 총 몇 몰이 소모되었는지 계산하시오.

예제 6.13

비료의 주성분으로 사용되는 황산 암모늄은 다음의 반응을 통해서 합성된다.

$$2\ NH_3(g) + H_2SO_4(aq) \longrightarrow (NH_4)_2SO_4$$

1.00×10^5 kg의 황산 암모늄을 생산하는 데 필요한 암모니아는 몇 kg인가?

풀이

NH_3의 몰질량: 17.03 g/mol
$(NH_4)_2SO_4$의 몰질량: 132.1 g/mol

균형 반응식에 의하면 2 mol의 암모니아로 1 mol의 황산 암모늄을 생성할 수 있다.
따라서, 다음과 같이 환산식을 세워 계산한다.

$$1.00 \times 10^8\ \text{g}\ (NH_4)_2SO_4 \times \frac{1\ \text{mol}\ (NH_4)_2SO_4}{132.1\ \text{g}\ (NH_4)_2SO_4} \times \frac{2\ \text{mol}\ NH_3}{1\ \text{mol}\ (NH_4)_2SO_4} \times \frac{17.03\ \text{g}\ NH_3}{1\ \text{mol}\ NH_3}$$
$$= 25{,}783{,}497\ \text{g}\ NH_3 = 2.58 \times 10^7\ \text{g}\ NH_3$$

정답

2.58×10^4 kg의 암모니아가 필요하다.

응용문제 6.13

다음 반응에서 V_2O_5 1.54×10^3 g을 충분한 양의 Ca과 반응시켰을 때, 얻을 수 있는 산화 칼슘(CaO)의 질량은 얼마인가?

$$5\ Ca + V_2O_5 \longrightarrow 5\ CaO + 2\ V$$

6.6 수득률

한계 반응물과 초과 반응물

실제로 실험실에서 대부분의 화학 반응이 진행될 때에는 정확히 반응 몰수비에 맞게 실험자가 반응물들을 준비하지 않는 한, 반응에 참여하는 둘 이상의 반응물 중 하나는 반드시 부족할 것이고, 그 외 다른 반응물은 과량일 것이다. 이때 부족한 반응물 때문에 생성물의 양이 결정된다. 어떤 반응에서 생성물의 양을 결정짓게 하는 부족한 양의 반응물을 **한계 반응물(limiting reactant)** 또는 **한계 시약**이라고 한다.

수소 기체(H_2)와 염소 기체(Cl_2)가 반응하면 염화 수소(HCl) 기체가 생성된다. 이 반응의 균형 맞춘 반응식은 다음과 같다. 이 반응식에 의하면 수소 분자와 염소 분자가 1몰 대 1몰로 반응을 하면 2몰의 염화 수소가 생성된다.

$$H_2(g) + Cl_2(g) \longrightarrow 2\ HCl(g)$$

반응 몰수비: 1 mol 1 mol 2 mol

만약, 이 반응에서 실험자가 수소 분자 7개와 염소 분자 4개를 반응시킨다면 그림 6.4와 같이 염화 수소 분자가 4개 생성되고 수소 분자 3개가 남게 된다. 이 상황에서 염화 수소 분자가 4개만 생성된 이유는 수소 분자가 아닌 염소 분자의 양에 의한 것임을 알 수 있다.

따라서 이 경우 한계 반응물은 염소 분자이고, 반응 결과 3개가 남은 수소 분자는 **초과 반응물(excess reactant)** 또는 **초과 시약**이라고 부른다. 초과 반응물이란 반응이 완결되고 남게 되는 **잉여** 반응물을 말한다. 대부분의 화학량론 문제는 한계 반응물과 초과 반응물을 찾아내고, 한계 반응물을 기준으로 반응 몰수비를 고려하여 생성물의 양을 계산해야 한다.

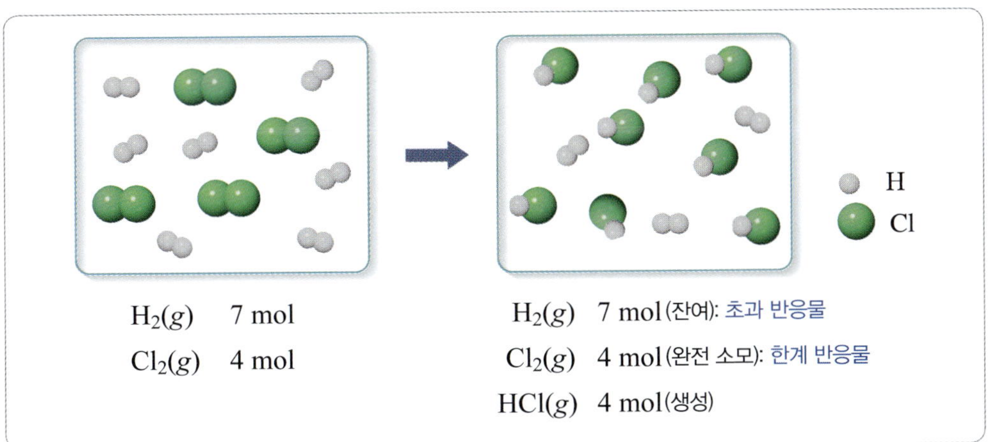

그림 6.4 한계 반응물과 초과 반응물의 예시

예제 6.14

4.0 mol의 H_2와 3.5 mol의 Cl_2가 반응할 때, 몇 몰의 HCl이 생성되는가? 한계 반응물은 어느 것인가? 반응식은 $H_2(g) + Cl_2(g) \longrightarrow 2\,HCl(g)$이다.

풀이

각 반응물로부터 생성될 수 있는 HCl의 몰수를 계산한다.

1) 균형 맞춘 반응식으로부터 H_2의 몰수를 HCl의 몰수로 변환

$$4.0\ \cancel{\text{mol H}_2} \times \frac{2\ \text{mol HCl}}{1\ \cancel{\text{mol H}_2}} = 8.0\ \text{mol HCl}$$

2) 균형 맞춘 반응식으로부터 Cl_2의 몰수를 HCl의 몰수로 변환

$$3.5\ \cancel{\text{mol Cl}_2} \times \frac{2\ \text{mol HCl}}{1\ \cancel{\text{mol Cl}_2}} = 7.0\ \text{mol HCl}$$

Cl_2가 H_2보다 더 적은 양의 HCl을 생성하므로 한계 반응물은 Cl_2이고 H_2는 과량이다. HCl의 수득량은 7.0 mol이다.

정답

HCl은 7.0 mol이 생성되고, 한계 반응물은 Cl_2이다. H_2는 초과 반응물로 남는다.

응용문제 6.14

분필의 주성분은 석회석, 즉 탄산 칼슘이다. 탄산 칼슘은 강산을 만나면 이산화 탄소 기체를 생성하며 다음과 같은 반응이 일어난다.

$$CaCO_3 + 2\,HCl \longrightarrow CaCl_2 + H_2O + CO_2$$

HCl 11.99 g과 $CaCO_3$ 11.99 g의 반응으로 생성되는 이산화 탄소는 몇 g인가?

수득량

화학량론을 공부하였다면 누구든 어떤 반응에서 만들어질 생성물의 질량을 수치적으로 계산할 수 있다. 하지만 실제로 그 반응을 실험실에서 진행해 보면, 계산한 만큼의 생성물이 얻어지지 않는다. 연소 반응이나 산-염기 중화 반응과 같은 아주 특별한 반응을 제외하고 대부분의 화학 반응은 모든 반응물이 이상적으로 반응하여 생성물을 100% 만들지 않기 때문이다. 현실적으로는 적당한 수준으로 반응이 진행되어 반응물과 생성물이 일정량을 이루는 상태까지만 반응이 진행된다.

이처럼 **화학량론적으로 계산해 낸 생성물의 양**을 **이론적 수득량(theoretical yield)**이라고 하고, **실험을 통해서 실제로 합성하여 측정한 생성물의 양**을 **실제 수득량(actual yield)**이라고 한다. 보통 실험자는 반응에서 아래와 같은 **백분율 수율(percent yield)** 또는 **수득률**을 계산한다.

$$\text{백분율 수율(\%)} = \frac{\text{실제 수득량}}{\text{이론적 수득량}} \times 100$$

예제 6.15

100.0 g의 이황화 탄소를 100.0 g의 염소와 반응시켜 사염화 탄소(CCl_4)를 만들었다. 다음 반응식을 이용하여 사염화 탄소 65.0 g을 얻었을 때의 백분율 수율을 계산하시오.

$$CS_2 + 3\,Cl_2 \longrightarrow CCl_4 + S_2Cl_2$$

풀이

먼저 이론적 수득량을 계산하고 다음에 백분율 수율을 계산한다.

각 반응물로부터 생성될 수 있는 CCl_4의 그램 수를 계산한다.

단위 변환 과정: g 반응물 ⟶ mol 반응물 ⟶ mol CCl_4 ⟶ g CCl_4

1) CS_2로부터 생성될 수 있는 CCl_4

$$100.0\ \text{g}\ CS_2 \times \frac{1\ \text{mol}\ CS_2}{76.15\ \text{g}\ CS_2} \times \frac{1\ \text{mol}\ CCl_4}{1\ \text{mol}\ CS_2} \times \frac{153.8\ \text{g}\ CCl_4}{1\ \text{mol}\ CCl_4} = 202\ \text{g}\ CCl_4$$

2) Cl_2로부터 생성될 수 있는 CCl_4

$$100.0\ \text{g}\ Cl_2 \times \frac{1\ \text{mol}\ Cl_2}{70.90\ \text{g}\ Cl_2} \times \frac{1\ \text{mol}\ CCl_4}{3\ \text{mol}\ Cl_2} \times \frac{153.8\ \text{g}\ CCl_4}{1\ \text{mol}\ CCl_4} = 72.3\ \text{g}\ CCl_4$$

Cl_2가 CS_2보다 더 적은 양의 CCl_4를 생성하므로, 한계 반응물은 Cl_2이다. 또한 CCl_4의 이론적 수득량은 72.3 g이다. 실제 수득량이 65.0 g이라면 백분율 수율은 다음과 같다.

$$\text{백분율 수율} = \frac{65.0\ \text{g}}{72.3\ \text{g}} \times 100 = 89.9\ \%$$

정답

백분율 수율은 89.9%이다.

응용문제 6.15

200.0 g의 브로민화 마그네슘을 적당한 양의 질산 은과 반응시켜 브로민화 은을 만들었다. 다음 반응식을 이용하여 375.0 g의 브로민화 은을 얻었을 때의 백분율 수율을 계산하시오.

$$MgBr_2 + 2\ AgNO_3 \longrightarrow Mg(NO_3)_2 + 2\ AgBr$$

Deep Insight

화학량론과 공학용 계산기

이공계 전공을 선택한 많은 대학생은 물리학과 화학, 공업수학을 공부하면서 공학용 계산기를 구비하여 사용할 것이다. 특히, 화학의 경우 화학량론을 공부할 때에는 공학용 계산기가 반드시 필요하다. 하지만, 막상 공학용 계산기를 마련해 두었음에도 +, −, ×, ÷을 위한 단편적인 사용에 머무르는 경우가 대부분인 것이 현실이다. 공학용 계산기를 이용하여 화학량론을 계산할 때 반드시 알아야 할 사항을 간단히 살펴보자.

공장에서 바로 출고된 공학용 계산기는 기본 세팅 모드가 있다. 공학용 계산기는 사용자의 목적에 맞게 이 기본 세팅을 본인만의 모드로 수정을 해서 사용해야 한다. 공학용 계산기를 처음 사용하는 대학생들이 가장 흔히 경험하는 곤란한 점은 바로 리니어(linear) 모드가 설정되지 않은 상태에서 바로 사용하는 것이다. 만약 계산기가 리니어 모드가 아닌 매스(Math) 모드로 맞춰져 있는 상태에서 계산하면, 다음과 같은 상황을 경험하게 된다.

예를 들어, 4를 5로 나눈다면 그 결괏값이 매스 모드에서는 '$\frac{4}{5}$'로 찍히고, 리니어 모드로 바꾸어야 비로소 '0.8'이라는 값을 볼 수 있다. 평소 공학용 계산기를 이용해서 각종 예제와 연습문제를 미리 풀어보지 않는다면 막상 시험장에 들어가서 공학용 계산기를 사용할 때 이런 난감한 상황을 맞게 된다. 실제 대학 초년 수강생들의 경우 시험시간 중간에 공학용 계산기를 어떻게 사용하는지 시험 감독관에게 묻는 경우가 빈번하게 발생하곤 한다.

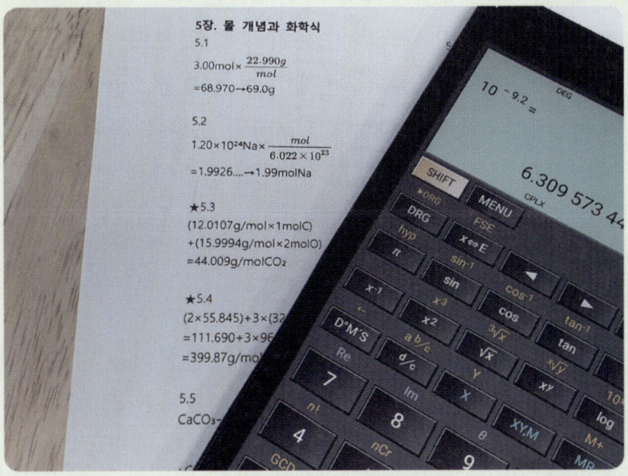

그럼 리니어 모드는 어떻게 설정할까? 현재 세계적으로 널리 사용되고 있는 공학용 계산기의 상표는 일본의 카시오와 샤프이다. 또한 요즘은 스마트폰의 공학용 계산기 어플을 사용하기도 한다(단, 시험 중에 스마트폰을 사용하지 못할 가능성이 있다).

카시오 계산기를 기준으로 리니어 모드 설정 방법을 살펴보자.

다음과 같은 순서로 리니어 모드를 설정한다.

1. 계산기의 전원을 켠다.
2. 계산기의 메뉴(menu) 단추를 눌러 1번에서 8번까지의 선택 항목 창이 뜨는 것을 확인한다.
3. 그중 1번(COMP, 표준계산)을 눌러 계산창을 연다.
4. 다음 Shift 키를 누르고 메뉴 단추를 누르면 바로 1번 항목의 '1 : MthIO'를 확인할 수 있다.
5. '1 : MthIO'를 누르면, 액정 화면에 '1 : MathO(매스 모드)'와 '2 : LineO(리니어 모드)'를 볼 수 있다. 여기서 2번을 눌러 리니어 모드를 선택한다.
6. 다시 전원을 껐다가 켜서 표준계산 모드에서 계산을 한다.

타 회사의 공학용 계산기 또는 스마트폰 어플 계산기도 모드 설정 방법은 이와 거의 비슷하니 쉽게 모드를 변경할 수 있을 것이다. 물론 계산기의 사용 설명서를 참고해도 좋다.

핵심 요약

6.1 원자 질량과 몰

- 원자 질량 단위(amu 또는 u)는 원자 질량이 12인 탄소의 정확한 1/12로 정의한다.
- ^{12}C 원자의 질량 = 12 amu
- 정확히 12 amu로 정의된 ^{12}C 원자의 질량은 다른 모든 원자의 질량값을 표시하는 기준이다.
- 1몰(mol) = 6.022×10^{23}개(아보가드로 수, N_A)
- 1몰이자 아보가드로 수는 탄소-12(^{12}C) 동위 원소를 기준 원소로 하여 정의된 것이다.

6.2 동위 원소와 몰질량

- 동위 원소는 양성자 수는 동일하지만, 중성자 수가 다른 원소이다.
- 동위 원소는 원자 번호는 같지만 질량수가 다른 원소를 뜻한다.
- 주기율표에 있는 118종의 원소들은 모두 동위 원소가 있다.
- 원소마다 동위 원소의 종류의 수가 다르다.
- 원자 질량은 자연계에 존재하는 동위 원소들의 존재 비율까지 고려한 가중 평균치를 계산한 평균 원자 질량이다.
- 몰질량은 원자나 화합물 1 mol의 질량을 의미하며, 그 단위는 g/mol이다.
- 원자의 몰질량은 원자량, 분자의 몰질량은 분자량이다.
- 이온 결합 화합물의 몰질량은 분자량이 아닌 화학식량이다.

6.3 화학식과 조성 백분율

- 화학식은 분자식, 구조식, 시성식, 실험식을 일괄하여 전체적으로 일컫는 통칭이다.
- 조성 백분율(%) = $\dfrac{\text{화합물 중 그 원소만의 총 질량(g)}}{\text{화합물의 전체 질량(g)}} \times 100$
- 화합물마다 각자 구성 원소에 대한 고유의 조성 백분율이 있다.

• 물질의 분자식이나 화학식을 알면 그 분자를 구성하고 있는 각 원소의 조성 백분율을 계산하는 것이 가능하다.

6.4 균형 잡힌 화학 반응식

• 화학 반응식은 화학 반응이 일어나면 반응하는 물질인 반응물과 반응물 사이에서 원자의 재배열이 일어나 새로운 결합을 형성하게 된 생성물을 화학식과 기호를 이용하여 나타낸 식이다.
• 반응 계수는 '반응 몰수비'로 해석해야 반응식의 각 화합물의 반응 질량비를 유추해서 파악할 수 있다.

6.5 화학량론

• 화학량론은 화학에서의 일반적인 화합물(반응물, 생성물)의 몰수나 질량, 기체 반응의 경우 부피를 수치적으로 계산하는 것을 뜻한다.
• 화학 반응식을 통해 정확한 반응 몰수비를 파악하여 이를 근거로 삼아야 한다.

6.6 수득률

• 부족한 반응물 때문에 생성물의 양이 결정된다.
• 어떤 반응에서 생성물의 양을 결정짓게 하는 부족한 양의 반응물을 한계 반응물 또는 한계 시약이라고 한다.
• $\text{백분율 수율}(\%) = \dfrac{\text{실제 수득량}}{\text{이론적 수득량}} \times 100$

핵심 용어 정리

용어	정의
• 원자 질량 단위(atomic mass unit, amu 또는 u)	원자 질량이 12인 탄소의 정확한 1/12
• 1 mol	아보가드로 수(N_A), 6.022×10^{23}개
• 동위 원소(isotope)	양성자 수는 동일하지만, 중성자 수가 다른 원소(=원자 번호는 같지만 질량수가 다른 원소)
• 몰질량(molar mass)	원자나 화합물 1 mol의 질량
• 원자량(atomic mass)	원자의 몰질량
• 분자량(molecular mass)	분자의 몰질량
• 분자식(molecular formula)	분자를 구성하는 각 원소의 종류와 그 원자의 정확한 개수를 나타내는 화학식
• 구조식(structural formula)	원자들의 연결 및 배열 상태를 보여주는 화학식
• 시성식(rational formula)	화합물의 성질을 밝히기 위해 분자 내의 화학적 특성을 지배하는 원자단을 쉽게 알 수 있도록 나타낸 화학식
• 실험식(experimental formula)	화합물을 구성하는 원소의 원자 개수 비를 가장 간단한 정수비로 나타낸 화학식
• 화학 반응식(chemical equation, 반응식)	화학 반응이 일어나면 반응하는 물질인 반응물들 사이에서 원자의 재배열이 일어나 새로운 결합을 형성하게 된 생성물을 화학식과 기호를 이용하여 나타낸 식
• 균형 맞춘 반응식(balanced formula, 균형 잡힌 반응식, 균형 반응식)	반응물과 생성물 간 원소의 종류와 개수가 일치하는 완벽한 반응식
• 화학량론(stoichiometry)	올바른 화학 반응식에 의하여 반응물과 생성물 간의 정량적인 관계를 다루는 화학의 한 분야
• 한계 반응물(limiting reactant, 한계 시약)	어떤 반응에서 생성물의 양을 결정짓게 하는 부족한 양의 반응물
• 초과 반응물(excess reactant, 초과 시약)	반응이 완결되고 남게 되는 잉여 반응물
• 이론적 수득량(thoretical yield)	화학량론적으로 계산해 낸 생성물의 양
• 실제 수득량(actual yield)	실험을 통해서 실제로 합성하여 측정한 생성물의 양

연습문제

● (6.1～6.8) 다음 설명 중 옳은 것은 ○, 틀린 것은 ×를 표시하시오.

6.1 원자 질량의 기준 원소는 질량수가 12인 탄소 동위 원소이다. (　　　)

6.2 모든 원소는 둘 이상의 동위 원소가 있다. (　　　)

6.3 주기율표상의 원자 질량은 동위 원소의 자연 존재 비율까지 고려한 가중 평균치이다. (　　　)

6.4 한 원소의 각 동위 원소는 모두 동일한 비율로 자연에 존재한다. (　　　)

6.5 몰질량이란 1몰만큼 모여 있는 물질에서 입자 1개의 질량을 말한다. (　　　)

6.6 화학식이 다르더라도 실험식이 동일할 수 있다. (　　　)

6.7 시성식은 분자의 성질을 알아볼 수 있도록 나타내는 식이다. (　　　)

6.8 어떠한 반응식이든 균형 맞춘 반응식이어야만 질량 보존의 법칙에 위배되지 않는다. (　　　)

● (6.9～6.15) 다음 문장의 빈칸에 올바른 용어(단어) 혹은 문구를 채워 넣으시오.

6.9 1 mol은 6.022×10^{23}개를 의미한다. 여기서 묶어주는 매우 큰 수인 6.022×10^{23}는 특별히 (　　　)라고 한다.

6.10 원자의 몰질량은 (　　　)이라고 하며, 분자의 몰질량은 (　　　)이라고 한다.

6.11 (　　　)이란 분자를 구성하는 각 원소의 종류와 그 원자의 정확한 개수를 나타내는 화학식이다.

6.12 반응 계수를 이해할 때에는 이를 (　　　)로 해석해야 하고, 동시에 이것을 바탕으로 반응식의 각 화합물의 반응 질량비도 유추해서 파악할 수가 있다.

6.13 어떤 반응에서 생성물의 양을 결정짓게 하는 부족한 양의 반응물을 (　　　)이라고 한다.

6.14 (　　　) 이란 반응이 완결되고 남게 되는 잉여 반응물이다.

6.15 화학량론적으로 계산해 낸 생성물의 양을 (　　　) 이라 부른다.

● (6.16～6.25) 다음 물음에 답하시오.

6.16 $MgCl_2$ 27.5 g에 들어 있는 이온은 몇 mol인가?

6.17 다음 물질의 화학식량은 얼마인가?
(a) Hg_2Cl_2(칼로멜, 옛날에 장을 비우도록 자극하는 하제로 사용)
(b) $C_4H_8O_2$(뷰티르산, 고약한 버터 냄새를 유발하는 물질)
(c) CF_2Cl_2(클로로플루오로메테인, 성층권의 오존층을 파괴하는 프레온)

6.18 380 mL 커피 캔 하나에는 약 125 mg의 카페인($C_8H_{10}N_4O_2$)이 들어 있다. 이 양의 카페인은 몇 mol인가? 카페인 분자는 몇 개인가?

6.19 다음 반응식의 균형을 맞추시오.
(a) $SiCl_4 + H_2O \longrightarrow SiO_2 + HCl$
(b) $P_4O_{10} + H_2O \longrightarrow H_3PO_4$
(c) $CaCN_2 + H_2O \longrightarrow CaCO_3 + NH_3$
(d) $NO_2 + H_2O \longrightarrow HNO_3 + NO$

6.20 다음과 같은 실험식과 분자량을 갖는 각 화합물의 분자식을 쓰시오.

(a) 실험식: HCO_2, 분자량: 90.0
(b) 실험식: C_2H_4O, 분자량: 88
(c) 실험식: CH_2, 분자량: 84
(d) 실험식: NH_2Cl, 분자량: 51.5

6.21 유기 용매인 톨루엔 41.74 mg을 연소 분석하여 H_2O 35.67 mg과 CO_2 152.5 mg을 얻었다. 톨루엔의 실험식을 쓰시오. 톨루엔은 탄소와 수소 원소로만 구성된 물질임을 참고하시오.

6.22 단열재로 주로 사용되는 폴리스타이렌의 원료인 몰질량 104 g/mol의 스타이렌을 질량 분석하면 C와 H가 각각 92.3 %, 7.7 %이다. 스타이렌의 분자식을 쓰시오.

6.23 적철광으로부터 철을 생산할 때 Fe_2O_3는 탄소와 반응한다.

$$Fe_2O_3 + C \longrightarrow Fe + CO_2 \text{ (불균형 반응식)}$$

(a) 위 반응식의 균형을 맞추시오.
(b) Fe_2O_3 525 g과 반응하는 데 탄소는 몇 mol 필요한가?
(c) Fe_2O_3 525 g과 반응하는 데 탄소는 몇 g 필요한가?

6.24 석회석($CaCO_3$)은 염산과 반응하여 물과 이산화 탄소를 생성한다. 이 반응의 균형 맞춘 반응식은 다음과 같다.

$$CaCO_3 + 2\,HCl \longrightarrow CaCl_2 + H_2O + CO_2$$

CO_2 1.00 mol이 반응 조건에서 22.4 L의 부피를 갖는 경우, HCl 2.35 g과 $CaCO_3$ 2.35 g의 반응으로 CO_2 기체는 몇 L 형성되는가? 어느 것이 한계 반응물인가?

6.25 다음과 같은 화학 반응이 진행될 때 물음에 답하시오.

$$NiCO_3 + H_2SO_4 \longrightarrow NiSO_4 + CO_2 + H_2O$$

(a) $NiCO_3$ 14.5 g과 반응하는 데 H_2SO_4는 몇 g 필요한가?
(b) (a)에서 수율이 78.9 %이라면, $NiSO_4$는 몇 g 얻어지는가?

CHAPTER

7

수용액의 성질과 반응

◀ 인간의 생활에서 가장 익숙하게 즐기는 음료는 대부분 수용액이다.
(© View Apart / Shutterstock)

7.1 수용액의 특성

용매
사전적인 의미는 용해를 시키는 매개체란 뜻으로 균일 혼합물에서 혼합 비율이 가장 높은 물질

용질
용매에 녹는 물질이자 균일 혼합물에서 용매를 제외한 나머지 적은 비중의 물질

용액(solution)이란 **두 가지 이상의 순물질이 균일하게 혼합된 물질**을 말한다. 용액은 **용질(solute)**과 **용매(solvent)**가 균일하게 섞여 있는 경우를 말하며 혼합 비율상 **조금이라도 많은 양**에 해당하는 순물질이 용매가 되고 나머지 적은 양의 모든 순물질은 용질이 된다. 용액의 상태를 보통 액체라고 생각하지만, 기체상(공기), 액체상(소금물), 고체상(합금)의 모든 형태에서 존재한다. 이런 다양한 용액 중에서 용매가 오로지 물(H_2O)인 경우를 **수용액(aqueous solution)**이라고 부른다. 영문 앞글자를 따서 수용액을 화학식에서 표기할 때 (aq)로 나타낸다. 7단원에서는 수용액에 대해서만 집중하여 논하기로 한다.

전해질과 비전해질

수용액이 되기 위해서는, 즉 용매인 물과 균일하게 혼합되기 위해서는 용질이 물에 잘 녹아야만 한다. 이때 물에 녹는 용질은 크게 **전해질(electrolyte)**과 **비전해질(nonelectrolyte)**로 구별한다. 전해질은 **물에 용해되었을 때 수용액에서 전류가 흐를 수 있도록 해리되어 양이온과 음이온을 생성하는 용질**을, 반면에 비전해질은 **물에 용해되어도 해리되지 않아 그 수용액에서 전류가 흐르지 않는 용질**을 말한다. **해리(dissociation)**는 분리되어 떨어진다는 뜻으로 이온 결합 화합물이 용액 속에서 양이온과 음이온으로 분리되는 현상을 말한다. 소금(NaCl)과 같은 용질이 물에 녹아 소듐 양이온(Na^+)과 염소 음이온(Cl^-)으로 따로 분리되어 수용액상에 존재하는 과정을 대표적인 해리의 예시라고 할 수 있다.

$$\text{소금 수용액의 해리 과정} \qquad NaCl(aq) \longrightarrow Na^+(aq) + Cl^-(aq)$$

전해질 수용액 → 용액 내 이온 존재 → 전기전도 가능

비전해질 수용액 → 용액 내 이온 없음 → 전기전도 불가능

전해질 수용액에서 전류가 흐를 수 있는 까닭이 바로 용질이 해리되어 양 또는 음이온, 즉 전하를 띤 입자를 생성하면서 균일하게 혼합되어 있기 때문이다. 반면에 포도당($C_6H_{12}O_6$)과 같은 비전해질은 해리 과정이 없이, 즉 어떠한 이온도 생성됨이 없이 물에 용해되는 것이므로 이와 같은 비전해질로 만든 수용액은 전류가 흐를 수 없다.

전해질은 해리되는 정도(해리도)에 따라 **강전해질**과 **약전해질**로 다시 분류할 수 있다. 물에 용해된 용질의 70% 이상이 해리되면 강전해질, 30% 이하로 해리된다면 약전해질로 판단한다. 소금의 경우에는 99%가 해리되기 때문에 강한 전해질(강전해질)이며, 식초의 성분인 아세트산은 3~7% 정도만 해리되기 때문에 약한 전해질(약전해질)이다. 강전해질 수용액은 이온이 풍부하게 존재하기 때문에 전류의 흐름이 매우 원활하고, 약전해질 수용액은 상대적으로 이온이 빈약하게 존재하므로 전류가 약하게 흐른다.

전해질과 비전해질을 직접 구별하는 실험적인 방법은 그림 7.1과 같이 임의의 용질을 녹인 수용액에 전기 전도도 측정 장치의 전극을 담가 전류가 흐르는지 확인하는 것이다. 전류가 흐르면 소리가 나고, 다이오드에 불빛이 들어온다.

사람의 체액(혈액)에는 다양한 강전해질과 약전해질이 용해되어 있다. 따라서 전해질은 생물의 생명 유지에 필수적인 요소라 할 수 있다.

비전해질 수용액 　 강전해질 수용액 　 약전해질 수용액

그림 7.1 수용액별 전기전도도 테스트

표 7.1은 대표적인 강전해질, 약전해질, 비전해질을 제시한 것이다. 염화 소듐(NaCl, 소금), 아이오딘화 포타슘(KI), 질산 칼슘($Ca(NO_3)_2$)과 같은 이온 결합 화합물은 거의 100 %에 가까운 해리도를 보이는 강전해질이다. 단, 난용성 이온 결합 화합물의 경우에는 해리도가 0 %에 가깝기 때문에 모든 이온 결합 화합물을 강전해질이라고 속단해서는 안 된다.

표 7.1 대표적인 강전해질, 약전해질, 비전해질

강전해질	약전해질	비전해질
HCl	CH_3COOH	$(NH_2)_2CO$ (요소)
HNO_3	HF	CH_3OH (메탄올)
$HClO_4$	HNO_2	C_2H_5OH (에탄올)
H_2SO_4	NH_3	$C_6H_{12}O_6$ (포도당)
NaOH	H_2O	$C_{12}H_{22}O_{11}$ (자당)
$Ba(OH)_2$	H_2SO_3	H_2O (순수한 물)

H_2O
물(H_2O)은 다음과 같이 자동 이온화 반응을 한다.

$$H_2O(l) + H_2O(l) \rightleftharpoons H_3O^+(aq) + OH^-(aq)$$

엄밀히 말하면 극미량의 양이온과 음이온을 형성할 수 있는 약전해질이 될 수도 있다. 다만, 이온의 농도가 전류를 흐르게 할 만큼 충분하지는 않다. 25 °C에서 $[H_3O^+] = [OH^-] = 1.0 \times 10^{-7}$ M이다.

7.1 예제

다음의 이온 결합 화합물의 수용액에서 해리 반응식을 적으시오. 단, 이 화합물들은 모두 전해질이다.
(a) K_2CO_3
(b) CaF_2
(c) $Al(OH)_3$

정답
(a) $K_2CO_3(aq) \longrightarrow 2\,K^+(aq) + CO_3^{2-}(aq)$
(b) $CaF_2(aq) \longrightarrow Ca^{2+}(aq) + 2\,F^-(aq)$
(c) $Al(OH)_3(aq) \longrightarrow Al^{3+}(aq) + 3\,OH^-(aq)$

응용문제 7.1

표 7.1을 참고하여 다음 화합물의 수용액 상태에서의 해리 반응식을 적으시오.
(a) 염산
(b) 황산
(c) 포도당
(d) 아황산

산과 염기 수용액

강산 = 강전해질로서의 산
약산 = 약전해질로서의 산
강염기 = 강전해질로서의 염기
약염기 = 약전해질로서의 염기

산과 염기도 역시 전해질이다. 이 때문에 산과 염기도 **강전해질(강산, strong acid)** 또는 **약전해질(약산, weak acid)**로 분류할 수 있다. 강전해질의 대표적인 예로는 염산(HCl)과 질산(HNO_3)을 들 수 있다. 또한, 이 산들은 물에 거의 완전히 이온화된다. 예를 들면, 염화 수소 기체가 물에 용해되어 수용액이 될 때 다음과 같은 해리 반응이 진행된다.

$$\underset{1\,\%}{HCl(aq)} \longrightarrow \underset{99\,\%}{H^+(aq)} + \underset{99\,\%}{Cl^-(aq)} \quad \text{(99 \% 이상 해리)}$$

다시 말하면, 용해된 모든 HCl 분자들이 수화된 H^+와 Cl^-로 이온화된다. 그래서 HCl(aq)로 나타내며 용액은 $H^+(aq)$와 $Cl^-(aq)$만이 존재하고 수화된 HCl은 거의 존재하지 않는다. 즉, 염산 용액에서 H^+와 Cl^-는 재결합하지 않고, HCl 분자는 다시 형성하지 않는다는 의미에서 완전한 이온화를 표현하기 위해 한 방향 화살표($\longrightarrow$)를 사용한다.

반면에 시큼한 향이 나는 식초에 사용되는 아세트산(CH_3COOH)과 같은 산들은 완전히 이온화되지 않는 약전해질이다. 아세트산의 이온화는 다음과 같다.

$$\underset{97\,\%}{CH_3COOH(aq)} \rightleftharpoons \underset{3\,\%}{CH_3COO^-(aq)} + \underset{3\,\%}{H^+(aq)} \quad \text{(10 \% 이하 해리)}$$

가역 반응
정반응과 역반응이 모두 가능한 반응

여기서 CH_3COO^-는 아세트산 이온이다. 이온화는 산과 염기가 이온으로 분리하는 것을 말한다. 아세트산의 분자식은 CH_3COOH로 쓰며, 이온화할 수 있는 양성자(H^+)가 $-COOH$기에 있다는 것을 나타내고 있다. 아세트산의 이온화는 가역 반응(reversible reaction)을 나타내는 이중 화살표($\rightleftharpoons$)로 쓴다. 처음에 다수의 CH_3COOH 분자는 CH_3COO^-와 H^+로 해리한다. 그러다가 시간이 지남에 따라 약간의 CH_3COO^-와 H^+가 CH_3COOH 분자로 재결합한다. 즉, 이 반응은 양방향으로 일어날 수 있다는 뜻이다. 일정 시간이 지난 후, 산 분자는 이온들의 재결합 속도와 동일하게 이온화하는 상태에 도달한다. 이처럼 분자 수준에서는 이온화와 재결합이 꾸준하게 일어나지만, 용액을 관찰했을 때 **전체적인 변화가 관찰되지 않는 화학 상태**를 **화학 평형(chemical equilibrium)**이라 부른다. 즉, 아세트산은 물에서 이온화가 불완전하기 때문에 약전해질이다.

해리도가 높은 강전해질인 산을 강산, 해리도가 낮은 약전해질인 산을 약산이라고 한다.

마찬가지로 수산화 소듐(NaOH)이나 수산화 칼슘($Ca(OH)_2$)과 같이 **해리도가 높은 강전해질인 염기**는 **강염기(strong base)**, 암모니아(NH_3)와 같이 **해리도가 낮은 약전해질인 염기**는 **약염기(weak base)**라고 한다. 단, 암모니아의 경우는 수용액 안에서 자신이 양이온과 음이온으로 분해하는 것이 아니라 다음 반응식과 같이 암모니아 분자의 일부가 물 분자를 분해하여 결과적으로 양이온과 음이온을 생성한다는 점을 특별히 염두에 둬야 한다. 이는 이후 산과 염기를 다루는 단원에서 자세히 학습할 수 있다.

$$\underset{1\,\%}{Ca(OH)_2(aq)} \longrightarrow \underset{99\,\%}{Ca^{2+}(aq)} + \underset{99\,\%}{2\,OH^-(aq)} \quad \text{(99 \% 이상 해리)}$$

$$\underset{92\,\%}{NH_3(g) + H_2O(l)} \rightleftharpoons \underset{8\,\%}{NH_4^+(aq)} + \underset{8\,\%}{OH^-(aq)}$$

물은 이온 결합 화합물에 대하여 매우 효과적인 용매이다. 물은 전기적으로 중성 분자이지만, 분자 구조의 특성상 부분 (+) 전하를 띠는 부분(H 원자)과 부분 (−) 전하를 띠는 부분(O 원자)이 있다(그림 7.2). 이 때문에 물은 극성 용매이다. 염화 소듐과 같은 이온 결합 화합물이 물에 용해할 때, 고체에 있는 이온들의 3차원 구조는 깨진다. Na^+와 Cl^-가 서로 분리되고 수화가 일어난다(그림 7.3). **수화(hydration)**란 **용질이 용매인 물에 용해되었을 때, 개별 용질 분자가 물 분자로 둘러싸이는 현상**을 말한다. 양이온인 Na^+는 물 분자의 부분 (−) 전하 부분, 즉 산소 원자와 가깝게 다수의 물 분자로 둘러싸인다. 반면에 음이온인 Cl^-는 물 분자의 부분 (+) 전하를 띠는 부분, 즉 수소 원자와 가깝게 다수의 물 분자로 둘러싸인다. 수화는 용액에서 이온의 안정화를 돕고, 양이온과 음이온이 다시 결합하는 것을 방지한다.

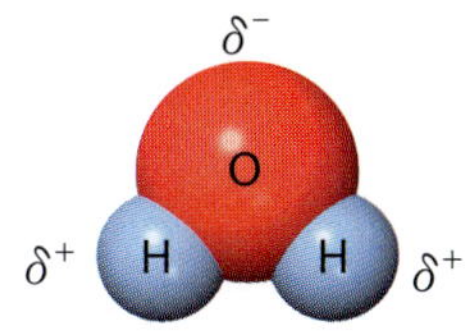

그림 7.2 물분자의 극성

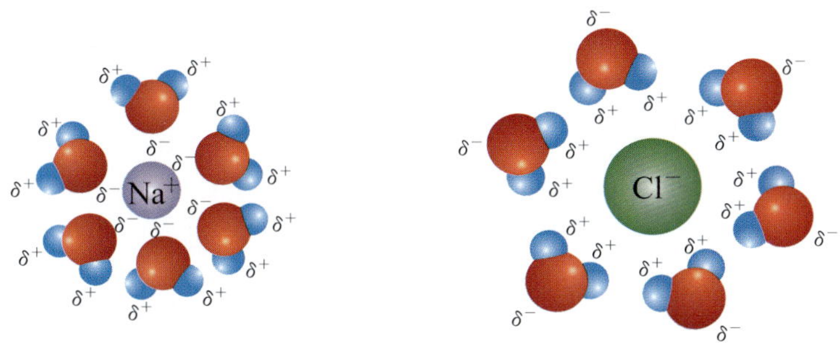

그림 7.3 이온의 수화 반응

Deep Insight

붉은 양배추 지시약

안토시아닌(anthocyanin) 분자는 수용액 환경에서 주변의 산성도에 영향을 받아 색이 변하는 지시약 같은 역할을 한다.

안토시아닌은 주로 포도류나 딸기와 같이 붉고 보라색의 색소를 띠는 과일에 존재하며 특히 붉은 양배추(red cabbage)의 진한 보라색 표면에서 가장 풍부하게 찾을 수 있다.

▲ 붉은 양배추 ©congerdesign/Pixabay

양배추로부터 안토시아닌을 추출하는 방법은 매우 간단하여 누구나 부엌에서 쉽게 할 수 있다. 먼저 양배추를 잘게 채를 친 뒤에, 채를 친 양배추가 살짝 잠기도록 깨끗한 정수나 증류수를 부어 준 후 가열하여 5분간 끓여 주면 된다. 이후 충분히 식힌 용액을 거름망이나 채를 이용하여 양배추 찌꺼기를 제거하고, 2차적으로 원두커피의 필터 등의 거름종이를 이용하거나 혹은 실험실이라면 원심분리를 통하여 눈에 쉽게 보이지는 않지만 비교적 입자가 큰 불순물인 양배추 섬유질 및 기타 부유물들을 제거하면 높은 순도의 안토시아닌 추출물 수용액을 얻을 수 있다.

안토시아닌은 안토시아니딘(anthocyanidine)이라는 색을 띠는 발색단 그룹과 글루코스(glucose)나 갈락토스(galactose)와 같은 당이 결합한 채로 과일이나 채소에 존재한다. 그리고 이 안토시아니딘은 다수의 어떠한 치환기가 분자에 결합되어 있느냐에 따라 총 6종류로 분류된다. 따라서 안토시아닌은 정확히 오직 한 종류의 분자를 지칭하는 것이 아니라 특정 조건에서 색을 발산할 수 있는 6종의 분자들의 그룹을 통칭하는 말이다.

붉은 양배추에서는 주로 시아니딘(cyanidin)이라는 안토시아닌이 발견되고, 딸기류인 크렌베리(cranberry)에서는 피오니딘(peonidin)이, 블루베리에서(bluberry)는 델페니딘(delphinidin)과 말비딘(malvidin)이 주로 발견된다.

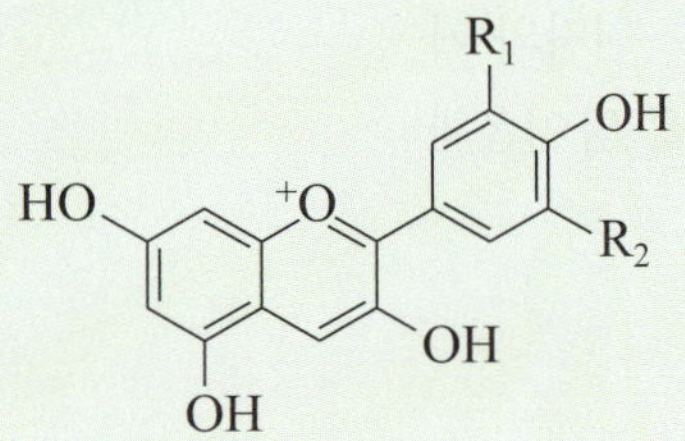

R_1	R_2	Anthocyanidin
H	H	Pelargonidin
OH	H	Cyanidin
OCH_3	H	Peonidin
OH	OH	Delphinidin
OCH_3	OH	Petunidin
OCH_3	OCH_3	Malvidin

▲ 안토시아닌 종류

양배추에서 추출한 안토시아닌 용액의 pH별 발색 범위는 pH 3에서 8 정도이며, 주변 환경에서 H^+ 이온의 농도에 따라 안토시아닌 분자 구조의 안정도의 변화에 따라 아래와 같이 다양한 색 변화가 유발된다.

pH	발색
< 3	적색
4～7	보라색
7～8	청색
>8	녹황색

여름이 끝나고 겨울로 지나는 동안 청색의 나뭇잎이 붉게 물드는 것이나 낙엽의 붉은 변색도 잎의 엽록소에 함유되어 있는 이 안토시아닌에 의한 것이다. 가을에서 겨울로 가는 과정에서 나무의 수분 흡수량이 적어지게 되면 자연스레 나뭇잎을 이루고 있는 세포 내부의 산성도가 높아지기 때문에 이 영향으로 안토시아닌의 색이 붉게 변하게 된다.

7.2 수용액 사이의 주요 반응

두 가지 이상의 다른 수용액이 서로 섞이거나 다른 종류의 용질이 수용액상에서 만나게 될 경우에 일어날 수 있는 대표적인 반응이 있다. 이런 반응에는 침전(생성) 반응, 산-염기(중화) 반응, 산화-환원 반응의 크게 세 가지가 있으며, 거의 모든 수용액 사이의 반응은 이 세 범주 안에 포함되어 있다. 이제 이 각각의 반응에 대하여 알아보자.

침전 (생성) 반응

두 종류 이상의 수용액을 섞었을 때 각각의 수용액에 존재하던 양이온과 음이온이 결합하여 **불용성(또는 난용성) 생성물**인 침전(고체)을 형성하는 반응을 **침전 반응(precipitation reaction**, 또는 **침전 생성 반응**)이라고 한다. 특히 이때의 **침전물(precipitate)**은 용액으로부터 분리되는 **물에 녹지 않는 고체**이다. 침전물은 항상 이온 결합 화합물의 형태를 띠는 것이 일반적이며 이렇게 특정 양이온과 음이온이 결합하여 형성되는 화합물을 **염(salt)**이라고 한다. 보다 정확한 용어로 침전은 **불용성(또는 난용성) 염(insoluble salt)**이라고 한다.

침전 반응의 대표적인 예로 염화 소듐(NaCl) 수용액과 질산 은($AgNO_3$) 수용액의 혼합을 들 수 있다. 일반적으로 침전이 생성되는 반응식에서는 가라앉는다는 의미로 아래 방향 화살표(↓)를 침전 화합물의 옆에 바로 표기하기도 한다.

$$NaCl(aq) + AgNO_3(aq) \longrightarrow NaNO_3(aq) + AgCl(s)\downarrow$$

가용성 염 / 난용성 염 (침전)

위 반응의 경우, 각각 양쪽 수용액에 존재하던 염화 이온(Cl^-)과 은 이온(Ag^+)이 같은 용매 조건에서 만나게 되면 적극적으로 결합한다. 그리고 각 이온이 용매인 물 분자에 의하여 다시 수화되지 않으며 그대로 고체가 되어 불용성 염이 된다. 여기서 염화 은, 즉 AgCl(*s*)이라는 고체 침전은 흰색을 띤다.

그러면 위의 예와 같이 두 용액을 혼합했을 때 과연 침전이 일어날 것인지, 일어난다면 어떤 침전이 일어나는지를 어떻게 예측할 수 있을까? 또 어떤 화합물을 물에 넣었을 때 잘 용해될지 아니면 녹지 않고 그냥 침전될지를 어떻게 예측할 수 있을까?

전자의 경우는 표 7.2의 용해도 규칙을 근거로 대부분의 침전 생성 여부를 대략적으로 판단할 수 있다. 표 7.2를 활용하는 요령은 예제와 연습문제를 통해서 학습할 수 있다. 여기서 하나 유의할 점은 이 표만으로는 이 세상에 존재하는 모든 난용성 염을 확인하는 것은 불가능하다. 따라서 이 표를 벗어나는 침전에 대해서는 그 사례를 볼 때마다 개별적으로, 즉 따로 익혀두어야 한다.

염(salt)
보통 소금(NaCl)이라고 단정하여 생각할 수 있으나, 양이온과 음이온이 결합된 화합물을 염(이온 결합 화합물)이라고 정의한다. 염은 물에 용해되었을 때 양이온과 음이온으로 해리되는 가용성 염과 해리되지 않는 불용성 염(난용성 염)으로 분류된다.

표 7.2 대표적인 용해도 규칙(■ 불용성)

	NO_3^-	Cl^-	SO_4^{2-}	OH^-	CO_3^{2-}	PO_4^{3-}
1족 양이온 및 NH_4^+						
2족 양이온			$BaSO_4$	$Mg(OH)_2$	■	■
전이 금속 양이온, Pb^{2+} 및 Hg_2^{2+}		$AgCl^*$ $PbCl_2^*$ $Hg_2Cl_2^*$	$PbSO_4$ Ag_2SO_4	■	■	■

*이외에도 추가적인 난용성염은 발견할 때마다 별도로 알아두어야 한다.

침전 생성 여부는 표 7.2와 7.3을 모두 참고하여 판단해야 한다.

다음 후자의 경우는 용질의 용해도 값을 근거로 판단해야 한다. **용해도(solubility)**란 주어진 용매에 용질이 녹는 정도를 뜻하는 것이다. 정확한 정의는 **정해진 온도에서 용매(수용액에서는 물) 100 g에 최대한 녹을 수 있는 용질의 질량(g)**으로 나타낸다. 이때의 용질은 주로 액체 또는 고체인 경우에 해당하며 용해도의 단위는 g/100 g H_2O가 된다. 몇몇 대표적인 용질의 용해도 값은 그림 7.4의 **용해도 곡선(solubility curve)**과 같다. 이 용해도를 기준으로 화학자들은 물질을 정성적으로 가용성, 약가용성, 불용성으로 분류한다. 적당량의 물질을 물에 넣었을 때 잘 녹으면 가용성이라고 말한다. 그렇지 않으면, 그 물질은 약가용성 또는 불용성이라고 말한다. 용해도 곡선을 보면 알 수 있듯이 대부분의 이온 결합 화합물은 강전해질이지만, 모두 같은 양으로 녹는 것은 아니다. 표 7.3에서는 다수의 공통 이온 결합 화합물을 가용성 또는 불용성으로 분류하였다.

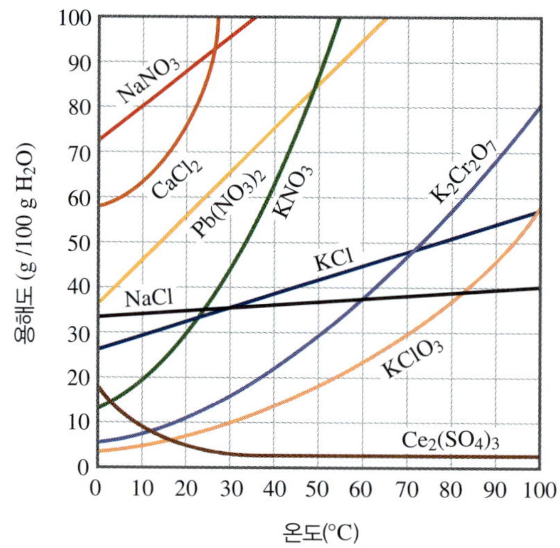

그림 7.4 용해도 곡선. 대부분의 고체 용질의 경우 온도가 증가하면 물에 대한 용해도가 증가한다. 다만, 예외적인 결과를 보이는 고체 용질도 분명 존재한다.

표 7.3 수용액에서 이온에 따른 화합물의 용해도

가용성 화합물	예외적 불용성
알칼리 금속 이온(Li^+, Na^+, K^+, Rb^+, Cs^+)과 암모늄 이온(NH_4^+)을 포함하는 화합물, 질산염(NO_3^-), 중탄산염(HCO_3^-), 염소산염(ClO_3^-)	
할로젠화물(Cl^-, Br^-, I^-)	Ag^+, Hg_2^{2+}, Pb_2^+의 할로젠화물
황산염(SO_4^{2-})	Ag^+, Ca^{2+}, Sr^{2+}, Ba^{2+}, Hg_2^{2+}, Pb^{2+}의 황산염
불용성 화합물	**예외적 가용성**
탄산염(CO_3^{2-}), 인산염(PO_4^{3-}), 크로뮴산염(CrO_4^{2-}), 황화물(S^{2-})	알칼리 금속 이온과 암모늄 이온을 포함하는 화합물
수산화물(OH^-)	알칼리 금속 이온과 Ba^{2+}을 포함하는 화합물

예제 7.2

표 7.2 혹은 표 7.3을 참고하여 다음 화합물이 가용성인지 난용성(불용성)인지 판단하시오.

(a) NaI

(b) CdS

(c) $Ba(NO_3)_2$

(d) $SrSO_4$

정답

(a) 가용성 (b) 불용성 (c) 가용성 (d) 불용성

응용문제 7.2

다음 반응에서 어떤 침전이 생성될지 화학식을 적으시오.

(a) $Na_2CO_3(aq) + CaCl_2(aq)$

(b) $(NH_4)_2S(aq) + CaI_2(aq)$

침전 반응의 알짜 이온 반응식

알짜 이온 반응식(net ionic equation)이란 **실질적인 화학 반응에 참여한 이온(또는 화학종)들과 그 반응의 결과 생성물만으로 명확하게 정리한 반응식**이다. 알짜 이온 반응식을 완성하는 방법은 다음과 같다.

> ① 주어진 반응에 대한 균형 잡힌 **분자 반응식**을 쓴다.
> ② 용액에서 형성되는 이온으로 반응식을 풀어서 다시 쓴다. 용액에 녹을 때, 모든 강전해질은 완전히 음이온과 양이온으로 해리한다고 가정한다. 이 과정의 결과가 **이온 반응식**이다. 이때, 생성된 침전의 화학식은 이온으로 분리하여 적지 않는다.
> ③ 반응식 양쪽의 구경꾼 이온을 모두 삭제하여 **알짜 이온 반응식**을 완성한다.

각 과정을 다음과 같이 자세히 살펴보자. 앞에서 예로 들었던 염화 소듐(NaCl) 수용액과 질산 은($AgNO_3$) 수용액의 침전을 형성하는 반응식을 분자 반응식이라고 한다. **분자 반응식(molecular equation)**은 **반응물과 생성물의 모든 화학식을 보여 주고 이온 특성을 나타내지 않는 반응식**이다.

$$\text{분자 반응식: } NaCl(aq) + AgNO_3(aq) \longrightarrow NaNO_3(aq) + AgCl(s)$$

분자 반응식은 모든 반응물의 화학식(염화 소듐과 질산 은)과 상태(s, l, g, aq)를 확인할 수 있기 때문에 유용하다. 만약 실험실에서 이 반응을 진행하려면 분자 반응식을 참고해야 한다. 그러나 분자 반응식은 미시적 수준에서 구체적으로 일어나는 상황을 정확히 표현할 수 없다. 앞서 언급했듯이 두 전해질 용액의 혼합이 일어나기 전에 먼저 각 수용액 안에서 용질인 이온 결합 화합물이 양이온과 음이온으로 충분히 나누어진다. 그러므로 더 사실적인 반응식은 이온이 용해되어 있는 해리 상태로 나타내야 할 것이다. 그래야 구체적인 반응이 어떻게 진행되는지를 알아볼 수 있다. 따라서 분자 반응식은 다음과 같이 **개개의 자유 이온으로 분리하여 적은 반응식**으로 나타낼 수가 있는데 이 반응식을 **이온 반응식(ionic equation)**이라고 한다.

$$\text{이온 반응식: } Na^+(aq) + Cl^-(aq) + Ag^+(aq) + NO_3^-(aq) \longrightarrow Na^+(aq) + NO_3^-(aq) + AgCl(s)$$

단, 이온 반응식을 적을 때 확실히 반응이 진행하여 화학적 변화가 명확한 결과 화합물(생성물)의 경우에는 구성 이온으로 분리하여 적지 않고 $AgCl(s)$처럼 적는다는 점을 유의해야 한다. 이온 반응식을 살펴보면 반응 전과 후에 동일하게 발견할 수 있는 Na^+와 NO_3^-를 볼 수 있다. 이 이온들은 전체 반응에 관여하지 않는 이온으로 **구경꾼 이온(spectactor ion)**이라고 한다.

그 다음 과정으로 앞서 설명한 이온 반응식에서 화살표 좌우에 있는 구경꾼 이온들을 모두 소거하여 제거한 뒤 남는 실질적인 이온과 생성물의 화학식만 정리하면 알짜 이온 반응식이 만들어진다.

$$\text{구경꾼 이온 제거: } \cancel{Na^+(aq)} + Cl^-(aq) + Ag^+(aq) + \cancel{NO_3^-(aq)} \longrightarrow \cancel{Na^+(aq)} + \cancel{NO_3^-(aq)} + AgCl(s)$$

↓

$$\text{알짜 이온 반응식: } Ag^+(aq) + Cl^-(aq) \longrightarrow AgCl(s)$$

다음의 예제를 통해서 알짜 이온 반응식에 대한 연습을 해보도록 한다.

예제 7.3

KBr 용액과 $Sr(ClO_4)_2$ 용액을 혼합했을 때 침전이 생성된다면, 전체 반응식(분자 반응식)과 알짜 이온 반응식을 적으시오.

풀이

K^+, Br^-, Sr^{2+}, ClO_4^-의 네 이온이 이 반응에 참여하는 이온이며 표 7.2와 표 7.3에 의하면 이 이온들의 조합으로는 어떠한 침전도 생성되지 않는다. 따라서, 균형 맞춘 반응식은 표기가 가능하지만 이온 반응식에서 모든 구경꾼 이온이 소거되는 바람에 알짜 이온 반응식은 쓸 수 없다.

전체 반응식: $2\ KBr(aq) + Sr(ClO_4)_2(aq) \longrightarrow 2\ KClO_4(aq) + SrBr_2(aq)$

이온 반응식: $\cancel{2\ K^+(aq)} + \cancel{2\ Br^-(aq)} + \cancel{Sr^{2+}(aq)} + \cancel{2\ ClO_4^-(aq)} \longrightarrow \cancel{2\ K^+(aq)} + \cancel{2\ ClO_4^-(aq)} + \cancel{Sr^{2+}(aq)} + \cancel{2\ Br^-(aq)}$

정답

전체 반응식: $2\ KBr(aq) + Sr(ClO_4)_2(aq) \longrightarrow 2\ KClO_4(aq) + SrBr_2(aq)$

알짜 이온 반응식: 없음

응용문제 7.3

다음 반응의 균형 맞춘 전체 반응식(분자 반응식)과 알짜 이온 반응식을 적으시오.

(a) $Na_2CO_3(aq) + CaCl_2(aq)$

(b) $(NH_4)_2S(aq) + CaI_2(aq)$

산–염기 (중화) 반응

식초와 같은 산 수용액이나 암모니아수($NH_3(aq)$, 암모니아 수용액)와 같은 염기 수용액처럼 산과 염기는 이미 우리 생활에서 한두 번쯤은 익히 들어 본 물질들이다. 또한, 혈액 역시 70 %가 물인 수용액으로, 혈액에서 일어나는 산–염기 반응은 인체 내 생화학적 반응의 큰 비중을 차지한다. 그만큼 산과 염기 수용액은 인간의 생활과 생명활동에 친숙하다고 할 수 있다.

산과 염기의 중화 반응은 **물과 염**을 기본적으로 만드는 반응이다. 이 과정을 이해하려면, 먼저 산과 염기의 의미와 그 분류에 대하여 먼저 알아봐야 한다.

아레니우스 산과 아레니우스 염기

산(acid)은 **물에서 이온화하여 H^+(수소 이온 또는 양성자)을 생성하는 물질**이고, **염기(base)**는 **물에서 이온화하여 OH^-(수산화 이온)을 생성하는 물질**이다. 이 정의는 수용액에서의 성질이 잘 알려진 물질을 분류하기 위하여 스웨덴 화학자 아레니우스(Arrhenius, S. A., 1859~1927)가 19세기 말에 공식화하였다.

아레니우스 산의 해리 반응식: $HCl(aq) \longrightarrow H^+(aq) + Cl^-(aq)$

아레니우스 염기의 해리 반응식: $NaOH(aq) \longrightarrow Na^+(aq) + OH^-(aq)$

아레니우스의 산–염기 정의는 오로지 물에 녹을 수 있는 물질에 대해서만 적용할 수 있다.

아레니우스 정의에 따른 산과 염기의 일반적인 특징은 다음과 같다.

첫째, **산은 신맛을 내고 염기는 쓴맛을 낸다.** 예를 들어, 식초의 신맛은 아세트산(초산) 때문이고, 레몬과 다른 감귤류 과일들은 시트르산(구연산)을 함유하고 있다. 우리가 잘 아는 비눗물이나 거품이 나는 세재는 기본 액성이 염기성 수용액이기 때문에 그 맛은 쓴맛이 난다.

둘째, **산과 염기 수용액은 리트머스(litmus)와 같은 식물 염료의 색을 변화시킨다.** 산은 리트머스의 색을 푸른색에서 붉은색으로 바꾼다. 반대로 염기는 붉은색에서 푸른색으로 바꾼다.

셋째, **산과 염기는 전해질 수용액이다.** 위에서 본 염산 수용액(산)과 수산화 소듐 수용액(염기)의 해리 반응식에서 알 수 있듯이 그리고 이는 앞서 전해질을 설명하면서 설명했듯이 산과 염기 수용액은 기본적으로 용액 속에 이온이 존재하기 때문에 전기 전도성을 발휘한다.

넷째, **산은 아연, 마그네슘, 철과 같은 금속과 반응하여 수소 기체를 생성한다.** 또한 탄산염이나 탄산수소염과 반응하여 이산화 탄소 기체를 생성한다.

그림 7.5 수용액의 산성도를 쉽게 확인할 수 있는 리트머스 시험지. 이 시험지에는 리트머스 염료가 스며들어 있으며, 색 변화의 진하기 정도에 따라 산성도의 대략적인 세기도 판별이 가능하다. 리트머스 염료는 이끼에서 추출한 물질이다.

수소 기체 발생: $2HCl(aq) + Mg(s) \longrightarrow MgCl_2(aq) + H_2(g)\uparrow$

이산화 탄소 기체 발생:

$$2HCl(aq) + CaCO_3(s) \longrightarrow CaCl_2(aq) + H_2O(l) + CO_2(g)\uparrow$$
$$HCl(aq) + NaHCO_3(s) \longrightarrow NaCl(aq) + H_2O(l) + CO_2(g)\uparrow$$

브뢴스테드 산과 브뢴스테드 염기

산과 염기의 아레니우스 정의는 수용액에만 한정된다는 유일한 단점이 있다. 즉, 수용액이 될 수 없거나 수용액 상태로 존재할 수 없는 물질의 경우 산과 염기를 구별할 수 없다는 것이다. 그래서 좀 더 넓은 범위의 정의로서 1932년 덴마크 화학자 브뢴스테드(Brønsted, J. N., 1879~1947)에 의해 새로운 산과 염기 정의가 제안되었다.

브뢴스테드 산 : 화학 반응 중에 양성자(H^+)를 다른 물질에 주는 물질
(= 양성자 주개)
브뢴스테드 염기: 화학 반응 중에 양성자(H^+)를 다른 물질로부터 받는 물질
(= 양성자 받개)

이와 같은 브뢴스테드의 정의는 수용액뿐만 아니라 비수용액에서도 적용할 수 있다. 브뢴스테드의 정의 기준으로 염산의 수용액 내 이온화는 다음과 같이 반응식을 적을 수 있다.

$$\underset{\substack{\text{양성자 주개}\\(\text{산})}}{HCl(aq)} + \underset{\substack{\text{양성자 받개}\\(\text{염기})}}{H_2O(l)} \longrightarrow H_3O^+(aq) + Cl^-(aq)$$

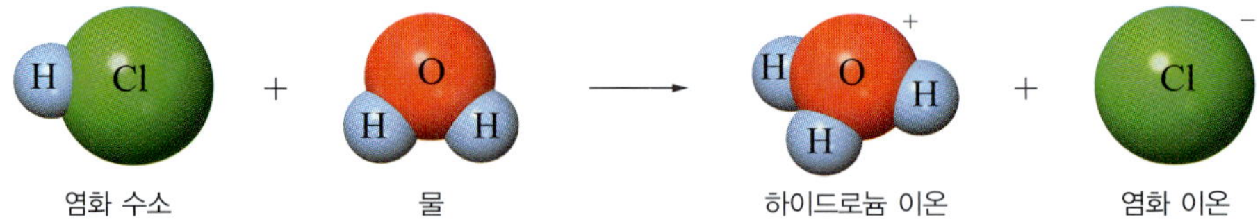

수용액 환경에서 양성자[H^+]와 하이드로늄 이온[H_3O^+]은 동일하다고 취급한다.

H^+는 전자를 잃은 수소 원자이면서 동시에 양성자라는 것에 주의하라. 즉, H^+는 순수한 양성자이다. 평균적으로 원자나 이온의 지름이 10^{-10} m인 것에 비하여 양성자의 크기는 약 10^{-15} m로 매우 작다. H^+는 H_2O에서 O 원자에 대하여 강한 인력 때문에 수용액 안에서 독립된 개체로 존재할 수 없고, 결과적으로 양성자는 수화된 형태인 H_3O^+로 존재한다. 수화된 양성자인 H_3O^+를 **하이드로늄 이온(hydronium ion)**이라 부른다. 이 식은 브뢴스테드 산(HCl)이 브뢴스테드 염기(H_2O)에 양성자를 주는 반응을 나타낸다. 실험 결과에 따르면, 하이드로늄 이온은 더욱 수화되어 보다 많은 물 분자와 결합한다는 것이 알려졌다. 양성자의 산성은 수화의 정도에 영향을 받지 않기 때문에, 여기서는 일반적으로 수화된 양성자를 간단하게 $H^+(aq)$로 나타낸다. 그러나 실제로는 H_3O^+가 더 가깝다. 두 가지 표기는 수용액에서 같은 종류라는 것을 명심하라.

우리에게 염기(약염기)로 알려져 있는 암모니아 수용액도 다음 반응식을 통해 브뢴스테드의 정의를 확인할 수 있다. 암모니아는 용해한 NH_3 분자가 물과 반응하여 아주 적은 비율의 NH_4^+와 OH^-만을 생성하기 때문에 약전해질, 즉 약염기이다.

$OH^-(aq)$ 생산 물질로 정의하는 아레니우스의 염기는 BOH(aq)로 표기하지만, 양성자(H^+) 받개로 정의하는 브뢴스테드의 염기는 B로 표기한다.

$$\underset{\substack{\text{양성자 받개}\\(\text{염기})}}{NH_3(aq)} + \underset{\substack{\text{양성자 주개}\\(\text{산})}}{H_2O(l)} \rightleftharpoons NH_4^+(aq) + OH^-(aq)$$

염산의 반응식과 암모니아의 반응식에서 보았듯이, 브뢴스테드의 산–염기 정의에 따르면 우리가 관습적으로 중성이라고 알고 있던 물(H_2O) 분자가 어떤 상황에서 어떤 역할을 하느냐에 따라 브뢴스테드 산이 될 수도 브뢴스테드 염기가 될 수도 있다는 점을 명심해야 한다.

또한, 아레니우스의 정의와는 구별되게 브뢴스테드의 정의에서만 독특하게 등장하는 개념이 있다. 그것은 바로 **짝산(conjugated acid)**과 **짝염기(conjugated base)**의 개념이다.

짝산 : 브뢴스테드 염기가 양성자를 받아서 만들어진 물질
짝염기: 브뢴스테드 산이 양성자를 잃고서 만들어진 물질

바로 앞에서 언급했던 암모니아의 반응식에서 염기인 암모니아가 수소 이온(H^+)과 결합하면서 암모늄 이온(NH_4^+)이 되면 이 암모늄 이온을 암모니아의 짝산이라고 한다. 이와 상대적인 방식으로 물 분자는 브뢴스테드 산으로 작용하여 수소 이온을 떼어내고 수산화 이온(OH^-)이 된다. 이때 수산화 이온을 물 분자의 짝염기라고 한다.

$$NH_3(aq) + H_2O(l) \rightleftharpoons NH_4^+(aq) + OH^-(aq)$$

브뢴스테드 염기 — 브뢴스테드 산 — 짝산 — 짝염기

이와 비슷하게 염산 수용액의 경우에도 이 짝산–짝염기 개념이 다음과 같이 적용된다.

$$NCl(aq) + H_2O(l) \rightleftharpoons Cl^-(aq) + H_2O^+(aq)$$

브뢴스테드 산 — 브뢴스테드 염기 — 짝염기 — 짝산

다양성자산

화학 반응에 참여하는 산 중에서 **2개 이상의 양성자(H^+)를 제공할 수 있는 산**을 **다양성자산(polyprotic acid)**이라고 한다. 만약 수용액 중에서 이 다양성자산이 해리된다면 양성자는 산 분자에서 하나씩 차례대로 해리된다. 수용액으로 잘 알려진 다양성자산은 강산인 황산(H_2SO_4)과 약산인 탄산(H_2CO_3), 인산(H_3PO_4), 아황산(H_2SO_3)이다.

먼저 황산의 경우를 살펴보자. 황산은 다음과 같이 두 단계에 걸쳐서 양성자가 해리될 수 있다.

$$1단계\text{: } H_2SO_4(aq) + H_2O(l) \longrightarrow H_3O^+(aq) + HSO_4^-(aq)$$

$$2단계\text{: } HSO_4^-(aq) + H_2O(l) \rightleftharpoons H_3O^+(aq) + SO_4^{2-}(aq)$$

이 반응식을 자세히 보면 1단계 반응식과 2단계 반응식의 화살표의 모양이 다른 것을 알 수 있다. 앞서 설명을 했듯이 강전해질로서 해리가 되었을 때와 약전해질로서의 해리가 되었을 때를 구별할 수 있는 방법이 반응식에서 표기하는 화살표의 모양이다. 1단계의 황산(H_2SO_4)은 강전해질이자 강산으로서 거의 100에 가깝게 해리가 되어 짝염기인 황산수소 이온(HSO_4^-)을 생성한다. 2단계의 황산수소 이온(HSO_4^-)은 약산으로서 일부만 해리되어 황산 이온(SO_4^{2-})을 생성한다. 결국 황산(H_2SO_4) 분자가 강산이라고 해서 황산수소 이온(HSO_4^-)까지 **강산일 수는 없다**는 의미이며, 동시에 황산수소 이온(HSO_4^-)은 산의 역할과 염기의 역할을 **함께** 하고 있다는 뜻이다.

여기서 또 알고 있어야 하는 점은 1단계 반응에서 짝염기였던 황산수소 이온(HSO_4^-)이 2단계에서는 산으로 활동한다는 점이다. 그래서 황산(H_2SO_4) 수용액에서는 위 두 단계의 반응이 모두 진행이 되기 때문에 그 용액 안에는 다수의 양성자(하이드로늄 이온)와 극소수의 황산 분자(H_2SO_4), 다수의 황산수소 이온(HSO_4^-)과 일부 황산 이온(SO_4^{2-})이 함께 혼합되어 있다.

이와 비슷하게 또 다른 다양성자산인 인산(H_3PO_4)에 대해서 살펴보자. 인산은 수용액에서 다음과 같이 세 단계에 걸쳐 해리 과정이 진행된다. 여기서는 모든 화살표의 모양이 양방향 화살표($\rightleftharpoons$)로 동일함을 알 수 있다. 이 말은 인산 분자(H_3PO_4), 인산이수소 이온($H_2PO_4^-$), 인산수소 이온(HPO_4^{2-})은 모두 약산이라는 점을 뜻한다.

$$1\text{단계: } H_3PO_4(aq) + H_2O(l) \rightleftharpoons H_3O^+(aq) + H_2PO_4^-(aq)$$
$$2\text{단계: } H_2PO_4^-(aq) + H_2O(l) \rightleftharpoons H_3O^+(aq) + HPO_4^{2-}(aq)$$
$$3\text{단계: } HPO_4^{2-}(aq) + H_2O(l) \rightleftharpoons H_3O^+(aq) + PO_4^{3-}(aq)$$

단계별로 산의 역할을 하는 인산 분자(H_3PO_4), 인산이수소 이온($H_2PO_4^-$), 인산수소 이온(HPO_4^{2-})의 산성도, 즉 산성의 세기를 비교하면 어떻게 될까? 다양성자산의 해리 단계가 계속 진행될수록 산성도는 낮아진다. 산의 세기를 나타내는 척도인 K_a 값으로 비교하면 다음과 같다(K_a 값이 클수록 강한 산이며, K_a 값을 포함해 산과 염기에 대해 더 자세한 내용은 14단원을 참고하라).

$$H_3PO_4 \qquad K_{a1} = 7.5 \times 10^{-3}$$
$$H_2PO_4^- \qquad K_{a2} = 6.2 \times 10^{-8}$$
$$HPO_4^{2-} \qquad K_{a3} = 4.8 \times 10^{-13}$$

이와 같이 각 단계에서 산의 역할을 한 화학종의 K_a 값을 확인해보면 아래 단계의 산일수록, 다르게 표현하면 양성자를 잃을수록 산성도가 낮아지는 것(K_a 값이 점점 작아지는 것)을 알 수 있다.

산-염기 반응과 알짜 이온 반응식

알짜 이온 반응식
실질적으로 반응에 참여한 이온(혹은 화학종)들만으로 적은 간단한 반응식

산과 염기 사이의 반응은 중화 반응으로, 물과 염이 생성된다. 이 과정을 잘 살펴보면 산-염기 반응도 침전 반응처럼 알짜 이온 반응식을 도출할 수 있다. 다만, 침전 반응의 알짜 이온 반응식과 다른 점은 산-염기의 반응 유형에 따라 알짜 이온 반응식이 달라진다는 것이다. 다음과 같이 각 유형에 따라 어떻게 알짜 이온 반응식을 적을 수 있는지 알아보자.

유형 1: 강산과 강염기 반응

염산과 같은 강산과 수산화 소듐과 같은 강염기가 반응하여 중화 반응이 진행되는 경우가 바로 강산과 강염기 반응의 유형에 해당한다. 앞서 언급한 대로 산과 염기의 중화 반응은 기본적으로 물(H_2O)과 염(salt)을 만드는 반응이다. 이 두 수용액에 대한 분자 반응식은 다음과 같다.

$$\underset{\text{강산}}{HCl(aq)} + \underset{\text{강염기}}{NaOH(aq)} \longrightarrow \underset{\text{물}}{H_2O(l)} + \underset{\text{염}}{NaCl(aq)}$$

강산인 염산과 강염기인 수산화 소듐은 모두 기본적으로 100 %에 가깝게 해리되기 때문에 이온 반응식은 다음과 같이 풀어서 적을 수 있다.

$$H^+(aq) + Cl^-(aq) + Na^+(aq) + OH^-(aq) \longrightarrow H_2O(l) + Na^+(aq) + Cl^-(aq)$$

여기서 구경꾼 이온을 소거하면, 남는 알짜 이온 반응식은 다음과 같다.

$$H^+(aq) + \cancel{Cl^-(aq)} + \cancel{Na^+(aq)} + OH^-(aq) \longrightarrow H_2O(l) + \cancel{Na^+(aq)} + \cancel{Cl^-(aq)}$$

$$\downarrow$$

$$\text{알짜 이온 반응식: } H^+(aq) + OH^-(aq) \longrightarrow H_2O(l)$$

강산과 강염기의 알짜 이온 반응식은 양성자와 수산화 이온이 만나 물을 생성하는 반응식인 경우가 거의 대부분이다.

유형 2: 약산과 강염기 반응

강산과 강염기의 반응과는 다르게 약산과 강염기의 반응에서는 약한 산이 일부만 해리된다는 점 때문에 알짜 이온 반응식의 형태가 조금 달라지게 된다. 다음과 같이 제시된 분자 반응식에 등장하는 플루오린화 수소산과 수산화 소듐의 예를 들어서 생각해 보자.

$$\mathrm{HF}(aq) + \mathrm{NaOH}(aq) \longrightarrow \mathrm{H_2O}(l) + \mathrm{NaF}(aq)$$

이 분자 반응식을 이온 반응식으로 풀어서 적을 때, 약산인 HF의 대부분은 그대로 반응물로 용액 속에 존재하고, 일부만 양성자와 플루오린화 음이온으로 해리되어 생성물이 되므로 다음과 같이 적어야 한다.

$$\mathrm{HF}(aq) + \mathrm{Na^+}(aq) + \mathrm{OH^-}(aq) \longrightarrow \mathrm{Na^+}(aq) + \mathrm{OH^-}(aq) + \mathrm{H^+}(aq) + \mathrm{F^-}(aq)$$

$$\Downarrow$$

$$\mathrm{HF}(aq) + \mathrm{Na^+}(aq) + \mathrm{OH^-}(aq) \longrightarrow \mathrm{H_2O}(l) + \mathrm{Na^+}(aq) + \mathrm{F^-}(aq)$$

여기서 보이는 구경꾼 이온을 소거하면, 최종 알짜 이온 반응식은 다음과 같다.

$$\mathrm{HF}(aq) + \cancel{\mathrm{Na^+}(aq)} + \mathrm{OH^-}(aq) \longrightarrow \mathrm{H_2O}(l) + \cancel{\mathrm{Na^+}(aq)} + \mathrm{F^-}(aq)$$

$$\Downarrow$$

알짜 이온 반응식: $\mathrm{HF}(aq) + \mathrm{OH^-}(aq) \longrightarrow \mathrm{H_2O}(l) + \mathrm{F^-}(aq)$

이렇게 강산이 아닌 약산이 염기와의 중화 반응에 참여할 경우, 다른 방식으로 알짜 이온 반응식이 만들어진다는 점은 약한 염기가 강한 산과 반응할 때에도 비슷하게 적용된다.

유형 3: 강산과 약염기 반응

염산 수용액과 암모니아 수용액이 반응하는 경우가 강산과 약염기 반응의 유형에 해당되는 적절한 예시일 것이다. 수용액에서 염산은 거의 완전히 해리한다. 반면에 암모니아 용액은 약염기로서 양성자를 받는 역할을 하겠지만, 모든 암모니아 분자가 그 역할을 하지는 못한다. 오히려 암모니아 분자의 대부분은 그대로 있고, 약한 염기의 성질 때문에 일부 암모니아 분자만 양성자를 받아서 암모늄 양이온을 형성한다.

$$\mathrm{HCl}(aq) + \mathrm{NH_3}(aq) \longrightarrow \mathrm{NH_4Cl}(aq)$$

그리하여 위와 같이 분자 반응식을 적을 수는 있어도 이온 반응식은 이러한 점을 반영하여 표기해야 한다. 즉, 암모니아 분자와 암모늄 양이온이 동시에 반응식에 존재함을 표기해야 한다. 다음과 같다.

$$H^+(aq) + Cl^-(aq) + NH_3(aq) \longrightarrow Cl^-(aq) + NH_4{}^+(aq)$$

여기서 구경꾼 이온을 마저 소거하면

$$H^+(aq) + \cancel{Cl^-(aq)} + NH_3(aq) \longrightarrow \cancel{Cl^-(aq)} + NH_4{}^+(aq)$$

↓

알짜 이온 반응식: $H^+(aq) + NH_3(aq) \longrightarrow NH_4{}^+(aq)$

유형 4: 약산과 약염기 반응

약산과 약염기가 반응하는 유형의 알짜 이온 반응식은 존재하지 않는다. 산–염기 중화 반응이 충분히 이루어질 수 있을 만큼 산과 염기가 해리되지 않기 때문이다. 산에서 충분한 양성자와 염기에서 충분한 수산화 이온이 해리되어 생성된다면 물 분자를 만들면서 중화 반응이 본격적으로 진행될 수는 있겠으나 약산과 약염기는 그 해리도가 미미하므로 원활한 중화 반응을 기대하기 어렵기 때문에 이온 반응식을 적을 수가 없다. 즉, 플루오린화 수소산과 암모니아 용액 간에는 어떠한 중화 반응도 진행되지 않는다.

$$HF(aq) + NH_3(aq) \longrightarrow \text{(반응 없음)}$$

표 7.4 산–염기 반응의 알짜 이온 반응식

HA(aq) + **BOH**(aq)	알짜 이온 반응식
강산 + 강염기	$H^+(aq) + OH^-(aq) \longrightarrow H_2O(l)$
약산 + 강염기	$HA(aq) + OH^-(aq) \longrightarrow A^-(aq) + H_2O(l)$
강산 + 약염기	$H^+(aq) + BOH(aq) \longrightarrow B^+(aq) + H_2O(l)$ 또는 $B(aq) + H^+(aq) \longrightarrow BH^+(aq)$
약산 + 약염기	없음

예제 7.4

다음 반응의 알짜 이온 반응식을 적으시오.

(a) $HClO_4 + LiOH$

(b) $CH_3COOH + KOH$

풀이

(a) 분자 반응식: $HClO_4(aq) + LiOH(aq) \longrightarrow H_2O(l) + LiClO_4(aq)$

이온 반응식: $H^+(aq) + ClO_4{}^-(aq) + Li^+(aq) + OH^-(aq)$

$\longrightarrow H^+(aq) + OH^-(aq) + Li^+(aq) + ClO_4{}^-(aq)$

↓

$$H^+(aq) + \cancel{ClO_4{}^-(aq)} + \cancel{Li^+(aq)} + OH^-(aq) \longrightarrow H_2O(l) + \cancel{Li^+(aq)} + \cancel{ClO_4{}^-(aq)}$$

알짜 이온 반응식: $H^+(aq) + OH^-(aq) \longrightarrow H_2O(l)$

(b) 분자 반응식: $CH_3COOH(aq) + KOH(aq) \longrightarrow H_2O(l) + CH_3COOK(aq)$

이온 반응식: $CH_3COOH(aq) + K^+(aq) + OH^-(aq)$

$\longrightarrow H^+(aq) + OH^-(aq) + K^+(aq) + CH_3COO^-(aq)$

↓

$$CH_3COOH(aq) + \cancel{K^+(aq)} + OH^-(aq) \longrightarrow H_2O(l) + \cancel{K^+(aq)} + CH_3COO^-(aq)$$

알짜 이온 반응식: $CH_3COOH(aq) + OH^-(aq) \longrightarrow H_2O(l) + CH_3COO^-(aq)$

정답

(a) $H^+(aq) + OH^-(aq) \longrightarrow H_2O(l)$

(b) $CH_3COOH(aq) + OH^-(aq) \longrightarrow H_2O(l) + CH_3COO^-(aq)$

응용문제 7.4

다음 반응의 알짜 이온 반응식을 적으시오.

[암모니아 수용액과 염산 수용액]

산화–환원 반응

양성자(H^+)를 주고받는 과정이 산–염기 반응이라면, **산화–환원(oxidation-reduction 또는 redox)** 반응은 무엇일까? 산화–환원을 살펴보기 위한 네 가지 기준을 표 7.5에 소개하였다.

표 7.5 산화 및 환원의 정의

과정 \ 기준	산소(O) 원자	수소(H) 원자	전자(e^-)	산화수 (oxidation number)
산화(oxidation)	반응 중 결합	반응 중 분리	반응 중 잃음	반응 중 증가
환원(reduction)	반응 중 분리	반응 중 결합	반응 중 얻음	반응 중 감소

산소(O) 원자를 기준으로 정의

통상적으로 '철이 녹슨다'라는 말은 산소 원자와 철이 결합하여 붉은색의 산화 철을 생성하는 것을 이야기한다. 이처럼 화학 반응 중에 어떤 원자나 분자나 이온이 **산소 원자와 결합**하는 과정을 **산화(oxidation)**라고 한다. 또다른 예시로는 숯의 연소를 들 수 있다. 다음 반응식처럼 탄소가 주 성분인 숯이 연소하면서 공기 중의 산소와 결합하여 이산화 탄소를 생성한다. 여기서 탄소는 산소와 결합을 하였기에 '산화되었다'라고 설명할 수 있다.

$$C(\text{숯}, s) + O_2(g) \longrightarrow CO_2(g)$$

이와는 반대로 산소와 결합된 산화 철(Fe_2O_3)이 충분한 에너지를 공급받아서 산소와 분리되면, 이 경우에는 철이 '환원되었다'라고 할 수 있다. 즉, 화학 반응 중에 어떤 원자나 분자나 이온이 **산소 원자와 분리**되는 과정을 **환원(reduction)**이라고 한다. 실제로 따뜻한 물에 구연산을 용해시킨 용액에 녹슨 철 못(산화 철)을 담그면 금방 깨끗한 철로 환원하여 녹이 제거된다(그림 7.6). 그 반응식은 다음과 같다.

$$\underset{\text{녹슨 철}}{Fe_2O_3(s)} + \underset{\text{구연산}}{3\,C_6H_8O_7(aq)} \longrightarrow \underset{\text{환원된 철}}{2Fe(s)} + 3\,C_6H_6O_7(aq) + 3\,H_2O(l)$$

녹슨 철(Fe_2O_3) 구연산 수용액(환원 반응 전) 구연산 수용액(환원 반응 후) 환원된 철(Fe)

그림 7.6 구연산 수용액 속에서 녹이 제거되는 망치

수소(H) 원자를 기준으로 정의

산소 원자의 경우와는 다르게 화학 반응 중에 원자나 분자나 이온이 수소 원자와 분리가 되어 **수소 원자를 잃게 되는 과정**을 **산화**라고 하고, 반대로 화학 반응 중에 원자나 분자나 이온이 수소 원자와 결합하여 **수소를 얻는 과정**을 **환원**이라고 한다. 수소 원자의 분리와 결합을 통한 산화–환원 반응은 분자가 주로 탄소와 수소로 이루어진 유기화합물 혹은 탄화수소 화합물에서 주로 나타난다. 실제 산업적으로 폐식용유를 재활용할 때는, 수소 기체와 반응을 시켜서 충분한 수소가 식용유 분자에 결합이 되도록 하는 수소화 과정을 진행시킨다.

보통 식용유를 가열하여 오래 사용하면 산화되어 폐식용유가 된다. 이때, 식용유 분자는 산소와 결합을 함과 동시에 수소 원자와 분리된 상태가 된다.

ⓒInsan1919 / Shutterstock
프라이팬에 튀긴 프렌치프라이와 뜨거운 기름

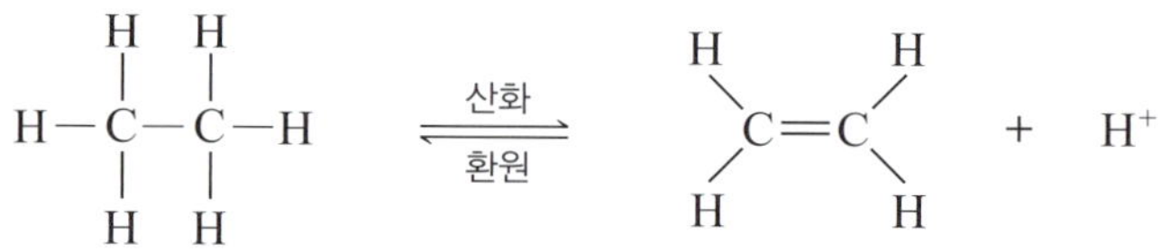

전자(e^-)를 기준으로 정의

화학 반응 중에 원자나 분자나 이온이 **전자(e^-)를 잃으면** 그 과정을 **산화**라고 한다. 반대로 화학 반응 중에 원자나 분자나 이온이 **전자를 얻으면** 그 과정을 **환원**이라고 한다. 이 정의는 거의 모든 산화–환원 반응에서 가장 근본적으로 삼는 정의이며, 중성 원자에서 양이온이나 음이온이 생성되는 과정이 대표적인 이 기준에서 말하는 산화 및 환원 반응이다. 그리고 **어떤 반응에서 산화 과정이 진행되었다면 환원 과정도 함께 진행된다.**

산화 과정: $Na \longrightarrow Na^+ + e^-$

$Ca \longrightarrow Ca^{2+} + 2e^-$

환원 과정: $Cl + e^- \longrightarrow Cl^-$

$O + 2e^- \longrightarrow O^{2-}$

산화–환원 반응에서 명심해야 할 점은, 하나의 반응 안에서 **산화 반응이 일어날 때 잃어버리는 전자의 개수만큼 환원 반응에서 전자를 얻는다**는 것이다.

산화수를 기준으로 정의

산화수(**oxidation number**)란 다른 말로 **산화 상태**(**oxidation state**)라고도 하며, 산화–환원 반응 중에 구성 원소의 전자의 부족과 넘침 상태를 가수로 나타낸 것이다. 여기서 가수란 일반적으로 −2, −1, 0 , +1, +2와 같이 정수로 표현한다. 만약, 화학 반응이 진행되는 과정에서 어떤 원소의 **산화수가 증가**한다면 그 원소는 **산화**(**oxidation**)된 것이다. 반대로, 화학 반응이 진행되는 과정에서 어떤 원소의 **산화수가 감소**한다면 그 원소는 **환원**(**reduction**)된 것이다. 이러한 산화수의 증가와 감소는 모두 −1가를 띠고 있는 전자의 잃음과 얻음에 의해서 발생한다.

소듐 이온과 염소 이온의 생성 과정에서 우리는 다음과 같이 산화수의 증감을 확인할 수 있고, 이를 통해 산화 및 환원 반응을 정확히 판단할 수 있다.

$$Na \longrightarrow Na^+ + e^-$$

산화수 0 → +1 (전자 잃음) (산화수 증가) 산화

$$Cl \longrightarrow e^- + Cl^-$$

산화수 0 → −1 (전자 얻음) (산화수 감소) 환원

앞서 예시로 제시했었던 숯의 연소 과정도 산화수 기준으로 다음과 같이 탄소는 산화했으며 산소는 환원했음을 알 수 있다.

$$C + O_2 \longrightarrow CO_2$$

	$C + O_2$	CO_2	
탄소 산화수	0	+4	(산화수 증가) 산화
산소 산화수	0	−2	(산화수 감소) 환원

반응에 참여하는 각 원소의 산화수의 변화를 확인하면, 어느 원소가 산화 또는 환원되었는지 알 수 있다. 따라서 각 원소의 산화수를 정하는 규칙을 알아야 한다. 다음은 산화수를 정하기 위한 규칙이다. 이 규칙들을 이용하여 다양한 화합물이나 이온에서 원자들의 산화수를 결정할 수 있으니 반드시 기억해 두기 바란다.

산화수를 결정하는 규칙

1. 원자의 상태: 순수 원소의 산화수는 항상 0이다. 예를 들어, O_2, H_2, Cl_2 등은 산화수가 0이다.
2. 이온의 상태: 단일 이온의 산화수는 그 이온의 전하와 같다. 예를 들어, Na^+는 +1, Cl^-는 −1, O^{2-}는 −2, Al^{3+}는 +3의 산화수를 가진다.
3. 화합물에서의 규칙:
   - 수소는 대부분의 화합물에서 +1의 산화수를 가진다. 그러나 금속 하이드라이드(예: LiH, NaH)에서는 −1이다.
   - 산소는 대부분의 화합물에서 −2의 산화수를 가진다. 예외적으로 과산화물(예: H_2O_2, Na_2O_2)에서는 산소가 −1이며, OF_2 같은 특수한 경우 산소는 +2이다.
   - 간혹 산소의 경우 산화수가 분수인 경우도 있다. 예를 들어, 초과산화물(O_2^-)

의 경우 산소의 산화수는 −1/2이 된다.

- 할로젠(F, Cl, Br, I)은 대부분의 화합물에서 −1의 산화수를 가진다. 다만, 다른 할로젠이나 더 강한 산화제와 결합했을 때는 예외가 있을 수 있다. (예외의 예시: 과염소산($HClO_4$)은 Cl의 산화수가 +7이다.)

4. **합성물의 산화수 합**: 화합물에서 모든 원자의 산화수의 합은 전체 화합물의 전하와 같아야 한다. 예를 들어, NaCl에서 소듐은 +1, 염소는 −1이므로 합계는 0이 된다. 암모늄 이온 NH_4^+의 경우도 H는 +1, N은 −3의 산화수를 가지기 때문에 암모늄 이온 전체적으로 +1가 양이온이라 할 수 있다.

화합물을 이루고 있는 상태에서 각 원소가 갖는 산화수는 대체로 위 규칙을 잘 따르지만 따르지 않는 경우가 종종 있다. 이는 많은 화합물을 대상으로 직접 접해보면서 숙달해야 알 수 있다. 우선 그림 7.7에서는 주기율표에 따라 정리한 원소의 산화수를 나타내고 있으며, 다음 세 가지 경향이 있음에 유의하라.

- 첫째, **금속 원소는 양의 산화수를 갖지만, 비금속 원소는 양 또는 음의 산화수를 가질 수 있다.**
- 둘째, **1, 2, 13~17족 원소의 산화수는 그 족수의 끝자리와 같은 최대 산화수를 가질 수 있다.** 예를 들어, 할로젠은 17족이고, 가장 높은 산화수는 +7이다.
- 셋째, **전이 금속(3~12족)은 한 가지 이상의 산화수를 가질 수 있다.** 물론 13~17족과 4~7주기에 해당하는 일부 주족 원소도 한 가지 이상의 산화수를 가지는 경우가 있다.

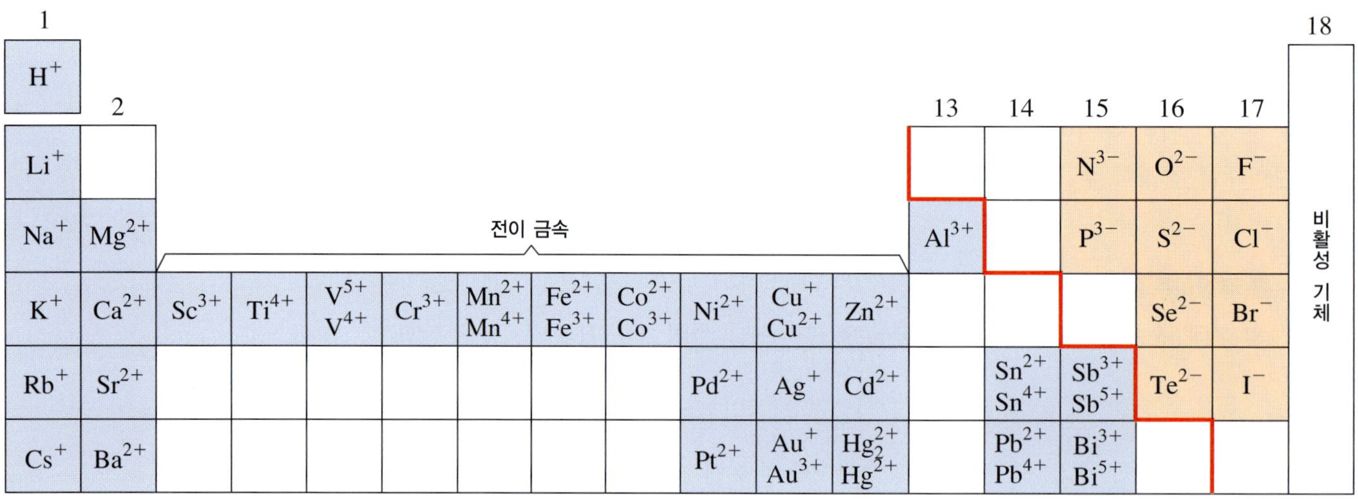

그림 7.7 원소의 대표 산화수

예제 7.5

다음 화합물 또는 이온들을 구성하는 원소의 산화수를 적으시오.

(a) $KMnO_4$

(b) $H_2C_2O_4$

(c) $VOCl_2$

(d) $Na_2Cr_2O_7$

정답

(a) K: +1, Mn: +7, O: −2
(b) H: +1, C: +3, O: −2
(c) V: +4, O: −2, Cl: −1
(d) Na: +1, Cr: +6, O: −2

응용문제 7.5

다음 화합물 또는 이온들을 구성하는 원소의 산화수를 적으시오.
(a) BH_3
(b) CH_4
(c) CsH
(d) $HBrO_3$

반쪽 반응식과 산화제/환원제

대부분의 중요한 산화−환원 반응은 물에서 일어나지만 모든 산화−환원 반응이 물속에서(수용액 상태에서) 일어나는 것은 아니다. 칼슘과 산소로부터 산화 칼슘(CaO)이 형성되는 반응을 생각해 보자.

$$2\,Ca(s) + O_2(g) \longrightarrow 2\,CaO(s)$$

산화 칼슘(CaO)은 Ca^{2+}과 O^{2-}로 만들어진 이온 결합 화합물이다. 이 반응에서 두 개의 Ca 원자에서 4개의 전자가 2개의 O 원자(O_2에 포함된)로 이동한다. 이 과정을 2개의 별도의 단계로 생각할 수 있다. 하나는 2개의 Ca 원자가 4개의 전자를 잃는 것이고, 다른 하나는 O_2 분자가 4개의 전자를 얻는 것이다. 앞서 정의에서 설명했듯이 이렇게 전자를 잃는 과정을 **산화(oxidation)**, 반대로 전자를 얻는 과정을 **환원(reduction)**이라고 하는데, 위와 같이 산화−환원 반응식을 산화 과정만 또는 환원 과정만 따로 **나누어 적은 것**을 **반쪽 반응식(half-reaction)**이라고 한다.

$$\text{산화 반쪽 반응식: } 2\,Ca \longrightarrow 2\,Ca^{2+} + 4\,e^-$$
$$\text{환원 반쪽 반응식: } O_2 + 4\,e^- \longrightarrow 2\,O^{2-}$$

이 반쪽 반응의 합은 전체 반응이 된다.

$$\text{전체 반응식: } 2\,Ca + O_2 + 4e^- \longrightarrow 2\,Ca^{2+} + 2O^{2-} + 4e^-$$

여기서 양변의 전자를 지우면

$$2\,Ca + O_2 \longrightarrow 2\,Ca^{2+} + 2\,O^{2-}$$

따라서, Ca^{2+}와 O^{2-}는 CaO를 형성하기 위해 결국 결합한다.

$$2\,Ca^{2+} + 2\,O^{2-} \longrightarrow 2\,CaO$$

여기서 일반적으로 산화 칼슘을 $Ca^{2+} + O^{2-}$보다는 CaO로 나타내며, 이온 결합 화합물의 화학식에 전하를 보이지 않게 쓴다. **산화 반응(oxidation reaction)**은 **전자의 손실이 수반되는** 반쪽 반응이다. 화학자들은 처음에는 '산화'를 특정 원소와 산소가 결합한다는 의미로 사용하였다. 그러나 앞서 여러 기준에서의 산화와 환원의 정의에서 설명했듯이 지금은 산소가 관여하지 않는 반응도 포함하는 넓은 의미를 가지고 있다. **환원 반응(reduction reaction)**은 **전자를 얻는** 반쪽 반응이다.

앞에서 설명한 과정을 다시 살펴보면, 산화 칼슘의 생성에서 칼슘은 산화된다. 칼슘은 전자를 산소에 주기 때문에 환원제 역할을 하고, 이때 산소는 환원된다. 산소는 칼슘의 산화에 의하여 칼슘으로부터 전자를 받기 때문에 환원되며, 산화제 역할을 한다. 이처럼 **환원제(reductant, reducing agent)**란 자신은 산화하면서 다른 물질이나 화학종을 **환원시키는 반응물**을 말하며, **산화제(oxidant, oxidizing agent)**란 자신은 환원하면서 다른 물질이나 화학종을 **산화시키는 반응물**을 뜻한다. **산화-환원 반응에 있어 산화 범위는 환원 범위만큼이어야 한다.** 즉, 환원제에 의해 잃은 전자의 수는 산화제에 의해 얻은 전자의 수와 같아야 한다.

이후 17단원 전기화학에서 공부하게 될 예시로서 금속 아연을 황산 구리(II)($CuSO_4$)를 포함하는 용액에 넣었을 때, 전자 이동 현상이 다른 반응보다 더 분명하게 나타난다는 것을 알 수 있다(그림 7.8). 아연(Zn)은 2개의 전자를 주고 산화되며, 구리(Cu^{2+})는 2개의 전자를 받고 환원된다.

$$Zn(s) + CuSO_4(aq) \longrightarrow ZnSO_4(aq) + Cu(s)$$

환원 ($CuSO_4(aq) \rightarrow Cu(s)$), 산화 ($Zn(s) \rightarrow ZnSO_4(aq)$)

환원제: $Zn(s)$ 산화제: $CuSO_4(aq)$

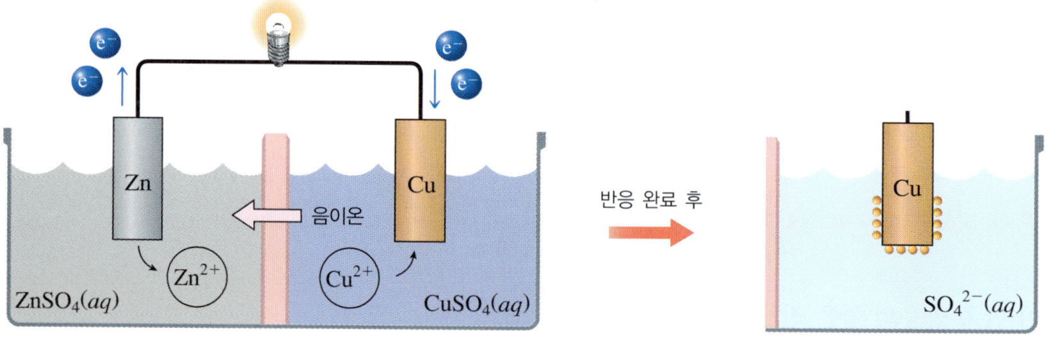

그림 7.8 아연과 구리 원소 사이의 산화-환원 과정의 예(화학 전지)

예제 7.6

다음 반응에서 산화제와 환원제가 무엇인지 답하시오.

(a) $CH_4(g) + 2\,O_2(g) \longrightarrow CO_2(g) + 2\,H_2O(l)$

(b) $NaCl(aq) + AgNO_3(aq) \longrightarrow NaNO_3(aq) + AgCl(s)$

풀이

(a) 이 반응에서 탄소 원소의 산화수는 −4에서 +4로 증가하여 산화하였고 구리 원소의 산화수가 +2에서 0으로 감소하여 환원하였으므로, CH_4는 환원제이며, O_2는 산화제이다.

(b) 이 반응에서는 그 어떠한 원소도 산화수가 변화하지 않았기 때문에 이 반응은 산화-환원 반응이 아니다. 산화제나 환원제라고 할 화합물이 없다.

정답

(a) 산화제: O_2
환원제: CH_4

(b) 산화제, 환원제: 없음

응용문제 7.6

다음 반응의 산화 및 환원 반쪽 반응식을 적으시오.

(a) $2\,KI(aq) + ClO^-(aq) + H_2O(l) \longrightarrow I_2(s) + 2\,K^+(aq) + Cl^-(aq) + 2\,OH^-(aq)$

(b) $2\,NO_3(aq) + 3\,H_2S(aq) \longrightarrow 2\,NO(g) + 3\,S(s) + 4\,H_2O(l)$

7.3 용액의 농도와 묽힘

몰농도 단위

용액의 농도를 표현하는 가장 흔한 방법 중 하나는 **몰농도(molarity, M)**라고 불리는 단위이다. 몰농도는 주어진 **용액의 용매 1리터(L)당 용해된 용질의 몰(mol)수**로 정의된다. 따라서 몰농도의 단위는 mol/L 또는 M으로 표시된다. 몰농도(M)를 계산하는 공식은 다음과 같다.

$$\text{몰농도} = \frac{\text{용질의 몰수}}{\text{용액의 부피}} \left(\mathrm{M} = \frac{n}{V} = \frac{\mathrm{mol}}{\mathrm{L}} \right)$$

예를 들어, 염화 소듐(NaCl) 58.44 g을 물에 용해시켜 최종적으로 500 mL의 용액을 만들었다고 가정해 보자. 염화 소듐의 몰질량은 대략 58.44 g/mol이다. 이 경우 용질의 mol 수(n)는 다음과 같이 계산할 수 있다.

$$n = 58.44\ \mathrm{g} \times \frac{1\ \mathrm{mol}}{58.44\ \mathrm{g}} = 1\ \mathrm{mol}$$

용액의 부피 V는 0.5 L이므로, 이 용액의 몰농도 M은

$$\mathrm{M} = \frac{n}{V} = \frac{1\ \mathrm{mol}}{0.5\ \mathrm{L}} = 2\ \mathrm{M}$$

몰농도는 화학 반응에서 반응물의 양을 정확히 측정하고 조절하는 데 필수적이다. 예를 들어, 반응물의 몰 비율을 기준으로 화학 반응의 이론적인 예측을 할 때 정확한 몰농도를 알아야 한다. 또한, 산염기 적정, 용액의 전기전도도 측정, 화학 평형 상수의 계산 등 다양한 화학 실험과 응용에서 몰농도가 중요하게 사용된다. 이처럼 몰농도는 화학에서 용액의 농도를 나타내는 매우 중요한 단위로, 많은 실험적 및 이론적 계산의 기반을 제공한다.

묽힘

용액의 **묽힘(dilution, 희석)**은 높은 농도의 용액에 용매(대부분 물)를 추가하여 **용질의 농도를 낮추는 과정**을 말한다. 묽힘을 통해 용질의 총 양은 변하지 않고, 용액의 부피만 증가하여 결과적으로 용질의 몰농도가 감소한다. 이 과정은 화학 실험, 제조 공정, 의약품 제조, 음식 조리 등 다양한 분야에서 널리 사용된다(그림 7.9).

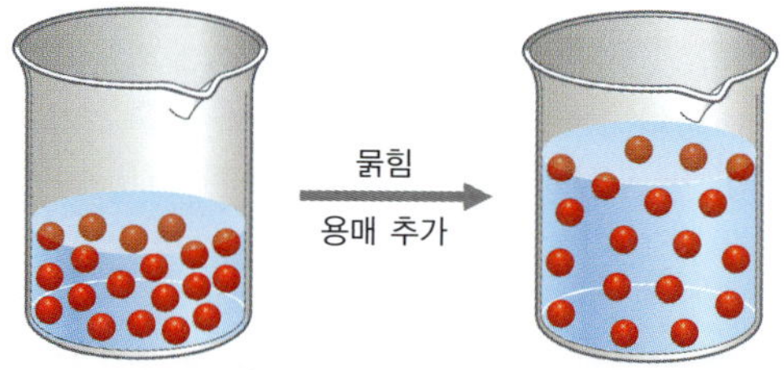

그림 7.9 묽힘 과정에서의 변화. 부피는 변하지만 용질의 몰수는 변하지 않는다.

희석의 기본 원리는 '농도 × 부피 = 일정'이라는 사실에 기초한다. 이는 용액 내 용질의 총 몰 수는 희석 전과 후로 변하지 않고 같다는 것을 의미한다. 수학적으로는 다음과 같이 표현된다.

$$C_1 \times V_1 = C_2 \times V_2$$

C_1 = 초기 몰농도(M) V_1 = 초기 부피(L)
C_2 = 최종 몰농도(M) V_2 = 최종 부피(L)

예를 들어, 1 M의 설탕 수용액 100 mL를 400 mL까지 물로 희석하고 싶다고 가정해 보자. 이 경우, 최종 부피는 500 mL가 된다. 앞의 식에 초기 조건(초기 몰농도 1 M, 초기 부피 100 mL)과 최종 조건(최종 부피 500 mL)을 대입하여 최종 몰농도를 계산하면 다음과 같다.

$$1\ \text{M} \times 0.100\ \text{L} = C_2 \times 0.5\ \text{L}$$

$$C_2 = 0.2\ \text{M}\ (\text{최종 농도})$$

희석은 실험실에서 반응물의 정확한 농도를 조절하기 위해 필수적인 과정이다. 예를 들어, 14장에서 공부하게 될 산-염기 적정 실험에서 사용되는 표준 용액의 농도를 조절하거나, 생물학적 실험에서 세포 배양 매체의 농도를 조절할 때 희석이 사용된다. 또한, 음료 제조나 의약품의 안전한 복용 농도를 맞추기 위해서도 희석이 중요하다.

예제 7.7

49.0 g의 H_2SO_4가 250 mL의 용액 속에 있다면 용액 내 H_2SO_4의 몰농도는 얼마인가?

풀이

$$\text{M} = \frac{n}{V}$$

H_2SO_4의 화학식량: 98.09 g/mol

$$n = 49.0\ \text{g}\ H_2SO_4 \times \frac{1\ \text{mol}}{98.09\ \text{g}\ H_2SO_4} = 0.500\ \text{mol}$$

$$V = 250\ \text{mL} \times \frac{1\ \text{L}}{1000\ \text{mL}} = 0.250\ \text{L}$$

$$\text{M} = \frac{n}{V} = \frac{0.500\ \text{mol}}{0.250\ \text{L}} = 2.00\ \text{M}$$

정답

2.00 M

응용문제 7.7

0.540 M 용액 155 mL 속에 들어 있는 HCl의 질량을 구하시오.

7.8 예제

0.475 M KCl 수용액 855 mL를 물로 묽혀 1.25 L로 만든 용액의 몰농도는 얼마인가?

풀이

$$C_1 \times V_1 = C_2 \times V_2$$

$C_1 = 0.475$ M
$C_2 = x$ M
$V_1 = 0.855$ L
$V_2 = 1.25$ L

$$x = \frac{0.475\ \text{M} \times 0.855\ \text{L}}{1.25\ \text{L}} = 0.325\ \text{M}$$

정답

0.325 M

응용문제 7.8

11.3 M HCl을 물로 묽혀 0.555 M HCl 용액 1.00 L를 만들려고 한다. 필요한 11.3 M HCl 용액의 부피는 얼마인가?

Deep Insight

누런색의 자유의 여신상

자유의 여신상은 미국 뉴욕항으로 들어오는 허드슨강 입구의 리버티섬(Liberty Island)에 세워진 조각상으로, 프랑스가 1886년에 미국 독립 100주년을 기념하여 선물한 것이다. 횃불을 치켜든 거대한 여신상으로 정식 명칭은 '세계를 비치는 자유(Liberty Enlightening the World)'이지만 통상 자유의 여신상으로 알려져 있다. 프랑스 조각가 바르톨디(Bartholdi, F. A., 1834~1904)가 디자인하여 1875년에 만들기 시작하여 1884년에 완성되었다. 그리고 잠시 프랑스 파리에 서 있다가 1885년 배를 통해 미국으로 이송되어 1886년에 현재의 위치에 세워졌다.

▲ 자유의 여신상 ©tomkranz/Pixabay

우리는 보통 자유의 여신상이라고 하면 연푸른색의 아름다운 색을 띤 거대한 조형물로 각종 영화나 뉴스, 사진들의 미디어로 본 기억이 있을 것이다. 하지만 처음 여신상의 색깔이 지금의 그것과 전혀 달랐다면 그 사실을 믿겠는가?

여신상의 디자인은 예술가인 바르톨디가 했지만 이런 대형 조형물은 거의 건축물이라 봐야 할 정도로 거대했기 때문에 유능한 건축가가 필요했고, 여신상의 건축에 기여한 건축가가 바로 에펠탑을 세운 에펠(Eiffel, A. G., 1832~1923)이었다. 자유의 여신상은 얇게 두드려 편 구리판을 철골 구조 위에 씌우는 방법으로 제작되었으며, 에펠은 이 철골 구조의 설계를 담당하였다. 바르톨디는 처음에 구리 재질의 작품을 만들고자 하였다. 그러나 에펠은 여신상의 거대한 규모에 비해 구리 금속의 강도가 형편없이 약하다고 생각하였다. 결국 겉은 구리로 하되 하중을 줄이기 위해 내부에 비어 있는 공간을 주었으며, 허리케인을 비롯한 뉴욕의 연간 최대 풍속을 고려하여 여신상의 기본 골조를 강철근으로 시공하였다. 자유의 여신상의 재료로 31톤의 구리와 125톤의 강철이 소모되었다.

그리하여 최초 완공된 여신상의 색은 구리 자체의 누런 색이었다. 이후에 지금의 자유의 여신상이 푸른색을 띠는 것은 외관의 구리판이 산화되었기 때문이다. 자유의 여신상이 설치된 리버티섬은 허드슨강으로부터 일년 내내 습기가 충분한 환경으로, 자유의 여신상 외피 재료인 구리의 표면은 오랜 시간 동안 서서히 산화 구리(CuO, Cu_2O)로 산화하여 오늘날의 연한 푸른색이 된 것이다. 실제로 구리 동전이나 보일러의 구리 파이프(동관)가 녹이 슬면 자유의 여신상의 색과 동일한 푸른 색으로 변색됨을 경험할 수 있을 것이다.

어쩌면 바르톨디는 본래 구리의 붉고 누런 광택의 여신상을 염두하고 디자인을 했을지는 모르지만, 금속의 산화가 자연계에 존재하지 않았다면 지금의 푸른빛의 아름다운 여신상은 구경할 수 없었을 것이다.

▲ 녹슨 동전 ©stux/Pixabay

핵심 요약

7.1 수용액의 특성

- 용액이란 두 가지 이상의 순물질이 균일하게 혼합된 물질을 말한다.
- 용액 중에서 용매가 오로지 물(H_2O)인 경우가 수용액이다.
- 물에 녹는 용질은 크게 전해질과 비전해질로 구별한다.
- 전해질 수용액은 전하를 띤 입자(이온)가 존재하고, 균일하게 혼합되어 있기 때문에 용액에 전류가 흐를 수 있다.
- 강전해질 수용액은 풍부한 이온이 존재하기 때문에 전류의 흐름이 매우 원활하고, 약전해질 수용액은 상대적으로 이온이 빈약하게 존재하므로 전류가 약하게 흐른다.
- 산과 염기도 역시 전해질이다.
- 산과 염기도 강전해질(강산, 강염기) 또는 약전해질(약산, 약염기)로 분류할 수 있다.

7.2 수용액 사이의 주요 반응

- 수용액에 존재하던 양이온과 음이온이 만나 결합하여 그 결과로 불용성 생성물인 침전을 형성하는 반응을 침전 반응이라고 한다.
- 분자 반응식은 미시적 수준에서 구체적으로 일어나는 상황을 정확히 표현할 수 없다.
- 이온 반응식을 적을 때 확실히 반응이 진행하여 화학적 변화가 명확한 결과 화합물의 경우에는 구성 이온으로 분리하여 적지 않는다는 점을 유의해야 한다.
- 산과 염기의 아레니우스 정의는 수용액에만 한정된다는 유일한 단점이 있다.
- 짝산 그리고 짝염기는 아레니우스의 정의와는 구별되게 브뢴스테드의 정의에서만 독특하게 등장하는 개념이다.

- 다양성자산의 산해리상수는 $K_{a1} > K_{a2} > K_{a3} > \ldots$의 경향을 따른다.
- 수용액 환경에서 산과 염기의 중화 반응은 기본적으로 물과 염을 만드는 반응이다.
- 산화-환원의 정의는 산소 원자, 수소 원자, 전자, 산화수의 네 가지 기준에 따라 정의할 수 있다.
- 원소마다 고유의 산화수(산화 상태)가 있다.
- 어떤 반응에서 산화 과정이 진행되었다면 환원 과정도 함께 진행된다.
- 산화-환원 반응은 같은 개수의 전자를 잃으면서 산화 반응이 일어날 때, 환원 반응도 같은 개수의 전자를 얻는다.
- 산화-환원 반응에 있어 산화 범위는 환원 범위만큼이어야 한다.

7.3 용액의 농도와 묽힘

- 몰농도(M)는 주어진 용액의 용매 1리터(L)당 용해된 용질의 몰(mol)수로 정의된다.

$$M = \frac{n}{V} = \frac{\text{mol}}{\text{L}}$$

- 몰농도는 화학 반응에서 반응물의 양을 정확히 측정하고 조절하는 데 필수적이다
- 용액 내 용질의 총 몰 수는 희석 전과 후로 변하지 않고 같다.

$$C_1 \times V_1 = C_2 \times V_2$$

C_1 = 초기 몰농도(M)
C_2 = 최종 몰농도(M)
V_1 = 초기 부피(L)
V_2 = 최종 부피(L)

핵심 용어 정리

용어	정의
• 용액(solution)	두 가지 이상의 순물질이 균일하게 혼합된 물질
• 용매(solvent)	용액에서 혼합 비율상 조금이라도 많은 양에 해당하는 순물질
• 용질(solute)	용액에서 혼합 비율상 조금이라도 적은 양에 해당하는 순물질
• 수용액(aqueous solution)	용매가 물(H_2O)인 용액
• 전해질(electrolyte)	물에 용해되었을 때 수용액에서 전류가 흐를 수 있도록 해리가 되어 양이온과 음이온을 생성하는 용질
• 비전해질(nonelectrolyte)	물에 용해되어도 해리되지 않아 그 수용액에서 전류가 흐르지 않는 용질
• 해리(dissociation)	이온 결합 화합물이 용액 속에서 양이온과 음이온으로 분리되는 현상
• 강전해질 (strong electrolyte)	70 % 이상 해리되는 전해질
• 약전해질 (weak electrolyte)	30 % 이하 해리되는 전해질
• 화학 평형 (chemical equilibrium)	전체적인 변화가 관찰되지 않는 화학 상태
• 수화(hydration)	용질이 용매인 물에 용해되었을 때, 개별 용질 분자가 물 분자로 둘러싸이는 현상
• 침전 반응(precipitation reaction, 또는 침전 생성 반응)	수용액에 존재하던 양이온과 음이온이 만나 결합하여 그 결과로 불용성(또는 난용성) 생성물인 침전(고체)을 형성하는 반응
• 침전물(precipitate)	용액으로부터 분리되는 물에 녹지 않는 고체

용어	정의
• 불용성(또는 난용성) 염(insoluble salt)	특정 양이온과 음이온이 결합하여 형성되는 화합물을 염(salt)
• 용해도(solubility)	정해진 온도에서 용매 100 g에 최대한 녹을 수 있는 용질의 질량(g)
• 알짜 이온 반응식 (net ionic equation)	실질적인 화학 반응에 참여한 이온(또는 화학종)들과 그 반응의 결과 생성물만으로 명확하게 정리한 반응식
• 분자 반응식 (molecular equation)	반응물과 생성물의 모든 화학식을 보여 주고 이온 특성을 나타내지 않는 반응식
• 이온 반응식 (ionic equation)	개개의 자유 이온으로 분리하여 적은 반응식
• 구경꾼 이온 (spectactor ion)	전체 반응에 관여하지 않는 이온
• 아레니우스의 산 (Arrhenius acid)	물에서 이온화하여 H^+(수소 이온 또는 양성자)을 생성하는 물질
• 아레니우스의 염기 (Arrhenius base)	물에서 이온화하여 OH^-(수산화 이온)을 생성하는 물질
• 브뢴스테드의 산 (Brønsted acid)	화학 반응 중에 양성자(H^+)를 다른 물질에 주는 물질(양성자 주개)
• 브뢴스테드의 염기 (Brønsted base)	화학 반응 중에 양성자(H^+)를 다른 물질로부터 받는 물질(양성자 받개)

용어	정의
• 짝산(conjugated acid)	브뢴스테드 염기가 양성자를 받아서 만들어진 물질
• 짝염기(conjugated base)	브뢴스테드 산이 양성자를 잃고서 만들어진 물질
• 다양성자산 (polyprotic acid)	2개 이상의 양성자(H^+)를 제공할 수 있는 산
• 산화(oxidation)	산소와 결합하거나 수소와 분리되는 과정, 또는 전자를 잃어서 산화수가 증가하는 반응
• 환원(reduction)	산소와 분리되거나 수소와 결합하는 과정, 또는 전자를 얻어서 산화수가 감소하는 반응
• 산화수(oxidation number, 산화 상태)	산화-환원 반응 중에 구성 원소의 전자의 부족과 넘침 상태를 가수로 나타낸 것
• 반쪽 반응식 (half-reaction)	산화-환원 반응식을 산화 과정만 또는 환원 과정만 따로 나누어 적은 것
• 환원제(reductant, reducing agent)	자신은 산화하면서 다른 물질이나 화학종을 환원시키는 반응물
• 산화제(oxidant, oxidizing agent)	자신은 환원하면서 다른 물질이나 화학종을 산화시키는 반응물
• 몰농도(molarity, M)	용액의 용매 1리터(L)당 용해된 용질의 몰(mol)수
• 묽힘(dilution, 희석)	높은 농도의 용액에 용매(대부분 물)를 추가하여 용질의 몰농도를 낮추는 과정

연습문제

● (7.1～7.5) 다음 설명 중 옳은 것은 ○, 틀린 것은 ×를 표시하시오.

7.1 용액이란 두 가지 이상의 혼합물이 균일하게 혼합된 물질을 말한다. (　　　　)

7.2 산과 염기는 전해질이 아니다. (　　　　)

7.3 물에 녹는 용질은 크게 전해질과 비전해질로 구별한다. (　　　　)

7.4 수용액에 존재하던 양이온과 음이온이 만나 결합하여 그 결과로 불용성 생성물인 침전을 형성하는 반응을 침전 반응이라고 한다. (　　　　)

7.5 원소마다 고유의 산화수(산화 상태)가 있다. (　　　　)

● (7.6～7.12) 다음 문장의 빈칸에 올바른 용어(단어) 혹은 문구를 채워 넣으시오.

7.6 환원제는 화학 반응 중에 자신은 (　　　　)되면서 다른 화학종을 (　　　　)시키는 반응물이다.

7.7 산 수용액과 염기 수용액이 반응하여 중화 반응이 진행되면 물과 (　　　　)을 생성한다.

7.8 이온 반응식에서 반응 전화 후에 있어서 반응에 관여하지 않고 그대로 존재하는 이온을 (　　　　) 이온이라고 부른다.

7.9 일정 농도의 용액에 용매를 추가하여 처음의 농도를 낮추는 작업을 (　　　　)이라고 한다. 이 과정에서 진한 용액과 낮은 농도의 용액의 경우 용질 분자의 수는 동일하다.

7.10 전해질의 경우 물에 용해되었을 때 수용액에서 전류가 흐를 수 있도록 (　　　　)가 되어 양이온과 음이온을 생성한다.

7.11 산화–환원 반응은 같은 개수의 (　　　　)를 잃으면서 산화 반응이 일어날 때, 환원 반응도 같은 개수의 (　　　　)를 얻는다.

7.12 산과 염기의 아레니우스 정의는 (　　　　)에만 한정된다는 유일한 단점이 있다.

● (7.13～7.25) 다음 물음에 답하시오.

7.13 다음 각 물질이 전해질인지, 비전해질인지를 밝히시오.

(a) $AgCl$　　(b) KOH

(c) $C_6H_{12}O_6$ (포도당)　　(d) $MgCl_2$

7.14 다음 반응식에서 짝산과 짝염기를 밝히시오.

(a) $NH_3 + H_2O \longrightarrow NH_4^+ + OH^-$

(b) $HC_2H_3O_2 + H_2O \longrightarrow C_2H_3O_2^- + H_3O^+$

(c) $H_2PO_4^- + OH^- \longrightarrow HPO_4^{2-} + H_2O$

(d) $HCl + H_2O \longrightarrow Cl^- + H_3O^+$

7.15 탄산 소듐과 브로민화 칼슘의 수용액을 혼합하면 흰색 고체가 형성된다.

(a) 이 고체는 무엇인가?

(b) 반응에 대한 분자 반응식을 쓰시오.

(c) 반응에 대한 이온 반응식을 쓰시오.

(d) 반응의 구경꾼 이온을 무엇인가?

(e) 이 반응의 알짜 이온 반응식을 쓰시오.

7.16 다음 반응에 대해서 알짜 이온 반응식을 쓰시오.

(a) $NaCl + Ag_2SO_4$

(b) $Cu(OH)_2 + HCl$

(c) $BaCl_2 + Ag_2SO_4$

7.17 다음 화합물(염)이 100% 해리한다고 가정할 때, 용액 내에 존재하는 이온들의 몰농도를 구하시오.

(a) 1.24 M $CuBr_2$

(b) 3.50 M K_2AsO_4
(c) 0.75 M $NaHCO_3$
(d) 0.65 M $(NH_4)_2SO_4$

7.18 다음 반응이 산화−환원 반응인지 여부를 밝히시오.
(a) $2\ Mg(s) + O_2(g) \longrightarrow 2\ MgO(s)$
(b) $H_2(g) + F_2(g) \longrightarrow 2\ HF(g)$
(c) $NH_3(g) + HCl(g) \longrightarrow NH_4Cl(s)$
(d) $2\ Na(s) + S(s) \longrightarrow Na_2S(s)$

7.19 다음 불균형 반쪽 반응을 산화 또는 환원 반응으로 분류하시오.
(a) $NO_3^-(aq) \longrightarrow NO(g)$
(b) $Zn(s) \longrightarrow Zn^{2+}(aq)$
(c) $Ti^{3+}(aq) \longrightarrow TiO_2(s)$
(d) $Sn^{4+}(aq) \longrightarrow Sn^{2+}(aq)$

7.20 NaOH 6.22 g이 들어 있는 0.315 M NaOH 용액의 부피는 몇 mL인가?

7.21 에탄올(C_2H_5OH) 1.77 g에 물을 섞어 85.0 mL의 에탄올 수용액을 만들었다면 이 용액의 몰농도는 얼마인가?

7.22 실험실에서 8.61 M의 진한 황산 용액을 묽히려고 한다. 이 진한 황산 몇 mL를 물 몇 mL와 섞어야 1.75 M 황산 5.0×10^2 mL를 만들 수 있는가?

7.23 대학생 태현이는 실험 조교의 지시에 따라 다음 세 가지 용액을 한 비커에 혼합하였다. 그 결과 태현이가 얻어낼 수 있는 고체의 화학식은 무엇인가?

0.2 mol $Pb(CH_3COO)_2$
0.1 mol Na_2S
0.1 mol $CaCl_2$

7.24 785 mg의 KCl가 들어 있는 수용액에 모든 Cl^-를 침전시키기 위해 25.8 mL의 질산 은 수용액이 필요하다면, 이때 질산 은 수용액의 몰농도(M)를 계산하시오.

7.25 다음 세 가지 반응에 대하여 질문에 답하시오.
반응 A: $4\ NH_3(g) + 5\ O_2(g) \longrightarrow 4\ NO(g) + 6\ H_2O(g)$
반응 B: $2\ NO(g) + O_2(g) \longrightarrow 2NO_2(g)$
반응 C: $NO^+(aq) + Cl^-(aq) \longrightarrow NaCl(aq)$
(a) 위 반응 중 산화−환원 반응을 쓰시오.
(b) (a)에서 찾은 산화−환원 반응에서 산화된 원소와 환원된 원소를 각각 쓰시오.

CHAPTER 8

기체

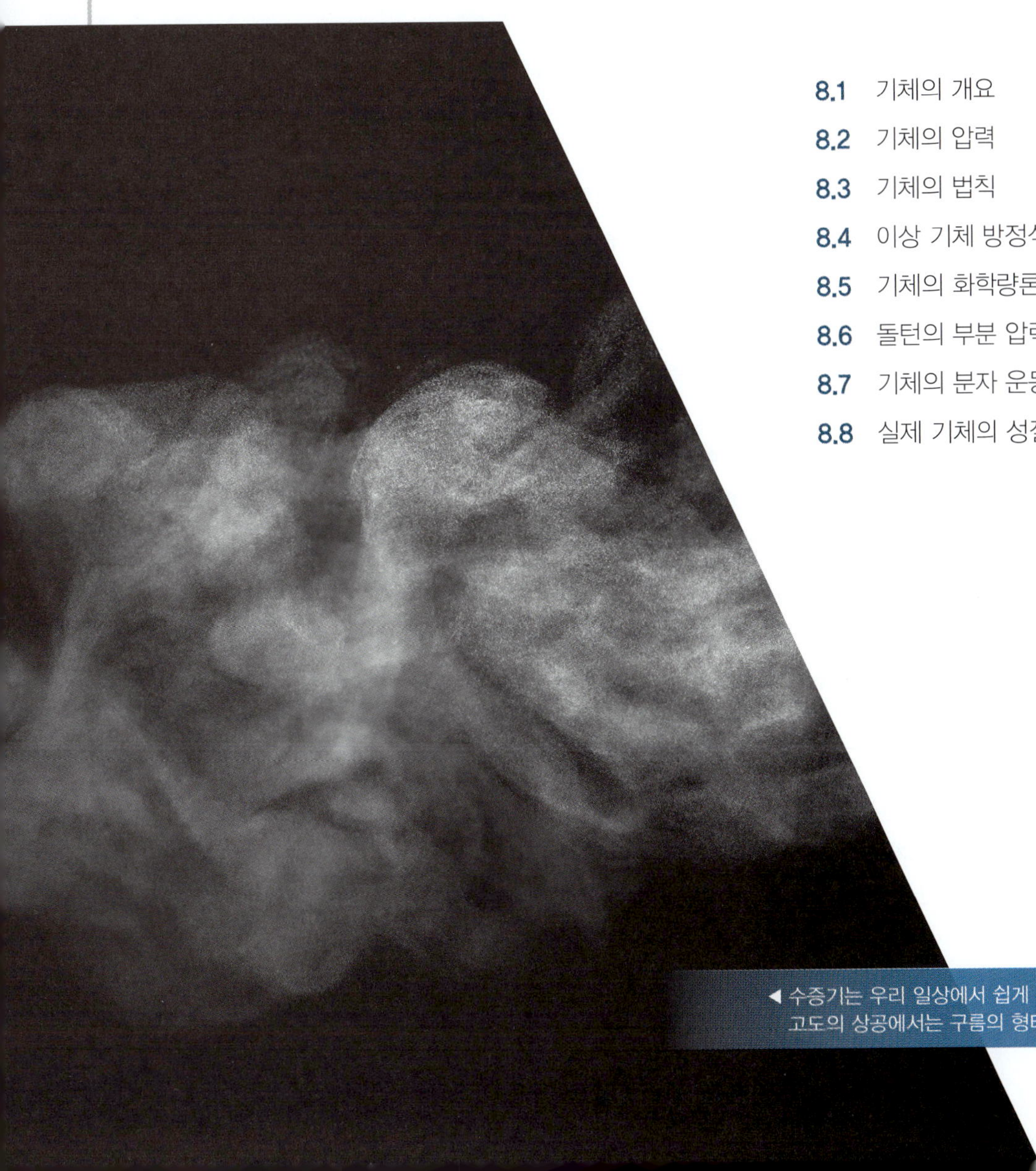

◀ 수증기는 우리 일상에서 쉽게 관찰할 수 있는 대표적인 기체이며 높은 고도의 상공에서는 구름의 형태로 발견된다. © MR SOCCER/Shutterstock

8.1 기체의 개요

기체의 성질의 연구의 기원

기체의 성질에 대한 과학적 연구는 인류 지식의 근본적인 발전과 기술 혁신의 핵심 동력이었다. 물질의 기본 상태인 기체에 대한 이해는 단순한 과학적 호기심을 넘어 산업 혁명과 현대 기술의 토대를 마련했다. 기체 연구의 성과는 크게 두 가지 측면에서 볼 수 있다.

첫째, 기초 과학적 관점에서 기체의 물리적, 화학적 특성에 대한 이해는 물질의 근본적인 작동 원리를 밝히는 데 결정적인 역할을 했다. 분자 운동, 열역학적 특성, 압력과 온도의 상호작용 등에 관한 연구는 자연 현상에 대한 우리의 인식을 근본적으로 변화시켰다.

둘째, 산업적 측면에서 기체 연구는 혁명적인 기술 발전의 원동력이 되었다. 증기기관, 내연기관, 냉동 시스템 등 수많은 핵심 기술들이 기체의 물리적 특성에 대한 깊이 있는 이해로부터 탄생했다. 이러한 기술들은 교통, 제조업, 에너지 생산 등 거의 모든 산업 분야의 근본적인 변화를 이끌어냈다.

기체 연구와 산업 발전의 상호 작용은 과학과 기술의 혁명적 진화를 대표한다. 18세기부터 시작된 기체 연구는 산업 혁명의 핵심 원동력으로 작용했으며, 인류 기술 발전의 패러다임을 근본적으로 변화시켰다.

초기 증기기관 개발은 기체 압력과 열역학적 특성에 대한 과학적 이해에서 비롯되었다. 보일의 기체 법칙과 샤를 법칙은 기계 공학의 근본적인 원리를 제공했으며, 이를 통해 에너지 변환 기술은 획기적으로 발전했다. 예를 들어, 제임스 와트의 증기기관 개선은 기체의 압축과 팽창 원리에 대한 정밀한 과학적 이해 없이는 불가능했다.

20세기 들어 기체 연구는 더욱 복잡하고 혁신적인 기술 발전을 이끌었다. 내연기관 설계, 냉동 및 공조 시스템, 우주 항공 기술 등 첨단 산업 분야에서 기체의 물리적 특성에 관한 심층 연구가 결정적인 역할을 했다. 특히 극한 환경에서의 기체 거동 연구는 우주 탐사 기술과 극저온 기술 발전의 토대가 되었다.

현대 산업에서 기체 연구의 중요성은 더욱 커지고 있다. 반도체 제조, 나노 기술, 플라스마 물리학 등 첨단 산업 분야에서 기체의 미세한 특성에 대한 이해는 혁신적인 기술 개발의 핵심이다. 초전도체 연구, 신소재 개발, 정밀 의료 기술 등 다양한 영역에서 기체 연구는 여전히 중요한 과학적 기반을 제공하고 있다.

ⓒJeffrey Banks / Shutterstock

ⓒmoo photograph / Shutterstock

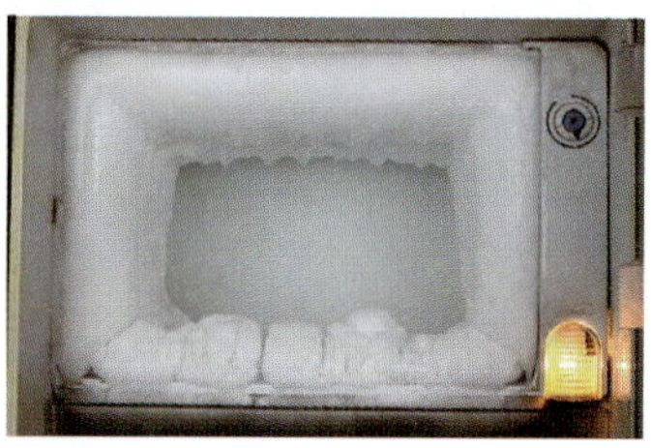

ⓒWella Eriska / Shutterstock

증기기관과 냉매 기술

증기기관차(상)는 고압고온 수증기의 팽창 힘을 이용한 최초의 거대 동력원이었으며, 에어컨(중)과 냉장고(하)의 냉매 기술은 기체의 기화열의 흡열 원리를 이용함으로써 쾌적한 환경 제공과 식량의 냉장/동결 보관의 길을 열었다.

기체 상태와 밀도

대부분의 물질들은 세 가지 물리적 상태(고체, 액체 또는 기체)로 존재한다. 예를 들어, H_2O는 고체인 얼음, 액체인 물, 기체인 수증기로 존재하며, 각 물질의 물리적 성질은 일반적으로 상태에 따라 많이 좌우된다.

기체는 여러 가지 면에서 액체나 고체보다 훨씬 단순하다. 기체의 분자 운동은 매우 무질서하며, 분자들 사이의 인력이 아주 약하여 각 분자는 자유롭게, 기본적으로 **다른 분자와 무관하게** 거동한다. 모든 기체는 온도를 변화시키면 팽창하거나 수축하고 또한 압력을 증가시키면 압축시킬 수 있으므로 기체를 다루거나 거동을 고찰할 때는 온도, 압력, 부피와 같은 변수를 상세히 밝혀야 한다.

기체의 대부분은 대기권에 존재하는 약 78 %의 N_2, 21 %의 O_2, 0.04 %의 CO_2를 포함한 다른 기체로 이루어진 공기이다. 또한, 풍선의 충전 기체로 사용하는 냄새와 색깔이 없는 비활성의 He(헬륨)이나, 자동차의 배기가스도 기체이다. 기체 중 O_2는 생존에 필수적이며 H_2S(황화 수소)와 HCN(사이안화 수소)은 치명적인 독극물이다. CO, NO_2, O_3, SO_2 등은 다소 독성이 낮은 물질들이며, He, Ne, Ar은 화학적으로 비활성 기체로 다른 어떤 물질과도 반응하지 않는다(표 8.1, 그림 8.1).

대부분의 기체는 무색이지만, 적갈색을 띠는 NO_2(이산화 질소)와 같이 색을 띠는 기체도 있다. H_2S 기체는 아주 고약한 냄새를 가지고 있어 LPG와 LNG의 누출 시 H_2S 기체 냄새로 확인할 수 있도록 가스의 첨가제로 사용된다. 기체는 일반적으로 다음과 같은 물리적인 특성을 나타낸다.

- 기체는 담는 용기에 따라 그 형태를 가지는 모양으로 나타낸다.
- 기체들은 같은 용기에 담겨 있을 때 완전히 균일하게 혼합된다.
- 기체는 가장 잘 압축될 수 있는 물질이다.
- 기체는 자유로운 분자 운동으로 인하여 액체와 고체보다 밀도가 훨씬 낮다.

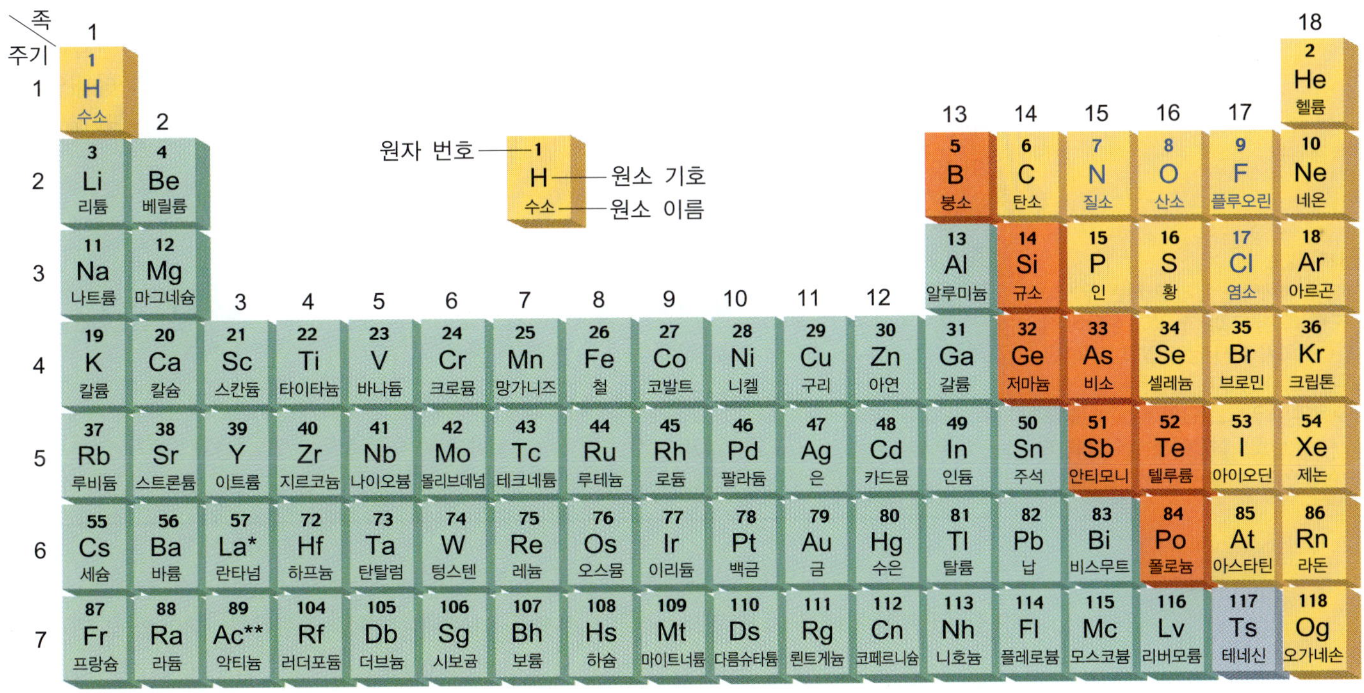

그림 8.1 **상온, 상압(25 °C, 1기압)에서 기체의 형태로 관찰되는 원소.** 18족 원소는 단원자 기체로, 5가지 비금속 원소(청색)은 이원자 분자의 형태로 존재한다.

표 8.1 25 ℃, 1기압 조건에서 존재하는 기체 물질

원소	화합물
H_2(수소)	HF(플루오린화 수소)
N_2(질소)	HCl(염화 수소)
O_2(산소)	HBr(브로민화 수소)
O_3(오존)	HI(아이오딘화 수소)
F_2(플루오린)	CO(일산화 탄소)
Cl_2(염소)	CO_2(이산화 탄소)
He(헬륨)	NH_3(암모니아)
Ne(네온)	NO(일산화 질소)
Ar(아르곤)	NO_2(이산화 질소)
Kr(크립톤)	N_2O(아산화 질소)
Xe(제논)	SO_2(이산화 황)
Rn(라돈)	H_2S(황화 수소)
	HCN(사이안화 수소)

기체 밀도는 온도, 압력, 분자량 등 다양한 요인에 의해 결정된다. 일반적으로 온도가 높아지면 기체 분자의 운동이 활발해져 밀도가 낮아지고, 압력이 증가하면 기체 분자들이 더 조밀하게 압축되어 밀도가 높아진다. 이러한 특성은 대기 과학, 화학 공정, 의료 기술 등 다양한 분야에서 중요한 역할을 한다.

우리는 일상생활에서 냄새가 퍼져 나간다는 것을 알고 있다. 이를 통해 기체가 고체나 액체보다 훨씬 가벼우며 자유로운 분자 운동으로 인하여 기체 상태의 분자들은 서로 멀리 떨어질 수 있다는 것을 알 수 있다. He 기체를 채운 풍선이 하늘로 올라가는 것도 He 기체가 공기보다 가볍기 때문이다. 몇 가지 기체들의 밀도를 표 8.2에 나타내었다. 수용액의 밀도는 단위로 g/mL를 주로 사용하지만, 질량이 상대적으로 매우 작은 기체의 밀도 단위는 g/L를 사용한다.

기체의 밀도

고체와 액체와는 달리 기체는 무게나 밀도를 측정하기에 그 값이 상당히 작고, 측정하기 쉽지 않아 압력, 부피, 온도를 주로 측정하여 관찰한다.

수용액의 밀도는 단위로 g/mL를 주로 사용하지만, 질량이 상대적으로 매우 작은 기체의 밀도 단위는 g/L를 사용한다.

표 8.2 몇몇 기체의 밀도(25 ℃, 1기압)

기체	밀도(g/L)	기체	밀도(g/L)
수소	0.08987	공기	1.297
헬륨	0.179	산소	1.429
질소	1.256	아르곤	1.783
일산화 탄소	1.256	이산화 탄소	1.965

기체 밀도는 다양한 분야에서 중요하게 과학적으로 응용된다. 먼저 기상 예보 및 환경 연구 분야에서 기체 밀도는 대기 현상을 이해하는 핵심 요소이다. 대기의 밀도 변화는 기온, 기압, 습도 등 기상 조건을 결정하는 중요한 요인으로, 기후 모델링과 예측에 필수적이다. 예를 들어, 대기 중 이산화 탄소의 밀도 변화는 지구 온난화 연구에 중요한 정보를 제공한다.

산업 분야에서 기체 밀도는 화학 공정, 제조업, 에너지 생산 등 광범위한 영역에서 중요한 역할을 한다. 석유 정제, 천연가스 처리, 반도체 제조 등의 공정에서 정확한 기체 밀도 측정은 효율성과 안전성을 보장하는 핵심 요소이다. 예를 들어, 천연가스 파이프라인에서는 내부 기체 밀도 측정을 통해 운송 효율과 안전성을 최적화할 수 있다.

스포츠 및 레저 활동에서도 기체 밀도는 중요한 고려 사항이다. 특히 항공 스포츠, 자전거 경주, 패러글라이딩 등에서 대기의 밀도는 공기 역학적 성능에 직접적인 영향을 미친다. 마라톤 선수들은 고도에 따른 대기 밀도 변화가 운동 성능에 미치는 영향을 고려한다. 예를 들어, 높은 고도에서는 공기 밀도가 낮아져 운동 수행에 어려움을 겪을 수 있다.

의료 및 생명 과학 분야에서 기체 밀도는 매우 중요한 응용 분야를 가지고 있다. 호흡기 치료, 마취 기술, 의료용 가스 공급 등에서 정확한 기체 밀도 측정이 필수적이다. 산소 치료나 호흡기 보조 장치에서는 정확한 기체 밀도 제어가 환자의 안전과 치료 효과를 결정짓는 중요한 요소이다. 또한 유전자 분석, 세포 배양 등 생명과학 연구 분야에서도 기체 밀도 조절은 중요한 실험 조건이다.

8.2 기체의 압력

대기 중의 기체는 끊임없이 운동하고 있으며, 기체 분자끼리 충돌로 인하여 무질서한 운동이 계속 발생하고 있다. 이러한 기체는 어떤 표면에 부딪힐 때 표면에 압력을 가한다. 일상생활에서의 기압의 변화는 쉽게 알 수 있다. 바닷속에 잠수할 때 느끼는 수압과 마찬가지로, 고산지대에서는 반대로 기압이 낮아져서 공기의 밀도가 적어지므로 호흡에 곤란을 느끼는 현상이 나타나는 것이다.

압력의 단위

기체의 물리적 성질 중 압력은 쉽게 측정할 수 있다. 기체의 압력을 측정하는 방법을 이해하기 위해서 측정 단위를 먼저 살펴보자.

속도는 시간에 따른 거리의 변화로 정의한다.

$$\text{속도} = \frac{\text{이동 거리}}{\text{경과 시간}}$$

속도의 SI 단위는 m/s이다. 가속도는 시간에 따른 속도의 변화이다. 가속도의 단위는 m/s^2 또는 cm/s^2이다.

$$\text{가속도} = \frac{\text{속도 변화}}{\text{경과 시간}}$$

압력에 대한 기본 개념은 애초에 화학이 아니라 물리학에서 정의되었다. 이후 화학에 맞게 활용되기 위해 기체의 압력 단위가 유도되었다.

17세기 뉴턴에 의하여 공식화된 운동 제2법칙은 힘(force)이라는 또 다른 용어를 정의하는데, 이것으로부터 압력의 단위가 유도된다. 이 법칙에 따르면,

$$\text{힘} = \text{질량} \times \text{가속도}$$

이와 관련해서, 힘의 SI 단위는 뉴턴(N)이고, 1 N은 다음과 같다.

$$1\ \text{N} = 1\ \text{kg m/s}^2$$

마지막으로, 압력(pressure)은 단위 면적에 작용하는 힘으로 정의한다.

$$\text{압력} = \frac{\text{힘}}{\text{면적}}$$

일반적으로 압력 P는 해당 면적 A에 힘 F가 작용할 때 다음과 같이 표현한다.

$$P = \frac{F}{A}$$

압력의 SI 단위는 Pa(pascal)이며, 1 Pa은 제곱 미터당 1 N이다.

$$1\ \text{Pa} = 1\ \text{N/m}^2$$

▲ 서구권에서 사용되는 타이어 압력계는 주로 psi나 bar 단위를 사용한다.
ⓒScruggelgreen/Shutterstock

기체 압력의 단위는 여러 종류가 있으며, 일반적으로 유럽이나 미국에서는 제곱 인치당 파운드(lb/inch^2)를 의미하는 psi로 표시한다. SI 단위 및 일반적인 관용 단위에서 압력의 의미는 자동차 타이어나 부풀어진 풍선에 존재하는 기체가 내부의 표면에 기체의 힘이 가해진다는 뜻이다.

대기압

대기 중 기체의 입자는 다른 모든 물질과 마찬가지로 지구 인력의 영향을 받으므로 높은 고도에 있을 때보다는 지구 표면 근처에서의 밀도가 훨씬 크다. 당연히 공기의 밀도가 커지면, 압력도 커진다. 세계 최고봉인 8848 m의 에베레스트산은 성층권의 $\frac{2}{3}$까지 솟아 있어 공기의 밀도가 낮아 산소가 부족하다.

지구의 대기에 노출된 어떤 면적에 대해 나타난 힘은 면적 위의 공기 기둥의 무게와 같아 대기압의 세기를 계산할 수 있다. 물체에 가해지는 힘 F는 질량 m과 가속도 a를 곱하여 얻는다. 즉, $F = ma$이다. 지구의 중력에 의하여 지구 표면에 가해지는 가속도는 9.8 m/s^{2}이다. 해수면에서 대기권까지 뻗은 단면적이 1 m^{2}인 공기 기둥을 생각해 보자. 이 공기 기둥은 약 10000 kg의 질량을 가지며, 이 공기 기둥에 가해지는 중력을 반영하면 다음과 같다.

$$F = (10000\ \text{kg}) \times (9.8\ \text{m/s}^2) = 1 \times 10^5\ \text{kg} \cdot \text{m/s}^2 = 1 \times 10^5\ \text{N}$$

이때 N은 힘의 SI 단위인 뉴턴의 약자이다. 즉, 1 N = 1 kg·m/s^{2}이다. 이 공기 기둥에 가해지는 압력이란 $P = \frac{F}{A}$이므로, 단면적 A로 나눈다.

$$P = \frac{F}{A} = \frac{1 \times 10^5\ \text{N}}{1\ \text{m}^2} = 1 \times 10^5\ \text{Pa} = 1 \times 10^2\ \text{kPa}$$

파스칼(Pascal)은 압력에 대한 연구를 했던 프랑스 과학자의 이름을 딴 것이다. 지구의 대기에 의해 가해진 압력을 **대기압**(**atmospheric pressure**)이라고 한다. 대기압의 실제 값은 위치, 온도, 날씨의 상태에 따라 다르므로 지구 표면이 일정한 높이를 가지는 해수면에서의 측정 기압을 대기압 1기압으로 정의한다.

대기압
대기압 1 atm은 해수면 단위 면적당, 즉 1 m^2당 가해지는 중력이다.

수은 **기압계**(**barometer**)는 대기압을 측정하는 장치이다. 한쪽 끝이 막혀 있는 유리관에 수은을 가득 채우고 공기가 유리관으로 들어가지 않도록 하면서 거꾸로 수은이 담겨 있는 용기에 넣고 세우면 약간의 수은이 빠져나오면서 유리관의 꼭지는 진공 상태가 된다. 이때 수은 유리관의 높이는 수은 용기 표면으로부터 760 mm의 높이를 유지한다. 그림 8.2에서 수은의 높이는 수은 용기 표면에 가해진 대기압에 의하여 수은의 무게가 760 mm 높이로 유지되는 것을 의미한다. 이는 공기의 압력은 수은주의 높이, 즉 수은 용기의 표면에서 유리관 속 수은의 높이로부터 측정되며, 대기압이 바로 수은주의 높이인 것이다.

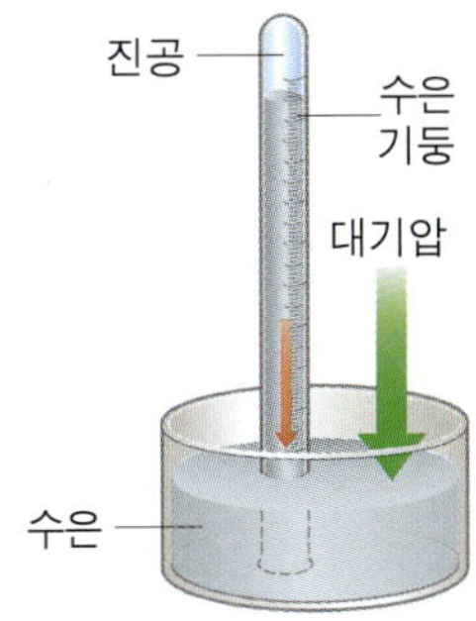

그림 8.2 **대기압 측정 장치** 토리첼리가 발명한 대기압 측정 수은 기압계

즉, **표준 대기압**(**standard atmospheric pressure, 1 atm**)은 0 ℃ 해수면에서 정확히 760 mm 수은(Hg) 기둥을 지지하는 압력과 같다. 표준 대기압 1 atm은 760 mmHg의 압력과 같은데, 여기서 mmHg는 1 mm 높이의 수은주에 의해 나타난 압력을 나타낸다. 또한, mmHg 단위는 기압계를 발명한 이탈리아 과학자 토리첼리(Torricelli, E., 1608~ 1647)의 이름을 따서 간략하게 토르(torr)로 표기가 가능하다. 화학에서는 압력 단위로 723 mmHg, 53 mmHg 등과 같이 수은주의 높이를 mm 단위로 일반적으로 표시하며, 간략히 723 torr, 53 torr로 부르기도 한다.

$$1\ \text{torr} = 1\ \text{mmHg}$$

$$\begin{aligned} 1\text{대기압(atm)} &= 760\ \text{mmHg (76 cm Hg)} \\ &= 760\ \text{torr} \end{aligned}$$

기압과 파스칼(pascal, Pa)의 정확한 관계는 다음과 같다.

$$\begin{aligned} 1\text{대기압(atm)} &= 101325\ \text{Pa} \\ &= 1.01325 \times 10^5\ \text{Pa} \\ &= 1.01325 \times 10^2\ \text{kPa (1000 Pa} = 1\ \text{kPa, kilopascal)} \end{aligned}$$

특정 용기 속에 담겨 있는 특정 기체의 압력을 측정하는 장치는 **압력계**(**manometer**)인데, 기압계와 작동 원리가 유사하다. 실험실에서는 압력계를 사용하여 기체의 압력을 측정한다. 압력계는 그림 8.3과 같이 두 가지 형태가 있다. 대기압보다 낮은 압력을 측정할 경우에는 관의 끝이 막힌 압력계가 보통 사용되며(그림 8.3(a)), 대기압과 같

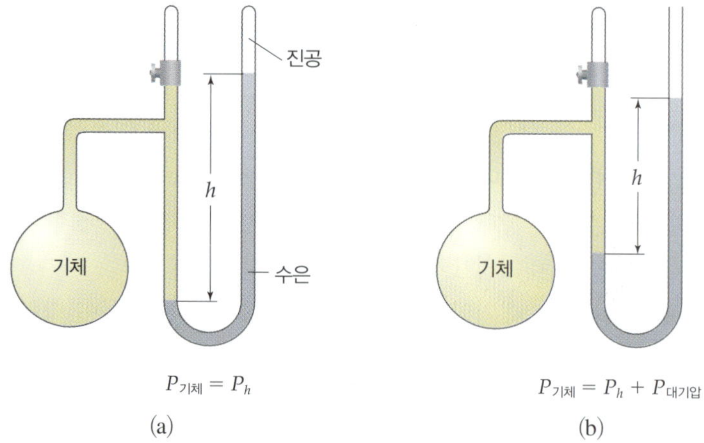

그림 8.3 (a) 대기압보다 낮은 기체 압력 (b) 대기압보다 높은 기체 압력을 측정하는 두 종류의 수은 압력계

거나 대기압보다 더 큰 압력을 측정하는 경우에는 관이 열린 압력계가 사용된다(그림 8.3(b)). 대부분의 기압계와 압력계는 수은이 매우 유해한 증기를 가진 독성 물질임에도 불구하고 유체로 사용된다. 왜냐하면, 수은은 액체이면서 밀도(13.6 g/mL)가 다른 액체보다 대단히 크며 유리관 내의 기체의 손실을 막을 수 있기 때문이다. 모세관의 액체 기둥 높이의 상승 폭이나 하락 폭은 채워져 있는 액체의 밀도에 반비례하기 때문에 공기보다 밀도가 높은 수은을 사용하면 상대적으로 눈금의 간격이 작은 기압계와 압력계를 만들 수 있다.

예제 8.1

에베레스트산 정상에서의 압력은 약 250 mmHg로 대기압보다 매우 낮아 적은 산소 분압으로 인하여 등산인들에게 호흡 곤란 상태가 발생한다. 에베레스트산 정상에서의 압력은 몇 atm인가?

풀이

압력 단위 관계를 파악한다. 대기압 1 atm은 수은으로 측정할 경우 수은의 높이가 76 cm로 나타나는 760 mmHg이다.

$$1\ \text{atm} = 760\ \text{mmHg}$$

$$\text{에베레스트산의 정상 압력} = 250\ \cancel{\text{mmHg}} \times \frac{1\ \text{atm}}{760\ \cancel{\text{mmHg}}} = 0.329\ \text{atm}$$

정답

0.329 atm

응용문제 8.1

탁구공 내부의 기압이 485 torr일 때, 이것은 몇 atm인가?

8.3 기체의 법칙

기체 실험에서는 기체의 물리적, 화학적 조건과 상태에 따른 4가지 주요 변수가 존재한다. 즉, 온도(T), 압력(P), 부피(V) 및 기체량을 나타내는 몰수(n)이다. T, P, V, n 사이의 관계를 나타내는 식이 '기체 법칙'이다.

보일 법칙: 압력–부피 관계식

일정한 온도에서 압력이 증가하면 기체의 부피는 감소하고, 압력이 감소하면 부피는 증가한다. 즉, 온도가 일정할 때 압력을 두 배로 증가시키면 기체의 부피는 원래 부피의 반으로 되고, 압력을 세 배로 증가시키면 부피는 원래 부피의 $\frac{1}{3}$배가 된다. 이러한 기체의 압력과 부피 관계는 1662년 영국 화학자 보일이 처음으로 연구하였다. 보일은 체계적인 실험을 통하여 일정 온도에서 일정한 양의 기체의 부피는 가해진 압력에 반비례한다는 기체의 거동을 설명하였다. 즉 기체의 압력과 부피 간의 관계를 정립하였다. 보일은 기체 실험을 하면서 그림 8.4와 같이 간단한 J자 형 유리관을 사용하였다. 보일은 일정한 온도에서 J자 유리관에 수은을 첨가하면서 기체 압력을 변화시켰다. 기체는 수은 위에 들어 있고 유리관 끝은 막혀 있으며, 대기 쪽의 방향에서 J자 형태의 유리관은 열려 있어 대기압에 노출된 형태이다.

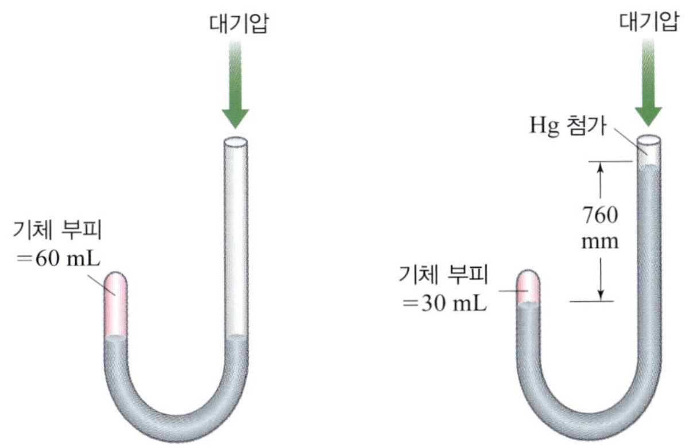

그림 8.4 **기체의 압력과 부피와의 관계를 파악하기 위한 압력계 장치** 대기압 상태(1 atm)에서 수은을 첨가하여 기체의 압력을 두 배로 증가시키면, 기체의 부피는 반으로 감소한다.

그림 8.4 왼쪽 유리관에 들어 있는 수은의 높이가 같으므로 기체에 나타난 압력은 대기압과 같다. 이 J자형 유리관의 끝은 열려 있어 대기압에 노출되어 있다. 더 많은 수은을 첨가하면 기체에 압력이 증가되어 유리관 속의 수은 높이에 변화가 생긴다. 압력이 증가함으로써 기체의 부피는 감소한다는 것을 알 수 있다. 압력이 증가할수록 기체의 부피는 점차로 줄어든다.

보일은 그림 8.4의 실험으로부터 압력이 증가할 때 기체의 부피가 감소한다는 것을 발견하였다. 이러한 실험값으로부터 요약된 보일 법칙은 다음과 같다.

보일 법칙 일정한 온도에서 기체의 압력은 기체의 부피에 반비례한다.

따라서 보일 법칙을 식으로 나타내면,

$$P \propto \frac{1}{V}$$

$\propto$(비례) 기호를 등호로 표기하면,

$$P = k_1 \times \frac{1}{V}$$

여기서 도입된 상수 k_1은 비례 상수이다.

즉, 보일 법칙을 정리하면,

$$PV = k_1 \tag{8.1}$$

식 (8.1)은 보일 법칙의 또 다른 형태로서, 일정한 온도에서 기체의 압력과 부피의 곱을 나타내며, 기체의 양은 일정하다는 것이다. 그림 8.5는 보일 법칙의 개념을 보여 준다.

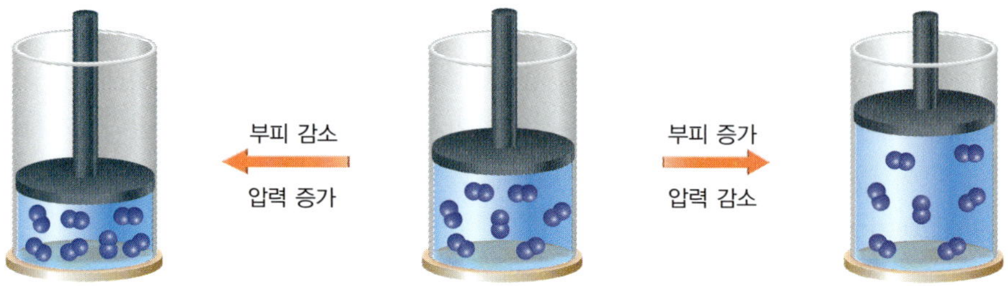

그림 8.5 보일 법칙 일정 온도에서 기체의 부피 증가 및 감소

표 8.3 보일 법칙에 의한 압력–부피 관계

***P*(mmHg)**	724	869	951	998	1230	1893	2250
***V*(임의의 단위)**	1.50	1.33	1.22	1.18	0.94	0.61	0.58
PV	1.09×10^3	1.16×10^3	1.16×10^3	1.18×10^3	1.2×10^3	1.2×10^3	1.3×10^3

일련의 연구에서 보일이 기체 시료의 압력–부피 관계를 조사한 측정 결과는 표 8.3과 같다.

표 8.3은 일정 온도에서 압력이 증가하면 기체의 부피는 감소한다는 것을 확인해 주고 있으며, 압력과 부피의 곱은 상수 k_1 값으로 일정한 값을 나타내고 있다. 여기서 k_1은 nRT와 같다.

그림 8.6은 보일 법칙을 나타내는 것으로 (a)는 기체 압력 P에 대한 기체 부피 V의 그래프로 일정한 온도에서 일정한 기체량에 대하여 반비례 관계를 나타내며, (b)는 P와 $\frac{1}{V}$의 비례 관계를 나타내고 있다.

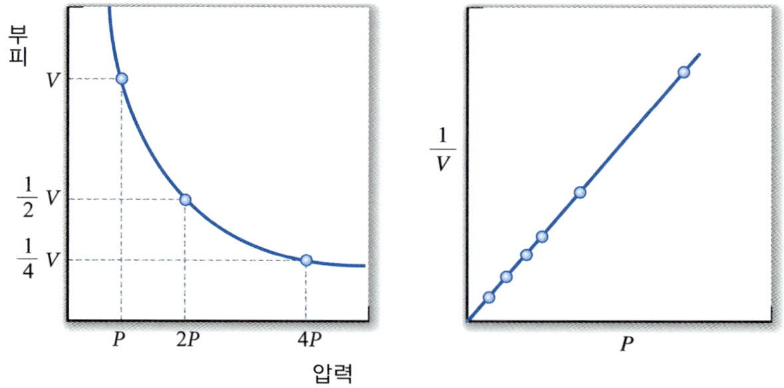

그림 8.6 보일 법칙에 근거한 그래프 (a) 압력과 부피는 반비례 관계 (b) 압력은 $\frac{1}{V}$에 비례

그러므로 일정한 온도에서 두 개의 다른 조건에 있는 주어진 기체 시료에 대해 다음과 같이 쓸 수 있다.

$$P_1V_1 = k_1 = P_2V_2 \quad (8.2)$$

여기서 V_1과 V_2는 각각 기체 압력 P_1과 P_2에서의 기체 부피이다. 보일 법칙을 다시 표현하면 식 (8.2)에서와 같이 일정한 온도에서 기체의 압력과 부피의 곱은 항상 일정하다는 것이다.

8.2 예제

1.2 atm에서 13 L를 차지하는 질소 기체가 있다. 같은 온도에서 압력을 2.3 atm으로 증가시키면 이 질소 기체의 부피는 얼마인가?

풀이

이상 기체의 압력과 부피 간의 관계 문제이다. 일정 온도에서 기체가 차지하는 부피(V)는 압력(P)에 반비례한다. 따라서 보일 법칙을 활용하면 된다.

일정 온도에서 $V = k\left(\frac{1}{P}\right)$인 보일 법칙에 따르면

$P_1V_1 = P_2V_2$이므로 V_2에 대하여 풀 수 있다.

$P_1 = 1.2$ atm $\quad V_1 = 13$ L

$P_2 = 2.3$ atm $\quad V_2 = ?$

$$V_2 = \frac{P_1V_1}{P_2} = \frac{1.2\ \cancel{\text{atm}} \times 13\ \text{L}}{2.3\ \cancel{\text{atm}}} = 6.8\ \text{L}$$

정답

6.8 L

응용문제 8.2

어떤 자동차 엔진 내부에서, 실린더 부피가 475 mL일 때, 압력은 1.05 atm이다. 기체가 압축될 때, 같은 온도에서 압력은 5.65 atm으로 증가한다. 압축된 기체의 부피는 얼마인가?

샤를 및 게이뤼삭의 법칙: 온도–부피 관계식

보일 법칙은 일정한 온도에서 성립한다. 그러나 온도가 변할 경우에는 기체의 부피와 압력에 어떠한 영향이 있을까?

1787년 프랑스 물리학자 샤를(Charles, J. A. C., 1746~1823)과 게이뤼삭은 기체의 부피와 온도의 관계를 연구한 최초의 과학자들이다. 이들은 일정한 압력에서 기체를 냉각시키면 기체의 부피가 감소하고 가열하면 부피가 팽창하는 현상을 발견하였다(그림 8.7).

이들은 여러 압력 조건에서 온도–부피 관계를 연구하면서 흥미로운 현상을 관찰하게 된다. 샤를은 기체의 온도를 1 ℃씩 증가시키면 기체 부피는 0 ℃일 때 부피의 $\frac{1}{273}$씩 증가하며, 반대로 기체의 온도를 1 ℃씩 감소시키면 기체 부피는 0 ℃일 때 부피의 $\frac{1}{273}$씩 감소하는 사실을 발견하였다. 즉, 어떤 주어진 압력에서, 부피 대 온도는 그래프 상

샤를

프랑스의 과학자 샤를은 기체의 성질을 연구하여 샤를의 법칙을 발견하였고, 이것은 후에 게이뤼삭을 통해 확립되었다. 또한, 수소를 가득 채운 기구로 상공 550미터까지 날아올라 비행을 하기도 하였다.

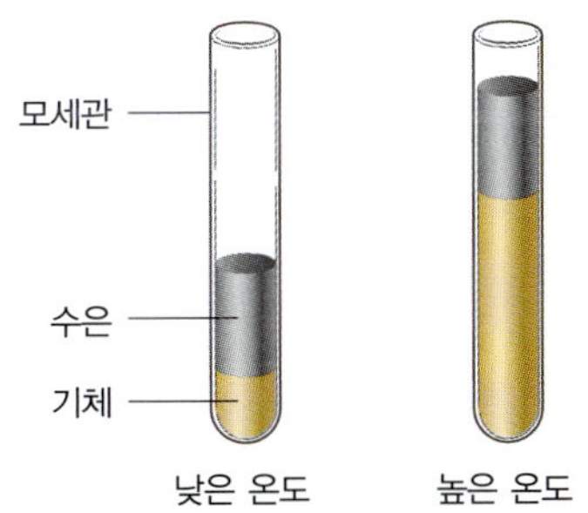

그림 8.7 일정한 압력에서 온도 변화에 따른 기체의 부피 변화

에서 직선으로 나타난다. 압력을 변화시키면 기체의 부피와 온도 간의 그래프는 또 다른 직선으로 나타나지만, 측정된 온도 범위 밖의 온도는 기체의 부피가 0이 되는 온도까지 외삽(그래프 밖으로까지 연장하여)하여 얻을 수 있다(그림 8.8).

절대 영도 = 0 K = −273.15 °C

이 온도가 바로 −273.15 °C이다. 1848년에 켈빈은 이 온도를 이론적으로 도달할 수 있는 가장 낮은 온도임을 확인하고 이 온도를 **절대 영도(absolute zero)**라 하였으며, 이 온도를 **켈빈 온도 척도(Kelvin temperature scale)**라고 부른다. 이 온도의 단위는 켈빈(K)으로 표시하며, 절대 온도라고 한다. 절대 온도와 섭씨 온도와의 상관관계는 다음 식으로 표현된다.

$$T(\mathrm{K}) = T(^\circ\mathrm{C}) + 273.15$$

샤를 법칙은 다음과 같이 표현된다.

샤를–게이뤼삭 법칙(샤를 법칙) 일정한 압력(P)에서 기체의 부피는 절대 온도에 비례한다.

$$V \propto T$$
$$V = k_2 T$$

또는

$$\frac{V}{T} = k_2 \qquad (8.3)$$

여기서 k_2는 비례 상수이며, $\frac{nR}{P}$과 같다. 이는 샤를과 게이뤼삭의 법칙 또는 간단히 샤를 법칙으로 알려져 있다. 샤를 법칙에 의하면 일정한 압력에서 일정한 양의 기체 부피는 기체의 절대 온도에 정비례한다. 즉, 절대 온도가 2배로 증가하면 기체 부피도 2배

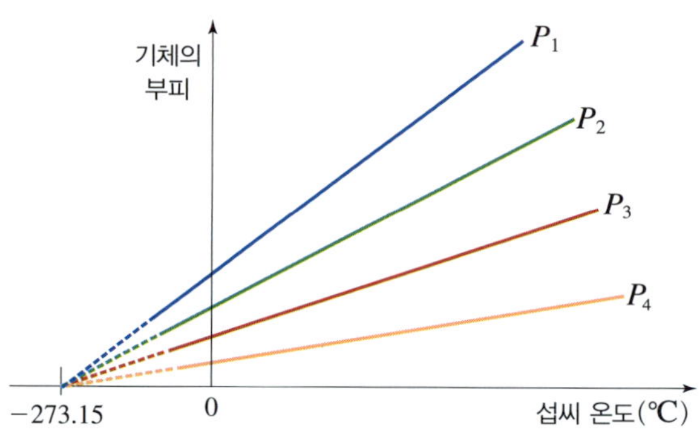

그림 8.8 일정한 압력에서 온도에 따른 부피 변화 각 직선은 부피의 변화를 나타낸다. 압력은 P_1에서 P_4로 증가함을 나타낸다. 기체는 냉각시키면 부피가 감소한다. 기체를 점선 부분으로 외삽하면 모든 기체(P_1, P_2, P_3 및 P_4)는 −273.15 °C에서 부피가 0이 된다.

로 증가한다. 일정한 압력에서 부피와 온도 간의 관계는 기체가 가열되면 기체 분자의 속도가 빨라지므로 용기의 벽에 더 자주 부딪히면서 확산되므로 용기의 부피는 증가하게 되는 것이다. 샤를 법칙은 그림 8.9와 같이 온도에 따른 부피 변화를 보여 준다.

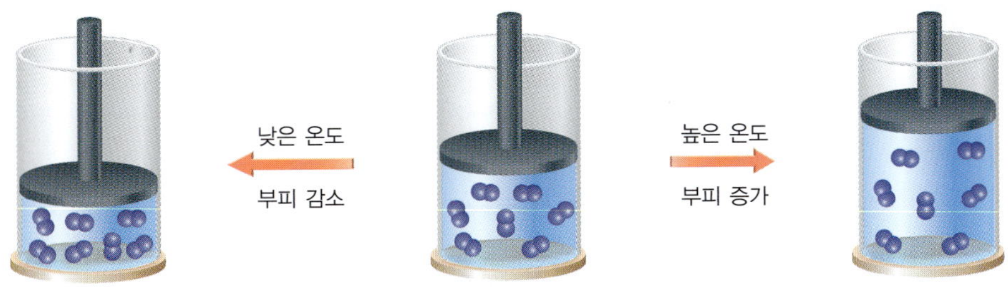

그림 8.9 샤를 법칙 일정 압력에서 기체의 가열 및 냉각

일정한 압력에서 부피–온도가 다른 두 조건의 기체를 비교해 볼 수 있다. 식 (8.3)은 두 기체의 경우 동일하게 다음과 같이 쓸 수 있다.

$$\frac{V_1}{T_1} = k_2 = \frac{V_2}{T_2}$$

또는
$$\frac{V_1}{T_1} = \frac{V_2}{T_2} \tag{8.4}$$

여기서 V_1과 V_2는 절대 온도가 각각 T_1, T_2인 기체의 부피이다.

샤를 법칙을 다른 형태로 나타내면 기체의 부피가 일정할 때 기체의 압력은 온도에 비례한다는 것을 알 수 있다.

$$P \propto T$$
$$P = k_3 T$$

또는
$$\frac{P}{T} = k_3 \tag{8.5}$$

식 (8.5)로부터 다음과 같은 식을 얻는다.

$$\frac{P_1}{T_1} = k_3 = \frac{P_2}{T_2}$$

또는
$$\frac{P_1}{T_1} = \frac{P_2}{T_2} \tag{8.6}$$

위 식에서 P_1과 P_2는 절대 온도가 각각 T_1과 T_2인 기체의 압력이다.

아보가드로 법칙: 부피–양 관계식

1811년 이탈리아의 과학자 아보가드로는 보일, 샤를과 게이뤼삭의 연구를 보완한 결과, 일정한 온도와 압력에서 같은 부피를 갖는 서로 다른 기체들은 같은 분자 수(또는 단원자 기체인 경우는 원자)를 갖는다는 가설을 제시하였다. 이는 일정한 온도와 압력에서 기체의 부피는 기체의 양(기체의 분자 수), 또는 기체의 몰수(n)에 비례한다는 것이다. 즉,

$$V \propto n$$

$$V = k_4 n \qquad (8.7)$$

여기서 n은 분자의 몰수를 나타내며 k_4는 비례 상수이다.

식 (8.7)은 **일정한 압력과 온도에서 기체의 부피는 기체의 몰수에 정비례한다**는 **아보가드로 법칙**을 표현한 것이다. 즉, 일정한 온도와 압력에서 기체의 몰수가 두 배로 증가하면 부피는 두 배가 된다. 기체의 질량은 몰수에 비례하므로 기체의 질량이 두 배가 되면 부피도 또한 두 배가 된다. 아보가드로 법칙을 서로 다른 기체에 적용시키려면 그 기체들은 동일한 온도와 압력하에 존재해야 한다. 일반적으로 사용되는 온도와 압력은 각각 **0 °C(273.15 K)**, **1 atm(760 mmHg)**이며, 이를 기체의 **표준 상태(standard condition of temperature and pressure, STP)**라고 한다. 표준 상태에서 서로 다른 기체에 아보가드로 법칙을 적용해 보면, 모든 기체 1 mol(6.022×10^{23}개)의 부피는 22.4 L가 된다.

아보가드로 법칙에 의하면 기체가 반응할 경우, 두 기체의 부피는 일정한 비로 반응한다는 것을 알 수 있다. 반응물과 생성물이 모두 기체 상태에서 발생한다면 각 물질에 대한 부피의 비는 간단한 비율로 나타날 것이다. 아래 식과 같이 수소와 질소가 반응하여 암모니아 기체가 생성된다면 일정한 온도와 압력에서 이들 기체의 부피는 기체의 몰수에 비례하는 것을 알 수 있다. 그림 8.10에서 수소와 질소 분자 간의 부피비는 몰수비인 3:1임을 알 수 있고, 반응물인 수소와 질소, 그리고 생성물인 암모니아와의 전체 부피비는 몰수비인 3:1:2이다.

$$3\ H_2(g) + N_2(g) \longrightarrow 2\ NH_3(g)$$
$$3\ \text{mol} \quad 1\ \text{mol} \qquad 2\ \text{mol}$$

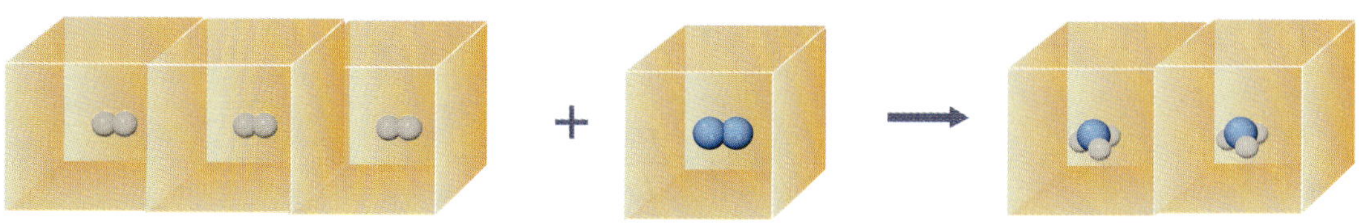

$3\ H_2(g)$	+	$N_2(g)$	⟶	$2\ NH_3(g)$
3 분자	+	1 분자	⟶	2 분자
3 mol	+	1 mol	⟶	2 mol
3 부피	+	1 부피	⟶	2 부피

그림 8.10 기체 반응에서의 부피 관계 기체 반응에서의 부피비는 몰수비인 3 : 1 : 2와 같다.

8.3 예제

100 ℃에서 225 mL를 차지하는 산소 기체가 있다. 압력에 변화가 없을 때 이 산소 기체의 부피를 348 mL로 증가시키면 온도는 몇 K가 되는가?

풀이

주어진 온도에서 기체의 부피를 알고, 이 기체의 부피가 증가할 때 온도의 변화를 구하는 문제이다. 일정한 압력하에서 일정한 질량의 기체가 차지하는 부피 변화는 절대 온도(T)에 정비례하는 샤를 법칙으로 나타낼 수 있다.

일정 압력하에서 $V = kT$, $\frac{V}{T} = k$(T: 절대 온도)

$$\frac{V_1}{T_1} = \frac{V_2}{T_2}$$

$T_1 = 100\ ℃ + 273.15 = 373.15\ \text{K}$

$V_1 = 225\ \text{mL} \qquad T_1 = 373.15\ \text{K}$

$V_2 = 348\ \text{mL} \qquad T_2 = ?$

$$T_2 = \frac{T_1 V_2}{V_1} = \frac{373.15\ \text{K} \times 348\ \cancel{\text{mL}}}{225\ \cancel{\text{mL}}} = 577\ \text{K}$$

정답

577 K

응용문제 8.3

52 ℃에서 어떤 기구에 대한 기체의 부피는 185 mL이다. 온도가 −17 ℃로 내려갈 때, 부피는 얼마인가? 단, 압력은 일정하다고 가정한다.

8.4 이상 기체 방정식

지금까지 논의되었던 세 가지 기체 법칙들은 P, T, V, n의 변수 중에서 2개의 변수를 일정하게 유지되는 상수로 고정하고, 나머지 2개의 변수가 어떠한 영향을 주는지를 식으로 나타내었다. 이를 요약하면 다음과 같다.

보일 법칙:	$V \propto \frac{1}{P}$	(n과 T 일정)
샤를 법칙:	$V \propto T$	(n과 P 일정)
아보가드로 법칙:	$V \propto n$	(P와 T 일정)

기체의 거동을 나타내기 위해 세 가지 식 모두를 조합하면 하나의 식으로 나타낼 수 있다.

$$V \propto \frac{nT}{P}$$

$$V = R\frac{nT}{P}$$

또는 $$PV = nRT \quad (8.8)$$

식 (8.8)에서 비례 상수인 R은 상수이며, 모든 기체에 적용되므로 **기체 상수(universal gas constant)**라고 한다. 이 식 (8.8)은 네 개의 변수 P, V, T, n 사이의 관계를 나타내는 것으로 모든 기체에 적용할 수 있는 **이상 기체 방정식(ideal gas equation)**이다. **이상 기체(ideal gas)**는 압력–부피–온도에 따른 기체의 거동이 이상 기체 방정식에 잘 맞고 완전하게 설명될 수 있는 가상 기체이지만 현실적으로 존재하는 기체에 가장 잘 부합되는 식이다.

이상 기체의 분자들은 서로 끌어당기거나 반발하지 않고, 기체 분자 자체의 부피는 무시할 수 있을 정도로 아주 작다. 사실상 이상 기체와 같은 기체는 없지만, 적절한 온도와 압력 범위에서 실제 기체의 거동과의 차이는 계산에 크게 영향을 미치지 않는다. 그래서 기체와 관련된 문제를 푸는 데 이상 기체 방정식을 적용하면 별문제 없이 사용할 수 있다. 이상 기체 방정식을 사용하기 위해서는 기체 상수 R 값을 우선 계산하여야 한다.

앞에서 언급한 STP 조건, 즉 표준 상태인 0 ℃(273.15 K), 1 atm에서 많은 실제 기체들은 모두 이상 기체처럼 거동한다. 이러한 조건하에서 실험을 하면 이상 기체 1몰은 22.414 L를 차지하며, 그림 8.11에서와 같이 이상 기체 1몰의 부피는 국제공인 경기용 농구공(규격 7호) 부피의 약 3배이다.

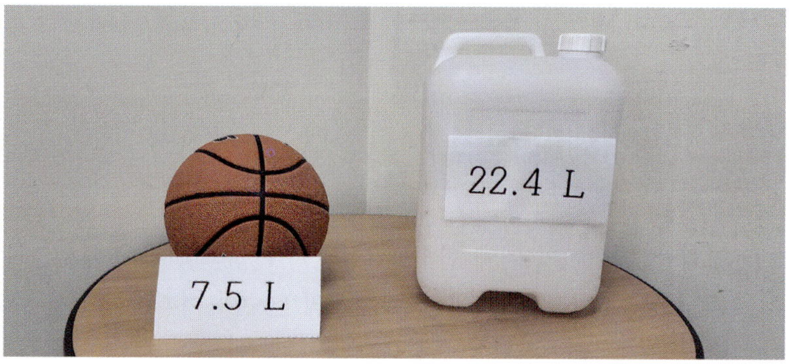

그림 8.11 농구공과 비교한 표준 상태에서의 기체 1몰 부피

식 (8.8)로부터 기체 상수 R 값은 다음과 같이 나타낼 수 있다.

$$PV = nRT$$
$$R = \frac{PV}{nT}$$
$$= \frac{1\ \text{atm} \times 22.414\ \text{L}}{1\ \text{mol} \times 273.15\ \text{K}}$$
$$= 0.082057\ \text{L} \cdot \text{atm/K} \cdot \text{mol}$$

대부분의 이상 기체 방정식 계산에서, R 값은 반올림하여 유효 숫자 세 자리(0.0821 L·atm /K·mol)로 표현하고, STP 조건에서 기체 1몰의 부피가 22.4 L를 차지한다는 것을 활용하여 이상 기체 방정식을 사용하지 않고 STP에서 단지 기체의 몰수만을 가지고 부피를 계산할 수도 있다.

이상 기체 방정식은 기체 시료에 대해 그 당시 P, V, T, n의 값을 바로 대입하는 문제에 유용하다. 그러나 압력, 부피, 온도 또는 기체의 양(n)에 변화가 있을 때, 처음 조건과 최종 조건을 고려하여 식 (8.8)로부터 변환되는 수정된 방정식을 사용해야 한다. 수정된 방정식은 다음과 같이 유도한다. 식 (8.8)로부터,

$$R = \frac{P_1V_1}{n_1T_1} \text{(변화 전)}, \qquad R = \frac{P_2V_2}{n_2T_2} \text{(변화 후)}$$

따라서

$$\frac{P_1V_1}{n_1T_1} = R = \frac{P_2V_2}{n_2T_2} \tag{8.9}$$

기체의 양은 보통 변하지 않기 때문에($n_1 = n_2$) 위 식은 다음과 같이 된다.

$$\frac{P_1V_1}{T_1} = \frac{P_2V_2}{T_2} \tag{8.10}$$

8.4 예제

수소 기체는 37 ℃, 896 mmHg에서 125 L의 부피를 가진다. 이 수소 기체가 STP(표준 온도와 압력)에서 차지하는 부피는 얼마인가?

풀이

이 문제에서는 기체의 상태 T, P 및 V가 모두 변하였다. 따라서 보일 법칙과 샤를 법칙을 결합한 기체 방정식을 사용한다. 여기서 STP 조건은 기체 상태인 경우 0 ℃와 1 atm이다. 아래에 나타난 결합식은 보일 법칙을 적용하면 압력 감소에 따른 부피의 증가를 알 수 있고, 샤를 법칙을 적용하면 온도 감소에 따른 부피의 감소를 확인할 수 있다.

$V_1 = 125$ L　　$P_1 = 896$ mmHg　　$T_1 = 37$ ℃ + 273.15 = 310.15 K
$V_2 = ?$　　$P_2 = 760$ mmHg　　$T_2 = 273.15$ K

$$\frac{P_1V_1}{T_1} = \frac{P_2V_2}{T_2}$$

$$V_2 = \frac{P_1V_1T_2}{P_2T_1} = \frac{896\ \cancel{\text{mmHg}} \times 125\ \text{L} \times 273.15\ \cancel{\text{K}}}{760\ \cancel{\text{mmHg}} \times 310.15\ \cancel{\text{K}}} = 130\ \text{L}$$

정답

130 L

응용문제 8.4

부피가 20.0 L인 탱크에 온도가 25 ℃인 1.45 mol 산소 기체가 들어 있다면, 내부 압력은 얼마인가?

8.5 예제

대기 중에 헬륨(He) 기체로 채워진 기구는 680 L의 부피는 가진다. 이 기구를 23 ℃에서 750 mmHg로 만들려면 필요한 헬륨 기체의 양은 얼마인가?

풀이

우선 이상 기체 법칙으로부터 헬륨 기체의 몰수(n)를 계산한다. 헬륨 기체의 온도와 압력은 절대 온도와 압력 단위인 atm으로 환산한다.

$$P = 750\ \cancel{\text{mmHg}} \times \frac{1\ \text{atm}}{760\ \cancel{\text{mmHg}}} = 0.987\ \text{atm},\ T = 23\ ℃ + 273.15 = 296.15\ \text{K}$$

$PV = nRT$로부터

$$n = \frac{PV}{RT} = \frac{(0.987\ \cancel{atm})(680\ \cancel{L})}{(0.0821\ \cancel{L}\cdot\cancel{atm}/mol\cdot\cancel{K})(296.15\ \cancel{K})} = 27.62\ mol$$

$27.62\ mol \times 4.00\ g/mol = 110.48\ g\ He$

정답

110.48 g He

응용문제 8.5

STP에서 22.40 mol인 기체의 부피는 얼마인가?

밀도 계산

밀도는 단위 부피당 질량$\left(d = \frac{m}{V}\right)$의 단위를 가진다. 기체의 밀도와 몰질량 사이의 관계로부터 기체의 부피를 계산할 수 있어 이상 기체 방정식을 재정리하면 기체의 밀도를 계산할 수 있다.

$$\frac{n}{V} = \frac{P}{RT}$$

기체의 몰수, n은 다음과 같이 주어진다.

$$n = \frac{m}{M}$$

여기서 m은 기체의 질량(g)이며, M은 몰질량이다. 그러므로

$$\frac{m}{MV} = \frac{P}{RT}$$

밀도 d는 단위 부피당 질량이므로 다음과 같이 쓸 수 있다.

$$d = \frac{m}{V} = \frac{nM}{V} = \frac{PM}{RT} \qquad (8.11)$$

식 (8.11)에서 기체의 밀도는 압력, 몰질량, 온도에 의존한다는 것을 알 수 있으며, 압력과 몰질량이 커질수록 기체의 밀도는 더욱 증가한다. 이와는 반대로 온도가 높아질수록 기체의 밀도는 감소한다. 기체 분자들은 액체나 고체와는 달리 자유스러운 분자 운동에 의하여 멀리 떨어져 있으므로 기체의 밀도는 대기압 조건에서 매우 낮다. 이러한 이유로 기체의 밀도는 밀리리터당 그램(g/mL)보다는 리터당 그램(g/L)으로 표시한다.

예제 8.6

0.896 atm, 49 ℃에서의 이산화 질소(NO_2) 기체의 밀도(g/L)는 얼마인가?

풀이

이 문제에서 온도는 K로 전환시키고(T = 49 ℃ + 273.15 = 322.15 K), 이산화 질소 기체의 몰질량 46.01 g/mol을 사용한다.

$$d = \frac{PM}{RT}$$

$$= \frac{0.896 \cancel{atm} \times 46.01\ g/\cancel{mol}}{0.0821\ L \cdot \cancel{atm}/\cancel{K} \cdot \cancel{mol} \times 322.15\ \cancel{K}} = 1.56\ g/L$$

정답

1.56 g/L

응용문제 8.6

STP에서 O_2 4.55 L의 밀도는 얼마인가?

기체의 몰질량

물질의 몰질량은 물질의 실제 화학식을 알고 있을 때만이 가능하다. 만일 미지의 물질이 기체라면, 몰질량을 구할 수 있는 것은 이상 기체 방정식을 알고 있기 때문이다. 이때 필요한 것은 이미 알고 있는 온도와 압력에서 실험을 통해 구한 기체의 밀도(또는 질량과 부피 자료)뿐이다. 식 (8.11)을 다시 정리하면 기체의 몰질량을 구할 수 있다.

$$M = \frac{dRT}{P} \tag{8.12}$$

실험적으로는 표준 상태에서 측정한 기체의 밀도를 활용하여 그 기체 분자의 몰질량을 계산할 수 있다. 일정 온도와 압력에서 그림 8.12와 같은 구의 무게를 측정한 후 기체를 채우고 전체 구의 무게를 다시 측정한다. 이때 무게의 차이가 채워진 기체의 질량이며, 알고 있는 구의 부피로부터 밀도를 계산할 수 있다.

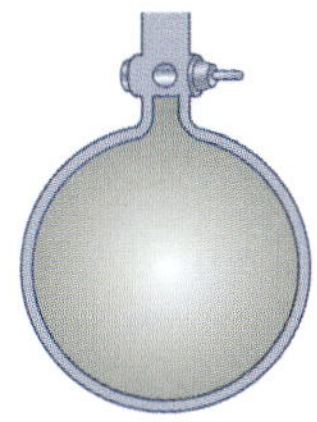

그림 8.12 기체의 밀도를 측정할 수 있는 구(bulb)

8.7 예제

어느 기체의 밀도가 26 °C, 1.75 atm에서 1.35 g/L이다. 이 기체의 몰질량을 계산하시오.

풀이

기체의 분자량은 그 기체의 밀도, 온도 및 압력으로 구할 수 있다.

$$M = \frac{dRT}{P}$$

$$= \frac{(1.35\ g/\cancel{L})(0.0821\ \cancel{L} \cdot \cancel{atm}/\cancel{K} \cdot mol)(26 + 273.15)\ \cancel{K}}{1.75\ \cancel{atm}} = 18.9\ g/mol$$

정답

18.9 g/mol

응용문제 8.7

어떤 기체 시료의 질량은 3.20 g이고, 17 °C와 380 torr에서 부피는 2.00 L이다. 기체의 몰질량은 얼마인가?

Deep Insight

대한민국의 LNG 선박 기술의 핵심

석유 말고도 천연가스(natural gas, CH_4) 또한 인류에서 상당히 중요한 화석연료이다. 산유국이 아니라면 혹은 산유국이라도 천연가스를 유정이나 원유에서 분리 · 생산하였을 때, 생산된 천연가스를 온전히 수거하여 저장 용기 탱크에 담는 것이 쉽지 않다. 그 이유는 천연가스의 끓는점이 −161.5 °C로 매우 낮기 때문이다. 또한 이 때문에 천연가스는 그 자체로 운반하여 다른 국가로 수출 및 운반하는 데에는 가스를 액화시켜서 장시간 동안 안정적으로 액체 상태를 유지시키면서 저장해야 하는 높은 기술이 필요하다.

액화천연가스 LNG(liqiud natural gas)는 산유지에서 보통 선박으로 운반을 하는데, 이때 필요한 장비 및 수단이 LNG 선박이다. 보통의 원유를 운반하는 탱커(oil−tanker fleet)보다는 많은 장비가 들어가면서 무엇보다도 −163~162 °C를 유지하는 냉각 장치가 꼭 필요하며 수십 톤 단위의 액화가스가 채워져 있는 큰 탱크를 통째로 냉각시켜야 하기 때문에 평범한 기술력으로는 온전히 액화천연가스를 운반하기가 쉽지 않다.

▲ LNG 수송선 © 대우조선해양(DAEWOO SHIPBUILDING & MARINE ENGINEERING CO.,LTD)/홍보부, 2019년

2019년 기준 전 세계 LNG선(LNGC, LNG carrier) 생산량 1위 국가가 바로 대한민국이라는 점은 우리나라가 이 선박에 대한 기술력이 세계 최고를 달리고 있다는 점을 말해 준다. 특히 2019년 삼성중공업과 함께 대한민국을 대표하는 선두 조선사인 대우조선해양(DSME, Daewoo Shipbuilding & Marine Engineering Co., Ltd.)은 '부분 재액화 시스템(PRS, Partial Re−liquefaction System) 기술'을 독자적인 기술로 개발한 바 있다.

통상적으로 LNG 운반선은 기체인 천연가스를 액체로 바꿔 운송하는데 운항 중 일부가 자연 기화로 손실된다. PRS는 이와 같이 기화된 증발 기체를 다시 액화시켜 화물창으로 돌려보내 화물의 손실을 최소화하는 기술이다.

대우조선이 개발한 이 기술은 재액화를 위해 추가적인 냉매 압축기를 사용하지 않고 증발 기체 자체를 냉매로 사용함으로써 선박의 유지 및 운영비를 절감할 수 있다. 이 기술은 LNG선을 운용하는 회사 입장에서 기화 형태로 손실되는 천연가스의 양을 획기적으로 감소시켜 LNG 선 한 대당 운영하는 연간 운영비가 10억 정도 절감되는 훌륭한 기술이다.

이 기술에 대해서 2014년 일본 선박회사는 일본 특허청에 대우조선의 PRS가 자국의 기술 특허를 침해했다고 제소를 했으나 결국 2016년 대우조선이 승소를 하여 대한민국의 특허를 지킬 수 있었고, 2019년 현재는 이 기술이 세계표준 기술이 되었다.

이렇듯 휘발성이 강한 액체의 장기간 보관 및 안전한 운송, 낮은 손실률을 위한 조치에 많은 과학적인 첨단 기술이 집약되어야만 가능한 것이다.

일본 선박회사의 경우 한국의 PRS 기술이 적용된 LNG 화물창을 도입했을 때 발생하는 지적재산이용권, 이른바 로열티를 한국회사에게 지불하게 되는 상황이 내키지 않은 듯하다.

한편, 대우조선은 PRS와 함께 천연가스 연료 추진선박의 핵심기술인 '선박용 천연가스 연료공급시스템(HiVAR−FGSS)'에 대해서도 2014년 유럽에서 진행된 특허분쟁 소송에서 승소한데 이어 지난 2월에는 중국에서 진행된 특허분쟁 소송에서도 승소했다.

8.5 기체의 화학량론

화학량론 문제를 풀기 위하여 균형이 맞추어진 화학 반응식으로부터 정량적인 반응물과 생성물의 양(몰)과 질량(그램) 사이의 관계를 이용하였다. 기체도 마찬가지로 질량과 몰의 관계를 이용하되 이상 기체 방정식을 활용하면 기체의 양(몰수, n), 부피(V), 압력(P) 및 온도(T) 사이의 관계를 구할 수 있다(그림 8.13). 이 경우도 먼저 균형 맞춘 화학 반응식을 세워야 한다. 균형 맞춘 화학 반응식의 계수는 반응에 참여하는 반응물과 생성물의 상대적인 몰수를 의미한다.

반응물의 양 (g 또는 부피) → 반응물의 몰수 → 생성물의 몰수 → 생성물의 양 (g 또는 부피)

그림 8.13 기체 반응에서의 화학량론적인 계산 방법

8.8 예제

STP 상태에서 253 g의 $KClO_3$를 촉매인 MnO_2 존재하에서 가열할 때 발생하는 O_2의 부피는?

풀이

기체의 화학량론적인 문제를 풀기 위하여 반응물과 생성물 간의 화학 반응식을 세운다.

$$2\ KClO_3(s) \xrightarrow[\text{가열}]{MnO_2} 2\ KCl(s) + 3\ O_2(g)$$

이 균형 반응식으로부터 2 mol의 $KClO_3$는 3 mol의 O_2를 생성함을 알 수 있다.
기체의 표준 상태(0 °C, 1 atm)에서 O_2 기체 1 mol의 부피는 22.4 L이므로

$$V_{O_2} = 253\ \text{g KClO}_3 \times \frac{1\ \text{mol KClO}_3}{122.6\ \text{g KClO}_3} \times \frac{3\ \text{mol O}_2}{2\ \text{mol KClO}_3} \times \frac{22.4\ \text{L O}_2}{1\ \text{mol O}_2} = 69.3\ \text{L O}_2$$

정답

발생한 O_2의 부피: 69.3 L

응용문제 8.8

미래의 자동차는 연료 전지의 수소로 작동할 것이다. 그러나 수소 저장과 편리하게 수소를 공급하는 것이 문제로 남는다. 한 가지 가능성은 $NaBH_4$와 같은 고체 화합물에 물을 첨가하는 것이다. 수소 발생을 보여 주는 균형 맞춘 반응식은 다음과 같다.

$$NaBH_4(s) + 2\ H_2O(l) \longrightarrow NaBO_2(aq) + 4\ H_2(g)$$

STP에서 H_2 50.0 L를 얻는 데 필요한 $NaBH_4$의 질량은 얼마인가?

8.9 예제

암모니아는 촉매하에서 산소와 반응하여 공업용 질산 제조의 원료가 되는 산화 질소를 생성한다. 이 반응이 650 °C, 3.5 atm 조건에서 진행할 경우, 20.3 g의 O_2와 반응하여 생성되는 NO의 부피는 몇 L인가?

$$4\ NH_3(g) + 5\ O_2(g) \longrightarrow 4\ NO(g) + 6\ H_2O(g)$$

풀이

기체의 화학량론은 균형 화학 반응식에 이상 기체 방정식을 적용하여 푼다. 따라서 기체에 대한 반응물과 생성물 간의 상관관계는 다음과 같다.

반응물의 양 (g 또는 부피) → 반응물의 몰수 → 생성물의 몰수 → 생성물의 양 (g 또는 부피)

O_2가 20.3 g이므로, 우선 O_2의 몰수를 구한다.

$$O_2 \text{ 몰수: } 20.3\text{ g} \times \frac{1\text{ mol } O_2}{32.00\text{ g } O_2} = 0.634\text{ mol } O_2$$

$$NO \text{ 몰수: } 0.634\text{ mol } O_2 \times \frac{4\text{ mol NO}}{5\text{ mol } O_2} = 0.507\text{ mol NO}$$

생성물 NO의 몰수를 구하였으므로, 이상 기체 방정식으로부터 NO의 부피를 구한다. 이때 T는 650+273.15=923.15 K이다.

$$V = \frac{nRT}{P} = \frac{(0.507\text{ mol}) \times (0.0821\text{ L}\cdot\text{atm/K}\cdot\text{mol}) \times 923.15\text{ K}}{3.5\text{ atm}} = 11.0\text{ L}$$

정답

생성된 NO의 부피 11.0 L

응용문제 8.9

0.724 atm 및 25 ℃에서, 다음 균형 맞춘 반응식에 의해 19.5 g의 O_2로부터 생성되는 NO의 부피는 얼마인가?

$$4\,NH_3(g) + 5\,O_2(g) \longrightarrow 4\,NO(g) + 6\,H_2O(l)$$

8.6 돌턴의 부분 압력 법칙

지금까지 순수한 기체의 거동을 중점적으로 살펴보았다. 이제 두 가지 이상의 기체가 섞인 혼합 기체의 압력, 부피 및 온도 관계를 살펴보자. 혼합 기체의 전체 압력은 혼합물을 이루는 각 기체가 나타내는 압력의 합과 같다. 혼합물 속 기체 성분 각각의 압력을 **부분 압력(partial pressure)** 또는 분압이라 하며, 혼합 기체의 압력은 각 기체에 대한 부분 압력의 합이다. 1801년 돌턴은 기체 혼합물의 전체 압력은 각 기체가 나타내는 압력의 합이라는 법칙을 수식으로 표현하였으며, 이것을 **돌턴의 부분 압력 법칙(Dalton's law of partial pressure)**이라고 한다.

두 기체 A와 B가 부피 V인 용기 속에 혼합된 경우, 기체 A에 의한 압력은 이상 기체 방정식에 따라 다음과 같다.

$$P_A = \frac{n_A RT}{V}$$

여기서 n_A는 존재하는 A의 몰수이다. 기체 B에 의한 압력을 이상 기체 방정식에 맞추어 나타내면,

$$P_B = \frac{n_B RT}{V}$$

기체 A와 B의 혼합물에서, 전체 혼합 기체의 압력 P_T는 두 기체 분자 A와 B가 부피 V인 용기 벽과 충돌할 때 생긴 결과이다. 따라서 돌턴의 부분 압력 법칙에 의하면

$$\begin{aligned} P_T = P_A + P_B &= \frac{n_A RT}{V} + \frac{n_B RT}{V} \\ &= \frac{RT}{V} \times (n_A + n_B) = \frac{nRT}{V} \end{aligned}$$

여기서 n은 n_A+n_B에 의해 얻은 혼합 기체의 총 몰수이며, P_A와 P_B는 각각 기체 A와 기체 B의 부분 압력이다. 혼합 기체에 있어서 P_T는 기체의 총 몰수에만 의존하고, 기체 분자의 성질에는 의존하지 않는다. 즉, 이상 기체에서는 혼합 기체와는 상관없이 혼합 기체의 전체 압력은 존재하는 기체의 전체 몰수로 결정된다는 것을 의미한다.

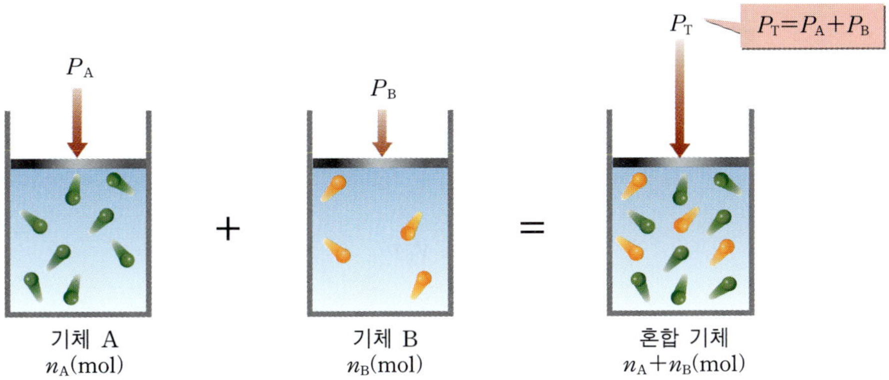

그림 8.14 돌턴의 부분 압력 법칙에 대한 개요

일반적으로 기체 혼합물의 전체 압력은 다음과 같다.

$$P_T=P_1+P_2+P_3+\cdots$$

P_T: 전체 압력, P_1, P_2, P_3: 성분 기체의 부분 압력

두 기체 A와 B의 혼합물에서 각 부분 압력과 전체 압력의 관계를 살펴보자. P_A를 P_T로 나누면

$$\frac{P_A}{P_T}=\frac{n_ART/V}{(n_A+n_B)RT/V}=\frac{n_A}{n_A+n_B}$$
$$=X_A$$

여기서 X_A는 기체 A의 **몰분율(mole fraction)**이라고 한다. 몰분율은 존재하는 모든 성분의 몰수에 대한 한 성분의 몰수의 비로 표현된다. 일반적으로 혼합물 중 성분 i의 몰분율은

$$X_i=\frac{n_i}{n_T} \qquad (8.13)$$

몰분율(X_A) 값의 범위
$0\le X_A\le 1$

여기에서 n_i는 성분 i의 몰수이며, n_T는 혼합 기체 전체 성분의 몰수이다. 몰분율은 0 이상 1 이하의 값을 가지며, 혼합 기체에서 기체 A에 대한 부분 압력은 다음과 같이 나타낼 수 있다.

$$P_A=X_AP_T$$

그림 8.15 기체의 수상 포집 장치 생성되는 산소 기체는 물속을 통과하여 포집된다. 포집된 산소 기체의 공간에는 수증기도 포함되어 있다.

이와 유사하게 혼합 기체 내의 기체 B의 부분 압력도 다음과 같이 나타낼 수 있다.

$$P_B = X_B P_T$$

혼합 기체에 대한 몰분율의 합은 항상 1이 되어야 하므로 혼합 기체 내의 성분이 두 가지면

$$X_A + X_B = \frac{n_A}{n_A + n_B} + \frac{n_B}{n_A + n_B} = 1$$

혼합 기체가 두 종류 이상의 기체로 존재하는 경우, i번째 기체의 부분 압력은 전체 압력과 다음과 같은 관계가 성립한다.

$$P_i = X_i P_T \tag{8.14}$$

몰분율과 전체 압력으로부터, 식 8.14와 같이 각 성분의 부분 압력을 계산할 수 있다.

돌턴의 부분 압력 법칙으로 그림 8.15와 같이 수상 포집되는 기체의 부피를 계산할 수 있다. 염소산 포타슘($KClO_3$)을 가열하면 KCl과 O_2로 분해되는데, 이때 발생하는 산소 기체는 수상 포집할 수 있다.

$$2\ KClO_3(s) \longrightarrow 2\ KCl(s) + 3\ O_2(g)$$

우선 물로 채워진 눈금실린더를 거꾸로 세워 수조에 세운다. 산소가 발생하면, 기포는 눈금실린더의 위쪽으로 올라가고 물이 빠져나온다. 이와 같은 기체 포집 방법은 산소 기체가 물과 반응하지 않는다는 것과 물에 거의 녹지 않는다는 가정하에 가능하다. 그러나 이와 같은 방법으로 포집된 산소는 눈금실린더 속의 물 층을 통과하여 포집되므로 수증기가 존재한다. 따라서 순수한 산소 기체가 아니다. 포집된 눈금실린더 속 기체의 내부 전체 압력은 포집된 산소와 수증기에 의해 나타난 압력의 합과 같다.

$$P_T = P_{O_2} + P_{H_2O}$$

이 식에서 발생한 O_2의 압력을 계산할 때에는 수증기로 인한 압력을 고려해야 한다. 표 8.4는 여러 온도에서의 수증기압을 보여 주며, 온도 변화에 따른 수증기압은 그림 8.16에 나타나 있다.

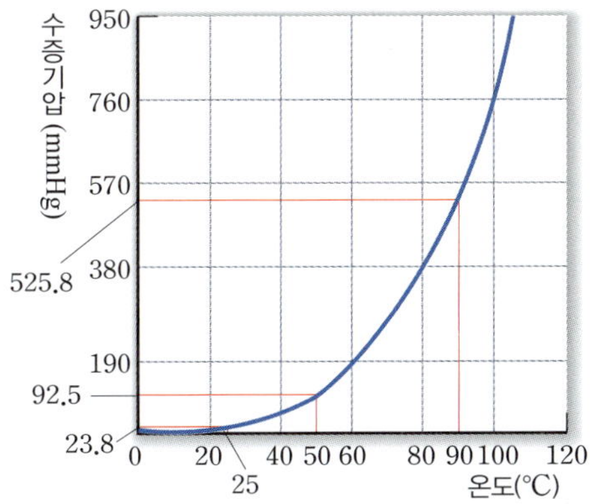

그림 8.16 온도에 따른 수증기압

표 8.4 여러 온도에서의 수증기압

온도(°C)	수증기압(mmHg)	온도(°C)	수증기압(mmHg)
0	4.58	55	118.04
5	6.54	60	149.38
10	9.21	65	187.54
15	12.79	70	233.7
20	17.54	75	289.1
25	23.76	80	355.1
30	31.82	85	433.6
35	42.18	90	525.76
40	55.32	95	633.90
45	71.88	100	760.00
50	92.51		

8.10 예제

28 ℃에서 15 L 용기에 메테인(CH_4) 기체 0.400 mol, 수소(H_2) 0.600 mol 및 질소(N_2) 0.300 mol이 존재한다. (a) 이 용기 내의 혼합 기체가 가지는 전체 압력은? (b) 용기 내의 각 성분 기체의 부분 압력은 얼마인가?

풀이

용기 내의 각 기체에 대한 몰수가 주어져 있다. 따라서 전체 혼합 기체의 몰수는 각 기체 몰수의 합이므로 이상 기체 방정식을 활용하면 전체 압력을 구할 수 있다.

(a) $n_{전체} = 0.400\ \text{mol CH}_4 + 0.600\ \text{mol H}_2 + 0.300\ \text{mol N}_2 = 1.300\ \text{mol}$

$V = 15\ \text{L}$ $\quad T = 28\ ℃ + 273.15 = 301.15\text{K}$

이상 기체 방정식 $PV = nRT$에서, $P = \frac{nRT}{V}$이다. 주어진 값을 적용하면

$$P = (1.300\ \text{mol}) \times \frac{\left(0.0821 \frac{\text{L} \cdot \text{atm}}{\text{mol} \cdot \text{K}}\right)(301.15\ \text{K})}{15\ \text{L}} = 2.142\ \text{atm}$$

(b) 혼합 기체 각 성분의 분압을 구하면,

$$P_{CH_4} = n_{CH_4}\frac{RT}{V} = \frac{(0.400\ \text{mol})\left(\frac{0.0821\ \text{L} \cdot \text{atm}}{\text{mol} \cdot \text{K}}\right)(301.15\ \text{K})}{15\ \text{L}} = 0.659\ \text{atm}$$

$$P_{H_2} = n_{H_2}\frac{RT}{V} = \frac{(0.600\ \text{mol})\left(\frac{0.0821\ \text{L}\cdot\text{atm}}{\text{mol}\cdot\text{K}}\right)(301.15\ \text{K})}{15\ \text{L}} = 0.988\ \text{atm}$$

$$P_{N_2} = n_{N_2}\frac{RT}{V} = \frac{(0.300\ \text{mol})\left(\frac{0.0821\ \text{L}\cdot\text{atm}}{\text{mol}\cdot\text{K}}\right)(301.15\ \text{K})}{15\ \text{L}} = 0.494\ \text{atm}$$

혼합 기체의 전체 압력은 2.142 atm이며, 혼합 기체의 압력은 각 기체의 분압의 합과 같다.

정답

(a) 2.142 atm, (b) $P_{CH_4} = 0.659$ atm, $P_{H_2} = 0.988$ atm, $P_{N_2} = 0.494$ atm

응용문제 8.10

공기 속에 아르곤 기체의 함량은 질량이 아닌 몰수 기준으로 평균 0.90 %이다. 기압계 압력이 756 torr라면 아르곤의 부분 압력은 몇 atm인가?

예제 8.11

대기 중에 질소 기체의 몰분율은 0.7808이다. 대기압이 760 mmHg일 때, 공기 중에 존재하는 질소 기체의 분압은 얼마인가?

풀이

대기 중에 존재하는 여러 기체의 분압은 대기압(전체 압력 = 760 mmHg)에 각 기체의 몰분율을 곱한 값이다.

$$P_{N_2} = X_{N_2} \times P_{\text{대기압}} = 0.7808 \times 760\ \text{mmHg} = 593\ \text{mmHg}$$

정답

593 mmHg

응용문제 8.11

25 ℃에서 2.50 L의 용기에 N_2 12.0 g과 O_2 12.0 g의 기체 혼합물이 나타내는 압력은 몇 기압인가?

예제 8.12

대기압 753 torr, 온도 24 ℃에서 수상 포집된 산소 기체를 얻었다(그림 8.15 참조). 포집된 산소 기체의 부피는 255 mL이다.

(a) 수상 포집된 산소 기체의 압력과 몰수는 얼마인가?

(b) 수상 포집된 용기 내 수증기의 몰수는 얼마인가?

(c) 수상 포집 장치인 용기 내의 산소 기체의 몰분율은?

풀이

(a) 부록 C로부터 24 ℃에서 물의 증기 압력은 22.4 torr이다. 돌턴의 부분 압력 법칙에 의하면 $P_{O_2} = P_{atm} - P_{H_2O}$이다. 그리고 산소 기체의 몰수는 이상 기체 방정식을 활용하여 구한다.

$$P_{O_2} = P_{atm} - P_{H_2O} = (753\ \text{torr} - 22.4\ \text{torr}) \times \frac{1\ \text{atm}}{760\ \text{torr}} = 0.961\ \text{atm}$$

$$V = 0.255\ \text{L},\ T = 24\ ℃ + 273.15 = 297.15\ \text{K}$$

$$n_{O_2} = \frac{PV}{RT} = \frac{0.961 \times 0.255}{0.0821 \times (297.15)} = 0.0100\ \text{mol}$$

(b)

$$P_{H_2O} = X_{H_2O} \times P_{atm} = \frac{n_{H_2O}}{n_{O_2} + n_{H_2O}} \times P_{atm}$$

$$22.4\ \text{torr} = \frac{n_{H_2O}}{0.0100 + n_{H_2O}} \times 753\ \text{torr},\ n_{H_2O} = 3.07 \times 10^{-4}\ \text{mol}$$

(c) $$X_{O_2} = \frac{X_{O_2}}{P_{atm}} = \frac{730.36 \text{ torr}}{753 \text{ torr}} = 0.970$$

정답

(a) $P_{O_2} = 0.961$ atm　　$n_{O_2} = 1.00 \times 10^{-2}$ mol H_2

(b) 수증기 몰수 $= 3.07 \times 10^{-4}$ mol

(c) $X_{O_2} = 0.970$

응용문제 8.12

습기가 찬 여름날, 대기 중 수증기의 부분 압력은 18 torr이다. 기압계 압력이 766 torr라면 질소와 산소의 부분 압력은 각각 얼마인가? 단, 분자 수로 판단했을 때, 건조한 대기의 질소와 산소의 함량은 각각 78.0 %와 21.0 %이다(건조한 대기의 1 %가 나머지 모든 기체의 양이다).

8.7 기체의 분자 운동론

이상 기체 법칙은 기체들이 어떻게 거동하는가에 대하여 설명은 가능하지만, 기체가 왜 그러한 거동을 하는가에 대하여 설명할 수는 없었다. 즉, 거시적인 관점에서 관찰되는 변화, 예를 들면 '가열하면 기체가 왜 팽창하는가?', '기체를 일정 온도에서 압축하면 기체의 압력은 왜 증가하는가?' 등의 분자적 수준에서 무엇이 일어났는가를 설명하지는 못한다. 기체의 물리적 성질을 이용하려면 기체가 입자 수준에서 어떠한 현상이 일어나는지를 설명할 수 있는 모형이 필요하다. 19세기에 맥스웰(Maxwell, J. C., 1831~1879)과 볼츠만(Boltzmann, L. E., 1844~1906)은 기체의 물리적 성질은 각 분자의 운동에 의하여 설명할 수 있음을 알아냈으며, 이에 대하여 발견한 내용은 **기체 분자 운동론(kinetic molecular theory of gas)** 또는 간단히 **기체 운동론**으로 정립되어 수많은 기체 거동을 정의하였다.

기체의 분자 운동론을 요약하면 아래와 같다.

기체 분자 운동론

1. 기체 분자는 분자의 크기에 비해 아주 멀리 떨어져 있다. 기체 분자는 질량은 있으나 부피는 무시할 수 있는 아주 작은 '점(point)'으로 간주한다.
2. 기체 분자들은 무질서한 방향으로 끊임없이 운동하고 있으며, 분자들은 서로 빈번히 충돌한다. 분자들 사이의 충돌은 완전 탄성 충돌로, 충돌의 결과로 에너지는 어떤 한 분자에서 다른 분자로 전달되지만, 모든 분자들의 총 에너지는 일정하다.
3. 기체 분자 간의 인력이나 반발력은 아주 작아 무시할 수 있을 정도이다.
4. 분자들의 평균 운동 에너지는 기체의 절대 온도에 비례한다. 어떤 일정한 온도에 있는 두 기체는 항상 같은 평균 운동 에너지를 갖는다.

이상 기체는 기체 분자 운동론에 부합하는 기체이다. 다시 말해서 이상 기체의 거동은 기체 분자 운동론을 충실하게 따른다.

기체 분자들의 평균 운동 에너지는 다음과 같다.

$$\overline{KE} = \frac{1}{2} m\overline{u^2}$$

여기서 m은 분자의 질량이며, $\overline{u^2}$는 평균 제곱 속도로 모든 분자들의 속도를 제곱하여 구한 평균값이다.

$$\overline{u^2} = \frac{u_1^2 + u_2^2 + \cdots + u_N^2}{N}$$

여기서 N은 존재하는 모든 분자들의 수이다. 위에서 언급한 기체 분자 운동론의 4항으로부터 다음과 같이 쓸 수 있다.

$$\overline{KE} \propto T$$

$$\frac{1}{2}m\overline{u^2} \propto T$$

$$\frac{1}{2}m\overline{u^2} = CT \tag{8.15}$$

여기서 C는 비례 상수이고, T는 절대 온도이다.

분자 운동론의 가정에 따르면, 기체 압력은 분자들과 용기 벽 사이의 충돌로 발생한다. 기체 압력은 단위 면적당 충돌 횟수와 얼마나 세게 용기 벽에 부딪히는가에 따라 압력의 세기가 결정된다. 식 (8.15)에 따르면, 기체의 절대 온도는 분자가 가지는 평균 운동 에너지의 척도이다. 분자들의 무질서한 운동은 절대 온도에 의존하며, 온도가 높을수록 분자의 무질서한 운동은 더 활동적이다. 즉, 기체의 절대 온도가 두 배로 상승하면, 분자의 평균 운동 에너지도 두 배로 증가하는 것이다.

분자 속도의 분포

기체는 평균 운동 에너지와 평균 속도를 갖지만 각 기체 분자는 다양한 속도로 움직이며, 주위의 분자와 자주 충돌한다. 결과적으로 분자는 넓은 분포의 속도를 가진다. 어떠한 특정한 시간에 얼마나 많은 분자들이 특정한 속도로 움직이고 있는가에 대한 질문은 맥스웰이 여러 온도에서 기체 분자의 거동을 분석함으로써 알 수 있게 되었다.

그림 8.17(a)는 질소 기체의 온도 변화에 따른 분자 속도 분포이다. 2000 ℃로 온도가 증가할수록 분자의 속도가 커짐을 알 수 있다. 기체 시료의 분자 속도 분포에서 분포 곡선의 봉우리는 가장 많은 분자가 갖는 속도를 나타내는 가장 흔한 속도(most probable speed)에 해당한다. 즉, 온도가 증가할수록 가장 흔한 속도가 증가한다.

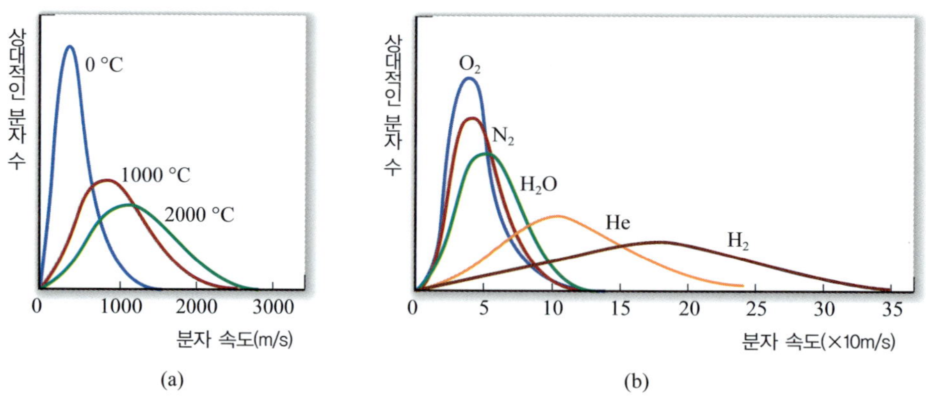

그림 8.17 분자 수와 분자 속도와의 관계 그래프 (a) 세 가지 다른 온도에서 질소 기체의 속도 분포도 (b) 같은 온도에서 여러 기체가 나타내는 속도 분포도. 질량이 가벼운 H_2 기체가 속도가 빠름

그림 8.17(b)는 동일한 온도에 있는 여러 가지 기체의 속도 분포를 보여 준다. 가벼운 분자인 He 기체는 상대적으로 무거운 분자인 O_2와 N_2보다 분자 속도가 크게 나타나므로 평균적으로 더 빨리 움직이고 있다는 것을 볼 수 있다.

기체 분자 질량 변화에 따른 분자 속도 분포는 그림 8.18과 같은 장치에 의하여 확인할 수 있다. 진공 상태가 유지되는 장치에서 기체 분자(또는 원자)는 오븐에서 발생하여 작은 바늘구멍을 통과한 후 검출기와 같은 속도로 회전하는 변조기를 통과한다. 이때 질량이 커서 느리게 이동하는 기체 분자보다는 상대적으로 가벼운 기체가 빠르게 이동하므로 진공 상태에서 검출기에 먼저 도착할 것이다. 검출기에는 기체 분자가 한 점 형태로 나타나는 것이 아니라 질량의 차이에 따라 나타나는 분자 속도 분포에 따라 띠 형태로 표시된다.

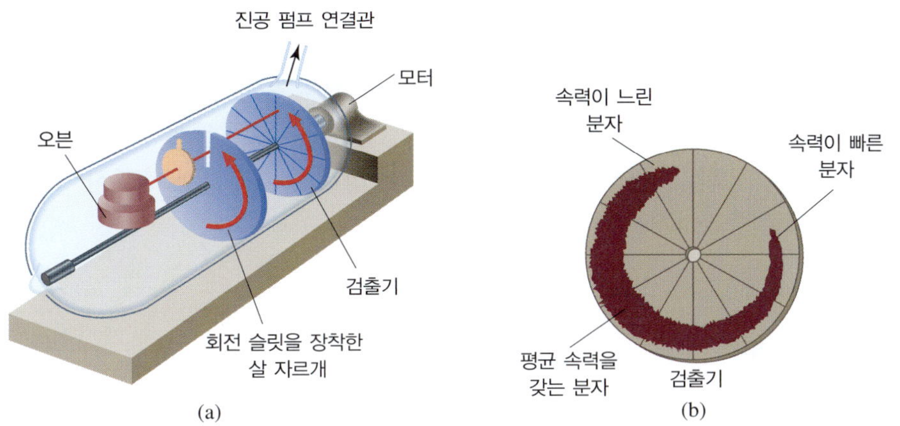

그림 8.18 기체 분자의 속도 분포를 파악할 수 있는 장치 진공 상태에서 동일한 속도로 변조기(chopper)와 검출기가 동시에 회전할 경우, 검출기에 찍히는 그림은 점 형태가 아니라 분자 속도의 차이에 의하여 띠 형태로 나타난다.

제곱근-평균-제곱 속도

어떠한 특정 온도 T에서 분자는 평균적으로 얼마나 빨리 움직이는가? 분자 속도를 측정하는 한 가지 방법은 평균 분자 속도인 **제곱근-평균-제곱 속도(u_{rms})**를 계산하는 것이다. 기체 운동론의 한 가지 결론은 어떤 기체 1몰의 전체 운동 에너지는 $\frac{3}{2}RT$와 같다는 것이다. 앞서 한 분자의 평균 운동 에너지는 $\frac{1}{2}m\overline{u^2}$이므로 다음과 같이 쓸 수 있다.

$$N_A\left(\frac{1}{2}m\overline{u^2}\right) = \frac{3}{2}RT$$

여기서 N_A는 아보가드로수이다. $N_A m = M$이므로 위의 식은 다음과 같이 정리된다.

$$\overline{u^2} = \frac{3RT}{M}$$

양변에 제곱근을 취하면

$$\sqrt{\overline{u^2}} = \sqrt{\frac{3RT}{M}} = u_{rms} \qquad (8.16)$$

식 (8.16)은 기체의 평균 분자 속도는 온도에 따라 증가함을 나타내며, 기체의 몰질량인 M의 제곱근에는 반비례하므로 기체가 무거울수록 기체 분자의 평균 속도는 작아지게 된다.

분자 운동론을 기체 법칙에 적용

기체의 성질과 여러 가지 기체의 법칙은 분자 운동론으로 설명할 수 있어 다음과 같이 정리할 수 있다.

1. 분자 운동론으로 보일 법칙 설명 일정 온도에서 부피가 증가하면 압력은 감소한다. 온도가 일정하다는 것은 기체 분자의 평균 운동 에너지는 변하지 않고 유지된다는 뜻이다. 그러나 부피가 증가하면 분자 간의 거리가 멀어져 분자와 용기 벽 간의 충돌 횟수도 작아지므로 압력은 감소하게 된다.

2. 분자 운동론으로 샤를 법칙 설명 일정 부피에서 온도가 증가하면 압력은 증가한다. 용기의 부피 변화는 없으므로 온도 증가는 기체 분자의 평균 운동 에너지의 증가를 가져오며, 기체 분자는 용기의 벽에 더욱 많이 충돌하게 된다. 이런 충돌로 운동량의 변화가 증가하여 기체 분자는 더 강하게 용기 벽에 충돌하므로 용기 내의 압력은 증가하게 된다.

분자 운동론으로 샤를 법칙을 설명한 가장 관련 깊은 예시는 바로 그림 8.17(b)이다.

기체의 확산과 분출

확산(diffusion)은 분자의 무질서한 운동으로 한 물질이 공간상에서 퍼져 나가는 현상이다. 가벼운 분자는 무거운 분자보다 더 빠르게 확산한다. 밀폐된 공간의 한쪽 끝에 농축된 암모니아 용액이 든 병의 뚜껑을 열면 다른 반대쪽의 사람이 암모니아 용액의 냄새를 맡기까지는 다소 시간이 걸린다. 그 이유는 하나의 분자가 한쪽 끝에서 반대쪽까지 움직이는 동안 수많은 충돌로 불규칙한 이동을 하기 때문에 기체의 확산은 점진적으로 일어나며 순간적으로 발생하지는 않는다.

그림 8.19 기체 분자의 확산 기체 분자는 충돌 시 불규칙적으로 거동이 바뀐다.

그림 8.19와 같이 이러한 수많은 충돌 때문에 기체 분자의 운동 방향은 계속 바뀌며, 한 분자의 위치에서 다른 위치로의 확산은 분자가 충돌할 때마다 무질서한 직선 운동이 일어난다. 식 (8.16)과 같이 평균 분자 속도는 몰질량의 제곱근에 반비례하므로 가벼운 기체가 더 빠르게 확산된다. 그림 8.20은 가벼운 암모니아 기체가 상대적으로 빠르게 확산되는 것을 확인할 수 있는 실험 장치이다.

그레이엄(Graham, T., 1805~1869)은 같은 온도와 압력하에서 기체의 확산 속도는 몰질량의 제곱근에 반비례한다는 사실을 발견하였으며, 그레이엄의 확산 법칙으로 알려져 있다.

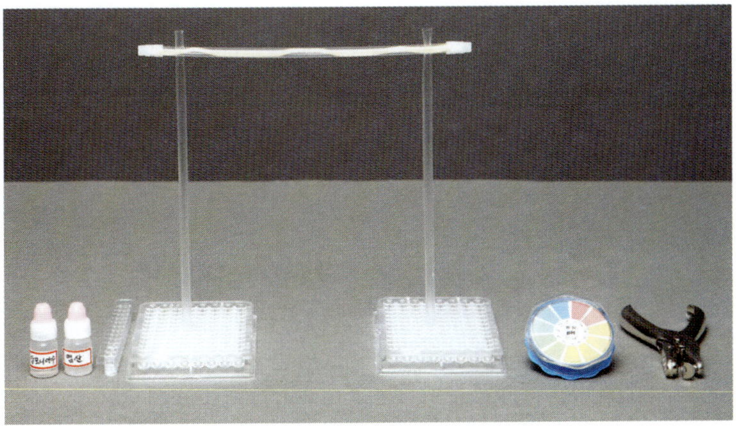

그림 8.20 기체의 확산 실험 진한 염산을 묻힌 탈지면 가까이에 흰색의 염화 암모늄 연기(고체)가 생성되는 것을 관찰할 수 있다.

$$\frac{v_1}{v_2}=\sqrt{\frac{M_2}{M_1}} \quad \begin{pmatrix} v_1,\ v_2\text{: 기체 1과 기체 2의 확산 속도} \\ M_1,\ M_2\text{: 기체 1과 기체 2의 몰질량} \end{pmatrix} \tag{8.17}$$

기체의 또 다른 특성은 **분출(effusion)**이다. 분출은 그림 8.21과 같이 가운데가 막힌 용기의 한쪽 칸에서 조그만 구멍이 존재할 경우, 이 구멍을 통하여 다른 칸으로 기체가 빠져나가는 현상이다. 그림 8.21에서는 한쪽 칸이 진공이므로 기체는 빠르게 구멍을 통하여 빠져나올 것이다.

기체의 분출 속도는 그레이엄의 확산 법칙과 같은 개념으로 분자량이 작은 기체가 빠르게 분출된다. 이러한 분출의 개념은 일상에서도 발견할 수 있다. 두 개의 풍선에 하나는 헬륨 기체를 채우고 또 다른 풍선은 입으로 공기를 일정한 크기로 채운 후, 두 풍선의 입구를 동시에 열면 헬륨으로 채워진 풍선이 더 빠르고 멀리 날아갈 것이다. 이는 헬륨 기체가 더 빠르게 분출된 결과이다.

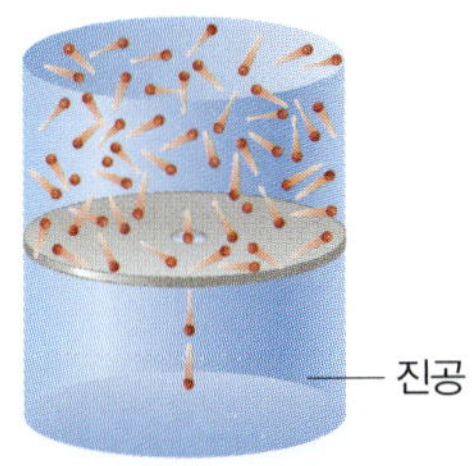

그림 8.21 기체의 분출 실험

분출
외력에 의하여 특정 방향으로 기체 분자가 이동하는 현상

8.13 예제

23 ℃에서 질소 분자의 제곱근-평균-제곱 속도(u_{rms})를 계산하시오.

풀이

주어진 온도에서 질소 분자의 u_{rms}를 구하는 문제이다. u_{rms}를 구하기 위해 R은 8.314 J/K·mol을 사용하고, 질소 분자의 몰질량은 1 J = 1 kg·m²/s² 값을 적용하기 위하여 2.80×10^1 g/mol을 2.80×10^{-2} kg/mol로 환산한 값을 적용한다.

$$\begin{aligned} u_{rms} &= \sqrt{\frac{3RT}{M}} \\ &= \sqrt{\frac{3(8.314\ \text{J/K}\cdot\text{mol})(300.15\ \text{K})}{2.80 \times 10^{-2}\ \text{kg/mol}}} \\ &= \sqrt{2.67 \times 10^5\ \text{J/kg}} = \sqrt{2.67 \times 10^5\ \text{m}^2/\text{s}^2} \\ &= 517\ \text{m/s} \end{aligned}$$

정답

질소 분자의 제곱근-평균-제곱 속도(u_{rms}) = 517 m/s

응용문제 8.13

만약 질소 분자의 제곱근-평균-제곱 속도(u_{rms})가 1000 m/s를 초과하려면 최소한 기체의 온도가 몇 ℃ 이상이어야 하는가? (단, 질소의 분자량은 예제 8.13을 참고한다.)

예제 8.14

동핵 이원자 분자인 미지 기체 분자는 동일한 온도에서 산소 분자가 가지는 분출 속도의 0.632배의 속도로 분출한다. 이 미지 기체의 몰질량을 계산하시오. 미지 기체는 무엇인가?

풀이

그레이엄의 확산 법칙을 적용한다.

$$\frac{v_x}{v_{O_2}} = \sqrt{\frac{M_{O_2}}{M_x}}$$

$$v_x = 0.632 \times v_{O_2} \qquad \frac{v_x}{v_{O_2}} = 0.632 = \sqrt{\frac{32.00\ \text{g/mol}}{M_x}}$$

$$\frac{32.00\ \text{g/mol}}{M_x} = (0.632)^2 = 0.399$$

$$M_x = \frac{32.00\ \text{g/mol}}{0.399} = 80.20\ \text{g/mol}$$

정답

미지 시료의 몰질량, 80.20 g/mol의 몰질량에 일치하는 동핵 이원자 분자는 Br_2 기체이다.

응용문제 8.14

화학실험 중인 안수와 헌택이는 수증기의 이동 속도를 측정하기 위해 산소 기체의 이동 속도를 우선 측정하였다. 같은 온도에서 수증기는 산소 기체 분자보다 평균적으로 몇 배 정도 빠르겠는가?

8.8 실제 기체의 성질

이상 기체 방정식은 기체의 설명에는 유용하게 활용되지만, 사실 모든 실제 기체가 이상 기체의 법칙에 따르지는 않는다. 실제 기체가 이상 기체의 거동에서 벗어나는 정도는 이상 기체 방정식으로부터 재정립할 수 있다. 이상 기체 법칙과 분자 운동론에서 기체 상태에 있는 분자들은 인력이나 반발력 등 어떠한 힘도 서로 작용하지 않는다고 가정한다. 더욱이 기체 분자의 부피는 용기의 부피에 비해 무시할 만큼 작다고 가정하여 기체 분자 자체의 부피는 무시한다. 이런 두 조건을 만족하는 기체를 이상 기체라 정의하며, **이상적 거동(ideal behavior)**을 나타낸다고 말한다.

실제 기체가 이상 기체처럼 거동한다고 가정하더라도, 모든 조건하에서 만족스럽게 이상 기체처럼 거동한다고 기대할 수는 없다. 중요한 점은 '기체는 어떤 조건에서 이상 기체와 다른 거동을 나타낼 것인가? 이다. 이에 대한 이해는 그림 8.22에서 주어진 온

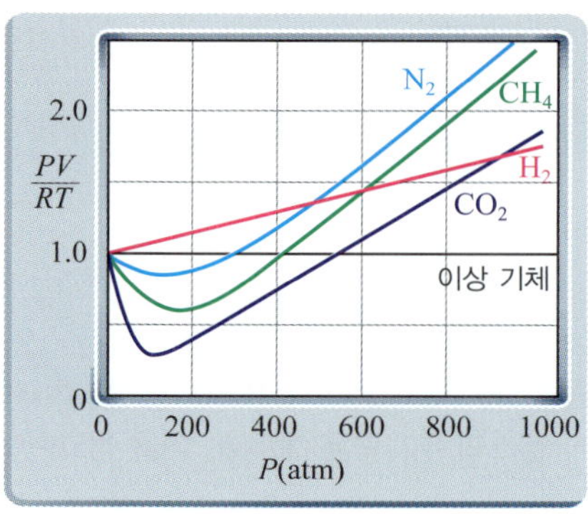

그림 8.22 압력 변화에 따른 실제 기체 거동의 변화 높은 압력하에서 실제 기체는 이상 기체의 거동과 많은 차이가 있다. 낮은 압력하에서(~1 atm) 실제 기체는 이상적으로 거동한다.

도 조건과 압력 변화에서 세 종류의 실제 기체와 하나의 이상 기체 1몰에 대한 P대 $\frac{PV}{RT}$의 그래프로 설명할 수 있다.

기체는 수 기압하에서는 이상 기체 법칙으로 예측한 압력, 온도 및 기체의 양이 상당히 정확한 수준으로 맞아 들어가지만, 매우 높은 압력하에서는 이상 기체 식으로부터 많이 벗어나므로 잘 부합된다고 할 수 없다.

$$\frac{PV}{RT}=n$$

이상 기체 방정식(1몰의 기체에 대해)에 따르면 실제 기체의 압력에 무관하게 $\frac{PV}{RT}$는 항상 1이다($n=1$이면 $PV=nRT$는 $PV=RT$, 즉 $\frac{PV}{RT}=1$이 된다). 그림 8.22에서와 같이 실제 기체인 경우, 이 이론은 어느 정도의 낮은 압력(≤ 5 atm) 하에서는 이상 기체와 유사하게 거동하지만, 압력이 증가함에 따라 이상적인 거동$\left(\frac{PV}{RT}=1\right)$에서 많이 벗어난다. 즉, 실제 기체는 높은 압력에서는 이상적으로 거동하지 않는다. 따라서 5 atm 이하 정도인 낮은 압력하에서는 큰 오차의 발생 없이 이상 기체 방정식을 사용할 수 있다.

높은 압력에서와 같이 실제 기체가 이상적 거동에서 벗어나는 이유를 살펴보자. 이상 기체 분자는 거의 무시할 정도로 부피를 차지하지 않고, 분자 사이에 인력이 존재하지 않는다고 가정한다. 그러나 실제 기체 분자는 물질이므로 일정한 부피를 가지고 있으며, 아주 작지만 약간의 분자 간 인력이 작용한다.

비교적 낮은 압력인 5 atm 이하 정도에서는 기체 분자의 부피는 기체가 존재하는 용기 부피에 비하여 무시할 정도이다. 그러나 압력이 고압으로 증가할수록 기체 분자들이 차지하고 있는 부피는 용기의 부피가 작아짐에 따라 더는 무시할 수 없는 정도로 커진다. 따라서 높은 압력에서 기체의 부피는 이상 기체 방정식에서 예상되는 부피보다 약간 커지는 것이다. 또한, 기체 분자는 높은 압력 조건에서는 가까이 존재할수록 분자 사이에 인력이 존재한다. 그림 8.23에서와 같이 분자 간 인력에 의하여 용기 벽과 분자 간의 충돌은 감소하게 된다.

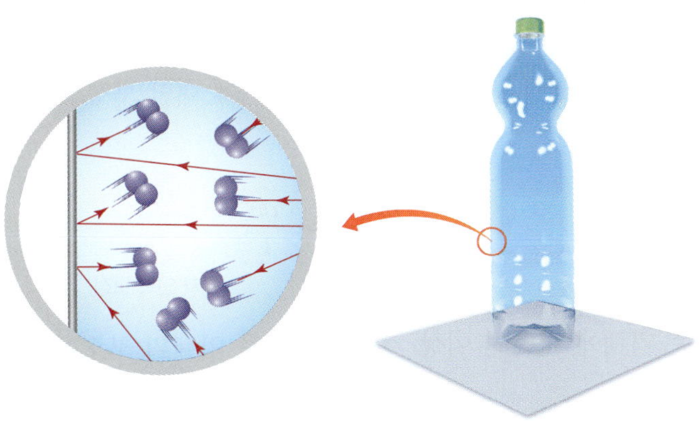

그림 8.23 기체 분자의 압력 기체 분자 간의 인력에 의하여 분자가 벽에 미치는 압력은 감소한다. 이상 기체의 경우 분자 간의 인력이 없으므로 벽에 미치는 압력의 감소는 일어나지 않는다.

따라서 분자 간 인력의 존재는 분자들이 용기 벽에 부딪히는 힘을 약화시키므로, 압력은 이상 기체의 경우보다 더 작아진다. 즉, 그림 8.22에서 압력이 감소하여 $\frac{PV}{RT}$ 값은 작아지므로 $n=1$인 이상 기체 값보다도 감소한다. 그러나 압력이 충분히 높은 수백 또는 수천 atm 이상에서는 기체의 부피가 커지는 현상이 지배적이므로 $\frac{PV}{RT}$ 값이 증가하여 $n=1$보다 큰 그 이상의 값으로 나타나는 것이다.

실제 기체에서의 정확한 물리적인 개념은 이상 기체 방정식으로는 오차가 발생하므로 더 이상 적용할 수 없다. 이상 기체의 물리적인 차이점을 정확히 파악하기 위해서 분자 간 힘과 제한된 분자 부피를 고려하여 이상 기체 방정식을 수정할 필요가 있다. 이와 같은 연구는 1873년 네덜란드의 물리학자 반데르발스에 의해 처음 시도되었다. 반데르발스는 분자 수준에서 실제 기체 거동을 기체 분자의 부피와 분자 간 인력의 존재에 대한 두 가지 효과를 보정해야 된다는 것을 설명하였다. 그리고 기체 분자들의 인력을 보정하는 상수 a와 기체 분자의 부피를 보정하는 상수 b를 도입하여 반데르발스 식을 정립하였다.

우선 기체 분자의 부피에 대한 보정을 고려한다. 실제 기체 분자들은 일정한 부피가 존재하기 때문에 실제 기체 분자가 차지하는 일정량의 부피는 nb이다. n과 V는 각각 기체의 몰수와 부피이다. 따라서 실제 기체는 nb만큼의 부피를 차지하므로 이상 기체가 차지하는 부피에 대하여 nb만큼 감소한 부피인 $V-nb$를 가진다. 반데르발스 상수 b는 1몰 기체 분자가 점유한 실제 부피이며, L/mol의 단위를 갖는다. 이상 기체 방정식에 대하여 부피 보정을 반영하면

$$P' = \frac{nRT}{(V-nb)}$$

다음 단계는 압력에 대한 보정으로 실제 기체에서 영향을 미치는 분자 간 인력 보정 요소인 상수 a는 $\frac{an^2}{V^2}$로서 분자 간 인력을 나타낸다. 실제 기체 분자 간에 존재하는 인력에 의하여 용기 벽에 미치는 압력이 감소하므로 $\frac{an^2}{V^2}$ 인자를 이상 기체 방정식에 대한 압력 감소에 따른 값으로 보정한다.

$$P = \left(P' - \frac{an^2}{V^2}\right)$$

여기서 분자 인력 보정항의 상수 a의 단위는 $L^2 \cdot atm/mol^2$이다. a의 크기는 기체 분자 간 인력의 세기에 따라 영향을 받는다. 부피와 압력에 대한 보정값을 반영한 식을 정리하면 다음과 같다.

$$\underbrace{P}_{\text{관찰된 압력}} = \frac{nRT}{\underbrace{(V-nb)}_{\text{분자 부피 보정}}} - \underbrace{\frac{an^2}{V^2}}_{\text{분자 인력 보정}}$$

실제로 존재하는 기체에 대하여 이상 기체 방정식은 아래의 보정된 반데르발스 식으로 재정리할 수 있다.

$$\underbrace{\left(P + \frac{an^2}{V^2}\right)}_{\text{보정된 압력}}\underbrace{(V-nb)}_{\text{보정된 부피}} = nRT \tag{8.18}$$

반데르발스 식에 보정 인자가 적용되었다는 말은 실제 기체가 기체 분자 운동론과는 다른 거동을 보인다는 뜻이다.

반데르발스 상수 a, b는 각 기체마다 다르며, 이는 표 8.5에 수록하였다.

표 8.5 실체 기체들의 반데르발스 상수(a와 b)

기체	$a(\mathrm{atm \cdot L^2/mol^2})$	$b(\mathrm{L/mol})$
He	0.034	0.0237
Ne	0.211	0.0171
Ar	1.34	0.0322
Kr	2.32	0.0398
Xe	4.19	0.0266
H_2	0.244	0.0266
N_2	1.39	0.0391
O_2	1.36	0.0318
Cl_2	6.49	0.0562
CO_2	3.59	0.0427
CH_4	2.25	0.0428
CCl_4	20.4	0.138
NH_3	4.17	0.0371
H_2O	5.46	0.0305

반데르발스 상수 a, b 값은 일반적으로 분자의 질량이 증가함에 따라 증가하며, 분자의 질량이 클수록 부피는 더 커지고 분자 인력도 더 크다. 즉, 헬륨 원자는 가장 약한 인력을 나타내므로 가장 작은 a 값을 갖는다.

8.15 예제

28 °C에서 4.55몰의 메테인(CH_4) 기체는 4.80 L의 부피를 차지한다. 이 상태에서 메테인 기체의 압력을 (a) 이상 기체 상태에서와 (b) 반데르발스 식을 적용한 실제 기체 개념에서의 압력으로 각각 계산하시오.

풀이

이상 기체 방정식과 반데르발스 식을 사용하여 압력을 각각 구한다.

(a) 메테인 기체를 이상 기체로 적용하는 경우

$T = 28\ ^\circ\mathrm{C} + 273.15 = 301.15\ \mathrm{K}$, $V = 4.80\ \mathrm{L}$

$n = 4.55\ \mathrm{mol}$, $R = 0.0821\ \mathrm{L \cdot atm/K \cdot mol}$

이상 기체 방정식을 적용하면,

$$P = \frac{nRT}{V} = \frac{(4.55\ \mathrm{mol})(0.0821\ \mathrm{L \cdot atm/K \cdot mol})(301.15\ \mathrm{K})}{4.80\ \mathrm{L}} = 23.4\ \mathrm{atm}$$

(b) 실제 기체 관련 반데르발스 식을 적용하는 경우, 표 8.5에서 메테인 기체의 반데르발스 상수 a와 b 값을 사용한다.

$a = 2.25\ \mathrm{atm \cdot L^2/mol^2}$

$b = 0.0428\ \mathrm{L/mol}$

반데르발스 식 $\left(P + \frac{an^2}{V^2}\right)(V - nb) = nRT$에 a, b 보정항을 적용하면

$$P = \frac{nRT}{V - nb} - \frac{an^2}{V^2}$$

$$= \frac{(4.55 \text{ mol})(0.0821 \text{ L}\cdot\text{atm/K}\cdot\text{mol})(301.15 \text{ K})}{(4.80 \text{ L})-(4.55 \text{ mol})(0.0428 \text{ L/mol})} - \frac{(2.25 \text{ atm}\cdot\text{L}^2/\text{mol}^2)(4.55 \text{ mol})^2}{(4.80 \text{ L})^2}$$

$$= 22.4 \text{ atm}$$

정답

(a) 이상 기체인 경우 23.4 atm

(b) 실제 기체인 경우 22.4 atm으로 실제 기체로 계산한 값은 분자 간 인력으로 작게 계산된다.

응용문제 8.15

표 8.5의 반데르발스 상수 *a*, *b*를 살펴보면 그중에서 사염화 탄소(CCl_4)의 상수값이 가장 크고, 반면에 He은 가장 작다. 그 이유를 설명하시오.

핵심 요약

8.1 기체의 개요

- 기체 분자의 운동은 매우 무질서하다.
- 기체 분자들 사이의 인력이 아주 약하다.
- 기체는 온도에 비례하여 부피가 팽창한다.
- 기체는 담는 용기에 따라 그 형태를 가지는 모양으로 나타낸다.
- 기체들은 같은 용기에 담겨 있을 때 완전히 균일하게 혼합된다.
- 기체는 가장 잘 압축될 수 있는 물질이다.
- 기체는 자유로운 분자 운동으로 인하여 액체와 고체보다 밀도가 훨씬 낮다.

8.2 기체의 압력

- 표준 대기압 1 atm은 0 ℃ 해수면에서 정확히 760 mm 수은(Hg) 기둥을 지지하는 압력과 같다.
- 1 atm = 760 mmHg = 760 torr

8.3 기체의 법칙

- 보일 법칙에 의하면 일정한 온도에서 기체의 부피(V)는 압력(P)에 반비례한다.

$$PV = k_1$$

- 샤를 법칙(샤를–게이뤼삭 법칙)에 의하면 일정한 압력에서 기체의 부피(V)는 절대 온도(T)에 비례한다.

$$\frac{V}{T} = k_2$$

- 아보가드로 법칙에 의하면 일정한 온도와 압력에서 기체의 부피(V)는 기체의 양(n, mol)에 비례한다.

$$V = k_4 n$$

8.4 이상 기체 방정식

- $PV = nRT$ ($R = 0.0821$ L·atm/mol·K)

- 표준 조건(STP, 0 °C, 1 atm)에서 모든 이상 기체 1 mol의 부피는 22.4 L이다.
- 밀폐 용기에서 기체의 양(n)이 일정할 때,

$$\frac{P_1V_1}{T_1}=\frac{P_2V_2}{T_2}$$

- 기체의 밀도 d, 기체의 몰질량 M

$$d=\frac{PM}{RT} \qquad M=\frac{dRT}{P}$$

8.6 돌턴의 부분 압력 법칙

- 돌턴의 부분 압력 법칙: 혼합 기체의 전체 압력은 혼합물을 이루는 각 기체가 나타내는 압력의 합과 같다.

$$P_T = P_1 + P_2 + P_3 + \cdots \ (P_T\text{: 전체 압력, } P_1, P_2, P_3\text{: 성분 기체의 부분 압력})$$

- 부분 압력 P_A

$$P_A = X_A \cdot P_T \quad (X_A\text{: 기체 A의 몰분율})$$

- 몰분율 X_A

$$X_A=\frac{n_A}{n_T} \quad (n_A\text{: A 기체만의 mol 수, } n_T\text{: 전체 혼합 기체의 mol 수})$$

8.7 기체 분자 운동론

- 이상 기체가 실제 기체와 다른 거동을 설명한 것이 기체 분자 운동론이다.
- 기체 분자 운동론
  - 기체 분자는 분자의 크기에 비해 아주 멀리 떨어져 있다.
  - 기체 분자들은 무질서한 방향으로 끊임없이 운동하고 있으며, 분자들은 서로 빈번히 충돌하며, 완전 탄성 충돌을 한다.
  - 기체 분자 간의 인력이나 반발력은 아주 작아 무시할 수 있을 정도이다.
  - 분자들의 평균 운동 에너지는 기체의 절대 온도에 비례한다.
- 제곱근–평균–제곱 속도 u_{rms}

$$u_{rms}=\sqrt{\frac{3RT}{M}} \quad (M\text{: 기체 몰질량, } R\text{: 8.314 J/mol·K})$$

- 그레이엄의 확산 및 분출의 법칙

$$\frac{v_1}{v_2}=\sqrt{\frac{M_2}{M_1}}$$

(u_1, u_2: 기체 1과 기체 2의 확산 또는 분출 속도, M_1, M_2: 기체 1과 2의 몰질량)

8.8 실제 기체의 성질

- 실제 기체는 이상 기체와는 다르게 분자 자체의 부피가 있다.
- 실제 기체는 이상 기체와는 다르게 분자간 상호 작용(인력)이 존재한다.
- 반데르발스 식

$$\left(P+\frac{an^2}{V^2}\right)(V-nb)=nRT \quad (a,\ b\text{: 반데르발스 상수})$$

핵심 용어 정리

- 기압계(barometer) : 대기압을 측정하는 장치
- 대기압(atmospheric pressure) : 지구의 대기에 의해 가해진 압력
- 몰분율 (mole fraction, X) : 균일 혼합물에서 전체 분자 수 대비 특정 성분 물질만의 분자 수를 비율적으로 나타낸 값, $0 \le X \le 1$
- 부분 압력 (partial pressure) : 혼합 기체에서 특정 성분 기체가 나타내는 압력
- 분출(effusion) : 외력에 의하여 특정 방향으로 기체 분자가 이동하는 형상
- 압력계(manometer) : 특정 용기 속에 담겨 있는 특정 기체의 압력을 측정하는 장치
- 절대 영도(absolute zero) : 이론적으로 도달할 수 있는 가장 낮은 온도, −273.15 ℃
- 표준 대기압(standard atmospheric pressure) : 0 ℃ 해수면에서 정확히 760 mm 수은(Hg) 기둥을 지지하는 압력
- 표준 상태(standard condition of temperature and pressure, STP) : 0 ℃(273.15 K), 1 atm(760 mmHg)
- 확산(diffusion) : 분자의 무질서한 운동으로 한 물질이 공간상에서 퍼져 나가는 현상

Deep Insight

기체의 밀도에 민감한 헬리콥터

하늘을 날아다닐 수 있는 수단은 여러 가지가 있다. 무동력 수단으로는 행글라이더, 기구, 패러글라이딩이 있고, 동력 수단으로는 여객기와 같은 고정익 비행기와 헬리콥터와 같은 회전익 비행기가 있다. 이중 헬리콥터는 수직상승 하락이 가능한 비행기종으로 넓은 활주로를 필요로 하지 않고 작은 인원이 탑승을 하고 비행 중에 원하는 방향으로 조종이 가능하다는 여러 이점이 있는 기체이다.

ⓒsjr4x4/Pixabay

이런 헬리콥터는 과연 얼마나 높이 상승할 수 있을까? 혹시 로터라고 불리는 헬리콥터의 큰 회전날개를 열심히 돌리면 우주까지 날아갈 수 있을까? 정답부터 이야기하자면 양력이라는 것을 발휘할 수 있는 높이까지만 헬리콥터는 상승할 수 있다.

물 위에 배가 뜨는 힘을 부력이라 하듯이 비행 기체가 공중에 뜨는 힘을 양력이라고 한다. 헬리콥터의 수평 회전날개는 강하고 빠르게 회전을 하면서 기체 위의 공기를 아래로 밀어내리면서 양력을 발휘하여 공중으로 수직상승을 할 수 있다. 문제는 이 양력은 주변 공기의 밀도에 의하여 크게 좌우된다는 점이다.

실제 해발 8000 m에 달하는 현존 최고봉인 에베레스트산 정상 도달에 성공한 헬리콥터가 역사상 4대, 횟수로는 10회가 되지 않는데, 이는 봉우리 정상의 대기 밀도와 관련이 깊다. 다음의 표를 보면 알 수 있듯이 해발 고도 0 m에서의 대기 밀도는 1.225 kg/m^{3}이지만 이에 비해 8000 m에서의 밀도는 0.5258 kg/m^{3}으로 지표에서의 반도 안 된다.

해발 고도(m)	대기 밀도(kg/m^3), 288.15 K
0	1.225
1000	1.112
2000	1.007
3000	0.9093
4000	0.8194
5000	0.7364
6000	0.6601
7000	0.5900
8000	0.5258
9000	0.4671
10000	0.4135

고도-대기밀도, 출처:U.S. Standard Atmosphere Air Properties

그만큼 헬리콥터는 같은 회전수로 날개를 돌린다고 했을 때, 지상에서 날고 있을 때에 비해 고도 8000 m에서 약 50 % 밖에 양력을 발휘하지 못하는 셈이다. 그만큼 아래 방향으로 밀어내야 할 공기의 양이 충분하지 않기 때문이다.

험준 산악지역이 아니라면 실제 군사용 헬리콥터의 경우 평균 해발 고도 3000 m 미만에서 주로 작전을 수행하고, 민간 헬기의 경우 평균 해발 고도 1500 m 미만의 고도에서 운행을 한다.

결국은 애니메이션에서 나오는 도라에몽처럼 머리 위에 대나무 프로펠러를 달아 우주까지 날아가는 것이나 실제 헬리콥터가 대기권을 뚫고 우주로 비행하는 것은 불가능한 일인 것이다.

연습문제

● (8.1～8.5) 다음 설명 중 옳은 것은 ○, 틀린 것은 ×를 표시하시오.

8.1 기체들은 같은 용기에 담겨 있을 때 완전히 균일하게 혼합된다. (　　　)

8.2 일정 온도에서 일정량의 기체의 압력은 기체의 부피에 반비례한다. (　　　)

8.3 STP 조건에서 이상기체 1 mol의 부피는 기체의 종류와는 상관없이 22.4 L이다. (　　　)

8.4 기체의 밀도는 리터당 그램(g/L)으로 표시한다. (　　　)

8.5 가벼운 기체 분자일수록 확산 시 운동 속도가 느리다. (　　　)

● (8.6～8.9) 다음 문장의 빈칸에 올바른 용어(단어) 혹은 문구를 채워 넣으시오.

8.6 기체 분자의 무질서한 운동으로 공간상에서 자연스럽게 퍼져나가는 현상을 (　　　)이라고 하며, 이와 대조적으로 기체 분자가 외력에 의하여 특정 방향으로 이동하는 현상을 (　　　)이라고 한다.

8.7 그레이엄의 확산(분출) 법칙에 의하면 기체 분자의 운동 속도는 분자량이 (　　　)수록 빠르다.

8.8 이상 기체의 부피가 0이 되는 가장 이상적인 온도를 이론적으로 도달할 수 있는 가장 낮은 온도인 (　　　)라 한다.

8.9 기체의 표준 상태(STP) 조건이란 압력 (　　　)atm, 온도 (　　　)K을 말한다.

● (8.10～8.25) 다음 물음에 답하시오.

8.10 표의 비어 있는 칸을 채우시오.

	torr	in. Hg	kPa
(a)		30.2	
(b)	752		
(c)			99.3

8.11 27 ℃, 2.50 atm에서 22.4 L인 기체는 −5.00 ℃, 1.50 atm에서 부피가 얼마가 되는가?

8.12 STP에서 CO_2 기체 분자 1.00×10^{25}개의 부피는 몇 L인가?

8.13 STP에서 3.0 L의 풍선을 채우는 데 필요한 메테인(CH_4)은 몇 g인가?

8.14 25.2 mol 제논(Xe)이 732 torr에서 645 L의 부피를 가질 때, 켈빈 온도는 얼마인가?

8.15 STP에서 NO_2 기체 775 mL가 있다. 이 기체의 부피를 615 mL로, 온도를 25 ℃로 변화시키면 압력은 얼마가 되는가? 단위까지 정확히 적으시오.

8.16 내부 기압이 694 torr인 용기 안에서 0.0750 mol의 산소 기체가 0.0221 mol의 메테인 기체와 섞였을 때, 메테인 기체의 부분 압력은 얼마인가? 단위까지 정확히 적으시오.

8.17 어떤 기체 시료의 질량은 6.40 g이고, 섭씨 17도, 280 torr 조건에서 부피가 2.00 L이다. 이 기체의 몰 질량을 계산하시오. 단위까지 정확히 적으시오.

8.18 STP에서 SF_6의 밀도는 얼마인가? 단위까지 정확히 적으시오.

8.19 부피가 3.50 L인 네온 형광등 안에 네온 기체가 1.15 atm 압력으로 채워져 있다. 등 내부의 온도가 섭씨 23도라 했을 때, 안에 채워진 네온의 질량은 몇 g인가?

8.20 다음 기체의 밀도(g/L)를 계산하시오.

(a) 32 ℃, 0.75 atm의 C_2H_4
(b) 57 ℃, 791 torr의 He

8.21 29 ℃, 749 mmHg에서 수상 치환으로 CH_4 기체가 포집되었다. CH_4 기체의 분압은 얼마인가? (물의 증기 압력은 30.0 mmHg이다.)

8.22 실험실에서 분젠 버너로 탄산 칼슘을 가열 분해하여 이산화 탄소 기체를 포집하였다.

$$CaCO_3(s) \longrightarrow CaO(s) + CO_2(g)$$

(a) STP에서 6.24 g의 $CaCO_3$ 가루로부터 몇 mL의 이산화 탄소가 생성되는가?
(b) STP에서 52.6 L의 이산화 탄소를 얻기 위해서는 몇 mol의 탄산 칼슘이 필요한가?

8.23 다음과 같은 반응이 있다.

$$4\ NH_3(g) + 5\ O_2(g) \longrightarrow 4\ NO(g) + 6\ H_2O(g)$$

(a) 2.5 L의 NH_3와 반응시키는 데 필요한 산소는 몇 L인가? 두 기체 모두 STP 상태에 있다.
(b) 25 L의 NH_3로부터 생성되는 수증기는 몇 g인가? 두 기체 모두 STP 상태에 있다.
(c) 25 L의 NH_3와 25 L O_2가 반응할 때 몇 리터의 NO가 생성되는가? 모든 기체는 같은 온도와 압력 하에 있다.

8.24 흑연 5.72 g과 산소 68.4 g을 부피 8.00 L인 플라스크에 넣어 연소 반응을 진행하였다. 그 결과 이산화 탄소가 생성되었고, 이산화 탄소 기체의 온도가 182 ℃일 때 플라스크 내부의 전체 압력(atm)을 계산하시오. (단, 이 반응은 완벽하게 반응이 진행되었다.)

8.25 그림과 같이 헬륨 기체가 담긴 1.2 L짜리 유리병이 네온(Ne) 기체로 가득 찬 탱크 안에 들어 있다. 탱크 내부의 총 부피는 4.6 L이고, 이때 각각 기체의 독립된 압력은 그림과 같다.

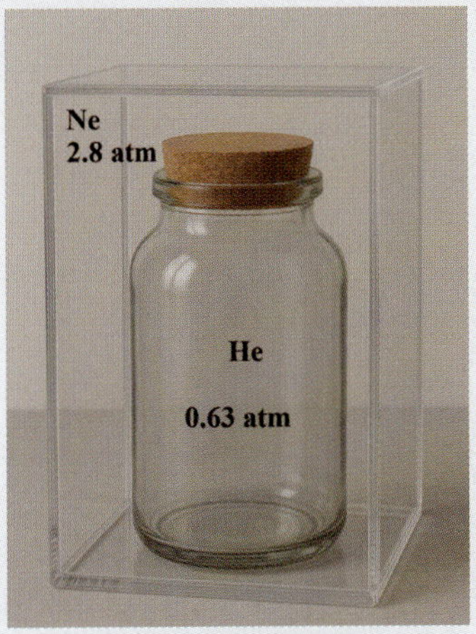

유리병과 탱크 내부의 온도는 동일하게 16 ℃를 유지하고 있는 상황에서 유리병이 깨졌을 때, 탱크 내부의 각 기체의 부분 압력(atm)을 계산하시오. (단, 유리병과 마개 자체의 부피는 없다고 가정한다.)

CHAPTER

9

열화학

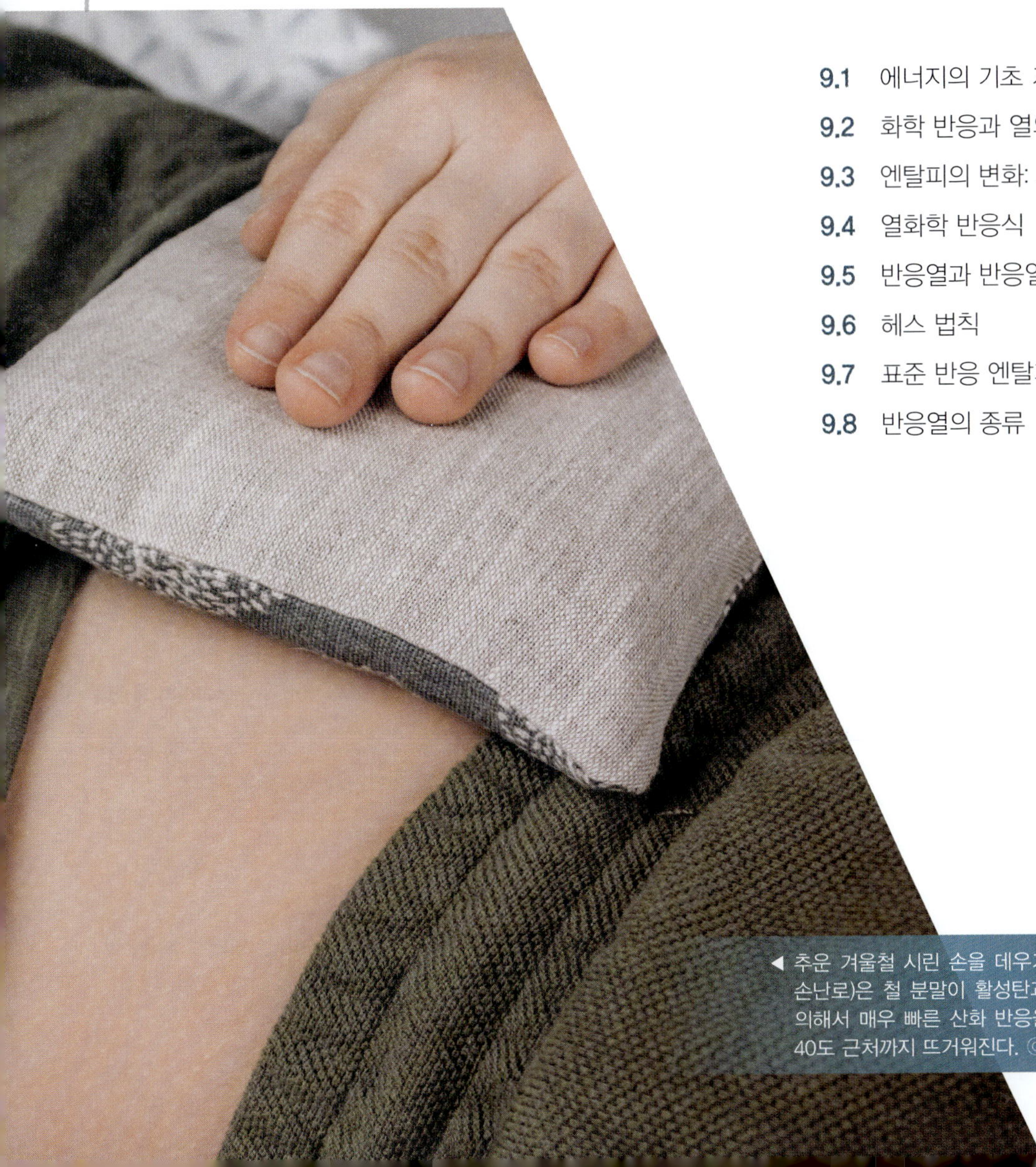

◀ 추운 겨울철 시린 손을 데우거나 온열 찜질할 때 사용하는 핫팩(일명 손난로)은 철 분말이 활성탄과 소금, 질석 등의 촉매 및 보조 물질에 의해서 매우 빠른 산화 반응을 일으켜 발열이 일어나는 원리로, 섭씨 40도 근처까지 뜨거워진다. © Iryna Mylinska/Shutterstock

9.1 에너지의 기초 개념

에너지(energy)는 화학에서 상당히 중요한 개념이다. 이 에너지의 개념으로 어떤 반응이 일어날 때, 흡열 반응인지 발열 반응인지, 또는 자발적 반응인지 비자발적 반응인지를 판단할 수 있다. **열역학**(thermodynamics)은 물리학 과정에서 에너지를 다룰 때, **열화학**(thermochemistry)은 화학 과정에서 에너지를 다룰 때 사용하는 개념이다. 이 장에서는 열화학에서 자주 사용하는 화학 반응에서의 에너지에 대한 가장 기본적인 내용을 알아볼 것이다.

열역학 제1법칙

먼저 에너지란 무엇일까? 에너지란 '어떤 물체가 일할 수 있는 능력'이라고 물리학에서 정의한다. 물리나 화학에서 에너지의 흐름에 관하여 언급할 때에는 **계**(system)와 **주위**(surrounding)의 개념을 적용한다. 어떤 물체나 화학 반응과 같은 어떤 변화가 일어나는 공간이 있을 때, 그 물체나 공간을 계라고 하고, 그 계를 제외한 나머지 모든 공간 영역을 주위라고 한다(그림 9.1). 이때 계가 자체적으로 지닌 에너지를 **내부 에너지**(**internal energy**, $U_{계}$)라고 하고 주위의 에너지를 **외부 에너지**(**external energy**, $U_{주위}$)라고 한다.

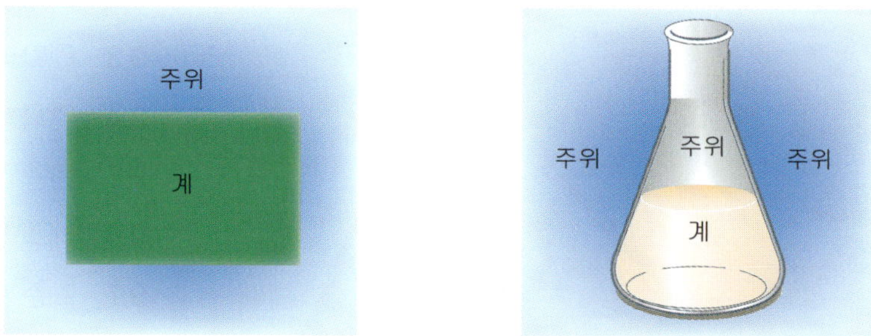

그림 9.1 계와 주위

물론 우주의 에너지는 일할 수 있는 원동력이긴 하지만 실제로 위치 에너지, 전기 에너지, 열에너지, 기계 에너지, 퍼텐셜 에너지 등 에너지의 종류는 매우 다양하다. 그 이유는 에너지가 매우 다양한 형태로 전환되어 활용될 수 있기 때문이다. 이것으로 에너지 형태만 다를 뿐 일정량의 에너지는 그 양은 변화가 없음을 짐작할 수 있다. 이것을 '우주의 에너지는 없어지거나 만들어지지 않고 그 총량은 항상 일정하다.'는 '에너지 보존 법칙'이라고 한다. 따라서 앞서 말한 내부 에너지와 외부 에너지의 합은 우주 전체의 에너지를 뜻하며, 에너지 보존 법칙에 따라서 우주 전체 에너지 $E_{우주}$의 양은 항상 일정하다.

$$U_{계} + U_{주위} = E_{우주} = \text{항상 일정} \tag{9.1}$$

이러한 에너지 보존 법칙을 기초로 하여 개념을 더 구체화한 것이 바로 **열역학 제1법칙**(**first law of thermodynamics**)이다. 열역학 제1법칙은 "에너지는 한 형태에서 다른 한 형태로 전환될 수 있으나, 만들어지거나 파괴할 수 없다."로 정의한다.

열역학 제1법칙

에너지는 한 형태에서 다른 한 형태로 전환할 수는 있으나, 만들어지거나 파괴 또는 소멸할 수 없다.

이 법칙을 구체적으로 이해하기 위해서는 다음 설명을 참고해야 한다.

만약 계가 에너지를 이용하여 내부 에너지가 감소하게 된다면, 열역학 제1법칙에 의하여 이 에너지는 고스란히 주위로 이동하게 된다. 다시 말해 계의 내부 에너지가 감소할 때, 주위의 외부 에너지가 전혀 변화 없이 일정하다면 내부 에너지와 외부 에너지를 합친 에너지, 즉 우주 전체의 에너지가 감소하는 것이 된다. 이는 열역학 제1법칙에 위배되는 경우이므로, 법칙을 위배하지 않으려면 계가 잃어서 감소한 내부 에너지는 주위가 흡수하고, 계가 흡수하여 증가한 내부 에너지만큼 외부 에너지가 감소해야 한다. 이런 내용을 수식화하여 정리한 것이 바로 식 (9.2)이다. 여기서 $\Delta U_{계}$은 내부 에너지의 변화량을, $\Delta U_{주위}$는 외부 에너지의 변화량을 뜻한다.

$$\Delta U_{계} = -\Delta U_{주위}$$

$$\Delta U_{계} + \Delta U_{주위} = 0 \tag{9.2}$$

자칫 반응이 일어나는 '계'에만 집중하여 에너지의 변화를 생각하기 쉽다. 반드시 주위의 에너지 변화도 함께 생각해 주어야 한다.

화학에서 내부 에너지의 변화

화학에서의 계는 물체라기보다 예를 들어, 비커에 담겨 있는 반응 용액이나 풍선 속에 담긴 기체 등과 같은 화학 반응의 입체적 영역을 말한다. 만약 계가 화학 반응을 하는 과정에서 내부 에너지의 변화 ΔU가 발생했다면, 실제로 이 내부 에너지 변화는 **일**(**work**, w), 혹은 **열**(**heat**, q)의 형태로 변환된다.

$$\Delta U = w + q \tag{9.3}$$

표 9.1은 열과 일에 대한 부호이다. 부호의 의미를 반드시 잘 기억해 두어야 한다. 계가 일을 하면 계 입장에서는 에너지를 소모하면서 일을 하는 것이기 때문에 w 값은 음수(−) 값이어야 하고, 반대로 계가 일을 당했거나 혹은 계에 일이 가해졌다면 계에 에너지가 공급되는 것이기 때문에 w 값의 부호는 양수(+)이어야 한다. 또 주위에서 계로 열이 공급되면, 내부 에너지가 증가한다는 의미이기 때문에 q는 양(+)의 값을, 반대로 계에서 주위로 열이 빠져나가면 내부 에너지가 감소하는 것을 의미하므로 q는 음(−)의 값이어야 한다.

표 9.1 일(w)과 열(q)에서 부호의 의미

과정	부호
계가 주위에 한 일	−
계에 대해서 주위가 한 일	+
계가 주위로부터 흡수한 열(흡열 과정)	+
계가 주위로 방출한 열(발열 과정)	−

경로 함수와 상태 함수

과학에서는 여러 값을 측정하거나 계산을 할 수 있다. 이렇게 측정이나 계산을 할 때는 당연히 수학적인 함수라는 것이 존재한다. 예를 들어, 길이, 질량, 부피, 빛의 밝기, 자성, 전류, 높이, 압력, 에너지 등은 모두 함수라고 할 수 있다. 다만, 이런 함수들은 **상태 함수(state function)**와 **경로 함수(path function)**로 구별된다.

경로 함수란 '어느 경로를 거쳐서 변화했는지에 따라 그 값이 결정되는 함수'를 말하며, 상태 함수란 '변화 경로와는 상관없이 최초 상태와 최종 상태에 의하여 그 값이 결정되는 함수'를 말한다.

그림 9.2를 통해서 경로 함수와 상태 함수를 구체적으로 이해해 보자. 그림처럼 어떤 사람이 3층 건물의 입구에서부터 옥상까지 이동하는 경로는 다음의 세 가지가 있다.

(a) 엘리베이터로 이동
(b) 계단을 통해서 이동
(c) 헬기를 타고 옥상에 착륙

이때 이 사람이 이동한 거리 d는 경로 (a), (b), (c)마다 각기 다른 값을 가질 수 있으므로 '경로 함수'로 봐야 한다. 그리고 이 사람의 높이 차이를 나타내는 함수 'h'는 경로 (a), (b), (c)와는 무관하게 이 사람의 처음 위치와 최종 위치만 같다면 항상 같은 값을 나타내므로 '상태 함수'로 보는 것이 당연하다. 어떤 변화가 발생할 때 적용할 수 있는 함수가 경로 함수인지 또는 상태 함수인지는 변화의 전후 사정을 잘 살펴보아야 알 수 있다.

9장에서 다루는 열에너지를 비롯해서 물리 및 화학에서 다루는 모든 에너지는 상태 함수로 취급한다. 상태 함수를 수식으로 표현할 때에는 변화량을 의미하는 기호인 Δ(델타)를 사용하고 다음과 같은 형태로 의미를 두고 표현한다.

$$\Delta E = \text{최종 상태 } E - \text{최초 상태 } E$$
$$= E_f - E_i$$

모든 상태 함수는 최종 상태의 값에서 최초 상태의 값을 빼면 계산할 수 있다. 이후에 이 장에서 보게 될 ΔH, ΔU, ΔV 등은 모두 상태 함수이다. 참고로 Δ 표기는 경로 함수에서는 사용할 수 없다.

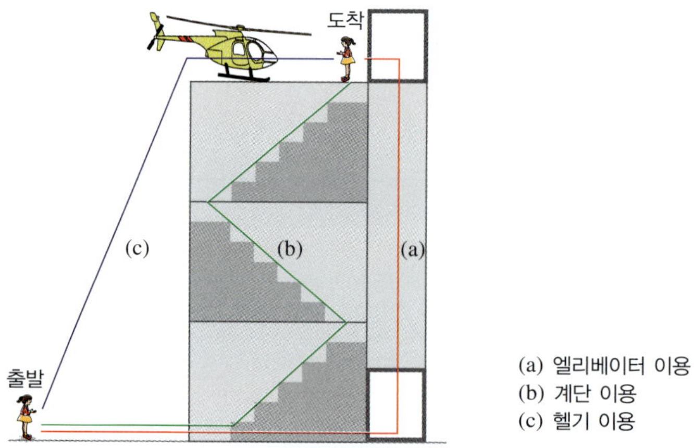

그림 9.2 경로 함수와 상태 함수 비유

9.1 예제

다음 함수들을 상태 함수와 경로 함수로 구별하시오.
(a) 얼음 조각의 온도
(b) 2018년 서울국제마라톤(동아 마라톤) 여자 한국 신기록: 2시간 25분 41초
(c) 부산에서 보스턴까지의 국제선박편 이동 시간
(d) 분무형 살충제 깡통의 부피
(e) 서울에서 부산까지 운행하는 고속버스의 경유 소모량

정답
(a) 상태 함수 (b) 경로 함수 (c) 경로 함수
(d) 상태 함수 (e) 경로 함수

응용문제 9.1

다음 상황에서 발견할 수 있는 함수를 경로 함수 및 상태 함수로 구별하시오.
(a) 서울역에서 부산역까지 이동할 때 승용차의 휘발유 소모량
(b) 바다를 항해하는 원양어선의 해상 이동 거리
(c) 심해를 탐사하는 잠수함의 해저 깊이

9.2 화학 반응과 열의 출입

흡열 반응과 발열 반응

발열 반응(exothermic reaction)이란 **계에서 주위**로 열에너지가 이동하는 반응을 말하며, **흡열 반응(endothermic reaction)**이란 **주위에서 계**로 열에너지가 이동하는 반응을 말한다(그림 9.3a). 즉, 반응계가 열을 방출하느냐와 흡수하느냐가 흡열 및 발열 과정의 본질이다. 이를 결정하기 위해 반응물과 생성물이 지니고 있는 에너지 중 열로 변환할 수 있는 양을 나타낸 **엔탈피(enthalpy, H)**의 개념을 사용한다. 그림 9.3b에서 보듯이, 반응물과 생성물의 엔탈피 차이인 ΔH에 의해 흡열 및 발열이 결정된다.

엔탈피는 계(system)가 보유한 총 에너지 중에서, 압력이 일정할 때 열로 나타나는 에너지의 양을 나타내는 **상태 함수(state function)**이다. 즉, 상태 함수이기 때문에 어떤 경로로 변화하든 최종 상태가 같다면 엔탈피 변화는 동일하다. 이는 엔탈피가 시스템의 초기 상태와 최종 상태에만 의존하며, 중간 과정과는 무관하다는 것을 의미한다.

반응 엔탈피(reaction enthalpy, ΔH)는 다른 말로 **엔탈피 변화** 또는 **반응열(heat of reaction)**이라고 하며, 단위는 일반적으로 kJ/mol이다. 반응 엔탈피는 화학 반응 과정에서 발생하는 에너지 변화를 정량적으로 나타내는 열역학적 지표이다. 이는 반응물에서 생성물로 전환되는 동안 흡수되거나 방출되는 열에너지의 총량을 의미한다.

$$\Delta H = H_{\text{생성물}} - H_{\text{반응물}}$$

이때 각 물질의 엔탈피는 표준 상태(1기압, 25 °C)에서의 몰당 엔탈피 값을 사용한다.

반응 엔탈피는 화학 반응의 에너지 변화를 이해하고 예측하는 데 핵심적인 역할을 한다. 이를 통해 화학 공정의 에너지 효율을 분석하고, 다양한 화학 반응의 열역학적 특성을 연구할 수 있다. 반응 엔탈피에 관한 계산과 열역학적 의미는 9.3절에서 자세히 설명할 것이다.

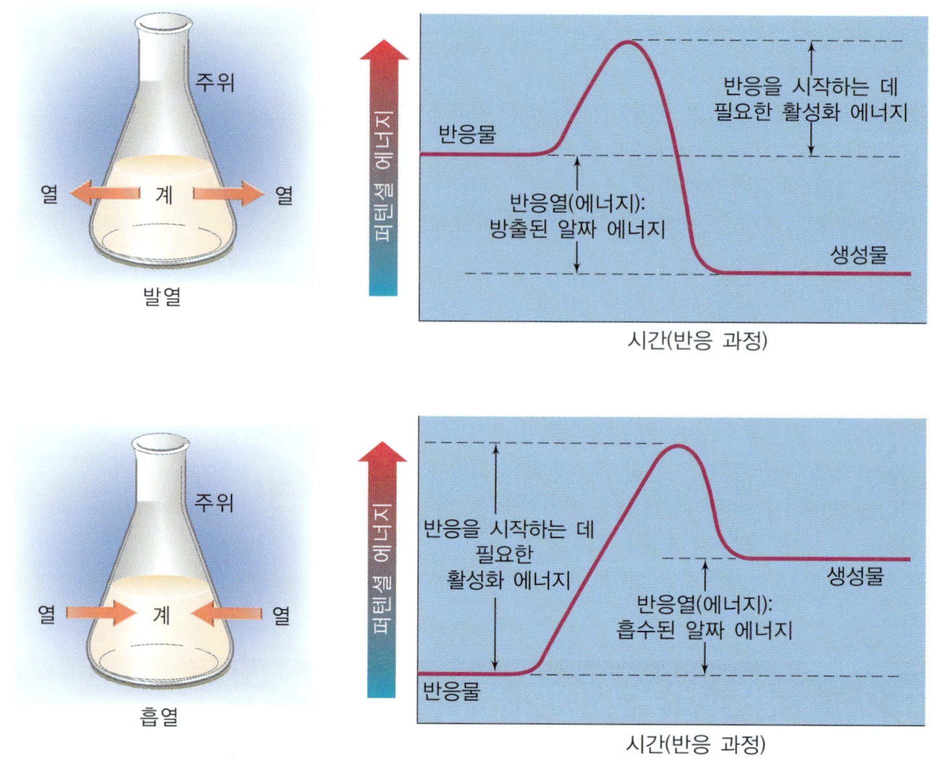

그림 9.3 발열 반응과 흡열 반응에서의 열에너지 이동

표 9.2 일(w)과 열(q)에서 부호의 의미

구분	발열 반응(exothermic)	흡열 반응(endothermic)
에너지 흐름	계 → 주위	주위 → 계
ΔH(반응열)	음수(negative)	양수(positive)
주변 온도 변화	증가	감소
예시	연소 반응, 중화 반응 등	광합성, 열분해 반응 등

계의 종류

우리가 어떤 화학 반응의 에너지의 흐름을 관찰하고 연구할 때에는 반응이 일어나는 계가 어떤 계인지를 먼저 확인해야 한다. 일반적으로 물리학과 화학이라는 과학계에는 계를 크게 열린계, 닫힌계, 고립계로 나눈다. 계와 주위 간에 에너지와 물질의 출입이 모두 가능한 계일 경우 **열린계(open system)**, 물질의 출입은 불가능하지만, 에너지의 출입이 가능한 계를 **닫힌계(closed system)**, 마지막으로 물질과 에너지 모두의 출입이 불가능한 계를 **고립계(isolated system)**라고 한다(그림 9.4).

만약 실험실에서 열린 유리 용기를 이용하여 화학 반응을 일으킨다고 생각해 보자. 이때는 계에 반응물을 추가로 첨가해 주거나 계로부터 생성물을 덜어낼 수 있으므로 물질의 출입이 가능한 상태이다. 동시에 유리 용기의 벽면을 통해서 발열이나 흡열이 모두 가능하므로 에너지의 출입도 가능하다. 따라서 열린 용기에 담겨 있는 반응 용액은 확실히 열린계이다. 반면에 입구를 완벽하게 막은 반응 용기 안에서 반응을 진행시킨다면, 반응물의 첨가나 생성물의 제거와 같은 물질의 출입은 불가능하면서 흡열 또는 발열은 여전히 가능한 상태이므로 이때 반응 용액은 닫힌계가 된다. 그리고 이 동일한 반응을 밀폐된 보온병 안에서 진행시킨다면 물질의 출입이 불가능하고 동시에 단열 처리가 된 보온병의 특성상 열에너지가 계와 주위 사이를 이동할 수 없으므로 이때의 반응 용액은 고립계라고 할 수 있다. 이 장에서 언급하는 발열과 흡열 과정은 주로 열린계와 닫힌계 조건에서의 반응을 전제로 하여 설명하고 있음에 유의해야 한다.

(a) 열린계	(b) 닫힌계	(c) 고립계

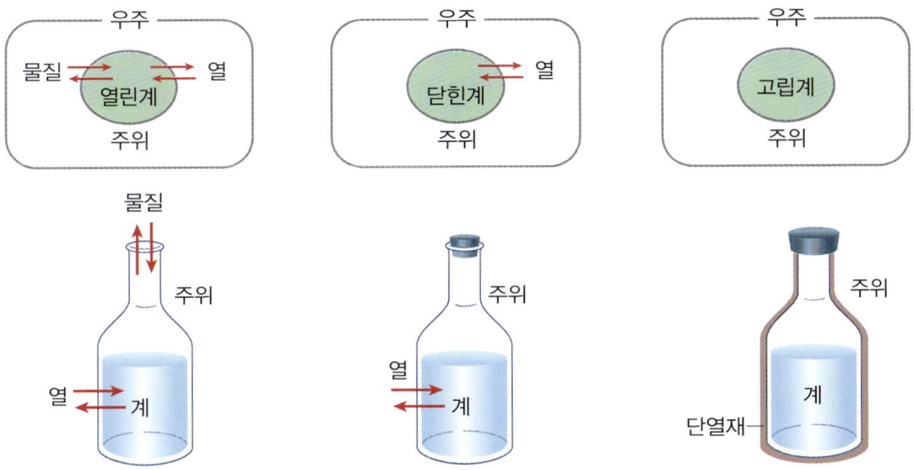

병의 벽면과 입구를 통해서 주위와 열에너지를 교환할 수 있다. 또한 병 입구를 통해 물질도 교환할 수 있다.	병의 입구가 막혀 있어서 주위와 물질을 교환할 수 없지만, 주외와 열에너지는 교환할 수 있다.	병의 입구가 막혀 있어서 주위와 물질을 교환할 수 없고, 단열재로 둘러싸여 있어서 주위와 열에너지도 교환할 수 없다.
예: 사람의 몸, 자동차 엔진	**예: 건전지, 냉찜질용 팩**	**예: 밀폐된 단열 용기, 우주**

그림 9.4 계의 구분

9.2 예제

계와 주위 사이에 열의 전달 방향을 나타내고, 이 반응이 흡열 반응 또는 발열 반응인지를 ΔE의 부호로 밝히시오.

(a) 샤워 중 욕실 위 증기의 응축
(b) 고깃집 불판 아래에서 타고 있는 숯
(c) 드라이아이스($CO_2(s)$)의 승화
(d) 이마에서 증발하는 땀
(e) 겨울철 빙판 위에 뿌린 염화 칼슘의 용해액
(f) 끓는 물 속에서 하얗게 익어가는 달걀흰자

정답

이 문제에서는 정확히 무엇이 계인지를 먼저 명확히 판단하여야 한다.

(a) 계(증기) : 주위, $\Delta E < 0$ (발열)
(b) 계(숯) : 주위, $\Delta E < 0$ (발열)
(c) 주위 : 계($CO_2(s)$), $\Delta E > 0$ (흡열)
(d) 주위 : 계(땀), $\Delta E > 0$ (흡열)
(e) 계(염화 칼슘 용해액) : 주위, $\Delta E < 0$ (발열)
(f) 주위 : 계(달걀흰자), $\Delta E > 0$ (흡열)

응용문제 9.2

다음 상황이 발열 과정인지 흡열 과정인지 구별하시오.

(a) 매우 차가운 아이스 바의 표면에 대기 중의 수증기가 응결되는 과정
(b) 냉장고가 가동될 때, 냉장고 내부에서 냉매의 변화 과정
(c) 에어컨이 가동될 때, 집밖에 절치된 실외기에서 냉매의 변화 과정
(d) 양초 심지에 불을 붙였을 때, 밝은 빛을 내는 불꽃의 연소 과정

9.3 엔탈피의 변화: ΔH

식 (9.3)에서 보았듯이 내부 에너지의 변화 ΔU는 일과 열의 합이다. 하지만 이것은 물리학적 개념에서 나온 것으로, 바로 화학에 일과 열의 개념으로 내부 에너지의 변화를 적용하여 이해하기는 쉽지 않은 점이 있다.

화학에서는 용액 상태에서의 반응이나 고체의 반응을 살펴보면 계에서 발생하는 열의 출입이 명확히 측정을 통해 관찰되기 때문에 내부 에너지 변화의 한 요소인 열(값)은 쉽게 알아낼 수가 있다. 하지만 질량을 가진 반응 용액이나 고체가 반응 중에 일정한 거리를 이동하는 것이 아니기 때문에 물리학적으로 의미하는 일의 값을 알아내기는 어렵다. 사실, 용액이나 고체 사이의 화학 반응에서는 일의 값을 0이라고 보아도 무방하다.

그렇다면 식 (9.3)은 화학에서는 사용할 수 없는 것일까? 그렇지 않다. 일의 값이 전혀 0이 아닌 화학 반응의 경우가 분명히 있다. 그것은 바로 **부피 변화가 발생하는 기체 반응**이다. 그림 9.5와 같이 기체의 부피 변화를 관찰할 수 있는 피스톤 용기 안에서 화학 반응을 진행시킨다면 반응 결과 기체 부피의 팽창 혹은 수축이 일어날 수 있으며, 이로써 화학 반응의 일에 대한 값을 수학적으로 계산해 낼 수 있다.

그림 9.5를 보면 반응 결과 기체가 생성되어 부피가 팽창하면 피스톤을 중력의 반대 방향인 위로, 즉 주위를 향해서 밀어내기 때문에 이때 반응이 일어나는 공간인 반응계는 일을 한 것이다. 보다 정확하게 표현하면 내부 에너지를 소모하면서 일을 한 것이기 때문에 이때 일 값인 w의 부호는 음(−)이 된다.

반대로 반응 결과 기체 분자가 감소하여 부피가 감소할 경우 피스톤이 주위로부터 반응계 방향으로 이동하여 결과적으로 반응계에 일을 가하는 상태가 되므로, 이때 반응계에는 일이 가해지는 상황이 되어 일 값인 w의 부호는 양(+)이 된다. 즉, 반응계에 에너지가 더해지는 결과가 된다. 이후에 예제와 연습문제를 계산할 때, 기체 팽창 혹은 수축 반응에 따라서 부호에 유념해서 계산해야 한다.

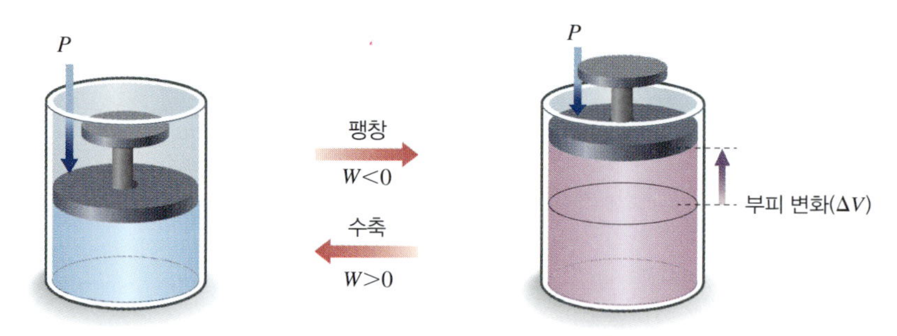

그림 9.5 기체의 부피 변화

물리학에서는 어떤 물체를 일정한 힘 F로 밀어서 거리 d만큼 이동시켰을 때 일을 했다고 설명하고 다음과 같이 일을 계산한다.

$$w = F \times d \tag{9.4}$$

하지만 화학에서, 특히 기체 수축이나 팽창 반응에서 식 (9.4)는 다르게 표현된다. 기체가 팽창하면서 일을 하는 과정($w < 0$인 경우)을 생각해 보자(그림 9.6).

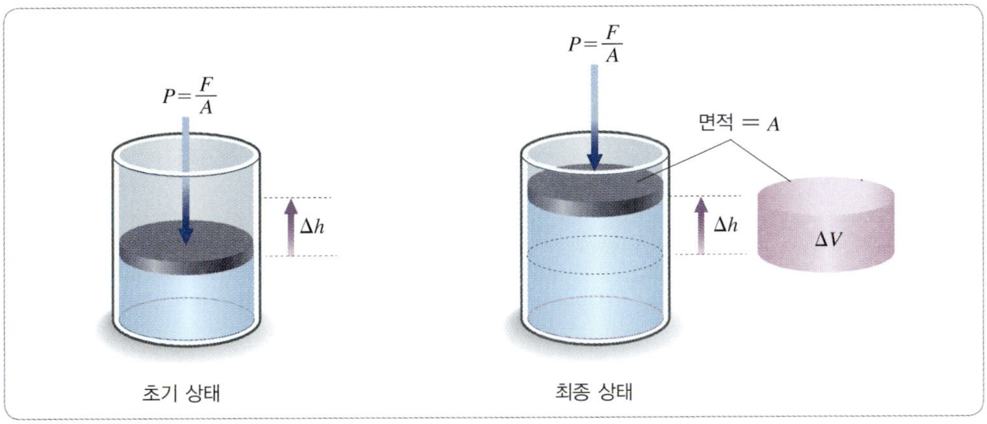

그림 9.6 기체가 팽창하면서 일을 할 때

기체는 팽창하면서 일을 하는데 이때 피스톤을 미는 작용은 외부의 일정한 압력 P에 대하여 기체가 반대 방향으로 저항하면서 일어난다. 그 결과 피스톤은 길이 Δh만큼 외부로 밀려난다. 그리고 피스톤에 작용하는 외부 기체의 압력 P는 '압력은 단위 면적당 작용하는 힘'의 정의에 근거하여 피스톤의 면적 A에 작용하는 힘 F로 볼 수 있다.

$$P(\text{압력}) = \frac{\text{힘}}{\text{단위 면적}} = \frac{F}{A} \tag{9.5}$$

결과적으로 기체는 이 힘 F로 피스톤을 h만큼 밀어내는 일을 당하게 된다. 따라서 물리학에서 정의한 일에 관한 식 (9.4)는 다음과 같은 과정을 통해서 화학 반응에서 부피가 팽창일 형태로 변형된다.

$$w = F \times d \qquad (P = \frac{F}{A},\ d = \Delta h)$$

$$w = P \times A \times \Delta h \qquad (A \times \Delta h = \Delta V)$$

$$w = P\Delta V \tag{9.6}$$

정리된 식 (9.6)에서 주의할 점은 부피가 팽창하는 경우, 즉 $\Delta V > 0$, $P =$ 일정할 때, w가 양수의 값으로 계산되어 마치 계가 일을 했음에도 일을 당한 것처럼 보이게 되는 문제가 있다는 것이다. 따라서 이런 문제를 해결하기 위해 식 (9.6)에 마이너스(−) 부호를 붙여 최종적으로 화학 반응에서 팽창일 w는 다음과 같이 된다.

$$w = -P\Delta V \tag{9.7}$$

식 (9.7)에 관하여 자세히 살펴보면 피스톤에서 외부 압력 $P = 0$인 상황에서 기체(반응계)가 팽창하여 피스톤을 이동시켰다면 계는 피스톤을 미는 데에 전혀 힘을 사용하지 않은 것이므로 전혀 일을 하지 않은 상황($w = 0$)이라고 할 수 있다. 그리고 w 값을 계산하는 데에 주의해야 할 점이 있다. 바로 단위이다. 압력과 부피를 곱하면 그 단위는 L·atm일 뿐 에너지의 SI 단위인 J(Joule)이 아니다. 식 (9.3)에서처럼 내부 에너지 ΔU와 반응열 q는 모두 단위가 J이므로 일 w를 계산할 때는 환산 인자를 활용하여 반드시 L·atm를 J로 변환해야 한다. 이 장의 예제와 연습문제에서 확인할 수 있다.

$$1\ \text{L} \cdot \text{atm} = 101.3\ \text{J}$$

예제 9.3

어떤 반응이 외부 압력 4.0 atm에 대응하여 부피가 11.0 L에서 16.2 L로 팽창하면서 기체가 한 일은 몇 kJ인가?

풀이 기체 팽창 반응의 일(w)은 식 (9.7)에 대입하여 계산한다. 다만 J 단위로 변환하기 위한 계산 과정을 무시해서는 안 된다.

$$w = -P\Delta V$$

$$w = -4.0\ \cancel{\text{atm}} \times (16.2 - 11.0)\ \cancel{\text{L}} \times \frac{101.3\ \text{J}}{1\ \cancel{\text{L}} \cdot \cancel{\text{atm}}} = -2.107\ \text{kJ}$$

정답

−2.107 kJ

응용문제 9.3

내부 압력이 7.82 atm으로 유지되는 환경에서 어떤 기체 반응의 결과, 반응계가 총 14000 J의 일을 하였다면 이 기체는 총 몇 L 부피 팽창을 해야 하는가?

그러면 기체 반응의 일에 대한 식 (9.7)이 완성되면 이후에 어떠한 사실이 영향을 받을까? 바로 내부 에너지의 관계식인 식 (9.3) 또한 전형적인 물리학적 정의에서 내부 에너지를 표현한 것이기 때문에 화학 반응에서 반응열에 관하여 해석할 수 있는 식 (9.8)로 바뀌어야 할 필요가 있다.

$$\Delta U = w + q$$

$$\Delta U = q_p - P\Delta V$$

$$q_p = \Delta U + P\Delta V \qquad (9.8)$$

식 (9.8)에 등장하는 **열 q_p**는 **'일정 압력에서의 반응열(정압 반응열)'**로 이해해야 한다. 피스톤을 밀어내는 기체의 팽창 반응의 경우를 생각하면 피스톤 용기의 외부 압력은 항상 일정한 조건에서 기체 팽창 반응이 진행되기 때문에, 특별히 이때의 반응열 q를 일정 압력 조건에서 발생한 열이라는 의미를 정확히 부여하기 위해 오른쪽 아래 첨자로 압력 p를 표기한다. 반응열 q도 일 w처럼 값 앞에 붙는 양(+)의 부호 혹은 음(−)의 부호에 따라 그 의미가 정확히 구별된다는 점도 유념해야 한다. $q>0$일 때(q가 양의 부호일 때) 계가 주위로부터 **열을 흡수(흡열 반응)**하였음을 의미하고, 반대로 $q<0$일 때(q가 음의 부호일 때)는 계가 주위로 **열을 방출(발열 반응)**하였음을 의미한다.

q_v
'일정 부피에서의 반응열', 즉 정적 반응열이라는 의미를 지닌다.

또한, 수학적 관점에서 식 (9.8)의 우변은 ΔU와 ΔV와 같은 반응 전과 후의 변화 값을 표현해 주는 상태 함수의 형태로 정리되어 있으므로 좌변의 q_p 또한 Δ(델타)로 표기할 수 있는 상태 함수의 항으로 바꿔 항의 성격을 일치할 필요가 있다. 이때 q_p를 교체하기 위해 등장하는 것이 바로 **'엔탈피의 변화량(change of enthalpy)'** ΔH이다.

$$q_p = \Delta U + P\Delta V$$

$$q_p = \Delta H$$

$$\Delta H = \Delta U + P\Delta V \qquad (9.9)$$

ΔH의 의미를 '일정 압력 조건에서 진행되는 반응의 반응열'로 해석하면 열화학과 관

련한 내용을 이해하기 편할 것이다.

그럼 H(**엔탈피, enthalpy**)란 무엇일까? 엔탈피는 상태 함수로서 계가 열의 형태 또는 열로 전환할 목적으로 지니고 있는 에너지의 형태라고 보면 된다. 따라서 엔탈피의 변화량(ΔH)은 반응계의 최종 엔탈피 H_f와 최초 엔탈피 H_i의 차이로 구한다.

$$\Delta H = H_f - H_i$$

9.4 예제

비료의 원료인 암모니아는 수소 기체와 질소 기체의 반응으로 생성된다. 이 반응의 열화학 반응식은 다음과 같다. 이 반응이 40.0 atm의 압력 조건에서 1.12 L의 부피가 감소하면서 진행되었다고 할 때, 이 반응의 내부 에너지 변화 $\Delta E(=\Delta U)$를 계산하시오.

$$N_2(g) + 3\,H_2(g) \longrightarrow 2\,NH_3(g) \qquad \Delta H = -92.2\text{ kJ}$$

풀이

식 (9.9)에 대입하여 계산하되 에너지의 기본 단위인 J 단위가 일치되도록 유의하여 계산한다.

$$\Delta U = \Delta H - P\Delta V$$

문제에 의하면

$$\Delta H = -92.2\text{ kJ} = -92.2 \times 10^3\text{ J}$$
$$P = 40.0\text{ atm}$$
$$\Delta V = -1.12\text{ L}$$

이므로,

$$\Delta U = -92.2 \times 10^3\text{ J} - 40.0\,\cancel{\text{atm}} \times (-1.12)\,\cancel{\text{L}} \times \frac{101.3\text{ J}}{1\,\cancel{\text{L}}\cdot\cancel{\text{atm}}}$$
$$= -87661.76\text{ J}$$
$$= -87.7\text{ kJ}$$

정답

−87.7 kJ

응용문제 9.4

풍선 속에 들어 있는 1L의 물이 흡열하여 완전히 기화하여 수증기가 되었다. 이 과정에서 부피 팽창이 발생하였다. 풍선 내부 수증기의 압력은 대기압과 동일한 1 atm이었으며, 다음 열역학 반응식과 같이 물이 기화한다고 가정하였을 때, 발생한 수증기의 부피가 몇 L인지 계산하시오.

$$H_2O(l) \longrightarrow H_2O(g) \qquad \Delta H = +40725\text{ J}$$

단, 물의 밀도는 1 g/mL이고, 이 반응에서 반응계의 내부 에너지의 변화 ΔU는 2.239×10^3 J이다.

Deep Insight

폭약과 혈압강하제

강한 열과 순간적으로 발생하는 가스의 팽창 힘으로 무언가를 파괴하는 폭약이 사용 용도에 따라 의약품이 될 수 있는 양면을 지니고 있다면 믿겠는가?

인류 역사상 가장 대표적인 폭발물질로는 화승총에 사용되었던 흑색화약이 있다. 물론 이 폭약이 전쟁에 사용되면서 인류의 불행이 심화되기는 하였으나 이후 영국의 산업혁명에 의한 증기 발전의 원료인 석탄 채광에 있어서 개발된 다이너마이트는 더 활성화되고 강력한 폭약으로 상품화가 되기도 하였다.

▲ 다이너마이트 ©Amber_Avalona/Pixabay

이런 다이너마이트류의 성분 폭발 물질로는 나이트로글리세린(NG), 나이트로셀룰로스(NC), 트라이나이트로톨루엔(TNT)을 대표 물질로 꼽는다. 특히 이중 가장 강력한 폭발력을 자랑하는 나이트로글리세린은 규조토에 스며들게 하여 심지를 꽂아 발화점 이상의 불꽃이 닿으면 폭발할 수 있게 하여 최초의 다이너마이트가 제조되었다. 또, 이 다이너마이트를 처음 고안한 사람이 바로 노벨(Nobel, A. B., 1833~1896)이다.

NG, NC, TNT 분자 구조를 살펴보면 가장 눈에 띄는 공통점이 모두 세 개의 나이트로기($-NO_2$)를 지니고 있다는 점이다. 이 나이트로기는 외부 자극에 의하여 분자에서 이탈될 때, 기체의 형태로 짧은 시간에 격렬하게 분해되기 때문에 순간적인 기체 팽창력이 곧 폭발력으로 이어질 수 있다.

나이트로글리세린이 가장 폭발력이 강한 이유는 분자량(분자 크기) 대비 나이트로기의 함량이 매우 높기 때문이다.

과거 서부에서는 나이트로셀룰로스와 같은 성분이 외부 충격에 폭발하는지 전혀 모르고 톱밥과 균일하게 섞어서 당구공을 만들기도 했었다. 나이트로셀룰로스는 사슬형 고분자로서 점도도 우수했기에 톱밥 가루들을 단단히 뭉치는 것이 쉬웠다. 덕분에 간혹 당구공과 당구공이 일정 운동량 이상으로 강하게 부딪히면 그대로 폭발하는 사례도 있었다. 얼마나 놀랐을까?

분자 구조식	분자량 대비 **NO_2**기 함량(질량비)
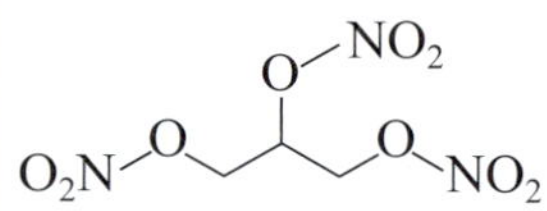 나이트로글리세린(NG)	82 %
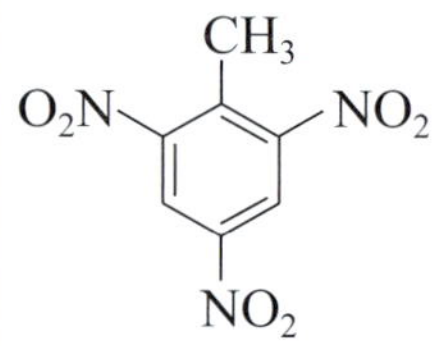 트라이나이트로톨루엔(TNT)	68 %
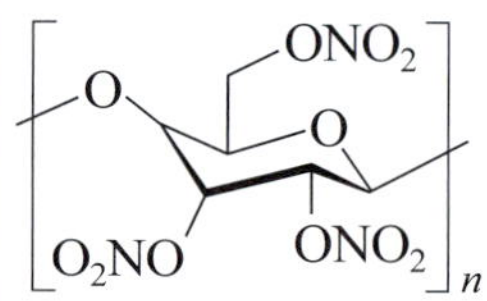 나이트로셀룰로스(NC)	63 %

나이트로글리세린은 지금도 소량, 저농도로 폭죽과 공사용 폭약에 사용되고 있다. 또한, 의약용으로도 활용이 되고 있는데, 나이트로글리세린의 세 나이트로기 덕분에 사람의 혈관에 주사되었을 때, 혈관의 이완과 팽창을 도와서 짧은 순간에 혈압을 낮추는 효과가 있다.

9.4 열화학 반응식

1몰의 H_2O이 얼음에서 물로 변할 때 6.01 kJ의 열을 흡수한다. 이것을 반응식으로 표현하면 다음과 같다.

$$H_2O(s) \longrightarrow H_2O(l) \qquad \Delta H = 6.01\ \text{kJ/mol}$$

1몰의 H_2O라는 계가 열을 흡수하였으므로 $\Delta H > 0$이다. 또한, ΔH의 단위가 kJ/mol인 것으로 보아 1몰당 열에너지의 양을 의미하는 것을 알 수 있다.

반대로 1몰의 물이 얼음으로 변할 때는 역으로 반응계인 물이 열에너지를 잃으면서 위와 동일한 열에너지를 방출하므로 $\Delta H < 0$이고, 이때의 반응식은 다음과 같이 적어야 한다.

$$H_2O(l) \longrightarrow H_2O(s) \qquad \Delta H = -6.01\ \text{kJ/mol}$$

이처럼 반응식을 적은 다음에 발열 또는 흡열을 나타내기 위해 ΔH 값을 명확히 표기해 주는 것이 '열화학 반응식'을 적는 방법이다.

열화학 반응식
화학 반응에서 출입하는 열에너지 변화, 즉 반응 엔탈피를 함께 나타낸 화학 반응식을 열화학 반응식이라고 한다.

열화학 반응식을 보면 다음과 같은 의미로 유추 가능하여 열화학 반응식 사이의 연산이 가능하다. 이는 곧 설명하게 될 헤스 법칙에서도 적용되는 규칙이므로 잘 기억하고 있어야 한다.

$$\text{A} \longrightarrow \text{C} \qquad \Delta H = Ⓐ\ \text{kJ/mol}$$
$$\text{B} \longrightarrow \text{D} \qquad \Delta H = Ⓑ\ \text{kJ/mol}$$일 때,

(1) $\text{C} \longrightarrow \text{A}$ $\quad \Delta H = -Ⓐ\ \text{kJ/mol}$
(2) $\text{A} + \text{B} \longrightarrow \text{C} + \text{D}$ $\quad \Delta H = Ⓐ + Ⓑ\ \text{kJ/mol}$
(3) $a\text{A} \longrightarrow a\text{C}$ $\quad \Delta H = a \times Ⓐ\ \text{kJ/mol}$
(4) $b\text{A} + c\text{D} \longrightarrow b\text{C} + c\text{B}$ $\quad \Delta H = b \times Ⓐ - c \times Ⓑ\ \text{kJ/mol}$

9.5 예제

내연 기관에서 에탄올(CH_3CH_2OH)이 연소하면 다음과 같은 생성물이 생성된다.

$$CH_3CH_2OH(l) + 3\ O_2(g) \longrightarrow 2\ CO_2(g) + 3\ H_2O(l)$$

위 반응에서 계의 열 변화를 실제 측정해 보면 에탄올 1몰당 −1367 kJ의 반응열 q를 보인다. 이 내용을 근거로 물음에 답하시오.

(a) 이 반응은 흡열 반응인가, 발열 반응인가?
(b) 0.200 mol의 에탄올이 연소할 때의 반응열 q 값은 얼마인가?

풀이

(a) q 값의 부호가 음일 경우, 반응 중에 계에서 주위로 이동했음을 알 수 있다.
(b) 위 반응식에 근거하여 다음과 같이 생각해 볼 수 있다.

	$CH_3CH_2OH(l)$	+ $3\ O_2(g)$	$\longrightarrow$ $2\ CO_2(g)$	+ $3\ H_2O(l)$	에너지(열) 변화
반응비 A	1 mol	3 mol	2 mol	3 mol	−1367 kJ
반응비 B	0.200 mol	0.600 mol	0.400 mol	0.600 mol	? kJ

반응비 A의 경우 에탄올 1 mol이 소모될 때, 반응열이 −1367 kJ이라는 것을 보여 주고 있고, 그에 따라 문제에서 말하는 0.200 mol의 에탄올이 소모되면 얼마만큼의 반응열이 발생할지를 예상할 수 있다.

정답

(a) 발열 반응, (b) $q = -275.4$ kJ

응용문제 9.5

다음과 같이 얼음이 녹는 과정의 열화학 반응식이 있다.

$$H_2O(s) \longrightarrow H_2O(l) \qquad \Delta H = +6018.0\ \text{J}$$

이것을 참고하여 143.3 g의 물이 완전히 얼기 위하여 방출하는 열량을 계산하시오.

9.5 반응열과 반응열의 측정(열계량법)

반응열(**heat of reaction**)이란 화학 반응이 일어나는 과정에서 발생하거나 흡수되는 열이다. 그림 9.7과 같이 에너지 그래프를 통해서 반응 전과 후에 대해서 발열과 흡열 과정에서의 반응열을 이해할 수 있다. 그럼 실제 실험에서 반응열은 어떻게 측정할 수 있을까?

또, 우리가 마켓에서 구매하여 섭취하는 사탕이나 과자를 생각해 보자(그림 9.8). 이런 제과 봉지에는 분명 식품의 질량과 열량(칼로리)이 적혀 있어서 그 식품을 섭취하면 얼마만큼의 열량을 섭취하는지 소비자가 쉽게 알 수 있다. 이런 식품의 열량은 어떻게 측정하는 것일까?

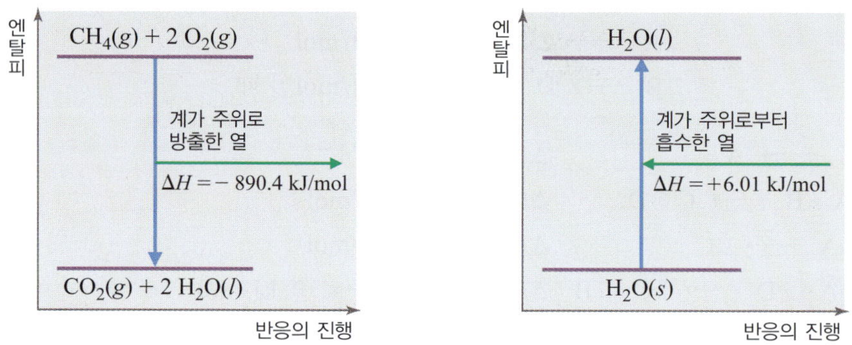

그림 9.7 발열 과정과 흡열 과정의 에너지 변화

보통 이러한 측정은 열량계라는 실험적 도구를 이용한다. 화학 반응 중에 반응계의 온도 변화를 측정하여 열량을 알아내는 데에 사용하는 실험 기구를 **열량계**(**calorimeter**)라고 한다. 이 열량계는 크게 **통 열량계**(**정적 열량계**)와 **커피컵 열량계**(**정압 열량계**)로 나뉘며, 통상 이들 열량계를 이용하여 측정된 온도 값을 근거로 식 (9.10)이나 식 (9.11)을 이용하여 반응열이나 열량을 측정한다.

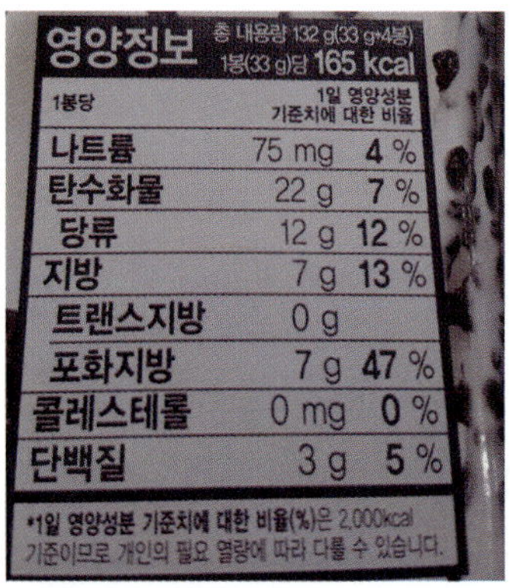

그림 9.9 식품 포장지에 인쇄된 섭취 열량 안내문

먼저 통 열량계의 내부 구조는 그림 9.9(a)와 같다. 열량계는 외부와 내부의 열에너지 출입을 차단하고자 완벽하게 단열 처리가 된 큰 통 속에 순수한 물이 일정량 담겨 있으며, 물의 온도를 실시간으로 측정하기 위한 온도계와 물의 순환을 돕는 젓개가 설치되어 있다. 또한, 물속에는 속이 비어 있는 알루미늄이나 구리와 같이 열전도도가 높은 금속 용기(통)가 있고 이 통 내부에는 외부로부터 전류가 흐를 수 있도록 전선을 연결하여 전류가 흘렀을 때 금속 용기 안을 가열할 수 있도록 열선 코일이나 스파크가 일어날 수 있는 전기 심지를 설치한 구조를 이루고 있다.

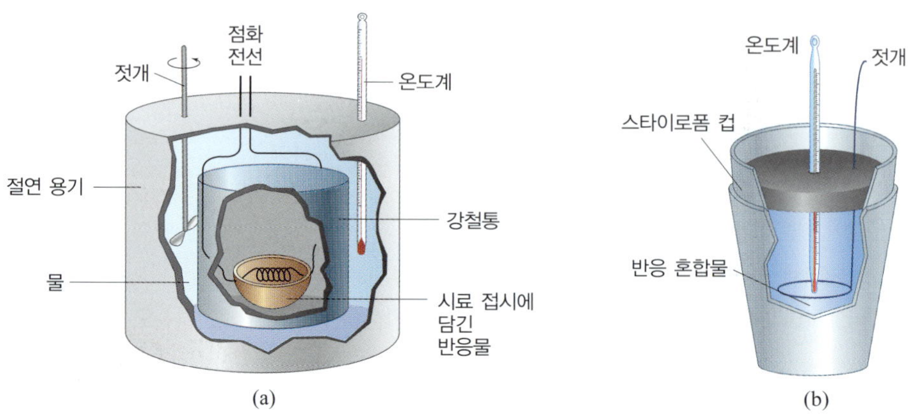

그림 9.8 통 열량계(a)와 커피컵 열량계(b)의 모식도

앞서 말한 과자의 열량을 알고자 한다면 과학자들은 보통 다음과 같은 과정으로 열량계를 사용하게 된다. 우선 금속 용기에 과자를 담고 비어 있는 공간에 순수 100 % 산소 기체만을 고압으로 채워서 잘 밀폐한 다음에 물속에 넣는다. 그리고 금속 용기 속에 전류를 흘려주어 내부에 열선을 빨갛게 가열하거나 스파크가 발생하게 한다. 그렇게 되면 용기 속에 있는 과자는 충분한(= 고압의) 산소 기체와 반응하여 완전 연소를 거치면서 연소열을 방출하게 된다. 이 열에너지는 온전히 금속 용기를 둘러싸고 있는 물속에 흡수되고 이로 인해 물의 온도는 처음보다 올라가게 된다. 이때 물의 온도 변화 ΔT를 확인할 수 있으며, 이 값을 식 (9.10)에 대입하여 열량을 측정할 수 있다.

$$Q(\text{열량}) = c \times m \times \Delta T \tag{9.10}$$

c: 물의 비열(J/g·℃ 또는 cal/g·℃)
m: 열량계에 담겨 있는 물의 질량(g)
ΔT: 온도 변화($T_{\text{최종}} - T_{\text{최초}}$)

식 (9.10)의 변수 중에 비열 c는 단위가 J/g·℃ 또는 cal/g·℃이다. 이 단위를 통해서 우리는 비열의 정의를 알 수 있다. **비열(specific heat)**이란 어떤 물질 1 g을 1 ℃ 올리는 데 필요한 열량(J 또는 calorie)을 뜻한다. 표 9.3은 기타 여러 가지 물질의 비열값이다.

표 9.3 대표적인 물질의 비열

물질	비열(J/g·°C)	물질	비열(J/g·°C)
Al(s)	0.900	Fe(s)	0.444
Au(s)	0.129	Hg(l)	0.139
C(흑연)	0.720	$H_2O(l)$	4.184
C(다이아몬드)	0.502	$C_2H_5OH(l)$	2.46
Cu(s)	0.385		

통 열량계를 사용하는 데 있어서 사용하는 물은 열량 측정의 목적과 상황에 따라서 다른 액체로 대체하여 사용할 수 있으며, 이 경우 식 (9.10)의 비열과 질량은 대체한 물질, 즉 금속 용기에서 발생하는 열량을 온전히 흡수하는 액체 물질의 값으로 대체하여 적용해야만 열량을 바르게 계산할 수 있다. 또한, 특정 물질이 완전 연소하는 반응계에서 금속 용기로 인해 연소 과정 중에 용기의 내부 압력은 변화할지라도 그 부피는 항상 일정하게 유지된다. 따라서 '반응계가 일정한 용적(부피)을 유지하는 열량계'라는 의미에서 통 열량계를 다른 말로 **'정적 열량계'**라고도 한다.

통 열량계의 다른 이름: 정적 열량계, 봄배(Bomb) 열량계

다음은 커피컵 열량계이다. 그림 9.9(b)는 커피컵 열량계의 내부 구조를 나타낸 것이다. 커피컵 열량계의 겉모습은 일반 커피전문점에서 판매하는 커피컵과 유사하게 생겼으며 단지 컵과 뚜껑의 재질은 모두 스타이로폼이다. 통 열량계와 비교할 때 담겨 있는 용액의 온도를 측정할 수 있는 온도계와 젓개만이 있는 상당히 단순한 구조이다. 통 열량계는 고체나 기체의 연소 반응에 국한하여 열량을 측정할 수 있는 열량계라면, 커피컵 열량계는 연소시키기 어려운 액체 반응물의 화학 반응에서 발생하는 발열이나 흡열양을 측정할 수 있다.

반응계가 액체이고 반응 전과 후에 커피컵 열량계를 이용해서 온도차 ΔT가 확인되었다면 식 (9.11)을 통해서 열량을 계산할 수 있다.

$$Q(\text{열량}) = C \times \Delta T \tag{9.11}$$

C: 열량계의 열용량 (J/℃ 또는 cal/℃)
ΔT: 온도 변화 ($T_{최종} - T_{최초}$)

위 식에서는 열용량 C가 등장한다. **열용량(heat capacity)**은 열량계 전체를 1 ℃ 올리는 데 필요한 열량(J 또는 calorie)을 뜻한다. 식 (9.10)과 (9.11)의 관계를 통해 유추할 수 있는 열용량과 열량의 관계는 다음과 같다.

$$C = c \times m \tag{9.12}$$

커피컵 열량계를 다른 말로 **정압 열량계**라고 부르는 이유는 커피컵의 뚜껑은 완벽하게 밀폐되지 않아 열량계에 담긴 반응 용액에는 항상 일정한 대기 압력이 작용하기 때문이다. 반면에 반응 중에 기체가 발생하는 경우에 이 기체가 자유롭게 계를 벗어나서 주위로 팽창해 나갈 수 있기 때문에 통 열량계와는 다르게 부피가 일정한 열량계라 할 수 없다.

예제 9.6

단열 처리가 된 물탱크에 25 ℃의 물 5.000 kg이 담겨 있다고 가정하자. 이 물탱크에 쇠구슬 1개를 넣어두고 장시간 방치를 했더니 물의 온도가 19.4 ℃가 되었다. 물음에 답하시오.

(a) 물에 넣기 전 쇠구슬의 온도는 물의 온도에 비해 높을까, 낮을까? 이유와 함께 답하시오.
(b) 쇠구슬의 열 변화는 몇 kJ인가? (단, 물의 비열은 4.184 J/g·℃이다.)
(c) 위 쇠구슬의 질량이 10 kg이고 이 쇠구슬의 비열이 0.450 J/g·℃라면 처음 쇠구슬의 온도는 얼마인가?

풀이

(a) 쇠구슬을 물에 넣은 이후에 물의 온도가 더 낮아졌기 때문에 물의 열이 쇠구슬로 이동하였다는 것을 알 수 있다. 열은 고온에서 저온으로 흐르기 때문에 물에 넣기 전의 쇠구슬의 온도는 물보다 낮다.
(b) 물이 잃은 열량만큼 쇠구슬이 열량을 흡수하였으므로 열량 Q의 부호는 양수($Q>0$)임을 유념하고, 물이 잃은 열량을 먼저 아래와 같이 계산하여 판단한다.

$$\begin{aligned}\text{물이 잃은 } Q(\text{열량}) &= c \times m \times \Delta T \\ &= 4.184\ \text{J/g}\cdot{}^\circ\text{C} \times 5.000 \times 10^3\ \text{g} \times (19.4 - 25)\ {}^\circ\text{C} \\ &= -1.2 \times 10^5\ \text{J} \\ &= -1.2 \times 10^2\ \text{kJ}\ (= -\text{쇠구슬이 얻은 열량}(Q'))\end{aligned}$$

(c) 쇠구슬의 처음 온도를 x ℃라 하고 다음과 같이 계산하여 구한다.

$$\text{열량 } Q' = 1.2 \times 10^5\ \text{J} = 0.450\ \text{J/g}\cdot{}^\circ\text{C} \times 10 \times 10^3\ \text{g} \times (19.4 - x)\ {}^\circ\text{C}$$

정답

(a) 쇠구슬의 온도는 물보다 낮다.
(b) 쇠구슬이 얻은 열량은 1.2×10^2 kJ이다.
(c) 쇠구슬의 처음 온도는 −7.3 ℃이다.

응용문제 9.6

25.0 ℃ 물 50.0 g에 1.22 kJ만큼의 열량을 가했을 때, 물의 최종 온도를 계산하시오. 단, 물의 비열은 4.184 J/g·℃이다.

9.6 헤스 법칙

헤스 법칙(Hess' Law)은 1840년 스위스의 화학자 게르만 헤스(Germain Hess)가 발견한 에너지 보존 원리에 기반한 법칙이다. 이 법칙의 정의는 아래와 같다.

> 헤스 법칙(Hess' Law)
>
> 화학 반응에서의 전체 엔탈피 변화는 반응이 한 단계로 진행되든 여러 단계로 진행되든 항상 동일하다. 즉, 반응 경로가 달라도 출발점과 도착점만 같으면 ΔH의 총합은 변하지 않는다.

이는 엔탈피가 에너지 함수로서 **상태 함수**이기 때문에 성립하는 법칙이다.

만약, 다음과 같이 반응이 여러 단계로 나뉠 경우, 총 반응의 반응 엔탈피는 각 단계의 반응 엔탈피 합과 같다.

$$\begin{array}{ll} \text{1단계: } \mathrm{A} \longrightarrow \mathrm{B} & \Delta H_1 \\ \text{2단계: } \mathrm{B} \longrightarrow \mathrm{C} & \Delta H_2 \\ \hline \text{총반응: } \mathrm{A} \longrightarrow \mathrm{C} & \Delta H = \Delta H_1 + \Delta H_2 \end{array}$$

즉,

$$\Delta H_{\text{total}} = \Sigma \Delta H_{\text{steps}}$$

으로 설명된다. **헤스의 법칙의 장점은 직접 측정하기 어려운 반응의 반응열을 단계별로 끊어서 간접적으로 계산할 수 있다는 점이다.** 뿐만 아니라 반응 경로를 비교 분석하거나 연료 연소 열량을 계산하고, 생물의 대사 경로 에너지를 계산하는 데도 유용하게 활용된다. 이렇게 헤스 법칙은 에너지 보존 법칙에 기초하여, 다양한 반응 경로에서의 열 변화 계산을 단순화할 수 있게 한다.

그림 9.10을 통해서 헤스 법칙을 쉽게 이해할 수 있다. 보통 탄소로 이루어진 숯을 산소 기체와 연소시키면 발열(ΔH_1)하면서 이산화 탄소가 생성된다. 탄소로부터 이산화 탄소를 생성하는 방법은 탄소를 산소 기체와 반응시키는 연소 반응 이외에도 다른 방법이 있다. 탄소를 먼저 불완전 연소시켜 일산화 탄소를 생성하고(이때 엔탈피를 ΔH_2라 하자), 이어서 일산화 탄소에 산소를 추가로 반응시켜 이산화 탄소를 생성하는 것이다(이때의 엔탈피를 ΔH_3라 하자). 이 모든 과정을 다음과 같이 열화학 반응식으로 정리할 수 있다.

$$\begin{array}{ll} \mathrm{C}(s) + \frac{1}{2}\mathrm{O_2}(g) \longrightarrow \mathrm{CO}(g) & \Delta H_2 \\ \mathrm{CO}(g) + \frac{1}{2}\mathrm{O_2}(g) \longrightarrow \mathrm{CO_2}(g) & \Delta H_3 \\ \hline \mathrm{C}(s) + \mathrm{O_2}(g) \longrightarrow \mathrm{CO_2}(g) & \Delta H_1 = \Delta H_2 + \Delta H_3 \end{array}$$

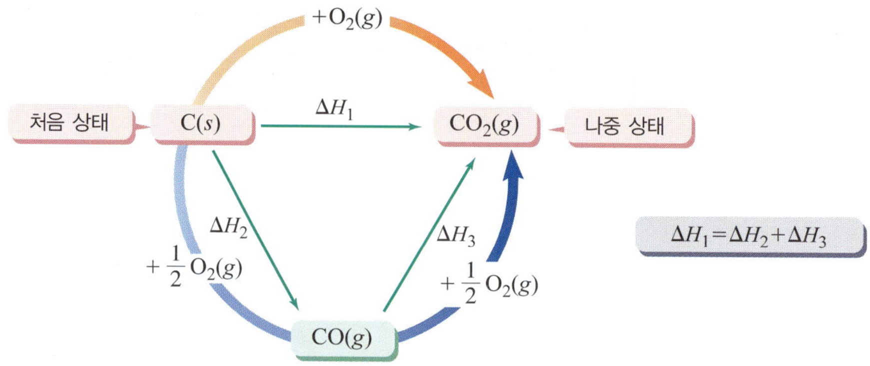

그림 9.10 헤스 법칙

9.7 표준 반응 엔탈피: $\Delta H°$

반응열을 뜻하는 엔탈피는 동일한 화학 반응이라 할지라도 온도와 압력에 따라서 그 값이 달라질 수 있다. 그렇기 때문에 과학자들은 특정한 압력과 온도 조건을 기준 조건으로 삼아 엔탈피를 정의해서 사용한다. 이 기준 조건이라는 것은 압력은 평균 대기압과 같은 1기압(1 atm), 그리고 온도는 25 ℃이다. 이른바 **표준 반응 엔탈피(standard enthalpy of reaction)**는 $\Delta H°$로 표기를 하며 위첨자 °는 바로 표준 조건을 의미한다. 표준 반응 엔탈피는 간편하게 표준 반응열로 부르기도 하며 간혹 $\Delta H°_{반응}$으로 표기하기도 한다.

STP 조건과 열역학적 표준 상태를 혼동하지 않도록 주의하라.
–STP 조건: 25 ℃, 1 atm
–열역학적 표준 상태: 0 ℃, 1 atm

이 절에서는 표준 반응 엔탈피 $\Delta H°$를 계산하는 방법을 알아보기로 한다. 어떤 반응의 표준 반응 엔탈피를 계산하는 방법에는 두 가지가 있다. 하나는 직접법으로 표준 생성 엔탈피를 이용하여 계산하는 방법이며, 다른 하나는 간접법으로 여러 열화학 반응식들을 이용한 연산으로 특정 화학 반응의 표준 반응 엔탈피를 계산하는 방법이다.

직접법을 통해서 표준 반응 엔탈피를 계산할 때에는 다음과 같은 식으로 계산하여 구한다.

$$aA + bB \longrightarrow cC + dD$$

$$\Delta H° = (\text{생성물의 표준 생성 엔탈피의 총합}) - (\text{반응물의 표준 생성 엔탈피의 총합})$$

$$= \Sigma m\Delta H_f°(\text{생성물}) - \Sigma n\Delta H_f°(\text{반응물}) \quad (9.13)$$

$$= c\Delta H_f°(C) + d\Delta H_f°(D) - \{a\Delta H_f°(A) + b\Delta H_f°(B)\} \quad (9.14)$$

위 식에서 언급된 **표준 생성 엔탈피(standard enthalpy of formation)**의 정의는 '표준 상태(25 ℃, 1기압)에서 원소 물질을 이용하여 1몰의 화합물을 생성하는 과정에서 발생하는 엔탈피'이며, $\Delta H_f°$로 표기한다.

표 9.4는 여러 대표적인 화합물의 표준 생성 엔탈피 값을 나타낸 것이다. 이 표를 보면 탄소(C)나 산소 기체(O_2)와 같이 표준 조건에서 가장 안정한 상태에 있는 모든 원소의 표준 생성 엔탈피 $\Delta H_f°$는 0인 점을 명심해야 한다. 그리고 다른 많은 화합물의 표준 생성 엔탈피 값은 부록 E에서 확인할 수 있다.

표 9.4 대표적 화합물의 표준 생성 엔탈피

물질	$\Delta H_f°$(kJ/mol)	물질	$\Delta H_f°$(kJ/mol)
$Ag(s)$	0	$H_2O_2(l)$	−187.6
$AgCl(s)$	−127.0	$Hg(l)$	0
$Al(s)$	0	$I_2(s)$	0
$Al_2O_3(s)$	21669.8	$HI(g)$	25.9
$Br_2(l)$	0	$Mg(s)$	0
$HBr(g)$	−36.2	$MgO(s)$	−601.8
C(흑연)	0	$MgCO_3(s)$	−1112.9
C(다이아몬드)	1.90	$N_2(g)$	0
$CO(g)$	−110.5	$NH_3(g)$	−46.3
$CO_2(g)$	−393.5	$NO(g)$	90.4
$Ca(s)$	0	$NO_2(g)$	33.85
$CaO(s)$	−635.6	$N_2O(g)$	81.56
$CaCO_3(s)$	−1206.9	$N_2O_4(g)$	9.66
$Cl_2(g)$	0	$O(g)$	249.4
$HCl(g)$	−92.3	$O_2(g)$	0
$Cu(s)$	0	$O_3(g)$	142.2
$CuO(s)$	−155.2	S(사방)	0
$F_2(g)$	0	S(단사)	0.30
$HF(s)$	−271.6	$SO_2(g)$	−296.1
$H(g)$	218.2	$SO_3(g)$	−395.2
$H_2(g)$	0	$H_2S(g)$	−20.15
$H_2O(g)$	−241.8	$Zn(s)$	0
$H_2O(l)$	−285.8	$ZnO(s)$	−348.0

표 9.4는 일부 대표적인 분자나 화합물에 관한 내용만 나타내고 있을 뿐이다. 표에 없는 물질에 대해서는 부록 E를 참고해야 한다.

이제 다음 반응의 표준 반응 엔탈피의 계산 과정을 살펴보자.

$$4\ NH_3(g) + 7\ O_2(g) \longrightarrow 4\ NO_2(g) + 6\ H_2O(l)$$

식 (9.13)과 식 (9.14)에 근거하여 풀이 식을 다음과 같이 전개할 수 있다.

$$\Delta H° = 4 \times \Delta H_f°(NO_2(g)) + 6 \times \Delta H_f°(H_2O(l)) - \{4 \times \Delta H_f°(NH_3(g)) + 7 \times \Delta H_f°(O_2(g))\}$$

여기서 $NH_3(g)$, $NO_2(g)$, $H_2O(l)$는 표 9.4 혹은 부록 E에서 표준 생성 엔탈피 값을 찾아서 대입하고, 반면에 $O_2(g)$는 표준 조건에서 가장 안정한 상태의 원소 물질이기 때문에 표준 생성 엔탈피 값은 0이다. 따라서 다음과 같이 표준 반응 엔탈피를 계산할 수 있다.

$$\begin{aligned}\Delta H° &= \{4 \times 33.85\ \text{kJ/mol} + 6 \times (-285.8\ \text{kJ/mol})\} - \{4 \times (-46.3\ \text{kJ/mol}) + 7 \times 0\ \text{kJ/mol}\} \\ &= -1394.2\ \text{kJ(발열)}\end{aligned}$$

위 결과를 볼 때 한 가지 유의해야 할 점은 단위이다. 각 화합물의 표준 생성 엔탈피마다 곱한 정수 4, 6, 4, 7은 몰수(mol)의 개념이므로 최종 계산 결과는 1몰당의 개념이 소거되어 오직 에너지의 단위(−1394.2 kJ)로 표시해야 옳은 것으로 생각하기 쉬우나, −1394.2 kJ/mol로 표기해야 옳다. 그 이유는 $\Delta H°$에서 표준 조건을 의미하는 °는 물질의 양에 있어서는 1 mol을 기준으로 삼고 있기 때문이다. 즉 국제적인 약속에 의하여 반드시 1 mol에 해당되는 에너지라는 뜻으로 단위를 표기해야 하기 때문이다.

다음은 간접법에 대해서 알아보자. 다음 반응식의 표준 반응 엔탈피를 알아내려고 한다고 가정하자.

$$2\ B(s) + 3\ H_2(g) \longrightarrow B_2H_6(g)$$

그리고 위 반응식의 표준 반응 엔탈피를 계산하기 위해 필요한 관련 반응의 열화학 반응식들은 아래와 같다.

$$\text{a) } 2\ B(s) + \frac{3}{2}O_2(g) \longrightarrow B_2O_3(s) \qquad \Delta H° = -1273\ kJ$$
$$\text{b) } B_2H_6(g) + 3\ O_2(g) \longrightarrow B_2O_3(s) + 3\ H_2O(g) \qquad \Delta H° = -2035\ kJ$$
$$\text{c) } H_2(g) + \frac{1}{2}O_2(g) \longrightarrow H_2O(l) \qquad \Delta H° = -286\ kJ$$
$$\text{d) } H_2O(l) \longrightarrow H_2O(g) \qquad \Delta H° = +44\ kJ$$

이들을 헤스 법칙의 응용으로 연산을 거치면 원하는 값을 구할 수 있다.

먼저 문제 반응식의 생성물인 $B_2H_6(g)$가 포함된 반응식 b)를 보면 $B_2H_6(g)$가 반응물에 위치해 있다. 문제 반응식과 동일하게 우변에 위치하도록 반응식 b)를 아래와 같이 역반응 처리를 한다.

$$\text{b) } B_2H_6(g) + 3\ O_2(g) \longrightarrow B_2O_3(s) + 3\ H_2O(g) \qquad \Delta H° = -2035\ kJ$$
$$\text{−b) } B_2O_3(s) + 3\ H_2O(g) \longrightarrow B_2H_6(g) + 3\ O_2(g) \qquad \Delta H° = +2035\ kJ$$

다음은 문제 반응식에서 반응물인 B(s)과 $O_2(g)$가 반응물 쪽에 포함되어 있는 반응식 a)와 c)를 b)의 역반응식인 −b)식과 더한다. 단, 이때 문제 반응식에서 앞에 반응 계수가 3이므로 반응식 c) 양변에 3을 곱해서 더한다. 문제 반응식의 B(s) 앞에 붙어 있는 계수와 반응식 a)의 계수가 동일하기 때문에 반응식 a)는 그대로 더해 준다.

$$\text{a) } 2\ B(s) + \frac{3}{2}O_2(g) \longrightarrow B_2O_3(s) \qquad \Delta H° = -1273\ kJ$$
$$3\times\text{c) } 3\ H_2(g) + \frac{3}{2}O_2(g) \longrightarrow 3\ H_2O(l) \qquad \Delta H° = 3\times -286\ kJ$$
$$\text{−b) } B_2O_3(s) + 3\ H_2O(g) \longrightarrow B_2H_6(g) + 3\ O_2(g) \qquad \Delta H° = +2035\ kJ$$
$$\text{a)+3c)−b) } 2\ B(s) + 3\ O_2(g) + 3\ H_2O(g) \longrightarrow B_2H_6(g) + 3\ H_2O(l) \qquad \Delta H° = -96\ kJ$$

위 반응식 a)+3c)−b)와 문제 반응식의 유일한 다른 점은 화합물 $H_2O(g)$와 $H_2O(l)$의 유무이다. 문제 반응식을 만들기 위해서 반응식 d)를 역반응으로 나타낸 뒤 양변에 3을 곱하고 아래와 같이 반응식 a)+3c)−b)에 더한다.

$$\text{a)+3c)−b) } 2\ B(s) + 3\ O_2(g) + 3\ H_2O(g) \longrightarrow B_2H_6(g) + 3\ H_2O(l) \qquad \Delta H° = -96\ kJ$$
$$3\times\text{d) } 3\ H_2O(l) \longrightarrow 3\ H_2O(g) \qquad \Delta H° = +132\ kJ$$
$$\text{a)+3c)−b)+3d) } 2\ B(s) + 3\ O_2(g) \longrightarrow B_2H_6(g) \qquad \Delta H° = +36\ kJ$$

반응식 a)+3c)−b)+3d)가 곧 문제의 반응식이며, 위 계산 결과 문제 반응식의 표준 반응 엔탈피는 36 kJ이다.

9.7 예제

자동차 엔진의 힘은 엔진에 주입되는 연료의 옥테인가(octane value)에 의해서 좌우된다고 한다. 자동차 엔진에서 옥테인($C_8H_{18}(l)$)의 연소를 나타낸 열화학 반응식이 다음과 같을 때, 표 9.4나 부록 E를 이용하여 옥테인(l)의 표준 생성 엔탈피 $\Delta H_f°$를 계산하시오.

$$C_8H_{18}(l) + 25\ O_2(g) \longrightarrow 8\ CO_2(g) + 9\ H_2O(l) \qquad \Delta H° = -5220\ \text{kJ/mol}$$

풀이

옥테인(l)의 표준 생성 엔탈피 $\Delta H_f°(C_8H_{18}(l))$를 미지수라 할 때, 다음과 같이 나타낼 수 있다.

$$\begin{aligned}\Delta H° &= -5220\ \text{kJ}\\ &= [8\times\Delta H_f°(CO_2(g)) + 9\times\Delta H_f°(H_2O(l))] - [\Delta H_f°(C_8H_{18}(l)) + 25\times\Delta H_f°(O_2(g))]\\ &= [8\times(-393.5\ \text{kJ/mol}) + 9\times(-285.8\ \text{kJ/mol})] - [x + 25\times(0\ \text{kJ/mol})]\end{aligned}$$

정답

$\Delta H_f°(C_8H_{18}(l)) = -508.2\ \text{kJ/mol}$

응용문제 9.7

부록 E를 참고하여 아래 반응의 $\Delta H°$(kJ)을 계산하시오.

$$Ag^+(aq) + Cl^-(aq) \longrightarrow AgCl(s)$$

9.8 예제

메테인 기체는 산소와 반응하여 다음과 같이 이산화 탄소와 물을 생성한다.

$$CH_4(g) + 2\ O_2(g) \longrightarrow CO_2(g) + 2\ H_2O(l)$$

이와 같은 온도와 압력 조건에서 다음과 같은 다양한 반응의 열화학 반응식이 성립한다고 할 때, 이 반응식들을 이용하여 메테인 연소 반응의 반응 엔탈피(ΔH)를 계산하시오.

$$\begin{aligned}&CH_4(g) + O_2(g) \longrightarrow CH_2O(g) + H_2O(g) && \Delta H = -275.6\ \text{kJ}\\ &CH_2O(g) + O_2(g) \longrightarrow CO_2(g) + H_2O(g) && \Delta H = -526.7\ \text{kJ}\\ &H_2O(l) \longrightarrow H_2O(g) && \Delta H = +44.0\ \text{kJ}\end{aligned}$$

풀이

헤스 법칙에 근거하여 문제에서 제시한 열화학 반응식을 이용하여 간접법으로 계산한다.

$$\begin{aligned}&CH_4(g) + O_2(g) \longrightarrow \cancel{CH_2O(g)} + \cancel{H_2O(g)} && \Delta H = -275.6\ \text{kJ}\\ &\cancel{CH_2O(g)} + O_2(g) \longrightarrow CO_2(g) + \cancel{H_2O(g)} && \Delta H = -526.7\ \text{kJ}\\ +)\ &2\times[\cancel{H_2O(g)} \longrightarrow H_2O(l)] && \Delta H = -2\times 44.0\ \text{kJ}\\ \hline &CH_4(g) + 2\ O_2(g) \longrightarrow CO_2(g) + 2\ H_2O(l) && \Delta H = -890.3\ \text{kJ}\end{aligned}$$

정답

$\Delta H = -890.3\ \text{kJ}$

응용문제 9.8

다음 식을 참고하여 괄호에 들어갈 값을 계산하시오.

$$\begin{aligned}&H_2(g) \longrightarrow 2\ H(g) && \Delta H° = +436.4\ \text{kJ}\\ &Br_2(g) \longrightarrow 2\ Br(g) && \Delta H° = +192.5\ \text{kJ}\\ &H_2(g) + Br_2(g) \longrightarrow 2\ HBr(g) && \Delta H° = -72.4\ \text{kJ}\\ &H(g) + Br(g) \longrightarrow HBr(g) && \Delta H° = (\qquad)\ \text{kJ}\end{aligned}$$

9.8 반응열의 종류

엔탈피는 어떤 반응에 해당하는 반응열인가에 따라 일컫는 엔탈피의 종류가 다양해진다. 이 절에서는 용해 엔탈피(용해열), 수화 엔탈피(수화열), 용융 엔탈피(용융열), 증발 엔탈피(증발열), 묽힘 엔탈피(묽힘열)에 관하여 설명한다.

용해 엔탈피(용해열)

용질이 용매에 녹는 과정을 용해 반응이라고 한다. 이 과정에서 발열 또는 흡열하는 에너지를 **용해 엔탈피(enthalpy of solution)** 혹은 **용해열(heat of solution)**이라 부르며 표기는 $\Delta H^\circ_{용해}$로 한다(그림 9.11). 다음 열화학 반응식과 같이 용해 과정을 표현하는 과정에서 용해 엔탈피를 표기할 수 있다.

$$\mathrm{NaOH}(s) + \mathrm{H_2O}(l) \longrightarrow \mathrm{NaOH}(aq) \qquad \Delta H^\circ_{용해} = -44.5\ \mathrm{kJ/mol}$$

그림 9.11 수산화 소듐의 용해와 용해열

수화 엔탈피(수화열)

가용성 용질이 물에 용해되는 과정에서 용질 입자가 용매인 물 분자로 둘러싸이는 과정을 **수화(hydration)**라고 한다. 특히, 이온으로 해리가 가능한 전해질의 경우 양이온과 음이온은 더욱 적극적으로 수화된다(그림 9.12). 이 수화 과정에서 발생하거나 흡수되는 열에너지를 **수화 엔탈피(enthalpy of hydration)** 혹은 **수화열(heat of hydration)**이라고 부르고 $\Delta H^\circ_{수화}$로 표기한다.

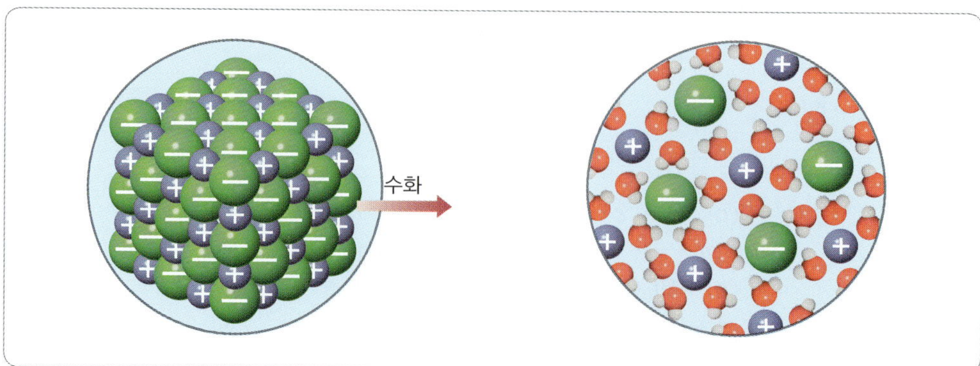

그림 9.12 고체 NaCl과 수화

용융 엔탈피(용융열)

고체 상태의 화합물이 액체 상태로 변하는 과정을 용융이라고 한다. 이 과정에서의 흡수된 반응열을 **용융 엔탈피(enthalpy of melting)** 혹은 **용융열(heat of solution)**이라고 한다. 표기는 $\Delta H^\circ_{\text{용융}}$으로 한다(그림 9.13). 다음 열화학 반응식이 용융 엔탈피의 예이다.

$$H_2O(s) \longrightarrow H_2O(l) \qquad \Delta H_{\text{용융}} = +6.01\ \text{kJ/mol}$$

용융열이 큰 고체일수록 쉽게 녹지 않으며, 녹기 위해서는 많은 열이 필요하다.

표 9.5 대표적인 고체 화합물의 녹는점과 용융 엔탈피

화합물	녹는점(℃)	용융 엔탈피(kJ/mol)
O_2	−218	0.45
HCl	−114	1.99
HI	−51	2.87
CCl_4	−23	2.51
$CHCl_3$	−64	9.20
H_2O	0	6.02
NaF	992	29.3
NaCl	801	30.2

증발 엔탈피(증발열)

액체 상태의 화합물이 기체 상태로 변화하는 과정을 증발이라고 한다. 이 과정에서 흡수된 반응열을 **증발 엔탈피(enthalpy of vaporization)** 혹은 **증발열(heat of vaporization)**이라고 한다(그림 9.13). 다음과 같이 열화학 반응식에서 표기는 $\Delta H_{\text{증발}}$로 한다. 증발열이 클수록 액체는 증발하기 위하여 많은 열에너지가 필요하다.

$$H_2O(l) \longrightarrow H_2O(g) \qquad \Delta H_{\text{증발}} = +40.65\ \text{kJ/mol}$$

승화 엔탈피(승화열)

고체가 액체 상태를 거치지 않고 곧바로 기체 상태로 변이하는 과정을 승화라고 한다. 이 과정에서 흡수된 열에너지를 **승화 엔탈피(enthalpy of sublimation)** 혹은 **승화열(heat of sublimation)**이라고 하며 $\Delta H_{\text{승화}}$로 표기한다(그림 9.13). 반응이 일어나는 온도 조건만 동일하다면, 헤스 법칙에 의하여 승화 엔탈피는 증발 엔탈피와 용융 엔탈피의 합으로 구할 수 있다.

$$H_2O(s) \longrightarrow H_2O(g) \qquad \Delta H_{\text{승화}} = \Delta H_{\text{용융}} + \Delta H_{\text{증발}} = +46.66\ \text{kJ/mol}$$

묽힘 엔탈피(묽힘열)

진한 황산 용액($H_2SO_4(aq)$)에 순수한 물을 섞어서 묽힐 때는 매우 조심해야 한다. 그 이유는 황산을 묽히는 과정에서 매우 큰 열이 발생하기 때문에 화상을 입을 가능성이 있다. 이처럼 용액의 농도를 낮추기 위하여 용매를 추가로 첨가해 주는 과정에서 발

진한 황산을 묽힐 때는 황산에 물을 첨가하는 것이 아니라 물에 황산을 서서히 첨가하면서 지속적으로 저어 주어야 격렬한 발열로 인해 황산 용액이 튀는 것을 방지할 수 있다.

생하거나 흡수되는 열에너지를 **묽힘 엔탈피(enthalpy of dilution)** 또는 **묽힘열(heat of dilution)**이라고 부른다.

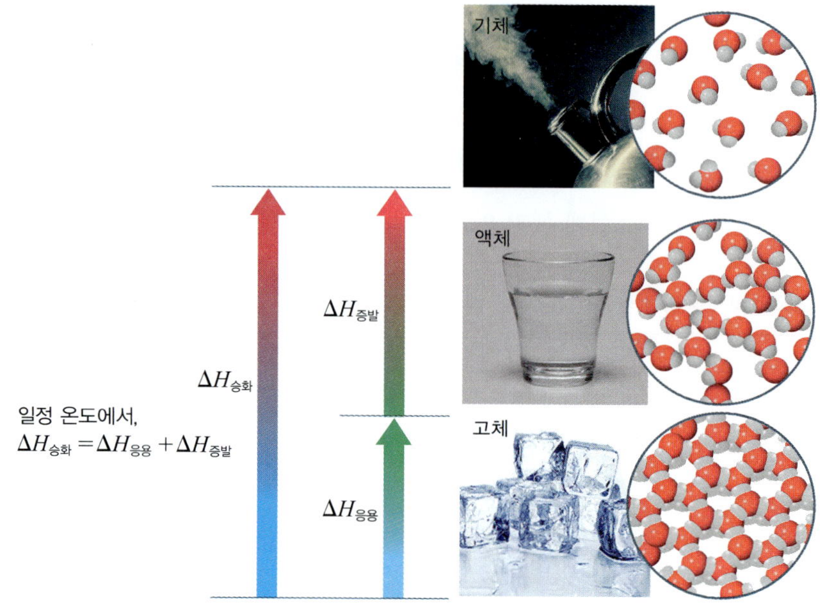

그림 9.13 용융 엔탈피, 증발 엔탈피, 승화 엔탈피
ⓒHappyRichStudio/Shutterstock
ⓒAlex Staroseltsev/Shutterstock

핵심 요약

9.1 에너지의 기초 개념

- 열역학 제1법칙에 의하면 에너지는 한 형태에서 다른 한 형태로 전환할 수는 있으나, 만들어지거나 파괴 또는 소멸할 수 없다.
- 내부 에너지에서는 일(w)과 열(q)의 형태로 에너지 변환이 진행된다.
- 일(w)의 부호가 양(+)이면 계에 일이 가해졌다는 의미이며, 음(−)이면 계가 일을 했다는 의미이다.
- 열(q)의 부호가 양(+)이면 계가 흡열했다는 의미이며, 음(−)이면 계가 발열을 했다는 의미이다.
- 경로 함수란 어느 경로를 거쳐서 변화했는지에 따라 그 값이 결정되는 함수이다.
- 상태 함수란 변화 경로와는 상관없이 최초 상태와 최종 상태에 의하여 그 값이 결정되는 함수이다.
- 에너지는 상태 함수이다.

9.2 화학 반응과 열의 출입

- 발열 반응이란 계에서 주위로 열에너지가 이동하는 반응이다.
- 흡열 반응이란 주위에서 계로 열에너지가 이동하는 반응이다.
- 열린계는 주위로부터 에너지와 물질의 출입이 모두 가능한 계이다.
- 닫힌계는 주위로부터 에너지의 출입만 가능하고 물질의 출입은 불가능한 계이다.
- 고립계는 주위로부터 에너지와 물질의 출입이 모두 불가능한 계이다.

9.3 엔탈피의 변화: ΔH

- 엔탈피는 상태 함수로서 계가 열의 형태 또는 열로 전환할 목적으로 지니고 있는 에너지의 형태이다.

- $\Delta H = \Delta U + P\Delta V$

9.5 반응열과 반응열의 측정(열계량법)

- 반응열(heat of reaction)이란 화학 반응이 일어나는 과정에서 발생하거나 흡수되는 열이다.
- 열량계는 크게 통 열량계(정적 열량계)와 커피컵 열량계(정압 열량계)가 있다.
- Q(열량) $= c \times m \times \Delta T$ (ΔT: 온도 변화, m: 온도 변화가 있는 매체의 질량, c: 비열)
- Q(열량) $= C \times \Delta T$ (ΔT: 온도 변화, C: 열량계 전체의 열용량)

9.6 헤스 법칙

- 화학 반응이 일어날 때 엔탈피 변화는 그 반응이 일어나는 동 안 반응 전후의 물질의 종류 및 상태가 같으면 반응 경로에 상관없이 항상 일정하다.

9.7 표준 반응 엔탈피: ΔH°

$$a\text{A} + b\text{B} \longrightarrow c\text{C} + d\text{D}$$

$$\begin{aligned}\Delta H^\circ &= (\text{생성물의 표준 생성 엔탈피의 총합}) - (\text{반응물의 표준 생성 엔탈피의 총합}) \\ &= \Sigma m\Delta H_f^\circ(\text{생성물}) - \Sigma n\Delta H_f^\circ(\text{반응물}) \\ &= c\Delta H_f^\circ(\text{C}) + d\Delta H_f^\circ(\text{D}) - \{a\Delta H_f^\circ(\text{A}) + b\Delta H_f^\circ(\text{B})\}\end{aligned}$$

핵심 용어 정리

- 경로 함수(path function): 어느 경로를 거쳐서 변화했는지에 따라 그 값이 결정되는 함수
- 계(system): 어떤 물체나 화학 반응과 같은 어떤 변화가 일어나는 공간
- 고립계(isolated system): 물질과 에너지의 출입이 모두 불가능한 계
- 내부 에너지(internal energy): 계가 자체적으로 지닌 에너지
- 닫힌계(closed system): 물질의 출입은 불가능하지만 에너지의 출입이 가능한 계
- 묽힘 엔탈피(enthalpy of dilution): 용액의 농도를 낮추기 위하여 용매를 추가로 첨가해 주는 과정에서 발생하거나 흡수되는 열에너지, 묽힘열
- 반응열(heat): 화학 반응이 일어나는 과정에서 발생하거나 흡수되는 열
- 발열 반응(exothermic reaction): 계에서 주위로 열에너지가 이동하는 반응
- 비열(specific heat): 어떤 물질 1 g을 1 ℃ 올리는 데 필요한 열량
- 상태 함수(state function): 경로와는 상관없이 최초 상태와 최종 상태에 의하여 그 값이 결정되는 함수
- 수화(hydration): 가용성 용질이 물에 용해되는 과정에서 용질 입자가 용매인 물 분자로 둘러싸이는 과정
- 수화 엔탈피(enthalpy of hydration): 수화 과정에서 발생하거나 흡수되는 열에너지, 수화열
- 승화 엔탈피(enthalpy of sublimation): 고체가 액체 상태를 거치지 않고 곧바로 기체 상태로 변이하는 과정에서 발생하거나 흡수되는 열에너지, 승화열
- 엔탈피(enthalpy): 계가 열의 형태 또는 열로 전환할 목적으로 지니고 있는 에너지의 형태
- 열린계(open system): 에너지와 물질의 출입이 모두 가능한 계
- 열용량(heat capacity): 열량계 전체를 1 ℃ 올리는 데 필요한 열량
- 외부 에너지(external energy): 주위의 에너지

- 용융 엔탈피 (enthalpy of melting): 고체 상태의 화합물이 액체 상태로 변하는 과정에서 발생하거나 흡수되는 열에너지, 용융열
- 용해 엔탈피 (enthalpy of solution): 용질이 용매에 녹는 과정에서 발생하거나 흡수되는 열에너지, 용해열
- 주위(surrounding): 계를 제외한 우주의 나머지 모든 공간
- 증발 엔탈피 (enthalpy of vaporization): 액체 상태의 화합물이 기체 상태로 변화하는 과정에서 발생하거나 흡수되는 열에너지, 증발열
- 표준 반응 엔탈피 (standard enthalpy of reaction): 표준 상태(25 °C, 1기압)에서 원소 물질을 이용하여 1몰의 화합물을 생성하는 과정에서 발생하는 엔탈피
- 흡열 반응 (endothermic reaction): 주위에서 계로 열에너지가 이동하는 반응

Deep Insight

최첨단 소재 방한 속옷: 흡습내의와 발열내의

히트텍이란 미국의 섬유회사인 아메리칸 비스코스가 개발한 친수성 합성 섬유로 수분을 잘 흡수하는 성질이 있다.

일반적으로 땀이 공기 중으로 기화하면 주변의 열을 함께 빼앗아 가기 때문에 춥게 느껴진다. 하지만 흡습성을 지닌 레이온은 물 분자를 내보내지 않고 섬유에 머무르기 때문에 따뜻하게 느껴진다. 물은 비열이 높아 많은 열량을 담고 있을 수 있어 보온하는 효과를 기대할 수 있다.

석유에서 뽑아낸 아크릴도 수분 배출을 막아 보온 효과를 높이는 기능을 갖고 있다. 1920년대에 개발된 아크릴은 단면적이 주름이 잘 안 잡히는 둥근 형태여서, 각진 형태로 존재하는 레이온과 함께 사용하면 공간이 많이 만들어져 공기를 다량 함유할 수 있다. 또한 섬유를 짜서 옷감을 만들 때 공기를 함유할 수 있는 공간이 많으면 많을수록 열전도율이 낮은 공기의 특성상 외부와 단열되고 보온성은 올라가게 된다.

레이온과 아크릴 등을 혼합하여 개발한 히트텍의 발열 원리는 한마디로 말해 '흡습 발열'이다. 신체에서 발산되는 수증기나 땀 같은 수분을 열에너지로 변화시키는 것이 바로 흡습 발열의 원리이다. 레이온이나 아크릴 같은 화학섬유의 흡착열은 양모보다 3배 정도 높은데, 이렇게 높은 흡착성을 이용하여 따뜻한 소재를 만드는 것이다.

히트텍과 같은 흡습열에서 한 단계 더 발전한 발열내의의 소재로는 신체에서 발생하는 복사열을 이용하는 '신체열 반사 섬유'가 있다. 마치 알루미늄 포일을 연상시키는 듯한 이 번쩍이는 소재는, 몸에서 나오는 열을 반사하여 따뜻하게 해주고, 불필요한 습기나 땀은 밖으로 배출하여 신체를 쾌적하게 유지시켜 준다. '옴니히트'라는 이름으로 더 많이 알려져 있는 이 소재는 은과 알루미늄 등의 금속을 섬유에 코팅 또는 도금하여 신체에서 복사되는 열을 반사시켜 보온을 높이는 원리로 작동된다. 여기에다 통기성까지 좋아서 착용자는 항상 쾌적한 상태로 옷을 입을 수 있다.

복사열 외에 신체에서 발산하는 원적외선을 이용한 '방사 섬유'도 주목받는 발열내의 소재로 꼽히고 있다. 사람의 신체는 10 μm 부근의 원적외선을 내보내는데, 이때 같은 파장을 내는 원적외선을 만나게 되면 발열 효과가 나타난다. 다시 말해 원적외선을 발산하는 세라믹 소재를 섬유에 적용하면 발열 기능을 지닌 의복을 만들 수 있다는 것이다.

이 밖에도 태양열을 활용한 섬유도 최근 들어 새로운 발열내의 소재로 주목받고 있다. 섬유 안에 있는 물질이 태양에서 나오는 원적외선을 받으면 분자끼리 충돌하며 진동을 일으키는데, 이 과정에서 발생하는 열을 이용하는 것이다. 태양 에너지를 활용하기 때문에 주로 야외에서 자주 활동하는 사람이 착용하면 더 높은 보온 효과를 볼 수 있다. 이러한 첨단 섬유는 태양 빛이 없는 극저온의 공간에서 우주비행사의 생존을 높이는 우주 개발 기술로 매우 중요할 것으로 여겨진다.

▲ 히트텍

연습문제

● (9.1～9.5) 다음 설명 중 옳은 것은 ○, 틀린 것은 ×를 표시하시오.

9.1 발열 반응이란 주위에서 계로 열에너지가 이동하는 반응을 말한다. (　　　　)

9.2 바다를 항해하는 원양어선의 해상 이동 거리는 상태 함수이다. (　　　　)

9.3 지구는 닫힌계이다. (　　　　)

9.4 기체의 팽창 과정은 일을 하는 과정이다. (　　　　)

9.5 엔탈피는 상태 함수로, 계가 열의 형태 또는 열로 전환할 목적으로 지니고 있는 에너지의 형태이다. (　　　　)

● (9.6～9.10) 다음 문장의 빈칸에 올바른 용어(단어) 혹은 문구를 채워 넣으시오.

9.6 흡열 반응이란 주위에서 계로 (　　　　)가 이동하는 반응을 말한다.

9.7 계와 주위 사이에 에너지의 이동과 물질의 이동이 모두 불가능한 계를 (　　　　)라고 한다.

9.8 (　　　　)은 "에너지는 한 형태에서 다른 한 형태로 전환될 수 있으나, 만들어지거나 파괴할 수 없다."로 정의한다.

9.9 (　　　　)란 표준 상태(25 °C, 1기압)에서 원소 물질을 이용하여 1몰의 화합물을 생성하는 과정에서 발생하는 엔탈피이다.

9.10 (　　　　)란 고체가 액체 상태를 거치지 않고 곧바로 기체 상태로 변이하는 과정에서 흡수된 열에너지이다.

● (9.11～9.25) 다음 물음에 답하시오.

9.11 마그네슘 1몰이 연소하여 산화 마그네슘을 생성할 때, 602 kJ의 열에너지를 생성한다. 이 과정을 열화학 반응식으로 기술하시오.

9.12 가솔린의 주성분인 옥테인($C_8H_{18}(l)$)이 연소하여 이산화 탄소와 물을 생성하는 과정에서 q와 w의 부호를 예측하시오.

9.13 서울에서 일본 나리타로 비행기를 타고 여행을 간다고 할 때, 이 여행 과정에서 상태 함수와 경로 함수의 예를 몇 가지 설명하시오.

9.14 다음 과정은 발열 반응인가, 흡열 반응인가?

(a) 고체 KBr을 물에 용해시켰더니 용액이 차가워졌다.
(b) 천연가스가 가스레인지에서 연소한다.
(c) 물이 주전자에서 끓는다.
(d) 드라이아이스가 승화한다.
(e) 진한 황산이 물에 용해될 때, 용액의 온도가 증가한다.

9.15 다음의 경우 내부 에너지의 변화 $\Delta E(=\Delta U)$를 계산하시오.

(a) $q = -47$ kJ, $w = +77$ kJ
(b) $q = +103$ kJ, $w = -117$ kJ
(c) $q = +5.5$ kJ, $w = 0$ kJ

9.16 외부의 압력이 2.0 atm으로 일정할 때, 10.0 L인 어떤 기체가 일정한 온도에서 팽창하였다. 팽창 과정에서 기체가 한 일이 −2.5509 J이라면 팽창한 기체의 부피는 몇 L인가?

9.17 은(Ag)의 비열은 0.24 J/g·°C이다. 은을 구슬로 만들어 가열하였더니, 은구슬의 온도가 12.0 °C에서 15.2 °C로 상승하였다. 이때 은구슬이 흡수한 열량이 1.25 kJ이라면 은은 몇 g인가?

9.18 커피컵 열량계에 24.2 °C, 125 g의 물이 담겨 있다. 이 물에 고체 KBr 10.5 g을 녹였더니 온도가 21.1 °C로 낮아졌다. 이때 용해 엔탈피($\Delta H_{용해}$)를 J/g과 kJ/mol 단위로 계산하시오. (단, KBr이 녹은 용액의 비열은 4.184 J/g·°C이고, 용액의 어떠한 열량도 외부로 유출되지 않았다.)

9.19 다음 반응의 반응 엔탈피(ΔH)를 아래 반응식을 참고하여 계산하시오.

$$P_4O_{10}(s) + 6\ PCl_5(g) \longrightarrow 10\ Cl_3PO(g)$$

- $P_4(s) + 6\ Cl_2(g) \longrightarrow 4\ PCl_3(g)$ $\quad \Delta H = -1225.6$ kJ
- $P_4(s) + 5\ O_2(g) \longrightarrow P_4O_{10}(s)$ $\quad \Delta H = -2967.3$ kJ
- $PCl_3(g) + Cl_2(g) \longrightarrow PCl_5(g)$ $\quad \Delta H = -84.2$ kJ
- $PCl_3(g) + \frac{1}{2}O_2(g) \longrightarrow Cl_3PO(g)$ $\quad \Delta H = -285.7$ kJ

9.20 부록 E를 이용하여 다음 반응의 표준 반응열(ΔH°)을 구하시오.

$$3\ Fe_2O_3(s) + CO(g) \longrightarrow 2\ Fe_3O_4(s) + CO_2(g$$

9.21 18 ℃인 10.0 g의 금박을 55.6 ℃인 20.0 g의 철판과 접촉시켰다. 별도의 열 손실이 발생하지 않는다고 가정하였을 때, 장시간 방치 후 금과 철의 같아진 온도를 계산하시오. 금과 철의 비열은 표 9.3을 참고한다.

9.22 일반적인 휘발유와는 다르게 나이트로메테인(CH_3NO_2)은 분자 내에 산소를 포함하고 있는 연료이기 때문에 연소 시 강력한 폭발력을 발휘할 수 있다. 그렇기 때문에 드레그 레이싱과 같은 자동차 경우에서 연료로 사용되고 있다. 나이트로메테인은 연소하면서 이산화 탄소와 물, 질소 기체를 생성한다. 표준 조건에서 나이트로메테인 1몰의 연소 반응열을 계산하시오. ($CH_3NO_2(l)$의 표준 생성 엔탈피는 −113.1 kJ/mol이다.)

9.23 질량이 55.8 g인 얼음을 섭씨 영하 15.0도부터 영하 0.1도까지 가열하였다. 이 과정에서 얼음에 흡수된 열량이 1.72 kJ이라 할 때, 얼음의 비열을 계산하시오. 단위까지 정확히 적으시오.

9.24 실험실의 알코올 램프에는 메탄올을 주로 사용한다. 만약 표준 조건에서 메탄올(CH_3OH)을 대신하여 프로판올(C_3H_7OH)을 사용한다면 연소 열량이 얼마나 차이가 나는지 계산하시오.

9.25 겨울철 목욕을 할 때, 욕조 물의 온도가 섭씨 38~39일 때 혈액순환 촉진과 근육 이완에 가장 적합하다고 한다. 철수가 목욕을 하기 위해 섭씨 18도의 물 24 L에 뜨거운 물을 섞어서 섭씨 38도의 욕조 물을 만들려고 한다. 뜨거운 물의 온도가 섭씨 46도라고 할 때, 철수는 뜨거운 물을 몇 리터나 섞어야 하겠는가? 물의 밀도는 1.00 g/mL, 물의 비열은 4.184 J/g·℃이다.

CHAPTER

10

분자간 힘과 액체 및 고체

◀ 물질을 이루는 분자 간의 강력한 인력이 없었다면 점성 같은 물성은 이 세상에 나타날 수 없었을 것이며 오늘날 우리는 접착제라는 제품을 경험해보지 못할 것이다. © Far700/Shutterstock

10.1 액체와 고체의 분자 운동론

기체 분자의 거동을 설명하기 위해서 분자 운동론을 활용하였다. 기체는 분자의 크기에 비해 분자 사이의 거리가 매우 멀기 때문에 일반적인 온도와 압력(즉, 25 °C와 1 atm)에서는 분자들 간에 상호 작용이 거의 없다.

기체는 쉽게 압축될 수 있으며, 기체 분자들 간의 힘이 강하지 않기 때문에 쉽게 팽창해서 용기의 부피를 채운다. 기체가 팽창 가능하다는 것은 일반적인 조건에서 액체나 고체보다 매우 밀도가 낮다는 것이다.

액체와 고체는 기체와 마찬가지로 일정한 운동을 하고 있으나 분자간 힘은 다르다. 원자, 분자 및 이온 상태에서 단단히 쌓여 있고 각 상태에서 분자간 힘이나 금속 결합, 이온 결합 또는 공유 결합으로 결합되어 있으므로 기체와는 전혀 다른 상호 작용을 한다.

기체 상태의 분자간 인력
기체 분자 간의 거리가 멀리 떨어져 있다는 것은 분자 사이의 인력이 약하게 작용한다는 것이다.

기체 상태에서는 분자들이 매우 멀리 떨어져 있고, 액체와 고체 상태에서는 상대적으로 가깝게 존재한다. 액체에서는 분자가 서로 가까워서 공간이 매우 작다. 따라서 액체는 기체보다 압축시키기가 매우 어렵다. 따라서 일반적인 조건에서 액체가 용해되어 있는 다른 액체 속으로 확산하는 것은 기체가 다른 기체 속으로 확산하는 것보다 느리다.

또한, 액체는 분자 간 인력으로부터 크게 벗어나지 못하기 때문에 일정한 부피를 가지며, 액체 분자는 서로 자유롭게 움직일 수 있고 흐를 수 있어 용기의 형태에 따라 모양이 결정된다.

고체에서는 분자나 이온 간의 운동에서 훨씬 더 제한을 받는다. 즉, 분자나 이온은 매우 조밀하게 쌓여 있어 고정된 위치에서만 운동이 일어난다. 고체는 액체보다 촘촘히 쌓여 있는 구조로 공간이 훨씬 더 작다. 따라서 고체는 거의 압축되지 않으며, 정해진 모양과 부피를 가진다.

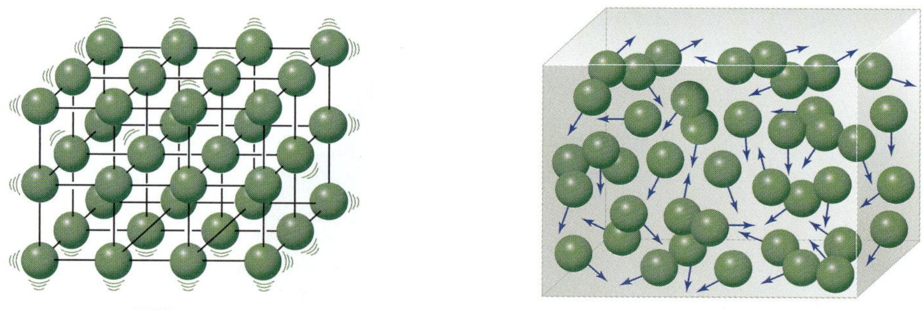

물의 경우와 같이 몇몇 예외가 있긴 하지만, 일반적으로 고체 상태는 액체 상태보다 밀도가 더 크다. 고체나 액체는 대부분의 기체보다 수십 배 정도 밀도가 크다. 어떤 물질에서 두 가지 상태가 공존하는 경우가 흔히 있는데, 물 위에 떠 있는 얼음이 그 예이다. 컵에 든 얼음물에는 물의 고체상(solid phase)과 액체상(liquid phase)이 공존한다. 이 장에서 어떤 한 가지 물질의 상태 변화에 대해 이야기할 때 '**상(phase)**'이란 용어를 사용할 것이다. 표 10.1에 물질의 세 가지 상이 가지는 대표적인 특징이 요약되어 있다. 물질의 상태는 입자의 운동 에너지와 입자 간의 인력에 따라 결정된다.

표 10.1 기체, 액체 및 고체의 물리적 특성

물질의 상태	부피/모양	밀도	압축성	분자 운동
기체	용기에 따라 부피와 모양이 달라진다.	낮다.	압축성이 크다.	매우 자유롭다.
액체	일정한 부피를 지니지만, 용기에 따라 모양은 달라진다.	높다.	매우 조금 압축된다.	서로 자유롭게 움직인다.
고체	일정한 부피와 모양을 가진다.	높다.	압축이 안 된다.	고정된 위치에서 진동한다.

10.2 분자간 힘

분자간 힘(intermolecular force)은 개개의 입자(원자, 분자 및 이온) 사이에 작용하는 힘으로 물질의 종류마다 다르다. 이러한 힘은 분자 내에서 원자 간의 서로 붙잡고 있는 인력인 **분자내 힘(intramolecular force)**인 이온 결합, 공유 결합 및 금속 결합보다 매우 약하다. 분자 간 힘은 끓는점, 증기 압력, 점도, 기화열 등 액체의 성질과 녹는점, 용융열 등 고체의 성질에도 직접적으로 영향을 미친다.

일반적으로 분자내 힘은 분자간 힘보다 매우 강하다. 예로서, 액체를 구성하는 분자내 힘인 분자의 결합을 끊는 데 필요한 에너지는 분자간 힘인 액체를 증발시키는 데 필요한 에너지보다 훨씬 크다. 1몰의 물 분자에 있는 모든 O−H 결합을 산소와 수소 원자로 분해하는 데 필요한 에너지인 분자내 힘은 약 930 kJ이지만 끓는점에서 물 1몰을 증발시키기 위해서는 약 41 kJ의 에너지가 필요하다.

분자간 힘이 존재하지 않는다면, 액체와 고체 같은 응축상이 존재할 수 없다. 이러한 분자간 힘은 액체와 고체를 묶어 두는 힘이 된다. 물질의 끓는점은 분자들 사이에 작용하는 분자간 힘의 세기를 말한다. 끓는점에서 증기상(vapor phase)으로 되기 위해서는 분자들 사이의 인력을 이겨내기에 충분한 에너지가 공급되어야 한다. 끓는점이 높다는 것은 분자 간의 인력이 강하게 작용하고 있음을 의미하며, 이는 고체의 녹는점에도 작용한다. 일반적으로 분자간 힘의 세기가 클수록 그 물질의 끓는점과 녹는점은 높아진다.

공유 물질, 이온 물질 및 비원자성 물질에 대한 힘의 형태에 대하여 살펴보자. 분자간 힘은 분자 사이에 작용하며 금속 결합, 이온 결합 및 공유 결합의 힘보다 훨씬 약하다.

분자간 힘의 중요 형태는 **쌍극자−쌍극자(dipole−dipole)**, **쌍극자−유도 쌍극자(dipole−induced dipole)** 및 **분산력(dispersion force)**으로 구성되어 있으며, 이러한 힘은 총괄하여 기체가 이상 기체로부터 벗어남을 연구한 반데르발스의 이름을 따서 **반데르발스 힘(van der Waals force)**이라고 한다. 이온과 쌍극자는 **이온−쌍극자 힘(ion−dipole force)**이라고 하는 정전기적 힘에 의해 서로 잡아당기며, 극성 액체 내의 이온 물질이 녹아있는 용액에서 작용하는 힘이므로 반데르발스 힘은 아니다.

반데르발스 힘과 수소 결합
수소 결합은 쌍극자−쌍극자 힘으로 반데르발스 힘으로는 특별히 강한 형태인 것으로 생각할 수 있다. 그러나 수소 결합의 형성에는 단지 플루오린, 산소 및 질소 등 몇 가지의 원소만이 참여할 수 있기 때문에 수소 결합은 반데르발스 힘에 속하나 다른 종류로 분류하기도 한다.

쌍극자–쌍극자 힘

쌍극자–쌍극자 힘(**dipole–dipole force**)은 쌍극자 모멘트를 가지고 있는 극성 분자들 간에 정전기적으로 작용하는 인력으로 한 분자 내에서 (+)극과 이웃한 다른 분자의 (–)극이 매우 가까워질 때 서로 끌어당기면서 발생하며, 같은 극끼리 가까워지면 반발력이 생긴다. 쌍극자–쌍극자 힘은 분자들이 매우 가까이 있을 때 존재한다. 쌍극자 모멘트가 클수록 쌍극자–쌍극자 힘도 커진다. 그림 10.1은 고체에서 극성 분자의 배향은 서로 반대 방향으로 배열됨을 보여 주고 있다.

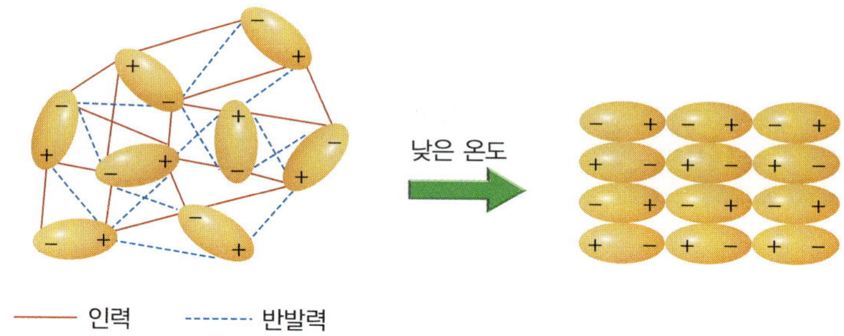

그림 10.1 **쌍극자–쌍극자 힘** 고체상에서 분자들은 최대 인력을 유지하기 위하여 쌍극자가 반대 방향으로 배열된다.

이온–쌍극자 힘

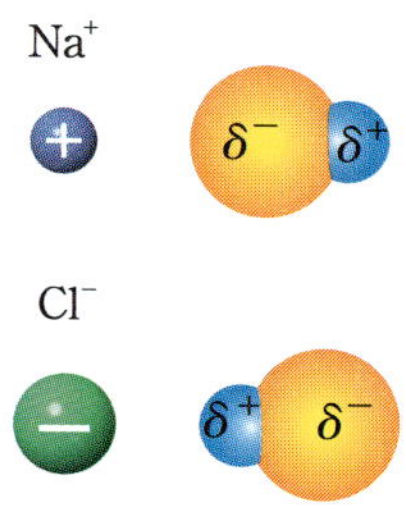

그림 10.2 이온–쌍극자간의 힘

이온–쌍극자 힘(**ion–dipole force**)은 양이온이나 음이온과 같은 이온과 극성 분자의 끝 부분이 서로 끌어당기는 힘이다(그림 10.2). 양이온은 쌍극자의 (–)전하 쪽에 끌리고, 음이온은 쌍극자의 (+)전하 쪽에 끌린다.

이온–쌍극자 힘은 물속에 NaCl이 녹아 있는 경우와 같이, 극성 액체에서 이온 물질이 녹아 있는 용액에서 발생한다. 이온의 전하량, 쌍극자 모멘트의 크기 및 이온과 분자의 크기가 클수록 이온–쌍극자 힘의 크기는 증가한다.

그림 10.3은 Na^+과 Mg^{2+}이 물과 이온–쌍극자 인력을 보여 준다. Mg^{2+}(반지름 78 pm)이 Na^+(반지름 98 pm)보다 더 큰 전하와 더 작은 반지름을 가지기 때문에 물 분자와 더 강하게 상호 작용을 하여 이온–쌍극자 힘이 Na^+보다 강하다. 용액에서 각 이온은 다수의 물 분자, 즉 산소 원자에 의해 둘러싸여 있다. 실제로 Na^+와 Mg^{2+}에 대한 수화열은 각각 –405 kJ/mol과 –1926 kJ/mol로 나타난다. 이온–쌍극자 힘은 $MgCl_2$ 또는 NaCl 경우에서와 같이 극성 액체 속 이온 결합 물질이 녹아 있는 용액에서 매우 중요한 힘이다. 따라서 용액 내에 존재하는 분자간 힘은 반데르발스 힘으로 분류하지 않는다.

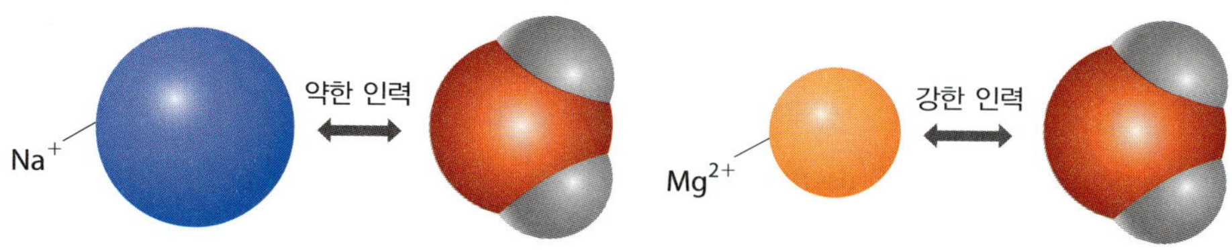

그림 10.3 물과 Na^+ 및 Mg^{2+} 간의 이온–쌍극자 힘

분산력

분산력(**dispersion force**, 또는 **런던 분산력**)은 극히 짧은 거리에서 나타나며 매우 약한 힘이며, 모든 분자에서 볼 수 있는 가장 일반적인 형태의 분자간 힘이다. 전기적으로 중

성이며, 무극성 원자 또는 분자 사이에는 정전기적 상호 작용이 존재하지 않는다고 생각할 수 있으나 이러한 물질 사이에도 매우 약한 인력이 존재하고 있다. 이 인력은 응축상의 모든 분자에 존재한다. 즉, 헬륨, 아르곤, 질소 등과 같은 무극성 기체는 액화될 수 있으므로 이들 사이에는 분산력이 작용하고 있는 것이다. 분산력은 원자의 양전하 핵이 근접한 분자의 원자 내 전자 구름을 끌어당기면서 발생한다. 이러한 현상으로 순간적인 쌍극자가 주위의 다른 원자 또는 분자에 유도되어 양전하와 음전하로 분리가 발생하며, 이를 **유도 쌍극자(induced dipole)**라고 한다(그림 10.4). 분산력이란 이런 원자나 분자 간의 유도된 순간적인 쌍극자로 인하여 발생하는 인력이므로 매우 약한 특성을 지닌다.

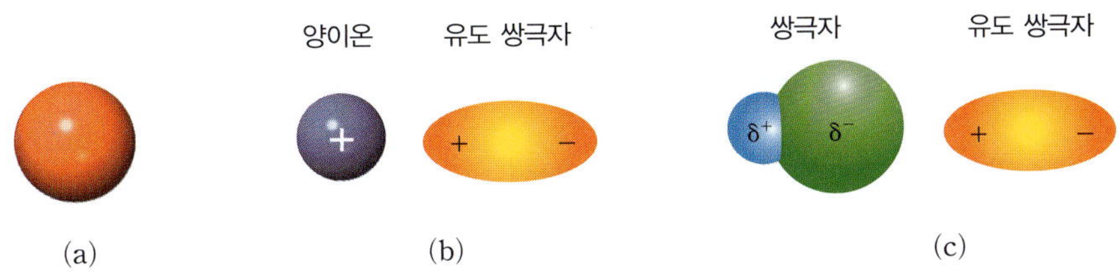

그림 10.4 (a) 헬륨(He) 원자의 전하 분포 (b) 양이온 접근에 따른 헬륨 원자의 순간적인 유도 쌍극자 발생 (c) 쌍극자가 존재할 때 이에 상응하는 유도 쌍극자 발생

이러한 분자 간의 인력은 1930년 미국 물리학자 런던(London, F. W., 1900~1954)에 의하여 처음으로 제안되었으며, 그는 분자나 원자 내의 전자의 움직임이 순간 쌍극자를 유발시킨다는 것을 알았다. 이와 같은 인력을 **런던 분산력(London dispersion force)** 또는 단순히 **분산력**이라고 한다. 분산력의 세기는 이온의 전하량, 쌍극자의 세기뿐 아니라 원자나 분자의 **편극성(polarizability)**에 의해 결정된다. 편극성이란 원자나 분자의 전자 분포도가 일그러지는 정도를 뜻한다. 일반적으로 원자나 분자에 있는 전자의 수가 많을수록 그리고 전자 구름이 보다 넓은 영역에 확산되어 있을수록 편극성은 더 커져 순간 쌍극자를 형성한다. 따라서 편극성이 큰 분자일수록 분자의 전자 구름이 일그러지는 현상이 발생하면서 순간 쌍극자를 발생시키며 분산력도 커진다.

많은 He과 같은 무극성 분자가 모여 있을 때, 무극성 분자 하나의 순간 쌍극자는 가장 가까이에 있는 분자 각각에 쌍극자를 유도할 수 있다(그림 10.5). 또한, 다음 순간에 또 다른 순간 쌍극자가 주위의 무극성 분자에 일시적인 쌍극자를 만들 수 있을 것이다. 이런 방식의 상호 작용이 분산력을 만들게 되는데, 분산력은 원자나 분자에 유도된 순간적인 쌍극자로 인해 생긴 인력이라 할 수 있다. 운동 속도가 느려지는 매우 낮은 온도에서 He은 서로 붙들고 있을 만큼 분산력이 충분히 강해져서 결국 He 기체가 응축한다.

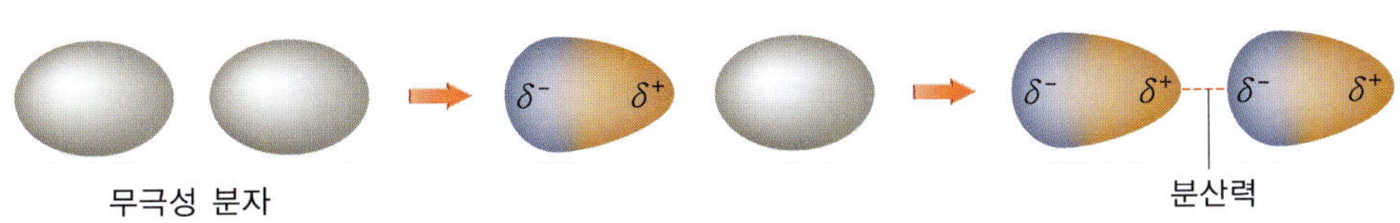

그림 10.5 무극성 분자에서 발생하는 순간적인 유도 쌍극자. 쌍극자가 형성되면 순차적으로 연속해서 배열이 형성된다.

분산력은 분자량이 증가할수록 세기가 증가하며, 일반적으로 몰질량과 함께 증가하여 큰 몰질량을 갖는 분자는 보다 많은 전자를 가지므로 전자 수와 함께 분산력의 세기가 증가하게 된다. 몰질량이 크다는 것은 보통 원자가 크다는 것을 의미하는데, 큰 원자에서는 반지름의 크기가 커지기 때문에 순간 쌍극자를 발생시키는 전자의 면적이 커지면서 편극성도 커지므로 분산력이 증대하는 것이다.

구조 이성질체
분자식은 같지만 구조식이 달라 물리적, 화학적 성질이 다른 화합물

바깥쪽의 전자는 중심핵의 인력이 적게 작용하여 덜 단단하게 붙들려 있기 때문에 전자 분포가 보다 넓게 분포하여 순간 쌍극자가 발생한다. 예를 들면 *n*-펜테인(*n*-pentane)과 구조 이성질체인 네오펜테인(neopentane)은 동일한 분자식을 가지나, *n*-펜테인의 끓는점이 네오펜테인의 끓는점보다 높다. 이것은 *n*-펜테인의 분자 구조가 길어 *n*-펜테인 분자 간 인력을 발생시키는 접촉 면적이 네오펜테인보다 넓게 분포되어 있기 때문이다. 이와 같이 분자의 모양도 분산력의 세기에 영향을 미친다(그림 10.6).

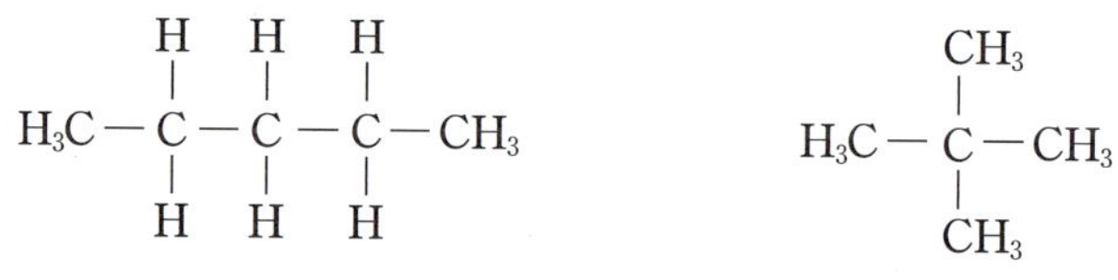

n-펜테인 네오펜테인

그림 10.6 *n*-펜테인과 네오펜테인 분자 구조

표 10.2 무극성 화합물의 녹는점

화합물	녹는점(°C)
CH_4	−182.5
CF_4	−150.0
CCl_4	−23.0
CBr_4	90.0
CI_4	171.0

표 10.2에 몇 가지 무극성 분자들의 녹는점이 비교되어 있다. 분자에 있는 전자의 수가 증가할수록 녹는점이 높아진다. 이 물질들은 모두 분자 간 인력이 매우 약한 무극성 분자이므로 분자 간에 작용하는 인력은 오로지 분산력뿐이다.

분산력이 유일한 분자간 힘인 할로젠과 비활성 기체의 경우, 분자량이 증가할수록 끓는점이 커지며, 주기율표에서 아래쪽으로 내려갈수록 분자량이 증가하면서 분산력의 세기가 강해질 것이다. 그 결과 끓는점이 높아지는 현상을 확인할 수 있다.

수소 결합

그림 10.7에서와 같이 14족 수소 화합물들은 주기가 증가할수록 끓는점이 증가한다. 이 끓는점의 증가는 주기율표에서 주기가 증가할수록 더 많은 전자를 보유함으로써 분자의 분산력이 증가하기 때문이다.

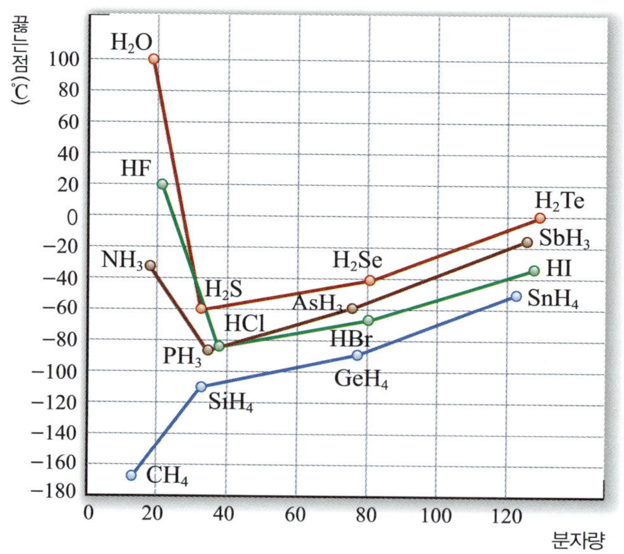

그림 10.7 14~17족 원소의 수소 화합물의 끓는점

즉, 2주기에 위치한 CH_4가 가장 낮은 끓는점을 가지고, 5주기의 SnH_4의 끓는점이 가장 높다. 15~17족의 분자량이 큰 수소 화합물은 이 경향을 따를 것이다. 그러나 이들 계열의 수소 화합물인 NH_3, H_2O, HF는 예상보다 끓는점이 매우 높다. 이는 주기가 증가함에 따라 분자량이 커져 끓는점이 높아진다는 예상과는 다른 결과이다. 이것은 같은

족에 있는 다른 화합물과 비교해서 NH_3, H_2O, HF 분자에는 강한 분자간 힘이 존재한다는 것을 의미하는데, 이러한 분자 간 인력을 수소 결합이라고 한다.

수소 결합(hydrogen bond)은 극성 결합(전기 음성도가 센 N, O, F 원자와 H 원자의 결합인 H—N, H—O 및 H—F)에 존재하는 수소 원자와 이웃한 분자의 F, O, N 원자 또는 이온 형태의 비공유 전자쌍 간의 힘이다. 이는 극성 결합에서 수소 원자와 전기 음성도가 비교적 센 N, O, F 원자 사이에 작용하는 특별한 형태의 쌍극자–쌍극자 상호 작용을 말한다. 이 상호 작용은 다음과 같이 나타낸다.

$$A{-}H \cdots B \text{ 또는 } A{-}H \cdots A$$

여기서 A와 B는 N, O, F 원자를 나타내며, A—H는 한 분자 또는 그 분자의 일부분이고 B는 수소 결합을 하는 다른 분자의 일부분이다. 그리고 점선은 분자 간 수소 결합을 나타낸다. N, O, F 원자들은 전기 음성도가 세며, 모든 수소 결합하에서 수소 원자와 상호 작용을 할 수 있는 비공유 전자쌍이 적어도 하나 이상 존재한다. 따라서 비공유 전자쌍과 분자 내 결합과의 반발력으로 인하여 수소 결합을 형성하는 화합물의 각도는 직선형에서 구부러진 형태로 존재한다. 그림 10.8은 물과 암모니아 및 플루오린화 수소에 존재하는 수소 결합의 몇 가지 예를 보여 주고 있다.

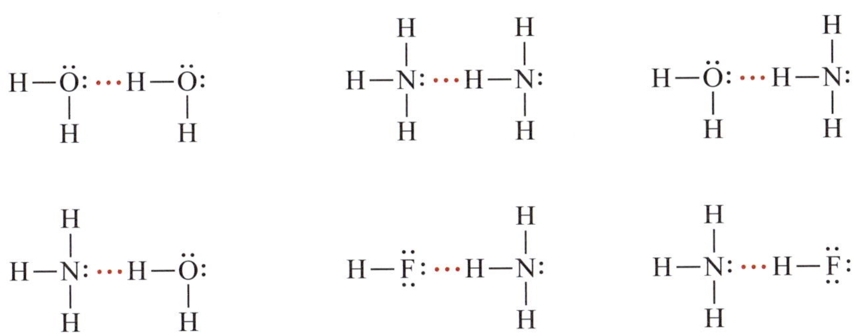

그림 10.8 수소 결합을 형성하는 몇 가지 분자 점선은 분자 간의 수소 결합을 나타낸다.

그림 10.9는 플루오린화 수소에 대한 분자 간 수소 결합 모형이다.

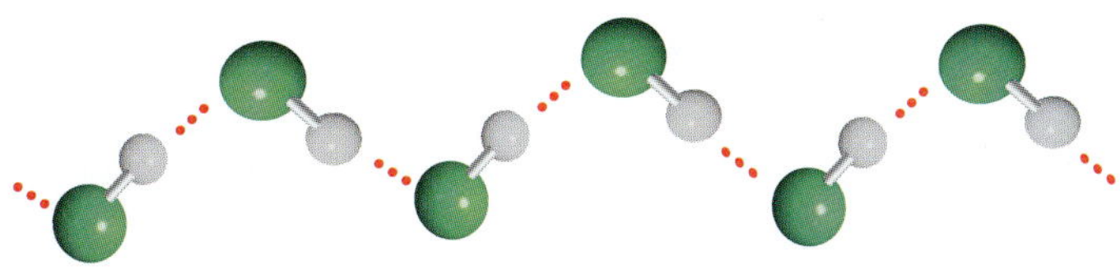

그림 10.9 플루오린화 수소(HF) 분자 간의 수소 결합 회색 원자는 수소로 점선은 수소 결합이다.

수소 결합에 대한 결과는 일상생활에서 볼 수 있는 물과 얼음의 밀도 비교에서 찾을 수 있다. 대부분 물질은 액체 상태보다 고체 상태에서 더 조밀하다. 그러므로 일반적으로 고체상이 액체상보다 밀도가 크다. 그러나 0 °C 얼음의 밀도는 0.917 g/mL이며, 같은 온도에서 물의 밀도는 1.00 g/mL이다. 즉, 고체인 얼음의 밀도가 물보다 작으므로 얼음이 액체인 물 위에 뜨는 것이다. 얼음의 밀도가 작은 이유는 얼음에서 물의 H_2O 분자가 수소 결합을 유지하면서 규칙적인 배열에 따른 분자 간에 공간이 생기기 때문이다(그림 10.15 참조). 이러한 얼음의 H_2O 분자 간의 수소 결합 형성이 얼음 구조상 공간을 형성하므로 고체 얼음의 밀도가 액체 물의 밀도보다 적은 것이다. 얼음이 녹아 물로 변하면서 분자의 운동 에너지가 증가하여 수소 결합이 끊어져 액체 물의 밀도가 증가하는 것이다. 따라서 질량이 같을 때 물은 얼음보다 밀도가 큰 구조를 가지며, 부피는 작다.

예제 10.1

다음 화합물 사이에는 각각 어떤 종류의 분자간 힘이 작용하는가?

(a) C_6H_6, H_2S (b) NaCl, CH_3Cl (c) CS_2, Cl_2 (d) NH_3, CO_2

풀이

화합물의 상태를 극성과 무극성 물질로 구분한 후 극성 물질은 다시 이온 결합 화합물로 분류한다. 그리고 모든 물질에는 분산력이 존재한다.

(a) 벤젠(C_6H_6)은 대칭 구조로 무극성 물질이며, H_2S은 쌍극자 모멘트가 작용하므로 극성 물질이다. 따라서 이 두 물질 간에는 극성 물질에 존재하는 쌍극자 힘과 이로 인하여 무극성 물질에 유도되는 유도 쌍극자 힘이 작용하며, 분산력도 존재한다.

(b) NaCl은 이온 결합 화합물이며, CH_3Cl은 사면체 구조의 극성 물질이다. 이 물질 사이에는 이온-쌍극자 힘이 작용한다.

(c) CS_2와 Cl_2는 모두 공유 결합 물질로 대칭 구조를 나타내는 무극성 물질이다. 이 두 화합물 사이에는 분산력이 작용한다.

(d) NH_3는 정사면체 구조로 고립 전자쌍을 포함하는 극성 물질이며, CO_2는 공유 결합을 이루는 대칭 구조로 무극성 물질이다. 따라서 이들 물질 사이에는 쌍극자-유도 쌍극자 힘과 분산력이 존재한다.

정답

(a) 쌍극자-유도 쌍극자, 분산력

(b) 이온-쌍극자, 분산력

(c) 분산력

(d) 쌍극자-유도 쌍극자, 분산력

응용문제 10.1

다음 서술이 맞으면 ○, 틀리면 ×로 답하시오.

(a) 수소 결합은 쌍극자-쌍극자 힘보다 강하다.

(b) 분산력은 분자의 모양과는 상관없이 분자량의 크기에만 의존한다.

(c) 모든 분자는 기본적으로 분산력을 공통적으로 지니고 있다.

(d) 소금이 물에 녹아있을 때, 소듐 양이온이 물 분자로 둘러싸이는 수화 반응의 원동력은 이온-수소 결합이다.

예제 10.2

다음 물질 중 분자 간 수소 결합이 가능한 물질은 어떤 것인가?

메테인(CH_4)	플루오린화 수소(HF)	아세트산(CH_3COOH)
아이오딘화 수소(HI)	암모니아(NH_3)	

풀이

수소 결합은 극성 결합이 있는 H 원자(H−F, H−O, H−N 등)와 근처에 위치하는 비공유 전자쌍을 가지는 전기 음성도가 높은 F, O, N 원자 사이에 작용하는 분자 간 상호작용이다. 우선 H 원자가 존재하는 화합물일지라도 전기 음성도가 낮은 C 원자와 I 원자의 화합물 간의 분자 간 결합에서는 수소 결합이 형성되지 않는다. 나머지 화합물인 HF, CH_3COOH, NH_3는 H 원자와 전기 음성도가 높은 F, N, O 원자를 가지므로 분자 간 수소 결합이 아래와 같이 형성된다. 붉은 점선이 수소 결합을 나타낸다.

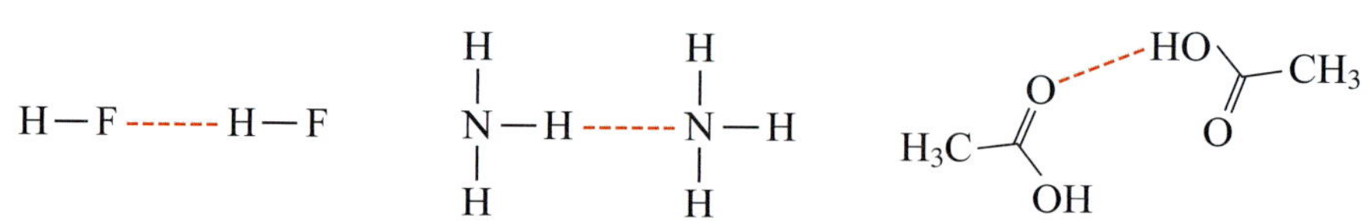

정답

분자 간 수소 결합 화합물: HF, CH_3COOH 및 NH_3

응용문제 10.2

열역학적 표준 상태에서 F_2, Cl_2, Br_2, I_2 분자의 물리적 상태가 순서대로 기체, 기체, 액체, 고체인 이유를 설명하시오.

10.3 예제

다음 물질을 끓는점이 증가하는 순서로 나타내시오.

CO He KOH $CHCl_3$ NH_3

풀이

끓는점은 물질의 상태에 따라 우선 구분할 수 있다. KOH는 고체이며, $CHCl_3$는 액체, 그리고 나머지 물질은 기체이므로 끓는점은 차이가 있다. 또한, 끓는점은 분자간 힘에 따라 다르므로 물질의 분자간 힘을 파악해 볼 필요가 있다.

기체 CO와 He은 무극성 물질로 분자간 힘이 매우 약한 분산력이 존재하지만, CO 분자는 삼중 결합 상태로 공유 결합을 이루고 있다. 따라서 He보다는 CO가 끓는점이 높을 것이며, NH_3는 기체이나 극성 물질이며 또한 수소 결합이 존재하므로 CO과 He보다는 끓는점이 높을 것이다. $CHCl_3$는 극성인 액체 물질로 기체보다는 끓는점이 높으며, KOH는 이온 결합 물질로 끓는점이 매우 높다(참고로 각 물질의 끓는점은, He: −268.9 °C, CO: −191.5 °C, NH_3: −33.3 °C, $CHCl_3$: 61.2 °C, KOH: 1327 °C).

정답

He < CO < NH_3 < $CHCl_3$ < KOH

응용문제 10.3

메탄올(CH_3OH), 에탄올(C_2H_5OH), 프로판올(C_3H_7OH), 뷰탄올(C_4H_9OH)은 공통적으로 −O−H 구조를 가지는 알코올류 분자이다. 이들은 모두 수소 결합이 가능한 분자임에도 끓는점이 아래 표와 같이 차이가 있다. 그 이유를 설명하시오.

	메탄올(CH_3OH)	에탄올(C_2H_5OH)	프로판올(C_3H_7OH)	뷰탄올(C_4H_9OH)
끓는점(℃)	65	78	97	117

10.3 액체의 특성

액체의 물리적 특성은 분자간 힘에 기인한다. 액체의 주요 현상인 표면 장력과 점성에 대해 살펴보고, 대표적 액체인 물의 구조와 물리적 특성을 알아보자.

표면 장력

액체 속에 있는 분자는 분자간 힘에 의해 모든 방향에서 인력이 작용하고 있다. 즉, 내부 분자는 모든 방향에서 똑같이 끌어당겨지나, 표면에 위치한 분자는 다른 분자들에 의해 아래쪽과 옆쪽으로만 끌어당겨지고, 표면 위쪽으로는 분자가 없는 관계로 당겨지지 않는다(그림 10.10).

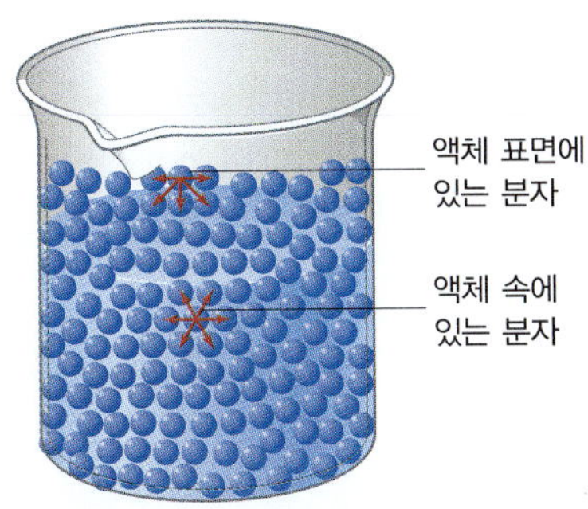

그림 10.10 액체 표면에 있는 분자와 액체 내부 분자 간의 인력. 표면 장력

이와 같이 내부로 향한 힘은 표면 분자를 안쪽으로 끌어당기면서 표면적을 줄여 표면에 있는 분자들이 서로 가깝게 모이도록 만든다. 이러한 내부로 향한 분자 간 인력은 표

그림 10.11 표면 장력을 나타내는 물방울 ©skyblue16/Shutterstock

그림 10.12 표면 장력 현상 소금쟁이가 물 위를 걷는다.
©Preeda Soyraya/Shutterstock

면 장력으로 인한 것이며 액체 속으로 분자를 끌어당기는 경향이 있어 표면이 마치 탄성을 가지게끔 팽팽하게 만들어 가장 작은 표면적을 가지는 구형에 가까운 모양을 가진다. 무극성 왁스를 새로 칠한 자동차 표면이나 왁스를 칠한 사과 표면과 같이 극성인 물 분자와 무극성의 왁스 분자 간에는 인력이 거의 없기 때문에 미량의 물은 액체의 표면적을 최소화하기 위해 둥근 물방울의 형태를 가진다(그림 10.11).

물의 표면은 표면 장력으로 인하여 탄성력이 있기 때문에 그림 10.12와 같이 일부 곤충이 물 위에서 움직일 수 있다.

액체 표면의 탄성력의 척도가 표면 장력이다. **표면 장력(surface tension)**은 액체의 표면을 단위 면적(1 cm^2)만큼 증가시키는 데 필요한 에너지를 말한다. 강한 분자 간 힘을 갖는 액체 역시 큰 표면 장력을 갖는다. 따라서 수소 결합 때문에 물은 대부분의 다른 액체보다 상당히 큰 표면 장력을 갖는다. 예로서 20 °C에서 물의 표면 장력은 7.29×10^{-2} J/m^2으로 일정량의 물의 표면적을 1 m^2 증가시킬 경우 7.29×10^{-2} J만큼의 에너지가 공급되어야 한다.

표면 장력에 대한 다른 예는 **모세관 현상(capillary action)**이다. 그림 10.13(a)는 가는 유리관인 모세관을 물속에 둘 경우 물이 모세관 속으로 저절로 올라가는 모세관 현상을 보여 준다. 물의 얇은 막이 유리관 벽에 달라붙어 형성된다. 물의 표면 장력으로 인해 이 막이 수축되고, 이에 따라 물이 관 위로 끌려 올라간다. 모세관 현상을 일으키는 힘에는 두 가지가 있다. 하나는 분자들을 서로 묶어주는 같은 분자들(이 경우에는 물 분자들) 사이의 분자 간 인력인 **응집력(cohesion)**이고, 또 다른 하나는 물 분자와 유리관의 표면을 묶어 주는 것과 같은 서로 다른 분자들 사이의 인력인 **부착력(adhesion)**이다. 만약 부착력이 응집력보다 강하면 그림 10.13(a)에서와 같이 유리관의 내용물은 유리 표면과의 센 인력으로 인하여 위로 끌어당겨지면서 U자형의 **메니스커스(meniscus)**가 생성된다. 이러한 과정은 부착력이 관 속의 물의 무게와 균형을 이룰 때까지 계속된다.

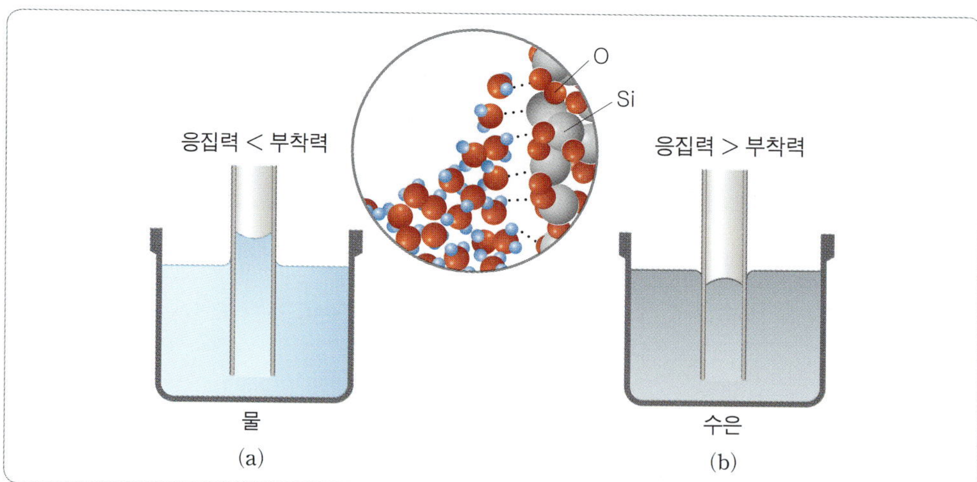

그림 10.13 모세관 현상 (a) 부착력이 응집력보다 크면 액체(예. 물)가 모세관을 타고 올라간다. 메니스커스는 오목한 형태 (b) 응집력이 부착력보다 크면 액체(예. 수은)가 모세관 위로 상승하지 못한다. 메니스커스는 볼록한 형태

수은의 경우는 수은 원자끼리는 결합할 수 있으나 유리 표면과는 인력이 작용하지 않아 결합할 수 없다. 그 결과 그림 10.13(b)에서는 수은의 응집력이 수은과 유리 사이의 부착력보다 크기 때문에 수은 속에 모세관을 담그면 수은 면이 위로 볼록한 형태의 메니스커스가 형성된다. 즉, 모세관 속 액체의 높이가 수은 표면 아래쪽에 놓인다.

점성도

엔진오일과 같은 윤활유 액체는 매우 느리게 흐르지만, 물과 같은 액체는 상대적으로 쉽게 흐른다. 점성도는 액체의 물리적 특성에 근거를 두고 있다. **점성도(viscosity)**는 액체의 흐름에 대한 저항 정도를 말한다. 액체는 점성도가 클수록 더 느리게 흐른다. 일반적으로 액체의 점성도는 온도가 높아질수록 감소한다.

분자간 힘이 강한 액체는 분자간 힘이 약한 액체보다 높은 점성을 갖는다(표 10.3). 물은 수소 결합을 할 수 있기 때문에 많은 다른 액체보다 점성도가 높다. 글리세롤이 표 10.3에서와 같이 다른 모든 액체들에 비해 상당히 높은 점성을 가진다. 그 이유는 글리세롤의 구조를 관찰하면 알 수 있다. 글리세롤은 물과 마찬가지로 수소 결합을 할 수 있으며, 각 글리세롤 분자에는 다른 이웃한 글리세롤과 수소 결합을 할 수 있는 −OH 기가 세 개가 있어 분자 간 강한 결합으로 인하여 높은 점성을 가진다.

표 10.3 몇 가지 종류의 액체 점성도

액체	점성도($N\ s/m^2$)	액체	점성도($N\ s/m^2$)
아세톤(C_3H_6O)	3.16×10^{-4}	에탄올(C_2H_5OH)	1.20×10^{-4}
벤젠(C_6H_6)	6.25×10^{-4}	글리세롤($C_3H_8O_3$)	1.49×10^{-4}
혈액	4×10^{-4}	수은(Hg)	1.55×10^{-4}
사염화 탄소(CCl_4)	9.69×10^{-4}	물(H_2O)	1.01×10^{-4}
다이에틸 에터 ($C_2H_5OC_2H_5$)	2.33×10^{-4}		

물의 특성과 구조

물은 지구상에 존재하는 최고의 용매이다. 그 이유는 안전하고 독성이 없어 음용수로 사용하며, 비용도 매우 저렴하다. 또한 비열이 높아 가열했을 때 많은 열량을 흡수하게 됨과 동시에 온도가 내려갈 때도 많은 열량을 방출하면서 온도가 천천히 내려가므로 난방에 사용하기에 매우 효율적이다. 물은 다른 물질과 수소 결합을 형성할 수 있어 좋은 용매로 사용된다.

물의 중요한 특성은 고체 얼음의 밀도가 액체 물보다 작아 얼음이 물 위에 뜬다는 것이다. 반면 벤젠(녹는점 5.5 °C)은 대부분의 물질이 그렇듯이 고체 벤젠의 밀도가 높아 액체 벤젠에 가라앉는다. 또한 벤젠은 육각형 고리 모양의 평면 구조로서 녹는점 이하에서는 결정이 평면 구조로 인하여 촘촘하게 형성되므로 밀도가 크다.

벤젠

벤젠은 단일 결합과 이중 결합의 중간적 성질을 갖는 공명 구조를 가진다. 벤젠은 탄소와 탄소 사이의 결합각이 120°인 평면 구조로 화학적으로 매우 안정하다.

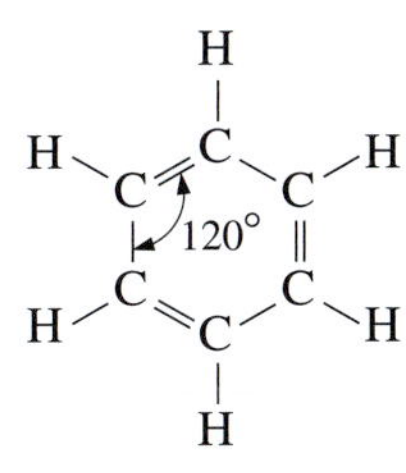

(a) (b)

그림 10.14 (a) 물 위의 얼음 조각 (b) 액체 벤젠에 가라앉은 고체 벤젠 조각

고체 얼음이 물에 떠 있는 현상은 매우 특이한 것이다. 물 분자 H_2O는 산소에 존재하는 고립 전자쌍과 산소–수소 공유 결합에 존재하는 결합 전자쌍과의 반발력으로 인하여 약간 구부러진 104.5°의 결합각을 가진다. 이러한 물 분자의 구조는 그림 10.15에서와 같이 얼음에서 육각형을 형성하면서 규칙적인 3차원 구조를 형성한다. 이렇게 구성되는 3차원 구조에서는 물 분자 간의 수소 결합으로 공간이 형성된다. 육각형 형태의 공간은 얼음의 밀도를 낮게 만들므로, 얼음이 물에 뜬다.

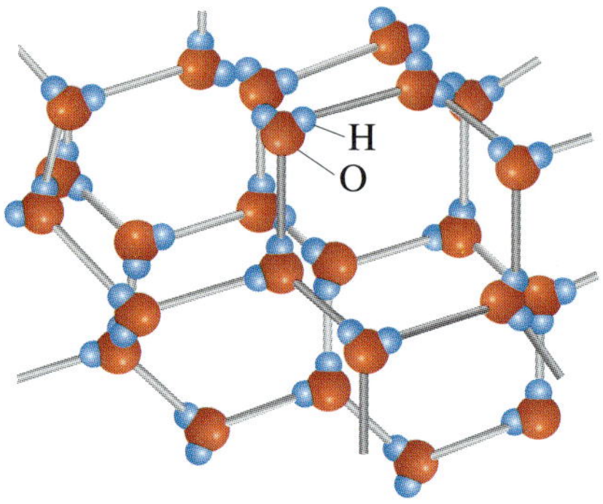

그림 10.15 얼음의 3차원 구조 분자 간 수소 결합으로 인하여 형성된 육각형 구조의 분자 간 결합이 공간을 형성함으로써 밀도가 낮다.

밀도가 낮은 얼음이 에너지를 받아 녹는 경우에서는 수소 결합이 깨지면서 공간에 물 분자가 들어가는 현상을 상상해 볼 수 있다. 이때 수소 결합으로 생긴 3차원에서의 공간이 소멸되므로 밀도는 서서히 증가하게 된다. 이러한 현상으로 물은 4 °C에서 가장 높은 밀도 1.00 g/cm^{3}을 나타내며, 온도가 계속 증가할수록 밀도는 감소한다(그림 10.16). 물이 에너지를 계속 흡수하면서 수증기로 변한다면 액체인 물은 기체 상태의 수증기 상태가 되므로 밀도가 낮아지는 것이다.

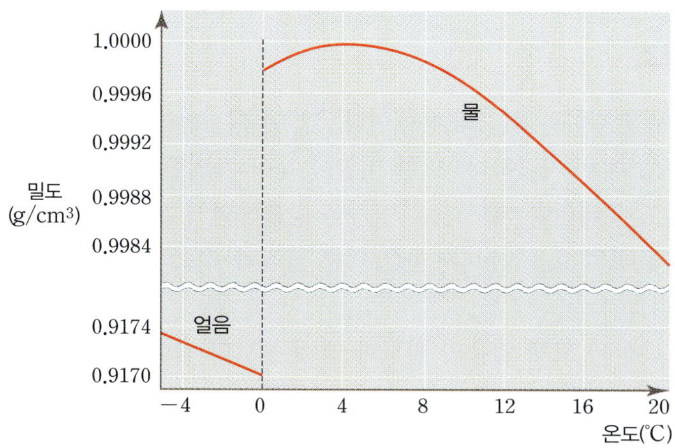

그림 10.16 온도 변화에 따른 물의 밀도 4 °C에서 물의 밀도는 최대이다.

10.4 결정 구조

고체는 규칙적이고 반복적인 원자들의 배열을 가지는 결정성과 규칙성이 존재하지 않는 비결정성으로 나눌 수 있다. **결정성 고체(crystalline solid)**는 원자, 분자, 이온이 먼 공간에 걸쳐 정해진 특정 자리에 규칙적으로 배열되어 있다. 얼음, 염화 소듐, 다이아몬드 등은 결정성 고체이다. 결정의 안정성을 좌우하는 힘은 이온 결합, 공유 결합, 반데르발스 힘, 수소 결합 등 이러한 힘들의 조합이다. 그러나 고무나 유리와 같은 비결정성 고체(amorphous solid, amorphous: 그리스어로 '형태 없음'에서 유래함)에는 먼 공간에 걸쳐 나타나는 규칙적 배열이 없어 결정 모양이나 잘 정립된 결정면이 존재하지 않는다.

단위 세포와 격자

결정성 고체에서 구조적으로 **반복되는 기본 단위(repeating unit)**를 **단위 세포(unit cell)**라고 한다. 단위 세포는 원자들의 독특한 배열에 의하여 만들어지며, 고체의 형태를 나타낸다. 결정성 고체는 단위 세포의 모양과 크기와 단위 세포 내에 존재하는 원자들의 위치에 따라 결정된다. 그림 10.17은 3차원 공간에서 단위 세포가 확장된 결정과 단위 세포를 보여 준다.

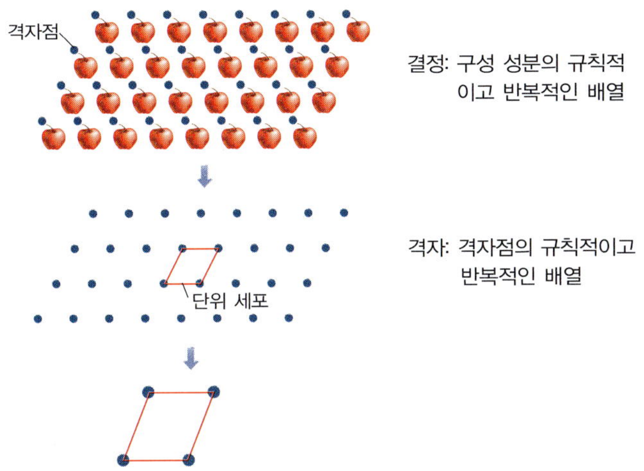

그림 10.17 결정과 단위 세포

그림 10.17에서 나타나는 각 점은 원자, 이온, 분자를 나타내는 것이며 **격자점(lattice point)**이라고 한다. 이 격자점은 동등한 환경을 가지며, 주위에 여러 원자, 이온, 분자와 같은 입자가 동일한 방식으로 반복적으로 배열되어 있을 수 있다. 이 격자점에 한 원자가 있는 것으로 가정해 보자. 대부분의 금속은 이러한 격자점을 가진다. 모든 결정성

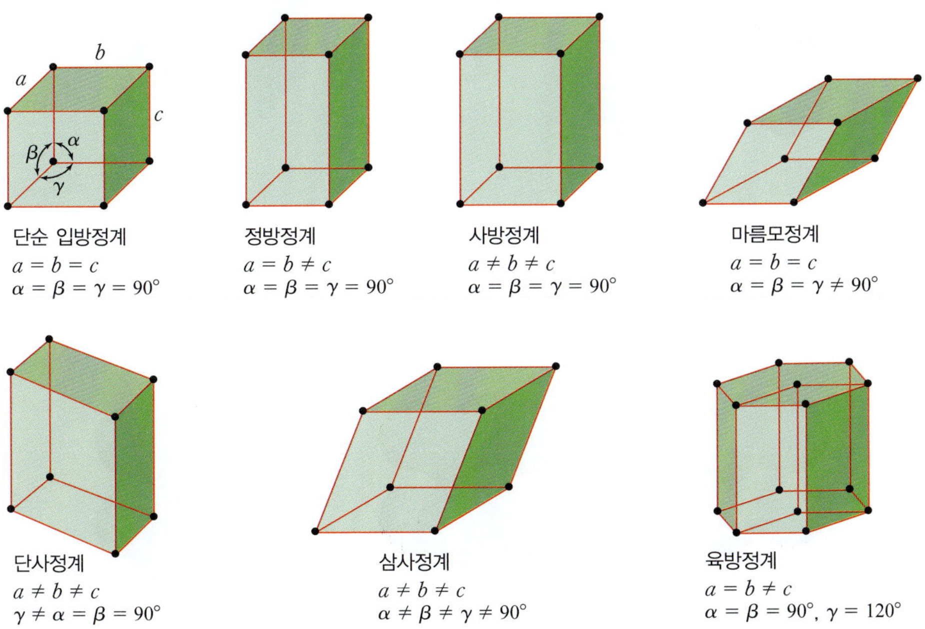

그림 10.18 단위 세포의 7가지 모양

고체는 그림 10.18에 제시된 일곱 가지 단위 세포 중의 하나로 나타낼 수 있다. 단위 세포의 기하 구조는 입방체 (cubic)로 특히 단순한데, 모든 변과 각도가 똑같기 때문이다. 어떤 단위 세포라도 3차원 공간에서 규칙적으로 반복될 때 결정성 고체의 독특한 격자 구조를 이룬다.

구 쌓기

탁구공과 같은 동일한 구를 쌓아서 규칙적인 3차원 구조를 만들 때 구를 쌓는 방식의 차이를 살펴봄으로써 결정 형성에 필요한 기하학적 조건을 이해할 수 있다. 각 층에 구가 어떻게 배열되어 있는가에 따라서 어떤 형태의 단위 세포가 될 것인지가 정해진다. 여기서 구란 단위 세포에 위치하는 원자를 뜻한다. 금속에서는 구의 형태에 따라 단순 입방체, 체심 입방체 및 면심 입방체의 세 가지 단위 세포로 구별된다(그림 10.20).

■ 단순 입방체

단순 입방체(simple cubic cell, scc)는 가장 단순한 경우로 그림 10.19(a)와 같이 구가 배열되어 있는 하나의 층이 있다. 한 층에 있는 구가 아래쪽 층에 있는 구 바로 위에 오도록 한 층의 위와 아래에 또 다른 층을 놓음으로써 3차원 구조를 만들 수 있다. 이 과정을 계속해서 결정에서처럼 수많은 층을 반복적으로 쌓을 수 있다. 그림 10.19(a)에서 중심에 위치한 구(x)는 4개의 다른 구와 접촉해 있으며, 위층과 아래층에 위치한 2개의 구를 합하면 총 6개의 구로 둘러싸여 있다. 이러한 배열에서 각 구는 6개의 바로 인접한 이웃이 있기 때문에 6의 배위수를 갖는다고 한다. **배위수(coordination number)**란 어떤 결정 격자에서 한 원자(또는 이온)를 둘러싸고 있는 원자(또는 이온)의 수로 정의한다.

그림 10.19는 단순 입방체로, 단위 세포의 각 꼭짓점에 위치한 구의 총합은 한 개 $\left(\frac{1}{8}\times 8=1\right)$이다.

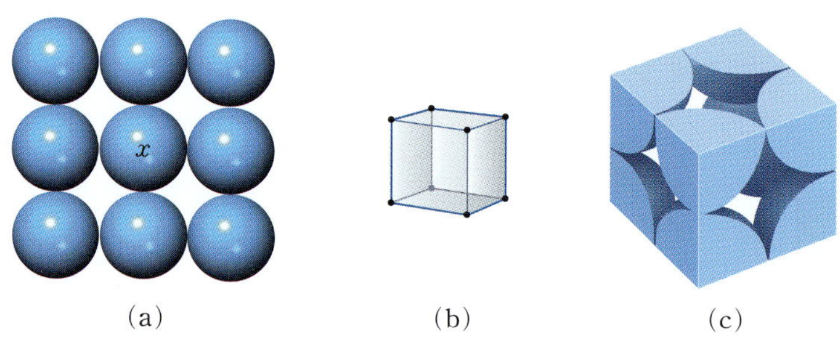

그림 10.19 단순 입방체의 구 쌓임
(a) 한 층 구조 (b) 단순 입방체 구조 (c) 8개의 꼭짓점에 공유된 구 존재. 입방체 내부에 총 1개의 구 존재

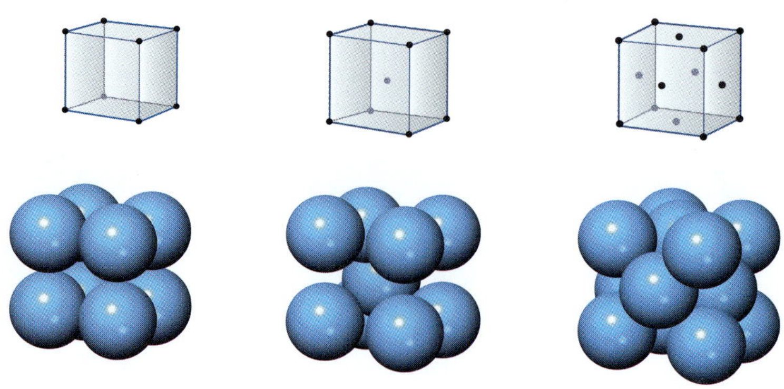

그림 10.20 고체 입방체의 세 종류
(a) 단순 입방, (b) 체심 입방, (c) 면심 입방

■ **체심 입방체**

그림 10.20은 세 가지 형태의 입방체를 나타낸 것이다.

체심 입방체(body-centered cubic cell, bcc)는 그림 10.21에서와 같이 단위 세포의 체심 중심에 하나의 구와 꼭짓점에 있는 여덟 개의 공유된 구로 구성되어 있으므로 결국 두 개의 완전한 구로 구성되어 있다$\left(\frac{1}{8}\times 8+1=2\right)$. 이 구조에서 각 구는 위쪽 층의 구 네 개 및 아래쪽 층의 구 네 개와 접해 있으므로 배위수는 8이다.

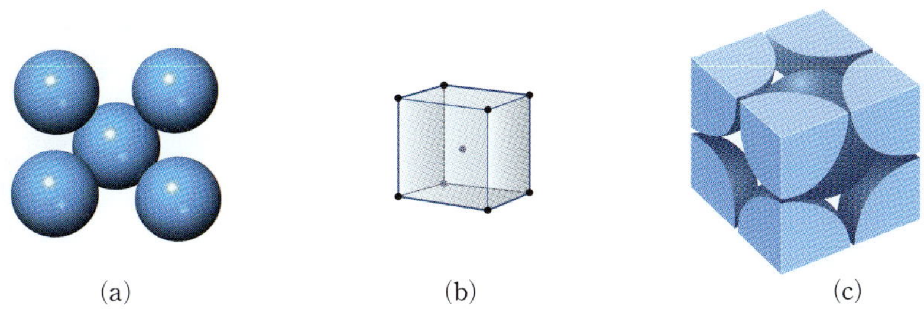

그림 10.21 체심 입방체 구조 (a) 위에서 본 구조, (b) 체심 입방 단위 세포, (c) 체심 입방 단위 세포 내부에는 완전한 구 한 개가 있다.

■ **면심 입방체**

또 다른 형태의 입방체는 **면심 입방체(face-centered cubic cell, fcc)**이다. 면심 입방 배열은 입방체의 각 꼭짓점에 하나의 구가 있고, 입방체 6면의 각 중심에 하나의 구가 있다. 면심 입방체(그림 10.22)는 6개의 면심에 있는 구로부터 3개, 8개의 꼭짓점에 있는 구로부터 1개가 존재하므로 결국 총 4개의 완전한 구로 이루어져 있다 $\left(\frac{1}{8}\times 8+\frac{1}{2}\times 6=4\right)$.

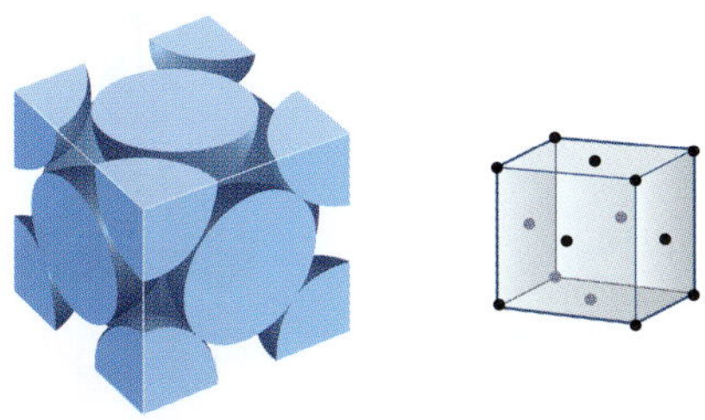

그림 10.22 면심 입방 단위 세포

최조밀 쌓임

금속에서 원자들은 서로 조밀하게 쌓여 있다. 원자들은 구 모양의 물질이므로, 구 모양에 대한 **조밀 쌓임(closet packing)**을 이해함으로써 금속의 세부 구조를 살펴볼 수 있다. 동일한 크기의 구로 하나의 층을 만들 때 가장 효율적인 방법은 중심에 놓인 구에 여섯 개의 구를 둘러싸는 구조이다.

첫 번째 층을 A층이라 가정하고 두 번째 층을 B층으로 가정한다. 두 번째 층의 구는 첫 번째 층의 구가 만드는 홈 속에 꼭 끼여서 모든 구가 가능한 한 서로 가까워지는 방식으로 최조밀 구조로 쌓이게 된다(그림 10.23).

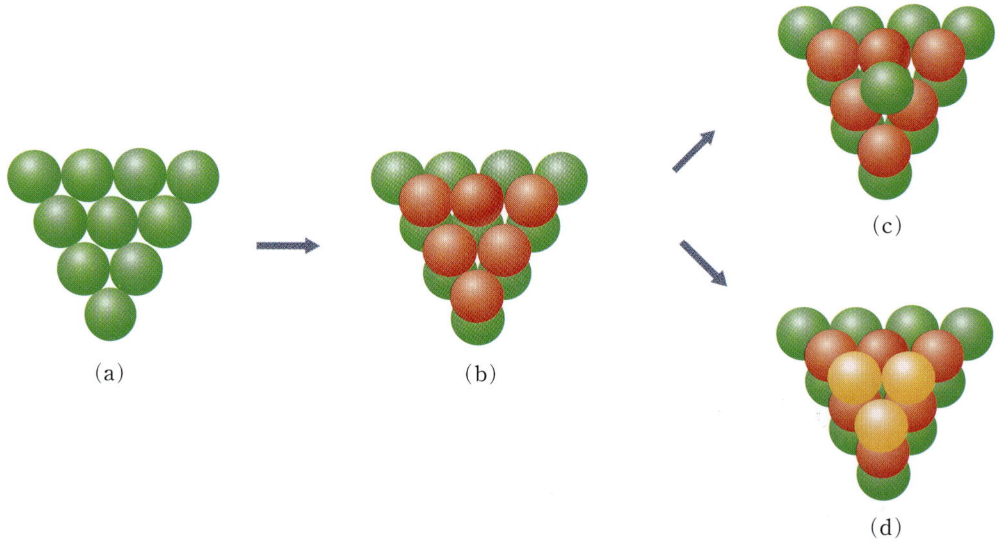

그림 10.23 최조밀 쌓임 구조의 형태 (a) 각층에서 최조밀 쌓임 구조는 여섯 개의 구와 접촉, (b) 두 번째 층은 첫 번째 층의 구 사이에 위치, (c) 육방 최조밀 쌓임에서 세 번째 층은 첫 번째 층 바로 위에 위치, (d) 입방 최조밀 쌓임에서 세 번째 층의 구는 첫 번째 층의 구가 만드는 공간에 엇갈리면서 위치

최조밀 쌓임이 되도록 두 번째 층 위에 세 번째 층(C층이라 가정)의 구를 쌓는 데에는 두 가지 방법이 있다. 세 번째 층의 구는 첫 번째 층의 구 바로 위의 위치에 오도록 두 번째 층의 홈에 놓는 방법이 한 가지 방법이다[그림 10.23(c)]. 이 경우 첫 번째와 세 번째 층의 배열에 아무런 차이가 없기 때문에 세 번째 층을 역시 첫 번째 층이라 할 수 있다. 또 다른 방식으로는, 세 번째 층의 구가 첫 번째 층이 만드는 구 사이의 공간과 같은 자리에 있는 홈 속에 딱 들어맞도록 놓이는 것이다[그림 10.23(d)]. 이 경우 세 번째 층은 다른 층이라 할 수 있다. 이상의 두 가지 쌓기의 펼친 모양과 구조가 그림 10.24에 제시되어 있다.

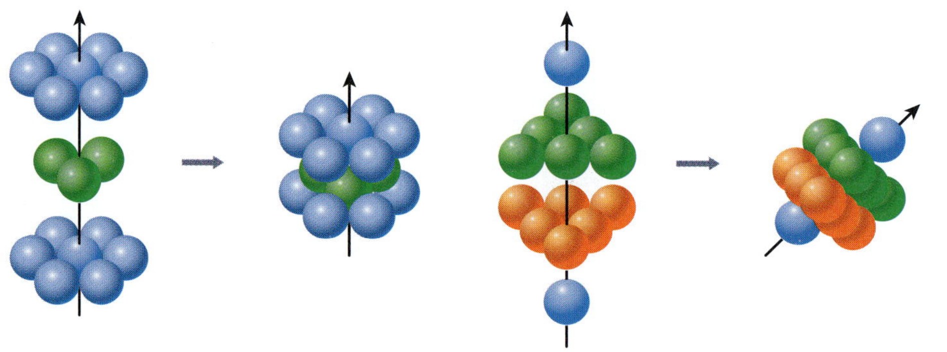

그림 10.24 (a) 육방 최조밀 쌓임 구조 (b) 입방 최조밀 쌓임 구조 그림

ABA 배열을 **육방 최조밀 쌓임 구조**(**hexagonal close-packed**(**hcp**) **structure**)라 하고, ABC 배열을 **입방 최조밀 쌓임 구조**(**cubic close-packed**(**ccp**) **structure**)라 하는데, 특히 후자의 경우는 면심 입방체에 해당한다. hcp 구조에서는 매 두 번째 층마다 수직 방향으로 구들이 동일한 위치에 있으며(ABABAB...), ccp 구조에서는 네 번째 층마다 수직 방향으로 구들이 동일한 위치에 있다(ABCABCA....). 두 구조의 모든 구는 12의 배위수(각 구와 각각 접해 있다)를 갖는다. 이 12개의 배위수는 같은 층에 6개, 위 층에 3개 및 아래층에 3개의 구로 구성된다. hcp와 ccp 구조는 둘 다 단위 세포 내에 동일한 구를 쌓는 가장 효율적인 방법이며 배위수가 12를 초과할 수 있는 다른 방법은 없다.

단원자로 이루어져 있는 많은 금속과 비활성 기체는 hcp나 ccp 구조를 갖는 결정을 만든다. 예를 들면, 마그네슘, 타이타늄, 아연은 이들 원자들이 hcp 방식으로 배열된 결정을 만들고, 알루미늄, 니켈, 은 등은 ccp 방식으로 배열된 결정으로 존재한다. hcp 구조로 결정화되는 헬륨을 제외한 모든 고체 상태의 비활성 기체들은 ccp 구조를 갖는다. 그렇다면 전이 금속이나 비활성 기체와 같은 물질들은 왜 다른 결정 구조로 존재하는가 하는 의문이 생길 수 있다. 이에 대한 설명은 분자간 힘에 따라 결정되는 특정한 결정 구조의 상대적인 안정성에 있다. 예를 들면, 마그네슘 금속은 마그네슘 원자가 hcp 방식으로 배열될 때 고체 상태에서 가장 큰 안정성을 지닐 수 있기 때문에 hcp 구조로 존재하는 것이다.

그림 10.25에서는 한 변의 길이가 a이며, 반지름이 r인 구에서 형성될 수 있는 단순 입방체, 체심 입방체 및 면심 입방체의 구조를 나타낸다.

단순 입방체	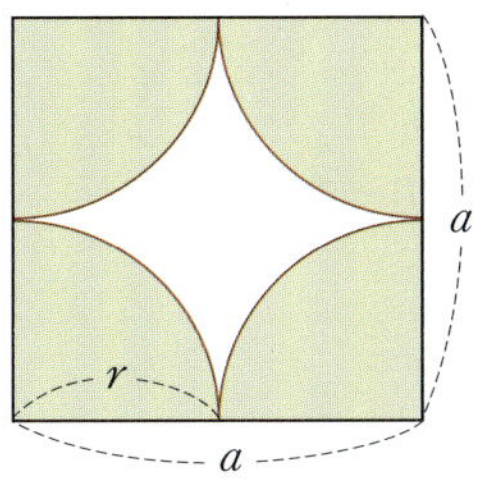	$a=2r, \quad \therefore r=\frac{a}{2}$
체심 입방체	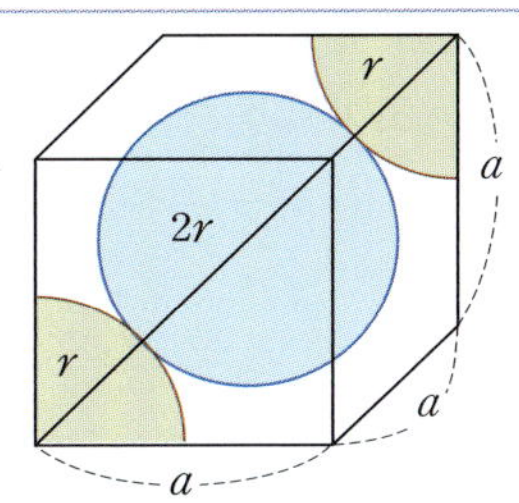	$a=\frac{4}{\sqrt{3}}r=\frac{4\sqrt{3}}{3}r, \quad \therefore r=\frac{\sqrt{3}}{4}a$
면심 입방체	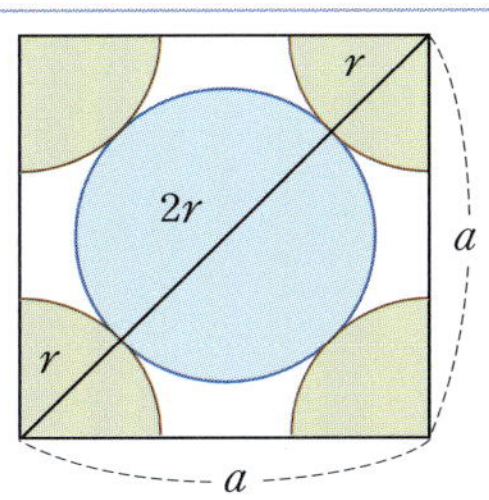	$a=2\sqrt{2}r, \quad \therefore r=\frac{\sqrt{2}}{4}a$

그림 10.25 단순 입방체, 체심 입방체, 면심 입방체의 구조에서 단위 세포 길이와 반지름

10.4 예제

은(Ag)은 면심 입방체의 최조밀 쌓임 구조로 결정을 이루고 있다. Ag의 밀도는 10.49 g/cm^{3}이며, 이러한 Ag 원자의 반지름은 얼마인가?

풀이

그림 10.25에서와 같이 아래 그림은 면심 입방체의 결정 구조와 실질적인 Ag 원자를 함유하는 면심 입방 결정체의 모양이다.

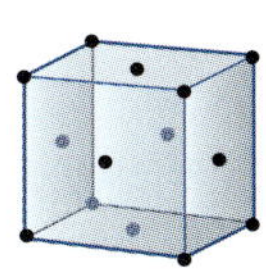

Ag 원자의 반지름을 구하기 위하여는 $a=\sqrt{8}r$인 식에서, 면심 입방체의 길이 a 값을 알아야 한다. 면심 입방체의 부피 $V=a^3$, $a=\sqrt[3]{V}$이다. 이 관계 식으로부터 a 값을 구할 수 있다. Ag의 밀도 10.49 g/cm^{3}는 $\frac{질량}{부피}$이므로, 면심 입방체의 부피를 주어진 밀도로부터 구하면 면심 입방체의 길이 a 값을 알 수 있다. 면심 입방체에 존재하는 Ag 원자의 개수는 총 4개이다. Ag 원자로 이루어진 Ag 단위 세포의 총 질량은

$$m=\frac{4\text{ 원자}}{1\text{ 단위 세포}}\times\frac{1\text{ mol}}{6.022\times10^{23}\text{ 원자}}\times\frac{107.9\text{ g Ag}}{1\text{ mol Ag}}=7.167\times10^{-22}\text{ g/ 단위 세포}$$

밀도로부터 면심 입방체의 부피를 계산한다.

$$V=\frac{m}{d}=\frac{7.167\times10^{-22}\text{ g}}{10.49\text{ g/cm}^3}=6.832\times10^{-23}\text{ cm}^3$$

면심 입방체의 길이 a는

$$a=\sqrt[3]{V}=\sqrt[3]{6.832\times10^{-23}\text{ cm}^3}=4.088\times10^{-8}\text{ cm}$$

면심 입방체 그림에서 $a=\sqrt{8}r$이므로

$$r=\frac{a}{\sqrt{8}}=\frac{4.088\times10^{-8}\text{ cm}}{\sqrt{8}}=1.445\times10^{-8}\text{ cm}=144.5\text{ pm}$$

정답

Ag 원자의 반지름, 144.5 pm

응용문제 10.4

연구실에서 어떤 100 % 순수 금속으로 이루어진 광물의 물성을 테스트 중인 경림이는 이 금속 고체의 단위 세포의 한 변의 길이를 X선 회절 기기를 이용하여 측정하였더니 이 단위 세포의 한 변의 길이가 이 금속 원자 하나의 지름과 같음을 알게 되었다. 이 금속 고체의 단위 세포의 형태는 정확히 무엇인가?

예제 10.5

Li, Na, K 등의 알칼리 금속은 체심 입방체의 결정 구조를 가진다. 이 원자들은 체심 입방체의 단위 세포 내에 몇 개로 구성되는가?

풀이

체심 입방체 결정 구조는 다음과 같다.

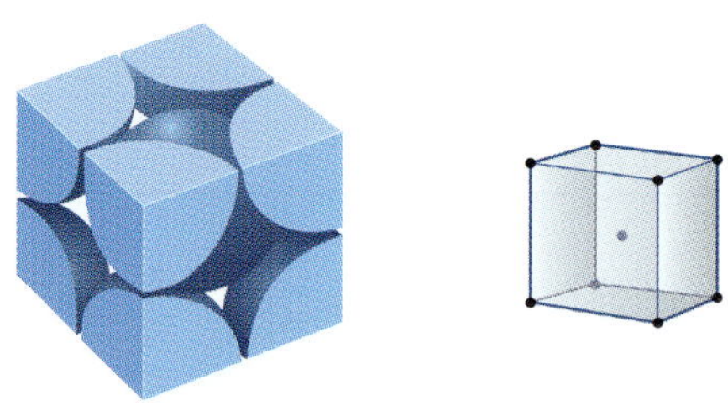

그림에서와 같이 체심 입방체 구조는 중심에 하나의 구와 꼭짓점에 있는 여덟 개의 $\frac{1}{8}$ 구로 구성되어 있다. 즉, 체심 입방체 결정에는 총 2개의 원자로 구성된다. $(1+\frac{1}{8}\times8=2)$

정답

$1+\frac{1}{8}\times8=2$(개)

응용문제 10.5

그림 10.25를 참고하여 체심 입방체에서 1개 단위 세포 전체 부피 중 구성 원자만이 얼마만큼의 부피를 차지하는지 백분율(%)로 계산하시오.

10.5 결정의 형태

녹는점, 밀도, 굳기와 같은 결정의 물리적인 성질과 구조는 여러 종류의 분자간 힘의 세기에 따라 결정되며, 다음 네 가지 형태인 이온성, 공유성, 분자성 및 금속성 결정 구조로 분류된다.

이온성 고체

이온성 고체(ionic solid)는 서로 이웃하는 반대로 하전된 이온 간의 강한 전기적인 힘에 의한 이온 결합으로 이루어져 있다. 이온성 고체는 Na^+, Cl^-와 같이 양이온과 음이온으로 구성된다(그림 10.26).

NaCl 등 이온성 고체 화합물은 매우 간단한 구조를 나타내며, 불연속적인 분자가 존재하지 않는다. 그림 10.27은 NaCl 단위 세포 내에서의 Na^+ 이온과 Cl^- 이온이 면심 입방체로 구성되어 있는 것을 보여 주고 있다. 이 결정 구조에서는 하나의 단위 세포에 네 개의 Na^+ 이온과 네 개의 Cl^- 이온이 존재한다.

그림 10.26 이온성 구조인 NaCl Na^+과 Cl^-의 결합으로 형성된다.

이온들은 강한 이온 결합을 형성하면서 반대로 하전된 이온 간의 정전기적 상호 작용에 의하여 규칙적으로 일정하게 반복되는 배열을 갖는다. 이러한 이온성 고체는 다음과 같은 물리적인 성질이 있다.

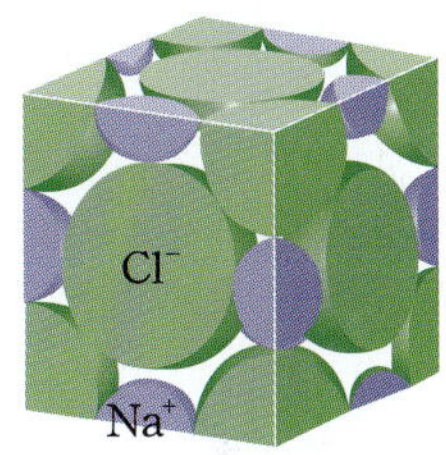

그림 10.27 NaCl의 면심 입방체 단위 세포 구조

대부분의 이온 결정은 녹는점이 높은데, 이는 이온들을 서로 붙들고 있는 응집력이 강함을 의미한다. 이온 결정의 안정성의 척도는 **격자 에너지(lattic energy)**이다. 즉, 격자 에너지가 높을수록 화합물은 더 안정하다. 이러한 이온성 고체에서는 하전된 이온들의 강한 결합으로 인하여 원자가 전자가 비편재화되어 있지 않고 어떤 위치에 고정되어 있기 때문에 전기를 전도하지 않는 부도체이다. 그렇지만 이것이 녹거나 물속에 용해되어 있는 경우에는 이온이 자유롭게 움직일 수 있어서 좋은 전도체가 된다. 결과적으로 이온이 존재하는 액체는 전기적으로 전도성을 가지게 된다. 그리고 대부분의 이온성 고체는 극성 용매인 물에 녹으나 반대로 무극성 용매인 벤젠(C_6H_6)이나 사염화 탄소(CCl_4)에는 녹지 않는다.

격자 에너지
기체 양이온과 기체 음이온이 결합하여 격자 구조의 고체 이온 결합 화합물을 형성하는 과정에서 방출하는 에너지

그림 10.28은 이온 결합 화합물인 CsCl, ZnS 및 CaF에 대한 결정 구조이다. Cs^+는 Na^+보다 상당히 크기 때문에 CsCl은 단순 입방 격자를 갖는다. ZnS는 섬아연광(zincblende) 구조를 갖는데, 이 구조는 면심 입방 격자에 기초하고 있다. 만약 S^{2-} 이온이 격자점을 차지하고 있다면 Zn^{2+} 이온은 단위 세포의 6개 면에 위치하고 있다. CaF_2는 형석(fluorite) 구조를 갖는데, Ca^{2+} 이온이 격자점을 차지하고, 각 F^- 이온은 네 개의 Ca^{2+} 이온이 만드는 단위 세포인 사면체의 중심에 위치하고 있다. 이러한 형석 구조를 갖는 화합물로는 SrF_2, BaF_2, $BaCl_2$, PbF_2 등이 있다.

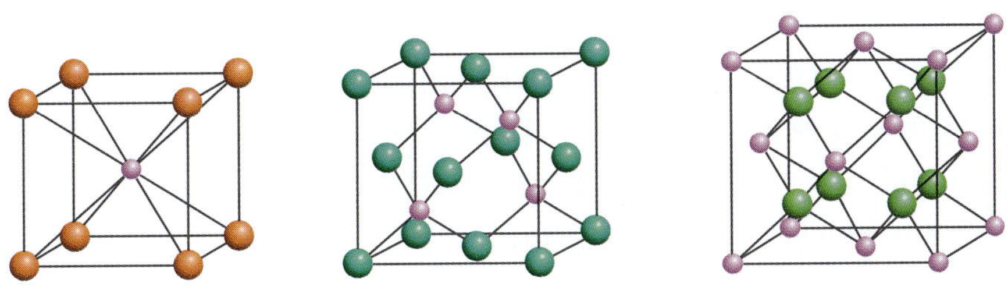

(a) (b) (c)

그림 10.28 (a) CsCl, (b) ZnS, (c) CaF_2의 결정 구조

공유성 고체

공유성 고체(covalent solid)에서는 원자들이 3차원적인 네트워크(network)를 형성하면서 서로 공유 결합에 의해 묶여 있다. 공유 결합은 분자 간 결합보다 매우 강하다. 이는 연속적인 그물 구조로, **그물 구조 공유성 고체**(covalent network solid)라고도 하며, 전체 결정은 하나의 거대한 분자로 구성되어 있다. 그물 구조 공유성 고체는 고체를 녹이기 위해 원자간 공유 결합을 끊어야만 하기 때문에 매우 높은 녹는점(1000 ℃ 이상)을 가진다.

탄소의 동소체인 다이아몬드와 흑연은 가장 대표적인 그물 구조 공유성 고체이다(그림 10.29). 이들은 3차원 구조와 결합이 매우 다르므로 물리적인 성질에 크게 차이가 난다. 다이아몬드에서는 각 탄소 원자는 4개의 다른 탄소 원자와 sp^3 혼성화되어 결합하고 있다. 다이아몬드의 매우 높은 경도와 매우 높은 녹는점(3550 ℃)은 바로 3차원에 걸친 강한 공유 결합 때문이다. 이러한 경도로 인하여 산업용 다이아몬드가 대부분의 절삭용으로 사용되고 있다.

다이아몬드의 경도
알려진 물질 중에서 가장 경도가 높은 물질이다.

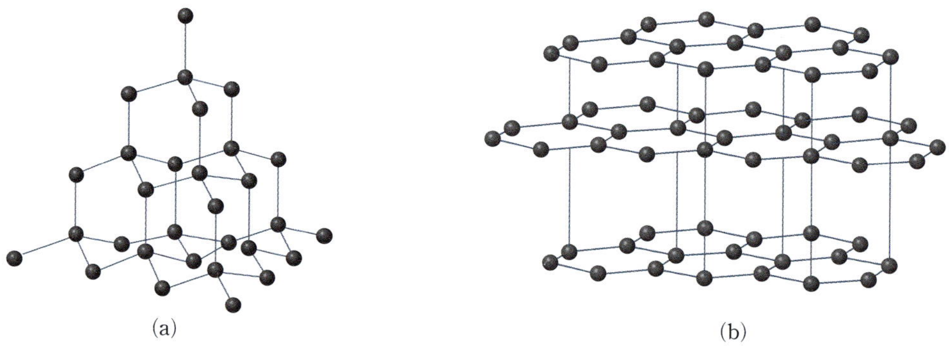

그림 10.29 탄소 원자로 구성된 (a) 다이아몬드 구조. (b) 판상 구조인 흑연

흑연의 경우, 탄소 원자는 육원자 고리의 배열을 갖는데, 모든 원자는 서로 혼성화되어서 다른 3개의 원자와 공유 결합을 하고 있다. 혼성화되지 않고 남은 오비탈은 파이 결합을 하는 데 사용되면서 흑연의 각 층은 비편재화된 분자 오비탈을 이룬다. 마치 벤젠에서 파이 전자가 비편재화되어 육각형을 이루면서 전자를 공유하는 형태이다. 이러한 비편재화된 파이 전자로 인하여 흑연은 좋은 전기 전도체가 된다. 왜냐하면 전자들은 광범위하게 비편재화된 분자 오비탈 속에서 자유롭게 움직이므로 흑연은 탄소 원자의 면을 따라 전기 전도성을 띠는 것이다. 흑연은 전지의 전극으로도 사용된다. 비편재화된 각 층은 약한 반데르발스 힘으로 서로 붙들려 있어 흑연의 경도는 다이아몬드의 경도와 달리 매우 약하다. 흑연은 다이아몬드의 구조처럼 탄소 원자가 결합된 형태가 아닌 비편재화된 면(plane)을 따라 공유 결합이 형성되며, 또한 공유 결합의 각 층은 미끄러질 수 있기 때문에 미끄러운 촉감이 있어 연필심이나 샤프 펜이 뾰족하더라도 글씨를 쓸 때 종이가 찢어지지 않는다.

▲ 연필심은 수분을 제외하면 99.9% 탄소로 이루어져 있다.

또 다른 공유 결정으로 석영을 들 수 있다. 석영(SiO_2)에서 규소 원자의 배열은 다이아몬드에서 탄소의 배열과 비슷하지만, 석영에는 2개의 규소 원자 사이에 산소 원자가 하나 끼어 있다. 규소와 산소는 전기 음성도가 다르므로 Si−O 결합은 극성을 띤다. 그럼에도 불구하고 SiO_2는 경도와 녹는점(1610 ℃)이 다이아몬드와 유사하다.

분자성 고체

분자성 고체(molecular solid)는 쌍극자–쌍극자 힘, 런던 분산력, 수소 결합과 같은 분자간 힘으로 결합된 원자나 분자로 구성된 고체이다. 이러한 분자간 힘은 약하기 때문에 분자성 고체는 무르고 녹는점이 상대적으로 낮다. 예로서 Ar, H_2O, CO_2 등 실온에서 기체나 액체 상태인 물질들은 대부분 낮은 온도에서 분자성 고체를 형성한다. 분자성 고체는 분자 사이에 작용하는 힘의 세기에 의해 크게 영향을 받는다.

예를 들어 벤젠과 톨루엔 중 어느 것이 분자간 힘이 더 강한지 생각해 보자. 벤젠의 끓는점은 80 ℃이며, 톨루엔의 끓는점은 111 ℃로 톨루엔의 끓는점이 더 높다. 이것은 톨루엔에서의 분자 간 인력이 벤젠에서보다 크기 때문이다. 또한 분자 결정의 한 예로 고체 상태의 이산화 황(SO_2)이 있는데, 여기서는 쌍극자–쌍극자 상호 작용이 주된 인력으로 작용한다. 분자성 고체의 다른 예로는 P_4, S_8, I_2 등이 있다(그림 10.30).

그림 10.30 분자성 고체인 P_4, S_8, I_2 분자의 기하학적 구조

분자성 고체에서 분자들은 그들의 크기와 모양이 가능한 한 서로 가깝게 채워진다. 공유 결합이나 이온 결합에 비해 반데르발스 힘과 수소 결합은 대체로 약하기 때문에 분자성 고체는 이온성 고체나 공유성 고체에 비해 훨씬 쉽게 깨지며, 실제로 대부분의 분자성 고체는 100 ℃ 이하의 온도에서 녹는다.

금속성 고체

금속 결정 내에서는 동일 금속 원자가 모든 격자점을 차지하고 있기 때문에 가장 간단한 구조라고 할 수 있다. 금속 결정은 체심 입방, 면심 입방, 육방 최조밀 쌓임 구조로 되어 있다. 이들 금속 원자는 매우 조밀한 구조이며, 결정 구조에 따른 분류가 그림 10.31의 주기율표에 나타나 있다.

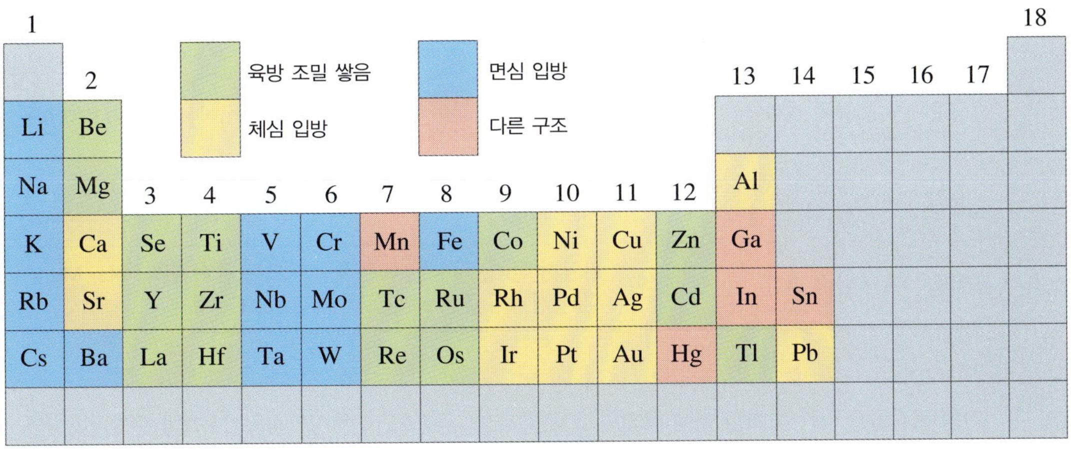

그림 10.31 금속 결정 구조에 따른 주기율표상에서의 분류

금속에서의 결합은 다른 형태의 결정에서의 결합과는 상당히 다르다. 금속에서 결합 전자는 결정 전체에 걸쳐 비편재화되어 있다. 실제로 결정에서 금속 원자는 비편재화된 원자가 전자의 바다 속에 양이온이 파묻혀 있는 것과 같이 상상할 수 있다(그림 10.32). 이 전자들은 양이온과의 정전기적 인력에 의하여 금속에 제한적으로 포진되어 있고, 전체 구조에 고루 분포되어 있다. 이는 전자가 마치 바다처럼 넓게 퍼져 있는 형태라고 하여 **전자 바다 모형**(**electron sea model**)이라 부르며, 전자들은 이 바다 모형에서 자유롭게 이동 가능하며 금속 이온에 국한되어 있지는 않다. 이 모형은 최외각 전자가 '전자 바다' 속에서 금속 양이온들이 규칙적인 배열을 하는 것으로 본다.

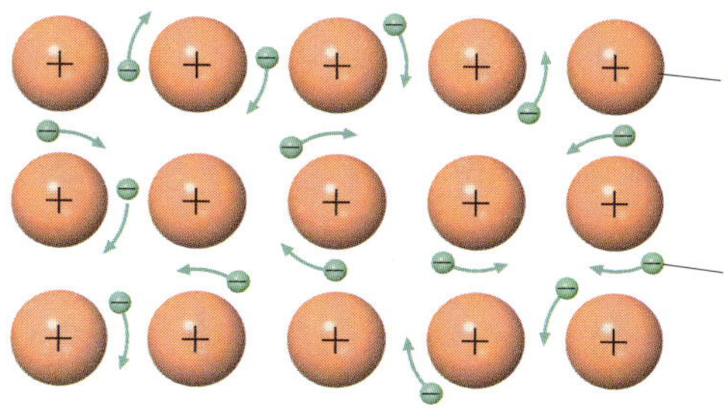

그림 10.32 금속 결정의 전자 바다 모형 금속 양이온은 전자로 둘러싸여 있다. 마치 전자의 바다 속에 양이온이 묻혀 있다.

금속의 연성
구리는 연성 덕분에 긴 가닥으로 제조할 수 있다.

ⓒStokio/Shutterstock

전자 바다 모형은 금속의 많은 특성을 설명 가능하게 한다. 높은 전기 전도도와 높은 열전도도는 상대적으로 바다와 같은 형태로 존재하는 수많은 전자의 움직임으로 인하여 발생한다. 즉, 금속에 전압을 걸면, 음전하를 띤 전자는 양전하를 띤 다른 단자 쪽으로 이동하며, 온도를 가하면 온도에 따라 전자가 이동함으로써 금속이 열 전도체가 되는 것이다. 또한, 금속은 연성(강한 힘으로 잡아당겼을 때 끊어지지 않고 가래떡처럼 늘어나는 성질)과 전성(충격을 가하면 얇은 판으로 펴지는 성질)이 있는데, 이는 금속 결정이 깨지지 않고 형태를 유지할 수 있기 때문이다. 금속성 고체는 표면에서 빛을 반사하고 광택이 나며, 금속의 강도는 전자의 비편재화로 인한 큰 응집력 때문이다.

표 10.4는 네 가지 고체 결정의 특징을 정리한 것이다.

표 10.4 결정의 네 가지 형태와 물리적 특성

결정 형태	단위를 붙잡고 있는 힘	물리적인 특성	예
이온	정전기적 인력	단단하고 깨지기 쉬움, 높은 녹는점, 열과 전기의 부도체	NaCl, LiF, MgO, $CaCO_3$
공유	공유 결합	단단함, 높은 녹는점, 열과 전기의 부도체	C(다이아몬드), SiO_2(석영)
분자	분산력, 쌍극자-쌍극자 힘, 수소 결합	연함, 낮은 녹는점, 열이나 전기의 부도체	Ar, CO_2, I_2, H_2O, $C_{12}H_{22}O_{11}$(설탕)
금속	금속 결합	다양한 굳기, 다양한 녹는점, 열과 전기의 좋은 도체	모든 금속 원소: Na, Mg, Fe, Cu 등

예제 10.6

다음 물질들은 각각 어떠한 결정 형태의 고체(분자성, 금속성, 이온성, 공유성-그물 구조)인가?
(a) $CaCO_3$ (b) Si (c) 벤젠 (d) I_2 (e) MgO

정답

먼저 화합물이 금속 또는 비금속으로 구성되어 있는지 파악한다.
(a) $CaCO_3$는 이온 결합 화합물이므로 이온성 고체이다.
(b) Si는 C 원자와 같이 3차원의 그물 구조를 가지는 공유성 고체이다.
(c) 벤젠은 응고되면 무극성인 분자성 고체 물질이다.
(d) I_2는 무극성 물질로 분자간 힘으로 분산력이 작용하는 분자성 고체이다.
(e) MgO는 이온성 고체이다.

응용문제 10.6

다음 설명이 옳으면 ○, 옳지 않으면 ×로 표기하시오. 그리고 옳지 않은 이유를 설명하시오.
(a) 모든 공유 결정은 전기가 통하지 않는 부도체이다.
(b) 극저온에서 냉동된 아이스크림은 이온성 고체이다.
(c) 순수 탄소로만 이루어진 숯은 공유 결정이다.
(d) 초콜릿은 분자성 고체이다.

Deep Insight

보통 유리와 자동차 유리

산화 규소와 일부 금속 또는 비금속 원소가 균일하게 섞인 유리 주방도구나 음료수병의 유리는 대표적인 비결정질 고체이다. 자동차의 유리도 일반 유리와 같은 비결정질 유리라고 생각할 수 있지만 겉보기와 다르게 자동차 유리는 안전유리로서 질적으로 구성적으로 보통의 유리와 많이 다르다.

모든 유리에는 눈에 보이지 않을 정도의 매우 작은 결함이 많아서 작은 충격에도 쉽게 깨진다. 물론 그 파편도 무작위적으로 날카로우며, 차량 사고 현장에서 목격할 수 있는 유리 파편은 작은 콩알 크기로 산산조각이 나 있음을 알 수 있다.

▲ 파손된 안전유리 ©Michael_Luenen/Pixabay

일반적인 유리는 가열되어 유동성이 있는 유리를 찬 바람에 쪼여 주어 표면이 먼저 냉각 및 수축되게 하고, 이어서 유리 내부를 완만한 속도로 서서히 냉각시킨다. 이렇게 제조된 유리는 항상 스트레스를 받는 상태로 고체가 되었기에 충격을 받으면 충격 에너지를 최대한 많은 단면을 발생시키면서 해소하려는 성질 때문에 날카로운 단면을 형성하면서 깨진다.

자동차 유리는 이런 유리를 두 장으로 겹쳐서 강도를 높이되 두 유리판 사이에 폴리비닐알코올(PVC)과 폴리비닐뷰티랄(PVB)을 공중합체로 만든 합성 고분자 필름을 끼워 샌드위치 유리창을 제조한다. 차량의 유리창에 충돌 에너지가 전달되면 먼저 내부의 필름층이 충격을 1차적으로 흡수하면서 찢어지기 때문에 이후 추가적인 충격량이 유리에 전달될 때에는 에너지가 적게 전달되므로 유리 파편이 덜 날카롭게 부서지면서 동시에 튀지도 않는다.

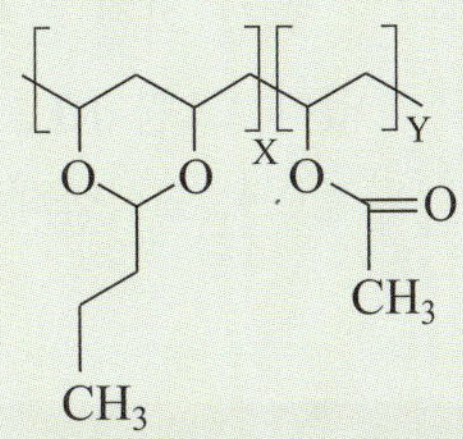

PVC-PVB 공중합체

물론 두 유리판 사이에 끼우는 합성 고분자 필름은 투명해야 운전자와 탑승자의 시야를 방해하지 않을 텐데, 이 PVC-PVB 필름은 투명할 뿐만 아니라 빛 굴절률도 적어 차량 안전유리 재료로 안성맞춤이라 할 수 있다.

오늘날에는 스마트폰의 액정화면 유리에 이 기술을 사용하기도 한다. 유리를 일정 두께 이하로 얇게 하되 이렇게 3층 구조의 안전유리로 제작하면 화면 터치시 정전기 접촉 감지력에 문제가 없으면서 충격이 가해 졌을 때 유리가 날카롭게 깨지는 것을 방지할 수 있다.

10.6 비결정성 고체

고체의 가장 일반적인 특성은 형태와 단단함이다. 이러한 고체의 물리적 특성은 결정성 형태로 나타나며, 매우 규칙적인 배열이 반복적으로 나타나는 것을 볼 수 있다. 원자들이 반복적이고 규칙적인 배열을 갖는 고체를 결정성 고체라 하고, 고체의 형태가 견고하지만 원자들이 규칙적인 배열로 존재하지 않고 불규칙적으로 배열하는 고체를 **비결정성 고체(amorphous solid)**라고 한다. 비결정성 고체는 용융되어 있는 액체가 빠르게 냉각될 때 형성된다. 이러한 고체는 구성 원자를 격자점에 배열할 충분한 시간을 갖지 못한다. 따라서 단위 세포의 격자점이 존재하는 입방체 형태의 규칙적인 자리가 아닌 불규칙적인 다른 자리에 원자나 분자가 고착하게 된다. 이런 결과로 생긴 고체를 **비결정질(amorphous)**이라고 한다.

유리와 같은 비결정질 고체에서는 원자가 3차원적으로 규칙적인 배열을 하고 있지 않다. 유리(glass)는 흔히 무기 물질을 결정화시키지 않고 매우 빠르게 냉각시켜서 굳은 상태가 되도록 광학적으로 투명하게 만든 용융 화합물을 말하며, 불규칙적인 배열로 인하여 빛을 통과할 수 있다.

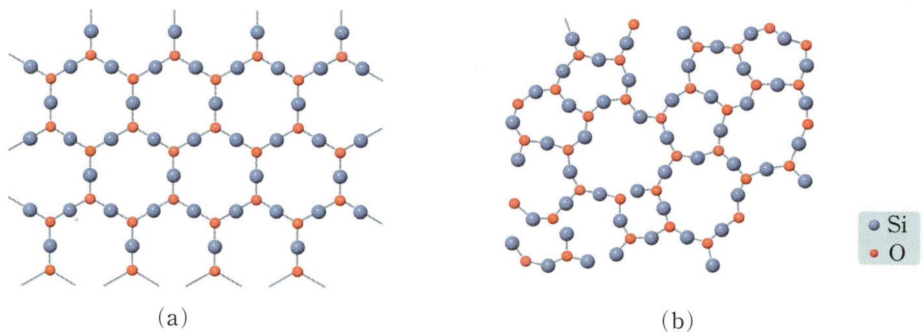

그림 10.33 (a) 결정 구조인 석영과 (b) 비결정질 구조인 석영 유리의 비교

X-선 회절 분석으로 확인한 결과, 유리에는 규칙적인 배열을 갖추는 입방체 형태가 없다. 그림 10.33은 결정질 고체인 석영(SiO_2)과 비결정질 석영 유리의 구조를 이차원적으로 도식화해서 나타낸 것이다.

10.7 상변화

앞에서 기체, 액체, 고체 물질의 3가지 상태의 특성을 개략적으로 살펴보았다. 한 가지 상태에서 다른 상태로의 전이를 **상변화(phase change)**라고 하는데, 상변화는 일반적으로 열의 형태인 에너지가 가해지거나 제거될 때 일어나는 과정을 시간과 온도에 대한 그래프로 나타낼 수 있다. 상변화는 분자 질서의 변화로 특징지어지는 물리적 변화이다. 고체상에서의 분자는 가장 큰 질서를 유지하며, 기체상에서의 분자는 분자 간의 인력이 약해 가장 큰 무질서를 가진다. 에너지 변화와 분자 간 질서의 증가 또는 감소를 유발시켜 물리적 변화의 본질을 잘 이해할 수 있게 한다.

액체-증기 평형

액체 상태에 있는 분자는 견고한 격자 속에 고정되어 있는 상태가 아니다. 액체 분자들은 기체 분자처럼 완전히 자유롭지는 않지만, 일정하게 운동하고 있으므로 유동성(fluidity)을 지닌다. 액체는 기체보다 조밀하기 때문에 분자들 간의 충돌률이 기체상보다 훨씬 높다. 액체 상태의 분자가 액체 표면에서 벗어나기에 충분한 에너지를 외부에서 가하면 상태 변화가 일어나며, 이때 액체가 기체로 전이되는 과정을 **증발(evaporation)** 또는 **기화(vaporization)**라고 한다.

그림 10.34는 서로 다른 두 온도 T_1과 T_2에서 액체 상태에 있는 분자의 운동 에너지를 보여 준다. 온도가 높을수록 분자들은 더욱 활발하게 움직이므로 운동 에너지는 증가하고, 따라서 더 많은 수의 분자가 액체를 떠나는 것을 분자 수의 감소로(그림 10.34의 y축)부터 확인할 수 있다.

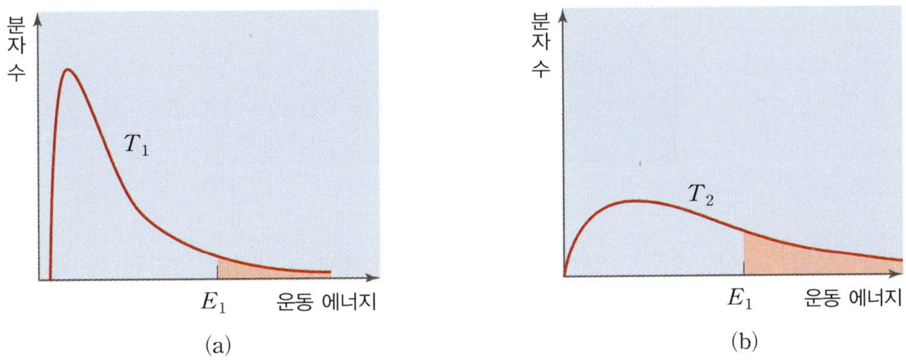

그림 10.34 (a) 낮은 온도 T_1과 (b) 높은 온도 T_2에서의 액체 상태 분자의 운동 에너지 분포도. 높은 온도에서 운동 에너지가 증가한다.

증기 압력

액체가 기화할 때, 기화되는 기체 분자는 증기 압력으로 나타난다. 그림 10.35 장치에서 기화가 시작되기 전인 그림 10.35(a)에서 U자형 압력계 관에 있는 수은의 높이가 똑같다. 여러 분자가 액체 상태를 떠나면 기체인 증기상이 형성되고, 상당량의 증기가 존재하여 일정한 값에 도달하게 되면 그림 10.35(b)와 같이 증기 압력을 측정할 수 있다. 그러나 기화 과정이 무한히 계속되는 것은 아니다. 결국 증기상은 감소하면서 수은의 높이가 안정화되고, 더 이상 변화가 없게 된다.

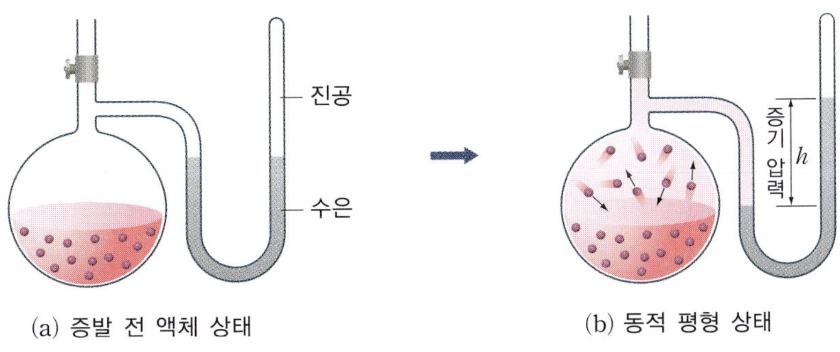

그림 10.35 액체 증기 압력을 측정하는 장치 (a) 증발이 일어나기 전으로 수은의 높이가 같다. (b) 평형 상태에서 더 이상의 변화가 없을 경우 액체를 떠나는 분자 수와 액체 상태로 되는 분자 수가 동일하다. 수은의 높이 h는 특정 온도에서 액체의 평형 증기 압력이다.

그러면 기화가 일어나는 동안 분자 수준에서 볼 때 초기에는 한 방향으로만 기화가 일어난다. 즉, 분자는 액체에서 공간으로 움직인다. 곧이어 액체 위의 공간에서 분자는 증기상으로 되며, 이 증기상 속의 분자 농도가 점차 증가하면서 몇몇 분자는 서서히 응축되어 다시 액체상으로 되돌아가게 된다. 이때 발생하는 **응축**(**condensation**)은 기체상에서 액체상으로의 변화를 말한다.

일정한 온도에서 액체의 기화 속도는 일정하며, 증기상의 분자 농도가 증가함에 따라 응축 속도는 증가한다. 응축 속도가 기화 속도와 같아지면 정반응 속도와 역반응 속도가 정확히 균형을 이루는 상태에 도달하게 되는데, 이때를 **동적 평형**(**dynamic equilibrium**)이라고 한다(그림 10.36).

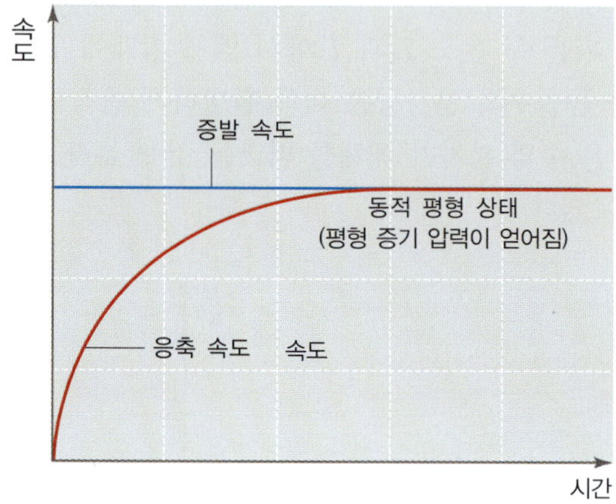

그림 10.36 동적 평형 상태 특정 온도에서 증발 속도와 응축 속도가 평형 상태에 도달한다.

증발과 응축이 같은 속도로 일어날 때 액체와 그 기체는 평형에 도달한다. 이러한 평형 상태에서는 계의 변화가 없기 때문에 아무런 일도 일어나지 않는 것처럼 보일 수도 있으나, 실제로는 매우 큰 변화가 발생하고 있다. 즉, 분자는 끊임없이 액체 상태에서 기체 상태로 이동하며 동시에 기체 상태에서 액체 상태로의 움직임이 일어난다. **평형 증기 압력**(**equilibrium vapor pressure**)은 응축과 기화 사이에 동적 평형이 존재할 때 형성된 증기 압력을 말한다. 액체의 평형 증기 압력은 간략히 '증기 압력'이라고도 한다. 어떤 주어진 온도에서 그 액체의 최대 증기 압력을 평형 증기 압력이라 하며, 온도가 일정하면 그 값도 일정하다.

증기 압력 곡선
온도에 따른 액체의 증기 압력을 나타낸 곡선을 액체의 증기 압력 곡선이라고 한다.

평형 증기 압력은 아주 소량의 액체만 존재하더라도, 즉 액체가 존재하기만 하면 그 양에 상관없이 항상 일정하다. 그림 10.37은 세 가지 액체에 대한 증기 압력 곡선을 보여 준다. 액체의 정상 끓는점은 1 atm에 나타나는 점선에 해당된다.

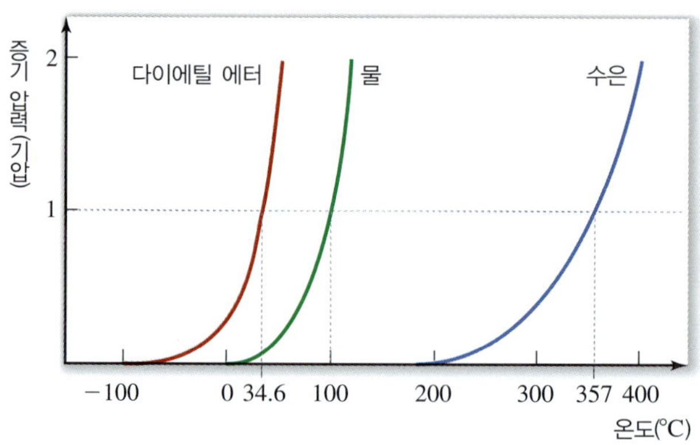

그림 10.37 액체의 증기 압력 곡선

몰증발열과 끓는점

일정한 압력과 온도에서 액체 1 mol의 증발에 필요한 열량(보통 kJ)을 **몰증발열(molar heat of vaporization, ΔH_{vap})**이라고 한다. 이 값은 주로 액체 중 분자간 힘의 종류에 따라 결정되는 일정한 액체의 특성으로 분자간 힘의 세기의 척도로 사용된다. 분자 간 인력이 강하면 액체상에서 분자를 자유롭게 하는 데 많은 에너지가 필요하게 된다. 결국 분자 간 인력이 강한 액체는 상대적으로 낮은 증기 압력과 높은 몰증발열을 가지게 된다.

몰증발열을 확인할 수 있는 실제 방법은 에탄올(C_2H_5OH)이나 아이소프로판올(C_3H_7OH)과 같은 알코올을 손에 문질러 보는 것이다. 이러한 알코올은 물보다 작은 증발열을 가지므로 물보다 빨리 증발한다. 손에서 나타나는 체온은 알코올 분자의 운동에너지를 증가시켜서 기화시키기에 충분하다(표 10.5).

표 10.5 액체에 대한 몰증발열

물질	끓는점(℃)	$\Delta H_{증발}$(kJ/mol)
아르곤(Ar)	−186	6.3
벤젠(C_6H_6)	80.1	31.0
다이에틸 에터($C_2H_5OC_2H_5$)	34.6	26.0
에탄올(C_2H_5OH)	78.3	39.3
수은(Hg)	357	59.0
메테인(CH_4)	−164	9.2
물(H_2O)	100	40.79

알코올 증발에 의한 열손실의 결과로 손은 시원하게 느껴진다. 액체의 증기 압력은 온도가 높아짐에 따라 증가한다. 모든 액체에는 액체가 끓기 시작하는 온도가 있으며, 액체는 외부 압력과 증기 압력이 같을 때 끓는다. 액체의 증기 압력이 외부 압력과 같아지는 온도를 **끓는점(boiling point)**이라 하며, 1기압(760 torr)에서 액체의 끓는점을 **정상 끓는점(normal boiling point)**이라고 한다.

끓는점에서의 현상은 액체의 내부에 기포가 생기면서 액체는 바깥으로 밀려나가고, 따라서 용기 속 액체의 높이가 높아지게 된다. 기포 내부의 압력은 전적으로 액체의 증기 압력이다. 증기 압력이 외부 압력과 같아지면 기포는 액체의 표면으로 떠올라서 터지게 된다. 만약 기포 내의 증기 압력이 외부 압력보다 낮으면 기포는 떠오르기 전에 없어질 것이다. 따라서 액체의 끓는점은 외부 압력에 의해 결정된다. 예컨대, 1기압에서는 물이 100 ℃에서 끓지만, 압력이 0.5기압으로 낮아지면 82 ℃에서 끓는다. 만약 압력이 낮은 높은 산에서 음식을 조리한다면 바다 해수면인 1기압의 지구 표면에서보다 더 오래 걸릴 것이다.

끓는점이 액체의 증기 압력으로 결정되기 때문에 우리는 끓는점이 몰증발열과 관련되어 있을 것으로 예상할 수 있다. 표 10.5에서와 같이 증발열이 클수록 끓는점은 높아진다. 결국, 끓는점과 증발열(ΔH_{vap})은 둘 다 분자간 힘의 세기에 의해 결정된다. 예를 들면, 약한 분산력을 갖는 아르곤(Ar)과 메테인(CH_4)은 낮은 끓는점과 작은 몰증발열을 갖고 있으나, 다이에틸 에터($C_2H_5OC_2H_5$)는 쌍극자 모멘트로 인하여 상대적으로 높은 끓는점과 큰 증발열을 가진다. 또한, 에탄올과 물에는 강한 수소 결합이 존재하므로 상대적으로 높은 끓는점과 큰 증발열을 갖는다. 수은은 강한 금속 결합으로 인하여 표 10.5에 있는 액체 중에서 가장 끓는점이 높고 증발열도 크다. 표 10.5에서 흥미로운 점은 무극성 물질인 벤젠의 끓는점이 에탄올의 끓는점과 유사하다는 것이다. 벤젠에 존재하는 이중 결합은 비편재화된 파이 분자 오비탈의 전자가 고르게 분포함으로써 높은 편극성을 가지게 되어 에탄올과 물에 존재하는 수소 결합과 거의 동등한 수준으로 분자간 힘이 강하게 나타나는 것이다.

임계 온도와 임계 압력

기체는 적절한 온도와 압력 상태에서 액화될 수 있다. 어떤 실린더에 100 ℃ 물이 존재한다고 가정하자. 이 피스톤에 있는 수증기에 압력을 증가시키면 760 torr에서 액체 물이 생성될 것이다. 그러나 온도가 110 ℃ 이상이면 액체상은 압력을 고압으로 하여도 형성되지 않는다. 물의 액체상은 임계 조건인 374.4 ℃와 219.5기압에서만 형성된다. 그 이상의 온도에서는 어떠한 압력을 가해도 액체가 형성되지 않는다.

물과 암모니아의 높은 임계 온도와 임계 압력은 분자 간에 존재하는 강한 수소 결합으로 인하여 높게 나타난다. 이렇듯이 액체가 생성될 수 있는 최고 온도를 **임계 온도(critical temperature**, T_c)라 하며, 이 임계 온도에서 액화가 일어나는 데 필요한 압력을 **임계 압력(critical pressure**, P_c)이라고 한다.

임계 온도 이상에서는 물질을 아무리 세게 압축하여도 기체가 액상으로 존재하지 않으며, 마치 안개와 같이 뿌연 상태로 존재한다. 다시 말하면 임계 온도 이상에서는 액체와 기체 사이에 근본적인 구분이 없다. T_c 이하에서 분자간 힘은 적당한 압력하의 액체 상태에서 분자를 서로 붙들어 둘 수 있을 만큼 충분히 강하다. T_c 이상에서는 분자 운동이 활발해짐에 따라 분자들은 분자간 힘으로부터 벗어나서 따로 떨어질 수 있게 됨으로써 안개와 같이 기체와 액체가 공존하는 상태로 되는 것이다. 그림 10.38은 헥사플루오린화 황(SF_6)이 임계 온도(45.5 ℃)를 기준으로 나타나는 상태 변화를 보여 준다.

(a) (b) (c) (d)

그림 10.38 SF_6의 임계 현상 (a) 임계 온도 이하에서는 투명한 액체, (b) 임계 온도 이상에서는 액체상이 사라짐, (c) 임계 온도 바로 이하에서는 응축되기 시작하면서 안개 상태가 나타남, (d) 임계 온도 이하로 계속 냉각되면서 액체상이 다시 생김

표 10.6에 몇 가지 물질의 임계 온도와 임계 압력이 제시되어 있다. 한 물질의 임계 온도는 그 물질의 분자간 힘의 세기를 반영하고 있다. 비편재화된 파이 전자, 수소 결합 등으로 인한 강한 분자간 힘을 갖는 벤젠, 에탄올 및 물, 수은은 표 10.6에 있는 다른 물질들에 비해 높은 임계 온도를 나타낸다.

표 10.6 몇 가지 물질의 임계 온도와 임계 압력

물질	T_c(°C)	P_c(atm)
암모니아(NH_3)	132.4	111.5
아르곤(Ar)	−186	6.3
벤젠(C_6H_6)	288.9	47.9
이산화 탄소(CO_2)	31.0	73.0
다이에틸 에터($C_2H_5OC_2H_5$)	192.6	35.6
에탄올(C_2H_5OH)	243	63.0
수은(Hg)	1462	1034
메테인(CH_4)	−83.0	45.6
수소 분자(H_2)	−239.9	12.8
질소 분자(N_2)	−147.1	33.5
산소 분자(O_2)	−118.8	49.7
헥사플루오린화 황(SF_6)	45.5	37.6
물(H_2O)	374.4	219.5

앞의 그림 10.37의 증기 압력 곡선은 기체상과 액체상이 평형을 이루는 온도와 압력 지점을 연속해서 표현한 것이다. 이 증기 압력 곡선은 임계점까지만 그려질 수 있고 임계 온도와 임계 압력을 넘어서는 영역에서는 증기 압력 곡선을 그릴 수 없다.

액체-고체 평형

액체가 고체로 변하는 것을 **얼음(freezing)**, 그 역과정을 **녹음(melting)**, 또는 **용융(fusion)**이라고 한다. 고체의 **녹는점(melting point)**, 또는 액체의 **어는점(freezing point)**은 동적 평형 상태에서 액체와 고체상이 공존하는 온도를 말한다. 즉, 녹는점에서 입자들은 액체에서 고체로 이동하는 것과 같은 속도로 고체에서 액체로 이동한다. 어떤 물질의 정상 녹는점(또는 어는점)은 1기압에서 그 물질이 녹는 온도(또는 어는 온도)를 뜻하며, 일반적으로 압력이 1기압일 때 '정상'이란 말을 생략하고 사용한다.

액체–고체 평형에 대한 예로서 가장 대표적인 것이 물과 얼음의 평형이다. 0 ℃, 1기압에서 물과 얼음의 동적 평형은 다음과 같이 나타낸다.

$$\text{얼음} \rightleftharpoons \text{물}$$

일반적으로 고체상에서의 분자들이 액체상에서보다 서로 강하게 붙들려 있기 때문에, 고체–액체 상전이를 일으키기 위해서는 가해주는 열이 필요하다. 그림 10.39는 계의 온도와 가해준 열의 관계를 나타낸 가열 선을 나타낸다.

고체가 가열되어 A점에 도달할 때까지 온도는 서서히 증가한다. 따라서 이 A점에서 고체가 녹기 시작한다. 고체가 용융되는 것이다. 첫 번째 평평한 부분(A → B)인 녹는 동안에도 열이 계에 흡수되나 여전히 온도는 일정하게 유지된다. 그 열로 인해 분자는 고체에서의 인력을 극복하여 녹기 시작한다. 시료가 완전히 녹으면(B점) 흡수된 열은 액체 분자의 평균 운동 에너지를 증가시켜서 액체의 온도가 올라가면서(B → C), 기화 과정(C → D)이 시작된다. 모든 분자가 기체상으로 되면 온도가 다시 상승하게 된다(D 이상).

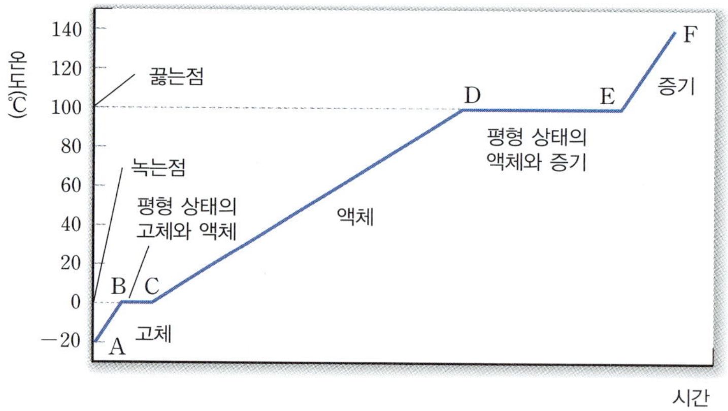

그림 10.39 고체 상태에서 기체 상태인 증기까지 가열하면서 나타나는 물질의 상태(가열 곡선)

고체가 녹는 과정을 **용융**(**fusion**)이라고 한다. **몰용융열**(**molar heat of fusion**, ΔH_{fus})은 어떤 고체 1 mol이 녹을 때 녹는점에서 일어나는 엔탈피의 변화이다(보통 kJ 단위). **몰증발열**(**molar heat of vaporization**, ΔH_{vap})과 몰용융열에 대한 비교는 표 10.5와 표 10.7에서 파악할 수 있다. 두 표의 자료를 비교해 보면 각 물질에 대한 몰용융열이 몰증발열보다 작음을 알 수 있다.

표 10.7 몇 가지 물질의 몰용융열

물질	녹는점(°C)	$\Delta H_{용융}$(kJ/mol)
아르곤(Ar)	−190	1.3
벤젠(C_6H_6)	5.5	10.9
다이에틸 에터($C_2H_5OC_2H_5$)	−116.2	6.90
에탄올(C_2H_5OH)	−117.3	7.41
수은(Hg)	−39	23.4
메테인(CH_4)	−183	0.84
물(H_2O)	0	6.01

이것은 고체가 녹으면서 액체 상태의 분자가 비교적 가깝게 밀집되어 있어 고체에서 액체로 재배열이 일어나기 위해서 약간의 에너지(몰용융열)가 필요하지만, 액체가 기체로 증발할 때는 분자가 완전히 떨어져야 하므로 이 인력을 극복하기 위해서는 상당히 많은 양의 에너지(몰증발열)가 필요하기 때문이다. 이는 그림 10.39에서 몰증발열 구간(C → D)이 몰용융열 구간(A → B)보다 더 긴 시간이 걸린다는 것으로 확인할 수 있다.

물질의 냉각 과정은 그림 10.39에서 가열과 정반대의 효과로 설명할 수 있다. 만약 일정한 속도로 기체 시료에서 열을 제거하면 온도가 내려간다. 액체가 형성되면 계의 퍼텐셜 에너지가 감소하기 때문에 계로부터 열이 방출된다. 이런 이유로 인해 응축 과정(D → C) 동안 계의 온도는 일정하게 유지된다. 증기가 전부 응축되고 나면 액체의 온도가 떨어지기 시작하고(C → B), 계속해서 냉각하면 마침내 물질은 얼게 된다(B → A). 액체가 일시적으로 어는점 이하의 온도까지 액체 상태로 냉각될 수 있는 현상을 과냉각(supercooling)이라 하는데, 이러한 과냉각은 열이 너무 빨리 액체에서 제거되어 분자가 고체의 특성인 규칙적인 격자점 구조를 갖지 못할 때 일어나며, 계속 액체 상태로 남아있기 때문이다. 그러나 어느 순간에 제대로 된 규칙적인 배열이 형성된다면, 갑자기 고체가 형성되면서 발열 과정으로 방출되는 에너지가 과냉각된 온도를 다시 녹는점으로 상승시키면서 남아있는 액체가 다시 얼게 되는 것이다. 과냉각된 액체는 불안정하므로 가볍게 저어주거나 액체와 동일한 물질의 아주 작은 '알맹이(seed)' 결정을 넣어주면 빠르게 고체화된다.

고체-증기 평형

액체와 마찬가지로 고체도 증기 압력을 나타낸다. 다음 동적 평형을 살펴보자.

$$\text{고체} \rightleftharpoons \text{증기}$$

승화(sublimation)는 분자가 고체상에서 증기상으로 직접 상전이하는 과정을 말하고, 증기상에서 고체상으로 직접 전이하는 과정은 **석출(deposition)**이라고 한다. 승화되는 물질의 예로는 좀약으로 쓰이는 나프탈렌이 있다. 나프탈렌은 고체로서 상당히 높은 평형 증기 압력(53 ℃에서 1 mmHg)을 가진다. 따라서 코를 찌르는 냄새가 밀폐된 공간에 빠르게 퍼지게 된다. 또한, 아이오딘도 승화하는데, 상온에서 밀폐된 용기에 있을 때는 보라색의 아이오딘 증기를 쉽게 볼 수 있다(그림 10.40).

그림 10.40 아이오딘(I_2) 고체가 보라색 아이오딘 증기와 평형인 상태

고체 상태의 분자는 서로 강하게 결합되어 있으므로 일반적으로 액체와 비교하면 고체의 증기 압력은 훨씬 낮다. 어떤 물질의 **몰승화열(molar heat of sublimation, ΔH_{sub})**은 고체 1몰을 승화시키는 데 필요한 에너지(보통 kJ 단위)를 말하며, 이것은 몰용융열과 몰증발열의 합과 같다.

$$\text{몰승화열} = \text{몰용융열} + \text{몰증발열} \quad (10.1)$$

식 (10.1)은 헤스 법칙의 한 예이다. 전 과정에 대한 엔탈피, 또는 열의 변화량은 그 물질이 고체에서 기체로 직접 변하거나 고체에서 액체를 거쳐 기체로 변하거나 경로에 관계없이 동일하다는 것이다. 단, 식 (10.1)은 모든 상변화가 같은 온도에서 일어날 때 성립된다. 그림 10.41은 앞에서 설명한 여러 형태의 상변화를 이해하기 쉽게 정리한 것이다.

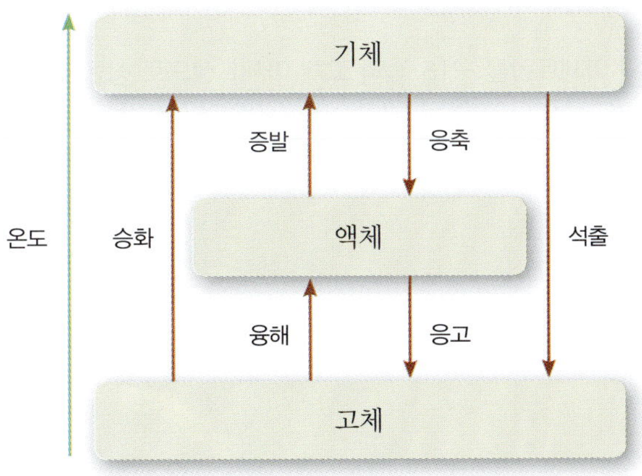

그림 10.41 물질에 대한 여러 상태의 상변화

예제 10.7

표준 기압에서 2.00 mol의 얼음(−25 ℃)을 지속적으로 가열하여 수증기(125 ℃)로 상변화를 시키는 데 필요한 총 열량을 계산하시오. 얼음, 물, 수증기의 비열은 각각 2.03 J/g·℃, 4.184 J/g·℃, 1.84 J/g·℃이다. (단, 물의 용융열과 증발열은 각각 표 10.7과 표 10.5 참조)

풀이

다음 물의 가열 곡선을 근거로 총 다섯 구간으로 나누어서 각 구간별로 투입된 열량을 일일이 계산한 다음에 이들을 모두 합산해야 한다.

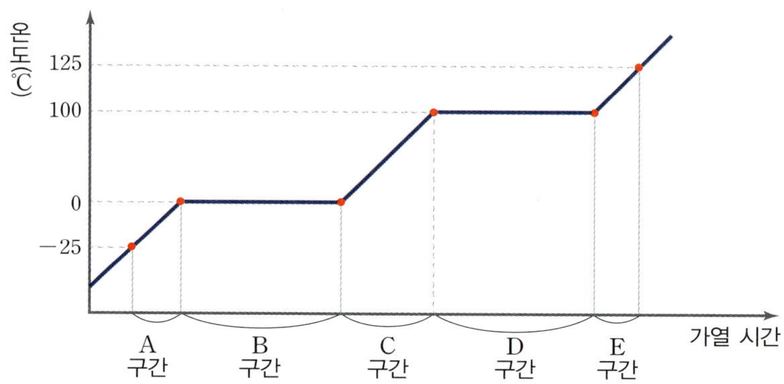

① A 구간에서 흡수된 열량

$$\Delta H = 2.00\ \text{mol} \times \frac{18.02\ \text{g}}{1\ \text{mol}} \times \frac{2.03\ \text{J}}{\text{g}\cdot℃} \times 25\ ℃ = 1828\ \text{J}$$

② B 구간에서 흡수된 열량

$$\Delta H = 2.00\ \text{mol} \times \frac{6.01\ \text{kJ}}{\text{mol}} = 12.02\ \text{kJ}$$

③ C 구간에서 흡수된 열량

$$\Delta H = 2.00\ \text{mol} \times \frac{18.02\ \text{g}}{1\ \text{mol}} \times \frac{4.184\ \text{J}}{\text{g}\cdot℃} \times 100\ ℃ = 15079\ \text{J}$$

④ D 구간에서 흡수된 열량

$$\Delta H = 2.00\ \text{mol} \times \frac{40.79\ \text{kJ}}{\text{mol}} = 81.58\ \text{kJ}$$

⑤ E 구간에서 흡수된 열량

$$\Delta H = 2.00\ \text{mol} \times \frac{18.02\ \text{g}}{1\ \text{mol}} \times \frac{1.84\ \text{J}}{\text{g}\cdot℃} \times 25\ ℃ = 1660\ \text{J}$$

위 ①+②+③+④+⑤를 하면 전체 과정에서 흡수된 열량은 112.17 kJ이다.

정답

112.17 kJ

응용문제 10.7

일정 질량의 80 ℃ 액체 아세트산을 −15 ℃의 고체 아세트산으로 상변환하는 과정에서 방출한 열량을 계산하기 위해서 반드시 알아야 하는 정보는 어느 것인가?

(a) 아세트산의 용융열
(b) 아세트산의 증발열
(c) 액체 아세트산의 비열
(d) 기체 아세트산의 비열
(e) 고체 아세트산의 비열

10.8 상평형 도표

고체, 액체, 기체상 간의 전반적인 관계를 하나의 그래프로 가장 잘 표현할 수 있는 것이 상평형 도표이다. **상평형 도표(phase diagram)**는 물질의 상태를 온도와 압력의 함수로 나타내는 편리한 방법이다. 물과 이산화 탄소의 상평형 도표를 통하여 살펴보자.

물의 상평형 도표

그림 10.42는 물의 상평형 도표로, 주어진 온도와 압력에서 물이 어떤 상태로 존재하는지를 나타내고 있다.

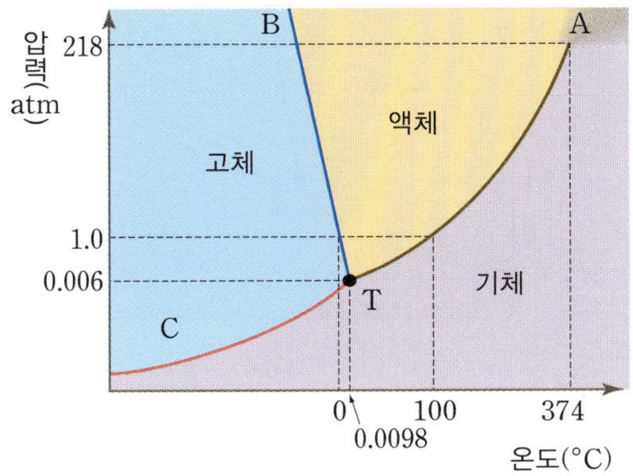

그림 10.42 물의 상평형 도표 물의 어는점은 압력이 증가하면 낮아지고, 물의 끓는점은 압력이 증가하면 높아지는 것을 알 수 있다.

상평형 도표는 세 영역으로 나뉘어 있는데, 각 영역은 순수한 고체, 액체 및 기체상을 나타낸다. 어떤 두 영역의 경계선은 두 상이 평형 상태로 존재할 수 있는 조건을 나타낸다. 예를 들면, 액체와 기체상 사이의 곡선 AT는 온도에 따르는 증기 압력의 변화를 보여 주고 있다. 마찬가지로 BT는 얼음과 액체 물 사이의 평형을, CT는 얼음과 수증기 사이의 평형 조건을 보여 준다.

고체–액체 경계선은 음의 기울기를 가지고 있다. 이는 외부 압력이 증가함에 따라 얼음의 녹는점이 내려간다는 것을 의미한다. 이러한 음의 기울기는 대부분의 물질에서 관찰되는 것과는 반대되는 것으로, 녹는점에서 얼음의 밀도가 수소 결합으로 인하여 액체 물의 밀도보다 작기 때문에 발생하는 것이다. 0 ℃에서 압력이 1 atm보다 크면 물은 액체 상태이다. 이러한 상태는 다시 표현하면, 압력이 1 atm보다 클 때는 물의 어는점은 0 ℃보다 낮아진다. 이렇듯이 압력이 계속 증가할수록 물의 어는점은 지속적으로 낮아지면서 액체인 물과 고체인 얼음의 경계선은 음의 기울기를 나타내는 것이다. 그리고 물의 밀도는 4 ℃에서 최대가 되기 때문에 액체 물이 얼 때 부피는 증가하게 된다. 세 곡선이 모두 만나는 점 T를 **삼중점(triple point)**이라 하는데, 세 상태가 서로 평형을 유지할 수 있는 유일한 조건이다. 물에서 삼중점은 0.01 ℃와 0.006 atm에서 존재한다.

삼중점
세 가지의 서로 다른 상이 평형을 이루고 있는 압력과 온도 지점

상평형 도표에서는 외부 압력이 변할 때 어떤 물질의 녹는점과 끓는점이 어떻게 변화하는지를 예측할 수 있으며, 또한 온도와 압력 변화에 의해 어떤 방향으로 상전이가 일어날 것인지도 예상할 수 있다.

1 atm에서 물의 정상 녹는점과 끓는점은 각각 0 ℃와 100 ℃인데, 어떤 다른 압력에서 녹음과 끓음 현상이 진행되면 어떤 현상이 발생할까? 물의 경우 압력이 1 atm 이상으로 증가하면 끓는점은 올라가고, 녹는점은 내려감을 볼 수 있다. 반대로 압력의 감소

는 끓는점을 감소시키고, 녹는점을 상승시킬 것이다. 이러한 점은 실생활에서도 발견할 수 있다. 가장 높은 에베레스트산 정상의 기압은 240 torr이며, 이 산의 정상에서 끓는점은 지상에서보다 훨씬 낮은 70 ℃로 나타난다.

이산화 탄소의 상평형 도표

이산화 탄소는 물과는 다른 상평형 도표를 갖는다(그림 10.43). 이산화 탄소는 고체인 경우 액체 이산화 탄소보다 밀도가 크기 때문에 고체/액체의 경계선은 양의 기울기를 나타낸다. 이산화 탄소의 삼중점은 −57 ℃와 5.2 atm이다.

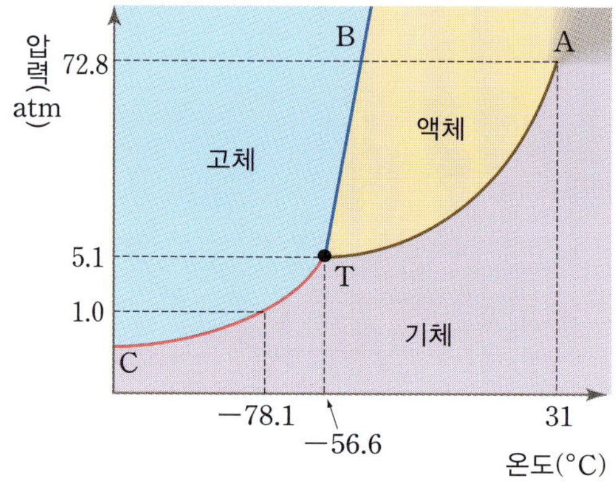

그림 10.43 이산화 탄소의 상평형 도표

이산화 탄소의 상평형에서는 액체상의 전 영역이 대기압보다 훨씬 위에 존재한다는 점이다. 이 때문에 고체 이산화 탄소가 1 atm에서 녹는 것이 불가능하며, 압력이 1 atm일 때 고체 이산화 탄소는 −78 ℃에서 승화되며, 이런 특성으로 드라이아이스(dry ice)라 불리게 되었다. 드라이아이스는 얼음처럼 보이며 녹지 않아 냉각제로 사용하기에 편리하다(그림 10 .44). 또한, 이산화 탄소는 소화기에도 사용된다.

이산화 탄소는 상평형 도표에서와 같이 상온인 25 ℃에서 높은 압력을 가하면 액체로 존재한다. 따라서 소화기 용기 내부와 같은 높은 압력하의 액체 이산화 탄소는 소화기 용기 밖의 외부 환경인 1 atm 상태로 배출되면서 기체로 즉시 변한다. 이산화 탄소는 고압 상태에서 배출되는 분출 효과와 더불어 공기보다 무겁기 때문에 화염으로부터 산소를 차단시켜 불을 끌 수 있다.

그림 10.44 대기압에서 고체 상태인 이산화 탄소 승화되면서 차가운 이산화 탄소 기체는 주의의 수증기를 응축시켜 안개로 나타난다. ©Raland/Shutterstock

예제 10.8

다음은 황(S)의 상평형 도표이다. 이 도표를 보고 물음에 답하시오.

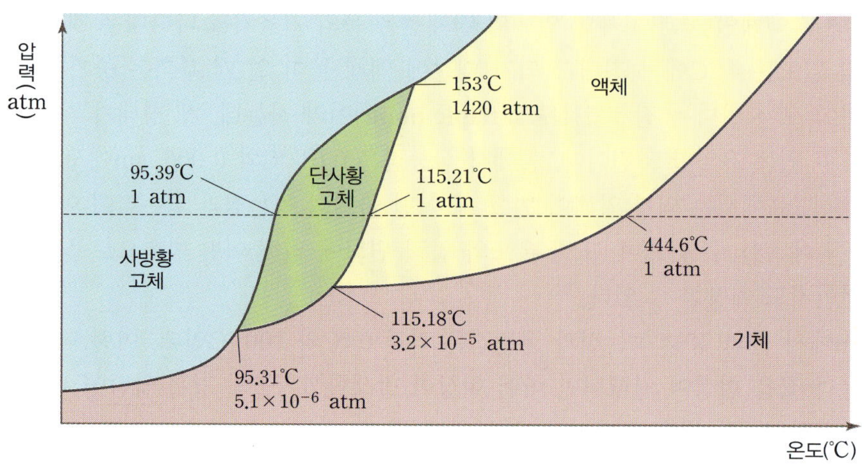

(a) 황의 상태는 총 몇 가지인가?
(b) 삼중점은 몇 개인가?
(c) STP 조건에서 발견되는 황의 상태는?
(d) 평상시 기압에서 단사황을 얻고 싶다면 어떻게 해야 하는가?

정답

(a) 네 가지, (b) 3개, (c) 고체 사방황 상태
(d) 온도가 95.39 ℃에서 115.21 ℃ 사이를 유지되도록 사방황을 가열해 준다.

응용문제 10.8

탄소(C)의 상평형 도표를 보고 물음에 답하시오.
(a) 탄소의 상태는 총 몇 가지인가?
(b) 삼중점은 몇 개인가?
(c) STP 조건에서 탄소의 안정적인 상태는?
(d) 평상시 기압에서 기체 상태의 탄소를 만들려면 어떻게 해야 하는가?

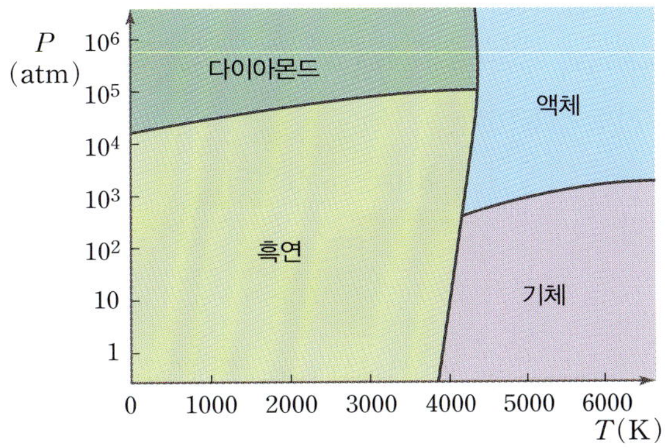

핵심 요약

10.1 액체와 고체의 분자 운동론

- 기체, 액체 및 고체의 물리적 특성

물질의 상태	부피/모양	밀도	압축성	분자 운동
기체	용기에 따라 부피와 모양이 달라진다.	낮다.	압축성이 크다.	매우 자유롭다.
액체	일정한 부피를 지니지만, 용기에 따라 모양은 달라진다.	높다.	매우 조금 압축된다.	서로 자유롭게 움직인다.
고체	일정한 부피와 모양을 가진다.	높다.	압축이 안 된다.	고정된 위치에서 진동한다.

10.2 분자간 힘

- 분자간 힘은 개개의 입자(원자, 분자 및 이온) 사이에 작용하는 힘이다.
- 분자내 힘은 화합물을 구성하는 원자간 또는 이온간 결합력(이온 결합, 공유 결합, 금속 결합)이다.
- 쌍극자–쌍극자 힘은 쌍극자 모멘트를 가지고 있는 극성 분자 간에 정전기적으로 작용하는 인력이다.
- 이온–쌍극자 힘은 양이온이나 음이온과 같은 이온과 극성 분자의 끝부분이 서로 끌어당기는 힘이다.
- 분산력(또는 런던 분산력)은 분자내 다수 전자의 순간적인 쏠림에 의해 발생하는 순간 쌍극자와 인접 분자의 유도 쌍극자 사이에 발생하는 인력이다.
- 분자량이 큰 분자일수록 분산력이 크다.
- 같은 분자량을 갖는 분자이더라도 분자의 모양이 길쭉할수록 편극성이 커서 분산력이 크다.
- 수소 결합(hydrogen bond)은 분자 내에 공유 결합 H—N, H—O, H—F를 형성하는 수소 원자 H가 이웃한 분자의 F나 O 혹은 N 원자를 당기는 강한 인력이다.

- 전 분자량의 분자 사이에서는 수소 결합이 가장 강한 분자간 힘이다.
- 물의 높은 끓는점은 수소 결합 때문이다.

10.3 액체의 특성

- 액체 속에 있는 분자는 분자간 힘에 의해 모든 방향에서 인력이 작용하고 있다.
- 표면 장력은 액체의 표면을 단위 면적 1 cm^2만큼 증가시키는 데 필요한 에너지이다.
- 분자간 힘이 강한 액체일수록 표면 장력이 강하다.
- 표면 장력 때문에 모세관 현상이 나타난다.
- 모세관 현상은 액체 분자의 응집력과 부착력에 의해 메니스커스가 형성되면서 발생한다.
- 점성도는 액체의 흐름에 대한 저항 정도이다.
- 액체 분자의 분자간 힘이 강할수록 액체의 점성도는 증가한다.
- 물은 4 °C에서 가장 밀도가 높다.

10.4 결정 구조

- 고체는 규칙적이고 반복적인 원자들의 배열을 가지는 결정성과 규칙성이 존재하지 않는 비결정성으로 나눌 수 있다.
- 결정성 고체에서 구조적으로 반복되는 기본 단위를 단위 세포라고 한다.
- 결정성 고체의 구 쌓기 구조에는 단순 입방체, 체심 입방체, 면심 입방체가 있다.
- 결정성 고체의 최조밀 쌓임 구조에는 육방 최조밀 쌓임 구조, 입방 최조밀 쌓임 구조가 있다.

10.5 결정의 형태

- 결정의 형태에 따라 고체는 이온성, 공유성, 분자성, 금속성 고체로 구분된다.
- 이온성 고체는 서로 이웃하는 반대로 하전된 이온 간의 강한 전기적인 힘에 의한 이온 결합으로 이루어져 있다.
- 이온 결정의 안정성의 척도는 격자 에너지이다.
- 격자 에너지는 양이온과 음이온의 전하가 클수록, 두 이온의 중심간 거리가 가까울수록 커진다.
- 공유성 고체는 원자들이 3차원적인 네트워크(그물 구조)를 형성하면서 공유 결합에 의해 묶여 있다
- 분자성 고체는 쌍극자–쌍극자 힘, 런던 분산력, 수소 결합과 같은 분자간 힘으로 결합된 원자나 분자로 구성된 고체이다.
- 금속 결정은 체심 입방, 면심 입방, 육방 최조밀 쌓임 구조로 되어 있다.
- 금속에서 결합 전자는 결정 전체에 걸쳐 비편재화되어 있다.

10.6 비결정성 고체

- 비결정성 고체는 용융되어 있는 액체가 빠르게 냉각될 때 형성된다.

10.7 상변화

- 액체가 기체로 전이되는 과정을 증발 또는 기화라고 한다.
- 평형 증기 압력은 응축과 기화 사이에 동적 평형이 존재할 때 형성된 증기 압력을 말한다.
- 몰증발열은 액체 중 분자간 힘의 종류에 따라 결정되는 일정한 액체의 특성으로 분자간 힘의 세기의 척도로 사용된다.

- 임계 온도 이상에서는 물질을 아무리 세게 압축하여도 기체가 액상으로 존재하지 않으며, 마치 안개와 같이 뿌연 상태로 존재한다.
- 고체 상태의 분자는 서로 강하게 결합되어 있으므로 일반적으로 액체와 비교하면 고체의 증기 압력은 훨씬 낮다.

10.8 상평형 도표

- 고체, 액체, 기체상 간의 전반적인 관계를 하나의 그래프로 가장 잘 표현할 수 있는 것이 상평형 도표이다.
- 물의 상평형 도표

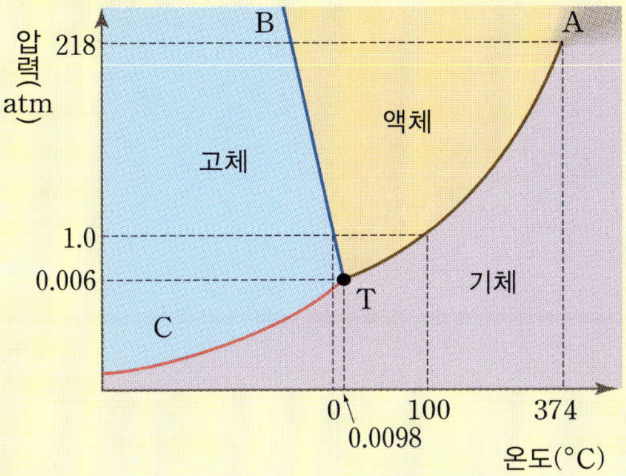

- 이산화 탄소의 상평형 도표

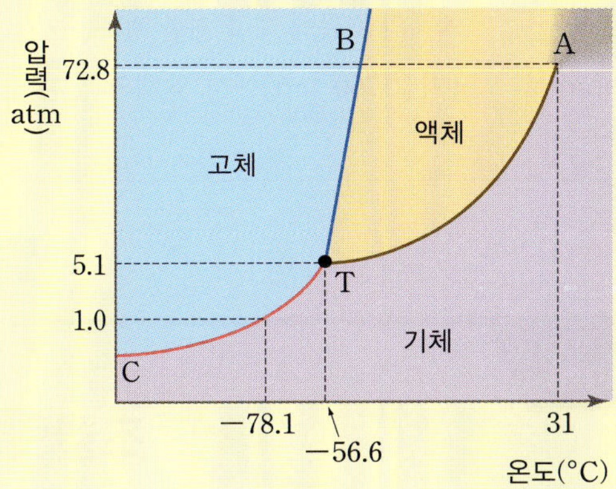

핵심 용어 정리

- **격자 에너지(lattic energy)**: 기체 양이온과 기체 음이온이 결합하여 격자 형태의 이온 결합 화합물을 형성할 때 방출하는 에너지
- **결정성 고체(crystalline solid)**: 원자, 분자, 이온이 넓은 공간에 걸쳐 정해진 특정 자리에 규칙적으로 배열된 고체
- **끓는점(boiling point)**: 가열되고 있는 액체의 증기 압력이 외부 압력과 같아지는 온도
- **단위 세포(unit cell)**: 결정성 고체에서 구조적으로 반복되는 기본 단위
- **동적 평형(dynamic equilibrium)**: 지속적으로 정반응과 역반응이 일어나면서 동시에 정반응 속도와 역반응 속도가 동일한 상태
- **메니스커스(meniscus)**: 응집력과 부착력의 상대적인 크기 차이 때문에 형성되는 액체 수면의 곡면
- **모세관 현상(capillary action)**: 얇은 관이나 얇은 막 사이에서 나타나는 물의 표면 장력 현상
- **몰증발열(molar heat of vaporization)**: 일정한 압력과 온도에서 액체 1 mol의 증발에 필요한 열량
- **배위수(coordination number)**: 어떤 결정 격자에서 한 원자(또는 이온)를 둘러싸고 있는 원자(또는 이온)의 수
- **부착력(adhesion)**: 모세관 내에서 액체 분자와 용기 내벽의 표면 분자들 사이의 인력
- **분산력(dispersion force)**: 분자내 순간적인 전자 쏠림에 의하여 형성되는 순간 쌍극자에 의한 분자 간의 인력
- **삼중점(triple point)**: 세 가지의 서로 다른 상이 평형을 이루고 있는 압력과 온도 지점
- **석출(deposition)**: 증기상에서 고체상으로 직접 전이하는 과정
- **승화(sublimation)**: 고체상에서 증기상으로 직접 상전이하는 과정
- **쌍극자-쌍극자 힘(dipole-dipole force)**: 쌍극자 모멘트를 가지고 있는 극성 분자들 간에 정전기적으로 작용하는 인력
- **유도 쌍극자(induced dipole)**: 순간적인 쌍극자가 주위의 다른 원자 또는 분자에 유도되어 양전하와 음전하로 분리가 발생하면서 형성되는 또 다른 쌍극자

- 응집력(cohesion) 모세관 내에서 액체 분자 사이의 인력
- 이온-쌍극자 힘(ion-dipole force) 양이온이나 음이온과 같은 이온과 극성 분자의 끝부분이 서로 끌어당기는 힘
- 이온성 고체(ionic solid) 서로 이웃하는 반대로 하전된 이온 간의 강한 전기적인 힘에 의한 이온 결합으로 이루어진 고체
- 점성도(viscosity) 액체의 흐름에 대한 저항 정도
- 정상 끓는점(normal boiling point) 1기압(760 torr)에서 액체의 끓는 점
- 증발(evaporation) 액체가 기체로 전이되는 과정, 기화
- 편극성(polarizability) 원자나 분자의 전자 분포도가 일그러지는 정도
- 평형 증기 압력(equilibrium vapor pressure) 응축과 기화 사이에 동적 평형이 존재할 때 형성된 증기 압력
- 표면 장력(surface tension) 액체 표면의 탄성력의 척도, 액체가 표면적을 최소화하려는 힘

Deep Insight

초콜릿의 상도표

초콜릿은 오늘날 대표적인 디저트 상품이다. 일반적인 초콜릿은 카카오 분말과 바닐라 크림, 기타(설탕)의 배합으로 고체 상태로 굳혀서 상품화하여 판매되고 있다. 우리는 그저 따듯하게 했다가 온도를 낮추기만 하면 딱딱하게 굳는 단순한 경화 과정을 거쳐서 초콜릿 상품이 만들어지는 것으로 생각하기 쉬우나 사실 고형 초콜릿을 만드는 데에는 초콜릿만의 상평형을 이해해야 한다.

물이나 이산화 탄소는 온도와 압력을 어떻게 조정하느냐에 따라 기체-액체-고체 세 가지 상이 존재하지만, 특이하게 초콜릿의 경우는 바닐라크림-초콜릿 혼합물 내에서 초콜릿의 질량 백분율과 온도를 조절함에 따라 총 6가지의 상이 존재한다. 다음은 이러한 변수에 의한 초콜릿의 상도표이다.

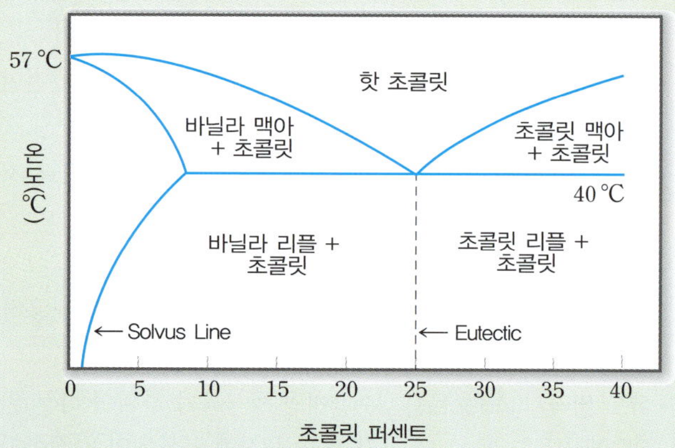

통상 마트나 제과점에서 파는 고체상의 초콜릿은 40 ℃ 이하 초콜릿 비중 25 % 이상일 때의 CCR(chocolate+chocolate ripple) 상이며, 팥빙수나 따끈한 와플 위에 뿌리는 초콜릿 시럽은 40 ℃ 이하 초콜릿 비중 25 % 이하일 때 VCR(vanila+chocolate ripple) 상이다.

초콜릿 고체의 녹는점은 고체상의 안정도가 클수록 높다. 시판되고 있는 초콜릿의 6가지 형태 각각의 녹는점은 17.3 ℃, 23.3 ℃, 25.5 ℃, 27.3 ℃, 33.8 ℃, 36.3 ℃이다.

"손에서는 녹지 않고 입에서만 녹는다"는 광고로 1990년대 시장에서 큰 인기를 끌었던 M&M 초콜릿은 녹는점이 33.8 ℃인 두 번째로 안정한 고체상에 해당한다. 각 상태별로 초콜릿이 굳었을 때 고체 표면의 광택과 초콜릿을 쪼갤 때 잘리는 단면의 부드러운 상태는 각기 다르다. M&M 초콜릿과 같은 상의 경우 굳은 상태에서 빛을 비추면 반사할 정도로 표면에 광택이 있고, 부러지는 단면이 매우 부드러운 결을 보이는 것이 특징이다.

연습문제

● (10.1~10.5) 다음 설명 중 옳은 것은 ○, 틀린 것은 ×를 표시하시오.

10.1 고체는 일정 부피와 모양을 가지며 밀도가 높다. (　　　)

10.2 분자간 인력이 강할수록 표면 장력이 강하다. (　　　)

10.3 모세관 현상은 액체의 흐름에 대한 저항 정도를 말한다. (　　　)

10.4 고체인 얼음은 액체인 물보다 밀도가 크다. (　　　)

10.5 고체 결정이 단순 입방체라면 배위수는 8이 된다. (　　　)

● (10.6~10.10) 다음 문장의 빈칸에 올바른 용어(단어) 혹은 문구를 채워 넣으시오.

10.6 공유성 고체에서는 원자들이 3차원적인 네트워크를 형성하면서 서로 (　　　)에 의해 묶여 있다.

10.7 메니스커스는 액체의 (　　　)과 (　　　)의 상대적인 크기 차이 때문에 형성되는 액체 수면의 곡면이다.

10.8 액체가 생성될 수 있는 최고 온도를 (　　　)라 하며, 이 온도에서 액화가 일어나는 데 필요한 압력을 (　　　)이라고 한다.

10.9 (　　　)는 분자가 고체상에서 증기상으로 직접 상전이하는 과정을 말하고, 증기상에서 고체상으로 직접 전이하는 과정은 (　　　)이라고 한다.

10.10 물질의 상평형 도표에서 세 가지의 서로 다른 상이 모두 평형을 이루고 있는 압력과 온도의 지점을 (　　　)이라고 한다.

● (10.11~11.25) 다음 물음에 답하시오.

10.11 다음 각 물질에서 관찰되는 분자간 힘은 무엇인가?
(a) 클로로폼, $CHCl_3$　(b) 산소, O_2
(c) 뷰테인, C_4H_{10}　(d) 메탄올, CH_3OH

10.12 물에 녹은 메틸아민(CH_3NH_2)을 포함하는 액체 시료가 있다. 메틸아민과 물 사이에 생기는 수소 결합을 묘사한 그림은 어느 것인가?

(a)

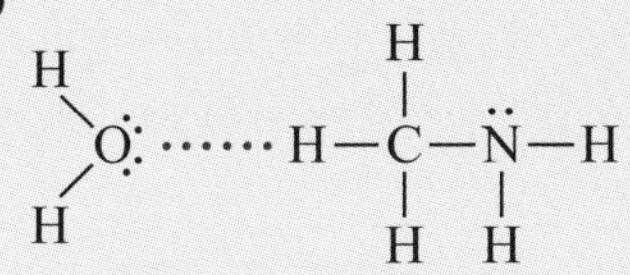

(b)

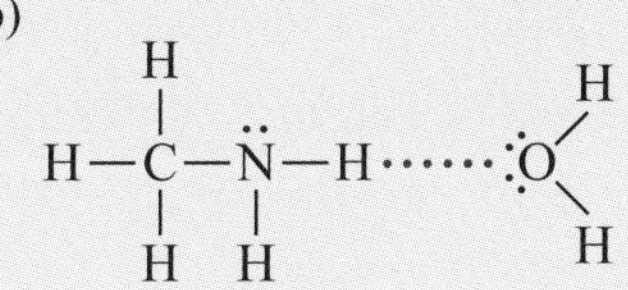

(c)

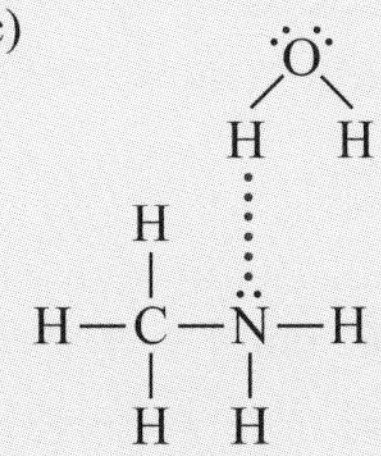

(d)

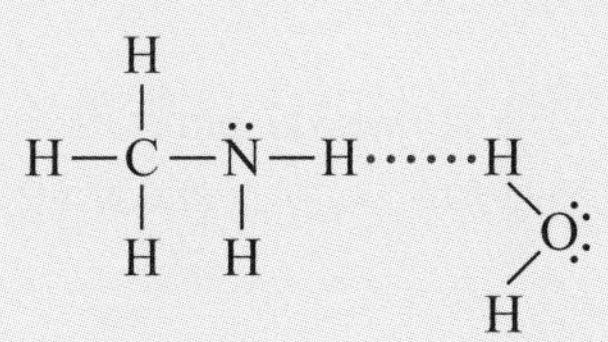

10.13 Na_3PO_4, CBr_4, 고무, 금, 석영 중에서 다음 각 설명에 가장 가까운 것은 어느 것인가?
(a) 비결정성 고체
(b) 이온성 고체
(c) 분자성 고체
(d) 공유성 그물 구조 고체
(e) 금속성 고체

10.14 일반적으로 $\Delta H_{증발}$이 $\Delta H_{녹음}$보다 큰 이유는 무엇인가?

10.15 상온, 상압에서 메탄올(CH_3OH)은 액체이지만 메탄올과 분자량이 거의 동일한 폼알데하이드(H_2CO)는 기체이다. 그 이유를 설명하시오.

10.16 얼음 5.00 g을 −11.0 ℃에서 30.0 ℃로 가열할 때 필요한 에너지는 몇 kJ인가? 물의 용융열은 6.01 kJ/mol이고, 고체 얼음의 몰열용량은 36.6 J/K·mol이며, 액체 물의 몰열용량은 75.4 J/KK·m이다.

10.17 섭씨 100.0도의 수증기 375 g을 응축하여 상온(섭씨 25도)까지 냉각하는 과정에서 방출되는 열은 몇 J인가? 얼음, 물, 수증기의 비열은 각각 2.03 J/g·℃, 4.184 J/g·℃, 1.84 J/g·℃이다. 기타 필요한 자료는 표 10.5와 표 10.7을 참고하시오.

10.18 소금을 물에 녹여 용해하지 않고, 약 801 ℃까지 가열하여 녹이면, 용융된 소금은 양이온과 음이온으로만 구성되어있는 이온성 액체가 된다. 이러한 이온성 액체상과 물과 같은 분자성 액체상의 차이점을 설명하시오.

10.19 −5.1 ℃에서 이황화 탄소(CS_2)의 $P_{증기} = 100$ mmHg이고, 정상 끓는점은 46.5 ℃이다. 이황화 탄소의 $\Delta H_{증발}$은 몇 kJ/mol인가?

10.20 구리는 한 변의 길이가 362 pm인 면심 입방 단위 세포로 결정을 형성한다. 구리 원자의 반지름은 몇 pm인가? 그리고 구리의 밀도는 몇 g/cm^{3}인가?

10.21 텅스텐은 한 변의 길이가 317 pm인 체심 입방 단위 세포로 결정을 형성한다. 텅스텐 원자의 반지름은 몇 pm인가?

10.22 Pb의 원자 반지름은 175 pm, 밀도는 11.34 g/cm이다. Pb은 원시 입방 구조일까, 면심 입방 구조일까?

10.23 대기압에서 벤젠의 녹는점은 5.53 ℃이고, 끓는점은 80.09 ℃이다. 액체의 밀도는 0.8787 g/cm^{3}이고, 고체의 밀도는 0.899 g/cm^{3}이다. $T_c = 289.01$ ℃, $P_c = 48.34$ atm, $T = 5.52$ ℃, $P_t = 0.0473$ atm이다. 200 K, 66.5 atm인 점에서 출발하여 다음의 (1) → (2) → (3) → (4) 경로를 따라 변화가 진행될 때, 벤젠의 상태에 어떻게 변할지 예측하여 설명하시오.

(1) P를 일정하게 하면서 T를 585 K까지 올린다.
(2) 다음에는 T를 일정하게 유지하면서 P를 38.5 atm까지 내린다.
(3) 다음에는 P를 일정하게 유지하면서 T를 278.66 K까지 내린다.
(4) 마지막으로 T를 일정하게 유지하면서 P를 0.0025 atm까지 내린다.

10.24 어떤 순수한 물질의 상평형 조건이 아래와 같을 때, 옳은 설명은 ○, 틀린 설명은 ×로 표기하시오. 단, 이 물질의 용융열(용융 엔탈피)은 0 kJ/mol보다 약간 크다.

- 고체, 액체, 기체의 삼중점은 0.423 atm, 24.6 K이다.
- T_c = 44.4 K, P_c = 26.9 atm
- 동일 온도 혹은 동일 압력에서 고체가 액체보다 밀도가 크다.

(a) 30 atm, 50 K에서 안정한 상은 액체이다.
(b) 1 atm, 24.6 K에서 안정한 상은 고체이다.
(c) 0.2 atm에서 안정한 액체상은 존재하지 않는다.

10.25 다음은 질소(N)의 상평형 도표이다. 빈칸에 들어갈 알맞은 용어를 쓰시오.

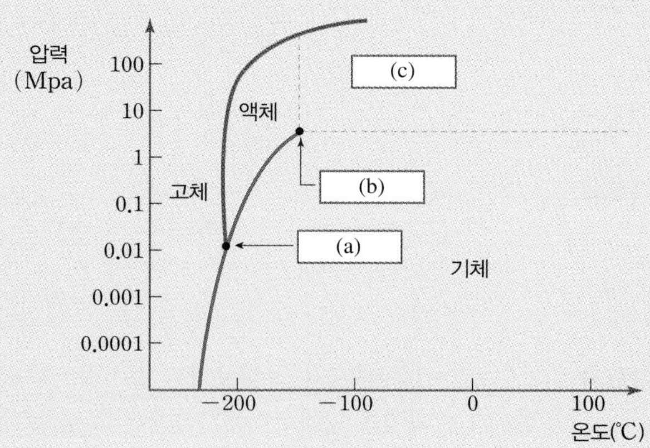

CHAPTER

11

용액의 물리 및 화학적 성질

◀ 용액 중에 존재하는 용질의 양을 정량적으로 나타내기 위해 농도를 사용하여 나타낸다. © Katy Flaty/Shutterstock

11.1 용액의 종류

대부분의 화학 반응은 순수한 고체나 액체 또는 기체 사이에서 일어나는 것이 아니라 물이나 다른 용매에 녹아 있는 분자나 이온 사이에서 일어난다. 이 장에서는 용액의 성질, 특히 용해 과정에서 분자간 힘의 역할과 용액의 다양한 물리적 성질 등을 중점적으로 다룰 것이다.

용액이란 둘 이상의 물질이 섞인 균일 혼합물이다. 또한, 이 균일 혼합물 중에서 가장 양이 많은 것을 용매라 하고 나머지를 용질이라고 한다. 이 정의에 따라서는 용액에 포함된 물질의 성질에 대한 정보를 얻을 수가 없기 때문에, 용액의 종류를 용액 구성 성분의 원래의 상(고체, 액체, 기체)에 따라 6가지로 구분할 수 있다. 표 11.1은 여러 형태의 용액을 나타낸다.

▲ 공기는 기체 용액이다.
ⓒVector8DIY/Shutterstock

표 11.1 용액의 유형

용액의 종류	예
기체 중의 기체	공기(O_2, N_2, Ar과 기타 기체들)
액체 중의 기체	탄산수(물속의 CO_2)
고체 중의 기체	팔라듐 금속 중의 H_2
액체 중의 액체	휘발유(탄화수소 혼합물)
고체 중의 액체	치과용 아말감(은 중의 수은)
액체 중의 고체	바닷물(물속의 NaCl과 기타 염류)
고체 중의 고체	법정 순도의 은(sterling silver; 은 92.5 %, 구리 7.5 %)과 같은 금속 합금

하지만 이 단원에서 주로 다루는 용액은 하나의 액체 성분을 포함하는, 즉 기체－액체, 액체－액체, 고체－액체 용액이다. 그리고 용액을 연구하는 데 사용되는 대부분의 용매는 물로서, 많은 중요한 반응이 수용액 상태에서 일어난다. 물은 비용이 아주 저렴하며, 안전하고 인체에 무해한 최고의 용매이다. 또한, 음료, 식재료, 의약품 등 우리 인간의 생활에 가장 익숙한 용액은 용매가 물인 수용액이다.

용액은 용질을 녹일 수 있는 용해 능력에 따라 용액을 구분한다. 먼저 **포화 용액(saturated solution)**이란 일정 온도에서 용매 내에 최대한 양의 용질이 녹아 있는 용액이다. 용액이 녹일 수 있는 한계보다 적은 양의 용질을 포함하는 용액을 **불포화 용액(unsaturated solution)**이라 하고, 포화 용액에 존재하는 용질보다 더 많은 양의 용질을 함유하는 용액을 **과포화 용액(super-saturated solution)**이라고 한다. 과포화 용액은 불안정하여 어느 정도의 용질이 용액으로부터 석출되어 결정을 만들 것이다(그림 11.1).

그림 11.1 **과포화 용액** 포화된 아세트산 소듐 용액을 천천히 냉각시키면 과포화 용액이 된다(왼쪽). 과포화 용액에 결정 씨앗(seed crystal)을 첨가(가운데)하면 그것을 중심으로 주변에 포화된 만큼의 용질이 결정을 형성(오른쪽)한다.

11.2 용액 형성 에너지

설탕이나 소금이 물에 녹듯이 용질이 액체에 녹는 현상은 매우 흔하다. 이때 용질과 액체, 즉 고체나 액체에서 분자들 간의 인력은 용질과 액체가 용액을 형성할 때 중요한 역할을 한다. 어떠한 용질이 다른 물질인 용매에 녹을 때 다음과 같은 현상이 미시적으로 발생한다.

- 용질이 팽창되면서 분리된다.
- 용매 분자 간의 인력을 극복하여 용질이 용매 분자 사이로 위치할 수 있는 공간을 만든다.
- 용질과 용매 사이의 상호 작용으로 용액이 형성된다.

이러한 현상은 용질 입자가 용매 내로 분산되면서 용매 입자들이 차지하고 있던 위치로 들어가는 것이다. 용질 입자가 용매 분자의 공간을 대치하는 상호 작용은 다음의 세 가지 상대적인 크기에 의존한다.

- 용매–용매 상호 작용
- 용질–용질 상호 작용
- 용매–용질 상호 작용

그림 11.2와 같이 용해 과정은 세 가지 단계로 일어난다고 가정할 수 있다. 1단계와 2단계는 용매와 용질을 팽창시키기 위하여 분자 간의 힘을 극복하여야 하므로 에너지가 필요한 흡열 과정이다. 3단계는 용매와 용질이 섞이면서 용액이 형성되는 과정으로, 이때 용액의 안정화가 일어나면서 에너지 준위가 낮은 상태(열 방출)가 되는 일반적으로 발열 과정이다.

용해 엔탈피(enthalpy of solution, $\Delta H_{용해}$)는 용액 형성에 관련되는 엔탈피 변화로 그림 11.2의 용해 과정에 대한 엔탈피는 다음과 같다.

$$\Delta H_{용해} = \Delta H_1 + \Delta H_2 + \Delta H_3$$

$\Delta H_{용해}$는 에너지가 흡수되는 양의 부호를 나타내거나, 에너지가 방출되는 음의 부호를 나타낸다. 만약, 용질－용매 간의 인력이 용매－용매 간 인력과 용질－용질 간 인력보다 크면 용해 과정은 유리하며, 발열 과정($\Delta H_{용해}<0$)이다. 만약 용질－용매 간의 인력이 용매－용매 간 인력이나 용질－용질 간의 인력보다 작으면 용해 과정은 흡열 반응($\Delta H_{용해}>0$)이다.

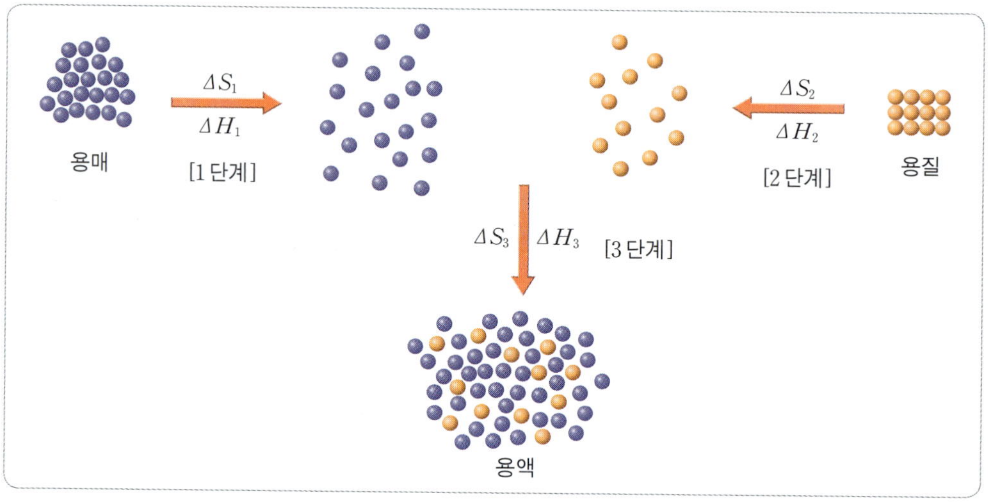

그림 11.2 용액 형성 단계 용액은 용질의 팽창, 용매의 팽창, 팽창된 용질과 용매 분자의 균일한 혼합의 단계를 거쳐서 용액이 만들어진다.

용해도란 용질이 용매에 어느 정도 녹아 있는지의 척도이다. 물과 기름은 서로 녹지 않으며, 알코올과 물은 서로 잘 녹는다. 이러한 현상은 무극성 물질은 무극성 물질과, 극성 물질은 극성 물질과 잘 녹는다는 것으로, "같은 종류끼리 녹인다." 또는 "비슷한 것끼리 녹인다."로 표현할 수 있다. 이것은 극성이 비슷한 분자들은 서로 잘 녹인다는 의미이다. 예를 들면, 사염화 탄소(CCl_4)와 벤젠(C_6H_6)은 모두 무극성 용액이다. 이들 물질 간에 존재하는 분자간 힘은 런던 분산력이다. 두 용액이 섞이면 서로 쉽게 용해된다. 왜냐하면, CCl_4와 C_6H_6 분자가 섞일 때 두 분자 간의 인력은 CCl_4 분자 사이의 인력과 그리고 C_6H_6 분자 사이의 인력보다 크기 때문이다. CCl_4와 C_6H_6 분자가 서로 녹는다는 것을 두 용액은 **섞인다(miscible)**라고 한다. 극성 용매인 메탄올, 에탄올, 1,2-에틸렌글리콜(1,2-ethylene glycol)과 같은 알코올은 역시 극성 용매인 물과 수소 결합을 할 수 있기 때문에 서로 섞인다.

일반적으로 이온 결합 화합물은 벤젠이나 사염화 탄소와 같은 무극성 용매에서보다 물, 액체 암모니아, 액체 플루오린화 수소(HF)와 같은 극성 용매에 훨씬 잘 녹는다. 소금과 같은 이온 결합 화합물의 물에 대한 용해도를 예측해 보자. 소금이 물에 녹을 때, 수용액 내에서 각 이온들은 이온－쌍극자 상호 작용을 포함하는 수화 작용에 의해 안정화된다. 무극성 용매 분자들은 쌍극자 모멘트가 작아 강한 이온－쌍극자의 상호 작용을 극복하지 못하기 때문에 이들 무극성 용매에서는 Na^+과 Cl^-을 효과적으로 용매화시킬 수 없다. 결과적으로 이온 결합 화합물들은 무극성 용매에서 매우 낮은 용해도를 나타낸다.

용매화(solvation)란 이온이나 분자가 어떤 특별한 방식으로 배열되어 있는 용매 분자에 의해 둘러싸이는 과정이다. 이때 용매가 물일 경우 그 과정을 **수화(hydration)**라고 한다.

11.1 예제

NaCl(s)이 물에 용해되어 NaCl(aq)가 되는 과정에서 에너지의 흐름에 관하여 설명하시오.

$$NaCl(s) + H_2O(l) \longrightarrow NaCl(aq)$$

정답

NaCl(s)에서 양이온(Na^+)과 음이온(Cl^-)이 각각 떨어져 분리되는 과정에서 흡열($\Delta H_1 > 0$) 과정이 진행되고, 물 분자들도 용매–용매 간 인력을 최소화하기 위한 흡열($\Delta H_2 > 0$) 과정도 함께 진행된다. 이에 추가로 분리된 각각의 이온들과 물 분자가 균일하게 혼합되는 발열($\Delta H_3 < 0$) 과정이 진행된다. 전체적인 용해열 $\Delta H_{용해}$는 이 모든 것을 합한 값으로서, 에너지 차이에 따라 최종적으로 용해열 $\Delta H_{용해}$이 발열인지 흡열인지 결정된다. (실제로 소금의 용해 과정은 흡열이다.)

응용문제 11.1

소금이 물에는 잘 녹지만, 식용유에는 전혀 녹지 않고 바닥에 가라앉는 이유를 설명하시오.

11.3 농도 단위

용액 중의 농도에 대한 표현은 **묽은(dilute)** 또는 **진한(concentrated)**이란 용어가 사용되지만, 주어진 일정량의 용액에 존재하는 용질의 양을 정량적으로 나타내기 위해 몇 가지 농도를 사용하여 나타낸다. 가장 보편적으로 많이 쓰이는 네 가지 농도에는 질량 백분율, 몰분율, 몰농도, 몰랄 농도가 있다.

농도의 종류

■ 질량 백분율

질량 백분율(percent by mass, 무게 퍼센트 또는 무게 백분율이라고도 함)은 용액 중에 있는 용질의 질량을 백분율로 나타낸 것이다.

$$\text{용액의 질량 백분율(\%)} = \frac{\text{용질의 질량(g)}}{\text{용액의 질량(용매 질량 + 용질 질량, g)}} \times 100 \quad (11.1)$$

11.2 예제

물 125.0 g에 NaCl 25.0 g을 녹여서 만든 수용액의 (a) 질량 백분율을 계산하고, 이 용액 10.0 g에 포함된 (b) NaCl의 질량을 계산하시오.

풀이

(a) 식 (11.1)을 이용하여 질량 백분율을 계산한다.

용액의 질량 = 물 125.0 g + NaCl 25.0 g = 150.0 g

$$\text{용액의 질량 백분율(\%)} = \frac{\text{용질의 질량(g)}}{\text{용액의 질량(용매 질량 + 용질 질량, g)}} \times 100$$

$$= \frac{25.0\text{ g}}{150.0\text{ g}} \times 100 = 16.7\ \%$$

(b) $\text{NaCl의 질량} = \text{NaCl}(aq)\ 10.0\text{ g} \times \frac{\text{NaCl}(s)\ 25.0\text{ g}}{\text{NaCl}(aq)\ 150.0\text{ g}} = \text{NaCl}(s)\ 1.67\text{ g}$

정답

(a) 16.7% (b) 1.67 g

응용문제 11.2

질량 백분율이 10 %인 황산 소듐 수용액을 만들려고 한다. 증류수 100 g에 황산 소듐 수화물 ($Na_2SO_4 \cdot 10\ H_2O$) 몇 g을 녹이면 되는가?

■ 몰분율

용액의 한 성분인 A의 **몰분율(mole fraction, *X*)**은 용액 전체 몰수에 대한 주어진 성분의 몰수이다. 용액에서 각 성분의 몰수를 n_A와 n_B로 나타내면 몰분율은 다음과 같다.

$$\text{성분 A의 몰분율}(X_A) = \frac{\text{A의 몰수}(n_A)}{\text{용액내 모든 성분의 몰수}(n_A + n_B + n_C + \cdots)} \quad (11.2)$$

몰분율도 양 사이의 비율이므로 단위가 없다. 특히 몰분율은 혼합 기체의 부분 압력을 계산할 때 필수적으로 활용하는 중요한 개념이다.

예제 11.3

질량 백분율 12.0 %인 포도당($C_6H_{12}O_6$) 수용액에서 용질과 용매 각각의 몰분율을 계산하시오.

풀이

질량 백분율이 12.0 %라는 뜻은 물 88.0 g과 포도당 12.0 g이 혼합되어 있다는 말과 동일하다. 용질인 포도당의 분자량이 180.16 g/mol이고 용매인 물의 분자량이 18.02 g/mol인 점을 이용하여, 아래와 같이 각각의 몰수를 구하고 그것을 이용하여 몰분율을 계산할 수 있다.

$$\text{포도당의 몰수}(n_{\text{포도당}}) = \text{포도당 } 12.0\text{ g} \times \frac{\text{포도당 } 1\text{ mol}}{\text{포도당 } 180.16\text{ g}} = 0.0666\text{ mol}$$

$$\text{물의 몰수}(n_{\text{물}}) = \text{물 } 88.0\text{ g} \times \frac{\text{물 } 1\text{ mol}}{\text{물 } 18.02\text{ g}} = 4.88\text{ mol}$$

$$X_{\text{물}} = \frac{n_{\text{물}}}{n_{\text{물}} + n_{\text{포도당}}} = \frac{4.88\text{ mol}}{(4.88 + 0.0666)\text{ mol}} = 0.987$$

$$X_{\text{포도당}} = \frac{n_{\text{포도당}}}{n_{\text{물}} + n_{\text{포도당}}} = \frac{0.0666\text{ mol}}{(4.88 + 0.0666)\text{ mol}} = 0.0135$$

정답

용매의 몰분율 = 0.987, 용질의 몰분율 = 0.0135

응용문제 11.3

글루코스 수용액이 용기 안에 들어 있다. 이 용액에 물과 글루코스의 몰분율이 각각 0.728, 0.272일 때, 이 용액의 % 농도(질량 백분율)를 계산하시오. 글루코스의 분자량은 180.2 g/mol이다.

예제 11.4

대기 중 $N_2(g)$와 $O_2(g)$가 차지하는 질량은 각각 75.52 %, 23.14 %이다. 두 기체의 몰분율을 계산하시오. (단, 두 기체를 제외한 공기를 구성하는 나머지 성분의 평균 몰질량은 40.13 g/mol이다.)

풀이

공기 1000 g이 있다고 가정하면 그 중 질소 기체는 755.2 g과 산소 기체는 231.4 g, 나머지 기체는 13.4 g이라고 할 수 있다. 그리하여 아래와 같이 각각의 몰수를 계산할 수 있다.

$$n_{N_2} = N_2\ 755.2\text{ g} \times \frac{N_2\ 1\text{ mol}}{N2\ 28.00\text{ g}} = 27.69\text{ mol}$$

$$n_{O_2} = O_2\ 231.4\text{ g} \times \frac{O_2\ 1\text{ mol}}{O_2\ 32.00\text{ g}} = 7.231\text{ mol}$$

$$n_{나머지} = 나머지\ 13.4\ g \times \frac{1\ mol}{40.13\ g} = 0.334\ mol$$

정답

$$X_{질소} = \frac{n_{N_2}}{n_{N_2} + n_{O_2} + n_{나머지}} = \frac{27.69}{27.69 + 7.231 + 0.334} = 0.785$$

$$X_{산소} = \frac{n_{O_2}}{n_{N_2} + n_{O_2} + n_{나머지}} = \frac{7.231}{27.69 + 7.231 + 0.334} = 0.205$$

$$X_{나머지} = \frac{n_{나머지}}{n_{N_2} + n_{O_2} + n_{나머지}} = \frac{0.334}{27.69 + 7.231 + 0.334} = 9.47 \times 10^{-3}$$

응용문제 11.4

농부가 가을에 수확한 곡물을 자루에 모아 놓았다. 그 자루 속에는 강낭콩이 29462개, 완두콩이 2931개, 율무(알)가 332개 섞여 있다고 할 때 각 곡물의 몰분율을 계산하시오. (단, 답은 유효 숫자 두 자리까지 나타낸다.)

■ 몰농도

몰농도(molarity)는 용액 1 L에 존재하는 용질의 몰수(mole, mol)로 정의한다. 즉,

$$몰농도 = \frac{용질의\ 몰수(mol)}{용액의\ 부피(L)} \tag{11.3}$$

몰농도의 단위는 mol/L 또는 M이다.

11.5 예제

실험자가 충분한 물에 수산화 포타슘(KOH) 117 g을 녹여 2.00 L의 수용액을 만들었다. 이 용액의 몰농도는 얼마인가? (단, 수산화 포타슘(KOH)의 몰질량은 56.11 g/mol이다.)

풀이

수산화 포타슘의 몰질량은 56.11 g/mol이다. 따라서 수산화 포타슘의 몰수는

$$n_{KOH} = KOH\ 117\ g \times \frac{KOH\ 1\ mol}{KOH\ 56.11\ g} = 2.085\ mol$$

$$몰농도 = \frac{용질의\ 몰수(mol)}{용액의\ 부피(L)} = \frac{2.085\ mol}{2.00\ L} = 1.04\ M$$

정답

1.04 M

응용문제 11.5

4.0 % 질량 H_2SO_4 용액 100 mL에 0.221 mol의 H_2SO_4가 존재한다. 용액의 질량은 얼마인가?

■ 몰랄 농도

몰랄 농도(molality)는 용매 1 kg(=1000 g)에 녹아 있는 용질의 몰수(mole, mol)이다. 즉,

$$몰랄\ 농도 = \frac{용질의\ 몰수(mol)}{용매의\ 질량(kg)} \tag{11.4}$$

몰랄 농도의 단위는 mol/kg 또는 m이다. 예를 들어, 1 m 황산 소듐(Na_2SO_4) 수용액을 만들기 위해서는 1000 g(1 kg)의 용매 물에 용질 황산 소듐 1 mol(142.0 g)을 녹인다. 용질–용매 상호 작용의 정도에 따라 용액의 최종 부피는 1000 mL보다 커질 수도 있고 작아질 수도 있다.

예제 11.6

설탕의 화학식은 $C_{12}H_{22}O_{11}$(몰질량 342.3 g/mol)이다. 물 30.0 g에 설탕 1.45 g을 용해하여 수용액을 제조했다면 이 수용액의 몰랄 농도는 얼마인가?

풀이

$$\text{설탕의 몰수} = \text{설탕 } 1.45\text{ g} \times \frac{\text{설탕 } 1\text{ mol}}{\text{설탕 } 342.3\text{ g}} = 4.24 \times 10^{-3}\text{ mol}$$

$$\text{몰랄 농도} = \frac{\text{용질의 몰수(mol)}}{\text{용매의 질량(kg)}} = \frac{\text{설탕 } 4.24 \times 10^{-3}\text{ mol}}{\text{물 } 30.0\text{ g}} \times \frac{1000\text{ g}}{1\text{ kg}} = 0.141\ m$$

정답

0.141 *m*

응용문제 11.6

수산화 소듐 214.25 g이 녹아있는 수용액 2.29 L가 있다. 25 ℃에서 이 수용액의 밀도는 1.109 g/mL이다. 이 용액의 몰랄 농도를 계산하시오.

■ 백만분율(ppm)과 십억분률(ppb)

오늘날 우리는 식생활 위생과 환경에 대한 관심이 상당히 높은 시대에 살고 있다. 그래서 여름철이 되면 공중파나 인터넷을 통해 가끔 아래와 같은 기사를 접하기도 한다.

- 오늘 서울 ○○○구청은 냉면 맛집으로 알려진 모 식당의 위생 검사를 하여 여름철 외식업의 위생 관리의 부실을 적발하고, 한 달간 영업 정지 처분을 내렸다. 이 식당의 냉면 육수에서는 대장균이 위생 기준치를 넘는 162.4 ppm이 발견되었다.
- 지난 주 영하 9도 이하의 한파가 지나간 후 모처럼 따뜻한 하루였지만 오늘 서울의 공기는 중국발 황사로 황사마스크 없이는 실외활동이 어려웠다. 오늘 서울의 황사는 낮 2시 기준 최고 200 ppb의 농도를 보였다.

위 기사 내용에서 파란색 글씨로 표기한 수치와 단위는 또 다른 농도를 표현하는 방식이다. ppm은 **백만분율(part per million)**이라고 하며, ppb는 **십억분율(part per billion)**이라고 하는 단위이다. 이 단위는 액체나 공기 중에 존재하는 용질의 농도가 극미량일 때 사용하는 특별한 단위로, 다음과 같이 ppm과 ppb를 정의할 수 있다.

$$\text{ppm} = \frac{\text{용질의 질량, g}}{\text{용액 전체의 질량, } 10^6\text{g}}$$

$$\text{ppb} = \frac{\text{용질의 질량, g}}{\text{용액 전체의 질량, } 10^9\text{g}}$$

따라서 위 첫 번째 기사의 '162.4 ppm의 대장균'이라는 말은 냉면 육수 1000000 g (10^6 g, 백만 g) 중에 대장균이 162.4 g 존재한다는 의미이고, 두 번째 기사의 '200 ppb의 황사'는 우리가 숨 쉬는 공기 1000000000 g(10^9 g, 십억 g) 중에 황사 200 g이 존재한다는 뜻이다. 결국 이 단위는 극미량의 용질의 농도를 나타내기 위해서 전체 용액의 양을 크게 잡아서 표현하는 단위로서, 특히 환경이나 위생에서의 오염도 측정에 많이 사용된다.

11.7 예제

녹아 있는 질산 이온(NO_3^-)의 농도가 10.0 ppm인 물 1.5 L 속에는 질산 이온이 몇 mg 들어 있는가? (단, 물의 밀도는 1.0 g/mL이다.)

풀이

$$\text{물 1.5 L의 질량} = \text{물 1.5 L} \times \frac{1000\ \text{mL}}{1\ \text{L}} \times \frac{1.0\ \text{g}}{1.0\ \text{mL}} = 1500\ \text{g}$$

$$\text{질산 이온의 질량} = \text{물 1500 g} \times \frac{\text{질산 이온 10.0 g}}{\text{물 } 10^6\ \text{g}} \times \frac{1{,}000\ \text{mg}}{1\ \text{g}} = 15\ \text{mg}$$

정답

15 mg의 질산 이온이 들어 있다.

응용문제 11.7

용질의 질량으로 8.8×10^{-5} %인 용액은 ppm과 ppb 농도로 얼마인가?

농도 단위의 비교

몰랄 농도와 달리 몰농도에서는 용매의 무게를 재는 것보다 보정된 부피 플라스크를 사용하여 용액의 부피를 쉽게 측정하여 실험실에서 용액을 제조하는 데 사용한다. 이것은 몰농도의 장점으로 몰농도는 몰랄 농도보다 많이 쓰인다. 반면에 몰랄 농도는 용질의 몰수를 용매의 질량으로 나타내므로 온도에 무관하다. 이는 용매의 질량은 온도에 영향을 미치지 않으나, 몰농도에서 용액의 부피는 일반적으로 온도에 따라 변하기 때문이다. 예로서, 25 ℃에서 1.0 M의 용액은 45 ℃에서는 부피의 증가로 인하여 0.97 M이 된다. 이렇듯이 온도 의존성이 있는 실험에서는 온도의 영향을 받는 몰농도보다 몰랄 농도를 사용하는 것이 정확하다.

11.4 용해도에 미치는 온도의 영향

용해도는 어떤 특정 온도에서 주어진 양의 용매에 최대로 녹을 수 있는 용질의 양으로 정의된다. 대부분 물질에 대해 용해도는 높은 온도에서 잘 용해되듯이 온도의 영향을 받는다. 이 절에서는 고체나 기체의 용해도에 대한 온도의 영향을 먼저 살펴보자.

고체의 용해도와 온도

그림 11.3은 온도에 따른 몇 가지 고체의 물에 대한 용해도를 보여 준다. 대부분의 경우 고체 성분의 용해도는 온도에 따라 증가하나, 황산 소듐과 황산 세륨과 같은 물질은 온도가 높아짐에 따라 용해도가 감소한다. 용해도의 온도 의존성을 예측하기는 어렵다. $\Delta H_{용해}$의 부호와 온도에 따른 용해도 변화의 상관관계는 명확하지 않으므로, 일반적으로 용해도에 관한 온도의 영향은 실험적으로 결정하는 것이 확실하다.

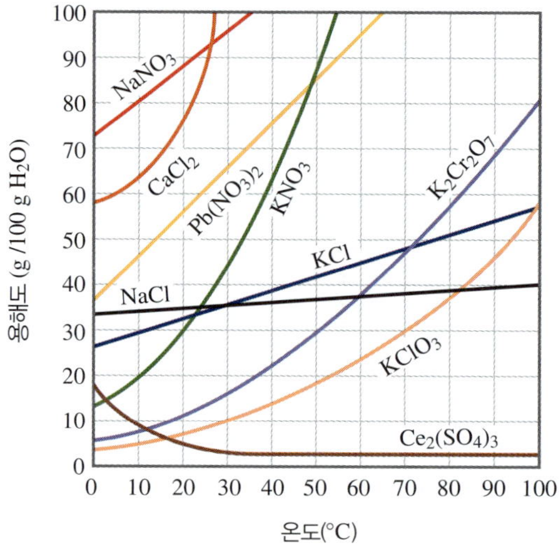

그림 11.3 몇 가지 가용성 고체의 용해도 곡선

분별 결정

고체의 용해도는 온도 의존성이 매우 크다. 예를 들어, KNO_3의 용해도는 온도에 따라 급격히 증가하는 반면, NaCl은 변화가 매우 작다. 이러한 두 물질의 용해도에 대한 편차는 두 물질의 혼합물에서 순수한 물질로 정제할 수 있게 한다. 용해도의 차이를 이용하여 혼합물로부터 순수한 물질을 분리하는 것을 **분별 결정(fractional crystallization)**이라고 하는데, 온도에 따른 용해도의 편차가 크면 좋은 분리능을 나타낸다.

KNO_3 90 g에 10 g의 NaCl이 혼합되어 있다고 가정하자. KNO_3를 정제하기 위하여 혼합물 시료를 60 ℃에서 100 mL의 물에 녹이고 서서히 0 ℃로 냉각시킨다. 0 ℃에서 KNO_3와 NaCl의 물에 대한 용해도는 각각 11.3 g/100 g 물과 34.2 g/100 g 물이다. 결과적으로 78.7(=90−11.3) g의 KNO_3가 용액으로부터 결정화되는 반면에, NaCl은 모두 물에 녹아 있다(그림 11.4). 이 KNO_3는 여과함으로써 용액에서 분리될 수 있다. 이러한 방법으로 약 90 %의 KNO_3가 순수한 상태로 정제될 수 있다.

실험실에서 사용되는 많은 혼합물은 단순한 분별 결정으로 정제된다. 분별 결정은 일반적으로 정제할 물질이 온도 변화에 따른 매우 급격한 용해도 곡선을 가질 때 잘 적용된다. 즉, 상대적으로 낮은 온도보다는 높은 온도에서 잘 녹을 때가 최상의 분별 조건인 것이다.

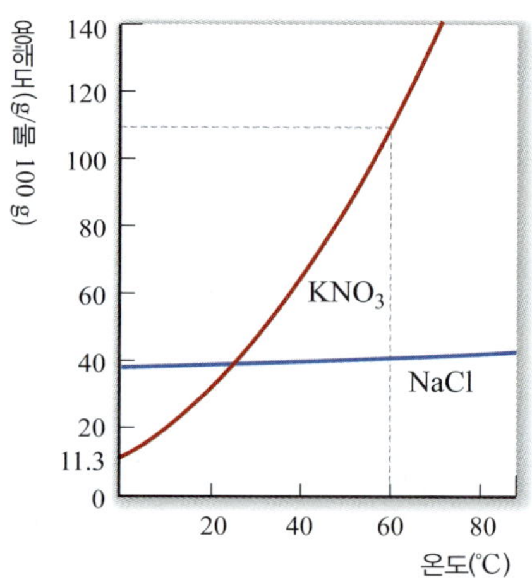

그림 11.4 두 고체의 용해도 곡선 0 ℃, 60 ℃에서 두 용질의 용해도 변화 폭의 큰 차이 때문에, 분별 결정을 이용하면 두 물질이 동시에 녹아 있는 혼합 용액에서 각각의 용질로 분리할 수 있다.

기체의 용해도와 온도

그림 11.5와 같이 일정 압력하에서 물에 대한 기체의 용해도는 온도가 증가함에 따라 감소한다. 더운물에서 산소의 용해도 감소는 열공해(thermal pollution)와 직접적인 관련이 있다. 산업계에서 쓰이는 냉각수는 산업현장에서 사용된 후 다시 자연으로 돌아가면서 자연계 물의 온도를 상승시키는 경향을 나타낸다. 즉, 호수나 강의 온도가 올라감에 따라 물에서의 산소량이 줄어들면서 생명체에 치명적인 영향을 준다. 특히 온도가 비교적 높은 상층부의 물은 산소 흡수가 낮아 강이나 호수의 깊은 하부층에 있는 생명체에 필요한 산소의 양을 감소시킬 수 있다.

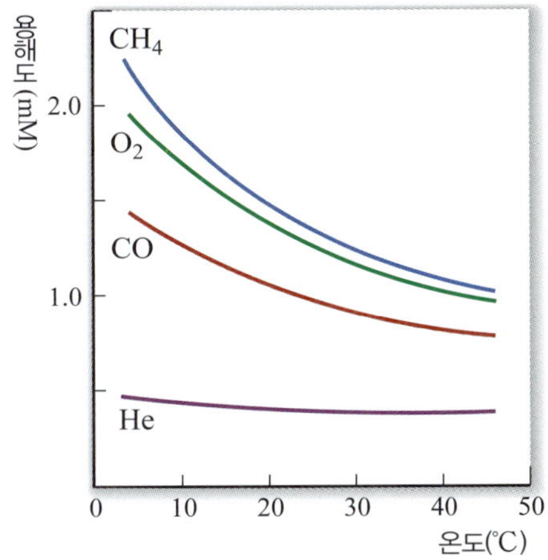

그림 11.5 몇 가지 기체의 용해도 곡선

11.5 기체의 용해도에 미치는 압력의 영향

일반적으로 액체나 고체의 용해도는 압력의 영향을 거의 받지 않지만, 기체의 용해도는 압력이 증가하면 매우 증가한다. 기체의 압력과 녹아 있는 기체의 농도 사이의 관계는 **헨리 법칙(Henry's law)**으로 나타낼 수 있다.

$$c \propto P \quad \text{또는} \quad c = kP \tag{11.5}$$

여기서 c는 용해된 기체의 몰농도(mol/L), 즉 기체의 용해도라 부르며, k는 용질로 작용하는 기체의 종류에 의존하는 상수, 이른바 헨리 상수로 mol/L·atm의 단위를 가지며, P는 용액 위의 기체의 압력(atm)이다. 헨리 법칙은 기체의 용해도는 용액 위에 있는 기체의 압력에 정비례한다는 것을 나타낸다.

그림 11.6은 헨리 법칙을 잘 나타내 준다. 용매에 녹는 기체의 양은 기체 상태의 분자가 얼마나 자주 액체 표면과 충돌하고, 또 응축상에서 포획되는가에 달려 있다. 그림 11.6(a)는 용액과 평형 상태에 있는 기체를 보여 준다. 기체 분자가 용액에 녹아 들어가는 것과 같은 속도로 용액에서 빠져나온다. 그림 11.6(b)와 같이 압력을 증가시키면 더 많은 분자가 액체 표면과 충돌하므로 기체가 용액으로부터 빠져나오는 것보다 더 많은 분자가 액체 표면으로 녹아 들어간다. 이러한 과정은 용액의 농도가 용액으로 들어가는 분자 수와 나오는 분자 수가 같아질 때까지 지속된다. 그 결과 부분 압력이 낮은 (a)에

서보다 압력이 높은 (b)에서 용액으로 들어가거나 나오는 분자 수가 더 많다.

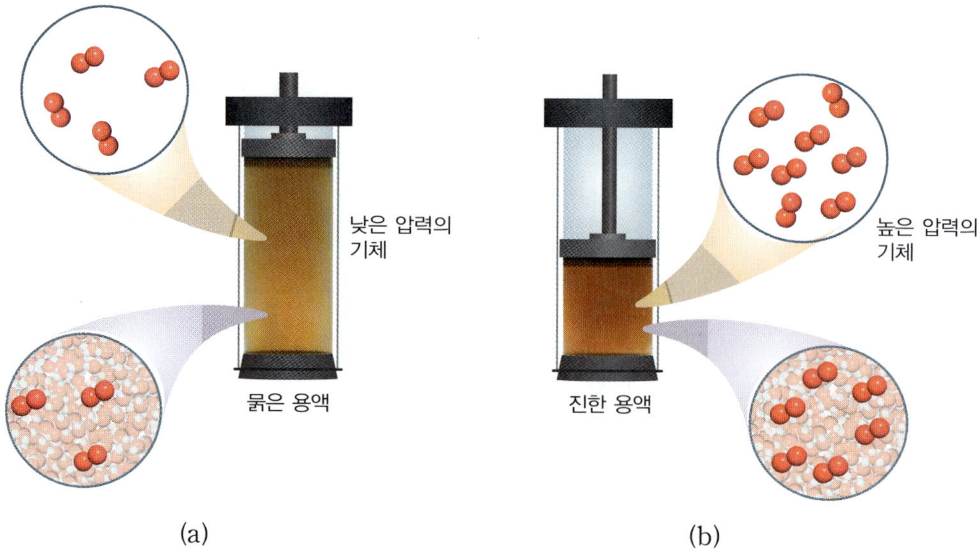

그림 11.6 기체 상태와 용액의 용질 분자들 사이에 평형이 존재한다. 압력의 증가는 이 평형을 변화시켜 기체의 용해도가 증가한다.

헨리 법칙에 대한 실제 예는 탄산 음료수 병이다. 탄산 음료수는 이산화 탄소를 높은 압력 하에서 병에 주입하여 이산화 탄소의 농도를 높게 유지한다. 탄산 음료수병의 마개를 열었을 때, 바람이 빠지는 소리가 나면서 거품이 발생하는 것을 볼 수 있다. 병의 마개를 열게 되면 압축된 기체들이 달아나고, 결국 대기압에 이르게 되어 음료수병에 남아 있는 이산화 탄소의 양은 대기압에서 이산화 탄소 분압과 같게 남아 있게 되는 것이다.

예제 11.8은 질소 기체에 헨리 법칙을 적용한 것이다.

예제 11.8

25 °C, 1기압에서 물에 대한 이산화 탄소의 용해도는 3.2×10^{-2} M이다. 이때 이산화 탄소의 헨리 상수는 얼마인가?

풀이

식 (11.5)를 이용해서 계산한다.

$$c = k \times P$$

$$3.2\times10^{-2}\ \text{M} = k \times 1\ \text{atm}$$
$$k = 3.2\times10^{-2}\ \text{mol/L}\cdot\text{atm}$$

정답

헨리 상수는 3.2×10^{-2} mol/L·atm이다.

응용문제 11.8

부분 압력이 0.22 atm이고 온도가 25 °C일 때, 물속에서 산소의 몰농도를 계산하시오. 산소의 헨리 법칙 상수는 1.3×10^{-3} mol/L·atm이다.

헨리 법칙은 용매에서 해리하지 않거나 반응하지 않는 기체의 묽은 용액에서 잘 맞는다. 예를 들면, 물에 녹아 있는 산소 기체는 헨리 법칙에 잘 따르지만, 몇 가지 중요한 예외도 있다. 예를 들어, 물에 잘 녹는 HCl 기체나 NH_3 기체는 물과 반응하면서 용해도가 증가한다. 이들 기체의 용해도는 예상치보다 훨씬 높은데, 그 이유는 다음과 같이 물에서 기체가 이온화됨으로써 기체가 더 많이 용해되기 때문이다.

$$HCl(g) + H_2O(l) \rightleftharpoons H_3O^+(aq) + Cl^-(aq)$$
$$NH_3(g) + H_2O(l) \rightleftharpoons NH_4^+(aq) + OH^-(aq)$$

11.6 비전해질 용액의 총괄성

용액의 **총괄성(colligative properties)**이란 증기 압력 내림, 어는점 내림, 끓는점 오름, 삼투 압력(삼투압)을 뜻하며, 이것들은 용액 내에 있는 용질의 종류(원자, 이온, 분자)에는 무관하고, 용질 입자의 개수에만 관계되는 성질을 말한다.

총괄성
용매 속에 용질 분자가 존재함으로써 나타나는 순수 용매에서는 관찰할 수 없는 용액만의 특별한 성질

증기 압력 내림과 라울 법칙

비휘발성 액체나 고체를 함유한 용액은 항상 순수한 용매보다 낮은 증기 압력을 갖는다. 결국, 용액의 증기 압력과 용매의 증기 압력 사이의 상관관계는 용액 내 용질의 농도에 의존한다. 이런 용액의 증기 압력은 라울(Raoult, F. M., 1830~1901)에 의해 연구되었다. **라울 법칙(Raoult's law)**은 다음과 같이 표현된다.

라울 법칙

어떤 용액의 용매의 부분 압력 P_1은 순수한 용매의 증기 압력 P_1°과 용액 내의 용매의 몰분율 X_1의 곱으로 주어진다.

$$P_1 = X_1 P_1^\circ \tag{11.6}$$

어떤 용액이 한 용질만을 포함하고, 용질의 몰분율이 X_2이면 $X_1 = 1 - X_2$이다. 따라서 식 (11.4)는 다음과 같이 다시 쓸 수 있다.

$$P_1 = (1 - X_2)P_1^\circ \quad \text{또는} \quad P_1 = P_1^\circ - X_2 P_1^\circ$$

그 결과,

$$P_1^\circ - P_1 = \Delta P = X_2 P_1^\circ \tag{11.7}$$

용액에서의 증기 압력 감소분인 ΔP는 용질의 농도인 용질의 몰분율에 정비례한다.

용액의 증기 압력이 순수한 용매의 증기 압력보다 낮은 이유는 용매 분자는 순수한 용매에서보다 용액 내 용매에서 증발 또는 이탈하려는 경향이 적어지므로, 용액의 증기 압력은 순수한 용매 자체의 증기 압력보다 낮아진다.

예제 11.9는 라울 법칙 식 (11.6)을 적용한 예를 나타낸 것이다.

예제 11.9

글리세린($C_3H_8O_3$)은 비휘발성 비전해질이다. 25 ℃에서 글리세린의 밀도는 1.26 g/mL이다. 25 ℃에서 물 500.0 mL에 글리세린 50.0 mL를 혼합해서 만든 수용액의 증기 압력을 계산하시오. 이 온도에서 순수한 물의 증기 압력은 23.8 mmHg이며, 순수한 물의 밀도는 1.0 g/mL이다.

풀이

식 (11.7)을 이용하여 다음과 같이 계산한다.

$$\Delta P = X_{\text{용질}} \times P^\circ_{\text{용매}}$$

$$P^\circ_{\text{용매}} = 23.8\ \text{mmHg}$$

$$\text{글리세린의 분자량} = 92.09\ \text{g/mol}$$

$$\text{물의 분자량} = 18.02\ \text{g/mol}$$

$$\text{글리세린(용질)의 몰수} = \frac{\text{글리세린의 질량}}{\text{글리세린의 몰질량}} = \frac{\text{글리세린 } 50.0\ \text{mL} \times \dfrac{1.26\ \text{g}}{1\ \text{mL}}}{92.09\ \text{g/mol}} = 0.684\ \text{mol}$$

$$\text{물(용매)의 몰수} = \frac{\text{물의 질량}}{\text{물의 몰질량}} = \frac{\text{물 } 500.0\ \text{mL} \times \dfrac{1.0\ \text{g}}{1\ \text{mL}}}{18.02\ \text{g/mol}} = 27.75\ \text{mol}$$

$$X_{\text{용질}} = \frac{0.684\ \text{mol}}{(27.75 + 0.684)\ \text{mol}} = 0.0241$$

$$\begin{aligned}\Delta P &= X_{\text{용질}} \times P^\circ_{\text{용매}} \\ &= 0.0241 \times 23.8\ \text{mmHg} \\ &= 0.574\ \text{mmHg}\end{aligned}$$

따라서 순수한 용매보다 용액의 증기 압력이 0.574 mmHg만큼 낮아진다.

$$\begin{aligned}\Delta P = 0.574\ \text{mmHg} &= P^\circ_{\text{용매}} - P_{\text{용액}} \\ &= 23.8\ \text{mmHg} - P_{\text{용액}} \\ P_{\text{용액}} &= 23.2\ \text{mmHg}\end{aligned}$$

정답

용액의 증기 압력은 23.2 mmHg이다.

응용문제 11.9

분자량이 60.06 g/mol인 요소는 체온이 36.5 ℃인 사람의 소변에 상당량 녹아 있다. 만약 신생아의 소변 212 mL당 요소가 82.4 g 용해되어 있다면, 이 소변의 증기 압력 내림(ΔP, torr)은 얼마나 되는가? 36.5 ℃ 물의 증기 압력은 45.815 torr, 소변의 밀도는 1 g/mL이다. 단, 소변은 물과 요소로만 구성되어 있다고 가정한다.

휘발성 액체 혼합물의 증기 압력

비휘발성 용액인 경우와 달리, 용액의 두 성분이 모두 휘발성일 때, 라울 법칙은 변형된 형태가 적용된다.

$$P_T = P_A + P_B = X_A P^\circ_A + X_B P^\circ_B \qquad (11.8)$$

용액의 전체 증기 압력(P_T)은 용액의 구성 성분 A와 B의 용액에서의 각 부분 압력(P_A와 P_B)의 합이다. 이때 P_A°와 P_B°는 순수한 물질의 증기 압력이며, X_A와 X_B는 성분 각각에 대한 몰분율이다.

예를 들어, 벤젠과 톨루엔은 비슷한 구조를 가지는 휘발성 물질이며, 따라서 유사한 분자간 힘을 갖는다.

벤젠과 톨루엔은 액체-액체 **이상 용액(ideal solution)**으로 각각 구성 성분의 증기 압력은 라울 법칙에 따른다. 용액에 대한 라울 법칙은 기체에 대한 이상 기체 법칙과 같다. 즉, 기체와 마찬가지로 용액이 이상적으로 행동하는 경우는 결코 없으며, 이상적인 상태에 거의 접근하는 경우가 있을 뿐이다.

그림 11.7은 벤젠-톨루엔 용액 내에서 용액의 조성과 용액의 전체 증기 압력(P_T)과의 상관관계를 나타낸다. 용액의 조성을 한 구성 성분의 몰분율로 표시할 수 있다. 전체 벤젠-톨루엔 용액에서 벤젠의 몰분율 $X_{벤젠}$의 값에 대해 톨루엔의 몰분율 $X_{톨루엔} = 1 - X_{벤젠}$이다. 벤젠-톨루엔 용액은 라울 법칙을 만족하는 용액인 이상 용액의 예 중 하나이며, 이 경우 용해열(용액의 엔탈피)은 0에 근접할 것이다.

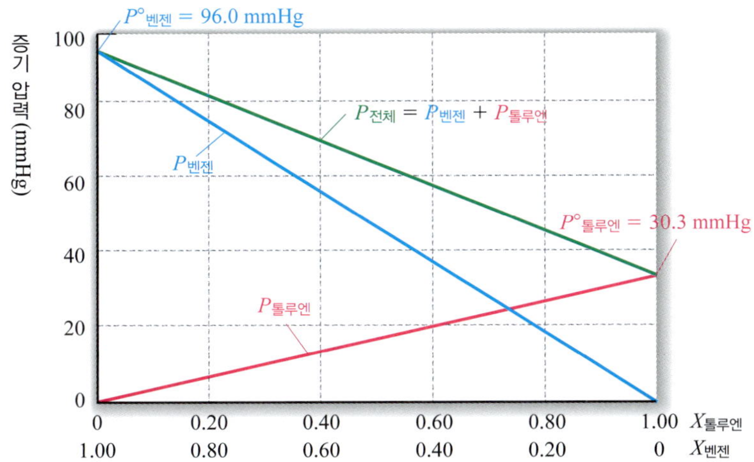

그림 11.7 휘발성 액체(벤젠, 톨루엔)에 대한 라울 법칙 25 °C에서 벤젠-톨루엔 혼합 액체의 증기 압력($P_{전체}$)은 두 성분이 기여하는 증기 압력의 합과 같다.

11.10 예제

63.5 °C에서 순수 물과 에탄올(C_2H_6O)의 증기 압력은 각각 175 mmHg, 400 mmHg이다. 동일 질량의 물과 에탄올을 혼합하였을 때 물음에 답하시오.(단, 용액은 이상 용액이라고 가정한다.)

(a) 용액에서 에탄올의 몰분율은 얼마인가?

(b) 63.5 °C에서 이 용액의 증기 압력을 계산하시오.

풀이

(a) 물의 몰질량은 18.02 g/mol이고, 에탄올의 몰질량은 46.07 g/mol이다. 만약, 물과 에탄올이 각각 100 g씩 혼합되었다고 가정하면 각각의 몰수는 아래와 같다.

$$n_{물} = \frac{\text{물 } 100\text{ g}}{\text{물의 몰질량 } 18.02\text{ g/mol}} = 5.55\text{ mol}$$

$$n_{에탄올} = \frac{\text{에탄올 } 100\text{ g}}{\text{에탄올의 몰질량 } 46.07\text{ g/mol}} = 2.17\text{ mol}$$

$$\text{몰분율 } X_{물} = \frac{5.55\text{ mol}}{(5.55+2.17)\text{ mol}} = 0.719$$

$$\text{몰분율 } X_{에탄올} = \frac{2.17\text{ mol}}{(5.55+2.17)\text{ mol}} = 0.281$$

(b) 식 (11.8)을 이용하여 계산한다.

$$\begin{aligned} P_{전체} = P_{물} + P_{에탄올} &= X_{물} \times P°_{물} + X_{에탄올} \times P°_{에탄올} \\ &= 0.719 \times 175\text{ mmHg} + 0.281 \times 400\text{ mmHg} \\ &= 238\text{ mmHg} \end{aligned}$$

정답

(a) 물의 몰분율 = 0.717, 에탄올의 몰분율 = 0.283
(b) 혼합 용액의 증기 압력은 239 mmHg

응용문제 11.10 그림 11.7에서 벤젠과 톨루엔이 동일한 몰수로 혼합되어 있을 때, 이 용액의 전체 증기 압력과 각각 휘발성 액체의 증기 압력은 얼마인가? 단, 온도는 25 ℃이며, mmHg 단위로 답하시오.

그러나 대부분의 용액은 이상 용액이 아니다.

그림 11.8에 두 휘발성 물질을 A, B의 혼합 용액의 증기 압력이 나타나 있다.

그림 11.8(b)는 A와 B 사이의 분자간 힘이 A 분자들 사이 또는 B 분자들 사이의 힘보다 약하다면, 이 분자들은 용액에서 이탈하려는 경향이 커지므로 보다 수월하게 증발할 수 있을 것이다. 결과적으로 용액의 증기 압력은 같은 농도에서 라울 법칙에 의해 예측되는 증기 압력의 합보다 클 것이다. 이러한 경향성은 양의 편차를 나타내며, 용해열은 양수(용해 과정이 흡열 과정)이다. 이 과정에 대한 예로는 두 액체가 섞이면서 용질과 용매 사이의 분자 간 인력이 순수한 액체의 인력보다 약할 경우이다. 두 분자가 섞이기 위해서는 에너지를 가하여 두 분자 사이의 거리를 떨어뜨리는 에너지가 필요하다. 이 경우 용액의 분자들이 증발하는 경향이 증가하므로 라울 법칙으로부터 양의 편차가 생긴다.

그림 11.8(c)는 A, B 분자가 각각 자신들끼리의 상호 작용보다 A 분자와 B 분자가 서로 강하게 상호 작용을 한다면, 이 분자들은 용액에서 쉽게 이탈하기 어렵기 때문에 용액의 증기 압력은 라울 법칙에서 예측되는 증기 압력의 합보다 작다는 것을 보여 준다. 이것은 음의 편차를 나타내며, 용해열은 음수(용해 과정이 발열 과정)이다. 아세톤과 물과 같이 수소 결합으로 분자 간 결합을 형성하여 큰 인력이 존재한다면, 용매 분자가 용액으로부터 증발하려는 경향이 줄어들어 라울 법칙으로부터 음의 편차가 생기는 것이다.

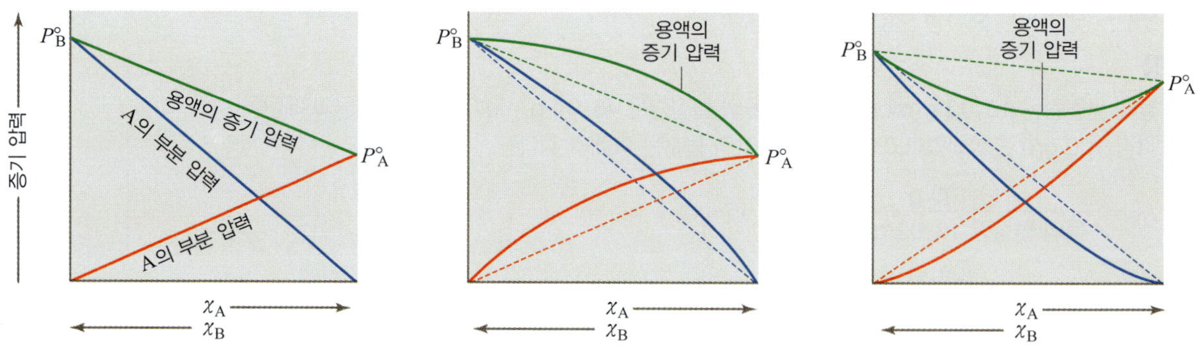

그림 11.8 휘발성 액체 A와 B로 만든 용액의 증기 압력 비이상 용액(b와 c)의 증기 압력 곡선은 용질–용매 간의 상호 작용의 강약에 따라서 라울 법칙으로 예상된 값(점선)보다 크거나 작을 수 있다.

끓는점 오름

용액의 정상 끓는점은 증기 압력이 1 atm과 같아지는 온도이다. 비휘발성 용질이 용액의 증기 압력을 낮아지게 하므로 이런 용액은 증기 압력이 1 atm이 되기 위해서는 순수한 용매의 끓는점보다 더 높은 온도로 가열하여야 한다. 이것은 바로 비휘발성 용질이 용매의 끓는점을 높이는 것을 의미한다. 그림 11.9는 물의 상평형 그림과 수용액의 끓는점 오름을 나타낸다. 용액의 끓는점은 용매(물)의 끓는점보다 더 높은 온도 쪽으로 이동해 있다.

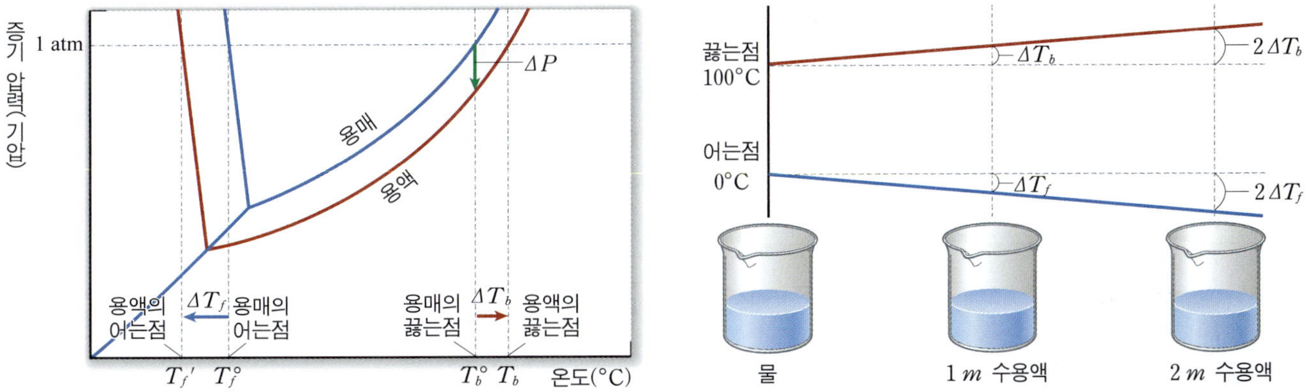

그림 11.9 수용액의 끓는점 오름과 어는점 내림

결과적으로, 용액의 곡선은 1 atm으로 표시된 수평선과 교차하는 부분이 순수한 용매의 끓는점보다 높은 온도에서 나타난다. 그래프에서 용액의 끓는점은 물의 끓는점보다 높음을 알 수 있다. 용액의 끓는점(T_b)에서 순수한 용매의 끓는점($T_b°$)을 뺀 값을 **끓는점 오름(boiling-point elevation, ΔT_b)**이라고 한다.

$$\Delta T_b = T_b - T_b^{\circ} \tag{11.9}$$

그리고 $T_b > T_b°$이므로 ΔT_b는 항상 양수이다. T_b는 용질의 농도에 비례한다. 즉,

$$\Delta T_b \propto m$$

여기서 m은 용질의 몰랄 농도이고, **몰랄 끓는점 오름 상수(molar boiling-point elevation constant, °C/m)**인 K_b를 도입하면 식 (11.10)을 얻는다.

$$\Delta T_b = K_b m \tag{11.10}$$

끓는점 오름에 몰랄 농도를 사용하는 이유
몰농도는 온도에 따라 변하지만 몰랄 농도는 질량에 기초한 농도 표시이므로 온도의 영향을 받지 않기 때문이다.

표 11.2에 여러 용매에 대한 K_b 값을 요약하였다.

표 11.2 대표적인 용매의 몰랄 끓는점 오름 상수(K_b)와 몰랄 어는점 내림 상수(K_f)

물질	K_b[(°C·kg)/mol]	K_f[(°C·kg)/mol]
벤젠(C_6H_6)	2.64	5.07
장뇌(camphor, $C_{10}H_{16}O$)	5.95	37.8
클로로폼($CHCl_3$)	3.63	4.70
다이에틸 에터($C_4H_{10}O$)	2.02	1.79
에탄올(C_2H_6O)	1.22	1.99
물(H_2O)	0.51	1.86

어는점 내림

용질을 용매에 녹인 용액의 어는점은 순수한 용매보다 더 낮다. 겨울에 결빙된 도로에 염화 소듐($NaCl$)이나 염화 칼슘($CaCl_2$)과 같은 염을 뿌리면 녹는다. 이것은 바로 용액이 된 물의 어는점 내림 현상 때문이다.

물에 용질이 녹아 있다고 가정해 보자. 용액 속에 존재하는 물이 순수한 물보다 더 낮은 증기 압력을 가지기 때문에 용액은 0 ℃에서 얼지 않는다.

그림 11.9에서 용액의 어는점은 순수한 용매의 어는점보다 낮은 온도에서 1 atm으로 표시된 수평선과 교차한다. 순수한 용매의 어는점(T_f°)에서 용액의 어는점(T_f)을 뺀 값을 **어는점 내림(freezing point depression, ΔT_f)**이라고 한다.

$$\Delta T_f = T_f^\circ - T_f \tag{11.11}$$

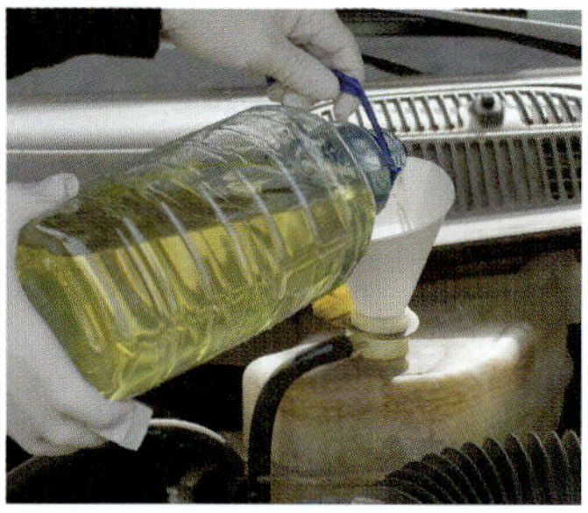

▲ 자동차 부동액
ⓒCascade Creatives/Shutterstock

ΔT_f도 역시 용질의 농도에 비례한다.

$$\Delta T_f \propto m$$

$$\Delta T_f = K_f m \tag{11.12}$$

여기서 m은 용질의 몰랄 농도이고, K_f는 **몰랄 어는점 내림 상수(molar freezing point depression constant,℃/m)**이며, 표 11.2에 몇 가지 용매의 K_f 값이 있다. 어는점 내림도 끓는점 오름과 마찬가지로 온도의 영향을 받지 않는 몰랄 농도를 사용한다.

끓는점 오름과 어는점 내림 현상은 자동차 냉각수 또는 부동액으로 사용되는 에틸렌 글리콜($HOCH_2CH_2OH$)의 예에서 확인할 수 있다.

예제 11.11

자동차 부동액을 만들기 위해 휘발성 및 비전해질 용질인 에틸렌 글리콜($C_2H_6O_2$)을 물에 녹여 만든 25.0 % 수용액의 어는점과 끓는점을 계산하시오.

풀이

용액의 어는점과 끓는점을 계산하기 위해서는 먼저 용액의 몰랄 농도부터 알아야 한다. 25.0 %의 에틸렌 글리콜 수용액이 100 g이라고 가정하면, 에틸렌 글리콜 25 g과 물 75 g이 혼합되었다고 볼 수 있다. 에틸렌 글리콜의 몰질량은 62.07 g/mol이다. 이때 에틸렌 글리콜의 몰수를 계산하면 아래와 같다.

$$\text{용질 에틸렌 글리콜의 몰수} = \text{에틸렌 글리콜 25 g} \times \frac{1\ \text{mol}}{62.07\ \text{g}} = 0.40\ \text{mol}$$

따라서 이 용액의 몰랄 농도는

$$\frac{\text{용질의 몰수(mol)}}{\text{용매의 질량(kg)}} = \frac{\text{에틸렌 글리콜 0.40 mol}}{\text{용매 75 g}} \times \frac{1000\ \text{g}}{1\ \text{kg}} = 5.3\ m$$

그리고 확인한 몰랄 농도 값을 식 (11.10)과 (11.12)에 대입한다. 표 11.2에 의하면 물의 K_b = 0.51 ℃·kg/mol, K_f = 1.86 ℃·kg/mol이다.

$$\Delta T_b = K_b \times m = 0.51\ ℃\cdot\text{kg/mol} \times 5.3\ \text{mol/kg} = 2.7\ ℃$$

$$\Delta T_f = K_f \times m = 1.86\ ℃\cdot\text{kg/mol} \times 5.3\ \text{mol/kg} = 9.9\ ℃$$

결국, 위 계산 결과에 따르면 에틸렌 글리콜 용액은 순수한 용매 물보다 2.7 ℃ 더 높은 온도에서 끓고, 9.9 ℃ 더 낮은 온도에서 언다.

정답
용액의 어는점 = −9.9 ℃, 끓는점 = 102.7 ℃

응용문제 11.11

대학생인 예진이와 지은이는 겨울 방학 동안 자가용 여행에서 사용할 부동액을 제조하려고 계획을 세웠다. 이 부동액이 −12.05 ℃에서 얼 수 있게 하려면 물 1.500 L에 포도당을 얼마나 녹여야 하는가? 질량(g)으로 답하시오. (단, 포도당의 분자량은 180.1 g/mol이다.)

삼투 압력

마지막으로 용액의 총괄성으로 **삼투 현상(osmosis)**이 있다. 여러 가지 생물학적 및 자연현상의 과정들은 삼투 현상과 연관되어 있다. 삼투는 용매 분자를 다공성 막을 통해 묽은 용액에서 진한 용액으로 선택적으로 이동시키는 현상이다. 그림 11.10 장치에서 반투막을 기준으로 왼쪽은 순수한 용매를 포함하고, 오른쪽은 농도가 상대적으로 진한 용액이다. 용매와 용액을 격리시킨 **반투막(semipermeable membrane)**은 용매의 이동은 가능하나, 용질의 이동은 불가능하다. 그림 11.10(a)와 같은 초기 상태에는 두 관에 있는 수면의 높이가 같다. 시간이 지남에 따라 오른쪽 수면이 오르기 시작하여 평형에 도달하면 오른쪽 수면의 변화는 일어나지 않는다. 용액의 **삼투 압력(삼투압, osmotic pressure, π)**이란 삼투 현상을 멈추게 하는 데 필요한 압력이다. 그림 11.10(b)에서와 같이 이 삼투 압력은 최종 수면 높이 간의 차이로부터 직접 측정된다.

반투막
작은 용매 분자는 통과할 수 있으나 큰 용질 분자는 투과하지 못하는 막

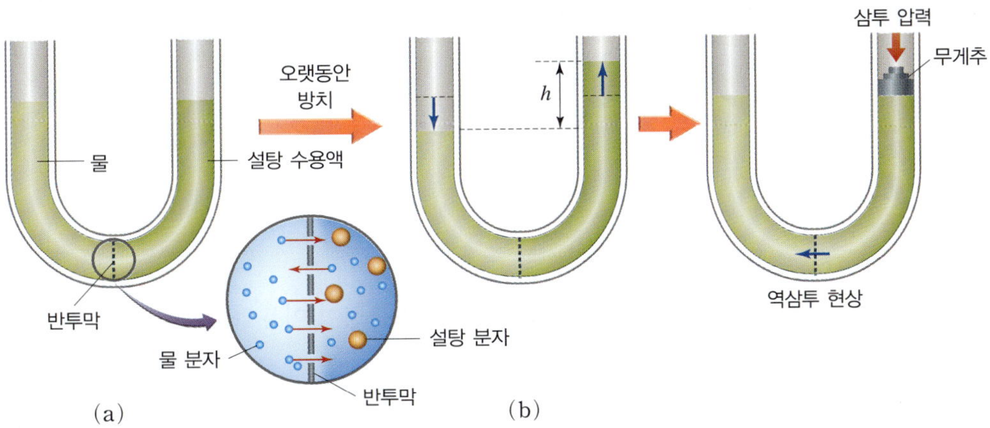

그림 11.10 삼투 압력 형성 과정 용매만을 통과시킬 수 있는 반투막을 중심으로 순수한 용매(혹은 저농도의 용액)에서 고농도의 용액으로 용매가 이동함으로써 고농도 용액 쪽의 수면이 높아진다.

삼투 현상의 이해는 그림 11.11로부터 알 수 있다. 용매인 순수한 물의 증기 압력은 용액의 증기 압력에 비해 더 높기 때문에 왼쪽 비커에서 오른쪽 비커로 물의 알짜 이동이 일어난다. 충분한 시간이 경과하여 왼쪽 비커에 더 이상의 물이 남아 있지 않게 될 때까지 이러한 이동이 계속된다. 이와 유사하게 삼투가 일어나는 동안 물이 용액으로 이동하게 된다. 즉, 묽은 농도에서 진한 농도로의 용매가 이동하는 것이다.

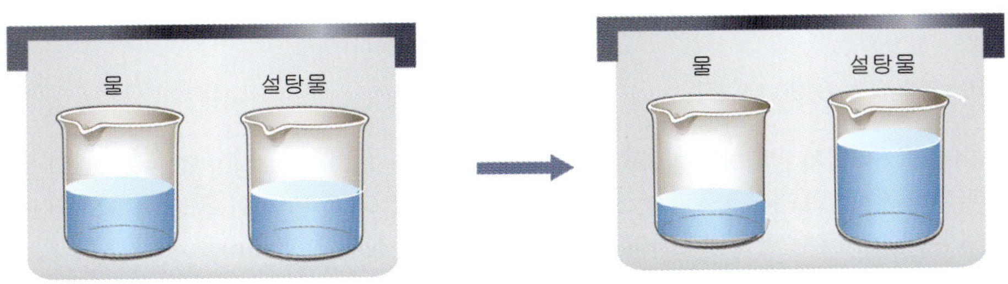

그림 11.11 물은 순수한 물이 담긴 비커에서 더 빠르게 기화해서 일정 농도의 용액의 표면에 응축된다.

용액의 삼투 압력은 다음과 같이 주어진다.

$$\Pi = MRT \tag{11.13}$$

여기서 M은 용액의 몰농도, R은 기체 상수(0.0821 L·atm/K·mol), T는 절대 온도이다. 삼투 압력 π는 atm의 단위로 표시된다. 삼투 압력은 일정 온도에서 측정되므로, 이 경우 농도는 몰랄 농도보다는 몰농도를 쓰는 것이 편리하다.

끓는점 오름, 어는점 내림과 마찬가지로, 삼투 압력도 용액의 농도와 직접 관련이 있다. 이 때문에 모든 총괄성은 농도와 관련이 있는 용액 내의 용질의 수에만 의존한다.

고장성 용액 = 고장액
저장성 용액 = 저장액
등장 용액 = 등장액

두 용액의 농도가 같아서 삼투 압력이 같으면 **등장 용액(isotonic solution)**이라고 한다. 혈관을 통하여 주입되는 액체는 체액과 등장액이어야 한다. 농도가 높은 용액을 **고장성 용액(hypertonic solution)**이라 하는데, 적혈구 세포를 고장성 용액에 담그면 세포 내의 물이 고장성 용액으로 이동하면서 세포는 수축하게 된다. 반대로 농도가 낮은 용액을 **저장성 용액(hypotonic solution)**이라고 하는데, 적혈구 세포를 저장성 용액에 담그면 세포 내로 물이 이동하면서 세포는 팽창하여 파괴될 것이다(그림 11.12).

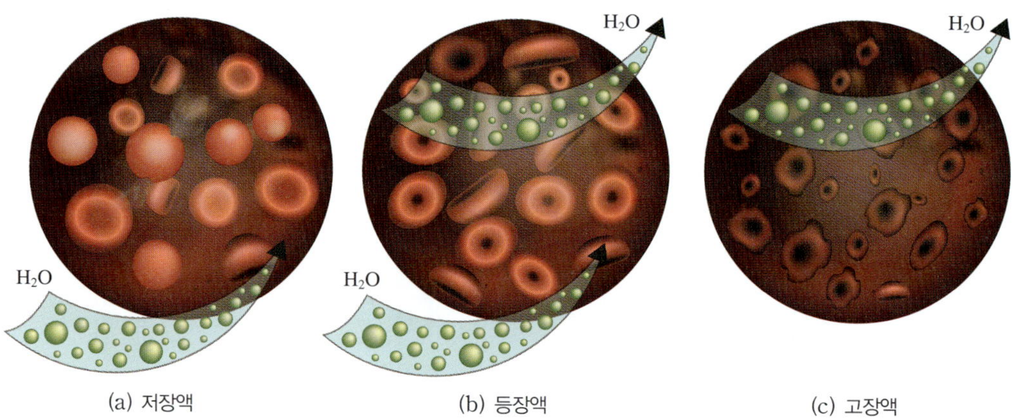

그림 11.12 (a) 저장액, (b) 등장액, (c) 고장액 환경에서의 적혈구의 모습 적혈구처럼 대부분의 세포는 세포막을 기준으로 내·외부의 농도 차이에 의하여 삼투 압력의 영향을 받아 팽창할 수도 있고 수축할 수도 있다. ©Sakurra/Shutterstock

다음 예제는 용액의 농도를 계산하는 데 삼투 압력 측정이 이용되는 예를 보여 준다.

예제 11.12

36.5 ℃인 사람 혈액의 평균 삼투 압력은 7.7 atm이다. 같은 온도에서 이와 동일한 삼투 압력을 가지는 글루코스 수용액이 있다고 가정할 때 글루코스의 몰농도를 계산하시오.

풀이

식 (11.13)에 대입해서 용액의 몰농도 x를 확인할 수 있다.
삼투 압력 Π = 7.7 atm, 온도 T = (36.5 + 273.15) K, R = 0.0821 L·atm/mol·K이므로 아래 식에 대입하여 푼다.

$$\Pi = M \times R \times T$$
$$7.7 \text{ atm} = x \times 0.0821 \text{ L·atm/mol·K} \times (36.5 + 273.15) \text{ K}$$
$$x = 0.30 \text{ mol/L}$$

정답

글루코스의 농도는 0.30 M이다.

응용문제 11.12

더운 여름철 카트에서 판매하는 빙과류 중에 일면 '쭈쭈바'가 있다. 탄력성이 있는 플라스틱 용기에 담긴 쭈쭈바 내용물의 내부 농도가 4.28 M이고 온도는 0 ℃이다. 만약 이 플라스틱 용기가 반투막이고, 이 쭈쭈바가 같은 온도의 찬물에 들어가 있을 때 내부 삼투 압력(atm)을 계산하시오.

반트호프 인자와 용액의 총괄성

용액의 총괄성은 예제에서 보았듯이 비전해질 수용액에 한정하여 설명하였다. 비전해질 용질은 물에 용해되어도 이온으로 해리되지 않아 앞서 말한 용액의 총괄성을 직관적으로 바로 적용할 수 있다. 하지만 용해되었을 때 양이온과 음이온으로 분해되는 전해질 수용액에서는 비전해질 수용액과 같이 총괄성을 바로 적용해서는 안 된다.

다음 두 수용액을 예를 들어보자. 1 몰랄 농도의 포도당($C_6H_{12}O_6$) 수용액과 소금(NaCl) 수용액의 경우 두 용액의 몰랄 농도가 같음에도 어는점과 끓는점은 다르다.

수용액	어는점(mp,℃)	끓는점(bp,℃)
1 m $C_6H_{12}O_6(aq)$	− 0.51	101.86
1 m NaCl(aq)	− 1.94	107.07

위와 같이 동일한 농도임에도 불구하고 용액의 어는점과 끓는점에 차이가 나는 현상은 증기 압력 내림과 삼투 압력에서도 동일하게 관찰된다. 이러한 이유는 실질적으로 용매 속에 존재하는 용질 입자의 알갱이 수에 의해서 직접적으로 총괄성이 영향을 받기 때문이다. 비전해질인 포도당 분자는 1몰이 용해되면 용질 입자의 수는 1몰로 변화가 없지만, NaCl의 경우에는 양이온과 음이온으로 해리되기 때문에 NaCl 1몰이 용해되면 최종적으로 물속에는 Na^+ 1몰과 Cl^- 1몰, 총 2몰의 용질 입자가 존재하게 되어, 포도당과 비교할 때 2배의 총괄성 효과를 나타낸다.

$$\text{포도당}(s) \xrightarrow[H_2O]{\text{용해}} \text{포도당}(aq)$$

입자 수: 1 mol 1 mol

$$NaCl(s) \xrightarrow[H_2O]{\text{용해}} Na^+(aq) + Cl^-(aq)$$

입자 수: 1 mol 1 mol 1 mol (총 2 mol)

전해질 수용액의 용액 중 입자 수가 총괄성에 영향을 미친다는 사실은 네덜란드의 물리화학자 반트호프(van't Hoff, J. H., 1852~1911)에 의하여 알려졌다. 반트호프는 전해질 용질이 해리되었을 때 최종적으로 용액 속에 형성되는 입자 수를 나타내기 위하여 반트호프 인자(i)라는 것을 계산하였다.

$$\text{반트호프 인자}(i) = \frac{\text{용액 중 입자의 몰수}}{\text{용해된 입자의 몰수}} \tag{11.14}$$

표 11.3에는 몇 가지 용질의 **반트호프 인자(van't Hoff factor)**를 이론적인 이상값과 실질적인 측정값으로 나타내었다. 다만, 여기서 주의할 점은 NaCl의 경우 물에 녹는 모든 용질이 완전히 해리하지 않고 일부는 그대로 물에 녹아있기 때문에 실제로 용해된 최종 입자의 수는 2 mol이 아닌 약 1.9 mol이 된다. 이론적으로 100 %에 가까울 정도로 해리가 잘 되는 NaCl의 반트호프 인자의 이상값은 2이지만, 실제 용해시켰을 때 확인이 가능한 측정값은 1.9에 해당한다. 실질적인 반트호프 인자 측정값은 식 (11.15)와 같이 실험적으로 구할 수 있다.

반트호프 인자
용매에 용해시킨 용질의 분자 수 대비 최종적으로 용액 속에 형성되는 입자 수의 비

$$i(\text{측정값}) = \frac{\text{측정된 } \Delta P_{\text{용액}}}{\Delta P_{\text{용액}} \text{ 계산값}} = \frac{\text{측정된 } \Delta T_b}{\Delta T_b \text{ 계산값}} = \frac{\text{측정된 } \Delta T_f}{\Delta T_f \text{ 계산값}} = \frac{\text{측정된 } \Pi}{\Pi \text{ 계산값}} \quad (11.15)$$

$\Delta P_{\text{용액}}$: 증기 압력 내림, ΔT_b: 끓는점 오름, ΔT_f: 어는점 내림, Π: 삼투 압력

표 11.3 몇 가지 용질의 0.500 m 용액에 대한 반트호프 인자(i)

전해질	(이상값)	(측정값)
$NaCl$	2.0	1.9
$MgCl_2$	3.0	2.7
$MgSO_4$	2.0	1.3
$FeCl_3$	4.0	3.4
HCl	2.0	1.9
비전해질	**(이상값)**	**(측정값)**
포도당	1.0	1.0
글루코스	1.0	1.0

결론적으로 아무리 강전해질이라 할지라도 물에 용해되었을 때, 완전하게 해리가 되는 경우는 드물다. 따라서 실제 반트호프 인자는 비전해질이 아닌 이상 전해질의 경우 소수의 값을 갖게 된다. 비전해질은 전혀 해리되지 않으므로 반트호프 상수는 항상 1.0이다.

지금까지 공부해 온 용액의 총괄성과 연관된 공식들은 비전해질의 경우로 가정하여 적용한 것이므로 전해질 용액의 경우에는 반트호프 인자가 다음과 같이 적용된 공식을 이용해야 한다.

총괄성	비전해질 용액		전해질 용액	
증기 압력 내림($\Delta P_{\text{용액}}$)	$\Delta P_{\text{용액}} = X_{\text{용질}} P^\circ_{\text{용매}}$	(11.7)	$\Delta P_{\text{용액}} = X_{\text{용질}} P^\circ_{\text{용매}} \times i$	(11.16)
끓는점 오름(ΔT_b)	$\Delta T_b = K_b m$	(11.10)	$\Delta T_b = K_b m \times i$	(11.17)
어는점 내림(ΔT_f)	$\Delta T_f = K_f m$	(11.12)	$\Delta T_f = K_f m \times i$	(11.18)
삼투 압력(Π)	$\Pi = MRT$	(11.13)	$\Pi = MRT \times i$	(11.19)

예제 11.13

반트호프 인자가 2.7인 염화 칼슘($CaCl_2$) 10.00 g을 70.0 ℃의 물 100.0 g에 용해시킨 수용액의 증기 압력은 몇 mmHg인가? (단, 70.0 ℃의 순수한 물의 증기 압력은 233.7 mmHg이다.)

풀이

우선 문제에서 제시하는 염화 칼슘 수용액의 몰분율 $X_{\text{염화 칼슘}}$부터 계산한다. 염화 칼슘과 물의 몰질량은 각각 110.98 g/mol, 18.02 g/mol이다.

$$\text{용질의 몰수} = \frac{\text{염화 칼슘 } 10.00 \text{ g}}{\text{염화 칼슘 } 110.98 \text{ g/mol}} = 0.09011 \text{ mol}$$

$$\text{물의 몰수} = \frac{\text{물 } 100.0 \text{ g}}{\text{물 } 18.02 \text{ g/mol}} = 5.549 \text{ mol}$$

$$X_{\text{염화 칼슘}} = \frac{0.09011 \text{ mol}}{(0.09011 + 5.549) \text{ mol}} = 0.01598$$

염화 칼슘의 반트호프 인자 = 2.7이고, 이 용액의 용질의 몰분율($X_{\text{염화 칼슘}}$)이 0.01598임을 알았으므로 반트호프 인자가 반영된 식 (11.16)을 이용하여 아래와 같이 계산한다.

$$\Delta P = X_{\text{염화 칼슘}} \times P^{\circ}_{\text{물}} \times i = 0.01598 \times 233.7 \text{ mmHg} \times 2.7 = 10.08 \text{ mmHg}$$

결론적으로 염화 칼슘 용액의 증기 압력은 순수 용매인 물의 증기 압력보다 10.08 mmHg만큼 낮아짐을 계산을 통해 확인할 수 있다.

정답

용액의 증기 압력 $P_{\text{용액}}$은 223.6 mmHg이다.

응용문제 11.13

바닷물은 평균 염도가 약 3.5 %이다. 25.0 ℃의 바닷물의 증기 압력을 계산하시오. (단, 이 온도에서 물의 증기 압력은 부록 C를 참고하고 바닷물에 소금 이외의 다른 용질은 전혀 존재하지 않는다고 가정한다.)

11.14 예제

황산 마그네슘($MgSO_4$) 121.6 g을 720.4 g의 물에 녹여서 수용액을 만들었다. 이 수용액의 어는 온도와 끓는 온도는 몇 ℃인가?

풀이

황산 마그네슘은 전해질 용질이기 때문에 반드시 반트호프 인자를 확인해야 한다.
표 11.3에서 황산 마그네슘의 반트호프 인자 i가 1.3임을 알 수 있다.
반트호프 인자가 반영된 식 (11.17)과 식 (11.18)을 이용하여 다음과 같이 계산한다.
먼저 문제에서 제시하는 황산 마그네슘 수용액의 몰랄 농도부터 계산한다. 황산 마그네슘의 몰질량은 120.4 g/mol이다.

$$\text{용질의 몰수} = \frac{\text{황산 마그네슘 질량}}{\text{황산 마그네슘의 몰질량}} = \frac{121.6 \text{ g}}{120.4 \text{ g/mol}} = 1.010 \text{ mol}$$

$$\text{용액의 몰랄 농도} = \frac{\text{황산 마그네슘의 몰수(mol)}}{\text{용매 물의 질량(kg)}} = \frac{1.010 \text{ mol}}{720.4 \text{ g} \times \frac{1 \text{ kg}}{1000 \text{ g}}} = 1.40\ m$$

물의 끓는점 오름 상수 K_b = 0.51 ℃·kg/mol, 어는점 내림 상수 K_f = 1.86 ℃·kg/mol이다(표 11.2).

$$\Delta T_b = K_b \times m \times i = 0.51\ ℃\cdot\text{kg/mol} \times 1.40 \text{ mol/kg} \times 1.3 = 0.93\ ℃$$
$$\Delta T_f = K_f \times m \times i = 1.86\ ℃\cdot\text{kg/mol} \times 1.40 \text{ mol/kg} \times 1.3 = 3.4\ ℃$$

위 계산 결과 황산 마그네슘 수용액은 용매인 물보다 0.93 ℃ 더 높은 온도에서 끓고, 3.4 ℃ 더 낮은 온도에서 언다.

정답

용액의 어는점 = −3.4 ℃ , 끓는점 = 100.93 ℃

응용문제 11.14

의약품으로 제조되는 물과 소금으로만 이루어진 식염수의 농도는 0.9 %이다. 식염수의 끓는점과 어는점은 몇 ℃인가? (단, 소수점 둘째 자리까지 답하고 소금의 반트호프 인자는 1.9라고 가정한다.)

예제 11.15

2.2 M 염화 철(III) 수용액을 역삼투 정수기를 통하여 정수하려고 한다. 정수기의 내부 온도가 27 ℃일 때, 이 수용액이 반투막에 해당하는 정수기의 필터를 경계로 나타내는 삼투 압력은 얼마인가?

풀이

표 11.3에 의하면 전해질 염화 철(III), $FeCl_3$의 반트호프 인자 i는 3.4이다. 따라서 식 (11.19)를 이용하여 아래와 같이 계산한다.

$$\begin{aligned}\Pi &= MRT \times i \\ &= 2.2\ \text{mol/L} \times 0.0281\ \text{L}\cdot\text{atm/K}\cdot\text{mol} \times (273.15 + 27)\ \text{K} \times 3.4 \\ &= 184\ \text{atm}\end{aligned}$$

정답

삼투 압력 = 184 atm

응용문제 11.15

응용문제 11.13의 바닷물(3.5 %)과 응용문제 11.14의 식염수(0.90 %) 각각의 삼투 압력이 다를 것이다. 두 용액의 삼투 압력의 차이가 몇 atm인지 계산하시오. (단, 두 용액의 온도와 밀도는 각각 4.0 ℃, 1.0 g/mL로 동일하다고 가정한다.)

총괄성을 이용한 몰질량 측정

용액의 총괄성은 몰질량을 측정하기에 유용하다. 이론적으로, 네 가지의 총괄성 모두 몰질량을 측정하는 데 사용할 수 있으나, 실제로는 변화량이 큰 어는점 내림과 삼투 압력이 몰질량 측정에 잘 활용된다. 먼저 실험으로 얻은 어는점 내림이나 삼투 압력 값으로부터 관계식을 활용하면 용액의 몰랄 농도나 몰농도를 계산할 수 있다. 그리고 해당 용질의 질량을 알면 몰질량을 구할 수 있다.

예제 11.12에서와 같이 측정된 삼투 압력은 단백질과 같은 큰 분자의 몰질량을 결정하는 데 매우 유용하다. 용액이 충분히 묽으면 몰농도와 몰랄 농도는 거의 같다. 용액의 밀도가 1 g/mL이면 몰농도와 몰랄 농도는 사실상 동일하다. 그런데 헤모글로빈 용액을 어는점 내림을 이용하여 몰질량을 측정하면 어는점 내림의 변화 온도 범위가 다음 계산과 같이 1/1000 ℃ 단위로 너무 작아서 측정하기에 부적합하다.

식 (11.12)로부터

$$\Delta T_f = (1.86\ ℃/m)(5.38 \times 10^{-4}\ m) = 1.00 \times 10^{-3}\ ℃$$

이러한 이유로 어는점 내림을 이용한 몰질량 측정은 어는점 내림 값이 매우 큰, 분자량이 500 이하의 용해도가 좋은 분자에 주로 적용된다. 대신 삼투 압력에 의한 몰질량 측정은 실질적으로 몰질량이 큰 물질을 측정하는 데 유용하다.

11.7 콜로이드

대부분 화학에 관련된 용액은 특별한 언급이 없으면 균일 또는 불균일 혼합물들이다. 이러한 예로서 물이 담긴 비커에 미세한 진흙을 넣고 저으면 진흙 입자들은 처음에는 떠다니다가 자체 질량에 대한 중력에 의하여 차츰 바닥에 가라앉을 것이다. 이것은 불균일 혼합물이다. 균일과 불균일 혼합물의 양극단 사이에 **콜로이드 분산(colloidal dispersion)** 또는 간단히 **콜로이드(colloid)**라 불리는 중간 형태가 존재한다. 즉, 콜로이드는 용액과 불균일 혼합물의 경계선상의 물질로, 어떤 분산 매질을 통하여 어떤 물질(분산상)의 입자들이 분산된 것을 말한다. 콜로이드 입자들은 보통의 용질 입자 크기인 5 nm 지름보다 큰 ~1000 nm 정도의 입자 지름을 가진다. 콜로이드 용액은 보통 용액보다 균일성이 떨어진다. 콜로이드 용액의 **분산상(dispersed phase)**과 **분산 매질(dispersing medium)**은 기체, 액체, 고체가 될 수 있고, 그들 두 상 간의 조합이 될 수도 있다.

일상생활에서 활용되는 콜로이드의 종류와 형태는 표 11.4에 열거하였으며, 그중 안개와 같은 **에어로솔(aerosol)**은 기체상에 액체 방울 또는 고체 입자가 분산되어 있는 것이다.

표 11.4 콜로이드의 다양한 분산 상태와 예

예	분산 매질	분산 물질	콜로이드 형태
안개, 에어로솔 분무	기체	액체	에어로솔
연기, 공기 운반 박테리아	기체	고체	에어로솔
거품 크림, 비누 거품	액체	기체	거품
우유, 마요네즈	액체	액체	에멀션
페인트, 진흙, 젤라틴	액체	고체	솔
마시멜로, 폴리스타이렌 거품	고체	기체	고체 거품
버터, 치즈	고체	액체	고체 에멀션
루비 유리	고체	고체	고체 솔

콜로이드 입자에 의한 빛의 산란을 **틴들 효과(Tyndall effect)**라고 한다. 어떤 콜로이드에 광선을 비추면 분산상에 의해 빛이 산란된다(그림 11.13). 그러나 보통의 용액에서는 그러한 빛의 산란이 발견되지 않는데, 이것은 가시광선과 상호 작용을 할 수 없을 정도로 용액 속의 용질 입자(~5 nm 정도)가 너무 작기 때문이다. 이러한 틴들 효과는 용액과 콜로이드를 구분하는 방법이 될 수 있다.

▲ 틴들 효과를 보이는 숲
ⓒOgmentryPhotography/Shutterstock

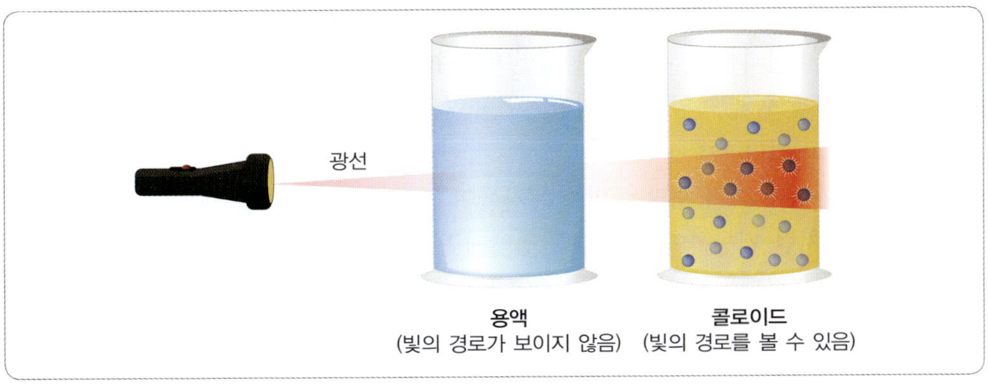

그림 11.13 **틴들 효과** 용액과 다르게 콜로이드는 충분한 크기의 용질 입자가 빛을 산란시킴으로써 빛의 진로를 확인할 수 있다. ⓒDesignua/Shutterstock

친수성 콜로이드와 소수성 콜로이드

가장 중요한 콜로이드는 물이 분산 매질인 콜로이드이다. 이러한 콜로이드는 물을 좋아하는 **친수성(hydrophilic)**과 물을 싫어하는 **소수성(hydrophobic)**으로 나눈다.

친수성 콜로이드는 단백질과 같은 매우 큰 분자를 포함한다. 수용액 상에서 헤모글로빈과 같은 단백질은 친수성기가 분자 표면의 바깥 부분에 위치하여 물 분자와 이온-쌍극자 상호 작용이나 수소 결합 형성으로 친화적으로 상호 작용할 수 있는 형태이다(그림 11.14). 반면 소수성 콜로이드는 일반적으로 물에서 안정하지 않고, 물에서 기름방울이 서로 합쳐져서 물 표면에 기름방울을 형성하듯이, 콜로이드 입자들끼리 함께 모여 덩어리를 형성한다. 콜로이드 덩어리도 그 표면에 이온들을 흡착함으로써 안정해질 수 있다(그림 11.15).

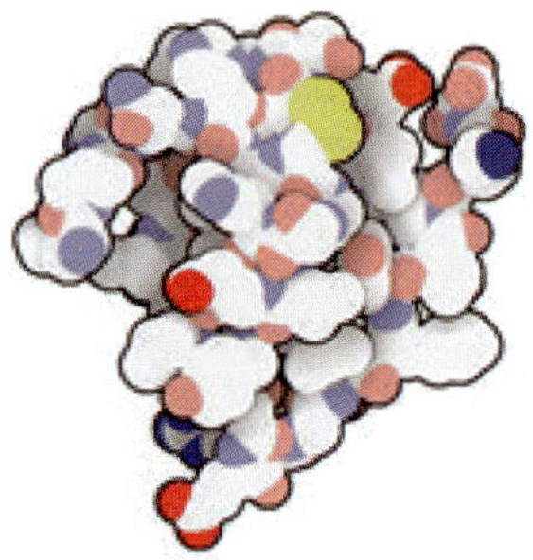

그림 11.14 친수성 작용기가 표면에 위치(적색, 청색, 황색)하고 있는 인슐린 인슐린은 물속에서 충분히 안정한 상태로 존재할 수 있는 대표적인 친수성 단백질이다.

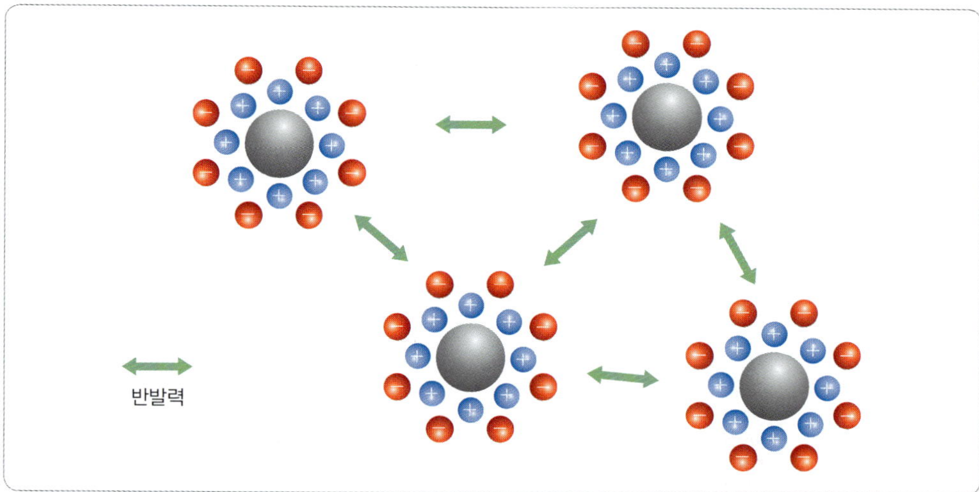

그림 11.15 소수성 콜로이드의 안정화 중심의 콜로이드 입자 주위에 양이온이 흡착하면 이어서 음이온 층이 형성되어 외관상으로는 모두 음이온을 띠는 반발력을 띠는 거대 입자가 형성된다. 결과적으로 소수성의 콜로이드가 안정화되어 친수성 입자처럼 활동한다.

소수성 콜로이드가 안정화되는 다른 방법은 비누의 세척 작용에서와 같이 표면에 친수성 작용기가 붙어 있는 경우이다. 극성인 머리 부분과 무극성의 긴 탄화수소 사슬(chain) 부분을 가지는 비누 분자인 스테아르산 소듐(sodium stearate)의 세척 작용(그림 11.16)은 스테아르산 소듐의 친수성 작용기인 에스터기와 소수성인 탄화수소 사슬 형태의 화합물의 결과이다. 무극성 물질인 탄화수소 사슬은 역시 무극성인 기름때와 같은 오일성 물질을 쉽게 녹일 수 있지만, 그 표면은 친수성인 이온성 $-COO^-$ 작용기를 그대로 유지하고 있다.

그림 11.17에서와 같이 수많은 비누 분자들이 기름방울 주변을 둘러싸면 이들은 이제 친수성 덩어리처럼 거동하여 물에서 안정해지면서 물에 녹아 비누가 기름때를 제거하는 것이다. 즉, 세척되는 것이다.

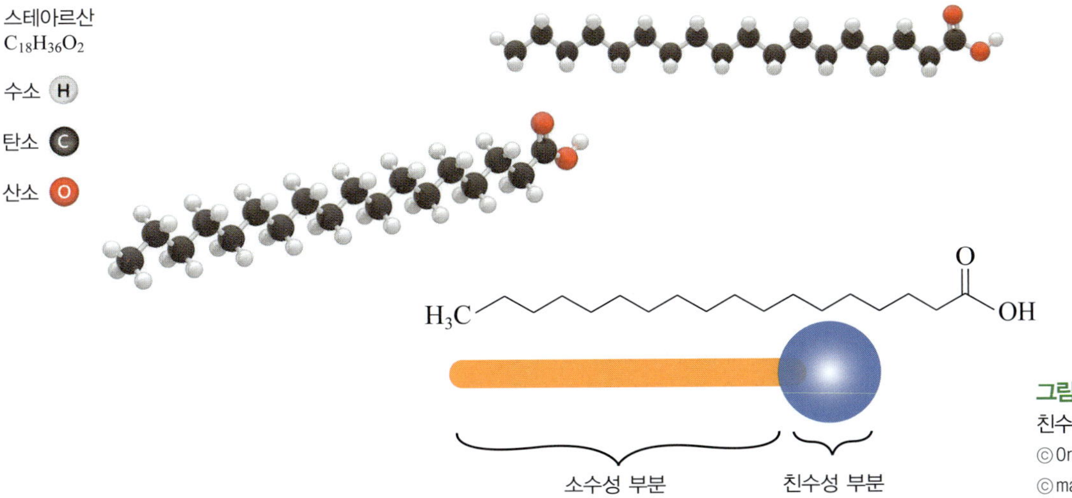

그림 11.16 스테아르산 소듐 분자의 친수성/소수성 부분 ⓒOrange Deer studio/Shutterstock ⓒmagnetix/Shutterstock

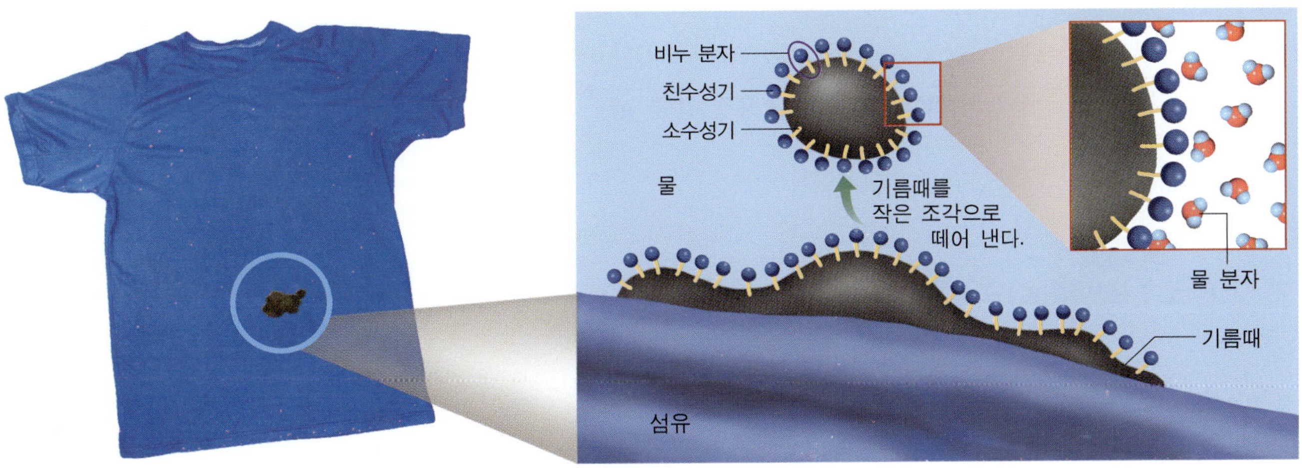

그림 11.17 비누의 세척 작용 비누 분자의 소수성 꼬리 부분이 기름에 녹아서 기름때를 작은 단위로 떼어내고, 기름때를 붙잡은 비누 분자의 친수성 머리가 밖으로 드러나는 미셀(micelle)을 형성함으로써 물에 때가 녹아 나오는 세척이 진행된다. ⓒGemenacom/Shutterstock

핵심 요약

11.1 용액의 종류

- 용액이란 둘 이상의 물질이 섞인 균일 혼합물이다.
- 포화 용액이란 일정 온도에서 용매 내에 최대한 양의 용질이 녹아 있는 용액이다.
- 용액이 녹일 수 있는 한계보다 적은 양의 용질을 포함하는 용액은 불포화 용액이다.
- 포화 용액에 존재하는 용질보다 더 많은 양의 용질을 함유하는 용액은 과포화 용액이다.
- 과포화 용액은 불안정하여 어느 정도의 용질이 용액으로부터 석출되어 결정을 만든다.

11.2 용액 형성 에너지

- 어떠한 용질이 다른 물질인 용매에 녹을 때 용질 입자가 용매 분자의 공간을 대치하는 상호 작용
  - 용매−용매 상호 작용
  - 용질−용질 상호 작용
  - 용매−용질 상호 작용
- 무극성 물질은 무극성 물질과, 극성 물질은 극성 물질과 잘 녹는다.
- 용매화란 이온이나 분자가 어떤 특별한 방식으로 배열되어 있는 용매 분자에 의해 둘러싸이는 과정이다.
- 수화란 용매가 물인 수용액에서 용질이 물 분자로 용매화되는 과정이다.

11.3 농도 단위

- 질량 백분율(%)

$$\text{질량 백분율(\%)} = \frac{\text{용질의 질량(g)}}{\text{용액의 질량(용매 질량+용질 질량, g)}} \times 100$$

- 몰분율(X)

$$\text{성분 A의 몰분율}(X_A) = \frac{\text{용질 }A\text{의 몰수}}{\text{용액 전체의 몰수}}$$

- 몰농도(M, mol/L)

$$\text{몰농도}(M) = \frac{\text{용질의 몰수(mol)}}{\text{용액의 부피(L)}}$$

- 몰랄 농도(m)

$$\text{몰랄 농도}(m) = \frac{\text{용질의 몰수(mol)}}{\text{용매의 질량(용매 1 kg)}}$$

- 백만분율(ppm)

$$\text{백만분율(ppm)} = \frac{\text{용질의 양(g)}}{\text{용액의 양}(10^6\text{g})}$$

- 십억분율(ppb)

$$\text{십억분율(ppb)} = \frac{\text{용질의 양(g)}}{\text{용액의 양}(10^9\text{g})}$$

- 몰랄 농도는 온도 변화에 상관없이 일정한 값을 나타내는 농도이다.

11.4 용해도에 미치는 온도의 영향

- 대부분의 경우 고체 성분의 용해도는 온도에 따라 증가하지만, 그 반대 경향을 보이는 예외도 있다.
- 분별 결정은 일반적으로 정제할 물질이 온도 변화에 따른 매우 급격한 용해도 곡선을 가질 때 잘 적용된다.
- 일정 압력에서 물에 대한 기체의 용해도는 온도가 증가함에 따라 감소한다.
- 모든 기체의 용해도는 온도 증가에 반비례한다.

11.5 기체의 용해도에 미치는 압력의 영향

- 기체의 용해도는 압력이 증가하면 매우 증가한다(헨리 법칙).

$$c = k \cdot P$$

c: 기체 용해도(mol/L)
k: 헨리 상수
P: 기체 압력(atm)

- 용매에 녹는 기체의 양은 기체 상태의 분자가 얼마나 자주 액체 표면과 충돌하고, 또 응축상에서 포획되는가에 달려 있다.

11.6 비전해질 용액의 총괄성

- 총괄성은 용액 내에 있는 용질의 종류(원자, 이온, 분자)에는 무관하고, 용질 입자의 개수에만 관계되는 성질이다.
- 증기 압력 내림($\Delta P_{용액}$, 라울 법칙)

$$\Delta P_{용액} = X_{용질} \cdot P^{\circ}_{순수\ 용매}$$

- 이상 용액이란 각각 혼합 구성 성분의 증기 압력이 라울 법칙을 정확히 준수하는 용액이다.
- 끓는점 오름(ΔT_b)

$\Delta T_b = m \cdot K_b$ (m: 용액의 몰랄 농도, K_b: 용매의 몰랄 끓는점 오름 상수)

- 어는점 내림(ΔTf)

$\Delta T_f = m \cdot K_f$ (m: 용액의 몰랄 농도, K_f: 용매의 몰랄 어는점 오름 상수)

- 삼투압(Π) 형성

$\Pi = MRT$ (M: 용액의 몰농도, R: 기체 상수)

- 두 용액의 농도가 같아서 삼투 압력이 같으면 등장 용액(isotonic solution)이라고 한다.
- 반트호프 인자(i)

$$i = \frac{\text{용액 중 존재하는 전체 입자의 몰수}}{\text{용해된 분자의 몰수}}$$

• 전해질 용액의 총괄성

총괄성	전해질 용액
증기 압력 내림($\Delta P_{용액}$)	$\Delta P_{용액} = X_{용질}P^{\circ}_{용매} \times i$
끓는점 오름(ΔT_b)	$\Delta T_b = K_b m \times i$
어는점 내림(ΔT_f)	$\Delta T_f = K_f m \times i$
삼투 압력(Π)	$\Pi = MRT \times i$

11.7 콜로이드

• 콜로이드는 어떤 분산 매질을 통하여 어떤 물질(분산상)의 입자들이 분산된 용액이다.
• 콜로이드 입자들은 ~1000 nm 정도의 비교적 큰 입자 지름을 가진다.
• 틴들 효과는 용액과 콜로이드를 구분하는 방법이 될 수 있다.

핵심 용어 정리

• 과포화 용액(supersaturated solution) 포화 용액에 존재하는 용질보다 더 많은 양의 용질을 함유하는 용액
• 라울 법칙(Raoult's law) 용액의 증기 압력과 용매의 증기 압력 사이의 상관관계는 용액 내 용질 농도(몰분율)의 영향을 받는다
• 몰농도(molarity) 용액 1 L에 존재하는 용질의 몰수
• 몰분율(mole fraction) 용액 전체 몰수에 대한 주어진 성분의 몰수
• 반투막(semipermeable membrane) 작은 용매 분자는 통과할 수 있으나 큰 용질 분자는 투과하지 못하는 막
• 반트호프 인자(van't Hoff factor) 용매에 용해시킨 용질의 분자 수 대비 최종적으로 용액 속에 형성되는 입자 수의 비
• 분별 결정(fractional crystallization) 용해도의 차이를 이용하여 혼합물로부터 순수한 물질을 분리
• 불포화 용액(unsaturated solution) 용액이 녹일 수 있는 한계보다 적은 양의 용질을 포함하는 용액
• 소수성(hydrophobic) 물 분자와 상호 작용을 잘 할 수 없는 비극성 성질
• 용매화(solvation) 이온이나 분자가 어떤 특별한 방식으로 배열되어 있는 용매 분자에 의해 둘러싸이는 과정
• 용해열(enthalpy of solution, heat of solution) 용질이 용매에 녹는 용해 과정에서 나타나는 엔탈피의 변화
• 총괄성(colligative properties) 용매 속에 용질 분자가 존재함으로써 나타나는 순수 용매에서는 관찰할 수 없는 용액만의 특별한 성질
• 친수성(hydrophilic) 물 분자와 상호 작용을 잘 할 수 있는 만큼의 충분한 극성 성질
• 틴들 효과(Tyndall effect) 콜로이드 입자에 의한 빛의 산란
• 포화 용액(saturated solution) 일정 온도에서 용매 내에 최대한 양의 용질이 녹아 있는 용액
• 헨리 법칙(Henry's law) 기체의 용해도는 압력이 증가하면 비례하여 증가한다.

Deep Insight

화장 크림과 마요네즈

일상생활에서 물과 기름은 섞이지 않는 것으로 잘 알고 있지만 작은 크기의 방울이나 입자 형태로 균일하게 섞여 있을 수 있다. 물론 이 둘이 균일하게 섞이고 그 섞인 상태가 오랫동안 안정적으로 유지가 되려면 계면 활성제라는 물질이 첨가되어야 한다. 이렇게 계면 활성제에 의하여 물과 기름이 잘 섞여 하얀 크림 형태를 이룬 상태를 에멀션(emulsion)이라고 부른다. 계면 활성제가 있다 하더라도 물과 기름방울의 크기를 100~300마이크로미터 단위로 낮추지 않으면 에멀션 상태를 만들기 어렵다.

일상생활에서 우리는 이러한 물과 기름의 에멀션 상태로 된 상품을 사용하고 있다. 바로 마요네즈와 화장 크림이다. 이 둘은 물과 기름, 그리고 계면 활성제의 도움을 받아 형성된 것이다.

계면 활성제란 물층과 기름층이 분리되어 있는 경계면에 위치하는 분자들을 의미하며 주로 극성 부분과 비극성 부분을 동시에 띠고 있는 기다란 지방산과 같은 분자들을 일컫는 통칭이다. 이 계면 활성제 분자에 둘러싸인 작은 기름방울은 물이라는 용매 속에 균일하게 섞여 안정적으로 존재할 수 있다. 반대로 계면 활성제 분자로 둘러싸인 작은 물방울도 기름 환경에 안정적으로 섞여 있을 수 있다.

마요네즈는 물과 식용유, 그리고 달걀흰자를 혼합하여 만들 수 있다. 여기서 달걀흰자 속에 들어있는 지방이 계면 활성제의 역할을 한다. 작은 기름방울과 작은 물방울을 형성하기 위해서는 이 세 가지 원료를 한 용기에 담은 상태에서 주걱과 같은 도구를 이용하여 빠르게 섞어야 한다. 빠르게 저을 때 생성되는 물방울과 기름방울의 크기가 작으면 작을수록 에멀션이 안정적으로 유지되어 장시간 보관했을 때 물층과 기름층이 갈라지는 현상이 발생하지 않는다.

화장 크림의 경우에도 물과 기름, 계면 활성제를 섞는데, 이때 기름은 식용유가 아닌 화장품 재료로 특화되어 있는 식물이나 식물의 씨앗에서 추출한 기름 혹은 바다 고래에서 얻은 기름 등을 사용하고, 계면 활성제는 주로 화학적으로 싼 값에 대량으로 합성된 분자를 사용한다.

화장 크림에 사용되는 계면 활성제 분자는 보통 탄소 원자 10개~12개 정도의 기다란 사슬 구조를 가지고 있다. 공장에서 화장 크림을 제조하기 위해 반응 탱크에 위 세 가지 기본 성분과 기타 방향제, 색소 등과 같은 추가 첨가물을 함께 담은 후에 그 혼합물에 초음파를 쪼여 주면 매우 작은 에멀션 입자들이 형성되면서 크림이 완성된다. 계면 활성제로 둘러싸인 물이나 기름방울의 내부에는 추가 첨가물들이 포함되므로 화장품으로서 성능을 발휘하게 되는 것이다.

ⓒANN PATCHANAN/Shutterstock

연습문제

● (11.1～11.5) 다음 설명 중 옳은 것은 ○, 틀린 것은 ×를 표시하시오.

11.1 농도의 차이를 이용하여 혼합물로부터 순수한 물질을 분리하는 것을 분별 결정이다. (   )

11.2 비휘발성 액체나 고체를 함유한 용액은 항상 순수한 용매보다 낮은 증기 압력을 갖는다. (   )

11.3 모든 총괄성은 농도와 관련이 있는 용액 내의 용질의 수에만 의존한다. (   )

11.4 몰분율은 단위가 없다. (   )

11.5 용매화란 이온이나 분자가 어떤 특별한 방식으로 배열되어 있는 용매 분자에 의해 둘러싸이는 과정이다. (   )

● (11.6～11.10) 다음 문장의 빈칸에 올바른 용어(단어) 혹은 문구를 채워 넣으시오.

11.6 (   )란 일정 온도에서 용매 내에 최대한 양의 용질이 녹아 있는 용액이다.

11.7 몰랄 농도는 (   ) 1 kg에 녹아 있는 용질의 몰수이다.

11.8 용액이란 둘 이상의 물질이 섞인 (   ) 혼합물이다

11.9 콜로이드 입자에 의한 빛의 산란을 (   )라고 한다.

11.10 콜로이드는 물을 좋아하는 (   )과 물을 싫어하는 (   )으로 나눈다.

● (11.11～11.25) 다음 물음에 답하시오.

11.11 질량 기준으로 3.50 % 소금 수용액의 밀도가 1.025 g/mL일 때, 몰농도를 계산하시오.

11.12 두 용액을 비교하여 농도가 더 높은 용액이 무엇인지 밝히시오.
(a) 0.500 M의 KCl 수용액 vs. 0.500 %(질량)의 KCl 수용액
(b) 1.75 M 글루코스 수용액 vs. 1.75 *m* 글루코스 수용액

11.13 25 ℃에서 황산 수용액의 밀도가 1.1094 g/mL라면 질량 기준 16.0 %의 황산 수용액의 몰농도는 얼마인가?

11.14 지구의 성층권에 있는 오존층의 평균 압력은 10 mmHg이다. 이 중 오존만의 부분 압력은 1.2×10^{-6} mmHg이다. 이때 오존의 농도를 ppm으로 나타내면 얼마인가? (단, 대기의 평균 몰질량은 29 g/mol이다.)

11.15 다음 중 총괄성과 관련이 있는 현상을 모두 고르시오.
(a) 증류수 속에서 적혈구의 팽창
(b) 배추가 발효되면서 유산균 생성
(c) 진한 소금물에 찌그러진 오이피클
(d) 온도가 올라감에 따른 설탕의 용해도 증가
(e) 에틸렌글리콜 용액을 자동차 부동액으로 사용

11.16 35 ℃에서 순수 에탄올의 증기 압력이 100.5 mmHg일 때, 같은 온도에서 에탄올 100.00 g을 벤조산($C_7H_6O_2$) 5.00 g과 혼합하여 만든 용액의 증기 압력은 몇 mmHg인가?

11.17 묽은 설탕 수용액에 설탕을 더 녹인다면 예상할 수 있는 변화에 대하여 올바르게 설명한 것을 고르시오.
(a) 용액의 증기압이 높아진다.
(b) 용액의 끓는점이 낮아진다.
(c) 용액의 어는점이 높아진다.
(d) 용액이 삼투압이 높아진다.

11.18 0.200 *m* HF 수용액의 어는점은 −0.380 ℃이다.
(a) 이 용액의 반트호프 인자는 얼마인가?
(b) 만약 HF가 물에서 100 % 해리된다면 어는점은 얼마가 되겠는가?

11.19 순수한 벤젠의 어는점은 5.40 ℃이다. 나프탈렌 1.15 g을 벤젠 100 g에 녹인 용액의 어는점이 4.95 ℃였다. 벤젠에 대한 어는점 내림 상수는 5.12 ℃/*m*이라고 할 때, 나프탈렌의 분자량은 얼마인가?

11.20 20 ℃에서 1.0 L의 수용액에 어떤 물질이 10 g 녹아 있고, 이 용액의 삼투압이 3.6×10^{-3} atm이라면 이 물질의 1몰당 질량은 얼마인가?

11.21 어떤 온도에서 용액 A는 비전해질 용질이 녹아 있고 삼투 압력은 1.8 atm이다. 용액 B도 비전해질 용질이 녹아 있으며 삼투 압력은 4.2 atm이다. 같은 온도에서 용액 A와 B를 1 : 1의 부피비로 혼합하였을 때 혼합 용액의 삼투 압력은 얼마인지 계산하시오.

11.22 1.0 m $K_2SO_4(aq)$ 수용액은 어는점이 −4.3 ℃이다. 반트 호프 인자는 얼마인가?

11.23 물 190 g과 미지의 이온 결합 화합물 A 9.12 g을 섞어 만든 A(*aq*)의 끓는점이 섭씨 102.1도였다. 화합물 A의 반트 호프 인자(*i*)가 3.12라면 이 화합물의 몰질량은 얼마인가?

11.24 콜로이드 용액의 일반적인 특징에 관한 설명 중 틀린 것은?

(a) 콜로이드 입자는 틴들 현상을 보인다.
(b) 미립자 액체 중에 분산된 것이다.
(c) 콜로이드 입자는 (+) 또는 (−)로 하전되어 있다.
(d) 콜로이드 입자는 거름종이와 반투막을 통과한다.

11.25 콜로이드 입자에 대한 틴들 현상에 대한 옳은 설명은?

(a) 콜로이드 용액에 광선을 비추게 되면 입자들이 빛을 산란시켜서 광선의 진로를 알 수 있다.
(b) 콜로이드 입자의 표면적이 질량에 비해 크기 때문에 흡착이 잘 된다.
(c) 콜로이드 입자가 전극에 끌려 몰린다.
(d) 콜로이드 입자가 끊임없이 불규칙적인 운동을 한다.

CHAPTER 12

화학 반응 속도론

◀ '다이아몬드는 영원히(Diamond, Forever)'라는 보석 광고가 한때 전 세계를 휩쓴 적이 있지만 실제 다이아몬드는 인간이 감지할 수 없을 정도로 매우 느린 속도로 흑연으로 변하고 있다. © New Africa/Shutterstock

12.1 반응 속도론

모든 화학 반응은 반응물이 생성물로 변하는 과정을 겪는다. 이 과정에서 생성물이 얼마나 빨리 생성되는지 또는 반응물이 얼마나 빠르게 소모되는지를 가늠해 보면 그 반응의 속도를 판별할 수 있다.

자연에는 빠른 반응과 느린 반응이 있다. 연소(이 경우는 생체 내 연소가 아닌 발화 연소에 한함), 산–염기 중화 반응은 대표적인 빠른 반응의 예라 할 수 있고, 철이 녹슬거나 동 · 식물이 분해되는 과정, 이른바 부패 과정은 대표적인 느린 반응이라 볼 수 있다.

순수한 탄소로 이루어진 다이아몬드가 흑연으로 변하는 과정은 열역학적으로 매우 자발적으로 일어날 수 있는 반응이다. 하지만, 다이아몬드가 오랫동안 유지되면서 좀처럼 흑연으로 변하는 것처럼 보이지 않는 이유는 이 반응의 속도가 측정할 수 없을 만큼 매우 느리기 때문이다.

깁스 자유 에너지 변화량(ΔG)
$\Delta G < 0$일 경우 그 반응은 특별한 외부의 자극이 없이도 자발적으로 진행되어 생성물을 만든다.

$$\text{C}(s,\ \text{다이아몬드}) \longrightarrow \text{C}(s,\ \text{흑연}),\ T = 298\ \text{K}$$

$$\Delta H < 0\ \text{kJ/mol},\ \Delta S > 0\ \text{kJ/mol},\ \Delta G < 0\ \text{kJ/mol (매우 자발적인 반응)}$$

화학 반응 속도는 산업적으로 화학제품을 구성하는 원료 화합물을 생산하는 과정에서의 생산 효율성을 판단하거나, 합성 의약 물질이 체내에서 치료 반응을 일으킬 때 약동력학(pharmaco kinetics and dynamics, 약물이 효과적으로 치료 효과를 발휘하는지를 판단하는 학문)적으로 타당한지를 가늠하는 중요한 판단 기준이 된다. 또한, 촉매와 기질 간의 반응과 같이 촉매 화학이나 생화학 반응에서의 반응 속도는 반응 기작(반응 메커니즘)을 연구하는 데 좋은 기준이 된다. 이처럼 반응 속도와 반응 메커니즘을 연구하는 화학 분야를 **화학 반응 속도론(chemical kinetics)**이라고 한다.

12.2 반응 속도의 표현

통상 **반응 속도(reaction rate)**란 반응 시간에 따른 반응물 또는 생성물의 농도 변화로 정의한다. 따라서 반응물이나 생성물이 기체가 아닌 한 반응 속도의 단위는 일반적으로 초당 몰농도의 변화, 즉 M/s로 표기한다.

일반적인 화학 반응식에서, 반응물이 생성물로 변하는 반응을 **정반응(forward reaction)**이라 하고, 반대로 생성물이 반응물로 변하는 반응을 **역반응(reverse reaction)**이라고 한다. 시간당 반응물과 생성물의 농도 변화를 측정할 수 있다면 정반응의 속도와 역반응의 속도를 모두 구할 수 있다.

$$\text{반응물} \underset{\text{역반응}}{\overset{\text{정반응}}{\rightleftharpoons}} \text{생성물}$$

정반응이 진행될 때는 반응물이 소모되고 생성물이 증가하므로 정반응의 반응 속도는 일정 시간 동안 감소한 반응물의 농도로, 또는 일정 시간 동안 증가한 생성물의 농도로 표현할 수 있다.

$$\text{반응 속도} = -\frac{d[\text{반응물}]}{dt} = \frac{d[\text{생성물}]}{dt}$$

위와 같이 간략한 설명만으로는 반응 속도 식의 표현을 제대로 알 수는 없다. 따라서 300 ℃에서 이산화 질소(NO_2) 기체가 분해되는 간략한 반응의 예를 통해서 반응 속도 식을 알아보자.

$$2\ NO_2(g) \longrightarrow 2\ NO(g) + O_2(g)$$

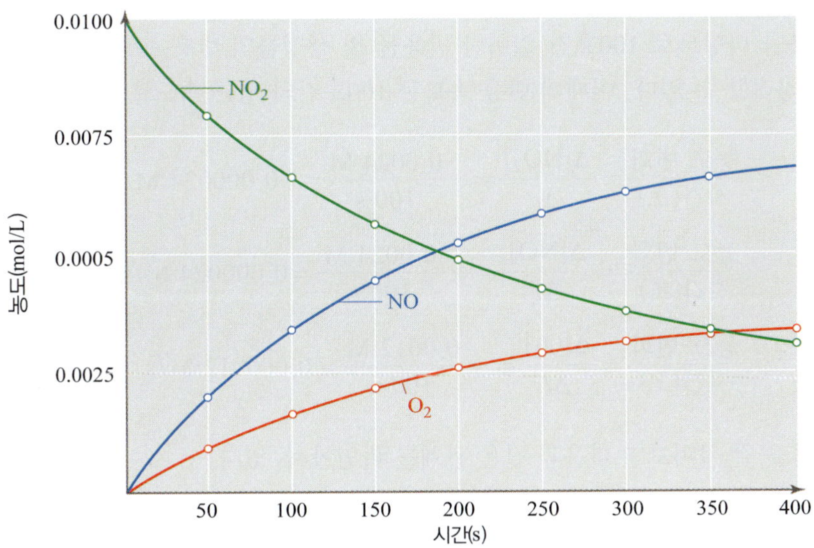

그림 12.1 300 ℃, 이산화 질소 분해 반응에서 시간에 따른 반응물과 생성물의 농도 변화

표 12.1 $2\ NO_2(g) \longrightarrow 2\ NO(g) + O_2(g)$ 반응에서 시간에 따른 반응물과 생성물의 농도 변화 (반응 조건: 300 ℃)

시간(±1 s)	농도(mol/L)		
	NO_2	NO	O_2
0	0.0100	0	0
50	0.0079	0.0021	0.0011
100	0.0065	0.0035	0.0018
150	0.0055	0.0045	0.0023
200	0.0048	0.0052	0.0026
250	0.0043	0.0057	0.0029
300	0.0038	0.0062	0.0031
350	0.0034	0.0066	0.0033
400	0.0031	0.0069	0.0035

그림 12.1과 표 12.1은 이산화 질소 분해 반응의 시간에 따른 반응물과 생성물의 농도 변화를 나타낸 것이다. 그림 12.1에 따르면 반응이 진행됨에 따라 반응물인 NO_2의 농도는 감소하고 생성물인 일산화 질소(NO)와 산소(O_2) 기체의 농도가 증가함을 알 수 있다. 표 12.1의 자료를 보면 반응 시간 50초에서 150초 사이에 발생한 반응물과 생성물의 농도 변화는 다음과 같을 것이다.

반응 시간대: 50초 ~ 150초 (100초간)
농도 변화 = 나중 농도 − 처음 농도 = 150초의 농도 − 50초의 농도
$\Delta[NO_2] = 0.0055 - 0.0079 = -0.0024$ M (농도 감소: 반응물)
$\Delta[NO] = 0.0045 - 0.0021 = +0.0024$ M (농도 증가: 생성물)
$\Delta[O_2] = 0.0023 - 0.0011 = +0.0012$ M (농도 증가: 생성물)

보통 화합물의 농도 변화는 나중 농도에서 처음 농도를 빼서 계산한다는 점에 유의하여 양(+)과 음(−)의 부호까지 정확하게 이해해야 한다.

이 내용을 바탕으로 100초간 일어난 반응물 및 생성물의 반응 속도를 계산하면 다음과 같이 정리할 수 있다. 이때의 반응 속도는 100초간의 평균 속도로 봐야 한다.

$$\frac{\text{농도 변화}}{\text{시간(초)}} = \frac{\Delta[NO_2]}{\Delta t} = -\frac{0.0024\ \text{M}}{100\ \text{s}} = -0.000024\ \text{M/s}$$

$$\frac{\text{농도 변화}}{\text{시간(초)}} = \frac{\Delta[NO]}{\Delta t} = +\frac{0.0024\ \text{M}}{100\ \text{s}} = 0.000024\ \text{M/s}$$

$$\frac{\text{농도 변화}}{\text{시간(초)}} = \frac{\Delta[O_2]}{\Delta t} = +\frac{0.0012\ \text{M}}{100\ \text{s}} = 0.000012\ \text{M/s}$$

위 값들을 잘 살펴보면 다음과 같은 관계를 확인할 수 있다.

$$-\frac{1}{2}\frac{\Delta[NO_2]}{\Delta t} = \frac{1}{2}\frac{\Delta[NO]}{\Delta t} = \frac{\Delta[O_2]}{\Delta t} \qquad (12.1)$$

속도의 의미

- 속도(velocity): 질량을 가진 물체가 정해진 시간 동안 일정 거리를 이동할 때 정의하는 물리적 함수
- 속도(rate): 화학 변화나 물체의 진동과 같은 변화가 일정 시간 동안 얼마만큼 진행되었는지를 가늠하기 위한 함수
- 화학 반응 속도는 velocity가 아니라 rate로 표현하는 것이 정확하다.

이와 같은 관계는 화학 반응식을 보았을 때, 반응물 및 생성물의 화학식 앞에 붙어 있는 반응 계수의 영향을 받는다. 그림 12.1을 살펴보면 반응 계수가 큰 화합물일수록 동일 시간 동안 증가하거나 감소하는 농도 변화가 크다는 것을 알 수 있다.

지금까지 예를 들어서 설명한 반응 속도는 일정 시간 동안 속도의 변화인 평균 속도를 계산하였다. 이런 원리가 적용되어 그림 12.1에서와 같이 특정 시점에서의 반응 속도를 뜻하는 순간 반응 속도도 결국 반응 계수와 각 화합물의 순간 반응 속도 간에 다음과 같은 관계식이 적용될 수 있다.

$$\text{화학 반응식} \qquad aA + bB \longrightarrow cC + dD$$

$$\text{반응 속도} = -\frac{1}{a}\frac{d[A]}{dt} = -\frac{1}{b}\frac{d[B]}{dt} = \frac{1}{c}\frac{d[C]}{dt} = \frac{1}{d}\frac{d[D]}{dt} \qquad (12.2)$$

순간 반응 속도는 특정 시점에서의 반응 속도를 뜻하며, 농도 변화 곡선의 해당 시점에서의 접선의 기울기 값에 해당한다. 반응 계수가 큰 화합물일수록 기울기가 심해진다. 결국, 이를 바탕으로 지금까지 설명했던 NO_2 분해 반응의 각 화합물의 순간 반응

속도는 다음과 같이 정리해서 나타낼 수 있다.

화학 반응식 $2\ NO_2(g) \longrightarrow 2\ NO(g) + O_2(g)$

순간 반응 속도 관계식 $$\text{반응 속도} = -\frac{1}{2}\frac{d[NO_2]}{dt} = \frac{1}{2}\frac{d[NO]}{dt} = \frac{d[O_2]}{dt}$$

12.1 예제

다음 표를 참고하여 200초에서 400초까지의 C_4H_9Cl의 평균 감소 속도를 계산하시오.

시간 t(초)	C_4H_9Cl 농도(M)	평균 속도(M/s)
0.0	0.1000	
		1.9×10^{-4}
50.0	0.0905	
		1.7×10^{-4}
100.0	0.0820	
		1.6×10^{-4}
150.0	0.0741	
		1.4×10^{-4}
200.0	0.0671	
		1.22×10^{-4}
300.0	0.0549	
		1.01×10^{-4}
400.0	0.0448	
		0.80×10^{-4}
500.0	0.0368	
		0.560×10^{-4}
800.0	0.0200	
10,000	0	

풀이

$\Delta t = 400\text{초} - 200\text{초} = 200\text{초}$

$\Delta[C_4H_9Cl] = 0.0448\ M - 0.0671\ M = -0.0223\ M$

$$C_4H_9Cl\text{의 평균 감소 속도} = -\frac{\Delta[C_4H_9Cl]}{\Delta t} = -\frac{-0.0223\ M}{200\ s} = 1.17\times10^{-4}\ M/s$$

정답

C_4H_9Cl의 평균 감소 속도는 1.17×10^{-4} M/s

응용문제 12.1

화학실험 수업에서 희찬이가 A와 B가 반응하여 C, D, E가 생성되는 반응의 시간 대비 생성물 농도 변화를 측정하였더니 다음과 같은 그래프를 완성하였다. 생성물 C, D, E 각각의 생성 속도 간 관계식을 쓰시오.

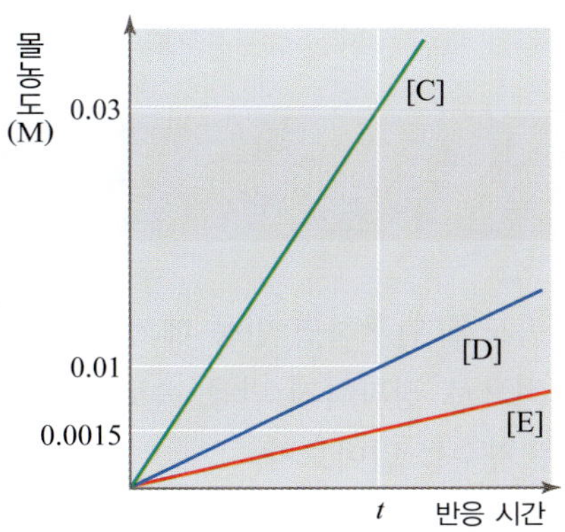

예제 12.2

(a) 다음 반응에서 오존의 소멸 속도는 산소의 생성 속도와 어떤 관계가 있는가?

$$2\ O_3(g) \longrightarrow 3\ O_2(g)$$

(b) 어느 순간에 O_2의 생성 속도 $\frac{\Delta[O_2]}{\Delta t}$가 6.0×10^{-5} M/s이면, 같은 순간에 O_3의 소멸 속도 $-\frac{\Delta[O_3]}{\Delta t}$는 얼마인가?

풀이

(a) 화학 반응식을 보고 기본적인 반응 속도 관계식을 확인한다.
(b) (a)에서 확인한 관계식을 이용하여 다음과 같이 대입하여 계산한다.

$$-\frac{1}{2}\frac{\Delta[O_3]}{\Delta t}=\frac{1}{3}\frac{\Delta[O_2]}{\Delta t}$$

$$-\frac{\Delta[O_3]}{\Delta t}=\frac{2}{3}\frac{\Delta[O_2]}{\Delta t}=\frac{2}{3}(6.0\times10^{-5}\ \text{M/s})$$
$$=4.0\times10^{-5}\ \text{M/s}$$

정답

(a) 반응 속도 $=-\frac{1}{2}\frac{\Delta[O_3]}{\Delta t}=\frac{1}{3}\frac{\Delta[O_2]}{\Delta t}$

(b) 4.0×10^{-5} M/s

응용문제 12.2

다음 그래프는 어떤 반응에서 시간 대비 반응물과 생성물의 농도 변화를 측정하여 나타낸 것이다. 이 그래프를 통하여 알맞은 반응 계수가 포함된 화학 반응식을 예측하시오. (단, 모든 선은 직선이다.)

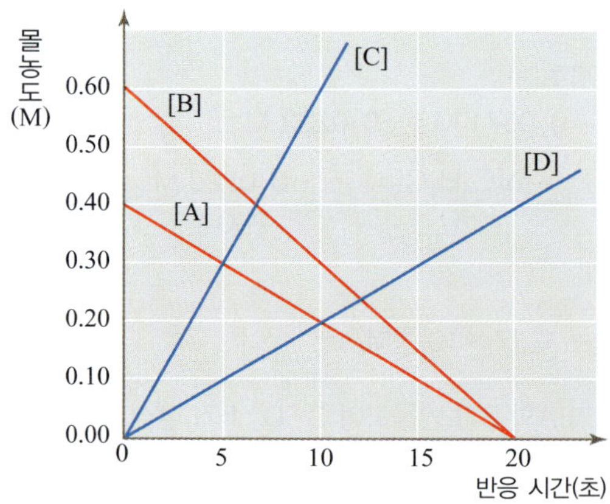

12.3 속도 법칙과 반응 차수

이 장을 시작할 때 반응 속도를 연구하면 반응 메커니즘을 알아낼 수 있다고 하였다. 그것이 가능해지려면 수식적으로 정확하게 반응 속도를 표현할 수 있어야 한다. 이를 위해 먼저 속도 법칙과 반응 차수를 알아보자.

속도 법칙

순간 반응 속도는 반응 계수의 영향도 받지만, 일반적으로 반응 속도는 해당 화합물의 농도에 상당한 영향을 받는다. 그림 12.2와 표 12.2는 25 ℃, 수용액 조건에서 브로민(Br_2)이 폼산(HCOOH)과 반응할 때의 시간에 따른 브로민의 농도와 반응 속도의 변화를 나타낸 것이다. 반응식은 다음과 같다.

$$Br_2(aq) + HCOOH(aq) \longrightarrow 2Br^-(aq) + 2H^+(aq) + CO_2(g)$$

그림 12.2에서는 반응물인 브로민의 농도가 시간이 흐름에 따라 곡선을 그리면서 점차 감소하는 것을 볼 수 있다. 또한, 100초, 200초, 300초에서의 순간 반응 속도, 즉 접선의 기울기를 살펴보면 시간이 흐름에 따라 속도가 감소하는 것을 관찰할 수 있다. 다시 말해 반응물의 농도가 클 때 반응 속도가 빠르고 반응물의 농도가 작으면 반응 속도가 느리다. 이런 경향을 근거로 반응 속도는 반응물의 농도와 일정한 비례 관계를 갖는다는 점을 생각해 볼 수 있다. 이를 수식으로 표현하면,

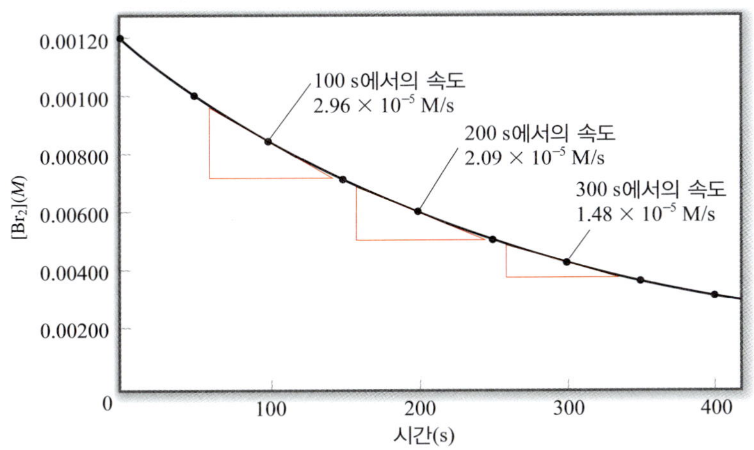

그림 12.2 브로민과 폼산의 반응에서 브로민의 농도 변화 그래프와 100초, 200초, 300초에서의 순간 속도 변화

표 12.2 25 ℃에서 폼산과 반응하는 Br_2의 시간에 따른 농도와 속도 변화, 속도 상수 k

시간(s)	$[Br_2]$(M)	속도(M/s)	$k = \frac{속도}{[Br_2]}(s^{-1})$
0.0	0.0120	4.20×10^{-5}	3.50×10^{-3}
50.0	0.0101	3.52×10^{-5}	3.49×10^{-3}
100.0	0.00846	2.96×10^{-5}	3.50×10^{-3}
150.0	0.00710	2.49×10^{-5}	3.51×10^{-3}
200.0	0.00596	2.09×10^{-5}	3.51×10^{-3}
250.0	0.00500	1.75×10^{-5}	3.50×10^{-3}
300.0	0.00420	1.48×10^{-5}	3.52×10^{-3}
350.0	0.00353	1.23×10^{-5}	3.48×10^{-3}
400.0	0.00296	1.04×10^{-5}	3.51×10^{-3}

$$반응\ 속도 \propto [Br_2]$$

이 되고, 비례 상수 k를 적용하면 다음과 같이 나타낼 수 있다. 이때 k는 **반응 속도 상수(rate constant)**라고 한다.

$$반응\ 속도 = k[Br_2]$$

실제로 표 12.2를 살펴보면 모든 시간대에서 k 값이 평균 $3.5 \times 10^{-3}\ s^{-1}$로 거의 비슷하다. 이렇게 반응 속도를 반응물의 농도와 반응 속도 상수의 곱의 형태로 표현한 것을 **반응 속도 식(rate equation)**이라고 하며, 반응 속도 식을 적는 가장 일반적인 형태는 다음과 같이 반응에 참여하는 모든 반응물의 농도에 대하여 속도 식으로 표현하는 것이다.

m, n 값은 경우에 따라 분수도 가능하다.

일반적인 화학 반응식 형태 $aA + bB \longrightarrow cC + dD$
일반적인 반응 속도 식 형태 $반응\ 속도(rate) = k[A]^m[B]^n$ (12.3)
(m, n은 임의의 정수)

이와 같이 반응 속도를 속도 상수와 반응물의 농도의 지수로 표시하는 것을 **반응 속도 법칙(rate law)**이라 하며, 이때 속도 식에 사용되는 지수 값인 m과 n은 반응 속도 실험 결과를 통해서 결정된다. 이 m과 n 값을 결정하는 구체적인 방법은 반응 차수에서 설명할 것이다.

반응 차수

반응 차수(reaction order)는 0차, 1차, 2차 등으로 구별하는데, 반응물의 농도에 붙는 지수 값의 합, 즉 $(m+n)$ 값이 0이면 0차 반응, 1이면 1차 반응, 2이면 2차 반응이라고 한다(표 12.3). 한 가지 참고해야 할 중요한 점은 각 차수별로 속도 상수 k의 단위가 다르다는 것이다. 실제로 속도 법칙의 차수는 3차 이상도 가능하다. 반응 차수가 높을수록 반응 속도는 반응물의 농도에 더 크게 영향을 받는다.

표 12.3 반응 유형에 따른 반응 속도 법칙과 차수

반응	속도 법칙($k[A]^m[B]^n$)	차수($m+n$)	k 단위
$A \longrightarrow$ 생성물	속도 $= k$	0차	M/s
$A \longrightarrow$ 생성물	속도 $= k[A]$	1차	1/s 또는 s^{-1}
$2\ A \longrightarrow$ 생성물	속도 $= k[A]^2$	2차	$1/M \cdot s$ 또는 $M^{-1}s^{-1}$
$A + B \longrightarrow$ 생성물	속도 $= k[A][B]$	2차	$1/M \cdot s$ 또는 $M^{-1}s^{-1}$
$2\ A + B \longrightarrow$ 생성물	속도 $= k[A]^2[B]$	3차	$1/(M^2 \cdot s)$ 또는 $M^{-2}\ s^{-1}$

m과 n을 **반응 지수(reaction quotient)**라고 하는데, 이 반응 지수는 어떻게 알아낼까? 반응 지수는 반응 속도 측정 실험을 통해서 결정된다.

다음은 일산화 질소(NO)와 산소(O_2)가 반응하여 이산화 질소(NO_2)를 생성하는 반응과 예상되는 속도 법칙(반응 속도 식)이다. 각 반응물의 농도가 반응에 어떤 영향을 주는지 모르는 상태이다.

$$\text{화학 반응식} \quad 2\,NO(g) + O_2(g) \longrightarrow NO_2(g)$$
$$\text{속도 법칙} \quad \text{반응 속도(rate)} = k[NO]^m[O_2]^n$$

표 12.4는 이 반응에서 반응물인 NO와 O_2의 초기 농도를 변화시키면서 초기 반응 속도를 측정한 실험 결과를 나타낸 것이다. 이 표에서의 초기 반응 속도란 생성물인 NO_2의 생성 속도를 뜻한다.

표 12.4 $2\,NO(g) + O_2(g) \longrightarrow 2\,NO_2(g)$ 반응에 대한 초기 농도와 반응 속도

실험	초기[NO](M)	초기[O_2](M)	초기 반응 속도(M/s)
1	1.0×10^{-3}	1.0×10^{-3}	2.5×10^{-4}
2	1.0×10^{-3}	2.0×10^{-3}	5.0×10^{-4}
3	2.0×10^{-3}	2.0×10^{-3}	2.0×10^{-3}

표 12.4에서 실험 1과 실험 2를 비교해 보면 O_2의 초기 농도가 2배로 증가하였을 때 초기 반응 속도도 2배가 되었기 때문에 이 반응의 속도는 O_2의 농도에 비례한다는 것을 알 수 있다. 또, 실험 2와 실험 3을 비교해 보면 NO의 농도가 2배가 되면 초기 반응 속도가 4배로 증가했으므로 이 반응의 속도는 NO의 농도의 제곱에 비례한다는 사실을 알 수 있다.

초기 반응 속도에 대한 실험 결과 자료가 많을수록 보다 더 정확히 반응 차수(m과 n)를 계산하여 알아낼 수 있다.

이러한 결과를 바탕으로 먼저 실험 1과 2의 관계에서 반응 지수 n을 결정할 수 있다.

$$\text{rate} = k \times [NO]^m \times [O_2]^n$$
$$\text{단위:} \quad M/s \quad M^{-1}\,s^{-1} \quad M \quad M$$

$$\text{실험 1 결과 대입} \quad 2.5\times10^{-4} = k\times(1.0\times10^{-3})^m\times(1.0\times10^{-3})^n$$
$$\text{실험 2 결과 대입} \quad 5.0\times10^{-4} = k\times(1.0\times10^{-3})^m\times(2.0\times10^{-3})^n$$

$$\left(\frac{2.5\times10^{-4}}{5.0\times10^{-4}}\right) = \frac{k}{k}\times\left(\frac{1.0\times10^{-3}}{1.0\times10^{-3}}\right)^m\times\left(\frac{1.0\times10^{-3}}{2.0\times10^{-3}}\right)^n$$
$$\Longleftrightarrow \left(\frac{1}{2}\right)^1 = \left(\frac{1.0\times10^{-3}}{2.0\times10^{-3}}\right)^n = \left(\frac{1}{2}\right)^n$$

$$\therefore \text{반응 지수} \quad n = 1$$

마찬가지 방법으로 반응 2와 3의 관계를 적용하면 다음과 같이 반응 지수 m도 결정할 수 있다.

$$\text{rate} = k \times [NO]^m \times [O_2]^n$$
$$\text{단위:} \quad M/s \quad M^{-1}\,s^{-1} \quad M \quad M$$

$$\text{실험 2 결과 대입} \quad 5.0\times10^{-4} = k\times(1.0\times10^{-3})^m\times(2.0\times10^{-3})^n$$
$$\text{실험 3 결과 대입} \quad 2.0\times10^{-3} = k\times(2.0\times10^{-3})^m\times(2.0\times10^{-3})^n$$

$$\left(\frac{5.0\times10^{-4}}{2.0\times10^{-3}}\right) = \frac{k}{k}\times\left(\frac{1.0\times10^{-3}}{2.0\times10^{-3}}\right)^m\times\left(\frac{2.0\times10^{-3}}{2.0\times10^{-3}}\right)^n$$
$$\Longleftrightarrow \left(\frac{1}{2}\right)^2 = \left(\frac{1.0\times10^{-3}}{2.0\times10^{-3}}\right)^m\times\left(\frac{1}{2}\right)^m$$

$$\therefore \text{ 반응 지수} \quad m = 2$$

따라서 위의 모든 결과를 종합하면 이 반응의 정확한 속도 법칙은 다음과 같다.

$$\text{rate} = k[\text{NO}]^2[\text{O}_2]$$

이렇게 반응 속도 식이 완성되었기 때문에 우리는 모든 반응물 농도의 지수의 합이 3이므로 3차 반응임을 알 수 있다. 또한 위 반응 속도 식을 통해 다음을 알 수 있다.

- 이 반응은 반응물 NO에 대하여 2차 반응이다.
- 이 반응은 반응물 O_2에 대하여 1차 반응이다.
- 이 반응은 전체적으로 3차 반응이다(즉, 전체 반응 차수는 3차이다).

예제 12.3

다음 반응식에 해당하는 반응의 초기 반응 속도를 측정한 결과가 아래 표에 정리되어 있다. 이 자료를 근거로 물음에 답하시오.

$$C_2H_4Br_2 + 3\,I^- \longrightarrow C_2H_4 + 2\,Br^- + I_3^-$$

실험	$[C_2H_4Br_2]$ 초기 농도	$[I^-]$ 초기 농도	초기 반응 속도(M/s)
1	0.127	0.102	6.45×10^{-5}
2	0.343	0.102	1.74×10^{-4}
3	0.203	0.125	1.26×10^{-4}

(a) 전체 반응은 몇 차 반응인가?
(b) 속도 상수와 속도 상수의 단위를 쓰시오.
(c) 반응물의 농도가 둘 다 0.150 M일 때, I_3^-의 초기 생성 속도는 얼마인가?
(d) 반응물의 농도가 둘 다 0.150 M일 때, I^-의 초기 소모 속도는 얼마인가?

풀이

(a) 기본적으로 반응 속도 식은 $v = k \times [C_2H_4Br_2]^m[I^-]^n$이므로, 여기서 m과 n 값을 구하면 된다. 먼저 실험 1과 2를 비교해 대입해 보면 $[I^-]$의 농도는 변화가 없으므로 다음과 같이 수식을 정리할 수 있다.

$$\frac{6.45 \times 10^{-5}}{1.74 \times 10^{-4}} = \left(\frac{0.127}{0.343}\right)^m$$

따라서 $m = 1$임을 확인할 수 있다. 이로써 반응 속도 식은 일단

$$\text{속도} = k \times [C_2H_4Br_2][I^-]^n$$

이 된다. 이 식에 실험 2와 3의 자료를 대입하면 다음과 같이 정리할 수 있다.

$$\frac{1.74 \times 10^{-4}}{1.26 \times 10^{-4}} = \left(\frac{0.343}{0.203}\right)\left(\frac{0.102}{0.125}\right)^n$$

위 수식을 정리하면 $n = 1$임을 확인할 수 있다.
즉, 이 반응의 반응 속도 식(= 속도 법칙)은

$$\text{반응 속도} = k[C_2H_4Br_2][I^-]$$

이며, 이 반응은 전체적으로 2차 반응에 해당하며, 개별적으로 반응물 $[C_2H_4Br_2]$과 $[I^-]$에 대하여 각각 1차 반응에 해당한다.

(b) (a)에서 구한 반응 속도 식에 실험 1의 자료를 대입하여 다음과 같은 수식으로 정리하여 미지수 k(속도 상수)를 계산한다. 이때 단위까지 정확히 대입하여 속도 상수의 단위에 유의한다.

$$\text{속도} = k[C_2H_4Br_2][I^-]$$
$$6.45 \times 10^{-5}\ \text{M/s} = k \times (0.127\ \text{M})(0.102\ \text{M})$$
$$k = 4.98 \times 10^{-3}\ 1/\text{M}\cdot\text{s} = 4.98 \times 10^{-3}\ \text{M}^{-1}\ \text{s}^{-1}$$

(c) 일단 두 반응물의 초기 농도 값을 대입하여 반응 속도를 구한다. 이때 (b)에서 알아낸 속도 상수도 함께 대입한다.

$$\begin{aligned}\text{속도} &= k[C_2H_4Br_2][I^-] \\ &= 4.98 \times 10^{-3}\ \text{M}^{-1}\ \text{s}^{-1} \times 0.150\ \text{M} \times 0.150\ \text{M} \\ &= 1.12 \times 10^{-4}\ \text{M/s}\end{aligned}$$

또한, 식 (12.2)에 의하여 아래와 같음을 알 수 있다.

$$\text{반응 속도(rate)} = \frac{\Delta[I_3^-]}{\Delta t} = 1.12 \times 10^{-4}\ \text{M/s}$$

따라서 I_3^-의 생성 속도는 1.12×10^{-4} M/s이다.

(d) 식 (12.2)에 의하면, 그리고 (c)의 계산 값을 활용하면

$$\text{반응 속도(rate)} = \frac{1}{3}\frac{\Delta[I^-]}{\Delta t} = 1.12 \times 10^{-4}\ \text{M/s}$$

임을 알 수 있고, 결국 I^-의 소모 속도는

$$\frac{\Delta[I^-]}{\Delta t} = -3.36 \times 10^{-4}\ \text{M/s}$$

이다.

정답

(a) 속도 $= k[C_2H_4Br_2][I^-]$, 2차
(b) 속도 상수 $k = 4.98 \times 10^{-3}$, 단위는 $\text{M}^{-1}\ \text{s}^{-1}$
(c) 1.12×10^{-4} M/s
(d) -3.36×10^{-4} M/s

응용문제 12.3

수용액상의 반응에서 $S_2O_8^{2-}$와 I^-가 소모되는 반응을 가정하자. 수영이는 이 반응을 아래 표와 같이 세 번에 걸쳐 진행하면서 초기 반응 속도를 측정하였다.

실험	$[S_2O_8^{2-}]$	$[I^-]$	초기 반응 속도(M/s)
1	0.075	0.022	4.4×10^{-4}
2	0.075	0.011	2.2×10^{-4}
3	0.150	0.011	4.4×10^{-4}

(a) 이 반응의 속도 식을 쓰시오.
(b) 속도 상수와 그 단위까지 적으시오.
(c) 두 반응물의 농도가 0.4 M로 동일할 때 반응 속도는 얼마인가?

Deep Insight

노화 속도를 늦추기 위해

생명체는 늙고 죽는다. 이것은 자연의 섭리이다. 그런데 인간만큼 장수의 욕구와 욕망이 확실한 생명체도 없을 것이다.

인간의 노화는 세포의 노화와 연관이 있다. DNA 말단의 텔로미어라는 부분의 길이가 세포의 노화와 관련이 있다는 연구를 한 블랙번(Blackburn, E. H., 1948~), 그라이더(Greide, C. W., 1961~), 조스택(Szostak, J., 1952~)이 2009년 노벨 생리의학상을 수상한 이후로 현대 문명에서 인간의 생명 연장의 꿈, 즉 노화의 속도를 줄이려는 꿈은 생명과학에서 매우 뜨거운 연구 주제가 되었다.

"적게 먹고 춥게 살아라."라는 말은 장수 고령 국가로 알려진 일본에서 유행하는 말이다. 이 말은 과학적인 일리가 있을까?

반응 속도적인 측면에서 노화의 속도를 늦추기 위해 할 수 있는 일은 무엇이 있을까? 반응 속도는 반응물의 농도에 비례하여 증가한다. 우리 인간의 세포는 혈액을 통해 음식물로부터 영양분을 흡수하여 생명 활동에 필요한 화학 반응을 세포질에서 일으키고 각종 노폐물도 생산하고 부수적으로 세포 분열도 하고 그 과정에서 텔로미어의 길이도 점차 짧아지는 과정을 거친다고 생각할 수 있다.

흡수된 영양분을 원동력으로 하여 세포 내 화학 반응이 일어난다면 이때 영양분은 반응물로 생각할 수 있다. 영양분이 몸에 흡수되는 반응이 빨라져서 노화를 불러오는 것이라면 이 속도를 둔감하게 하기 위해서는 반응물이 적어야 하는 것이 유리하다고 판단할 수 있고, 결국 적은 영양분을 섭취하는 것이 장수에 유리하다고 볼 수 있지 않을까?

또 다른 한 가지 착안으로는 시원한 환경에서 사는 것이 노화 속도를 늦추는 것이 아닐까? 반응 속도론의 관점에서 온도는 반응 속도를 증가시키는 요인이다. 세포 내 화학 반응 속도를 늦추기 위해 더운 환경보다는 추운 환경이 생명 연장에 더 유리하지 않을까? 추운 겨울 생리 활동이 거의 제로인 채로 장기간 잠을 자는 곰이나 추운 겨울에 흙을 파고 땅속에서 잠을 자는 개구리, 두꺼비 등과 같은 양서류 사례를 비슷한 예시로 생각해 볼 수 있지 않을까? 또 먼 거리를 이동하는 우주선 안에서 장시간 승무원들을 저온 수면 상태로 여행시키는 공상 과학영화나 소설의 이야기도 이와 비슷한 맥락에서 착안되어 나온 것으로 보인다.

▲ 겨울잠 자는 곰 ©medievalfreak101/Pixabay

위에서 언급한 모든 것은 그저 가능성과 추측 및 예상으로 기술한 것이다. 본래 과학이라는 것이 공상과 상상에서 착안하여 직감을 얻고 이를 가설 삼아 연구하다가 점차 발전해 나가는 것이고 마침내 불가능하다고 여겼던 것이 현실화되는 것이기에 앞으로 우리는 생명 연장 기술이 개발될 것을 기대할 수 있을 것이다.

12.4 적분 속도 식과 반감기

특정 반응의 반응 속도 식 및 속도 법칙을 알아낼 수 있다면, 이제는 이를 근거로 반응이 시작된 이후 특정 시간(t)이 되었을 때, 반응물의 남아있는 농도([A])를 계산해 낼 수 있어야 한다. 지금까지의 내용을 모두 종합해 보면 반응 속도 식은 식 (12.4)와 같이 미분 형태의 순간 속도와 속도 법칙으로 함께 연관지어 표현할 수 있다.

화학 반응식 $aA + bB \longrightarrow cC + dD$

반응 속도 식 $\text{속도} = -\dfrac{d[A]}{dt} = k[A]^m[B]^n$ (m, n는 임의의 정수) (12.4)

m과 n 값은 경우에 따라 분수도 가능하다.

이렇게 미분식의 표현이 들어간 식의 양변을 반응 시작($t=0$)에서 특정 시간 t까지 진행될 때의 변화로 적분식으로 변환하면 결과적으로 농도–시간 관계식이 구해진다. 다만, 반응 차수에 따라 0차, 1차, 2차 등으로 구별될 수 있기 때문에 각 차수의 속도 법칙에 따라 완성되는 농도–시간 관계식은 각기 다르다.

0차 반응

자연 상태에서 매우 드물게 발견되는 경우로서 단일 반응물이 자발적으로 붕괴 과정을 거치거나 입체 상태나 구조의 변형이 일어나는 반응은 간혹 **0차 반응(zero-order reaction)**에 속한다. 즉 반응 속도가 반응물의 농도와는 무관하게 일정하게 유지되는 반응을 말한다. 예를 들어, 반응물 A가 생성물 P로 변하는 반응이 있다고 하자. 이 반응의 반응식과 0차 반응 속도 식은 아래와 같다.

$$A \longrightarrow P$$

$$\text{속도} = -\frac{d[A]}{dt} = k[A]^0 = k \text{ (일정)}$$

$$\frac{d[A]}{dt} = -k \qquad (12.5)$$

식 (12.5)는 곧 식 (12.6)의 형태로 변형할 수 있고, 이는 곧 미분 방정식의 형태를 띠고 있으므로 시간 0초에서부터 t초까지 농도 변화에 대하여 반응물의 초기 농도 $[A]_0$와 t초에서의 농도 $[A]_t$에 관한 식 (12.7)로 정리할 수 있다.

$$d[A] = -k\,dt \qquad (12.6)$$

$$\int_{[A]_0}^{[A]_t} d[A] = -k\int_0^t dt$$

$$[A]_t - [A]_0 = -kt$$

$$[A]_t = -kt + [A]_0 \qquad (12.7)$$

식 (12.7)은 직선의 방정식으로 볼 수 있다.

$[A]_t = -kt + [A]_0$

$y = ax + b$

그림 12.3은 0차 반응에 대한 농도–시간 그래프이다. 어떤 반응을 실험적으로 진행할 때, 반응이 진행됨에 따라 반응물의 농도를 확인하였더니 그림 12.3과 같이 음의 기울기를 갖는 직선 형태의 그래프가 나온다면 그 반응은 0차 반응의 속도 법칙을 따른다고 판단하면 된다. 또한 기울기 값을 통하여 속도 상수 k 값을 구할 수 있다. 이때의 속도 상수 k의 단위는 M/s임을 명심하라.

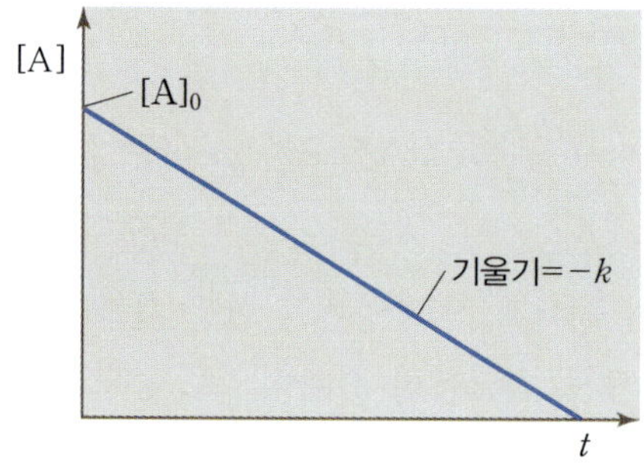

그림 12.3 0차 반응의 농도-시간 그래프

반감기란 반응물의 양이나 농도가 정확히 반으로 감소하는 데 걸리는 시간을 말하며, 통상 $t_{\frac{1}{2}}$로 표기한다. 반감기 $t_{\frac{1}{2}}$에서 반응물의 농도는 초기 농도의 반으로 줄어들어 $\frac{1}{2}[A]_0$가 된다. 이것을 적분 속도 식인 식 (12.7)에 대입하여 정리하면 0차 반응의 반감기를 구할 수 있다(식 12.8). 0차 반응의 반감기는 반응물의 초기 농도 $[A]_0$에 비례하고 반응 속도 상수 k에 반비례한다.

$$[A]_t = -kt + [A]_0 \tag{12.7}$$

$$(t = t_{\frac{1}{2}},\ [A]_t = \tfrac{1}{2}[A]_0 \text{ 대입})$$

$$\tfrac{1}{2}[A]_0 = -kt_{\frac{1}{2}} + [A]_0$$

$$t_{\frac{1}{2}} = \frac{[A]_0}{2k} \tag{12.8}$$

1차 반응

1차 반응(first-order reaction)이란 반응 속도가 반응물의 농도에 비례하는 반응을 말한다. 1차 반응은 자연계에서 흔히 발견할 수 있는 반응으로서 대표적인 예로 분해 반응이 있다. 다음은 1차 반응식과 반응 속도 식(식 12.9), 그리고 이 식을 적분 속도 식(식 12.10)으로 유도하는 과정이다.

$$A \longrightarrow P$$

$$\text{속도} = -\frac{d[A]}{dt} = k[A]^1$$

$$\frac{d[A]}{dt} = -k[A] \tag{12.9}$$

$$\frac{1}{[A]}d[A] = -k dt$$

$$\int_{[A]_0}^{[A]_t} \frac{1}{[A]}dt = -k\int_0^t dt$$

$$\ln[A]_t - \ln[A]_0 = -kt$$

$$\ln[A]_t = -kt + \ln[A]_0 \tag{12.10}$$

식 (12.10)은 직선의 방정식으로 볼 수 있다.

$$\ln[A]_t = -kt + \ln[A]_0$$
$$y = ax + b$$

유도된 1차 속도 법칙의 적분 속도 식(식 12.10)을 살펴보면 시간에 대한 농도의 관계가 상용로그(자연로그)와 관련 있음을 알 수 있다. 어떠한 반응이 1차 반응인지 확인해 보고 싶다면 시간(t)대 반응물의 농도([A])의 그래프를 그려보았을 때, 그림 12.4(a)와 같이 오른쪽 아래 방향으로 향하는 로그함수의 그래프가 나타나는지를 확인해 보거나, 혹은 시간(t)대 자연로그 처리한 반응물의 농도(ln[A])의 그래프를 그려보았을 때, 그림 12.4(b)와 같이 음의 값을 갖는 직선 그래프가 그려지는지를 확인하면 된다. 그림 12.4(b)의 그래프가 나타내는 기울기 값을 확인하면 1차 반응의 속도 상수 k 값을 구할 수 있다. 또한 이때의 속도 상수 k의 단위는 $s^{-1}(= 1/s)$임을 명심하라.

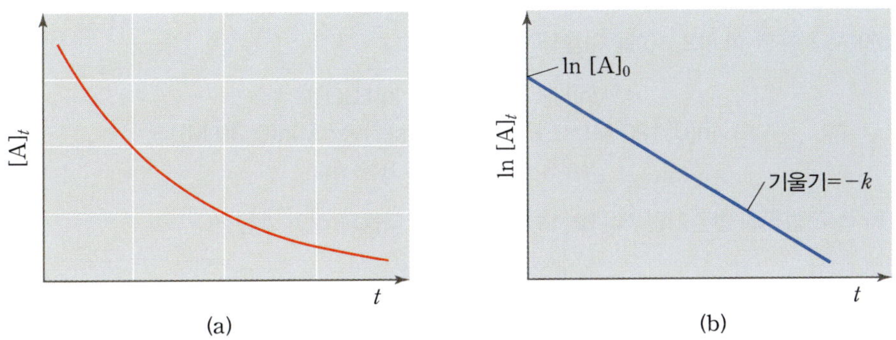

그림 12.4 1차 반응의 농도–시간 그래프

반응물의 농도([A]가 초기 농도의 반($\frac{1}{2}$[A]$_0$)에 이르는 시간, 즉 반감기 $t_{\frac{1}{2}}$의 유도 과정은 다음과 같다.

$$\ln[A]_t - \ln[A]_0 = -kt$$

$$\ln\frac{[A]_t}{[A]_0} = -kt$$

$$t = t_{\frac{1}{2}};\ [A]_t = \tfrac{1}{2}[A]_0$$

$$\ln\frac{\frac{1}{2}[A]_0}{[A]_0} = -kt_{\frac{1}{2}}$$

$$\ln 2 = kt_{\frac{1}{2}}$$

$$t_{\frac{1}{2}} = \frac{\ln 2}{k} = \frac{0.693}{k} \qquad (12.11)$$

식 (12.11)에 따르면 1차 반응의 반감기는 일정하며, 반응물의 초기 농도 [A]$_0$에는 전혀 영향을 받지 않고 속도 상수 k 값에 의존한다는 것을 알 수 있다.

12.4 예제

다음 반응은 H_2O_2에 대해 1차이며, 20 ℃에서 H_2O_2의 분해 반응의 속도 상수는 $1.8 \times 10^{-5}\ s^{-1}$이다. H_2O_2의 초기 농도가 0.30 M이라 할 때, 물음에 답하시오.

$$2\ H_2O_2(aq) \longrightarrow 2\ H_2O(l) + O_2(g)$$

(a) 속도 법칙(반응 속도 식)은 무엇인가?
(b) 4시간 후의 H_2O_2의 농도는 몇 M인가?
(c) H_2O_2의 농도가 0.120 M로 떨어지는 데 걸리는 시간은 몇 분인가?

(d) 이 반응의 반감기는?

풀이

(a) 반응물에 대하여 1차 반응이므로 다음과 같다.

$$\text{반응 속도}(v) = k[H_2O_2]$$

(b) 반응물의 초기 농도와 시간과의 관계식인 식 (12.10)에 대입하여 다음과 같이 계산한다. 단, 속도 상수의 단위에 초가 있으므로 시간은 초로 변환하여 대입해야 한다.

$$\ln[H_2O_2]_t = -kt + \ln[H_2O_2]_0$$

$$\ln[H_2O_2]_{4\text{시간}} = -(1.8\times10^{-5}\ s^{-1})\times\left(4\ \text{hours}\times\frac{3600\ s}{1\ \text{hour}}\right) + \ln(0.30\ M) = -1.463\ M$$

$$[H_2O_2]_{4\text{시간}} = 0.232\ M$$

(c) (b)에서 사용한 식 (12.10)을 이용하여 계산한다.

$$\ln[H_2O_2]_t = -kt + \ln[H_2O_2]_0$$

$$\ln(0.120\ M) = (-1.8\times10^{-5}\ s^{-1})\times t + \ln(0.30\ M)$$

$$t = 5.1\times10^4\ s \fallingdotseq 848\ \text{min}$$

(d) 1차 속도 법칙의 반감기인 식 (12.11)을 이용하여 다음과 같이 계산한다.

$$t_{\frac{1}{2}} = \frac{0.693}{k} = \frac{0.693}{1.8\times10^{-5}} = 38500\ s$$

정답

(a) 반응 속도(v) = $k[H_2O_2]$ (b) 0.232 M

(c) 848분 (d) 38500초

응용문제 12.4

510 ℃에서 다이메틸 에터($(CH_3)_2O$)의 분해 반응은 일차 반응으로 $(CH_3)_2O$의 초기 압력이 135 torr라면 700초 후 잔여 압력은 몇 torr인가? (단, $k = 6.794\times10^{-4}\ s^{-1}$이다.)

2차 반응

2차 반응(second-order reaction)은 반응 속도가 한 반응물 농도의 제곱($[A]^2$)에 비례하거나 다른 두 반응물의 농도의 곱($[A][B]$)에 의존하는 반응을 말한다. 대표적인 2차 반응으로는 이분자 결합 반응을 예로 들 수 있다. 전자의 경우에는 통상 가장 단순한 2차 반응 속도라고 일컬으며, 후자의 경우에는 **유사 1차 반응(pseudo-first order reaction)**이라고 부른다. 이 책에서는 보다 간단한 전자의 경우에 대하여 시간–농도 관계를 설명할 것이다. 시간–농도 관계를 나타내는 적분 속도 식(식 12.13)은 다음과 같은 과정을 통해서 유도된다.

$$A \longrightarrow P$$

$$\text{속도} = -\frac{d[A]}{dt} = k[A]^2$$

$$\frac{d[A]}{dt} = -k[A]^2 \qquad (12.12)$$

$$\frac{1}{[A]^2}d[A] = -kdt$$

$$\int_{[A]_0}^{[A]_t} \frac{1}{[A]^2} d[A] = -k \int_0^t dt$$

$$\frac{1}{[A]_t} - \frac{1}{[A]_0} = kt$$

$$\frac{1}{[A]_t} = kt + \frac{1}{[A]_0} \qquad (12.13)$$

식 (12.13)은 직선의 방정식으로 볼 수 있다.

$$\frac{1}{[A]_t} = kt + \frac{1}{[A]_0}$$
$$y = ax + b$$

반응이 2차 반응 속도 법칙을 따르는지를 판단하고 싶다면 시간(t)에 따른 반응물 농도의 역수(1/[A]) 변화를 그래프로 그렸을 때, 그림 12.5와 같이 양의 기울기를 갖는 직선의 그래프가 그려지는지를 확인하면 된다. 이때 그래프의 기울기가 곧 이 반응의 속도 상수 k와 동일하며, 이 2차 반응 속도의 속도 상수의 단위는 $M^{-1}\ s^{-1}$이다.

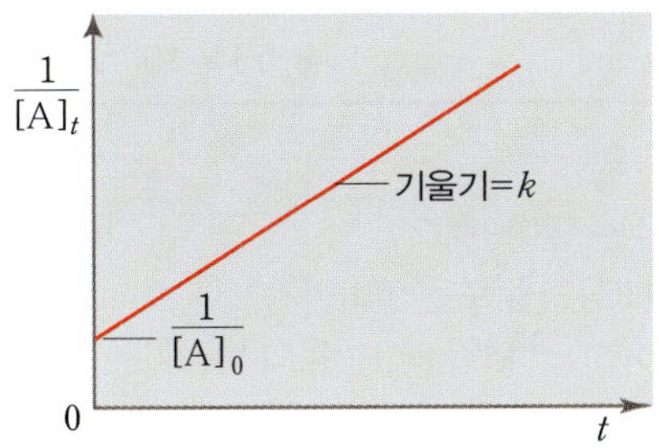

그림 12.5 2차 반응의 농도-시간 그래프

2차 반응의 반감기($t_{\frac{1}{2}}$)는 다음과 같이 유도할 수 있다.

$$\frac{1}{[A]_t} = kt + \frac{1}{[A]_0}$$

$$t = t_{\frac{1}{2}};\ [A]_t = \tfrac{1}{2}[A]_0$$

$$kt_{\frac{1}{2}} = \frac{1}{\frac{1}{2}[A]_0} - \frac{1}{[A]_0} = \frac{1}{[A]_0}$$

$$t_{\frac{1}{2}} = \frac{1}{k[A]_0} \qquad (12.14)$$

2차 반응의 반감기는 반응물의 초기 농도($[A]_0$)와 속도 상수(k)에 반비례한다.

다음 표는 반응 A $\longrightarrow$ P에 대하여 앞의 내용을 종합하여 정리한 것이다.

차수	속도 법칙	농도-시간 식	반감기
0	속도 $= k$	$[A]_t = -kt + [A]_0$	$\frac{[A]_0}{2k}$
1	속도 $= k[A]$	$\ln\frac{[A]_t}{[A]_0} = -kt$	$\frac{0.693}{k}$
2	속도 $= k[A]^2$	$\frac{1}{[A]_t} = kt + \frac{1}{[A]_0}$	$\frac{1}{k[A]_0}$

예제 12.5

높은 온도에서 이산화 질소(NO_2)는 분해 반응을 거쳐서 일산화 질소와 산소 기체를 생성한다. 이 반응이 300 ℃에서 진행될 때, 시간에 따른 이산화 질소의 농도 변화를 측정한 결과는 다음 표와 같다.

시간(초, s)	$[NO_2]$ (M)
0	8.00×10^{-3}
50	6.58×10^{-3}
100	5.59×10^{-3}
150	4.85×10^{-3}
200	4.29×10^{-3}
300	3.48×10^{-3}
400	2.93×10^{-3}
500	2.53×10^{-3}

(a) 반응 차수는 얼마인가?
(b) NO_2 분해 반응의 속도 상수는 얼마인가?
(c) 시간 $t=20.0$ min일 때, NO_2의 농도는 얼마인가?
(d) NO_2의 초기 농도가 6.00×10^{-3} M일 때, 반응의 반감기는 얼마인가?

풀이

(a) 주어진 표를 바탕으로 시간을 x축, $[NO_2]$ 농도를 y축으로 하는 그래프를 그려보면, $y=ax+b$ 형태의 직선 그래프를 얻을 수 없다. 만약 $[NO_2]$ 농도 값을 모두 역수 처리하여 $1/[NO_2]$으로 환산했을 경우, 그림 12.5와 같은 2차 반응 속도 법칙에서만 볼 수 있는 전형적인 직선 그래프를 확인할 수 있다. 역수 환산에 대한 데이터는 아래 표와 같다.

시간(s)	$\frac{1}{[NO_2]}$ (M^{-1})
0	125
50	152
100	179
150	206
200	233
300	287
400	341
500	359

(b) 속도 상수는 바로 (a)의 환산표에 의해 그려진 양의 기울기 값이므로, 그 표를 보고 다음과 같이 기울기를 계산하여 알아낸다.

$$\text{기울기} = k = \frac{\Delta\frac{1}{[NO_2]}}{\Delta t} = \frac{287\ M^{-1} - 179\ M^{-1}}{300\ s - 100\ s} = 0.54\ M^{-1}\ s^{-1}$$

(c) 2차 반응의 반응물 농도와 시간의 관계식(식 12.13)과 (b)에서 계산한 속도 상수를 이용하여 다음과 같이 계산한다. 단, 시간은 초 단위로 환산하여 대입한다.

$$\frac{1}{[NO_2]_{20분}} = kt + \frac{1}{[NO_2]_0}$$

$$\frac{1}{[NO_2]_{20분}} = 0.54\ M^{-1}\ s^{-1} \times \left(20\ min. \times \frac{60\ s}{1\ min.}\right) + 125\ M^{-1}$$

$$[NO_2]_{20분} = 1.36 \times 10^{-3}\ M$$

(d) 2차 반응 속도의 반감기는 식 (12.14)를 이용하여 다음과 같이 계산한다.

$$t_{\frac{1}{2}} = \frac{1}{k[NO_2]_0} = \frac{1}{0.54\ M^{-1}\ s^{-1} \times (6.00 \times 10^{-3}\ M)} = 308\ s$$

정답

(a) 2차　　(b) $k = 0.54\ M^{-1}\ s^{-1}$

(c) 1.36×10^{-3} M　　(d) 308초

응용문제 12.5

다음은 각기 다른 온도 조건에서 반응물 A가 생성물 B로 변하는 반응(A → B)을 도식화한 것이다. 이 도식을 참고하여 어느 반응이 영차, 일차, 이차 반응인지 정의하고 그 이유를 설명하시오.

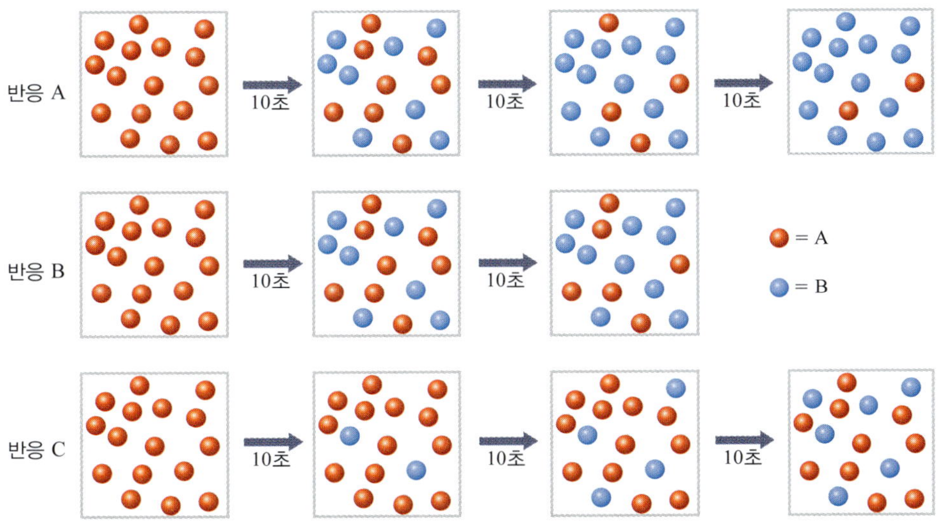

12.5 속도 상수와 온도의 관계

반응 속도는 보통 온도가 증가하면 빨라진다. 예를 들면 얼음(고체)을 물(액체)로 변환시킬 때, 10 ℃의 환경보다는 100 ℃에서 더 빠르게 반응이 일어난다. 달걀을 삶을 때에도 삶는 물의 온도가 높을수록 **졸 상태(sol phase**, 흐를 수 있는 상태)의 흰자가 **젤 상태(gel phase**, 흐를 수 없는 상태)의 흰자로 익으면서 변화하는 반응이 빠르게 진행된다.

하지만 이 사실을 우리가 지금까지 공부해 왔던 반응 속도와 연관시켜 보면 이상한 부분을 발견할 수 있다. 다음은 통상적인 반응 속도 식이다.

$$속도 = k \times [A]^m \times [B]^n$$

반응 속도 식은 속도 상수 k와 반응에 참여한 반응물의 농도, [A] 또는 [B]로만 이루어져 있다. 만약 온도가 상승했다면 반응 속도가 온도 T에 의존한다는 의미이므로, 반응 속도 식의 어느 부분에선가 T값이 변수로 들어가서 영향을 주었음을 짐작할 수 있다.

결론적으로 스웨덴 과학자인 아레니우스는 속도 상수 k가 온도 T에 의존한다는 것을 수학적으로 증명해 내어 식 (12.15)를 발표하였다. 이 식을 **아레니우스 식(Arrhenius equation)**이라고 부른다.

$$k = Ae^{-\frac{E_a}{RT}} \tag{12.15}$$

이 식에서 사용되는 인자 A는 반응물 분자 간 충돌 빈도를 나타내는 값이며, R은 기체 상수(8.314 J/mol·K), T는 절대 온도(K) 그리고 E_a는 해당 반응의 활성화 에너지를 뜻한다. 또한, e는 자연 상수(자연로그의 밑)이다. 이 식을 통해서 알 수 있는 사실은 온도 T가 올라가면, 즉 T 값이 커지면, 속도 상수 k 값이 e의 지수승으로 비례하여 커지게 되므로 결과적으로 반응 속도가 빨라진다는 것이다.

자연로그의 밑 e
e 값은 대략 2.71828이다.

아레니우스 식을 통해서 알 수 있는 점은 크게 세 가지로 정리할 수 있다.

- 첫 번째는 온도가 상승하면 반응 속도가 빨라진다.
- 두 번째는 반응 분자들 간 충돌 빈도가 빈번할수록, 즉 충돌 빈도 값 A가 클수록 정비례하여 속도 상수 값이 증가하거나 반응 속도가 빨라진다.
- 세 번째는 활성화 에너지 E_a가 큰 반응일수록 속도 상수 k 값이 감소하면서 반응 속도가 느려진다.

활성화 에너지(E_a, activation energy)란 반응물이 생성물로 변하는 과정에서 나타나는 일종의 에너지 문턱 또는 장벽과 같은 것이다. 그림 12.6(a)는 발열 반응의, 12.6 (b)는 흡열 반응의 전형적인 반응 진행 중 에너지 변화 그래프를 도식적으로 나타낸 것이다. 발열 반응이든 흡열 반응이든 기본적으로 반응물로부터 생성물이 만들어지려면 **전이 상태(transition state, 전이 상태는 ‡로 표기한다.)**라고 하는 가장 에너지가 높은 들뜬(불안정한) 상태를 거쳐야 한다. 만약 반응물 분자들이 서로 충돌하여 충분한 에너지를 갖지 못

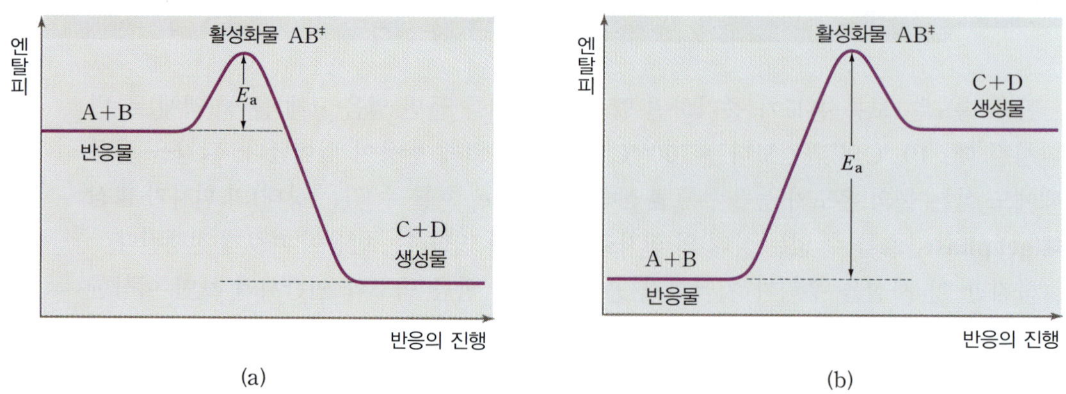

그림 12.6 전이 상태와 활성화 에너지

하여, 즉 에너지가 부족하여 전이 상태에 이르지 못하면 그 다음 생성물로 변할 수가 없다. 반대로 반응물 분자들이 충돌했을 때 전이 상태에 도달할 수 있을 만큼의 충분한 에너지가 있거나 그 이상의 에너지가 있을 때는 별 무리 없이 곧바로 생성물을 이룰 수 있다.

$$A + B \longrightarrow AB^{\ddagger} \longrightarrow C + D$$

그림 12.7은 활성화 에너지와 반응 속도의 관계를 잘 보여 주고 있다. 어떤 반응의 활성화 에너지가 작아서(에너지 장벽이 낮아서) 반응물이 충돌한 후 생성물이 되기 위한 에너지가 적게 필요하다면 그 반응은 쉽고 신속하게 진행될 수 있다. 반면에 어떤 반응의 활성화 에너지가 매우 커서(에너지 장벽이 높아서) 반응물이 충돌한 후 생성물이 되기 위해 에너지가 많이 필요하다면 그 반응은 어렵고 느리게 진행될 것이다.

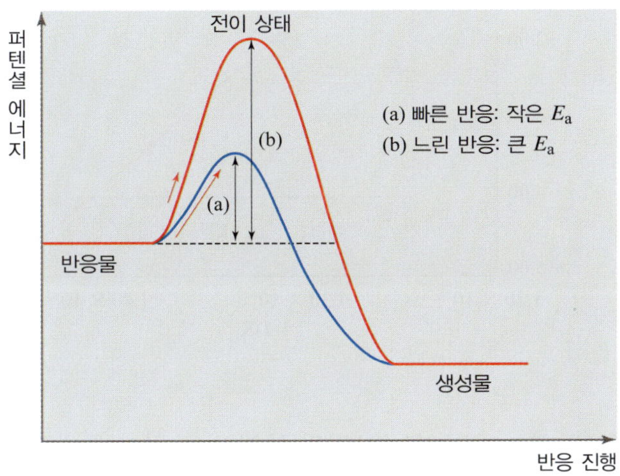

그림 12.7 반응 속도와 활성화 에너지와의 관계

이처럼 아레니우스의 공로로 반응 속도에서 충돌 빈도나 온도뿐만 아니라 활성화 에너지에 의해 반응 속도가 상당한 영향을 받는다는 점이 밝혀지자 당시 과학자들은 이 활성화 에너지를 어떻게 측정해낼 것이냐 혹은 어떻게 알아낼 것이냐에 대한 관심이 높았다. 결국에는 다음과 같이 아레니우스 식에 자연로그를 적용하여 간단한 직선의 방정식으로 유도하여 활성화 에너지 값을 찾게 되었다(식 12.16).

$$k = Ae^{-\frac{E_a}{RT}}$$

$$\ln k = \ln Ae^{-\frac{E_a}{RT}}$$

$$\ln k = \ln A - \frac{E_a}{RT}$$

$$\ln k = -\frac{E_a}{R}\left(\frac{1}{T}\right) + \ln A \qquad (12.16)$$

$$\updownarrow \qquad \updownarrow \quad \updownarrow \qquad \updownarrow$$

$$y = \quad a \quad x \; + \; b$$

표 12.5 아세트알데하이드 분해 반응의 온도(T)별 속도 상수(k)의 변화 측정 결과

$k(1/M^{-2}\cdot s)$	T(K)
0.011	700
0.035	730
0.105	760
0.343	790
0.789	810

(a)

ln k	$1/T(K^{-1})$
−4.51	1.43×10^{-3}
−3.35	1.37×10^{-3}
−2.254	1.32×10^{-3}
−1.070	1.27×10^{-3}
−0.237	1.23×10^{-3}

(b)

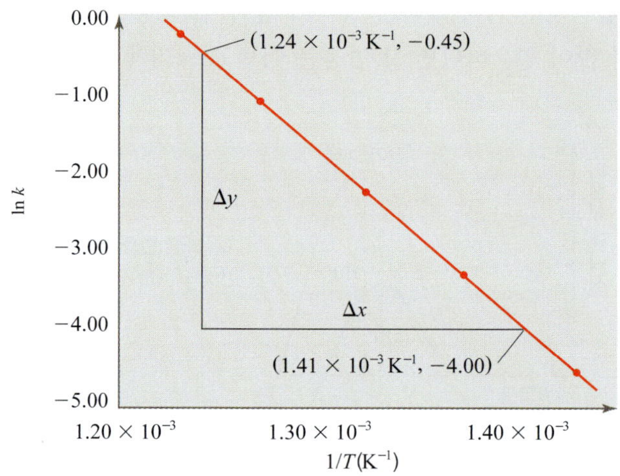

그림 12.8 $1/T$ vs. ln K 그래프 직선의 기울기($-E_a/R$)를 통해서 활성화 에너지 값을 알 수 있다.

아세트알데하이드 분해 반응
아세트알데하이드는 메테인과 일산화탄소로 분해된다.

$$CH_3CHO(g) \rightleftharpoons CH_4(g) + CO(g)$$

표 12.5는 아세트알데하이드(CH_3CHO)의 분해 반응 실험에 대한 자료이다. 먼저 표 12.5(a)를 보면 이 실험은 각기 다른 온도별로 진행되었고 그 때마다 달라지는 속도 상수 k 값을 측정하였다. 표 12.5(b)는 표 12.5(a)의 결과를 바탕으로 온도를 역수($1/T$)로 처리하고, 속도 상수를 자연로그(ln k)로 처리하여 정리한 것이다. 이 표를 바탕으로 $1/T$에 대한 k의 각 점들을 연결하면 그림 12.8과 같이 직선의 그래프가 된다. 이 그래프와 식 (12.16)을 함께 연관시켜 생각해보면 이 직선 그래프의 음의 기울기가 곧 식의 $-\dfrac{E_a}{R}$임을 알 수 있다. 즉 실험을 통해서 각기 다른 온도별로 속도 상수를 구할 수 있다면 결과적으로 그래프를 그려서 기울기 값을 통해서 활성화 에너지(E_a)를 알아낼 수 있다.

하지만 위와 같은 그래프를 그리는 방법보다 활성화 에너지를 좀 더 명쾌하게 계산해낼 수 있는 방법이 있으니 바로 식 (12.18)을 이용하는 것이다. 식 (12.18)은 식 (12.16)의 y절편에 해당하는 A를 소거하는 과정을 거쳐서 유도되었다.

어떤 반응의 온도 T_1, T_2에서의 속도 상수 k_1, k_2를 알 때 다음 두 식이 성립한다.

$$\ln k_1 = -\frac{E_a}{R}\left(\frac{1}{T_1}\right) + \ln A \qquad (12.17a)$$

$$\ln k_2 = -\frac{E_a}{R}\left(\frac{1}{T_2}\right) + \ln A \qquad (12.17b)$$

위 두 식을 빼주면(12.17a−12.17b) y절편에 해당하는 ln A가 제거된 다음과 같은 관계식이 유도된다.

$$\ln k_1 - \ln k_2 = -\frac{E_a}{R}\left(\frac{1}{T_1} - \frac{1}{T_2}\right)$$

$$\ln \frac{k_1}{k_2} = -\frac{E_a}{R}\left(\frac{1}{T_1} - \frac{1}{T_2}\right) \qquad (12.18)$$

온도가 다른 두 환경에서 반응을 진행시켰을 때 확인되는 각각의 속도 상수 값을 알고 있으면, 식 (12.18)에 대입하여 활성화 에너지 E_a 값을 계산하여 알아낼 수 있다.

12.6 예제

오산화 이질소(N_2O_5) 기체의 분해에 대한 속도 상수는 25 ℃에서 $3.7\times10^{-5}\ s^{-1}$이고, 55 ℃에서 $1.7\times10^{-3}\ s^{-1}$이다.

$$2\ N_2O_5(g) \longrightarrow 4\ NO_2(g) + O_2(g)$$

(a) 이 반응에 대한 활성화 에너지는 몇 kJ/mol인가?

(b) 35 ℃에서 속도 상수는 얼마인가?

풀이

이 문제는 반응 온도 T와 속도 상수 k의 관계를 나타내는 아레니우스 식(식 12.18)을 이용해야 한다.

(a) $T_1 = (25+273.15)$ K일 때, $k_1 = 3.7\times10^{-5}\ s^{-1}$

$T_2 = (55+273.15)$ K일 때, $k_2 = 1.7\times10^{-3}\ s^{-1}$

$R = 8.314$ J/mol·K

$$\ln \frac{k_1}{k_2} = -\frac{E_a}{R}\left(\frac{1}{T_1} - \frac{1}{T_2}\right)$$

$$\ln \frac{3.7\times10^{-5}\ s^{-1}}{1.7\times10^{-3}\ s^{-1}} = -\frac{E_a}{8.314\ \text{J/mol K}}\left(\frac{1}{(25+273.15)\ \text{K}} - \frac{1}{(55+273.15)\ \text{K}}\right)$$

$$E_a = 103728\ \text{J/mol} \fallingdotseq 104\ \text{kJ/mol}$$

(b) 35 ℃에서 속도 상수를 k_2라 하고, (a)에서 구한 활성화 에너지 값과 식 (12.18)을 이용하여 다음과 같이 계산한다.

$T_1 = (25+273.15)$ K일 때, $k_1 = 3.7\times10^{-5}\ s^{-1}$

$T_2 = (35+273.15)$ K일 때, $k_2 = ?\ s^{-1}$

$R = 8.314$ J/mol·K

$E_a = 103728$ J/mol

$$\ln \frac{k_1}{k_2} = -\frac{E_a}{R}\left(\frac{1}{T_1} - \frac{1}{T_2}\right)$$

$$\ln \frac{3.7\times10^{-5}\ s^{-1}}{k_2} = -\frac{103728\ \text{J}}{8.314\ \text{J/mol}\cdot\text{K}}\left(\frac{1}{(25+273.15)\ \text{K}} - \frac{1}{(35+273.15)\ \text{K}}\right)$$

$$k_2 = 1.4\times10^{-4}\ s^{-1}$$

정답

(a) $E_a = 104$ kJ/mol (b) $1.4\times10^{-4}\ s^{-1}$

응용문제 12.6

다음은 어떤 반응의 속도 상수와 절대 온도와의 관계 그래프이다. 이 반응의 활성화 에너지 E_a를 kJ/mol 단위로 계산하시오.

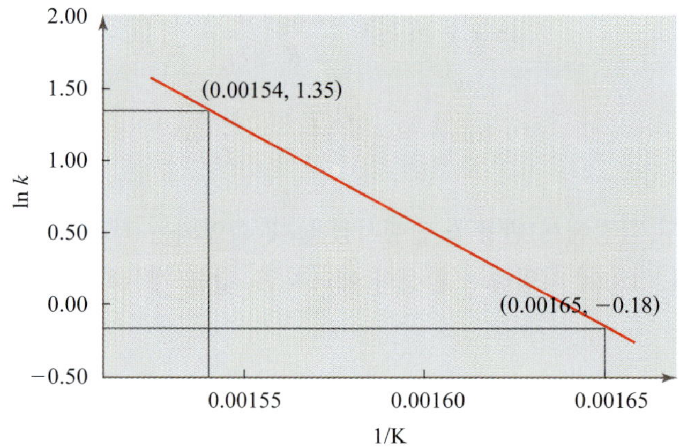

예제 12.7

다음 반응을 실험자가 진행하면서 반응 속도를 측정해 보았더니, 반응물의 농도에 변화를 주지 않은 상태에서 온도를 25 ℃에서 36 ℃로 증가시켰더니 반응 속도가 3배 증가함을 발견하였다. 이 반응의 활성화 에너지가 몇 kJ/mol인가?

$$CH_3Br(aq) + I^-(aq) \longrightarrow CH_3I(aq) + Br^-(aq)$$

풀이

이 반응에서처럼 반응물의 농도 변화 없이 단지 온도 변화로 반응 속도가 변했다면 그건 바로 속도 상수가 변했기 때문이다. 문제에서 반응 속도와 속도 상수가 서로 비례 관계이므로 25 ℃에서 속도 상수 $k_{25\ ℃} = a$라면, 36 ℃에서의 속도 상수 $k_{36\ ℃} = 3a$가 된다. 이 관계를 인식하고 아레니우스 식(식 12.18)을 이용하여 다음과 같이 계산한다.

$T_1 = (25+273.15)$ K일 때, $k_1 = a$
$T_2 = (36+273.15)$ K일 때, $k_2 = 3a$
$R = 8.314$ J/mol·K

$$\ln\frac{k_1}{k_2} = -\frac{E_a}{R}\left(\frac{1}{T_1} - \frac{1}{T_2}\right)$$

$$\ln\frac{a}{3a} = -\frac{E_a}{8.314\ \text{J/mol}\cdot\text{K}}\left(\frac{1}{(25+273.15)\ \text{K}} - \frac{1}{(36+273.15)\ \text{K}}\right)$$

$$E_a = 76499\ \text{J/mol} = 76\ \text{kJ/mol}$$

정답

$E_a = 76$ kJ/mol

응용문제 12.7

25 ℃에서 $k = 1.0 \times 10^{-3}$/s인 어떤 반응이 온도가 35 ℃로 증가할 경우 반응 속도가 2배 빨라진다고 할 때, 이 반응의 활성화 에너지(kJ/mol)를 계산하시오.

12.6 다단계 반응과 속도 결정 단계

모든 종류의 반응이 한 번에 생성물을 만들 수 있는 반응, 즉 **한 단계 반응(single step reaction)**은 아니다. 전체 반응식으로 정의되기에는 여러 작은 **단일 단계(elementary step)**들이 연쇄적으로 진행되어 최종적으로 전체 반응을 이루는 메커니즘도 상당히 많다. 먼저 **단일 단계 반응(elementary reaction)**이란 전체 반응이 진행되기 위한 각 개별적인 단계의 반응을 뜻한다. 두 개 이상의 단일 단계 반응으로 이루어진 전체 반응을 **다단계 반응(multi-step reaction)**이라고 부른다. 시작부터 반응이 완벽히 완료될 때까지 두 개 이상의 단일 단계 반응이 반응 종료까지 이어진 일련의 과정을 **반응 메커니즘(mechanism of reaction)**이라고 한다. 즉 반응 메커니즘은 반응의 세부 과정이라 할 수 있다.

실질적으로 이 장에서 설명하는 반응 속도는 어떤 특정 반응이 한 단계 반응인지, 아니면 다단계 반응인지를 판가름하고, 이어서 전체 메커니즘을 밝히기 위함이다. 반응 속도로 다단계 반응의 반응 메커니즘을 파악한다는 것은 결코 쉬운 일은 아니다. 하지만 간단한 이해를 돕기 위해 다음과 같은 메커니즘의 예시를 제시하였다.

〈예시: 메커니즘 I〉

1단계	$H_2 + NO \longrightarrow H_2O + N$ (느림)	← 속도 결정 단계	$rate_1 = k_1[H_2][NO]$
2단계	$N + NO \longrightarrow N_2O + O$ (빠름)		$rate_2 = k_2[N][NO]$
3단계	$O + H_2 \longrightarrow H_2O$ (빠름)		$rate_3 = k_3[O][H_2]$
전체 반응	$2\ H_2 + 2\ NO \longrightarrow N_2 + 2\ H_2O$		$rate = rate_1 = k_1[H_2][NO]$

위 메커니즘 I은 총 세 개의 단일 단계로 구성된 반응이다. 다단계 반응에서는 **반응 중간체(reaction intermediate)**를 볼 수 있다. 반응 중간체란 다단계 반응에서 전 단계의 생성물이면서 동시에 다음 단계의 반응물인 화학종(원자, 분자, 이온)으로 전체 반응식에서는 최종적으로 발견되지 않는 물질을 말한다. 위 반응의 경우, N과 O가 바로 반응 중간체라 할 수 있다.

중간체
첫 번째 단일 단계 과정에서 생성되고 두 번째 단계에서 소비하기 때문에 전체 반응을 놓고 볼 때, 반응물도 생성물도 아니므로 이를 중간체(intermediate)라고 한다.

이 메커니즘에서 특히 눈에 띄는 것은 첫 단계의 반응 속도가 나머지 두 단계에 비하여 가장 느리다는 것이다. 아무리 2단계와 3단계에서 반응을 빨리 진행하여도 첫 단계에서 생성물이 너무 느리게 생성되기 때문에 전체 반응의 반응 속도가 첫 단계의 반응 속도의 영향을 받을 수밖에 없다. 따라서 다단계 반응에서는 가장 반응 속도가 느려서 전체 반응 속도에 영향을 미치는 단일 단계 반응을 **속도 결정 단계(rate-determination step, RDS)**라고 한다. 이렇게 각 단일 단계마다 반응 속도가 다른 이유는 그림 12.9에서 나타낸 바와 같이 단일 단계마다 활성화 에너지 값이 다르기 때문이며 이 경우는 2단계와 3단계보다 1단계의 활성화 에너지가 가장 커서 반응 속도 결정 단계가 1단계라고 할 수 있다. 이런 이유 때문에 이 반응의 전체 반응 속도는 $rate = k[H_2]^2[NO]^2$가 아니라 1단계의 반응 속도인 $rate_1 = k_1[H_2][NO]$와 같게 된다. 따라서 다단계 반응인지 아닌지 가장 쉽게 판단할 수 있는 좋은 방법은 12.2절에서 공부하였던 실제 초기 반응 속도 실험을 통해서 알아낸 반응 속도식과 전체 반응의 반응 속도식이라 짐작했던 것이 일치하

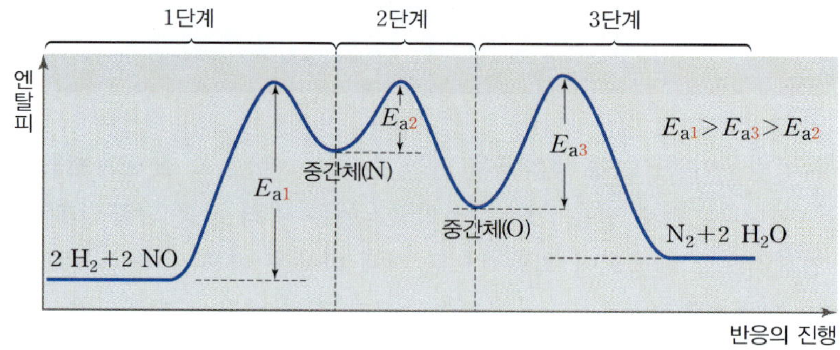

그림 12.9 메커니즘 I

는지의 여부로 판단하는 것이다. 만약 일치한다면 그 반응은 한 단계 반응으로 진행된다는 뜻이며, 반대로 일치하지 않는다면 다단계 반응 메커니즘을 따라 진행함을 알아챌 수 있는 것이다.

다음은 메커니즘의 두 번째 예시이다.

〈예시: 메커니즘 II〉

1단계 $H_2 + 2\ NO \longrightarrow N_2O + H_2O$(느림) ← 속도 결정 단계 $\text{rate}_1 = k_1[H_2][NO]^2$

2단계 $N_2O + H_2 \longrightarrow N_2 + H_2O$ (빠름) $\text{rate}_2 = k_2[N_2O][H_2]$

전체 반응 $2\ H_2 + 2\ NO \longrightarrow N_2 + 2\ H_2O$ $\text{rate} = \text{rate}_1 = k_1[H_2][NO]^2$

위 메커니즘은 두 단계 반응으로 반응 중간체는 N_2O이며, 반응 속도 결정 단계는 1단계이고, 따라서 전체 반응속도 식은 $\text{rate} = k_1[H_2][NO]^2$임을 알 수 있다.

잘 살펴보면 예시로 제시한 메커니즘 I과 II의 전체 반응식은 $2\ H_2 + 2\ NO \longrightarrow N_2 + 2\ H_2O$로 동일하다는 것을 알 수있다. 그러면 과연 어느 메커니즘이 맞을까? 총 세 단계 반응으로 진행되는 메커니즘 I이 옳겠는가 아니면 두 단계 반응으로 진행되는 메커니즘 II가 옳겠는가? 어떤 방법으로 알아내는 것일까?

먼저 메커니즘을 파악하는 순서를 알고 있어야 쉽게 이해할 수 있을 것이다. 2 mol의 수소와 2 mol의 일산화 질소를 반응시켰더니 1 mol의 질소와 2 mol의 물을 얻을 수 있는 반응이 있다고 가정하자. 실제로 실험실에서 반응을 해 보면 반응 몰수 비를 통해 전체 반응식 $2\ H_2 + 2\ NO \longrightarrow N_2 + 2\ H_2O$이라는 것과 동시에 이 반응식을 근거로 반응 속도식이 $\text{rate} = k[H_2]^2[NO]^2$이 될 가능성을 쉽게 예상할 수 있을 것이다.

만약, 반응물의 초기 농도를 달리하여 초기 반응 속도를 여러 번 실험해 보았더니 수소 기체에 대해서는 1차, 일산화 질소에 대해서는 2차의 속도 법칙을 보이는 결과를 얻었다면 실제 이 반응의 반응 속도식이 $\text{rate} = k'[H_2][NO]^2$이라는 점을 확인할 수 있을 것이고, 예상했던 속도와 같지 않다는 점을 근거로 이 반응이 다단계 반응임을 유추할 수 있을 것이고, 전체 메커니즘 속에는 분명 1 mol의 수소 분자와 2 mol의 일산화 질소 분자가 반응하는 단일 단계 반응이 속도 결정 단계일 것이라는 점을 단서 삼아 여러 경우의 수로 메커니즘을 조합하고 예상하여 위의 메커니즘 II로 결론을 내릴 수 있게 된다.

이것이 반응 속도 식을 연관시켜 반응 메커니즘을 예측해 내는 일련의 과정을 간략히 설명한 것이다. 그러면 실제로 위 두 메커니즘 중 어떤 것이 전체 반응식 $2\ H_2 + 2\ NO \longrightarrow N_2 + 2\ H_2O$의 진짜 메커니즘일까? 아쉽게도 위 두 메커니즘은 정답이 아니다. 실제 메커니즘은 조금 더 복잡해 보이는 다음 예시와 같다.

〈예시: 메커니즘 III〉

1단계	$2\ NO \rightleftharpoons N_2O_2$	(빠른 평형)	$rate_1 = k_1[NO]^2$, $rate_{-1} = k_{-1}[N_2O_2]$
2단계	$N_2O_2 + H_2 \longrightarrow N_2O + H_2O$	(느림) ← 속도 결정 단계	$rate_2 = k_2[N_2O_2][H_2]$
3단계	$N_2O + H_2 \longrightarrow N_2 + H_2O$	(빠름)	$rate_3 = k_3[N_2O][H_2]$
전체 반응	$2\ H_2 + 2\ NO \longrightarrow N_2 + 2\ H_2O$		$rate = k[H_2][NO]^2$

* k_{-1}: 1단계 역반응의 속도 상수, $rate_{-1}$: 1단계 역반응의 속도

이 메커니즘의 특이한 점은 다음과 같은 세 가지이다.

1단계는 정반응과 역반응이 평형을 이루는 가역 반응이라는 점, 그리고 두 번째 단계가 바로 속도 결정 단계라는 점, 마지막으로 이 반응의 전체 반응 속도 식이 속도 결정 단계인 2단계의 속도식인 $rate_2 = k_2[N_2O_2][H_2]$이어야 하는데, 이상하게도 $rate = k[H_2][NO]_2$이라는 점이다.

예상되는 속도 반응식과 실제 실험을 통해서 확인된 반응물 농도별 초기 반응 속도를 측정한 결과를 동시에 비교 판단해야 하기 때문에 반응 메커니즘을 밝히는 작업은 상당히 많은 시간과 노력이 필요하다.

전체 반응의 속도식은 다음과 같아야 한다고 생각할 것이다.

$$rate = rate_2 = k_2[N_2O_2][H_2] \tag{12.19}$$

하지만 2단계의 반응물에 중간체인 이산화 이질소(N_2O_2)가 있다는 점이 반응 속도 식에서 문제가 된다. 왜냐하면 반응 중간체는 앞 단계에서 생성되는 대로 바로 다음 단계에서 소모되어 버리기 때문에 실험실에서 반응을 보내는 실제 상황에서는 그 중간체의 농도를 실시간으로 정확히 알 수가 없기 때문이다. 그리하여 속도 식에서 중간체의 농도 $[N_2O_2]$를 실험자가 정확히 농도를 알 수 있는 다른 존재로 치환해야 할 필요가 있다. 이 치환을 가능하게 하기 위해 1단계를 주목해야 하는데, 1단계는 정반응의 속도와 역반응의 속도가 같아지는 평형 상태에 도달이 가능한 반응으로 이 점을 이용하면 아래와 같이 $[N_2O_2]$에 관하여 정리가 가능하다.

$$rate_1 = rate_{-1}$$
$$k_1[NO]^2 = k_{-1}[N_2O_2]$$
$$[N_2O_2] = \frac{k_1}{k_{-1}}[NO]^2 \tag{12.20}$$

이 식 (12.20)은 식 (12.19)에 대입이 가능하며, 그 결과 아래와 같이 최종적으로 전체 반응 속도 식이 정리될 수 있다.

$$rate = rate_2 = k_2[N_2O_2][H_2] = \frac{k_1k_2}{k_{-1}}[NO]^2[H_2]$$
$$rate = k[H_2][NO]^2 \quad \left(k = \frac{k_1k_2}{k_{-1}}\right) \tag{12.21}$$

위 식 (12.21)과 같이 최종적으로 정리된 전체 반응 속도 식의 경우 대입할 수 있는 농도가 모두 전체 반응식에 등장하는 반응물인 $[H_2]$와 $[NO]$이기 때문에 실험자가 실제로 정확히 농도를 알고 있는 값이기에 실제로 이용이 가능한 식이라고 할 수 있다. 따라

서 이와 같이 첫 번째 단일 단계가 속도 결정 단계가 아니고 그 이후 단일 단계가 속도 결정 단계라면 반드시 속도 식에는 반응 중간체의 농도항을 전체 반응식의 반응물의 농도항으로 치환해서 정리해야 옳다고 할 수 있다.

예제 12.8

다음은 성층권에서의 오존 분해 반응에 관한 메커니즘을 나타낸 것이다. 물음에 답하시오.

$$O_3(g) \underset{k_{-1}}{\overset{k_1}{\rightleftharpoons}} O_2(g) + O(g) \quad \text{빠름, 가역}$$

$$O(g) + O_3(g) \xrightarrow{k_2} 2\,O_2(g) \quad \text{느림, 속도 결정}$$

$$2\,O_3(g) \longrightarrow 3\,O_2(g) \quad \text{전체 반응}$$

(a) 이 반응의 1단계의 역반응 속도식을 쓰시오.
(b) 이 반응의 중간체는 무엇인가?
(c) 이 반응의 속도 결정 단계는 어느 것이며, 그 속도식은 어떻게 되는가?

정답

(a) 1 단계의 역반응 속도식은 $\text{Rate}_{-1} = k_{-1}[O_2][O]$이다.
(b) 전 단계의 생성물이면서 뒤 단계의 반응물인 것은 $O(g)$이다. 따라서 이 반응의 중간체는 $O(g)$이다.
(c) 2 단계가 가장 느린 반응이므로 반응 속도 결정 단계이며, 최종 속도식은 $\text{Rate}_2 = k[O_3]^2[O_2]^{-1}$이다($[O] = k_1[O_3]/k_{-1}[O_2]$).

응용문제 12.8

예제 12.8에서 제시된 반응의 전체 반응 속도 식(rate)을 쓰시오.

12.7 촉매

단백질 덩어리인 소고기 600 g이 자연 상태에서 부패하여 개개의 원자나 분자로 분해되는 데에는 여러 달 이상의 시간이 걸린다. 하지만 사람이 동일한 질량의 고기를 섭취할 경우 고기의 모든 단백질이 분자 단위로 분해되어 우리 몸에 흡수되는 데에는 4시간이 채 걸리지 않는다. 이것은 위와 이자에서 분비되는 소화액, 정확하게 소화 효소(enzyme)라고 일컫는 촉매 덕분이다.

이런 소화 효소처럼 화학 반응에 참여하여 반응 속도에는 영향을 주면서 동시에 자신은 아무런 화학 변화를 일으키지 않는 화합물을 촉매(catalyst)라고 한다. 촉매는 반응의 활성화 에너지 E_a를 변화시켜 반응 속도에 영향을 주는 것이다.

정촉매(positive catalyst)는 반응의 활성화 에너지를 낮추어, 즉 반응물이 넘어야 할 에너지 장벽을 낮추어 쉽게 전이 상태에 도달할 수 있게 하여 결과적으로 반응 속도가 빨라지게 한다(그림 12.10(a)). 반대로 **부촉매(negative catalyst)**는 반응의 활성화 에너지를 높여서, 즉 반응물이 넘어야 할 에너지 장벽을 높이는 방식으로 반응물이 전이 상태에 도달하기 어렵게 하여 결과적으로 반응이 느리게 진행되게 한다(그림 12.10(b)).

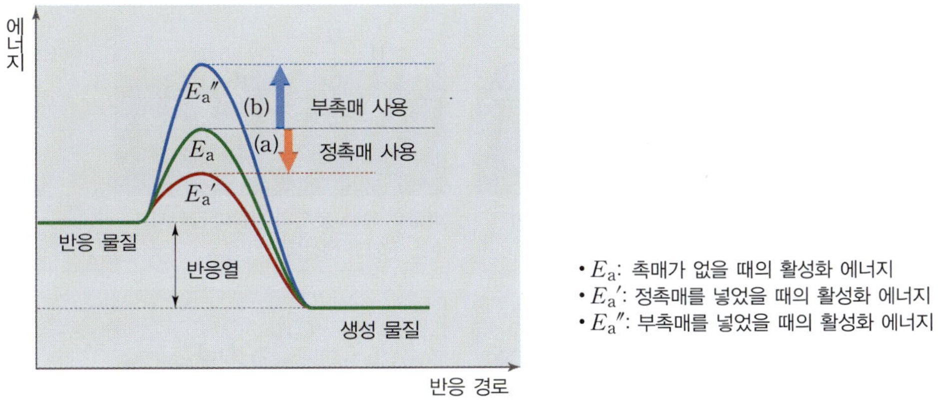

그림 12.10 정촉매 혹은 부촉매 사용에 따른 활성화 에너지의 변화

그림 12.11은 어떤 반응의 에너지별 반응물의 분포도를 나타낸 것이다. 활성화 에너지 이상의 에너지를 가진 분자 수의 비율이 정촉매를 사용함으로써 낮아진 활성화 에너지 이상의 에너지를 가진 분자 수의 비율이 더 커졌음을 알 수 있다.

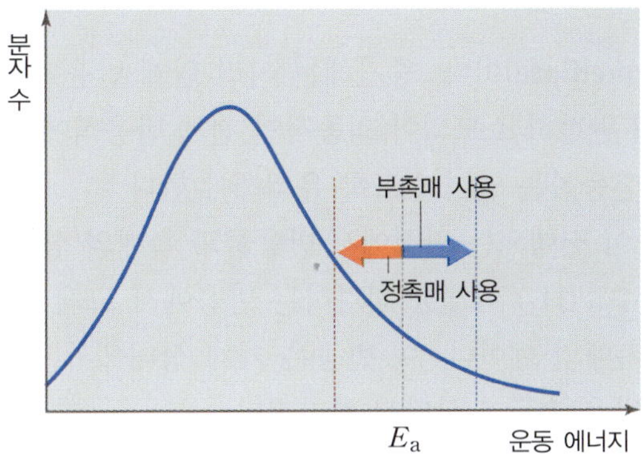

그림 12.11 정촉매에 의한 활성화 에너지의 변화에 따른 입자의 분포 변화

균일 및 불균일 촉매

반응에 참여하는 촉매와 반응물의 상태(상, phase)에 따라서 촉매를 **균일 촉매(homogeneous catalyst)**와 **불균일 촉매(heterogeneous catalyst)**로 분류한다. 균일 촉매는 반응물과 촉매가 모두 같은 상태인 경우의 촉매를 말한다. 예를 들면 아래 반응과 같이 기체 이산화 황(SO_2)으로부터 기체 삼산화 황(SO_3)을 생성할 때 사용하는 기체 이산화 질소(NO_2)가 균일 촉매의 역할을 한다.

1단계	$2\ SO_2(g) + 2\ NO_2(g) \longrightarrow 2\ SO_3(g) + 2\ NO(g)$
2단계	$2\ NO(g) + O_2(g) \longrightarrow 2\ NO_2(g)$
전체 반응	$2\ SO_2(g) + 2\ O_2(g) \longrightarrow 2\ SO_3(g)$

이 반응이 비록 두 단계에 걸쳐서 일어나지만 전체 반응식을 살펴보면 이산화 질소는 반응 전과 후에 소모되거나 변질되지 않고 그대로 존재할 뿐, 오로지 삼산화 황 생성 반응에만 참여하며 정촉매의 역할을 수행한다. 만약, 이산화 질소 없이 이산화 황과 산소 기체가 직접 반응하여 삼산화 황을 생성하려면 실제로 이 반응은 좀처럼 진행이 되지 않는 매우 느린 반응이라 할 수 있다.

또한, 위 두 단계 반응에서 일산화 질소(NO)는 이전 단계의 생성물이자 다음 단계의

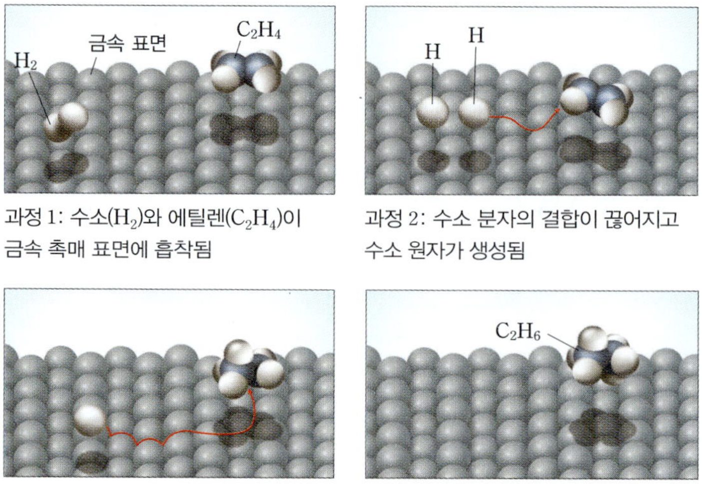

과정 1: 수소(H_2)와 에틸렌(C_2H_4)이 금속 촉매 표면에 흡착됨

과정 2: 수소 분자의 결합이 끊어지고 수소 원자가 생성됨

과정 3: 수소 원자가 에틸렌의 탄소 원자와 결합을 형성함

과정 4: 생성된 에테인(C_2H_6) 분자가 표면에서 떨어져 나옴

그림 12.12 백금 표면에서 일어나는 에틸렌의 수소 첨가 반응

반응물인 **중간체(intermediate)**이다. 중간체는 여러 단계 반응 중에 잠시 생성되었다가 생성물을 만들기 위해 완전히 소모되어 최종적인 전체 반응식에서는 전혀 발견할 수 없다. 촉매와 중간체를 혼동하는 일이 없도록 유의해야 한다.

불균일 촉매

니켈, 철, 은 등 금속의 표면은 오래 전부터 알려진 전형적인 불균일 촉매이다. 이 물질들은 기체 상태에서는 잘 일어나지 않는 기체들 사이의 여러 반응을 일으킬 수 있다.

불균일 촉매는 반응이 진행되는 과정에서 반응물과 촉매의 상이 다른 경우를 말한다. 에틸렌(C_2H_4)기체에 수소(H_2) 기체를 첨가하는 반응에서 고체 백금(Pt)을 사용하는 것이 대표적인 불균일 촉매의 예이다. 이 반응은 기체 상태에서는 매우 느리게 일어나지만 백금 촉매 때문에 반응 속도가 상당히 빨라진다.

$$C_2H_4(g) + H_2(g) \xrightarrow{\text{Pt}(s,\ \text{촉매})} C_2H_6(g)$$

그림 12.12는 촉매인 백금 표면에서 일어나는 에틸렌의 수소 첨가 과정을 시각화하여 나타낸 것이다. 백금 표면에서 에틸렌의 수소 첨가 반응이 일어날 때 백금 표면에 에틸렌과 수소 분자(H_2)가 모두 흡착하는데, 이때 백금 표면은 수소 원자(H)로 해리되는 것을 촉진함으로써 수소 원자가 쉽게 에틸렌에 결합할 수 있는 여건을 만들어 준다.

생물학적 촉매, 효소

우리 몸 안에서 일어나는 상당 부분의 정교한 화학 반응은 효소라고 부르는 생화학적 촉매의 영향을 받는다. 실제로 효소 없이 발생할 수 있는 생화학 반응이 체내에서는 약 $10^{17\pm1}$배 빠르게 진행된다. 촉매로서의 효소는 기질이라는 특정한 반응물 분자에만 결합한다. 일반적으로 효소는 기질과 반응이 일어나는 1개 이상의 **활성화 자리(active site)**를 가지는 커다란 단백질 분자이다. 이는 열쇠와 자물쇠의 관계처럼 효소에 맞는 특정 기질만 결합할 수 있고, 그래야만 효소의 촉매 활동도 발휘가 가능하다.

일반적으로 효소(E)는 다음과 같은 두 단계의 반응을 거쳐서 기질(S)과 반응하여 효소-기질 복합체(ES)를 형성하고, 이어 이 복합체가 최종 생성물(P)을 만든다. k_1과 k_2는 각 단계별 속도 상수이고, k_{-1}은 1단계 반응에서 역반응의 속도 상수이다.

1단계 $\quad E + S \underset{k_{-1}}{\overset{k_1}{\rightleftharpoons}} ES$

2단계 $\quad ES \xrightarrow{k_2} E + P$

전체 반응 $\quad E + S \longrightarrow E + P$

반응 속도 $\quad 속도 = \dfrac{d[A]}{dt} = k_2[ES]$

효소가 관여하는 생화학 반응의 경우는 일반적으로 2단계 반응의 효소-기질 복합체의 농도에 의해서 전체 반응 속도가 결정된다. 그림 12.13(a)는 효소와 기질 간 반응을 도식화한 것이며, 그림 12.13(b)는 효소 촉매 반응과 정상 에너지 그래프이다.

효소 촉매 반응은 금속과 같은 무기물 촉매에 의한 반응에 비해 온도에 의한 촉매 활성도가 변한다는 점이 특징이다. 그림 12.14는 온도 변화에 따른 효소 촉매 반응과 무기 촉매 반응의 반응 속도의 차이를 보여 준다. 인간의 체내에 존재하는 효소는 체온 36.5 ℃에서 가장 촉매로서의 활동이 활발하다. 그 이상의 고온이나 이하의 저온에서는 효소 단백질의 특성상 구조에 변성이 일어나서 기질과의 결합성이 낮아지기 때문에 결과적으로 반응 속도가 느려지게 된다. 상대적으로 무기 촉매를 사용하는 경우 온도가 상승함에 따라 반응 속도도 비례하여 증가한다.

(a)

$$E + S \underset{k_{-1}}{\overset{k_1}{\rightleftharpoons}} ES \xrightarrow{k_1} E + P$$

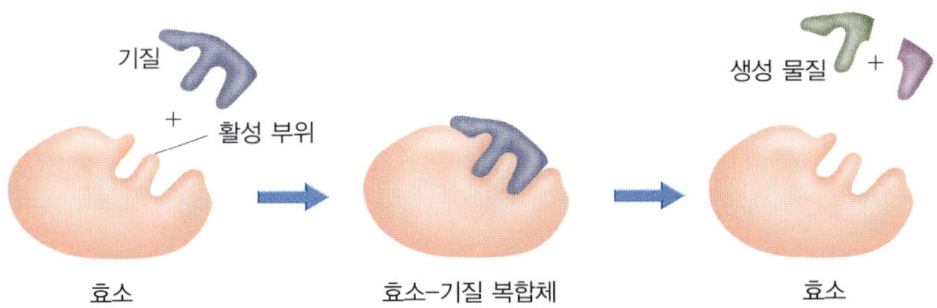

(b)

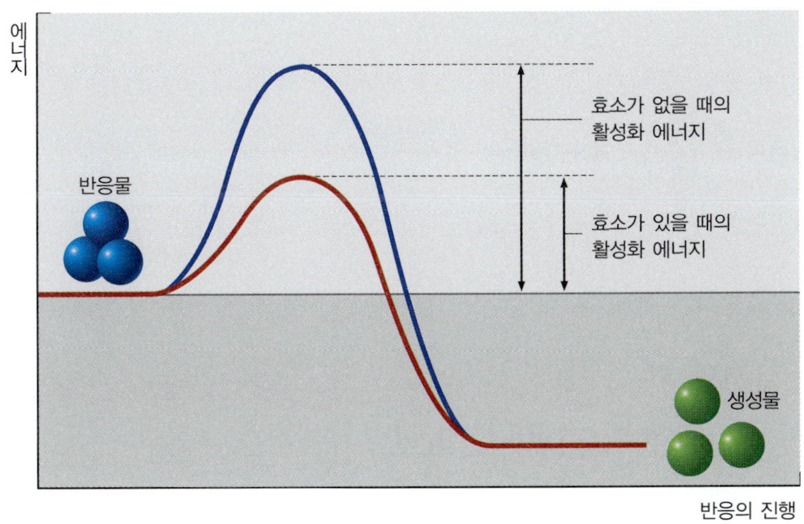

그림 12.13 (a) 효소와 기질의 반응과 (b) 비촉매 반응과 효소 촉매 반응의 차이

촉매에 관한 일반적인 성질은 다음과 같이 요약할 수 있다.

- **촉매는 반응 전후에 질량의 변화가 없다.** 촉매가 직접 반응물로 작용하여 생성물로 변하는 것이 아니라 반응이 빠르게 일어나도록 도와주는 역할을 하기 때문에 반응 전후에 질량이 변하지 않는다.
- **촉매는 반응열을 변화시키지 않는다.** 촉매를 사용한다고 해서 더 많은 반응열이 발생하는 것은 아니며, 촉매는 활성화 에너지만을 변화시킨다.
- **촉매는 생성물의 양을 증가시키는 것이 아니라 생성물을 빨리 얻게 해주는 것이다.** 즉 반응 시간을 단축시키는 것이다.
- **촉매**는 충돌수를 증가시켜 반응 속도를 빠르게 하는 것이 아니라 반응이 일어나는 데 필요한 **활성화 에너지를 감소시켜 반응 속도를 빠르게 하는 것이다.**
- 일반적으로 촉매에 의해 반응 속도가 빨라지는 정도는 농도나 온도에 의한 것보다 훨씬 크다. **보통 촉매는 수천 배에서 수백만 배까지 반응 속도를 빠르게 한다.**
- 무기 촉매는 온도나 pH의 영향을 받지 않지만, **단백질의 생체 촉매인 효소는 온도나 pH의 영향을 크게 받는다.**

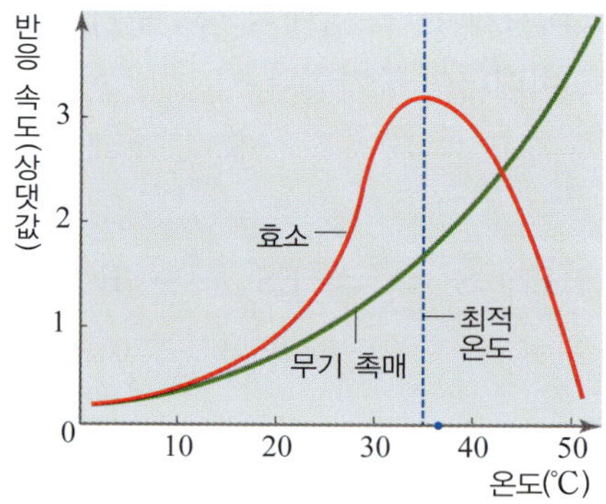

그림 12.14 온도에 따른 효소와 무기 촉매의 작용 비교 체온이 40 ℃ 이상 증가하면 효소의 활성이 급격히 떨어지므로 생명체의 신진대사가 원활하지 못해 생명이 위험해진다.

핵심 요약

12.1 반응 속도론

- 반응 속도(rate, M/s)

$$\text{rate} = -\frac{d[\text{반응물}]}{dt} \quad \text{또는} \quad \text{rate} = \frac{d[\text{생성물}]}{dt}$$

12.2 반응 속도의 표현

- 반응 속도 관계식

$$aA + bB \longrightarrow cC + dD$$

$$-\frac{1}{a}\frac{d[A]}{dt} = -\frac{1}{b}\frac{d[B]}{dt} = \frac{1}{c}\frac{d[C]}{dt} = \frac{1}{d}\frac{d[D]}{dt}$$

12.3 속도 법칙과 반응 차수

• 반응 유형에 따른 반응 속도 법칙과 차수

반응	속도 법칙(k[A]^m[B]^n)	차수($m+n$)	k 단위
A ⟶ 생성물	속도 = k	0차	M/s
A ⟶ 생성물	속도 = k[A]	1차	1/s 또는 s^{-1}
2 A ⟶ 생성물	속도 = $k[A]^2$	2차	1/M·s 또는 $M^{-1}s^{-1}$
A+B ⟶ 생성물	속도 = k[A][B]	2차	1/M·s 또는 $M^{-1}s^{-1}$
2 A+B ⟶ 생성물	속도 = $k[A]^2[B]$	3차	$1/(M^2 \cdot s)$ 또는 M^{-2} s^{-1}

12.4 적분 속도 식과 반감기

• 반응 A ⟶ P

차수	속도 법칙	농도–시간 식	반감기
0	속도 = k	$[A]_t = -kt + [A]_0$	$\frac{[A]_0}{2k}$
1	속도 = k[A]	$\ln\frac{[A]_t}{[A]_0} = -kt$	$\frac{0.693}{k}$
2	속도 = $k[A]^2$	$\frac{1}{[A]_t} = kt + \frac{1}{[A]_0}$	$\frac{1}{k[A]_0}$

12.5 속도 상수와 온도의 관계

• 아레니우스 식

$$k = Ae^{-\frac{E_a}{RT}} \text{ 또는 } \ln k = -\frac{E_a}{R}\left(\frac{1}{T}\right) + \ln A$$

A: 반응물 분자의 충돌 빈도
E_a: 활성화 에너지
R: 기체 상수(8.314 J/mol · K)
T: 온도(K)

12.6 다단계 반응과 속도 결정 단계

• 단일 단계 반응은 전체 반응이 진행되기 위한 개별적인 단계의 반응이다.
• 다단계 반응은 두 개 이상의 단일 단계 반응으로 이루어진 전체 반응이다.
• 다단계 반응에서는 가장 반응 속도가 느려서 전체 반응 속도에 영향을 미치는 단일 단계 반응을 속도 결정 단계라고 한다.

12.7 촉매

• 정촉매와 부촉매

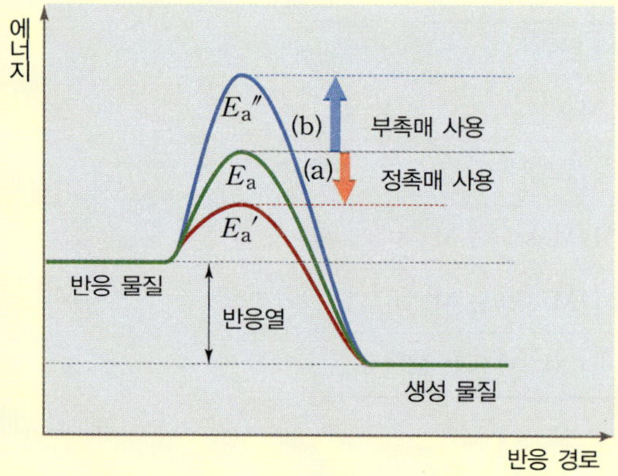

• E_a: 촉매가 없을 때의 활성화 에너지
• E_a': 정촉매를 넣었을 때의 활성화 에너지
• E_a'': 부촉매를 넣었을 때의 활성화 에너지

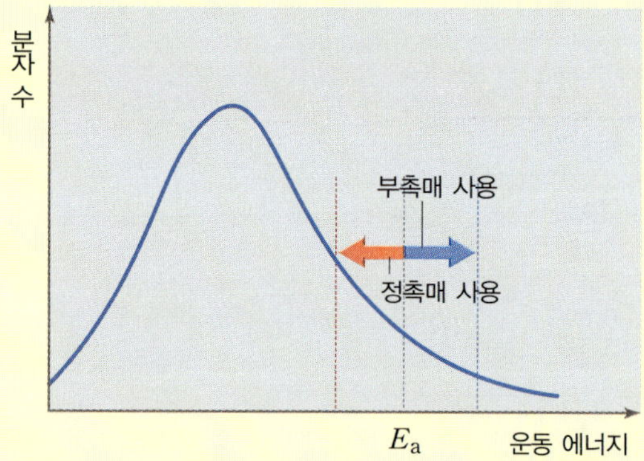

• 균일 촉매는 반응이 진행되는 과정에서 반응물과 촉매의 상이 동일한 경우를 말한다.
• 불균일 촉매는 반응이 진행되는 과정에서 반응물과 촉매의 상이 다른 경우를 말한다.
• 단백질 성분으로 구성된 생물학적 촉매를 효소라고 한다.
• 무기 촉매는 일반적으로 온도 상승에 따라 촉매의 활성(효율)이 높아져서 반응 속도를 더욱 촉진시킨다.
• 효소는 온도와 산성도와 같은 환경적인 요건이 최적으로 조성되어야 최고의 활성(효율)을 발휘한다.

핵심 용어 정리

• 균일 촉매 (homogeneous catalyst) — 반응물과 촉매가 모두 같은 상태인 촉매
• 다단계 반응 (multi-step reaction) — 두 개 이상의 단일 단계 반응으로 이루어진 전체 반응
• 단일 단계 반응 (elementary reaction) — 전체 반응이 진행되기 위한 각 개별적인 단계의 반응
• 반응 메커니즘 (mechanism of reaction) — 반응의 시작에서 종료까지 두 개 이상의 단일 단계 반응이 이어진 일련의 과정
• 반응 속도 (reaction rate) — 반응 시간에 따른 반응물 또는 생성물의 농도 변화로 정의
• 부촉매 (negative catalyst) — 반응의 활성화 에너지를 높여 전이 상태에 도달하기 어렵게 하여 반응 속도가 느려지게 하는 촉매
• 불균일 촉매 (heterogeneous catalyst) — 반응물과 촉매가 같지 않은 상태인 촉매
• 속도 결정 단계 (rate-determination step, RDS) — 다단계 반응에서 가장 반응 속도가 느려서 전체 반응 속도에 영향을 미치는 단일 단계 반응
• 전이 상태 (transition state) — 반응 과정에서 가장 에너지가 높은 들뜬(불안정한) 상태

- 정촉매 (positive catalyst): 반응의 활성화 에너지를 낮추어 전이 상태에 도달하기 쉽게 하여 반응속도가 빨라지게 하는 촉매
- 중간체 (intermediate): 다단계 반응에서 전단계의 생성물이면서 동시에 다음 단계의 반응물인 화학종(원자, 분자, 이온)으로 전체 반응식에서는 최종적으로 발견되지 않는 물질
- 활성화 에너지 (activation energy): 반응물 분자들이 충돌 시 성공적으로 생성물이 되기 위해 지녀야 할 필요한 최소한의 에너지, 전이 상태에 도달하기 위한 최소한의 에너지

Deep Insight

파인애플 과즙은 고기 숙성 효소

모든 소고기의 육질이 먹기 좋게 부드러운 것은 아니다. 지방보다 단백질이 풍부한 부위인 경우일수록 질길 수밖에 없다. 하지만 같은 부위의 소고기라 할지라도 가정에서 요리하여 먹는 것과는 달리 스테이크를 파는 레스토랑에서 먹는 고기가 더 부드러운 경우가 많다.

▲ 소고기 ©koss13/Shutterstock

최근 우리나라뿐 아니라 해외의 TV 프로그램을 보면 유명 요리 전문가들이 출연하여 요리 비법을 알려주거나 요리와 관련된 여러 가지를 다루는 것을 볼 수 있다. 그중 맛있는 고기 요리를 하기 위해 미리 고기를 다듬는 방법, 이른바 고기 숙성법이 소개되기도 한다.

고기 숙성법은 본격적으로 불을 가하여 요리하기 전에 생고기 상태에서 어떻게 연화시키느냐가 주요 관건이다. 어떤 요리사가 소개한 비법은 바로 파인애플, 키위, 배와 같은 과일의 즙을 생고기에 버무려서 시원한 냉장고 안에서 3~4시간 방치하는 것이다. 이들 과즙 속에는 단백질 분자, 보다 정확히 말하면 단백질 사슬과 사슬 간의 강력한 결합을 해리시키는 속도를 빠르게 하는 분해 효소가 있기 때문에 육질의 연화가 이루어지게 된다.

물론 충분한 수분이 있는 상태에서 생고기를 더 오랫동안 방치하면 단백질의 분해는 이루어질 수 있지만 분해 속도를 증가시키기 위해서는 필요한 효소가 들어 있는 과일즙을 이용하는 것이다. 한 가지 흥미로운 점은 보통의 파인애플과는 달리 통조림에 담겨 있는 파인애플은 효소 효과가 없다. 이유는 파인애플 통조림의 경우 통조림 제조 과정에서 살균 목적으로 열처리를 한번 거치기 때문에 해당 효소가 모두 파괴되어 변성이 되기 때문이다.

▲ 파인애플 ©New Africa/Shutterstock

그 외에 고기를 부드럽게 하는 다른 원리는 육질의 수분이 빠져나가는 것을 막기 위해 낮은 pH를 조성해 줄 수 있는 식초나 와인을 사용하는 방법이 소개되기도 하였다.

과학적인 지식이 깊어짐에 따라 음식을 더 맛있게 즐길 수 있는 방법도 늘어난다는 것을 알 수 있다.

연습문제

● (12.1～12.5) 다음 설명 중 옳은 것은 ○, 틀린 것은 ×를 표시하시오.

12.1 반응 속도는 일정 시간 동안 농도의 변화를 뜻하므로, 단위는 M/sec이다. (　　　　)

12.2 속도 법칙의 반응 차수는 0차, 1차, 2차만 존재한다. (　　　　)

12.3 속도 법칙의 차수에 따라 속도 상수의 단위는 달라진다. (　　　　)

12.4 1차 속도 법칙의 반감기는 반응물의 초기 농도와는 무관하다. (　　　　)

12.5 다단계 반응을 구성하고 있는 각각의 세부 단계 반응의 속도는 모두 동일하다. (　　　　)

● (12.6～12.10) 다음 문장의 빈칸에 올바른 용어(단어) 혹은 문구를 채워 넣으시오.

12.6 반응물의 농도나 양이 반으로 줄어드는 데에 걸리는 시간을 (　　　　)라 한다.

12.7 다단계 반응에서 가장 반응 속도가 느린 단계가 전체 반응의 반응 속도를 결정하기 때문에 (　　　　) 단계라고 한다.

12.8 활성화 에너지란 반응물 분자들이 충돌시 성공적으로 생성물이 되기 위해 지녀야 할 필요한 최소한의 에너지를 말하며, (　　　　)에 도달하기 위한 최소한의 에너지이다.

12.9 효소는 생물학적 촉매로서 활성화 자리에서 (　　　　)과 결합을 해야만 활성화될 수 있다.

12.10 달걀을 삶을 경우 흐를 수 있는 (　　　　)상태가 고온에서 흐를 수 없는 (　　　　)상태로 익으면서 빠른 속도로 변화가 진행된다.

● (12.11～12.25) 다음 물음에 답하시오.

12.11 다음 균형 반응식과 같이 화학 반응이 일어난다고 가정하고 물음에 답하시오.

$$ClO_2^-(aq) + 4\ Br^-(aq) + 4\ H^+(aq) \longrightarrow Cl^-(aq) + 2\ Br_2(aq) + 2\ H_2O(l)$$

(a) 일정한 시간 Δt 동안 Br_2의 평균 생성 속도인 $\dfrac{\Delta[Br_2]}{\Delta t} = 4.8\times10^{-6}$ M/s일 때, 같은 시간 동안 $\dfrac{\Delta[ClO_2^-]}{\Delta t}$의 값은 얼마인가?

(b) (a)와 같은 시간 동안 Br^-의 평균 소모 속도는 얼마인가?

12.12 다음 반응이 산소에 대하여 1차, $Cu(C_{10}H_8N_2)_2^+$에 대하여 2차 속도 법칙을 보인다고 할 때 물음에 답하시오.

$$Cu(C_{10}H_8N_2)_2^+(aq) + O_2(aq) \longrightarrow \text{생성물}$$

(a) 반응 속도식을 쓰시오.

(b) 전체 반응 차수는 얼마인가?

(c) $Cu(C_{10}H_8N_2)_2^+$의 농도가 25% 감소한다면 반응 속도는 어떻게 변하겠는가?

12.13 다음 반응의 초기 속도 실험 자료를 아래 표와 같이 표시하였다. 이를 근거하여 물음에 답하시오.

$$NH_4^+(aq) + NO_2^-(aq) \longrightarrow N_2(g) + 2\ H_2O(l)$$

실험	NH_4^+의 초기 농도	NO_2^-의 초기 농도	초기 반응 속도 (M/s)
1	0.24	0.10	7.2×10^{-6}
2	0.12	0.10	3.6×10^{-6}
3	0.12	0.15	5.4×10^{-6}

(a) 반응 속도식을 쓰시오.

(b) 속도 상수 값을 계산하시오.

(c) 초기 농도가 $[NH_4^+] = 0.44$ M, $[NO_2^-] = 0.082$ M일 때 초기 속도는 얼마인가?

12.14 25 ℃에서 어떤 1차 반응의 반감기는 28초이다. 이 온도에서 속도 상수 값을 계산하시오.

12.15 뷰타다이엔이 반응하여 옥테인을 생성하는 반응이 있다. 이 반응은 뷰타다이엔에 대하여 2차 반응이다. 특정한 온도에서 속도 상수는 4.0×10^{-2} M^{-1} s^{-1}이고 뷰타다이엔의 초기 농도는 0.0200 M이라고 가정하자.
(a) 한 시간 후의 뷰타다이엔의 몰농도는 얼마인가?
(b) 뷰타다이엔의 농도가 0.0020 M에 도달하는 데 걸리는 시간은 몇 분인가?

12.16 다음은 염소 라디칼이 성층권에 있는 오존 분자와 반응하는 과정을 나타낸 두 단계 반응식이다.

$$Cl(g) + O_3(g) \longrightarrow ClO(g) + O_2(g)$$
$$ClO(g) + O(g) \longrightarrow Cl(g) + O_2(g)$$

(a) 위 반응의 전체 반응에 대한 화학 반응식을 쓰시오.
(b) 이 반응에서 Cl의 역할은 무엇인가?
(c) ClO는 촉매인가, 반응 중간체인가?

12.17 다음 반응의 속도 상수가 700 K에서 1.3 M^{-1} s^{-1}이고, 800 K에서는 23.0 M^{-1} s^{-1}일 때, (a) 활성화 에너지(kJ/mol)와 (b) 750 K에서의 속도 상수를 계산하시오.

$$NO_2(g) + CO(g) \longrightarrow NO(g) + CO_2(g)$$

12.18 오산화 이질소(N_2O_5)가 평시 온도에서 분해될 때, 속도 상수 k가 0.00583/s이다. 오산화 이질소의 초기 농도가 0.200 M이라고 가정했을 때, 6분 뒤의 오산화 이질소의 잔여 농도를 계산하시오.

12.19 어떤 반응의 활성화 에너지가 43.8 kJ이라면, 온도를 0 ℃에서 100 ℃로 올릴 때 이 반응의 속도 상수는 몇 배 증가하는가?

12.20 어떤 반응이 25 ℃에서 속도 상수 k가 4.25×10^{-4} s이다. 이 반응의 활성화 에너지 E_a = 104 kJ/mol이었다면 이 반응의 충돌 빈도 A는 얼마인가? (단, 충돌 빈도는 단위가 없다.)

12.21 플루토늄-240(^{240}Pu)은 핵무기로 전용되는 위험한 물질이다. 이 플루토늄은 방사성 물질로서 자연계에서 자연 붕괴되는데, 4.60 g의 플루토늄은 1000년이 지나면 10 % 정도 붕괴된다고 한다. 플루토늄의 반감기는 얼마인가? (방사성 동위 원소의 붕괴 속도는 1차 속도 법칙을 따른다.)

12.22 다음과 같은 세 단계의 반응 메커니즘에 해당하는 올바른 에너지 도표를 선택하시오.

1단계: $N_2O_5(g) \underset{k_{-1}}{\overset{k_1}{\rightleftharpoons}} NO_2(g) + NO_3(g)$ (매우 빠름)

2단계: $NO_2(g) + NO_3(g) \xrightarrow{k_2} NO(g) + NO_2(g) + O_2(g)$ (느림)

3단계: $NO(g) + NO_3(g) \xrightarrow{k_3} 2\,NO_2(g)$ (빠름)

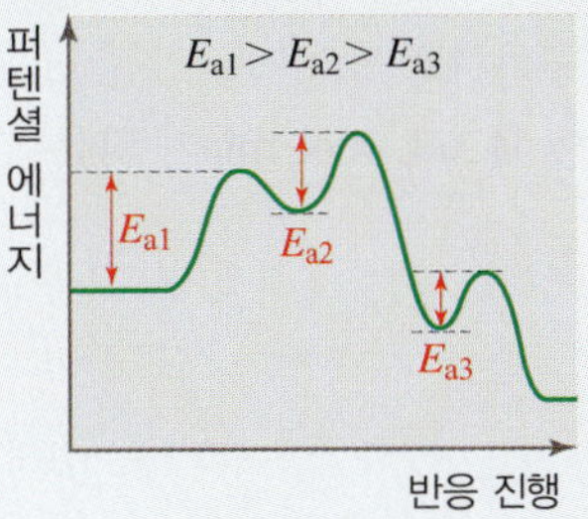

(a)

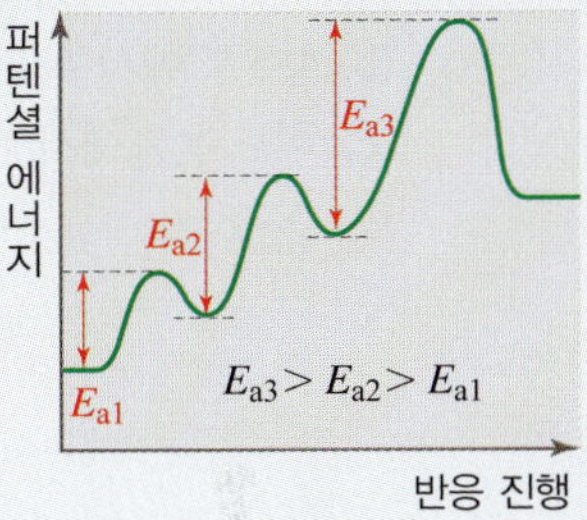

(b)

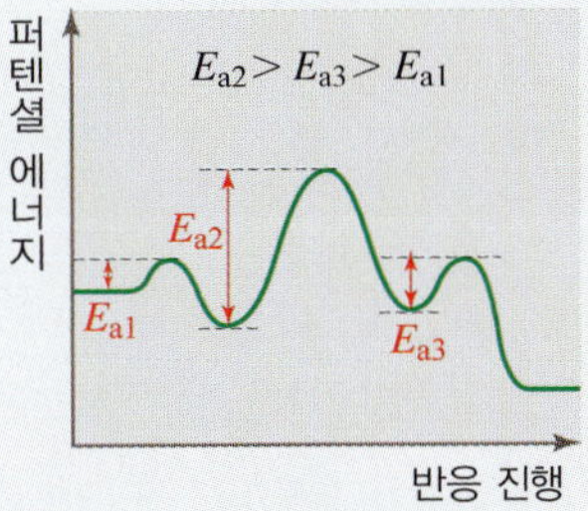

(c)

12.23 수소와 염화 아이오딘의 반응은 다음과 같이 두 단계로 진행이 된다.

1단계: $H_2(g) + ICl(g) \longrightarrow HI(g) + HCl(g)$
2단계: $HI(g) + ICl(g) \longrightarrow I_2(g) + HCl(g)$

(a) 전체 반응의 반응식을 쓰시오.
(b) 반응 중간체는 무엇인가?
(c) 전체 반응에 대한 반응 속도식이 k[HI][ICl]이라면, 이 반응 메커니즘에서 속도 결정 단계는 어느 단계인가?

12.24 다음 질문에 답하시오.
(a) 촉매란 무엇인가?
(b) 균일 촉매와 불균일 촉매는 무엇이 다른가?
(c) 촉매는 전체 반응 엔탈피 변화와 활성화 에너지 중 무엇에 어떠한 영향을 주는지 설명하시오.

12.25 어떤 반응의 활성화 에너지가 95 kJ/mol이다. 이 반응에 정촉매를 사용하면 활성화 에너지가 55 kJ/mol일 때, 25 ℃에서 초기 반응물의 농도를 같게 한 상태에서 이 촉매를 사용한다면 반응 속도는 몇 배나 빨라지겠는가?

12.26 다음 반응의 속도 상수는 565 ℃에서 0.066 L/mol·min이고, 728 ℃에서는 22.8 L/mol·min이다.

$$2\ N_2O(g) \longrightarrow 2\ N_2(g) + O_2(g)$$

(a) 이 반응의 활성화 에너지를 구하시오.

(b) 485 ℃에서 k값을 구하시오.

(c) 어느 온도에서 k값이 11.6 L/mol·min가 되겠는가?

12.27 어느 약품이 25 ℃에서 일차 반응으로 분해될 때의 속도 상수는 0.215 month^{-1}이다.

(a) 10.0 g의 약품을 25 ℃에서 1년 동안 보관할 경우, 1년 후에 남아 있는 약품의 양은 얼마인지 구하시오.

(b) 약품의 반감기를 구하시오.

(c) 약품의 65%가 분해되는 데 걸리는 시간을 구하시오.

CHAPTER 13

화학 반응의 평형

◀ 대부분의 화학 반응은 평형 상태에 도달할 수 있는 가역 반응이다.

13.1 가역 반응과 평형 상태

온도가 올라감에 따라 물이 녹는 용융 반응이나 물이 수증기가 되는 증발 과정은 다시 온도가 낮아지면 수증기에서 물로, 물에서 다시 얼음으로 변하는 역방향 과정도 가능하다. 하지만 투명했던 달걀흰자는 가열에 의해 하얗게 굳어지면 온도를 낮추어도 다시 투명한 흰자가 될 수 없다.

가역 반응의 예
파란색 염화 코발트 종이는 수분을 흡수하면 붉게 변한다. 또한, 붉게 변한 염화 코발트 종이를 헤어 드라이어 등으로 가열하면 종이는 다시 파란색으로 변한다.

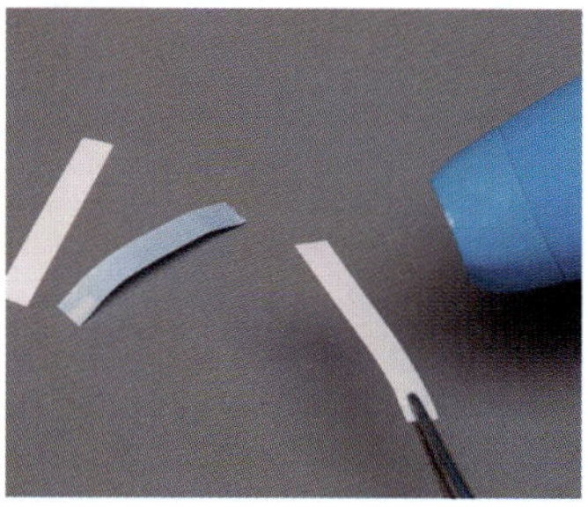

이처럼 화학 반응 중에는 반응물(reactant)이 생성물(product)로 변하는 **정반응(forward reaction)**과 다시 생성물이 반응물로 되돌아갈 수 있는 **역반응(reverse reaction)**이 가능한 반응이 있고, 오로지 정반응이 진행되고 나면 역반응으로 진행이 불가능한 반응이 있다. 역반응이 가능한 반응을 **가역 반응(reversible reaction)**이라고 부르고, 정반응만 가능한 반응을 **비가역 반응(irreversible reaction)**이라고 한다.

또한, 화학 반응식을 적을 때, 반응 화살표의 모양으로 다음과 같이 가역 반응과 비가역 반응을 나타내 준다.

- 가역 반응: $A + B \rightleftharpoons C + D$
- 비가역 반응: $A + B \longrightarrow C + D$

수많은 화학 반응 중에 가역 반응인 것과 비가역 반응인 것을 모두 완벽하게 구별하기는 어렵다. 그래서 아주 명확하게 비가역 반응인 경우를 제외한 대부분의 반응은 가역 반응일 가능성이 크다는 점을 염두에 두면 된다.

명확한 대표 비가역 반응

- 침전 생성 반응: 불용성 염이 생성되는 경우는 100 % 정반응만 진행
- 산–염기 중화 반응: 강산–강염기의 중화 반응은 정반응으로만 진행
- 산화–환원 반응: 연소 반응, 부패 반응의 경우

우리가 사는 세상에서 가역 반응이 차지하는 비중은 상당히 크다. 이제부터는 가역 반응을 구체적으로 살펴보자.

다음 반응식은 $N_2O_4(g)$가 $NO_2(g)$로 변화하는 반응이다. 이 반응 또한 가역 반응이기 때문에 만들어졌던 $NO_2(g)$가 다시 $N_2O_4(g)$로 돌아갈 수 있다.

$$N_2O_4(g) \rightleftharpoons 2\ NO_2(g)$$

만약 (1) 반응 초기에 반응물 $N_2O_4(g)$만 빈 용기에 담아 두었을 때, (2) 반응이 진행될 때, (3) 반응 용기를 충분한 시간 동안 방치해 두었을 때 이 용기 내부에 어떤 변화가 일어날까? 그림 13.1에서와 같이 반응물인 $N_2O_4(g)$는 시간이 지남에 따라 소모되기 때문에 농도가 감소하고, 생성물인 $NO_2(g)$의 농도는 계속 증가함을 알 수 있다. 하지만 이런 농도의 증가 및 감소 변화의 폭은 시간이 흐름에 따라 점점 줄어들다가 결국 일정 시

간 이후부터는 생성물과 반응물, 즉 $N_2O_4(g)$와 $NO_2(g)$의 농도가 변하지 않고 일정하게 유지된다.

이처럼 어떠한 반응에서 시간 경과에 따라 반응물과 생성물의 농도가 일정하게 유지되는 상태를 **평형 상태(equilibrium)** 또는 **화학 평형(chemical equilibrium)**이라고 한다. 그리고 반응물과 생성물의 농도가 일정해지는 시간 t를 **평형 도달 시간**이라고 하며, 평형 상태에서의 반응물과 생성물을 보통 **평형 혼합물(equilibrium mixture)**이라고 한다.

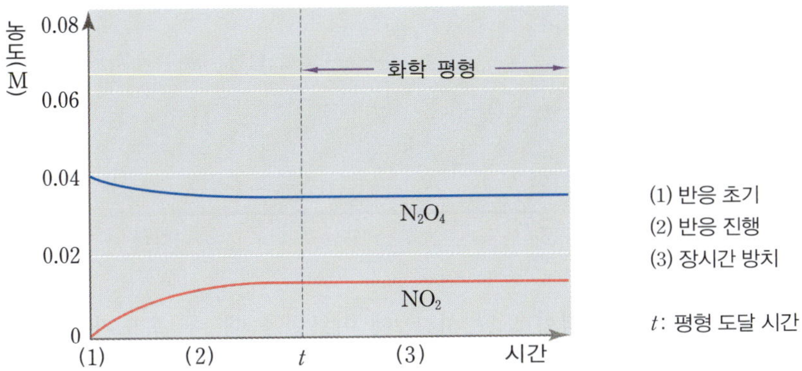

그림 13.1 25 °C에서 시간에 따른 N_2O_4와 NO_2의 농도 변화

이 장에서는 평형 혼합물에서 반응물과 생성물 농도 사이의 관계, 초기 농도로부터 평형 농도를 계산하는 방법, 평형 혼합물의 조성에 영향을 미치는 실험적인 요인에 대하여 알아볼 것이다.

13.2 평형 상수 K_c와 K_p

보통 화학자들은 가역 반응을 실험하면서 **평형 상수(equilibrium constant, *K*)**라는 것을 주로 평형의 기준으로 사용한다. 평형 상수라는 것이 어떻게 유래된 것인지는 반응의 평형이 형성되는 과정을 확인하면 쉽게 이해할 수 있다.

앞 장에서 반응 속도는 반응물의 농도에 비례한다는 사실을 공부하였다. $N_2O_4(g)$와 $NO_2(g)$ 사이의 가역 반응에서 반응물과 생성물의 농도가 일정해지는 화학 평형에 어떻게 도달하는지 살펴보자. 먼저 이 반응의 정반응과 역반응 각각의 속도는 다음과 같이 나타낼 수 있다. 여기서 k와 k'은 각각 정반응과 역반응의 속도 상수이다.

$$N_2O_4(g) \rightleftharpoons 2\ NO_2(g)$$

$$\text{정반응 rate} = k[N_2O_4]$$
$$\text{역반응 rate}' = k'[NO_2]^2$$

그림 13.1에서 반응 초기 (1)에서는 반응물인 N_2O_4의 농도만 있으므로, 정반응의 반응 속도만이 최대치로 나타날 것이고, 시간이 지나 평형 도달 시간까지는 반응물의 농도가 감소하므로 구간 (2)에서는 정반응의 속도도 감소할 것이다. 그와 반대로 생성물은 반응 초기 (1)에는 전혀 생성되지 않아 $[NO_2] = 0$ M이므로 역반응의 반응 속도가

0 M/s이었다가 점점 생성물의 농도가 증가하는 구간 (2)에서는 반응 속도가 점차 증가할 것이다. 그림 13.2는 이 반응의 정반응의 속도와 역반응의 속도를 측정한 결과 그래프이다.

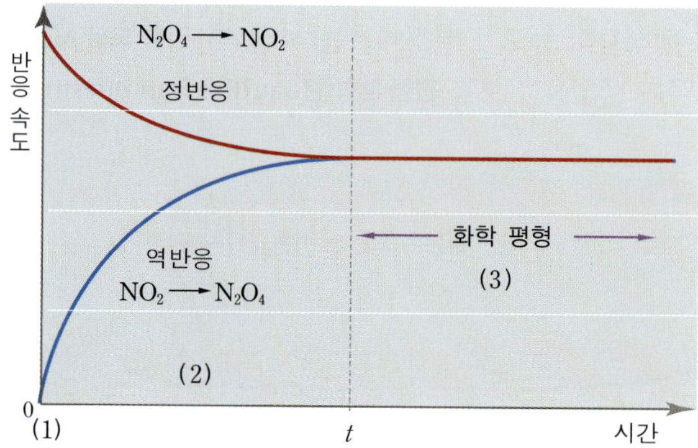

그림 13.2 25 ℃에서 $N_2O_4(g) \rightleftharpoons 2\ NO_2(g)$의 정반응 및 역반응의 속도 변화

여기서 중요한 것은 바로 평형 도달 시간 t에 이르렀을 때, 두 속도가 같아진다는 점이다. 즉, 생성물이 만들어지는 속도와 역으로 반응물이 만들어지는 속도가 같아지기 때문에 결국 그 이후에는 반응물과 생성물의 농도가 변하지 않고 일정하게 유지되는 것이다. 화학 평형에 도달하는 것을 '반응이 끝남' 혹은 '반응이 멈춤'이라고 단정하면 절대 안 된다. 평형 상태에서는 정반응 속도와 역반응 속도가 같은 상태로 끊임없이 반응이 일어나는 이른바 **동적 평형(dynamic equilibrium)** 상태이다.

이제 반응 속도 상수라는 것이 어떠한 과정으로 유도되고 계산되는 것인지를 알아보자. 다음은 일반적인 화학 반응식과 그에 따른 정반응과 역반응의 속도식이다.

$$aA + bB \rightleftharpoons cC + dD$$

$$정반응\ 속도 = k[A]^a[B]^b$$
$$역반응\ 속도 = k'[C]^c[D]^d$$
$$(k = 정반응의\ 속도\ 상수,\ k' = 역반응의\ 속도\ 상수)$$

정반응의 속도와 역반응의 속도가 같아질 때 화학 평형에 도달하게 된다. 따라서 식 13.1과 같이 정리할 수 있다.

$$정반응\ 속도 = 역반응\ 속도$$
$$k[A]^a[B]^b = k'[C]^c[D]^d \tag{13.1}$$

정반응과 역반응의 속도 상수는 둘 다 상수이기 때문에 이들 상수끼리 좌변으로 몰아 정리하면 식 (13.2)가 되고,

$$K = \frac{k}{k'} = \frac{[C]^c[D]^d}{[A]^a[B]^b} \tag{13.2}$$

k/k'을 큰 상수로서 K로 표기하면, 평형 상수 K가 완성된다.

더 간단히 평형 상수 K는 평형에 도달했을 때의 생성물의 농도 곱을 반응물의 농도곱

표 13.1 가역 반응의 유형에 따른 평형 상수(K) 식

가역 반응의 유형	평형 상수(**K**)
$aA(aq) + bB(aq) \rightleftharpoons cC(aq) + dD(aq)$	$K_c = \frac{[C]^c[D]^d}{[A]^a[B]^b}$
$aA(g) + bB(g) \rightleftharpoons cC(g) + dD(g)$	$K_p = \frac{(P_C)^c(P_D)^d}{(P_A)^a(P_B)^b}$

으로 나누는 것으로 표현한다. 또한 평형 상수는 반응물의 상태에 따라 K_c와 K_p로 구별한다. 식 (13.2)처럼 평형 상수에 대입하는 값이 반응물과 생성물의 몰농도일 경우에는 평형 상수를 K_c라 표기하고, 대입하는 값이 반응물과 생성물의 부분 압력일 경우에는 평형 상수를 K_p로 표기한다.

K_c와 K_p
K_c에서 c는 농도(concentration)를 나타내고, K_p에서 p는 압력(pressure)을 나타낸다.

그러면 농도 값이 아닌 부분 압력 값을 대입하여 평형 상수 K_p를 구하는 것은 어떤 경우인가? 평형에 도달할 수 있는 특정 가역 반응의 반응물과 생성물이 모두 기체인 경우, 실제 실험실에서 기체의 몰농도(mol/L) 값은 상당히 작은 값이다. 따라서 기체의 경우 충분히, 그리고 쉽게 측정이 가능한 부분 압력의 값을 대입하게 된다. 표 13.1은 K_c와 K_p로 평형 상수를 표기하는 방식을 정리한 것이다. 반응물과 생성물이 모두 수용액(aq)일 경우는 K_c, 모두 기체인 경우는 K_p임을 쉽게 알 수 있다. 물론 반응물과 생성물이 모두 기체일지라도 K_c와 K_p의 관계식(식 13.3)에 의하여 얼마든지 K_c 값을 구할 수 있다.

여기서 Δn은 반응 전후에 발생하는 반응물과 생성물간 변화한 몰수(n)의 차이이다.

$$aA(g) + bB(g) \rightleftharpoons cC(g) + dD(g)$$

$$K_p = K_c \times (RT)^{\Delta n} \tag{13.3}$$

(T: 절대 온도(K), $R = 0.0821\ \text{L}\cdot\text{atm/mol}\cdot\text{K}$, $\Delta n = (c+d)-(a+b)$)

특정 온도에서 어떠한 가역 반응의 평형 상수든 K_c와 K_p는 일정한 상수라는 점을 명심해야 한다. 모든 가역 반응은 이 평형 상수 값을 달성하기 위하여 반응물의 농도와 생성물의 농도를 이룰 때까지 반응이 진행된다고 보면 된다. 하지만 만약 온도가 달라지는 상황이라면 이들 평형 상수 값이 달라져서 평형 상태에서 평형 혼합물의 조성이 바뀌게 된다. 그 이유와 자세한 내용은 이후에 다룰 것이다.

13.1 예제

다음 각 반응에 대한 평형 상수 식(K_c)을 쓰시오.

(a) $2\ SO_2(g) + O_2(g) \rightleftharpoons 2\ SO_3(g)$

(b) $CH_3COOH(aq) \rightleftharpoons H^+(aq) + CH_3COO^-(aq)$

정답

(a) $K_c = \frac{[SO_3]^2}{[SO_2]^2[O_2]}$

(b) $K_c = \frac{[H^+][CH_3COO^-]}{[CH_3COOH]}$

응용문제 13.1

다음 각 반응식의 평형 상수(K_p) 식을 적으시오.

(a) $H_2(g) + I_2(g) \rightleftharpoons 2\ HI(g)$

(b) $3\ F_2(g) + Cl_2(g) \rightleftharpoons 2\ ClF_3(g)$

예제 13.2

다음 반응은 800 K의 조건에서 진행되었다.

$$2\ SO_2(g) + O_2(g) \rightleftharpoons 2\ SO_3(g)$$

이 반응이 평형에 도달했을 때, 평형 화합물의 농도가 $[SO_2] = 3.0 \times 10^{-3}$ M, $[O_2] = 3.5 \times 10^{-3}$ M, $[SO_3] = 5.0 \times 10^{-2}$ M이다. 평형 상수 K_c를 계산하시오.

정답

$$K_c = \frac{[SO_3]^2}{[SO_2]^2[O_2]} = \frac{(5.0 \times 10^{-2})^2}{(3.0 \times 10^{-3})^2(3.5 \times 10^{-3})} = 7.9 \times 10^{-3}$$

응용문제 13.2

이산화 질소(NO_2)는 다음과 같이 일산화 질소(NO)와 산소(O_2)로 분해된다.

$$2\ NO_2(g) \rightleftharpoons 2\ NO(g) + O_2(g)$$

300 K인 환경에서 위 반응이 평형에 도달하였을 때, $[NO_2] = 5.0 \times 10^{-2}$ M, $[NO] = 1.9 \times 10^{-3}$ M, $[O_2] = 1.0 \times 10^{-3}$ M이라 할 때, K_c는 얼마인가?

예제 13.3

다음 반응은 25 ℃에서 진행되는 생화학 반응의 일부이다.

$$C_3H_6O_3(aq) \rightleftharpoons C_3H_5O_3^-(aq) + H^+(aq), \qquad K_c = 1.382 \times 10^7$$

평형 상태에서 $C_3H_5O_3^-(aq)$와 $H^+(aq)$의 농도가 똑같이 1.17×10^{-2} M이라면, $C_3H_6O_3(aq)$의 농도는 얼마이겠는가?

풀이

이 반응의 평형 상수 식은 다음과 같다.

$$K_c = \frac{[H^+][C_3H_5O_3^-]}{[C_3H_6O_3]}$$

여기에 문제에서 제시된 $[C_3H_5O_3^-] = [H^+] = 1.17 \times 10^{-2}$ M을 대입한다.

$$K_c = \frac{[H^+][C_3H_5O_3^-]}{[C_3H_6O_3]} = \frac{(1.17 \times 10^{-2})^2}{x} = 1.382 \times 10^7$$

$\therefore [C_3H_6O_3] = 9.91 \times 10^{-12}$ M

정답

$[C_3H_6O_3] = 9.91 \times 10^{-12}$ M

응용문제 13.3

500 ℃에서 포스핀(PH_3)은 P_2와 H_2로 분해된다. 이 반응의 반응 평형식은 다음과 같다.

$$2\ PH_3(g) \rightleftharpoons P_2(g) + 3\ H_2(g) \qquad K_p = 398$$

평형에 도달하였을 때 PH_3와 P_2의 부분 압력이 각각 0.919 atm, 4.41 atm일 때, H_2의 부분 압력은 얼마인가?

예제 13.4

다음 반응이 700 K에서 진행되었고, 각 기체의 부분 압력이 CO 1.31 atm, H_2O 10.0 atm, CO_2 6.12 atm, H_2 20.3 atm이라면 K_p와 K_c의 값을 계산하시오.

$$CO(g) + H_2O(g) \rightleftharpoons CO_2(g) + H_2(g)$$

풀이

$$K_p=\frac{P_{CO_2}\times P_{H_2}}{P_{CO}\times P_{H_2O}}=\frac{6.12\times 20.3}{1.31\times 10.0}=9.48$$

그리고 K_p와 K_c의 관계식 $K_p=K_c\times(RT)^{\Delta n}$을 이용한다.

$$K_c=\frac{K_p}{(RT)^{\Delta n}}\ (R=0.0821\ \text{L·atm/K·mol},\ T=700\ \text{K},\ \Delta n=(1+1)-(1+1)=0)$$

$$\therefore K_c=K_p$$

정답

$K_p=K_c=9.48$

응용문제 13.4

예제 13.2에서 주어진 반응의 K_p 값을 계산하시오.

Deep Insight

햇빛을 받으면 어두워지는 안경

여름철 강한 태양 빛에 시력을 보호하고자 착용하는 선글라스는 대중적인 인기를 누리는 패션 상품이다. 실제로 고급 의류 브랜드 회사도 간혹 특별 상품으로 선글라스를 출시하기도 한다. 생산 초기부터 검은색 또는 기타 다양한 색이 들어간 유리를 사용한 제품이 일반적이다. 선글라스 중에 평상시 햇빛이 강하지 않은 실내나 저녁 시간에는 투명한 보통 유리로 보이지만 강한 빛에 노출되면 선글라스의 기능을 나타내는 것도 있다. 이것을 변색 렌즈(transition lens) 또는 광변색 렌즈(photochromic lens)라고 한다.

화학자 스투키(Stanley Donald Stookey, S. D., 1915~2014)와 그의 동료 아미스테드(Armistead, W.)의 발견을 통해 자외선에 매우 잘 반응하는 안경 렌즈가 탄생하였는데, 변색 렌즈는 1960년대부터 사용되어 왔다.

햇빛의 자외선에 의하여 투명한 상태의 분자 구조 상태와 어두운색을 띠는 분자 구조 사이의 평형 상태에 변화를 줌으로써 이러한 상품이 개발된 것이다.

▲ 광변색 렌즈 선글라스 ⓒRcphotofun/Shutterstock

변색 렌즈를 구현하는 기술에서 가장 대표적인 물질은 미세 결정질 형태의 염화 은(AgCl)이다. 유리를 가공할 때 이 물질을 유리분에 첨가하는 방식으로 변색 렌즈가 제조된다.

$$\underset{\text{유리}}{n\,\mathrm{SiO_2}(s)} + \underset{\text{(투명)}}{n\,\mathrm{Ag^+}(s)} \underset{\text{무광}}{\overset{\text{자외선 (320∼400 nm)}}{\rightleftharpoons}} \underset{\text{유리}}{n\,\mathrm{SiO_2^{\,+}}(s)} + \underset{\text{(검은색)}}{n\,\mathrm{Ag}(s)}$$

320~400 nm의 파장에 해당되는 자외선이 염화 은 미세 결정체가 함유된 유리에 조사되었을 때, 유리에 있는 전자들이 무색의 은 양이온($Ag^+(s)$)에 결합하여 중성의 은($Ag(s)$)을 만드는데, 이 과정이 바로 투명한 은 이온이 검은색을 발하는 은으로 변하면서 결국 렌즈의 색이 투명에서 검게 변하는 것이고, 다시 빛이 없는 환경에 놓이게 되면 역반응이 진행되는 상태가 된다.

당시 이 렌즈는 특허에 의해 막대한 이익을 남긴 것으로 알려져 있으며, 이후에 은을 원료로 사용하지 않는 대신 유기 합성을 통해 옥사진(oxazine)이나 나프토피란(naphthopyran)이라는 합성수지가 개발되어 보다 경제적으로 변색 렌즈를 제조할 수 있게 되었다.

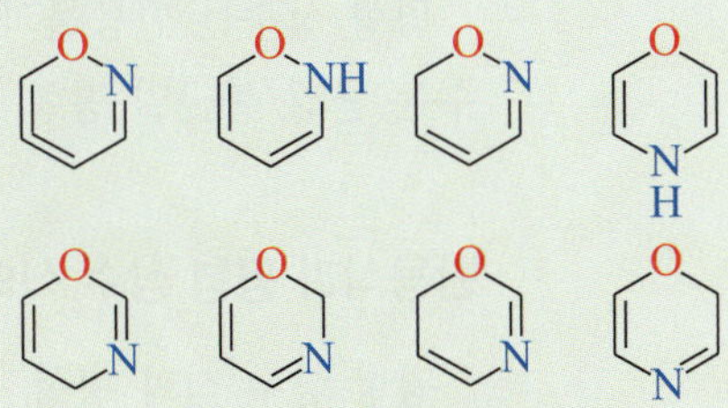

옥사진(oxazine)의 이성질체

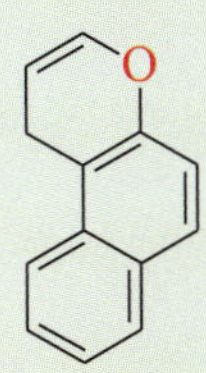

나프토피란
(naphthopyran)

13.3 불균일 평형

표 13.1에 제시된 두 종류의 평형 반응식은 반응물과 생성물의 상태가 한 가지 상태로 통일된 이른바 **균일 평형 반응(homogeneous equilibrium reaction)**이다. 이와 달리 생성물과 반응물의 상태가 각기 다른 다음과 같은 경우에는 평형 상수 식에 화합물의 양을 대입할 때 각별한 주의가 필요하다.

다음 반응은 고체, 액체, 기체, 수용액 상태가 모두 반응물과 생성물의 상태로 존재하는 가역 반응이다. 이 반응의 평형 상수 K는 다음과 같이 나타낸다.

$$b\text{B}(s) \rightleftharpoons c\text{C}(l) + d\text{D}(g)$$
$$K = (P_\text{D})^d$$

평형 상수 식을 보면 특이한 점이 보인다.

첫째, 고체(s)와 액체(l) 상태의 물질은 평형 상수 식에 대입하지 않았다.

둘째, 기체(g)는 부분 압력(P)을 평형 상수 식에 대입하였다.

그 이유는 순수한 액체와 순수한 고체 화합물의 몰농도(mol/L)는 일정한 상수이기 때문이다.

특정 온도에서 순수한 고체 금(Au)과 순수한 액체 물(H_2O)은 그 양이 많든 적든 상관없이 몰농도, 즉 부피 1 L에 들어가 있는 원자 혹은 분자의 몰수가 항상 일정하다(그림 13.3). 특정 온도에서 순수한 물질의 밀도(g/mL)는 일정하기 때문이다.

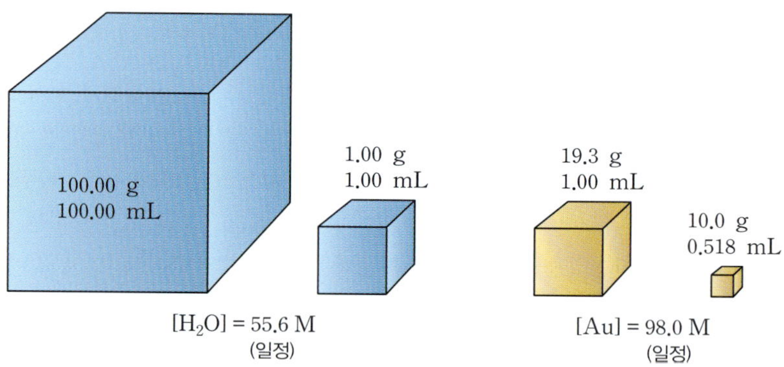

그림 13.3 물과 금의 일정한 몰 농도

결국 반응이 진행되는 동안 변수로서 그 값이 변하다가 평형에 도달하였을 때 일정한 값에 도달하는 수용액의 몰농도와 기체의 부분 압력만을 평형 상수 식에 대입하여 불균일 반응의 평형 상수를 계산할 수 있다.

평형 상수는 반응물과 생성물의 평형 농도를 대입하여 계산해야 한다. 또한 평형 상수는 균일/불균일 평형 구별없이 모두 차원, 즉 단위가 없다는 점을 반드시 기억하라.

반응식과 평형 상수 식의 관계

평형 상수 식과 평형 상수 값은 균형 화학 반응식의 형태에 의존한다. 일반적인 반응에 대한 화학 반응식과 평형 식에 대하여 다시 생각해 보자.

$$aA + bB \rightleftharpoons cC + dD \qquad K_c = \frac{[C]^c[D]^d}{[A]^a[B]^b}$$

만약 위 반응의 반응식이 반대 방향, 즉 반응물과 생성물의 위치가 뒤바뀐다면 그 때의 새로운 평형 상수 식은 원래 식의 역수이고, 새로운 평형 상수 K_c'는 원래 평형 상수 K_c의 역수($1/K_c$)가 된다.

$$cC + dD \rightleftharpoons aA + bB \qquad K_c' = \frac{[A]^a[B]^b}{[C]^c[D]^d} = \frac{1}{K_c}$$

반응 계수에 공통 인수 n이 곱해지면, 새로운 평형 상수 식은 원래 식의 각 성분에 대해 n 거듭제곱한 것으로 표현되며, 새로운 평형 상수 K_c''는 $(K_c)^n$과 같다.

$$naA + nbB \rightleftharpoons ncC + ndD \qquad K_c'' = \left(\frac{[C]^c[D]^d}{[A]^a[B]^b}\right)^n = (K_c)^n$$

평형 상수 K_c와 K_c'는 서로 다른 수치이므로 평형 상수 값을 인용할 때에는 반드시 해당하는 평형 반응식을 명시해야 한다.

두 개 이상의 화학 반응식이 더해져서 전체 반응식이 구성될 때, 전체 반응에 대한 평형 상수는 각 반응에 대한 평형 상수의 곱과 같다.

$$aA \rightleftharpoons cC \qquad K_{c_1} = \frac{[C]^c}{[A]^a}$$

$$bB \rightleftharpoons dD \qquad K_{c_2} = \frac{[D]^d}{[B]^b}$$

$$aA + bB \rightleftharpoons cC + dD \qquad K_c = \frac{[C]^c[D]^d}{[A]^a[B]^b} = K_{c_1} \times K_{c_2}$$

13.5 예제

대기 중 이산화 질소는 자외선에 의해 다음 두 단계를 거쳐서 반응한다.

1단계: $N_2(g) + O_2(g) \rightleftharpoons 2\ NO(g) \qquad K_{c1} = 4.3 \times 10^{-25}$

2단계: $2\ NO(g) + O_2(g) \rightleftharpoons 2\ NO_2(g) \qquad K_{c2} = 6.4 \times 10^{9}$

(a) 전체 반응식과 그 평형 상수 식(K_c)을 쓰시오.

(b) 전체 반응식의 K_c 값은 얼마인가?

정답

(a) $N_2(g) + 2\ O_2(g) \rightleftharpoons 2\ NO(g)$, $K_c = \dfrac{[NO]^2}{[N_2][O_2]^2}$

(b) $K_c = K_{c1} \times K_{c2} = 2.75 \times 10^{-15}$

응용문제 13.5

다음 평형 반응식의 평형 상수를 참고하여 $Na_2O(s) + \frac{1}{2}O_2(g) \rightleftharpoons Na_2O_2(s)$의 평형 상수($K_c$) 값을 계산하시오.

$$Na_2O(s) \rightleftharpoons 2\ Na(l) + \frac{1}{2}\ O_2(g), \qquad K_c = 2 \times 10^{-25}$$

$$Na_2O_2(s) \rightleftharpoons 2\ Na(l) + O_2(g), \qquad K_c = 5 \times 10^{-29}$$

예제 13.6

다음 불균일 평형 반응의 평형 상수 식을 쓰시오.

(a) $CO_2(g) + C(s) \rightleftharpoons 2\ CO(g)$

(b) $Hg(l) + Hg^{2+}(aq) \rightleftharpoons Hg_2{}^{2+}(aq)$

(c) $2\ H_2(g) + O_2(g) \rightleftharpoons 2\ H_2O(l)$

정답

(a) $K_p = \dfrac{(P_{CO})^2}{P_{CO_2}}$ (b) $K_c = \dfrac{[Hg_2{}^{2+}]}{[Hg^{2+}]}$ (c) $K_p = \dfrac{1}{(P_{H_2})^2(P_{O_2})}$

응용문제 13.6

다음은 혈중 헤모글로빈(Hb)의 반응을 나타낸 것이다. 각각의 평형 상수(K) 식을 쓰시오.

(a) $Hb(aq) + 4\ O_2(g) \rightleftharpoons Hb(O_2)_4(aq)$

(b) $Hb(O_2)(aq) + CO(g) \rightleftharpoons Hb(CO)(aq) + O_2(g)$

13.4 평형 상수로 반응 예측 및 평형 농도 계산하기

평형 상수는 화학에서 어떤 용도로 활용할 수 있을까? 화학 반응에 대한 평형 상수 값을 알면 반응이 일어나는 정도를 판단하고 반응의 방향을 예측할 수 있으며, 초기 농도로부터 평형 농도를 계산할 수도 있다.

반응 진행의 정도 판단

어떤 반응에 대한 평형 상수 값은 반응물이 생성물로 전환되는 정도를 나타낸다. 즉, 평형 상태에 도달할 때까지 그 반응이 얼마나 더 진행할 것인가를 보여 준다. 예를 들어, 다음과 같이 물이 생성되는 반응을 살펴보면 이 반응의 평형 상수 값은 상당히 크다.

$$2\ H_2(g) + O_2(g) \rightleftharpoons 2\ H_2O(g) \qquad T = 500\ K$$

$$K_c = \frac{[H_2O]^2}{[H_2][O_2]} = 2.4 \times 10^{47}$$

이 반응은 500 K의 온도 조건에서 평형 상수 K_c가 2.4×10^{47}이다. 이 정도 크기의 평형 상수 값이 어떤 의미가 있는지 잘 파악할 필요가 있다. 평형 상수 식을 보면 분자는 생성물의 농도곱이고 분모는 반응물의 농도곱이다. 위 반응의 경우 평형 상태에서 반응물의 농도를 곱한 분자의 값이 1일 때, 생성물의 농도를 곱한 값이 2.4×10^{47}임을 의미하는 것이다. 이 반응이 화학 평형에 도달하려면 생성물이 반응물에 비해서 매우 많이 생성되어야 한다는 뜻이 다. 즉, 반응물보다 생성물이 매우 많이 만들어진 상태에서 화학 평형이 이루어진다는 것이다.

이와는 반대로 평형 상수 K_c 값이 매우 작다면($K_c = 4.2 \times 10^{-48}$) 생성물보다 반응물의 농도가 매우 큰 상태에서 위 반응은 평형에 도달해야 한다.

$$2\ H_2O(g) \rightleftharpoons 2\ H_2(g) + O_2(g) \qquad T = 500\ K$$

$$K_c = \frac{[H_2][O_2]}{[H_2O]^2} = 4.2 \times 10^{-48}$$

다만, 반응물과 생성물의 평형 농도를 비교해 보면 생성물이 거의 만들어지지 않은 상태에서 평형이 형성됨을 알 수 있다.

결국, 평형 상수 K_c 값의 크기로 정반응이 우세한 상태에서 또는 역반응이 우세한 상태에서 평형이 조성되는지를 예측할 수 있다. 위의 내용을 다음과 같이 요약할 수 있다.

- $K_c > 10^3$이면 생성물이 반응물보다 많다. K_c 값이 매우 크면 그 반응은 거의 완결된다. (99 % 이상 정반응 진행)
- $K_c < 10^{-3}$이면 반응물이 생성물보다 많다. K_c 값이 매우 작으면 그 반응은 거의 일어나지 않는다. (99 % 이상 역반응 우세, 1 % 미만 정반응 진행)
- K_c 값이 10^{-3}~10^3이면 반응물과 생성물 모두 어느 정도 적당한 수준의 농도로 존재한다.

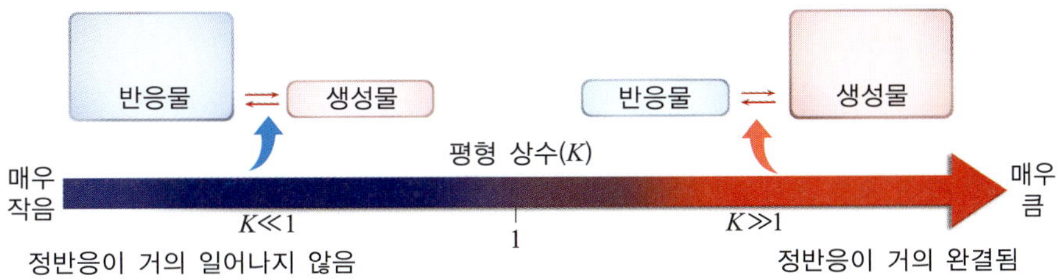

그림 13.4 평형 상수 K_c와 반응 진행 정도의 판단 기준

13.7 예제

다음 반응이 평형에 도달하였을 때, 평형 혼합물의 조성은 어떻게 되는가? 반응물과 생성물 중 어느 것이 비중이 큰가?

(a) $NO(g) + O_2(g) \rightleftharpoons NO_2(g)$ $K_c = 1.5 \times 10^{48}$ (25 ℃)

(b) $N_2(g) + O_2(g) \rightleftharpoons 2\ NO(g)$ $K_c = 1.7 \times 10^{-3}$ (2000 ℃)

(c) $N_2(g) + O_2(g) \rightleftharpoons 2\ NO(g)$ $K_c = 4.5 \times 10^{-31}$ (25 ℃)

정답

(a) K_c가 10^3을 넘으므로, 생성물이 우세하다.

(b) K_c가 10^{-3} 근처이므로 반응물과 생성물 모두 어느 정도 상당 비율로 존재하지만, 반응물의 비중이 조금 더 높다.

(c) K_c가 10^{-3}보다 작으므로 반응물이 우세하다.

응용문제 13.7

다음은 물에 녹아 양이온과 음이온으로 해리되는 전해질의 평형 식과 평형 상수를 나타낸 표이다. 이들 중 가장 많은 이온을 생성하는 전해질부터 가장 적은 이온을 생성하는 전해질 순으로 배열하시오.

전해질의 평형 반응식	평형 상수(K_c)
$HCN(aq) \rightleftharpoons H^+(aq) + CN^-(aq)$	4.9×10^{-10}
$HF(aq) \rightleftharpoons H^+(aq) + F^-(aq)$	3.5×10^{-4}
$HCl(aq) \rightleftharpoons H^+(aq) + Cl^-(aq)$	∞
$HOI(aq) \rightleftharpoons H^+(aq) + OI^-(aq)$	2.3×10^{-11}
$HOCl(aq) \rightleftharpoons H^+(aq) + OCl^-(aq)$	3.5×10^{-8}

예제 13.8

에탄올이 산화되는 반응의 평형 반응식은 아래와 같으며, 25 ℃에서 이 반응이 진행되었을 때의 평형 상수 K_c 값이 대략 10^{25}라면 이때의 에탄올과 아세트산의 조성 상태에 대하여 설명하시오.

$$C_2H_6O(aq) + O_2(g) \rightleftharpoons CH_3COOH(aq) + H_2O(l)$$

정답

위 반응의 평형 상수 식은 $K_c = \frac{[CH_3COOH]}{[C_2H_6O][O_2]}$이고 이 값이 대략 10^{25}이라면, 농도비가 $[CH_3COOH] : [C_2H_6O][O_2] = 10^{25}$ M : 1 M이라고 볼 수 있다. 즉, 생성물인 CH_3COOH가(물론 H_2O도) 반응물인 C_2H_6O와 O_2보다 월등히 많은 비중으로 평형 농도를 형성한다.

응용문제 13.8

응용문제 13.7의 표에서 염산, HCl(*aq*)의 평형 상수가 무한대일 만큼 상당히 크다. 그 의미를 반응물과 생성물의 농도로 해석하여 설명하시오.

반응 진행 방향 예측

700 K에서 진행되는 수소와 아이오딘 기체의 반응을 살펴보자.

$$H_2(g) + I_2(g) \rightleftharpoons 2\,HI(g) \qquad K_c = 57.0$$

위 반응은 해당 온도에서 57.0이라는 평형 상수 값을 달성할 수 있는 반응물과 생성물의 농도가 형성되었을 때, 화학 평형이 이루어질 것이다. 만약, 현재 실험 중인 반응계에서 $H_2(g)$, $I_2(g)$, $HI(g)$의 농도가 각각 0.10 M, 0.20 M, 0.40 M이라고 할 때, 이후로 반응이 어떻게 진행될지, 즉 정반응과 역반응 중 어느 방향으로 반응이 진행될지를 판단해 보자.

우선 **반응 지수(reaction quotient, Q_c)**에 대해서 알아야 한다. 반응 지수 Q_c는 아직 평형에 도달하지 않은 진행 중인 반응에서 현재의 반응물과 생성물의 농도를 그대로 평형 상수 식에 대입하여 계산한 값을 말한다.

이 반응 지수 Q_c와 평형 상수 K_c의 대소를 비교하면 다음과 같이 현재 진행 중인 해당 반응의 방향을 예측할 수 있다.

- $Q_c < K_c$이면 이후 알짜 반응은 정반응 쪽으로 진행된다.
- $Q_c > K_c$이면 이후 알짜 반응은 역반응 쪽으로 진행된다.
- $Q_c = K_c$이면 평형 상태로 알짜 반응은 일어나지 않는다.

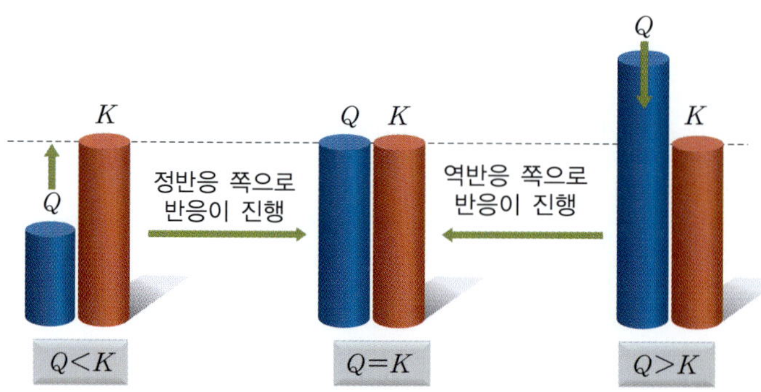

그림 13.5 반응의 진행 반향 예측

앞에서 수소와 아이오딘 반응의 현재 농도를 넣어 반응 지수 Q_c를 계산하면 다음과 같다.

$$\text{반응 지수 } Q_c = \frac{[HI]^2}{[H_2][I_2]} = \frac{(0.40)^2}{(0.10)(0.20)} = 8.0$$

이로써 평형 상수 K_c보다 Q_c가 작으므로 이후에 정반응으로 알짜 반응이 진행될 것으로 예상할 수 있다.

13.9 예제

500 K에서 $2\ NO(g) + O_2(g) \rightleftharpoons 2\ NO_2(g)$ 반응에 대한 평형 상수 K_c는 6.9×10^5이다. 이 온도에서 5.0 L 반응 용기에 0.060 mol NO, 1.0 mol O_2, 0.80 mol NO_2를 채웠다. 이 반응이 현재 어느 방향으로 반응이 진행될지를 밝히시오.

풀이

이 반응의 평형 상수 식 K_c는 다음과 같다.

$$K_c = \frac{[NO_2]^2}{[NO]^2[O_2]} = 6.9 \times 10^5$$

반응 지수 Q_c를 계산해 보면 다음과 같다.

$[NO] = 0.060\ \text{mol} \div 5\ \text{L} = 0.012\ \text{M}$

$[O_2] = 1.0\ \text{mol} \div 5\ \text{L} = 0.2\ \text{M}$

$[NO_2] = 0.80\ \text{mol} \div 5\ \text{L} = 0.16\ \text{M}$

$$Q_c = \frac{[NO_2]^2}{[NO]^2[O_2]} = \frac{(0.16)^2}{(0.012)^2(0.2)} = 8.9 \times 10^2$$

따라서 $K_c > Q_c$임을 알 수 있다.

정답

이 반응은 아직 평형에 도달하지 않은 반응이며, 평형에 도달하기 위해 정반응 쪽으로 반응이 진행될 예정이다. 즉, 이후 발생할 알짜 반응은 정반응 쪽이다.

응용문제 13.9

암모니아는 공기 중의 질소와 수소를 반응시켜서 생성한다. 이를 300 ℃ 이상에서 공업적으로 이용한 것이 바로 하버–보슈 공정이다. 그 평형 반응식은 아래와 같다.

$$N_2 + 3\ H_2 \rightleftharpoons 2\ NH_3 \qquad K_c = \frac{[NH_3]^2}{[N_2][H_2]^3}$$

반응물인 질소와 수소가 주어진 양이 있을 때, 최대한의 암모니아를 얻기 위해 그리고 최소한의 반응물만을 남기기 위해 이 공정을 어떻게 이용해야 하는가?

평형 농도의 계산

평형 상수와 어떤 한 성분을 제외한 나머지 성분들의 평형 온도를 알면 평형 식으로부터 농도를 직접 계산할 수 있다. 일반적으로 실험실에서 반응을 진행할 때, 실험자는 초기 반응물의 농도만 확실히 알 뿐, 반응 중 실시간 변하는 반응물과 생성물의 농도를 측정하기가 쉽지 않다. 또한 평형에 도달하였을 때, 반응물과 생성물의 평형 농도도 바로 확인하기가 쉽지 않다. 평형 농도는 평형 상수를 이용하여 알아내는 것이 가능하다.

예제 13.10

다음과 같은 반응이 있다.

$$CO(g) + H_2O(g) \rightleftharpoons CO_2(g) + H_2(g) \qquad K_c = 4.24(800\ K)$$

반응 초기에 CO와 H_2O를 각각 0.150 M씩 첨가하여 반응을 시켰다면, 이 반응이 평형에 도달하였을 때 모든 반응물과 생성물의 평형 농도를 계산하시오.

풀이

1단계: 평형 반응식을 적고 아래에 미지수를 사용하여 처음, 반응, 최종(평형) 상태의 농도를 생각해 본다.

	$CO(g)$ +	$H_2O(g)$ ⇌	$CO_2(g)$ +	$H_2(g)$
처음	0.150	0.150	0	0
반응	$-x$	$-x$	$+x$	$+x$
최종(평형)	$(0.150-x)$	$(0.150-x)$	x	x

2단계: 위 미지수가 포함된 평형 상태에서의 농도를 평형 상수 식에 대입하고, 미지수 x의 값을 구한다.

$$K_c = \frac{[CO_2][H_2]}{[CO][H_2O]} = \frac{x^2}{(0.150-x)^2} = 4.24$$

$$x = 0.101\ M$$

3단계: 2단계에서 알아낸 값으로 각 반응물과 생성물의 평형 농도를 계산한다.

$[CO] = (0.150-x)\ M = 0.049\ M$

$[H_2O] = (0.150-x)\ M = 0.049\ M$

$[CO_2] = x\ M = 0.101\ M$

$[H_2] = x\ M = 0.101\ M$

정답

이 반응의 평형 농도는 $CO(g)$ 0.049 M, $H_2O(g)$ 0.049 M, $CO_2(g)$ 0.101 M, $H_2(g) = 0.101$ M이다.

응용문제 13.10

예제 13.10에서 투입하는 초기 반응물의 농도를 10배로 증가시키면 그 반응의 평형 농도도 똑같이 10배로 증가할까? 각 물질의 농도를 직접 계산하여 답하시오.

예제 13.11

초기 반응물의 농도가 $[H_2] = 0.100$ M, $[I_2] = 0.300$ M일 때, 아래의 평형 반응에서 생성되는 모든 화합물의 평형 농도를 계산하시오(단, 반응 온도는 700 K이다).

$$H_2(g) + I_2(g) \rightleftharpoons 2\ HI(g) \qquad K_c = 57.0(700\ K)$$

풀이

1단계: 평형 반응식을 적고 아래에 미지수를 사용하여 처음, 반응, 최종(평형) 상태의 농도를 생각해 본다.

	$H_2(g)$ +	$I_2(g)$ ⇌	$2\ HI(g)$
처음	0.100	0.300	0
반응	$-x$	$-x$	$+2x$
최종(평형)	$(0.100-x)$	$(0.300-x)$	$2x$

2단계: 위 미지수가 포함된 평형 상태에서의 농도를 평형 상수 식에 대입하고, 미지수 x의 값을 구한다.

$$K_c = \frac{[HI]^2}{[H_2][I_2]} = \frac{4x^2}{(0.100-x)(0.300-x)} = 57.0$$

$$53.0x^2-(57.0\times0.400)x+(0.03\times57.0)=0$$
$$53.0x^2-22.8x+1.71=0$$
$$x=\frac{22.8\pm\sqrt{(22.8)^2-4(53.0)(1.71)}}{2\times53.0}=0.0968\text{ M 또는 }0.333\text{ M}$$

H_2의 초기 농도 0.100 M보다 값이 클 수 없으므로, $x=0.0968$ M이다.

3단계: 2단계에서 알아낸 값으로 각 반응물과 생성물의 평형 농도를 계산한다.

$[H_2]=(0.100-x)\text{ M}=0.00323\text{ M}$
$[I_2]=(0.300-x)\text{ M}=0.203\text{ M}$
$[HI]=2x\text{ M}=0.194\text{ M}$

정답

이 반응의 평형 농도는 $[H_2]=0.00323$ M, $[I_2]=0.203$ M, $[HI]=0.194$ M이다.

응용문제 13.11

예제 13.11에서 다른 조건은 동일하고 반응 온도 조건이 500 K으로 변경되면서 평형 상수 K_c가 90.5로 변경될 때 생성물들의 평형 농도를 계산하시오.

예제 13.12

1000 K에서 반응 $C(s) + H_2O(g) \rightleftharpoons CO(g) + H_2(g)$의 평형 상수 K_p는 2.44이다. 초기 화합물의 부분 압력이 $CO(g)=1.20$ atm, $H_2(g)=1.40$ atm일 때, 평형 상태에서 $H_2O(g)$, $CO(g)$, $H_2(g)$의 부분 압력을 계산하시오.

풀이

이 문제는 K_c가 아닌 K_p, 그리고 반응물이 아닌 생성물이 반응 초기의 양으로 제시되었다는 점이 앞의 예제와 다르다. 이것을 염두에 두고 풀어야 한다.

1단계: 평형 반응식을 적고 미지수를 사용하여 처음, 반응, 최종(평형) 상태의 부분 압력을 생각해 본다. 생성물의 부분 압력을 최초의 양으로 제시하였으므로 평형 과정에서 생성물의 양이 미지수만큼 소모된다는 개념을 반영하여 다음과 같이 적어야 한다.

	$C(s) + H_2O(g)$	$\rightleftharpoons$ $CO(g)$	$+$ $H_2(g)$
처음	0	1.20	1.40
반응	$+x$	$-x$	$-x$
최종(평형)	x	$(1.20-x)$	$(1.40-x)$

2단계: 위 미지수가 포함된 평형 상태에서의 농도를 평형 상수 식에 대입하고, 미지수 x의 값을 구한다.

$$K_p=\frac{P_{CO}\times P_{H_2}}{P_{H_2O}}=\frac{(1.20-x)(1.40-x)}{x}=2.44$$
$$x^2-5.04x+1.68=0$$
$$x=4.68\text{ atm 또는 }0.359\text{ atm}$$

x값이 CO의 초기 부분 압력 1.20 atm보다 클 수 없으므로, $x=0.359$ atm이다.

3단계: 2단계에서 알아낸 값으로 각 반응물과 생성물의 평형에서의 부분 압력을 계산한다.

$P_{H_2O}=x\text{ atm}=0.359\text{ atm}$
$P_{CO}=(1.20-x)\text{ atm}=0.841\text{ atm}$
$P_{H_2}=(1.40-x)\text{ atm}=1.041\text{ atm}$

정답

이 반응의 평형에서의 부분 압력은 $P_{H_2O}=0.359$ atm, $P_{CO}=0.841$ atm, $P_{H_2}=1.041$ atm이다.

응용문제 13.12

예제 13.12의 초기 화합물 $CO(g)$와 $H_2(g)$가 부분 압력이 아니라 농도로 각각 1.20 M, 1.40 M이고 온도 조건이 10 K이라 할 때, 모든 화합물의 평형 농도를 계산하시오.

13.5 르샤틀리에 원리와 평형에 영향을 미치는 요인

온도가 변하지 않고 일정하게 유지되는 조건이라면 모든 반응의 평형 상수는 항상 일정하고, 어떠한 초기 농도로 반응이 시작하더라도 평형 상수에 부합하기 위하여 정반응과 역반응이 적절히 일어난다(표 13.2).

또한, 이러한 평형의 원리를 이용하여 생산 시설에서 진행하는 합성 반응은 에너지를 최소화하면서 반응물에서 생성물로의 변화를 최대화하는 것이 중요하다. 즉 알맞은 온도와 압력에서 반응이 거의 완결되기를 바란다. 하지만 어떤 반응의 평형 혼합물에 생성물은 적고 반응물이 많다면 그 반응 조건은 수정되어야 할 것이다.

1913년 독일의 화학자 하버(Haber, F., 1868~1934)가 개발한 질소(N_2)와 수소(H_2)로부터 암모니아(NH_3)를 합성하는 반응은 다음과 같다.

$$N_2(g) + H_2(g) \rightleftharpoons 2\ NH_3(g)$$

비료의 주원료로 사용되는 암모니아의 생산량이 연당 1억 톤에 달하므로 하버는 대량 생산이 가능한 암모니아 반응 조건을 찾아내어 이른바 하버–보슈(Bosch, C.; 1874~1940) 공정을 확립하였다. 하버–보슈 공정 덕분에 오늘날 지구에서 필요한 농작물을 생산하는 데 필요한 질소 비료의 양을 감당할 수 있게 되었다. 이 공정은 평형 혼합물의 조성을 변화시키기 위해 다음 몇 가지의 인자를 활용하고 조절한 것이다.

하버와 보슈

하버와 보슈는 하버–보슈 공정으로 각각 1918년과 1931년에 노벨 화학상을 수상하였다.

- 반응물과 생성물의 농도 변화
- 압력과 부피의 변화
- 온도의 변화
- 촉매

표 13.2 25 ℃에서 $N_2O_4(g) \rightleftharpoons 2\ NO_2(g)$의 초기 농도별 평형 반응 결과

실험	초기 농도(M)		평형 농도(M)		평형 상수
	$[N_2O_4]$	$[NO_2]$	$[N_2O_4]$	$[NO_2]$	$\frac{[NO_2]^2}{[N_2O_4]}$
1	0.0400	0.0000	0.0337	0.0125	4.64×10^{-3}
2	0.0000	0.0800	0.0337	0.0125	4.64×10^{-3}
3	0.0600	0.0000	0.0522	0.0156	4.66×10^{-3}
4	0.0000	0.0600	0.0246	0.0107	4.65×10^{-3}
5	0.0200	0.0600	0.0429	0.0141	4.63×10^{-3}

평형 상태에 영향을 미치는 요인은 촉매를 제외한 나머지 세 가지 요인이라고 할 수 있다. 이 세 가지 인자들의 변화가 결과적으로 평형 혼합물의 조성에 미치는 영향을 프랑스 화학자 르샤틀리에(Le Chatelier, H. L., 1850~1936)가 연구하여 오늘날 하나의 원리로서 정립시켰다.

르샤틀리에 원리(Le Chatelier's principle)

평형 상태에 있는 반응 혼합물에 자극을 가하면, 알짜 반응은 그 자극을 줄이는 방향으로 일어난다.

르샤틀리에 원리에서 자극은 기존의 평형 상태를 깨는 인자(농도, 압력, 부피 변화)를 의미한다. 이와 같은 자극을 평형 상태의 반응계에 가하면 순간 평형 상태가 깨지게 되는데 결국에는 평형 상수에 부합하는 상황으로 다시 돌아가기 위하여 이 자극의 영향을 없애는 방향으로 반응이 진행된다는 뜻이다.

평형 혼합물에 대한 농도 변화의 영향

암모니아를 합성하는 하버 공정을 예로 들어 화학 평형에 농도 변화가 미치는 영향을 생각해 보자.

$$N_2(g) + 3\ H_2(g) \rightleftharpoons 2\ NH_3(g) \qquad K_c = 0.291(T = 700\ K)$$

그림 13.6에서 초기 평형에 도달하였을 때 반응물과 생성물의 농도가 각각 N_2 0.50 M, H_2 3.00 M, NH_3 1.98 M임을 알 수 있다. 이 상태에서 반응물인 N_2를 반응계에 첨가하면 순간 N_2의 농도가 0.50 M에서 1.50 M로 증가하게 된다. 이 순간은 더 이상 평형 상수 값을 유지할 수 없어 평형은 깨진다. 또한, 이때의 반응 지수 Q_c를 계산해 보면 반응물의 농도가 순간 늘어난 것이기 때문에 평형 상수보다 작음을 확인할 수 있다($Q_c = 0.0968$, $K_c = 0.291$). 따라서 반응 지수와 평형 상수를 비교해 보면 정반응이 추가로 진행될 수 있음을 알 수 있다.

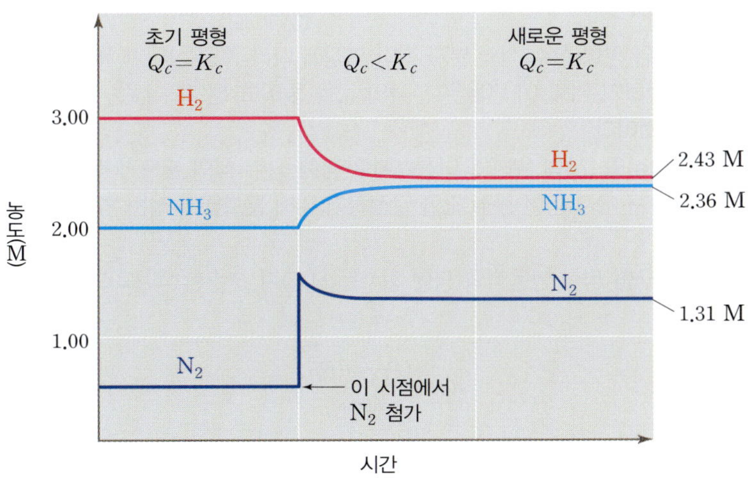

그림 13.6 농도 변화 자극에 따른 반응물과 생성물의 농도 변화

여기서 정반응이 진행된다는 말은 반응물인 N_2의 농도가 감소하면서(물론 H_2도 같이 감소한다.) 생성물인 암모니아가 추가로 생성되어 반응 지수 Q_c 값을 점점 키우면서 평형 상수 K_c와 같아지는 수준까지 추가 알짜 반응이 진행된다는 것을 의미한다. 이와 같은 변화 과정을 그림 13.6에서 확인할 수 있다. 결국 처음과 다른 평형 혼합물의 조성이 완성된 상태로 평형 상수와 반응 지수가 같은 새로운 평형에 도달하게 된다(N_2 1.31 M, H_2 2.43 M, NH_3 2.36 M).

일반적으로 르샤틀리에 원리에 의하여 농도 변화는 화학 평형계에 다음과 같은 변화를 동반한다고 요약할 수 있다.

- 첨가된 반응물(또는 생성물)에 대한 농도 자극은 첨가된 물질을 소비하는 방향으로 알짜 반응이 추가로 진행된다.
- 제거된 반응물(또는 생성물)에 의한 농도 자극은 제거된 물질을 보충하여 늘리는 방향으로 알짜 반응이 진행된다.

예제 13.13

다음 평형 반응식을 보고, 평형 상태에서 발생한 다음 자극에 대하여 이후의 알짜 반응이 어떻게 진행될지를 설명하시오.

$$CO(g) + H_2O(g) \rightleftharpoons CO_2(g) + H_2(g)$$

(a) CO 첨가
(b) CO_2 첨가
(c) H_2O 제거
(d) 만약 위 평형 반응식이 $CO(g) + H_2O(l) \rightleftharpoons CO_2(g) + H_2(g)$이라 가정했을 때, H_2O의 첨가

정답

위 평형 반응식의 평형 상수 식은 다음과 같다.

$$K_p = \frac{(P_{CO_2})(P_{H_2})}{(P_{CO})(P_{H_2O})}$$

(a) CO가 첨가되면 위 평형 상수 식의 분모 값이 커짐에 따라 평형이 깨진다. 따라서 다시 평형 상수 값을 달성하기 위해 이 반응은 분모의 값을 줄이고 분자의 값을 늘리는 정반응이 알짜 반응으로 진행될 것이다.
(b) CO_2가 첨가되면 위 평형 상수 식의 분자 값이 커짐에 따라 평형 상태가 깨진다. 따라서 다시 평형 상수 값을 달성하기 위해 이 반응은 분자의 값을 줄이고 분모의 값을 늘리는 역반응이 알짜 반응으로 진행될 것이다.
(c) H_2O가 제거되면 (a)와 (b)의 원리와 마찬가지로 평형 상수 식의 분모가 작아짐에 따라 평형 상태가 깨진다. 이어서 다시 평형 상수 값을 달성하기 위해 분모를 늘리는 역반응이 알짜 반응으로 진행된다.
(d) 새롭게 제시된 불균형 평형 반응식의 평형 상수는 H_2O가 순수한 액체이므로 식을 다음과 같이 쓸 수 있다.

$$K_p = \frac{(P_{CO_2})(P_{H_2})}{(P_{CO})}$$

따라서 이 경우에는 H_2O의 농도가 증가하든 혹은 감소하든(= H_2O가 제거되든 또는 첨가되든) 평형 상수에 영향을 미칠 수 없기 때문에 추가적인 알짜 반응이 진행되지 않는다.

응용문제 13.13

(a) 다음 반응의 평형계에서 $Cl_2(g)$를 제거하면 평형은 어디로 이동하는가?

$$PCl_5(g) \rightleftharpoons PCl_3(g) + Cl_2(g)$$

(b) 위 (a)와 같은 방향으로 평형을 이동시킬 다른 방법을 제시하시오.

평형 혼합물에 대한 부피와 압력 변화의 영향

평형 혼합물의 부피를 변화시키면 기체의 경우 압력에 변화가 생긴다. 이 압력 변화는 평형에 어떤 영향을 주는지 하버-보슈 공정 반응을 예로 들어 살펴보자.

$$N_2(g) + 3\ H_2(g) \rightleftharpoons 2\ NH_3(g) \qquad K_c = 0.291\ (T = 700\ K)$$

이 반응에 대한 균형 잡힌 반응식의 반응 계수를 살펴보면 반응물 총 4 mol이 반응하여 생성물 2 mol이 생성됨을 알 수 있다. 부피가 감소하여 반응계의 압력이 높아지면 르샤틀리에 원리에 따라 알짜 반응은 압력 증가에 의한 자극을 완화하기 위해서 전체 반응계의 화합물의 분자 수가 감소하는 정반응 쪽으로 진행될 것이다.

여기서 압력 변화로 평형 상수 값이 변할까? 그렇지 않다. 평형 상수는 온도에 의해서만 변한다. 기체의 부피가 변하면 몰농도가 변하게 되어 결국에는 부피 변화에 의한 반응물과 생성물의 농도가 변하게 되면서 초기 평형 상태가 깨지게 되는 것이다. 추가적인 알짜 반응이 진행되면서 반응물과 생성물의 분자 개수(mol)가 변하면서 결국에는 반응물과 생성물이 바뀐 부피에서 바뀐 mol수로 계산된 반응 지수 Q_c가 평형 상수 K_c가 될 때까지 변화하는 것이다(그림13.7).

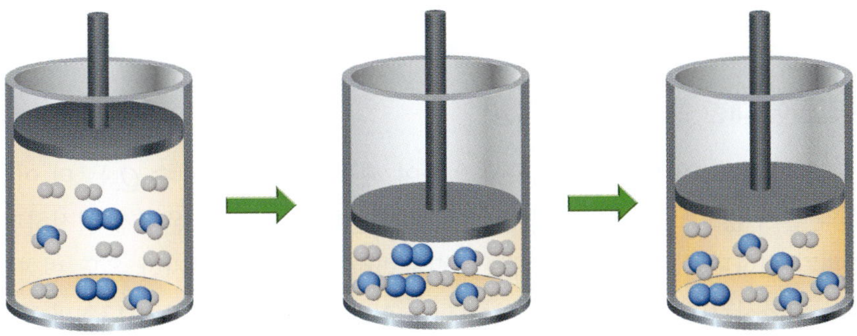

(a) 평형($Q_c = K_c$)에서 N_2, H_2, NH_3 기체 혼합물

(b) 부피 감소에 의하여 압력이 증가할 때 혼합물은 더 이상 평형에 있지 않다($Q_c < K_c$).

(c) 평형이 다시 될 때까지 알짜 반응은 반응물에서 생성물 쪽으로 일어나고 전체 기체 분자의 몰수는 감소한다.

그림 13.7 기체 반응의 화학 평형에서 부피와 압력의 영향

물론 이 부피와 압력의 변화는 부피 변화가 확실한 기체 반응의 경우만 해당되고 액체나 고체, 수용액의 반응에는 적용하기 힘든 이론이라는 점을 유념해야 한다.

따라서 부피와 압력의 영향은 다음과 같이 요약할 수 있다.

- 부피 감소에 의하여 압력이 증가하면 이후의 알짜 반응은 전체 기체의 몰수를 감소시키는 방향으로 진행된다.
- 부피 증가에 의해 압력이 감소하면 이후의 알짜 반응은 전체 기체의 몰수를 증가시키는 방향으로 진행된다.

예제 13.14

다음 각 평형에 따라 부피 감소에 따라 압력이 증가할 때, 생성물의 몰수는 증가하는가, 감소하는가? 정확한 변화를 설명하시오.

(a) $CO(g) + H_2O(g) \rightleftharpoons CO_2(g) + H_2(g)$

(b) $2\ CO(g) \rightleftharpoons C(s) + CO_2(g)$

(c) $N_2O_4(g) \rightleftharpoons 2\ NO_2(g)$

(d) $2\ Fe(s) + 4\ H_2O(g) \rightleftharpoons Fe_3O_4(s) + 4\ H_2(g)$

정답

(a) 반응 전후로 기체의 반응 몰수의 변화가 없으므로, 압력이나 부피 변화에 의한 생성물의 몰수 변화는 없다.

(b) 반응 전후로 기체의 반응 몰수가 2 mol에서 1 mol로 감소하므로, 압력 증가 및 부피 감소에 의한 생성물의 몰수는 증가한다. (반응물의 몰수는 감소한다.)

(c) 반응 전후로 기체의 반응 몰수가 1 mol에서 2 mol로 증가하므로, 압력 증가 및 부피 감소에 의한 생성물의 몰수는 감소한다. (반응물의 몰수는 증가한다.)

(d) 반응 전후로 기체의 반응 몰수의 변화가 없으므로, 압력이나 부피 변화에 의한 생성물의 몰수 변화는 없다.

응용문제 13.14

응용문제 13.13의 평형 상태에서 역반응이 일어나도록 피스톤에서 반응을 진행시킨다면 어떻게 반응계에 부피 변화를 주어야 하는가? (단, 온도는 일정하게 유지된다.)

평형 혼합물에 대한 온도 변화의 영향

초기 평형이 온도, 압력, 부피 변화에 의하여 깨졌을 때 반응 지수 Q_c는 더 이상 평형 상수 K_c와 같지 않으므로 평형 혼합물의 조성이 변한다. 그러나 온도가 일정하면 농도, 압력 부피가 변하더라도 평형 상수 값은 절대 변하지 않는다. 하지만 온도 변화는 평형 상수 값을 변화시킨다. 하비–보슈의 암모니아 합싱 공정의 경우 그림 13.8과 같이 절대 온도가 300 K에서 800 K로 상승할 때, 평형 상수 K_c는 대략 10^8에서 10^{-2}로 감소한다.

하버–보슈 공정 이외에 다른 평형계의 반응을 보면 절대 온도가 상승하면 오히려 평형 상수가 상승하기도 한다. 어떤 기준에 의하여 이런 변화가 일어나는 것일까? 먼저 이 공정의 열화학 반응식을 살펴보면 이 반응은 발열 반응임을 알 수 있다.

$$N_2(g) + 3\ H_2(g) \rightleftharpoons 2\ NH_3(g) \qquad \Delta H° = -92.2\ \text{kJ}$$

발열 반응은 반응계에 열이 공급되면 역반응이 일어나고 반대로 반응계에서 열이 방출되면 정반응이 진행된다. 따라서 온도 변화 요인에 대한 평형 상수의 변화는 다음과 같이 요약할 수 있다.

아레니우스의 식

반응 속도 상수(k)와 활성화 에너지(E_a), 그리고 절대 온도(T)와의 관계를 나타낸 식이다.

$$k = Ae^{-\frac{E_a}{RT}}$$

(A는 반응물 간 충돌 빈도)

반응 속도는 속도 상수에 비례하므로 반응 온도가 변화하면 반응 속도가 변한다.

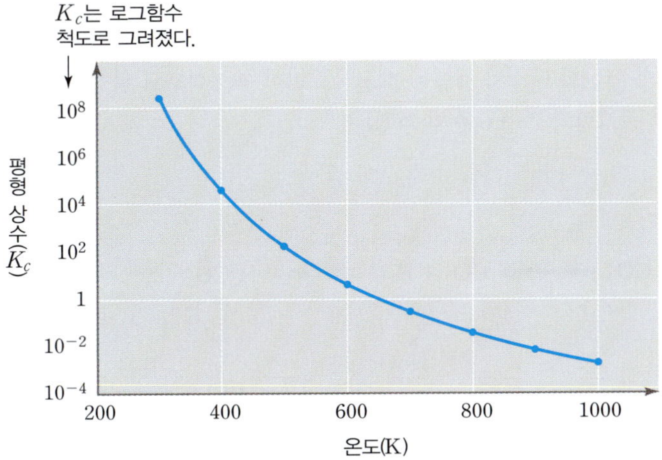

온도(K)	K_c
300	2.6×10^8
400	3.9×10^4
500	1.7×10^2
600	4.2
700	2.9×10^{-1}
800	3.9×10^{-2}
900	8.1×10^{-3}
1000	2.3×10^{-3}

그림 13.8 하버 공정에서 절대 온도(K)와 평형 상수(K_c)의 관계

- 발열 반응($\Delta H° < 0$)의 평형 상수는 절대 온도가 증가함에 따라 감소하고, 절대 온도가 감소함에 따라 증가한다.
- 흡열 반응($\Delta H° > 0$)의 평형 상수는 절대 온도가 증가함에 따라 증가하고, 절대 온도가 감소함에 따라 감소한다.

13.15 예제

어떤 평형 반응의 열화학 반응식은 다음과 같다.

$$N_2(g) + O_2(g) \rightleftharpoons 2\ NO(g) \qquad \Delta H° = +182.6\ kJ$$

평형 상태를 유지하고 있는 이 반응계에서 추가적인 반응물의 공급 없이 생성물인 NO 기체를 더 생산하고 싶다면 어떻게 해야 하는지 설명하시오.

정답

위 평형 식의 반응열($\Delta H°$)의 부호가 양이므로 흡열 반응임을 알 수 있다. 흡열 반응은 반응계의 온도가 상승할수록 정반응이 진행되면서 평형 상수가 증가하기 때문에 생성물을 더 많이 원한다면 반응계를 가열하면 된다.

응용문제 13.15

응용문제 13.13의 반응열 ΔH가 +87.9 kJ이라면 어떻게 해야 더 많은 양의 생성물을 얻을 수 있는가?

Deep Insight 헤모글로빈이 산소와 이산화 탄소를 다 운반한다고?

혈액의 성분 중 하나인 헤모글로빈(hemoglobin, Hb)은 4개의 3차원 구조의 단백질이 모여 만들어진 고기능의 거대 단백질 구조체이다. 이렇게 거대 단백질은 생체에서 상당히 어렵고 정확한 기능을 요구하는 역할을 하는 경우가 많다. 헤모글로빈은 우리 몸에서 산소를 운반할 뿐만 아니라 동시에 이산화 탄소도 운반한다. 또한 헤모글로빈 단백질 하나가 한 번에 최대한 옮길 수 있는 산소 또는 이산화 탄소 분자는 네 개이다.

보통 이산화 탄소보다 산소 기체가 풍부한 폐의 혈관에서 헤모글로빈은 헤모글로빈 하나당 네 개의 산소가 완벽하게 결합된 이른바 산소포화 헤모글로빈(Hb-$(O_2)_4$)이 된다. 문제는 신체 각 조직으로 혈관을 따라 이동한 산소포화 헤모글로빈이 산소 기체를 어떠한 원리로 방출하느냐 하는 것이다.

간단히 말하면 산소 분자와의 결합과 이산화 탄소와의 결합 사이에서 헤모글로빈이 평형 상태에 있다 보니 이산화 탄소의 분압이 산소 기체보다 상대적으로 높은 공간에서는 산소의 위치와 이산화 탄소의 위치가 치환되는 것으로 생각하기 쉽다.

$$\text{Hb-}(O_2)_4 + 4\,CO_2 \underset{P_{O_2}\ \text{우세}}{\overset{P_{CO_2}\ \text{우세}}{\rightleftharpoons}} \text{Hb-}(CO_2)_4 + 4\,O_2$$

사실 생각과는 다르게 단순히 기체 분압의 평형 관계만으로 헤모글로빈으로부터 산소 기체가 분리되는 것이 아니다. 산소포화 헤모글로빈이 이산화 탄소가 상대적으로 풍부한 조직 말단의 혈관에 도달하게 되면 탄산(H_2CO_3)의 공격을 받는다. 탄산은 이산화 탄소가 물에 녹아있을 때, 형성될 수 있는 화학종으로 탄산이 약산으로서 산소가 결합된 헤모글로빈에게 양성자(H^+)를 전달하면, 이때 헤모글로빈은 산소를 떼어내고 그 자리에 양성자와 결합하는 형태(Hb-$(H^+)_4$)가 된다. 이후에 추가로 CO_2 분자가 헤모글로빈에 붙은 양성자와 치환이 되면서 이산화 탄소와 결합된 헤모글로빈이 최종적으로 완성이 된다.(그림의 1 → 6 순의 과정)

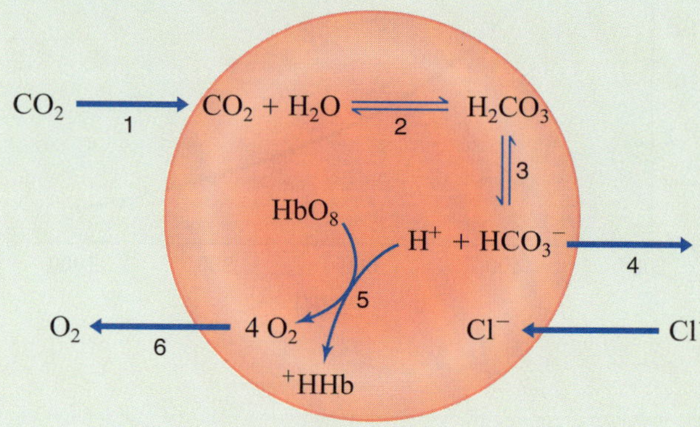

이로서 헤모글로빈은 산소를 방출하고 이산화 탄소를 회수하고 이 헤모글로빈이 다시 폐로 이동하는 것이다. 이후 폐에서 다시 산소포화 헤모글로빈이 되기 위해서는 앞서 말한 과정(6 → 1 순의 과정)의 역반응이 완벽하게 일어나야만 한다.

13.6 화학 평형과 촉매와의 관계

촉매(catalyst)란 반응에서 소모되거나 생성되지 않고 반응 속도에만 변화를 주는 물질을 말한다. 평형 반응에 있어 촉매를 사용해도 평형 상수 값은 변하지 않는다. 또한 촉매는 평형 화합물의 조성 변화를 일으켜 추가적인 알짜 반응을 일으키지 않는다. 다만 정촉매를 사용할 경우 반응 속도를 빠르게 해주어 평형에 도달하는 시간을 단축시킨다.

반응 속도에 영향을 주는 촉매, 정촉매를 예를 들어 살펴보자. 반응 속도는 활성화 에너지(E_a)의 크기에 따라 빠른 반응과 느린 반응이 결정된다. 가역 반응에서 정촉매를 사

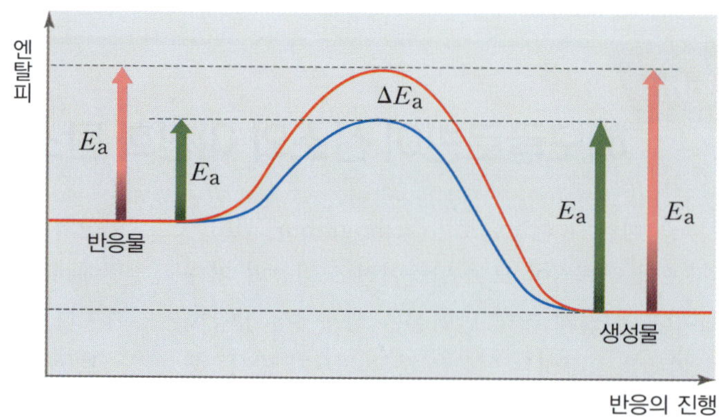

그림 13.9 촉매 사용에 따른 활성화 에너지 변화(ΔE_a)

용하면 그 반응의 활성화 에너지가 낮아지는데, 정반응에서의 활성화 에너지와 역반응에서의 활성화 에너지를 동시에 낮추어서 정반응의 속도와 역반응의 속도가 동일하게 빨라지게 된다. 화학 평형의 조건인 정반응 속도와 역반응 속도가 같아지는 점은 촉매를 사용하든 사용하지 않든 변하지 않기 때문에 결국 평형에 도달하는 시간만 짧아진다. 따라서 평형 화합물의 조성에는 전혀 변화가 없다.

13.16 예제

평형 반응 A $\rightleftharpoons$ B의 반응에 따른 에너지 변화 그래프는 다음과 같다.

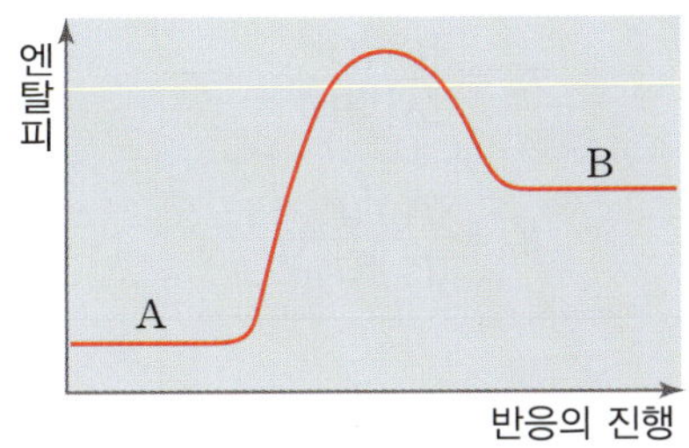

(a) 정반응의 속도 상수 k와 역반응의 평형 상수 k'의 크기를 비교하시오.
(b) 이 반응의 평형 상수가 1보다 큰지 작은지 예측하시오.
(c) 활성화 에너지를 낮추어 주는 촉매를 사용할 경우 반응 속도와 평형 상수의 변화를 설명하시오.

정답

(a) 정반응의 속도 상수 k가 역반응의 평형 상수 k'보다 작다. ($k < k'$)
(b) 식 (13.2)에 의하면 평형 상수 $K = k/k'$이고 (a)의 답에 의하면, $k < k'$, 즉 $k/k' < 1$이므로 이 반응의 평형 상수는 1보다 작다.
(c) 활성화 에너지가 낮아지면 정반응과 역반응 속도가 같은 비율로 증가할 뿐, 정반응과 역반응의 속도가 같아질 때의 평형 상수에는 어떤 변화도 생기지 않는다.

응용문제 13.16

촉매가 없어도 평형에 빠르게 도달하는 반응에서 생성물의 양을 증가시키기 위해 촉매가 역할을 할 수 있는가?

핵심 요약

13.1 가역 반응과 평형 상태

- 가역 반응은 정반응과 역반응이 모두 가능한 반응이다.
- 가역 반응에서만 화학 반응의 평형 상태가 가능하다.
- 정반응의 속도와 역반응의 속도가 같아질 때, 화학 반응이 평형 상태에 도달했다고 할 수 있다.
- 반응이 평형 상태에 도달하면 반응물과 생성물의 농도가 변하지 않고 일정하게 유지된다.
- 화학 반응의 평형 상태는 간단하게 화학 평형이라고 부르며, 화학 평형은 항상 동적 평형 상태이다.

13.2 평형 상수 K_c와 K_p

- 평형 상수는 정반응의 속도와 역반응의 속도가 같다는 점에서 착안된 상수이다.
- 반응물과 생성물의 상태가 모두 동일한 가역 반응의 평형을 균일 평형 상태라 부른다.
- 평형 상수는 균일 평형 상태에서 반응물과 생성물이 모두 수용액일 때, 그 농도 값들을 대입하여 계산한 K_c와 반응물과 생성물이 모두 기체일 때, 그 부분 압력 값을 대입하여 계산한 K_p로 나타낼 수 있다.

가역 반응의 유형	평형 상수(**K**)
$a\mathrm{A}(aq) + b\mathrm{B}(aq) \rightleftharpoons c\mathrm{C}(aq) + d\mathrm{D}(aq)$	$K_c = \frac{[\mathrm{C}]^c[\mathrm{D}]^d}{[\mathrm{A}]^a[\mathrm{B}]^b}$
$a\mathrm{A}(g) + b\mathrm{B}(g) \rightleftharpoons c\mathrm{C}(g) + d\mathrm{D}(g)$	$K_p = \frac{(P_\mathrm{C})^c(P_\mathrm{D})^d}{(P_\mathrm{A})^a(P_\mathrm{B})^b}$

13.3 불균일 평형

- 반응물과 생성물의 상태가 똑같지 않은 반응의 화학 평형을 불균일 평형 반응이라 한다.
- 불균일 평형 반응에서 순수 용액 상태와 순수 고체 상태의 농도나 부분 압력은 평형 상수 계산에 포함하지 않는다.
-

$$a\mathrm{A} + b\mathrm{B} \rightleftharpoons c\mathrm{C} + d\mathrm{D} \qquad K_c = \frac{[\mathrm{C}]^c[\mathrm{D}]^d}{[\mathrm{A}]^a[\mathrm{B}]^b}$$

$$c\mathrm{C} + d\mathrm{D} \rightleftharpoons a\mathrm{A} + b\mathrm{B} \qquad K_c' = \frac{[\mathrm{A}]^a[\mathrm{B}]^b}{[\mathrm{C}]^c[\mathrm{D}]^d} = \frac{1}{K_c}$$

$$na\mathrm{A} + nb\mathrm{B} \rightleftharpoons nc\mathrm{C} + nd\mathrm{D} \qquad K_c'' = \left(\frac{[\mathrm{C}]^c[\mathrm{D}]^d}{[\mathrm{A}]^a[\mathrm{B}]^b}\right)^n = (K_c)^n$$

-

$$a\mathrm{A} \rightleftharpoons c\mathrm{C} \qquad K_{c_1} = \frac{[\mathrm{C}]^c}{[\mathrm{A}]^a}$$

$$b\mathrm{B} \rightleftharpoons d\mathrm{D} \qquad K_{c_2} = \frac{[\mathrm{D}]^d}{[\mathrm{B}]^b}$$

$$a\mathrm{A} + b\mathrm{B} \rightleftharpoons c\mathrm{C} + d\mathrm{D} \qquad K_c = \frac{[\mathrm{C}]^c[\mathrm{D}]^d}{[\mathrm{A}]^a[\mathrm{B}]^b} = K_{c_1} \times K_{c_2}$$

13.4 평형 상수로 반응 예측 및 평형 농도 계산하기

- $K > 10^3$이면 생성물이 반응물보다 많다. K값이 매우 크면 그 반응은 거의 완결된다. (99 % 이상 정반응 진행)
- $K < 10^{-3}$이면 반응물이 생성물보다 많다. K값이 매우 작으면 그 반응은 거의 일어나지 않는다. (99 % 이상 역반응 우세, 1 % 미만 정반응 진행)
- K값이 10^{-3}~1^{03}이면 반응물과 생성물 모두 어느 정도 적당한 수준의 농도로 존재한다.
- $Q < K$이면 이후 알짜 반응은 정반응 쪽으로 진행된다.
- $Q > K$이면 이후 알짜 반응은 역반응 쪽으로 진행된다.
- $Q = K$이면 이미 평형 상태로 알짜 반응은 일어나지 않는다.

13.5 르샤틀리에 원리와 평형에 영향을 미치는 요인

- 르샤틀리에 원리: 평형 상태에 있는 반응 혼합물에 자극을 가하면, 알짜 반응은 그 자극을 줄이는 방향으로 일어난다.
- 첨가된 반응물(또는 생성물)에 대한 농도 자극은 첨가된 물질을 소비하는 방향으로 알짜 반응이 추가로 진행된다.
- 제거된 반응물(또는 생성물)에 의한 농도 자극은 제거된 물질을 보충하여 늘리는 방향으로 알짜 반응이 진행된다.
- 부피 감소에 의하여 압력이 증가하면 이후의 알짜 반응은 전체 기체의 몰수를 감소시키는 방향으로 진행된다.
- 부피 증가에 의해 압력이 감소하면 이후의 알짜 반응은 전체 기체의 몰수를 증가시키는 방향으로 진행된다.
- 발열 반응($\Delta H^\circ < 0$)의 평형 상수는 절대 온도가 증가함에 따라 감소하고, 절대 온도가 감소함에 따라 증가한다.
- 발열 반응($\Delta H^\circ < 0$)의 평형 상수는 절대 온도가 증가함에 따라 증가하고, 절대 온도가 감소함에 따라 감소한다.

13.6 화학 평형과 촉매와의 관계

- 촉매란 반응에서 소모되거나 생성되지 않고 반응 속도에만 변화를 주는 물질을 말한다.
- 평형 반응에 있어 촉매를 사용해도 평형 상수 값은 변하지 않는다.
- 촉매는 평형 화합물의 조성 변화를 일으켜 추가적인 알짜 반응을 일으키지 않는다.
- 촉매는 반응의 평형 도달 시간의 변화만 유발한다.

핵심 용어 정리

용어	정의
가역 반응 (reversible reaction)	정반응과 역반응이 모두 가능한 반응
균일 평형 반응 (homogeneous equilibrium)	반응물과 생성물이 모두 같은 물리적 상태(기체, 액체, 고체, 수용액)인 평형 반응
반응 지수 (reaction quotient, Q_c)	아직 평형에 도달하지 않은 진행 중인 반응에서 현재의 반응물과 생성물의 농도를 그대로 평형 상수 식에 대입하여 계산한 값
불균일 평형 반응 (heterogeneous equilibrium)	반응물과 생성물이 다른 물리적 상태인 평형 반응
촉매 (catalyst)	반응에서 소모되거나 생성되지 않고 반응 속도에만 변화를 주는 물질
평형 혼합물 (equilibrium mixture)	평형 상태에 도달했을 때의 일정한 농도를 유지하고 있는 반응물과 생성물
화학 평형 (chemical equilibrium)	정반응의 속도와 역반응의 속도가 같아져서 더 이상 반응물과 생성물의 농도에 변화가 없는 상태
르샤틀리에 원리 (Le Chatelier's principle)	평형 상태에 있는 반응 혼합물에 자극을 가하면, 알짜 반응은 그 자극을 줄이는 방향으로 일어난다는 원리

연습문제

● (13.1～13.5) 다음 설명 중 옳은 것은 ○, 틀린 것은 ×를 표시하시오.

13.1 오로지 가역 반응에서만 화학 평형이 가능하다. (　　)

13.2 온도 변화로 속도 상수의 변화가 발생하기는 하지만 평형 상수에는 변화가 없다. (　　)

13.3 촉매 사용은 평형 이동에 영향을 준다. (　　)

13.4 평형 상태에 있는 반응 혼합물에 자극을 가하면, 알짜 반응은 그 자극을 줄이는 방향으로 일어난다. (　　)

13.5 부피 감소에 의하여 압력이 증가하면 이후의 알짜 반응은 전체 기체의 몰수를 감소시키는 방향으로 진행된다. (　　)

● (13.6～13.10) 다음 문장의 빈칸에 올바른 용어(단어) 혹은 문구를 채워 넣으시오.

13.6 대표적인 비가역 반응으로는 (　　), (　　), (　　)이 있다.

13.7 화학 평형은 정반응과 역반응의 (　　)가 같기 때문에 반응물과 생성물의 (　　)가 일정하게 유지되는 상태이다.

13.8 평형 상태에서는 정반응 속도와 역반응 속도가 같은 상태로 끊임없이 반응이 일어나는 이른바 (　　) 상태이다.

13.9 (　　)는 평형 이동에 영향을 주지 않으며 반응 속도에만 변화를 주면서 반응 중에 소모되거나 생성되지 않는다.

13.10 반응 지수가 평형 상수보다 크면 그 반응의 알짜 반응은 (　　)이다.

● (13.11～13.25) 다음 물음에 답하시오.

13.11 반응이 평형에 도달했을 때 정반응과 역반응에 대한 설명이 참인지 밝히시오.

(a) 정반응과 역반응의 속도가 0이다.

(b) 정반응의 속도가 역반응의 속도보다 크다.

(c) 역반응의 속도가 정반응의 속도보다 더 크다.

(d) 정반응의 속도와 역반응의 속도가 같다.

● (13.11～13.25) 열화학 평형 반응의 정보를 이용하여 새 반응의 평형 상수 값을 계산하시오.

반응 1	$Na_2O(s) \rightleftharpoons 2Na(l) + \frac{1}{2}O_2(g)$	$K_1 = 2\times10^{-25}$
반응 2	$NaO(g) \rightleftharpoons Na(l) + \frac{1}{2}O_2(g)$	$K_2 = 2\times10^{-5}$
반응 3	$Na_2O_2(s) \rightleftharpoons 2Na(l) + O_2(g)$	$K_3 = 5\times10^{-29}$
반응 4	$NaO_2(s) \rightleftharpoons Na(l) + O_2(g)$	$K_4 = 3\times10^{-14}$

13.12 $Na_2O(s) + \frac{1}{2}O_2(g) \rightleftharpoons Na_2O_2(s)$

13.13 $NaO(g) + Na_2O(s) \rightleftharpoons Na_2O_2(s) + Na(l)$

13.14 $2NaO(g) \rightleftharpoons Na_2O_2(s)$

13.15 1400 K에서 다음 반응의 $K_c = 2.5\times10^{-3}$이다.

$$CH_4(g) + 2H_2S(g) \rightleftharpoons CS_2(g) + 4H_2(g)$$

1400 K에서 10 L 반응 용기에 CH_4 2.0 mol, CS_2 3.0 mol, H_2 3.0 mol, H_2S 4.0 mol이 들어 있다. 반응 혼합물은 평형에 있는가? 아니면 어떤 방향으로 반응이 진행되는가?

13.16 다음은 포스핀(PH_3)의 분해 반응이다(873 K).

$$2PH_3(g) \rightleftharpoons P_2(g) + 3H_2(g) \quad K_p = 398$$

(a) 초기 부분 압력이 $P_{PH_3} = 0.0260$ atm, $P_{P_2} = 0.871$ atm, $P_{H_2} = 0.571$ atm이라면 Q_p를 계산하고 평형에 도달하기 위한 반응 방향을 결정하시오.

(b) 873 K에서 평형 상태일 때 $P_{P_2} = 0.412$ atm, $P_{H_2} = 0.822$ atm이다. P_{PH_3}는 얼마인가?

13.17 298 K에서 사염화 탄소 용액 중에서 일어나는 다음 반응의 $K_c = 0.145$이다.

$$2\ BrCl(aq) \rightleftharpoons Br_2(aq) + Cl_2(aq)$$

농도의 측정값 $[BrCl] = 0.050$ M, $[Br_2] = 0.035$ M, $[Cl_2] = 0.030$ M이다.

(a) Q_c를 계산하고 평형에 도달하기 위해 반응이 어느 방향으로 진행될지 결정하시오.

(b) BrCl, Br_2, Cl_2의 평형 농도를 구하시오.

13.18 700 K에서 $ClF_3(g) \rightleftharpoons ClF(g) + F_2(g)$ 반응의 평형 상수 $K_p = 0.140$이다. 초기에 ClF_3만 1.47 atm 부분 압력으로 존재한다면 ClF_3, ClF, F_2의 평형 부분 압력은 얼마인가?

13.19 메탄올(CH_3OH)은 $Cu/ZnO/Al_2O_3$ 촉매 존재하에서 일산화 탄소와 수소를 반응시켜 제조된다.

$$CO(g) + 2\ H_2(g) \rightleftharpoons CH_3OH(g) \quad \Delta H° = -91\ kJ$$

반응물과 생성물의 평형 혼합물이 다음 변화에 의해 영향을 받을 때 메탄올의 양은 증가하는가? 감소하는가? 아니면 그대로 유지되는가?

(a) 온도 증가

(b) 부피 감소

(c) 헬륨 첨가

(d) CO 첨가

(e) 촉매 제거

13.20 백금 촉매는 일산화 탄소의 산화를 줄이기 위해 자동차 촉매 변환기에 사용된다.

$$2\ CO(g) + O_2(g) \rightleftharpoons 2\ CO_2(g) \quad \Delta H° = -566\ kJ$$

다음 자극에 의한 CO 양의 변화를 설명하시오.

(a) 백금 촉매 첨가

(b) 온도 증가

(c) 부피 감소와 압력 증가

(d) 아르곤 기체의 첨가에 의한 압력 증가

(e) O_2 기체의 첨가에 의한 압력 증가

13.21 25 ℃에서 반응 $2NO_2(g) \rightleftharpoons N_2O_4(g)$에 대하여 $K_c = 216$이다. 25 ℃에서 NO_2와 N_2O_4 혼합물이 들어 있는 1.00 L 플라스크의 전체 압력이 1.50 atm이다. 각 기체의 부분 압력은 얼마인가?

13.22 600 K에서 반응 $N_2(g) + 3\ H_2(g) \rightleftharpoons 2\ NH_3(g)$의 평형 상수 K는 4.20이다. 600 K에서 기체 NH_3를 1.00 L 반응 용기에 넣고 반응이 평형에 도달했을 때, 이 용기에는 0.200 mol N_2가 생성되는 것으로 알려졌다. 최초 이 용기 안에는 NH_3는 몇 몰이 들어 있었는가?

13.23 다음과 같은 반응이 일정한 온도 조건에서 진행된다고 가정하자.

$$3A + B \rightleftharpoons 4C$$

위 반응은 시간에 따라 아래 그래프와 같이 반응이 시작한 지 40초만에 평형에 도달하였다.

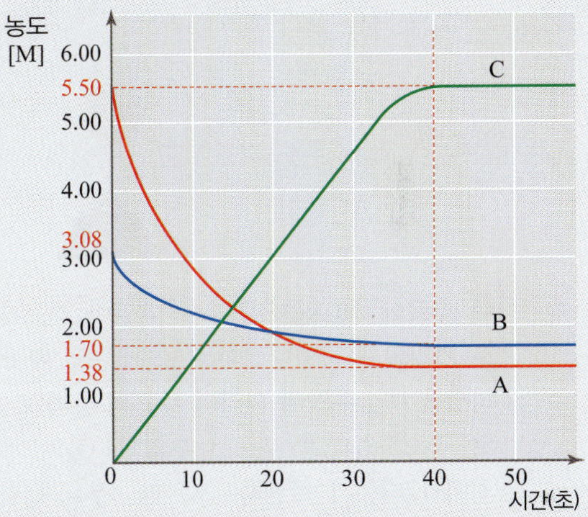

반응 시작 60초가 되었을 때, 실험자가 반응물 A를 추가로 첨가하여 A의 순간 농도를 2.00 M로 높였다.

(a) 평형 상수 K_c는 얼마인지 계산하시오.

(b) 이후 이 반응계가 새로운 평형에 도달하였을 때 생성물 C의 농도는 증가하는가, 감소하는가?

13.24 다음 그림과 같이 4 L짜리 진공 용기 안에 암모니아를 4.10 atm으로 채운 1 L짜리 풍선이 들어 있다.

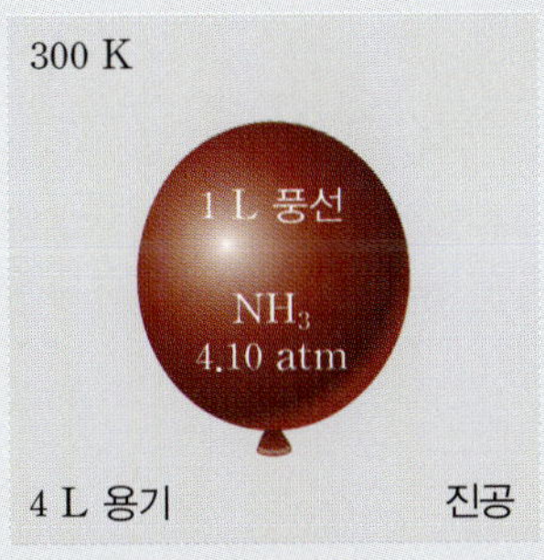

용기 내부가 진공이기 때문에 풍선은 점점 팽창하다가 곧 터질 것이다. 온도가 일정하게 유지된다는 조건하에서 풍선이 터진 후 충분한 시간이 지났을 때 용기 내

부에 조성된 분자들의 부분 압력을 계산하시오. 풍선에 채워진 기체와 연관된 평형 반응식은 아래와 같다.

$$N_2(g) + 3\ H_2(g) \rightleftharpoons 2\ NH_3(g) \quad K_c = 0.29(300\ K)$$

13.25 그림은 0.5 atm의 사산화 이질소(N_2O_4)를 채운 해양 부표를 도식화한 것이다.

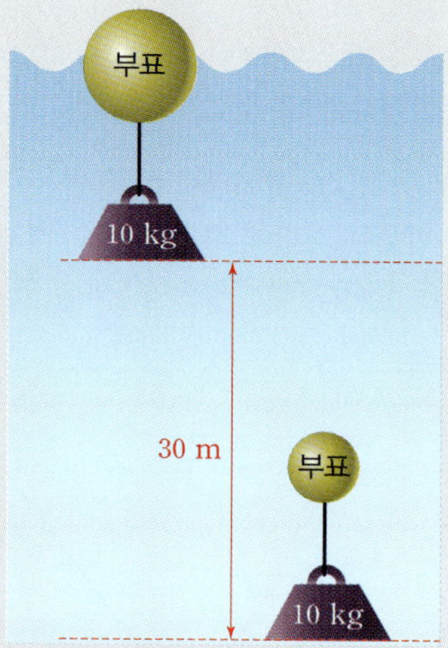

이 부표에 10 kg짜리 추를 매달아 부표가 바닷속으로 가라앉게 하였다. 이 부표가 수심 30 m까지 하강하였을 때, 수압에 의하여 부표의 부피가 처음의 1/8로 감소하였다면 부표 내부의 N_2O_4의 부분 압력은 얼마가 되는지 계산하시오. 단, 부표가 하락하는 과정에서 온도는 273.15 K를 유지하고 부표 내부에서는 아래 반응식과 같은 평형 반응이 진행된다고 가정한다.

$$N_2O_4(g) \rightleftharpoons 2\ NO_2(g) \quad K_c = 0.491(T = 273.15\ K)$$

13.26 한 학생이 고온에서 다음 반응의 평형을 실험하였다.

$$I_2(g) \rightleftharpoons 2\ I(g)$$

실험 결과 평형에서 전체 압력은 I_2만 존재하는 초기 상태의 압력보다 40% 더 크다는 것을 알았다. 이 온도에서 이 반응의 K_p는 얼마인가?

CHAPTER 14

산과 염기

◀ 염산은 강산이며 아세트산은 약산이다. © ggw/Shutterstock

14.1 산–염기의 개념

아레니우스 정의와 브뢴스테드–로리 정의

7장에서 다양한 산–염기의 정의로서 아레니우스 정의와 브뢴스테드–로리 정의를 공부하였다.

아레니우스 정의에 따르면 산은 물에서 해리하여 수소 이온($H^+(aq)$)을 생성하는 물질이고, 염기는 물에 해리하여 수산화 이온($OH^-(aq)$)을 생성하는 물질이다. 따라서 $HCl(aq)$은 산성 수용액이고, $NaOH(aq)$는 염기성 수용액이다.

아레니우스 산 $HA(aq) \rightleftharpoons H^+(aq) + A^-(aq)$

아레니우스 염기 $BOH(aq) \rightleftharpoons B^+(aq) + OH^-(aq)$

H^+를 양성자로 부르는 이유

$^1_1H \longrightarrow {}^1_1H^+ + e^-$

^1_1H	$^1_1H^+$
양성자 1개	양성자 1개
중성자 0개	중성자 0개
전자 1개	전자 0개

전자를 잃은 H^+는 사실상 1개의 양성자 그 자체이다.

하지만 아레니우스의 정의는 수용액이라는 조건에서만 적용이 가능한 개념이므로 산과 염기에 대한 보다 일반적인 정의를 위해 브뢴스테드–로리 정의가 제안되었다. 이 정의에 따르면 산은 다른 물질에 양성자(H^+)를 줄 수 있는 물질(분자나 이온)이고, 염기는 양성자를 받을 수 있는 물질이다. 즉 산은 양성자 주개, 염기는 양성자 받개이고, 산–염기 반응은 양성자 이동 반응이다.

$$HA(aq) + H_2O(l) \rightleftharpoons H_3O^+(aq) + A^-(aq)$$

$HA(aq)$: 양성자 주개 (브뢴스테드 산), $H_2O(l)$: 양성자 받개 (브뢴스테드 염기)

$$B(aq) + H_2O(l) \rightleftharpoons BH^+(aq) + OH^-(aq)$$

$B(aq)$: 양성자 받개 (브뢴스테드 염기), $H_2O(l)$: 양성자 주개 (브뢴스테드 산)

위 반응의 화학식에서 양성자 하나가 차이가 나는 화학종을 짝산–짝염기 쌍이라고 부른다. 따라서 A^-는 산 HA의 짝염기이고, BH^+는 염기 B의 짝산이다. 여기서는 양성자의 이동에 주목해서 산–염기, 짝산–짝염기를 판단해야 한다.

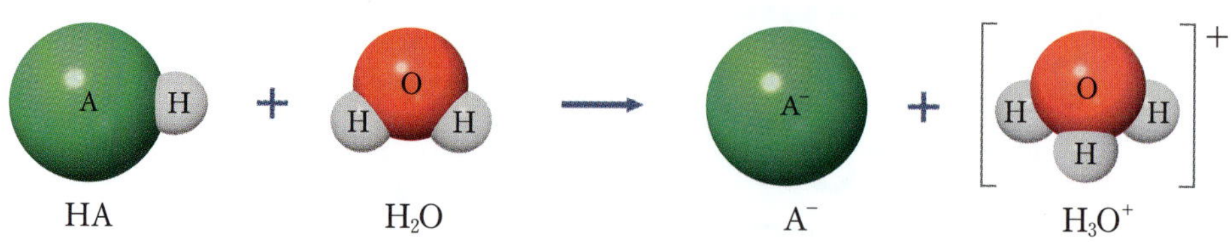

$$HA(aq) + H_2O(l) \longrightarrow H_3O^+(aq) + A^-(aq)$$

산 염기 짝산 짝염기

짝산–짝염기 쌍

위 평형 반응식에서와 같이 산 HA가 물에 용해될 때, **산 해리 평형(acid-dissociation equilibrium)**에 의해 물과 가역적으로 반응한다. 산은 양성자 받개인 염기로 작용하는 용매 물(H_2O)에 양성자를 제공한다. 생성물은 하이드로늄 이온(H_3O^+)과 A^-이다. 여기서 하이드로늄 이온은 물의 짝산이고, A^-는 HA의 짝염기이다.

위 반응의 역반응에서는 H_3O^+가 양성자 주개로, A^-는 양성자 받개(염기)로 작용한다. 이와 같은 대표적인 브뢴스테드-로리의 산은 HCl, HNO_3, HF, NH_4^+, HSO_4^-, HCO_3^-와 같이 내어줄 수 있는 양성자를 보유하고 있는 화학종(중성 분자 및 다원자 음이온)이다.

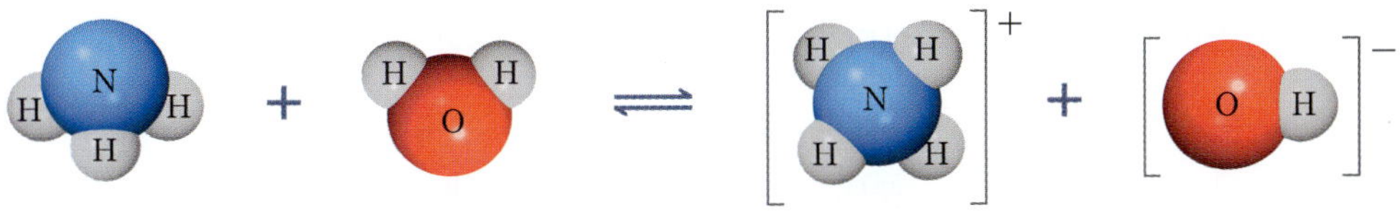

NH_3 H_2O NH_4^+ OH^-

짝산-짝염기쌍

$$\underset{\text{염기}}{NH_3(aq)} + \underset{\text{산}}{H_2O(l)} \rightleftharpoons \underset{\text{짝산}}{NH_4^+(aq)} + \underset{\text{짝염기}}{OH^-(aq)}$$

짝산-짝염기쌍

위 반응은 약염기인 암모니아 분자의 브뢴스테드-로리 산-염기 반응의 평형 반응식이다. NH_3와 같은 브뢴스테드-로리 염기는 물에 용해될 때 용매로부터 양성자를 받으며, 용매는 산으로 작용한다. 생성물은 수산화 이온(OH^-, 물의 짝염기)과 암모늄 이온(NH_4^+, NH_3의 짝산)이다. 역반응에서 NH_4^+는 양성자 주개로, OH^-는 양성자 받개로 작용한다.

루이스 정의

브뢴스테드-로리의 산과 염기의 반응을 살펴보면 양성자를 받는 분자나 이온은 양성자와의 결합에 사용할 수 있는 비공유 전자쌍을 하나는 가져야 함을 알 수 있다. 전자점 구조를 정확히 그려보면 거의 모든 브뢴스테드 염기는 하나 이상의 고립 전자쌍을 가진다.

사실 브뢴스테드-로리의 정의는 양성자의 이동 및 교환으로 산과 염기를 구별할 수 있는데, 모든 화합물이 양성자의 교환이 가능한 것은 아니다. 즉, 화학식에 기본적으로 H 원자가 없어서 양성자를 제공할 수 있는 가능성이 기본적으로 없는 화합물의 경우에는 이 정의로 산이라 지칭할 수 없다.

브뢴스테드-로리가 양성자 주개 및 받개 성질로 산과 염기를 정의한 1923년에 미국의 화학자 루이스는 산과 염기에 대한 더 일반적인 개념을 제안하였다. 루이스는 염기가 양성자를 받을 때 고립 전자쌍을 양성자와 공유하여, 새로운 공유 결합이 형성된다는 것을 알았다. 암모니아의 반응을 간단히 루이스 구조로 표현하면 다음과 같다.

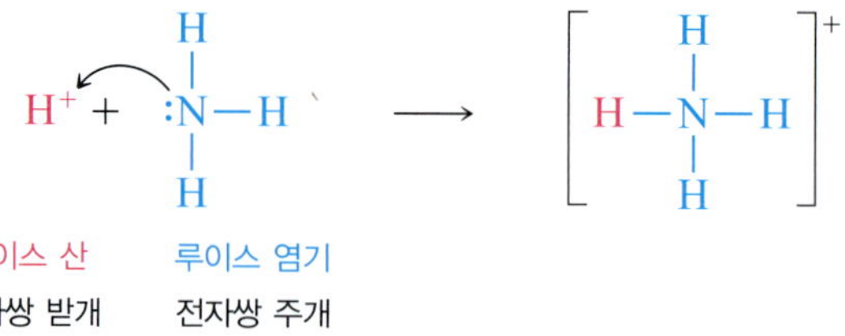

위 반응은 **배위 공유 결합**이다. 이 반응에서 양성자는 전자쌍을 받는 역할을 하고, 암모니아 분자는 고립 전자쌍을 제공하는 역할을 한다.

결과적으로 루이스는 새로운 공유 결합이 생성되는 거의 모든 유기 화학 반응에서 H 원자의 유무와 상관없이 화학종 간 전자쌍을 주고받는 과정에서 산과 염기를 규정함으로써 브뢴스테드-로리의 개념보다는 더 넓은 개념이라고 할 수 있다.

> 루이스 산: 고립 전자쌍 받개
> 루이스 염기: 고립 전자쌍 주개

루이스 산은 H^+뿐만 아니라 루이스 염기에 의해 제공되는 전자쌍을 받아 공유할 수 있는 빈 원자가 오비탈을 갖는 중성 분자와 다른 양이온을 모두 포함한다. 그 예로 다음과 같은 화학 반응식을 들 수 있다.

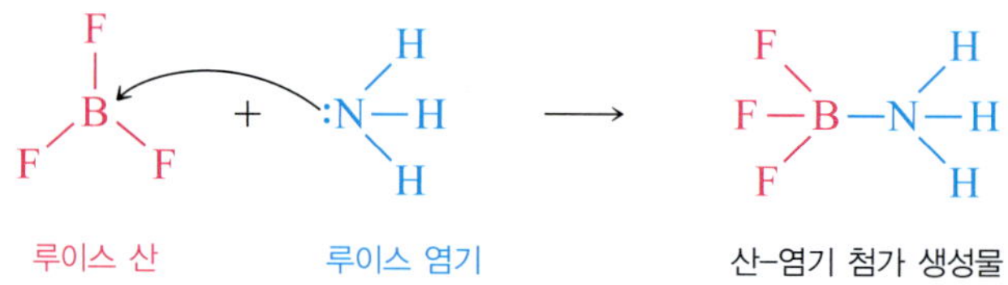

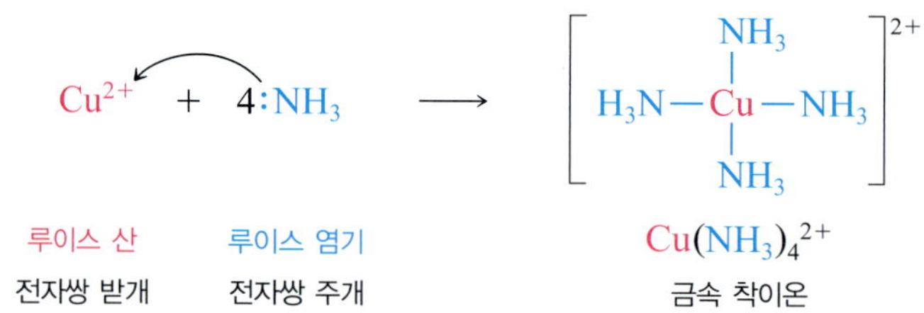

특히, 금속 착이온 $Cu(NH_3)_4{}^{2+}$의 반응에서 Cu^{2+} 같은 금속 이온은 대표적인 양이온성 루이스 산이라 할 수 있다. 18장에서 살펴보겠지만, 금속 착이온이 형성되는 과정에서 NH_3나 H_2O 분자나, Cl^- 같이 비공유 전자쌍을 보유하고 있는 **리간드(ligand)** 화학종이 전자쌍을 제공하는 루이스 염기로서 활동하면서 금속 양이온과 결합을 한다.

예제 14.1

다음 브뢴스테드-로리 산이 물에서 해리되는 균형 반응식을 쓰시오.

(a) H_2SO_4 (b) $HSO_4{}^-$
(c) H_3O^+ (d) $NH_4{}^+$

정답

(a) $H_2SO_4(aq) + H_2O(l) \rightleftharpoons HSO_4{}^-(aq) + H_3O^+(aq)$

(b) $HSO_4^-(aq) + H_2O(l) \rightleftharpoons SO_4^{2-}(aq) + H_3O^+(aq)$
(c) $H_3O^+(aq) + H_2O(l) \rightleftharpoons H_2O(l) + H_3O^+(aq)$
(d) $NH_4^+(aq) + H_2O(l) \rightleftharpoons NH_3(aq) + H_3O^+(aq)$

응용문제 14.1

다음 반응이 브뢴스테드-로리 산-염기 반응을 나타내도록 반응식을 쓰시오.
(a) 산 H_2S와 H_2O의 반응
(b) 산 $H_2PO_4^-$와 OH^-의 반응
(c) 염기 $H_2PO_4^-$와 H_3O^+의 반응
(d) 염기 CN^-과 H_2O의 반응

14.2 예제

예제 14.1에서 각 문제의 반응식에서 보이는 짝산과 짝염기를 각각 쓰시오.

정답
(a) 짝산: H_3O^+, 짝염기: HSO_4^-
(b) 짝산: H_3O^+, 짝염기: SO_4^{2-}
(c) 짝산: H_3O^+, 짝염기: H_2O
(d) 짝산: H_3O^+, 짝염기: NH_3

응용문제 14.2

(a) H_2SO_3와 (b) $H_2PO_4^-$의 짝염기는 무엇인가?

14.3 예제

알코올 구조(−OH)를 가지고 있는 술의 성분인 에탄올은 수용액 상태에서 약한 산성을 띤다. 에탄올의 분자식 C_2H_5OH에서 −OH에 있는 양성자가 이탈할 수 있다고 할 때, 에탄올의 브뢴스테드-로리의 산-염기 평형 반응식을 적고, 산, 염기, 짝산, 짝염기를 명확히 밝히시오.

정답

$$\underset{\text{산}}{C_2H_5OH(aq)} + \underset{\text{염기}}{H_2O(l)} \rightleftharpoons \underset{\text{짝염기}}{C_2H_5O^-(aq)} + \underset{\text{짝산}}{H_3O^+(aq)}$$

응용문제 14.3

(a) CN^-과 (b) $H_2PO_4^-$의 짝산은 무엇인가?

14.2 산과 염기의 세기

다음 반응식과 같은 산 해리 평형 반응에서 중요한 것은 두 염기 H_2O와 A^-가 양성자를 얻기 위해 경쟁 관계에 있다는 점이다.

$$\underset{\text{산}}{HA(aq)} + \underset{\text{염기}}{H_2O(l)} \rightleftharpoons \underset{\text{짝염기}}{A^-(aq)} + \underset{\text{짝산}}{H_3O^+(aq)}$$

만일 H_2O가 A^-보다 더 강한 염기, 즉 더 강한 양성자 받개라면 평형 상태에 도달하였을 때, A^-보다 더 많은 H_2O 분자가 양성자와 결합할 것이다. 이처럼 산 해리 평형 반응에서 양성자는 언제나 더 강한 염기와 결합을 한다. 이는 결과적으로 평형에 도달하는 반응의 방향이 더 강한 산에서 더 강한 염기로 양성자가 이동하여 더 약한 산과 더 약한 염기를 생성한다.

$$H_2SO_4(aq) + NH_3(aq) \longrightarrow NH_4^+(aq) + HSO_4^-(aq)$$

더 강한 산 더 강한 염기 더 약한 산 더 약한 염기

$$HCO_3^-(aq) + SO_4^{2-}(aq) \longleftarrow HSO_4^-(aq) + CO_3^{2-}(aq)$$

더 약한 산 더 약한 염기 더 강한 산 더 강한 염기

같은 산이라 할지라도 물에 용해되었을 때 해리도가 달라 강전해질로서의 산은 강산, 약전해질로서의 산은 약산이라 불린다는 것을 7장에서 공부하였다. 강산은 해리가 매우 잘 되어 결과적으로 양성자를 매우 많이 내는 산이고, 약산은 해리의 정도가 낮아(부분적으로 해리되어) 양성자를 적게 내는 산이다. 따라서 강산의 산 해리 평형은 거의 100 % 오른쪽으로(생성물 쪽으로) 치우치고, 용액은 전부 짝염기(A^-)와 하이드로늄 이온(H_3O^+)을 포함하여 해리되지 않은 아주 미미한 양의 HA가 혼합되어 있다고 보면 된다. 이러한 강전해질인 강산은 과염소산($HClO_4$), 염산(HCl), 질산(HNO_3), 황산(H_2SO_4), 아이오딘산(HI), 브로민산(HBr)이다. 이 외에 물에 용해되는 산은 약산으로 봐도 무방하다.

강전해질과 약전해질
강전해질은 물에 용해되었을 때 80 % 이상 해리되는 전해질을, 약전해질은 20 % 미만으로 해리되는 전해질을 뜻한다.

이와 연관하여 강산의 짝염기는 약한 염기임을 명심해야 한다. 바로 위에 언급한 여섯 종의 강산의 짝염기는 각각 ClO_4^-, Cl^-, NO_3^-, HSO_4^-, I^-, Br^-로서 수용액 상태에서 양성자와 결합하는 경향이 매우 미미하여 H_2O보다도 염기성도가 떨어진다.

반대로 대표적인 약산은 아세트산(CH_3COOH), 플루오린화수소산(HF), 아질산(HNO_2), 인산(HPO_4)이 있으며, 이들은 일부분만 해리하는 약전해질이기 때문에 평형 농도에서 짝염기와 하이드로늄 이온의 농도가 약산의 농도보다 낮다. 또한, 이 약산의 짝염기는 양성자와 결합하려는 경향이 강하여 H_2O보다도 월등히 강한 염기이다. 강산 및 약산의 평형 농도에 관하여 그림 14.1에 간략히 도식하였으며, 짝산–짝염기의 상대적 세기를 비교해 놓은 것이 바로 표 14.1이다.

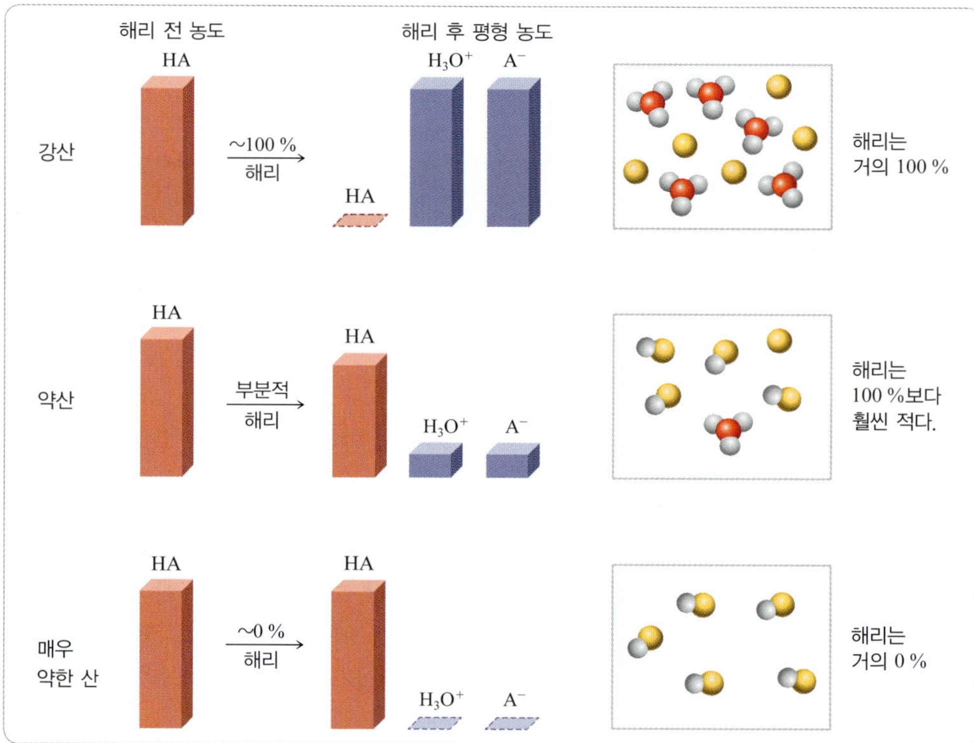

그림 14.1 산 HA의 수용액 상태에서 해리 과정의 상대적인 비교

표 14.1 짝산–짝염기 쌍의 상대적 세기

	산		염기		
더 강한 산 ↑	$HClO_4$ HCl H_2SO_4 HNO_3	**강산:** 수용액에서 100 % 해리	ClO_4^- Cl^- HSO_4^- NO_3^-	**매우 약한 염기:** 수용액에서 무시할 정도의 양성자화 경향	더 약한 염기 ↓
	H_3O^+ HSO_4^- H_3PO_4 HNO_2 HF CH_3CO_2H H_2CO_3 H_2S NH_4^+ HCN HCO_3^-	**약산:** 수용액에서 HA, A^-, H_3O^+의 혼합물로 존재	H_2O SO_4^{2-} $H_2PO_4^-$ NO_2^- F^- $CH_3CO_2^-$ HCO_3^- HS^- NH_3 CN^- CO_3^{2-}	**약염기:** 수용액에서 중간 정도의 양성자화 경향	
더 약한 산	H_2O NH_3 OH^- H_2	**매우 약한 산:** 무시할 정도의 해리 경향	OH^- NH_2^- O^{2-} H^-	**강염기:** 수용액에서 100 % 양성자화	더 강한 염기

14.4 예제

다음 반응식에서 반응물과 생성물의 양을 1:1로 혼합하였다면, 이후에 진행될 알짜 반응의 방향을 예측하시오.

(a) $HF(aq) + NO_3^-(aq) \rightleftharpoons HNO_3(aq) + F^-(aq)$

(b) $NH_4^+(aq) + CO_3^{2-}(aq) \rightleftharpoons HCO_3^-(aq) + NH_3(aq)$

풀이

표 14.1을 보고 해당 반응식 안에서 '상대적으로' 강한 산과 염기, '상대적으로' 약한 산과 염기를 구별한다. 그리고 보통 산–염기 반응 평형은 강한 산과 염기에서 약한 산과 염기 방향으로 평형이 이동하여 형성된다.

(a) $HF(aq) + NO_3^-(aq) \rightleftharpoons HNO_3(aq) + F^-(aq)$

$HF(aq)$	$NO_3^-(aq)$	$HNO_3(aq)$	$F^-(aq)$
산	염기	짝산	짝염기
더 약한 산	더 약한 염기	더 강한 산	더 강한 염기

(b) $NH_4^+(aq) + CO_3^{2-}(aq) \rightleftharpoons HCO_3^-(aq) + NH_3(aq)$

$NH_4^+(aq)$	$CO_3^{2-}(aq)$	$HCO_3^-(aq)$	$NH_3(aq)$
산	염기	짝산	짝염기
더 강한 산	더 강한 염기	더 약한 산	더 약한 염기

정답

(a) 역반응이 우세하게 진행

(b) 정반응이 우세하게 진행

응용문제 14.4

다음 설명이 맞으면 ○, 틀리면 ×로 표기하시오.

(a) 강산의 짝염기는 항상 약염기이다.

(b) H_2O가 OH^-보다 양성자(H^+)와 더 잘 결합한다.

(c) HSO_4^-보다 SO_4^{2-}가 강한 염기이다.

(d) H_2SO_4보다 HSO_4^-가 더 약한 산이다.

예제 14.5

다음과 같은 임의의 산–염기 평형 반응식이 있다. 평형 상태에서 각 화학종의 평형 농도는 아래와 같았다.

$$\text{HA}(aq) + \text{B}(aq) \rightleftharpoons \text{A}^-(aq) + \text{HB}^+(aq)$$

평형 농도: 4 M 6 M 2 M 1 M

반응 초기에 반응물과 생성물의 혼합 농도비가 1:1이었다면,
(a) 이 반응에서 더 강한 산과 더 강한 염기는 각각 어느 것인가?
(b) 이 반응에서 더 약한 산과 더 약한 염기는 각각 어느 것인가?

정답
(a) 더 강한 산: HB^+, 더 강한 염기: A^-
(b) 더 약한 산: HA, 더 약한 염기: B

응용문제 14.5

다음은 생활에서 쉽게 접하는 몇 가지 수용액의 산성도를 비교한 것이다.

레몬즙 > 식초 > 오렌지주스 > 맥주 > 아메리카노

이 용액들에 첨가되어 있는 산 분자가 모두 일양성자산이라고 가정하였을 때, 이들의 짝염기의 염기도 세기를 나열하시오.

14.3 물의 이온곱 상수, K_w

물의 중요한 특징 중 하나는 같은 물 분자 사이에서 양성자를 주고받으면서 산과 염기의 역할을 하는 **자동 이온화 반응**(**autoionization**, 또는 **자체 이온화 반응**)이 진행된다는 점이다. 당연히 물은 강산이나 강염기가 아니기에 브뢴스테드–로리의 산–염기 반응이 일어난다고 하여도 매우 미미하며 당연히 평형 상태를 조성한다. 다음은 루이스 구조식으로 표현한 물의 자동 이온화 반응식이다.

물의 자동 이온화 반응: $H_2O(l) + H_2O(l) \rightleftharpoons H_3O^+(aq) + OH^-(aq)$

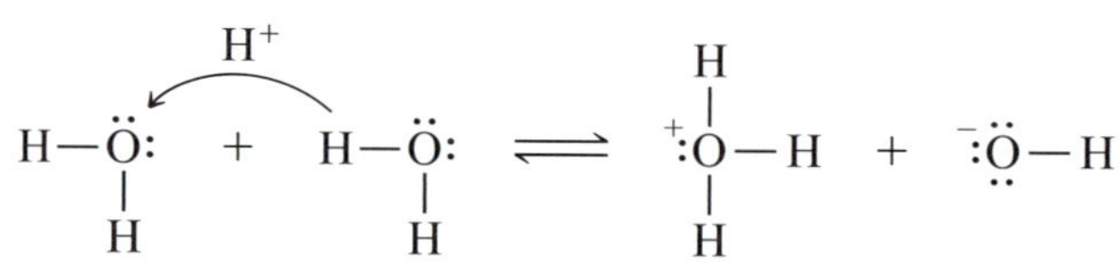

물의 자동 이온화 반응은 물의 해리(dissociation of water) 평형 반응으로서, 당연히 평형 상수를 계산할 수 있다. 이때의 평형 상수는 **물의 이온곱 상수**(**ion-product constant for water**)라 부르고 K_w로 표기하며, 이 평형 상수 식은 다음과 같이 나타낸다. 물은 순수한 액체이므로 물의 농도는 평형 상수 식에서 생략한다.

이온곱 상수
순수한 물의 농도는 상수(55.4 M, 25 ℃)이기 때문에 이온곱 상수와 같은 평형 상수 식을 세울 때는 반드시 생략해야 한다. 또한, 이온곱 상수는 평형 상수이므로 단위가 없다.

물의 이온곱 상수 $K_w = [H_3O^+][OH^-]$

물의 해리 평형 반응은 정반응 속도와 역반응 속도가 매우 빠르게 진행되는 반응으로서 전체적으로 이 반응을 살펴보면 하이드로늄 이온(H_3O^+)이 수산화 이온(OH^-)으로 변하거나 또는 그 반대 과정의 변환이 매우 신속하게 발생한다. 또한, 평형의 위치는 반

응물 쪽으로 상당히 치우쳐 있어 대부분의 물 분자는 해리되지 않은 채로 대부분 존재하고 평형 상태에서 생성물인 두 양이온과 음이온의 농도는 매우 적다. 실제로 25 ℃에서 순수한 물에서의 H_3O^+와 OH^-의 농도는 모두 1.0×10^{-7} M이다.

$$T = 25\ ℃,\quad H_2O(l) + H_2O(l) \rightleftharpoons H_3O^+(aq) + OH^-(aq)$$

$$[H_3O^+] = [OH^-] = 1.0 \times 10^{-7}\ M$$

$$K_w = [H_3O^+][OH^-] = 1.0 \times 10^{-14} \qquad (14.1)$$

결국 물의 이온곱 상수 K_w는 1.0×10^{-14}임을 알 수 있다. 매우 묽은 용액에서 물은 거의 순수한 액체이고, H_3O^+와 OH^-의 농도 곱은 용질의 영향을 받지 않는다는 점을 식 $K_w = [H_3O^+][OH^-]$에서 알 수 있다. 25 ℃에서 K_w는 항상 1.0×10^{-14}이다. 이 말은 이 온도에서 수용성 용질이 물에 녹아 H_3O^+의 농도에 변화가 발생하여도 K_w는 항상 1.0×10^{-14}이기 때문에 그에 맞추어서 OH^-의 농도가 바뀐다는 것이다.

반대로 OH^-의 농도에 변화가 발생해도 그에 맞춰서 H_3O^+의 농도도 변하여 결국에는 동일한 값의 K_w가 된다는 것이다. $[H_3O^+]$ 또는 $[OH^-]$ 중 하나의 농도를 알면 다른 하나도 쉽게 계산된다.

K_w의 값

평형 상수는 온도가 변하면 그 값이 변하기 때문에 K_w가 1.0×10^{-14}인 값을 가지는 경우는 오직 25 ℃일 때이다. 온도가 높을수록 물이 해리되는 정도가 증가하기 때문에 K_w 값은 커진다. 따라서 수용액의 평형과 관련하여 온도에 대한 별도의 언급이 없을 때는 상온 25 ℃라 생각하고 관련 내용을 살펴야 한다.

온도(℃)	K_w
0	0.11×10^{-14}
10	0.31×10^{-14}
25	1.00×10^{-14}
100	5.62×10^{-13}

$$T = 25\ ℃,\quad [H_3O^+][OH^-] = 1.0 \times 10^{-14}$$

$$[H_3O^+] = \frac{1.0 \times 10^{-14}}{[OH^-]}$$

$$[OH^-] = \frac{1.0 \times 10^{-14}}{[H_3O^+]}$$

물(용매)에 녹는 용질에 의하여 일정한 값의 K_w을 만족하는 수준에서 H_3O^+와 OH^-의 농도는 각각 달라질 수 있으며, 그 둘의 농도 크기에 따라 그 수용액이 산성인지, 염기성인지 아니면 중성인지를 판단할 수 있다.

25 ℃에서 산성 용액은 $[H_3O^+] > 1.0 \times 10^{-7}$ M, 중성 용액은 $[H_3O^+] = [OH^-] = 1.0 \times 10^{-7}$ M, 염기성 용액은 $[H_3O^+] < 1.0 \times 10^{-7}$ M이다.

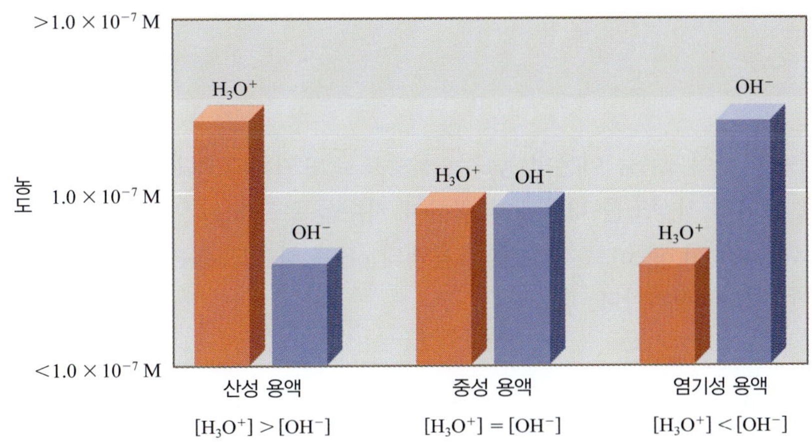

예제 14.6

식품 회사에서 배출되는 폐수를 조사해 보니 H_3O^+의 농도가 1.4×10^{-4} M이다. 이 용액의 $[OH^-]$를 계산하고, 이 용액의 액성을 판단하시오. (단, 이 폐수의 온도는 25 ℃이다.)

풀이

25 ℃의 수용액에서 $[H_3O^+]$와 $[OH^-]$의 관계는 식 (14.1)과 같다.

$$K_w = [H_3O^+][OH^-] = 1.0 \times 10^{-14}$$

따라서 이를 이용하여 다음과 같이 계산할 수 있다.

$$[OH^-] = \frac{1.0 \times 10^{-14}}{[H_3O^+]} = \frac{1.0 \times 10^{-14}}{1.4 \times 10^{-4}} = 7.1 \times 10^{-11}\ \text{M}$$

이 계산 결과 $[H_3O^+] > [OH^-]$이므로, 이 용액은 산성 용액이다.

정답

$[OH^-] = 7.1 \times 10^{-11}$ M, 이 용액은 산성이다.

응용문제 14.6

0.100 M HNO_3 용액의 $[H_3O^+]$를 구하시오.

예제 14.7

50 ℃에서 $K_w = 5.5 \times 10^{-14}$이다. 이 온도에서 순수한 물에 존재하는 H_3O^+, OH^-의 농도는 얼마인가?

풀이

순수한 물에서 H_3O^+, OH^-의 농도는 동일하므로, 다음과 같이 계산식을 세워서 답을 구할 수 있다.

$$[H_3O^+] = [OH^-]$$

$$K_w = [H_3O^+][OH^-] = [H_3O^+]^2 = [OH^-]^2 = 5.5 \times 10^{-14}$$

정답

$[H_3O^+] = [OH^-] = 2.3 \times 10^{-7}$ M

응용문제 14.7

어떤 용액에서 $[H_3O^+] = 1.5 \times 10^{-2}$ M이다. 이 용액의 $[OH^-]$는 얼마인가?

14.4 pH 척도와 측정

수용액에서 하이드로늄 이온의 농도는 몰농도로 표기하기보다는 보다 단순화하여 직관적으로 용액의 산성도를 나타내기 위하여 지수를 로그($\log_{10}$, log)화하여 이른바 pH 척도(power of hydrogen)로 사용한다. 용액의 pH는 하이드로늄 이온의 몰농도에 −log를 적용한 것으로 정의한다.

$$\text{pH} = -\log[H_3O^+] = -\log[H^+] \text{ 또는 } [H_3O^+] = [H^+] = 10^{-\text{pH}}\ \text{M}$$

예를 들어, $[H_3O^+] = 10^{-4}$ M인 산성 용액의 pH는 4이다. 만약 $[OH^-]$가 10^{-9} M인 용액의 경우, 식 (14.1)에 의하여 $[H_3O^+]$가 10^{-5} M이고 pH는 5가 된다. pH와 마찬가지로 pOH는 $[OH^-]$에 −log를 적용한 것으로 정의한다.

하이드로늄 이온
수용액에서 양성자(H^+)가 생성되어 존재하는 농도만큼 하이드로늄 이온(H_3O^+)이 존재하므로 $[H_3O^+] = [H^+]$으로 생각할 수 있다.

$$pOH = -\log[OH^-]$$

또한, K_w로부터 pH와 pOH의 관계를 다음과 같이 유도할 수 있다.

$$T = 25\ ℃, \qquad K_w = [H_3O^+][OH^-] = 1.0 \times 10^{-14}$$

$$\begin{aligned} -\log K_w &= -\log[H_3O^+] + (-\log[OH^-]) \\ &= pH + pOH \\ &= 14 \end{aligned}$$

pH 척도와 몇 가지 일반적인 물질의 pH 값이 그림 14.2에 나열되어 있다. pH는 $[H_3O^+]$의 −log 값이므로 pH는 $[H_3O^+]$가 증가함에 따라 감소한다. 그러므로 산성도가 높은 용액일수록 작은 pH 값을 나타내고 염기성이 높을수록 큰 pH 값을 나타낸다.

그림 14.2 몇 가지 일반적인 물질의 pH

> 산성 용액: pH < 7 　 중성 용액: pH = 7 　 염기성 용액: pH > 7

14.8 예제

컵에 담아놓은 암모니아 수용액의 OH^- 농도가 1.9×10^{-3} M이다. 이때 용액의 pH를 계산하시오. (단, 암모니아수의 온도는 25 ℃이다.)

풀이

$$K_w = [H_3O^+][OH^-] = 1.0 \times 10^{-14}$$

이므로,

$$[H_3O^+] = \frac{1.0 \times 10^{-14}}{[OH^-]}$$

$$= \frac{1.0 \times 10^{-14}}{1.9 \times 10^{-3}} = 5.3 \times 10^{-12}\ M$$

$$pH = -\log [H_3O^+] = -\log(5.3 \times 10^{-12}) = 11.3$$

정답

pH 11.3

응용문제 14.8

$[H_3O^+] = 1.0 \times 10^{-8}$ M인 용액의 pH는 얼마인가? pOH는 얼마인가?

예제 14.9

다음 각 용액의 pH를 계산하시오. (단, 용액의 온도는 25 ℃이다.)

(a) OH^-가 1.58×10^{-6} M인 지하수

(b) H_3O^+가 6.0×10^{-5} M인 산성비

풀이

(a)

$$K_w = [H_3O^+][OH^-] = 1.0 \times 10^{-14}$$

$$[H_3O^+] = \frac{1.0 \times 10^{-14}}{[OH^-]}$$

$$= \frac{1.0 \times 10^{-14}}{1.58 \times 10^{-6}} = 6.3 \times 10^{-9}\ M$$

$$pH = -\log [H_3O^+] = -\log(6.3 \times 10^{-9}) = 8.2$$

다른 풀이 방법

$$pH + pOH = 14$$

$$[OH^-] = 1.58 \times 10^{-6}\ M$$

$$pH = 14 - pOH = 14 - (-\log(1.58 \times 10^{-6})) = 8.2$$

(b)

$$[H_3O^+] = 6.0 \times 10^{-5}\ M$$

$$pH = -\log [H_3O^+] = -\log(6.0 \times 10^{-5}) = 4.2$$

정답

(a) pH 8.2 (b) pH 4.2

응용문제 14.9

pH = 3.00인 용액의 $[H_3O^+]$는 얼마인가? pOH는 얼마인가? $[OH^-]$는 얼마인가?

예제 14.10

다음 각 용액의 $[H_3O^+]$와 $[OH^-]$를 계산하시오.

(a) pH 7.40의 식염수

(b) pH 2.8의 탄산음료

풀이

(a) pH 7.40

$[H_3O^+] = 10^{-7.40} = 3.98 \times 10^{-8}$ M

pOH = 14.0 − 7.40 = 6.60

$[OH^-] = 10^{-6.60} = 2.51 \times 10^{-7}$ M

(b) pH 2.8

$[H_3O^+] = 10^{-2.8} = 1.5 \times 10^{-3}$ M

pOH = 14.0 − 2.8 = 11.2

$[OH^-] = 10^{-11.2} = 6.3 \times 10^{-12}$ M

정답

(a) $[H_3O^+] = 3.98 \times 10^{-8}$ M, $[OH^-] = 2.51 \times 10^{-7}$ M

(b) $[H_3O^+] = 1.5 \times 10^{-3}$ M, $[OH^-] = 6.3 \times 10^{-12}$ M

응용문제 14.10

0.100 M $HC_2H_3O_2$ 용액이 1.34 % 이온화되었을 때, 이 용액의 $[H_3O^+]$를 구하시오.

그러면 용액의 대략적인 pH 값을 실험적으로 관찰할 수 있을까? 또 실험 중에 pH를 관찰할 수 있는 방법이 있을까? 용액의 pH는 특정 pH 범위에서 색이 변하는 산−염기 **지시약(indicator)**을 사용하여 측정할 수 있다. 그림 14.3은 다양한 지시약과 지시약에 해당하는 변색 범위를 나타낸 것이다. 지시약의 변색 범위를 살펴보면 색이 급격하게 변하는 것이 아니라 서서히 변하는 것을 알 수 있다. 이는 지시약의 변색 반응도 일종의 산−염기 평형 반응이기 때문이다. 지시약 분자의 화학식을 HIn으로 가정할 때, 산성이나 염기성 조건의 환경에서 다음과 같은 산−염기 반응이 진행된다.

$$\mathrm{HIn}(aq) + \mathrm{H_2O}(l) \rightleftharpoons \mathrm{H_3O^+}(aq) + \mathrm{In^-}(aq)$$

지시약 HIn은 약산으로, 양성자를 잃어서 짝염기인 In^-이 형성되었을 때, HIn과 In^-의 색이 서로 달라서 평형 상태에 도달하였을 때, 두 화학종의 농도 중 어느 것의 농도가 우세하냐에 따라 이 지시약이 들어 있는 용액의 색이 변화하는 것이다. 예를 들어 브로모티몰 블루(bromothymol blue)는 pH 6.0에서 7.6까지의 범위에서 산성형인 노란색에서 염기성형인 파란색으로 변한다.

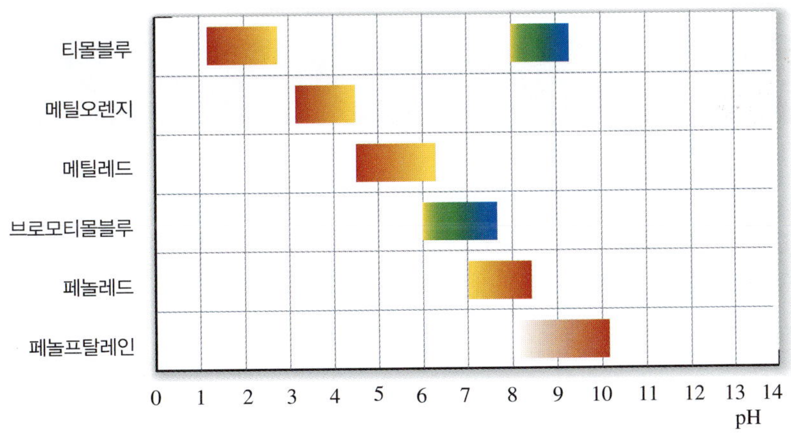

그림 14.3 대표적인 지시약의 변색 범위와 변색 기준

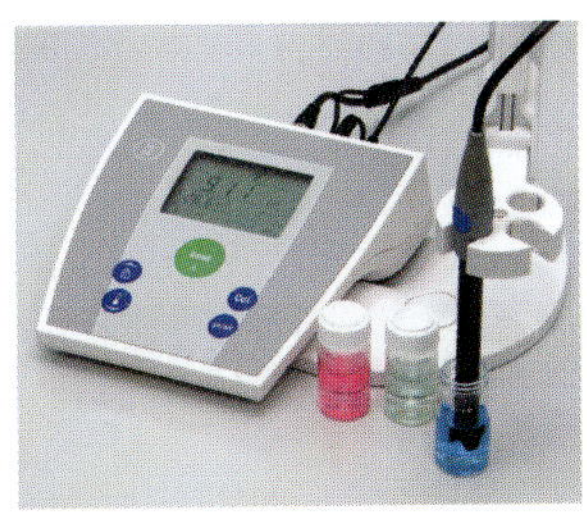

그림 14.4 디지털 pH 측정기

하지만 실험자의 손에 의존하는 지시약 분석은 분명한 계측 오차가 존재하기 때문에 오늘날에는 보다 편리하고 정확한 pH 측정기(pH 미터, pH meter)를 사용한다(그림 14.4).

Deep Insight

위에서는 안 녹고 소장에서만 녹는 알약

사람의 소화기관은 식도–위–십이지장–소장–대장 순으로 연결되어 있다. 특히 위는 위산인 염산(HCl)이 배출되는 기관이기 때문에 위산과 충분히 반응한 음식 혼합물의 전체 산성도가 pH 2 정도가 되었을 때 비로소 다음 소화기관인 십이지장으로 음식물이 이동할 수 있도록 위의 입구가 열린다. 십이지장에서는 염기성인 이자액과 담즙이 음식물과 섞이면서 소장에 가서는 음식물의 산성도가 pH 5.5 정도로 상승한다.

우리가 먹는 의약품들 상당수는 캡슐 형태 또는 알약 형태로 되어 있다. 캡슐과 알약의 표면을 잘 살펴보면 코팅이 되어 있는데 이 코팅은 약효 발휘에 상당히 중요한 역할을 한다. 치료 약물 중에 직접 위에 작용하여 위의 질병을 치료할 목적이 아니라면 거의 대부분의 알약이나 캡슐은 pH 2~3 조건에서는 녹거나 분해되지 않고 pH 5 이상의 조건에서 녹거나 분해되는 특수 코팅을 하게 된다.

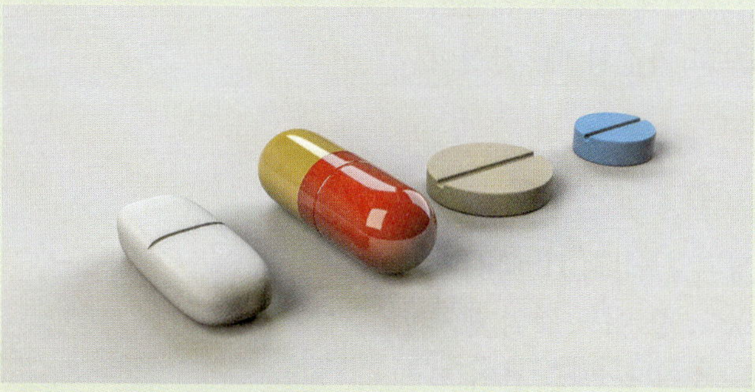

ⓒTumisu/Pixabay

이유는 간단하다. 높은 산성 조건의 위에 들어간 치료 약물의 분자가 강산인 염산에 의해 변성이 생길 우려가 있기 때문에, 산성도가 지나치게 낮지 않으면서 동시에 대부분의 음식물의 영양분을 흡수하는 기관인 소장에 가서 적어도 약물 분자가 반출 또는 노출이 되도록 하기 위함이다.

이러한 코팅 방식은 1980년대 후반부터 개발이 되었으며, 잘 알려진 코팅 물질은 유드라짓(EUDRAGIT)이라는 상품명으로 판매되는 합성 생분해 고분자이다. 유드라짓 고분자의 종류는 약물을 서서히 방출시키도록 조절이 가능한 코팅재제나 알약 완충재로 다양화되어 있다.

원하는 시기에 원하는 속도로 특정 조건에서 방출되도록 하는 제약기술을 서방출성 기술이라고 하며, 오늘날에는 다수의 약이 이 기술이 적용된 서방제로 시판되고 있다. 또한 유드라짓 외에도 서방성 제제 기술은 매우 다양하게 개발되어 있다.

과거 이러한 코팅 기술이 개발되지 않았을 때에는 사람들은 일반적으로 약국에서 가루약을 처방받았다. 당시에는 약의 흡수율이 그만큼 미흡했을 것이다. 위산에 의해 손실되는 비율까지 고려하여 많은 양의 약을 처방받아 복용했을 것이다. 오늘날 작은 알약 하나에도 이렇게 참신하고 복잡한 기술이 들어가 있는 덕에 우리는 약을 과다 복용하지 않고 있는 셈이다.

14.5 강산, 강염기의 산성도

강산과 강염기는 강한 전해질이기 때문에 거의 100 % 해리하므로 해리되지 않은 산(HA)이나 염기(BOH)의 존재 비율은 거의 0 %(농도는 거의 0 M)이기 때문에 순수한 H_3O^+ 또는 OH^- 농도만으로 pH를 계산하는 것이 가능하다.

예제 14.11

다음 산이나 염기의 pH를 계산하시오.

(a) 0.050 M $HClO_4$

(b) 6.0 M HCl

(c) 4.0 M KOH

(d) 0.010 M $Ba(OH)_2$

풀이

(a) $HClO_4$는 강산으로 100 % 해리되므로, 용액 중에 생성되는 H_3O^+의 농도는 0.050 M이다. 따라서 $pH = -\log [H_3O^+] = -\log(0.050) = 1.30$

(b) HCl은 강산으로 100 % 해리되므로, 용액 중에 생성되는 H_3O^+의 농도는 6.0 M이다.
따라서 $pH = -\log [H_3O^+] = -\log(6.0) = -0.78$
※ 이 경우 pH가 0~14 범위를 벗어나기 때문에 실제로 pH 값을 언급하기보다는 매우 강한 산이라고 한다.

(c) KOH는 강염기로 100 % 해리되므로, 용액 중에 생성되는 OH^-의 농도는 4.0 M
따라서 $pH = 14.0 - pOH = 14 - (-\log[OH^-]) = 14.0 - (-\log(4.0)) = 14.6$
※ 이 경우 pH가 0~14 범위를 벗어나기 때문에 실제로 pH 값을 언급하기보다는 매우 강한 염기라고 한다.

(d) $Ba(OH)_2$는 강염기로 100 % 해리되지만, 다음 반응식과 같이 해리되기 때문에 생성되는 OH^-의 농도는 0.020 M이다.

	$Ba(OH)_2(aq)$	$\longrightarrow$	$Ba^{2+}(aq)$	+ 2 $OH^-(aq)$
해리 전	0.010 M		0 M	0 M
해리 후	0 M		0.010 M	0.020 M

따라서 $pH = 14.0 - pOH = 14 - (-\log[OH^-]) = 14.0 - (-\log(0.020)) = 12.3$

정답

(a) pH 1.30
(b) 매우 강한 산(pH −0.78)
(c) 매우 강한 염기(pH 14.6)
(d) pH 12.3

응용문제 14.11

1.5×10^{-2} M $HClO_4$ 용액의 pH는 얼마인가? 이 용액의 pOH는 얼마인가?

14.6 약산의 산 해리 상수, K_a

약산은 강산의 묽은 용액과는 다르다. 강산은 수용액에서 거의 100 % 해리하는 반면, 약산은 부분적으로만 해리한다. 물론 묽은 강산의 완전 해리에 의해 생성된 H_3O^+의 농도는 더 진한 약산의 부분적 해리에 의해 생성된 H_3O^+의 농도와 같을 수도 있다. 물에서 약산의 해리도 평형 반응이기 때문에 다음과 같이 평형 반응식으로 기술하는 것이 가능하다. 그리고 이 반응의 해리 반응에 대한 평형 상수는 **산 해리 상수(acid dissociation constant)**라고 하고 K_a로 표기한다.

산 해리 상수 K_a

$$HA(aq) + H_2O(l) \rightleftharpoons H_3O^+(aq) + A^-(aq) \qquad K_a = \frac{[H_3O^+][A^-]}{[HA]}$$

그리고 pH와 마찬가지로 K_a에 −log를 적용한 pK_a가 실질적으로 사용된다. 표 14.2에 25 ℃에서 여러 산들의 pK 값이 나열되어 있다. 강한 산일수록 K_a 값이 크다. 따라서 강한 산일수록 pK_a는 작아진다. pK_a는 pH와는 다르게 음수 값까지 매겨질 수 있다.

예를 들어 표 14.2에 있는 염산 HCl은 그 pK_a가 −6.3으로 음수를 갖는 강산이다.

표 14.2 대표적인 산 해리 상수(25 ℃)

	산	분자식	구조식	K_a	$pK_a(-\log K_a)$
더 강한 산 ↑	염산	HCl	H—Cl	2×10^6	−6.3
	아질산	HNO_2	H—O—N=O	4.5×10^{-4}	3.35
	플루오린화수소산	HF	H—F	3.5×10^{-4}	3.46
	폼산	HCO_2H	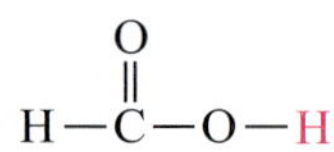	1.8×10^{-4}	3.74
	아스코브산 (바이타민 C)	$C_6H_6O_6$	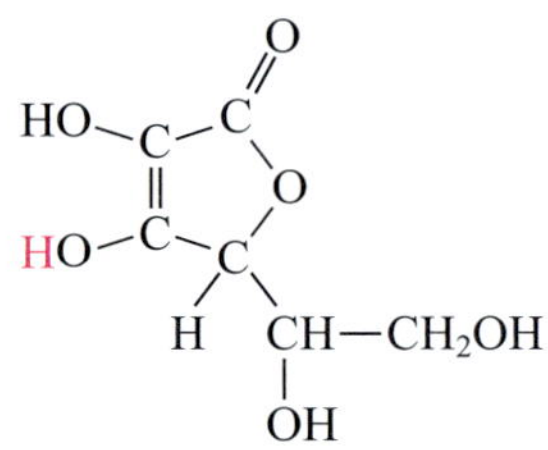	8.0×10^{-5}	4.10
	아세트산	CH_3CO_2H	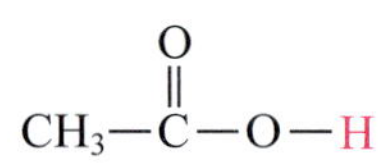	1.8×10^{-5}	4.74
	하이포아염소산	HOCl	H—O—Cl	3.5×10^{-8}	7.46
더 약한 산	사이안화수소산	HCN	H—C≡N	4.9×10^{-10}	9.31
	메탄올	CH_3OH	CH_3—O—H	2.9×10^{-16}	15.54

pK_a 또는 K_a 값을 활용하면 산의 $[H_3O^+]$나 pH를 계산할 수 있고, 반대로 pH 값을 통해서 K_a이나 pK_a를 계산하는 것도 가능하다. 이후에 제시하는 예제를 반드시 풀어서 숙달하기 바란다.

예제 14.12

0.10 M 하이포아염소산(HClO)의 pH는 4.23이다. 이 산의 pK_a를 구하시오.

풀이

하이포아염소산의 pH가 4.23이라면, 그것은 곧 $[H_3O^+]$의 값이 다음과 같음을 뜻한다.

$$[H_3O^+] = 10^{-4.23}\ M = 5.88 \times 10^{-5}\ M$$

따라서 다음과 같이 이 산의 평형 반응식으로부터 초기 농도, 반응 농도, 평형 상태에 대한 각 화학종의 농도를 알아낼 수 있다.

	$HClO(aq)$	+	$H_2O(l)$	$\rightleftharpoons$	$ClO^-(aq)$	+	$H_3O^+(aq)$
초기	0.10 M				0 M		0 M
반응	-5.88×10^{-5} M				$+5.88 \times 10^{-5}$ M		$+5.88 \times 10^{-5}$ M
평형	$(0.10 - 5.88 \times 10^{-5})$ M				5.88×10^{-5} M		5.88×10^{-5} M

$$K_a = \frac{[ClO^-][H_3O^+]}{[HClO]} = \frac{(5.88\times10^{-5})(5.88\times10^{-5})}{(0.10-5.88\times10^{-5})} = 3.46\times10^{-8}$$

$$pK_a = -\log(3.46\times10^{-8}) = 7.46$$

정답

pK_a 7.46

응용문제 14.12

0.20 M HNO_2 용액에서 0.009 mol/L의 HNO_2가 이온화했을 때, 평형에서의 H_3O^+, NO_3^-, HNO_2 농도를 각각 계산하고, K_a도 계산하시오.

그리고 부록 F에는 다양한 산의 해리 상수 K_a가 표시되어 있다. 여기서 확실히 알아둬야 할 점은 다양성자산의 K_a 값이다. 예를 들어, 삼양성자산에 해당하는 인산(H_3PO_4)은 다음과 같은 세 단계에 걸치는 평형 반응이 진행되면서 한 분자에서 최대 3개의 양성자(H^+)를 해리하여 제공하는 것이 가능하다. 이때 각 단계의 평형 상수, 즉 산 해리 상수를 순차적으로 K_{a1}, K_{a2}, K_{a3}라고 표기한다. 인산의 $K_a = K_{a1}\times K_{a2}\times K_{a3}$이 된다.

1단계: $H_3PO_4(aq) + H_2O(l) \rightleftharpoons H_2PO_4^-(aq) + H_3O^+(aq) \qquad K_{a1} = \dfrac{[H_2PO_4^-][H_3O^+]}{[H_3PO_4]}$

2단계: $H_2PO_4^-(aq) + H_2O(l) \rightleftharpoons HPO_4^{2-}(aq) + H_3O^+(aq) \qquad K_{a2} = \dfrac{[HPO_4^{2-}][H_3O^+]}{[H_2PO_4^-]}$

3단계: $HPO_4^{2-}(aq) + H_2O(l) \rightleftharpoons PO_4^{3-}(aq) + H_3O^+(aq) \qquad K_{a3} = \dfrac{[PO_4^{3-}][H_3O^+]}{[HPO_4^{2-}]}$

전체 $H_3PO_4(aq) + 3\ H_2O(l) \rightleftharpoons PO_4^{3-}(aq) + 3\ H_3O^+(aq) \qquad K_a = \dfrac{[PO_4^{3-}][H_3O^+]^3}{[H_3PO_4]} = K_{a1}\times K_{a2}\times K_{a3}$

$$K_{a1} = 7.5\times10^{-3},\ K_{a2} = 6.2\times10^{-8},\ K_{a3} = 4.8\times10^{-13}$$

다양성자산에서 $K_{a1} > K_{a2} > K_{a3} > \ldots$순으로 각 단계별 산의 해리 상수가 작아진다는 것을 명심하라. 그 이유는 이미 양이온인 상태의 약산에서 추가적으로 (+)전하를 띠는 양성자를 추가로 제거하기가 쉽지 않기 때문이다. 이 장의 연습문제를 통해 특정 다양성자산의 K_a 값을 부록에서 찾아 사용할 때 어떤 평형 단계의 산 해리 상수(K_{an})를 선택하여 사용해야 하는지를 파악할 수 있을 것이다.

14.7 약산 용액의 평형–평형 농도, 해리 백분율

약산의 K_a 값이 측정되면, 이를 이용하여 산 용액의 평형 농도뿐만 아니라 해리 백분율도 계산하여 알아낼 수 있다. 일반적으로 다음과 같은 단계를 거쳐서 순차적으로 계산을 하면 얼마든지 평형 농도의 계산이 가능하다.

1단계 해리하는 화학종이 브뢴스테드 산 또는 염기인지 확인한다.
2단계 모든 가능한 양성자 이동 반응에 대한 균형 반응식을 쓴다. 그 반응의 평형 상수(K_a 또는 K_b) 값을 확인한다.
3단계 이 균형 반응에 포함된 각 화학종에 대하여 초기 상태, 중간 변화, 평형 상태 순으로 각 상태별 농도를 미지수를 사용하여 판단한다.
4단계 3단계에서 나타낸 미지수가 포함된 평형 농도를 평형 상수 식에 대입하여 미지수를 알아낸다.
5단계 반응식에 포함된 화학종의 농도를 계산한다.
6단계 이제까지 구한 농도를 이용하여 pH를 계산한다.

예제 14.13

0.05 M HF에 존재하는 모든 화학종(H_3O^+, F^-, HF)의 농도와 pH를 계산하시오.

풀이

1단계 초기 화학종은 HF와 H_2O이고, HF가 산이고, 물이 염기이다.

2단계 모든 가능한 양성자 이동 반응에 대한 균형 반응식을 쓴다. 다음 해리 평형 반응식에 의하면 짝산과 짝염기가 무엇인지 확인할 수 있다. K_a는 표 14.2를 참고한다.

$$\underset{\text{산}}{HF(aq)} + \underset{\text{염기}}{H_2O(l)} \rightleftharpoons \underset{\text{짝염기}}{F^-(aq)} + \underset{\text{짝산}}{H_3O^+(aq)} \qquad K_a = 3.5 \times 10^{-4}$$

3단계 이 균형 반응에 포함된 각 화학종에 대하여 초기 상태, 중간 변화, 평형 상태 순으로 각 상태별 농도를 미지수를 사용하여 판단한다.

	$HF(aq)$ + $H_2O(l)$ ⇌	$F^-(aq)$ +	$H_3O^+(aq)$
초기	0.05 M	0 M	0 M
중간	$-x$ M	$+x$ M	$+x$ M
평형	$(0.05-x)$ M	x M	x M

4단계 3단계에서 나타낸 미지수가 포함된 평형 농도를 평형 상수 식에 대입하여 미지수를 알아낸다. 미지수를 포함한 위의 평형 농도를 평형 상수 식에 대입하고 방정식을 풀어 정확한 미지수 값을 확인한다.

$$K_a = \frac{[F^-][H_3O^+]}{[HF]} = \frac{x^2}{0.05-x} = 3.5 \times 10^{-4}$$

$$x = 4.12 \times 10^{-3}\ \text{M}$$

5단계 반응식에 포함된 화학종의 농도를 계산한다. 3단계의 평형 농도에 미지수를 대입하여 모든 화학종의 평형 농도를 확인한다.

$$[H_3O^+] = [F^-] = 4.12 \times 10^{-3}\ \text{M}$$

$$[HF] = (0.05 - 4.12 \times 10^{-3})\ \text{M} \fallingdotseq 0.05\ \text{M}$$

6단계 이제까지 구한 농도를 이용하여 pH를 계산한다.

$$\text{pH} = -\log[H_3O^+] = -\log(4.12 \times 10^{-3}) = 2.38$$

정답

$[H_3O^+] = [F^-] = 4.12 \times 10^{-3}$ M

$[HF] = (0.05 - 4.12 \times 10^{-3})$ M ≒ 0.05 M

pH 2.38

응용문제 14.13

0.155 M HClO 용액의 pH는 얼마인가? K_a 값은 표 14.2를 참고한다.

K_a뿐만 아니라 약산의 세기를 나타내는 또 다른 유용한 척도는 **해리 백분율(pecent dissociation)**로, 해리된 산의 농도를 산의 초기 농도로 나눈 값에 100을 곱한 값이다.

$$\text{해리 백분율}(\%) = \frac{[HA]_{\text{해리}}}{[HA]_{\text{초기}}} \times 100$$

일반적으로 해리 백분율은 산에 따라 다르고 K_a 값이 증가함에 따라 증가한다. 또한, 약산의 경우 약산의 농도가 감소할수록 해리 백분율은 증가한다. 그 이유는 산의 농도가 감소하더라도 그 산의 pH 값은 해당 온도에서 일정하기 때문이다. 즉 약산의 초기 농도가 어떻게 되었든 H_3O^+의 농도는 일정해야 하기 때문이다.

이러한 현상은 약산인 아세트산의 해리 백분율이 산의 농도가 감소함에 따라 증가한다는 것에서 확인할 수 있다(그림 14.5).

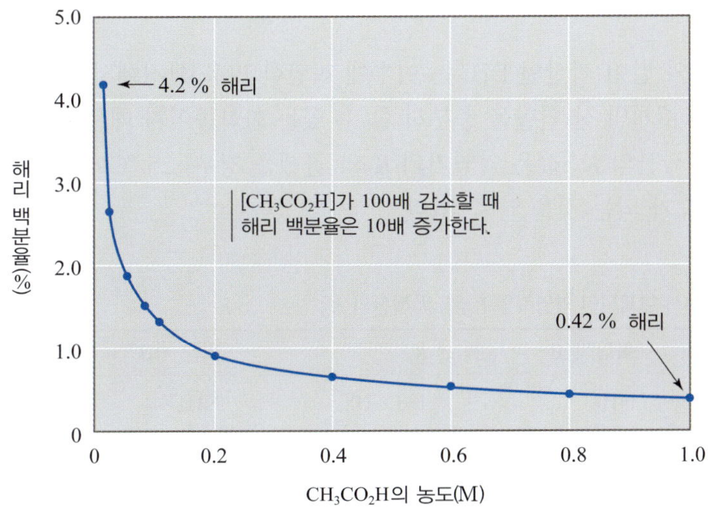

그림 14.5 아세트산의 농도에 대한 해리 백분율

그림 14.5를 살펴보면, 1.00 M 아세트산 용액은 0.42 %의 해리 백분율을 보인다. 이것은 초기 아세트산 중 해리된 아세트산의 농도가 4.2×10^{-3} M이라는 뜻이며, 최종적으로 해리된 H_3O^+의 농도가 똑같이 4.2×10^{-3} M임을 말한다. 이러한 H_3O^+의 농도는 아세트산의 농도가 0.100 M일 때에도 동일한 pH를 달성하기 위해서는 앞선 1.00 M 아세트산 용액일 때와 같은 농도인 4.2×10^{-3} M이어야 하며, 이는 결국 해리되는 아세트산의 농도가 4.2×10^{-3} M임을 뜻하는 것이기 때문에 다음 계산 과정에서와 같이 해리 백분율이 커지는 결과를 나타낸다.

1.00 M CH_3CO_2H 용액의 해리 백분율

$[H_3O^+] = 4.2 \times 10^{-3}$ M

$$\text{해리 백분율(\%)} = \frac{[CH_3CO_2H]_{\text{해리}}}{[CH_3CO_2H]_{\text{초기}}} \times 100 = \frac{4.2 \times 10^{-3}\ M}{1.00\ M} \times 100 = \underline{0.42}$$

0.0100 M CH_3CO_2H 용액의 해리 백분율

$[H_3O^+] = 4.2 \times 10^{-3}$ M

$$\text{해리 백분율(\%)} = \frac{[CH_3CO_2H]_{\text{해리}}}{[CH_3CO_2H]_{\text{초기}}} \times 100 = \frac{4.2 \times 10^{-3}\ M}{0.100\ M} \times 100 = \underline{4.2}$$

14.8 약염기의 염기 해리 상수, K_b

약산과 마찬가지로 약염기 B는 물과의 반응에서 다음과 같은 평형 상태를 이루면서 이에 해당하는 평형 상수인 **염기 해리 상수(base dissociation constant)** K_b를 계산할 수 있다. 대표적인 염기 해리 상수는 25 ℃의 값을 기준으로 표 14.3에 나열되어 있다.

염기 해리 상수 K_b

$$B(aq) + H_2O(l) \rightleftharpoons BH^+(aq) + OH^-(aq) \qquad K_b = \frac{[BH^+][OH^-]}{[B]}$$

표 14.3에서와 같이 짝산인 BH^+는 이후에 적당한 반응 환경에서 다시 양성자(H^+)를 내놓는 양성자 주개의 산 역할을 충분히 할 수 있는 화학종이기 때문에 이에 맞는 K_a 값을 갖는다. 이 짝산의 K_a 값은 약염기의 K_b와 곱했을 경우, 25 ℃에서 1.0×10^{-14}라는 일정한 상수 K_w가 되는 것을 알 수 있다.

표 14.3 25 ℃에서 대표적인 약염기의 K_b와 그 짝산의 K_a

염기	화학식, B	K_b	짝산, BH^+	K_a
암모니아	NH_3	1.8×10^{-5}	NH_4^+	5.6×10^{-10}
아닐린	$C_6H_5NH_2$	4.3×10^{-10}	$C_6H_5NH_3^+$	2.3×10^{-5}
다이메틸아민	$(CH_3)_2NH$	5.4×10^{-4}	$(CH_3)_2NH_2^+$	1.9×10^{-11}
하이드라진	N_2H_4	8.9×10^{-7}	$N_2H_5^+$	1.1×10^{-8}
하이드록실아민	NH_2OH	9.1×10^{-9}	NH_3OH^+	1.1×10^{-6}
메틸아민	CH_3NH_2	3.7×10^{-4}	$CH_3NH_3^+$	2.7×10^{-11}

이런 약염기는 보통 양성자(H^+)를 받기 위하여 기본적으로 고립 전자쌍을 하나 이상 가지는 경우가 대부분이다. 이에 해당하는 대표적인 염기가 암모니아와 아민(amine)류 분자이다. 먼저 암모니아와 같은 약염기는 다음과 같은 평형 반응을 보이면서 짝산인 NH_4^+와 OH^-을 생성한다.

$$:NH_3(aq) + H_2O(l) \rightleftharpoons NH_4^+(aq) + OH^-(aq)$$

암모니아의 질소가 지닌 유일한 한 쌍의 고립 전자쌍(:)이 브뢴스테드 염기의 역할을 할 수 있도록 배위(공유) 결합을 통해서 양성자를 성공적으로 끌어당긴다. 또한, 유기 화합물에서 많이 볼 수 있는 아민류 분자들은 암모니아처럼 고립 전자쌍을 보유하고 있는 질소를 가지고는 있으나 암모니아의 수소 원자가 들어갈 위치에 탄화수소 원자단(예: 메틸기(CH_3-), 에틸기(C_2H_5-))이 결합된 구조를 가지고 있다. 대표적인 아민 분자의 예는 다음과 같다.

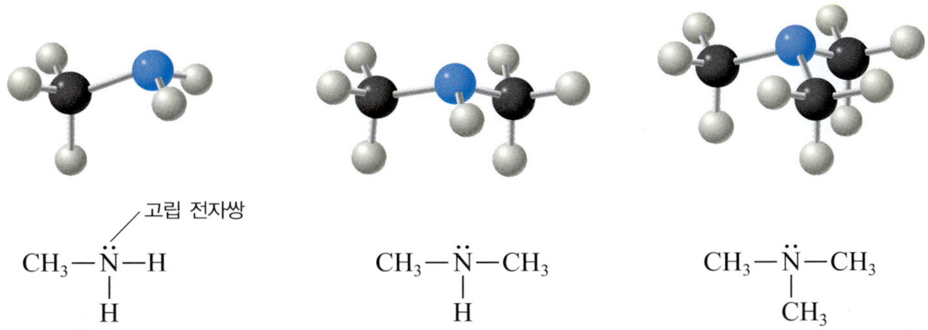

메틸아민 다이메틸아민 트라이메틸아민

아민의 염기성도 역시 질소 원자에 있는 고립 전자쌍 때문이며, 양성자와 배위 결합을 형성한다. 약염기의 pH를 계산하는 문제도 결국에는 약산과 마찬가지로 염기 해리 평형 반응식과 염기 해리 상수 K_b를 이용하여 풀 수 있다.

예제 14.14

0.40 M NH_3($K_b = 1.8 \times 10^{-5}$) 수용액에 존재하는 모든 화학종의 농도와 pH를 구하시오.

풀이

1단계 초기 화학종은 NH_3와 H_2O이고, NH_3가 염기이고, 물은 산으로 작용한다.

2단계 모든 가능한 양성자 이동 반응에 대한 균형 반응식을 쓴다. 해리 평형 반응식에 의하면 짝산과 짝염기가 무엇인지 확인할 수 있다. K_b는 표 14.3을 참고한다.

$$\underset{\text{염기}}{NH_3(aq)} + \underset{\text{산}}{H_2O(l)} \rightleftharpoons \underset{\text{짝산}}{NH_4^+(aq)} + \underset{\text{짝염기}}{OH^-(aq)} \qquad K_b = 1.8 \times 10^{-5}$$

3단계 이 균형 반응에 포함된 각 화학종에 대하여 초기 상태, 중간 변화, 평형 상태 순으로 각 상태별 농도를 미지수를 사용하여 판단한다.

	$NH_3(aq)$ + $H_2O(l)$ ⇌	$NH_4^+(aq)$ +	$OH^-(aq)$
초기	0.40 M	0 M	0 M
중간	$-x$ M	$+x$ M	$+x$ M
평형	$(0.40-x)$ M	x M	x M

4단계 3단계에서 나타낸 미지수가 포함된 평형 농도를 평형 상수 식에 대입하여 미지수를 알아낸다. 미지수를 포함한 위의 평형 농도를 평형 상수 식에 대입하고 방정식을 풀어 정확한 미지수 값을 확인한다.

$$K_b = \frac{[NH_4^+][OH^-]}{[NH_3]} = \frac{x^2}{0.40-x} = 1.8 \times 10^{-5}$$

$$x = 2.68 \times 10^{-3} \text{ M}$$

5단계 반응식에 포함된 화학종들의 농도를 계산한다. 3단계의 평형 농도에 미지수를 대입하여 모든 화학종의 평형 농도를 확인한다.

$$[NH_4^+] = [OH^-] = 2.68 \times 10^{-3}\ M$$
$$[NH_3] = (0.40 - 2.68 \times 10^{-3})\ M \fallingdotseq 0.40\ M$$

6단계 이제까지 구한 농도를 이용하여 pH를 계산한다.

$$pH = 14.0 - pOH = 14.0 - (-\log[OH^-])$$
$$= 14.0 - (-\log(2.68 \times 10^{-3}) = 11.4$$

정답

$[NH_4^+] = [OH^-] = 2.68 \times 10^{-3}$ M
$[NH_3] = (0.40 - 2.68 \times 10^{-3})$ M ≒ 0.40 M
pH 11.4

응용문제 14.14 0.245 M N_2H_4 용액의 pH는 얼마인가? 단, N_2H_4의 K_b = 9.8×10^{-7}이다.

14.9 K_a와 K_b 사이의 관계

표 14.3에서 언급하였듯이 염기와 그 짝산의 K_a와 K_b의 관계는 다음과 같다. 즉 어떤 산의 K_a를 알면 그 짝염기의 K_b를 알 수 있고, 반대로 어떤 염기의 K_b를 알면 그 짝산의 K_a를 알 수 있다.

$$K_a \times K_b = K_w,\quad K_b = \frac{K_w}{K_a}$$

이러한 원칙은 산과 그 짝염기의 관계에서도 동일하게 적용된다. 수용액 상태에서의 모든 브뢴스테드–로리의 산과 염기는 항상 이 원칙을 따른다. 또한, 25 ℃에서 물의 이온곱 상수는 1.0×10^{-14}으로 일정한 값을 가지므로, 이때 −log를 적용한 pK_a와 pK_b의 관계도 다음과 같은 관계식(식 14.2)을 항상 만족한다.

$$K_a \times K_b = K_w = 1.0 \times 10^{-14}\ (25\ ℃)$$

$$(-\log K_a) + (-\log K_b) = -\log K_w = -\log(1.0 \times 10^{-14})$$

$$pK_a + pK_b = pK_w = 14$$

$$\therefore pK_a + pK_b = 14 \qquad (14.2)$$

즉, 25 ℃에서 pH와 pOH의 관계처럼 짝산–짝염기 관계에 있는 산과 염기의 pK_a 또는 pK_b 중 하나를 알면 나머지 값도 쉽게 알 수 있다.

14.15 예제

다음 물음에 답하시오.
(a) HCN의 $K_a = 4.9 \times 10^{-10}$이다. 그 짝염기인 CN^-의 K_b는 얼마인가?
(b) 유기 용매인 피리딘(C_5H_5N)의 $pK_b = 8.74$이다. 피리디늄 이온($C_5H_5NH^+$)의 pK_a는 얼마인가?

풀이

(a) $K_a \times K_b = K_w = 1.0 \times 10^{-14}$

$$K_b = \frac{1.0 \times 10^{-14}}{K_a}$$

$$= \frac{1.0 \times 10^{-14}}{4.9 \times 10^{-10}} = 2.0 \times 10^{-5}$$

(b) $pK_a + pK_b = pK_w = 14$

$pK_a = 14 - pK_b = 14 - 8.74 = 5.26$

정답

(a) 2.0×10^{-5} (b) 5.26

응용문제 14.15

표 14.2를 참고하여 바이타민 C의 짝염기의 K_b를 계산하시오.

핵심 요약

14.1 산-염기의 개념

- 아레니우스 정의와 브뢴스테드-로리 정의
  - 산: 물에서 해리하여 수소 이온($H^+(aq)$)을 생성하는 물질
  - 염기: 물에 해리하여 수산화 이온($OH^-(aq)$)을 생성하는 물질
- 브뢴스테드-로리 정의
  - 산: 반응 중에 다른 물질에 양성자(H^+)를 줄 수 있는 물질, 양성자 주개
  - 염기: 반응 중에 양성자(H^+)를 받을 수 있는 물질, 양성자 받개
- 루이스 정의
  - 산: 반응 중에 다른 물질로부터 전자쌍을 받는 물질, 전자쌍 받개
  - 염기: 반응 중에 다른 물질로부터 전자쌍을 주는 물질, 양성자 받개

14.2 산과 염기의 세기

- 산과 염기의 반응은 더 강한 산에서 더 강한 염기로 양성자가 이동하여 더 약한 산과 더 약한 염기를 생성한다.
- 강한 산은 강전해질로서 물에 용해되었을 때 70 % 이상 해리되는 산을 말한다.
- 약한 산은 약한 전해질로서 물에 용해되었을 때 30 % 이하 해리되는 산을 말한다.
- 강한 염기는 강전해질로서 물에 용해되었을 때 70 % 이상 해리되는 염기를 말한다.
- 약한 염기는 약한 전해질로서 물에 용해되었을 때 30 % 이하 해리되는 염기를 말한다.

- 산의 산성도가 강하면 반응 후 짝염기의 염기도는 상대적으로 약하다.
- 염기의 염기도가 강하면 반응 후 짝산의 산성도는 상대적으로 약하다.
- 산의 산성도가 약하면 반응 후 짝염기의 염기도는 상대적으로 강하다.
- 염기의 염기도가 약하면 반응 후 짝산의 산성도는 상대적으로 강하다.

14.3 물의 이온곱 상수, K_w

- 물의 자동 이온화 반응은 물의 해리 평형 반응으로서 평형 상수의 개념인 물의 이온곱 상수, K_w를 계산할 수 있다.
- 물의 자동이 이온화 반응

$$HA(aq) + H_2O(l) \rightleftharpoons A^-(aq) + H_3O^+(aq)$$

- 물의 이온곱 상수, K_w

$$K_w = [H_3O^+][OH^-]$$

- 25 °C에서 $K_w = 1.0 \times 10^{-14}$으로 상수이다.

14.4 pH 척도와 측정

- $pH = -\log[H_3O^+] = -\log[H^+]$
- $pOH = -\log[OH^-]$
- 25 °C에서 $pH + pOH = 14$
- 산성 용액: $pH < 7$ 중성 용액: $pH = 7$ 염기성 용액: $pH > 7$

14.5 강산, 강염기의 산성도

- 일반적으로 우리가 사용하는 강산(HCl)과 강염기(NaOH)는 강한 전해질이기 때문에 거의 100 % 해리하므로 해리되지 않은 산(HA)이나 염기(BOH)의 존재 비율은 거의 0 %(농도는 거의 0 M)라 가정한다.

14.6 약산의 산 해리 상수, K_a

- 약한 산은 약한 전해질로서 물속에서 부분적으로 해리하기 때문에 평형 상태를 이룰 수 있다.
- 수용액 환경에서 약한 산(HA)은 평형 상수에 해당하는 산 해리 상수 K_a를 계산할 수 있다.

$$HA(aq) + H_2O(l) \rightleftharpoons H_3O^+(aq) + A^-(aq) \qquad K_a = \frac{[H_3O^+][A^-]}{[HA]}$$

14.7 약산 용액의 평형–평형 농도, 해리 백분율

- 평형 농도 계산

1단계 해리하는 화학종이 브뢴스테드 산 또는 염기인지 확인한다.

2단계 모든 가능한 양성자 이동 반응에 대한 균형 반응식을 쓴다. 그 반응의 평형 상수(K_a 또는 K_b) 값을 확인한다.

3단계 이 균형 반응에 포함된 각 화학종에 대하여 초기 상태, 중간 변화, 평형 상태 순으로 각 상태별 농도를 미지수를 사용하여 판단한다.

4단계 3단계에서 나타낸 미지수가 포함된 평형 농도를 평형 상수 식에 대입하여 미지수를 알아낸다.

5단계 반응식에 포함된 화학종의 농도를 계산한다.

6단계 이제까지 구한 농도를 이용하여 pH를 계산한다.

- 산의 해리 백분율

$$\text{해리 백분율}(\%) = \frac{[\text{HA}]_{\text{해리}}}{[\text{HA}]_{\text{초기}}} \times 100$$

- 약산의 해리 백분율은 약산의 농도에 반비례한다.

14.8 약염기의 염기 해리 상수, K_b

- 수용액 환경에서 약한 염기(B)는 평형 상수에 해당하는 염기 해리 상수 K_b를 계산할 수 있다.

$$\text{B}(aq) + \text{H}_2\text{O}(l) \rightleftharpoons \text{BH}^+(aq) + \text{OH}^-(aq) \qquad K_b = \frac{[\text{BH}^+][\text{OH}^-]}{[\text{B}]}$$

14.9 K_a와 K_b 사이의 관계

- $K_a \times K_b = K_w$
- 25 °C에서 $pK_a + pK_b = pK_w = 14$

핵심 용어 정리

용어	정의	용어	정의
물의 자동 이온화 반응(autoionization of water)	물 분자 간 양성자(H^+)를 교환하여 하이드로늄 이온(H_3O^+)과 수산화 이온(OH^-)을 생성하는 평형 반응	해리 백분율 (pecent dissociation)	해리된 산의 농도를 산의 초기 농도로 나눈 값에 100을 곱한 값
이온곱 상수 (ion-product constant for water, K_w)	물의 자동 이온화 반응의 평형 상수		

Deep Insight

위에서는 안 녹고 소장에서만 녹는 알약

벌은 여름에 활발하게 활동하는 곤충 중 하나이다. 매년 가을 추석쯤에 성묘객이 벌초하다가 벌에 쏘여 심한 경우 사망했다는 뉴스를 종종 들을 수 있다. 벌의 독은 한자어로 봉독이라고 하여, 일찍이 동의보감에도 매우 독한 성질을 가진 물질이며, 신경계통의 질병에 효과가 있는 약으로 기술되어 있다.

재미있는 것은 벌의 독은 벌의 종류마다 산성도가 다르다는 점이다. 말벌의 독은 염기성이므로 레몬, 식초 등 산성 물질을 발라주는 것이 도움이 된다. 꿀벌의 독은 산성이므로 침을 제거한 후 비누 등의 염기성 물질로 씻어주면 독을 중화할 수 있다.

ⓒskeeze/Pixabay

그러면 벌의 독(bee venom)을 약물로 사용하는 것은 동양의학에서만 하는 것일까? 그렇지 않다. 봉독은 우리나라 식품의약품안전처(Korean FDA)로부터 2003년 정식으로 의약품으로 인정받았고, 그보다 이른 1989년에는 미국 FDA의 약품 인증을 받았다. 그리하여 일부 서양 의학계에서는 꿀벌의 독을 추출하여 주사제로 생산하고 있으며, 호주에는 꿀벌의 독을 추출하여 세럼을 만들어 미용 보조제로 상품화하고 있다.

물론 아직 안전성과 부작용을 우려해 거부감과 불신을 표하는 의료인들이 봉독 사용을 금지하는 목소리를 내고 있으나 한편으로는 합성 항생제보다 100배의 진통 소염 효과가 있다는 주장도 있다.

사실 꿀벌의 독에 들어있는 실질적인 효과를 지닌 물질은 아피톡신(apitoxin)이라는 분자이다. 아피톡신의 분자식은 $C_{129}H_{224}N_{38}O_{31}$인 아미노산들이 연결된 단백질 분자이다. 분자량도 큰 데다 살아있는 곤충으로부터 추출하여 사용하는 것이므로 사람에 따라서는 알레르기 증상이 발생해 생명이 위험할 수도 있다.

더 정확하고 확실한 임상적인 자료가 나올 때까지 오랜 시간이 필요하겠지만 봉독에 대한 긍정적인 전망을 기대해 볼 수 있겠다.

연습문제

● (14.1～14.5) 다음 설명 중 옳은 것은 ○, 틀린 것은 ×를 표시하시오.

14.1 강한 산은 강전해질로서 물에 용해되었을 때 50 % 이상 해리되는 산을 말한다. (　　　　)

14.2 산의 산성도가 강하면 반응 후 짝염기의 염기도는 상대적으로 강하다. (　　　　)

14.3 K_w는 모든 온도에서 일정한 값을 유지한다. (　　　　)

14.4 pK_a 값이 클수록 강한 염기이다. (　　　　)

14.5 $K_a + K_b = K_w$ (　　　　)

● (14.6～14.10) 다음 문장의 빈칸에 올바른 용어(단어) 혹은 문구를 채워 넣으시오.

14.6 강산과 강염기는 강한 전해질이기 때문에 해리도가 거의 (　　　　) %에 가깝다.

14.7 중성에서의 pH는 (　　　　)이다.

14.8 브뢴스테드-로리 정의에 의하면 염기는 반응 중 (　　　　) 받개의 역할을 하는 화학종이다.

14.9 루이스 산은 화학 반응 중에 (　　　　) 주개의 역할을 하는 화학종이다.

14.10 (　　　　) °C에서 $K_w = 1.0 \times 10^{-14}$으로 상수이다.

● (14.11～14.25) 다음 물음에 답하시오.

14.11 NaOH는 아레니우스 염기는 될 수 있어도 브뢴스테드 염기라고 말하기 어렵다. 그 이유를 설명하시오.

14.12 H_2O(물)가 루이스 산인지 루이스 염기인지 밝히시오.

14.13 다음 브뢴스테드-로리 산에 대한 짝염기의 화학식을 각각 쓰시오.
(a) HSO_4^-
(b) H_2SO_3
(c) $H_2PO_4^-$
(d) NH_4^+
(e) H_2O
(f) NH_3

14.14 다음의 반응에서 루이스 산과 염기가 어떤 화학종인지 밝히시오.
(a) $Cu^{2+}(aq) + 4\ CN^-(aq) \rightleftharpoons Cu(CN)_4^{2-}(aq)$
(b) $AlBr_3(aq) + Br^-(aq) \rightleftharpoons AlBr_4^-(aq)$

14.15 1.5 M HNO_2($K_a = 4.5 \times 10^{-4}$)의 pH와 해리 백분율을 계산하시오.

14.16 25 ℃에서 0.20 M의 옥살산($H_2C_2O_4$) 수용액의 모든 평형 화합물의 농도를 계산하시오. (힌트: 옥살산은 이양성자산이다.)

14.17 25 ℃에서 염화 암모늄(NH_4Cl) 0.10 M 용액의 pH는 얼마인가?

14.18 각 용액에서 HF($K_a = 3.5 \times 10^{-4}$)의 해리 백분율을 계산하시오.
(a) 0.050 M HF(aq)
(b) 0.50 M HF(aq)

14.19 다음 약염기와 물의 반응에 대한 균형 알짜이온 반응식과 평형 상수식을 쓰시오.
(a) 다이메틸아민, $(CH_3)_2NH$
(b) 아닐린, $C_6H_5NH_2$
(c) 사이안화 이온, CN

14.20 뷰티르산(HBut)의 K_a는 2.0×10^{-5}이다. 뷰티르산 이온, But^-의 K_b를 계산하시오.

14.21 바닷물 시료의 OH^- 농도는 2.0×10^{-6} M이다. H_3O^+의 농도를 계산하고, 용액이 산성인지, 중성인지, 염기성인지 구별하시오.

14.22 약산의 농도가 0.015 M인 용액이 25 ℃에서 pH가 5.03일 때, 이 약산의 K_a는 얼마인가?

14.23 약염기의 농도가 0.35 M인 용액이 25 ℃에서 pH가 11.84일 때, 이 약염기의 K_b는 얼마인가?

14.24 상품명인 아스피린의 성분 물질의 본래 화학식의 이름은 아세틸살리실산이며, 화학식은 $HC_9H_7O_4$인 약산이다. 이 물질은 다음과 같이 일양성자산으로서 물에서 이온화한다. 아스피린의 0.10 M 수용액은 25 ℃에서 pH가 2.27이다. 아스피린의 K_a는 얼마인지 계산하시오.

$$HC_9H_7O_4(aq) + H_2O(l) \rightleftharpoons H_3O^+(aq) + C_9H_7O_4^-(aq)$$

14.25 진훈이가 즐겨 마시는 아이스 아메리카노에 들어 있는 카페인($C_8H_{10}N_4O_2$)은 수용액에서 다음의 평형 반응식처럼 반응한다. 25 ℃에서 아메리카노 한 잔의 카페인 농도가 0.15 M일 때, pH 8.45로 측정되었다면 카페인의 K_b는 얼마인가?

$$C_8H_{10}N_4O_2(aq) + H_2O(l) \rightleftharpoons HC_8H_{10}N_4O_2^+(aq) + OH^-(aq)$$

CHAPTER

15

수용액 평형

◀ 산과 염기 반응에서 지시약의 변색으로 중화점을 찾을 수 있다.

15.1 공통 이온 효과

산이나 염기 수용액의 평형 상태에서 이온의 농도를 계산하는 방법을 12장과 13장에서 설명하였다.

아세트산(CH_3COOH) 수용액과 아세트산 소듐(CH_3COONa) 수용액이 있다고 가정하자. 다음과 같이 두 수용액에는 각각 두 종류의 양이온과 음이온이 존재할 것이며, 특히 약산인 아세트산 수용액의 경우 평형 상태가 가능하다. 아세트산 소듐은 강한 전해질이므로 거의 대부분 소듐 양이온과 아세트산 음이온으로 해리된다.

$$CH_3COOH(aq) \rightleftharpoons H^+(aq) + CH_3COO^-(aq)$$

$$CH_3COONa(aq) \longrightarrow Na^+(aq) + CH_3COO^-(aq)$$

여기서 두 수용액에는 아세트산 음이온(CH_3COO^-)이 공통적으로 들어 있는데, 이 경우 아세트산 음이온을 두 용액의 **공통 이온(common ion)**이라고 한다. 만약 이 두 용액을 혼합하면 어떤 일이 벌어질까?

결론적으로 말하면 13장에서 다룬 르샤틀리에 원리(Le Chatelier's principle)에 의하여 아세트산 수용액의 평형이 왼쪽으로 이동하게 된다. 즉, 이미 평형이 형성되어 있는 아세트산 수용액 입장에서 외부로부터 아세트산 음이온이 추가로 유입됨에 따라 아세트산 음이온의 농도가 순간 증가하는 효과를 받게 됨으로써 평형을 유지하고자 역반응이 진행되어 높아진 아세트산 음이온의 농도와 기존의 하이드로늄 이온(H_3O^+)의 농도를 낮추고 아세트산 분자의 농도를 증가시키게 된다(그림 15.1).

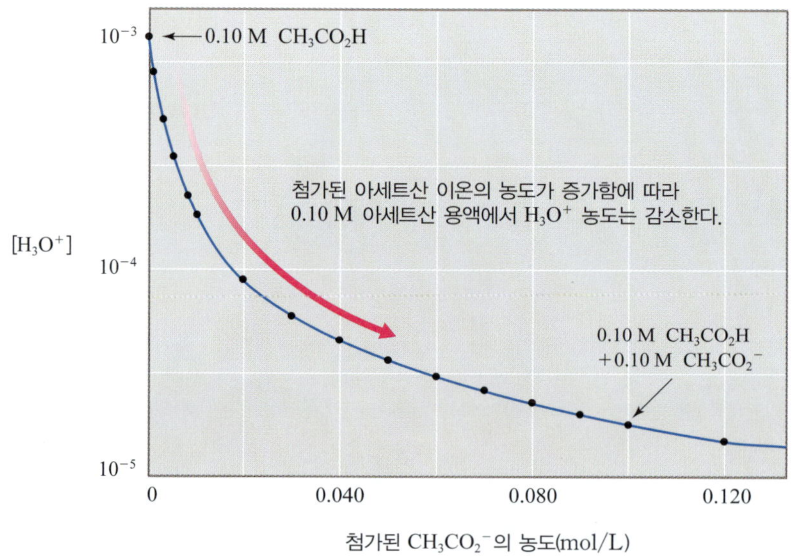

그림 15.1 아세트산과 아세트산 소듐 혼합 용액에서 공통 이온(CH_3COO^-)의 농도 증가에 따른 하이드로늄 이온의 농도($[H_3O^+]$) 변화

이처럼 평형 상태의 수용액에 녹아 있는 이온과 같은 이온이 추가로 첨가될 때, 즉 평형 상태의 수용액에 공통 이온이 첨가되었을 때, 이것을 통해 평형이 이동하는 효과를 바로 **공통 이온 효과(common ion effect)**라고 한다. 예제를 통해 공통 이온 효과에 의한 이온의 농도 계산법을 살펴보자.

15.1 예제

0.15 M NH_3($K_b = 1.8\times10^{-5}$) 용액의 pH는 11.21이고 1.1 % 해리한다. 0.15 M NH_3와 0.45 M NH_4Cl의 혼합 용액에 존재하는 모든 화학종의 농도, pH, 암모니아의 해리 백분율(%)을 각각 계산하시오.

풀이

이 문제에서의 반응은 다음과 같이 H_2O로부터 NH_3로의 수소 이온 전달 과정이다.

$$NH_3(aq) + H_2O(l) \rightleftharpoons NH_4^+(aq) + OH^-(aq)$$

NH_4^+은 공통 이온으로, 초기에 존재하는 NH_4Cl(0.45 M) 및 H_2O와 NH_3의 농도는 다음과 같다.

	$NH_3(aq)$	+ $H_2O(l)$ ⇌	$NH_4^+(aq)$	+ $OH^-(aq)$
초기 농도(M)	0.15		0.45	~0
중간 변화(M)	$-x$		$+x$	$+x$
평형 농도(M)	$0.15-x$		$0.45+x$	$+x$

위 반응의 평형 식은 다음과 같다.

$$K_b = 1.8\times10^{-5} = \frac{[NH_4^+][OH^-]}{[NH_3]} = \frac{(0.45+x)(x)}{0.15-x} \approx \frac{(0.45)(x)}{0.15}$$

(1) 평형 상수 K_b는 작고, (2) 공통 이온 효과에 의하여 평형이 왼쪽에 있으므로 x는 0.45와 0.15에 비하여 무시할 수 있다. 그러므로 식은 다음과 같이 쓸 수 있다.

$$x = [OH^-] = \frac{(1.8\times10^{-5})(0.15)}{0.45} = 6.0\times10^{-6}\ \text{M}$$
$$[NH_3] = 0.15 - x = 0.15 - (6.0\times10^{-6}) \fallingdotseq 0.15\ \text{M}$$
$$[NH_4^+] = 0.45 + x = 0.45 + (6.0\times10^{-6}) \fallingdotseq 0.45\ \text{M}$$

위에서 구한 $[OH^-]$을 근거로 $[H_3O^+]$와 pH는 다음과 같은 과정으로 계산할 수 있다.

$$[H_3O^+] = \frac{K_w}{[OH^-]} = \frac{1.0\times10^{-14}}{6.0\times10^{-6}} = 1.7\times10^{-9}\ \text{M}$$
$$\text{pH} = -\log(1.7\times10^{-9}) = 8.77$$

암모니아의 해리 백분율은 다음과 같다.

$$\text{해리 백분율} = \frac{[NH_3]_{\text{해리}}}{[NH_3]_{\text{초기}}}\times100 = \frac{6.0\times10^{-6}}{0.15}\times100 = 0.0040\ \%$$

정답

$[NH_3] = 0.15$ M, $[NH_4^+] = 0.45$ M, $[OH^-] = 6.0\times10^{-6}$ M
pH 8.77, 해리 백분율 0.0040 %

응용문제 15.1

1.0 M HF 수용액의 pH는 1.57이다. HF는 2.7 %의 해리 백분율을 보인다. 어떤 수용액이 1.0 M HF와 1.0 M KF로 이루어져 있을 때 이 용액 내 H^+의 농도를 구하시오.
(단, HF의 K_a는 7.2×10^{-4}이다.)

예제 15.2

그림은 약산 HA와 그의 소듐 염 NaA를 포함하는 용액의 초기 농도를 나타낸 것이다. 어느 용액의 pH가 가장 높은가? HA의 해리 백분율이 가장 큰 용액은? (Na^+과 용매 물 분자는 혼동을 피하기 위하여 생략하였다.)

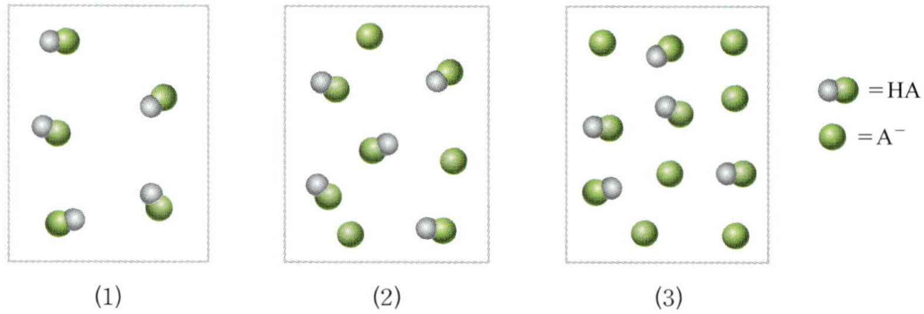

정답

HA의 pH와 해리 백분율은 $HA(aq) + H_2O(l) \rightleftharpoons H_3O^+(aq) + A^-(aq)$ 반응의 전개에 따라서 결정된다. 해리 평형은 공통 이온 A^-의 첨가에 따라 왼쪽으로 이동하고, H_3O^+ 농도는 감소하며(pH 증가), 해리 백분율도 감소한다.

세 용액 모두 같은 수의 HA 분자를 포함하지만 A^-의 수가 다르다. 용액 (1)에는 A^-가 없고, 용액 (2)에는 3개, 용액 (3)에는 6개가 있다. 용액 (3)의 해리 평형이 가장 왼쪽으로 치우치므로 H_3O^+ 농도가 가장 낮고, pH가 가장 높다. 용액 (1)에서는 HA의 해리를 막을 공통 이온이 없으므로 HA의 해리 백분율이 가장 크게 나타날 것이다.

응용문제 15.2

0.03 M HCN과 0.025 M NaCN으로 구성된 수용액의 pH를 계산하시오.
(단, HCN의 K_a는 4.9×10^{-10}이다.)

15.2 완충 용액

완충 용액(buffer solution)이란 보통 어떤 약산(HA)과 그것의 짝염기(A^-)를 포함하는 용액 또는 약염기(B)와 그것의 짝산(BH^+)을 포함하는 용액으로서 급격한 pH 변화에 저항하여, 일정 수준의 pH(산성도)를 유지하는 용액을 뜻한다. 완충 용액이 일단 만들어지면 외부에서 추가적으로 일정량의 산이나 염기가 유입되더라도 그 용액의 pH 값은 쉽게 변하지 않는다. 대표적으로 인간의 혈액은 pH 7.4 근처를 유지하는 완충 용액이다.

완충 용액

약산(HA) + 짝염기(A^-)

예 $CH_3CO_2H + CH_3CO_2^-$
$HF + F^-$
$NH_4^+ + NH_3$
$H_2PO_4^- + HPO_4^{2-}$

완충 용액의 pH는 산의 해리 상수 K_a로부터 유추하여 계산할 수 있다. 평형 상태에 도달한 완충계에서 [HA]와 $[H_3O^+]$, $[OH^-]$를 알면 다음과 같이 K_a를 계산하고,

$[H_3O^+](=[H^+])$에 대하여 정리할 수 있을 것이다.

$$HA(aq) + H_2O(l) \rightleftharpoons H_3O^+(aq) + A^-(aq)$$

$$K_a = \frac{[H_3O^+][A^-]}{[HA]} \tag{15.1}$$

$$[H_3O^+] = K_a \frac{[HA]}{[A^-]} \tag{15.2}$$

식 (15.2)의 양변에 −log를 적용하여 다음과 같이 pH에 관한 식으로 최종 유도할 수 있다. 이것이 바로 완충 용액의 pH를 계산할 수 있는 헨더슨–하셀바흐(Henderson–Hasselbalch) 식(식 15.3)이다.

만약 완충 용액이 약염기–짝산 관계로 구성되어 있다면, 헨더슨–하셀바흐 식에서 K_a를 K_w/K_b로 대입을 한다.

$$-\log [H_3O^+] = -\log K_a + -\log \frac{[HA]}{[A^-]}$$

$$pH = pK_a + \log \frac{[A^-]}{[HA]} \tag{15.3}$$

헨더슨–하셀바흐 식에 의하면 완충 용액의 pH는 용액 속의 약산 HA와 짝염기 A^-의 농도 비의 영향을 받는다는 사실을 알 수 있다. 만약 특정 pH의 완충 용액을 제조하려면 그 pH 값과 가장 가까운 pK_a 값을 갖는 약산을 선택하고 그 약산 용액에 원하는 pH가 되도록, 즉 알맞은 약산과 그 짝염기의 농도비($[A^-]/[HA]$)가 되도록 약산이나 짝염기를 추가로 첨가해 주어야 한다.

또, 어떤 특정한 완충계에서 $[A^-]/[HA]$ 비가 같은 모든 용액은 똑같은 pH를 갖는다.

완충계	$\frac{[A^-]}{[HA]}$
5.0 M $HC_2H_3O_2$ 및 3.0 M $NaC_2H_3O_2$	$\frac{3.0\ M}{5.0\ M} = 0.60$
0.050 M $HC_2H_3O_2$ 및 0.030 M $NaC_2H_3O_2$	$\frac{0.030\ M}{0.050\ M} = 0.60$

위 표와 같이 pK_a가 4.74인 아세트산($HC_2H_3O_2$)의 다른 두 완충계의 조성을 보면 혼합된 산 용액과 짝염기 용액의 농도는 다르지만 약산과 그 짝염기의 농도비($[A^-]/[HA]$)가 같기 때문에 $pH = pK_a + \log[A^-]/[HA] = 4.74 + \log 0.60 = 4.52$로 둘 다 같은 pH를 갖는다.

아무리 완충 용액이라고 해도 산이나 염기가 무한정 유입된다고 해서 pH가 계속 유지되는 것이 아니다. 바꾸어 말하면, 완충 용액에는 **완충 용량(buffer capacity)**과 **완충 범위(buffer range)**가 있다는 뜻이다. 완충 용량이란 완충 용액을 만든 산과 짝염기의 양에 의존하는 완충계의 한계를 말하며, 완충 범위란 pH 값으로 보았을 때, 완충 용액의 구성 성분이 일정 산성도를 유지할 수 있는 능력을 발휘할 수 있는 pH 값의 범위이다.

만약 완충계로 유입되는 산이나 염기의 농도가 완충 용량을 벗어나는 수준이라면 이 완충계의 pH는 완충 범위를 벗어나서 더 이상 완충 효과가 작용하지 않는다. 같은 부피의 용액에 대해서는 용액의 농도가 진할수록 완충 용량이 크고, 같은 농도의 용액에 대해서는 부피가 클수록 완충 용량이 크다.

완충 작용은 약산 분자(HA)와 짝염기 음이온(A^-)의 평형 반응이 핵심이다.

완충 범위에 관하여 추가로 알아야 할 점은 완충 범위가 약산과 그 짝염기의 농도비($[A^-]/[HA]$)와 관련이 있다는 것이다. 이것은 헨더슨–하셀바흐 식과 연관이 깊은데, 그 농도비가 1로부터 멀어질수록 완충 효과는 크게 감소하기 때문이다. 이상적으로는 짝염기/산의 비($[A^-]/[HA]$)가 0.1과 10 사이에 있어야 한다. 따라서 완충 용액은 약산의 pK_a 값의 1에 해당하는 pH 범위에서 완충 효과를 정상적으로 발휘할 수 있다.

완충 용액의 작동 원리는 르샤틀리에 원리에 근거하여 다음과 같이 설명할 수 있다(그림 15.2). 일반적인 완충 용액(완충계)은 약산 용액과 그 짝염기 용액이 혼합되어 평형을 이루고 있는 상태에서 산과 짝염기 그리고 H_3O^+가 일정 농도로 존재한다. 이때 완충 용액의 pH는 당연히 $[H_3O^+]$로 계산된다.

$$\text{완충계(평형 상태)} \quad \underset{\text{(일정 농도)}}{HA(aq)} + H_2O(l) \rightleftharpoons \underset{\text{(일정 농도)}}{H_3O^+(aq)} + \underset{\text{(일정 농도)}}{A^-(aq)}$$

이 상태에서 완충계에 산이 첨가되어 순간 H_3O^+의 농도가 증가하는 외부 자극이 발생한다면, 이 완충계의 평형은 깨지게 되고 새 평형 상태에 도달하기 위해 외부 자극에 해당하는 H_3O^+의 농도와 짝염기(A^-)를 감소시키는 역반응 쪽으로 알짜 반응이 진행되어 반응식의 왼쪽으로 평형이 이동함을 알 수 있다. 결과적으로는 이 용액의 pH를 나타내는 H_3O^+의 농도는 크게 변하지 않은 상태로 새 평형을 이루기 때문에 pH의 변화는 미미하다.

이와는 반대로 완충계에 염기가 첨가되어 일정 농도로 유입된 OH^-과의 반응 때문에 결과적으로 순간 H_3O^+의 농도가 급격히 감소하여 평형이 깨지는 상황이 발생하면, 다시 H_3O^+의 농도와 짝염기의 농도를 증가시키는 방향으로 알짜 반응이 진행되어 새 평형에 도달하게 된다. 이때 H_3O^+의 농도는 외부 자극이 이 완충계에 적용되기 전과 후에 크게 변하지 않아 결국 비슷한 pH를 띠게 된다.

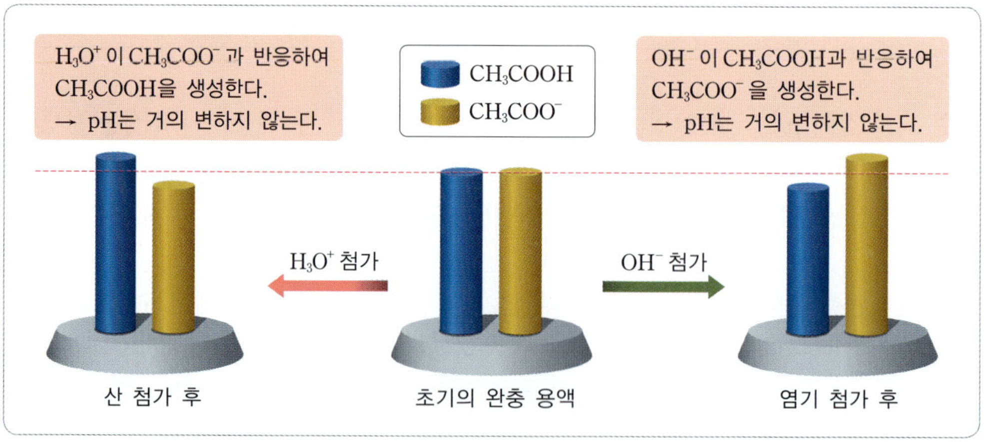

그림 15.2 약산–짝염기 완충 용액의 완충 원리

완충 용액이 어떻게 작용하는지 예제를 통하여 살펴보자.

15.3 예제

pH가 4.74인 0.10 M 아세트산–0.10 M 아세트산 소듐 용액 1.00 L에 (a) 0.01 mol OH^-, (b) 0.01 mol H_3O^+를 첨가하였을 때 pH를 계산하시오.

풀이

(a) 완충 용액에 OH^- 0.01 mol이 첨가되면, 약산(CH_3CO_2H)과 반응한다. 중화 반응이 일어나면 몰수가 변할 것이다. 변화를 기록하기 위해 평형 표를 작성하고, 아세트산과 아세트산 이온의 초기 몰수를 써넣는다. 처음에는 (1.00 L)×(0.10 mol/L) = 0.10 mol 아세트산과 같은 양의 아세트산 이온이 있다.

중화 반응	$CH_3CO_2H(aq)$ +	$OH^-(aq)$ ⇌	$H_2O(l)$ +	$CH_3CO_2^-(aq)$
반응 전(mol)	0.10	0.01		0.10
변화(mol)	−0.01	−0.01		+0.01
반응 후(mol)	0.09	0		0.11

용액의 부피가 1.00 L로 일정하다면 중화 반응 후 완충 용액 성분의 농도는 다음과 같다.

$$[CH_3CO_2H] = \frac{0.09\ \text{mol}}{1.00\ \text{L}} = 0.09\ \text{M}$$

$$[CH_3CO_2^-] = \frac{0.11\ \text{mol}}{1.00\ \text{L}} = 0.11\ \text{M}$$

이 농도를 $[H_3O^+]$에 관한 식에 대입하면 pH를 계산할 수 있다.

$$[H_3O^+] = K_a\frac{[CH_3CO_2H]}{[CH_3CO_2^-]}$$

$$= (1.8\times10^{-5})\left(\frac{0.09}{0.11}\right) = 1.5\times10^{-5}\ \text{M}$$

$$\text{pH} = 4.82$$

(b) 완충 용액에 H_3O^+ 0.01 mol이 첨가되면, 약염기($CH_3CO_2^-$)와 반응한다. 첨가된 강산은 중화 반응에 의해 아세트산 이온 0.01 mol을 아세트산 0.01mol로 변화시킬 것이다.

중화 반응	$CH_3CO_2^-$ +	$H_3O^+(aq)$ ⇌	$H_2O(l)$ +	$CH_3CO_2H(aq)$
반응 전(mol)	0.10	0.01		0.10
변화(mol)	−0.01	−0.01		+0.01
반응 후(mol)	0.09	0		0.11

중화 반응 후 $[CH_3CO_2H]$ = 0.11 M, $[CH_3CO_2^-]$ = 0.09 M이 되며, 용액의 pH는 4.66이 될 것이다.

$$[H_3O^+] = K_a\frac{[CH_3CO_2H]}{[CH_3CO_2^-]}$$

$$= (1.8\times10^{-5})\left(\frac{0.11}{0.09}\right) = 2.2\times10^{-5}\ \text{M}$$

$$\text{pH} = 4.66$$

정답

(a) pH 4.82 (b) pH 4.66

응용문제 15.3

0.20 M $NaHCO_3$ 1 L와 0.10 M Na_2CO_3 1 L를 혼합하여 만든 완충 용액의 pH를 계산하시오. (단, HCO_3^-의 K_a는 5.6×10^{-11}이다.)

Deep Insight

인체에 있는 다양한 완충 물질

정상적인 성인의 혈액의 산성도는 평균 pH 7.2이다. 세균에 의한 감염과 감염으로 인한 체내 염증 발현은 사람의 혈액을 산성화시키는 질병적 요인으로 알려져 있다. 과도한 음주, 직접 불에 구워 태운 육류 섭취 등은 혈중 pH를 낮추는 비질병적 요인이라는 연구 보고가 있다.

만약 몸의 상태가 나빠져서 혈액의 산성도가 낮아지거나 필요 이상으로 높아진다면 사람은 신체에 특별한 상해가 없이도 사망할 수 있다. 다양한 연구에 의하면 사람 혈액의 산성도가 6.8 아래로 낮아지거나 7.6보다 높아지면 치명적이다.

우리가 마시는 음료수 중 레몬주스의 pH는 약 3.0~4.0 사이이다. 이런 레몬주스 한 잔을 시원하게 마시더라도 혈액의 pH가 7.2 근처를 유지하는 이유는 혈액 중에 생각보다 다양한 완충 물질이 존재하기 때문이다. 그럼 이들은 어떤 물질들일까?

대표적인 생체 완충 물질은 아미노산의 중합체인 단백질이다. 단백질의 말단 아미노산에는 아미노기의 짝산($-NH_3^+$)기와 카복실기의 짝염기($-COO^-$)기가 있고, 각 아미노산만의 독특한 치환기 중 일부 또한 산성 또는 염기성의 성질을 띨 수 있는 작용기를 가지고 있어 주변 산성도에 맞추어 양성자(H^+)의 제거와 생산이 탄력적으로 진행될 수 있다.

단백질처럼 다양성자산인 탄산과 인산의 경우도 다양한 짝염기–짝산의 균형 반응이 단계적으로 진행될 수 있기 때문에 완충 작용이 가능하다.

이외에도 매우 특이한 완충 물질로 다양한 효소나 일부 특이 RNA와 같은 유전물질도 생체 내 완충 작용을 한다는 연구 결과가 발표된 만큼 다양한 물질이 혈중 pH 수준 유지에 기여하고 있다는 것을 알 수 있다.

정상 범위를 벗어난 pH 환경에서 주로 단백질 성분인 면역물질 및 각종 신진대사를 돕는 효소가 양성자와의 추가 결합 또는 추가 해리 등을 거치면서, 단백질 구조가 변성될 가능성이 커진다. 따라서 이렇게 구조에 변화가 발생한 거대 단백질이 본래의 기능을 잃어버리게 되면 그만큼 신체 건강에 악영향으로 이어지게 된다.

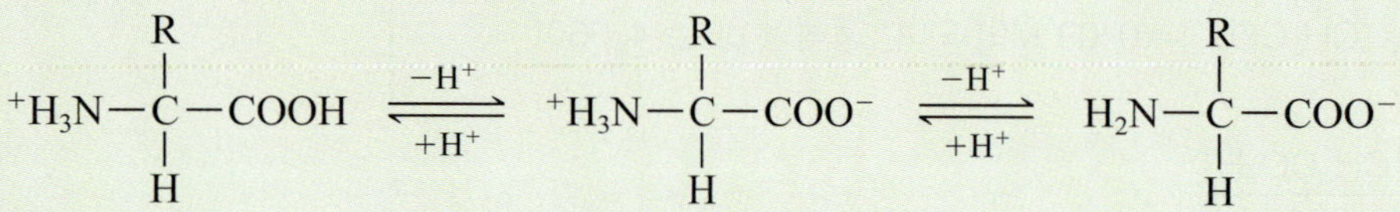

$$H_2CO_3 \underset{+H^+}{\overset{-H^+}{\rightleftharpoons}} HCO_3^- \underset{+H^+}{\overset{-H^+}{\rightleftharpoons}} CO_3^{2-}$$

$$H_3PO_4 \underset{+H^+}{\overset{-H^+}{\rightleftharpoons}} H_3PO_4^- \underset{+H^+}{\overset{-H^+}{\rightleftharpoons}} HPO_4^{2-} \underset{+H^+}{\overset{-H^+}{\rightleftharpoons}} PO_4^{3-}$$

아미노산, 탄산, 인산의 짝염기–짝산의 균형 반응

15.3 산–염기 적정

적정에 관한 기본 설명은 7장에서 다루었다. 이제는 적정을 유형별로 (1) 강산–강염기, (2) 약산–강염기, (3) 강산–약염기, (4) 약산–약염기의 네 가지 중화 반응의 개념으로 살펴보자.

강산–강염기의 적정

강산–강염기의 적정에 대한 예로 염산을 수산화 소듐으로 적정할 때의 중화 반응을 들 수 있다.

$$HCl(aq) + NaOH(aq) \longrightarrow H_2O(l) + NaCl(aq)$$

위 중화 반응식에서 확인할 수 있는 화학종 HCl, NaOH, NaCl은 완전히 해리하는 강전해질로서 알짜 이온 반응식은 다음과 같다.

$$H_3O^+(aq) + OH^-(aq) \rightleftharpoons 2\ H_2O(l)$$

$$\text{또는}\quad H^+(aq) + OH^-(aq) \rightleftharpoons H_2O(l)$$

이는 적정 과정에서 같은 몰수의 HCl 용액과 NaOH 용액이 혼합되면(즉 당량점에서), 중화 반응이 완료된 후 NaCl 용액 속에 존재하는 H_3O^+와 OH^-의 농도는 순수한 물에서와 마찬가지로 $[H_3O^+] = [OH^-] = 1.0 \times 10^{-7}$ M이다. 이것은 당량점에서 산–염기 중화 반응이 100 % 완벽하게 진행된다는 것을 의미하는 것이고, 당연히 이 당량점에서의 pH는 7이다.

그림 15.3은 강산(0.10 M HCl(*aq*) 25 mL)을 강염기(0.1 M NaOH(*aq*))로 적정할 때 관찰할 수 있는 pH 변화를 나타낸 적정 곡선이다. 이 그림에는 당량점에서의 pH와 이 적정에서 사용하기에 적합한 몇 가지 지시약을 제시하였다. 지시약의 변색을 발견하고 산과 염기 용액의 혼합을 멈추는 종말점의 위치가 당량점의 위치와 거의 동일하기 때문에 강산–강염기의 적정에서는 보다 넓은 범위의 다양한 지시약을 사용하는 것이 가능하다.

지시약의 변색 범위
13장의 그림 13.3을 참조하라.

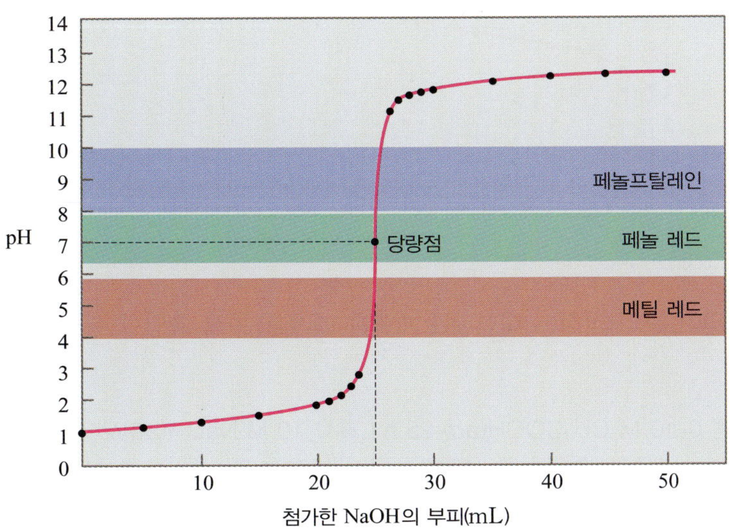

그림 15.3 0.10 M HCl(*aq*) 25 mL를 0.1 M NaOH(*aq*)로 적정할 때의 적정 곡선(25 °C)과 사용 가능한 지시약 및 변색 범위

약산-강염기의 적정

약산 HA는 적게 해리되기 때문에 약산과 강염기 사이의 적정 반응의 알짜 이온 반응식은 다음과 같이 HA로부터 강염기 OH^-로의 수소 이온의 이동을 포함한다.

당량점
적정 과정에서 혼합되는 H_3O^+와 OH^- 이온의 몰수가 같아지는 순간이다.

중화점
적정 시 산-염기 혼합 용액의 pH가 7이 되는 순간으로 당량점과 거의 동일하다.

종말점
적정이 진행되는 중에 실험자가 당량점에 도달했다고 판단하고 산과 염기 용액의 혼합을 중단하는 순간이다.

$$HA(aq) + OH^-(aq) \rightleftharpoons H_2O(l) + A^-(aq)$$

그리하여 약산인 아세트산과 강염기인 수산화 소듐 용액으로 적정을 진행할 경우, 알짜 이온 반응식은 다음과 같으며, 적정이 진행될수록 실제 용액 속에는 아세트산 소듐이 형성되지만 NaOH와 CH_3COONa는 완전히 해리되기 때문에 구경꾼 이온인 Na^+는 알짜 이온 반응식에서는 볼 수 없다.

$$CH_3COOH(aq) + OH^-(aq) \rightleftharpoons H_2O(l) + CH_3COO^-(aq)$$

일반적으로 OH^-는 수소 이온에 대하여 큰 친화성을 갖기 때문에 어떤 약산이 강염기에 의하여 중화될 때(즉 당량점일 때), 중화 반응이 100 % 진행되는 것으로 일차적으로 볼 수 있지만 용액 속에는 산성이나 염기성을 띠지 않는 Na^+와 약염기인 CH_3COO^-도 함께 생성된다.

약염기 CH_3COO^-는 그에 해당하는 염기 해리 상수 K_b를 만족하기 위하여 일부 적은 양이 위 평형 반응식의 역반응으로 진행되기 때문에 용액에는 OH^-가 존재한다. 이로써 당량점에서의 적정 용액의 pH는 7보다 큰 염기성을 띤다. 그림 15.4는 약산 용액(0.10 M $CH_3COOH(aq)$ 25 mL)과 강염기(0.10 M $NaOH(aq)$)의 적정에서 관찰되는 pH 변화 곡선과 그때 사용 가능한 지시약과 그 변색 범위를 보여 준다.

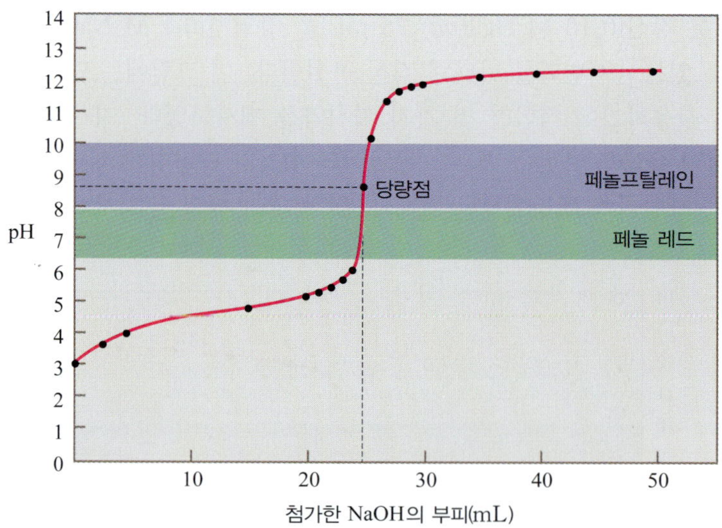

그림 15.4 0.10 M $CH_3COOH(aq)$ 25 mL를 0.10 M NaOH (aq)로 적정할 때의 적정 곡선(25 °C)과 사용 가능한 지시약 및 변색 범위

약산과 강염기 간의 적정에 대한 pH 계산은 예제를 통해 확인할 수 있다.

예제 15.4

그림 15.4처럼 0.10 M $CH_3COOH(aq)$ 25 mL를 0.10 M $NaOH(aq)$로 적정할 때, 수산화 소듐이 (a) 10.0 mL 첨가되었을 때, (b) 25.0 mL 첨가되었을 때, (c) 35.0 mL 첨가되었을 때 각각의 pH를 계산하시오.

풀이

알짜 반응식을 먼저 파악한다.

$$CH_3COOH(aq) + OH^-(aq) \rightleftharpoons H_2O(l) + CH_3COO^-(aq)$$

(a) 0.10 M $CH_3COOH(aq)$ 25 mL 안에 들어 있는 CH_3COOH의 몰수는

$$25.0\text{ mL} \times \frac{1\text{ L}}{1000\text{ mL}} \times \frac{0.10\text{ mol}}{1\text{ L}} = 2.5 \times 10^{-3}\text{ mol}$$

그리고 10.0 mL 첨가된 0.10 M NaOH(aq) 안에 들어 있는 OH^-의 몰수는

$$10.0\text{ mL} \times \frac{1\text{ L}}{1000\text{ mL}} \times \frac{0.10\text{ mol}}{1\text{ L}} = 1.0 \times 10^{-3}\text{ mol}$$

다음과 같이 적정 과정을 판단한다.

적정 반응	$CH_3COOH(aq)$ +	$OH^-(aq)$ $\rightleftharpoons$	$H_2O(l)$ +	$CH_3COO^-(aq)$
적정 초기(mol)	2.5×10^{-3}	1.0×10^{-3}		0
중화 반응(mol)	-1.0×10^{-3}	-1.0×10^{-3}		$+1.0 \times 10^{-3}$
반응 완료 후(mol)	1.5×10^{-3}	0		1.0×10^{-3}

위와 같이 적정의 중화 반응이 완료되고 난 후 혼합 용액은 약산 CH_3COOH와 그 짝염기인 CH_3COO^-가 혼합되어 있는 완충 용액과 같으므로, 식 (15.3)에 대입하여 이때의 pH를 계산한다. 최종 혼합 용액의 부피는 35.0 mL(0.0350 L)임을 잊지 않고 반드시 대입한다.

$$pH = pK_a + \log\frac{[CH_3COO^-]}{[CH_3COOH]} = -\log 1.8 \times 10^{-5} + \log\frac{1.0 \times 10^{-3}/0.0350}{1.5 \times 10^{-3}/0.0350} = 4.57$$

(b) 0.10 M $CH_3COOH(aq)$ 25 mL 안에 들어 있는 CH_3COOH의 몰수는

$$25.0\text{ mL} \times \frac{1\text{ L}}{1000\text{ mL}} \times \frac{0.10\text{ mol}}{1\text{ L}} = 2.5 \times 10^{-3}\text{ mol}$$

그리고 25.0 mL 첨가된 0.10 M NaOH(aq) 안에 들어 있는 OH^-의 몰수는

$$25.0\text{ mL} \times \frac{1\text{ L}}{1000\text{ mL}} \times \frac{0.10\text{ mol}}{1\text{ L}} = 2.5 \times 10^{-3}\text{ mol}$$

다음과 같이 적정 과정을 판단한다.

적정 반응	$CH_3COOH(aq)$ +	$OH^-(aq)$ $\rightleftharpoons$	$H_2O(l)$ +	$CH_3COO^-(aq)$
적정 초기(mol)	2.5×10^{-3}	2.5×10^{-3}		0
중화 반응(mol)	-2.5×10^{-3}	-2.5×10^{-3}		$+2.5 \times 10^{-3}$
반응 완료 후(mol)	0	0		2.5×10^{-3}

이때 최종 혼합 용액의 부피가 50.0 mL(0.050 L)이므로 $[CH_3COO^-] = 2.5 \times 10^{-3}$ mol ÷ 0.050 L = 0.0500 M이다. 결국 적정 직후에 혼합된 용액 안에는 약염기인 CH_3COO^-만 존재하는 상황이므로, 다음과 같이 새로운 평형에 도달하기 위한 변화가 이어서 진행된다.

	$CH_3COO^-(aq)$ +	$H_2O(l)$ $\rightleftharpoons$	$CH_3COOH(aq)$ +	$OH^-(aq)$
초기(M)	0.0500		0	0
변화(M)	$-x$		$+x$	$+x$
평형(M)	$0.0500 - x$		x	x

위와 같이 평형에 도달하였을 때, CH_3COO^-의 염기 해리 상수인 K_b는 다음과 같이 계산한다.

그리고 이를 이용해서 미지수 x, 즉 $[OH^-]$를 구할 수 있다.

$$CH_3COO^-\text{의 } K_b = \frac{K_w}{CH_3COOH\text{의 } K_a} = \frac{1.0\times10^{-14}}{1.8\times10^{-5}} = 5.6\times10^{-10}$$

$$K_b = \frac{[OH^-][CH_3COOH]}{[CH_3COO^-]} = \frac{x^2}{(0.0500-x)} = 5.6\times10^{-10}$$

$$x = [OH^-] = 5.3\times10^{-6}\ \text{M}$$

$$pH = 14.0 - pOH = 14.0 - \log[OH^-] = 14.0 - \log(5.3\times10^{-6}) = 8.72$$

(c) 0.10 M $CH_3COOH(aq)$ 25 mL 안에 들어 있는 CH_3COOH의 몰수는

$$25.0\ \text{mL} \times \frac{1\ \text{L}}{1000\ \text{mL}} \times \frac{0.10\ \text{mol}}{1\ \text{L}} = 2.5\times10^{-3}\ \text{mol}$$

그리고 35.0 mL 첨가된 0.10 M $NaOH(aq)$ 안에 들어 있는 OH^-의 몰수는

$$35.0\ \text{mL} \times \frac{1\ \text{L}}{1000\ \text{mL}} \times \frac{0.10\ \text{mol}}{1\ \text{L}} = 3.5\times10^{-3}\ \text{mol}$$

이 상황은 당량점을 초과하여 염기가 첨가된 것으로 용액 속에 남아 있는 OH^-의 농도는 다음과 같다. 혼합된 용액의 총 부피는 60.0 mL(0.060 L)이다.

적정 반응	$CH_3COOH(aq)$ +	$OH^-(aq)$ ⇌	$H_2O(l)$ +	$CH_3COO^-(aq)$
적정 초기(mol)	2.5×10^{-3}	3.5×10^{-3}		0
중화 반응(mol)	-2.5×10^{-3}	-2.5×10^{-3}		$+2.5\times10^{-3}$
반응 완료 후(mol)	0	1.0×10^{-3}		2.5×10^{-3}

$$[OH^-] = 1.0\times10^{-3}\ \text{mol} \div 0.060\ \text{L} = 0.0167\ \text{M}$$

$$pH = 14.0 - pOH = 14.0 - \log[OH^-] = 14.0 - \log(0.0167) = 12.22$$

응용문제 15.4

0.018 M $HOCl(K_a = 3.5\times10^{-8})$ 157.0 mL를 0.0300 M KOH로 적정할 때, (a) KOH가 10.0 mL 첨가되었을 때와 (b) 당량점에서의 pH를 계산하시오.

약염기-강산의 적정

약염기인 암모니아(NH_3) 용액을 강산인 염산(HCl) 용액으로 적정할 때를 생각해 보자. HCl은 H_3O^+와 Cl^-으로 완전히 해리되고, 약염기와 중화 반응에서 수소 이온은 H_3O^+로부터 NH_3로 이동한다. 이 반응의 반응식은 다음과 같다.

$$HCl(aq) + NH_3(aq) \rightleftharpoons NH_4^+(aq) + Cl^-(aq)$$

그림 15.5의 적정 곡선에서 알 수 있듯이 앞서 설명했던 약산-강염기의 적정에서와 상반된 원리로 당량점에서의 pH는 7보다 낮은 산성을 띤다.

H_3O^+는 강력한 양성자 주개이므로 일반적으로 어떤 약염기를 강산으로 중화하는 경우 반응이 100 % 완결되는 방향으로 진행한다. 같은 몰수의 HCl과 NH_3가 중화되면(즉, 당량점에 도달하게 되면) 용액 속에는 약산성을 띠는 NH_4^+와 산성이나 염기성을 띠지 않는 Cl^-가 존재한다. 따라서 약산인 NH_4^+의 일부는 다시 암모니아와 수소 이온으로 분해되면서 위 반응식의 역반응 쪽으로 평형이 형성된다. 그러기 때문에 당량점에서 적정 용액의 pH는 7보다 낮게 된다.

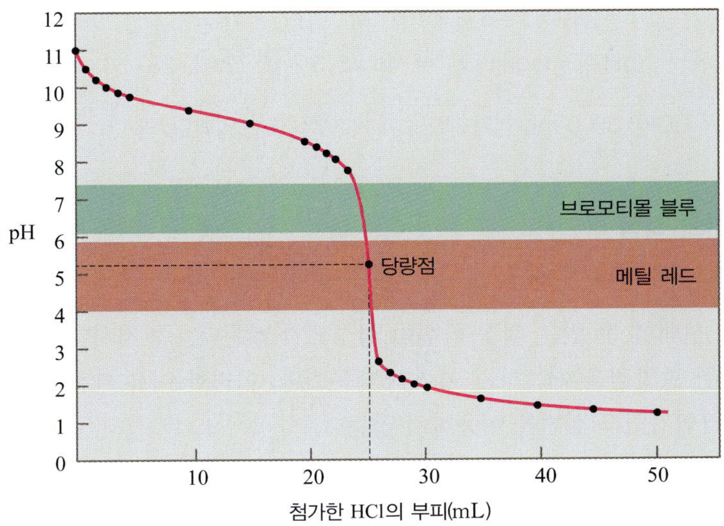

그림 15.5 0.10 M $NH_3(aq)$ 25.0 mL를 0.10 M $HCl(aq)$로 적정할 때의 적정 곡선(25°C)과 사용 가능한 지시약 및 변색 범위

15.5 예제

0.100 M NH_3 25.0 mL를 0.100 M HCl 용액으로 적정할 때, 당량점에서의 pH는 얼마인가?

풀이

당량점에 도달하려면 0.100 M HCl 용액을 25.0 mL를 첨가하여 다음과 같이 HCl(또는 H_3O^+)과 반응하는 NH_3의 몰수가 동일해야 한다.

25.0 mL 0.10 M $NH_3(aq)$ 안에 들어 있는 NH_3의 몰수는

$$25.0\ \text{mL} \times \frac{1\ \text{L}}{1000\ \text{mL}} \times \frac{0.10\ \text{mol}}{1\ \text{L}} = 2.5 \times 10^{-3}\ \text{mol}$$

25.0 mL 0.10 M $HCl(aq)$ 안에 들어 있는 H_3O^+의 몰수는

$$25.0\ \text{mL} \times \frac{1\ \text{L}}{1000\ \text{mL}} \times \frac{0.10\ \text{mol}}{1\ \text{L}} = 2.5 \times 10^{-3}\ \text{mol}$$

이들의 농도는 $[H_3O^+] = [NH_3] = 0.050$ M이다. 이때의 혼합 적정 용액의 총 부피는 50.0 mL (= 0.0500 L)이다. 그리고 이 상황을 다음과 같이 생각할 수 있다.

적정 반응	$NH_3(aq)$ +	$H_3O^+(aq)$ ⇌	$NH_4^+(aq)$ + $H_2O(aq)$
적정 초기(M)	0.0500	0.0500	0
중화 반응(M)	−0.0500	−0.0500	+0.0500
중화 종료, 당량점(M)	0	0	0.0500

결국, 적정 직후에 혼합된 용액 안에는 약산인 NH_4^+만 존재하므로, 다음과 같이 새로운 평형에 도달하기 위한 변화가 이어서 진행된다.

	$NH_4^+(aq)$ + $H_2O(l)$ ⇌	$NH_3(aq)$ +	$H_3O^+(aq)$
초기(M)	0.0500	0	0
변화(M)	$-x$	$+x$	$+x$
평형(M)	$0.0500 - x$	x	x

위와 같이 평형에 도달하였을 때, NH_4^+의 산 해리 상수인 K_a는 다음과 같이 계산한다. 그리고 이를 이용해서 미지수 x, 즉 $[H_3O^+]$를 구할 수 있다.

$$NH_4^+\text{의 } K_a = \frac{[NH_3][H_3O^+]}{[NH_4^+]} = \frac{x^2}{(0.0500 - x)} = 5.6 \times 10^{-10}$$

$x = [H_3O^+] = 5.3 \times 10^{-6}$ M

$pH = -\log[H_3O^+] = -\log(5.3 \times 10^{-6}) = 5.28$

응용문제 15.5

예제 15.5에서 HCl이 30.0 mL 첨가되었을 때 H^+의 농도는 얼마인가?

약산–약염기의 적정

약산과 약염기의 적정은 두 산과 염이 모두 해리 백분율이 낮은 약전해질이어서 적당한 지시약을 선택할 수 있는 적정 곡선이 형성되지 않는다. 즉 지시약의 변색만으로 당량점에 근접한 종말점을 예측하기 어렵기 때문이다. 이러한 이유 때문에 실제 실험실에서는 약산–약염기의 적정법을 이용하지 않는다.

15.4 용해도 평형과 K_{sp}

염의 용해성에 따른 종류

- 가용성 염: 물에 용해시켰을 때, 90 % 이상으로 해리되어 잘 녹는 이온 결합 화합물
- 불용성 염: 물에 용해시켰을 때, 1 % 미만으로 해리되어 잘 녹지 않고 침전되는 이온 결합 화합물
- 난용성 염: 녹기 어려운 이온 결합 화합물이라는 뜻으로 불용성 염과 동일

7장에서 수용액 사이의 반응을 다룰 때, 우리는 수용액 속의 특정 양이온과 음이온이 만나면 물에 녹지 않는 이온 결합 화합물인 불용성 염(또는 난용성 염)이 침전으로 생성되는 침전 형성 반응에 대하여 공부하였다. 그리고 분자 수준에서 아주 엄밀하게 볼 때, 불용성 염이라 할지라도 순수한 깨끗한 물에서 불용성 염의 아주 작은 극미량이 해리될 수 있음을 언급하였다. 이 절에서는 이 극미량이나마 해리되는 불용성 염의 평형 상수를 살펴보자.

염이라는 고체($A_nB_m(s)$)가 물과 반응하여 해리되면 다음과 같이 해리 평형 반응식을 적을 수 있다.

$$A_nB_m(s) \rightleftharpoons nA^{a+}(aq) + mB^{b-}(aq)$$

이 반응식으로부터 평형 반응식은 고체인 염의 농도를 제외하고 다음과 같이 나타낸다.

$$K = [A^{a+}]^n[B^{b-}]^m \tag{15.4}$$

이렇게 적은 식을 잘 살펴보면 현재 용액 중에 용해되어 존재하는 이온들의 농도만을 곱하여 나타낸 상수로 보이기 때문에 이러한 염의 해리 평형 반응에서의 평형 상수를 **용해도곱 상수(solubility product)**라고 부르고 K_{sp}로 표기한다.

예를 들어 고체 탄산 칼슘($CaCO_3$)은 대표적인 불용성 염으로서 이것이 물에 들어갔을 때 미량으로 일어나는 해리 반응식은 다음과 같이 평형 반응으로 적을 수 있다.

$$CaCO_3(s) \rightleftharpoons Ca^{2+}(aq) + CO_3^{2-}(aq)$$

위 반응의 용해도곱 상수 K_{sp}는 다음과 같이 계산하고, 그 정확한 값은 표 15.1 또는 부록 G에서 확인할 수 있다.

$$CaCO_3\text{의 } K_{sp} = [Ca^{2+}][CO_3^{2-}] = 5.0 \times 10^{-9} \quad (25\ ^\circ\text{C에서})$$

표 15.1 25 ℃에서 몇 가지 불용성 염(이온 결합 화합물)의 이온곱 상수 K_{sp}

화합물	화학식	K_{sp}
수산화 알루미늄	$Al(OH)_3$	1.9×10^{-33}
탄산 바륨	$BaCO_3$	2.6×10^{-9}
탄산 칼슘	$CaCO_3$	5.0×10^{-9}
플루오린화 칼슘	CaF_2	3.5×10^{-11}
염화 납(II)	$PbCl_2$	1.2×10^{-5}
크로뮴산 납(II)	$PbCrO_4$	2.8×10^{-13}
염화 은	$AgCl$	1.8×10^{-10}
황산 은	Ag_2SO_4	1.2×10^{-5}

K_{sp}는 모든 염에서 다 계산하고 적용할 수 있는 상수이지만, 어떤 염의 K_{sp} 값의 크기가 일반적으로 $\sim10^{-5}$ 이하의 적은 값을 가지는 경우 그 염을 불용성 염이라고 판단한다. 표 15.1에서 수산화 알루미늄은 K_{sp}가 10^{-33} 수준의 매우 작은 값을 가지므로 물에 매우 극미량만 해리되는 이온 결합 화합물이라고 판단할 수 있다.

불용성 염의 K_{sp}

불용성 염의 K_{sp}는 기본적으로 상온인 25 ℃를 기준으로 언급한다. 용액의 온도가 높을수록 비록 미량이지만 해리 정도가 높아져서 K_{sp} 값이 증가한다. 이는 온도 변화가 평형 상수를 변화시키는 요인이기 때문이다.

15.6 예제

다음 화합물에 대하여 K_{sp} 식을 쓰시오.

(a) AgCl (b) $PbCl_2$ (c) $Ca_3(PO_4)_2$ (d) $Cr(OH)_3$

풀이

K_{sp} 식은 평형 상수 식이므로 각 화합물에 해당하는 해리 평형 반응식을 먼저 적어 보아야 그것을 근거로 정확한 식을 세울 수 있다.

(a) 용액에서 AgCl의 해리 평형 반응식: $AgCl(s) \rightleftharpoons Ag^+(aq) + Cl^-(aq)$

(b) 용액에서 PbI_2의 해리 평형 반응식: $PbCl_2(s) \rightleftharpoons Pb^{2+}(aq) + 2\ Cl^-(aq)$

(c) 용액에서 $Ca_3(PO_4)_2$의 해리 평형 반응식: $Ca_3(PO_4)_2(s) \rightleftharpoons 3\ Ca^{2+}(aq) + 2\ PO_4^{3-}(aq)$

(d) 용액에서 $Cr(OH)_3$의 해리 평형 반응식: $Cr(OH)_3(s) \rightleftharpoons Cr^{3+}(aq) + 3\ OH^-(aq)$

정답

(a) $K_{sp} = [Ag^+][Cl^-]$

(b) $K_{sp} = [Pb^{2+}][Cl^-]^2$

(c) $K_{sp} = [Ca^{2+}]^3[PO_4^{3-}]^2$

(d) $K_{sp} = [Cr^{3+}][OH^-]^3$

응용문제 15.6

황화 비스무트(Bi_2S_3)의 K_{sp} 식을 쓰시오.

15.7 예제

어떤 크로뮴산 은(Ag_2CrO_4) 포화 용액은 $[Ag^+] = 5.0\times10^{-5}$ M, $[CrO_4^{2-}] = 4.4\times10^{-4}$ M의 농도를 갖는다. Ag_2CrO_4의 K_{sp}는 얼마인가?

풀이

K_{sp} 식은 평형 상수 식이므로 각 화합물에 해당하는 해리 평형 반응식을 먼저 적어 보아야 그것을 근거로 정확한 식을 세울 수 있다.

용액에서 Ag_2CrO_4의 해리 평형 반응식: $Ag_2CrO_4(s) \rightleftharpoons 2\ Ag^+(aq) + CrO_4^{2-}(aq)$

따라서

$K_{sp} = [Ag^+]^2[CrO_4^{2-}] = (5.0 \times 10^{-5})^2 \times (4.4 \times 10^{-4}) = 1.1 \times 10^{-12}$

정답

Ag_2CrO_4의 $K_{sp} = 1.1 \times 10^{-12}$

응용문제 15.7

25 ℃에서 황화 비스무트(Bi_2S_3)를 물에 녹여 포화 용액을 만들었을 때 Bi^{3+}와 S^{2-}의 농도는 각각 2.0×10^{-3} M, 3.0×10^{-2} M이다. K_{sp}는 얼마인가?

15.5 K_{sp}를 이용한 용해도 계산

용해도곱 상수 K_{sp}는 실험적으로 계산하여 염의 용해도를 알 수 있는 수단이 될 수 있다. 예를 들어 25 ℃에서 탄산 칼슘의 K_{sp}는 5.0×10^{-9}이다. 보다 정확히 말하면 물속에 해리되어 있는 Ca^{2+}와 CO_3^{2-}의 농도를 곱하였을 때 그 값이 5.0×10^{-9}이 될 때까지만 탄산 칼슘이 용해될 수 있다는 말이다.

물에 이미 2.5×10^{-2} M의 탄산 이온이 녹아 있는 탄산수에 일정량 A의 탄산 칼슘을 그 용액에 첨가하여 녹이려면 그 중 얼마만큼의 탄산 칼슘이 최대한으로 용해될 수 있을까? 탄산 칼슘으로부터 용해되어 나오는 칼슘 이온의 농도 $[Ca^{2+}]$와 탄산 이온의 농도 $[CO_3^{2-}]$는 미지수를 사용하여 다음과 같이 나타낼 수 있다. 또한 용해 반응 종료 후 최종적인 $[Ca^{2+}]$와 $[CO_3^{2-}]$의 값을 곱한 K_{sp}는 5.0×10^{-9}이 될 것이다.

	$CaCO_3(s)$	$\rightleftharpoons$	$Ca^{2+}(aq)$	+	$CO_3^{2-}(aq)$
반응 초기(M)	A(일정량)		0		2.5×10^{-2}
용해 반응(M)	$-x$		$+x$		$+x$
최종 상태(M)	$(A-x)$		x		$(2.5 \times 10^{-2}+x)$

$$K_{sp} = [Ca^{2+}][CO_3^{2-}] = x(2.5 \times 10^{-2} + x) = 5.0 \times 10^{-9}$$

여기서 탄산 칼슘이 불용성 염으로서 매우 극미량만 용해된다는 점을 감안하면, x가 너무 작아 $(2.5 \times 10^{-2}+x) \fallingdotseq 2.5 \times 10^{-2}$이라 근사치로 처리하여도 무방하다. 결국은 미지수 $x = 2.0 \times 10^{-7}$ M임을 알 수 있고, 이는 일정량 A의 초기 탄산 칼슘 중에서 2.0×10^{-7} M만큼 용해되었다는 말이 된다. 즉, 탄산 칼슘염의 용해도는 용액 1 L 안에 2.0×10^{-7} mol의 탄산 칼슘이 녹을 수 있으므로 2.0×10^{-7} mol/L이다. 보통 염의 용해도는 몰용해도의 경우는 mol/L, 그램 용해도는 g/L의 단위로 나타낸다.

이처럼 특정한 염의 K_{sp} 값을 이용하여 임의의 조건에서 용해도를 구하는 것이 가능하다.

예제 15.8

25 ℃에서 물에 대한 MgF_2의 용해도를 몰용해도와 그램 용해도의 단위로 계산하시오. ($K_{sp} = 7.4 \times 10^{-11}$)

풀이

MgF_2의 평형 표는 다음과 같다.

용해도 평형	$MgF_2(s)$ $\rightleftharpoons$	$Mg^{2+}(aq)$ +	$2\,F^-(aq)$
초기 농도(M)	임의 농도(A)	0	0
용해 반응(M)	$-x$	$+x$	$+2x$
평형 농도(M)	$(A-x)$	x	$2x$

K_{sp} 식에 평형 농도를 대입하면

$$K_{sp}=7.4\times10^{-11}=[Mg^{2+}][F^-]^2=(x)(2x)^2$$
$$4x^3=7.4\times10^{-11}$$
$$x^3=1.8\times10^{-11}$$
$$x=[Mg^{2+}]=\text{몰용해도}=2.6\times10^{-4}\text{ mol/L}$$

용해도(g/L) = 몰용해도 × MgF_2의 화학식량

$$=\frac{2.6\times10^{-4}\text{ mol}}{\text{L}}\times\frac{62.3\text{ g}}{\text{mol}}=1.6\times10^{-2}\text{ g/L}$$

정답

MgF_2의 몰용해도: 2.6×10^{-4} M, 그램 용해도: 1.6×10^{-2} g/L

응용문제 15.8

$PbCl_2$의 몰용해도가 3.9×10^{-2} mol/L라면 K_{sp}는 얼마인가?

15.6 이온 결합 화합물의 침전

두 용액을 섞을 때 불용성 염 침전을 생성할 수 있는 양이온과 음이온이 각 용액에 들어 있다고 가정하자. 두 용액이 마침내 혼합되었을 때, 침전의 생성 여부를 판단할 때에는 침전을 생성시킬 수 있을 만큼 두 이온의 농도가 충분한지 확인해야 한다.

불용성 염을 생성할 수 있는 양이온과 음이온의 농도가 충분하여, K_{sp}의 식에 각 이온의 현재 농도를 대입해 보았을 때, 그 값이 불용성 염의 K_{sp} 값과 같거나 그보다 커야만 비로소 침전이 생성될 수 있다. 반대로 양이온과 음이온의 농도가 너무 낮아서 현재 농도의 값을 해당 불용성 염의 K_{sp} 식에 대입하였을 때 그 값이 불용성 염의 K_{sp} 값보다 작으면 침전이 생길 수 없다.

여기서 불용성 염을 생성시킬 수 있는 양이온과 음이온의 현재 농도를 K_{sp} 식에 바로 대입한 값을 **이온곱(ion product)**이라고 한다. 이는 마치 화학 평형에서 반응 지수 Q의 성격과 많이 비슷하여 여기서는 Q_{sp}로 표기한다. 침전 생성 반응과 K_{sp}, Q_{sp}와의 관계를 $CaCO_3$의 경우로 살펴보자.

$$CaCO_3(aq) \rightleftharpoons Ca^{2+}(aq) + CO_3^{2-}(aq)$$

$CaCO_3$의 $K_{sp}=[Ca^{2+}][CO_3^{2-}]$
(평형 상태일 때 $[Ca^{2+}]$, $[CO_3^{2-}]$의 값을 대입)

$Q_{sp}=[Ca^{2+}][CO_3^{2-}]$
(평형에 도달하지 않은 현재 $[Ca^{2+}]$, $[CO_3^{2-}]$의 값을 대입)

$K_{sp} > Q_{sp}$: 용액이 현재 불포화 상태로, 침전을 생성하는 이온의 농도가 부족
$K_{sp} = Q_{sp}$: 용액이 현재 포화 상태로 평형 상태, 이 순간부터 침전이 생기기 시작
$K_{sp} < Q_{sp}$: 용액이 현재 과포화 상태로, 침전이 충분히 생성

예제 15.9

25 ℃에서 다음 두 수용액을 혼합한다면 침전이 생성될지 판단하시오.
(a) 3.0×10^{-3} M $BaCl_2$와 2.0×10^{-3} M Na_2CO_3
(b) 1.0×10^{-5} M $Ba(NO_3)_2$와 4.0×10^{-5} M Na_2CO_3

풀이

먼저 두 용액을 혼합할 때 침전을 생성할 수 있는 알짜 이온을 파악하고, 그것을 근거로 불용성 염의 해리 평형 반응식을 적은 후, 각 알짜 이온의 현재 농도를 대입한 Q_{sp}와 불용성 염의 K_{sp}의 대소를 비교한다. 탄산 바륨의 해리 평형 반응식은 $BaCO_3(s) \rightleftharpoons Ba^{2+}(aq) + CO_3^{2-}(aq)$이다. 표 15.1에 의하면 $BaCO_3(s)$의 K_{sp}는 2.6×10^{-9}이다.

(a) 이 반응에서 불용성 염을 생성할 수 있는 이온은 Ba^{2+}와 CO_3^{2-}이다.
현재 이 두 이온의 농도는
$[Ba^{2+}] = 3.0 \times 10^{-3}$ M, $[CO_3^{2-}] = 2.0 \times 10^{-3}$ M
$Q_{sp} = [Ba^{2+}][CO_3^{2-}] = (3.0 \times 10^{-3})(2.0 \times 10^{-3}) = 6.0 \times 10^{-6}$
결국, $K_{sp} < Q_{sp}$이므로, 이 혼합 용액에서는 $BaCO_3$ 침전이 생성된다.

(b) 이 반응에서 불용성 염을 생성할 수 있는 이온은 Ba^{2+}와 CO_3^{2-}이다.
현재 이 두 이온의 농도는
$[Ba^{2+}] = 1.0 \times 10^{-5}$ M, $[CO_3^{2-}] = 4.0 \times 10^{-5}$ M
$Q_{sp} = [Ba^{2+}][CO_3^{2-}] = (1.0 \times 10^{-5})(4.0 \times 10^{-5}) = 4.0 \times 10^{-10}$
결국, $K_{sp} > Q_{sp}$이므로, 이 혼합 용액에서는 $BaCO_3$ 침전이 생성되지 않는다.

정답

(a) $BaCO_3$ 침전이 생성된다.
(b) $BaCO_3$ 침전이 생성되지 않는다.

응용문제 15.9

부록 G를 참고하여 다음 용액에서 침전이 생성되기 위해 필요한 이온의 최소 농도 값을 계산하여 다음 괄호 안을 채우시오.
(a) 3.0×10^{-4} M $SrCl_2$ + (   ) M H_2SO_4
(b) (   ) M H_3PO_4 + 1.25×10^{-3} M $AgNO_3$
(c) 2.11×10^{-4} M $Cu(OH)_2$ + (   ) M Na_2S

15.7 선택적 침전법을 이용한 용액 중 이온 검출법

7장에서 수용액 중 침전 형성 반응이 일어날 수 있는 용액 중 양이온과 음이온의 조합을 표 7.2의 용해도 규칙을 통하여 공부한 바 있다. 만약, 우리가 마시려는 물 한잔에 은 이온(Ag^+)이 용해되어 있는지 아니면 칼슘 이온(Ca^{2+})이 용해되어 있는지 확인하려면 어떤 방법을 사용해야 할까?

은 이온은 염화 이온(Cl^-)과 반응하여 침전(흰색), 즉 염화 은($AgCl$) 불용성 염을 생성하고, 칼슘 이온은 탄산 음이온(CO_3^{2-})과 반응하여 탄산 칼슘($CaCO_3$) 침전(흰색)을 생성한다(표 7.2 참조). 따라서 마시고자 하는 물을 2개의 비커에 나누어 담은 후, 한 비커에는 소금($NaCl(s)$)을 첨가해 보고, 다른 비커에는 탄산수($H_2CO_3(aq)$)를 첨가하여 두 비커 중에 어느 컵에서 흰색 침전이 형성되는지를 확인하면 어떤 이온이 물에 존재하는지 판단할 수 있다.

이렇게 시료 속에 특정 성분의 존재 여부를 판단하는 분석을 **정성 분석(qualitative analysis)**이라 하며, 이렇게 불용성 염의 용해도 규칙을 이용하여 특정 침전을 유도하는 방식의 정성 분석법을 **선택적 침전법(selective precipitation)**이라고 한다. 그림 15.6은 다양한 양이온이 수용액 상태로 녹아 있다고 의심이 될 때, 선택적 침전법을 활용한 정성 분석법 및 침전 분리 순서도이다. 이러한 절차에 의해서 각 단계별로 첨가해 주는 시약에 의하여 형성되는 침전(불용성 염)을 보고 어떠한 양이온이 존재하는지를 검출해 낼 수 있다.

이러한 원리는 반대로 용액 속에 녹아 있는 특정 이온을 검출하는 데에도 적용할 수 있다. 보통 음이온은 단원자(Cl^-, O^{2-}, I^-)이거나, 산소와 결합되어 있는 다원자 음이온(SO_4^{2-}, CO_3^{2-}, PO_4^{3-})이다. 가장 일반적인 음이온은 규소산, 탄산, 인산, 황산, 질산, 알루미늄산 이온 등이다. 다음은 몇몇 음이온을 검출하기 위한 선택적 침전의 기준을 설명한 것이다.

■ SO_4^{2-} 검출

황산염은 스트론튬, 바륨, 납의 황산염을 제외하면 전부 가용성이다. 산성 용액에 황산 이온이 포함되어 있을 때 Ba^{2+}을 첨가하면 흰 침전인 $BaSO_4$을 생성한다.

$$Ba^{2+}(aq) + SO_4^{2-}(aq) \rightleftharpoons BaSO_4(s) \text{ (흰색 침전)}$$

이 실험은 황산 이온이 들어 있음을 나타내는 것이다.

■ CO_3^{2-} 검출

탄산염은 알칼리 금속인 1족 금속 이온과 NH_4^+의 탄산염을 제외한 모든 화합물은 불용성이다. CO_3^{2-}을 포함하는 용액을 산성화하면 $CO_2(g)$ 기체가 생성된다.

$$CO_3^{2-}(aq) + 2\,H^+(aq) \rightleftharpoons H_2O(l) + CO_2(g)$$

이때 생성된 $CO_2(g)$가 염기성 용액을 거치면서 기포로 되면 CO_3^{2-}이 된다.

$$CO_2(g) + 2\,OH^-(aq) \rightleftharpoons CO_3^{2-}(aq) + H_2O(l)$$

CO_3^{2-}은 Ca^{2+} 하에서는 불용성의 탄산 칼슘($CaCO_3$)으로 침전되므로 CO_3^{2-}의 존재를 확인할 수 있다.

$$Ca^{2+}(aq) + CO_3^{2-}(aq) \rightleftharpoons CaCO_3(s) \text{ (흰색 침전)}$$

▲ 탄산 칼슘 ©Casimiro PT/Shutterstock

■ PO_4^{3-} 검출

인산염도 알칼리 금속인 1족과 NH_4^+의 인산염을 제외한 모든 화합물은 불용성이다. 중성 용액에서는 황산에서와 같이, 바륨의 인산염 침전이 생성된다.

$$3\ Ba^{2+}(aq) + 2\ PO_4^{3-}(aq) \rightleftharpoons Ba_3(PO_4)_2(s)\ (\text{흰색 침전})$$

그러나 인산 바륨은 황산염과는 다르게 산성 용액에서는 용해된다. 그래서 이들 두 이온을 확인하는 실험은 다음 반응식으로 알 수 있다.

$$Ba_3(PO_4)_2(s) + 2\ H^+(aq) \rightleftharpoons 3\ Ba^{2+}(aq) + 2\ HPO_4^{2-}(aq)$$

PO_4^{3-}이 들어 있는 용액에 몰리브데넘산 암모늄을 첨가하면 노란색의 인산 몰리브데넘산 암모늄염으로 인산 이온이 침전한다. 이것은 수용액 내의 인산 이온을 확인할 수 있는 실험이다.

$$HPO_4^{2-}(aq) + 12(NH_4)_2MoO_4(aq) + 23\ H^+(aq) \rightleftharpoons (NH_4)_3PO_4(MoO_3)_{12}(s)\,(\text{노란색 침전}) + 21\ NH_4^+(aq) + 12\ H_2O(l)$$

■ Cl^-, Br^-, I^- 검출

Ag^+, Hg^+, Pb^{2+}의 염을 제외한 모든 염화물, 브로민화물, 아이오딘화물의 염은 가용성이다. 이들 음이온의 은 염은 색이 다르므로 각 이온을 확인할 수 있다.

$$AgCl(s);\ \text{흰색},\ AgBr(s);\ \text{담황색},\ AgI(s);\ \text{노란색}$$

■ S^{2-} 검출

S^{2-}은 염기성 용액에만 안정하고, S^{2-}을 포함하는 용액에 산을 첨가하면 황화 수소(H_2S) 기체가 생성된다.

$$S^{2-}(aq) + 2\ H^+(aq) \longrightarrow H_2S(g)$$

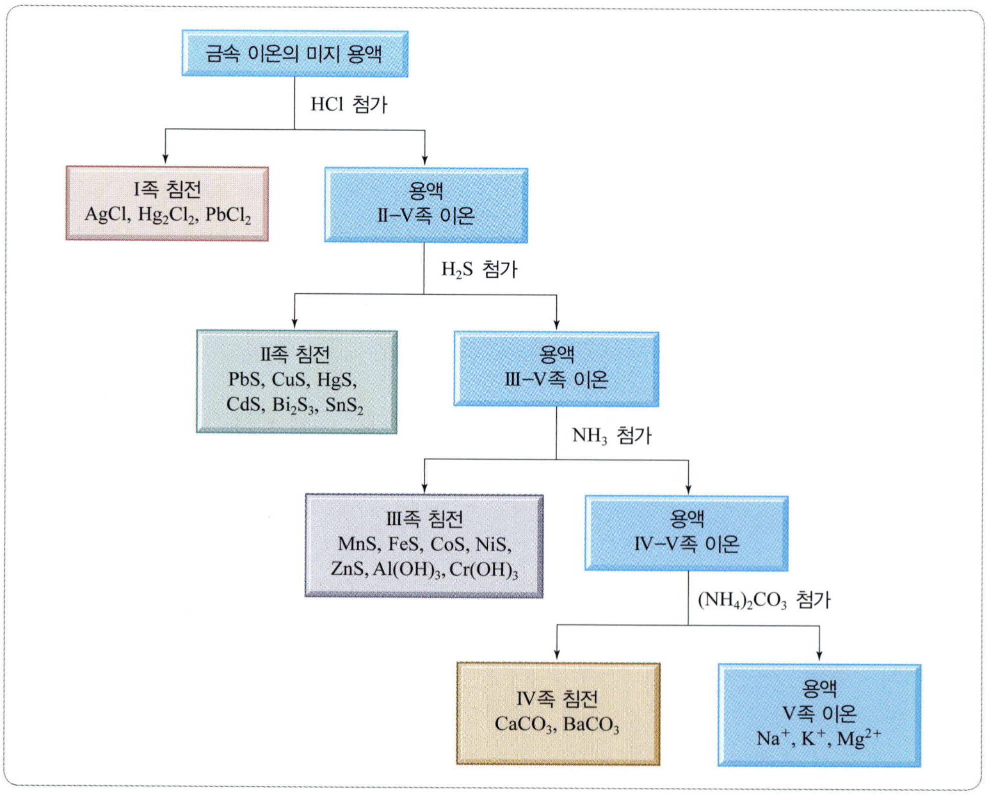

그림 15.6 정성 분석에서 금속 양이온이 분리되는 순서도

황화 수소(H_2S) 기체가 Pb^{2+}과 접촉하면 검은색의 PbS(*s*)가 침전된다. 이 반응 실험에 의해 황 이온의 존재를 확인할 수 있다. 그러나 아황산 이온과 다른 산화제(HNO_3 등)는 S^{2-} 시험을 방해하므로, S^{2-}을 확인하려면 아황산 이온(SO_3^{2-})이나 산화제 등이 없어야 한다.

$$H_2S(g) + Pb^{2+}(aq) \longrightarrow \underset{(\text{검은색})}{PbS(s)} + 2\,H^+(aq)$$

■ **NO^{3-} 검출**

모든 질산염은 가용성이므로 확인 반응으로 침전 반응을 실시할 수 없다.

핵심 요약

15.1 공통 이온 효과

- 평형 상태의 수용액에 녹아 있는 이온과 같은 이온이 추가로 첨가될 때, 즉 평형 상태의 수용액에 공통 이온이 첨가되었을 때, 이것을 통해 평형이 이동하는 효과를 바로 공통 이온 효과라고 한다.

15.2 완충 용액

- 완충 용액이란 급격한 pH 변화에 저항하여, 일정 수준의 pH(산성도)를 유지하는 용액이다.
- 완충 용액은 어떤 약산(HA)과 그것의 짝염기(A^-)를 포함하는 용액이거나 약염기(B)와 그것의 짝산(BH^+)을 포함하는 용액이다.
- 완충 용량이란 완충 용액을 만든 산과 짝염기의 양에 의존하는 완충계의 한계이다.
- 완충 범위란 pH 값으로 보았을 때, 완충 용액의 구성 성분이 일정 산성도를 유지할 수 있는 능력을 발휘할 수 있는 pH 값의 범위이다.

15.3 산-염기 적정

- 산-염기 적정이란 산과 염기 용액을 혼합하여 중화 반응을 통해 미지 시료의 농로를 알아내는 실험 기법이다.
- 강산-강염기 적정: 당량점에서의 pH가 7이다.
- 약산-강염기 적정: 당량점에서의 pH $>$ 7이다.
- 강산-약염기 적정: 당량점에서의 pH $<$ 7이다.
- 약산-약염기 적정: 사용할 수 있는 지시약이 없으며 약산과 약염기의 낮은 해리도 때문에 이 둘 간의 적정 반응은 일어나지 않는다.

15.4 용해도 평형과 K_{sp}

- 난용성 염(불용성 염)의 경우, 수용액 상태에서 아주 극미량 정도만 해리되어 평형을 이룬다.
- 난용성 염($A_nB_m(s)$)의 용해도곱 상수, K_{sp}

$$A_nB_m(s) \rightleftharpoons nA^{a+}(aq) + mB^{b-}(aq)$$

$$K_{sp} = [A^{a+}]^n[B^{b-}]^m$$

15.6 이온 결합 화합물의 침전

- $K_{sp} > Q_{sp}$: 용액이 현재 불포화 상태로, 침전을 생성하는 이온의 농도가 부족
- $K_{sp} = Q_{sp}$: 용액이 현재 포화 상태로 평형 상태, 이 순간부터 침전이 생기기 시작
- $K_{sp} < Q_{sp}$: 용액이 현재 과포화 상태로, 침전이 충분히 생성

15.7 선택적 침전법을 이용한 용액 중 이온 검출법

- 불용성 염의 용해도 규칙을 이용하여 특정 침전을 유도하는 방식의 정성 분석법을 선택적 침전법이라고 한다.
- 특정 이온이 용액 속에 용해되어 있다고 예상했을 때, 반대 극성의 이온을 첨가하여 불용성 염을 생성하여 침전시키는 정성 분석으로 그 이온의 존재를 확인할 수 있다.

핵심 용어 정리

- **공통 이온 효과 (common ion effect)**: 평형 상태의 수용액에 녹아 있는 이온과 같은 이온이 추가로 첨가될 때, 즉 평형 상태의 수용액에 공통 이온이 첨가되었을 때, 이것을 통해 평형이 이동하는 효과
- **선택적 침전법 (selective precipitation)**: 불용성 염의 용해도 규칙을 이용하여 특정 침전을 유도하는 방식의 정성 분석법
- **완충 범위 (buffer range)**: pH 값으로 보았을 때, 완충 용액의 구성 성분이 일정 산성도를 유지할 수 있는 능력을 발휘할 수 있는 pH 값의 범위
- **완충 용량 (buffer capacity)**: 완충 용액을 만든 산과 짝염기의 양에 의존하는 완충계의 한계
- **완충 용액 (buffer solution)**: 보통 어떤 약산(HA)과 그것의 짝염기(A^-)를 포함하는 용액 또는 약염기(B)와 그것의 짝산(BH^+)을 포함하는 용액으로서 급격한 pH 변화에 저항하여, 일정 수준의 pH(산성도)를 유지하는 용액
- **용해도곱 상수 (solubility product, K_{sp})**: 염의 해리 평형 반응에서의 평형 상수
- **정성 분석 (qualitative analysis)**: 시료 속에 특정 성분의 존재 여부를 판단하는 분석

Deep Insight

인공혈액

큰 외과적인 수술을 할 때에는 환자가 많은 피를 흘릴 수밖에 없으므로 반드시 그에 맞는 수혈을 함께 진행해야 한다. 사람의 경우 필요 이상의 피를 흘림으로써 사망하는 경우를 과다출혈 사망이라고 한다. 과다출혈은 인간의 몸이 버틸 수 있는 한도 이상으로 피를 흘리는 것을 말하며 대략 체내 혈액량에서 30 % 전후로 손실되었을 때 과다출혈로 정의한다. 체중이 70 kg인 성인의 경우 5 L의 혈액을 방출하면 뇌로 산소 공급이 원활해지지 않기 때문에 생명이 위태로워진다.

이런 이유로 어느 국가나 건강한 일반인에게 수혈을 권장하고 있지만, 헌혈만으로는 혈액의 수요를 감당하기에는 부족한 현실이다.

이에 1990년대 이후부터 지금까지 인공혈액(정식 명칭으로는 산소 운반성 혈장 증강제)을 개발하기 위해 많은 과학자와 의료인들이 노력하고 있다. 그러면 만족할 만한 기능을 발휘하는 인공혈액이 되기 위한 조건에는 어떠한 것이 있을까?

간단하게 두 가지 정도를 소개할 수 있다. 첫 번째로는 매우 높은 용존 산소량이다. 아직 체내에 남아있는 혈액과 섞여 충분한 양의 산소를 뇌에 전달할 수 있기에 일단 인공혈액이 혈관을 타고 폐에 도달하면 충분히 산소 분자를 붙잡아 몸을 순환하면서 뇌에 산소를 공급해야 하기 때문이다.

두 번째는 적정 산성도를 유지할 수 있는 완충 용액이어야 한다. 적정 산성도란 정상적인 사람의 혈액의 평균값인 pH 7.2를 뜻한다. 몸에서 방출되는 과량의 혈액에 맞추어 혈액을 보충해 준다면 이에 따른 pH 변화가 중요하기 때문이다.

위 두 가지 요건을 만족하는 아주 이상적인 인공혈액은 아직 등장하지 않았다. 하지만 2008년에는 약 한 달에 걸쳐 다수의 배아줄기세포를 적혈구로 변형시켜 효과적인 산소 전달용 인공혈액의 성분 물질을 인공적으로 생산하는 데 성공한 사례가 있다. 물론 한 번에 100개가 못 되는 헤모글로빈의 인공 생산만 가능한 상황이기 때문에 약 400 mL당 2조 개의 헤모글로빈이 필요한 현실을 만족하기 위해서는 더 많은 발전이 필요하다. 이외에 물 비중 70 %와 함께 혼합될 완충 성분으로 산소의 포집이 헤모글로빈에 필적하는 새로운 단백질의 합성과 적용도 모험적으로 진행되고 있다.

전쟁이 잦은 남아프리카공화국 일대에서는 2001년부터 제한적으로 활용되는 인공혈액이 있었다. HbO_2세라퓨틱스(Therapeutics)라는 미국의 회사가 만드는 헤모퓨어(Hemopure)라는 제품으로 소의 적혈구에서 추출한 헤모글로빈 15~16개로 이루어진 작은 입자가 들어있는 액체이다. 헤모퓨어는 진짜 수혈 혈액처럼 환자의 혈액에 더해져 수십 일 동안 작동하는 건 아니지만 당장 급한 며칠 동안은 버틸 수 있다.

인공혈액이 완성된다면 그리고 저렴한 가격에 공장에서 일괄 생산하는 시대가 온다면 전쟁이나 교통사고 등에서 발생할 수 있는 과다출혈 희생자를 획기적으로 줄일 수 있을 것이다.

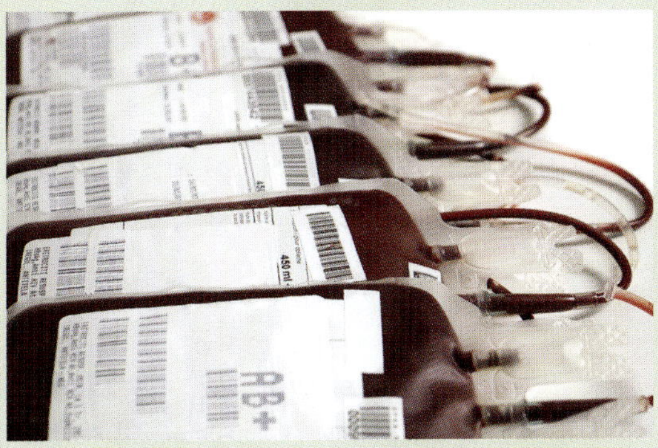

연습문제

● (15.1～15.5) 다음 설명 중 옳은 것은 ○, 틀린 것은 ×를 표시하시오.

15.1 완충 용액은 공통 이온 효과에 의해 완충 효과를 발휘한다. ( )

15.2 완충 용액은 강산과 짝염기가 혼합된 수용액으로 만들 수 있다. ( )

15.3 강산과 약염기 간의 적정을 할 때, 당량점에서의 pH는 산성이다. ( )

15.4 난용성 염은 수용액 상태에서 극미량만 해리가 된다고 보고, 용해도곱 상수를 계산할 수 있다. ( )

15.5 $K_{sp} < Q_{sp}$일 경우, 용액이 현재 과포화 상태로 충분한 침전이 생성된다. ( )

● (15.6～15.10) 다음 문장의 빈칸에 올바른 용어(단어) 혹은 문구를 채워 넣으시오.

15.6 평형 상태의 수용액에 공통 이온이 첨가되었을 때, 이것을 통해 평형이 이동하는 효과를 ( )라고 한다.

15.7 ( )란 pH 값으로 보았을 때, 완충 용액의 구성 성분이 일정 산성도를 유지할 수 있는 능력을 발휘할 수 있는 pH 값의 범위이다.

15.8 ( )이란 완충 용액을 만든 산과 짝염기의 양에 의존하는 완충계의 한계를 말한다.

15.9 시료 속에 특정 성분의 존재 여부를 판단하는 분석을 ( )이라 한다.

15.10 용액 내 Cl^-, Br^-, I^- 이온을 검출하는 방법은(, ,) 이온을 첨가하여 난용성 염을 형성하는지 확인하는 것이다.

● (15.11～15.25) 다음 물음에 답하시오.

15.11 서현이는 실험에 필요한 pH 4.50인 완충 용액을 제조하기 위하여 아세트산 소듐과 아세트산을 사용하였다. 이 완충 용액에서 $[CH_3COO^-]/[CH_3COOH]$(농도비)는 얼마인가?

15.12 평상시 조건에서 수용액 중 HF의 농도는 0.25 M, NaF의 농도는 0.10 M인 혼합 용액의 pH를 계산하시오.

15.13 다음 수용액 상태의 산과 염기를 혼합하여 중화 반응을 진행할 때, 당량점의 pH는 7보다 클 것인가, 작을 것인가, 같을 것인가? 이유와 함께 설명하시오.

(a) HNO와 KOH

(b) HOI와 $Ba(OH)_2$

(c) HBr과 아닐린($C_6H_5NH_2$)

(d) HNO_2와 KOH

15.14 희찬이는 0.240 M 수산화 소듐으로 0.120 M 아세트산 50.0 mL의 적정하는 실험을 진행하고 있다. 희찬이가 수산화 소듐을 (a) 25.0 mL 첨가하였을 때, (b) 35.0 mL를 첨가하였을 때의 pH를 계산하시오.

15.15 0.20 M HCN(*aq*)과 0.12 M NaCN(*aq*)으로 구성된 완충 용액의 pH를 계산하고, 이 용액을 두 배로 묽히면 pH는 어떻게 변하는지 그 이유를 설명하시오.

15.16 다음 두 용액을 같은 부피로 섞을 때 완충 용액이 되는 것은?

(a) 0.10 M HF와 0.10 M NaF

(b) 0.10 M HF와 0.10 M NaOH

(c) 0.20 M HF와 0.10 M NaOH

(d) 0.10 M HCl과 0.20 M NaF

15.17 헨더슨-하셀바흐 식을 이용하여 pH 7.40인 혈액 속에 존재하는 H_2CO_3와 HCO_3^-의 비를 계산하시오. H_2CO_3의 K_a는 부록 F를 참조하시오.

15.18 0.150 M $HNO_3(aq)$ 60.0 mL를 0.450 M $NaOH(aq)$로 적정하는 경우를 생각하자.

(a) 적정을 시작할 때 HNO_3는 몇 mmol 존재하는가?

(b) 당량점 도달에 필요한 NaOH는 몇 mL인가?

(c) 당량점에서 pH는 얼마인가?

15.19 상온에서 NaOH 20.0 g과 1.5 M NH_4Cl 0.500 L를 섞어서 제조한 용액에서 NH_4^+와 NH3의 농도 및 pH를 계산하시오. (단, 용액의 부피는 변하지 않는다고 가정한다.)

15.20 다음 각 화합물이 물에서 해리되는 과정에 대한 알짜 균형 이온 반응식을 쓰고, 이들의 K_{sp}에 대한 평형 상수식을 나타내시오.

(a) Ag_2CO_3 (b) $PbCrO_4$

(c) $Al(OH)_3$ (d) Hg_2Cl_2

15.21 일반화학 실험 조교 박 군은 수업에서 사용할 미지의 일양성자산 0.126 g 시료를 물 25.0 mL에 용해시켜 학생들에게 나누어 준 후, 0.0633 M NaOH 용액으로 적정하게 하였다. 당량점에 도달하였을 때, 첨가해 준 염기의 양은 정확히 18.4 mL이었다. 이 산의 몰질량은 얼마인가?

15.22 희철이는 성희와 함께 25 ℃의 물에 $CaSO_4(s)$를 용해시키려고 하였다. 측정 결과 $CaSO_4(s)$는 물 1 L에 0.67 g 용해되는 것을 알아내었다. 이 물질의 K_{sp}를 계산하시오.

15.23 다음 용해도 값을 이용하여 각 화합물의 K_{sp}를 계산하시오.

(a) SrF_2의 용해도 = 1.03×10^{-3} M

(b) CuI의 용해도 = 1.05×10^{-6} M

15.24 상온에서 $Mg(OH)_2$ 포화 수용액의 pH는 10.35이다. $Mg(OH)_2$의 K_{sp}를 계산하시오.

15.25 다음 염들을 0.0010 M $AgNO_3$에서의 몰 용해도가 증가하는 순서로 정렬하시오. 부록 G의 용해도곱 상수 표를 참조하시오.

AgBr, Ag_2CO_3, AgCl, AgI, Ag_2S

CHAPTER 16

엔트로피, 자유 에너지 및 평형

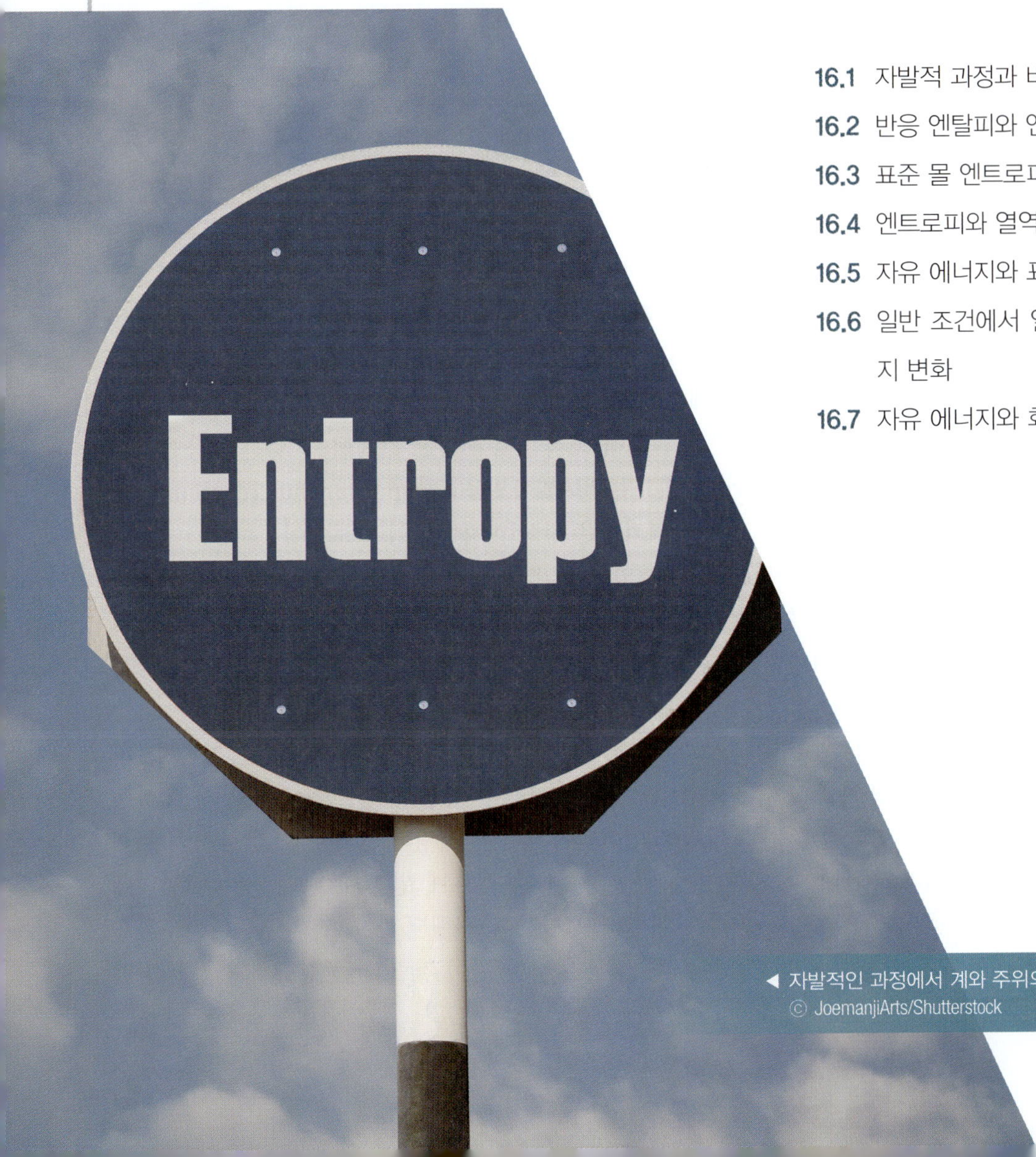

◀ 자발적인 과정에서 계와 주위의 전체 엔트로피는 항상 증가한다.

16.1 자발적 과정과 비자발적 과정

이 장에서는 어떠한 반응이 주어진 조건에서 자발적으로 진행되는지의 여부를 판단하는 여러 합리적인 근거를 알아볼 것이다. 그러기 위해서는 자발적인 과정과 비자발적인 과정에 대한 의미를 정확히 공부해 둘 필요성이 있다.

상온에서 고체인 얼음은 저절로 액체인 물로 녹아서 자연스럽게 상변화가 진행된다. 사과 한 개를 여러 달 동안 밖에 놓아두면 사과는 썩어서 각 분자 단위로 자연 분해된다. 즉 분해 반응이 진행된다는 것이다. 하지만 상온에서 얼음이 물로 녹는 반응이나 사과의 자연 분해 반응의 역반응은 절대로 저절로 일어나지 않는다. 또한, 그림 16.1과 같이 진공 플라스크로 기체 분자가 이동하는 것은 매우 자연스러운 현상이지만 반대로 기체 분자가 한쪽 플라스크로 몰려서 진공인 플라스크를 만드는 것은 매우 부자연스러운 과정으로 불가능하다.

▲ 표준 조건인 1기압, 25 °C에서 얼음이 녹아 물이 되는 과정은 자발적 과정이다. ©Lipskiy/Shutterstock

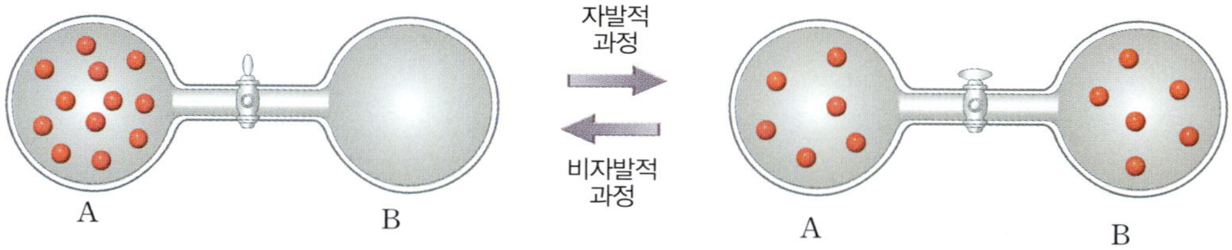

그림 16.1 자발적 과정과 비자발적 과정 두 용기 사이에 잠겨 있는 통로를 열어 주면 용기 A에 가득 차 있는 공기가 진공 상태의 용기 B로 자연스럽게 이동한다.

이와 같이 주어진 조건과 주변 환경에서 인위적인 노력이나 작업이 없이도 자연스럽게 반응이 진행되는 경우 그 반응을 **자발적 과정(spontaneous process)** 또는 **자발적 반응(spontaneous reaction)**이라고 하고, 반대로 주어진 조건이나 환경에서 자발적으로 진행되기 어려운 반응이면서 동시에 그 반응을 진행시키기 위해 가열이나 고압 또는 감압 처리, 전기 에너지 공급 등과 같은 인위적 조치를 통해야만 진행될 수 있는 반응을 **비자발적 과정(nonspontaneous process)** 또는 **비자발적 반응(nonspontaneous reaction)**이라고 한다. 또한, 모든 자발적 과정의 역과정은 항상 비자발적이라 보아야 한다.

자발적 과정은 다른 데 적용할 수도 있는데, 평형을 이루고 있는 반응계에 외부의 자극이 가해졌을 때 르샤틀리에 원리에 의하여 특정 방향으로 반응 평형이 이동하면서 자발적인 알짜 반응이 진행됨을 13장에서 설명하였다. 자발적 반응은 항상 반응 혼합물을 평형으로 이동시킨다. 평형 이동도 반응계의 자발적 과정에 의한 변화인 것이다.

하지만 자발적이라는 말이 반드시 반응 속도가 빠른 것을 의미하는 것은 아니다. 자발적 반응은 빠를 수도 있고 느릴 수도 있다. 마찰에 가장 강한 물질이라고 하는 다이아몬드는 절대 변하지 않는 보석으로 인식되어 영원한 사랑의 징표로 결혼 예물의 보석으로 사용되기도 한다. 하지만 일반적인 상식과는 다르게 평상시 온도(상온)와 압력에서 다이아몬드도 흑연으로 변하는 자발적인 반응이 진행되고 있다. 다만, 다이아몬드 1 mol이 모두 흑연으로 변화하는 데에는 무려 수만 년이 걸릴 만큼 상당히 천천히 자발적 과정이 진행될 뿐이다(그림 16.2).

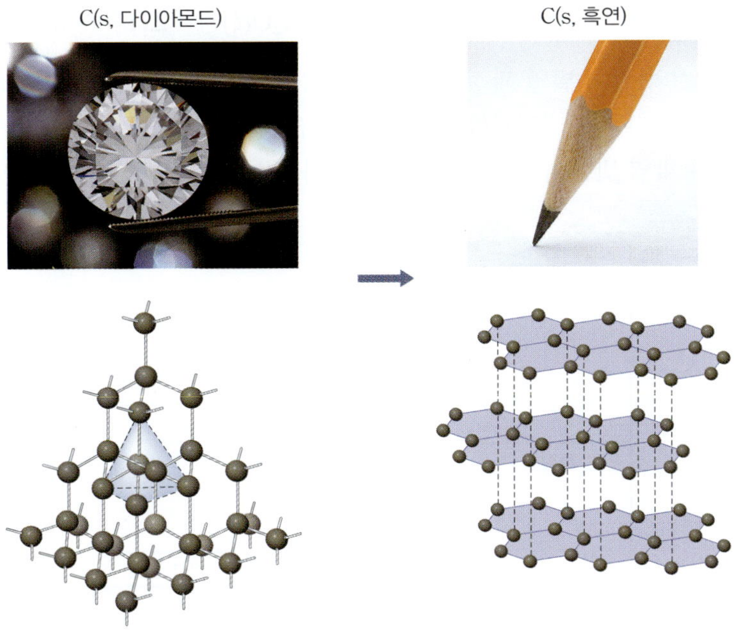

그림 16.2 다이아몬드의 흑연으로의 변환은 자발적으로 일어나는 과정이지만 매우 느리게 진행되기 때문에 다이아몬드가 영원한 물질인 것처럼 보인다.

열역학
열과 일의 관계를 다루는 학문 분야이다. 열 현상을 포함하여 자연계 안의 에너지 흐름을 통일적으로 다룬다. 주로 화학이나 공학 분야에서 응용되고 있으며, 이 학문의 적용 범위는 광범위하며 보편적인 결과를 내놓지만, 해당 화학 반응이 진행될 때의 현상론적인 해석을 하는 데에는 한계가 있기도 하다.

따라서 **열역학**(**thermodynamics**)은 반응이 어느 방향으로 일어나는가를 알려 줄 수는 있지만 얼마나 오래 걸리는지는 아무것도 알려 주지 않는다.

16.1 예제

다음 반응을 자발적인 반응과 비자발적인 반응으로 구별하시오.
(a) 건조한 방의 구석에 널어놓은 빨래에서 수증기 분자가 다른 공간으로 확산
(b) 상온에서 이산화 탄소 기체 분자가 응집하여 드라이아이스 덩어리 생성
(c) 녹($Fe_2O_3 \cdot H_2O$)이 금속 철, 산소 및 물로 분해되는 반응
(d) 영하 4 °C에서 공기를 구성하는 다양한 기체들이 각각 같은 분자끼리 응집하여 액화

정답
(a) 자발적 반응 (b) 비자발적 반응 (c) 비자발적 반응 (d) 비자발적 반응

응용문제 16.1

다음 반응을 자발적인 반응과 비자발적인 반응으로 구별하시오.
(a) 뜨거운 물이 담긴 따뜻한 컵에서 차가운 손으로 이동하는 열의 흐름
(b) 빗방울이 다시 하늘로 상승

16.2 반응 엔탈피와 엔트로피

한 과정의 자발성을 판단하기 위해서는 먼저 반응이 진행될 때, 계와 주위 사이의 열의 흐름을 나타내는 반응 엔탈피(ΔH)와 계의 무질서한 정도의 변화를 나타내는 엔트로피의 변화량(ΔS)이라는 새로운 열역학적 인자를 살펴보아야 한다.

9장에서 대부분의 자발적 과정은 퍼텐셜 에너지의 열 변환을 수반한다고 공부하였다. 예를 들어 메테인(CH_4)의 일부가 공기 중에서 연소하여 산소(O_2)와의 화학 결합 과정에서 CH_4와 O_2에 저장되어 있던 퍼텐셜 에너지의 일부는 열로 변환되어 반응계에서 주위로 이동한다. 이 열의 이동은 당연히 발열 과정이며 이 반응이 표준 상태에서 진행되었다면, 이 반응의 반응열인 표준 반응 엔탈피 $\Delta H°$는 음(−)의 부호를 가지게 된다.

반응계
반응계는 반응물과 생성물을 모두 포함한다.

$$CH_4(g) + 2\ O_2(g) \longrightarrow CO_2(g) + 2\ H_2O(l) \qquad \Delta H° = -890.3\ kJ$$

그림 16.3에서와 같이 발열 과정의 반응은 반응 전 반응물의 에너지 상태보다 생성물의 에너지 상태가 더 낮아지면서(안정화되면서) 진행되기 때문에 대부분의 자발적 반응은 거의 대부분 발열 반응이라고 주장하는 과학자가 19세기만 해도 상당수 있었다.

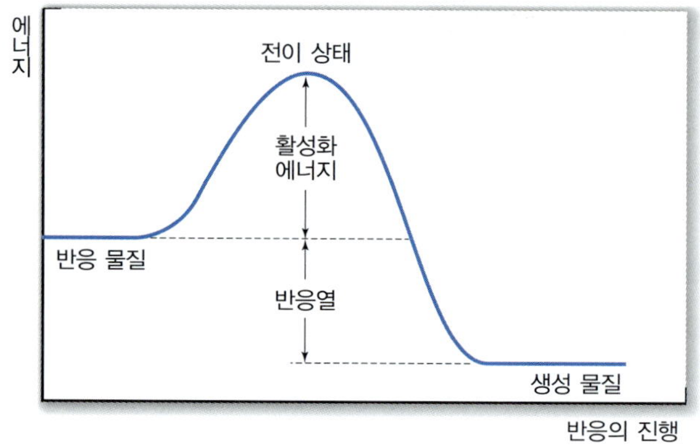

그림 16.3 발열 반응의 퍼텐셜 에너지 변화 도표 반응물의 퍼텐셜 에너지와 생성물의 퍼텐셜 에너지의 차이 ΔE만큼의 에너지가 열로 방출되면서 반응계의 에너지 상태가 안정화된다.

하지만 상온에서 고체의 얼음이 액체의 물로 변하는 과정은 흡열 반응임에도 자발적으로 진행된다. 따라서 반응 엔탈피만을 가지고 반응의 자발성을 언급하는 것은 적절하지 않다.

엔트로피의 단위
엔트로피는 열역학 함수로 사용되는데 그 단위는 J/K·mol이다. 이는 열역학적 정의와 증명에 의하여 결정된 것이다.

$$H_2O(s) \longrightarrow H_2O(l) \qquad \Delta H° = +\ 6.01\ kJ/mol$$

그리하여 단순히 반응 엔탈피 변화(ΔH)만을 가지고 반응의 자발성 여부를 판단하는 데에는 한계가 있어 이를 해결하고자 새롭게 도입한 열역학적 함수가 바로 무질서도,

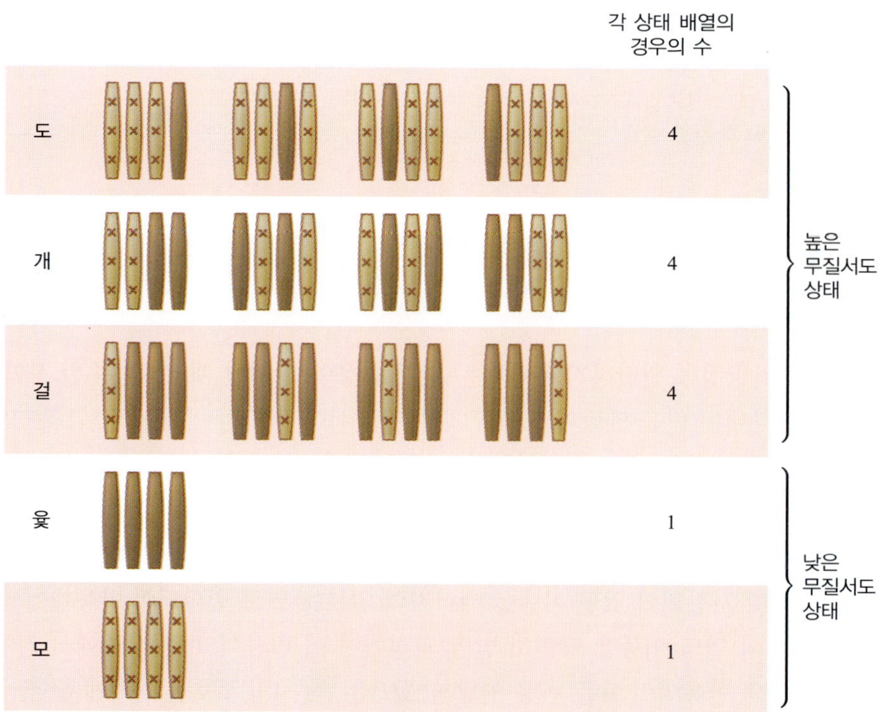

즉 **엔트로피(entropy, *S*)**이다. 엔트로피 *S*는 간단하게 '계의 무질서한 정도'라 생각할 수 있으나, 더 엄밀하게 정의하면 '계가 에너지를 가질 수 있는 가능한 방법 중 현재 계의 에너지가 얼마나 분산되어 존재하는지를 나타내는 척도'를 뜻한다. 쉽게 설명하면 그 계가 지닐 수 있는 다양한 에너지 배열 상태의 경우의 수가 클수록 다양한 무질서도를 갖는 계라고 할 수 있다는 것이다.

앞 그림과 같이 우리가 주머니에서 4개 윷가락을 던져서 땅에 떨어지는 상태를 보았을 때, 4개의 모든 윷가락이 뒤집혀서 '윷'이 나오거나 반대로 모두 엎어져서 '모'가 나오는 경우의 수는 4개의 윷가락 중 반반으로 뒤집히거나 엎어진 '개'가 나오는 경우의 수보다 훨씬 적기 때문에 '개'의 경우가 '윷'이나 '모'보다 다양한 배열을 갖는 경우의 수를 갖는 무질서도가 높다고 말할 수 있다.

사실 자연계의 자발적 화학 반응을 관찰해 보면 상당한 경우 무질서한 정도가 최대인 상태로 변화하려는 경향을 발견할 수 있다. 보다 구체적으로 그림 16.4를 예로 들어 살펴보자. 반응에서 엔트로피의 증가와 감소는 엔트로피 변화량(ΔS)의 부호로 판단한다. 다음과 같이 엔트로피 변화(ΔS)는 상태 함수로서 반응 후 반응계의 무질서도($S_{최종}$)와 반응 전 무질서도($S_{최초}$)의 차이로 계산한다.

$$\Delta S = S_{최종} - S_{최초} \tag{16.1}$$

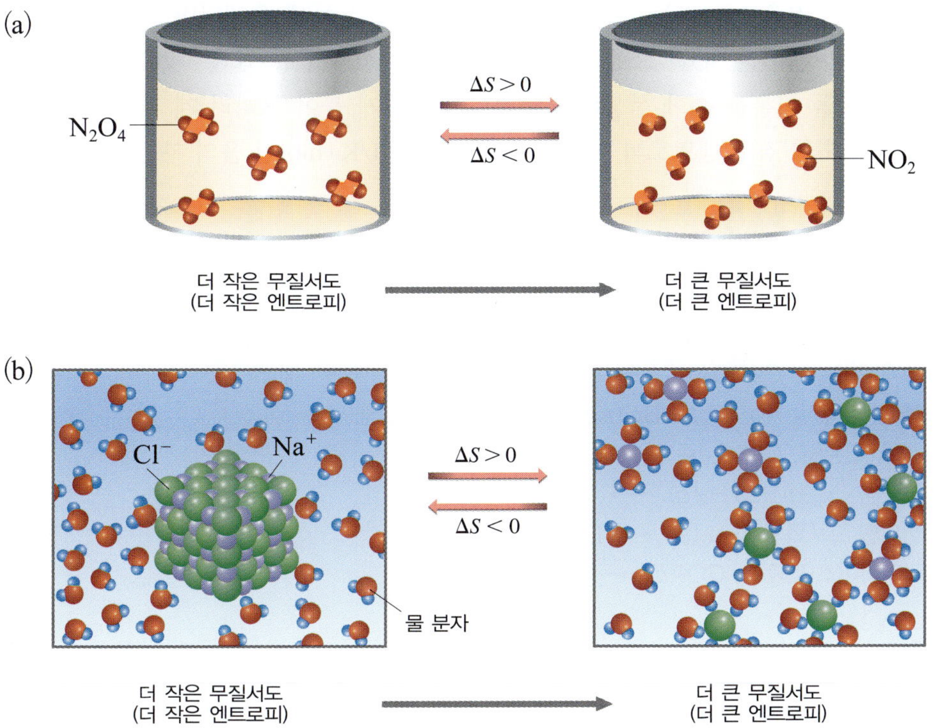

그림 16.4 엔트로피 변화 ΔS의 예
(a) 반응 전후에 있어서 화합물의 입자 수의 변화, (b) 전해질의 용해 과정

계의 무질서도가 증가하면 ΔS는 양(+)의 값을 가지며, 무질서도가 감소하면 ΔS는 음(−)이 된다. 계를 구성하고 있는 입자(원자, 분자, 이온)는 접근할 수 있는 부피 공간을 움직이며, 서로 충돌하면서 끊임없이 에너지를 교환하는 운동을 하고 있기 때문에 무질서도가 생긴다.

엔트로피는 확률의 개념으로 계의 특정 상태에 도달할 수 있는 방법의 수와 관계가 있어 이 방법의 수에 영향을 미칠 수 있는 온도, 압력, 부피, 입자 수의 상관관계도 항상 고려해야 엔트로피의 변화량(ΔS)을 정확하게 판단할 수 있다.

그림 16.4(a)의 경우는 기체 N_2O_4 분자 하나가 기체 NO_2 분자 2개로 분해되어 반응이 진행될수록 반응계에 입자 수가 증가하는 변화가 생긴다. 2개로 쪼개진 NO_2 분자는 독립적인 자유 운동을 공간에서 할 것이므로 무질서도가 증가하여 $\Delta S > 0$이다. 당연히 그 역반응은 분자 수가 감소하기 때문에 $\Delta S < 0$이 된다. 일반적인 반응에서 어떤 반응의 입자 수가 증가하면 엔트로피는 증가한다고 봐야 한다. 또 그림 16.4(b)는 전해질 염화 소듐이 물에 용해되어 양이온과 음이온으로 각각 해리되는 과정인데, 이 전해질의 용해 과정에서는 단지 용질 입자의 개수가 둘로 쪼개진다는 부분뿐만 아니라 이렇게 해리가 된 각 양이온과 음이온이 **수화 현상(hydration)**에 의하여 용매 입자인 물 분자로 둘러싸이면서 균일 혼합물을 만든다는 점에서 무질서도가 매우 큰 폭으로 증가한다고 볼 수 있다($\Delta S > 0$). 실제로 고체를 가열하여 용해시키는 경우와 염화 소듐이 물에 용해되는 경우의 ΔS를 비교해 보면 후자의 경우가 훨씬 크다.

$$HgCl_2(s) \longrightarrow HgCl_2(l) \qquad \Delta S = +9\ \text{J/K}\cdot\text{mol}$$
$$NaCl(s) \longrightarrow NaCl(aq) \qquad \Delta S = +43\ \text{J/K}\cdot\text{mol}$$

하지만 여기서 주의해야 할 점은 모든 전해질이 물에 용해될 때, 최종적으로 무질서도가 증가하는 것은 아니라는 것이다. 고체 황산 칼슘은 물에 용해되면 염화 소듐처럼 양이온 Ca^{2+}와 음이온 SO_4^{2-}으로 모두 해리되어 무질서도가 증가하는 것처럼 보이지만 물 분자가 이들 이온을 수화 현상으로 둘러싸고 강하게 붙어 오히려 계 전체의 무질서도가 감소하여 이 경우 엔트로피 변화량(ΔS)은 -140 J/K·mol인 음의 부호를 갖는다.

예제 16.2

다음 과정에서 반응계의 엔트로피 변화량(ΔS)의 부호를 예측하시오.

(a) 나뭇잎에 이슬 생성, $H_2O(g) \longrightarrow H_2O(l)$
(b) 분자의 분해, $I_2(g) \longrightarrow 2\ I(g)$
(c) 고체 염의 분해, $CaCO_3(s) \longrightarrow CaO(s) + CO_2(g)$
(d) 고체 염의 형성, $Ag^+(aq) + Br^-(aq) \longrightarrow AgBr(s)$
(e) 고체의 열 분해, $CaSO_4(s) \longrightarrow CaO(s) + SO_3(g)$
(f) 결합 반응, $N_2(g) + 3\ H_2(g) \longrightarrow 2\ NH_3(g)$
(g) 아이오딘 고체의 수화, $I_2(s) \longrightarrow I_2(aq)$
(h) 드라이아이스의 승화, $CO_2(s) \longrightarrow CO_2(g)$

정답

(b), (c), (e), (h): $\Delta S > 0$
(a), (d), (f), (g): $\Delta S < 0$

응용문제 16.2

다음 반응에 대하여 ΔS의 부호를 예측하시오.

(a) $HgCl_2(s) \longrightarrow HgCl_2(aq)$
(b) $NH_3(g) + H_2O(l) \longrightarrow NH_4OH(aq)$
(c) $Ag^+(aq) + Cl^-(aq) \longrightarrow AgCl(s)$
(d) $2\ NO_2(g) \longrightarrow N_2O_4(g)$

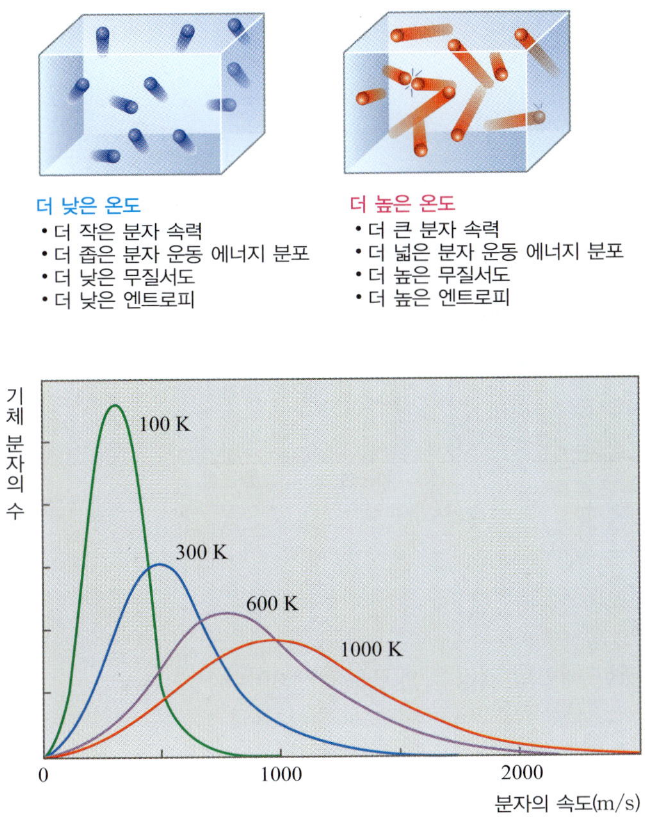

그림 16.5 온도 T(K)에 따른 기체의 운동 속도 분포(맥스웰–볼츠만 분포 곡선)

또한, 엔트로피는 계의 온도(T)의 영향을 받아 얼마든지 변할 수 있다. 특히 반응계가 기체이면 그 영향은 매우 크다고 할 수 있다. 그림 16.5는 절대 온도 T에 대한 운동 속도별 기체 분자의 분포 곡선이다. 이 곡선은 기체 분자의 운동 에너지와 절대 온도와의 상관관계를 수학적으로 증명한 과학자의 이름을 따서 **맥스웰–볼츠만 분포(Maxwell–Boltzmann distribution)** 곡선이라고 한다. 낮은 온도의 기체 분자와 비교하여 높은 온도에서의 기체 분자들은 많은 양의 운동 에너지를 가지고 있기 때문에 그에 따른 기체 분자의 운동 속도가 더 빠르고, 그만큼 일정 시간 동안에 기체 분자들이 보다 활발하고 다양하게 자유 운동을 하기 때문에 계의 무질서도가 높다.

이는 결론적으로 엔트로피가 분자의 운동과 연관이 있음을 뜻하는 증거이기도 하다. 굳이 기체가 아니더라도 고체와 액체 상태의 물질에서도 절대 온도 상승에 따른 엔트로피 증가가 발견된다. 열역학적 개념에 맞게 정확히 표현하면 고체, 액체, 기체에서 물질의 전체 에너지를 각 분자에 분배할 수 있는 방법의 수가 많을수록 상태의 무질서도는 커지고 엔트로피도 높아진다. 그림 16.6은 순수한 물질의 절대 온도에 따른 엔트로피 변화를 나타낸 것이다. 이 그림을 통해서 알 수 있는 핵심적인 사항은 다음 네 가지로 정리할 수 있다.

첫째, 절대 온도 0 K에서 모든 물질은 입자들이 결정 구조로 매우 단단히 묶여 있는 고체 상태이기 때문에 구성 분자의 배향상 불규칙성만 남아있지 않은 완전한 배열을 이루고 있다면 이 온도에서 이 물질의 엔트로피(S)는 0이다. 이는 **열역학 제3법칙(third law of thermodynamics)**의 의미와 같다.

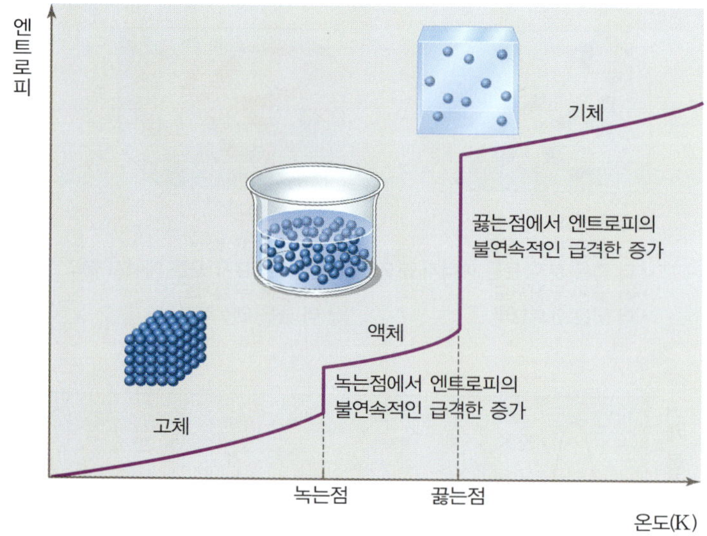

그림 16.6 순수한 물질의 절대 온도 상승에 따른 엔트로피의 변화

분자의 운동

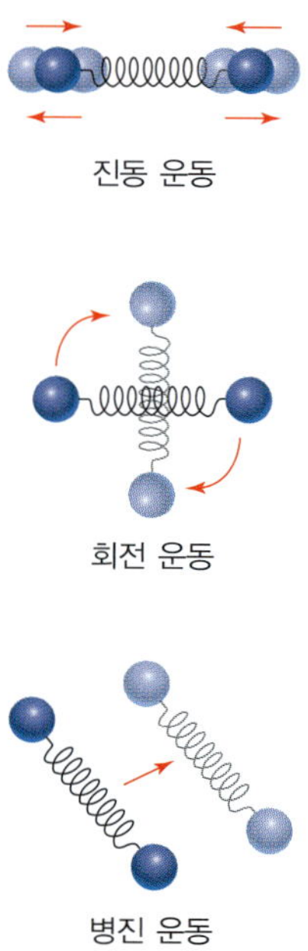

> **열역학 제3법칙**
>
> 0 K에서 완전한 배열의 결정은 엔트로피가 0이다.

둘째, 고체의 온도가 증가함에 따라 가해진 에너지는 결정 내 평형 위치에서 분자의 진동 운동을 증가시킨다. 온도가 증가하면 진동 에너지를 분배하는 방법의 수가 증가하여 고체의 엔트로피는 증가한다.

셋째, 녹는점과 끓는점에서는 불연속적으로 급격하게 엔트로피가 증가한다. 그 이유는 고체보다는 액체에서, 액체보다는 기체에서 분자를 배열하는 경우의 수가 훨씬 다양하기 때문이다. 더구나 고체에 비하여 액체 속의 분자는 진동 운동뿐만 아니라 병진 운동과 회전 운동도 가능하기 때문에 다양한 배열을 보일 수가 있다. 액체에 비하여 기체 분자는 더 큰 공간을 자유롭게 돌아다닐 수 있기 때문이다.

넷째, 끓는점과 녹는점 사이의 액체 분자와 끓는점 이후의 기체 분자의 경우 절대 온도가 상승할수록 운동 에너지가 증가하여 무질서도는 꾸준히 증가한다.

16.3 표준 몰 엔트로피와 표준 반응 엔트로피

25 °C, 1 atm의 표준 조건에서 순수한 물질 1 mol의 엔트로피를 **표준 몰 엔트로피(standard molar entropy)**라고 정의하며, $S°$로 표기하며 그 단위는 J/(K·mol)을 사용한다. 표준 몰 엔트로피는 절대 엔트로피라고 하는데, 절대 온도 0 K를 절대 기준점으로 하여 완전 결정 물질의 $S°$를 0 J/(K·mol)로 기준 삼아 측정한 값이기 때문이다. 표 16.1과 부록 E에서 각종 화합물에 대한 $S°$를 확인할 수 있다.

표준 몰 엔트로피는 같은 온도와 압력에서 서로 다른 물질의 엔트로피를 비교할 수 있는 수단이 된다. 표 16.1에 의하면 표준 상태에서 흑연이 다이아몬드보다 엔트로피가 낮고, 에탄올과 메탄올 중에서 에탄올의 엔트로피가 더 높음을 확인할 수 있다. 참고로

표 16.1 몇 가지 물질의 표준 몰 엔트로피 $S°$

물질	화학식	$S°$(J/K·mol)
기체		
아세틸렌	C_2H_2	200.8
암모니아	NH_3	192.3
이산화 탄소	CO_2	213.6
일산화 탄소	CO	197.6
에틸렌	C_2H_4	219.5
수소	H_2	130.6
메테인	CH_4	186.2
질소	N_2	191.5
이산화 질소	NO_2	240.0
사산화 이질소	N_2O_4	304.3
산소	O_2	205.0

물질	화학식	$S°$(J/K·mol)
액체		
아세트산	CH_3CO_2H	160
에탄올	CH_3CH_2OH	161
메탄올	CH_3OH	127
물	H_2O	69.9
고체		
탄산 칼슘	$CaCO_3$	91.7
산화 칼슘	CaO	38.1
다이아몬드	C	2.4
흑연	C	5.7
철	Fe	27.3
산화 철(Ⅲ)	Fe_2O_3	87.4

사산화 이질소가 이산화 질소보다 구성하고 있는 원자의 수가 많은 만큼 분자의 다양한 진동에서 경우의 수가 많기 때문에 표준 몰 엔트로피가 더 크다고 할 수 있다.

표준 몰 엔트로피 값을 알고 있으므로 표준 상태에서 특정 화학 반응의 엔트로피 변화를 측정할 수 있다. 지금 설명하는 엔트로피의 변화를 표준 반응 엔트로피라 부르고, $\Delta S°$로 표기하며 단위는 J/K·mol을 사용한다. 표준 상태에서 진행되는 반응의 $\Delta S°$는 다음 식과 같이 생성물 전체의 표준 몰 엔트로피로부터 반응물 전체의 표준 몰 엔트로피를 빼서 계산한다.

9.7절에서 설명한 바와 같이 표준 조건을 의미하는 °는 물질의 양에 있어 1 mol을 기준으로 하기 때문에, 국제적인 약속에 의하여 반드시 1 mol에 해당하는 에너지라는 뜻(/mol)으로 단위를 표기해야 한다.

$$aA + bB \longrightarrow cC + dD$$

표준 반응 엔트로피 변화

$$\Delta S° = \underbrace{[cS°(C) + dS°(D)]}_{\text{생성물}} - \underbrace{[aS°(A) + bS°(B)]}_{\text{생성물}} \tag{16.1}$$

표준 몰 엔트로피 $S°$ 값은 1몰당 값이므로 해당 화합물에 대하여 반드시 반응 계수를 곱해 주어야 한다. 다음 예제를 통하여 $\Delta S°$ 계산을 연습해 보자.

16.3 예제

25 ℃에서 암모니아 합성 반응의 표준 엔트로피 변화($\Delta S°$)를 계산하시오.

$$N_2(g) + 3\,H_2(g) \longrightarrow 2\,NH_3(g)$$

풀이

필요한 $S°$ 값은 표 16.1과 부록 E에서 찾아 수식에 대입한다.

$$\Delta S° = 2S°(NH_3) - [S°(N_2) + 3S°(H_2)]$$
$$= (2)(192.3\ J/K \cdot mol) - [(1)(191.4\ J/K \cdot mol) + (3)(130.6\ J/K \cdot mol)]$$
$$= -198.7\ J/K$$

정답

$\Delta S° = -198.7$ J/K

응용문제 16.3

표 16.1 또는 부록 E를 이용하여 표준 조건에서 다음 반응의 $\Delta S°$를 계산하시오.

$$2\ H_2(g) + O_2(g) \longrightarrow 2\ H_2O(l)$$

16.4 엔트로피와 열역학 제2법칙

열역학 제1법칙은 계의 에너지는 계와 주위 사이에서 이동할 수 있으나 계와 주위의 전체 에너지는 항상 일정하다. 발열 반응에서 계는 주위로 반응열을 잃는데, 그만큼의 에너지가 주위에 흡수되는 것이므로 우주(계 + 주위), 즉 전체의 에너지 변화 $\Delta E_{전체} = 0$ kJ이다. 결국에는 에너지가 보존된다는 뜻이다.

> **열역학 제1법칙**
> 어떤 과정이 자발적이든 비자발적이든 계와 주위의 전체 에너지는 일정하다.
>
> **열역학 제2법칙**
> 어떤 자발적인 과정에서 계와 그 주위의 전체(우주) 엔트로피는 항상 증가한다.

열역학 제1법칙에만 의존하여 반응이 자발적으로 진행될지를 판단할 수가 없다. 하지만 열역학 제2법칙은 1법칙에 비하면 비교적 자발성 여부에 대하여 명쾌한 기준을 제시한다. 열역학 제2법칙의 정의를 근거로 다음과 같이 전체 엔트로피 변화의 증감으로 특정 반응의 자발성 여부를 판단할 수 있다.

$$\text{전체 엔트로피의 변화} = \Delta S_{전체} = \Delta S_{계} + \Delta S_{주위} \qquad (16.2)$$

$\Delta S_{전체} > 0$이면, 해당 반응은 자발적으로 진행된다.

$\Delta S_{전체} < 0$이면, 해당 반응은 비자발적인 과정이기 때문에 반응이 진행될 수 없다. 오히려 그 역반응이 더 자발적으로 진행된다.

$\Delta S_{전체} = 0$이면, 해당 반응은 이미 평형 상태에 도달한 상태이므로 추가적인 알짜 반응은 일어나지 않는다.

$\Delta S_{계}$: 반응 엔트로피인데 표준 몰 엔트로피 $S°$로부터 계산한다.

$$\Delta S° = \Sigma S°(\text{생성물}) - \Sigma S°(\text{반응물})$$

$\Delta S_{주위}$: 일정 압력에서 반응계의 엔탈피 변화($\Delta H_{계}$) 그리고 주위의 절대 온도 T와 다음과 같은 관계에 있다.

$$\Delta S_{주위} = -\frac{\Delta H_{계}}{T} \qquad (16.3)$$

16.4 예제

$\Delta S_{전체}$의 부호가 양인지 음인지 판단하여 아래의 반응이 표준 상태에서 자발적인지 비자발적인지 판단하시오.

$$CaCO_3(s) \longrightarrow CaO(s) + CO_2(g)$$

풀이

$\Delta S_{전체} = \Delta S_{계} + \Delta S_{주위}$이므로, 위 반응식에 맞는 $\Delta S_{계}$와 $\Delta S_{주위}$의 값을 먼저 다음과 같이 계산한다. $\Delta S_{계}$는 표 16.1과 부록 E를 참고하여 표준 몰 엔트로피 $S°$로부터 계산한다. 또한 $\Delta S_{주위}$를 계산하기 위해서 식 (16.3)을 이용할 때, 반응계의 반응열 $\Delta H_{계}$는 8장의 식 (8.13)을 이용하고, 부록 E를 참고하여 $\Delta H°$를 계산한다.

특히, 이 문제는 계산 중 단위에 유의해야 한다.

$$\begin{aligned}\Delta S_{계} &= 1\text{ mol} \times S°(CaO(s)) + 1\text{ mol} \times S°(CO_2(g)) - 1\text{ mol} \times S°(CaCO_3(s)) \\ &= 1\text{ mol} \times 38.1\text{ J/K}\cdot\text{mol} + 1\text{ mol} \times 213.6\text{ J/K}\cdot\text{mol} - 1\text{ mol} \times 91.7\text{ J/K}\cdot\text{mol} \\ &= 160.0\text{ J/K}\end{aligned}$$

$$\begin{aligned}\Delta H_{계} &= 1\text{ mol} \times \Delta H_f°(CaO(s)) + 1\text{ mol} \times \Delta H_f°(CO_2(g)) - 1\text{ mol} \times \Delta H_f°(CaCO_3(s)) \\ &= 1\text{ mol} \times (-634.9\text{ kJ/mol}) + 1\text{ mol} \times (-393.5\text{ kJ/mol}) - 1\text{ mol} \times (-1207.6\text{ kJ/mol}) \\ &= -179.2\text{ kJ} = -179.2 \times 10^3\text{ J}\end{aligned}$$

$$\Delta S_{주위} = -\Delta H_{계}/T = +179.2 \times 10^3\text{ J} \div (25 + 273.15)\text{ K} = +601.0\text{ J/K}$$

$$\therefore \Delta S_{전체} = \Delta S_{계} + \Delta S_{주위} = +160.0\text{ J/K} + 601.0\text{ J/K} = +761.0\text{ J/K}$$

정답

$\Delta S_{전체} > 0$이므로, 이 반응은 주어진 표준 조건에서는 자발적인 반응이다.

응용문제 16.4

표준 조건에서 다음 반응의 $\Delta S_{전체}$를 구하시오.

$$Fe_2O_3(s) + 3\,H_2(g) \longrightarrow 2\,Fe(s) + 3\,H_2O(g)$$

Deep Insight

무질서도가 적은 밀가루 음식이 맛이 좋다?

여러분들은 중국 요리의 고수가 양팔로 길게 밀가루 반죽을 늘이고 스윙을 주면서 면발을 만드는 장면을 본 적이 있는가? 반죽을 양팔 길이로 쭉 늘인 뒤에 반으로 접어서 다시 길게 늘이고 또다시 반으로 접고 하는 일련의 과정을 반복하면서 마침내 중국 음식의 면발이 완성된다. 이 과정에서 길게 늘여진 반죽의 중심부가 요리사의 손 스윙으로 식탁 표면을 찰싹 때리는 듯 강한 터치가 발생하는 특징 때문에 일반적으로 이렇게 만들어진 면을 수타면이라고 한다.

그럼 '수타면은 많이 때릴수록 면발이 더 탱탱하고 잘 풀어지지 않는다.'라는 말이 있는데 이것은 사실일까? 무질서도의 개념을 연관시켜 생각하면 이 말은 어느 정도 일리가 있다.

먼저 밀가루의 기본 성분을 살펴보자. 밀가루의 주성분인 전분은 아밀로스와 아밀로펙틴 분자의 혼합물이다. 이 두 분자는 글리코사이드 여러 개가 연속적으로 결합된 긴 사슬 형태의 고분자로 가수 분해가 되면 글루코스로 변하는 공통점이 있다. 유일한 차이점은 아밀로스는 단순한 긴 사슬 형태, 아밀로펙틴은 가지가 달린 사슬 형태라는 점이다.

밀가루 상태로 있거나 물을 부은 지 얼마 안 된 초기 반죽의 경우 밀가루 내에 두 고분자가 무작위로 배열되어 있는 매우 무질서한 상태라고 할 수 있다. 이후에 반죽을 계속 주물거리면서 동시에 한 방향으로 당겨서 수타 작업을 반복하면 사슬 구조의 아밀로스와 아밀로펙틴이 균일하게 나란히 나열되면서 촘촘하게 사슬들이 가까워지게 된다. 결국 밀가루 반죽의 밀도가 증가하게 되고 밀도가 증가함에 따라 탱탱한 식감이 생겨난다고 할 수 있다. 물론 수타면은 반죽 초기의 밀가루보다는 질서정연한 상태, 즉 무질서도가 대폭 감소한 상태라고 할 수 있다. 이렇게 만들어진 수타면은 오랜 시간 국물 속에 담겨있어도 잘 불지도 않고 면의 탄력이 오래 유지된다.

공장에서 기계로 획일적으로 뽑는 포장 우동, 떡볶이용 밀가루 떡, 포장 칼국수면의 경우, 수타면과 비교하여 그 쫄깃함이 떨어지는 느낌을 받는 것은 불충분한 반죽으로 인한 무질서도 감소와 반죽 밀도의 증가가 동반되지 않은 이유가 아닐까 한다.

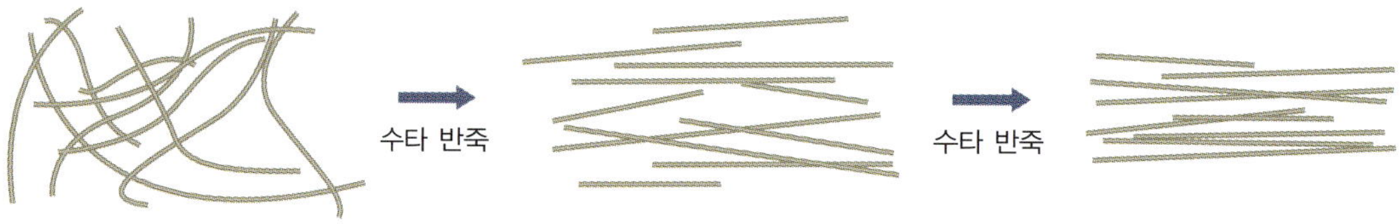

밀도:	d	>	d′	<	d″
무질서도:	S	>	S′	>	S″

16.5 자유 에너지와 표준 생성 자유 에너지

자유 에너지, G

화학자들은 일반적으로 주위보다 반응계를 중심으로 관찰하고 실험하기 때문에 열역학 제2법칙을 주위에 상관없이 계의 열역학 성질을 나타낸 함수로만 기술하기를 원한다. 사실 그러는 것이 실험자의 입장에서는 더 편리할 것이나.

깁스 자유 에너지(Gibbs free energy)는 계의 상태를 나타낸 열역학 함수로 반응의 자발성과 비자발성을 판단하기 위해 미국의 물리학자인 깁스(Gibbs, J. W., 1839~1903)의 이름을 빌려 G라고 표기한다. 자유 에너지는 다음과 같이 정의하며, 이 관계식을 통해 G의 단위가 J임을 알 수 있다.

$$\text{자유 에너지} \qquad G = H - TS \qquad (16.4)$$

위 관계식을 이루고 있는 엔트로피 S, 엔탈피 H, 온도 T 모두 경로와는 무관한 상태 함수이므로, 자유 에너지 G 또한 상태 함수임을 알 수 있다. 상태 함수에는 변화량을 의미하는 부호 델타(Δ)를 적용할 수가 있다. 따라서 특정 온도 조건 T에서 어떤 반응의 자유 에너지의 변화량 ΔG는 다음과 같이 정리하여 나타낼 수 있다.

$$\text{자유 에너지의 변화량} \qquad \Delta G = \Delta H - T\Delta S \tag{16.5}$$

식 (16.5)는 아래와 같은 유도 과정을 통하여 완성된 것이다. 먼저 우리는 식 (16.2)와 식 (16.3)을 통하여 전체 엔트로피의 변화량 $\Delta S_{\text{전체}}$을 반응계로부터 실험자가 관찰하거나 측정 및 계산할 수 있는 함수인 $\Delta H_{\text{계}}$, $\Delta S_{\text{계}}$와 T로 표현할 수 있다.

$$\Delta S_{\text{전체}} = \Delta S_{\text{계}} + \Delta S_{\text{주위}}$$

$$\Delta S_{\text{전체}} = \Delta S_{\text{계}} - \frac{\Delta H_{\text{계}}}{T}$$

$$-T\Delta S_{\text{전체}} = -T\Delta S_{\text{계}} + \Delta H_{\text{계}} \tag{16.6}$$

식 (16.6)에서 좌변의 $-T\Delta S_{\text{전체}}$가 바로 ΔG인 것이다. 즉

$$\Delta G = -T\Delta S_{\text{전체}} \tag{16.7}$$

이다. 여기서 ΔG와 $\Delta S_{\text{전체}}$의 부호가 서로 반대인 점을 감안한다면 다음과 같이 일정한 온도 T에서 어떤 반응의 자발적, 비자발적 과정을 ΔG를 기준으로 정리할 수 있다. 또한, 실험자는 계를 관찰하기 때문에 $\Delta S_{\text{계}}$, $\Delta H_{\text{계}}$를 ΔS, ΔH로 일반화하여 정리하여 식 (16.5)처럼 적는다.

$\Delta G < 0$이면, 해당 반응은 자발적으로 진행된다.
$\Delta G > 0$이면, 해당 반응은 비자발적인 과정이기 때문에 반응이 진행될 수 없다. 오히려 그 역반응이 더 자발적으로 진행된다.
$\Delta G = 0$이면, 해당 반응은 평형 상태이므로 추가적인 알짜 반응은 일어나지 않는다.

위의 모든 사실을 종합해 보면 열역학 제2법칙을 다음과 같이 정리하여 생각해 볼 수 있다.

일정한 온도와 압력의 조건에서 자발적 과정에서의 계의 자유 에너지는 항상 감소한다.

표 16.2는 ΔG를 구성하는 변수인 T, ΔS, ΔH와 반응의 자발성과 비자발성의 관계를 요약한 것이다.

사실, **자유 에너지**(**free energy**, G)라는 용어는 마치 '자유로운 에너지'란 의미로 오해를 불러일으킬 여지가 있다. 자유 에너지는 반응계의 반응을 진행시킬 수 있는 '여유 에너지'라는 의미로 이해하여야 한다. 만약, 반응계가 반응 전에 지닌 여유 에너지보다 반응 종료 후 생성물이 지닌 여유 에너지가 감소하면, 그 반응은 진행 과정에서 여유 에너지를 소모하면서, 즉 자유 에너지가 감소하면서 자발적으로 진행되는 반응인 셈이다. 반대로 반응이 진행되면서 반응 전에 여유 에너지보다 반응 후에 오히려 여유 에너지가 증가한다는 것은 비자발적 과정이다.

자유 에너지
반응계가 지닌 반응을 일으킬 수 있는 여유 에너지

표 16.2 일정한 온도와 압력에서 엔탈피, 엔트로피, 자유 에너지 변화와 반응의 자발성과의 상관관계

ΔH	ΔS	$\Delta G = \Delta H - T\Delta S$	반응의 자발성
−	+	−	모든 온도에서 자발적
+	−	+	모든 온도에서 비자발적
−	−	− 또는 +	ΔH가 $T\Delta S$보다 큰 낮은 온도에서 자발적
			$T\Delta S$가 ΔH보다 큰 높은 온도에서 비자발적
+	+	− 또는 +	$T\Delta S$가 ΔH보다 큰 높은 온도에서 자발적
			ΔH가 $T\Delta S$보다 큰 낮은 온도에서 비자발적

한편, 표 16.2를 보면 ΔS, ΔH의 부호가 동일할 때 반응의 자발성 여부를 결정짓는 중요 변수인 절대 온도 T를 교차 온도라고 한다. 이 교차 온도는 반응계가 평형에 도달하여 $\Delta G = 0$인 상황에서 계산하여 다음과 같이 알아낼 수 있다.

$$\Delta G = \Delta H - T\Delta S = 0 \text{ (평형)}$$

$$\text{교차 온도 } T = \frac{\Delta H}{\Delta S}$$

표준 자유 에너지 변화, $\Delta G°$

보통 표준 상태라고 하면 온도는 25 ℃, 압력은 1 atm을 익숙하게 떠올리고 이를 근거로 화학 반응을 이해해 왔다. 하지만 열화학적 표준 상태의 의미는 그렇게 단순하지 않고 아래처럼 더 구체적이고 정확하다.

> 열화학적 표준 상태
> - 대기압 1 atm에서의 순수한 고체, 액체, 기체 상태
> - 절대 온도 298 K (25 ℃)
> - 용액 상태의 용질 농도 1 M

이와 같은 엄격한 열화학적 표준 상태에서 어떠한 반응이 진행된다면 그때의 자유 에너지의 변화는 표준 조건이라는 의미가 반영되어, 일명 **표준 자유 에너지 변화(standard free-energy change, $\Delta G°$)**는 아래 식과 같이 표현할 수 있다.

$$\text{표준 자유 에너지의 변화량} \quad \Delta G° = \Delta H° - T\Delta S° \qquad (16.8)$$

($\Delta H°$: 표준 반응 엔탈피, $\Delta S°$: 표준 엔트로피 변화)

표준 자유 에너지의 변화는 실제 과정보다 가상의 과정에 적용된다는 점에 유의해야 한다. 가상의 과정에서 표준 상태의 분리된 반응물은 표준 상태의 분리된 생성물로 완전히 전환되지만, 실제 과정에서는 반응이 100 % 진행되지 않고 반응물과 생성물이 동

시에 섞여 있기 때문이다.

표준 자유 에너지의 변화량 $\Delta G°$를 계산하여 반응의 자발성 여부를 판단하는 연습을 다음 예제를 통해 해보라.

16.5 예제

금속 철은 산화 철(III)을 수소로 환원하여 만들 수 있다.

$Fe_2O_3(s) + 3\ H_2(g) \longrightarrow 2\ Fe(s) + 3\ H_2O(g) \qquad \Delta H° = +98.8\ kJ/mol,\ \Delta S° = +141.5\ J/K \cdot mol$

(a) 25 ℃ 표준 상태에서 반응은 자발적인가?

(b) 어떤 온도에서 반응은 자발적으로 되는가?

풀이

반응이 25 ℃에서 자발적인지 결정하기 위해서 $\Delta G° = \Delta H° - T\Delta S°$의 부호를 결정해야 한다. 반응이 자발적으로 되는 교차 온도를 찾기 위해 $T = \frac{\Delta H°}{\Delta S°}$를 이용한다.

(a) 25 ℃(298 K)에서 반응의 $\Delta G°$는

$$\begin{aligned}\Delta G° = \Delta H° - T\Delta S° &= (98.8\ kJ/mol) - (298\ K)(0.1415\ kJ/K \cdot mol)\\ &= 98.9\ kJ/mol - 42.2\ kJ/mol\\ &= 56.6\ kJ/mol\end{aligned}$$

양의 $\Delta H°$ 항이 양의 $T\Delta S°$ 항보다 크기 때문에 $\Delta G°$는 양이고 298 K에서 반응은 비자발적이다.

(b) 식 $T = \frac{\Delta H°}{\Delta S°}$에 $\Delta H°$와 $\Delta S°$ 값을 대입하면 $\Delta G°$가 양에서 음으로 바뀌는 교차 온도를 추정할 수 있다.

$$T = \frac{\Delta H°}{\Delta S°} = \frac{98.8\ kJ/mol}{0.1415\ kJ/K \cdot mol} = 698\ K\ (423\ ℃)$$

정답

(a) 현재 온도 조건에서는 $\Delta G° > 0$이므로 이 반응은 비자발적 반응이다.

(b) 425 ℃ 이상의 온도에서 자발적 반응이 된다.

응용문제 16.5

탄산 칼슘을 가열하면 산화 칼슘과 이산화 탄소가 생성된다.

$$CaCO_3(s) \longrightarrow CaO(s) + CO_2(g) \qquad \begin{aligned}\Delta H° &= 178.49\ kJ\\ \Delta S° &= 163.18\ J/K\end{aligned}$$

이 반응이 일어나기 시작하는 온도는 몇 도인가?

16.6 예제

다음 반응에 관하여 물음에 답하시오.

$$Fe_2O_3(s) + 3\ CO(g) \longrightarrow 2\ Fe(s) + 3\ CO_2(g)$$

(a) 25 ℃에서 이 반응의 표준 자유 에너지 변화를 계산하시오.

(b) 25 ℃, 표준 상태에서 반응은 자발적인가?

(c) 역반응은 고온에서 자발적인가? 설명하시오.

정답

(a) 표준 자유 에너지 변화는 $\Delta G° = \Delta H° - T\Delta S°$로부터 계산할 수 있는데 먼저 표준 생성열($\Delta H_f°$)과 표준 몰 엔트로피($S°$)로부터 $\Delta H°$와 $\Delta S°$를 구한다. $\Delta H_f°$와 $\Delta S°$ 값은 부록 E에서 찾을 수 있다.

$$\begin{aligned}\Delta H° &= [2\ \Delta H_f°\ (Fe) + 3\ \Delta H_f°\ (CO_2)] - [\Delta H_f°\ (Fe_2O_3) + 3\ \Delta H_f°\ (CO)]\\ &= [(2)(0\ kJ/mol) + (3)(-393.5\ kJ/mol)] - [(1)(-824.2\ kJ/mol) + (3)(-110.5\ kJ/mol)]\end{aligned}$$

$= -24.8\ \text{kJ}$

$$\Delta S° = [2S°(\text{Fe}) + 3S°(\text{CO}_2)] - [S°(\text{Fe}_2\text{O}_3) + 3S°(\text{CO})]$$
$$= [(2)(27.3\ \text{J/K·mol}) + (3)(213.6\ \text{J/K·mol})] - [(1)(87.4\ \text{J/K·mol}) + (3)(197.6\ \text{J/K·mol})]$$
$$= 15.2\ \text{J/K·mol} = 0.0152\ \text{kJ/K·mol}$$

$$\Delta G° = \Delta H° - T\Delta S°$$
$$= (-24.8\ \text{kJ/mol}) - (298\ \text{K})(0.0152\ \text{kJ/K·mol})$$
$$\Delta G° = -29.3\ \text{kJ/mol}$$

(b) $\Delta G° < 0$이므로 반응은 25 ℃에서 자발적이다.

(c) $\Delta H° < 0$이고 $\Delta S° > 0$이므로 모든 온도에서 $\Delta G° < 0$이다. 그러므로 정반응은 모든 온도에서 자발적이고 역반응은 높은 온도에서 자발적이지 않다.

응용문제 16.6

응용문제 16.5의 반응은 35 ℃에서 자발적 반응이 정반응인가 아니면 역반응인가? 그 이유를 설명하시오.

표준 생성 자유 에너지, $\Delta G_f°$

표준 생성 자유 에너지(standard free energy of formation, $\Delta G_f°$)란 표준 상태에서 가장 안정한 형태의 성분 원소로부터 표준 상태의 물질 1 mol이 생성되는 데에 대한 자유 에너지 변화량을 말한다. 단위는 kJ/mol을 사용한다. 대표적인 몇몇 화합물의 $\Delta G_f°$ 값을 표 16.3에 나타내었다. 추가적인 값은 부록 E를 참고하면 된다.

H_2(기체), N_2(기체), C(흑연)와 같이 표준 조건에서 자연계에서 쉽게 발견되고 구할 수 있는 원소 화합물의 $\Delta G_f°$는 0 kJ/mol이다. 표준 생성 엔탈피 $\Delta H_f°$와 마찬가지로 가장 안정한 형태의 원소에 대한 $\Delta G_f° = 0$이라는 것은 다른 물질의 표준 자유 에너지 측정에 열역학적 기준점으로 작용한다. 엔트로피와 다르게 물질에 대한 자유 에너지의 절댓값을 직접 측정하기 어렵지만, 실제 중요한 것은 반응물과 생성물 사이의 자유 에너지

표 16.3 25 ℃에서 몇 가지 물질의 표준 생성 자유 에너지

물질	화학식	$\Delta G_f°$(kJ/mol)
기체		
아세틸렌	C_2H_2	209.9
암모니아	NH_3	−16.5
이산화 탄소	CO_2	−394.4
일산화 탄소	CO	−137.2
에틸렌	C_2H_4	68.1
수소	H_2	0
메테인	CH_4	−50.8
질소	N_2	0
이산화 질소	NO_2	51.3
사산화 이질소	N_2O_4	99.8

물질	화학식	$\Delta G_f°$(kJ/mol)
액체		
아세트산	CH_3CO_2H	−390
에탄올	CH_3CH_2OH	−174.9
메탄올	CH_3OH	−166.6
물	H_2O	−237.2
고체		
탄산 칼슘	$CaCO_3$	−1129.1
산화 칼슘	CaO	−603.3
다이아몬드	C	2.9
흑연	C	0
산화 철(Ⅲ)	Fe_2O_3	−742.2

의 차이(변화)에만 관심이 있기 때문에 그 절댓값을 모른다고 해서 문제가 될 것은 없다.

물질의 표준 생성 자유 에너지는 그 물질의 구성 원소에 대한 열역학적 안정성의 척도가 된다. 이산화 탄소나 물과 같이 ΔG_f°가 음의 값을 갖는 물질은 표준 상태에서 그 성분 원소로 분해되지 않는다. 에틸렌이나 이산화 질소와 같이 양의 ΔG_f° 값을 갖는 물질은 그 구성 원소와 비교하면 열역학적으로 불안정하기 때문에 원칙적으로는 표준 상태에서 분해될 수 있다. 그러나 다이아몬드가 흑연으로 변하는 것처럼 그 반응 속도가 느리다면 이런 물질은 충분히 오랫동안 그 분자 구조를 유지할 수 있다.

어떤 반응의 ΔG°의 값을 계산하는 방법은 식 (16.8) 대신 다른 방법을 사용할 수도 있다. 9장에서 표준 반응 엔탈피(ΔH°)를 반응물과 생성물의 표준 생성 엔탈피(ΔH_f°)를 이용해서 구하였다. 이와 비슷하게 표준 자유 에너지(ΔG°) 또한 반응물과 생성물의 표준 생성 자유 에너지(ΔG_f°)를 이용하여 계산할 수 있다. 아래와 같은 계산식에 의하여 특정 반응의 ΔG°를 계산할 수 있다.

일반적인 반응식: $a\mathrm{A} + b\mathrm{B} \longrightarrow c\mathrm{C} + d\mathrm{D}$

표준 자유 에너지의 변화 ΔG°

$$= \Sigma\Delta G_f^\circ(\text{생성물}) - \Sigma\Delta G_f^\circ(\text{반응물})$$

$$= [c\Delta G_f^\circ(\mathrm{C}) + d\Delta G_f^\circ(\mathrm{D})] - [a\Delta G_f^\circ(\mathrm{A}) + b\Delta G_f^\circ(\mathrm{B})] \qquad (16.9)$$

16.7 예제

(a) 일산화 질소(NO)와 물이 생성되는 암모니아 산화 반응의 표준 자유 에너지 변화 ΔG°를 계산하시오. 이 반응은 자발적 반응인가?

$$4\ \mathrm{NH_3}(g) + 5\ \mathrm{O_2}(g) \longrightarrow 4\ \mathrm{NO}(g) + 6\ \mathrm{H_2O}(l)$$

(b) 25 ℃ 표준 상태 조건에서 기체 N_2와 O_2로부터 NO를 합성하는 데 촉매를 사용할 만한 가치가 있는가?

정답

(a) 표 16.3이나 부록 E를 참고하여 식 (16.9)에 대입하여 ΔG°를 계산한다.

$$\begin{aligned}\Delta G^\circ &= [4\Delta G_f^\circ(\mathrm{NO}) + 6\Delta G_f^\circ(\mathrm{H_2O})] - [4\Delta G_f^\circ(\mathrm{NH_3}) + 5\Delta G_f^\circ(\mathrm{O_2})]\\ &= [(4)(87.6\ \mathrm{kJ/mol}) + (6)(-237.3\ \mathrm{kJ/mol})] - [(4)(-16.5\ \mathrm{kJ/mol}) + (5)(0\ \mathrm{kJ/mol})]\\ &= -1006.8\ \mathrm{kJ/mol}\end{aligned}$$

$\Delta G^\circ < 0$이므로 이 반응은 표준 조건에서 자발적으로 진행된다.

(b) 문제의 반응을 식으로 나타내면 다음과 같다.

$$\mathrm{N_2}(g) + \mathrm{O_2}(g) \longrightarrow 2\ \mathrm{NO}(g)$$

표 16.3이나 부록 E를 참고하여 식 (16.9)에 대입하여 ΔG°를 계산하면 $N_2(g)$와 $O_2(g)$의 ΔG_f°가 0 kJ/mol이므로, 결국 이 반응의 ΔG°가 2 mol의 NO(g)의 ΔG_f°(= 2 × 87.6 kJ/mol)임을 알 수 있다.

ΔG°가 양의 값으로 이것은 25 ℃ 표준 상태에서 NO가 불안정하여 N_2와 O_2로 분해된다는 것을 의미한다. 촉매는 분해 속도만 증가시킬 뿐이다. 촉매는 평형 혼합물의 조성에 영향을 줄 수 없기 때문에 역반응은 불가능하다.

응용문제 16.7

금속 철이 산화하는 다음 반응의 ΔG°를 계산하고 이 반응이 자발적인지 비자발적인지 밝히시오.

$$4\ \mathrm{Fe}(s) + 3\ \mathrm{O_2}(g) \longrightarrow 2\ \mathrm{Fe_2O_3}(s)$$

16.6 일반 조건에서 일어나는 반응의 자유 에너지 변화

반응물과 생성물이 모두 표준 상태에서 존재할 때 표준 자유 에너지 변화 $\Delta G°$의 부호는 자발적 반응의 방향을 알려준다. 그러나 실제 반응에서는 반응 혼합물의 조성이 좀처럼 표준 상태의 압력과 농도 값일 수는 없다. 뿐만 아니라 부분 압력과 농도는 반응이 진행됨에 따라 변한다. 그래서 반응물과 생성물이 표준 상태가 아닌 일반적인 압력과 농도 조건에서 존재할 때 반응의 자유 에너지 변화 ΔG는 다음 관계식을 이용하여 계산한다.

$$\text{일반적인 조건에서 자유 에너지의 변화 } \Delta G = \Delta G° + RT \ln Q \qquad (16.10)$$

Q: 반응 지수(Q_c와 Q_p를 상황에 따라 사용할 수 있다.)

기체 상수 $R = 8.314 \text{ J/K} \cdot \text{mol}$

예제 16.8

$$N_2(g) + 3\,H_2(g) \rightleftharpoons 2\,NH_3(g) \qquad \Delta G° = -33.0 \text{ kJ/mol}$$

위 반응이 다음에 주어진 부분 압력과 25 ℃(298 K)에서 진행될 때 자유 에너지 변화 ΔG를 계산하시오. 그리고 자발적인 반응인지 여부도 판단하시오.

(a) 1.0 atm N_2, 3.0 atm H_2, 0.020 atm NH_3

(b) 0.010 atm N_2, 0.030 atm H_2, 2.0 atm NH_3

정답

식 (16.10)에 맞게 대입하여 ΔG를 계산할 수 있는데, $\Delta G°$는 식 (16.9)를 이용하여 계산하고 여기서 반응 지수 Q는 반응물과 생성물이 모두 기체이므로 부분 압력을 대입하는 Q_p를 적용한다.

(a) Q_p 값은

$$Q_p = \frac{(P_{NH_3})^2}{(P_{N_2})(P_{H_2})^3} = \frac{(0.020)^2}{(1.0)(3.0)^3} = 1.5 \times 10^{-5}$$

이 Q_p 값을 ΔG 식에 대입하면

$$\begin{aligned}\Delta G &= \Delta G° + RT \ln Q_p \\ &= (-33.0 \times 10^3 \text{ J/mol}) + (8.314 \text{ J/K}\cdot\text{mol})(298 \text{ K})(\ln 1.5 \times 10^{-5}) \\ &= (-33.0 \times 10^3 \text{ J/mol}) + (-27.5 \times 10^3 \text{ J/mol}) \\ &= -60.5 \text{ kJ/mol}\end{aligned}$$

이 계산에서 일치된 단위를 유지하기 위해 ΔG와 $\Delta G°$를 J/mol 단위로 표시하였는데, 이것은 R이 J/K·mol 단위를 가지기 때문이다. 여기서 몰당(per mole)은 균형 반응식의 계수로 표시되는 반응물과 생성물의 몰수를 의미한다. 그러므로 특정 조건에서 1 mol의 N_2와 3 mol의 H_2가 2 mol의 NH_3로 변환될 때 자유 에너지 변화는 −60.5 kJ이다. $\Delta G < 0$이므로 이 반응은 자발적 반응이다.

(b) Q_p 값은

$$Q_p = \frac{(P_{NH_3})^2}{(P_{N_2})(P_{H_2})^3} = \frac{(2.0)^2}{(0.010)(0.030)^3} = 1.5 \times 10^{7}$$

해당하는 ΔG 값은

$$\begin{aligned}\Delta G &= \Delta G° + RT \ln Q_p \\ &= (-33.0 \times 10^3 \text{ J/mol}) + (8.314 \text{ J/K}\cdot\text{mol})(298 \text{ K})(\ln 1.5 \times 10^{7}) \\ &= (-33.0 \times 10^3 \text{ J/mol}) + (40.9 \times 10^3 \text{ J/mol})\end{aligned}$$

$= 7.9$ kJ/mol

ΔG가 양의 값을 갖도록 Q_p가 충분히 크기 때문에 반응은 정방향으로 비자발적이지만 역방향으로는 자발적이다. 그러므로 반응이 자발적으로 진행하는 방향은 반응 혼합물의 조성에 달려 있다.

응용문제 16.8

다음 반응의 $\Delta G°$는 -13.6 kJ/mol이다.

$$2\,NH_3(g) + CO_2(g) \longrightarrow NH_2CONH_2(aq) + H_2O(l)$$

만약, 현재 반응계의 조건이 25 ℃, $P_{CO_2} = P_{NH_3} = 6.0$ atm, $[NH_2CONH_2] = 1.25$ M일 때, ΔG를 계산하시오.

16.7 자유 에너지와 화학 평형

식 (16.10)을 잘 살펴보면 반응 지수 Q의 값과 일반적인 조건에서의 ΔG, 그리고 반응의 방향(정반응 또는 역반응)을 예측할 수 있다.

$$\Delta G = \Delta G° + RT \ln Q$$

만약 반응 혼합물에서 반응물의 양이 생성물보다 많다면 반응 지수 Q가 1보다 작을 것($Q < 1$)이며 $RT \ln Q$가 음의 값이 된다. 그런데 $RT \ln Q$의 음의 값은 $\Delta G°$ 값의 절댓값보다 반드시 커서 $\Delta G < 0$인 계산 결과가 나온다. 즉, 자발적인 반응이 진행되어 정반응이 진행될 여지가 있다는 뜻이 된다.

반대로 반응의 생성물이 반응물보다 많다면 반응 지수 Q는 1보다 클 것($Q > 1$)이며 이때 $RT \ln Q$는 양의 값을 갖는다. 양의 값을 갖는 $RT \ln Q$은 $\Delta G°$이 양의 값을 갖든 음의 값을 갖든 상관없이 $\Delta G°$의 절댓값보다 $RT \ln Q$이 항상 더 크기 때문에 $\Delta G > 0$인 것을 알 수 있다. 이 경우는 이 반응이 비자발적 반응이기 때문에 오히려 역반응이 자발적으로 진행될 것임을 예상할 수 있다.

이러한 내용은 그림 16.7에 요약되어 자유 에너지 변화 그래프에 도식되어 있다. 이 그래프에서 반응에 대한 ΔG의 부호는 자유 에너지 그래프에서 접선의 기울기와 같다. 그래서 곡선의 접선 기울기가 0인 지점은 $\Delta G = 0$이기 때문에 그 지점이 바로 반응계의 평형이 조성된 상태이다. 평형 조성의 왼쪽은 ΔG와 곡선의 기울기가 음이고 이때 $Q < 1$이다. 따라서 이후에 정반응의 반응물이 생성물로 변화하면서 이 반응계의 자유 에너지 G는 감소한다.

그러면 평형 조성의 오른쪽은 어떨까? 평형 조성의 오른쪽에서는 곡선의 기울기와 ΔG의 값은 양이다. 이런 상황에서는 오히려 역반응이 진행되어 자유 에너지 G가 최대로 작아지는 그리고 접선의 기울기가 0이 되는 평형 상태가 될 때까지 생성물의 양이 감소하고 반응물이 증가하는 알짜 반응이 진행된다.

식 (16.10)으로부터 아래와 같은 과정을 통하여 $\Delta G°$를 다른 방법으로 계산할 수 있음을 알 수 있다. 반응계가 화학 평형에 도달하였을 경우, ΔG는 0이 되며 반응 지수 Q는 평형 상수 K와 같아진다.

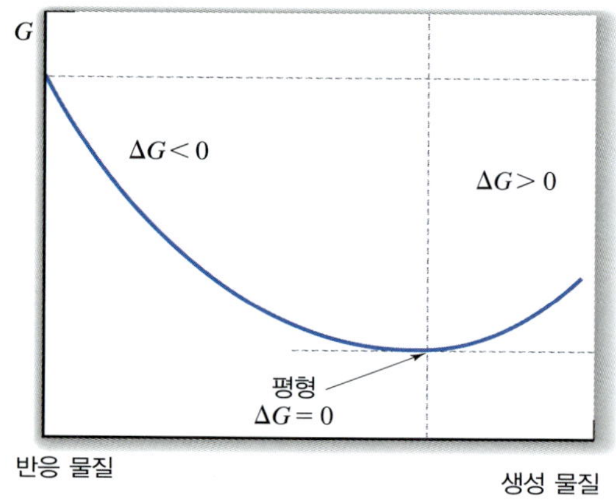

그림 16.7 반응 진행에 있어 반응계 전체의 자유 에너지 변화 그래프

$$\Delta G = \Delta G° + RT \ln Q$$

$$\text{평형일 때, } \Delta G = 0,\ Q = K$$

$$0 = \Delta G° + RT \ln K$$

$$\Delta G° = -RT \ln K \tag{16.11}$$

따라서 식 (16.11)을 통해 어떤 반응의 평형 상수 K와 반응이 진행되는 현재 온도 T를 알면 표준 자유 에너지의 변화 $\Delta G°$를 알 수 있다. 물론 역으로 특정 온도에서 어떤 반응의 $\Delta G°$를 알면 평형 상수 K를 계산할 수 있다.

예제 16.9

메탄올은 일산화 탄소와 수소의 반응으로 생성된다. 이 반응은 아래 반응식과 같이 가역 반응이다. 부록 E의 열역학 자료를 이용하여 25 ℃에서 이 반응의 평형 상수를 계산하시오.

$$CO(g) + 2\,H_2(g) \rightleftharpoons CH_3OH(g)$$

풀이

먼저 부록 E에 있는 반응물과 생성물의 $\Delta G_f°$를 이용하여 반응의 $\Delta G°$를 계산한다. 그리고 $\Delta G° = -RT \ln K$ 식을 이용하여 평형 상수 값을 구한다.

$$\begin{aligned}\Delta G° &= \Delta G_f°(CH_3OH) - [\Delta G_f°(CO) + 2\Delta G_f°(H_2)]\\ &= (1)(-162.3\ \text{kJ/mol}) - [(1)(-137.2\ \text{kJ/mol}) + (2)(0\ \text{kJ/mol})]\\ &= -25.1\ \text{kJ/mol}\end{aligned}$$

$\Delta G° = -RT \ln K$ 식을 $\ln K$에 대해 풀면

$$\ln K = \frac{-\Delta G°}{RT} = \frac{-(-25.1 \times 10^3\ \text{J/mol})}{(8.314\ \text{J/K}\cdot\text{mol})(298.15\ \text{K})} = 10.1$$

그러므로 $K = K_p = e^{10.1} = 2.4 \times 10^4$이다.

정답

$K = 2.4 \times 10^4$

응용문제 16.9

예제 16.9의 반응에서 $\Delta G°$의 변화없이 평형 상수가 두 배로 증가하려면 반응 온도가 몇 도로 변해야 하는가?

핵심 요약

16.1 자발적 과정과 비자발적 과정

- 자발적 과정 또는 자발적 반응은 주어진 조건과 주변 환경에서 인위적인 노력이나 작업이 없이도 자연스럽게 반응이 진행되는 과정 또는 반응이다.
- 비자발적 과정 또는 비자발적 반응은 주어진 조건이나 환경에서 자발적으로 진행되기 어려운 반응이면서 동시에 인위적 조치를 통해야만 진행될 수 있는 과정 혹은 반응이다.
- 모든 자발적 과정의 역과정은 항상 비자발적이라 보아야 한다.

16.2 반응 엔탈피와 엔트로피

- 엔트로피 S는 '계가 에너지를 가질 수 있는 가능한 방법 중 현재 계의 에너지가 얼마나 분산되어 존재하는지를 나타내는 척도'이다.
- 열역학 제3법칙에 의하면 0 K에서 완전한 배열의 결정은 엔트로피가 0이다.
- 고체의 온도가 증가함에 따라 가해진 에너지는 결정 내 평형 위치에서 분자의 진동 운동을 증가시킨다.
- 녹는점과 끓는점에서는 불연속적으로 급격하게 엔트로피가 증가한다.
- 끓는점과 녹는점 사이의 액체 분자와 끓는점 이후의 기체 분자의 경우 절대 온도가 상승할수록 운동 에너지가 증가하여 무질서도는 꾸준히 증가한다.

16.3 표준 몰 엔트로피와 표준 반응 엔트로피

- 표준 몰 엔트로피 $\Delta S°$는 같은 온도와 압력에서 서로 다른 물질의 엔트로피를 비교할 수 있는 수단이 된다.
- 표준 반응 엔트로피 변화, $\Delta S°$

$$aA + bB \longrightarrow cC + dD$$
$$\Delta S° = [cS°(C) + dS°(D)] - [aS°(A) + bS°(B)]$$

16.4 엔트로피와 열역학 제2법칙

- 열역학 제1법칙에 의하면 어떤 과정이 자발적이든 비자발적이든 계와 주위의 전체 에너지는 일정하다.
- 열역학 제2법칙에 의하면 어떤 자발적인 과정에서 계와 그 주위의 전체(우주) 엔트로피는 항상 증가한다.
- $\Delta S_{주위} = -\dfrac{\Delta H_{계}}{T}$

16.5 자유 에너지와 표준 생성 자유 에너지

- 깁스 자유 에너지란 반응이 자발적으로 진행되는 데 필요한 여유 에너지를 말한다.
- 자유 에너지의 변화량, ΔG

$$\Delta G = \Delta H - T\Delta S$$

- 반응의 자발적 및 비자발적 여부 판단
  - $\Delta G < 0$이면, 해당 반응은 자발적으로 진행된다.

- $\Delta G > 0$이면, 해당 반응은 비자발적인 과정이기 때문에 반응이 진행될 수 없다. 오히려 그 역반응이 더 자발적으로 진행된다.
- $\Delta G = 0$이면, 해당 반응은 평형 상태이므로 추가적인 알짜 반응은 일어나지 않는다.

• 일정한 온도와 압력의 조건에서 자발적 과정에서의 계의 자유 에너지는 항상 감소한다.
• 일정한 온도와 압력에서 엔탈피, 엔트로피, 자유 에너지 변화와 반응의 자발성과의 상관관계

ΔH	ΔS	$\Delta G = \Delta H - T\Delta S$	반응의 자발성
−	+	−	모든 온도에서 자발적
+	−	+	모든 온도에서 비자발적
−	−	− 또는 +	ΔH가 $T\Delta S$보다 큰 낮은 온도에서 자발적
			$T\Delta S$가 ΔH보다 큰 높은 온도에서 비자발적
+	+	− 또는 +	$T\Delta S$가 ΔH보다 큰 높은 온도에서 자발적
			ΔH가 $T\Delta S$보다 큰 낮은 온도에서 비자발적

• 교차 온도, T

$$T = \frac{\Delta H}{\Delta S}$$

• 표준 자유 에너지 변화, ΔG°

$$a\text{A} + b\text{B} \longrightarrow c\text{C} + d\text{D}$$

$$\Delta G^\circ = \Sigma \Delta G_f^\circ(\text{생성물}) - \Sigma \Delta G_f^\circ(\text{반응물}) = [c\Delta G_f^\circ(\text{C}) + d\Delta G_f^\circ(\text{D})] - [a\Delta G_f^\circ(\text{A}) + b\Delta G_f^\circ(\text{B})]$$

16.6 일반 조건에서 일어나는 반응의 자유 에너지 변화

• 일반적인 조건에서 자유 에너지의 변화, ΔG

$$\Delta G = \Delta G^\circ + RT \ln Q$$

(Q: 반응 지수, R: 기체 상수, 8.314 J/mol · K)

16.7 자유 에너지와 화학 평형

• 평형 상수 K와 표준 자유 에너지 변화 ΔG°

$$\Delta G^\circ = -RT \ln Q$$

핵심 용어 정리

용어	정의
• 비자발적 과정(nonspontaneous process)	주어진 조건이나 환경에서 자발적으로 진행되기 어려운 반응이면서 동시에 그 반응을 진행시키기 위해 가열이나 고압 또는 감압 처리, 전기 에너지 공급 등과 같은 인위적인 별도의 조치를 통해야만 진행될 수 있는 반응
• 엔트로피(entropy, S)	계가 에너지를 가질 수 있는 가능한 방법 중 현재 계의 에너지가 얼마나 분산되어 존재하는지를 나타내는 척도
• 자발적 과정(spontaneous process)	주어진 조건과 주변 환경에서 인위적인 노력이나 작업이 없이도 자연스럽게 진행되는 반응
• 자유 에너지(free energy, G)	반응계의 반응을 진행시킬 수 있는 여유 에너지
• 표준 몰 엔트로피(standard molar entropy)	25 ℃, 1 atm의 표준 조건에서 순수한 물질 1 mol의 엔트로피
• 표준 생성 자유 에너지(standard free energy of formation, ΔG_f°)	열역학적 표준 상태에서 가장 안정한 형태의 성분 원소로부터 표준 상태의 물질 1 mol이 생성되는 데에 대한 자유 에너지 변화량
• 표준 자유 에너지 변화(standard free-energy change, ΔG°)	열역학적 표준 상태에서의 자유 에너지의 변화량

연습문제

● (16.1～16.5) 다음 설명 중 옳은 것은 ○, 틀린 것은 ×를 표시하시오.

16.1 모든 자발적 과정의 역과정은 항상 비자발적이라 보아야 한다. (　　　)

16.2 반응계가 화학 평형에 도달하였을 경우, ΔG는 0이 되며 반응 지수 Q는 평형 상수 K와 같아진다. (　　　)

16.3 녹는점과 끓는점에서는 불연속적으로 급격하게 엔트로피가 증가한다. (　　　)

16.4 열역학 제1법칙에 의하면 어떤 과정이 자발적이든 비자발적이든 계와 주위의 전체 에너지는 일정하다. (　　　)

16.5 자발적이라는 말이 반드시 반응 속도가 빠른 것을 의미하는 것은 아니다. (　　　)

● (16.6～10.10) 다음 문장의 빈칸에 올바른 용어(단어) 혹은 문구를 채워 넣으시오.

16.6 표준 생성 자유 에너지란 열역학적 표준 상태에서 가장 안정한 형태의 성분 (　　　)로부터 표준 상태의 물질 (　　　) mol이 생성되는 과정에 대한 자유 에너지의 변화량을 뜻한다.

16.7 열화학적 표준 상태는 대기압 1기압, 온도는 섭씨 (　　　)도, 용액의 농도는 (　　　)M이다.

16.8 $\Delta S_{전체} > 0$이면, 해당 반응은 (　　　)으로 진행된다.

16.9 (　　　)란 반응이 자발적으로 진행되는 데 필요한 여유 에너지를 말한다.

16.10 열역학 제3법칙에 의하면 0 K에서 (　　　)은 엔트로피가 0이다.

● (16.11～16.25) 다음 물음에 답하시오.

16.11 반응의 자발성에 대한 다음 설명 중 올바른 것은?

(a) 정방향으로 비자발적인 반응은 역방향으로 자발적이다.
(b) 촉매를 첨가하면 비자발적인 반응이 자발적으로 바뀐다.
(c) 자발적 과정에서, 그 계의 엔트로피는 항상 감소한다.
(d) 흡열 반응은 항상 자발적이다.

16.12 다음 중 비자발적인 과정을 고르시오.

(a) 25 ℃의 방안에서 얼음조각으로부터 공기로 열이 전달되는 과정
(b) 뚜껑이 없는 비커에서 물의 증발하는 과정
(c) 따뜻한 물 한 잔에서 소금 한 숟갈이 용해되는 과정
(d) 25 ℃, 1 atm에서 바닥에 쏟아진 액체 질소가 증발하는 과정

16.13 다음 반응 중 어느 것이 $\Delta S_{계} > 0$인가?

(a) $N_2(g) + 3H_2(g) \longrightarrow 2NH_3(g)$
(b) $Ag^+(aq) + Cl^-(aq) \longrightarrow AgCl(s)$
(c) $2H_2O_2(aq) \longrightarrow 2H_2O(l) + O_2(g)$
(d) $2I(g) \longrightarrow I_2(g)$

16.14 $PCl_3(g) + Cl_2(g) \rightleftharpoons PCl_5(g)$

$$\Delta H° = -92.50 \text{ kJ } (25\ ℃)$$

위 반응에 관한 다음 설명이 옳으면 ○표, 옳지 않으면 ×표 하시오.

(a) 이 반응에 대한 $\Delta G°$가 음일 경우에 $K_p > 1.00$
(b) 이 반응은 모든 온도 범위에서 $\Delta G° < 0$이다.
(c) 온도와 $\dfrac{[PCl_5]}{[PCl_3]}$ 값은 비례한다.
(d) 이 반응은 $\Delta S° < 0$이다.
(e) 이 반응은 흡열 반응이다.

16.15 다음 각 변화를 자발적인 과정과 비자발적인 과정으로 구별하시오.

(a) 2 ℃에서 물이 어는 것

(b) 금속 철의 부식

(c) 주어진 부피를 채우려는 기체의 팽창

(d) 불포화 염화 포타슘(KCl) 수용액에서 고체 KCl과 액체 물의 분리

16.16 공기 중의 산소는 번개에 의해 강한 에너지를 받아 오존으로 변환된다.

$$3\ O_2(g) \longrightarrow 2\ O_3(g)$$

$\Delta S_{전체}$의 부호를 결정하여 25 ℃에서 이 반응이 자발적인지를 보이시오.

16.17 다음 반응은 125 ℃, 1기압에서 자발적이다. 생성물 $Fe(OH)_3(s)$의 표준 엔트로피를 계산하시오.(힌트: 부록 E를 참고한다.)

$$4\ Fe(s) + 3\ O_2(g) + H_2O(l) \longrightarrow 4\ Fe(OH)_3(s)$$

16.18 다음 온도에서 벤젠의 녹음에 대해 ΔH, ΔS, ΔG의 부호를 예측하시오. (단, 대기압 1 atm에서 벤젠의 녹는점은 5.5 ℃이다.)

(a) 0 ℃ (b) 15 ℃

16.19 $\Delta H = -380.1$ kJ/mol, $\Delta S = -95.00$ J/K·mol인 반응이 있다. 이 반응이 자발적으로 일어나는 온도(℃)를 결정하시오.

16.20 Hg의 몰용융열과 몰증발열은 각각 23.4 kJ/mol, 59.0 kJ/mol이다. 수은에 대해 고체–액체와 액체–기체 평형 반응에 대한 용융 및 증발 엔트로피의 변화($\Delta S_{용융}$, $\Delta S_{증발}$)를 계산하시오. 1기압에서 Hg의 끓는점과 녹는점은 각각 357 ℃, −38.9 ℃이다.

16.21 반응 $H_2(g) + I_2(g) \rightleftharpoons 2\ HI(g)$는 25 ℃에서 2.60 kJ/mol의 $\Delta G°$를 갖는다고 할 때, 이 반응의 ΔG의 값을 계산하시오. 그리고 반응 초기 반응물의 분압이 $P_{H_2} = 5.25$ atm, $P_{I_2} = 1.00$ atm, $P_{HI} = 1.75$ atm이라면 이 반응은 정반응이 진행되는가, 역반응이 진행되는가?

16.22 25 ℃에서 K_a 값이 4.5×10^{-3}인 어떤 약산 HA(*aq*)의 $\Delta G°$를 계산하시오.

16.23 철희는 25 ℃에서 반응물 A와 B를 반응시켜 C를 생성하는 실험을 아래와 같이 실시하였다. 이 반응이 평형에 도달하였을 때, $\Delta G°$를 계산하시오.

	A(*g*)	+	2 B(*g*)	⇌	C(*g*)
$P_{최초}$	1.00 atm		1.00 atm		0.100 atm
(평형)$P_{최종}$	?		?		0.400 atm

16.24 반응물 B(*aq*)의 초기 농도가 0.125 M일 때, 다음 조건을 참고하여 이 용액의 pH를 계산하시오.

$$B(aq) + H_2O(l) \rightleftharpoons BH^+(aq) + OH^-(aq)$$

(T = 25 ℃, $\Delta H° = -28.0$ kJ/mol, $\Delta S° = -175$ J/K·mol)

16.25 부록 E의 $\Delta H_f°(=\Delta H°)$와 $\Delta S_f°(=\Delta S°)$의 값을 이용하여 Br_2의 끓는점이 섭씨 몇 도인지 계산하시오.

CHAPTER

17

전기 화학

◀ 오늘날 흔히 구매하여 사용할 수 있는 건전지는 화학 전지의 원리를 이용한 망가니즈(Mn) 건전지를 시작으로 개발되어 상용 필수품이 되었다. © Roberto Sorin/Shutterstock

17.1 산화-환원 반응과 산화-환원 반응식 균형 맞추기

전기 화학
전기 화학은 전기 에너지와 화학 에너지의 상호 전환을 연구하는 화학의 한 분야이다.

산화-환원 반응(oxidation-reduction reaction)은 전기 화학(electrochemistry)의 가장 기본이 되는 개념으로 전자의 이동을 수반한다. 전기 화학 과정은 자발적인 화학 반응으로 생성된 에너지가 전기로 변환되거나, 전기 에너지를 가하여 비자발적인 화학 반응을 일으키는 산화-환원 반응이다.

산화-환원 반응이 어떻게 전류를 발생시키는지 금속 아연과 염화 구리의 산화-환원 반응을 예로 들어 전자의 이동을 살펴보자.

$$\underset{0}{\underline{Zn}(s)} + \underset{+2}{\underline{Cu}Cl_2(aq)} \longrightarrow \underset{+2}{\underline{Zn}Cl_2(aq)} + \underset{0}{\underline{Cu}(s)}$$

산화수 0 +2 +2 0

원소 아래에 쓰인 숫자들은 원소들의 산화수(또는 산화 상태)이며, 산화수를 부여하는 규칙은 이미 7.2절에서 소개한 바가 있다. 산화 과정이란 전자를 잃음으로써 원소의 산화수가 증가하며, 환원 과정은 전자를 얻는 과정이므로 원소의 산화수는 감소한다. 따라서 위 반응에서 금속 아연은 전자를 두 개 잃음으로써 산화되었고, 구리 이온은 전자를 두 개 얻음으로써 산화수가 감소하면서 환원되었다. 이때 염화 이온은 산화수의 변화가 없으므로 **구경꾼 이온(spectator ion)**이다.

산화-환원 반응의 균형

간단한 산화-환원 반응의 균형을 맞추는 일은 쉽다. 그러나 크로뮴산 이온(CrO_4^{2-}), 다이크로뮴산 이온($Cr_2O_7^{2-}$), 과망가니즈산 이온(MnO_4^-), 질산 이온(NO_3^-), 황산 이온(SO_4^{2-})과 같은 산소산 음이온이 포함된 산화-환원 반응의 균형을 맞추는 것은 다소 복잡하다. 이런 화학종들이 산화-환원 반응에 관여할 경우 각 화학종의 전자 이동에 중점을 두는 이른바 반쪽 반응법을 이용하여 반응식의 균형을 맞춘다.

반쪽 반응법: 산성 용액 조건에서의 산화-환원 반응식 균형 맞추기

1. 반응에서 산화 및 환원된 화학종을 확인하여, 산화 반쪽 반응식과 환원 반쪽 반응식을 따로 적는다.
2. 각 반쪽 반응식을 다음 기준으로 조정한다.
   a. 수소와 산소를 제외한 모든 원소의 수가 맞도록 균형을 맞춘다.
   b. H_2O를 이용하여 산소의 균형을 맞춘다.
   c. H^+를 이용하여 수소의 균형을 맞춘다.
   d. 전자를 첨가하여 전하의 균형을 맞춘다.
3. 산화 반쪽 반응식에서 이동한 전자의 개수와 환원 반쪽 반응식에서 이동한 전자 개수가 일치하도록 두 반쪽 반응식에 적당한 정수를 곱해준다.
4. 두 반쪽 반응식을 합치고, 반응 전과 후에 존재하는 공통된 화학종을 소거한다.
5. 원소와 전하의 균형을 확인한다.

위 방법을 이용하여 다음 산화–환원 반응의 균형을 맞춰보자.

$$Fe^{2+} + Cr_2O_7^{2-} \longrightarrow Fe^{3+} + Cr^{3+}$$

산화제와 환원제를 확인하는 1단계는 가장 기본적인 단계이다. 이 단계에서 산화수 변화를 정확히 파악하지 못하면 나머지 단계에서 모두 오류가 발생한다.

1단계 위 반응을 산화 반응과 환원 반응, 즉 두 반쪽 반응으로 나눈다.

산화: $\underline{Fe}^{2+} \longrightarrow \underline{Fe}^{3+}$
산화수 $+2$ $\qquad$ $+3$

환원: $\underline{Cr}_2O_7^{2-} \longrightarrow \underline{Cr}^{3+}$
산화수 $+6$ $\qquad$ $+3$

2단계 각 반쪽 반응에서 원소의 수와 전하 수를 같게 한다. 산성 환경에서는 산소 원자의 균형은 H_2O로, 수소 원자의 균형은 H^+로 맞추어 원자 수를 같게 한다.

- 산화 반쪽 반응: 이미 원자 수는 균형이 잡혔으므로 전자를 가감하면서 양쪽의 전하가 동일하게 $+2$가 되게 한다.

$$Fe^{2+} \longrightarrow Fe^{3+} + e^-$$

- 환원 반쪽 반응: 산성 매질에서의 반응이므로 먼저 산소의 개수를 같게 하기 위해, 산소 원자의 개수에 해당하는 H_2O 분자를 화살표의 오른쪽에 적는다.

$$Cr_2O_7^{2-} \longrightarrow 2\ Cr^{3+} + 7\ H_2O$$

또, 수소 원자의 개수를 같게 하기 위해 화살표의 왼쪽에 $14\ H^+$을 적어 반응의 균형을 맞춘다.

$$14\ H^+ + Cr_2O_7^{2-} \longrightarrow 2\ Cr^{3+} + 7\ H_2O$$

그리고 반쪽 반응의 왼쪽에는 총 전하량이 $+12$, 오른쪽에는 $+6$이므로 왼쪽에 6개의 전자를 더하여 전체 반응의 전하량을 같게 한다.

$$14\ H^+ + Cr_2O_7^{2-} + 6\ e^- \longrightarrow 2\ Cr^{3+} + 7\ H_2O$$

3단계 두 반쪽 반응을 더하고 최종 반응식의 균형을 맞춘다. 그러면 양쪽의 동일한 전자 수가 제거된다. 산화 환원 반쪽 반응의 전자 수가 서로 다르다면 각 반쪽 반응의 전자 수가 같아지도록 한쪽 또는 양쪽의 반쪽 반응에 적당한 정수를 곱하여 두 반쪽 반응의 전자 수를 같게 만들어야 한다.

여기서 산화 반쪽 반응에는 1개의 전자가, 환원 반쪽 반응에는 6개의 전자가 있으므로 산화 반쪽 반응에 6을 곱하면 다음과 같다.

산화 반쪽 반응: $6 \times (Fe^{2+} \longrightarrow Fe^{3+} + e^-)$
환원 반쪽 반응: $14\ H^+ + Cr_2O_7^{2-} + 6e^- \longrightarrow 2\ Cr^{3+} + 7\ H_2O$

4단계 두 반쪽 반응을 다음과 같이 합친다.

$$\begin{array}{r}6\ Fe^{2+} \longrightarrow 6\ Fe^{3+} + 6\ e^- \\ 14\ H^+ + Cr_2O_7^{2-} + 6\ e^- \longrightarrow 2\ Cr^{3+} + 7\ H_2O \\ \hline 6\ Fe^{2+} + 14\ H^+ + Cr_2O_7^{2-} + 6\ e^- \longrightarrow 6\ Fe^{3+} + 2\ Cr^{3+} + 7\ H_2O + 6\ e^-\end{array}$$

양쪽에 공통적으로 있는 6개의 전자가 제거되므로, 균형 잡힌 이온 반응식은 아래와 같이 된다.

$$6\ Fe^{2+} + 14\ H^+ + Cr_2O_7^{2-} \longrightarrow 6\ Fe^{3+} + 2\ Cr^{3+} + 7\ H_2O$$

5단계 최종적으로 반응식의 양쪽에서 원자의 종류와 수, 전하의 수가 같은지 확인한다.

산화–환원 반응은 산성 용액에서뿐만 아니라 염기성 용액에서도 일어난다. OH^-를 포함하는 염기성 용액의 경우 산성 용액과는 약간 다르다. 즉, 반쪽 반응식에서 H^+의 개수만큼 OH^-을 반응물과 생성물로 화살표 양쪽에 더한다. 이는 H^+과 OH^-이 결합하여 H_2O로 만들기 위함이다. 그런 후 반응식 양쪽에 있는 공통된 수의 H_2O 분자를 제거한다. 산성 용액에서와 같이 전체 반응에서 원소의 개수와 총 전하량의 균형이 맞는지 확인한다. 염기성 용액에 대한 균형 맞추기는 예제 17.1에서 확인한다.

예제 17.1

다음 각 조건에서 균형 잡힌 산화–환원 반응식으로 완성하시오.

(a) 산성 용액에서, $Cr_2O_7^{2-}(aq) + Cl^-(aq) \longrightarrow Cr^{3+}(aq) + Cl_2(g)$

(b) 염기성 용액에서, $CN^-(aq) + MnO_4^-(aq) \longrightarrow CNO^-(aq) + MnO_2(s)$

풀이

(a) 1단계: 모든 원소의 산화수를 파악하여 반응 전후에 산화된 화학종과 환원된 화학종을 파악한다.

$$\underset{+6}{Cr_2O_7^{2-}(aq)} + \underset{-1}{Cl^-(aq)} \longrightarrow \underset{+3}{Cr^{3+}(aq)} + \underset{0}{Cl_2(g)}$$

환원: $+6 \rightarrow +3$

산화: $-1 \rightarrow 0$

2단계: 산화와 환원 과정에서 이동한 전자의 개수가 같도록 산화 환원 화학종의 반응 계수를 맞춘다.

$$\underset{+6}{Cr_2O_7^{2-}(aq)} + 6\ \underset{-1}{Cl^-(aq)} \longrightarrow 2\ \underset{+3}{Cr^{3+}(aq)} + 3\ \underset{0}{Cl_2(g)}$$

환원 (e^- 6개 얻음)

산화 (e^- 6개 잃음)

3단계: $H_2O(l)$를 첨가하여 반응 전후 산소의 개수를 맞춘다.

$$Cr_2O_7^{2-}(aq) + 6\ Cl^-(aq) \longrightarrow 2\ Cr^{3+}(aq) + 3\ Cl_2(g) + 7\ H_2O(l)$$

4단계: $H^+(aq)$를 추가하여 반응 전후 수소의 개수를 맞춘다.

$$Cr_2O_7^{2-}(aq) + 6\ Cl^-(aq) + 14\ H^+(aq) \longrightarrow 2\ Cr^{3+}(aq) + 3\ Cl_2(g) + 7\ H_2O(l)$$

위 반응식은 $H^+(aq)$가 존재하는 산성 용액에서의 균형 잡힌 산화–환원 반응식이다.

(b) **1단계**: 모든 원소의 산화수를 파악하여 반응 전후에 산화된 화학종과 환원된 화학종을 파악한다.

$$CN^-(aq) + MnO_4^-(aq) \longrightarrow CNO^-(aq) + MnO_2(s)$$

+2　　+7　　　　+4　　　+4

산화 (CN^-: +2 → CNO^-: +4)

환원 (MnO_4^-: +7 → MnO_2: +4)

2단계: 산화 및 환원 과정에서 이동한 전자의 개수가 일치하도록 산화 환원 화학종의 반응 계수를 맞춘다.

$$3\ CN^-(aq) + 2\ MnO_4^-(aq) \longrightarrow 3\ CNO^-(aq) + 2\ MnO_2(s)$$

+2　　+7　　　　+4　　　+4

산화 (e^- 6개 잃음)

환원 (e^- 6개 얻음)

3단계: $H_2O(l)$를 첨가하여 반응 전후 산소의 개수를 맞춘다.

$$3\ CN^-(aq) + 2\ MnO_4^-(aq) \longrightarrow 3\ CNO^-(aq) + 2\ MnO_2(s) + H_2O(l)$$

4단계: $H^+(aq)$를 추가하여 반응 전후 수소의 개수를 맞춘다.

$$3CN^-(aq) + 2MnO_4^-(aq) + 2H^+(aq) \longrightarrow 3CNO^-(aq) + 2MnO_2(s) + H_2O(l)$$

5단계: $H^+(aq)$의 개수만큼 양변에 $OH^-(aq)$를 추가하고, 양변에 공통으로 형성된 $H_2O(l)$를 소거한다.

$$3\ CN^-(aq) + 2\ MnO_4^-(aq) + 2\ H^+(aq) + 2\ OH^-(aq) \longrightarrow 3\ CNO^-(aq) + 2\ MnO_2(s) + H_2O(l) + 2\ OH^-(aq)$$

$$3\ CN^-(aq) + 2\ MnO_4^-(aq) + \cancel{2\ H_2O(l)}\ H_2O(l) \longrightarrow 3\ CNO^-(aq) + 2\ MnO_2(s) + \cancel{H_2O(l)} + 2\ OH^-(aq)$$

$$3\ CN^-(aq) + 2\ MnO_4^-(aq) + H_2O(l) \longrightarrow 3\ CNO^-(aq) + 2\ MnO_2(s) + 2\ OH^-(aq)$$

위 반응식은 $OH^-(aq)$가 존재하는 염기성 용액에서의 균형 잡힌 산화–환원 반응식이다.

정답

(a) $Cr_2O_7^{2-}(aq) + 6\ Cl^-(aq) + 14\ H^+(aq) \longrightarrow 2\ Cr^{3+}(aq) + 3\ Cl_2(g) + 7\ H_2O(l)$

(b) $3\ CN^-(aq) + 2\ MnO_4^-(aq) + H_2O(l) \longrightarrow 3\ CNO^-(aq) + 2\ MnO_2(s) + 2\ OH^-(aq)$

응용문제 17.1

다음 산화–환원 반응식의 균형을 맞추시오.

(a) $Zn + AgNO_3 \longrightarrow Zn(NO_3)_2 + Ag$

(b) $Cu + HNO_3 \longrightarrow Cu(NO_3)_2 + H_2O + NO_2$

(c) $Cu(s) + NO_3^-(aq) \longrightarrow Cu^{2+}(aq) + H_2O(l) + NO(g)$: 산성 조건

17.2 갈바니 전지 및 전지 선 표시법

아연 금속을 $CuSO_4$ 수용액에 넣으면, 아연 금속은 Zn^{2+}으로 산화되고, Cu^{2+}은 구리 금속으로 환원됨을 알 수 있다.

$$Zn(s) + Cu^{2+}(aq) \longrightarrow Zn^{2+}(aq) + Cu(s)$$

산화–환원 반응인 위 반응식에서 전자는 환원제인 Zn으로부터 발생하여 산화제인 Cu^{2+}으로 이동한다. 그러나 만일 산화제와 환원제가 서로 다른 용기에 분리되어 있다면, 전자는 전도체인 금속선으로 연결된 외부 회로를 통하여 이동한다. 반응이 진행함에 따라 일정한 수의 전자가 이동하며, 결과적으로 전류가 흐르게 됨으로써 화학 에너지로부터 유용한 일을 얻을 수 있다.

자발적인 산화–환원 반응을 이용하여 전기를 발생시키는 실험 장치를 **갈바니 전지**(**galvanic cell**) 또는 **볼타 전지**(**voltaic cell**)라고 한다. 이 장치는 갈바니(Galvani, L., 1737~1798)와 볼타(Volta, A., 1745~1827)가 처음으로 제안하였다. 그림 17.1은 갈바니 전지의 구성 요소와 전지의 기본적인 개념을 보여 주고 있다. 그림 17.1에서 아연 금속 막대는 $ZnSO_4$ 용액에 담겨 있고, 구리 막대는 $CuSO_4$ 용액에 담겨 있으며, 아연 막대와 구리 막대는 외부 도선으로 연결되어 있다. 이 전지의 화학적인 작동 원리는 아연 막대인 Zn에서 Zn^{2+}로의 산화와 구리 막대에서 Cu^{2+}에서 Cu로의 환원에 따른 전자의 이동이 도선을 통해 일어나고 있음에 근거를 두고 있다. 여기에서 아연과 구리 막대는 각각 전극이라고 한다. 이와 같이 아연 전극과 구리 전극, 그리고 $ZnSO_4$와 $CuSO_4$ 용액으로 이루어진 전지를 다니엘 전지라고도 한다.

다니엘 전지의 전극에서 일어나는 산화 반쪽 반응과 환원 반쪽 반응은 다음과 같다.

$$\text{Zn 전극(산화 전극, (+)극)}: Zn(s) \longrightarrow Zn^{2+}(aq) + 2\,e^-$$
$$\text{Cu 전극(환원 전극, (−)극)}: Cu^{2+}(aq) + 2\,e^- \longrightarrow Cu(s)$$

양극과 음극
모든 전기 화학에서의 전극에 대한 표현은 양극, 음극 대신 산화 전극과 환원 전극으로 표현하는 것이 좀 더 정확하게 전지 반응을 이해할 수 있다.

갈바니 전지에서는 산화가 일어나는 전극을 **산화 전극**(**anode, 음극**) 또는 **−극**, 환원이 일어나는 전극을 **환원 전극**(**cathode, 양극**) 또는 **+극**이라고 한다.

위의 산화–환원 반응식에서 두 용액이 각각 분리되지 않는다면 Cu^{2+}은 아연 막대와 반응하여 Cu 금속으로 생성될 것이다.

$$Cu^{2+}(aq) + Zn(s) \longrightarrow Cu(s) + Zn^{2+}(aq)$$

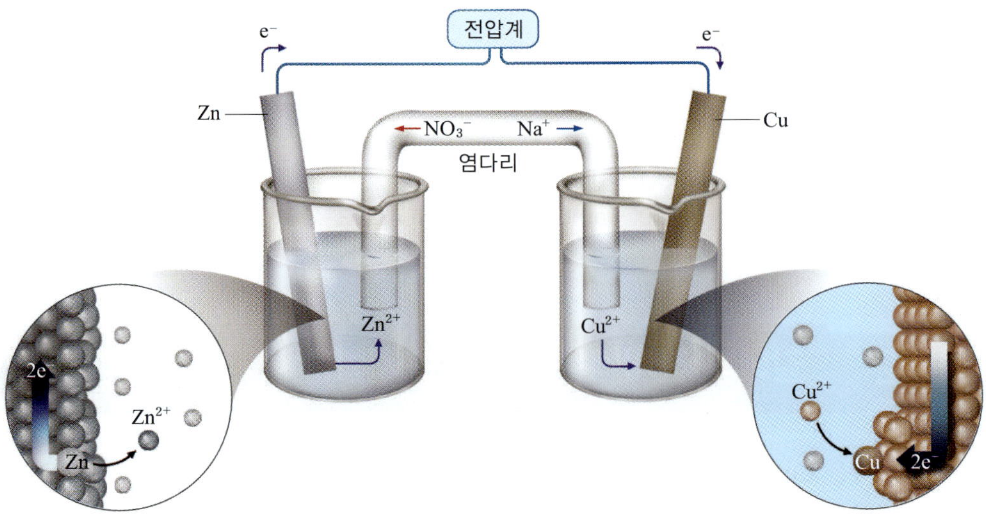

그림 17.1 갈바니 전지 모식도

이런 산화−환원 반응식으로는 전기적 일을 얻을 수 없다.

전기 회로가 완성되기 위해 용액은 양이온과 음이온의 이동이 가능한 염다리(salt bridge)를 사용한다. 염다리는 KCl 또는 NH_4NO_3와 같은 비활성 전해질 용액을 넣은 U자 관을 거꾸로 뒤집어 $ZnSO_4$와 $CuSO_4$ 용액이 연결되게 집어넣는다(그림 17.1). 이때 사용한 비활성 전해질의 이온들은 용액 속에서 다른 이온들이나 전극들과 반응하지 않는다. 전체 산화−환원 반응 과정에서 전자들은 외부 도선과 전압계를 통하여 아연 전극(산화 전극)으로부터 구리 전극(환원 전극)으로 흐른다. 용액 속에서 음이온(SO_4^{2-}와 Cl^-)이 산화 전극으로 이동하는 동안 양이온(Zn^{2+}, Cu^{2+}와 K^+)은 환원 전극으로 이동한다. 그러나 만일 두 용액 사이에 염다리를 연결하지 않으면, 전기는 일시적으로 생성되었다가 즉시 중단된다. 전기 흐름이 중단되는 것은 양쪽 부분에 축적되는 전하 때문이다.

산화 전극 부근에서는 Zn^{2+}의 생성으로 양전하가 축적되면서 산화 반응이 발생하지 않으며, 환원 전극 부근에서는 Cu^{2+}이 환원되어 Cu로 됨으로써 SO_4^{2-}의 음전하가 축적되어 $CuSO_4$ 용액의 이온화를 방해함으로써 환원해야 하는 Cu^{2+}이 소멸하는 것이다. 따라서 전지의 작동이 정지될 것이다.

두 전극 간에 전압차가 생기면 산화 전극에서 환원 전극으로 전기가 흐르게 된다. 이러한 전기 흐름의 원리는 퍼텐셜 에너지의 차에 의하여 폭포에서 물이 아래로 흐르는 것과 같은 자발적인 반응이다. 산화 전극과 환원 전극 간의 전압차인 전지 전위는 전압계(voltmeter)로 측정할 수 있으며(그림 17.2), 그 값은 전지 전압(cell voltage)이라 부른다. 전지 전압은 흔히 **기전력(electromotive force** 또는 **emf**, ***E***)이나 **전지 전위(cell potential)**라고도 한다. 기전력 또는 전지 전위의 단위는 볼트(volt, V)이다. 전지의 기전력은 전극과 이온들의 성질뿐만 아니라 전지가 작동하는 온도 및 이온들의 농도와 연관이 있다는 사실은 나중에 설명할 것이다.

양극 = 양이온이 주변에 모이는 전극
= 전자가 빠져나오는 전극
= 전자 공급 전극(e− donor)
= 산화 반응이 진행되는 전극
= 산화 전극
= anode

음극 = 음이온이 주변에 모이는 전극
= 전자가 들어가는 전극
= 전자 수용 전극(e^- acceptor)
= 환원 반응이 진행되는 전극
= 환원 전극
= cathode

+극 = (+) 극성을 띠고 있는 전극
−극 = (−) 극성을 띠고 있는 전극

주의: “양극은 +극, 음극은 −극”이라는 생각은 고정관념이다.

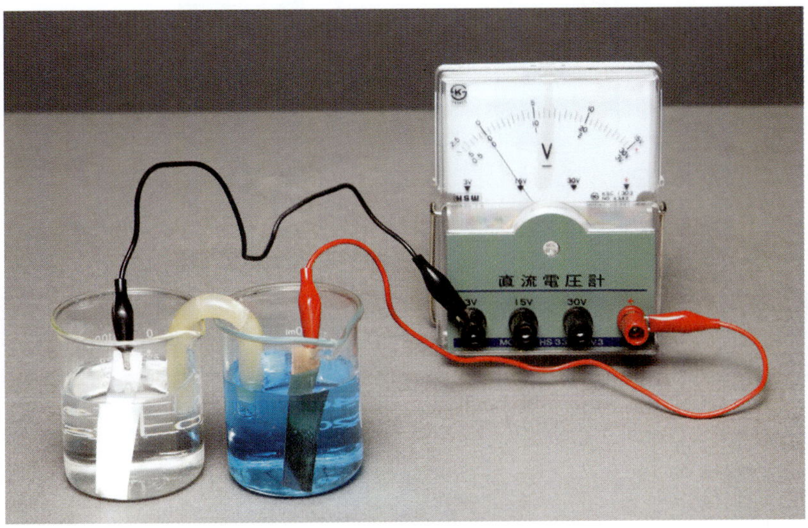

그림 17.2 25 °C에서 황산 아연 용액(1 M, 투명 용액)과 황산 구리 용액(1 M, 청색 용액)이 염다리로 연결된 갈바니 전지

갈바니 전지를 나타내는 통상적인 표시 방법은 선 표시법이다. 이 표시법에서는 왼쪽에 산화 전극 성분을 적고, 오른쪽에는 환원 전극의 성분을 표시한다. 그림 17.1에 나타낸 $ZnSO_4$와 $CuSO_4$ 용액으로 이루어진 다니엘 전지에서 Cu^{2+}와 Zn^{2+}의 농도를 1 M

로 사용한 전지를 선 표시법으로 기술하면 다음과 같다.

$$Zn(s)\mid Zn^{2+}(1\ M)\parallel Cu^{2+}(1\ M)\mid Cu(s)$$

여기서 |은 상의 경계를 나타낸다. 예를 들면, 아연 전극은 고체이고 $ZnSO_4$로부터 발생한 Zn^{2+}는 용액 속에 있다. 그러므로 Zn과 Zn^{2+} 사이의 상의 경계를 나타내기 위하여 선을 그으며, ||은 염다리 또는 산화 부분과 환원 부분의 구별을 의미한다.

예제 17.2

다음 그림의 갈바니 전지의 구성을 보고, 선 표시법으로 이 전지를 표현하시오.

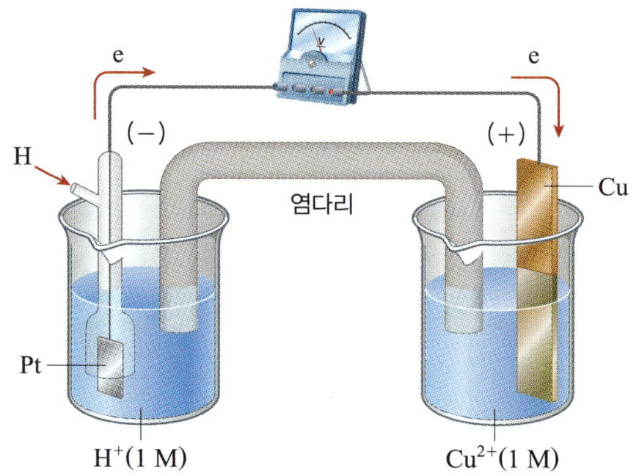

정답

$Pt(s)\mid H_2(1\ atm)\mid H^+(1\ M)\parallel Cu^{2+}(1\ M)\mid Cu(s)$

응용문제 17.2

수희는 실험실 재료를 이용하여 그림과 같이 화학 전지를 구성하려고 한다.

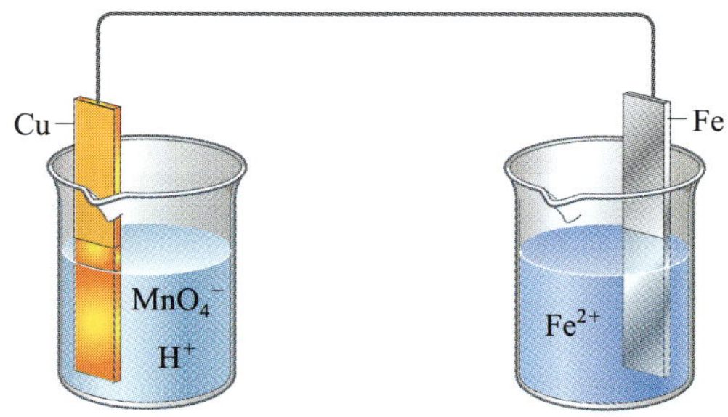

이 전지의 표시법을 쓰시오.

17.3 표준 환원 전위

그림 17.1에서 전해액의 Cu^{2+}와 Zn^{2+}의 농도가 모두 1.0 M일 때 나타난 다니엘 전지의 기전력은 25 ℃에서 1.10 V이다. 이제 어떠한 원리로 1.10 V의 전압이 생성되는지 살펴보자.

산화–환원 반쪽 반응으로부터 전체 반응식을 나타내듯이, 기전력도 Zn과 Cu 전극에서 측정한 각 전극 전위의 합으로 나타낼 수 있다. 전지의 기전력을 알 경우, 이들 전극 전위 중 하나를 알면, 다른 전극의 전위는 전지의 기전력에서 알고 있는 전극의 전위를 빼서 구할 수 있다. 그렇다면 단일 전극의 전위는 어떻게 측정할 수 있을까? 어떤 임의의 전극을 기준으로 하여 이 전극 전위 값을 0 V로 정의하면 우리가 알고자 하는 전극의 전위는 0 V를 기준으로 한 상대적인 전위 값으로 측정할 수 있다. 이러한 기준이 되는 전극을 표준 전극이라 하는데 **표준 수소 전극(standard hydrogen electrode**, 그림 17.3)이 사용되고 있다.

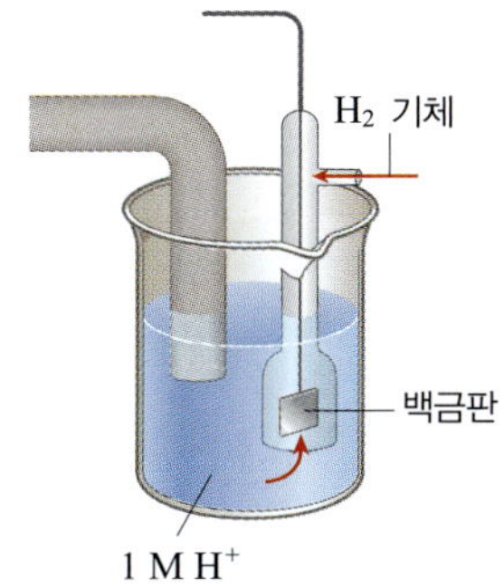

그림 17.3 표준 수소 전극(25 ℃, $P_{H_2} = 1$ atm)

이 수소 전극의 작동 원리는 1 atm의 수소 기체를 25 ℃에서 1 M 염산 용액의 표준 상태 속으로 불어 넣고, 전극으로는 백금 전극을 사용한다. 백금 전극은 수소 분자를 해리시킨다.

$$H_2 \longrightarrow 2\ H^+ + 2\ e^-$$

이때 1 M 염산 용액에서 해리된 H^+은 전자를 받아 환원 반응으로 수소 기체를 생성하며, 측정된 환원 전위를 0 V로 정의하고 이 환원 전위를 표준으로 한다.

$$2\ H^+(1\ M) + 2\ e^- \longrightarrow H_2(1\ atm) \qquad E° = 0\ V$$

0 V로 측정된 수소 전극의 표준 상태의 환원 전위는 $E°$로 나타낸다. 1 M에서의 모든 용액과 1 atm에서의 모든 기체에서 환원 과정으로 주어진 $E°$ 값들은 **표준 환원 전위(standard reduction potential)**라고 하며, 위첨자 °는 표준 상태를 나타낸다. 수소 전극에 대한 표준 환원 전위는 0 V로 정의하고, 이 전극을 **표준 수소 전극(standard hydrogen electrode, SHE)**이라고 부른다. 표준 수소 전극(SHE)을 기준으로 다른 금속 전극의 $E°$를 측정한다. 이렇게 측정된 화학종의 $E°$를 종합한 것이 표 17.1이다.

$E°$(표준 전위)에서 °(표준 상태)의 의미
압력: 1 atm
온도: 25 °C
전해질 수용액의 온도: 1 M

표준 수소 전극은 모든 종류의 전극 전위를 측정하는 기준이 된다. 그림 17.4(a)는 아

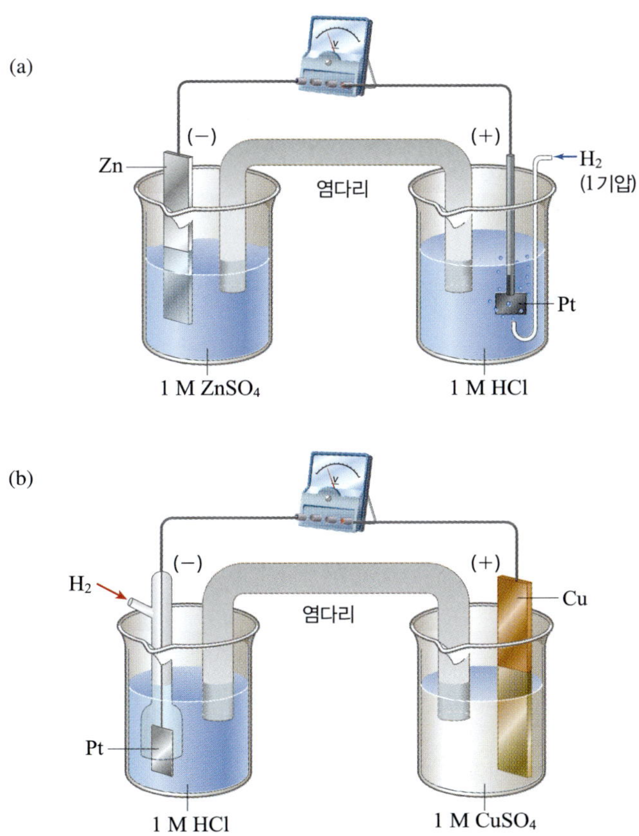

그림 17.4 (a) 수소 전극을 환원 전극으로 사용하여 아연의 표준 환원 전위를 측정할 수 있는 전지의 모식도, (b) 수소 전극을 산화 전극으로 사용하여 구리의 표준 환원 전위를 측정할 수 있는 전지의 모식도

연 전극과 표준 수소 전극으로 된 갈바니 전지이다. 아연 전극은 산화 전극이고 표준 수소 전극은 환원 전극이다. 전지가 작동하는 동안 산화 전극인 아연 전극의 질량은 감소한다. 이것은 산화 반응으로 아연이 용해되어 아연 이온이 생성되기 때문이다.

$$Zn(s) \longrightarrow Zn^{2+}(aq) + 2\ e^-$$

전지의 선 표시법은 산화 전극(왼쪽)에서 환원 전극(오른쪽)의 순으로 표기하는 것이 국제적인 약속이다.

이 전지를 선 표시법으로 나타내면 다음과 같다.

$$Zn(s)\ |\ Zn^{2+}(1\ M)\ ||\ H^+(1\ M)\ |\ H_2(1\ atm)\ |\ Pt(s)$$

모든 반응물이 표준 상태(즉, 25 ℃, H_2는 1기압, H^+과 Zn^{2+}은 1 M)에 있을 때 전지의 기전력은 표준 수소 전극을 0 V로 기준 삼아 0.76 V이다. 이 전지에 대한 산화-환원 반응을 반쪽 전지 반응으로 쓸 수 있다.

$$\begin{array}{lrcl} \text{산화 전극:} & Zn(s) & \longrightarrow & Zn^{2+}(1\ M) + 2\ e^- \\ \text{환원 전극:} & 2\ H^+(1\ M) + 2\ e^- & \longrightarrow & H_2(1\ atm) \\ \hline \text{전체 반응:} & Zn(s) + 2H^+(1\ M) & \longrightarrow & Zn^{2+}(1\ M) + H_2(1\ atm) \end{array}$$

전지의 표준 전위, $E^\circ_{\text{전지}}$는 환원 전극의 표준 전위와 산화 전극의 표준 전위 차이로 정의한다.

$$E^\circ_{\text{전지}} = E^\circ_{\text{환원 전극}} - E^\circ_{\text{산화 전극}} \tag{17.1}$$

이 식에서 $E^\circ_{\text{환원 전극}}$과 $E^\circ_{\text{산화 전극}}$은 모두 각 전극의 표준 환원 전위를 사용한다. 위에서 기술한 Zn 전극과 표준 수소 전극을 가지는 전지에 대하여 다음과 같이 표현할 수 있다.

$$E^\circ_{\text{전지}} = E^\circ_{H^+/H_2} - E^\circ_{Zn^{2+}/Zn}$$
$$0.76\ V = 0 - E^\circ_{Zn^{2+}/Zn}$$

여기에서 아래 첨자로 표시한 H^+/H_2는 $2\ H^+ + e^- \longrightarrow H_2$의 환원 반응을 뜻하고, Zn^{2+}/Zn는 $Zn^{2+} + 2\ e^- \longrightarrow Zn$ 환원 반응을 뜻한다. 즉, Zn의 표준 환원 전위, $E^\circ_{Zn^{2+}/Zn}$는 -0.76 V로 계산된다.

구리의 표준 전극 전위는 그림 17.4(b)처럼 표준 수소 전극을 사용하여 만들어진 갈바니 전지를 사용하여 계산할 수 있다. 전지가 작동하는 동안 구리 전극의 질량이 증가하므로 구리 전극은 환원 반응을 일으키는 환원 전극이다.

$$Cu^{2+}(aq) + 2\ e^- \longrightarrow Cu(s)$$

전지의 표시법은 다음과 같다.

$$Pt(s)\ |\ H_2(1\ atm)\ |\ H^+(1\ M)\ ||\ Cu^{2+}(1\ M)\ |\ Cu(s)$$

따라서 이 전지의 반쪽 전지 반응은 다음과 같다.

$$\begin{array}{ll} \text{산화 전극:} & H_2(1\ \text{atm}) \longrightarrow 2\ H^+(1\ \text{M}) + 2\ e^- \\ \text{환원 전극:} & Cu^{2+}(1\ \text{M}) + 2\ e^- \longrightarrow Cu(s) \\ \hline \text{전체 반응:} & H_2(1\ \text{atm}) + Cu^{2+}(1\ \text{M}) \longrightarrow 2\ H^+(1\ \text{M}) + Cu(s) \end{array}$$

표준 상태와 25 ℃에서 이 전지의 기전력은 0.34 V이다. 이것을 식 (17.1)에 적용하면

$$E^\circ_{\text{전지}} = E^\circ_{\text{환원 전극}} - E^\circ_{\text{산화 전극}}$$

$$\begin{aligned} 0.34 &= E^\circ_{Cu^{2+}/Cu} - E^\circ_{H^+/H_2} \\ &= E^\circ_{Cu^{2+}/Cu} - 0 \end{aligned}$$

$$E^\circ_{Cu^{2+}/Cu} = 0.34\ \text{V}$$

구리 전극의 표준 환원 전위는 0.34 V로 계산된다. 그리고 0.34 V의 기전력은 환원 전극인 구리 전극에서 발생하는 표준 상태에서의 환원 반응에 대한 전위이다.

그림 17.1에 보여 준 아연과 구리 전극, 그리고 $ZnSO_4$와 $CuSO_4$ 용액으로 이루어진 다니엘 전지에 대해서는 다음과 같이 나타낼 수 있다.

$$\begin{array}{ll} \text{산화 전극:} & Zn(s) \longrightarrow Zn^{2+}(1\ \text{M}) + 2\ e^- \\ \text{환원 전극:} & Cu^{2+}(1\text{M}) + 2\ e^- \longrightarrow Cu(s) \\ \hline \text{전체 반응:} & Zn(s) + Cu^{2+}(1\text{M}) \longrightarrow Zn^{2+}(1\text{M}) + Cu(s) \end{array}$$

이 전지에 대한 기전력은 다음과 같이 계산된다.

$$\begin{aligned} E^\circ_{\text{전지}} &= E^\circ_{\text{환원 전극}} - E^\circ_{\text{산화 전극}} \\ &= E^\circ_{Cu^{2+}/Cu} - E^\circ_{Zn^{2+}/Zn} \\ &= 0.34\ \text{V} - (-0.76\ \text{V}) \\ &= 1.10\ \text{V} \end{aligned}$$

전지의 기전력이 양수이어야만 전지 내부의 산화–환원 반응이 자발적으로 진행되어 비로소 전류를 생산할 수 있다.

전지의 기전력 부호를 고려하면 산화−환원 반응의 자발성 여부를 판단할 수 있다. 표준 상태에서 전지의 표준 기전력이 양의 값이면 산화−환원 반응은 정방향으로 자발적으로 일어나는 것이다.

표 17.1에는 반쪽 전지 반응의 환원 반응을 기준으로 한 표준 환원 전위(E°_{red})를 나타내었다. 이 표는 표준 상태에서 해당 화학종 1 mol이 환원 반응을 할 때 발생하는 전위차를 뜻한다. 산화 반응에 따른 표준 산화 전위는 환원 반응에 따른 표준 환원 전위의 반대 개념이다. 즉, 표준 산화 반응은 표 17.1에서의 환원 반응에 대한 역반응이고, 표준 산화 전위는 표준 환원 전위와 값은 같고 부호는 반대이다. 하지만 전지에서는 표준 산화 전위보다는 표준 환원 전위를 기준으로 사용한다.

앞에서 정의한 표준 수소 전극의 E°_{red}는 0.00 V이다. 이를 기준으로 아래쪽으로는 E°_{red}가 음의 값으로 증가하고, 위로는 E°_{red}가 양의 값으로 증가한다. 따라서 다음과 같은 사항을 이해할 수 있다.

1. 표준 전위(E°)는 환원 반응식을 근거로 한 정반응에 대한 반쪽 전지 반응의 전위이다.

표 17.1 25 ℃에서 표준 환원 전위, 해당 화학종의 농도는 1 M, 기체의 압력은 1 atm

반쪽 반응	E°_{red}(V)
$F_2(g) + 2\ e^- \longrightarrow 2\ F^-(aq)$	+2.87
$O_3(g) + 2\ H^+(aq) + 2\ e^- \longrightarrow O_2(g) + H_2O$	+2.07
$Co^{3+}(aq) + e^- \longrightarrow Co^{2+}(aq)$	+1.82
$H_2O_2(aq) + 2\ H^+(aq) + 2\ e^- \longrightarrow 2\ H_2O$	+1.77
$PbO_2(s) + 4\ H^+(aq) + SO_4^{2-}(aq) + 2\ e^- \longrightarrow PbSO_4(s) + 2\ H_2O$	+1.70
$Ce^{4+}(aq) + e^- \longrightarrow Ce^{3+}(aq)$	+1.61
$MnO_4^-(aq) + 8\ H^+(aq) + 5\ e^- \longrightarrow Mn^{2+}(aq) + 4\ H_2O$	+1.51
$Au^{3+}(aq) + 3\ e^- \longrightarrow Au(s)$	+1.50
$Cl_2(g) + 2\ e^- \longrightarrow 2\ Cl^-(aq)$	+1.36
$Cr_2O_7^{2-}(aq) + 14\ H^+(aq) + 6\ e^- \longrightarrow 2\ Cr^{3+}(aq) + 7\ H_2O$	+1.33
$MnO_2(s) + 4\ H^+(aq) + 2\ e^- \longrightarrow Mn^{2+}(aq) + 2\ H_2O$	+1.23
$O_2(g) + 4\ H^+(aq) + 4\ e^- \longrightarrow 2\ H_2O$	+1.23
$Br_2(l) + 2\ e^- \longrightarrow 2\ Br^-(aq)$	+1.07
$NO_3^-(aq) + 4\ H^+(aq) + 3\ e^- \longrightarrow NO(g) + 2\ H_2O$	+0.96
$2\ Hg^{2+}(aq) + 2\ e^- \longrightarrow Hg_2^{2+}(aq)$	+0.92
$Hg_2^{2+}(aq) + 2\ e^- \longrightarrow 2\ Hg(l)$	+0.85
$Ag^+(aq) + e^- \longrightarrow Ag(s)$	+0.80
$Fe^{3+}(aq) + e^- \longrightarrow Fe^{2+}(aq)$	+0.77
$O_2(g) + 2\ H^+(aq) + 2\ e^- \longrightarrow H_2O_2(aq)$	+0.68
$MnO_4^-(aq) + 2\ H_2O + 3\ e^- \longrightarrow MnO_2(s) + 4\ OH^-(aq)$	+0.59
$I_2(s) + 2\ e^- \longrightarrow 2\ I^-(aq)$	+0.53
$O_2(g) + 2\ H_2O + 4\ e^- \longrightarrow 4\ OH^-(aq)$	+0.40
$Cu^{2+}(aq) + 2\ e^- \longrightarrow Cu(s)$	+0.34
$AgCl(s) + e^- \longrightarrow Ag(s) + Cl^-(aq)$	+0.22
$SO_4^{2-}(aq) + 4\ H^+(aq) + 2\ e^- \longrightarrow SO_2(g) + 2\ H_2O$	+0.20
$Cu^{2+}(aq) + e^- \longrightarrow Cu^+(aq)$	+0.15
$Sn^{4+}(aq) + 2\ e^- \longrightarrow Sn^{2+}(aq)$	+0.15
$2\ H^+(aq) + 2\ e^- \longrightarrow H_2(g)$	0.00
$Pb^{2+}(aq) + 2\ e^- \longrightarrow Pb(s)$	−0.13
$Sn^{2+}(aq) + 2\ e^- \longrightarrow Sn(s)$	−0.14
$Ni^{2+}(aq) + 2\ e^- \longrightarrow Ni(s)$	−0.25
$Co^{2+}(aq) + 2\ e^- \longrightarrow Co(s)$	−0.28
$PbSO_4(s) + 2\ e^- \longrightarrow Pb(s) + SO_4^{2-}(aq)$	−0.31
$Cd^{2+}(aq) + 2\ e^- \longrightarrow Cd(s)$	−0.40
$Fe^{2+}(aq) + 2\ e^- \longrightarrow Fe(s)$	−0.44
$Cr^{3+}(aq) + 3\ e^- \longrightarrow Cr(s)$	−0.74
$Zn^{2+}(aq) + 2\ e^- \longrightarrow Zn(s)$	−0.76
$2\ H_2O + 2\ e^- \longrightarrow H_2(g) + 2\ OH^-(aq)$	−0.83
$Mn^{2+}(aq) + 2\ e^- \longrightarrow Mn(s)$	−1.18
$Al^{3+}(aq) + 3\ e^- \longrightarrow Al(s)$	−1.66
$Be^{2+}(aq) + 2\ e^- \longrightarrow Be(s)$	−1.85
$Mg^{2+}(aq) + 2\ e^- \longrightarrow Mg(s)$	−2.37
$Na^+(aq) + e^- \longrightarrow Na(s)$	−2.71
$Ca^{2+}(aq) + 2\ e^- \longrightarrow Ca(s)$	−2.87
$Sr^{2+}(aq) + 2\ e^- \longrightarrow Sr(s)$	−2.89
$Ba^{2+}(aq) + 2\ e^- \longrightarrow Ba(s)$	−2.90
$K^+(aq) + e^- \longrightarrow K(s)$	−2.93
$Li^+(aq) + e^- \longrightarrow Li(s)$	−3.05

산화제로서의 세기 증가 ↑

환원제로서의 세기 증가 ↓

2. E°_{red}가 큰 양의 값일수록, 그 물질은 환원될 가능성이 크다. 예를 들어, 다음 반쪽 전지 반응은 모든 반쪽 전지 반응 중에서 가장 큰 양의 E°_{red}를 갖는다.

$$F_2(1\ \text{atm}) + 2\ e^- \longrightarrow 2\ F^-(1\ \text{M}) \qquad E^\circ_{red} = 2.87\ \text{V}$$

그래서 F_2는 환원하는 경향이 가장 크므로 아주 강한 산화제이다.

이와 대조적으로 다음 반응은 가장 큰 음의 E°_{red}를 가진다.

$$Li^+(1\ \text{M}) + e^- \longrightarrow Li(s) \qquad E^\circ_{red} = -3.05\ \text{V}$$

따라서 Li^+는 환원되기에 가장 어려운 화학종이기 때문에 가장 약한 산화제가 된다. 결과적으로 표 17.1에서 반쪽 반응의 반응물 쪽의 화학종은 아래에서 위로 갈수록 강한 산화제가 되고, 반쪽 반응의 생성물 쪽의 화학종은 위에서 아래로 갈수록 강한 환원제가 된다.

3. 반쪽 전지 반응들은 가역적이다. 조건에 따라, 전극은 산화 전극으로 작용할 수 있으며, 또한 환원 전극으로도 작용할 수 있다. 표준 환원 전위는 부호가 바뀌면 표준 산화 전위가 된다. 표준 수소 전극은 아연 전극과 짝지으면 환원 전극으로 작용하고 (H^+는 H_2로 환원된다), 구리 전극과 짝지으면 산화 전극으로 작용한다(H_2가 H^+로 산화된다).

4. 표 17.1의 표준 상태에서 주어진 반쪽 전지 반응의 E°_{red}는 중요한 정보를 제공한다. 높은 환원 전위를 가지는 전극이 환원 전극이며, 선택한 두 전극 중 상대적으로 낮은 환원 전위를 가지는 전극을 산화 전극으로 사용한다.

다니엘 전지에 이 법칙을 적용해 보면,

$$Cu^{2+}(1\ \text{M}) + 2\ e^- \longrightarrow Cu(s) \qquad E^\circ_{red} = 0.34\ \text{V}$$
$$Zn^{2+}(1\ \text{M}) + 2\ e^- \longrightarrow Zn(s) \qquad E^\circ_{red} = -0.76\ \text{V}$$

이러한 반쪽 반응을 가지는 전지에서 전극의 결정은 다음과 같이 한다.

구리 전극의 표준 환원 전위(0.34 V)는 아연 전극보다 크므로 환원 전극으로 사용되며, 상대적으로 낮은 환원 전위(−0.76 V)를 가지는 아연 전극은 산화 전극으로 사용하면 된다. 그 결과 이 두 전극을 이용하여 전지를 만들면 양의 전위를 갖는 전지를 만들 수 있다.

5. 전극 전위는 세기 성질이기 때문에 반쪽 전지 반응에서 화학량론적인 계수 변화는 E°_{red}에 영향을 주지 않는다. 이것은 전극의 크기나 용액의 양에 따라 E° 값이 변하지 않는다는 뜻이다. 예를 들면,

5번의 경우는 반응식과 반응열(반응 엔탈피)의 관계처럼 착각하여 쉽게 실수할 수 있는 부분이다.

$$I_2(s) + 2\ e^- \longrightarrow 2\ I^-(1\ \text{M}) \qquad E^\circ_{red} = 0.53\ \text{V}$$

위 반응의 양변에 2를 곱해도 E°_{red}의 값에는 변화가 없다.

$$2\ I_2(s) + 4\ e^- \longrightarrow 4\ I^-(1\ \text{M}) \qquad E^\circ_{red} = 0.53\ \text{V}$$

6. E°_{red}로 표시되는 표준 환원 전위는 반쪽 반응이 역으로 발생할 경우, 그 값은 변하지 않고 부호만 바뀐다.

예제 17.3과 예제 17.4에서와 같이 표 17.1의 표준 환원 전위의 크기($E°$)를 참조하면 산화–환원 반응이 어느 쪽에서 발생하는지를 파악할 수 있다.

예제 17.3

다음은 전지에서 일어나는 두 반쪽 반응식을 나타낸 것이다.

$$Zn(s) \longrightarrow Zn^{2+}(aq) + 2\,e^- \qquad \text{사용 전극: Zn(아연)}$$
$$ClO_3^-(aq) + 6\,H^+(aq) + 6\,e^- \longrightarrow Cl^-(aq) + 3\,H_2O(l) \qquad \text{사용 전극: Pt(백금)}$$

(a) 산화 전극과 환원 전극을 각각 쓰시오.
(b) 전지에서 Zn 전극의 질량은 어떻게 변하는가?
(c) Pt 전극은 질량이 어떻게 변하는가?
(d) 어느 전극이 + 부호인가?

풀이

(a) Zn의 산화수가 0에서 +2로 변하는 산화 반응은 Zn 전극에서, Cl의 산화수가 +5에서 −1로 변하는 환원 반응은 Pt 전극에서 진행된다.
(b) 전지 반응 상 Zn 금속은 지속적으로 이온화가 진행되므로 질량이 감소한다.
(c) 비록 Pt 전극에서 환원 반응이 진행되지만 Cl가 환원되는 것이므로 Pt 전극은 아무런 변화가 없다.
(d) 전자를 받아들여 환원 반응을 진행하는 전극이 +극이다.

정답

(a) 산화 전극: Zn 전극, 환원 전극: Pt 전극
(b) Zn 전극의 질량은 점차 감소한다.
(c) Pt 전극의 질량은 일정하다.
(d) Pt 전극

응용문제 17.3

응용문제 17.2의 화학 전지 구성을 보고 산화 반쪽 반응식과 환원 반쪽 반응식을 쓰시오. 또, 산화 전극과 환원 전극을 밝히고, 이 전지가 정상적으로 작동한다고 가정할 때 각 전극의 질량 증감 여부를 예측하시오.

예제 17.4

다음 반응을 진행시키는 전지의 표준 기전력을 계산하시오.

$$2\,Al(s) + 3\,I_2(s) \longrightarrow 2\,Al^{3+}(aq) + 6\,I^-(aq)$$

풀이

표 17.1을 이용하여 표준 기전력을 계산한다. 위 반응식에서 산화하는 화학종은 Al이고, 환원하는 화학종은 I이므로,

$$\text{환원 전극의 환원 반응식:} \quad I_2(s) + 2\,e^- \longrightarrow 2\,I^-(aq) \quad E°_{red} = +0.53\ V$$
$$\text{산화 전극의 환원 반응식:} \quad Al^{3+}(aq) + 3\,e^- \longrightarrow Al(s) \quad E°_{red} = -1.66\ V$$

표준 기전력($E°$) = 환원 전극의 $E°_{red}$ − 산화 전극의 $E°_{red}$
= +0.53 V − (− 1.66 V)
= +2.19 V

정답

표준 기전력($E°$) = +2.19 V

응용문제 17.4

어떤 갈바니 전지의 반쪽 반응식이 다음과 같다고 가정하자.

$$Ag^{+}(g) + e^{-} \longrightarrow Ag(s)$$
$$H_2O_2(aq) + 2\,H^{+}(aq) + 2\,e^{-} \longrightarrow 2\,H_2O(l)$$

표 17.1을 참고하여 이 전지의 표준 기전력($E°$, V)을 계산하시오.

Deep Insight

노벨상을 거부한 자존심 강한 두 천재

현재 유기발광다이오드(LED)로 대체된 백열전구는 1990년대까지만 해도 전 세계의 대표 조명 수단으로 형광등과 함께 큰 인기 상품이었다. 그만큼 수요도 많고 역사도 깊으며 가격도 싸고 제조하기도 쉬웠기에 널리 애용되었다. 백열전구의 기본은 에디슨(Edison, T. A., 1847~1931)으로부터 발명되었는데, 에디슨이 고안한 것이 바로 전기의 흐름, 즉 전류의 방식 중 하나인 직류(DC, direct currency)였다.

반면에 발전소로부터 가정이나 공장에 전달되고 공급되는 교류(AC, alternative currency)는 테슬라(Tesla, N., 1856~1943)에 의해 발명되었다.

에디슨과 테슬라는 발명계의 라이벌이다. 에디슨이 설립한 전기 회사에서 테슬라는 전기기술사로 일하였다. 테슬라가 입사한 지 몇 년 뒤 회사에서 판매하는 발전기에서 화재가 발생하였고 에디슨은 그 문제를 해결하면 당시 기준으로 5만 달러를 주겠다고 테슬라에게 약속하였다.

▲ 에디슨
ⓒMorphart Creation/Shutterstock

▲ 테슬라
ⓒPrachaya Roekdeethaweesab/Shutterstock

테슬라가 문제 해결에 성공해서 약속한 보상을 요구하자 에디슨은 농담이었다며 약속을 지킬 수 없다고 하였다. 이 갈등이 심화되어 결국 테슬라는 에디슨의 회사를 나와 새로운 전기 회사를 세움으로써 에디슨의 경쟁자로 각을 세우게 되었다.

이때 에디슨의 전기 회사는 직류 방식의 송전 방식을, 반면 테슬라의 전기 회사는 교류 방식의 송전 방식을 주 사업 방향으로 잡았다. 테슬라가 에디슨의 회사에서 일할 당시 교류 전기를 고안한 테슬라의 연구성과를 그 당시 에디슨은 평가 절하하면서 무시하였다. 이에 테슬라는 자신의 교류 회사를 세워 에디슨에 대대적으로 맞서기 시작하였다.

직류에 비해 원거리 송전이 매우 안정적이고, 전기 손실도 적은 교류의 장점 때문에 결국 미국 전역의 송전 시설의 입찰을 테슬라가 독점하게 되었다.

송전 사업 시장에서 밀린 에디슨은 '테슬라의 교류 송전 시설은 6개월 이내에 수만 명의 희생자를 발생하게 될 것'이라며 언론을 통해 비난하며 동시에 교류가 위험하다는 인식을 퍼뜨리기 위해 사형수를 처형하는 교류로 작동하는 전기의자를 개발하여 미국 전역 교도소에 판매하기도 하였다. 이렇게 깊은 악연으로 결국 1915년 11월 노벨 물리학상 공동 수상자로 추대되었음에도 두 사람은 모두 공동수상을 거부하였다.

이후에도 에디슨의 집요한 방해와 견제로 인해 결국 테슬라의 전기 회사는 망하고 테슬라는 87세의 나이로 가난하게 사망하였다. 반면 에디슨은 1000개가 넘는 특허에 의한 막대한 부를 축적하면서 부유한 삶을 살다 여생을 마감하였다. 당시 세간에서는 발명계의 최후 승자인 에디슨만을 기억하게 되었다.

2003년 전기 자동차를 창립한 미국의 사업가 머스크(Musk, I. R., 1971~)는 테슬라의 업적과 명성을 기념하기 위해 이 회사의 명칭을 테슬라로 하였다고 밝혔다. 테슬라는 지금 세계 최초 전기 자동차의 상표명으로 사용되고 있다.

▲ 전구 ⓒVivitta/Shutterstock

17.4 전기적 일과 자유 에너지

이번에는 전기 화학과 열역학의 관계를 알아보자. 갈바니 전지에서 화학 에너지는 전기 에너지로 전환된다. 이 경우에 전기 에너지는 전지의 기전력과 전체 전하량(쿨롱)의 곱으로 나타낸다.

$$\begin{aligned}\text{전기 에너지} &= \text{전압(V)} \times \text{쿨롱(C, coulomb)}\\ &= \text{줄(J)}\end{aligned}$$

총 전하량은 회로를 지나가는 전자의 몰수에 비례한다. 따라서

$$\text{총 전하량} = nF$$

▲ 패러데이(Faraday, M., 1791~1867)는 전자기학과 전기화학 분야에 큰 기여를 한 영국의 물리학자이자 화학자이다.
ⓒEverett Historical/Shutterstock

여기서 1 mol의 전자가 가지는 전하량은 **1패러데이(Faraday)**라는 상수로서, 1패러데이(1 F)는 96500 C이다.

$$1\ \text{F} = 96500\ \text{C/mol e}^-$$

또한,

$$1\ \text{J} = 1\ \text{C} \times 1\ \text{V}$$

이므로 1패러데이를 아래 단위로 나타낼 수도 있다.

$$1\ \text{F} = 96500\ \text{J/V}\cdot\text{mol e}^-$$

측정한 기전력은 전지가 수행할 수 있는 최대 전압이다. 이 값은 화학 반응에서 얻을 수 있는 전기 에너지의 최대량을 계산하는 데 사용된다. 이 에너지는 전기적 일($w_{\text{전기}}$)을 할 때 사용되므로, 다음과 같이 나타낼 수 있다.

$$\begin{aligned}w_{\text{최대}} &= w_{\text{전기}}\\ &= -nFE_{\text{전지}}\end{aligned}$$

여기에서 $w_{\text{최대}}$은 화학 전지에서 얻을 수 있는 최대의 일이다. 이 값이 음의 값인 것은 전기적 일이 발열의 개념인 계로부터 주위에 가해진다는 의미이다. 일을 할 수 있는 에너지는 곧 자유 에너지 G를 의미하므로, 자유 에너지 변화(ΔG)는 전지 반응에 의하여 얻을 수 있는 최대의 일로 나타낼 수 있다.

$$\Delta G = w_{\text{최대}}$$

이므로

$$\Delta G = -nFE_{\text{전지}} \qquad (17.2)$$

n과 F는 (+)값이고 자발적 과정에 대한 ΔG의 값은 (−)이다. 그러므로 $E_{\text{전지}}$는 (+) 값이 된다. 이는 전지의 기전력 $E_{\text{전지}}$는 (+)의 값을 가지는 당연한 결과이다. 그리고 이 반응이 표준 상태에서 진행된다면 식 (17.2)는 다음과 같이 나타낸다.

$$\Delta G° = -nFE°_{전지} \qquad (17.3)$$

여기서 표준 상태의 $E°_{전지}$는 자발적 과정에서 (+)의 값을 가지며, 자발적인 경우 자유 에너지 변화인 $\Delta G°$는 (−)의 값임을 의미한다. 이 식은 최대 전지 전위가 전지 내에 있는 반응물과 생성물 사이의 자유 에너지와 직접적인 관계가 있음을 나타낸다.

이제 $E°_{전지}$와 산화−환원 반응의 평형 상수(K)와의 관계를 살펴보자. 16.7절에서 반응의 표준 자유 에너지 변화는 다음과 같이 평형 상수에 관련되어 있음을 설명한 바 있다.

$$\Delta G° = -RT \ln K$$

그러므로 식 (17.3)으로부터 다음 식을 얻을 수 있다.

$$-nFE°_{전지} = -RT \ln K$$

이 식을 $E°_{전지}$에 대해 풀면,

$$E°_{전지} = \frac{RT}{nF} \ln K \qquad (17.4)$$

$T = 298$ K일 때, 식 (17.4)에 F와 R을 대입하여 계산해 보면 다음과 같이 된다.

$$E°_{전지} = \frac{0.0257\,\text{V}}{n} \ln K \qquad (17.5)$$

식 (17.5)의 자연 로그를 상용로그로 바꾸면

$$E°_{전지} = \frac{0.0592\,\text{V}}{n} \log K \qquad (17.6)$$

그림 17.5는 $\Delta G°$, K, $E°_{전지}$에 대한 자발적인 상관관계를 서로 나타내며, 이를 표 17.2로 표현하였다.

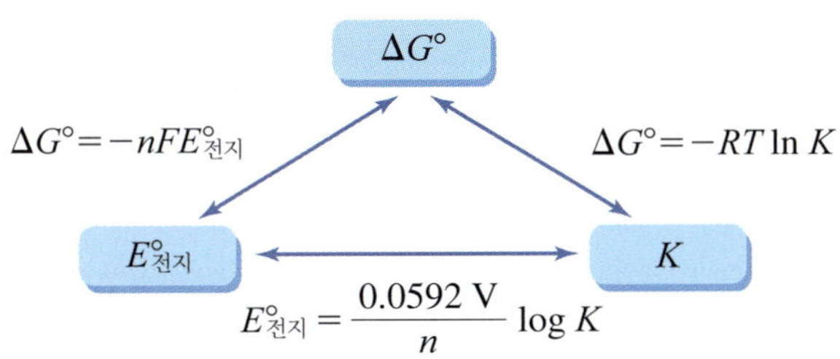

그림 17.5 화학 전지에서 $\Delta G°$, K, $E°_{전지}$ 간 상관관계

표 17.2 화학 전지의 $\Delta G°$, K, $E°_{전지}$ 간 상관관계

$\Delta G°$	K	$E°_{전지}$	표준 상태에서의 반응
(−)	> 1	양	• 생성물 형성을 선호(자발적 반응) • 화학 전지로 작동 가능
0	= 1	0	• 반응물과 생성물 형성을 동등하게 선호
(+)	< 1	음	• 반응물 형성을 선호(비자발적 반응) • 화학 전지로 작동 불가

예제 17.5와 17.6은 식 (17.3)을 적용하는 문제이다.

예제 17.5

다음 반응이 자발적인 반응인지 비자발적인 반응인지 예측하시오. (방법은 예제 17.4 참조)

(a) $Cu(s) + 2\ H^+(aq) \longrightarrow Cu^{2+}(aq) + H_2(g)$

(b) $Cl_2(g) + 2\ I^-(aq) \longrightarrow 2\ Cl^-(aq) + I_2(s)$

풀이

(a) 표 17.1을 참고하여 위 반응의 표준 기전력 $E°$를 계산하면,

$$
\begin{aligned}
\text{표준 기전력}(E°) &= \text{환원 전극의 } E°_{red} - \text{산화 전극의 } E°_{red} \\
&= +0.0\ V - (+0.34\ V) \\
&= -0.34\ V
\end{aligned}
$$

식 (17.3)에 이를 대입하면

$$
\begin{aligned}
\Delta G° &= -nFE°_{전지} = -(2\ mol\ e^-) \times (96500\ J/V \cdot mol\ e^-) \times (-0.34\ V) \\
&= 65620\ J\ (> 0)
\end{aligned}
$$

자유 에너지 변화 ΔG가 양수이므로 비자발적인 반응이다.

(b) 표 17.1을 참고하여 위 반응의 표준 기전력 $E°$를 계산하면,

$$
\begin{aligned}
\text{표준 기전력}(E°) &= \text{환원 전극의 } E°_{red} - \text{산화 전극의 } E°_{red} \\
&= +1.36\ V - (+0.53\ V) \\
&= +0.83\ V
\end{aligned}
$$

식 (17.3)에 이를 대입하면

$$
\begin{aligned}
\Delta G° &= -nFE°_{전지} = -(2\ mol\ e^-) \times (96500\ J/V \cdot mol\ e^-) \times (+0.83\ V) \\
&= -160190\ J\ (< 0)
\end{aligned}
$$

자유 에너지 변화량 ΔG가 음수이므로 자발적인 반응이다.

정답

(a) 비자발적인 반응 (b) 자발적인 반응

응용문제 17.5

예제 17.5의 반응이 25 ℃ 환경에서 진행된다고 가정하였을 때 (a), (b) 반응의 평형 상수 K를 계산하시오.

예제 17.6

표 17.1의 표준 환원 전위를 이용하여 25 ℃에서 다음 전지 반응의 $\Delta G°$와 평형 상수 K를 구하시오.

$$4\ Ag(s) + O_2(g) + 4\ H^+(aq) \longrightarrow 4\ Ag^+(aq) + 2\ H_2O(l)$$

풀이

이 반응의 경우 아래와 같은 산화 반응과 환원 반응이 진행됨을 알 수 있다.

$$
\begin{aligned}
&\text{산화 반쪽 반응:}\quad 4\ Ag(s) \longrightarrow 4\ Ag^+(aq) + 4\ e^- \\
&\text{환원 반쪽 반응:}\quad O_2(g) + 4\ H^+(aq) + 4\ e^- \longrightarrow 2\ H_2O(l)
\end{aligned}
$$

이 반응에서 전자의 이동 몰수인 n은 4임을 알 수 있고, 표 17.1을 이용하여 표준 기전력을 계산하면,

$$\text{표준 기전력}(E°) = \text{환원 전극의 } E°_{red} - \text{산화 전극의 } E°_{red}$$

$$= +1.23\ \text{V} - (+0.80\ \text{V})$$
$$= +0.43\ \text{V}$$

식 (17.3)에 대입하여 $\Delta G°$를 계산한다.

$$\Delta G° = -nFE°_{전지} \qquad (17.3)$$
$$= -(4\ \text{mol}) \times (96500\ \text{J/V} \cdot \text{mol e}^-) \times (+0.43\ \text{V})$$
$$= -165\,980\ \text{J}$$

그리고, $\Delta G° = -RT \ln K$이므로, 이 식에 아래와 같이 대입하여 K를 구한다.

$$-165980\ \text{J} = -(8.314\ \text{J/mol} \cdot \text{K}) \times (298\ \text{K}) \times \ln K$$
$$\therefore K = 1.28 \times 10^{29}$$ (평형 상수는 본래 단위가 없음)

정답

$\Delta G° = -165980\ \text{J}$, $K = 1.28 \times 10^{29}$

응용문제 17.6

응용문제 17.4에서 설명하는 전지의 표준 자유 에너지($\Delta G°$)와 평형 상수(K, 25 ℃)를 계산하시오.

17.5 전지의 기전력과 농도의 관계

지금까지는 반응물과 생성물이 표준 상태(표준 농도, 1 M)에 있는 산화-환원 반응에 대하여 논의하였다. 이제 전지 전위가 표준 상태가 아닌 농도 변화에 따라 어떻게 달라지는지 살펴보자.

네른스트 식

다음과 같은 형태의 일반적인 산화-환원 반응을 생각해 보자.

$$a\text{A} + b\text{B} \longrightarrow c\text{C} + d\text{D}$$

전지 전위가 농도에 따라 달라지는 것은 자유 에너지가 농도에 따라 변하는 것과 관련이 있다. 자유 에너지 변화는 다음 식을 만족한다.

$$\Delta G = \Delta G° + RT \ln Q$$

그런데 $\Delta G = -nFE$이고, $\Delta G° = -nFE°$이므로, 위 식은 아래와 같이 쓸 수 있다.

$$-nFE = -nFE° + RT \ln Q$$

식의 양변을 $-nF$로 나누어 주면,

$$E = E° - \frac{RT}{nF} \ln Q \qquad (17.7)$$

이 식은 전지 전위와 전지 내부의 성분 농도 사이의 관계식이며, 여기서 Q는 화학 평형에 관련되는 반응 지수이다. 식 (17.7)을 네른스트 식이라고 한다. 298 K에서 식

네른스트

1920년 네른스트(Nernst, W. H., 1864~1941)는 '화학 열역학에 관한 연구'로 노벨 화학상을 받았으며 축하 연설문에서 불의 이용은 인류가 자연에서 주도권을 쥐게 될 수 있었던 결정적인 계기라고 하였다.

(17.7)을 다시 쓰면

$$E = E° - \frac{0.0257\,\text{V}}{n} \ln Q \qquad (17.8)$$

또한, 식 (17.8)의 자연 로그를 상용 로그로 바꾸면, 다음과 같다.

$$E = E° - \frac{0.0592\,\text{V}}{n} \log Q \qquad (17.9)$$

위 식을 사용하면 비표준 상태에 있는 화학종에 대한 전지의 전위를 계산할 수 있다.

식 (17.9)를 활용하여 비표준 상태인 다음 화학 반응에 대한 전지의 기전력을 구해 보자.

$$2\ Al(s) + 3\ Mn^{2+}(aq) \longrightarrow 2\ Al^{3+}(aq) + 3\ Mn(s)$$

네른스트 비표준 상태
농도가 1 M이 아닌 상태가 비표준 상태이다.

이 산화–환원 반응에 대하여 각 이온의 농도는 아래와 같다.

$$[Mn^{2+}] = 0.50\ \text{M},\ \ [Al^{3+}] = 1.50\ \text{M}$$

25 ℃에서 위 반응인 농도 변화에 따른 산화–환원 반응에 대한 전지 전위는 네른스트 식 (17.9)를 이용하여 계산할 수 있다.

$$E = E° - \frac{0.0592\,\text{V}}{n} \log Q,\ E° = 0.48\ \text{V}$$

$$Q = \frac{[Al^{3+}]^2}{[Mn^{2+}]^3} = \frac{(1.50)^2}{(0.50)^3} = 18$$

전자의 몰수(n)는 산화–환원 반응을 반쪽 반응으로 분리하면 구할 수 있다.

$$\text{산화 반응: } 2\ Al \longrightarrow 2\ Al^{3+} + 6\ e^-$$
$$\text{환원 반응: } 3\ Mn^{2+} + 6\ e^- \longrightarrow 3\ Mn$$

으로부터 $n = 6$임을 알 수 있다.

따라서 네른스트 식, $E = E° - \frac{0.0592\,\text{V}}{n} \log Q$를 활용하면,

$$E = 0.48\ \text{V} - \frac{0.0592\,\text{V}}{6} \log 18$$
$$= 0.48\ \text{V} - 0.01\ \text{V} = 0.47\ \text{V이다.}$$

위 계산 결과는 농도가 1 M인 표준 상태에서의 기전력 $E° = 0.48$ V보다 작다. 즉, 표준 상태의 농도가 아닌 화학종의 농도가 변할 경우(반응물: $[Mn^{2+}] = 0.50$ M, 생성물: $[Al^{3+}] = 1.50$ M) 기전력이 약간 감소한 것으로 확인되었다. 이 결과는 반응물과 생성물의 농도 변화로부터 반응 지수(Q) 값을 고려할 경우 전지 전위가 감소한다는 것은 예측 가능하다. 이는 반응물 $[Mn^{2+}] = 0.50$ M로 표준 상태인 1 M보다 작고, 생성물

$[Al^{3+}] = 1.50$ M로 표준 상태인 1 M보다 크므로 Q 값이 커지게 된다.

결론적으로 농도 변화에 따른 전위는 감소하게 되는 것이다. 이러한 예측은 르샤틀리에 원리로부터 예측하는 것과 일치한다. 갈바니 전지가 작동하는 동안에 전자는 산화 전극에서 환원 전극으로 흐르며, 그 결과 생성물의 양은 증가하고, 반응물의 농도는 감소하게 된다. 즉, 정반응의 화학 반응이 이루어지므로 반응 지수 Q는 증가하고 결과적으로 E의 감소를 나타낸다. 결국, 전지는 평형에 이르게 된다. 평형 상태에서는 전자의 알짜 이동이 없으므로 $E = 0$이 되고, $Q = K$이다. 여기서 K는 평형 상수이다.

예제 17.7은 네른스트 식의 이용법을 설명해 준다.

17.7 예제

다음 전지의 구성을 보고 기전력 E를 계산하고 이 전지가 전지로서 역할을 할 수 있는지를 판단하시오.

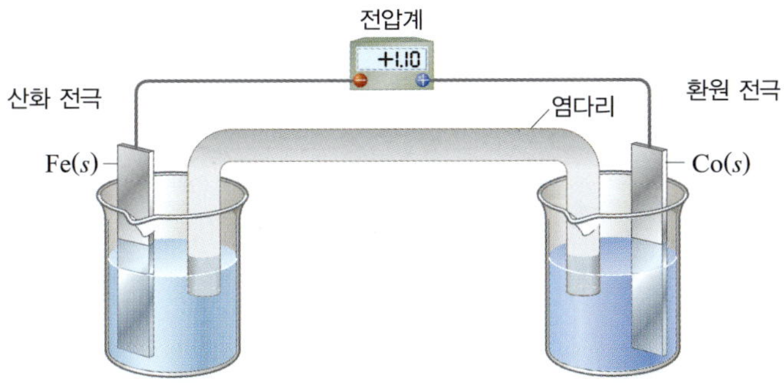

풀이

먼저 그림에서, Co가 환원 전극, Fe가 산화 전극이므로 위 전지의 전체 화학 반응식은 다음과 같이 나타낼 수 있다.

$$Fe(s) + Co^{2+}(aq) \longrightarrow Fe^{2+}(aq) + Co(s)$$

표 17.1을 이용하면 $E° = +0.16$ V임을 알 수 있으며, 이동 전자의 몰수를 나타내는 값인 n은 2, 그리고 양쪽 수용액에 조성되어 있는 Fe^{2+}와 Co^{2+}의 농도가 각각 1.2 M, 4.0 M임을 확인할 수 있다.

그다음 확인된 모든 것들을 네른스트 식에 알맞게 대입하여 기전력 E를 계산한다.

$$\begin{aligned} E &= E° - \frac{0.0257}{n} \times \ln Q \\ &= E° - \frac{0.0257}{n} \times \ln \frac{[Fe^{2+}]}{[Co^{2+}]} \\ &= +0.16\text{ V} - \frac{0.0257}{2} \times \ln \frac{1.2\text{ M}}{4.0\text{ M}} \\ &= +0.175\text{ V} \end{aligned}$$

자발성 여부를 판단하는 지표인 ΔG 값을 아래 식에 대입하여 계산한다.

$$\Delta G = -nFE = -(2\text{ mol}) \times (96500\text{ J}\cdot\text{V/mol}) \times (0.175\text{ V})$$

ΔG의 부호가 음수이므로, 반응이 진행되는 전지이다.

정답

전지를 형성한다.

응용문제 17.7

25 ℃에서 다음의 화학 전지의 기전력 E를 계산하고 전지로서 작동 여부를 판단하시오. 부록 H를 참고하시오.

전지식: $Pt(s) \mid Cr^{2+}(0.30\ M),\ Cr^{3+}(2.0\ M) \parallel Co^{2+}(0.20\ M) \mid Co(s)$

평형 반응식: $2Cr^{2+}(aq) + Co^{2+}(aq) \rightleftharpoons 2\ Cr^{3+}(aq) + Co(s)$

농도차 전지

전지 전위가 농도에 따라 변하는 것을 앞에서 확인한 바 있다. 따라서 같은 종의 화합물 농도를 서로 다르게 만들어 용기에 각각 넣으면 갈바니 전지를 만들 수 있다. 이렇듯이 서로 다른 농도의 같은 화합물이 두 칸에 녹아 있는 전지를 **농도차 전지**(**concentration cell**)라고 한다.

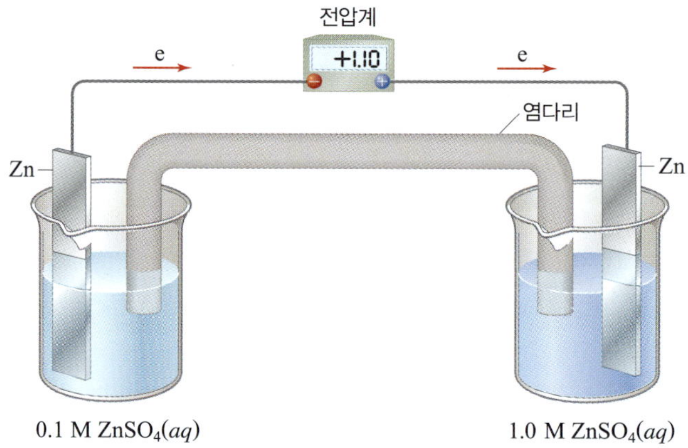

두 아연 전극을 각각 0.10 M과 1.0 M 황산 아연 수용액에 넣었을 경우를 생각해 보자. 두 용액은 염다리로 연결시키고, 전극은 그림에 나타낸 것과 같이 도선으로 연결한다. 르샤틀리에 원리에 따라 환원 반응은 Zn^{2+} 농도가 증가할수록 잘 일어날 것이다.

$$Zn^{2+}(aq) + 2\ e^- \longrightarrow Zn(s)$$

그러므로 환원은 농도가 더 진한 영역에서 일어나고, 산화는 농도가 더 묽은 영역에서 일어난다. 결과적으로 산화 반응이 발생하면서 묽은 용액의 농도는 Zn^{2+}의 증가로 점차 증가하고, 반대로 환원 반응이 발생하는 진한 용액의 농도는 반응이 진행됨에 따라 농도가 감소할 것이다. 즉 농도차 전지는 평형 농도(양쪽의 농도가 같아지면서)에 도달하면서 기전력은 $E = 0$ V에 도달할 것이다. 전지 선 표시법은 다음과 같다.

$$Zn(s) \mid Zn^{2+}(0.1\ M) \parallel Zn^{2+}(1.0\ M) \mid Zn(s)$$

그리고 반쪽 반응은

$$\begin{array}{ll} \text{산화 전극:} & Zn(s) \longrightarrow Zn^{2+}(0.10\ M) + 2\ e^- \\ \text{환원 전극:} & Zn^{2+}(1.0\ M) + 2\ e^- \longrightarrow Zn(s) \\ \hline \text{전체 반응:} & Zn^{2+}(1.0\ M) \longrightarrow Zn^{2+}(0.10\ M) \end{array}$$

전지의 기전력은

$$E = E^\circ - \frac{0.0257\,\text{V}}{2} \ln \frac{[\text{Zn}^{2+}]_{\text{묽은}}}{[\text{Zn}^{2+}]_{\text{진한}}}$$

여기서 아래 첨자 '묽은'은 0.1 M이고, '진한'은 1.0 M 농도이다. 이 전지의 표준 기전력 $E^\circ = 0$이다(동일 전극과 동일 형태의 1.0 M 이온이 포함되었으므로). 따라서 전지의 기전력은

$$E = 0 - \frac{0.0257\,\text{V}}{2} \ln \frac{0.10}{1.0} = 0.0296\ \text{V}$$

계산 값에서 보듯이 일반적으로 농도차 전지의 기전력은 작은 값이며, 전지가 작동함에 따라 기전력의 값은 점차 줄어들면서, 산화–환원 반응에 따라 두 용액의 농도가 같아지게 되면 기전력은 0이 되고 더 이상 전류는 흐르지 않는다.

17.8 예제

25 ℃에서 다음과 같은 반응으로 볼타 전지가 작동한다고 가정하자.

$$\text{Zn}(s) + 2\,\text{H}^+(aq) \longrightarrow \text{Zn}^{2+}(aq) + \text{H}_2(g)$$

이 전지의 경우, $[\text{Zn}^{2+}] = 0.85$ M이고, $P_{\text{H}_2} = 0.988$ atm일 때, 전압이 +0.560 V이다. H_2–H^+ 반쪽 전지의 pH는 얼마인가?

풀이

Zn이 산화할 때 잃는 전자의 수는 2몰이고, 2 H^+가 환원하는 과정에서 얻는 전자 수도 2몰이므로, 네른스트 식에 들어가야 할 n은 2이다.
표 17.1을 참고하여 표준 상태에서 이 전지의 기전력 값인
$E^\circ = (\text{Zn의 } E^\circ_{\text{red}}) - (\text{H의 } E^\circ_{\text{red}}) = 0.76\text{ V} - 0.00\text{ V} = 0.76$ V이다.

반응식에 근거하여 반응 지수 $Q = \frac{[\text{Zn}^{2+}](P_{\text{H}_2})}{[\text{H}^+]^2}$이고, 문제에서 알려준 모든 값을 네른스트 식에 대입하면,

$$E = E^\circ - \frac{0.0257}{n} \times \ln Q$$

$$= E^\circ - \frac{0.0257}{n} \times \ln \frac{[\text{Zn}^{2+}](P_{\text{H}_2})}{[\text{H}^+]^2}$$

$$0.560\text{ V} = 0.762\text{ V} - \frac{0.0257}{2} \times \ln \frac{(0.85)(0.988)}{[\text{H}^+]^2}$$

$$\therefore [\text{H}^+] = 3.5 \times 10^{-4}\text{ M}$$

$$\text{pH} = -\log[\text{H}^+] = -\log(3.5 \times 10^{-4}) = 3.45$$

정답

pH는 3.45

응용문제 17.8

다음 전지의 기전력 E를 계산하고 올바른 전자의 흐름이 A, B 중 어느 방향인지 예측하시오.

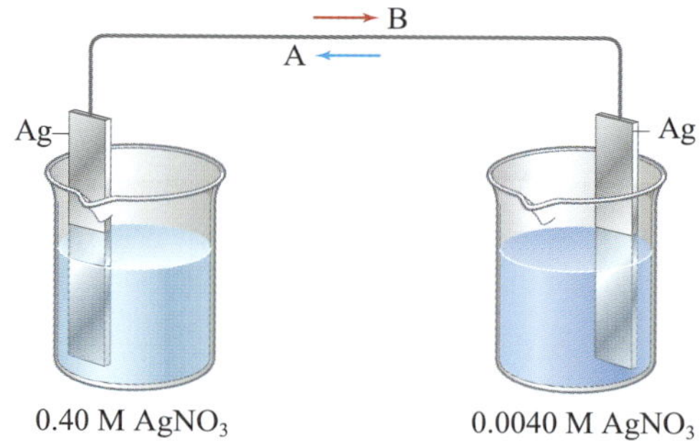

17.6 전지

전지(battery)는 1개의 갈바니 전지나 몇 개의 갈바니 전지들을 직렬로 연결한 것으로서, 그 전위는 각 전지 전위의 합이다. 전지는 현대 사회에서 필수적인 동력원으로 일상생활의 다양한 IT 기기 및 장비로부터 자동차 또는 에너지 원천인 발전 설비에 이르기까지 다양하게 사용되고 있다.

건전지

▲ 최근 널리 상용되는 전지는 충방전과 휴대성이 쉬운 리튬 이온(Li ion) 또는 리튬-폴리머(Li-poymer) 전지이다.
ⓒDAMRONG RATTANAPONG/Shutterstock

일반적으로 널리 사용하고 있는 건전지(dry cell battery)는 유동 성분이 없는 전지로서, 전등이나 각종 오락기, 라디오에 사용되는 전지로 프랑스 화학자 르클랑셰(Leclanché, G., 1839~1882)가 발명하였다. 전지의 산화 전극은 이산화 망가니즈 및 전해질과 접촉하고 있는 아연 깡통, 또는 용기로 이루어졌다. 전해질은 물에 용해한 염화 암모늄이나 염화 아연으로 구성되었고 전분으로 균일하게 반죽하여 용액을 두껍게 쌓아 흐르지 않도록 한다(그림 17.6). 탄소 막대는 전해질 중앙에 놓여 있으며 환원 전극으로 작용한다. 전지 반응은 다음과 같다.

산화 전극: $Zn(s) \longrightarrow Zn^{2+}(aq) + 2\,e^-$

환원 전극: $2\,NH_4^+(aq) + 2\,MnO_2(s) + 2\,e^- \longrightarrow Mn_2O_3(s) + 2\,NH_3(aq) + H_2O(l)$

전체 반응: $Zn(s) + 2\,NH_4^+(aq) + 2\,MnO_2(s) \longrightarrow Zn^{2+}(aq) + 2\,NH_3(aq) + H_2O(l) + Mn_2O_3(s)$

여기서는 반응식을 간단하게 나타냈다. 건전지에 의해 생성된 전압은 약 1.5 V이다. 시중에서 판매되는 건전지는 산화 전극이 산성 조건에서보다 염기성 조건에서 덜 부식되기 때문에 알칼리성 건전지가 수명이 더 길다.

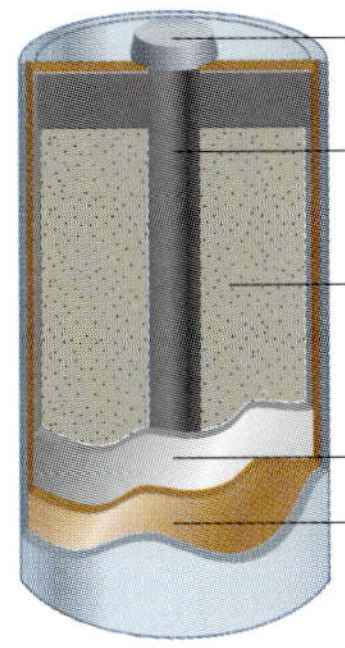

그림 17.6 망가니즈 건전지의 내부 모식도

수은 전지

수은 전지는 전자 산업, 시계 등에 사용된다. 녹슬지 않는 스테인리스로 만든 통 안에 들어 있는 수은 전지는 아연 산화물과 수은(II) 산화물(그림 17.7), 강한 알칼리성 전해질과 아연 산화 전극(아연 아말감으로 되어 있는)으로 이루어졌다. 수은 전지의 반응은 다음과 같다.

▲ 오늘날 수은 전지(또는 수은 건전지)는 소형 전자기기의 필수적인 부속품이다. ©Nor Gal/Shutterstock

$$\text{산화 전극:}\quad Zn(Hg) + 2\,OH^-(aq) \longrightarrow ZnO(s) + H_2O(l) + 2\,e^-$$
$$\text{환원 전극:}\quad HgO(s) + H_2O(l) + 2\,e^- \longrightarrow Hg(l) + 2\,OH^-(aq)$$
$$\text{전체 반응:}\quad Zn(Hg) + HgO(s) \longrightarrow ZnO(s) + Hg(l)$$

작동하는 동안 전해질의 조성이 변하지 않기 때문에(즉, 전체 전지 반응은 오직 고체 및 액체 물질만 포함하고 있으므로) 수은 전지는 건전지보다 훨씬 더 일정한 전압(1.35 V)을 제공한다. 또한, 수은 전지는 상당히 큰 용량과 긴 수명을 가지므로 의료용인 맥박 조작기와 보청기, 전자시계 등에 널리 사용된다.

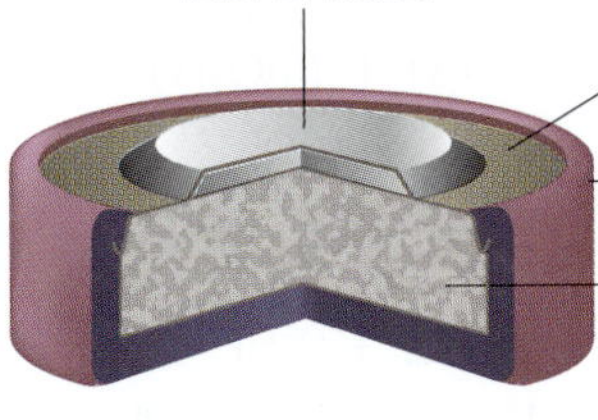

그림 17.7 수은 전지의 단면도

납축전지

자동차에 사용하는 **납축전지(lead storage battery)**는 6개의 동일한 전지들을 직렬로 연결한 것으로, 중금속인 납과 전해액으로 황산을 사용하는 맹독성의 축전지이다. 그러나 자동차가 발명된 이래 자동차용 납축전지는 가장 효율적인 저장 기능을 가지므로 환경 친화적인 다른 종류의 축전지로 대체되지 못하고 있다. 각 전지는 납 산화 전극과 금속판 위에 이산화 납(PbO_2)을 입힌 환원 전극으로 구성되어 있다(그림 17.8). 환원 전극과 산화 전극은 전해질로 작용하는 황산 수용액에 들어 있다. 전지 반응은 다음과 같다.

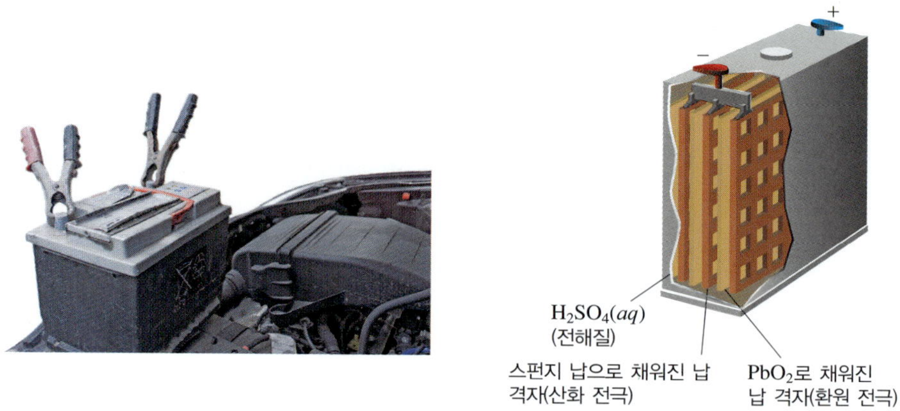

그림 17.8 납축전지 구성도
© Gabriele Maltinti/Shutterstock

$$
\begin{array}{ll}
\text{산화 전극:} & Pb(s) + SO_4^{2-}(aq) \longrightarrow PbSO_4(s) + 2\,e^-(aq) \\
\text{환원 전극:} & PbO_2(s) + 4\,H^+(aq) + SO_4^{2-}(aq) + 2\,e^- \longrightarrow PbSO_4(s) + 2\,H_2O(l) \\
\hline
\text{전체 반응:} & Pb(s) + PbO_2(s) + 4\,H^+(aq) + 2\,SO_4^{2-}(aq) \longrightarrow 2\,PbSO_4(s) + 2\,H_2O(l)
\end{array}
$$

정상적인 작동으로 각 전지는 2 V의 전기를 생성하고, 6개의 전지를 직렬로 연결하여 12 V의 축전지로 된다. 이 납축전지는 자동차나 다른 전기적 시스템의 점화 회로에 동력을 공급하는 데 사용된다. 납축전지는 충전과 방전을 효율적으로 작동하여 전력을 공급한다.

2차 전지
2차 전지(secondary cell)는 전지의 기전력이 떨어지면 외부 전력을 이용하여 재충전할 수 있다.

건전지나 수은 전지와는 달리, 납축전지는 재충전할 수 있는 2차 전지이다. 재충전하는 전지의 환원 전극과 산화 전극에 외부 전압을 걸어 주면 전기 화학 반응은 방전할 때의 반응과 반대방향으로 일어난다(이 과정을 전기 분해라고 한다. 17.8절 참조). 이 반응은 다음과 같다.

$$
\begin{array}{ll}
\text{환원 전극:} & PbSO_4(s) + 2\,e^- \longrightarrow Pb(s) + SO_4^{2-}(aq) \\
\text{산화 전극:} & PbSO_4(s) + 2\,H_2O(l) \longrightarrow PbO_2(s) + 4\,H^+(aq) + SO_4^{2-}(aq) + 2\,e^- \\
\hline
\text{전체 반응:} & 2\,PbSO_4(s) + 2\,H_2O(l) \longrightarrow Pb(s) + PbO_2(s) + 4\,H^+(aq) + 2\,SO_4^{2-}(aq)
\end{array}
$$

전체 반응은 정상적인 전지 반응과는 반대로 일어난다.

납축전지를 사용할 때에는 납축전지의 특성을 알아야 한다.

첫째는 전기 화학 반응에 의하여 황산이 소모되기 때문에 전지가 방전되는 정도는 액체 비중계로 황산 전해질의 밀도를 측정함으로써 알 수 있다. 충분히 충전된 전지에서 액체의 밀도는 1.2 g/mL 정도가 된다. 전해질 황산의 밀도는 납축전지를 사용할수록 작아진다. 그 이유는 충전과 방전으로 인해 발생한 열을 납축전지가 냉각되면서 수분을 흡수하기 때문이다. 이러한 현상이 지속되므로 납축전지의 전해질은 수분 증가로 인해 밀도가 감소한다.

둘째로 겨울철에 자동차의 시동이 잘 걸리지 않는다. 낮은 온도에서 전해질이 물과 얼음의 형태로 변형됨으로써 전해질의 점도가 증가하여 전자의 이동이 원활하지 못하기 때문이다. 그러나 낮은 온도로 인해 완전히 '죽은' 축전지라 할지라도 실내 온도에 가깝게 날씨가 따뜻해지면 전해질이 다시 본래의 액체 상태로 회복되므로 정상적인 출력을 낼 수 있다.

리튬 이온 전지

리튬 이온 전지(lithium ion cell)는 전극을 연결하는 전해질로서 고체 고분자 전해질을 사용한다. 그림 17.9는 고체 상태의 리튬 전지를 나타낸 것이다. 산화 전극으로 리튬 전극을 선택하는 이유는, 표 17.1에서 나타낸 것처럼 *E*°가 큰 음의 값을 갖기 때문이다. 즉, 리튬이 산화 전극이 되며, 어떠한 금속을 환원 전극으로 할 경우 가능한 큰 전위차를 가지는 전지를 만들 수 있다. 또한, 리튬은 가벼운 금속이다. 전자 1몰을 생성하는 데 리튬 6.941 g(몰질량)만 있으면 된다. 전해질은 전자를 통과시키지 못하고 이온만 통과시킬 수 있는 고분자 물질로 만든다. 환원 전극으로는 TiS_2 또는 V_6O_{13}을 사용한다. 리튬 전지의 전압은 3 V이고, 납축전지와 같은 방법으로 재충전할 수 있어 현대 사회에서 많이 사용되는 IT 기기의 재충전용 2차 전지로 주목받고 있다.

©Anton Starikov/Shutterstock

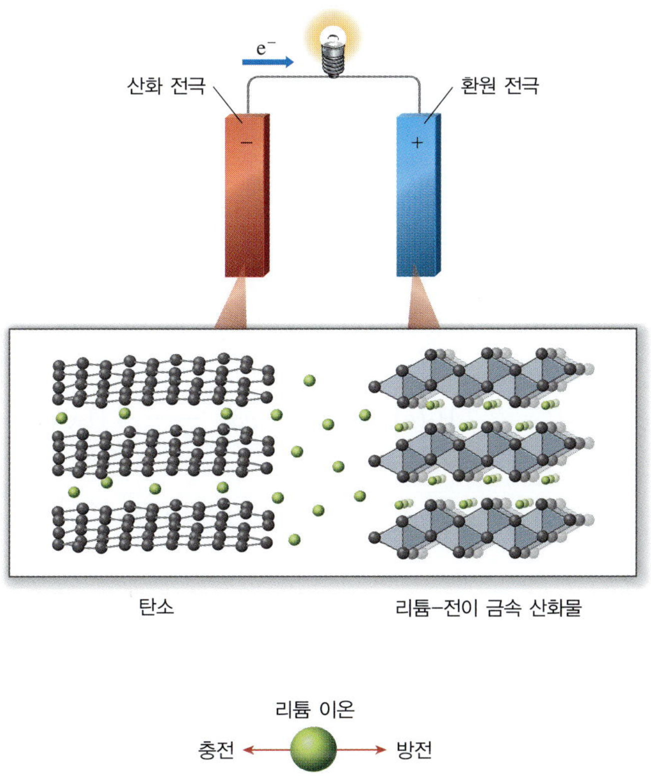

그림 17.9 리튬 이온 배터리의 모식도

연료 전지

연료 전지(fuel cell)란 반응물이 연속적으로 공급되어 지속적으로 전류를 발생시키는 전지이다. 화석 연료는 에너지의 주요 자원이지만 전기 에너지로의 전환 효율은 크지 않다. 메테인의 연소 반응은 다음과 같다.

$$CH_4(g) + 2\ O_2(g) \longrightarrow CO_2(g) + 2\ H_2O(l) + \text{에너지}$$

전기를 발생시킬 때 반응에서 생성된 열은 우선 물을 증기로 바꾸는 데 사용되며 이 때 증기는 발전기의 터빈을 돌리게 한다. 열의 형태로 방출한 에너지의 상당한 부분은 각 단계에서 주위로 손실된다. 오늘날 가장 효율적인 발전기의 경우에도 화학 에너지의 약 40 %만이 전기 에너지로 전환된다. 연소 반응은 산화–환원 반응이므로, 이 반응을 직접적으로 전기 화학적 수단으로 활용하면 전력의 생산 효율을 크게 증가시킬 수 있다. 이러한 목적으로 만들어진 전지가 바로 연료 전지이다.

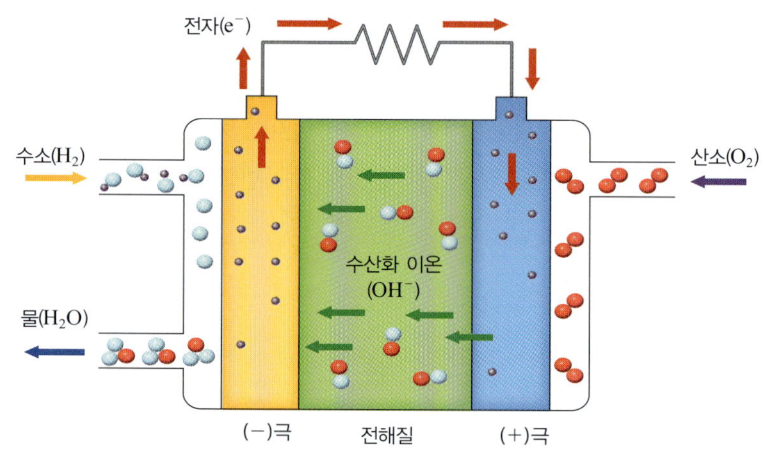

그림 17.10 수소–산소 연료 전지의 모식도

가장 간단한 형태인 수소–산소 연료 전지는 KOH 용액과 같은 전해질 용액과 2개의 비활성 전극으로 구성되어 있다. 수소와 산소 기체는 산화 전극과 환원 전극(그림 17.10)을 통해서 공급되며, 그 반응식은 다음과 같다.

$$\begin{array}{ll} \text{산화 전극:} & 2\ H_2(g) + 4\ OH^-(aq) \longrightarrow 4\ H_2O(l) + 4\ e^- \\ \text{환원 전극:} & O_2(g) + 2\ H_2O(l) + 4\ e^- \longrightarrow 4\ OH^-(aq) \\ \hline \text{전체 반응:} & 2H_2(g) + O_2(g) \longrightarrow 2\ H_2O(l) \end{array}$$

표 17.1을 이용하여 수소–산소 연료 전지의 표준 기전력을 다음과 같이 계산할 수 있다.

$$\begin{aligned} E^\circ_{\text{전지}} &= E^\circ_{\text{환원 전극}} - E^\circ_{\text{산화 전극}} \\ &= 0.40\ \text{V} - (-0.83\ \text{V}) \\ &= 1.23\ \text{V} \end{aligned}$$

전지의 기전력이 양의 값을 가지므로, 이 전지 반응은 표준 상태에서 자발적이다. 전극은 전기 도체로 작용하기도 하고, 또 전자를 주고받기 전에 분자들이 원자로 해리하는 데 필요한 표면을 제공하기도 한다. 즉, 전극은 전극 촉매로 작용한다. Pt, Ni, Rh 같은 금속들은 좋은 전극 촉매로 사용된다.

일반 전지와 달리 연료 전지는 화학 에너지를 저장하지 않는다. 즉, 반응물은 일정하게 다시 공급되어야 하고 생성물은 연료 전지로부터 일정하게 제거되어야 한다. 이런 관점에서 연료 전지는 전지라기보다는 엔진과 비슷하다. 그러나 좋은 성능의 연료 전지는 에너지 전환 효율이 70 %이다. 따라서 내부 내연기관과 비교하면 약 두 배의 효율을 갖는다. 연료 전지 발전기는 소음, 진동, 열전이, 열공해가 없다. 또 모든 전지 및 연소기관에서 발생하는 폐기물이 없다. 이러한 연료 전지는 소형 발전기로 활용되어 소규모 아파트 단지, 빌딩 그리고 외지의 마을에 설치되어 효율적으로 사용되고 있다.

Deep Insight

배터리 화재 때문에 역사에서 사라진 휴대폰

대한민국 과학기술의 최첨단 상품 중 하나로 갤럭시 시리즈 스마트폰이 있다. 그런데 잘 나가던 갤럭시 시리즈에서 갤럭시 노트 7 모델의 경우 2016년 출시된 지 한 달도 되지 않아 세계 각지에서 충전 중 배터리 폭발 사고가 다발적으로 발생하였다. 또 사용 중 임의 충격 이후 배터리에 불이 붙는 사건이 일어나 세계 언론을 통해 큰 논란을 불러일으켰다. 결국에는 9월 6일 미연방 항공청(FAA)은 노트 7 항공기 소지 금지 조치까지 발표하게 되었다. 처음에는 휴대폰 자체의 문제로 인정하지 않았던 삼성은 바로 제품상의 과실을 인정하고 전 세계적으로 대대적인 리콜과 보상을 실시하여 전제품을 수거 처리하였다.

화재 발생은 긴 시간 동안 휴대폰을 사용하기 위해 리튬(Li) 이온 배터리의 용량을 키워 제작하는 과정에서 배터리의 구조상에 결함이 있었던 것이 일차 원인이었다. 또 배터리의 품질을 검사하는 단계에서 철저하게 테스트를 하지 못한 것이 공식적으로 밝혀진 이차적 이유였다.

최종적으로 리콜된 갤럭시 노트 7은 배터리의 용량을 안정 수준까지 낮추어 수리되었고, 갤럭시 노트 FE라는 상품명으로 저렴하게 시판되었다. 여기서 FE의 의미는 Fan Edition의 약자이지만, 항간에는 우스갯소리로 Fire-Extinguished, 즉 '화재가 잡힌'이라는 의미로 회자된 적이 있다. 이로써 단 7개월 만에 갤럭시 노트 7은 단종되었고, 삼성은 단기간 내에 배터리의 결함 문제를 해결하여 바로 다음 해에 갤럭시 8 모델의 시리즈를 생산하였다.

배터리의 기본 성분인 리튬(Li)과 같은 1족 금속인 소듐(Na)은 수분과 접촉을 하면 격렬한 반응과 함께 불이 붙는 특성이 있다. 스마트폰의 화재 사건이 아니더라도 소니의 노트북이 과거 세계전자/전기기기 박람회(CES)에서 전시 중에 배터리에서 화재가 발생했던 이유도 바로 리튬 배터리의 문제였다. 리튬 이온의 이런 문제를 보완하고 배터리의 충전, 방전 효율과 수명을 안정적으로 유지하기 위해 고분자를 혼용한 다양한 리튬-폴리머(Li-polymer) 배터리가 개발되어 지금까지도 사용되고 있다.

요즘은 휴대폰의 배터리가 내장형이기 때문에 휴대폰의 배터리를 우리가 직접 볼 수는 없지만 노트북이나 보조배터리, 휴대용 기기의 분리형 리튬-폴리머 배터리의 표면에는 다음과 같은 주의 사항이 꼭 표시되어 있다.

"함부로 단락시키거나 배터리에 충격을 가하거나 절대 분리하지 마시오."

여기서 우리는 '절대 분리하지 말라'는 의미를 이해할 수 있을 것이다. 만약 잘 밀봉되어 있는 배터리의 외피에 균열이 생겨서 그 틈으로 습기가 유입된다면 매우 위험한 일이 발생할 수 있음을 예상할 수 있다.

ⓒJustAnotherPhotographer/Shutterstock

17.7 부식

부식(corrosion)은 금속이 공기 중에 존재하는 산소, 수분과 반응하여 산화되는 자발적인 과정이다. 자연적으로 부식을 막을 방법이 없어 국가적으로나 경제적으로 큰 손실을 초래하고 있다. 부식은 일상생활에서 철의 녹슮, 은의 변색, 구리와 놋쇠 위에 형성되는 푸른 녹(그림 17.11) 등 손쉽게 발견할 수 있으며, 이런 부식으로 인하여 빌딩, 다리 교각, 배, 자동차 등에 막대한 손해를 입히고 있다. 이번에는 부식이 일어나는 기본 과정과 원리 및 금속의 부식 방지 방법에 대하여 살펴보자.

가장 잘 알려진 일반적인 부식의 예는 철이 녹스는 것이다. 공기 중의 산소 기체와 물이 철을 녹슬게 하는데, 금속 표면에서 녹이 발생하는 과정은 다음과 같다.

먼저, 철의 금속 표면에서 산화 반응이 발생한다. 즉 전지에서 산화 반응이 발생하는 산화 전극처럼 작용한다.

$$Fe(s) \longrightarrow Fe^{2+}(aq) + 2\ e^-$$

철의 산화 반응으로 발생한 전자들은 같은 금속 표면의 다른 영역인 환원 전극에서 대기 중의 산소를 물로 환원시킨다.

$$O_2(g) + 4\ H^+(aq) + 4\ e^- \longrightarrow 2\ H_2O(l)$$

산화 전극과 환원 전극에서 발생한 전체 반응은 다음과 같다.

$$2\ Fe(s) + O_2(g) + 4\ H^+(aq) \longrightarrow Fe^{2+}(aq) + 2H_2O(l)$$

표 17.1의 환원 전위로부터 위 반응에 대한 기전력을 계산해 보면,

$$\begin{aligned} E^\circ_{전지} &= E^\circ_{환원\ 전극} - E^\circ_{산화\ 전극} \\ &= 1.23\ V - (-0.44\ V) \\ &= 1.67\ V \end{aligned}$$

이 반응은 산성 매체에서 일어난다는 것을 기억해야 한다. H^+은 대기 중의 이산화 탄소와 물이 반응하여 생성한 H_2CO_3로부터 제공된다.

ⓒau_uhoo/Shutterstock

ⓒZeralein99/Shutterstock

ⓒvaivirga/Shutterstock

그림 17.11 **부식의 예** 붉게 녹슨 못(Fe), 푸르게 녹슨 파이프(Cu), 검게 녹슨 은 숟가락(Ag)

산화 전극에서 생성한 Fe^{2+}은 산소에 의하여 한 단계 더 산화한다.

$$4\ Fe^{2+}(aq) + O_2(g) + (4+2x)\ H_2O(l) \longrightarrow 2\ Fe_2O_3 \cdot xH_2O(s) + 8\ H^+(aq)$$

이때 생성된 Fe_2O_3 수화물, 산화 철(III)을 녹이라고 한다. 산화 철과 결합한 물의 양은 변하여 여러 조성의 수화물인 $Fe_2O_3 \cdot xH_2O$의 형태로 표시한다.

그림 17.12는 부식 메커니즘을 나타낸 것으로 전기 화학적 반응이다. 추운 날씨에 얼음과 눈을 녹이기 위하여 뿌린 염(NaCl이나 $CaCl_2$)은 자동차를 빠르게 녹슬게 하는 주원인이 된다. 철에 녹아 있는 염은 철 표면 수용액의 전기 전도도를 증가시키고, 따라서 전기 화학적 산화 반응인 부식을 가속화시켜 녹의 생성을 빠르게 한다.

그림 17.12 철의 부식에 대한 도식적 표현 ©Robert D. Young/Shutterstock

금속 부식의 예로서 철과 알루미늄을 비교해 보자. 표 17.1에서 확인되듯이 알루미늄은 철보다 더 큰 음의 표준 환원 전위를 가진다. 즉, 알루미늄은 철보다 더 강하게 산화하려는 경향이 있으나, 부식은 철에서 더 쉽게 일어난다. 철의 표면이 부식되어 나타나는 녹은 다공성이므로 항상 수분 및 산소와 접촉할 수 있으므로 철 표면을 보호할 수 없다. 알루미늄은 더 큰 음의 표준 환원 전위를 가지지만, 알루미늄 표면에 얇은 산화막인 Al_2O_3 층이 형성되면서 내부의 알루미늄이 부식되지 않도록 보호해 주는 역할을 하여 덜 부식된다.

구리나 은으로 만든 금속 화폐는 매우 느리게 녹이 슨다.

$$Cu(s) \longrightarrow Cu^{2+}(aq) + 2\ e^-$$
$$Ag(s) \longrightarrow Ag^+(aq) + e^-$$

대기 중에 노출된 구리는 녹청이라는 녹색의 탄산 구리($CuCO_3$) 층을 형성하는데 이것도 금속이 더 이상 부식하지 않게 보호하는 역할을 한다. 이와 유사한 예로서 은수저도 황화 은(Ag_2S) 층을 만들어 그릇을 보호한다.

부식의 방지

부식으로부터 금속을 보호하는 가장 원천적인 방법은 공기 중의 수분이나 산소와의 접촉을 방지하는 것이다. 그러나 이러한 방법은 자연적으로는 거의 불가능하다. 부식 방지 방법 중 가장 간단한 것은 금속 표면에 페인트를 칠하거나 도금을 하여 얇은 막을 입히는 것이다. 그러나 이러한 방법도 비용이 많이 든다. 이때 철을 다른 금속과 합금을

합금
어떤 금속에 다른 금속이나 비금속을 섞어 만든 금속 혼합물로, 본래 금속의 성질을 개선하거나 보완하여 다른 성질을 가진다.

만들어 사용하면 철이 산화하는 경향을 줄일 수 있다. 예를 들어, 철과 크로뮴의 합금인 스테인리스에서는 표면에 산화 크로뮴 층이 형성됨으로써 부식으로부터 철을 보호할 수 있다.

또 철의 부식을 막기 위해 아연판을 입힐 수 있다. 표 17.1에서와 같이 아연은 철보다 더 쉽게 산화한다.

$$Zn^{2+}(aq) + 2\,e^- \longrightarrow Zn(s) \qquad E° = -0.76\ V$$
$$Fe^{2+}(aq) + 2\,e^- \longrightarrow Fe(s) \qquad E° = -0.14\ V$$

위 반응으로부터 아연 금속은 산화 전극으로, 철은 환원 전극으로 작용함을 알 수 있다. 따라서 아연은 철 표면에서 먼저 산화되는 일종의 희생막 역할을 한다.

음극화 보호
철에 철보다 반응성이 큰 금속을 부착하거나 도선으로 연결하면 반응성이 큰 금속이 철 대신 산화되어 철의 부식을 방지한다.

그림 17.13은 현재 건축자재로 시판되는 철 파이프가 아연으로 코팅됨으로써 녹스는 것을 방지할 수 있다는 것을 보여 준다. 지하에 매설한 탱크나 송수관의 부식을 실제로 방지하는 방법으로 **환원 전극 보호(cathodic protection,** 또는 음극화 보호)가 있다. 이는 철로 된 지하 탱크나 송수관을 마치 전지의 환원 전극으로 작용하게 함으로써 부식으로부터 보호하는 과정이다.

©TGeorge/Shutterstock ©foto_grafica/Shutterstock

그림 17.13 오늘날 시판되고 있는 아연 코팅이 된 철판과 나사못 아연은 산화 경향성이 철보다 더 크기 때문에 철이 부식되는 것을 방지할 수 있다.

그림 17.14는 땅속에 있는 철 수도관이나 철 저장 탱크가 녹스는 것을 방지하기 위해서 마그네슘 막대를 함께 묻어 놓은 것이다. 이것도 아연이나 마그네슘 금속이 철보다도 더 쉽게 산화되는 원리를 이용하는 것이다. 즉, 아연이나 마그네슘을 산화 전극으로 사용하고, 환원 전위가 상대적으로 큰 철 금속을 환원 전극으로 사용하면 철이 부식되는 현상을 막을 수 있다.

그림 17.14 마그네슘을 이용한 지하 철 연료 탱크와 아연을 부착한 선체의 부식 방지

17.9 예제

금속 Al, Cu, Ni, Zn 중 철(Fe)의 음극화 보호가 가능한 희생 전극으로 사용할 수 있는 금속을 모두 쓰시오.

풀이

Fe보다 산화가 잘 되는 금속이 희생 전극으로 사용될 수 있다. 따라서 Fe보다 표준 환원 전위 값이 작은 금속을 찾으면 된다.

표 17.1을 보면 Fe^{2+}와 Fe^{3+}의 표준 환원 전위는 각각 −0.44 V, +0.77 V이므로 적어도 표준 환원 전위 값이 −0.44 V보다 작은 금속이어야 Fe의 두 종류 이온으로의 산화를 막을 수 있다.

Al, Cu, Ni, Zn 각각의 표준 환원 전위 값이 순서대로 −1.66 V, +0.34 V, −0.28 V, −0.76 V이기 때문에 이 중 Al와 Zn만이 Fe가 산화되는 것을 보호할 수 있다.

정답

Al와 Zn

응용문제 17.9

국내 시장에서 시판되는 흰색 페인트가 아래와 같이 세 종류가 있으며, 각 페인트에는 부식 방지 기능을 발휘하기 위해 다양한 금속 성분이 첨가되어 있다고 가정하자.

제품	첨가 성분
사슴표 페인트	알루미늄(Al) 분말
곰표 페인트	코발트(Co) 분말
참새표 페인트	구리(Cu) 분말

조형 미술을 전공하는 대학생 철수와 명철이는 졸업작품으로 아연−주석(Zn+Sn) 합금을 용접하여 금속 구조물을 만들었고, 이 구조물이 부식되지 않도록 흰색 페인트를 위 세 제품 중 하나를 구매하여 사용하려고 한다. 위 표 중 어떤 제품을 선택해야 올바르겠는가? 그 이유를 설명하시오.

17.8 전기 분해

화학 에너지를 전기 에너지로 변환시키는 것은 자발적인 산화−환원 반응에 의하여 일어난다. 이와는 달리 **전기 분해(electrolysis)**는 비자발적인 화학 반응이 일어날 수 있도록 외부로부터 전기 에너지를 사용하는 과정으로, 전지 전위가 (−)인 화학 반응이 일어나는 것이다. **전해 전지(electrolytic cell)**는 전기 에너지를 사용하여 화학 변화를 일으켜 전기 분해를 하는 장치이다. 전기 분해는 실질적으로 매우 중요하다. 배터리 충전, 알루미늄 생산 및 도금 등은 모두 전기 분해에 의하여 진행된다. 갈바니 전지에서 일어나는 과정과 전기 분해는 서로 반대 작용이지만 같은 원리로 설명할 수 있다.

염화 소듐 용융액의 전기 분해

금속 소듐은 용융된 염화 소듐(NaCl)을 전기 분해하여 생산한다. 그림 17.15(a)는 용융 NaCl의 전기 분해를 위한 Downs 전지의 그림으로, 다량의 소금을 전기 분해하는데 사용한다. 용융 소금에서 양이온과 음이온은 각각 Na^+과 Cl^-이다. 그림 17.15(b)는 전극에서 일어나는 반응을 간단하게 나타낸 것이다. 전해 전지는 외부 전지와 연결되어 있는 한 쌍의 전극으로 구성되어 있다. 전지는 산화가 일어나는 산화 전극으로부터 전자가 나와서 환원이 일어나는 환원 전극으로 전자가 이동하며 전극 반응은 다음과 같다.

$$\begin{array}{ll} \text{산화 전극:} & 2\,Cl^-(l) \longrightarrow Cl_2(g) + 2\,e^- \\ \text{환원 전극:} & 2\,Na^+(l) + 2\,e^- \longrightarrow 2\,Na(l) \\ \hline \text{전체 반응:} & 2\,Na^+(l) + 2\,Cl^-(l) \longrightarrow 2\,Na(l) + Cl_2(g) \end{array}$$

주로 이 과정을 이용하여 순수한 금속 소듐(Na)과 염소 기체를 제조한다.

전체 과정의 이론적 기전력 $E°$는 약 −4 V이다. 이 기전력 값이 음인 이유는 외부에 연결된 전지로 인한 비자발적인 반응임을 의미한다. 따라서 최소한 외부로부터 4 V의 전압을 걸어 주어야 위 반응을 진행시킬 수 있다. 그러나 실제로는 이보다 더 큰 전압을 걸어야 한다. 그 이유는 실제 전기 분해 과정이 효율적으로 일어나기 어렵기 때문이다. 실제로 전기 분해가 일어나기 위해서는 이론적인 전압보다 더 큰 전압을 걸어야 하는데, 이를 과전압이라고 한다.

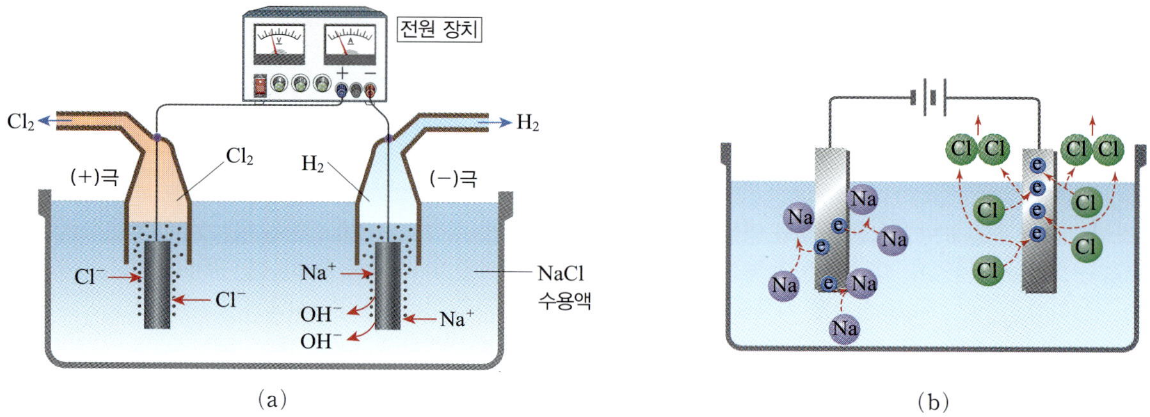

그림 17.15 (a) NaCl(aq)와 (b) 용융된 NaCl(l)의 전기 분해 도식도

물의 전기 분해

1기압, 25 °C에서 다음 반응은 표준 자유 에너지가 큰 양의 값을 나타내는 비자발적인 반응이다. 즉 비커에 들어 있는 물이 자발적으로 산소와 수소 기체로 분해되지 않는 것이다.

$$2\,H_2O(l) \longrightarrow 2\,H_2(g) + O_2(g) \qquad \Delta G° = 474.4\ \text{kJ/mol}$$

그러나 이 반응은 그림 17.16에서와 같이 전해 전지에서는 일어날 수 있다. 전해 전지는 백금 같은 비활성 금속으로 만들어진 한 쌍의 전극으로 이루어져 있다. 순수한 물은 비전해질인 관계로 전극을 전지에 연결하더라도 전기를 운반할 충분한 이온이 없기 때문에 아무런 화학 반응이 일어나지 않는다. 반면에 이 반응은 강전해질인 0.1 M H_2SO_4 용액에서는 잘 일어나는데, 이는 강산인 H_2SO_4 용액에서는 전해질이 100 % 이온화하여 전기를 전도할 수 있는 충분한 양의 이온이 존재하기 때문이다. 따라서 0.1 M H_2SO_4 용액에서는 산화–환원 반응이 발생하여 두 전극에서는 기체의 거품이 일어나기 시작할 것이다.

그림 17.16 물의 전기 분해 반응 물을 전기 분해 하면 환원 전극에서 수소 기체, 산화 전극에서 산소 기체가 발생한다. 수소가 산소의 2배만큼 생기는 것을 볼 수 있다.

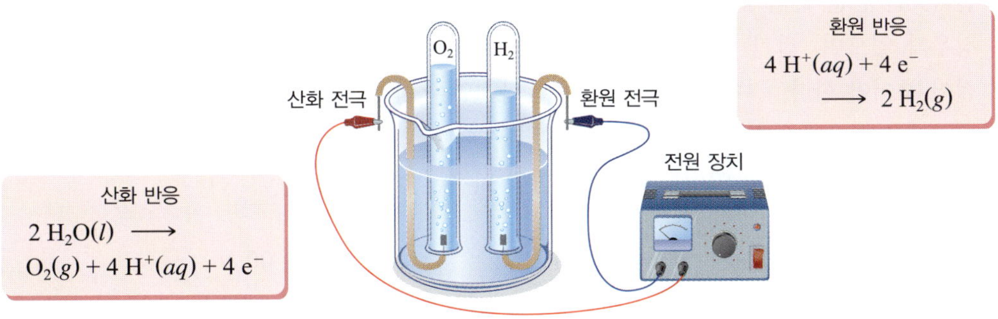

그림 17.17 물의 전기 분해에서 전극의 반응을 보여 주는 개략도

그림 17.17은 물(H_2O)을 분해하는 전해 전지의 전극 반응을 보여 준다. 산화 전극에서의 과정은 아래와 같다.

$$2\ H_2O(l) \longrightarrow O_2(g) + 4\ H^+(aq) + 4\ e^-$$

한편 환원 전극에서의 과정은 다음과 같다.

$$H^+(aq) + e^- \longrightarrow \frac{1}{2}\ H_2(g)$$

따라서 전체 반응은 다음과 같다.

$$\begin{array}{lll} \text{산화 전극:} & 2\ H_2O(l) \longrightarrow O_2(g) + 4\ H^+(aq) + 4\ e^- \\ \text{환원 전극:} & H^+ + 4\ e^- \longrightarrow 2\ H_2(g) \\ \hline \text{전체 반응:} & 2\ H_2O(l) \longrightarrow 2\ H_2(g) + O_2(g) \end{array}$$

염화 소듐 수용액의 전기 분해

염화 소듐 수용액의 전기 분해는 염소와 수산화 소듐(NaOH)을 생산하는 공업적 방법이다. 소금 수용액의 전기 분해 공정은 전기가 많이 소모된다. 그 이유는 H_2O가 Na^+보다 더 쉽게 환원되어 정상적인 상태에서는 소듐(Na)이 생산되지 않기 때문이다. 산화 전극에서 일어나는 산화 반응은 다음과 같이 두 가지가 있다.

$$(1)\ 2\ Cl^-(aq) \longrightarrow Cl_2(g) + 2\ e^-$$
$$(2)\ 2\ H_2O(l) \longrightarrow O_2(g) + 4\ H^+(aq) + 4\ e^-$$

표 17.1을 참조하면

$$Cl_2(g) + 2\ e^- \longrightarrow 2\ Cl^-(aq) \qquad E° = 1.36\ V$$
$$O_2(g) + 4\ H^+(aq) + 4\ e^- \longrightarrow 2\ H_2O(l) \qquad E° = 1.23\ V$$

반응 (1)과 (2)의 표준 환원 전위는 비슷한 값을 나타내지만, 비교적 표준 환원 전위 값이 작은 물이 산화 전극으로 작용해야 함을 알 수 있다.

그러나 산화 전극에서 발생하는 기체는 O_2가 아니고 Cl_2라는 것을, 실험에 의해 알게 된다. 전기 분해 과정에서는 이 반응에서 요구하는 전압이 이론적인 전위 값보다 높을 경우가 있으며, 전기 분해를 일으키기 위하여 이론적인 전위 값보다 더 높은 과전압을 걸어 주어야 한다. 특히 O_2 생성에 대한 과전압은 매우 높다. 따라서 예상과는 달리 O_2 대신에 Cl_2 기체가 산화 전극에서 생성된다.

한편 환원 전극에서 일어날 수 있는 환원 반응은 다음과 같다.

$$(3)\ 2\ H^+(aq) + 2\ e^- \longrightarrow H_2(g) \qquad E° = 0.00\ V$$
$$(4)\ 2\ H_2O(l) + 2\ e^- \longrightarrow H_2(g) + 2\ OH^-(aq) \qquad E° = -0.83\ V$$
$$(5)\ Na^+(aq) + e^- \longrightarrow Na(s) \qquad E° = -2.71\ V$$

이 중에서 반응 (5)는 매우 큰 음의 표준 환원 전위를 갖기 때문에 환원 전극으로는 불가능할 것이다. 표준 환원 전위의 값만 보면, 표준 상태에서 반응 (3)은 반응 (4)보다 훨씬 잘 일어날 것이다. 그러나 pH 7($[H^+]$ = 약 1×10^{-7} M)에서는 두 반응이 일어날 확률은 거의 비슷하다. 실제로 환원 전극에서의 반응은 반응 (3)에서는 H^+의 농도가 매우 낮으므로 반응 (4)에 의하여 H_2가 생성된다.

그러므로 NaCl 수용액의 전기 분해 반응식은 다음과 같다.

$$\text{산화 전극:} \quad 2\ Cl^-(aq) \longrightarrow Cl_2(g) + 2\ e^-$$
$$\text{환원 전극:} \quad 2\ H_2O(l) + 2\ e^- \longrightarrow H_2(g) + 2\ OH^-(aq)$$
$$\text{전체 반응:} \quad 2\ H_2O(l) + 2\ Cl^-(aq) \longrightarrow H_2(g) + Cl_2(g) + 2\ OH^-(aq)$$

전체 반응에서 보여 준 것처럼 Cl^- 농도는 전기 분해하는 동안 산화됨으로써 감소하고, OH^- 농도는 환원됨으로써 증가한다. 그러므로 전기 분해한 후 수용액을 증발시키면 생성물인 H_2와 Cl_2 이외에도 유용한 부산물인 NaOH를 얻을 수 있다. 전기 분해는 산업에서 주로 금속의 추출, 도금 및 정제에 많이 응용되고 있다.

예제 17.10

전원으로부터 공급된 전류가 10.0 A일 때, 용융된 $AlCl_3$를 1시간 동안 전기 분해한다면 얻어낼 수 있는 Al의 질량을 계산하시오.

풀이

우선 전기 분해 장치를 통해 흘려진 전류의 전하량을 쿨롱 단위로 계산한다.

$$\text{전하량(C)} = \text{전류(A)} \times \text{시간(초)} = 10.0\ \text{A} \times 3600\text{초} = 36000\ \text{C}$$

이 전하량을 근거로 이 전하량에 해당하는 전자의 몰수(n)를 아래와 같이 계산한다.

$$\text{전하량(C)} = n(\text{mol e}^-) \times 96500(\text{C/mol e}^-) = 36000\ \text{C}$$

$$\therefore\ n = 0.373\ \text{mol e}^-$$

이 전기 분해 과정에서 Al^{3+} 환원에 사용된 전자가 0.373 mol이므로, 환원이 완료된 Al의 몰수 = 0.373/3 mol = 0.124 mol이다.
결국 Al 0.124 mol × 27.0 g/mol = 3.36 g Al이다.

정답

3.36 g의 Al을 석출할 수 있다.

응용문제 17.10

다음 그림은 철–니켈 전해 전지의 개요도이다.

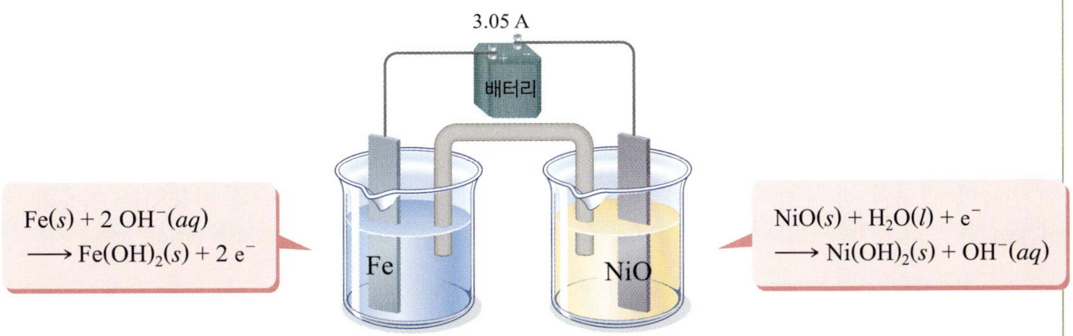

나영이는 위 장치를 이용하여 수산화 니켈(II) 3.5 g을 석출하려고 한다. 과연 몇 초간 그림처럼 전류를 흘려주면 목표한 양의 수산화 니켈(II)을 얻을 수 있을까?

17.11 예제

1.5 A의 전류를 사용하여 $CrCl_3$ 수용액으로부터 1.0 g의 크로뮴 금속을 석출시키는 데 얼마의 시간이 필요한가?

풀이

먼저, Cr 1.0 g 석출에 필요한 전자의 전하량이 Δt 동안 1.5 A의 전류가 제공하는 전하량과 같아야 한다.

(Cr 1.0 g 석출에 필요한 전자의 전하량) = (Δt 동안 1.5 A의 전류가 제공하는 전하량)

따라서 Δt(초) 동안 흐르는 1.5 A의 전류가 지니는 전하량은 아래와 같이 계산할 수 있다.

$$\text{전하량} = \text{전류(A)} \times \text{시간(초)} = 1.5\ \text{A} \times \Delta t(\text{초}) \cdots\cdots (\text{가})$$

또한, 1.0 g의 Cr을 석출하는 데 필요한 전자의 몰수

$$= 1.0\ \text{g Cr}(s) \times \frac{\text{Cr 1 mol}}{\text{Cr 52.00 g}} \times \frac{3\ \text{e}^-\ 1\ \text{mol}}{\text{Cr 1 mol}} = 0.058\ \text{mol e}^-\ \text{이므로,}$$

위 몰수만큼의 전자에 해당하는 전하량을 계산한다. 계산상의 오차를 줄이기 위하여 모든 환산 인자를 한 번에 적용하여 아래와 같이 계산한다.

$$1.0\ \text{g Cr}(s) \times \frac{\text{Cr 1 mol}}{\text{Cr 52.00 g}} \times \frac{3\ \text{e}^-\ 1\ \text{mol}}{\text{Cr 1 mol}} \times \frac{96500\ \text{C}}{1\ \text{mol e}^-} = 5.6 \times 10^3\ \text{C} \cdots\cdots (\text{나})$$

(가)와 (나)가 같으므로,

$$\Delta t(\text{초}) = 5.6 \times 10^3\ \text{C} \div 1.5\ \text{A} = 3712\ \text{초}$$

정답

3712초

응용문제 17.11

네 시간 동안 35.0 A의 전류를 꾸준히 흘려준 수용액에서 특정 금속 X가 90.52 g이 석출되었다. 이 전기 분해 반응을 일으키기 위해 실험자는 전해질 $XCl_3(s)$을 물에 녹여 수용액을 사전에 제조하였다. 이 금속 X의 원소 기호는 무엇인가?

핵심 요약

17.1 산화-환원 반응과 산화-환원 반응식 균형 맞추기

- 전기 화학 과정은 자발적인 화학 반응 으로 생성된 에너지가 전기로 변환되거나, 전기 에너지를 가하여 비자발적인 화학 반응을 일으키는 산화-환원 반응이다.
- 화학종들이 산화-환원 반응에 관여할 경우 각 화학종의 전자 이동에 중점을 두는 이른바 반쪽 반응법을 이용하여 반응식의 균형을 맞춘다.

17.2 갈바니 전지 및 전지 선 표시법

- 자발적인 산화-환원 반응을 이용하여 전기를 발생시키는 실험 장치를 갈바니 전지 또는 볼타 전지라고 한다.
- 화학 전지에서 산화가 일어나는 전극을 산화 전극 또는 음극, 환원이 일어나는 전극을 환원 전극 또는 양극이라고 한다.
- 두 전극 간에 전압차가 생기면 산화 전극에서 환원 전극으로 전기가 흐른다.
- 전기 흐름의 원리는 퍼텐셜 에너지(전압)의 차에 의하여 폭포에서 물이 아래로 흐르는 것과 같은 자발적인 반응이다.

17.3 표준 환원 전위

- 표준 수소 전극(SHE)

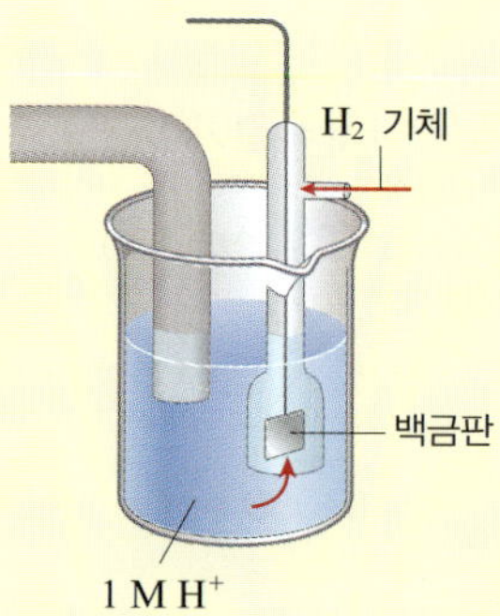

$T = 25\ ^\circ\text{C},\ P_{H_2} = 1\ \text{atm}$

- 표준 수소 전극 전위, E°

$$2\ H^+(1\ M) + 2\ e^- \longrightarrow H_2(1\ atm) \qquad E^\circ = 0\ V$$

- 표준 전위(E°)는 환원 반응식을 근거로 한 정반응에 대한 반쪽 전지 반응의 전위이다.
- 표준 환원 전위 E°_{red}가 큰 양의 값일수록, 그 물질은 환원될 가능성이 크다.
- 반쪽 전지 반응들은 가역적이다.
- 높은 환원 전위를 가지는 전극이 환원 전극이며, 선택한 두 전극 중 상대적으로 낮은 환원 전위를 가지는 전극을 산화 전극으로 사용한다.
- 전극 전위는 세기 성질이기 때문에 반쪽 전지 반응에서 화학량론적인 계수 변화는 표준 환원 전위(E°_{red})에 영향을 주지 않는다.

17.4 전기적 일과 자유 에너지

- 패러데이 상수 F

$$1\ \text{F} = 965{,}000\ \text{C/mol}\ e^-$$

- 전기적 일(전지의 일) $w_{\text{전지}}$

$$w_{\text{전지}} = \Delta G^\circ = -nFE^\circ_{\text{전지}}$$

- 표준 전지 전압 $E^\circ_{\text{전지}}$

$$E^\circ_{\text{전지}} = \frac{0.0257\ \text{V}}{n} \ln K \quad \text{또는} \quad E^\circ_{\text{전지}} = \frac{0.0592\ \text{V}}{n} \log K$$

- 화학 전지의 함수 간 상관관계

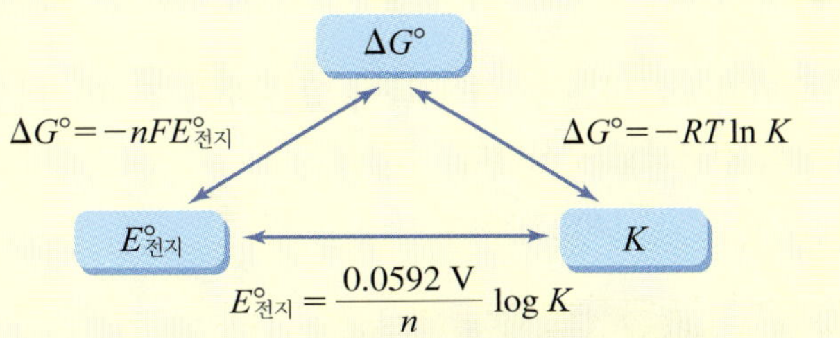

ΔG°	K	$E^\circ_{\text{전지}}$	표준 상태에서의 반응
(−)	>1	양	• 생성물 형성을 선호(자발적 반응) • 화학 전지로 작동 가능
0	$=1$	0	• 반응물과 생성물 형성을 동등하게 선호
(+)	<1	음	• 반응물 형성을 선호(비자발적 반응) • 화학 전지로 작동 불가

17.5 전지의 기전력과 농도의 관계

- 전지의 기전력 E(25 °C)

$$E = E^\circ_{\text{전지}} - \frac{0.0257\ \text{V}}{n} \ln Q \quad \text{또는} \quad E = E^\circ_{\text{전지}} - \frac{0.0592\ \text{V}}{n} \log Q \qquad (Q\text{: 반응 지수})$$

- 농도차 전지에서는 같은 종의 화합물 농도를 서로 다르게 만들어 용기에 각각 넣으면 갈바니 전지를 만들 수 있다.

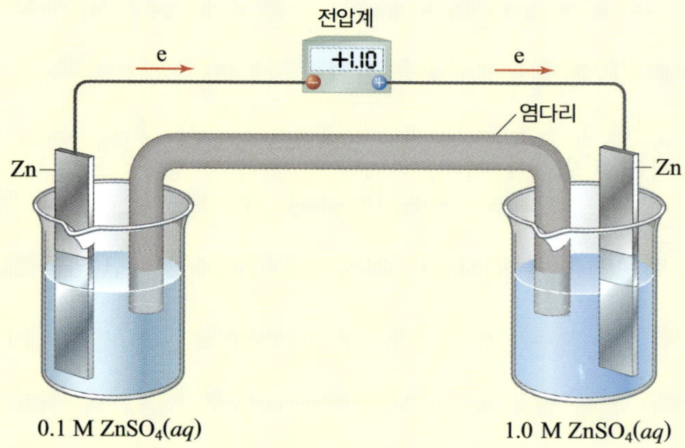

17.6 전지

- 건전지는 유동 성분이 없는 전지이다.

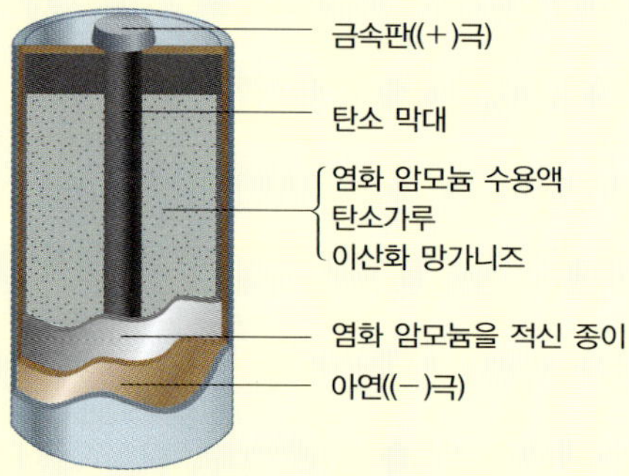

- 수은 전지는 녹슬지 않는 스테인리스로 만든 통 안에 들어 있는 수은 전지는 아연 산화물과 수은(II) 산화물, 강한 알칼리성 전해질과 아연 산화 전극으로 구성된다.

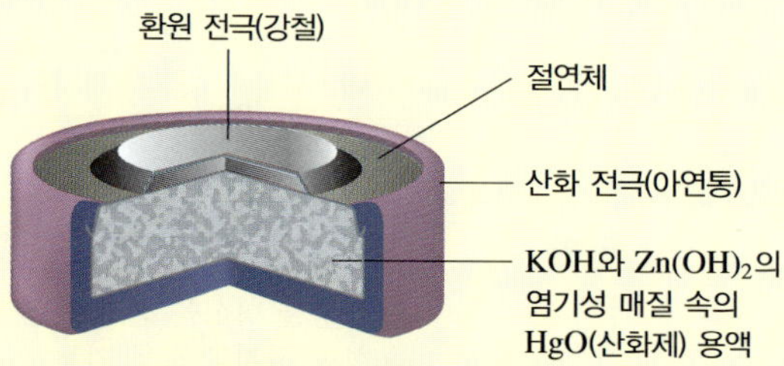

- 납축전지는 6개의 동일한 전지들을 직렬로 연결한 것으로, 중금속인 납과 전해액으로 황산을 사용하는 맹독성의 축전지이다.

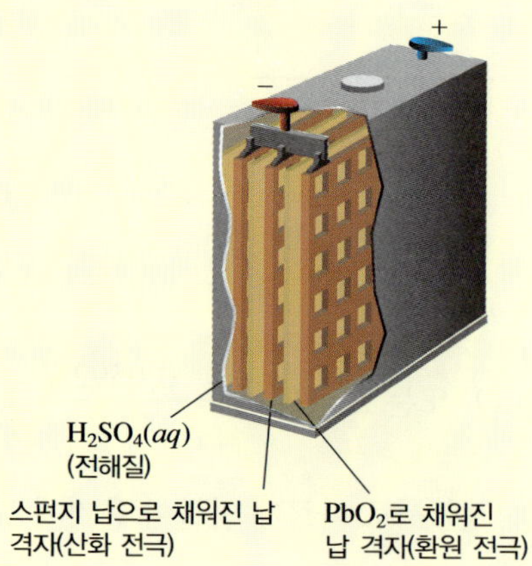

- 리튬 이온 전지는 산화 전극인 TiS_2 또는 V_6O_{13} 리튬 전극과 환원 전극을 연결하는 전해질로서 고체 고분자 전해질을 사용한다.
- 연료 전지는 반응물이 연속적으로 공급되어 지속적으로 전류를 발생시키는 전지이다.

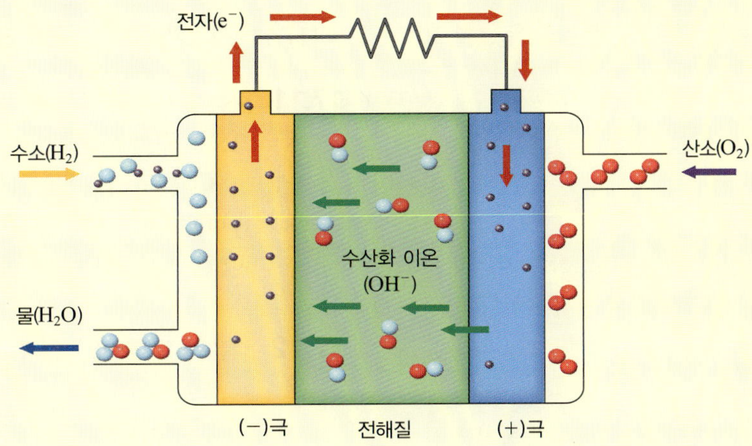

17.7 부식

- 부식은 금속이 공기 중에 존재하는 산소, 수분과 반응하여 산화되는 자발적인 과정이다.
- 부식으로부터 금속을 보호하는 가장 원천적인 방법은 공기 중의 수분이나 산소와의 접촉을 방지하는 것이다.
- 환원 전극 보호는 철로 된 지하 탱크나 송수관을 마치 전지의 환원 전극으로 작용하게 함으로써 부식으로부터 보호하는 과정이다.

17.8 전기 분해

- 전해 전지는 전기 에너지를 사용하여 화학 변화를 일으켜 전기 분해를 하는 장치이다.
- 화학 전지와는 반대로 전해 전지의 경우 산화 전극은 양극이며, 환원 전극은 음극이다.

핵심 용어 정리

- 구경꾼 이온(spectator ion): 실질적으로 반응에 참여하지 않는 반응 전과 후에 모두 존재하여 알짜 반응식에서 소거되는 이온
- 기전력(electromotive force): 산화 전극과 환원 전극 간의 전압차인 전지 전위 차이(= 전지 전위(cell potential))
- 농도차 전지(concentration cell): 서로 다른 농도의 같은 화합물이 분리 다공성막이나 염다리를 사이에 두고 양쪽 계에 녹아 있는 전지
- 전지(battery): 1개의 갈바니 전지나 몇 개의 갈바니 전지를 직렬로 연결한 전지
- 전해 전지(electrolytic cell): 전기 에너지를 사용하여 화학 변화를 일으켜 전기 분해를 하는 장치
- 표준 수소 전극(standard hydrogen electrode): 25 ℃, $P_{H_2} = 1$ atm 조건에서 백금을 사용한 전극, 0.0 V 기준 전극
- 표준 환원 전위(standard reduction potential): 1 M에서의 모든 용액과 1 atm에서의 모든 기체에서 환원 과정으로 주어진 환원 전위
- 환원 전극 보호(cathodic protection): 산화성이 보다 더 높은 금속을 접촉시켜 줌으로써 해당 전극을 환원 전극으로 작용시켜 전극의 부식을 예방하는 것

연습문제

● (17.1～17.5) 다음 설명 중 옳은 것은 ○, 틀린 것은 ×를 표시하시오.

17.1 두 전극 간에 전압 차가 생기면 산화 전극에서 환원 전극으로 전기가 흐른다. (　　　)

17.2 화학 전지에서 산화가 일어나는 전극을 산화 전극 또는 양극, 환원이 일어나는 전극을 환원 전극 또는 음극이라고 한다. (　　　)

17.3 표준 환원 전위 E°_{red}가 큰 양의 값일수록, 그 물질은 산화될 가능성이 크다. (　　　)

17.4 선택한 두 전극 중 높은 환원 전위를 가지는 전극이 환원 전극이며, 상대적으로 낮은 환원 전위를 가지는 전극을 산화 전극으로 사용한다. (　　　)

17.5 건전지는 유동 성분이 없는 전지이다. (　　　)

● (17.6～8.10) 다음 문장의 빈칸에 올바른 용어(단어) 혹은 문구를 채워 넣으시오.

17.6 (　　　)은 금속이 공기 중에 존재하는 산소, 수분과 반응하여 산화되는 자발적인 과정이다.

17.7 전해 전지는 전기 에너지를 사용하여 화학 변화를 일으켜 (　　　)를 하는 장치이다.

17.8 1패러데이(1 F)는 (　　　) C이다.

17.9 동일한 화합물을 전해액으로 사용하고 전극도 동일하지만, 각 전극이 접촉하고 있는 전해액의 농도가 다른 전지를 (　　　)라고 한다.

17.10 (　　　)는 6개의 동일한 전지들을 직렬로 연결한 것으로, 중금속인 납과 전해액으로 황산을 사용하는 맹독성의 축전지이다.

● (17.11～17.25) 다음 물음에 답하시오.

17.11 다음에 표시된 전체 전지 반응을 균형 맞춘 화학 반응식으로 바꾸어 쓰시오.

(a) $Cd \mid Cd^{2+} \parallel Sb^{3+} \mid Sb$

(b) $Pt \mid Cu^{+}, Cu^{2+} \parallel Mg^{2+} \mid Mg$

(c) $Pt \mid Cr^{3+}, Cr_2O_7^{2-} \parallel ClO_3^{-}, Cl^{-} \mid Pt$ (산)

17.12 다음 반쪽 반응을 이용한 볼타 전지가 있다고 가정하자.

$$A^{2+}(aq) + 2\,e^- \longrightarrow A(s) \quad E^\circ_{red} = -0.10\ V$$

$$B^{2+}(aq) + 2\,e^- \longrightarrow B(s) \quad E^\circ_{red} = -1.10\ V$$

어떤 학생이 아래 그림과 같이 화학 전지를 구성하였다면,

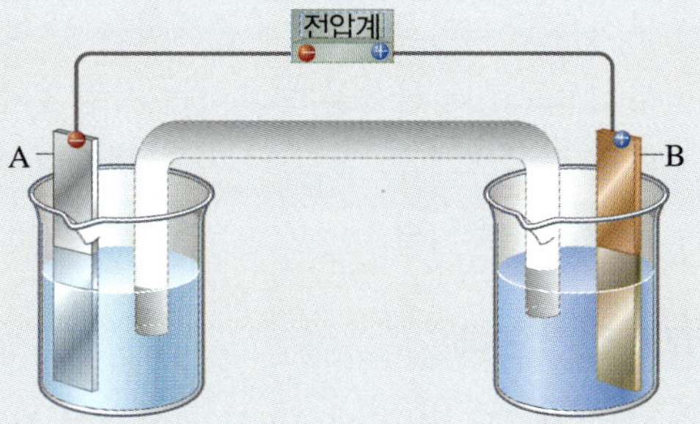

(a) 이 전지가 정상적으로 원활하게 작동하기 위해서는 장치 구성에서 무엇이 더 필요하겠는가?

(b) 어떤 전극이 환원 전극으로 작용하겠는가?

(c) 전자는 외부 회로에서 어느 방향으로 이동하는가?

(d) 표준 상태에서 전지의 전압은 얼마인가?

17.13 다음 반응으로 표시되는 염다리를 포함한 전지가 있다.

$$MnO_4^{-}(aq) + 8\,H^{+}(aq) + 5\,Fe^{2+}(aq) \longrightarrow Mn^{2+}(aq) + 5\,Fe^{3+}(aq) + 4\,H_2O(l)$$

(a) 외부 회로에서 전자의 흐름과 방향은 어떻게 되는가?

(b) 산화 전극으로 사용될 수 있는 전극은 무엇인가?

(c) 환원 전극에서 일어나는 반응은 무엇인가?

17.14 다음 두 화학종 중에서 어느 것이 더 강한 산화제인지 판단하시오.

(a) I^-, Br^-　　(b) Cu, Au

(c) Hg_2^{2+}, NO(*g*)

17.15 $E°$가 음수인 산화-환원 반응에 대한 다음의 물음에 답하시오.

(a) 이 반응의 $\Delta G°$의 부호는 양인가? 음인가?

(b) 이 반응의 평형 상수는 1보다 큰가, 작은가?

(c) 이 반응을 바탕으로 한 화학 전지는 주위에 대해 일을 할 수 있는가?

17.16 다음 전지에 대한 설명 중 맞는 것은?

$$Zn(s) \mid Zn(NO_3)_2(aq) \parallel AgNO_3(aq) \mid Ag(s)$$

(a) Zn 극에서는 산화 반응이 일어난다.

(b) 전류는 Zn 극에서 Ag 극으로 이동한다.

(c) 염다리가 없어도 반응은 계속 진행된다.

(d) Ag 극의 전해 양이온의 농도가 감소한다.

17.17 다음과 같이 구성된 전지에 대한 설명 중 틀린 것은?

$$Zn \mid H_2SO_4 \mid Ag$$

(a) Zn 극은 음극이다.

(b) Zn은 산화 반응을 일으킨다.

(c) 전류는 Ag 극에서 Zn 극으로 흐른다.

(d) Ag 대신 Cu를 넣는다면 기전력이 더 커진다.

17.18 다음 화학 반응식의 균형을 맞추고, 산화제와 환원제를 표시하시오.

(a) $Cr_2O_7^{2-}(aq) + I^-(aq) \longrightarrow Cr^{3+}(aq) + IO_3^-$ (산성 용액)

(b) $MnO_4^{2-}(aq) + CH_3OH(aq) \longrightarrow Mn^{2+}(aq) + HCOOH(aq)$ (산성 용액)

(c) $I_2(s) + OCl^-(aq) \longrightarrow IO_3^-(aq) + Cl^-(aq)$ (산성 용액)

(d) $As_2O_3(aq) + NO_3^-(g) \longrightarrow H_3AsO_4(aq) + N_2O_3(aq)$ (산성 용액)

(e) $MnO_4^-(aq) + Br^-(aq) \longrightarrow MnO_2(s) + BrO_3^-(g)$ (염기성 용액)

(f) $Pb(OH)_4^{2-}(aq) + ClO^-(aq) \longrightarrow PbO_2(s) + Cl^-(aq)$ (염기성 용액)

17.19 다음 반응에 대한 $E°$을 계산하시오.

(a) 크로뮴(II) 이온과 주석(IV) 이온이 반응하여 크로뮴(III) 이온과 주석(II) 이온을 생성

(b) 망가니즈(II) 이온과 과산화 수소가 반응하여 고체 이산화 망가니즈(MnO_2)를 생성

17.20 다음 중 표준 상태에서 자발적으로 일어나는 반응은?

(a) $Ba(s) + 2\,Cr^{3+}(aq) \longrightarrow 2\,Cr^{2+}(aq) + Ba^{2+}(aq)$

(b) $Co^{2+}(aq) + Cu(s) \longrightarrow Co(s) + Cu^{2+}(aq)$

(c) $2\,S(s) + 4\,OH^-(aq) \longrightarrow O_2(g) + 2\,S^{2-}(aq) + 2\,H_2O(l)$

17.21 부록 H를 이용하여 298.15 K 조건에서 다음 반응의 평형 상수를 계산하시오.

(a) $Fe(s) + Ni^{2+}(aq) \longrightarrow Fe^{2+}(aq) + Ni(s)$

(b) $Co(s) + 2\,H^+(aq) \longrightarrow Co^{2+}(aq) + H_2(g)$

(c) $10\,Br^-(aq) + 2\,MnO_4^-(aq) + 16\,H^+(aq) \longrightarrow 2\,Mn^{2+}(aq) + 8\,H_2O(l) + 5\,Br_2(l)$

17.22 (a) $Cr^{3+}(aq)$ 용액을 7.60 A의 전류를 이용하여 2일 간 전기 분해하였다면 생성되는 $Cr(s)$의 질량은 얼마인가?

(b) $Cr^{3+}(aq)$ 용액으로부터 8시간 동안 0.250 mol의 $Cr(s)$을 도금하려면 얼마의 전류를 흘려주어야 하는가?

17.23 다음의 납축전지의 반응식에서 일어나는 현상 중 방전 과정에 대한 설명으로 옳은 것은?

$$2H_2SO_4 + Pb + PbO_2 \rightleftharpoons 2PbSO_4 + 2H_2O$$

(a) 용액의 밀도가 증가한다.

(b) 양쪽 극의 질량은 점차 감소한다.

(c) Pb은 점차 $PbSO_4$로 변하지만 PbO_2는 변하지 않는다.

(d) Pb 0.5몰 반응 시에 H_2SO_4는 1몰 반응한다.

17.24 $CuSO_4$ 수용액에 16분 5초 동안 10 A의 전류를 흘려 전기 분해를 시켰을 때, 석출된 구리의 질량은 몇 g인가? 구리의 원자량을 64라고 가정하고 계산하시오. (1F = 96,500 C)

17.25 황산 구리와 질산 은이 들어있는 용액에 전기를 흘렸을 때 구리 3.2 g이 석출되었다면 은은 몇 g이나 석출되겠는가? 구리와 은의 원자량을 각각 64와 108로 가정하고 계산하시오.

(a) 약 5.4 g (b) 약 1.08 g

(c) 약 50.4 g (d) 약 10.8 g

CHAPTER

18

전이 금속 화학과 배위 화합물

◀ 본래 물감은 독특한 색을 띠는 돌이나 광석을 갈아서 또는 꽃이나 곤충의 사체나 배설물에서 추출해서 제한된 색깔로 높은 비용으로 인해 귀족들만 쓸 수 있었으나, 오늘날은 배위 화합물 합성을 통해 이전과는 비교할 수 없을 정도로 값싸고 매우 다양한 색을 쉽게 얻을 수 있게 되었다. © Botyev Volodymyr/Shutterstock

18.1 전이 금속의 기본 성질

보통 화합물은 유기 화합물과 무기 화합물로 분류할 수 있는데, 탄소를 중심으로 한 다양한 전형 원소들이 유기 화학의 대표적인 원소이듯이 전이 원소는 무기 화학의 중심 원소이다. 전이 원소의 대부분은 금속이기 때문에 전이 금속이라고 부르기도 한다. 전이 금속은 전자의 쌓음 원리에 따라 *d* 및 *f* 오비탈을 가장 마지막으로 채워 안정한 전자 배치를 가지는 원소이다. 이러한 전이 금속은 *d* 구역 및 *f* 구역의 원소로 분류하며 3족에서부터 12족에 해당하는 모든 원소를 뜻한다. *f* 구역의 전이 금속은 별도로 내부 전이 금속이라고 한다. 전이 금속의 전자 배치에서 특이한 것은 같은 준위의 *s* 오비탈이나 *p* 오비탈보다 한 단계 안쪽의 *d* 오비탈이나 두 단계 안쪽의 *f* 오비탈이 더 불안정하여 쌓음 원리에 따라 전자가 순차적으로 채워진다고 가정하면 *ns* 또는 *np* 오비탈보다는 $(n-1)d$ 또는 $(n-2)f$ 오비탈에 전자가 가장 나중에 채워진다는 것이다(그림 18.1). 이는 마치 *d*와 *f* 오비탈의 전자가 전이 금속의 원자가 전자의 역할을 할 수 있게 해주는 원인이 된다.

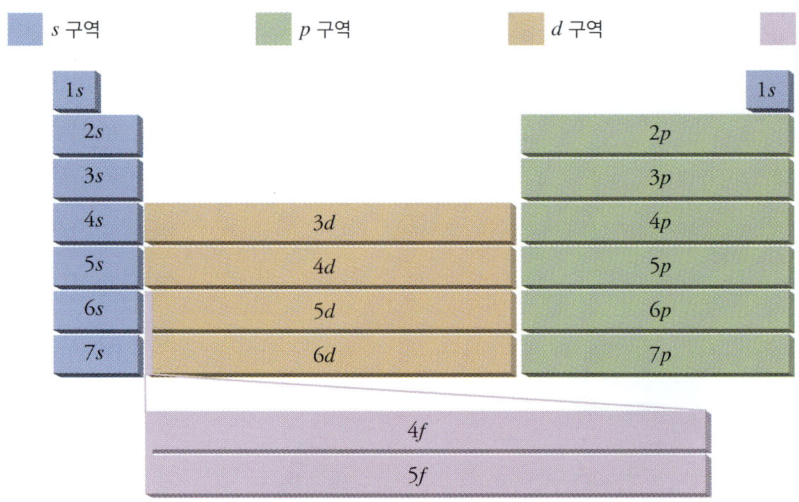

그림 18.1 주기율표상 전형 원소와 전이 금속의 오비탈 구역

리간드
비공유 전자쌍을 가지고 있는 화학종(이온, 분자)으로서 전이 금속 양이온과 배위 공유 결합을 할 수 있는 루이스 염기
예) NH_3, CN^-, H_2O, OH^- 등

전이 금속의 경우 이 *d* 오비탈과 *f* 오비탈이 비어 있는 특성을 이용하여 리간드(ligand)와의 배위(공유) 결합이나 여러 개의 전이 원소가 결합하는 금속 결합을 이루었을 때 금속 내 다수의 전자가 원활히 잘 이동하는 전기 전도성과도 연관이 있다(표 18.1).

전이 금속은 대부분 무거운 금속으로서 중금속이라 불리기도 하며, 원자 번호 84번 이후의 전이 금속 중에는 방사성 동위 원소가 상당히 그리고 다양하게 존재한다. 물론 원자 번호 84번 이후에는 자연 붕괴되는 방사성 동위 원소를 갖는 전형 원소도 존재한다. 하지만 방사성 동위 원소의 종류와 수는 전이 금속이 더 많다. 대표적인 방사성 동위 원소로는 우라늄(U-235, U-238)과 플루토늄(Pu-238, Pu-239)이 있다.

전이 금속의 화학적인 성질은 전형 원소에서 보았던 일관되고 규칙적인 원소의 주기성과는 전혀 다른 경향을 보인다. 이온화 에너지(그림 18.2), 원소의 반지름(그림 18.3), 전기 음성도, 전자 친화도 그리고 산화수 경향(그림 18.4)까지 전혀 다른 성질을 보인다(표 18.1). 또한 전형 원소에서는 '같은 족의 원소는 비슷한 화학적 성질을 갖는다'라는 확고한 특징이 있으나 전이 원소의 경우에는 같은 족뿐만 아니라 같은 주기의 원소 간에도 비슷한 화학적 성질이 상당히 많이 관찰된다. 여기서 성질이란 높은 끓는점과 녹는점, 산과 염기 반응성, 산화와 환원 반응성(표 18.2), 전기 전도성, 용해도 등이 해당된다.

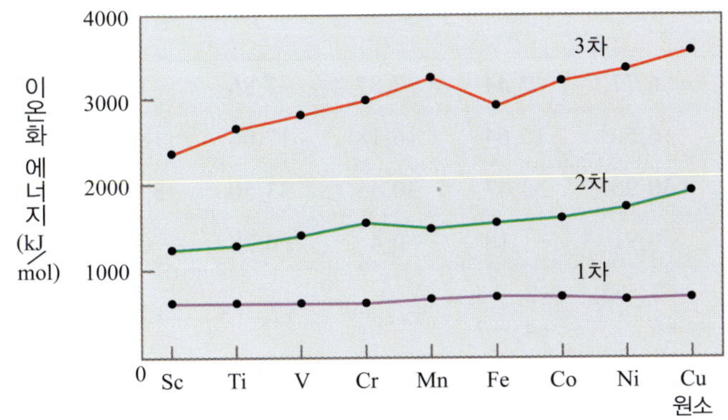

그림 18.2 4주기 대표 전이 금속의 1차, 2차, 3차 이온화 에너지 경향

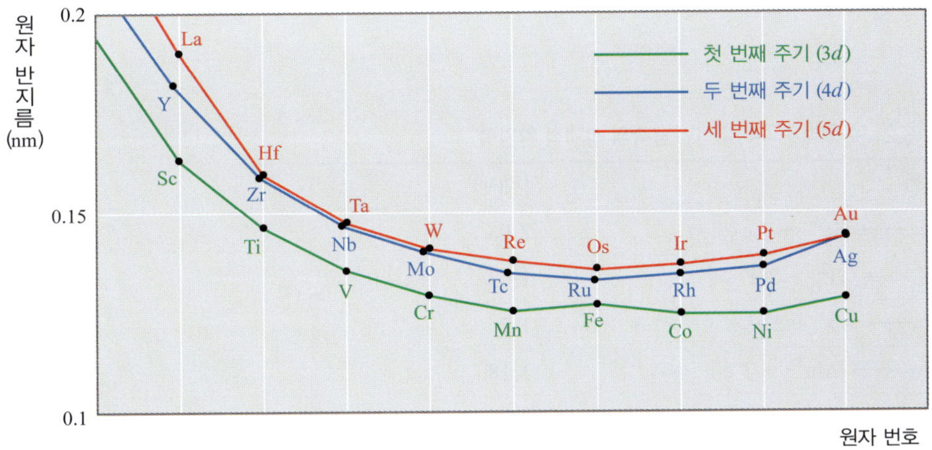

그림 18.3 4, 5, 6주기 전이 금속 원소의 원자 반지름의 경향

Sc	Ti	V	Cr	Mn	Fe	Co	Ni	Cu
				+7				
			+6	+6	+6			
		+5	+5	+5	+5			
	+4	+4	+4	+4	+4	+4		
+3	+3	+3	+3	+3	+3	+3	+3	+3
	+2	+2	+2	+2	+2	+2	+2	+2
								+1

그림 18.4 4주기의 대표 전이 금속의 가능한 산화수 적색의 산화수는 수용액에 유리되어 있거나 리간드와 결합을 하는 경우에 일반적으로 확인되는 산화수이며, 흑색은 산화-환원 반응 과정에서 발견되는 산화수이다.

표 18.1 4주기 전이 금속 원소들의 주요 특성 비교표

	스칸듐	타이타늄	바나듐	크로뮴	망가니즈	철	코발트	니켈	구리	아연
원자 번호	21	22	23	24	25	26	27	28	29	30
전자 배치*	$4s^23d^1$	$4s^23d^2$	$4s^23d^3$	$4s^13d^5$	$4s^23d^5$	$4s^23d^6$	$4s^23d^7$	$4s^23d^8$	$4s^13d^{10}$	$4s^23d^{10}$
원자 반지름	162	147	134	130	135	126	125	124	128	138
이온화 에너지(eV/원자)										
첫 번째	6.54	6.82	6.74	6.77	7.44	7.87	7.86	7.64	7.73	9.39
두 번째	12.80	13.58	14.65	16.50	15.64	16.18	17.06	18.17	20.29	17.96
세 번째	24.76	27.49	29.31	30.96	33.67	30.65	33.50	35.17	36.83	39.72
환원 전위‡(V)	−2.08	−1.63	−1.2	−0.91	−1.18	−0.4	−0.28	−0.23	+0.34	−0.76
흔한 산화 상태	+3	+2, +3, +4	+2, +3, +4, +5	+2, +3, +6	+2, +3, +4, +7	+2, +3	+2, +3	+2	+1, +2	+2
녹는점(°C)	1397	1672	1710	1900	1244	1530	1495	1455	1083	419
밀도(g/cm^3)	2.99	4.49	5.96	7.20	7.43	7.86	8.9	8.9	8.92	7.14
전기 전도도†	–	2	3	10	2	17	24	24	97	27

*각 원자의 내부 전자 배치는 아르곤의 전자 배치와 같다.

‡$M^{2+} + 2\,e^- \longrightarrow M$ 과정에 관한 것(스칸듐의 경우는 Sc^{3+})

†은(Ag)을 100으로 기준한 값에 대한 비교 값

표 18.2 수용액 중 4주기 전이 금속의 상대적 환원력

반응	전위(V)
$Sc \longrightarrow Sc^{3+} + 2\,e^-$	2.08
$Ti \longrightarrow Ti^{2+} + 2\,e^-$	1.63
$V \longrightarrow V^{2+} + 2\,e^-$	1.2
$Mn \longrightarrow Mn^{2+} + 2\,e^-$	1.18
$Cr \longrightarrow Cr^{2+} + 2\,e^-$	0.91
$Zn \longrightarrow Zn^{2+} + 2\,e^-$	0.76
$Fe \longrightarrow Fe^{2+} + 2\,e^-$	0.44
$Co \longrightarrow Co^{2+} + 2\,e^-$	0.28
$Ni \longrightarrow Ni^{2+} + 2\,e^-$	0.23
$Cu \longrightarrow Cu^{2+} + 2\,e^-$	−0.34

환원력

전이 원소의 특징

- 대부분 무거운 금속이다.
- 전형 원소에 비해 방사성 동위 원소의 종류와 수가 많다.
- 가장 안정한 전자 배치 상태가 *d* 또는 *f* 오비탈에 가장 나중에 채워지는 형태이다.
- 일반적인 전형 원소의 주기성과는 전혀 다른 성질을 지닌다.

18.2 배위 화합물과 리간드

전이 금속은 무거운 금속으로서 주족 금속인 알칼리 금속 및 알칼리 토금속과는 다르게 원자가 따로따로 떨어진 유리된 상태로 존재하기보다는 뭉쳐서 존재하는 특성이 있다. 금이나 은, 구리 등이 덩어리로 존재하는 것이 자연스러운 모습인 것은 이 때문이다. 하지만 유독 전이 금속이 개개로 유리되어 존재할 수 있는 경우가 있는데 그것은 바로 수용액 상태에서 이온으로 존재하는 것이다. 이때에도 전이 금속 이온의 양전하를 안정화 또는 중화시키기 위하여 주변의 음이온과 결합하거나 아니면 고립 전자쌍이 풍부한 다수의 화학종으로부터 전자쌍을 일방적으로 제공받는 배위 공유 결합을 이룬다. 여기서 배위 공유 결합을 하기 위해 고립 전자쌍을 전이 금속 이온에 제공하는 화학종 일체를 **리간드(ligand)**라고 부르며, 이 리간드와 전이 금속 양이온과의 특별한 결합체 이온을 **착이온(complex ion)**이라고 한다. 이 착이온이 전하의 균형을 이루고자 주변의 반대 극성의 이온과 결합하여 형성한 화합물을 **착화합물(complex compound)** 또는 **배위 화합물(coordination compound)**이라고 한다.

착이온과 리간드
- 착이온 = 중심 전이 금속 + 다수의 리간드
- 리간드: 최소한 1쌍 이상의 비공유 전자쌍을 가지고 있어야 한다.

다음은 착이온의 예를 나타낸 것이다.

$$Cu^{2+}(aq) + 4\ NH_3(aq) \rightleftharpoons Cu(NH_3)_4{}^{2+}(aq)$$

위 착이온에 관한 특성은 다음과 같다.

- 중심 금속: 구리 양이온(II), Cu^{2+}
- 리간드: 암모니아 분자, NH_3
- 배위수: 4
- 착이온의 전하: 중심 원자의 산화수 + 리간드의 전하 = $+2+(4\times0)=+2$
- 입체 구조: 사각 평면

중심 금속과 배위수, 입체 구조

착이온(또는 착화합물)에서 중심 전이 금속의 종류와 산화수는 착이온의 형성에 절대적으로 중요하다. 표 18.3에서 알 수 있듯이 전이 금속의 종류와 산화수에 따라 착이온의 배위수, 착이온의 입체 구조가 결정되기 때문이다. 여기서 **배위수(coordination number)**란 하나의 중심 원자에 인접하고 있는 다른 원자나 분자단의 개수를 뜻한다. 예를 들면 같은 구리 원소가 중심 금속이라 할지라도 배위수가 4인 Cu^{2+}는 착이온을 형성할 때 주변에 리간드 4개와 결합을 하여 사각 평면 구조를 이루지만, 배위수가 2인 Cu^{+}일 경우에는 리간드 2개하고만 결합을 하기 때문에 직선형의 입체 구조를 갖는 착이온만을 생성할 수 있다.

표 18.3 몇 가지 중심 금속의 산화수와 배위수 및 입체 구조와의 관계

중심 금속과 산화수	배위수	입체 구조	예
Ag^+, Au^+, Cu^+	2	직선	$Ag(NH_3)_2{}^+$, $Au(CN)_2{}^-$
Cu^{2+}, Ni^{2+}, Pd^{2+}, Pt^{2+}	4	사각 평면	$Pt(NH_3)_4{}^{2+}$, $Pt(NH_3)_3Cl_2$
Cd^{2+}, Co^{2+}, Ni^{2+}, Zn^{2+}	4	사면체	$Zn(NH_3)_4{}^{2+}$, $CoCl_4{}^{2-}$
Cd^{2+}, Co^{2+}, Ni^{2+}, Fe^{2+}, Fe^{3+}, Pt^{4+}, Sc^{3+}, Cr^{3+}	6	팔면체	$Co(NH_3)_6{}^{2+}$, $Co(NH_3)_4Cl_2{}^+$

또한 착이온(또는 착화합물)의 루이스 구조를 그려보면 중심 전이 금속은 리간드의 고립 전자쌍을 받는 과정에서 항상 팔전자 규칙을 준수하는 것이 아니라 최외각에 전자 4개, 8개, 12개의 전자를 담는다. 그렇기 때문에 표 18.4와 같이 VSEPR 원리에 의하여 입체 구조를 가지게 되며, 각각의 중심 금속마다 혼성 오비탈의 형태를 띤다. 여기서 특이한 것은 사각 평면 구조를 갖는 착이온의 혼성 오비탈이 dsp^2라는 점이다.

사각 평면 구조의 착화합물의 혼성이 sp^3가 아닌 점을 유의하라.

표 18.4 착이온(또는 착화합물)의 입체 구조와 혼성 오비탈 형태

배위수	2	4	4	6
입체 구조 (VSEPR)	선형	사면체	사각 평면	팔면체
혼성 오비탈	sp 혼성	sp^3 혼성	dsp^2 혼성	d^2sp^3 혼성

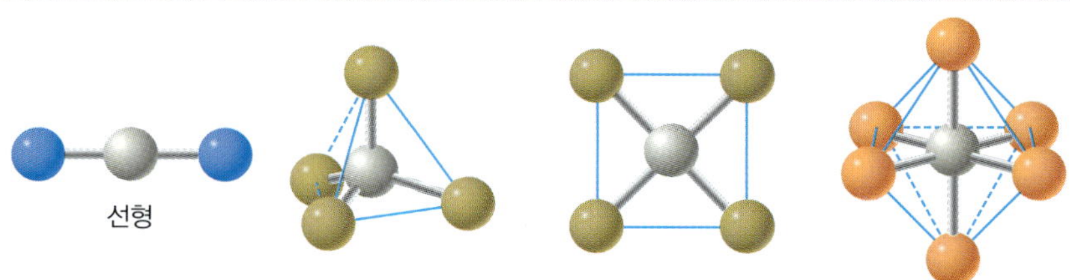

리간드

중심 금속만큼이나 배위 화합물에서 중요한 것이 바로 **리간드(ligand)**이다. 비공유 전자쌍(= 고립 전자쌍)을 단 한 쌍이라도 가지고 있다면 리간드의 역할을 할 수 있다. 따라서 리간드의 종류는 상당히 다양하다. 표 18.5와 표 18.6에는 각 리간드의 종류와 이름, 구조, 그리고 자릿수에 따른 리간드를 분류하였다. 여기서 리간드의 자릿수란 리간드 분자 하나당 중심 전이 금속에 배위 공유 결합을 하기 위해 전자쌍을 제공할 수 있는 부분의 수를 뜻한다. 즉 암모니아나 일산화 탄소와 같이 리간드 한 분자의 구조상 한 순간에 중심 금속과 직접적으로 결합할 수 있는 고립 전자쌍의 자리가 하나이면 한자리 리간드라고 한다. 그리고 에틸렌다이아민(en, ethylenediamine)과 같은 리간드는 분자 구조상 동시에 전이 금속에 배위 결합이 가능한 고립 전자쌍의 자릿수가 2개이므로 두자리 리간드라고 한다. 이렇듯이 리간드 한 분자에 고립 전자쌍의 자릿수에 따라서 세

자리 리간드, 네자리 리간드 등 다양한 여러 자리 리간드가 얼마든지 존재할 수 있다.

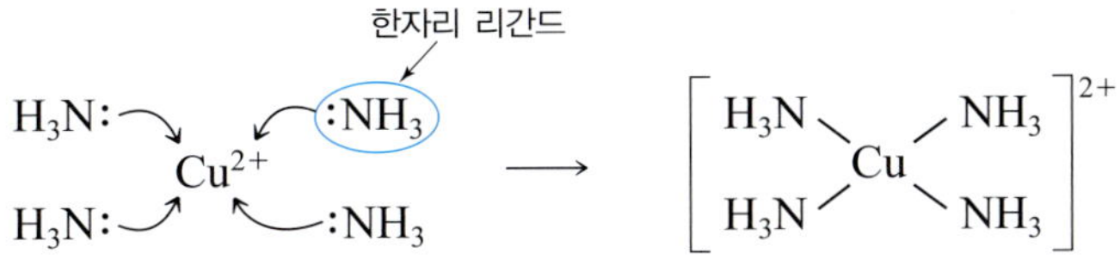

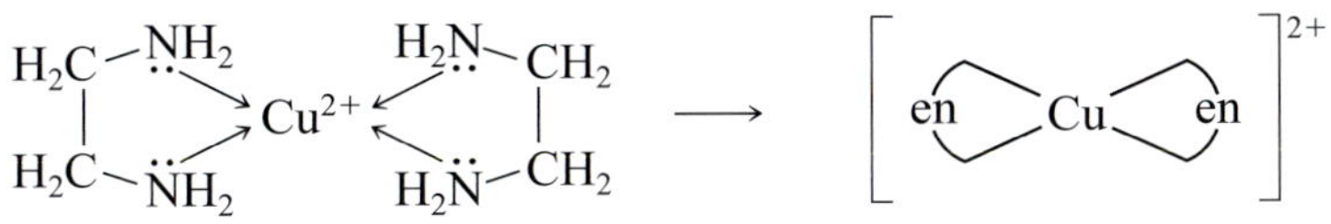

en = $NH_2CH_2CH_2NH_2$(ethylenediamine)
두자리 리간드

또한 여러 자리 리간드에 의하여 형성된 착이온이나 착화합물은 별도로 **킬레이트 화합물(chelate compound)**, 또는 **킬레이트 착물(chelate complex)**이라고 부른다(그림 18.5).

표 18.5 리간드의 종류와 이름

종류	이름
브로민화(bromide), Br^-	브로모(bromo)
염화(chloride), Cl^-	클로로(chloro)
사이안화(cyanide), CN^-	사이아노(cyano)
수산화(hydroxide), OH^-	하이드록소(hydroxo)
산화(oxide), O^{2-}	옥소(oxo)
탄산(carbonate), $CO_3{}^{2-}$	카보네이토(carbonato)
아질산(nitrite), $NO_2{}^-$	나이트로(nitro)
옥살산(oxalate), $C_2O_4{}^{2-}$	옥살레이토(oxalato)
암모니아(ammonia), NH_3	암민(ammine)
일산화 탄소(carbon monoxide), CO	카보닐(carbonyl)
물(water), H_2O	아쿠아(aqua)
에틸렌다이아민(ethylenediamine)	에틸렌다이아민(ethylenediamine)
에틸렌다이아민테트라아세트산 (ethylenediaminetetraacetic acid, EDTA)	에틸렌다이아민테트라아세테이토 (ethylenediaminetetraacetato)

비공유 전자쌍이 있어 배위 결합이 가능하다면 어느 분자나 이온도 얼마든지 리간드가 될 수 있다.

표 18.6 리간드의 자릿수 형태별 분류

형태	예			
한자리	H_2O NH_3	CN^- NO_2^-	SCN^-(싸이오사이아네이트) OH^-	X^-(할로젠)
두자리	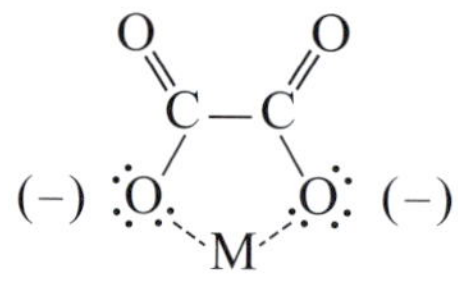 옥살산 이온		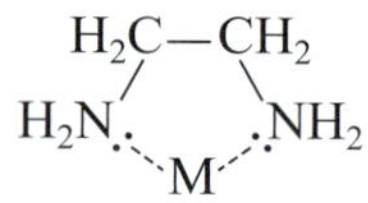 에틸렌다이아민	
여러 자리	$H_2\ddot{N}-(CH_2)_2-\ddot{N}H-(CH_2)_2-\ddot{N}H_2$ 3개의 배위 원자들 다이에틸트라이아민(dien) 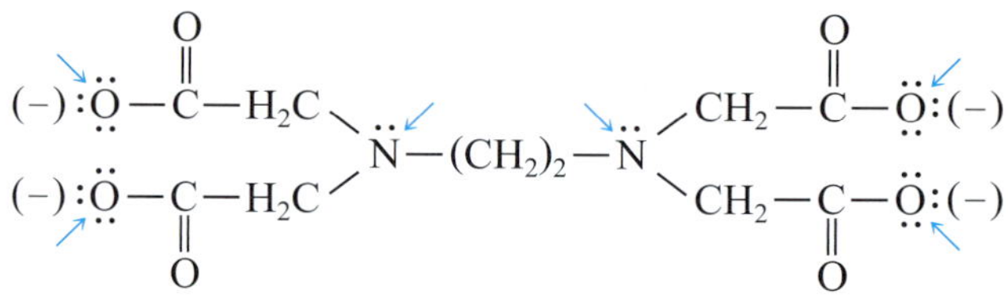 6개의 배위 원자들 에틸렌다이아민테트라아세트산(EDTA)			

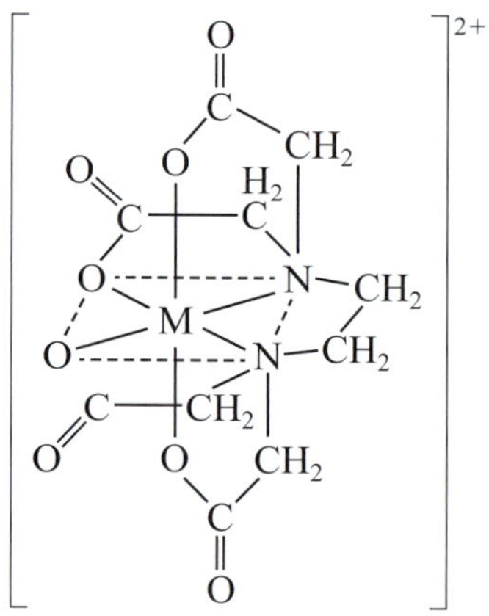

그림 18.5 킬레이트 화합물의 예 여섯자리 리간드 EDTA가 결합된 착이온. 이 그림에서 중심 금속의 산화수는 2+이다. 리간드 EDTA 분자 하나가 (+)극의 전이 금속을 여섯 방향으로 강력하게 붙잡을 수 있기 때문에 카드뮴(Cd^{2+})과 같은 중금속이 체내에 축적된 환자에게 치료제로 Na_2–EDTA 염의 수용액을 혈관으로 주사하기도 한다. 체내 중금속과 킬레이트를 형성한 착이온은 소변으로 배출된다.

18.3 착이온 및 배위 화합물의 명명법

착이온 또는 배위 화합물의 이름은 다음과 같은 규칙에 따라 명명한다.

규칙 1. 양이온과 음이온이 균형 있게 결합된 착화합물의 경우에는 음이온에서 양이온 순으로 이름을 부른다.

규칙 2. 리간드의 이름은 표 18.5의 이름을 사용하여 부르되 그 이름 앞에 사용된 리간드의 개수를 나타내기 위해 다이-(di-, 둘), 트라이(tri-, 셋), 테트라-(tetra-, 넷) 등의 접두어를 사용한다. 간혹 이 접두어는 사용하는 리간드의 특성에 따라 비스-(bis-, 둘), 트리스(tris-, 셋), 테트라키스-(tetrakis-, 넷) 등과 같은 그리스어 접두어를 변칙적으로 사용하기도 한다.

규칙 3. 여러 종류의 리간드가 사용되었을 경우에는 접두사를 제외한 알파벳순으로 리간드의 이름을 부른다.

생각보다 상당히 틀리기 쉬운 명명법이므로 충분히 연습해 두어야 한다.

규칙 4. 중심 금속의 산화수는 금속 이름 뒤에 바로 괄호를 붙여 로마숫자(I, II, III 등) 형태로 표기한다.

규칙 5. 중심 금속과 (−)전하를 띤 리간드 다수가 결합하다 보면 착이온이 양이온 착물이 아닌 음이온 착물이 된다. 이 경우에는 금속산으로 취급하여 다음과 같이 '-산'의 어미 형태로 부른다.

중심 금속	음이온 금속산 이름	중심 금속	음이온 금속산 이름
구리	구리산	은	은산
금	금산	주석	주석산
납	납산	철	철산
니켈	니켈산	코발트	코발트산

위 규칙을 적용하여 명명된 착화합물의 예는 다음과 같다.

- 착이온
  - (+)전하를 띤 착이온 $[Co(NH_3)_5Cl]^{2+}$ 펜타암민클로로코발트(III) 이온
  - (−)전하를 띤 착이온 $[Co(NO_2)_6]^{3-}$ 헥사나이트로코발트(III)산 이온

- 착이온이 양이온이면서 음이온과 결합된 착화합물
  - $[Co(NH_3)_5Cl]Cl_2$ 염화펜타암민클로로코발트(III)
  - $[Cr(NH_3)_4Cl_2]NO_3$ 질산테트라암민다이클로로크로뮴(III)

- 착이온이 음이온이면서 양이온과 결합된 착화합물
  - $K_4[Fe(CN)_6]$ 헥사사이아노철(II)산 포타슘
  - $Na_3[Co(NO_2)_6]$ 헥사나이트로코발트(III)산 소듐

이외에도 매우 다양한 착화합물 및 착이온이 존재하므로 예제와 연습문제를 통하여 연습할 필요가 있다.

예제 18.1

다음 배위 화합물에 대해 체계명(명명법에 따른 이름)을 쓰시오.
(a) $[Co(NH_3)_5Cl]Cl_2$
(b) $K_3[Fe(CN)_6]$
(c) $[Fe(en)_2(NO_2)_2]_2SO_4$

정답
(a) 염화 펜타암민클로로코발트(III)
(b) 헥사사이아노철(III)산 포타슘
(c) 황산 비스(에틸렌다이아민)다이나이트로철(III)

응용문제 18.1

다음 배위 화합물 또는 착이온에 대해 체계명을 쓰시오.
(a) $[Ag(NH_3)_2]F$
(b) $[Cr(H_2O)_6]Cl_3$
(c) $[VCl_4]^-$

예제 18.2

다음 체계명의 배위 화합물에 대한 화학식을 쓰시오.
(a) 염화 트라이암민브로모백금(II) (triamminebromoplatinum(II) chloride)
(b) 헥사플루오로코발트(III)산 포타슘 [(potassium hexafluorocobaltate(III)]

정답
(a) $[Pt(NH_3)_3Br]Cl$
(b) $K_3[CoF_6]$

응용문제 18.2

다음 체계명의 배위 화합물(착이온)의 알맞은 화학식을 쓰시오.
(a) 트라이옥살레이토철(III) 이온
(b) 테트라클로로백금(II)산 이온

18.4 착이온 및 배위 화합물의 이성질 현상

중심 금속에 어떤 리간드가 몇 개, 그리고 어느 위치에 결합하느냐에 따라 착이온과 착화합물의 다양한 이성질체를 확인할 수 있다. 이성질체는 그림 18.6에 따라 분류할 수 있는데 착이온과 배위 화합물에 해당하는 이성질체 구조는 주로 기하 이성질체와 광학 이성질체(또는 거울상 이성질체)이며, 적은 비중이지만 배위 이성질체에 해당한다.

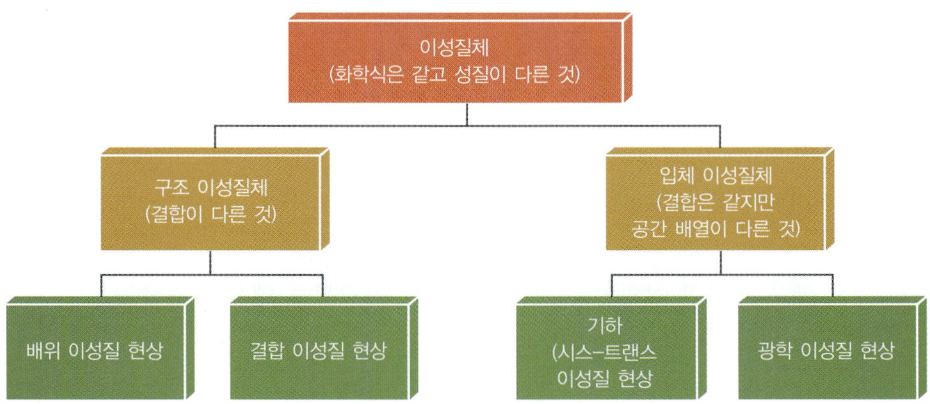

그림 18.6 이성질체의 분류

기하 이성질체

기하 이성질체는 중심 금속에 결합하는 리간드의 위치에 따라 시스형과 트랜스형으로 구별된다. 기하 이성질체가 가능하려면 기본적으로 두 종류 이상의 리간드가 각각 2개 이상씩 착이온 안에 존재해야 한다.

기하 이성질체는 분명 화학적 성질(녹는점, 끓는점, 극성, 색깔)에 차이가 있어 명확히 구분되지만, 광학 이성질체는 화학적 성질이 동일하여 실제 실험실에서 구분할 수가 없다.

또한 착이온에서 구별되는 시스와 트랜스 이성질체는 배위수가 4인 사각 평면 구조와 배위수가 8인 팔면체 구조에서 발견된다. 플라틴의 구조는 사각 평면 구조에 해당하고, 테트라암민다이클로로코발트(Ⅲ)는 팔면체 구조에 해당한다.

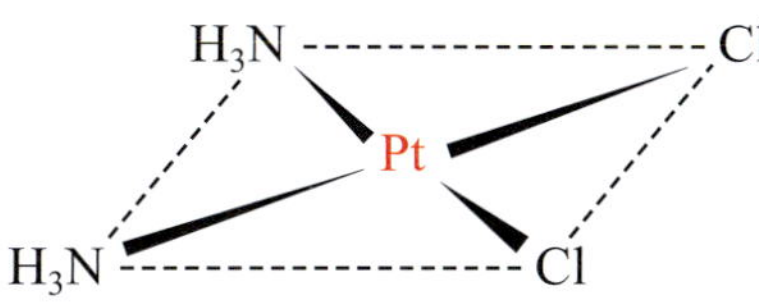

시스(cis) 플라틴

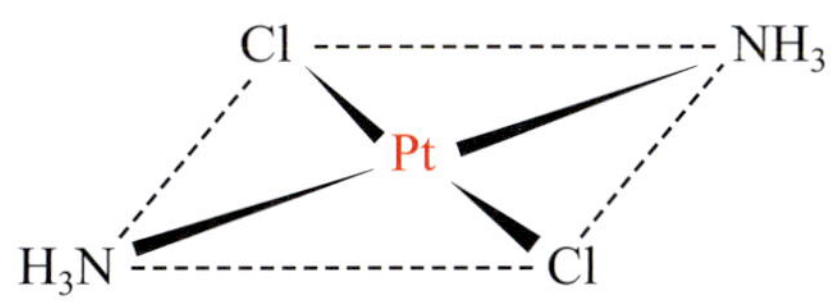

트랜스(trans) 플라틴

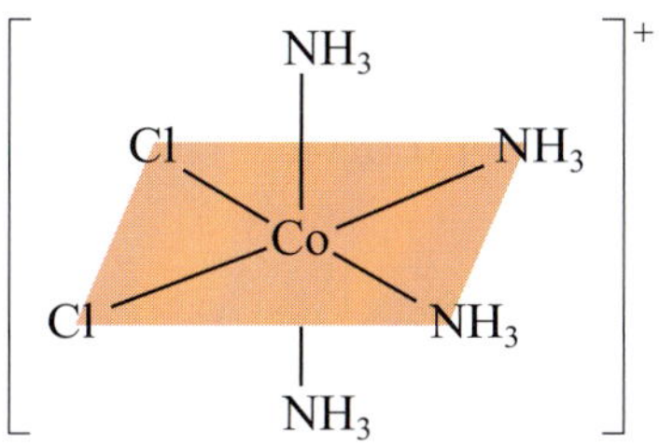

시스(cis) 테트라암민다이클로로코발트(Ⅲ)

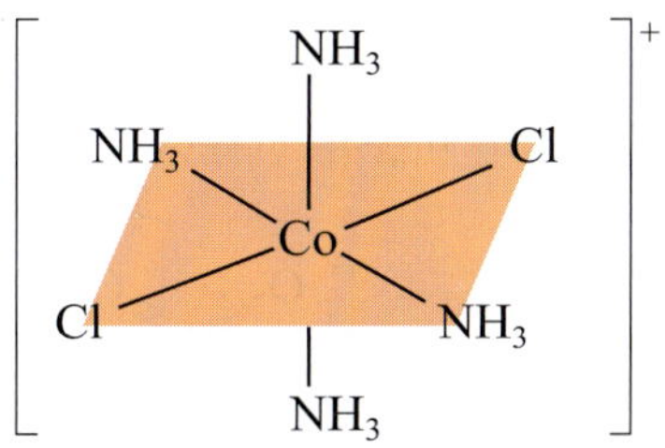

트랜스(trans) 테트라암민다이클로로코발트(Ⅲ)

시스 이성질체와 트랜스 이성질체는 색, 끓는점, 용해도와 같은 화학적, 물리적 성질에 차이가 분명히 존재한다. 예를 들어, 시스 플라틴은 진한 노란색을 띠는 반면에 트랜스 플라틴은 연한 노란색을 띤다.

광학 이성질체(거울상 이성질체)

2개의 클로로 리간드(Cl)와 2개의 에틸렌다이아민(en)이 결합된 코발트 착이온의 이성질체 구조를 살펴보자. A 구조는 트랜스, B 구조는 시스 형태로서 구조 A와 B는 서로 기하 이성질체 관계이다. 하지만 구조 B의 경우에는 거울을 가운데에 두고 서로 비춰지는 대칭 관계의 구조 이성질체가 존재할 수 있음을 알 수 있다. 우리는 이것을 거울상 이성질체 또는 광학 이성질체라고 부른다.

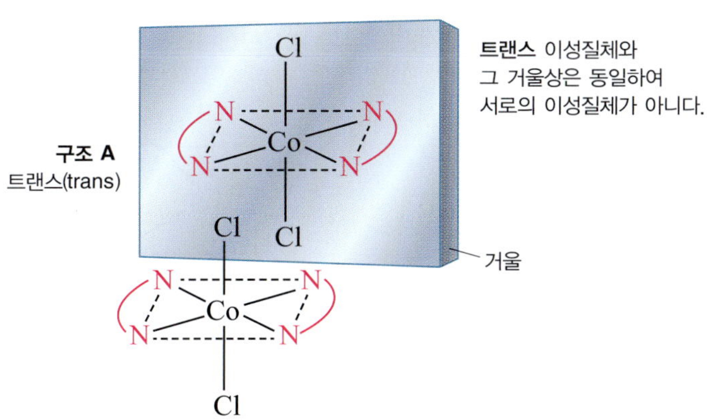

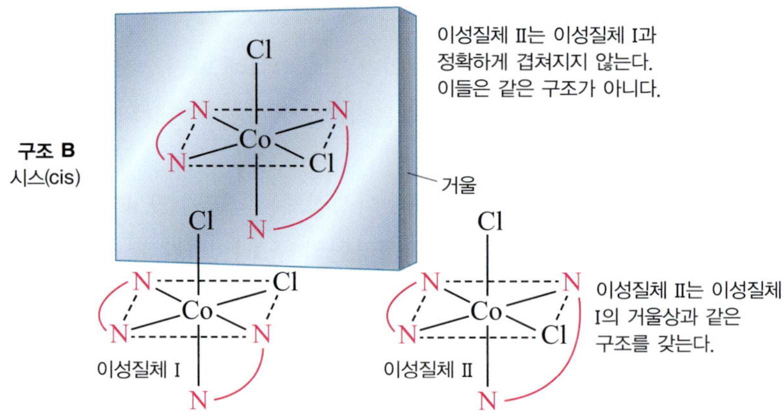

결합 이성질체

리간드가 중심 금속에 배위 결합하는 방향에 따라 생성되는 이성질체를 결합 이성질체라고 한다. 아래 그림에서 두 착이온은 동일한 리간드와 결합하고 있지만, 왼쪽 착이온은 중심 원소가 NO_2의 질소의 비공유 전자쌍에 배위 결합을 하고, 오른쪽 착이온은 NO_2의 산소의 비공유 전자쌍이 중심 금속과 배위 결합을 하고 있다.

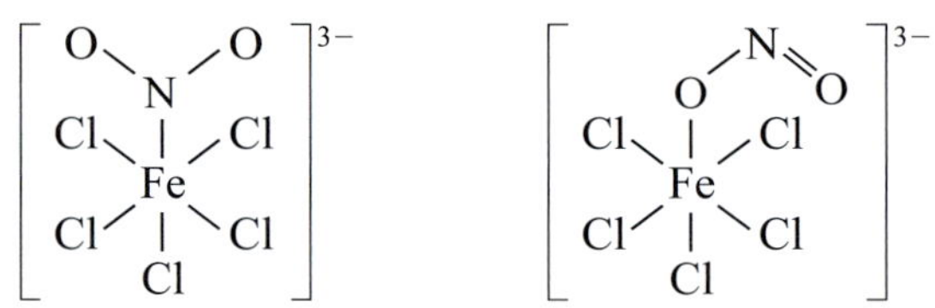

$[FeCl_5(NO_2)]^{3-}$ $[FeCl_5(ONO)]^{3-}$

위 두 착이온의 이름은 왼쪽은 펜타클로로나이트로철(II) 이온, 오른쪽은 펜타클로로나이트로토철(II) 이온으로 불러서 리간드의 결합 이성질체를 구분한다. 결합 방향에 따라 리간드의 명칭이 조금씩 다르다. 그 종류도 매우 다양하지만, 이 책에서는 추가로 다루지 않는다.

예제 18.3

착이온 $[Co(NH_3)Cl(en)_2]^{2+}$는 기하 이성질 현상을 나타내는가? 광학 이성질 현상을 나타내는가?

정답 문제의 착이온은 두 에틸렌다이아민 리간드가 서로 가로질러 있을 수도 있고, 서로 옆에 있을 수도 있기 때문에, 기하 이성질 현상을 나타낸다. 착이온의 시스 이성질체는 어떠한 방법으로 돌려도 그 거울상들이 서로 겹쳐지지 않기 때문에 광학 이성질 현상을 나타낸다. 따라서 이러한 시스 화합물의 두 거울상 이성질체들은 편광을 서로 반대 방향으로 회전시킨다.

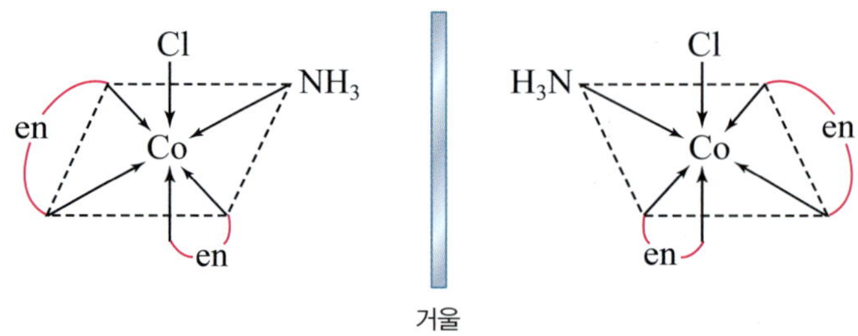

응용문제 18.3

착이온 $[Fe(C_2O_4)_3]^{3+}$의 가능한 입체 이성질체 구조를 모두 그리시오.

18.5 다양한 배위 화합물

착이온과 배위 화합물은 우리 주변에서 다양하게 활용되고 있다. 몇 가지 예를 살펴보자.

인공 물감

우선 착이온이나 배위 화합물은 인공 염료에서 많이 합성되고 사용된다(그림 18.7). 중심 금속의 종류와 산화수 및 배위수, 그리고 리간드의 종류와 리간드의 결합 개수, 배위 화합물의 입체 구조에 따라 매우 다양한 색깔을 띠는 염료 분자로 탄생하게 된다. 실제로 화장품 매장에서 판매하는 적색 립스틱 제품을 살펴보면 같은 빨간색 물감이라 할지라도 진빨강, 흑빨강, 오렌지빨강(다홍색) 등 미묘하게 차이가 있는 적색 계열의 세분화된 컬러를 경험할 수 있다. 유화 물감의 종류가 수천 가지라는 사실을 통해 인간이 합성할 수 있는 물감의 종류가 전이 금속과 리간드 조합의 경우의 수와 연관이 있음을 짐작할 수 있다.

그림 18.7 다양한 색의 인공 염료 인공 물감의 분자는 대부분 전이 금속과 리간드가 결합한 착화합물로 구성되어 있다. ©SUWIT NGAOKAEW/Shutterstock

광물질 추출

착이온은 광물질로부터 금이나 은을 정제할 때도 활용한다. 금광에서 캐낸 원석은 해당 원소와 기타 무기질 성분이 혼합되어 있는 금광석으로서 이 광석을 완전히 갈아서 분말화한 후에 사이안화 이온(CN^-)이 풍부하게 녹아있는 수용액과 혼합하면 다음과 같은 착이온 형성 반응식에 따라 금 이온이 착이온을 형성하면서 수용액에 용해되는 상태를 만들 수 있다. 이때의 금은 +1가 산화수로서 2 배위수로 2개의 사이아노 리간드와 결합하여 (−)전하를 띤 착이온을 생성한다.

금이 박혀 있는 금광석
(Gold ore)

$$Au^+(aq) + 2\ CN^-(aq) \rightleftharpoons Au(CN)_2^-(aq)$$

극성을 띠고 있는 착이온은 수용액 상태로 잘 용해되기 때문에 결국 금 이온만을 따로 고체 암석 불순물로부터 분리해 낼 수 있게 되고 나중에 이 착이온 수용액에 리간드와 중심 금속이 해리되고, 금 원자가 고체로 침전되는 화학적 처리를 해줌으로써 순수 금만을 분리해 낼 수 있는 것이다. 은도 이와 비슷한 착이온 형성의 원리를 이용하여 은 광석으로부터 순수하게 추출할 수 있다.

의료 목적용 치료제

그림 18.5를 통하여 체내의 중금속이 축적된 환자를 치료하기 위한 목적으로 여섯 자리 리간드인 EDTA가 사용된다고 설명하였다. 이렇게 여러 자리 리간드는 반지름이 크고 무거운 전이 금속 이온과 강력한 인력으로 결합할 수 있는 특징 때문에 해당 금속을 수용액 상태로 쉽게 녹여 내는 능력이 있다.

또한, 건강검진의 목적으로 채혈된 혈액이 응고되는 것을 방지하기 위해서도 EDTA가 사용된다. 이것은 혈액의 응고에 관여하는 혈중 무기질 금속이 그 역할을 하지 못하도록 EDTA가 착이온화하기 때문이다.

고기능성 생체 단백질의 구성 성분으로서의 착이온

페로 호흡을 하는 고등동물이 호흡을 통하여 체내에 유입된 산소를 각 조직의 말단 세포에 전달하기 위해서는 산소 운반이라는 정교하고 높은 수준의 기능을 수행하는 거대 단백질의 역할이 필수적이다.

산소 운반의 중추적인 역할을 하는 거대 단백질에는 사람의 헤모글로빈, 고래와 같은 포유류의 마이오글로빈이 있다(그림 18.8). 이 헤모글로빈과 마이오글로빈에 공통으로 들어 있는 성분에 헴(Heme)이라는 철(II)이 결합된 착이온이 있다. 마이오글로빈에는 이 헴 착이온이 1개, 헤모글로빈에는 4개가 있다. 이 헴 착이온의 중심 금속 Fe^{2+}는 6 배위 금속으로서 그림 18.9와 같이 산소 분자를 리간드로 삼아 결합과 분리를 할 수 있는 구조이다. 이외에도 생명체에서는 착이온을 이용한 중요한 생명활동이 다양하게 존재한다.

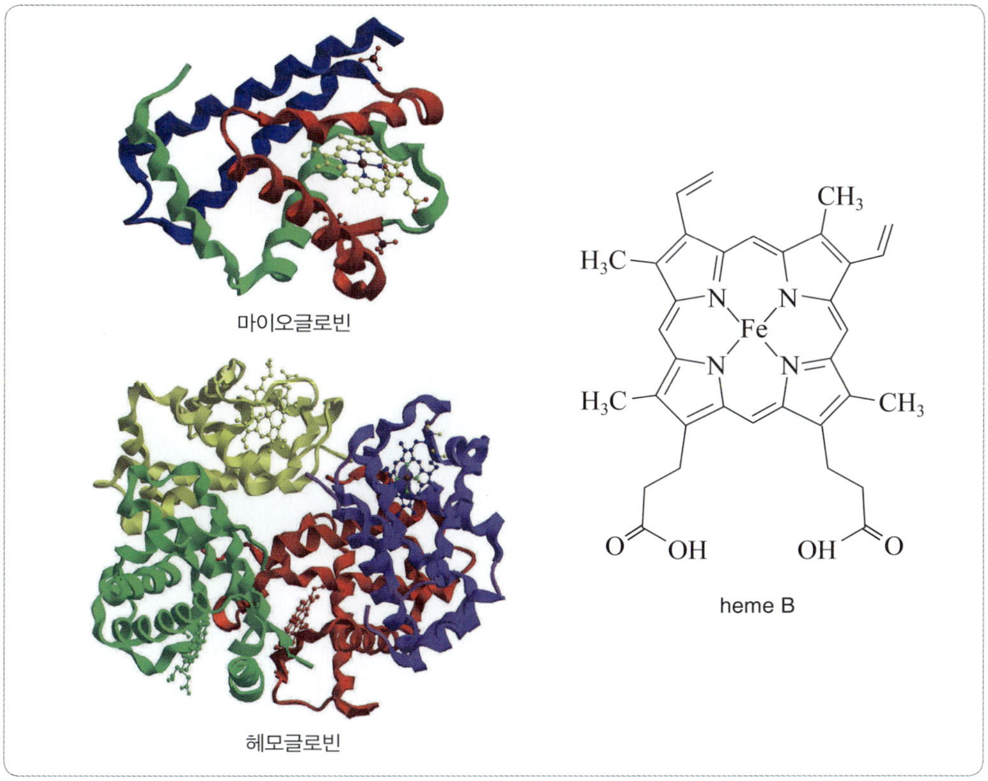

그림 18.8 산소 운반 단백질 마이오글로빈, 헤모글로빈, 헴 착이온

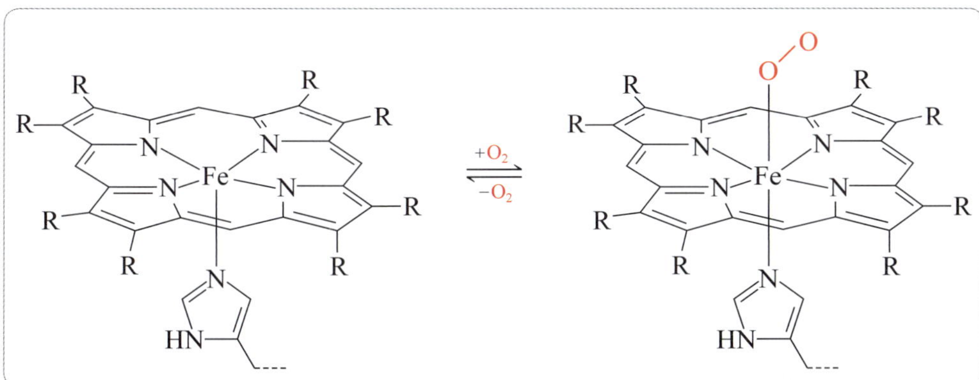

그림 18.9 헴(Heme) 착이온의 산소 리간드 결합 반응

18.6 결정장 이론

앞 절에서 설명한 염료의 재료로서의 배위 화합물 또는 착이온은 어떤 원리로 색깔을 띨 수 있는 것일까? 그것을 이해하기 전에 먼저 가시광선의 파장(또는 진동수)별 빛의 에너지와 보색 대비 관계를 살펴보자.

우선 사람 눈에서 구별할 수 있는 무지개색의 빛인 가시광선은 파장(λ), 약 380~780 nm 범위에서 파장에 따라 그 빛의 색이 달라진다. 그림 18.10의 색상환을 보라. 이 원형의 색원반에서 서로 마주 보고 있는 색을 보색 관계의 색이라고 한다. 사과가 우리 눈에 적색으로 보인다는 것은 사과의 표면이 적색의 보색 관계에 있는 녹색의 빛만을 선택적으로 흡수하고 기타 나머지 빛을 모두 반사함으로써 녹색의 보색 관계에 있는 적색의 빛이 우리 눈에 감지되기 때문이다. 또한 보색 관계에 있는 가시광선이 동시에 겹쳐서 우리 시신경에 도달할 때에는 그저 백색광으로 보이기 때문에 나머지 색을 식별하기 어렵다.

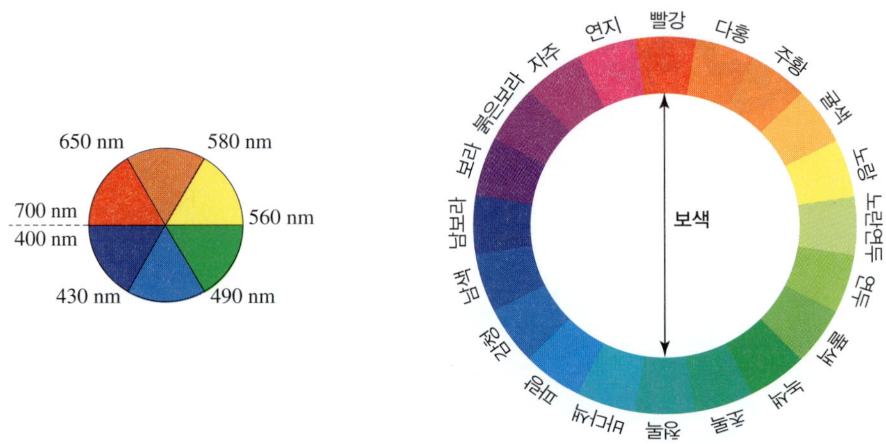

그림 18.10 빛의 색깔별 파장(왼쪽)과 보색 대비 관계를 나타낸 색상환(오른쪽)

표 18.7 흡수한 가시영역의 파장과 관찰된 색과의 관계

흡수 파장 nm(색)	관찰되는 색
400(보라)	연두
450(파랑)	노랑
490(청녹색)	빨강
570(연두색)	보라
580(노랑)	짙은 파랑
600(주황)	파랑
650(빨강)	초록

그러면 특정 파장이나 진동수를 갖는 가시광선은 광자의 에너지 공식($E = h\nu = hc/\lambda$)에 따라서 그 빛에 해당하는 일정한 에너지를 가지고 있다는 것을 알 수 있다. 즉 빨간 사과는 녹색에 해당하는 파장이나 진동수를 가지는 빛에너지만을 흡수함으로써 나머지 파장이나 진동수에 해당하는 빛을 반사하기 때문에 적색 파장의 빛만 결과적으로 우리가 알아차릴 수 있다는 것이다.

위 내용을 물감의 원료로 사용되는 착이온이나 배위 화합물에 적용해 보자. 만약 어떤 배위 화합물이 가시광선의 다양한 파장의 빛 중에서 녹색의 빛만을 또는 그에 해당하는 에너지만을 흡수하고 나머지 빛을 반사해 버린다면 분명 적색이 나는 염료가 될 것이다.

그러면 구체적으로 이러한 현상이 배위 화합물의 어떤 구조적 특성과 연관이 있는 것일까? 또, 염료마다 띠는 색깔이 다양하다는 말은 구성 배위 화합물이 흡수하는 빛의 파장대가 각기 다르다는 것을 의미하는데 어떻게 이것이 가능한 것일까? 이 질문들에 대한 가장 적당한 대답은 바로 착이온 또는 배위 화합물의 결정장 이론이다.

결정장 이론(crystal field theory)이란 다수의 리간드가 중심 전이 금속과 결합을 하기 위하여 중심 금속에 비공유 전자쌍을 제공하는 과정에서 배위 결합을 하고자 하는 중심 금속의 다섯 개의 가장 외부에 있는 d 오비탈의 일부가 그룹을 지어 각기 다른 에너지 차이로 비교적 불안정한 그룹과 안정한 그룹으로 분리된다는 이론이다. 이 d 오비탈이 에너지 차이를 띠며 분리되는 현상을 **결정장 갈라짐(crystal field separation)**이라고 한다. 결정장 갈라짐 현상에 관한 자세한 내용은 뒤에 자세히 설명할 것이다.

결정장
금속 이온과 리간드의 상호 작용

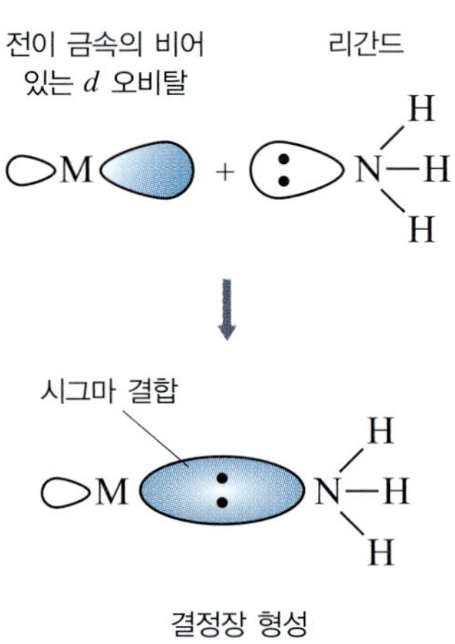

그림 18.11을 보면 리간드와 6 배위로 결합할 때 팔면체 구조를 갖는 중심 전이 금속의 d 오비탈이 갈라져서 나타내는 결정장 갈라짐 현상이 나타난다. 이때 갈라지는 폭에 해당하는 d 오비탈의 에너지 차이 Δ를 **결정장 갈라짐 에너지**라고 부른다. 이때 문제는 가득 채워지지 않은 d 오비탈이 배위 화합물(또는 착이온)을 형성하고서 이런 식으로 갈라진 후에 안정한 d 오비탈에 있던 전자가 정확히 Δ에 해당하는 에너지의 빛을 흡수하면 위에 있는 보다 불안정한 d 오비탈로 이동을 한다는 점이다. 여기서 말하는 이 배위 화합물(또는 착이온)이 'Δ에 해당하는 에너지의 빛을 흡수'한다면 그 에너지에 해당하는 파장의 빛만을 흡수하고 다른 색은 그냥 투과시키거나 반사한다는 말이 된다. 결국 이

배위 화합물(또는 착이온)은 흡수한 에너지에 해당하는 파장의 빛을 흡수하는 대신 그 보색 관계에 있는 색을 띤다는 것이다.

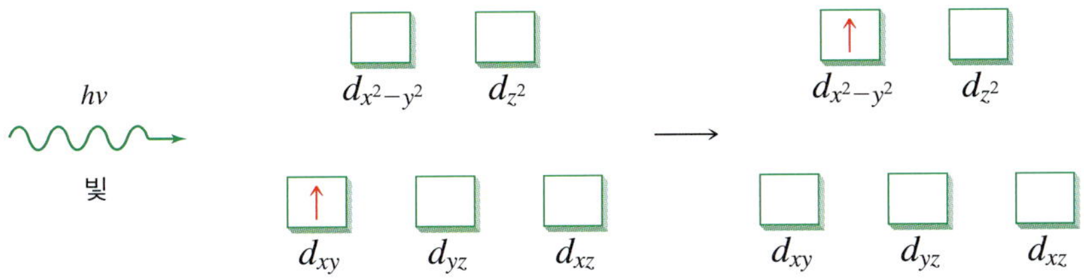

또한 착물마다 중심 금속의 종류와 산화수가 다르고, 그 금속에 결합하는 다수의 리간드의 종류가 달라서, 그로 인해 Δ의 크기가 달라지기 때문에, 이러한 결정장 갈라짐 원리에 따라 전이 금속을 활용하여 생산하는 인공 염료의 경우 모두 각기 다른 색을 띠게 되는 것이다.

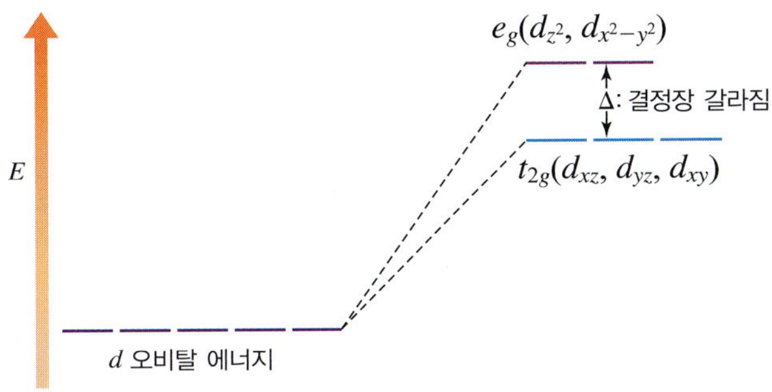

그림 18.11 팔면체 착물(배위 화합물 또는 착이온)에서 전이 금속 이온의 d 오비탈의 갈라짐 현상 왼쪽의 자유로운 전이 금속 양이온의 d 오비탈의 전자들은 5개의 오비탈에 골고루 분포되어 있지만 팔면체 착물이 형성되면서 오른쪽과 같이 3d 오비탈이 상하로 두 세트(e_g와 t_{2g})로 갈리면서 우선적으로 안정한 아래 세트의 오비탈부터 d 전자들이 채워지게 된다. 이러한 착물은 정확히 결정장 갈라짐, Δ 만큼의 에너지에 해당하는 빛만 흡수할 수 있다.

그림 18.12와 같이 결정장 이론을 다루면서 통상적인 약속으로 d 오비탈의 입체 배향성을 기준으로 평면 형태로 공간에 펼쳐져 있으면서 동일한 모양과 동일한 에너지 상태를 이룰 수 있는 d_{xy}, d_{yz}, d_{xz} 오비탈의 경우는 t_{2g} 그룹이라고 묶어서 부르며, 팔면체 구조에 부합하게 6개의 꼭짓점 방향으로 배향되어 있는 $d_{x^2-y^2}$과 d_{z^2} 오비탈을 e_g 그룹으로 묶어서 부른다.

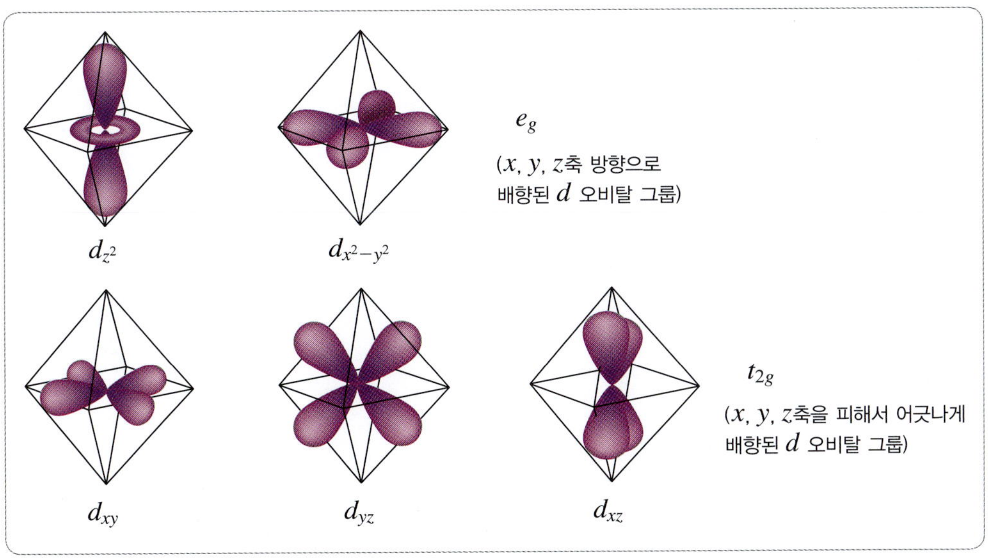

그림 18.12 갈라지는 d 오비탈의 e_g 그룹과 t_{2g} 그룹의 차이 이 두 그룹은 팔면체형 및 사면체형 착물에만 적용시킬 수 있다.

결정장 이론과 *d* 오비탈의 갈라짐 형태

결정장 이론은 착물 형성 과정에서 전이 금속 원소의 *d* 오비탈에 중점을 둔 이론으로서 그 내용은 다음과 같이 다섯 가지로 요약할 수 있다.

- 전이 금속의 이온과 리간드의 쌍극자 인력이 작용하여 리간드가 금속 이온으로 강하게 끌린다.
- 전이 금속 이온이 가장 바깥 껍질에 비어 있는 *d* 오비탈의 리간드와 혼성 오비탈로 작용한다.
- 전이 금속과 리간드 사이에 시그마 결합이 생성되면서 금속 착물이 형성되고 금속 이온과 배위된 리간드의 에너지는 리간드와 금속 이온 간의 인력 때문에 결합 전의 금속 이온이나 리간드가 지녔던 에너지 상태보다 더 낮아지게 된다.

표 18.8 착물(배위 화합물 또는 착이온)의 입체 구조(기하 구조)에 따른 *d* 오비탈 갈라짐의 방식

착물의 입체 구조(기하 구조)	*d* 오비탈 갈라짐
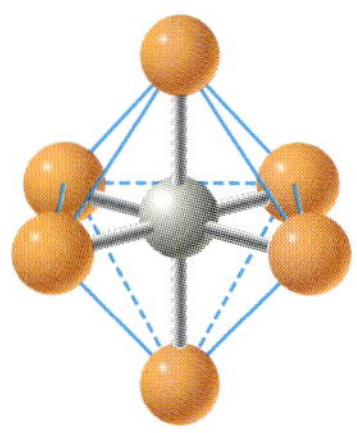 팔면체	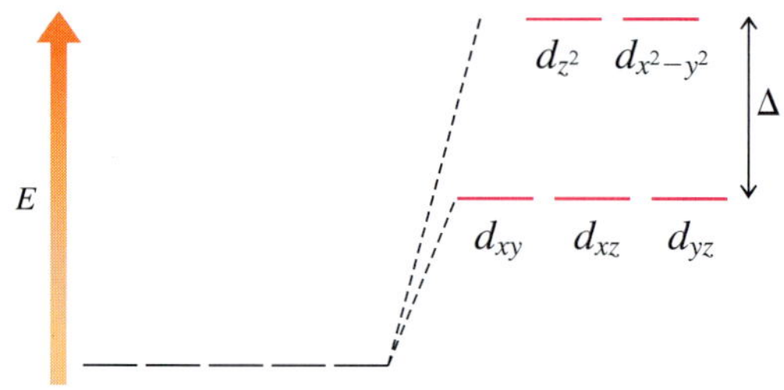
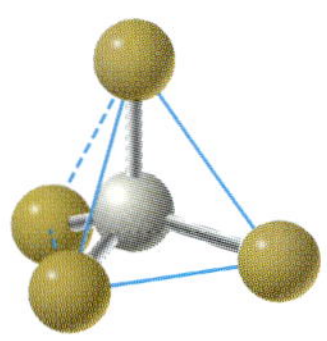 사면체	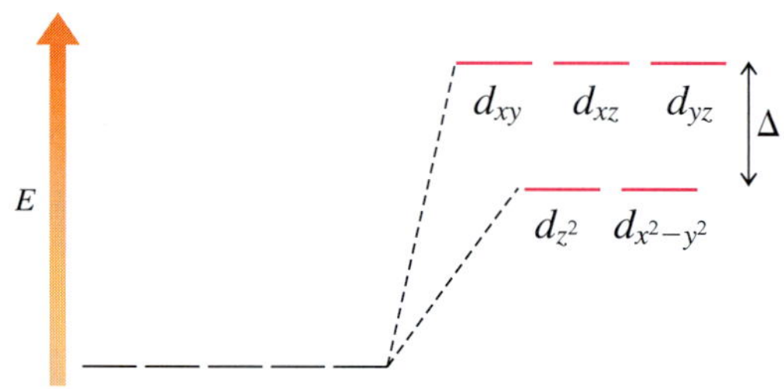
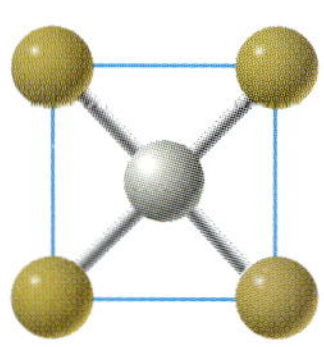 사각 평면	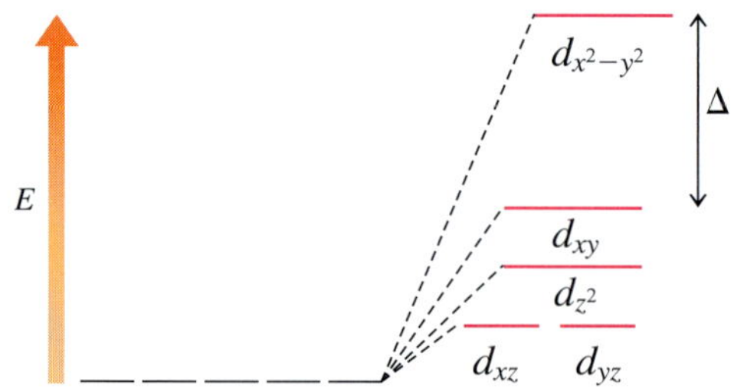
 선형	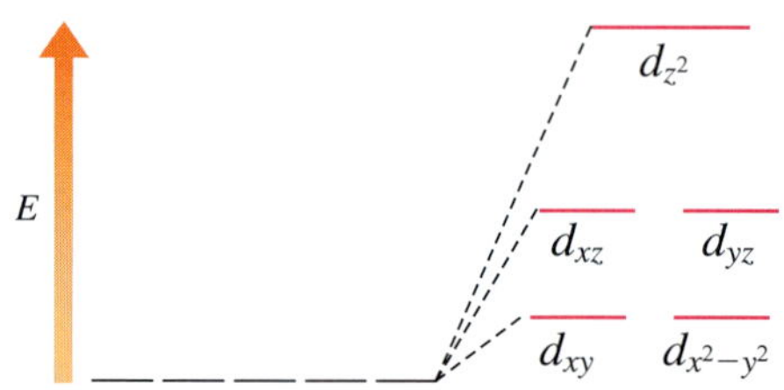

- 전이 금속의 d 전자들은 배위 결합을 한 리간드의 전자쌍들과 함께 상호 반발력이 생겨 불안정해짐에 따라 일부 d 오비탈에서는 에너지가 높아진다.
- 이 반발력은 결국 d 오비탈의 갈라짐 현상을 발생시킨다. 단, 이 갈라짐의 방식은 표 18.8과 같이 형성되는 착물의 입체 구조(팔면체, 사면체, 사각 평면, 선형)에 따라 다르다.

결정장 갈라짐 에너지 Δ와 리간드의 관계

결정장 갈라짐의 정도인 Δ의 크기는 어떠한 리간드가 전이 금속 이온과 결합을 하는가에 의해서도 결정된다. 먼저 d 오비탈의 두 그룹인 e_g 그룹과 t_{2g} 그룹으로 갈라지는 경우는 착물이 팔면체형과 사면체형을 이루는 경우에만 해당되기 때문에 이 경우에만 결정장 갈라짐 에너지 Δ가 생길 수 있다(그림 18.12, 표 18.8).

강한 장 리간드 약한 장 리간드

$$CN^- > NO_2^- > en > NH_3 > H_2O > OH^- > F^- > Cl^- > Br^- > I^-$$

(큰 Δ) (작은 Δ)

위에 나열되어 있는 리간드의 순서는 바로 Δ의 크기에 변화를 주는 순서이다. 왼쪽에 있는 리간드일수록 큰 결정장 갈라짐을 유도하여 Δ가 커지는 데 기여하기 때문에 **강한 장 리간드(strong field ligand)**라고 부르며, 오른쪽에 있는 리간드일수록 작은 결정장 갈라짐을 유도하여 Δ가 작아지는 데 영향을 주기 때문에 **약한 장 리간드(weak field ligand)**라고 부른다. 강한 장 또는 약한 장 리간드는 결과적으로는 그림 18.13과 같이 착물의 d 오비탈의 전자 배치에 영향을 주어 상자기성 착물과 반자기성 착물을 구별할 수 있게 해준다. 약한 장 리간드에 의해서 결정장 갈라짐 Δ가 작으면 d 오비탈의 전자가 채워질 때, e_g 그룹과 t_{2g} 그룹의 에너지 간격이 작기 때문에 5개의 오비탈의 에너지 상태가 거의 비슷하다고 여기고 전자가 모든 오비탈에 먼저 홀전자를 채우고 나서 다음에 짝전자를 채우는 방식으로 전자가 채워지지만, 그와는 반대로 강한 장 리간드에 의해서 e_g 그룹과 t_{2g} 그룹의 에너지 간격이 상당히 커지게 되면 먼저 아래 그룹의 오비탈을 다 채우고 난 뒤에 상위 그룹의 오비탈에 다음 전자가 채워지는 것이다.

$3d$ 오비탈에 전자가 6개가 있는, 즉 $3d^6$의 전자 배치를 갖는 Fe^{3+}가 강한 장 또는 약한 장 리간드에 따라 달라지는 전자 배치를 그림 18.13에 잘 구별하여 도식하였다. (a)의 경우에는 저스핀의 전자 배치라 부르며, 모든 전자들이 짝지어져 있는 **반자기성 착물**(**착이온** 또는 **배위 화합물**)이라고 하고, (b)의 경우에는 고스핀의 전자 배치라 부르며, 오비탈 내에 홀전자가 존재하기 때문에 **상자기성 착물**이라고 부른다.

그림 18.14는 Fe^{3+}의 $3d^5$ 전자 배치를 고스핀과 저스핀의 경우로(약한 장과 강한 장의 경우로) 나누어 도식하였다. Fe^{3+}는 어떤 종류의 리간드와 결합을 하든 모두 상자기성 착물을 형성한다는 것을 알 수 있다.

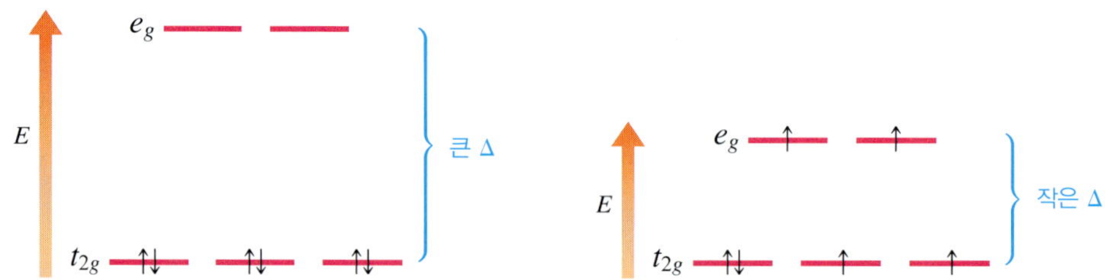

(a) 강한 장
큰 Δ 값에서 전자들은 우선 t_{2g} 세트를 채워 반자기성 착물을 형성한다.

(b) 약한 장
작은 Δ 값에서는 전자가 짝짓기 전에 5개의 오비탈을 모두 차지한다.

그림 18.13 Fe^{3+}가 강한 장 리간드 (a) 또는 약한 장 리간드 (b)와 결합하여 착물을 형성할 때, Δ(결정장 갈라짐)의 차이와 이때 d 오비탈에 채워지는 전자 배치($3d^6$) 형태의 비교

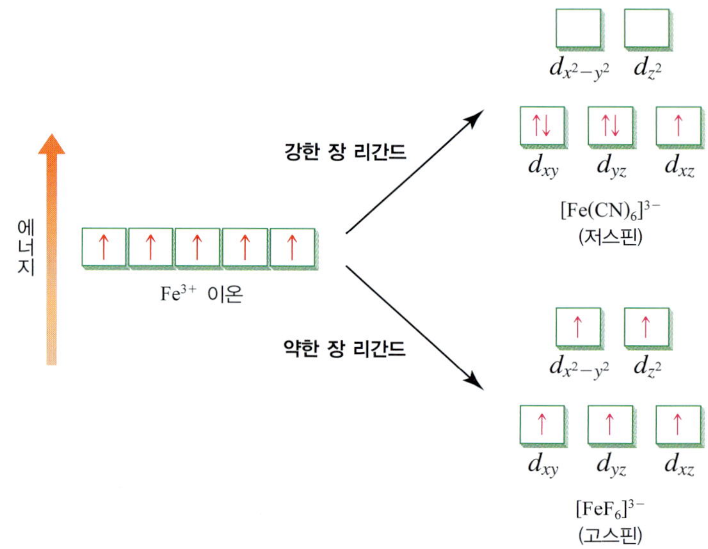

그림 18.14 리간드에 따른 Fe^{3+}의 가능한 d^5 전자 배치

예제 18.4

$Fe(CN)_6^{3-}$ 이온에는 홀전자가 하나 있다고 한다. 리간드 CN^-는 강한 장을 만드는가? 약한 장을 만드는가?

정답

리간드가 CN^-이고, 착이온의 전하는 3−이므로, 금속 이온은 Fe^{3+} 상태, 즉 $3d^5$의 전자 배치를 하고 있다. 팔면체로 배열된 리간드에 의해 갈라진 d 오비탈에 다섯 개의 전자를 배열하는 방법에는 다음 두 가지가 있다.

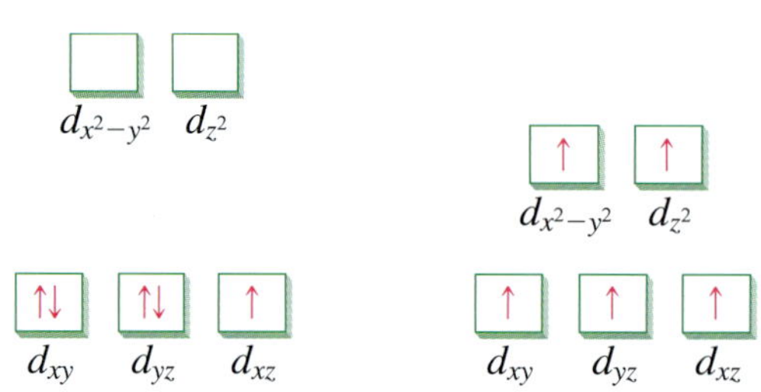

강한 장일 경우에 홀전자가 하나 생겨서 실험 결과와 일치한다. 따라서 CN^-은 Fe^{3+}과 결합할 때 강한 장을 만든다.

응용문제 18.4

$[Cr(en)_3]^{3+}$에 대하여 Cr 이온의 결정장 오비탈 도표를 그리시오.

18.5 예제

착이온 $[Cr(CN)_6]^{4-}$에 존재하는 홀전자 수는 몇 개인가?

정답

착이온의 알짜 전하가 4−라는 것은, 금속 이온이 $Cr^{2+}(-6+2=-4)$, 즉 $3d^4$의 전자 배치를 하고 있음을 의미한다. CN^-는 강한 장 리간드이므로 결정장 그림은 다음과 같다.

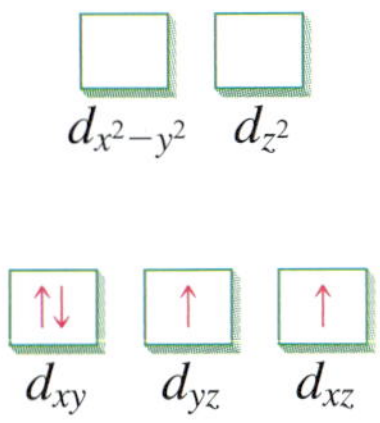

따라서 착이온은 두 개의 홀전자를 갖는다. 리간드 CN^-는 d 오비탈을 크게 갈라지게 하므로, 4개의 전자는 모두 t_{2g} 오비탈에 들어가야 하며, 2개의 전자는 짝을 이룬다.

응용문제 18.5

중심 금속 이온의 결정장 오비탈의 전자 배치상 홀전자 수가 적은 것에서 많은 것 순서로 다음 착이온을 나열하시오.

$[Fe(H_2O)_6]^{2+}$　$[Fe(CN)_6]^{4-}$　$[VF_6]^{3-}$　$[Ni(en)_3]^{2+}$

18.6 예제

사면체 착이온 $[CoCl_4]^{2-}$의 결정장 그림을 그리고, 그 상태를 분석 및 설명하시오.

정답

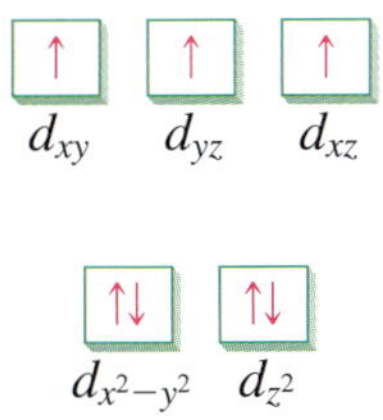

착이온에는 Co^{2+}가 들어 있고 전자 배치는 $3d^7$이다. 이 착이온은 정사면체 착물이므로 d 오비탈 갈라짐이 작아서 홀전자가 3개인 고스핀이 될 것이다.

응용문제 18.6

예제 18.6에서 착물의 기하 구조가 사면체 구조가 아닌 사각 평면 구조라면 결정장 오비탈 내의 홀전자의 개수는 몇 개가 되는가?

핵심 요약

18.1 전이 금속의 기본 성질

- 전이 원소의 특징
  - 대부분 무거운 금속이다.
  - 전형 원소에 비해 방사성 동위 원소의 종류와 수가 많다.
  - 가장 안정한 전자 배치 상태가 d 또는 f 오비탈에 가장 나중에 채워지는 형태이다.
  - 일반적인 전형 원소의 주기성과는 전혀 다른 성질을 지닌다.

18.2 배위 화합물과 리간드

- 리간드가 배위 결합을 한 전이 금속 양이온을 착이온이라고 한다.
- 착이온이 전하의 균형을 이루고자 주변의 반대 극성의 이온과 결합하여 형성한 화합물을 착화합물 또는 배위 화합물이라고 한다.
- 착이온(또는 착화합물)의 입체 구조와 혼성 오비탈 형태

배위수	2	4	4	6
입체 구조 (VSEPR)	 선형	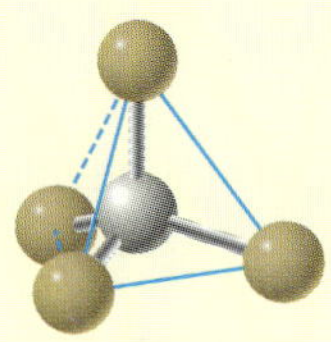 사면체	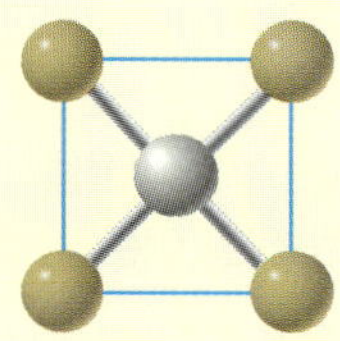 사각 평면	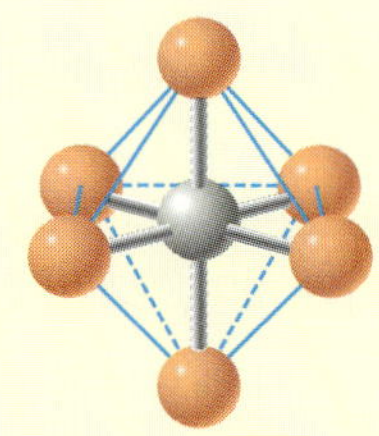 팔면체
혼성 오비탈	*sp* 혼성	sp^3 혼성	dsp^2 혼성	d^2sp^3 혼성

18.4 착이온 및 배위 화합물의 이성질 현상

- 이성질체의 분류

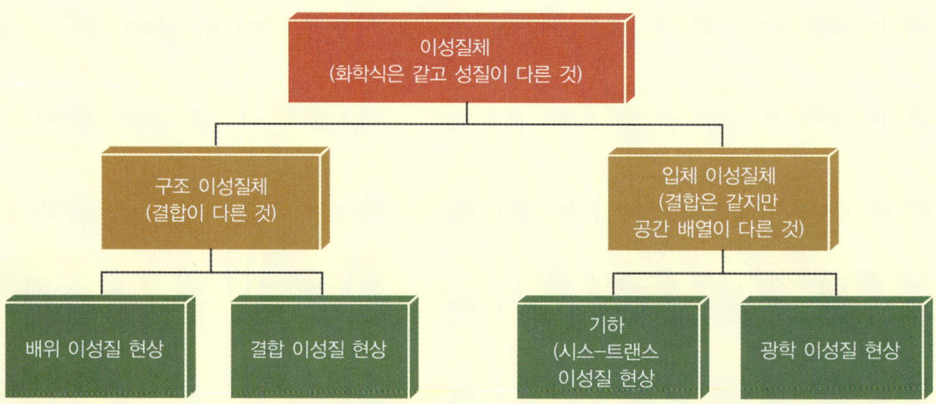

- 기하 이성질체는 중심 금속에 결합하는 리간드의 위치에 따라 시스형과 트랜스형으로 구별된다.
- 광학 이성질체(거울상 이성질체)는 거울을 가운데에 두고 서로 비춰지는 대칭 관계의 구조 이성질체이다.
- 결합 이성질체는 리간드가 중심 금속에 배위 결합하는 방향에 따라 생성되는 이성질체이다.

18.6 결정장 이론

- 결정장 갈라짐은 다수의 리간드가 중심 전이 금속과 결합하기 위하여 중심 금속에 비공유 전자쌍을 제공하는 과정에서 *d* 오비탈이 에너지 차이를 띠며 분리되는 현상이다.
- 전이 금속의 이온과 리간드의 쌍극자 인력이 작용하여 리간드가 금속 이온으로 강하게 끌린다.

• 전이 금속 이온이 가장 바깥 껍질에 비어 있는 *d* 오비탈의 리간드와 혼성 오비탈로 작용한다.
• 결정장 갈라짐 에너지 Δ의 크기에 변화를 주는 리간드의 순서

$$I^- < Br^- < Cl^- < F^- < OH^- < H_2O < NH_3 < en < CN^- < CO$$

약한장 리간드(고스핀) | 강한장 리간드(저스핀)

→ 금속-리간드 결합력 증가
결정장 갈라짐 에너지(Δ) 증가

핵심 용어 정리

• 강한 장 리간드 (strong field ligand)	큰 결정장 갈라짐을 유도하여 Δ가 커지는 데 기여하는 리간드
• 결정장 갈라짐 (crystal field separation, Δ)	착이온이 형성되는 과정에서 리간드가 전이 금속 양이온에 가까워지면서 전이 금속 이온의 *d* 오비탈이 에너지 차이를 띠며 분리되는 현상
• 리간드(ligand)	배위 공유 결합을 하기 위해 고립 전자쌍을 전이 금속 이온에 제공하는 화학종
• 배위수 (coordination number)	하나의 중심 원자에 인접하고 있는 다른 원자나 분자단의 개수
• 약한 장 리간드 (weak field ligand)	작은 결정장 갈라짐을 유도하여 Δ가 작아지는 데 기여하는 리간드
• 착이온(complex ion)	리간드와 전이 금속 양이온과의 특별한 결합체
• 착화합물 (complex compound)	착이온이 전하의 균형을 이루고자 주변의 반대 극성의 이온과 결합하여 형성한 화합물(= 또는 배위 화합물(coordination compound))
• 킬레이트 화합물 (chelate compound)	여러 자리 리간드에 의하여 형성된 착이온이나 착화합물(= 킬레이트 착물(chelate complex))

Deep Insight

하얀 천일제염, 분홍색의 암염

보통 소금이라고 하면 백설같이 하얀 소금을 떠올린다. 실제로 시장에서 판매하는 김장용 굵은 소금이나 생선을 절일 때 사용하는 소금, 그리고 고운 소금까지 모두 흰색을 띠고 있으니 아마도 식용 소금(table salt)은 당연히 흰색으로 생각할 수 있다. 하지만 요즘과 같이 온라인으로 해외 식자재의 수입이 매우 쉬워지고 각종 요리 방송에 외국산 식용 소금이 소개되면서 소금에 대한 고정관념을 깨고 있다. 결론적으로 말하면 외국에서 사용하는 대표적인 식용 소금은 분홍색을 띤다. 우리나라의 소금과 외국의 소금은 왜 색깔에 차이가 있을까?

근본적으로 소금의 생산과 공급 환경이 다르기 때문이다. 우리나라 소금은 바닷물을 가두어 만든 염전에서 오랜 시간 동안 물을 증발시켜 소금을 결정화시켜서 생산하는 천일제염이다. 즉 바닷물이 소금의 재료인 것이다. 그런데 천일제염으로 식용 소금을 조달하는 국가는 전 세계적으로 한국과 일본, 중국(해안 도시 일부), 베트남밖에 없다. 나머지 거의 모든 국가는 산에서 식용 소금을 얻는다.

태곳적 바다였던 지형이 지각 변동과 대륙의 융기로 인하여 산으로 솟아남으로써 소금 광산이 존재하게 된 것이다. 그리고 이 소금 광산에서 채굴된 소금 암석, 즉 암염이 서양의 식용 소금의 원료이다. 세계 식용 소금의 98 %는 모두 이 암염에서 나온다. 전 세계적으로 대표적인 소금 광산은 폴란드의 비엘리츠카 광산(Poland Wieliczka Salt Mine)과 이탈리아 시칠리아 광산(Italy Sicilia), 오스트리아 할슈타트 광산(Austria Hallstatt Salz Welten)이다. 그 외에도 캐나다, 러시아, 미국, 루마니아 등에도 소금 광산은 많이 있다.

이들 소금 광산에서 얻는 가장 비싸면서 예쁘기로 소문난 소금은 히말라야 분홍 소금(Himalayan pink salt)이다. 히말라야 분홍 소금은 약 2억 5000만 년 전에 히말라야가 바다 아래로 잠겨있을 시기에 생성된 소금이며, 지각 변동으로 히말라야가 융기되면서 형성된 소금 광산이므로 염분 구성이 자연 친화적이다.

▲ 히말라야 소금 ©grafvision/Shutterstock

히말라야 소금은 천일제염보다 염화 소듐 성분 이외의 다른 미네랄의 종류가 다양하며 함량도 높다. 즉, 칼슘, 포타슘, 마그네슘, 철분 등의 함량이 높으며 극미량의 스트론튬(Sr)과 몰리브데넘(Mo)이 포함되어 있는 것이 특징이다.

그럼 어떻게 분홍색을 띠는 것일까? 단순히 극미량 포함되어 있는 미네랄의 색깔일까? Mo과 같은 전이 원소는 소금 결정이 형성되는 과정에서 일반 소금과 다른 특별한 기하 구조를 형성하게 된다. 전이 금속 이온을 중심으로 하여 주변에 염화 이온과 소듐 이온이 배치된 결정이 특정 파장 영역의 가시광선을 흡수하여 그 결과 분홍색을 띠는 것이다. 즉, 전이 금속을 중심으로 염화 이온과 같은 리간드(ligand)로 구성된 착화합물이나 착이온과 관계가 있다.

연습문제

18.1 다음 배위 화합물의 알맞은 화학식을 쓰시오.
(a) 염화펜타암민클로로코발트(III)
(b) 테트라클로로옥소몰리브데넘(IV)산 소듐
(c) 브로민화헥사암민니켈(II)
(d) 염화아쿠아사이아노비스에틸렌다이아민코발트(III)

18.2 다음 배위 화합물의 알맞은 이름을 쓰시오.
(a) $[Rh(NH_3)_4Cl_2]Cl$
(b) $[Mo(NH_3)_3Br_3]NO_3$
(c) $(NH_4)_2[CuBr_4]$
(d) $Na[Lu(H_2O)_2(C_2O_4)]$

18.3 다음 착이온의 가능한 구조를 그리고, 거울상 이성질체가 있다면 모두 그리시오.
(a) $[MoOCl_4]^{2+}$
(b) $[Co(en)_2(H_2O)(CN)]^{2+}$
(c) $[Rh(NH_3)_4Cl_2]^+$

18.4 어떤 착이온을 물에 녹여 수용액 상태로 만들려 한다. 이 화합물의 결정장 갈라짐 에너지가 3.32×10^{-19} J이라 할 때, 이 수용액의 흡수 광선의 파장은 몇 nm이며, 수용액의 색은 무엇인지 판단하시오.

18.5 다음 착화합물에 포함된 중심 전이 금속의 산화수를 계산하시오.(힌트: 전이 금속에서 전자가 제거될 때에는 가장 바깥 껍질부터 제거된다.)
(a) $Na_4[Ni(C_2O_4)_3]$
(b) $K_2[CoCl_4]$
(c) $[Cr(NH_3)_5Cl]Cl_2$
(d) $[Co(NH_3)_4Br_2]Cl$

18.6 다음 착이온의 결정장의 전자 배치 상태를 알맞게 그리시오.
(a) $[Co(NH_3)_4Br_2]^+$ (팔면체 구조, 강한 장)
(b) $[CoFIClBr]^{2-}$ (팔면체 구조, 약한 장)
(c) $[Ni(CN)_4]^{2-}$ (사각평면 구조, 강한 장)

18.7 착이온$[Ni(CN)_2Br_2]^{2-}$의 구조는 배위 이성질체도 존재한다. 이 착이온의 가능한 모든 이성질체를 그리시오. 이 착물은 사각평면 구조이다.

18.8 다음 착이온들을 결정장 갈라짐에 의한 결과로 홀전자가 많은 것부터 작은 것 순으로 배열하시오. 단, 모든 착이온이 팔면체 구조를 갖는다고 가정한다.

$Fe(CN)_6^{3-}$, FeF_6^{3-}, $[Cr(en)_3]^{2+}$, $[Mn(H_2O)_6]^{2+}$

18.9 다음 표는 팔면체 구조를 갖는 코발트 착이온의 결정장 갈라짐 에너지(Δ)의 진동수(cm^{-1})와 자기적인 성질을 나타낸 것이다. 여기서 A와 B는 중성의 한자리 리간드이다.

착이온	$\Delta(cm^{-1})$	자기적 성질
$[CoA_6]^{3+}$	20760	반자성
$[CoB_6]^{3+}$	22870	(나)
$[CoA_6]^{2+}$	9200	상자성
$[CoB_6]^{2+}$	(가)	상자성

이에 관한 설명에 대하여 참, 거짓을 밝히시오.
(a) 코발트의 *d* 오비탈에 홀전자가 없으면 반자성이다.
(b) (나)는 반자성이다.
(c) (가)는 9200보다 크다.
(d) $[CoA_6]^{2+}$에서 중심 금속의 홀전자 수는 3개이다.

18.10 다음 표는 착이온 A, B, C의 화학식과 기하 구조, 자성, 착이온의 가시광선 영역 중 최대 흡수 파장(λ_{max})을 나타낸 것이다. 다음 설명에 대하여 참, 거짓을 밝히시오.

착이온	화학식	기하 구조	자성	λ_{max}(nm)
A	$[CoCl_4]^{2-}$	사면체	(가)	(다)
B	cis-$[Co(en)_2Cl_2]^+$	팔면체	(나)	600
C	cis-$[Co(NH_3)_4Cl_2]^+$	팔면체	반자성	630

(a) (가)는 상자성이다.
(b) (나)는 반자성이다.
(c) (다)는 600보다 작다.
(d) (나)는 광학 이성질체가 없다.
(e) en은 암모니아보다 약한 장 리간드이다.
(f) 착이온 B와 C는 trans 형태가 되더라도 자성은 변하지 않고, 최대 흡수 파장(λ_{max})만 변할 뿐이다.

18.11 다음은 네 가지 착이온과 세 가지 리간드에 대한 자료이다.

> • $[MnCl_6]^{3-}$은 $[Mn(CN)_6]^{3-}$보다 홀전자가 많다.
> • $[Fe(H_2O)_6]^{3+}$은 $[Fe(CN)_6]^{3-}$보다 홀전자가 많다.

위 자료에 대한 설명 (a)~(c)가 참인지 거짓인지 밝히시오.

(a) 위 리간드 중에 CN^-이 가장 강한 장 리간드이다.
(b) 홀전자가 가장 적은 것은 $[Mn(CN)_6]^{3-}$이다.
(c) 상자성이 가장 큰 것은 $[Fe(H_2O)_6]^{3+}$이다.

18.12 그림은 착이온을 나타낸 것이다. 이에 관한 설명으로 옳은 것을 모두 골라 쓰시오.

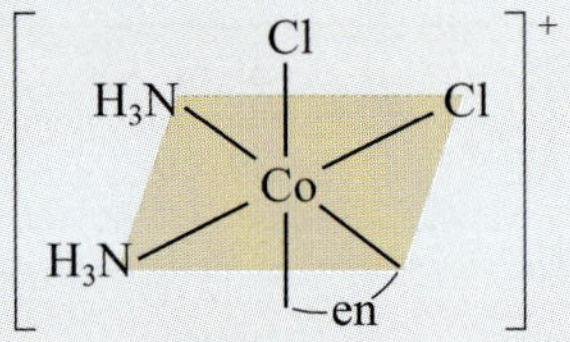

(a) 코발트의 산화수는 +3이다.
(b) 기하 이성질체는 그림의 구조를 포함에서 3개 존재한다.
(c) 광학 이성질체가 존재한다.

18.13 다음에 주어진 착이온과 결정장 그림을 짝지으시오.

> $Fe(CN)_6{}^{3-}$　　　$Mn(H_2O)_6{}^{2+}$

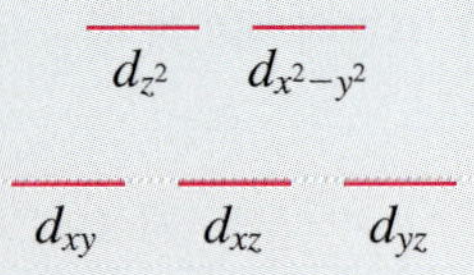

(가)

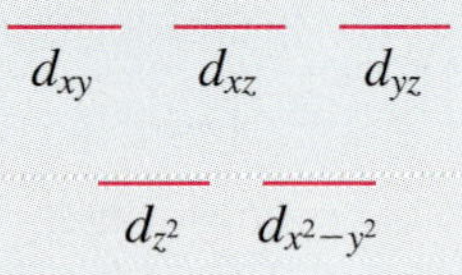

(나)

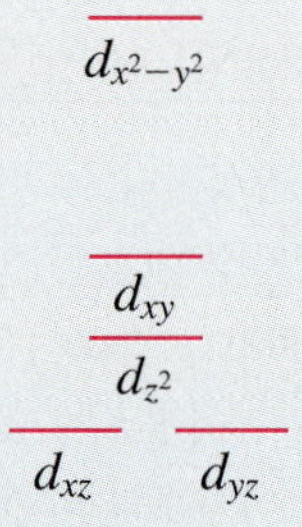

(다)

18.14 다음 이온이 중심 금속인 팔면체 착화합물에 대한 d 오비탈 갈라짐을 예측하여 그리시오.

(a) Zn^{2+}　　　(b) Co^{2+}
(c) Ti^{3+} (6배위)

18.15 다음 착이온에서 짝짓지 않은 전자(홀전자)는 몇 개인가?

(a) $Ru(NH_3)_6{}^{2+}$ (저스핀의 경우)
(b) $Ni(H_2O)_6{}^{2+}$
(c) $V(en)_3{}^{3+}$

18.16 다음 착이온들을 흡수 파장이 증가하는 순으로 나열하시오.

> $Co(H_2O)_6{}^{3+}$, $Co(CN)_6{}^{3-}$, $CoI_6{}^{3-}$, $Co(en)_3{}^{3+}$

18.17 그림과 같이 시험관에 각각 다른 크로뮴(Cr) 착이온들이 수용액의 상태로 담겨있다.

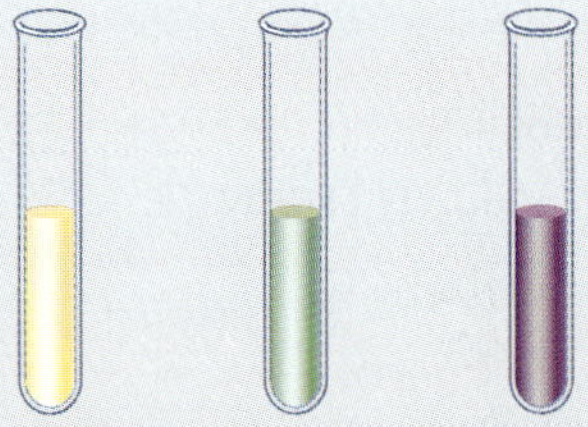

(가)　　(나)　　(다)

세 시험관에 담겨있는 착이온이 $Cr(NH_3)_6{}^{3+}$, $Cr(H_2O)_6{}^{3+}$, $Cr(H_2O)_4Cl_2{}^{+}$ 중 하나라면, 각 시험관에 담겨있는 착이온이 무엇인지 예측하시오.

18.18 동일 주기에 있는 전이 원소 양이온인 Sc^{3+}, Ti^{3+}, V^{3+}이 물에 용해되어 있는 경우, 한자리 리간드인 물(H_2O) 분자와 착이온을 형성할 가능성이 있다. 실제로 각각의 이온이 녹아있는 수용액을 확인해 보면 유독 Sc^{3+} 수용액만이 무색이다. 그 이유를 설명하시오.

18.19 사면체 이온 $FeCl_4{}^-$에는 몇 개의 짝짓지 않은 전자(홀전자)가 존재하는가?

18.20 착이온 $[Ru(phen)_3]^{2+}$는 DNA 구조의 탐지 수단으로 생화학에서 사용된다. (phen = 1,10-phenanthroline로 두자리 리간드이다.)

(a) $Ru(phen)_3{}^{2+}$에서 어떤 이성질체가 발견되는가?
(b) Ru^{2+}의 거의 모든 착이온이 그렇듯이, $Ru(phen)_3{}^{2+}$는 반자기성이다. 이 착이온에서 d 오비탈에 대한 결정장 그림을 그리시오.

18.21 착이온 $[Co(NH_3)Br(en)_2]^{2+}$의 시스와 트랜스 구조를 그리시오.

18.22 착이온 $[Co(NH_3)Br(en)_2]^{2+}$의 거울상 이성질체를 그리시오.

● **(18.23~18.25)** 괄호 안에 들어갈 적당한 용어를 채워 넣으시오.

18.23 결정장 갈라짐은 착이온이 형성되는 과정에서 리간드가 전이 금속 양이온에 가까워지면서 전이 금속 이온의 (   )이 에너지 차이를 띠면 분리되는 현상이다.

18.24 리간드란 배위 공유 결합을 하기 위해 (   )을 전이 금속 양이온에 제공하는 화학종(분자, 이온 등)을 말한다.

18.25 상자기성 착물의 경우, 일부 예외를 제외하고 일반적으로 고스핀의 전자 배치를 가지는 경향이 있으며 오비탈 내에 (   )가 존재하기 때문에 상자기성을 띤다.

CHAPTER 19

핵화학

◀ 몇몇 핵은 불안정하여 스스로 입자 또는 전자기 복사선을 방출한다.

19.1 핵반응의 본질

수소(^1_1H)를 제외한 모든 핵은 양성자와 중성자라고 부르는 두 종류의 기본 입자를 가지고 있다. 몇몇 핵은 불안정하여 스스로 입자 또는 전자기 복사선을 방출하거나, 2가지 모두를 방출한다. 이런 현상을 **방사능(radioactivity)**이라고 한다. 일반적으로 원자 번호가 83보다 큰 모든 원소는 방사성 물질이다. 예를 들면, 폴로늄 동위 원소인 폴로늄-210($^{210}_{84}Po$)이 α-입자를 방출하고 붕괴되어 $^{206}_{82}Pb$이 된다.

하지만 방사능이라는 것은 이런 간단한 형태 이외에 다른 형태를 의미하기도 한다. 대표적인 것이 바로 **핵변환(nuclear transmutation)**이다. 보통 핵변환은 핵을 중성자나 양성자 또는 다른 핵으로 타격함으로써 발생한다. 핵변환의 대표적인 예는 대기 중에 있는 $^{14}_7N$에 중성자(^1_0n)를 충돌시켜 중성자를 포획한 $^{14}_7N$가 $^{14}_6C$와 ^1_1H으로 변하는 경우이다.

$$^{14}_7N + ^1_0n \longrightarrow ^{14}_6C + ^1_1H$$

지구의 대기 환경이 아닌 우주 공간에서 무거운 원소를 합성하기 위해 가벼운 원소가 활용되는 현상이 자연스럽게 일어나고 있다. 이후 19.4절에서 이러한 반응을 인위적으로도 일으킬 수 있다는 것을 공부하게 될 것이다. 방사능 붕괴와 핵변환은 일반적인 화학 반응과는 매우 다른 **핵반응(nuclear reaction)**이다(표 19.1).

방사성 원소의 발견

1896년에 베크렐에 의해서 최초로 천연 방사성 원소는 우라늄(원소 기호 U)이 발견되었다. 1898년에는 퀴리 부부에 의해 우라늄보다 약 300만 배나 강한 방사능을 가진 라듐(원소 기호 Ra)이 발견되었다. 원자 번호가 84인 폴로늄(Po)부터 방사성 원소이다.

표 19.1 화학 반응과 핵반응의 차이

화학 반응	핵반응
1. 원자는 화학 결합의 형성과 파괴에 의해 재배열된다.	1. 원소(또는 같은 원소의 동위 원소)가 한 원소에서 다른 원소로 변환된다.
2. 결합의 형성과 파괴에서 원자 또는 분자 오비탈에 있는 전자들만 관여한다.	2. 양성자, 중성자, 전자와 다른 기본 입자들이 포함될 수 있다.
3. 반응은 비교적 작은 에너지의 흡수와 방출을 동반한다.	3. 반응은 대단히 큰 에너지의 흡수와 방출을 동반한다.
4. 반응 속도는 온도, 압력, 농도, 촉매에 의해 영향을 받는다.	4. 반응 속도는 일반적으로는 온도, 압력, 촉매의 영향을 받지 않는다.

핵 반응식의 균형

일반적인 화학 반응식처럼 핵 반응식을 이해하기 위해서는 그 반응식을 어떻게 기술하고 균형 잡는가를 이해해야 한다. 핵 반응식을 쓰는 것은 일반 화학 반응식을 쓰는 것과는 다소 차이가 있다. 여러 가지 화학 원소의 기호뿐만 아니라 양성자, 중성자와 전자를 반드시 표시해야 한다. 사실상, 우리는 반응식에 있는 모든 종에 포함된 양성자와 중성자의 수를 반드시 나타내야 하며, 이를 표시하면 다음과 같다.

- 양성자: ^1_1p 또는 ^1_1H
- 중성자: ^1_0n

- 전자: ${}_{-1}^{0}\mathrm{e}$ 또는 ${}_{-1}^{0}\beta$
- 양전자: ${}_{+1}^{0}\mathrm{e}$ 또는 ${}_{+1}^{0}\beta$
- 알파 입자: ${}_{2}^{4}\mathrm{He}$ 또는 ${}_{2}^{4}\alpha$

위 물질에 대한 화학적인 표기에 따르면 위 첨자는 **질량수**(**양성자와 중성자의 합**), 아래 첨자는 **원자 번호**(**양성자의 수**)를 나타낸다. 따라서 양성자는 하나의 양전하를 가지므로 원자 번호는 1이고, 중성자가 없으므로 질량수도 1이다. 중성자의 질량수는 1이지만, 원자 번호는 양성자가 없기 때문에 0이다. 전자는 양성자나 중성자를 포함하지 않으므로 질량수는 0이고, 한 단위의 음전하를 갖고 있기 때문에 −1이다.

${}_{-1}^{0}\mathrm{e}$라는 기호는 원자 오비탈에 있는 전자 하나를 나타낸다. ${}_{-1}^{0}\beta$의 기호는 물리학적으로는 전자와 동일하지만, 핵으로부터 나온 전자(중성자가 양성자와 전자로 바뀌는 붕괴 과정에서)를 나타낸다. **양전자**(**positron**)는 전자와 같은 질량을 가졌으나, +1의 전하를 가지고 있다. α-입자는 양성자 2개와 중성자 2개를 가지고 있어서 원자 번호는 2이고, 질량수는 4인 He^{2+}을 뜻한다.

핵반응의 균형을 맞출 때는 다음 규칙을 따른다.

> **규칙 1.** 생성물의 모든 양성자와 중성자의 합은 반응물의 모든 양성자와 중성자의 합과 반드시 같아야 한다(질량 보존).
>
> **규칙 2.** 생성물의 모든 핵전하의 합은 반응물의 모든 핵전하의 합과 반드시 같아야 한다(원자 번호 보존).

핵반응에서는 한 핵종의 원자 번호와 질량수를 알면, 위 규칙을 적용하여 미지의 핵종을 파악할 수 있다. 예제 19.1을 통해 균형 잡힌 핵 반응식을 완성해 보자.

19.1 예제

다음 균형을 맞춘 핵 반응식을 완성하시오.

(a) ${}_{83}^{214}\mathrm{Bi}$가 β-입자를 생성한다.

(b) ${}_{6}^{11}\mathrm{C}$가 양전자를 생성한다.

(c) ${}_{79}^{195}\mathrm{Au}$ + (   ) $\longrightarrow$ ${}_{78}^{195}\mathrm{Pt}$

(d) ${}_{19}^{38}\mathrm{K}$ $\longrightarrow$ ${}_{18}^{38}\mathrm{Ar}$ + (   )

풀이

(a) β-입자는 ${}_{-1}^{0}\mathrm{e}$ 또는 ${}_{-1}^{0}\beta$으로 표기를 해야 하고 추가 생성되는 새로운 핵종을 파악해야 한다. 따라서 반응 전과 후의 질량수와 양성자의 수가 일치되도록 다음과 같이 핵 반응식을 표기한다.

	${}_{83}^{214}\mathrm{Bi}$	$\longrightarrow$	${}_{-1}^{0}\beta$	+	${}_{84}^{214}\mathrm{X}$
질량수	214	=	0	+	214
양성자 수	83	=	−1	+	84

원자 번호 84번인 원소 X는 주기율표를 통해서 Po임을 알 수 있다.

(b) 양전자는 ${}_{+1}^{0}\mathrm{e}$ 또는 ${}_{+1}^{0}\beta$으로 표기를 해야 하고 추가 생성되는 새로운 핵종을 파악해야 한다. 따라서 반응 전과 후의 질량수와 양성자의 수가 일치되도록 다음과 같이 핵 반응식을 표기한다.

$$^{11}_{6}C \longrightarrow {}^{0}_{+1}\beta + {}^{11}_{5}X$$

질량수	11	=	0	+	11
양성자 수	6	=	+1	+	5

원자 번호 5번인 원소 X는 주기율표를 통해서 B임을 알 수 있다.

(c) 반응 전과 후의 질량수와 양성자의 수가 일치하도록 다음과 같이 핵 반응식을 표기한다.

$$^{195}_{79}Au + (\quad) \longrightarrow {}^{195}_{78}Pt$$

질량수	195	+	0	⟶	195
양성자 수	79	+	−1	⟶	78

빈칸의 화학종의 질량수와 양성자 수가 각각 0, −1인 점으로 보아 이것은 β-입자(${}^{0}_{-1}\beta$)임을 알 수 있다.

(d) 반응 전후의 질량수와 양성자의 수가 일치하도록 다음과 같이 핵 반응식을 표기한다.

$$^{38}_{19}K \longrightarrow {}^{38}_{18}Ar + (\quad)$$

질량수	38	⟶	38	+	0
양성자 수	19	⟶	18	+	+1

빈칸의 화학종의 질량수와 양성자 수가 각각 0, +1인 점으로 보아 이것은 양전자임을 알 수 있다.

정답

(a) ${}^{214}_{83}Bi \longrightarrow {}^{0}_{-1}\beta + {}^{214}_{84}Po$ 또는 ${}^{214}_{83}Bi \longrightarrow {}^{0}_{-1}e + {}^{214}_{84}Po$

(b) ${}^{11}_{6}C \longrightarrow {}^{0}_{+1}\beta + {}^{11}_{5}B$ 또는 ${}^{11}_{6}C \longrightarrow {}^{0}_{+1}e + {}^{11}_{5}B$

(c) ${}^{195}_{79}Au + {}^{0}_{-1}\beta \longrightarrow {}^{195}_{78}Pt$ 또는 ${}^{195}_{79}Au + {}^{0}_{-1}e \longrightarrow {}^{195}_{78}Pt$

(d) ${}^{38}_{19}K \longrightarrow {}^{38}_{18}Ar + {}^{0}_{+1}\beta$ 또는 ${}^{38}_{19}K \longrightarrow {}^{38}_{18}Ar + {}^{0}_{+1}e$

응용문제 19.1

다음 핵반응의 균형을 맞추어 핵 반응식을 완성하시오.

(a) ${}^{135}_{60}Nd \longrightarrow {}^{135}_{59}Pr + (\quad)$

(b) ${}^{49}_{25}Mn \longrightarrow {}^{0}_{1}e + (\quad)$

(c) ${}^{188}_{74}W$이 베타선(음전하)을 방출하면서 핵반응 진행

19.2 핵 안정성

핵의 안정성은 중요한 주제이며, 모든 핵반응 과정에서 중요한 개념이다. 핵의 안정도는 반응 속도론과 연결하여 고찰할 수 있다. 반응 속도론적 안정도는 핵이 분해하여 다른 핵을 형성하는 과정을 말하며, 이를 **방사성 붕괴(radioactivity decay)**라고 부른다. 상당수 동위 원소의 핵은 방사성이다. 이 핵들은 분해하면서 다른 핵을 형성하고 한 가지 이상의 입자를 생성한다.

핵에 존재하는 양성자와 중성자의 수가 어떻게 핵붕괴에 대한 안정도와 연관이 있는지를 살펴보자. 핵이 안정한지 안정하지 않은지를 결정하는 주된 요인은 중성자 대 양성자의 비(n/p)를 파악하는 것이다. 원자 번호가 작은 안정한 원소일수록 n/p의 값이 1에 가까운 값을 나타낸다. 원자 번호가 증가함에 따라, 안정한 핵의 중성자 대 양성자의 비는 1보다 커진다. 양성자 사이의 척력을 이겨 내고 핵을 안정화시키기 위해 많은 수의 중성자가 필요하기 때문이다.

다음 규칙은 방사성 붕괴와 관련된 핵의 안정성을 예측하는 데 유용하다.

규칙 1. 원자 번호가 83보다 큰 원소의 동위 원소는 모두 방사성으로 이러한 핵종들은 방사성 붕괴와 관련하여 불안정하다.

규칙 2. 어떤 특정한 수의 양성자 또는 중성자를 가지는 핵종들은 특별히 안정하다. 예로서, 양성자나 중성자의 수가 2, 8, 20, 50, 82 및 126인 핵은 그렇지 않은 핵보다 안정하다. 원자 번호가 50인 주석(Sn)은 10개의 안정한 동위 원소가 있으나, 원자 번호가 51인 안티모니(Sb)는 두 개의 안정한 동위 원소뿐이다. 그리하여 이러한 숫자 2, 8, 20, 50, 82, 126을 요술수(magic number)라고 부른다. 핵의 안정성에 대한 이들 수의 의미는 안정한 비활성 기체의 전자 수(즉 2, 10, 18, 36, 54, 86개의 전자)의 의미와 같다.

규칙 3. 표 19.2에서와 같이 양성자와 중성자의 수가 짝수인 핵종은 홀수인 핵종보다 일반적으로 더 안정하다.

표 19.2 동위 원소의 안정성과 양성자 및 중성자 수의 관계

양성자	중성자	안정한 동위 원소의 수
홀수	홀수	4
홀수	짝수	50
짝수	홀수	53
짝수	짝수	164

그림 19.1은 여러 동위 원소 내의 양성자 수에 대한 중성자 수를 나타낸 것으로, 안정한 핵의 위치를 양성자 수와 중성자 수의 관계로 알 수 있다. **안정도띠(belt of stability)**라 부르는 영역 내에는 안정한 동위 원소의 핵이, 그리고 이 띠 밖에는 대부분의 불안정한 방사성 핵이 놓여 있다. 양성자 수가 동일하다고 가정했을 때, 안정도띠 위에 있는 핵은 중성자 대 양성자의 비가 띠 안에 있는 핵보다 큰 핵들이다. 이 비를 낮추기 위해서, 즉 안정도띠 쪽으로 내려오기 위해서 이들 핵은 β-입자 방출(β-particle emission)이라는 다음 과정을 수행한다.

$$^{1}_{0}\mathrm{n} \longrightarrow {}^{1}_{1}\mathrm{p} + {}^{0}_{-1}\beta$$

β-입자 방출은 핵 내의 양성자 수를 증가시키고, 동시에 중성자의 수를 감소시킨다. 다음은 몇 가지 예를 나타낸 것이다.

$$^{14}_{6}\mathrm{C} \longrightarrow {}^{14}_{7}\mathrm{N} + {}^{0}_{-1}\beta$$
$$^{40}_{19}\mathrm{K} \longrightarrow {}^{40}_{20}\mathrm{Ca} + {}^{0}_{-1}\beta$$
$$^{97}_{40}\mathrm{Zr} \longrightarrow {}^{97}_{41}\mathrm{Nb} + {}^{0}_{-1}\beta$$

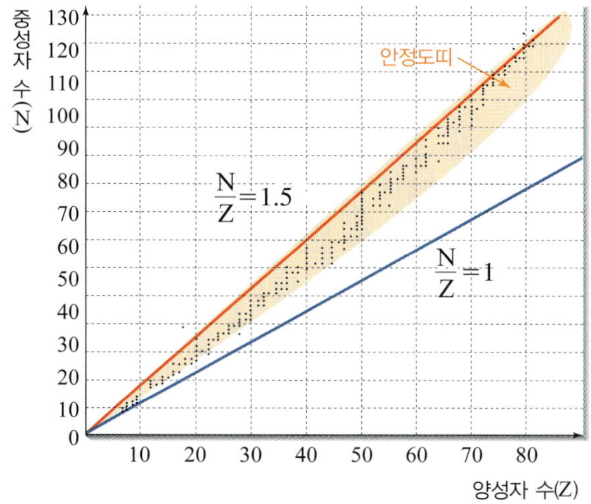

그림 19.1 동위 원소의 안정도띠 점은 자연에 존재하는 안정한 동위 원소의 양성자대 중성자의 비를 나타내며, 직선은 양성자 대비 중성자의 비가 1인 경우를 나타낸다.

안정도띠 아래에 있는 핵은 띠 안에 있는 핵보다 양성자의 수가 같다고 할지라도 중성자 대 양성자 비가 낮다. 따라서 이 비를 증가시켜서 안정도띠 안쪽에 해당하는 핵 상태로 변모하기 위해서 이들 핵은 양전자를 방출한다. 양전자 방출의 예는 다음과 같다.

$$^{1}_{1}\mathrm{p} \longrightarrow {}^{1}_{0}\mathrm{n} + {}^{0}_{+1}\beta$$
$$^{38}_{19}\mathrm{K} \longrightarrow {}^{38}_{18}\mathrm{Ar} + {}^{0}_{+1}\beta$$

또는 양전자를 방출하거나 **전자 포획(electron capture)**을 하는 것이다. 전자 포획은 핵이 전자 1개(일반적으로 1s 전자 1개)를 포획하는 것이다. 포획된 전자는 양성자와 합쳐져서 중성자가 되고, 따라서 원자 번호 하나가 줄어드는 반면, 질량은 그대로 유지된다. 이 전자 포획 과정은 양전자 방출과 결과적으로 같다.

$$^{38}_{18}\mathrm{Ar} + {}^{0}_{-1}\mathrm{e} \longrightarrow {}^{38}_{17}\mathrm{Cl}$$
$$^{55}_{26}\mathrm{Fe} + {}^{0}_{-1}\mathrm{e} \longrightarrow {}^{55}_{25}\mathrm{Mn}$$

감마(γ)선(gamma ray)은 큰 에너지의 광자이다. 흔히 감마선은 $^{238}_{92}\mathrm{U}$의 α-입자 붕괴와 같은 핵붕괴와 입자 반응에 수반되어 생긴다.

$$^{238}_{92}\mathrm{U} \longrightarrow {}^{4}_{2}\mathrm{He} + {}^{234}_{90}\mathrm{Th} + 2\,{}^{0}_{0}\gamma$$

이때 α 입자(He^{2+})와 함께 2개의 서로 다른 에너지를 갖는 γ선이 생성된다. γ선의 방출은 여분의 에너지를 갖는 핵이 바닥 상태로 떨어질 수 있는 한 가지 방법이다.

핵결합 에너지

핵 안정성을 정량적으로 측정한 것이 **핵결합 에너지(nuclear binding energy)**이다. 이것은 핵이 양성자와 중성자로부터 만들어졌다고 가정하면, 이 핵의 양성자와 중성자를 쪼개는 데 필요한 에너지이다. 이것은 발열 핵반응이 일어나는 동안에 질량이 에너지로 변한 양이다.

핵결합 에너지의 개념은 핵의 질량이 **핵자(nucleon)**들 질량의 총합보다 항상 적은 핵의 성질을 연구하는 과정에서 나오게 되었다. 핵자란 핵에 들어 있는 양성자와 중성자의 일반명이다.

예를 들면, $^{19}_{9}F$의 동위 원소의 원자 질량은 18.9984 amu이다. 이 핵은 9개의 양성자와 10개의 중성자를 가지고 있어서 전체 19개의 핵자를 가지고 있다. $^{1}_{1}H$ 원자(1.007825 amu)와 중성자(1.008665 amu)를 사용하여 다음과 같이 계산할 수 있다. 9개의 $^{1}_{1}H$ 원자의 질량(즉, 9개의 양성자와 9개의 전자 질량)은

$$9 \times 1.007825 \text{ amu} = 9.070425 \text{ amu}$$

이고, 10개의 중성자의 질량은

$$10 \times 1.008665 \text{ amu} = 10.08665 \text{ amu}$$

이다. 따라서 $^{19}_{9}F$ 원자의 질량은 알고 있는 전자, 양성자, 중성자의 수로부터

$$9.070425 \text{ amu} + 10.08665 \text{ amu} = 19.15708 \text{ amu}$$

임을 알 수 있고, 결과적으로 이것은 주기율표상의 질량 18.9984 amu($^{19}_{9}F$의 측정치)보다 0.1587 amu만큼 더 크다.

원자 질량과 그 원자를 구성하고 있는 양성자, 중성자, 전자 질량의 총합과의 차이를 **질량 결손(mass defect)**이라고 한다. 상대성 이론은 질량 결손이 에너지(열)로서 주위에 발산된 것임을 말해 준다. 이 질량 결손에 따른 에너지의 생성은 발열 반응이다. 따라서 $^{19}_{9}F$이 생성될 때 열이 발생한다. 아인슈타인의 질량–에너지 동등성 관계($E=mc^2$, 여기서 E는 에너지, m은 질량이고 c는 빛의 속도이다)로부터 방출된 에너지의 양을 계산할 수 있다. 아래의 식에서

아인슈타인의 대표 방정식 $E=mc^2$은 질량이 에너지로 변환될 수 있다는 것을 뜻한다.

$$\Delta E = (\Delta m)c^2 \qquad (19.1)$$

ΔE와 Δm은 다음과 같이 정의한다.

$$\Delta E = \text{생성물의 에너지} - \text{반응물의 에너지}$$
$$\Delta m = \text{생성물의 질량} - \text{반응물의 질량}$$

따라서 질량의 변화는 다음과 같다.

$$\begin{aligned}\Delta m &= 18.9984 \text{ amu} - 19.15708 \text{ amu} \\ &= -0.1587 \text{ amu}\end{aligned}$$

$^{19}_{9}F$는 전자와 핵자로부터 계산한 질량보다 적기 때문에 Δm은 음의 양이다. 결과적으로 ΔE도 음의 양이다. 즉, $-\Delta E$의 의미는 플루오린-19 핵으로부터 형성된 에너지가 주위로 방출되는 발열 반응인 것이다. ΔE의 계산은 다음과 같다.

$$\begin{aligned}\Delta E &= (-0.1587 \text{ amu})(3.00 \times 10^8 \text{ m/s})^2 \\ &= -1.43 \times 10^{16} \text{ amu m}^2/\text{s}^2\end{aligned}$$

다음의 환산 인자를 적용하면

$$1\ \text{kg} = 6.022 \times 10^{26}\ \text{amu}$$
$$1\ \text{J} = 1\ \text{kg m}^2/\text{s}^2$$
$$\begin{aligned}\Delta E &= \left(-1.43 \times 10^{16}\ \frac{\text{amu} \cdot \text{m}^2}{\text{s}^2}\right) \times \left(\frac{1.00\ \text{kg}}{6.022 \times 10^{26}\ \text{amu}}\right) \times \left(\frac{1\ \text{J}}{1\ \text{kg} \cdot \text{m}^2/\text{s}^2}\right) \\ &= -2.37 \times 10^{-11}\ \text{J}\end{aligned}$$

이것이 9개의 양성자와 10개의 중성자로부터 플루오린-19 핵이 형성될 때 방출하는 에너지의 양이다. 따라서 양성자와 중성자가 결합하는 개념의 핵결합 에너지는 양의 부호인 2.37×10^{-11} J이며, 이는 핵을 양성자와 중성자로 분해할 때 필요로 하는 에너지의 총 양이다. 실질적으로 결합 에너지를 측정하기는 불가능하지만, 양성자와 중성자를 쪼개는 데 필요한 에너지를 이론적으로 계산하고, 결합 에너지는 반대 개념에 따라 부호를 바꾸어 준다. 따라서 플루오린 핵 1몰이 형성될 때 발생하는 에너지로 전환하면 다음과 같다.

$$\begin{aligned}\Delta E &= (-2.37 \times 10^{-11}\ \text{J})(6.022 \times 10^{23}\ \text{mol}^{-1}) \\ &= -1.43 \times 10^{13}\ \text{J/mol} \\ &= -1.43 \times 10^{10}\ \text{kJ/mol}\end{aligned}$$

핵자당 에너지가 큰 동위 원소는 그만큼 많은 에너지를 방출하면서 더 낮은 에너지 상태의 핵종이 되었다는 의미이다.

또한, 1몰의 플루오린-19 핵결합 에너지는 양의 부호인 1.43×10^{10} kJ이 되며, 이 양은 일반 화학 반응에 대한 엔탈피가 200 kJ 정도임을 생각하면 엄청나게 큰 에너지이다. 위의 방법은 다른 어떤 핵의 핵결합 에너지 계산에도 사용할 수 있다.

핵결합 에너지는 핵의 안정성에 대한 지표이다. 그러나 어떤 두 핵의 안정성을 비교할 때는 그들이 서로 다른 핵자의 수를 갖고 있다는 사실을 명심해야 한다. 이 이유 때문에, **핵자당 핵결합 에너지(nuclear binding energy per nucleon)**를 사용하는 것이 더욱 유용하다. 핵자당 핵결합 에너지는 다음과 같이 정의한다.

$$\text{핵자당 핵결합 에너지} = \frac{\text{핵결합 에너지}}{\text{핵자의 수}}$$

플루오린-19에 대해서는 다음과 같다.

$$\begin{aligned}\text{핵자당 핵결합 에너지} &= \frac{2.37 \times 10^{-11}\ \text{J}}{19\ \text{핵자}} \\ &= 1.25 \times 10^{-11}\ \text{J}\end{aligned}$$

핵자당 핵결합 에너지는 모든 핵의 안정성을 비교할 수 있게 한다. 그림 19.2는 질량수에 대한 핵자당 핵결합 에너지의 변화를 보여 준다. 그림에서와 같이, 곡선은 상당히 급히 올라간다. 핵자당 결합 에너지가 큰 것은 중간 정도의 질량수를 가진 원소(40에서 100 사이)이며, 주기율표상에서 철, 코발트 및 니켈 부근(8~10족 원소)이 가장 크다. 가장 안정한 핵이란 핵을 분해하기 위하여 가장 큰 핵자당 에너지를 필요로 하는 원소일 것이다. 그림 19.2에서는 곡선의 정점에 위치한 ^{56}Fe이 가장 안정한 핵이다.

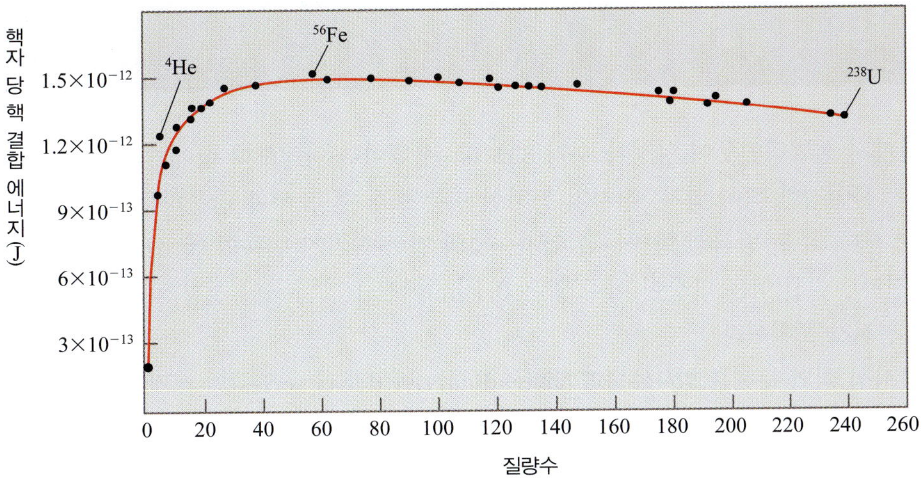

그림 19.2 질량수에 따른 핵자당 결합 에너지

예제 19.2를 통해 산소 핵에 대한 핵결합 에너지와 핵자당 핵결합 에너지를 계산해 보자.

19.2 예제

$^{16}_{8}O$ 핵 1 mol이 양성자와 중성자로부터 생성될 때의 에너지 변화를 계산하시오. 단, $^{16}_{8}O$ 1개의 핵질량은 2.65535×10^{-23} g, 양성자 1개의 질량은 1.67493×10^{-24} g, 중성자 1개의 질량은 1.67262×10^{-24} g이다.

풀이

$^{16}_{8}O$ 1개의 핵은 양성자($^{1}_{1}H$) 8개와 중성자($^{1}_{1}n$) 8개가 결합되어 있고, 양성자와 중성자의 개당 질량은 각각 1.67493×10^{-24} g, 1.67262×10^{-24} g이므로,

$$\begin{aligned}(8^{1}_{1}H + 8^{1}_{1}n)\text{의 질량} &= 8 \times (1.67493 \times 10^{-24}\text{ g}) + 8 \times (1.67262 \times 10^{-24}\text{ g}) \\ &= 2.67804 \times 10^{-23}\text{ g}\end{aligned}$$

따라서 $^{16}_{8}O$ 1개 핵의 질량 변화(질량 손실) $\Delta m'$은

$$\Delta m' = (2.65535 \times 10^{-23}\text{ g}) - (2.67804 \times 10^{-23}\text{ g}) = -2.269 \times 10^{-25}\text{ g}$$

이고, $^{16}_{8}O$ 1 mol의 핵의 질량 손실 Δm은

$$\begin{aligned}\Delta m &= (-2.269 \times 10^{-25}\text{ g}) \times (6.022 \times 10^{23}\text{ mol}^{-1}) = -0.1366\text{ g/mol} \\ &= -0.1366 \times 10^{-3}\text{ kg/mol}\end{aligned}$$

이므로, 질량 손실로 인한 에너지 변화 ΔE는 다음의 아인슈타인의 식에 근거하여 계산할 수 있다.

$$\begin{aligned}\Delta E &= (\Delta m)c^2 \\ &= (-0.1366 \times 10^{-3}\text{ kg/mol})(3.00 \times 10^{8}\text{ m/s})^2 \\ &= -1.23 \times 10^{13}\text{ kg}\cdot\text{m}^2/\text{s}^2\cdot\text{mol} \\ &= -1.23 \times 10^{13}\text{ J/mol}\end{aligned}$$

정답 $^{16}_{8}O$의 핵 1 mol이 생성되는 과정에서 1.23×10^{13} J의 에너지가 방출된다.

응용문제 19.2

예제 19.2를 참고하여 양성자 1개가 완전히 질량 손실되었을 때 방출될 수 있는 에너지의 양을 계산하시오.

19.3 천연 방사능

앞에서 설명하였듯이 양성자 수가 83보다 큰 핵이나 안정도띠 밖에 있는 핵은 불안정하다. 불안정한 핵이 입자, 전자기 복사선 또는 이들 둘 모두를 방출하는 것을 방사능이라고 한다. 주된 방사선 형태는 α-입자(+2의 전하를 가진 헬륨의 핵, He^{2+}), β-입자(또는 전자), γ-선(이는 파장이 아주 짧은 0.1 nm에서 10^{-4} nm인 전자기 복사선), 양전자 방출, 전자 포획이다.

방사성 핵의 분해는 **방사성 붕괴 계열(radioactive decay series)**의 시작이며, 방사성 붕괴 계열은 계속해서 붕괴되면서 안정한 동위 원소를 형성하면 끝이 나는 일련의 핵반응이다. 일반적으로 계속 붕괴하여 안정한 ^{82}Pb에 이르면 끝이 난다. 표 19.3은 자연계

우라늄-238 이외에 알려진 대표적인 방사능 붕괴 계열에는 토륨-232가 납-208이 되어 끝나는 토륨 계열, 넵투늄-237이 탈륨-81과 비스무트-209가 되어 끝나는 넵투늄 계열, 우라늄-235가 납-207이 되어 끝나는 악티늄 계열이 있다.

표 19.3 우라늄-238 붕괴 과정

핵종	생성 입자	반감기
우라늄-238($^{238}_{92}U$) ↓	α	4.47×10^9년
토륨-234($^{234}_{90}Th$) ↓	β	24.1일
프로탁티늄-234($^{234}_{91}Pa$) ↓	β	6.7시간
우라늄-234($^{234}_{92}U$) ↓	α	2.48×10^5년
토륨-230($^{230}_{90}Th$) ↓	α	7.5×10^4년
라듐-226($^{226}_{86}Ra$) ↓	α	1.60×10^3년
라돈-222($^{222}_{86}Rn$) ↓	α	3.82일
폴로늄-218($^{218}_{84}Po$) ↓	α	3.1분
납-214($^{214}_{82}Pb$) ↓	β	26.8분
비스무트-214($^{214}_{83}Bi$) ↓	β	19.9분
폴로늄-214($^{214}_{84}Po$) ↓	α	1.6×10^{-4}초
납-210($^{210}_{82}Pb$) ↓	β	22.2년
비스무트-210($^{210}_{83}Bi$) ↓	β	5.0일
폴로늄-210($^{210}_{84}Po$) ↓	α	138.4일
납-206($^{206}_{82}Pb$)	–	안정

에 존재하는 우라늄-238이 14단계로 붕괴하는 과정을 보여 준다. 우라늄 붕괴 계열이라고 알려진 이 붕괴 도식에 모든 생성물의 반감기를 보여 주고 있다. 방사성 붕괴 계열에 속해 있는 각 단계의 핵반응을 균형 잡을 수 있어야 한다. 예를 들면, 우라늄 붕괴 계열의 첫 단계는 우라늄-238이 α-입자를 방출하면서 토륨-234가 되는 것이다. 그래서 반응은

$$^{238}_{92}\text{U} \longrightarrow {}^{234}_{90}\text{Th} + {}^{4}_{2}\alpha$$

이다. 다음 단계는

$$^{234}_{90}\text{Th} \longrightarrow {}^{234}_{91}\text{Pa} + {}^{0}_{-1}\beta$$

으로 나타낼 수 있다. 이와 같은 붕괴가 계속된다. 방사성 붕괴 과정에서 붕괴를 시작하는 상위의 방사성 동위 원소를 **어미 동위 원소**(**parent isotope**)라 부르고, 상위 동위 원소로부터 생성되는 생성물을 **딸 동위 원소**(**daughter isotope**)라고 부른다.

방사성 붕괴의 반응 속도론

모든 방사성 붕괴는 1차 반응 속도 식을 따른다. 따라서 어떤 시간 t에서 방사성 붕괴의 속도는

$$\text{시간 } t\text{에서의 붕괴 속도} = \lambda N \qquad (19.2)$$

으로 주어진다.

여기서 λ는 1차 반응 속도 상수이고, N은 시간 t에서 존재하는 방사성 핵의 수이다(핵과학자들이 사용하는 표기법에 따라 속도 상수를 k 대신에 λ를 쓴다). 식 (13.3)에 따라서 시간이 0일 때 핵의 수(N_0)와 시간 t일 때 핵의 수(N_t)는 다음과 같이 쓸 수 있다. 음의 부호는 핵의 수가 감소하기 때문에 붙인다.

$$\ln \frac{N_t}{N_0} = -\lambda t \qquad (19.3)$$

1차 반응에 대한 반응의 반감기는

$$t_{\frac{1}{2}} = -\lambda t \qquad (19.4)$$

으로 주어진다. 방사성 동위 원소의 반감기(따라서 속도 상수)는 핵에 따라 크게 변한다. 예를 들면, 표 19.3에서 2개의 극단적인 예를 찾아볼 수 있다.

$$^{238}_{92}\text{U} \longrightarrow {}^{234}_{90}\text{Th} + {}^{4}_{2}\alpha \qquad t_{\frac{1}{2}} = 4.47 \times 10^{9}\text{년}$$

$$^{214}_{84}\text{Po} \longrightarrow {}^{210}_{82}\text{Pb} + {}^{4}_{2}\alpha \qquad t_{\frac{1}{2}} = 1.6 \times 10^{-4}\text{ s}$$

이들 두 속도 상수의 비를 같은 시간 단위로 환산해 보면 1×10^{21}으로 엄청나게 큰 수이다. 더욱이 이 속도 상수는 핵반응에서 온도나 압력과 같은 외부 환경 조건 변화에 대해 아무런 영향을 받지 않는다. 이와 같은 특이한 현상은 일반적인 화학 반응에서는 볼

수 없는 현상이다(표 19.1 참조).

방사성을 이용한 연대 측정

©Leo_B/Shutterstock

인류의 고대 유물 및 역사를 연구하는 고고학자와 지질학자들은 아주 오랜 세월이 지난 물품이나 암석에 대한 정확한 연대를 측정하는 데 방사능을 많이 이용한다. 일반적으로 고대 유물의 연대 측정에 가장 많이 사용되는 방법은 **방사성 탄소 연대 측정(radiocarbon dating)** 또는 **탄소-14 연대 측정법(carbon C-14 dating)**이다. 이 방법은 미국의 리비(Libby, W., 1908~1980)에 의하여 제시되었으며, 그는 방사성을 이용한 연대 측정에 대한 업적으로 노벨 화학상을 수상하였다. 어떤 물체의 연대를 측정할 수 있는 방사성 붕괴에 의한 연대 측정 예를 살펴보자.

방사성 탄소 연대 측정은 탄소-14 동위 원소에 기초를 둔 것으로 다음과 같이 β-입자를 방출하면서 붕괴한다.

$$^{14}_{6}\text{C} \longrightarrow {}^{14}_{7}\text{N} + {}^{0}_{-1}\beta$$

탄소-14는 대기권 상층부에서 질소 원자가 중성자를 포획함으로써 대기 중에서 지속적으로 생성된다.

$$^{14}_{7}\text{N} + {}^{0}_{1}\text{n} \longrightarrow {}^{14}_{6}\text{C} + {}^{1}_{1}\text{H}$$

이 과정에서 대기 중의 질소에 의하여 C-14는 지속적으로 생성되고, C-14는 β-입자를 방출하면서 계속 붕괴된다. C-14는 산소 분자와 반응하여 $^{14}CO_2$를 형성한다. 이 과정은 방사성 $^{14}CO_2$를 대기에 지속적으로 공급하며, $^{14}CO_2$는 광합성을 통해 소멸한다. 이러한 현상이 일정하게 지속되어 대기 중의 $^{14}CO_2$의 양은 일정하게 유지되는 것이다. 따라서 자연계의 C-14와 C-12의 질량비가 일정한 것이다. 세월이 지남에 따라 위 두 반응의 속도는 같게 되어 평형 상태에 있는 화학 반응처럼 대기 중에 존재하는 C-14의 농도는 거의 일정하게 유지된다. 하지만 어떤 만들어진 물체에 대해서는 C-14와 C-12의 질량비가 감소하게 되는데, 그 이유는 C-12 원자는 안정하지만 동위 원소인 C-14는 불안정하여 지속적으로 방사성 붕괴를 하기 때문이다. 이것은 어떤 물체가 만들어지는 순간부터 C-14의 방사성 붕괴로 인하여 C-14의 양이 줄어들기 때문이다.

C-14의 반감기는 5730년이므로 고고학자가 발굴해 낸 고대 유눌의 C-14와 C-12의 함량비를 질량 분석기를 사용하여 측정함으로써 연대를 측정할 수 있다.

방사성 C-14의 연대 측정법은 대상 물체를 태워서 C-14와 C-12의 질량비를 분석해야 한다. 이를 위해서는 어느 정도의 시편에 해당하는 물체가 확보되어야 하며, 또한 대상 물체가 도자기와 같은 태울 수 없는 물체인 경우 이 방사성 탄소 연대 측정법은 사용하기에 제한적이다. 그러나 질량 분석기를 이용할 경우 극미량(10^{-3} g 정도)의 시료로도 가능하므로 현대 과학으로 고대 유물의 파손 없이 측정할 수 있다.

C-14 연대 측정 기술은 50000년 이내인 물체의 연대를 측정할 때 가능하다. 더 오래된 물체는 자체의 낮은 활성도로 인하여 정확한 연대의 측정이 불가능하다.

지구의 지질학적인 역사의 규명은 C-14 측정 기술로는 불가능하므로 다른 원소의 붕괴를 활용하게 되었다. 예로서 자연계에 존재하는 $^{238}_{92}$U 계열의 붕괴는 안정한 동위 원소인 $^{206}_{82}$Pb로 되면서 종료되므로, 암석 중의 $^{206}_{82}$Pb와 $^{238}_{92}$U의 비는 암석의 연대를 추정하는 데 사용될 수 있다. 특히, $^{238}_{92}$U의 반감기는 4.47×10^9년으로 매우 긴 반감기를 가지므로 수십억 년 된 암석의 연대를 측정할 수 있다(그림 19.3).

$$^{238}_{92}\text{U} \longrightarrow {}^{206}_{82}\text{Pb} + 8\,{}^{4}_{2}\alpha + 6\,{}^{0}_{-1}\beta \qquad t_{\frac{1}{2}} = 4.47 \times 10^9\text{년}$$

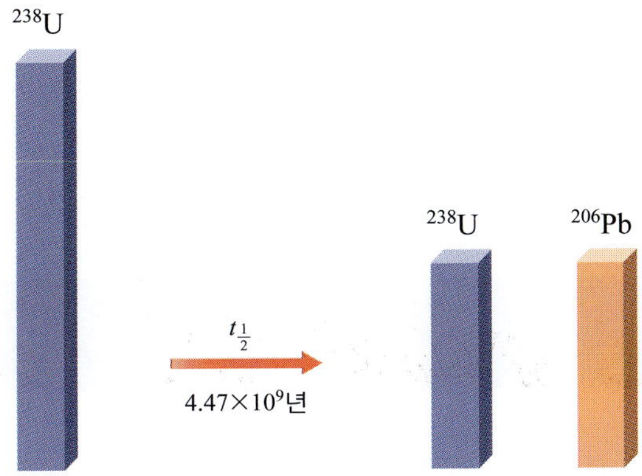

그림 19.3 반감기를 거쳐 우라늄-238이 붕괴되면 납-206으로 변환된다.

이러한 배경으로 자연에서 발견되는 우라늄 광석에서는 방사성 붕괴에 의한 동위 원소 $^{206}_{82}$Pb이 발견되며, 측정하고자 하는 광석 중의 동위 원소 $^{206}_{82}$Pb는 모두 다 $^{238}_{92}$U로부터 붕괴된 것으로 가정한다. 그러면 $^{238}_{92}$U과 $^{206}_{82}$Pb의 질량비로부터 우라늄 광석의 연대를 예측할 수 있다. 이러한 방식으로 지구의 생성 나이는 43억 년이 되었음을 추정하는 것이다.

19.3 예제

2개의 방사성 동위 원소 X와 Y는 시간 $t = 0$에서 같은 몰수로 존재한다. 일주일 후 Y가 X의 4배 존재한다면, X의 반감기가 2.0일이라 가정하였을 때, Y의 반감기는 며칠인지 계산하시오. (단, 방사성 동위 원소의 감소 반응은 1차 반응 속도 법칙을 따른다.)

풀이

X와 Y가 각각 1 mol이라는 동일한 양을 시작으로 감소한다고 가정하고, 먼저 X의 반응 속도 상수 K와 일주일이 지난 후 남아있는 X의 양을 계산해 보자.

$$\text{X의 반감기 } t_{\frac{1}{2}} = \frac{0.693}{k} = 2.0\text{일}$$

$$\text{X의 속도 상수 } k = \frac{0.693}{2.0\text{ 일}} = 0.35\text{일}^{-1}$$

$$[\text{X}]\text{와 } t\text{의 관계식: } \ln[\text{X}]_t = -kt + \ln[\text{X}]_0$$

$$t = 7\text{일} ; \ln[\text{X}]_7 = -(0.35\text{ 일}^{-1})(7\text{일}) + \ln(1)$$

$$\therefore \text{ 일주일(7일) 후 X의 양 } [\text{X}]_7 = 0.086\text{ mol}$$

일주일 후, Y의 양 $[\text{Y}]_7$이 X의 4배이므로,

$$[\text{Y}]_7 = 4 \times 0.086\text{ mol} = 0.344\text{ mol}$$

$$[\text{Y}]\text{와 } t \text{ 관계식: } \ln[\text{Y}]_t = -k't + \ln[\text{Y}]_0$$

$$t = 7\text{일} ; \ln[\text{Y}]_7 = \ln(0.344) = -k' \times (7\text{일}) + \ln(1)$$

$$\therefore \text{Y의 속도 상수 } k' = -\ln(0.344) \div 7\text{일}$$
$$= 0.152\text{일}^{-1}$$

$$\text{Y의 반감기 } t = \frac{0.693}{k'}\text{일} = \frac{0.693}{0.152}\text{일} = 4.55\text{일}$$

정답

Y의 반감기 = 4.55일

응용문제 19.3 예제 19.3에서 자연 붕괴 후 X와 Y가 초기 양의 1%만 남은 상태가 되려면 각각 시간이 얼마나 흘러야 하겠는가?

19.4 핵분열

핵분열(nuclear fission)은 무거운 핵(질량수 > 200)이 더 작은 질량수를 갖는 두 핵으로 갈라지는 과정을 말한다. 무거운 핵(중핵)은 생성된 핵보다 불안정하기 때문에(그림 19.2 참조) 이 과정은 발열 반응으로서 화학 반응보다 수백만 배 이상으로 매우 큰 많은 양의 에너지가 발생한다.

핵분열은 1930년에 발견되었다. ${}^{235}_{92}\text{U}$ 핵이 중성자와 충돌하자 2개의 가벼운 원소로 갈라지는 것이 관찰되었다.

$${}^{235}_{92}\text{U} + {}^{1}_{0}\text{n} \longrightarrow {}^{90}_{38}\text{Sr} + {}^{143}_{54}\text{Xe} + 3\,{}^{1}_{0}\text{n}$$

이 핵분열에서 ${}^{235}_{92}\text{U}$은 그림 19.4와 같이 분열한다. 실제로 이 반응은 복잡한 반응으로 30개 이상의 여러 핵종으로 분열되는 것이 발견되었다(그림 19.5). 수많은 중핵들은 분열시킬 수 있지만, 실질적으로 중요한 핵반응은 자연계에 존재하는 동위 원소 ${}^{235}_{92}\text{U}$와 동위 원소인 ${}^{239}_{94}\text{Pu}$의 분열 반응뿐이다. 표 19.4에 ${}^{235}_{92}\text{U}$와 분열 생성물의 핵결합 에너지를 나타내었다. 표에서와 같이, 위 반응에서의 ${}^{235}_{92}\text{U}$의 핵자당 결합 에너지는 ${}^{90}_{38}\text{Sr}$과 ${}^{143}_{54}\text{Xe}$의 결합 에너지를 합한 것보다 적다. 따라서 ${}^{235}_{92}\text{U}$가 2개의 작은 핵으로 갈라질 때는 일정량의 에너지가 방출된다. (음의 부호는 양의 부호인 결합 에너지와는 상반된 개념임에 유의한다.) 이 에너지의 크기를 계산해 보자.

표 19.4 우라늄-235와 분열 생성물의 핵결합 에너지

	핵결합 에너지
^{235}U	2.82×10^{-10} J
^{90}Sr	1.23×10^{-10} J
^{143}Xe	1.92×10^{-10} J

${}^{235}_{92}\text{U}$ 핵 하나에 대해 분열핵과 생성핵의 핵결합 에너지 차이는

$$(1.23 \times 10^{-10} + 1.92 \times 10^{-10})\text{ J} - (2.82 \times 10^{-10})\text{ J} = 3.3 \times 10^{-11}\text{ J}$$

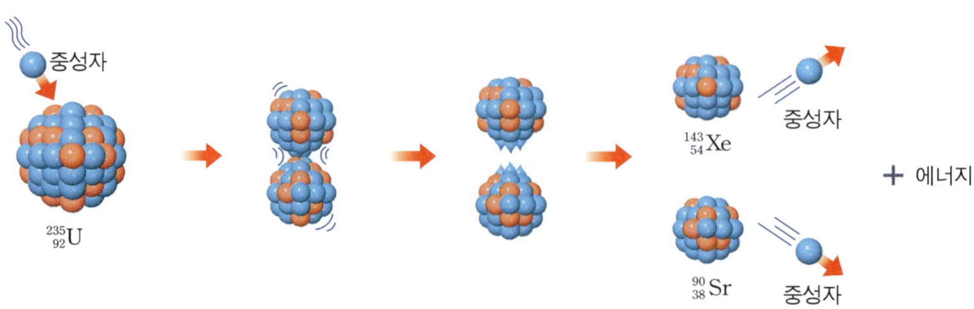

그림 19.4 우라늄-235의 핵분열 충돌하는 중성자의 포획 후 분열을 하면 우라늄-235 한 개당 평균 2.4개의 중성자를 방출한다.

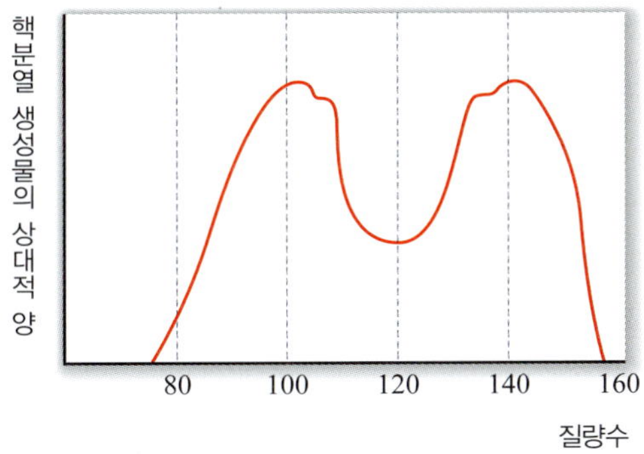

그림 19.5 **우라늄-235의 분열시 생성물의 상대적 수득률** 각기 다른 질량수에 해당하는 생성물들의 수득률의 비율이 다양함을 나타낸다.

이다. 1몰의 $^{235}_{92}U$에 대해 방출된 에너지는

$$(3.3\times10^{-11})(6.02\times10^{23}) = 2.0\times10^{13}\ J$$

이다.

1톤의 석탄이 탈 때 약 5×10^{7} J의 열이 방출되는 것을 생각하면, 1몰 $^{235}_{92}U$의 방출 에너지 2.0×10^{13} J은 엄청나게 큰 양이다. 방출 에너지란 핵분열이 거대한 발열 반응을 의미하는 것이다.

중요한 사실은 $^{235}_{92}U$가 분열할 때 엄청나게 큰 에너지가 방출될 뿐만 아니라, 이 과정에서 포획된 중성자보다 더 많은 중성자가 방출되는 것이다. 이 성질 때문에 연속적으로 핵분열을 일으키는 **핵연쇄 반응(nuclear chain reaction)**이 가능하다. 핵분열 초기 단계에서 생성된 중성자는 다른 $^{235}_{92}U$의 분열을 유발시키고, 계속해서 점점 더 많은 중성자가 생성된다. 1초보다 더 짧은 시간 내에 반응은 통제 불능으로 되며, 엄청난 양의 에너지를 주위에 방출하게 된다.

그림 19.6에 핵분열의 두 가지 형을 나타내었다. 연쇄 반응이 일어나기 위해서는 중성자를 포획할 수 있을 만큼의 많은 $^{235}_{92}U$가 있어야 한다. 만일 $^{235}_{92}U$가 너무 적으면 분

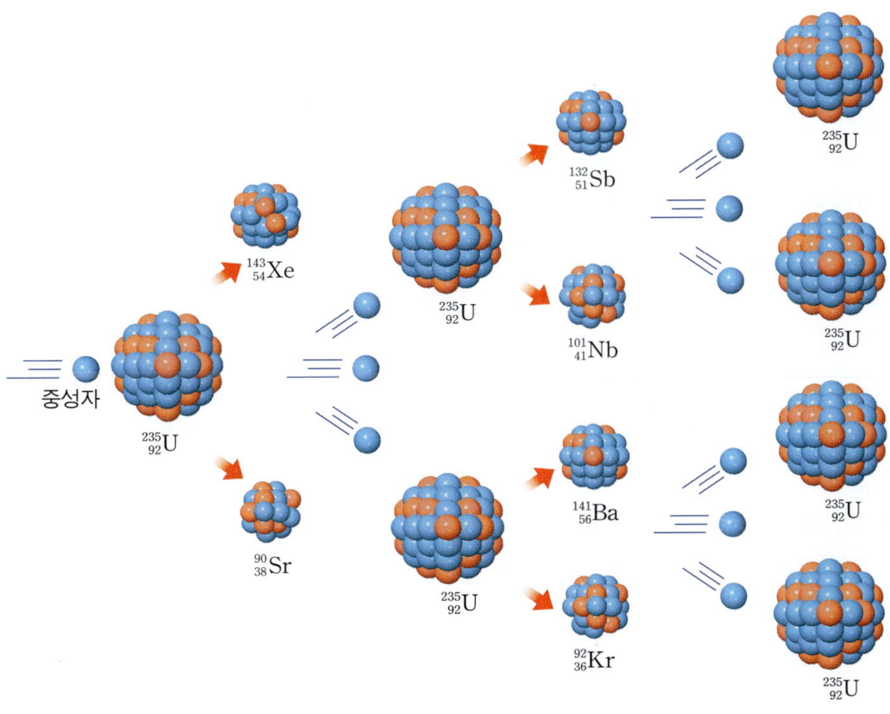

그림 19.6 임계 질량이 존재하면, 핵분열 과정에서 방출되는 많은 중성자들은 인접 우라늄-235의 핵에 의하여 포획되고, 연쇄 반응이 일어난다.

열이 발생하기 전에 많은 중성자들이 이탈하게 되어 연쇄 반응은 중지된다. 이 경우 시료의 질량은 **미임계(subcritical)**라고 한다. 그림 19.6은 분열할 수 있는 물질이 임계 질량만큼 있거나 그보다 더 많을 때 일어날 수 있는 현상을 보여 준다. **임계 질량(critical mass)**이란 연쇄 핵반응을 일으킬 수 있는 최소한의 질량을 말한다. 이 경우 대부분의 중성자를 $^{235}_{92}U$ 핵이 포획하여 연쇄 반응이 일어나게 되는 것이다.

원자 폭탄

▲ 핵폭발로 인한 건물 붕괴
ⓒmwreck/Shutterstock

원자 폭탄은 핵분열을 이용하여 거대한 양의 에너지를 방출하는 것이다. 에너지의 방출이 바로 폭탄에서는 거대한 외부로의 폭발로 이어지는 것이다. 제2차 세계대전 중에 맨해튼 프로젝트(Manhattan Project)로 불리는 핵분열 원리를 기초로 한 연구가 수행되어 원자 폭탄이 만들어졌다. 이 폭탄은 1945년 일본 히로시마에 투하되어 핵분열이 연쇄적으로 진행됨으로써 엄청난 폭발을 일으킨 세계 최초의 원자 폭탄이다.

원자 폭탄은 어떻게 만들어지는가를 화학적인 관점에서 살펴보자. 원자 폭탄에서 중요한 개념은 핵분열을 일으킬 수 있는 임계 질량을 결정하는 것이다. 조그마한 원자 폭탄 하나는 TNT 20000톤에 해당하는 에너지를 방출한다. TNT 1톤은 약 4×10^9 J의 에너지를 방출하므로 20000톤은 8×10^{13} J의 에너지를 생성할 것이다. 1몰 235 g의 $^{235}_{92}U$가 핵분열하면 2.0×10^{13} J의 에너지를 방출된다. 따라서 조그마한 원자 폭탄 하나에 필요한 $^{235}_{92}U$ 동위 원소의 질량은 다음과 같이 계산된다.

$$235\ \text{g}\times8\times10^{13}\div2.0\times10^{13}\simeq1\ \text{kg}$$

약 1 kg의 $^{235}_{92}U$로 발열 반응인 핵분열 반응을 유발시켜 거대한 에너지의 방출인 폭발력을 보이는 것이다.

원자로

원자 폭탄은 핵분열을 가속화시켜 조절할 수 없는 거대한 발열 반응으로 에너지를 방출하는 폭발력을 가진 반면, 원자로는 핵분열을 조절하여 서서히 발열 반응을 일으켜 낮은 상태의 에너지를 지속적으로 방출하면서 물을 가열시킴으로써 그 증기로 터빈을 돌리는 것이다. 즉, 이 두 가지 핵분열 반응에 대한 차이점은 조절 가능한 반응인가 또는 핵분열로 발생하는 에너지의 양이 거대한가에 있다.

원자로에서 핵분열 반응을 조절하여 얻은 열로 전기를 생산하는 것은 핵분열을 평화적으로 응용한 것이지만 폐기물 처리 및 원자로 사고에 대한 사회적인 관심은 크다. 원자로는 연료를 연소시키는 장치, 연소되는 연료를 제어하는 장치 그리고 연소를 제어하는 데 필요한 냉각 장치가 주요 부분이다. 원자로의 연료로는 $^{235}_{92}U$ 동위 원소가 3~5 % 사용되며, 이 정도의 양은 자연계에 존재하는 천연 $^{238}_{92}U$ 원소로부터 농축하여 얻는다. 천연 $^{238}_{92}U$ 중에는 약 0.7 %의 $^{235}_{92}U$ 동위 원소가 존재한다. 몇 가지 형의 원자로가 운용되고 있다. 이들 중 주된 세 가지 형태와 그 장단점에 대해 살펴보자.

■ 경수 원자로

경수 원자로(light water reactor)는 그림 19.7과 같으며 우리나라와 미국에서 가동 중인 대부분의 원자로가 이 형태이다. 분열 과정에서 중요한 것은 중성자의 속도이다. 저속 중성자는 고속 중성자보다 우라늄-235를 더 효과적으로 분열시킨다. 분열 반응은 큰 발열 반응이기 때문에, 분열에서 처음 생성된 중성자는 일반적으로 빠른 속도로 움직인다. 핵붕괴를 유발하는 데 더 효과적으로 이용하기 위해서 사전에 이들의 속도를 감속시켜야 한다. 그렇지 못할 경우는 핵분열이 가속화되어 마치 원자 폭탄과 같은 조절되지 못하는 거대한 폭발 에너지를 가져온다. 핵분열을 감속시키기 위해서 과학자들은 중성자의 운동 에너지를 감소시킬 수 있는 물질인 **감속제(moderator)**를 사용한다. 더욱이 감속제가 냉각제로 사용할 수 있는 액체이면 더욱 좋다. 물은 어떠한 모든 액체보다도 친환경적이며 쉽게 구할 수 있어 최고의 감속제이다. 감속제로서 경수(H_2O)를 사용하는 원자로를 경수 원자로 또는 경수로라고 부른다.

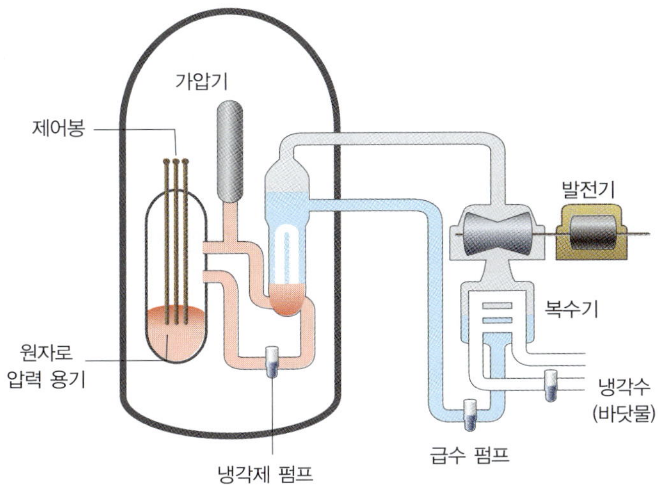

그림 19.7 원자력 발전소의 반응로와 연관시설 모식도 반응로에는 우라늄 연료와 연료 사이에 조절봉(카드뮴 또는 붕소) 막대가 핵반응 속도를 제어한다.

원자로의 연료는 우라늄 산화물, U_3O_8 형태의 $^{235}_{92}U$으로 구성되어 있다(그림 19.8). $^{235}_{92}U$ 동위 원소가 핵분열을 계속하는 경우는 중성자의 속도와 관련이 있다. 일반적으로 핵분열에서 생성되는 중성자는 매우 높은 속도를 나타낸다. 원자로의 제어봉은 중성자의 속도를 감속시켜 조절 가능한 핵분열이 일어나도록 조정하는 것이다. 속도가 감속되면 핵연료에 의하여 중성자가 쉽게 잡혀 핵분열이 가속화되는 것을 방지한다. 이렇듯이 반응 속도를 제어시키는 요인은 중성자의 수이다. 이 제어봉은 카드뮴이나 붕소봉을 연료 사이로 집어넣어 조절하며, 다음 식과 같이 중성자를 포획한다.

$$^{113}_{48}Cd + ^{1}_{0}n \longrightarrow ^{114}_{48}Cd + \gamma$$

$$^{10}_{5}B + ^{1}_{0}n \longrightarrow ^{7}_{3}Li + ^{4}_{2}\alpha$$

그림 19.8 산화 우라늄(U_3O_8)

여기서 γ는 감마선을 나타낸다. 제어봉이 없으면, 원자로 핵심부는 핵분열의 가속화로 발생한 높은 열에 의해 녹아 버릴 것이며, 방사성 동위 원소를 외부로 방출할 것이다. 원자로는 핵반응으로 발생한 열을 발전기를 돌리는 데 필요한 증기를 발생하게 하는 시스템을 갖추고 있다. 냉각수나 증기 발생에 물이 필요하므로 경수로 원자로는 대부분 강이나 바다 근처에 건설한다.

■ 중수 원자로

다른 형태의 원자로는 H_2O 대신에 중수인 D_2O를 감속제로 사용하는 중수 원자로 또는 중수로(heavy water reactor)가 있다. 중수소는 일반 수소보다 중성자를 효과적으로 흡수하지 못한다. 그러므로 보다 적은 수의 중성자가 흡수되기 때문에 중성자 손실이 적어 연쇄 반응이 안정적으로 유지되며, 천연 우라늄을 연료로 사용할 수 있어 효율적이다. 중수 원자로의 주된 이점은 값비싼 $^{235}_{92}U$ 농축 시설을 하지 않아도 된다는 점이다. 그러나 D_2O는 일반 물에서 분리해야 하며, 분별 증류나 전기 분해 같은 고비용 공정이 필요하다. 현재 중수 원자로를 성공적으로 이용하고 있는 국가로는 캐나다가 있다. 중수 원자로는 농축 우라늄을 필요로 하지 않기 때문에, 원자 폭탄과 같은 무기 생산 기술과 관련이 없는 기술이다.

■ 기타 원자로

근대 세계사에서는 우크라이나 체르노빌 원전 사고(1986년)와 일본 후쿠시마 원전 사고(2011년) 등 치명적인 핵발전소 사고를 지켜보았다. 핵발전은 인류 사회가 평화적인 발전용으로 사용 시에는 이점이 있지만, 원전 사고나 핵폐기물 등 환경적인 요인을 고려하면 무조건적인 증설은 고려해야 한다. 원전 사고를 겪으면서 증가하는 전력 수요를 반영해 원자력 발전의 폐기보다는 안전한 원자로에 대한 연구가 세계 각국에서 확산되고 있다.

과학자들은 위급 사항이나 자연적인 재앙에서 원자로 핵분열을 멈추거나 조정 가능하다면 원자로의 급격한 온도 상승에 따른 폭발 사고는 방지할 수 있을 것으로 생각하고 있다. 이에 대한 연구 결과로서 원자로의 연료로 $^{235}_{92}U$ 동위 원소 대신 방사성 원소인 $^{232}_{90}Th$-토륨을 사용하는 원자로가 미래 원자로의 대안으로 많은 과학자들이 연구 중이다.

$^{232}_{90}Th$ 원자로는 비상 사태 시 원자로의 핵분열을 중지할 수 있다. 왜냐하면, 토륨은 스스로 핵분열을 하지 않고 외부에서 중성자를 공급받아야 핵분열이 지속되기 때문이다. 이 원자로의 또 다른 장점은 방사성 폐기물의 양이 매우 적게 방출되며, 지구상에 $^{232}_{90}Th$ 원자의 매장량이 아주 풍부하다는 점이다.

19.5 핵융합

핵분열 과정과는 반대로 가벼운 원자핵이 결합하여 무거운 원자핵이 생성되는 **핵융합(nuclear fusion)**에서는 에너지가 발생한다. 태양이 에너지를 생성하는 원리와 같으며, 이때 폐기물은 생성되지 않는다. 만약에 두 개의 가벼운 핵이 결합하거나 융합하여 더 커지면서 더욱 안정한 핵을 형성할 때는 상당한 양의 에너지를 방출할 것이다. 이것이 핵융합으로 인한 에너지 생산의 기본 개념이다. 태양에서는 핵융합이 계속해서 일어나고 있다. 태양은 주로 수소와 헬륨으로 구성되어 있다. 다음은 태양에서 일어나고 있는 몇 가지 핵융합 반응들이다.

$$
\begin{aligned}
&{}^{1}_{1}\mathrm{H} + {}^{2}_{1}\mathrm{H} \longrightarrow {}^{3}_{2}\mathrm{He} \\
&{}^{3}_{2}\mathrm{He} + {}^{3}_{2}\mathrm{He} \longrightarrow {}^{4}_{2}\mathrm{He} + 2\,{}^{1}_{1}\mathrm{H} \\
&{}^{1}_{1}\mathrm{H} + {}^{1}_{1}\mathrm{H} \longrightarrow {}^{2}_{1}\mathrm{H} + {}^{0}_{+1}\beta
\end{aligned}
$$

핵융합은 태양과 같이 아주 높은 온도에서만 일어날 수 있기 때문에, 종종 **열핵반응**(**thermonuclear reaction**)이라 부르기도 한다. 위 반응의 특징은 가벼운 동위 원소들을 사용한다는 점과 핵융합 시 발생하는 생성물이 일반적으로 방사성 물질이 아니라는 것이다. 따라서 이러한 특징 때문에 핵융합은 매력적인 에너지원이 될 수 있다. 그러나 핵융합을 발생시키려면 천문학적인 높은 온도가 필요하므로 현시점에서는 실질적인 활용이 불가능하다.

핵융합 원자로

에너지 생산을 위한 핵융합 반응에서 주로 고려해야 하는 것은 그 반응을 일으키는데 필요한 온도이다. 몇 가지 중요한 반응은 다음과 같다.

반응	방출 에너지
${}^{2}_{1}\mathrm{H} + {}^{2}_{1}\mathrm{H} \longrightarrow {}^{3}_{1}\mathrm{H} + {}^{1}_{1}\mathrm{H}$	6.3×10^{-13} J
${}^{2}_{1}\mathrm{H} + {}^{3}_{1}\mathrm{H} \longrightarrow {}^{4}_{2}\mathrm{He} + {}^{1}_{0}\mathrm{n}$	2.8×10^{-12} J
$63\mathrm{Li} + {}^{2}_{1}\mathrm{H} \longrightarrow 2\,{}^{4}_{2}\mathrm{He}$	3.6×10^{-12} J

이 반응을 일으키기 위해서는 핵과 핵 사이의 반발력을 극복하기 위해 1억 ℃ 정도의 높은 온도가 필요하다. 핵융합은 매우 높은 온도가 필요하므로 열공해 문제가 발생하지만, 몇 가지 장점이 있다. 연료로 사용되는 중수소는 바닷물에서 추출 가능하며, 지구상에 풍부하게 존재한다. 또한 핵융합은 핵분열에 비해 방사성 폐기물이 매우 적게 배출되어 환경적 부담을 줄일 수 있다. 그리고 비상 상태 시 핵융합 장비를 가동 중단해야 한다면, 현존하는 원자로와는 달리 용융 문제를 걱정하지 않고 즉시 중단할 수 있다.

핵융합이 이렇게 많은 이점이 있다면 왜 핵융합 원자로를 사용하여 에너지를 생산하지 않는가? 핵융합 원자로에 대한 연구는 이론적인 원리는 수립되었지만, 실질적인 운영을 위한 기술적인 문제는 전혀 해결하지 못하고 있다. 가장 핵심적인 문제는 핵융합 반응이 일어날 수 있는 도달 가능한 온도에서 오랫동안 두 핵을 붙들고 있는 기술이다.

핵융합이 가능한 1억 ℃ 정도의 온도에서는 분자 형태로 존재할 수 없다. 분자들은 해리되고, 원자들은 이온화되어 **플라스마**(**plasma**)라 불리는 새로운 상태의 물질이 형성된다. 이러한 높은 온도의 플라스마는 어떠한 물질도 견딜 수 없을 것이며, 이는 곧 핵융합 반응의 중지를 가져올 것이다. 이런 문제를 해결할 수 있는 한 가지 방법은 자석 용기(magnetic confinement)를 이용하는 것이다. 플라스마는 빨리 움직이는 전하 입자로 구성되어 있기 때문에, 자기장은 여기에 힘을 가할 수 있다. 그림 19.9에서처럼, 플라스마는 강한 자기장에 의해 도넛형 터널 내에 억제되어 움직일 것이다. 따라서 플라스마는 높은 온도로 용기 벽에 접촉하지 않게 된다. 그러나 과학자들은 아직까지 핵융합으로 효율적인 에너지를 얻지 못하고 있다.

핵융합 원자로는 현재 인류가 가장 선망하고 목표로 삼고 있는 미래 에너지원이다.

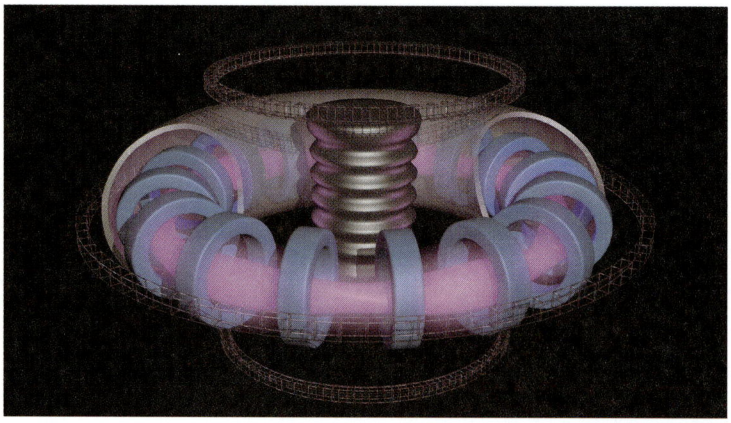

그림 19.9 자기 플라스마 가둠 장치인 토카막(tokamak)의 모식도
ⓒvrx/Shutterstock

Deep Insight

인공 태양 개발사업

2019년 기준 현존하는 인류의 에너지 자원 중에서 가장 적은 원료와 비용으로 쉽게 대용량의 전기를 생산해낼 수 있는 에너지원은 바로 원자력이다. 에너지 생산 효율 면에서 화력 발전과 수력 발전은 그 뒤를 따른다고 볼 수 있다. 화력과 수력의 발전량은 원자력 발전량의 100분의 1도 미치지 못할 만큼 현재로서는 원자력 발전을 대체할 만한 전력원이 없다. 하지만 원자력 발전이 방사능 발생 및 방사능 폐기물 생산이라는 근본적인 단점이 있기에 2019년에 정부는 탈원전을 선언하기도 하였다.

전 세계적으로는 일찍이 원자력 발전을 대체할 고효율 에너지를 찾으려고 노력하였다. 물론 청정 에너지원이라고 하는 풍력 발전과 태양열 발전은 24시간 가동이 어렵고, 생산전력량도 미흡하여 차세대 주 전력원으로 주목을 받지 못하고 대신 보조 수단으로 논의되는 실정이다.

이에 에너지 물리학 선진국인 미국, 영국, 일본, 러시아, 프랑스를 필두로 처음 차세대 인류 전력원으로 태양 내부에서 일어나는 수소간 핵융합 반응을 동일하게 지상에서 구현하여 에너지를 얻는 인공 태양 개발의 필요성이 대두되었다.

1970년 중반 전 세계적으로 이에 대한 연구 및 개발이 시작된 지 어느덧 40년이 지났다. 우리나라는 1995년에 이 연구와 개발에 참여하였고, 지금은 우리나라를 비롯하여 35개국이 이 연구에 동참하고 있다.

2019년 8월 기준 프랑스 카다라슈 지역에 최초의 핵융합발전소가 될 국제핵융합실험로(ITER)가 65 %까지 준공되었다. 2025년 플라스마를 개발해내는 것을 목표로 공사하고 있다.

▲ 프랑스, 건설 중인 ITER ⓒ 국가핵융합연구소

무엇보다 발전소의 건물 외관이 중요한 것이 아니라 수소간 핵융합 반응을 안정적으로 일으킬 수 있는 기술 구현 및 이론 확립을 2025년 ITER이 완공될 즈음에 맞춰서 완성해야 한다는 것이 과학계의 이었다. 하지만 여러 이유로 인하여 현재는 이 프로젝트의 완성 시기가 2035년 이후로 연기된 상황이다.

특히 토카막 안에 붙잡혀 있는 플라스마가 섭씨 1억 도의 상태로 300초 이상 포집 형태 유지되는 것이 기술 구현을 위한 최우선 목표이다.

고압 조건의 태양 중심부에서와 같은 수소간 핵융합을 지상에서 이상 없이 구현하려면 태양핵 온도의 약 13배인 섭씨 1억 5천 도까지 끌어올려야 한다. 기술적으로 플라스마의 온도가 1억 도의 벽을 넘을 수만 있다면, 그리고 토카막 안에 플라스마의 형태를 300초까지만 유지할 수 있다면 1억 5천 도에서 24시간 플라스마를 유지할 수 있는 기초 기술이 완성되기 때문이다.

한편, 세계 최초로 1억 도의 플라스마 구현에 성공한 국가는 우리나라이다. 우리나라의 국가핵융합연구소(NFRI: National Fusion Research Institution)가 2019년 8월 플라스마의 온도 섭씨 1억 도를 초과한 채로 무려 88초간 플라스마를 유지하는 데 성공하여 세계 정상의 연구 기술력을 증명하였다. 현재 NFRI는 한국형 인공 태양 반응로인 차세대 초전도 핵융합 연구 장치(KSTAR)를 건설하여 인공 태양의 핵심 기술을 연구하고 있다.

▲ 대한민국, 차세대 초전도 핵융합 연구 장치 © (KSTAR) 국가핵융합연구소

19.6 동위 원소의 이용

방사성 동위 원소는 연대 측정에 이용하는 것 이외에도 과학 분야에서 많이 응용되고 있는데, 그 중 하나가 의학에서 질병을 진단하는 데 사용된다.

소듐-24(반감기가 15 시간인 β-방출체)를 염인 용액 상태로 혈관에 주사하면 피의 흐름을 추적할 수 있어서 순환기 계통 내에서 막힘과 방해받는 곳이 어디인지 찾아낼 수 있다. 아이오딘-131(반감기가 8일인 β-방출체)은 갑상선의 기능을 테스트하는 데 이용된다. 갑상선의 기능이 좋지 않은 환자에게 일정한 양의 $Na^{131}I$ 용액을 마시게 한 후 갑상선상의 방사능을 측정함으로써 갑상선이 정상 속도로 아이오딘을 흡수하는지 그렇지 않는지를 찾아낼 수 있다. 물론 사용한 방사성 동위 원소의 양은 인체 내에서 최소량을 유지해야 한다. 그렇지 않으면 환자는 높은 방사능 때문에 영구적인 손상을 입을 우려가 있다.

또 다른 아이오딘 동위 원소, 아이오딘-123(γ-선 방출체)은 뇌의 영상을 찍는 데 이용된다(그림 19.10). 표 19.5에 의학용으로 이용되는 몇 가지 방사성 동위 원소를 나타 내었다. 병원에서 진단용으로 사용되는 방사성 동위 원소의 특징은 반감기가 매우 짧아 단시일 내에 외부로 배출된다는 점이다. 따라서 인체에 체류하는 시간이 매우 짧아 인체에 미치는 영향이 거의 없는 것이다.

핵의학에서 테크네튬(Tc)은 가장 유용한 원소 중 하나이다. 이 동위 원소는 반감기가 6시간으로 γ-선을 방출하면서 붕괴하여 바닥 상태의 테크네튬-99가 된다. 따라서 ^{99m}Tc은 진단용으로 아주 유용하게 사용될 수 있다. ^{99m}Tc이 방출하는 γ-선을 측정함으로써 의사는 심장, 간이나 허파 같은 인체 기관의 영상을 얻을 수 있다.

그 밖에 방사성 동위 원소는 농업적으로도 활용된다. 예로서 음식물을 저장하거나 살

Technetium-99m

^{99m}Tc로 상징되는 technetium-99의 준안정성 핵 이성질체로 매년 수천만 건의 의료 진단 절차에 사용되며 가장 일반적으로 사용되는 의료 방사성 동위원소이다. 여기서 m은 준안정성(metastable)의 뜻으로 의료용으로 사용하기 적합한 안정성을 지닌 동위 원소라는 뜻이다.

표 19.5 의료 목적용 동위 원소들

동위 원소	반감기	용도
^{18}F	1.8시간	뇌 촬영, 골격 스캔
^{24}Na	15시간	혈액 순환 모니터링
^{32}P	14.3일	눈, 뇌와 피부암의 위치 선정
^{43}K	22.4시간	심근 스캔
^{47}Ca	4.5일	칼슘 대사 연구
^{51}Cr	27.8일	적혈구 세포의 부피 결정, 비장 촬영, 태반 위치 측정
^{60}Co	5.6년	의료 장비 살균, 암 치료
^{99m}Tc	6시간	다양한 장기, 뼈, 태반 위치의 촬영
^{125}I	60일	췌장 기능, 갑상선 촬영, 간 기능 연구
^{131}I	8일	뇌 촬영, 간 기능, 갑상선 활동도

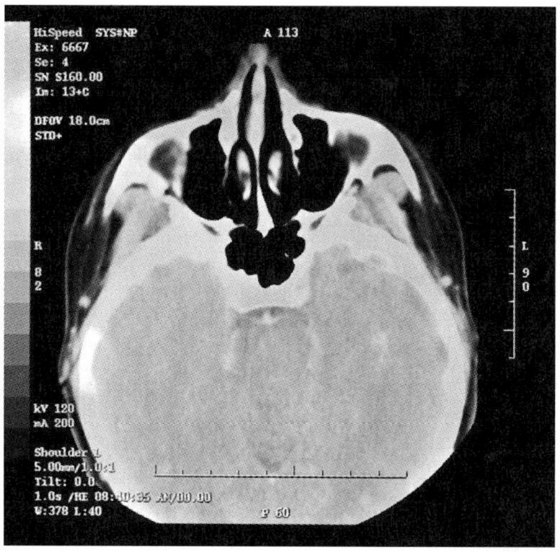

그림 19.10 뇌 영상 CT

균할 때 방사성 동위 원소로부터 감마선을 적절하게 조사하면 효과를 볼 수 있다. 이러한 감마선의 조사는 FDA에서 승인한 것으로 식료품, 육류 및 과일 등에 광범위하게 활용되고 있다.

예제 19.4

방사성 아이오딘 동위 원소를 이용하여 다음과 같은 반응이 동적 평형에 있는 것을 어떻게 증명할 수 있는지 설명하시오.

$$PbI_2(s) \rightleftharpoons Pb^{2+}(aq) + 2\,I^-(aq)$$

정답

동적 평형이란 정반응과 역반응의 속도가 동일하여, 반응물과 생성물의 농도에 변화가 없는 상태를 말한다. 따라서 충분한 농도의 납 2가 양이온과 아이오딘 음이온($I^-(aq)$)이 첨가되어 일정량의 아이오딘화 납 침전이 형성되어 있는 용액에 아이오딘 동위 원소 음이온($I^{*-}(aq)$)을 첨가하면, 반응 초기에는 기존의 침전인 PbI_2가 줄고 PbI^*_2가 서서히 늘다가 침전 $PbI_2(s)$와 $PbI^*_2(s)$의 생성비가 일정해지는 순간에 도달하게 된다. 이와 동시에 용액 속에 용해되어 있는 $I^-(aq)$과 $I^{*-}(aq)$의 혼합된 농도비도 일정해진다. 이를 관찰함으로써 위 반응의 평형 상태를 확인할 수 있다.

응용문제 19.4

후쿠시마 동쪽 해안에서 포획된 것으로 의심되는 생선이 한국의 모 음식점에 납품이 되었다고 가정하였을 때, 그 생선이 후쿠시마 인근산인지 아닌지를 확인하기 위하여 ^{24}Na, ^{32}P, ^{47}Ca 중 어느 방사성 동위 원소의 잔존량을 조사하는 것이 합리적일까? 그 이유도 함께 설명하시오. 표 19.5를 참고하여 답하시오.

19.7 방사선 영향

전자기 복사선의 일종인 방사능과 같은 에너지원은 얼마만큼의 에너지가 인체에 전달되는지, 즉 에너지의 크기에 따라 치명적인 영향을 줄 수 있다. 기본적으로 세포에 전달된 방사능의 높은 에너지는 유전체를 포함한 세포질 내 구성 물질의 화학 결합을 파괴하고 세포의 기능을 파괴한다. 짧은 시간 동안 높은 에너지를 지닌 입자를 방출하는 방사성 원소들이 인체에 미치는 순간적인 영향은 미약하지만, 이 에너지가 일정 수준 이상으로 축적되면 그 피해는 상당히 위험하다.

생명체에 대한 방사능의 피해는 신체 손상의 경우와 유전체 손상의 경우로 구분된다. 방사능의 생물학적 영향은 다음의 요인에 따라 달라질 수 있다.

- 방사선의 에너지: **방사능 흡수량(radiation absorbed dose)**은 rad를 단위로 사용하여 측정하는데, 1 kg의 조직(tissue)에 10^{-2} J의 에너지가 흡수될 경우를 1 rad라고 한다. rad 수치가 높을수록 생체 손상도 크다.
- 방사선의 침투력 및 투과력: 방사능의 종류에 따라 생체 조식의 침투력 또는 투과력이 달라서 그 피해의 정도가 달라질 수 있다. α-선은 피부에만 침투하고 투과하지 못해 더 깊은 내부 조직에 침투하지 못하지만, β-선은 조직의 종류에 따라 0.8~1.5 cm 정도의 깊이로 침투하고 γ-선은 매우 깊이 침투하거나 투과하여 영향을 미친다.
- 방사능의 물질 이온화 능력: γ-선은 투과력은 뛰어나지만 침투 조직 내의 구성 분자를 이온화시키지는 않는다. α-선은 투과력이 거의 없지만 대단히 높은 이온화 능력이 있다. 만약 피부에 α-선이 침투되면 피부 조직의 단백질 등 세포의 기본 구성 물질을 이온화시켜 진한 손상 자국이 남게 된다.
- 방사성 원소의 생체 잔존 시간: 방사성 원소의 생체 내 체류 시간에 따라 그 피해 정도는 비례한다. 이 체류 시간은 방사성 원소의 종류에 따라 그 화학적 성질이 다르기 때문에 차이가 있다. β-선을 방출하는 크립톤-85와 스트론튬-90이 인체 내에 유입되었을 때, 전자는 비교적 빠른 배출로 생체에 미치는 영향이 적지만 후자는 거의 배출되지 않고 혈류를 따라 골 조직에 침착이 되어 최악의 경우 백혈병이나 골수암 등을 유발한다.

방사능의 피해가 여러 생명체 중 특별히 인간에게 미칠 때 이때 발생하는 손상 정도를 측정하고 계산하기 위한 척도로 조사량의 개념으로 rem 단위를 사용한다. rem은 다음과 같이 정의한다.

$$\text{rem(roentgen equivant for man) 수} = (\text{rad 수}) \times \text{RBE} \tag{19.5}$$

RBE(relative biological effectiveness, 생물학적 영향 인자)는 생물학적 손상을 야기하는 방사능의 상대적인 효과를 나타낸다. 표 19.6은 조사량에 따라 신체에 어떠한 피해를 일으킬 수 있는 것을 설명한다. 1년간 미국 거주인 한 명에게 노출된 방사능의 양을 조사한 자료를 통해 자연적인 방사능의 노출량이 인공적으로 발생하는 방사능의 노출량보다 두 배 정도 더 크다는 것을 알 수 있다(표 19.7).

방사능의 영향은 장기간을 두고 보았을 때, 인체에 상당한 위협이 되기 때문에 한국을 포함한 선진국의 경우 치료 목적용 방사성 원소부터 전력 생산 과정상의 부산물인 방사성 폐기물에 대해서 철저한 수집과 폐기 절차를 법제화하여 관리하고 있다.

표 19.6 방사능 조사량과 신체에 미치는 영향

피폭량(rem)	건강 영향
5 이하	무증상, 장기적으로도 큰 영향 없음(단발성 피폭 시)
10~50	가벼운 혈액 변화 가능성
100 이상	방사선병 초기 증상(구토, 피로 등) 가능
300~500	심한 방사선병, 치료 없으면 사망률 50 % 이상
800 이상	거의 100 % 치명적(즉각적 응급처치 필요)

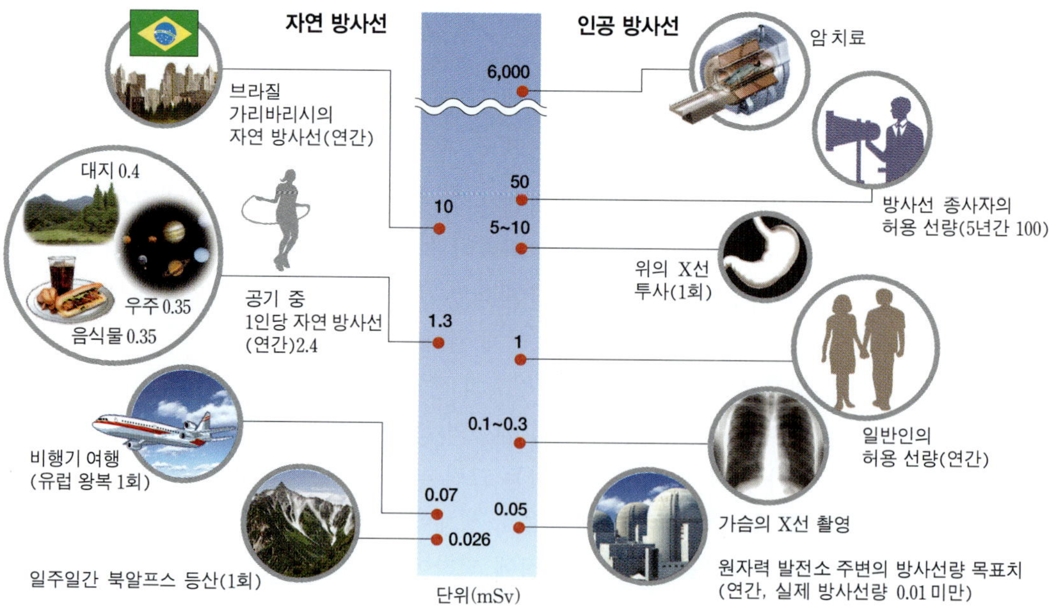

그림 19.11 자연 방사선

표 19.7 미국 거주자 1인당 연간 방사능 노출량 (mrem/년 = 10^{-3} rem/년)

	노출량 (mrem/년)
우주선	50
지구로부터	47
건축 물질로부터	3
신체 조직에서	21
공기의 호흡	5
자연적인 원천으로부터의 총합	126
X-선 검진	50
방사선 치료	10
내과 검진 및 치료	1
원자력 산업	0.2
TV 브라운관 및 산업폐기물	2
방사능 낙진	4
인간 활동으로부터의 총합	67
총계	193

핵심 요약

19.1 핵반응의 본질

- 화학 반응과 핵반응의 차이

화학 반응	핵반응
1. 원자는 화학 결합의 형성과 파괴에 의해 재배열된다. 2. 결합의 형성과 파괴에서 원자 또는 분자 오비탈에 있는 전자들만 관여한다. 3. 반응은 비교적 작은 에너지의 흡수와 방출을 동반한다. 4. 반응 속도는 온도, 압력, 농도, 촉매에 의해 영향을 받는다.	1. 원소(또는 같은 원소의 동위 원소)가 한 원소에서 다른 원소로 변환된다. 2. 양성자, 중성자, 전자와 다른 기본 입자들이 포함될 수 있다. 3. 반응은 대단히 큰 에너지의 흡수와 방출을 동반한다. 4. 반응 속도는 일반적으로는 온도, 압력, 촉매의 영향을 받지 않는다.

- 핵 반응식의 균형 맞추기
  - 생성물의 모든 양성자와 중성자의 합은 반응물의 모든 양성자와 중성자의 합과 반드시 같아야 한다(질량 보존).
  - 생성물의 모든 핵전하의 합은 반응물의 모든 핵전하의 합과 반드시 같아야 한다(원자 번호 보존).

19.2 핵 안정성

- 방사성 붕괴는 핵이 분해하여 반응 속도론적으로 안정한 다른 핵을 형성하는 과정이다.
- 안정도띠라 부르는 영역 내에는 안정한 동위 원소의 핵이, 그리고 이 띠 밖에는 대부분의 불안정한 방사성 핵이 놓여 있다.

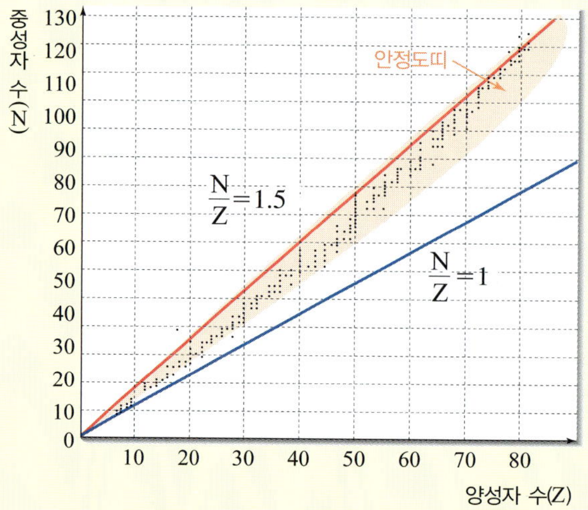

- 불안정한 원자의 핵은 중성자 대 양성자의 안정도띠 안으로 들어오기 위해 β-입자 방출, 전자 포획, 감마(γ)선 방출이라는 과정을 거쳐 핵의 변환이 진행된다.
- 핵 안정성을 정량적으로 측정한 것이 핵결합 에너지이다.
- 원자 질량과 그 원자를 구성하고 있는 양성자, 중성자, 전자 질량의 총합과의 차이를 질량 결손이라고 한다.
- 질량 결손에 따른 에너지의 생성(ΔE)은 발열 반응이다.

$$\Delta E = (\Delta m)c^2$$

- 핵자당 핵결합 에너지는 핵의 안정성에 대한 지표이다.
- 핵자당 핵결합 에너지가 클수록 안정한 원자의 핵이다.

19.3 천연 방사능

- 양성자 수가 83보다 큰 핵이나 안정도띠 밖에 있는 핵은 불안정하다.
- 방사능은 불안정한 핵이 입자, 전자기 복사선 또는 이들 둘 모두를 방출하는 것이다.
- 방사성 붕괴 계열은 계속해서 붕괴되면서 안정한 동위 원소를 형성하면 끝이 나는 일련의 핵반응이다.
- 모든 방사성 붕괴는 1차 반응 속도 식을 따른다.

19.4 핵분열

- 핵분열은 무거운 핵(질량수>200)이 더 작은 질량수를 갖는 두 핵으로 갈라져서 가벼운 핵을 형성하는 과정이다.
- 핵분열 과정에서 앞선 핵의 핵분열로 방출되는 중성자가 다른 핵에 큰 에너지로 충돌하면서 연쇄 핵분열이 진행될 수 있다.
- 연쇄 핵분열은 임계 질량이라는 수준까지 방사성 물질이 뭉쳐야지만 일어나게 된다.
- 연쇄 핵분열 과정에서는 막대한 에너지가 방출되기 때문에 무기나 발전의 용도로 사용이 가능하다.
- 중성자 감속제 등을 이용하여 우라늄이나 플루토늄의 핵분열을 통제하여 전력을 생산하는 것이 원자로이다.

19.5 핵융합

- 가벼운 원자핵이 결합하여 무거운 원자핵이 생성되는 핵융합에서는 에너지가 발생한다.

- 핵융합은 태양과 같이 아주 높은 온도에서만 일어날 수 있다.
- 핵융합이 가능한 1억 °C 정도의 온도에서는 원자들이 이온화하여 플라스마를 형성한다.
- 이 플라스마를 자기장을 이용하여 강하게 모아서 붙잡아서 유지할 수 있는 장치가 토카막이다.

19.7 방사선 영향

- 방사능 조사량, rem

$$\text{rem(roentgen equivalent for man) 수} = (\text{rad 수}) \times \text{RBE}$$

(RBE: 생물학적 영향 인자)

- 방사능 조사량과 신체에 미치는 영향

피폭량(rem)	건강 영향
5 이하	무증상, 장기적으로도 큰 영향 없음(단발성 피폭 시)
10~50	가벼운 혈액 변화 가능성
100 이상	방사선병 초기 증상(구토, 피로 등) 가능
300~500	심한 방사선병, 치료 없으면 사망률 50 % 이상
800 이상	거의 100 % 치명적(즉각적 응급처치 필요)

핵심 용어 정리

- 감속제(moderator): 원자로에서 핵분열의 속도를 감소시켜 주는 물질
- 방사능(radioactivity): 몇몇 동위 원소 원자의 핵이 불안정하여 안정한 핵종으로 변하고자 스스로 방출하는 입자 또는 전자기 복사선
- 방사성 붕괴(radioactivity decay): 핵이 스스로 분해하여 보다 안정한 다른 핵을 형성하는 과정
- 양전자(positron): 전자와 같은 질량을 가졌으나, +1의 전하를 가지고 있는 입자
- 임계 질량(critical mass): 연쇄 핵반응을 일으킬 수 있는 최소한의 질량
- 질량 결손(mass defect): 원자 질량과 그 원자를 구성하고 있는 양성자, 중성자, 전자 질량의 총합과의 차이
- 플라스마(plasma): 섭씨 1억 도 이상의 환경에서 중성 원자가 전자와 해리되어 양극을 띠게 될 때, 이 양극을 띠고 있는 원자핵들의 집합체
- 핵결합 에너지(nuclear binding energy): 핵 안정성을 정량적으로 측정한 것, 핵의 양성자와 중성자를 쪼개는 데 필요한 에너지, 핵의 안정성에 대한 지표
- 핵반응(nuclear reaction): 동위 원소의 핵끼리 또는 동위 원소의 핵과 핵자(양성자와 중성자, 전자, 양전자) 사이의 반응
- 핵변환(nuclear transmutation): 핵을 중성자나 양성자 또는 다른 핵으로 타격함으로써 발생하는 핵종의 변화 반응
- 핵분열(nuclear fission): 질량수 200 이상의 무거운 핵이 더 작은 질량수를 갖는 두 핵으로 갈라지는 과정
- 핵융합(nuclear fusion): 핵분열 과정과는 반대로 가벼운 원자핵이 결합하여 무거운 원자핵을 생성하는 핵반응
- 핵자(nucleon): 핵을 구성하는 입자, 주로 양성자와 중성자, 전자, 양전자

연습문제

19.1 $^{237}_{93}Np$가 알파 입자를 생성할 때, 균형 맞춘 핵화학 반응식을 완성하시오.

19.2 질량 1.00 g의 삼중수소 시료를 보관한다고 가정할 때, 5.0년 이후에 남아있을 이 동위 원소의 질량은 얼마인가? 단, 삼중수소의 붕괴 상수는 0.0564 $year^{-1}$이다.

19.3 서울 암사동 선사 유적지에서 발견된 나무 화석에서 탄소 시료 1.00 g을 분석하였다. 20.0 시간 동안 탄소-14의 붕괴수가 7.90×10^3인 것으로 측정되었다. 근래에 얻은 시료 탄소 1.00 g을 분석하였을 때, 동일 시간 동안 붕괴수가 1.84×10^4이었다. 탄소-14의 반감기가 5.73×10^3년일 때, 이 화석의 나이를 계산하시오.

19.4 발굴학자가 구석기 시대로 추정되는 유적지에서 타다 남은 나무의 잔재, 즉 숯을 발견하였다. 이때 나무를 구성하고 있는 C-14 동위 원소의 붕괴 속도를 이용하여 유적지의 연대를 측정하는 것이 가능하다. C-14의 반감기는 5730년이고, 금방 벌목을 한 나무 속의 C-14 1 g의 붕괴 속도가 분당 13.6일 때, 유적지의 숯에 들어 있는 C-14 1 g의 붕괴 속도는 3.1이다. 이 숯의 나이를 계산하시오.

19.5 탄소-12 원자핵의 몰당 결합 에너지를 계산하시오. 양성자와 중성자 1개당 질량은 각각 1.67493×10^{-24} g, 1.67262×10^{-24} g이다. 탄소-12의 원자량은 12. u이다.

19.6 핵분열 반응 과정에서 U-235는 중성자와 부딪치면서 Ce-144와 Sr-90, 그리고 다수의 중성자와 전자를 생성한다. 이러한 핵분열에서 중성자와 전자가 얼마나 생성되는가?

19.7 양전자를 방출하는 핵은 안정도띠의 윗부분 또는 아랫부분 중 어디에 위치하는가? 다음 5종의 동위 원소 중에서 양전자를 방출할 수 있는 핵종만을 골라 올바른 핵 반응식을 쓰시오.

산소-18, 질소-13, 탄소-11, 플루오린-20, 산소-15

19.8 다음 설명 중 옳은 것은?

(a) 어떤 방사성 핵종이 10분 동안에 1.00×10^{10}개가 2.5×10^9개로 방사능 붕괴된다. 이 핵종의 반감기는 5.0분이다.

(b) 큰 Z값을 갖는 핵종은 α-입자를 생성하는 것이 관찰된다.

(c) Z값이 증가함에 따라 양성자 대 중성자의 비가 커져야 더 안정하다.

(d) '가벼운' 핵종들은 양성자에 대하여 중성자가 2배 있어야 안정하다.

19.9 다음의 주어진 정보로부터 1 mol의 $^{24}_{12}Mg$(원자 질량 23.9850 u)의 핵결합 에너지를 계산하시오.

- 양성자의 질량 = 1.00728 u
- 중성자의 질량 = 1.00866 u
- 전자의 질량 = 5.486×10^{-4} u
- 빛의 속도 = 2.9979×10^8 m/s

19.10 1.3×10^9년의 반감기를 가진 어떤 방사성 동위 원소 시료 0.0100 g이 2.9×10^4 dpm의 속도로 붕괴된다. 동위 원소의 몰질량을 계산하시오.

*dpm(disintegrations per minute, 분당 붕괴 원자 수)
1 dpm = 0.02 Bq

19.11 다음 그림은 방사성 동위 원소 A의 붕괴 과정을 간략하게 모식한 것이다.

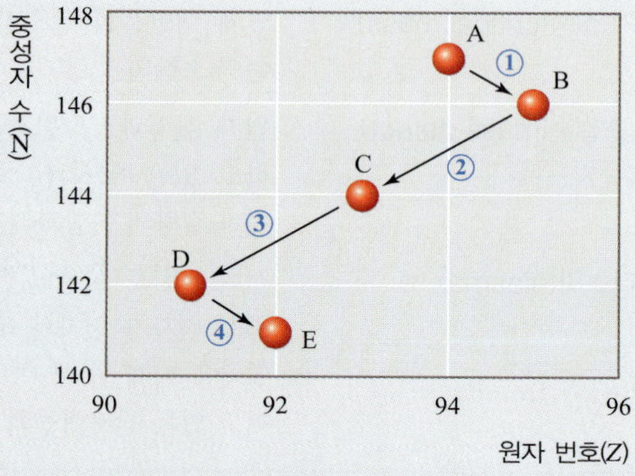

(a) A~E까지 각 단계의 동위 원소 화학종을 원소 표기법으로 쓰시오.

(b) ①~④의 각 붕괴 과정에서 방출되는 입자를 쓰시오.

19.12 다음 핵 반응식의 균형을 맞추시오.

(a) ${}^{250}_{58}Cf + {}^{11}_{5}B \longrightarrow (\quad) + 4\,{}^{1}_{0}n$

(b) ${}^{235}_{92}U \longrightarrow {}^{160}_{62}Sm + {}^{72}_{30}Zn + (\quad)$

19.13 다음 과정의 올바른 핵 반응식을 쓰시오.

(a) 토륨-231이 프로트악티늄-231로 붕괴된다.

(b) 수은-201은 전자를 포획한다.

19.14 다음 핵분열 반응 과정에서 방출되는 에너지를 kJ/mol 단위로 계산하시오.

$${}^{239}_{94}Pu + {}^{1}_{0}n \longrightarrow {}^{146}_{56}Ba + {}^{91}_{38}Sr + 3\,{}^{1}_{0}n$$

1 mol 1 mol 1 mol 1 mol 3 mol

단, 다음 자료를 참고하시오.

- ${}^{239}_{94}Pu$ 239.0516 amu
- ${}^{146}_{56}Ba$ 145.93022 amu
- ${}^{91}_{38}Sr$ 90.91020 amu
- ${}^{1}_{0}n$ 1.00867 amu

19.15 라면 1인분을 끓이는 데 총 1230 kJ의 열량이 필요하다고 할 때, 이 만큼의 열량을 얻기 위해서 연습문제 19.13에 등장하는 동위 원소 ${}^{239}_{94}Pu$의 질량 손실을 유도하려면 총 몇 g의 ${}^{239}_{94}Pu$가 손실되어야 하겠는가?

19.16 태양은 1시간 동안 1.4040×10^{27} kJ의 에너지를 방출한다. 태양 표면은 지속적으로 핵융합 과정이 진행되고 있는데 그 결과 1시간 동안 태양의 질량이 몇 kg이 손실되는지 계산하시오.

19.17 ${}^{238}_{92}U \longrightarrow {}^{206}_{82}Pb + 8\,{}^{4}_{2}\alpha + 6\,{}^{0}_{-1}\beta \quad t_{\frac{1}{2}} = 4.5 \times 10^{9}$년

광산에서 캐낸 바위를 분석하여 함량 분석한 결과가 다음과 같았다.

${}^{238}_{92}U$ 함량	5.51 mg
${}^{206}_{82}Pb$ 함량	1.63 mg

위 자료를 근거로 하여 이 바위의 나이를 년 단위로 계산하시오. 단, 이 붕괴 반응 속도는 1차 반응 속도 법칙에 해당한다.

19.18~19.20

심장 기관이 약한 환자에게는 심장 박동기를 체내 이식하는 외과적 수술을 처방하기도 한다. 한번 수술을 통해 체내에 삽입한 후 환자가 자연사할 때까지 심장 박동기의 전력을 안정적으로 공급하기 위해 반감기가 86년인 플루토늄-238이 사용된다. 이 동위 원소는 입자를 방출하면서 1차 속도 법칙을 따르며 붕괴한다. 다음 물음에 답하시오.

19.18 이 원소의 붕괴 반응식을 쓰시오.

19.19 심장 박동기에 삽입된 플루토늄은 10년 동안 8.00 %가 붕괴되어 심장 박동기의 출력 또한 동일한 비율로 감소한다. 이 붕괴 반응의 속도 상수를 계산하시오.

19.20 만약 심장 박동기의 출력이 초기에 비해 20 %까지 떨어진다면, 심장 박동기를 새것으로 교체해야만 한다. 처음 체내 삽입 수술을 받은 환자는 몇 년 후에 박동기를 교체해야 하는가?

19.21 다음 방사성 붕괴 과정의 빈칸을 채우시오.

(a) ${}^{232}Th$−α 입자 방출 → ( )−β 입자 방출 → ( )−β 입자 방출 → ${}^{228}Th$

(b) ( )−α 입자 방출 → ${}^{233}Pa$−β 입자 방출 → ( )−α 입자 방출 → ( )

19.22 1.7×10^{8}년 된 암석에서 ${}^{238}U$(반감기 4.51×10^{9}년)과 ${}^{206}Pb$의 존재비를 계산하시오.

● (19.23~19.25) 괄호 안에 들어갈 적당한 용어를 채워 넣으시오.

19.23 질량수 200 이상의 무거운 핵종이 쪼개지며 가벼운 질량수의 핵종으로 변환하는 과정을 ( )이라고 하며, 반대로 가벼운 핵종들이 결합하여 큰 질량수의 원자핵을 생성하는 핵반응을 ( )이라고 한다.

19.24 전자와 같은 질량을 가졌으면서 +1의 전하를 가지고 있는 입자를 ( )라고 한다.

19.25 핵자란 핵에 들어 있는 ( )와 ( )의 일반명이다.

CHAPTER 20

유기 화학

◀ 유기 화합물에는 탄소와 수소 이외에 산소와 질소 등 다른 원소를 포함하는 것들이 있다. © Marchu Studio/Shutterstock

20.1 유기 화합물

이 세상의 모든 화합물은 유기 화합물과 무기 화합물로 분류된다.

유기 화합물은 동식물을 이루고 있는 단백질, 지방, 탄수화물을 구성하는 주된 물질이며, 생명체의 성분이 아닌 경우에는 석유화학 화합물이 해당된다. 유기 화학 분자의 대부분은 탄소와 수소로 이루어져 있으며, 일부는 다소 예외인 경우가 있지만 통상 질소, 산소, 황, 염소 등 원자 번호 1번부터 36번까지의 전형 원소가 포함되어 있다. 무기 화합물은 물, 공기, 합금이나 금속과 같은 유기 화합물의 범주 이외의 모든 화합물을 뜻한다. 무기 화학은 최첨단 반도체나 태양광 전지 개발 등과 같은 분야와 연관이 깊은 학문이다.

탄소 화합물을 취급하는 화학의 영역이 **유기 화학(organic chemistry)**이다. 유기 화학의 핵심 원소인 탄소는 어떤 다른 원소보다 많은 화합물을 형성할 수 있는데, 그것은 탄소 원자가 탄소－탄소 간에 단일 결합, 이중 결합, 삼중 결합을 형성할 뿐만 아니라 서로 간에 사슬과 고리 구조로 연결될 수 있기 때문이다.

유기 화합물은 작용기에 따라 분류한다. **작용기(functional group)**란 그 분자의 화학적 거동을 대체적으로 나타내는 원자의 집단을 말한다. 작용기가 같으면 다른 분자라도 유사한 반응이 일어난다. 따라서 몇 가지 작용기의 특성을 배움으로써, 많은 유기 화합물의 성질을 이해할 수 있다. 이 장의 후반 부분에서는 알코올, 에터, 알데하이드, 케톤, 카복실산, 아민 작용기에 대해 설명할 것이다.

모든 유기 화합물은 수소와 탄소로만 이루어진 **탄화수소(hydrocarbon)**에서 유도된다. 구조에 기초하여 탄화수소는 크게 두 가지, 즉 지방족 탄화수소와 방향족 탄화수소로 분류한다. **지방족 탄화수소(aliphatic hydrocarbon)**는 벤젠기 또는 벤젠 고리가 없는 것이고, **방향족 탄화수소(aromatic hydrocarbon)**는 벤젠 고리가 한 개 이상을 포함하는 것이다(그림 20.1).

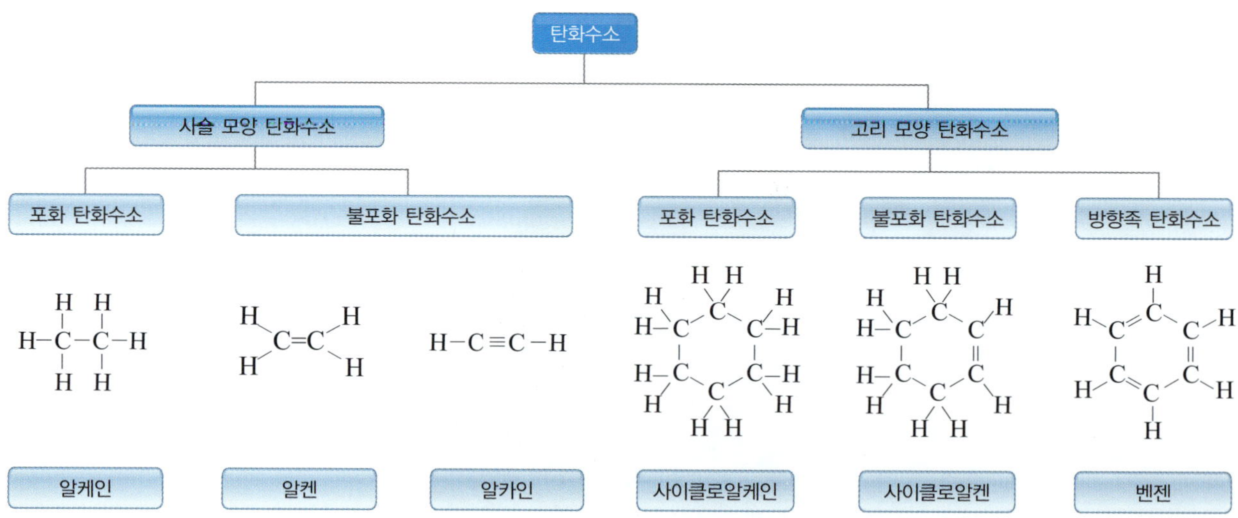

그림 20.1 탄화수소 분류

20.2 지방족 탄화수소

지방족 탄화수소는 포화 탄화수소인 알케인과 불포화 탄화수소인 알켄, 알카인으로 분류된다(그림 20.1).

알케인

알케인(alkane)은 일반식이 C_nH_{2n+2}이고(여기서 $n=1$, 2, …이다), 알케인 탄화수소 분자는 단일 공유 결합만이 존재한다. 알케인은 **포화 탄화수소(saturated hydrocarbon)**라고도 하는데, 이것은 탄소가 결합할 수 있는 최대수의 수소와 결합하기 때문이다.

가장 단순한 알케인(즉, $n=1$)은 메테인(CH_4, methane)인데, 수중에서 채소 등이 무산소성 박테리아에 의해 분해될 때 생성되거나 사람의 대장에서 대장균을 비롯한 균에 의하여 음식물이 분해되면서 생성되는 방귀의 성분 기체이다. $n=2$인 경우에는 분자식 C_2H_6인 에테인(ethane), $n=3$인 경우에는 C_3H_8인 프로페인(propane)이다(그림 20.2).

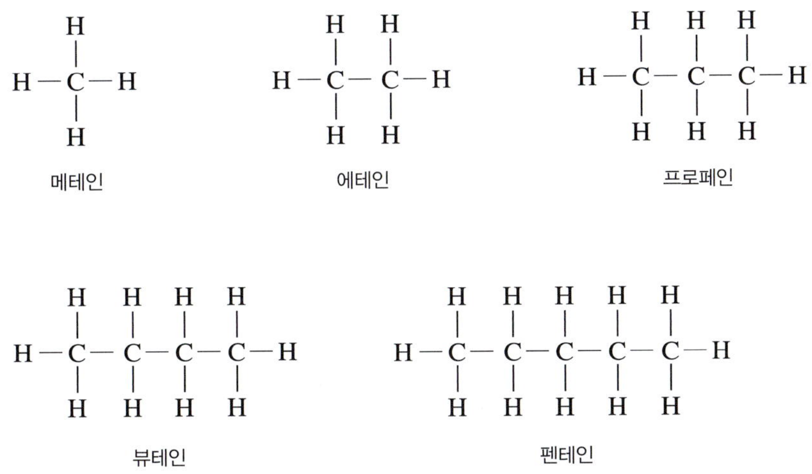

그림 20.2 대표적인 알케인

주로 천연 가스로 생산하여 대량으로 얻는 메테인, 에테인, 프로페인과 같은 포화 탄화수소의 탄소는 sp^3 혼성 오비탈을 가진다는 공통점이 있다. 알케인은 수소–탄소 결합과 탄소–탄소 간의 단일 결합은 공유 결합을 이루고 있으며, 이 결합은 360° 회전이 가능하다. 수소–탄소–수소 간의 결합각은 109.5°에 가깝다(그림 20.3a). 특히 수소와 탄소 간 전기 음성도의 차이가 0.4 밖에 안될 만큼 매우 차이가 적어 전형적인 무극성 분자이다.

표 20.1은 다양한 알케인의 종류와 축소 구조식, 이름을 나열한 것이다. 이 표에서 알케인 분자의 탄소 개수에 따라 분자가 명명되는 규칙을 확인할 수 있다. 알케인의 경우 간단한 구조는 사슬형 구조이지만 가지형 구조도 존재한다. 탄소의 개수가 많은 알케인 분자일수록 다양한 수의 **구조 이성질체(constitutional isomers)**를 가질 수 있다. 보통 탄소가 4개인 뷰테인(butane, C_4H_{10}) 분자부터 구조 이성질체가 존재한다(그림 20.3b).

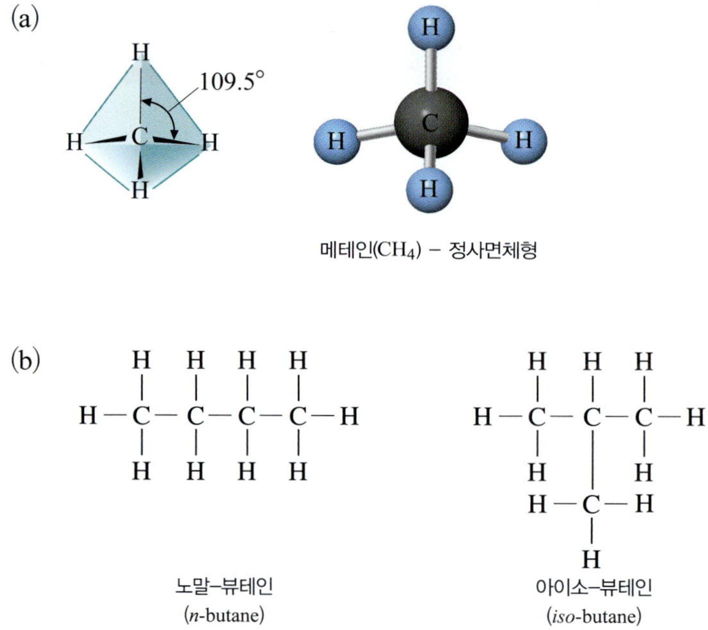

그림 20.3 (a) 메테인의 구조, (b) 뷰테인(C_4H_{10})의 구조 이성질체

표 20.1 알케인의 종류와 축소 구조식

알케인	구조	화학식
메테인	CH_4	CH_4
에테인	CH_3CH_3	C_2H_6
프로페인	$CH_3(CH_2)CH_3$	C_3H_8
뷰테인	$CH_3(CH_2)_2CH_3$	C_4H_{10}
펜테인	$CH_3(CH_2)_3CH_3$	C_5H_{12}
헥세인	$CH_3(CH_2)_4CH_3$	C_6H_{14}
헵테인	$CH_3(CH_2)_5CH_3$	C_7H_{16}
옥테인	$CH_3(CH_2)_6CII_3$	C_8H_{18}
노네인	$CH_3(CH_2)_7CH_3$	C_9H_{20}
데케인	$CH_3(CH_2)_8CH_3$	$C_{10}H_{22}$
운데케인	$CH_3(CH_2)_9CH_3$	$C_{11}H_{24}$
도데케인	$CH_3(CH_2)_{10}CH_3$	$C_{12}H_{26}$

20.1 예제

화학식 C_6H_{14}인 알케인의 구조 이성질체를 모두 그리시오.

정답

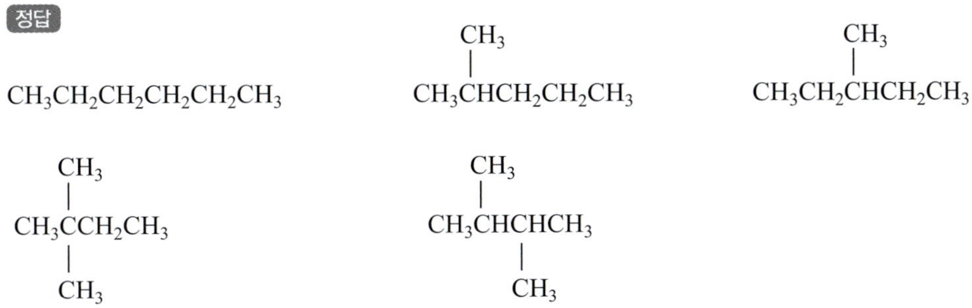

응용문제 20.1

헵테인의 구조 이성질체를 모두 그리시오.

표 20.2 알케인의 끓는점 비교

구조	화학식	끓는점(°C)	녹는점(°C)
CH_4	CH_4	−164	−183
CH_3CH_3	C_2H_6	−89	−183
$CH_3(CH_2)CH_3$	C_3H_8	−42	−189
$CH_3(CH_2)_2CH_3$	C_4H_{10}	0	−138
$CH_3(CH_2)_3CH_3$	C_5H_{12}	36	−130
$CH_3(CH_2)_4CH_3$	C_6H_{14}	69	−95
$CH_3(CH_2)_5CH_3$	C_7H_{16}	98	−91
$CH_3(CH_2)_6CH_3$	C_8H_{18}	126	−57
$CH_3(CH_2)_7CH_3$	C_9H_{20}	151	−51
$CH_3(CH_2)_8CH_3$	$C_{10}H_{22}$	174	−30
$CH_3(CH_2)_9CH_3$	$C_{11}H_{24}$	196	−26
$CH_3(CH_2)_{10}CH_3$	$C_{12}H_{26}$	216	−10

알케인은 분자량이 커질수록 녹는점(melting point, mp)이나 끓는점(boiling point, bp)이 기본적으로 증가한다. 비극성 분자인 알케인의 분자량이 증가할수록 런던 분산력, 즉 분자 간의 인력이 커지기 때문이다(표 20.2). 또한 알케인 분자의 구조에 의해서도 녹는점과 끓는점에 차이가 나타난다. 분자식이 C_5H_{12}인 펜테인(pentane)과 2,2-다이메틸프로페인(2,2-dimethylpropane)의 경우를 보면 분자의 모양이 사슬형인 펜테인이 2,2-다이메틸프로페인보다 끓는점이 더 높다(표 20.3). 분자의 모양이 길쭉할수록 동그란 모양보다 분산력의 원동력인 분자 내 전자의 편극 현상이 더욱 또렷하여 분자의 인력이 상대적으로 강하기 때문이다.

표 20.3 알케인의 끓는점 비교

계통명	구조식	축소 구조식	녹는점(°C)	끓는점(°C)
뷰테인(*n*-뷰테인)	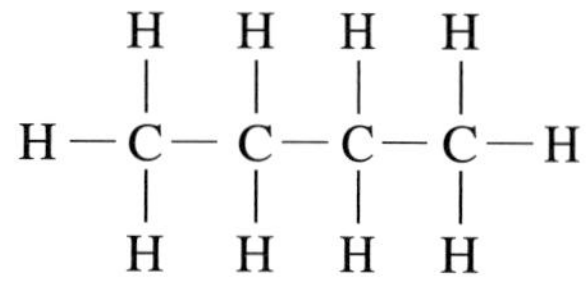	$CH_3CH_2CH_2CH_3$	−138	−0.5
2-메틸프로페인 (아이소뷰테인)	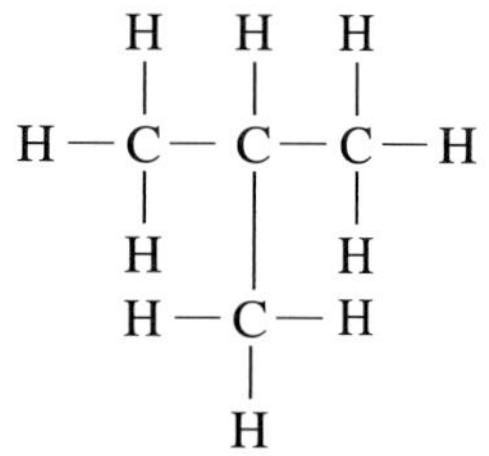	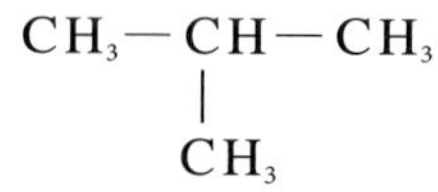	−159	−12
펜테인(*n*-펜테인)	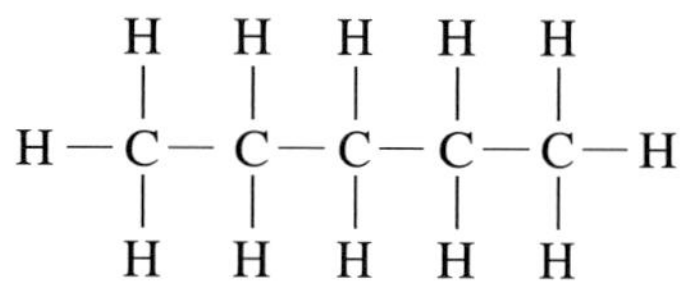	$CH_3CH_2CH_2CH_2CH_3$	−130	36
2-메틸뷰테인 (아이소펜테인)	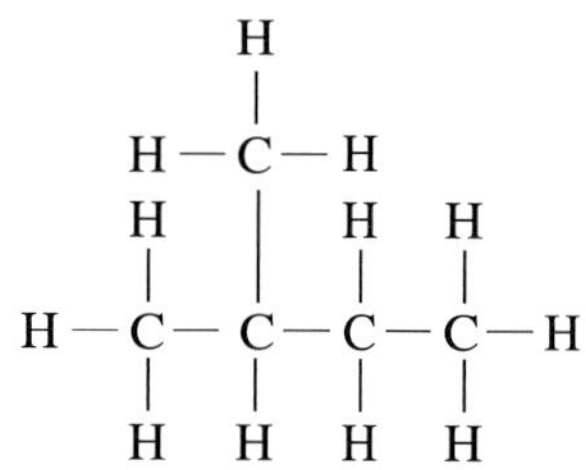	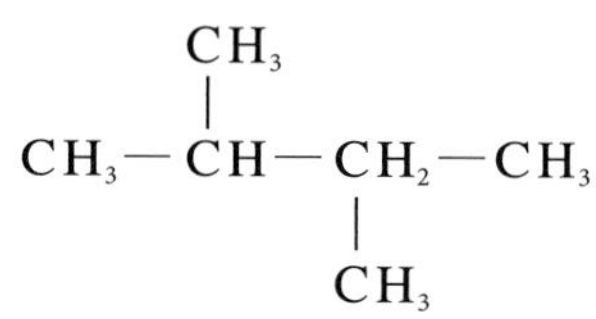	−160	28
2,2-다이메틸프로페인 (네오펜테인)	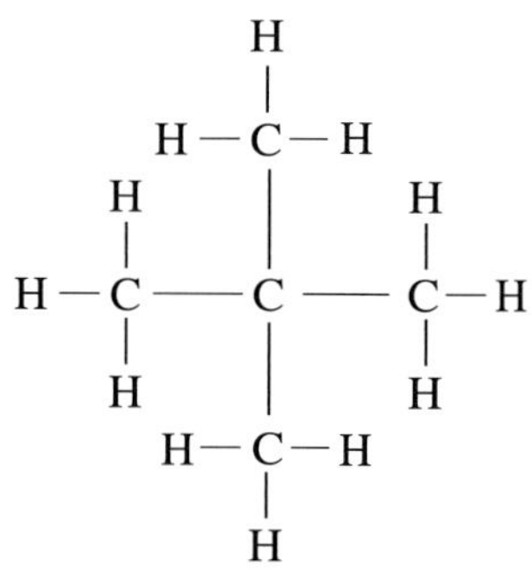	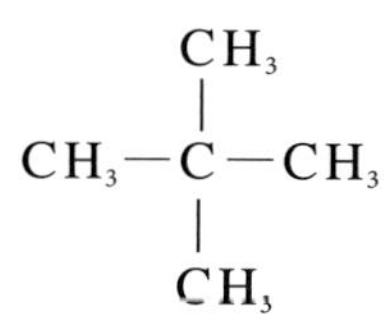	−16	9

예제 20.2

유기 화합물은 탄소의 수에 따라 이름이 정해짐을 그림 20.2에서 알케인의 구조와 이름을 통해 확인할 수 있다. 이를 근거로 아래에 $C_nH_{2n+1}OH$의 분자식을 갖는 알코올 분자의 이름을 쓰시오.

(a) CH_3OH (b) C_2H_5OH (c) C_3H_7OH
(d) C_4H_9OH (e) $C_5H_{11}OH$

정답

(a) 메탄올(메틸 알코올) (b) 에탄올(에틸 알코올) (c) 프로판올(프로필 알코올)
(d) 뷰탄올(뷰틸 알코올) (e) 펜탄올(펜틸 알코올)

응용문제 20.2

탄소 30개짜리와 44개짜리 알케인의 분자식과 실험식을 각각 쓰시오.

20.3 예제

다음 문제의 두 분자 중 끓는점이 높은 분자를 쓰시오.

풀이

(a) $CH_3CH_2CH_2CH_2CH_2CH_3$
헥세인

$CH_3CH_2CH_2CH_2CH_2CH_2CH_2CH_2CH_2CH_3$
데케인

(b)
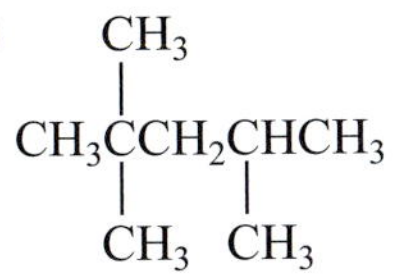
2,2,4-트라이메틸펜테인

$CH_3CH_2CH_2CH_2CH_2CH_2CH_2CH_3$
옥테인

정답

(a) 데케인
(b) 옥테인

응용문제 20.3

예제 20.2의 알코올 (a) ~ (e) 중 상온에서 가장 기화가 잘 되는 것은 어느 것인가?

사이클로알케인

수소–수소 간, 수소–탄소 간 모든 결합이 단일 결합임에도 불구하고 탄소 대비 수소의 수가 부족하여 분자식이 C_nH_{2n}에 해당하는 알케인은 바로 고리형 알케인, 즉 **사이클로알케인(cycloalkane)**이다. 표 20.4는 몇몇 사이클로알케인의 구조식과 이름을 나타낸 것이다. 사이클로알케인은 고리 구조를 이루면서 수소의 개수가 2개 부족해진 것일 뿐, 엄밀히 말해 sp^3 혼성인 탄소 원자로 이루어진 포화 탄화수소이다.

표 20.4 대표적인 사이클로알케인

분자식	C_3H_6	C_4H_8	C_5H_{10}	C_6H_{12}
구조식	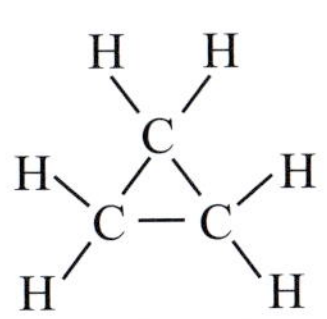	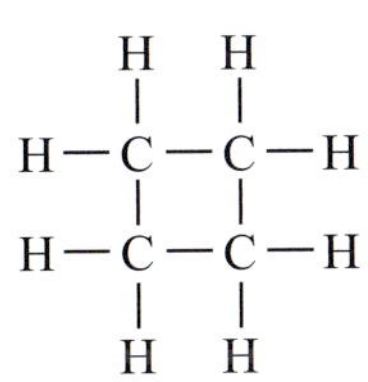	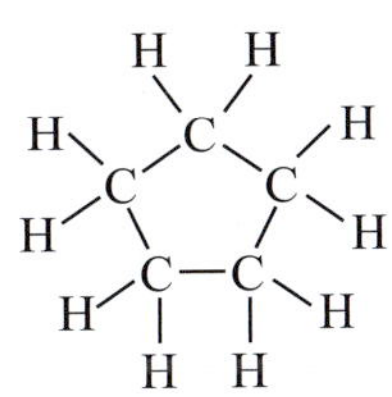	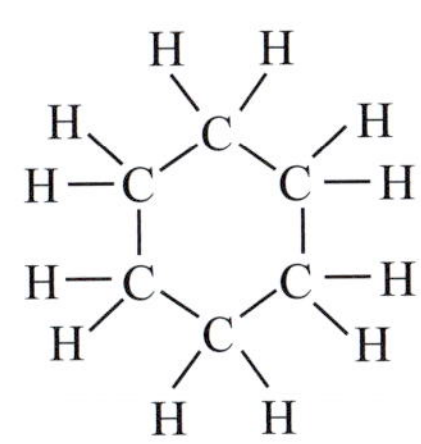
선–각 구조식			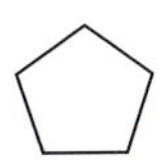	
이름	사이클로프로페인 (cyclopropane)	사이클로뷰테인 (cyclobutane)	사이클로펜테인 (cyclopentane)	사이클로헥세인 (cyclohexane)
결합각	60°	90°	108°	109.5°

구조식은 **선–각 구조식**(**line-angle structural formula**)으로 나타낼 수 있는데, 선은 탄소–탄소 단일 결합을 나타내며, 선이 굽어 있는 부분과 선이 시작되고 끝나는 부분에는 탄소가 있다는 것을 규칙으로 삼아 나타내는 방식이다. 이 선–각 구조식에서는 편의상 탄소에 결합된 수소(–H)를 생략을 하여 구조식을 매우 간단하고 깔끔하게 표현할 수 있다. 탄소 수가 7~10개인 사이클로알케인의 구조는 다음과 같다.

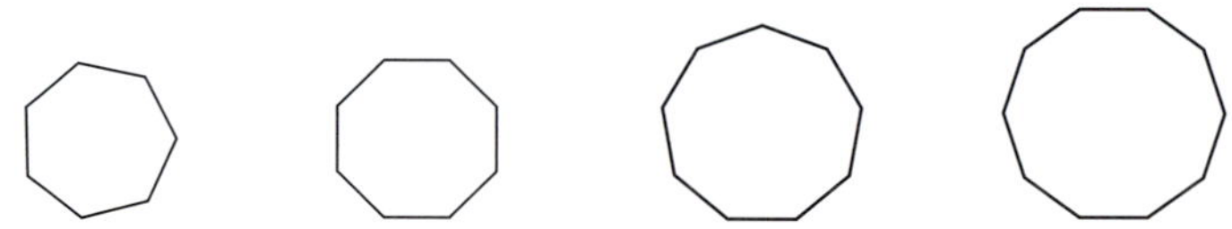

cycloheptane cyclooctane cyclononane cyclodecane

예제 20.4

다음 분자들을 선–각 구조식으로 표현하시오.

(a) $CH_3CH_2CH_2CH_3$

(b)

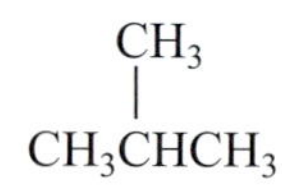

(c)

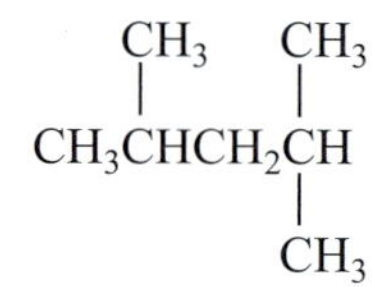

(d)

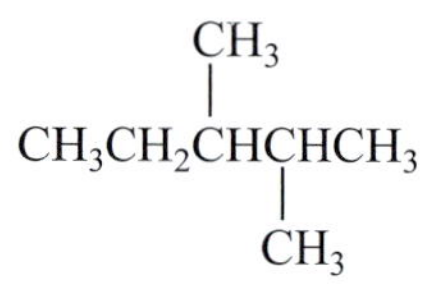

(e)

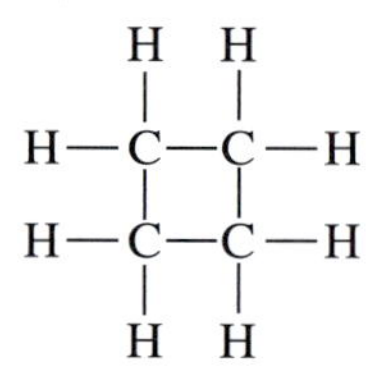

정답

(a)

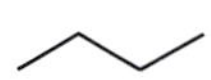

(b)

(c)

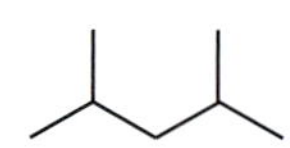

(d)

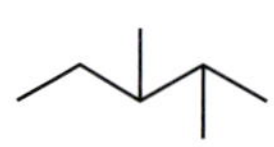

(e)

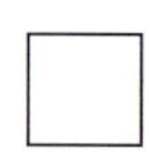

응용문제 20.4

다음 분자들을 선–각 구조식으로 표현하시오. 단, 탄소는 검은 공, 수소는 하얀 공으로 표시하였다.

(a)

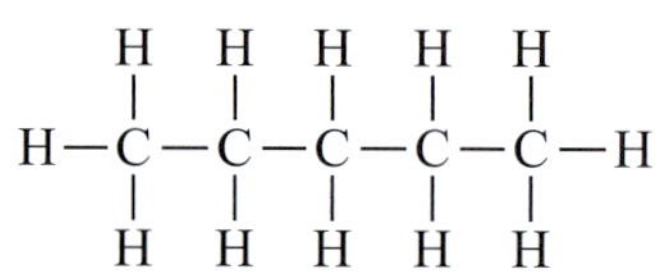

(b)

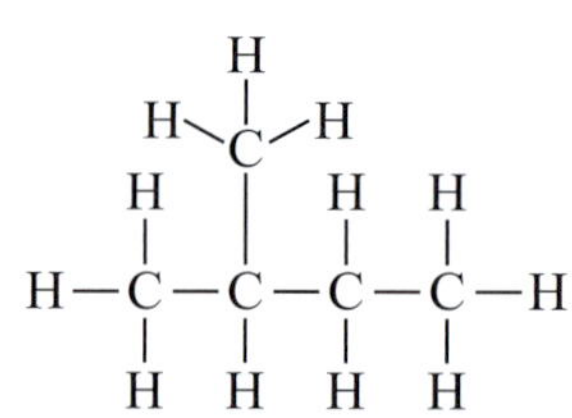

(c)

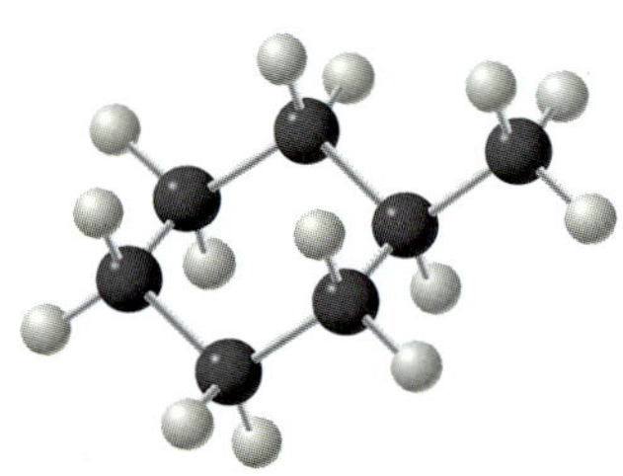

사이클로알케인은 여러 종류가 있지만 그 중에서 sp^3 혼성의 입체 조건에 최적화된 결합각 109.5°를 형성할 수 있는 사이클로헥세인(cyclohexane)이 가장 안정하다(그림 20.4).

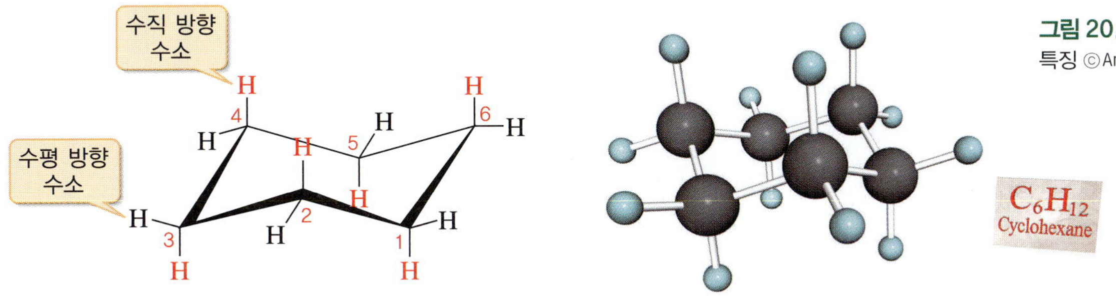

그림 20.4 사이클로헥세인의 구조와 특징 ⓒAntonio S/Shutterstock

알켄

알켄(**alkene**)은 알케인과 비교하여 수소의 수가 부족하여 분자 구조 내에 탄소-탄소 이중 결합(C=C)이 반드시 하나 이상 존재하는 불포화 탄화수소이다. 분자 내 이중 결합이 하나 있을 경우, C_nH_{2n} 분자식 형태를 갖는다. 이중 결합을 이루는 탄소들은 기본적으로 sp^2 혼성 오비탈에 해당한다(그림 20.5). 알켄의 탄소-탄소 이중 결합은 회전이 불가능하며, 입체적으로 탄소-탄소 이중 결합에 직접 결합된 주변 네 원자는 이중 결합과 함께 한 평면 위에 존재하며, 결합각은 약 120°에 가깝다.

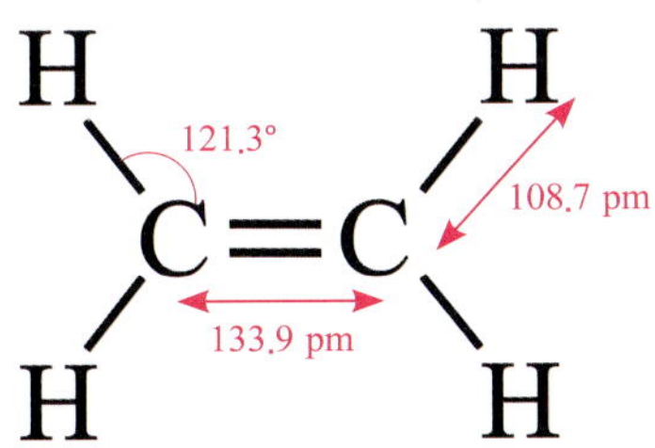

그림 20.5 알켄의 구조 및 특징

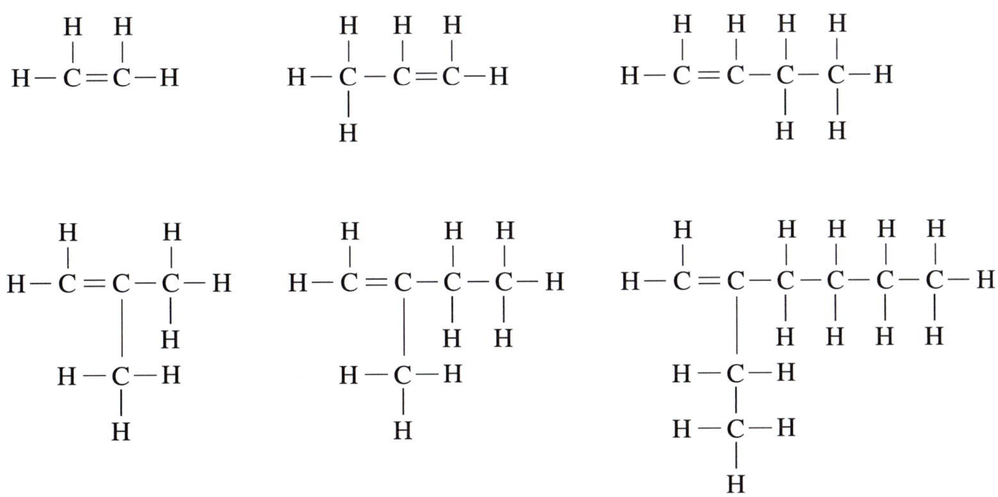

그림 20.6 다양한 형태의 알켄

한 분자 안에 탄소–탄소 이중 결합이 두 개 이상 있을 수 있으며, 사슬 형태의 구조뿐만 아닌 메틸(methyl, CH_3-)기나 에틸(ethyl, CH_3CH_2-)기와 같은 알킬기(alkyl group)가 결합되어 있는 가지형 구조를 가지는 등 다양한 종류의 알켄 분자가 존재할 수 있다(그림 20.6). 표 20.5에서는 보다 다양한 알킬기의 종류와 이름이 소개되어 있다.

표 20.5 다양한 알킬기의 구조 및 이름

이름	구조식	이름	구조식
매틸기	CH_3-	아이소뷰틸기	$CH_3\underset{CH_3}{\underset{\vert}{CH}}CH_2-$
에틸기	CH_3CH_2-	이차뷰틸기	$CH_3CH_2\underset{CH_3}{\underset{\vert}{CH}}-$
프로필기	$CH_3CH_2CH_2-$	삼차뷰틸기	$CH_3\overset{CH_3}{\overset{\vert}{\underset{CH_3}{\underset{\vert}{C}}}}-$
아이소프로필기	$CH_3\underset{CH_3}{\underset{\vert}{CH}}-$	펜틸기	$CH_3CH_2CH_2CH_2CH_2-$
뷰틸기	$CH_3CH_2CH_2CH_2-$	아이소펜틸기	$CH_3\underset{CH_3}{\underset{\vert}{CH}}CH_2CH_2-$

예제 20.5

다음 구조에서 사이클로알케인에 결합되어 발견되는 알킬기의 종류와 개수를 밝히시오.

(a) (b) (c) (d)

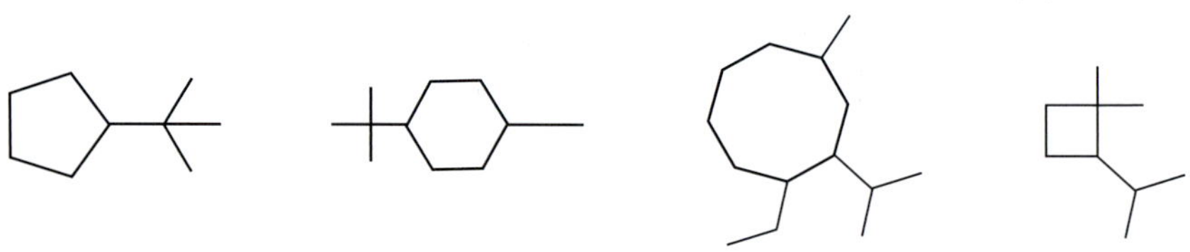

정답

(a) 삼자뷰틸기: 1개

(b) 메틸기: 1개, 삼차뷰틸기: 1개

(c) 메틸기: 1개, 에틸기: 1개, 아이소프로필기: 1개

(d) 메틸기: 2개, 아이소프로필기: 1개

응용문제 20.5

에틸기 하나와 메틸기 하나가 결합되어 있는 생각할 수 있는 펜테인의 선–각 구조식을 모두 그리시오.

사이클로알켄

알케인과 비슷하게 알켄도 이중 결합이 있는 고리 구조, 즉 **사이클로알켄**(**cycloalkene**)이 있다(그림 20.7). 이중 결합이 존재하는 만큼 수소의 개수가 부족하므로 불포화 탄화수소이다.

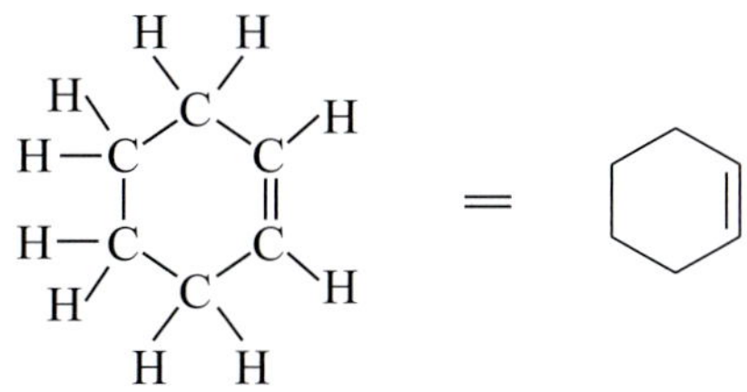

그림 20.7 사이클로헥센

표 20.6은 가장 일반적이고 많이 활용되는 사이클로알켄의 선-각 구조식과 이름을 나타낸 것이다. 고리에 이중 결합이 두 개 이상 존재할 수 있으며, 그에 따라 분자의 이름이 복잡해질 수 있다.

표 20.6 사이클로알켄

구조식	이름	구조식	이름
	사이클로프로펜	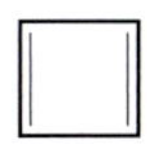	1,3-사이클로뷰타다이엔
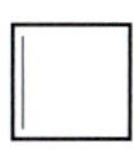	사이클로뷰텐	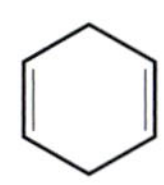	1,4-사이클로헥사다이엔
	사이클로펜텐	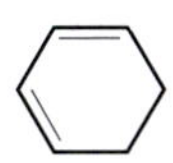	1,3-사이클로헥사다이엔
	사이클로헥센	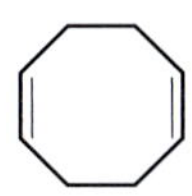	1,5-사이클로옥타다이엔

알카인

알카인(alkyne)은 분자 내에 탄소-탄소 삼중 결합(C≡C) 구조가 하나 이상 존재하는 탄화수소를 말한다. 분자 내 삼중 결합이 하나 존재하는 알카인은 C_nH_{2n-2} 형태의 분자식을 갖는다. 이 삼중 결합은 알켄과 마찬가지로 회전할 수 없고 삼중 결합을 하는 탄소는 *sp* 혼성 오비탈을 형성하며 결합 각도는 180°이다. 대표적인 알카인 화합물은 가장 간단한 아세틸렌이다(그림 20.8). 단순한 사슬형 알카인과 알킬기 곁가지가 붙어 있는 알카인 등 매우 다양하다.

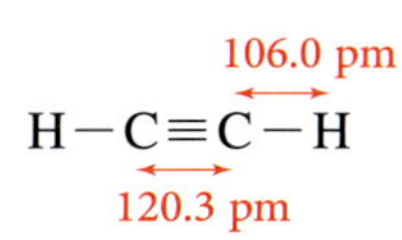

그림 20.8 아세틸렌의 구조

20.6 예제

다음 탄화수소 분자들에서 발견할 수 있는 혼성 구조와 결합각을 밝히시오.

(a) CH_4　　(b) C_2H_4　　(c) C_2H_2

정답

(a)

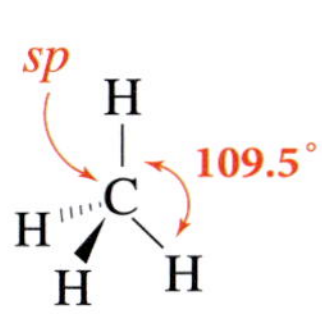

(b)

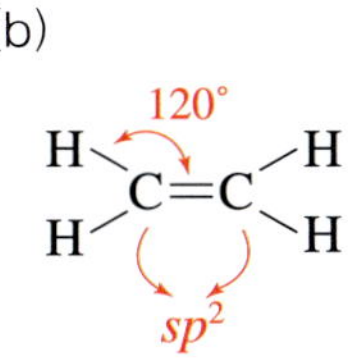

(c)

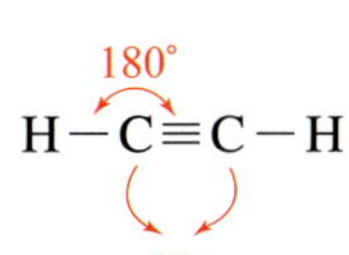

응용문제 20.6 다음 분자 구조에서 표시된 탄소의 혼성 구조를 밝히고 결합각을 예측하시오.

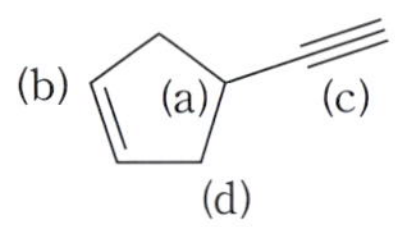

20.3 방향족 탄화수소

방향족 탄화수소(**aromatic hydrocarbon**)는 종종 아렌(arene)이라는 벤젠(benzene, C_6H_6)과 그 유도체를 통칭하는 말로, 불포화 탄화수소이다. 벤젠은 투명한 휘발성 액체(끓는점 80 ℃)로 합성보다는 석유의 정유 과정을 통해 대량 분리하여 얻는다. 벤젠은 앞에서 공명 혼성 구조를 설명하기 위한 대표적인 분자로 소개된 바 있다(그림 20.9).

벤젠의 구조적 특징은 매우 흥미롭다. 1865년 케쿨레(Kekulé, F., 1829~1896)에 의해서 그 구조가 규명되었으며, 이중 결합의 위치가 고정된 것이 아닌 공명 혼성체, 즉 이중 결합과 단일 결합의 중간 결합으로 되어 있다. 따라서 C와 C 사이의 거리는 단일 결합과 이중 결합의 중간 정도인 0.140 nm이다. 벤젠의 6개 탄소는 모두 sp^2 혼성 오비탈을 형성하고 있으며, 이 때문에 벤젠은 완전한 평면 형태를 이루고 있다. 또한, 6개의 $2p$ 오비탈이 각 탄소마다 존재하며, 이들 p 오비탈들은 서로 나란히 평형 상태로 마주 보는 관계로 연쇄적으로 파이 결합을 형성하게 되어 최종적으로는 고리 형태의 비편재화된 오비탈 구조를 이룬다.

방향족 화합물에는 벤젠(C_6H_6), 페놀(C_6H_5-OH), 벤조산(C_6H_5-COOH), 나이트로벤젠($C_6H_5-NO_2$) 등이 있다(그림 20.10). 벤젠 고리는 벤젠 구조에서 육각 고리를 말하며 '벤젠핵'이라고도 한다. 벤젠 고리를 포함하고 있는 방향족 화합물은 대개 향기가 있으므로 '방향족'이라는 이름이 붙게 되었다.

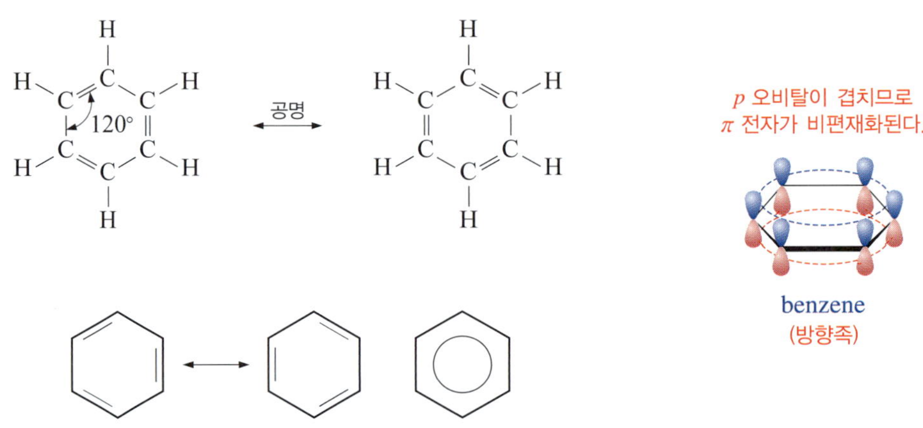

그림 20.9 벤젠의 구조와 공명 구조의 특징

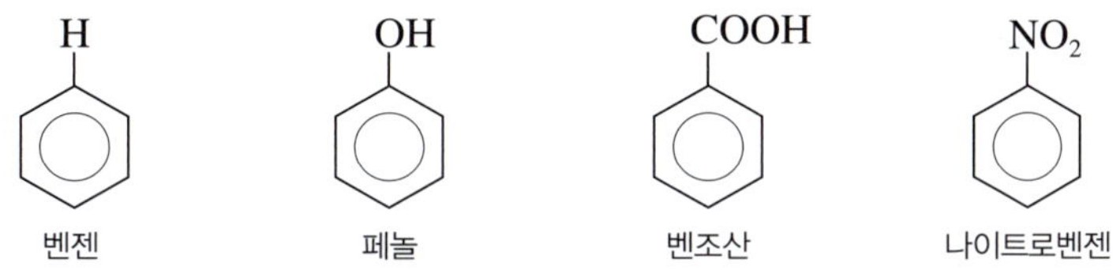

그림 20.10 대표적인 벤젠 유도체들

벤젠은 휘발성과 방향성이 있는 무색 액체이며, 끓는점은 80.1 ℃이고 인화성이 크다. 또 무극성 용매(유기 용매), 알코올, 에터, 아세톤 등에 잘 녹으며, 연소 시 그을음을 많이 내면서 연소한다. 벤젠은 분자 중에 이중 결합(C=C)이 3개나 있는 것처럼 보여 첨가 반응이 쉬울 것 같지만 단일 결합도 이중 결합도 아닌 1.5중 결합이므로 치환 반응이 쉽게 일어난다. 치환 반응에는 다음과 같은 반응이 있다(그림 20.11).

> **벤젠의 대표적인 치환 반응 예**
>
> - 할로젠화 반응(클로로화 반응): $C_6H_6 + Cl_2 \longrightarrow C_6H_5Cl$(클로로벤젠) $+ HCl$
> - 나이트로화 반응: $C_6H_6 + HNO_3 \longrightarrow C_6H_5Cl$(나이트로벤젠) $+ H_2O$
> - 설폰화 반응: $C_6H_6 + H_2SO_4 \longrightarrow C_6H_6SO_3$(벤젠설폰산) $+ H_2O$
> - 알킬화 반응: $C_6H_6 + CH_3Cl \longrightarrow C_6H_5{-}CH_3$(톨루엔) $+ HCl$

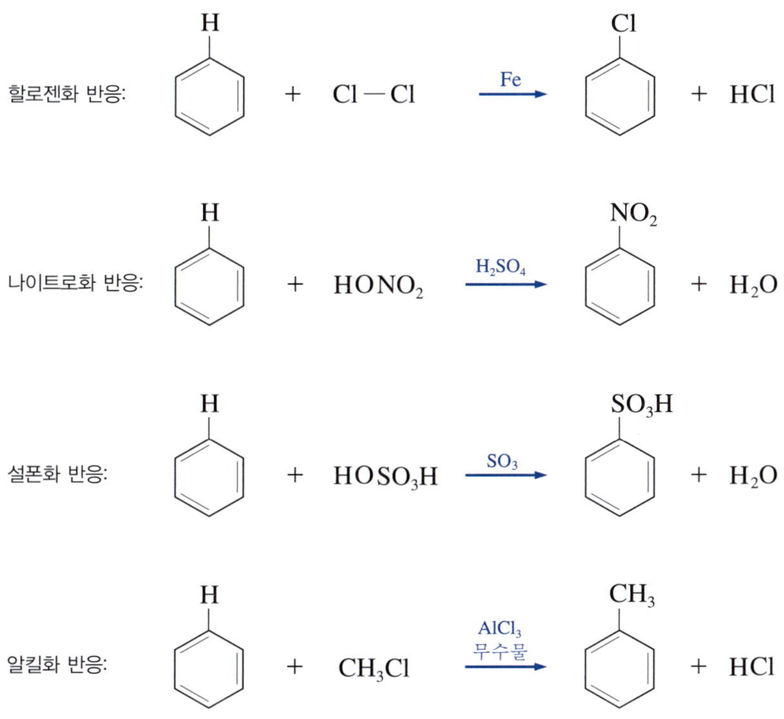

그림 20.11 벤젠의 대표적인 치환 반응

또 다음과 같은 첨가 반응이 일어나기도 한다.

> **벤젠의 첨가 반응 예**
>
> - 수소 첨가: $C_6H_6 + 3\ H_2 \longrightarrow C_6H_{12}$(사이클로헥세인)
> - 염소 첨가: $C_6H_6 + 3\ Cl_2 \longrightarrow C_6Cl_6$(육염화벤젠) $+ 3\ H_2$

방향족 탄화수소의 종류

방향족 탄화수소에는 그림 20.12(a)와 같은 화합물이 있다.

톨루엔(toluene, $C_6H_5-CH_3$)은 방향성 무색 액체로 끓는점은 111 ℃이며 콜타르 중에 포함되어 있고 프리델–크래프트(Friedel–Crafts) 반응으로 얻는다.

$$C_6H_6 + CH_3Cl \longrightarrow C_6H_5-CH_3(\text{톨루엔}) + HCl$$

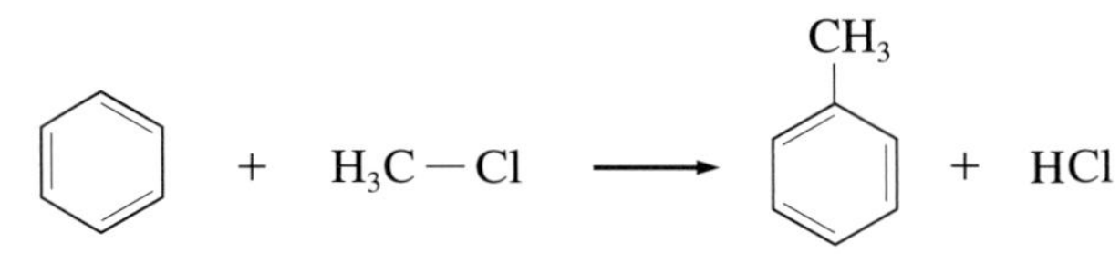

T.N.T(trinitro toluene, $C_7H_5N_3O_6$)는 진한 황산(H_2SO_4)과 진한 질산(HNO_3)을 혼합하여 나이트로화하면 트라이나이트로톨루엔이 생성된다.

$$C_6H_5-CH_3 + 3\ HNO_3 \xrightarrow[H_2SO_4]{} C_6H_2(NO_2)_3-CH_3 + 3\ H_2O$$

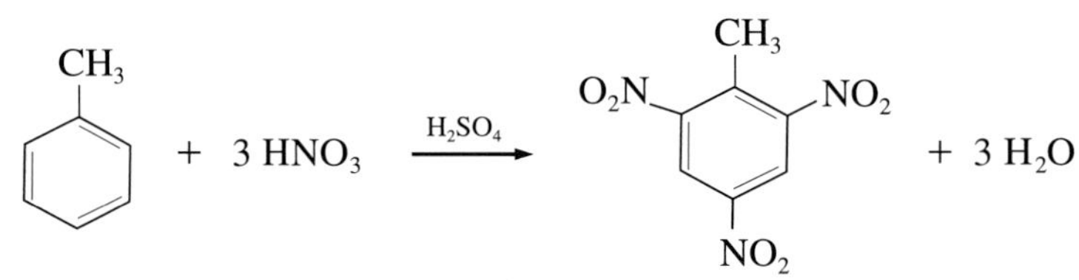

자일렌(xylene, $C_6H_4-(CH_3)_2$)은 콜타르를 분별 증류하여 얻으며, 방향성 무색 액체로 오쏘(*ortho*), 메타(*meta*), 파라(*para*)의 세 가지 이성질체가 있다. 나프탈렌(naphthalene, $C_{10}H_8$)은 백색 고체로 녹는점은 80.5 ℃이고 승화성이 있고 방충 작용이 있다. 프탈산 수지나 염료의 원료로 쓰인다. 안트라센(anthracene, $C_{14}H_{10}$)은 엷은 청색의 판상 결정이고 승화성이 있으며, 염료의 원료로 쓰인다. α, β의 두 가지 이성질체가 있다(그림 20.12(b)).

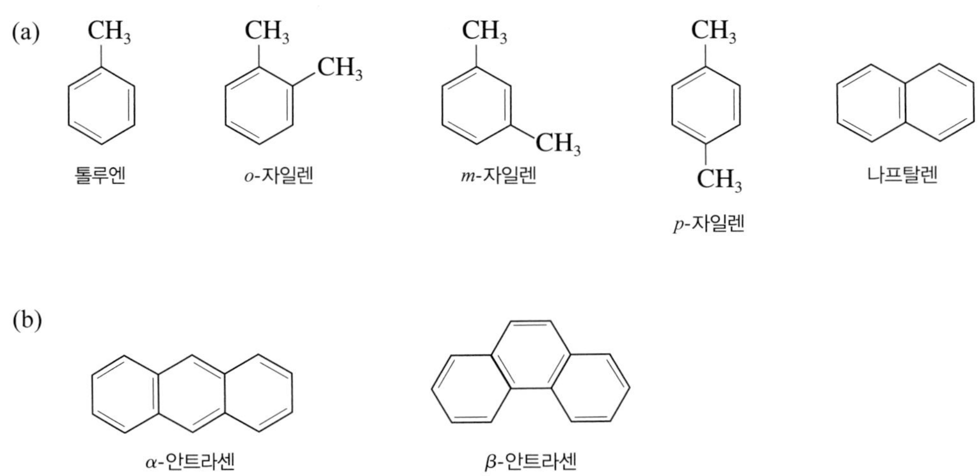

그림 20.12 다양한 방향족 화합물(a)과 안트라센의 이성질체(b)

Deep Insight

사람의 생명을 보호하는 유기 합성 고분자: Kevlar

1차, 2차 세계대전을 배경으로 하는 헐리웃 영화에서 총알이 빗발칠 때, 총탄이 군인의 헬멧에 맞고 튕기는 장면이 종종 묘사된다. 실제로 두 차례의 세계대전을 거치면서 군인의 머리를 보호해 주는 헬멧, 즉 방탄모는 단순히 천 형태의 모자에서 금속 강철로 만들어진 철모로 전략적으로 개발이 된 것이었다. 이 방탄 철모는 특히 2차 세계대전 마지막에 노르망디 상륙작전에서 많은 미 해병 돌격병의 생명을 보호했던 것으로 유명하다.

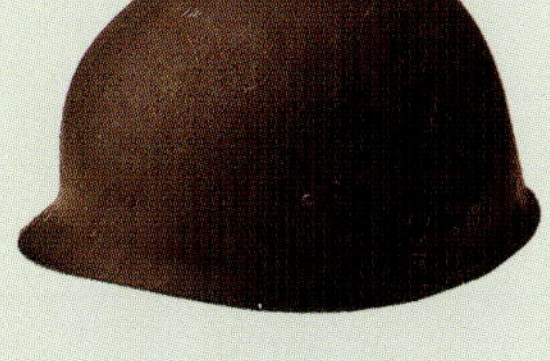

▲ 1950년 미 해병 철모
ⓒAlLes/Pixabay

▲ 현대 신형 케블라 방탄모
ⓒTheHilaryClark/Pixabay

하지만 문제는 철모 자체가 금속이기 때문에 너무 무겁고 녹이 잘 슨다는 것이다. 따라서 많은 군수물자 전문가들이 고민해서 가벼운 플라스틱 재질이면서 방호력은 기존 철모에 버금하는 새 방탄모를 개발하였다.

이 플라스틱 재질로 사용된 고분자의 이름은 케블라(Kelvar)이다. 케블라는 미국 대표 화학회사 듀퐁(Depoun)이 1973년에 아라미드 섬유의 상용화에 성공해 개발한 합성섬유이다.

미군은 강화 섬유를 이용하여 오늘날 우리가 방탄 헬멧으로 알고 있는 PASGT(Personnel Armor System for Ground Troops) 헬멧을 제작하여 착용하고 있다. 이후로 미군에서 방탄모를 칭하는 용어로 '케블라'가 일반화되었다. 케블라는 질량에 비해 인장 강도 등이 우수하여 케블라 섬유로 짠 천을 여러 겹 겹쳐서 만든 방탄 조끼도 탄생하게 되었다.

그로 인하여 현재 케블라, 혹은 동급의 강화 섬유를 이용해 만든 헬멧의 경우 유효사거리 내의 권총탄 혹은 그 이상의 파편을 효과적으로 방어할 수 있음과 동시에 그 정도 방어 능력에 비해 가볍고 녹이 슬지 않아 관리가 쉬워졌다.

이렇게 미군의 강화 섬유와 플라스틱 수지로 만들어진 방탄 헬멧은 현재 방탄 헬멧의 기본이 되어, 전 세계적으로 사용되

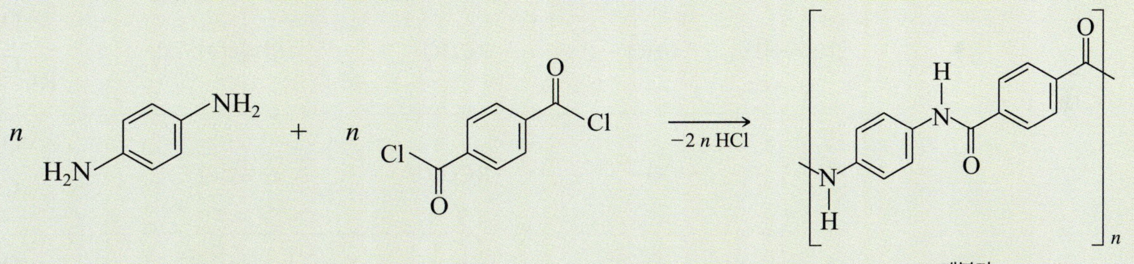

케블라

- 높은 인장 강도
- 높은 탄성률
- 높은 내약품성
- 높은 강인도
- 높은 절단 저항
- 낮은 파괴, 신장률
- 낮은 전기 전도도
- 낮은 열수축
- 뛰어난 치수 안정성
- 난연성, 자기소화성

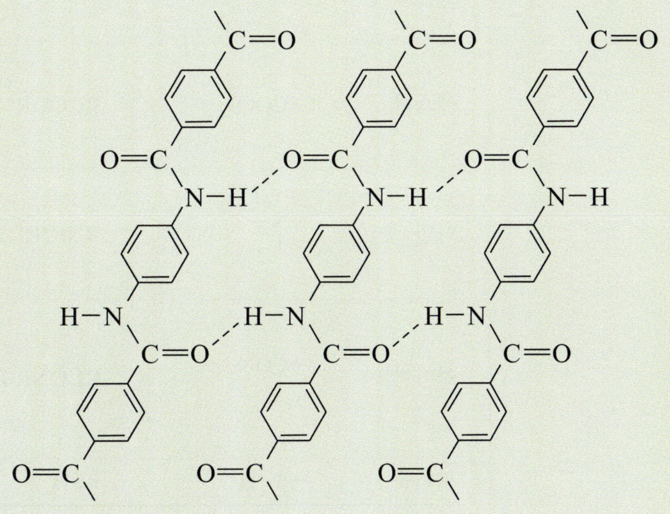

고 있으나, 비용이 비싸 한국군은 유리섬유와 나일론, 플라스틱 수지를 이용하여 철로 만든 미군의 M1 헬멧보다 600 g 가벼운 헬멧을 제작하여 공식 편제 장비로 채용하였다. 통칭 '하이바'라는 용어는 파이버글라스에서 나온 표현이다. 2006년부터 매우 적은 비율로 점차 한국군에 보급되고 있는 신형 방탄 헬멧 역시 이 방식으로 제작되었다.

20.4 작용기의 화학

유기 화합물을 화학적, 물리적 특징이 유사한 그룹으로 분류해 보면 각 그룹마다 탄소와 수소 이외에 산소와 질소 등 다른 원소를 포함하는 특정한 공통 구조가 있음을 알 수 있다. 그 특정한 공통 구조 때문에, 알코올, 아민, 에터 등 다양한 화합물의 종류를 구별할 수 있다. 이러한 공통 구조를 **작용기(functional group)**라고 부르며, 대표적인 유기 화학 작용기는 표 20.7과 같다.

표 20.7 대표적인 유기 화합물의 분류와 작용기

품질명	작용기	일반식	작용기	구조
알코올	—OH	ROH	하이드록시기	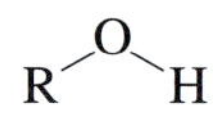
에터	—O—	ROR′	에터기	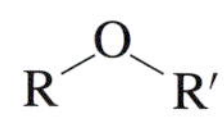
알데하이드	—CHO	RCHO	알데하이드기	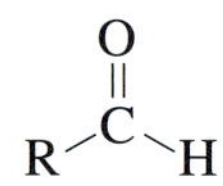
케톤	—CO—	RCOR′	카보닐기	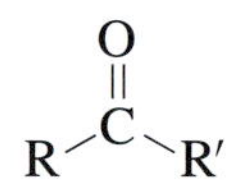
카복실산	—COOH	RCOOH	카복실기	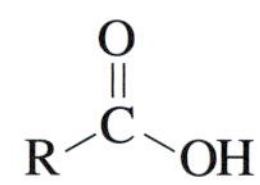
에스터	—COO—	RCOOR′	에스터기	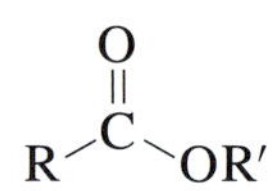
아민	—N—	RNR′R″	아민기	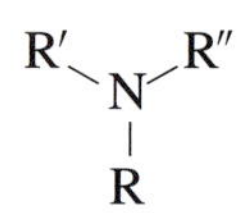
아마이드	—CON—	RCONR′R″	아마이드기	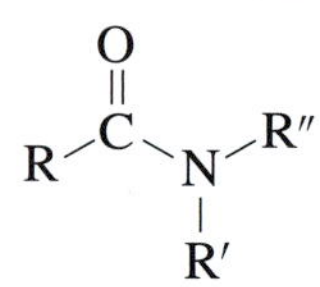
싸이올	—S—H	RSH	싸이올기	R—S—H

*R—, R′—, R″—: H를 포함한 다양한 치환기

알코올

알코올(alcohol)의 일반적인 구조식은 다음과 같다.

$$R-O-H$$

여기서 R은 알킬기이다. 이미 예제 20.2에서 알코올의 이름을 짓는 연습을 해 보았듯이 알코올 분자의 이름은 알케인 이름의 어미를 알코올기가 있음을 나타내는 '-올'로 붙여 부른다. 다음은 대표적인 간단한 알코올의 축소 구조식과 이름이다.

CH_3OH	CH_3CH_2OH	$CH_3CH_2CH_2OH$
메탄올	에탄올	프로판-1-올

알코올도 탄소의 개수가 증가함에 따라 다양한 구조 이성질체가 존재할 수 있다. 다음은 탄소 수가 5개인 알코올 분자의 이성질체 구조와 이름을 나타낸 것이다.

pentan-1-ol

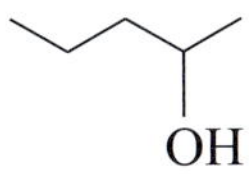
pentan-2-ol

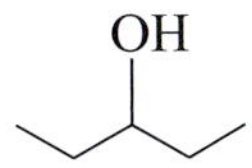
pentan-3-ol

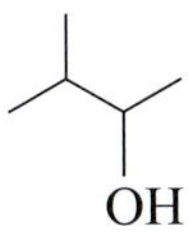
3-methylbutan-2-ol

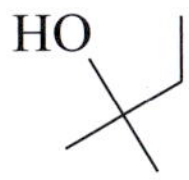
2-methylbutan-2-ol

또한, 알코올기가 붙어있는 탄소 주변에 직접적으로 공유 결합을 하고 있는 탄소의 개수에 따라 0차, 1차, 2차, 3차 알코올로 분류할 수 있다.

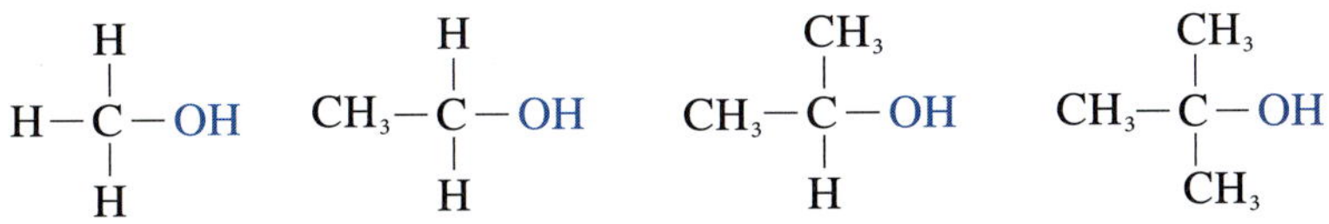
0° 알코올 1° 알코올 2° 알코올 3° 알코올

한 분자 안에 알코올기(−OH)가 두 개 이상 있을 수 있다. 이런 종류의 가장 친숙한 화합물은 에틸렌글리콜과 글리세롤이다(그림 20.13). 에틸렌글리콜은 부동액으로 널리 사용된다. 글리세롤은 비누 제조에서 부생성물로 형성된다.

에틸렌글리콜

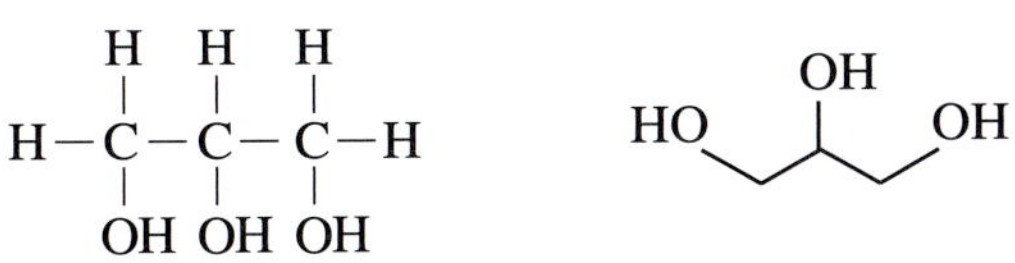
글리세롤

그림 20.13 에틸렌글리콜과 글리세롤

예제 20.7

화학식 C_4H_9OH에 해당하는 알코올의 가능한 모든 구조 이성질체를 선-각 구조식으로 그리시오.

정답

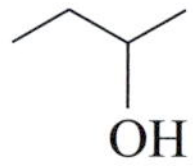

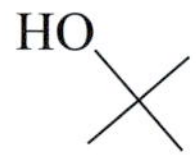

응용문제 20.7

다음은 D-글루코스 분자의 구조식이다. 선-각 구조식으로 간략하게 표시하시오.

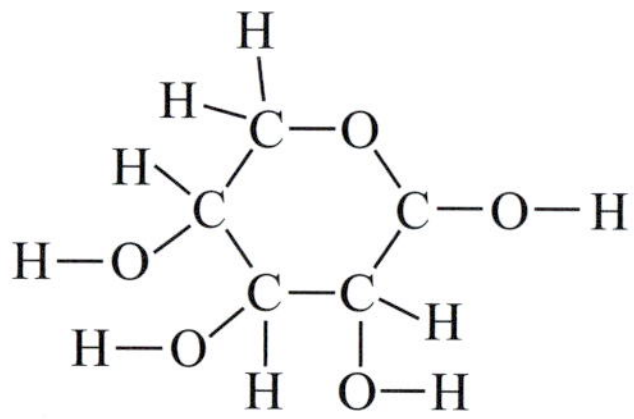

예제 20.8

다음 분자들이 몇 차 알코올인지 구별하시오.

(a) 

(b) 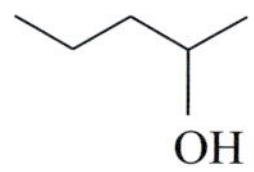

(c) 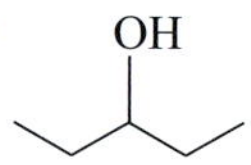

(d) 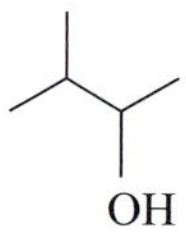

(e) 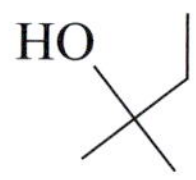

정답

1차 알코올: (a)

2차 알코올: (b), (c), (d)

3차 알코올: (e)

응용문제 20.8

응용문제 20.7의 D-글루코스에서 발견되는 알코올기의 차수를 밝히시오.

에터

에터(ether)는 다음의 일반식을 갖는다.

$$R-O-R'$$

이 식에서 2개의 알킬기는 같거나($R=R'=CH_3$) 다른 경우($R=CH_3$, $R'=C_2H_5$)가 있다. 에터는 보통 2개의 알킬기를 명시하여 이름을 부른다.

CH_3-O-CH_3	$CH_3-O-C_2H_5$
다이메틸에터	에틸메틸에터

다이메틸에터는 실험실에서 볼 수 있는 가장 흔한 에터이며, 과거 1800년대에는 방부제로 사용된 적이 있다. 다이메틸에터는 매우 불이 잘 붙고, 공기 중에 증기로 장시간 존재할 경우 산소와 반응하여 폭발성이 있는 과산화 수소화물을 생성하기 때문에 현재는 더 이상 방부제로 사용하지 않는다.

알데하이드와 케톤

알데하이드와 케톤은 모두 **카보닐기(carbonyl group)**를 갖는다.

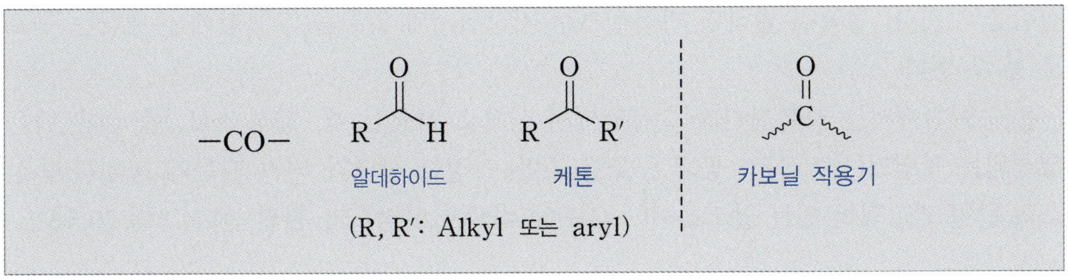

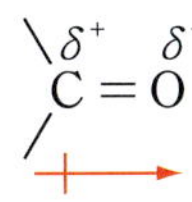
그림 20.14 카보닐기의 쌍극자

알데하이드와 케톤을 함께 비슷하게 묶어서 언급하는 이유는 카보닐기의 정전기적 특징 때문이다(그림 20.14). 카보닐기의 산소는 상대적으로 전기 음성도가 낮은 탄소로부터 전자를 끌어당겨서 결과적으로 작용기 내에 쌍극자를 형성한다. 따라서 알데하이드와 케톤 모두 극성 분자가 된다는 공통점이 있다.

케톤의 경우, 두 치환기는 중심 탄소 원자에 결합되어 있다. 그리고 알데하이드의 경우는 두 치환기 중 하나는 반드시 수소 원자가 결합되어 있다(표 20.7). 가장 간단한 케톤은 아세톤(acetone)이다. 아세톤은 매니큐어를 지우거나, 페인트를 희석하거나 씻는 용도로 사용하는 극성 유기 용매이다. 가장 간단한 형태의 알데하이드는 바로 폼알데하이드(formaldehyde)이다. 폼알데하이드는 보통 실험실에서 포르말린으로 알려진 수용액으로 사용된다. 극성 분자이기 때문에 물과 잘 섞이며 포르말린을 제조할 때에는 37 % 수용액으로 제조한다. 다만, 폼알데하이드는 발암 물질로 밝혀진 이후로 특별한 용도가 아닌 이상 현재는 잘 사용되지 않는다.

ⓒJosfor/Shutterstock ⓒTIvanova/Shutterstock

그림 20.15 아세톤과 폼알데하이드

카복실산

카복실산(carboxylic acid)의 일반적인 구조식은 아래와 같다.

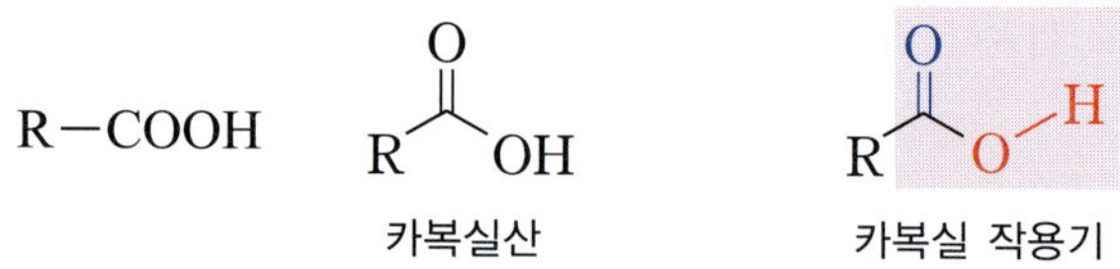

특히 −COOH 구조는 카복실기(carboxyl group)라고 하는 약산성을 띠는 부분이다. 위 구조에서와 같이 카복실산은 알데하이드나 케톤의 구조와 비슷한 탄소−산소 이중 결합을 가진다. 정확히 말하면 카복실기는 카보닐기와 알코올기가 함께 존재하는 구조로 볼 수 있다.

유기 화학에서는 카복실기가 수용액에서 산으로 작용할 때, 양성자(H^+)를 잃은 다음 생성되는 짝염기(음이온)가 공명 구조를 갖는 안정한 상태가 되기 때문에 동일하게 산소와 단일 결합되어 있는 알코올기(−OH)에 비해서 산성도가 훨씬 높다(그림 20.16).

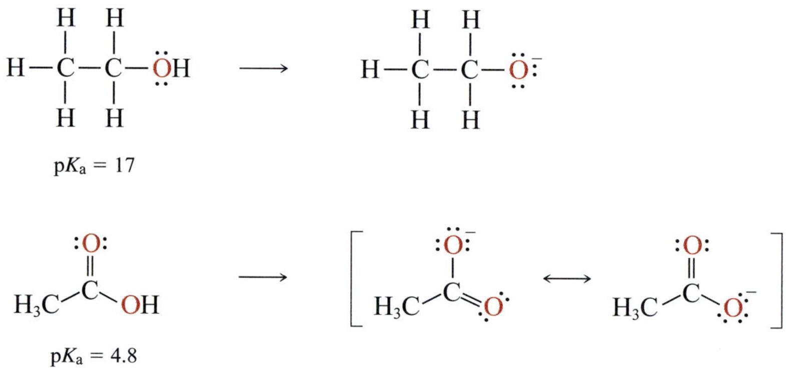

그림 20.16 에탄올과 아세트산의 산성도 비교

또한, 아세트산은 수소 결합이 가능한 분자로서 물과 잘 섞이는 극성 분자이다. 아세트산은 수소 결합이 가능한 −OH와 쌍극자가 형성되어 있는 카보닐기를 둘 다 가지고 있어 액체 상태에서 이합체의 형태로 존재하게 된다. 이합체(dimer)란 두 분자가 한 몸처럼 붙어있는 상태를 말한다. 카복실산의 가장 익숙한 예는 식초에 함유된 아세트산이다. 실제로 아세트산은 분자량이 60이지만 분자량을 확인하기 위해 순수한 아세트산을 질량 분석기로 측정을 해보면 결과는 두 배인 120이 나온다. 이는 수소 결합에 의한 아세트산의 이합체가 형성됨을 보여 주는 증거이다(그림 20.17).

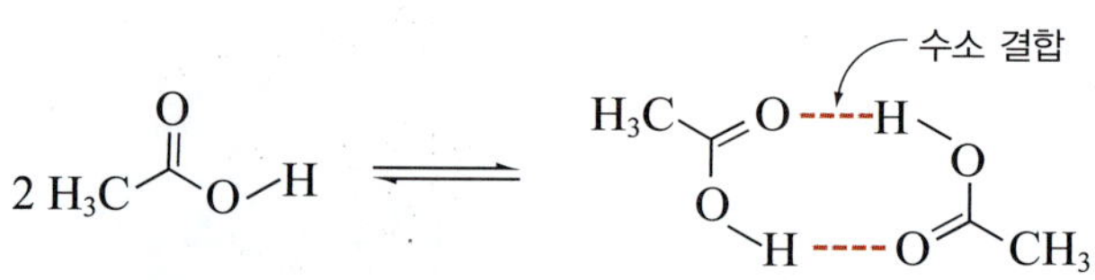

그림 20.17 아세트산의 이합체화

카복실기를 가지고 있으면서 수용성인 분자들은 공통으로 신맛을 낸다. 개미의 꽁무니에서 발산되는 폼산(formic acid)과 레몬에 들어있는 구연산(citric acid)은 모두 식초처럼 신맛이 난다. 특히 구연산의 경우에는 카복실기가 한 분자에 세 개나 있기 때문에 식초와는 비교할 수 없을 정도로 강한 신맛을 낼 수 있다(그림 20.18).

$H-COOH$

폼산

개미 ⓒGucio_55/Shutterstock

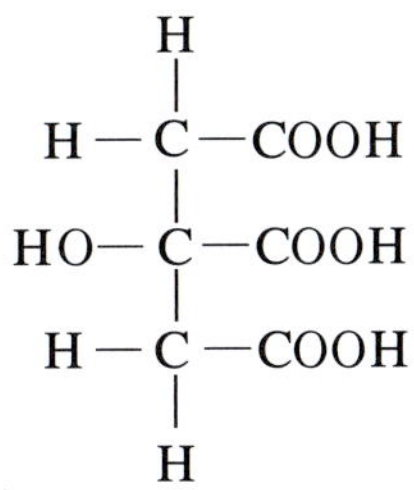

구연산

레몬 ⓒkaband/Shutterstock

그림 20.18 폼산과 구연산

에스터

에스터(ester)의 작용기는 다음과 같은 특징적인 구조를 가지고 있다.

$R-COO-R'$

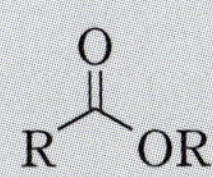

알코올과 카복실산이 반응하면 만들어지는 작용기이다. 가장 간단한 에스터인 아세트산메틸은 메틸알코올(메탄올)과 아세트산을 산 촉매 조건에서 반응시키면 생성된다.

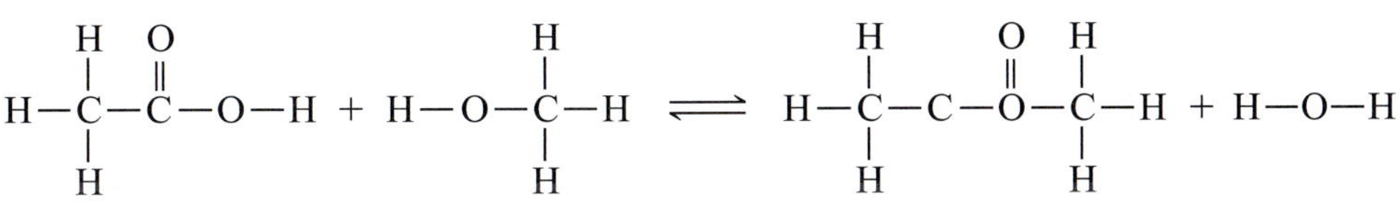

아세트산 메탄올 아세트산 메틸 물

많은 에스터는 향기를 가지고 있으며 이들은 흔히 천연과 합성 방향제에서 발견된다(표 20.8).

표 20.8 여러 가지 에스터의 구조와 향

에스터	구조	향기, 맛
폼산 에틸	$CH_3CH_2-O-C(=O)-H$	럼주
폼산 아이소뷰틸	$(CH_3)_2CHCH_2-O-C(=O)-H$	산딸기
뷰티르산 메틸	$CH_3-O-C(=O)-(CH_2)_2CH_3$	사과
뷰티르산 에틸	$CH_3CH_2-O-C(=O)-(CH_2)_2CH_3$	파인애플
아세트산 아이소펜틸	$(CH_3)_2CH(CH_2)_2-O-C(=O)-CH_3$	바나나
아세트산 옥틸	$CH_3(CH_2)_7-O-C(=O)-CH_3$	오렌지
프로피온산 펜틸	$CH_3(CH_2)_4-O-C(=O)-CH_2CH_3$	살구

아민

아민(amine)은 암모니아와는 다르게 질소에 결합되어 있는 알킬기의 결합수에 따라 1차 아민, 2차 아민, 3차 아민으로 구별하여 부르고, 그에 따라 다음과 같이 구조식이 구별된다. 4차 아민의 경우 항상 다원자 양이온의 형태를 띠고 있다.

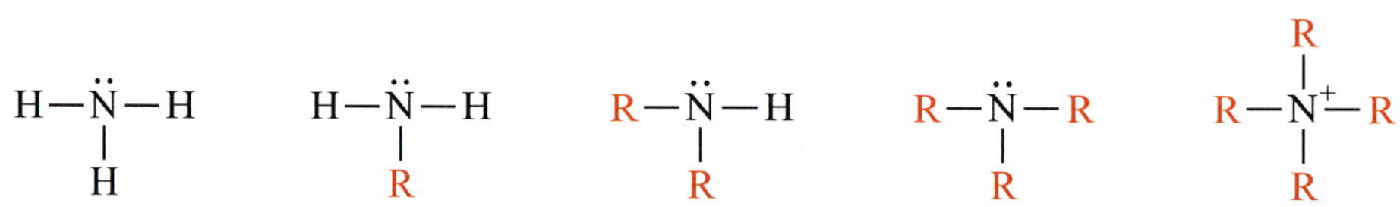

암모니아 1차 아민 2차 아민 3차 아민 4차 아민

가장 대표적이고 간단한 아민은 메틸아민과 아닐린이다(그림 20.19). 이들 아민은 다음과 같은 특징이 있다. 아민류는 기본적으로 동물의 사체가 부패할 때나 화장실에서 나는 냄새와 같은 악취가 난다. 또한, 아민은 기본적으로 약한 염기이기 때문에 강산과 중화 반응을 완전히 일으킨다. 다만 약산과는 잘 반응하지 않는다.

메틸아민 아닐린

그림 20.19 메틸아민과 아닐린

20.9 예제

다음 유기 화학 분자에서 발견할 수 있는 작용기 구조를 찾으시오.

(a)

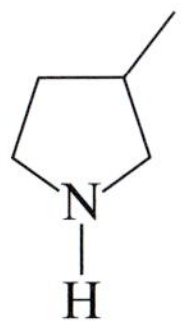

(b)

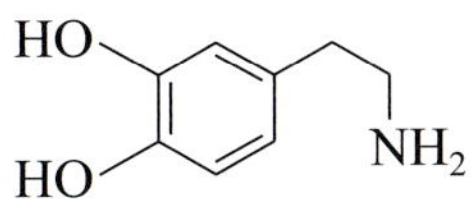

(c)

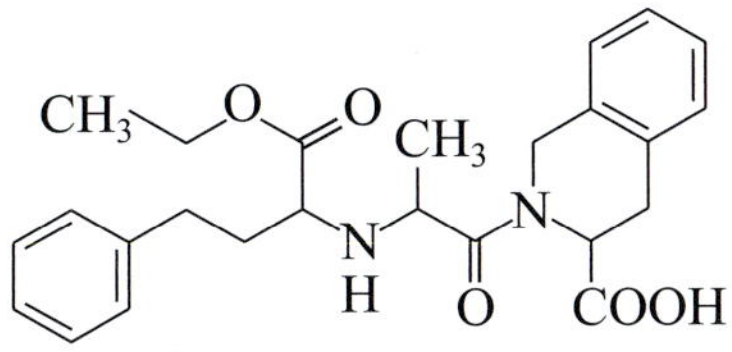

정답

(a) 아민기 1개

(b) 아민기 1개, 알코올기 2개

(c) 에스터기 1개, 아민기 1개, 아마이드기 1개, 카복실산기 1개

응용문제 20.9

아민기 하나와 카복실기 하나가 결합된 벤젠 고리의 예상되는 모든 분자 구조식을 그리시오.

싸이올

싸이올(thiol) 작용기는 −SH기를 말한다. 분자량이 작은 싸이올은 썩은 달걀 또는 하수구 냄새와 같은 악취가 나는 특징이 있다. 그 때문에 악취가 나는 싸이올 기체를 난방 연료인 천연가스(무색, 무취)에 혼입하여 가정의 도시가스로 공급하거나 시중에 판매한다. 싸이올 분자 중 가장 가벼운 것은 아래와 같이 도식된 메테인싸이올(CH_3SH)이다. 그림을 통해 알 수 있듯이 황(S) 원자를 중심으로 한 결합각이 100.3°를 이룬다.

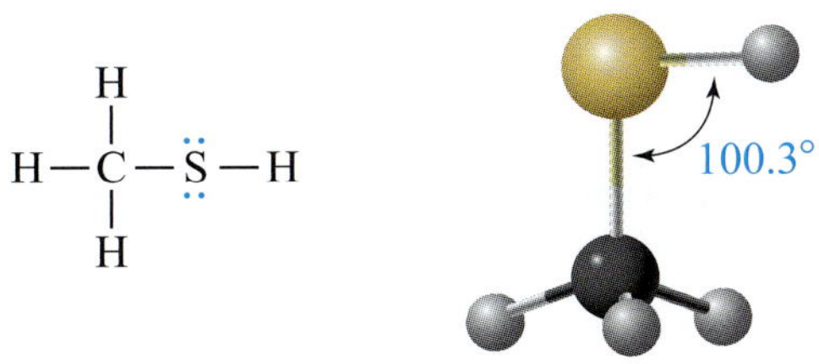

메테인싸이올

핵심 요약

20.1 유기 화합물의 종류

- 탄화수소 분류

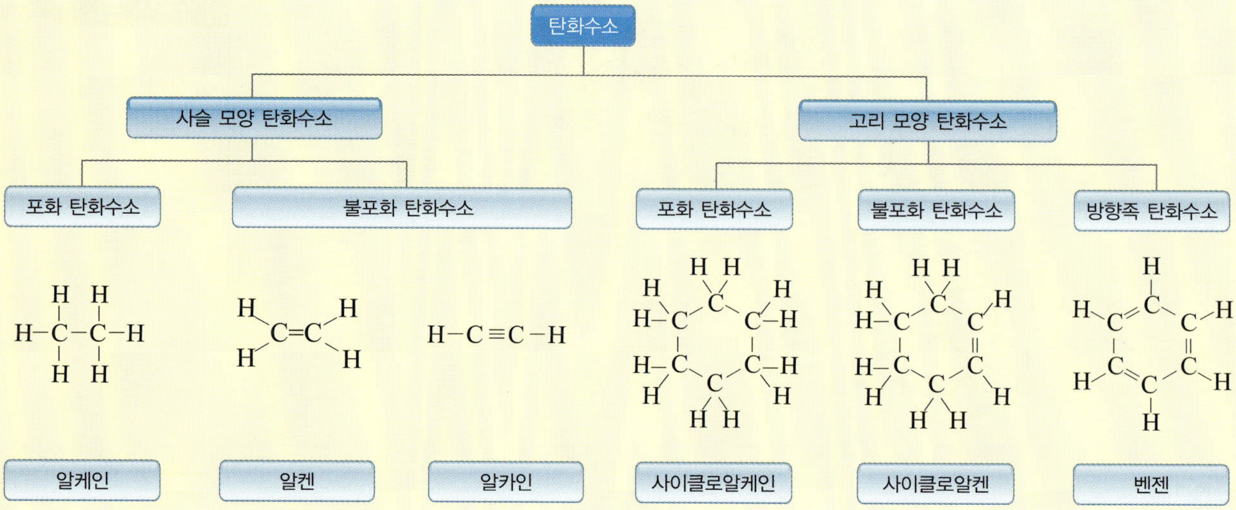

20.4 작용기의 화학

• 대표적인 유기 화합물의 분류와 작용기

품질명	작용기	일반식	작용기	구조
알코올	—OH	ROH	하이드록시기	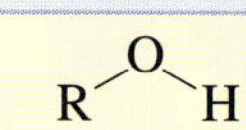
에터	—O—	ROR′	에터기	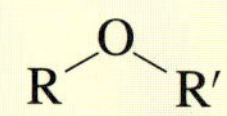
알데하이드	—CHO	RCHO	알데하이드기	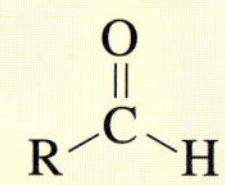
케톤	—CO—	RCOR′	카보닐기	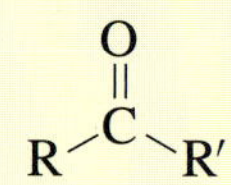
카복실산	—COOH	RCOOH	카복실기	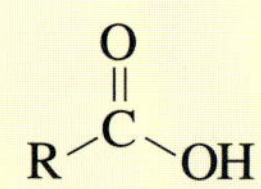
에스터	—COO—	RCOOR′	에스터기	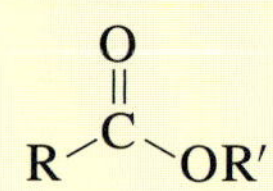
아민	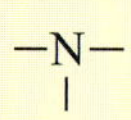	RNR′R″	아민기	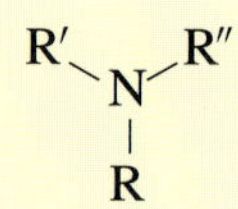
아마이드		RCONR′R″	아마이드기	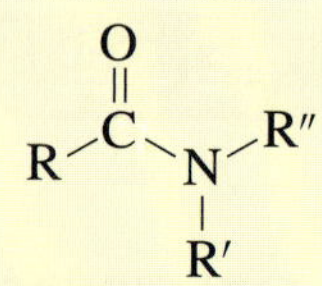
싸이올	—S—H	RSH	싸이올기	R—S—H

*R—, R′—, R″—: H를 포함한 다양한 치환기

핵심 용어 정리

- 구조 이성질체(constitutional isomers): 화학식은 동일하지만 원자와 원자간의 결합 방식이 달라 전혀 다른 구조를 갖는 이성질체
- 방향족 탄화수소(aromatic hydrocarbon): 벤젠 고리 치환기가 단 하나라도 붙어있는 탄화수소
- 선-각 구조식(line-angle structural formula): 탄소-탄소 단일 결합을 선으로 나타내고 선이 굽어 있는 부분과 선이 시작되고 끝나는 부분에는 탄소가 있다는 것을 규칙으로 삼아 나타내는 구조식
- 유기 화학(organic chemistry): 탄화수소 화합물을 주요 화합물로 하는 화학
- 작용기(functional group): 유기 화합물을 화학적, 물리적 특징이 유사한 그룹으로 분류할 때 각 그룹마다 탄소와 수소 이외에 산소와 질소 등 다른 원소를 포함하는 특정한 공통 구조
- 지방족 탄화수소(aliphatic hydrocarbon): 분자 구조상 치환기로 벤젠기 또는 벤젠 고리가 없는 탄화수소
- 탄화수소(hydrocarbon): 수소와 탄소로만 이루어진 유기 화합물

연습문제

20.1 알케인 C_6H_{14}의 구조 이성질체를 선-각 구조식으로 모두 그리시오.

20.2 다음 분자 구조를 보고 알케인, 알켄, 알카인으로 분류하시오.

(a) 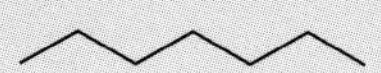

(b) 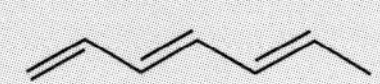

(c) 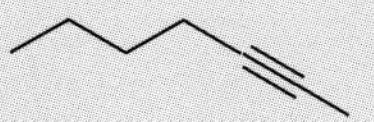

(d) 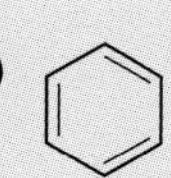

(e) 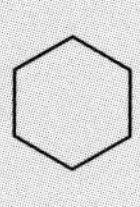

(f) 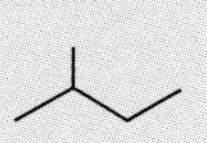

(g) 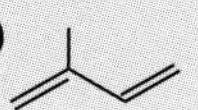

(h) $CH_3CCCH_2CH_2CH_3$

20.3 다음 분자 구조상 존재하는 작용기를 모두 말하시오.

(a) 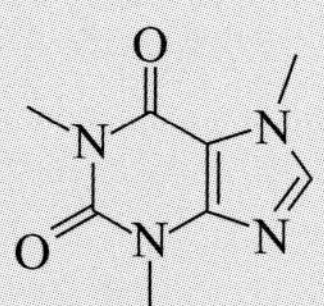

(b) 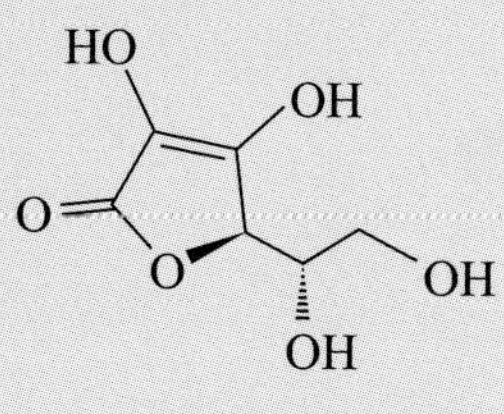

(c) 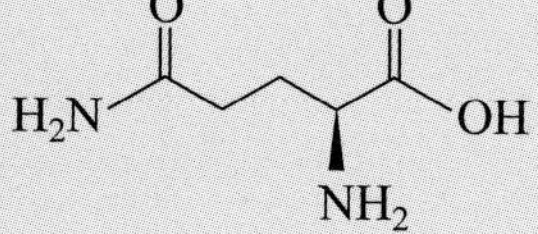

(d) 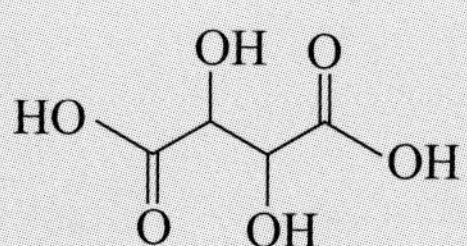

20.4 다음 선-각 구조식을 보고 축소(축약) 구조식과 화학식(분자식)을 쓰시오.

(a) 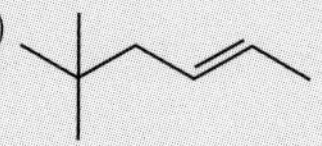

(b) 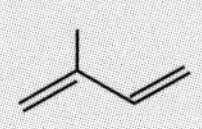

(c) 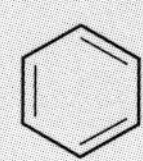

20.5 다음 아민들을 차수로 구별하시오.

(a) 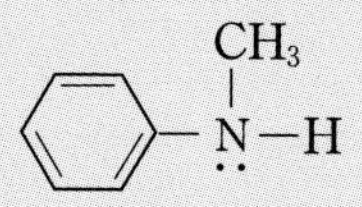

(b) 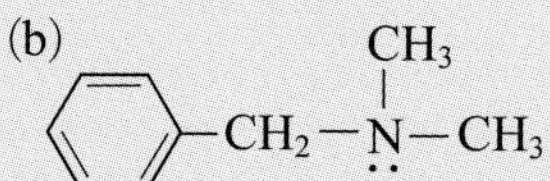

(c) 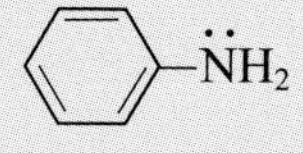

(d) 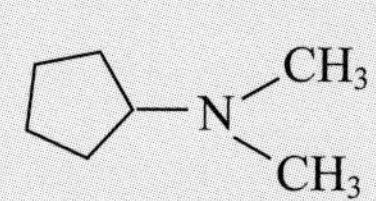

20.6 다음 알코올을 차수로 구별하시오.

(a) 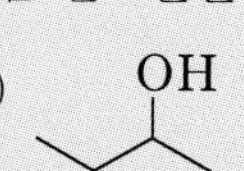

(b) 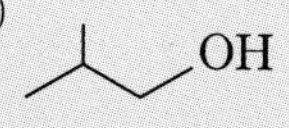

(c) 

(d) 

20.7 다음 물음에 답하시오.

(가)

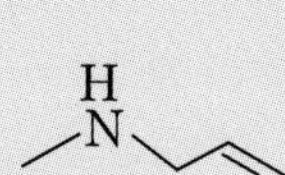

(나)

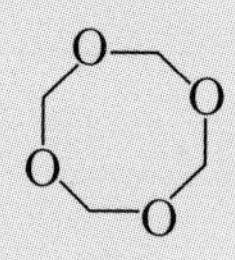

(다)

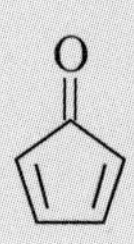

(라)

(a) 에터는 어느 것인가?
(b) 알코올은 어느 것인가?
(c) 케톤은 어느 것인가?
(d) 알데하이드는 어느 것인가?

20.8 다음 화합물에서 작용기를 찾으시오.

(a)

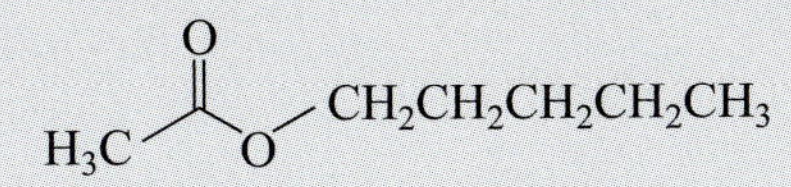

(b)

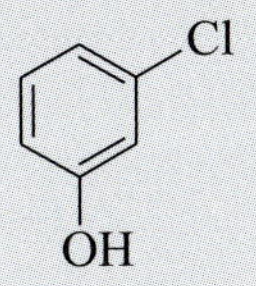

(c)

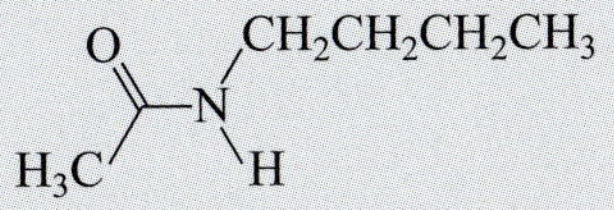

20.9 가지달린 알케인이 분자식이 같으면서 가지가 없는 일자형 알케인 화합물보다 끓는점과 녹는점이 낮은 이유를 설명하시오.

20.10 다음 화합물들을 끓는점이 높은 것부터 낮은 것 순으로 나열하시오.

(a) $CH_3CH_2CH_2CH_2CH_2CH_3$
(b) $CH_3CH_2CH(CH_3)_2$
(c) $CH(CH_3)_3$

20.11 표 20.5에서 가장 끓는점이 높은 분자를 찾아 이름을 쓰시오.

20.12 다음 각 분자에서 표시된 탄소의 오비탈 혼성 구조가 무엇인지 밝히시오.

(a)

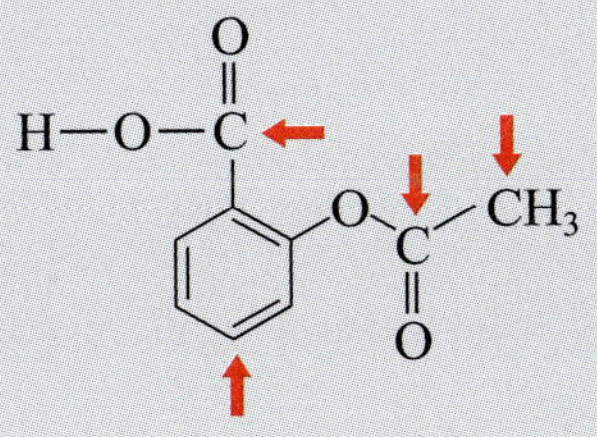

(b)

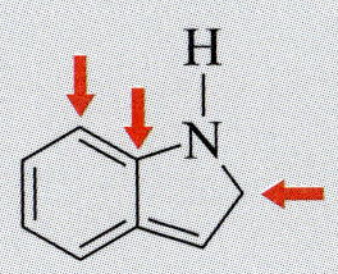

⟨20.13~20.15⟩ 다음 반응식의 빈칸에 알맞은 분자식을 채워 넣으시오.

20.13

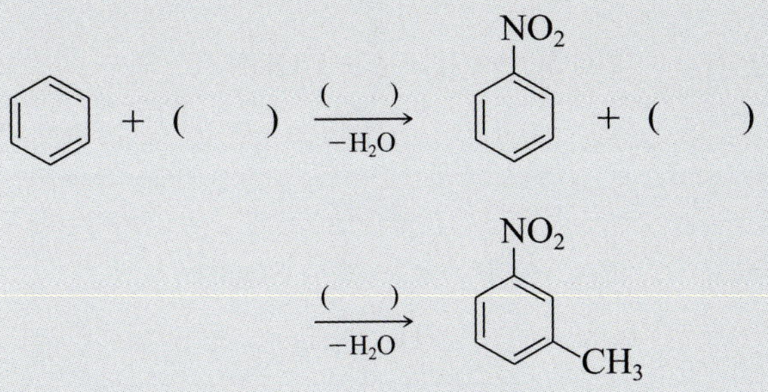

20.14

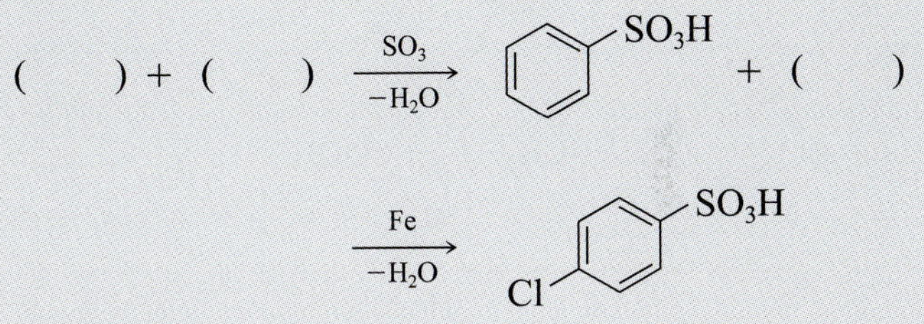

20.15 다음 분자 내에서 발견되는 작용기를 찾아서 표시하고 작용기 이름을 쓰시오.

(a)

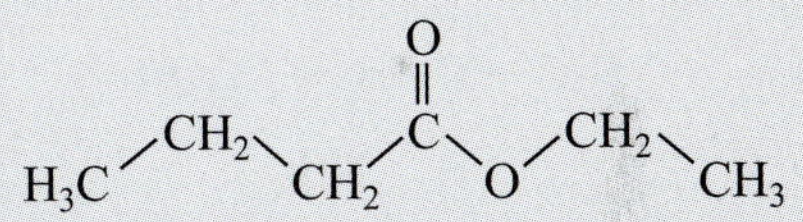

(b)

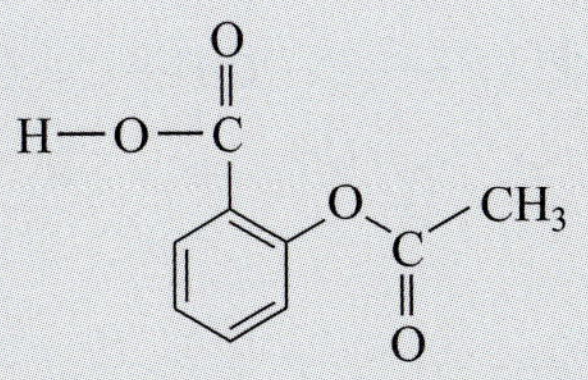

(c)

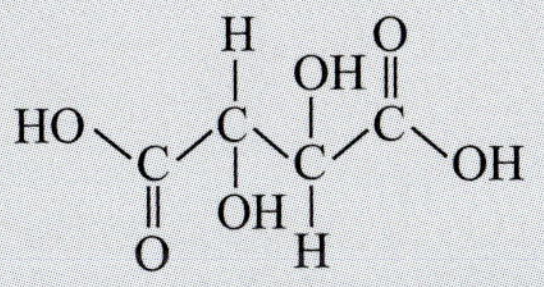

(d)

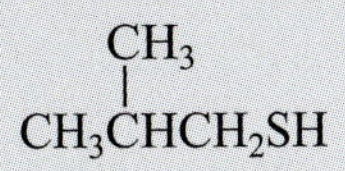

〈20.16~20.20〉 다음 표는 10가지 필수 아미노산 분자의 이름과 구조식을 나타낸 것이다. 이 표를 참고하여 물음에 답하시오.

이름	구조
아스파트산	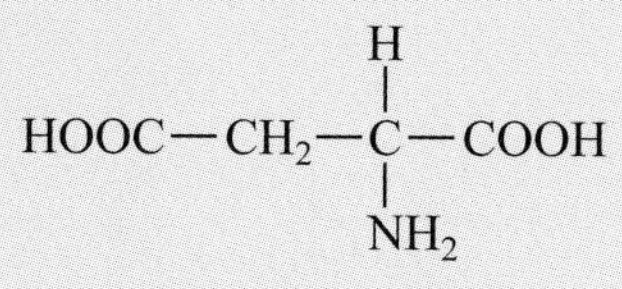
아이소루신	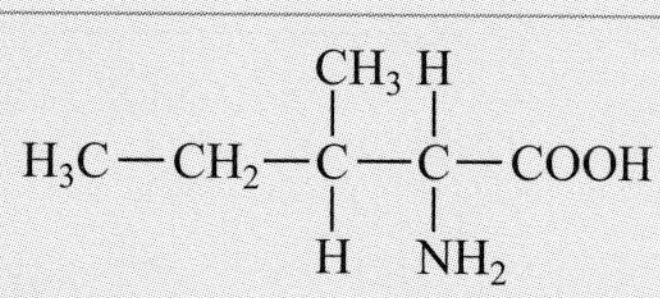
알라닌	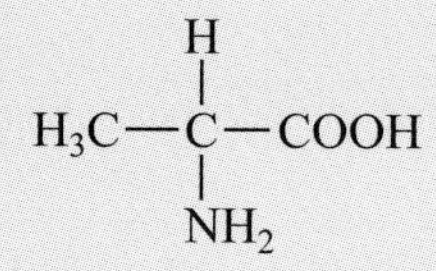
시스테인	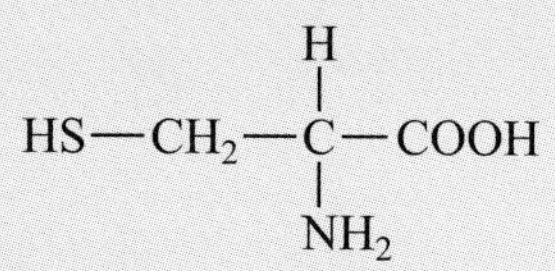
세린	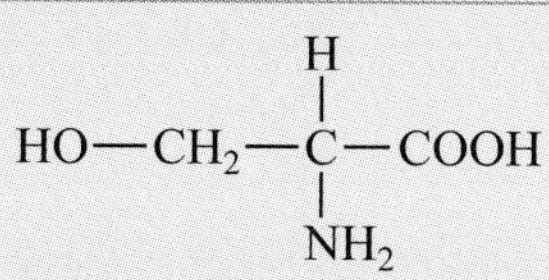
트레오닌	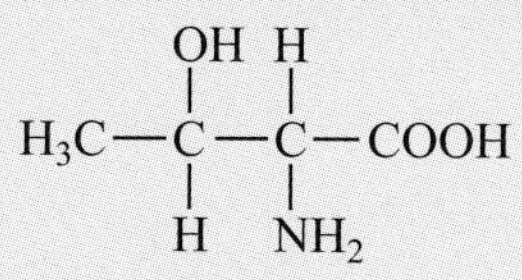
트립토판	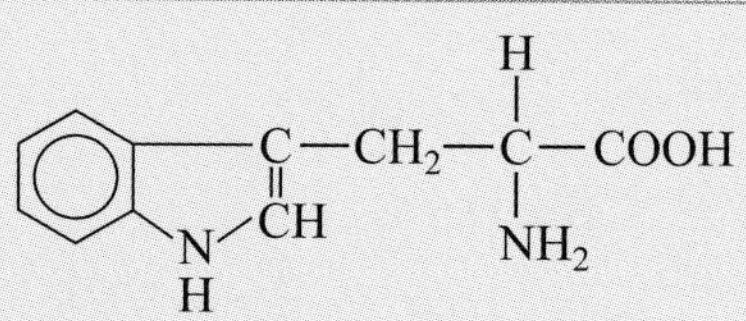
페닐알라닌	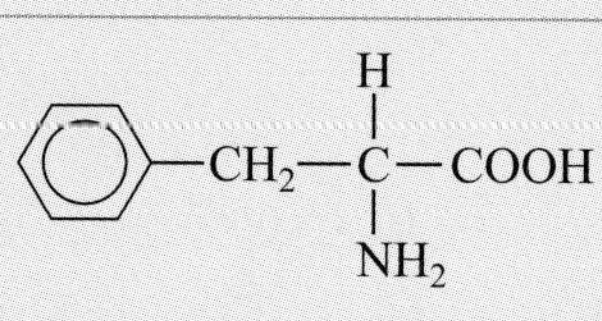
프롤린	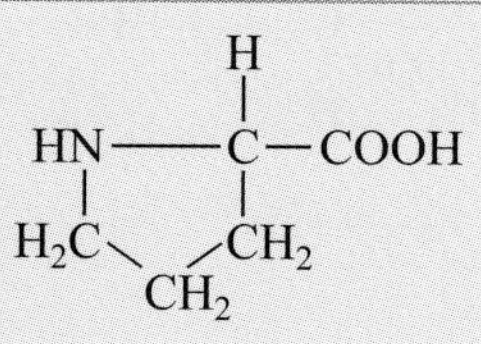
히스티딘	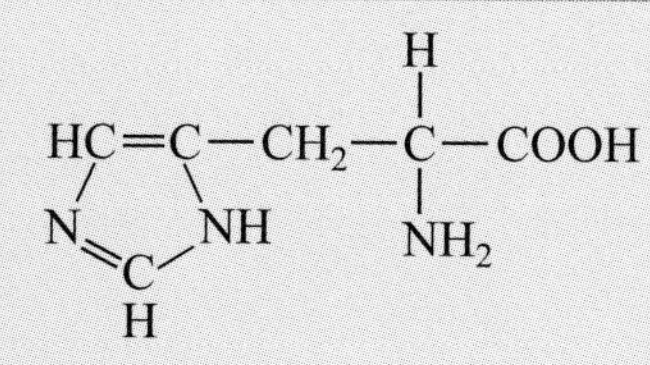

20.16 카복실기를 가지고 있는 아미노산을 찾아 이름을 쓰시오.

20.17 분자 내에 세 가지 작용기가 동시에 존재하는 아미노산을 찾아 이름을 쓰시오.

20.18 싸이올기를 가지고 있는 아미노산은 무엇인가?

20.19 벤젠 고리 구조가 있는 아미노산은 무엇인가? 모두 찾아 쓰시오.

20.20 2차 아민 구조를 가지는 필수 아미노산을 모두 찾아 쓰시오.

● 〈20.21~20.25〉 괄호 안에 들어갈 적당한 용어를 채워 넣으시오.

20.21 알카인은 삼중 결합을 하는 탄소가 (　　　　) 혼성 오비탈을 형성하며 결합 각도는 (　　　　)도이다.

20.22 지방족 탄화 수소는 분자 구조상 치환기로서 (　　　　)기 또는 (　　　　)고리가 없는 탄화수소를 말한다.

20.23 사이클로헥세인의 탄소-탄소-수소 결합각은 (　　　　)도이다.

20.24 오쏘-자일렌, 메타-자일렌, 파라-자일렌은 (　　　　) 이성질체 관계이다.

20.25 알데하이드와 케톤의 작용기는 공통적으로 (　　　　)기이다.

부록

부록 A 기본 단위의 환산 인자

길이

SI unit: meter (m)

1 meter	= 1.0936 yards
	= 100 centimeters
	= 1000 millimeters
1 centimeter	= 0.3937 inch
1 inch	= 2.54 centimeters (정확히)
1 kilometer	= 0.62137 mile
1 mile	= 5280 feet
	= 1.609 kilometers
1 angstrom	= 10^{-10} meter

질량

SI unit: kilogram (kg)

1 kilogram	= 1000 grams
	= 2.20 pounds
1 gram	= 1000 milligrams
1 pound	= 453.59 grams
	= 0.45359 kilogram
	= 16 ounces
1 ton	= 2000 pounds
	= 907.185 kilograms
1 metric ton	= 1000 kilograms
	= 2204.6 pounds
1 ounce	= 28.3 grams
1 atomic mass unit	= 1.6606×10^{-27} kilogram

부피

SI unit: cubic meter (m^3)

1 liter	= 10^{-3} m^3
	= 1 dm^3
	= 1.0567 quarts
	= 1000 milliliters
1 gallon	= 4 quarts
	= 8 pints
	= 3.785 liters
1 quart	= 32 fluid ounces
	= 0.946 liter
1 fluid ounce	= 29.6 milliliters

온도

SI unit: kelvin (K)

0 K	= −273.15 °C
	= −459.67 °F
K	= °C + 273.15
°C	$= \frac{°F - 32}{1.8}$
°F	$= \frac{9}{5}(°C) + 32$
°C	$= \frac{5}{9}(°F - 32)$

에너지

SI unit: joule (J)

1 joule	= 1 kg m^2/s^2
	= 0.23901 calorie
1 calorie	= 4.184 joules

압력

SI unit: pascal (Pa)

1 pascal	= 1 kg/m s^2
1 atmosphere	= 101.325 kilopascals
	= 760 torr (mmHg)
	= 14.70 pounds per square inch (psi)

부록 B 기본 물리 상수

상수	기호	값
원자 질량 단위	u	1.6606×10^{-27} kg
아보가드로수	N	6.022×10^{23} 입자/mol
기체 상수	R(STP에서)	0.08205 L·atm/K·mol
전자 질량	m_e	9.109×10^{-28} g
		5.486×10^{-4} u
중성자 질량	m_n	1.675×10^{-27} kg
		1.00866 u
양성자 질량	m_s	1.673×10^{-27} kg
		1.00728 u
광속	c	2.997925×10^{8} m/s

부록 C 물의 증기 압력

온도(°C)	증기 압력(torr)	온도(°C)	증기 압력(torr)
0	4.6	26	25.2
5	6.5	27	26.7
10	9.2	28	28.3
15	12.8	29	30.0
16	13.6	30	31.8
17	14.5	40	55.3
18	15.5	50	92.5
19	16.5	60	149.4
20	17.5	70	233.7
21	18.6	80	355.1
22	19.8	90	525.8
23	21.2	100	760.0
24	22.4	110	1074.6
25	23.8		

부록 D 용해도표

	F^-	Cl^-	Br^-	I^-	O^{2-}	S^{2-}	OH^-	NO_3^-	CO_3^{2-}	SO_4^{2-}	$C_2H_3O_2^-$
H^+	*aq*	*aq*	*aq*	*aq*	*aq*	*sl.aq*	*aq*	*aq*	*sl.aq*	*aq*	*aq*
Na^+	*aq*	*aq*	*aq*	*aq*	*aq*	*aq*	*aq*	*aq*	*aq*	*aq*	*aq*
K^+	*aq*	*aq*	*aq*	*aq*	*aq*	*aq*	*aq*	*aq*	*aq*	*aq*	*aq*
NH_4^+	*aq*	*aq*	*aq*	*aq*	—	*aq*	*aq*	*aq*	*aq*	*aq*	*aq*
Ag^+	*aq*	*I*	*I*	*I*	*I*	*I*	—	*aq*	*I*	*I*	*I*
Mg^{2+}	*I*	*aq*	*aq*	*aq*	*I*	*d*	*I*	*aq*	*I*	*aq*	*aq*
Ca^{2+}	*I*	*aq*	*aq*	*aq*	*I*	*d*	*I*	*aq*	*I*	*I*	*aq*
Ba^{2+}	*I*	*aq*	*aq*	*aq*	*sl.aq*	*d*	*sl.aq*	*aq*	*I*	*I*	*aq*
Fe^{2+}	*sl.aq*	*aq*	*aq*	*aq*	*I*	*I*	*I*	*aq*	*sl.aq*	*aq*	*aq*
Fe^{3+}	*I*	*aq*	*aq*	—	*I*	*I*	*I*	*aq*	*I*	*aq*	*I*
Co^{2+}	*aq*	*aq*	*aq*	*aq*	*I*	*I*	*I*	*aq*	*I*	*aq*	*aq*
Ni^{2+}	*sl.aq*	*aq*	*aq*	*aq*	*I*	*I*	*I*	*aq*	*I*	*aq*	*aq*
Cu^{2+}	*sl.aq*	*aq*	*aq*	—	*I*	*I*	*I*	*aq*	*I*	*aq*	*aq*
Zn^{2+}	*sl.aq*	*aq*	*aq*	*aq*	*I*	*I*	*I*	*aq*	*I*	*aq*	*aq*
Hg^{2+}	*d*	*aq*	*I*	*I*	*I*	*I*	*I*	*aq*	*I*	*d*	*aq*
Cd^{2+}	*sl.aq*	*aq*	*aq*	*aq*	*I*	*I*	*I*	*aq*	*I*	*aq*	*aq*
Sn^{2+}	*aq*	*aq*	*aq*	*sl.aq*	*I*	*I*	*I*	*aq*	*I*	*aq*	*aq*
Pb^{2+}	*I*	*I*	*I*	*I*	*I*	*I*	*I*	*aq*	*I*	*I*	*aq*
Mn^{2+}	*sl.aq*	*aq*	*aq*	*aq*	*I*	*I*	*I*	*aq*	*I*	*aq*	*aq*
Al^{3+}	*I*	*aq*	*aq*	*aq*	*I*	*d*	*I*	*aq*	—	*aq*	*aq*

key: *aq* = 물에 용해성
sl.aq = 물에 약간 용해성
I = 물에 불용성(1 g/100g H_2O 이하)
d = 물에서 분해

부록 E 기본 열역학 수치(25 °C 기준)

물질과 상태	ΔH_f° (kJ/mol)	ΔG_f° (kJ/mol)	S° [J/(K·mol)]
Aluminum			
$Al(s)$	0	0	28.32
$AlCl_3(s)$	−705.6	−630.0	109.3
$Al_2O_3(s)$	−1669.8	−1576.5	51.00
Barium			
$Ba(s)$	0	0	63.2
$BaCO_3(s)$	−1216.3	−1137.6	112.1
$BaO(s)$	−553.5	−525.1	70.42
Beryllium			
$Be(s)$	0	0	9.44
$BeO(s)$	−608.4	−579.1	13.77
$Be(OH)_2(s)$	−905.8	−817.9	50.21
Bromine			
$Br(g)$	111.8	82.38	174.9
$Br^-(aq)$	−120.9	−102.8	80.71
$Br_2(g)$	30.71	3.14	245.3
$Br_2(l)$	0	0	152.3
$HBr(g)$	−36.23	−53.22	198.49
Calcium			
$Ca(g)$	179.3	145.5	154.8
$Ca(s)$	0	0	41.4
$CaCO_3(s, \text{calcite})$	−1207.1	−1128.76	92.88
$CaCl_2(s)$	−795.8	−748.1	104.6
$CaF_2(s)$	−1219.6	−1167.3	68.87
$CaO(s)$	−635.5	−604.17	39.75
$Ca(OH)_2(s)$	−986.2	−898.5	83.4
$CaSO_4(s)$	−1434.0	−1321.8	106.7
Carbon			
$C(g)$	718.4	672.9	158.0
$C(s, \text{diamond})$	1.88	2.84	2.43
$C(s, \text{graphite})$	0	0	5.69
$CCl_4(g)$	−106.7	−64.0	309.4
$CCl_4(l)$	−139.3	−68.6	214.4
$CF_4(g)$	−679.9	−635.1	262.3
$CH_4(g)$	−74.8	−50.8	186.3
$C_2H_2(g)$	226.77	209.2	200.8
$C_2H_4(g)$	52.30	68.11	219.4
$C_2H_6(g)$	−84.68	−32.89	229.5
$C_3H_8(g)$	−103.85	−23.47	269.9
$C_4H_{10}(g)$	−124.73	−15.71	310.0
$C_4H_{10}(l)$	−147.6	−15.0	231.0
$C_6H_6(g)$	82.9	129.7	269.2
$C_6H_6(l)$	49.0	124.5	172.8
$CH_3OH(g)$	−201.2	−161.9	237.6
$CH_3OH(l)$	−238.6	−166.23	126.8
$C_2H_5OH(g)$	−235.1	−168.5	282.7
$C_2H_5OH(l)$	−277.7	−174.76	160.7
$C_6H_{12}O_6(s)$	−1273.02	−910.4	212.1
$CO(g)$	−110.5	−137.2	197.9
$CO_2(g)$	−393.5	−394.4	213.6
$CH_3COOH(l)$	−487.0	−392.4	159.8
Cesium			
$Cs(g)$	76.50	49.53	175.6
$Cs(l)$	2.09	0.03	92.07
$Cs(s)$	0	0	85.15
$CsCl(s)$	−442.8	−414.4	101.2
Chlorine			
$Cl(g)$	121.7	105.7	165.2
$Cl^-(aq)$	−167.2	−131.2	56.5
$Cl_2(g)$	0	0	222.96
$HCl(aq)$	−167.2	−131.2	56.5
$HCl(g)$	−92.30	−95.27	186.69
Chromium			
$Cr(g)$	397.5	352.6	174.2
$Cr(s)$	0	0	23.6
$Cr_2O_3(s)$	−1139.7	−1058.1	81.2
Cobalt			
$Co(g)$	439	393	179
$Co(s)$	0	0	28.4
Copper			
$Cu(g)$	338.4	298.6	166.3
$Cu(s)$	0	0	33.30
$CuCl_2(s)$	−205.9	−161.7	108.1
$CuO(s)$	−156.1	−128.3	42.59
$Cu_2O(s)$	−170.7	−147.9	92.36
Fluorine			
$F(g)$	80.0	61.9	158.7
$F^-(aq)$	−332.6	−278.8	−13.8
$F_2(g)$	0	0	202.7
$HF(g)$	−268.61	−270.70	173.51
Hydrogen			
$H(g)$	217.94	203.26	114.60
$H^+(aq)$	0	0	0
$H^+(g)$	1536.2	1517.0	108.9
$H_2(g)$	0	0	130.58
Iodine			
$I(g)$	106.60	70.16	180.66
$I^-(g)$	−55.19	−51.57	111.3
$I_2(g)$	62.25	19.37	260.57

물질과 상태	ΔH_f° (kJ/mol)	ΔG_f° (kJ/mol)	S° [J/(K·mol)]
$I_2(s)$	0	0	116.73
$HI(g)$	25.94	1.30	206.3
Iron			
$Fe(g)$	415.5	369.8	180.5
$Fe(s)$	0	0	27.15
$Fe^{2+}(aq)$	−87.86	−84.93	113.4
$Fe^{3+}(aq)$	−47.69	−10.54	293.3
$FeCl_2(s)$	−341.8	−302.3	117.9
$FeCl_3(s)$	−400	−334	142.3
$FeO(s)$	−271.9	−255.2	60.75
$Fe_2O_3(s)$	−822.16	−740.98	89.96
$Fe_3O_4(s)$	−1117.1	−1014.2	146.4
$FeS_2(s)$	−171.5	−160.1	52.92
Lead			
$Pb(s)$	0	0	68.85
$PbBr_2(s)$	−277.4	−260.7	161
$PbCO_3(s)$	−699.1	−625.5	131.0
$Pb(NO_3)_2(aq)$	−421.3	−246.9	303.3
$Pb(NO_3)_2(s)$	−451.9	—	—
$PbO(s)$	−217.3	−187.9	68.70
Lithium			
$Li(g)$	159.3	126.6	138.8
$Li(s)$	0	0	29.09
$Li^+(aq)$	−278.5	−273.4	12.2
$Li^+(g)$	685.7	648.5	133.0
$LiCl(s)$	−408.3	−384.0	59.30
Magnesium			
$Mg(g)$	147.1	112.5	148.6
$Mg(s)$	0	0	32.51
$MgCl_2(s)$	−641.6	−592.1	89.6
$MgO(s)$	−601.8	−569.6	26.8
$Mg(OH)_2(s)$	−924.7	−833.7	63.24
Manganese			
$Mn(g)$	280.7	238.5	173.6
$Mn(s)$	0	0	32.0
$MnO(s)$	−385.2	−362.9	59.7
$MnO_2(s)$	−519.6	−464.8	53.14
$MnO_4^-(aq)$	−541.4	−447.2	191.2
Mercury			
$Hg(g)$	60.83	31.76	174.89
$Hg(l)$	0	0	77.40
$HgCl_2(s)$	−230.1	−184.0	144.5
$Hg_2Cl_2(s)$	−264.9	−210.5	192.5
Nickel			
$Ni(g)$	429.7	384.5	182.1
$Ni(s)$	0	0	29.9
$NiCl_2(s)$	−305.3	−259.0	97.65
$NiO(s)$	−239.7	−211.7	37.99
Nitrogen			
$N(g)$	472.7	455.5	153.3
$N_2(g)$	0	0	191.50
$NH_3(aq)$	−80.29	−26.50	111.3
$NH_3(g)$	−46.19	−16.66	192.5
$NH_4^+(aq)$	−132.5	−79.31	113.4
$N_2H_4(g)$	95.40	159.4	238.5
$NH_4CN(s)$	0.4	—	—
$NH_4Cl(s)$	−314.4	−203.0	94.6
$NH_4NO_3(s)$	−365.6	−184.0	151
$NO(g)$	90.37	86.71	210.62
$NO_2(g)$	33.84	51.84	240.45
$N_2O(g)$	81.6	103.59	220.0
$N_2O_4(g)$	9.66	98.28	304.3
$NOCl(g)$	52.6	66.3	264
$HNO_3(aq)$	−206.6	−110.5	146
$HNO_3(g)$	−134.3	−73.94	266.4
Oxygen			
$O(g)$	247.5	230.1	161.0
$O_2(g)$	0	0	205.0
$O_3(g)$	142.3	163.4	237.6
$OH^-(aq)$	−230.0	−157.3	−10.7
$H_2O(g)$	−241.82	−228.57	188.83
$H_2O(l)$	−285.83	−237.13	69.91
$H_2O_2(g)$	−136.10	−105.48	232.9
$H_2O_2(l)$	−187.8	−120.4	109.6
Phosphorus			
$P(g)$	316.4	280.0	163.2
$P_2(g)$	144.3	103.7	218.1
$P_4(g)$	58.9	24.4	280
$P_4(s, red)$	−17.46	−12.03	22.85
$P_4(s, white)$	0	0	41.08
$PCl_3(g)$	−288.07	−269.6	311.7
$PCl_3(l)$	−319.6	−272.4	217
$PF_5(g)$	−1594.4	−1520.7	300.8
$PH_3(g)$	5.4	13.4	210.2
$P_4O_6(s)$	−1640.1	—	—
$P_4O_{10}(s)$	−2940.1	−2675.2	228.9
$POCl_3(g)$	−542.2	−502.5	325
$POCl_3(l)$	−597.0	−520.9	222
$H_3PO_4(aq)$	−1288.3	−1142.6	158.2
Potassium			
$K(g)$	89.99	61.17	160.2
$K(s)$	0	0	64.67

물질과 상태	ΔH_f° (kJ/mol)	ΔG_f° (kJ/mol)	S° [J/(K·mol)]
$K^+(aq)$	−252.4	−283.3	102.5
$K^+(g)$	514.2	481.2	154.5
$KCl(s)$	−435.9	−408.3	82.7
$KClO_3(s)$	−391.2	−289.9	143.0
$KClO_3(aq)$	−349.5	−284.9	265.7
$K_2CO_3(s)$	−1150.18	−1064.58	155.44
$KNO_3(s)$	−492.70	−393.13	132.9
$K_2O(s)$	−363.2	−322.1	94.14
$KO_2(s)$	−284.5	−240.6	122.5
$K_2O_2(s)$	−495.8	−429.8	113.0
$KOH(s)$	−424.7	−378.9	78.91
$KOH(aq)$	−482.4	−440.5	91.6
Rubidium			
$Rb(g)$	85.8	55.8	170.0
$Rb(s)$	0	0	76.78
$RbCl(s)$	−430.5	−412.0	92
$RbClO_3(s)$	−392.4	−292.0	152
Scandium			
$Sc(g)$	377.8	336.1	174.7
$Sc(s)$	0	0	34.6
Selenium			
$H_2Se(g)$	29.7	15.9	219.0
Silicon			
$Si(g)$	368.2	323.9	167.8
$Si(s)$	0	0	18.7
$SiC(s)$	−73.22	−70.85	16.61
$SiCl_4(l)$	−640.1	−572.8	239.3
$SiO_2(s, \text{quartz})$	−910.9	−856.5	41.84
Silver			
$Ag(s)$	0	0	42.55
$Ag^+(aq)$	105.90	77.11	73.93
$AgCl(s)$	−127.0	−109.70	96.11
$Ag_2O(s)$	−31.05	−11.20	121.3
$AgNO_3(s)$	−124.4	−33.41	140.9
Sodium			
$Na(g)$	107.7	77.3	153.7
$Na(s)$	0	0	51.45
$Na^+(aq)$	−240.1	−261.9	59.0
$Na^+(g)$	609.3	574.3	148.0
$NaBr(aq)$	−360.6	−364.7	141.00
$NaBr(s)$	−361.4	−349.3	86.82
$Na_2CO_3(s)$	−1130.9	−1047.7	136.0
$NaCl(aq)$	−407.1	−393.0	115.5
$NaCl(g)$	−181.4	−201.3	229.8
$NaCl(s)$	−410.9	−384.0	72.33
$NaHCO_3(s)$	−947.7	−851.8	102.1
$NaNO_3(aq)$	−446.2	−372.4	207
$NaNO_3(s)$	−467.9	−367.0	116.5
$NaOH(aq)$	−469.6	−419.2	49.8
$NaOH(s)$	−425.6	−379.5	64.46
$Na_2SO_4(s)$	−1387.1	−1270.2	149.6
Strontium			
$SrO(s)$	−592.0	−561.9	54.9
$Sr(g)$	164.4	110.0	164.6
Sulfur			
$S(s, \text{rhombic})$	0	0	31.88
$S_8(g)$	102.3	49.7	430.9
$SO_2(g)$	−296.9	−300.4	248.5
$SO_3(g)$	−395.2	−370.4	256.2
$SO_4^{2-}(aq)$	−909.3	−744.5	20.1
$SOCl_2(l)$	−245.6	—	—
$H_2S(g)$	−20.17	−33.01	205.6
$H_2SO_4(aq)$	−909.3	−744.5	20.1
$H_2SO_4(l)$	−814.0	−689.9	156.1
Titanium			
$Ti(g)$	468	422	180.3
$Ti(s)$	0	0	30.76
$TiCl_4(g)$	−763.2	−726.8	354.9
$TiCl_4(l)$	−804.2	−728.1	221.9
$TiO_2(s)$	−944.7	−889.4	50.29
Vanadium			
$V(g)$	514.2	453.1	182.2
$V(s)$	0	0	28.9
Zinc			
$Zn(g)$	130.7	95.2	160.9
$Zn(s)$	0	0	41.63
$ZnCl_2(s)$	−415.1	−369.4	111.5
$ZnO(s)$	−348.0	−318.2	43.9

부록 F 평형 상수

(a) 산 해리 상수 K_a (25 °C)

산	화학식	K_{a1}	K_{a2}	K_{a3}
구연산(시트르산)(Citric)	$C_6H_8O_7$	7.1×10^{-4}	1.7×10^{-5}	4.1×10^{-7}
과산화수소(Hydrogen peroxide)	H_2O_2	2.4×10^{-12}		
물(Water)	H_2O	1.8×10^{-16}		
벤조산(Benzoic)	$C_6H_5CO_2H$	6.5×10^{-5}		
붕산(Boric)	H_3BO_3	5.8×10^{-10}		
비산(Arsenic)	H_3AsO_4	5.6×10^{-3}	1.7×10^{-7}	4.0×10^{-12}
사이안화수소산(Hydrocyanic)	HCN	4.9×10^{-10}		
사카린(Saccharin)	$C_7H_5NO_3S$	2.1×10^{-12}		
셀레늄산(Selenic)	H_2SeO_4	매우 큼	1.2×10^{-2}	
아비산(Arsenious)	H_3AsO_3	6×10^{-10}		
아세트산(Acetic)	CH_3CO_2H	1.8×10^{-5}		
아세틸살리실산(Acetylsalicylic)	$C_9H_8O_4$	3.0×10^{-4}		
아셀레늄산(Selenious)	H_2SeO_3	3.5×10^{-2}	5×10^{-8}	
아스코브산(Ascorbic)	$C_6H_8O_6$	8.0×10^{-5}		
아이오딘산(Iodic)	HIO_3	1.7×10^{-1}		
아인산(Phosphorous)	H_3PO_3	1.0×10^{-2}	2.6×10^{-7}	
아질산(Nitrous)	HNO_2	4.5×10^{-4}		
아황산(Sulfurous)	H_2SO_3	1.5×10^{-2}	6.3×10^{-8}	
옥살산(Oxalic)	$H_2C_2O_4$	5.9×10^{-2}	6.4×10^{-5}	
인산(Phosphoric)	H_3PO_4	7.5×10^{-3}	6.2×10^{-8}	4.8×10^{-13}
젖산(락트산)(Lactic)	$HC_3H_5O_3$	1.4×10^{-4}		
클로로아세트산(Chloroacetic)	CH_2ClCO_2H	1.4×10^{-3}		
타타르산(Tartaric)	$C_4H_6O_6$	1.0×10^{-3}	4.6×10^{-5}	
탄산(Carbonic)	H_2CO_3	4.3×10^{-7}	5.6×10^{-11}	
페놀(Phenol)	C_6H_5OH	1.3×10^{-10}		
폼산(Formic)	HCO_2H	1.8×10^{-4}		
플루오린화수소산(Hydrofluoric)	HF	3.5×10^{-4}		
하이드라조산(Hydrazoic)	HN_3	1.9×10^{-5}		
하이포브로민산(Hypobromous)	HOBr	2.0×10^{-9}		
하이포아이오딘산(Hypoiodous)	HOI	2.3×10^{-11}		
하이포염소산(Hypochlorous)	HOCl	3.5×10^{-8}		
황산(Sulfuric)	H_2SO_4	매우 큼	1.2×10^{-2}	
황화수소산(Hydrosulfuric)	H_2S	1.0×10^{-7}	$\sim 10^{-19}$	

(b) 염기 해리 상수 K_b (25 °C)

염기	화학식	K_b
다이메틸아민(Dimethylamine)	$(CH_3)_2NH$	5.4×10^{-4}
메틸아민(Methylamine)	CH_3NH_2	3.7×10^{-4}
모르핀(Morphine)	$C_{17}H_{19}NO_3$	1.6×10^{-6}
스트리크닌(Strychnine)	$C_{21}H_{22}N_2O_2$	1.8×10^{-6}
아닐린(Aniline)	$C_6H_5NH_2$	4.3×10^{-10}
암모니아(Ammonia)	NH_3	1.8×10^{-5}
에틸아민(Ethylamine)	$C_2H_5NH_2$	6.4×10^{-4}
코데인(Codeine)	$C_{18}H_{21}NO_3$	1.6×10^{-6}
트라이메틸아민(Trimethylamine)	$(CH_3)_3N$	6.5×10^{-5}
프로필아민(Propylamine)	$C_3H_7NH_2$	5.1×10^{-4}
피리딘(Pyridine)	C_5H_5N	1.8×10^{-9}
피페리딘(Piperidine)	$C_5H_{11}N$	1.3×10^{-3}
하이드라진(Hydrazine)	N_2H_4	8.9×10^{-7}
하이드록실아민(Hydroxylamine)	NH_2OH	9.1×10^{-9}

부록 G 용해도곱 상수, K_{sp}

이온성 고체	K_{sp}(25°C에서)
플루오린화물	
BaF_2	2.4×10^{-5}
MgF_2	6.4×10^{-5}
PbF_2	4×10^{-8}
SrF_2	7.9×10^{-10}
CaF_2	4.0×10^{-11}
염화물	
$PbCl_2$	1.6×10^{-5}
AgCl	1.6×10^{-10}
Hg_2Cl_2*	1.1×10^{-18}
브로민화물	
$PbBr_2$	4.6×10^{-6}
AgBr	5.0×10^{-13}
Hg_2Br_2*	1.3×10^{-22}
아이오딘화물	
PbI_2	1.4×10^{-8}
AgI	1.5×10^{-16}
Hg_2I_2	4.5×10^{-29}
인산염	
Ag_3PO_4	1.8×10^{-18}
$Sr_3(PO_4)_2$	1×10^{-31}
$Ca_3(PO_4)_2$	1.3×10^{-32}
$Ba_3(PO_4)_2$	6×10^{-39}
$Pb_3(PO_4)_2$	1×10^{-54}
수산화물	
$Ba(OH)_2$	5.0×10^{-3}
$Sr(OH)_2$	3.2×10^{-4}
$Ca(OH)_2$	1.3×10^{-6}
AgOH	2.0×10^{-8}
$Mg(OH)_2$	8.9×10^{-12}
$Mn(OH)_2$	2×10^{-13}
$Cd(OH)_2$	5.9×10^{-15}
$Fe(OH)_2$	1.2×10^{-15}
$Co(OH)_2$	2.5×10^{-16}
$Ni(OH)_2$	1.6×10^{-16}
$Zn(OH)_2$	4.5×10^{-17}
$Cu(OH)_3$	1.6×10^{-19}
$Hg(OH)_2$	3×10^{-26}
$Sn(OH)_2$	3×10^{-27}
$Cr(OH)_2$	6.7×10^{-31}
$Al(OH)_3$	2×10^{-32}
$Fe(OH)_3$	4×10^{-38}
$Co(OH)_3$	2.5×10^{-43}

이온성 고체	K_{sp}(25 °C에서)
크로뮴산염	
$SrCrO_4$	3.6×10^{-5}
Hg_2CrO_4*	2×10^{-9}
$BaCrO_4$	8.5×10^{-11}
Ag_2CrO_4	9.0×10^{-12}
$PbCrO_4$	2×10^{-16}
탄산염	
$NiCO_3$	1.4×10^{-7}
$CaCO_3$	8.7×10^{-9}
$BaCO_3$	1.6×10^{-9}
$SrCO_3$	7×10^{-10}
$CuCO_3$	2.5×10^{-10}
$ZnCO_3$	2×10^{-10}
$MnCO_3$	8.8×10^{-11}
$FeCO_3$	2.1×10^{-11}
Ag_2CO_3	8.1×10^{-14}
$CdCO_3$	5.2×10^{-14}
$PbCO_3$	1.5×10^{-15}
$MgCO_3$	1×10^{-5}
Hg_2CO_3*	9.0×10^{-15}
황화물	
MnS	2.3×10^{-13}
FeS	3.7×10^{-19}
NiS	3×10^{-21}
CoS	5×10^{-22}
ZnS	2.5×10^{-22}
SnS	1×10^{-26}
CdS	1.0×10^{-28}
PbS	7×10^{-29}
CuS	8.5×10^{-45}
Ag_2S	1.6×10^{-49}
HgS	1.6×10^{-54}
황산염	
$CaSO_4$	6.1×10^{-5}
Ag_2SO_4	1.2×10^{-5}
$SrSO_4$	3.2×10^{-7}
$PbSO_4$	1.3×10^{-8}
$BaSO_4$	1.5×10^{-9}
$PbSO_4$	1.3×10^{-8}
$BaSO_4$	1.5×10^{-9}

*Hg_2^{2+}을 포함
Hg_2X_2 염의 $K_{sp}=[Hg_2^{2+}][X^-]^2$

부록 H 표준 환원 전위(25 °C)

반쪽 반응	$E°$(V)
$F_2(g) + 2\ e^- \longrightarrow 2\ F^-(aq)$	2.87
$O_3(g) + 2\ H^+(aq) + 2\ e^- \longrightarrow O_2(g) + H_2O(l)$	2.08
$S_2O_8^{2-}(aq) + 2\ e^- \longrightarrow 2\ SO_4^{2-}(aq)$	2.01
$Co^{3+}(aq) + e^- \longrightarrow Co^{2+}(aq)$	1.81
$H_2O_2(aq) + 2\ H^+(aq) + 2\ e^- \longrightarrow 2\ H_2O(l)$	1.78
$Ce^{4+}(aq) + e^- \longrightarrow Ce^{3+}(aq)$	1.72
$MnO_4^-(aq) + 4\ H^+(aq) + 3\ e^- \longrightarrow MnO_2(s) + 2\ H_2O(l)$	1.68
$PbO_2(s) + 3\ H^+(aq) + HSO_4^-(aq) + 2\ e^- \longrightarrow PbSO_4(s) + 2\ H_2O(l)$	1.628
$2\ HClO(aq) + 2\ H^+(aq) + 2\ e^- \longrightarrow Cl_2(g) + 2\ H_2O(l)$	1.61
$Mn^{3+}(aq) + e^- \longrightarrow Mn^{2+}(aq)$	1.54
$MnO_4^-(aq) + 8\ H^+(aq) + 5\ e^- \longrightarrow Mn^{2+}(aq) + 4\ H_2O(l)$	1.51
$2\ BrO_3^-(aq) + 12\ H^+(aq) + 10e^- \longrightarrow Br_2(l) + 6\ H_2O(l)$	1.48
$ClO_3^-(aq) + 6\ H^+(aq) + 5\ e^- \longrightarrow \frac{1}{2}\ Cl_2(g) + 3\ H_2O(l)$	1.47
$Au^{3+}(aq) + 2\ e^- \longrightarrow Au^+(aq)$	1.40
$Cl_2(g) + 2\ e^- \longrightarrow 2\ Cl^-(aq)$	1.36
$Cr_2O_7^{2-}(aq) + 14\ H^+(aq) + 6\ e^- \longrightarrow 2\ Cr^{3+}(aq) + 7\ H_2O(l)$	1.36
$O_2(g) + 4\ H^+(aq) + 4\ e^- \longrightarrow 2\ H_2O(l)$	1.23
$MnO_2(s) + 4\ H^+(aq) + 2\ e^- \longrightarrow Mn^{2+}(aq) + 2\ H_2O(l)$	1.22
$2\ IO_3^-(aq) + 12\ H^+(aq) + 10\ e^- \longrightarrow I_2(s) + 6\ H_2O(l)$	1.20
$Br_2(aq) + 2\ e^- \longrightarrow 2\ Br^-(aq)$	1.09
$HNO_2(aq) + H^+(aq) + e^- \longrightarrow NO(g) + H_2O(l)$	0.98
$NO_3^-(aq) + 4\ H^+(aq) + 3\ e^- \longrightarrow NO(g) + 2\ H_2O(l)$	0.96
$2\ Hg^{2+}(aq) + 2\ e^- \longrightarrow Hg_2^{2+}(aq)$	0.92
$HO_2^-(aq) + H_2O(l) + 2\ e^- \longrightarrow 3\ OH^-(aq)$	0.88
$Hg^{2+}(aq) + 2\ e^- \longrightarrow Hg(l)$	0.85
$ClO^-(aq) + H_2O(l) + 2\ e^- \longrightarrow Cl^-(aq) + 2\ OH^-(aq)$	0.84
$Ag^+(aq) + e^- \longrightarrow Ag(s)$	0.80
$Hg_2^{2+}(aq) + 2\ e^- \longrightarrow 2\ Hg(l)$	0.80
$NO_3^-(aq) + 2\ H^+(aq) + e^- \longrightarrow NO_2(g) + H_2O(l)$	0.79
$Fe^{3+}(aq) + e^- \longrightarrow Fe^{2+}(aq)$	0.77
$O_2(g) + 2\ H^+(aq) + 2\ e^- \longrightarrow H_2O_2(aq)$	0.70
$MnO_4^-(aq) + e^- \longrightarrow MnO_4^{2-}(aq)$	0.56
$H_3AsO_4(aq) + 2\ H^+(aq) + 2\ e^- \longrightarrow H_3AsO_3(aq) + H_2O(l)$	0.56
$I_2(s) + 2\ e^- \longrightarrow 2\ I^-(aq)$	0.54
$Cu^+(aq) + e^- \longrightarrow Cu(s)$	0.52
$H_2SO_3(aq) + 4H^+(aq) + 4e^- \longrightarrow S(s) + 3\ H_2O(l)$	0.45
$O_2(g) + 2\ H_2O(l) + 4e^- \longrightarrow 4OH^-(aq)$	0.40

반쪽 반응	$E°$(V)
$Cu^{2+}(aq) + 2\ e^- \longrightarrow Cu(s)$	0.34
$BiO^+(aq) + 2\ H^+(aq) + 3\ e^- \longrightarrow Bi(s) + H_2O(l)$	0.32
$Hg_2Cl_2(s) + 2\ e^- \longrightarrow 2\ Hg(l) + 2\ Cl^-(aq)$	0.28
$AgCl(s) + e^- \longrightarrow Ag(s) + Cl^-(aq)$	0.22
$SO_4^{2-}(aq) + 4H^+(aq) + 2\ e^- \longrightarrow H_2SO_3(aq) + H_2O(l)$	0.17
$Cu^{2+}(aq) + e^- \longrightarrow Cu^+(aq)$	0.15
$Sn^{4+}(aq) + 2\ e^- \longrightarrow Sn^{2+}(aq)$	0.15
$S(s) + 2\ H^+(aq) + 2\ e^- \longrightarrow H_2S(aq)$	0.14
$AgBr(s) + e^- \longrightarrow Ag(s) + Br^-(aq)$	0.07
$2\ H^+(aq) + 2\ e^- \longrightarrow H_2(g)$	0
$Fe^{3+}(aq) + 3\ e^- \longrightarrow Fe(s)$	−0.04
$Pb^{2+}(aq) + 2\ e^- \longrightarrow Pb(s)$	−0.13
$CrO_4^{2-}(aq) + 4\ H_2O(l) + 3\ e^- \longrightarrow Cr(OH)_3(s) + 5\ OH^-(aq)$	−0.13
$Sn^{2+}(aq) + 2\ e^- \longrightarrow Sn(s)$	−0.14
$AgI(s) + e^- \longrightarrow Ag(s) + I^-(aq)$	−0.15
$Ni^{2+}(aq) + 2\ e^- \longrightarrow Ni(s)$	−0.26
$Co^{2+}(aq) + 2\ e^- \longrightarrow Co(s)$	−0.28
$PbSO_4(s) + H^+(aq) + 2\ e^- \longrightarrow Pb(s) + HSO_4^-(aq)$	−0.296
$Tl^+(aq) + e^- \longrightarrow Tl(s)$	−0.34
$Se(s) + 2\ H^+(aq) + 2\ e^- \longrightarrow H_2Se(aq)$	−0.40
$Cd^{2+}(aq) + 2\ e^- \longrightarrow Cd(s)$	−0.40
$Cr^{3+}(aq) + e^- \longrightarrow Cr^{2+}(aq)$	−0.41
$Fe^{2+}(aq) + 2\ e^- \longrightarrow Fe(s)$	−0.45
$2\ CO_2(g) + 2\ H^+(aq) + 2\ e^- \longrightarrow H_2C_2O_4(aq)$	−0.49
$Ga^{3+}(aq) + 3\ e^- \longrightarrow Ga(s)$	−0.55
$Cr^{3+}(aq) + 3\ e^- \longrightarrow Cr(s)$	−0.74
$Zn^{2+}(aq) + 2\ e^- \longrightarrow Zn(s)$	−0.76
$2\ H_2O(l) + 2\ e^- \longrightarrow H_2(g) + 2\ OH^-(aq)$	−0.83
$Cr^{2+}(aq) + 2\ e^- \longrightarrow Cr(s)$	−0.91
$Mn^{2+}(aq) + 2\ e^- \longrightarrow Mn(s)$	−1.18
$Al^{3+}(aq) + 3\ e^- \longrightarrow Al(s)$	−1.66
$Mg^{2+}(aq) + 2\ e^- \longrightarrow Mg(s)$	−2.37
$Na^+(aq) + e^- \longrightarrow Na(s)$	−2.71
$Ca^{2+}(aq) + 2\ e^- \longrightarrow Ca(s)$	−2.87
$Ba^{2+}(aq) + 2\ e^- \longrightarrow Ba(s)$	−2.91
$K^+(aq) + e^- \longrightarrow K(s)$	−2.93
$Li^+(aq) + e^- \longrightarrow Li(s)$	−3.04

응용문제 정답 및 해설

1장

1.1

힘: $kg \cdot m/s^2$
압력: N/m^2

1.2

섭씨 온도가 곧 화씨 온도와 같아지게 하려면, 식 (1.1)을 아래와 같이 변형하여 계산한다.

$A = 1.8 \times A + 32$
(변환 공식에서 등장하는 1.8과 32는 완전수이다.)
$A = -40$도

1.3

$256\ \text{Gbyte} = 256 \times 10^{12}\ \text{byte} = 256 \times 10^{6}\ \text{Mbyte}$

1.4

측정하고자 하는 대상인 연필심의 질량값이 소수점 세 자리까지 유효 숫자를 가지므로, 각각 일의 자리와 소수점 첫째 자리, 소수점 둘째 자리까지만 측정이 가능한 (a), (b), (c) 저울은 사용에 적합하지 않다. 소수점 셋째 자리 이후까지 정밀하게 측정이 가능한 (d), (e) 저울이 적합하다.

1.5

(a) 검사 결과 중에서 평균치와 참값의 차이가 가장 적게 나타나는 8월 9일의 검사 결과가 가장 정확도가 높다.
(b) 표준 편차가 적을수록 정밀도가 높은 결과이므로 11월 29일 검사 결과가 가장 정밀도가 높다.

1.6

(a) 어림잡은 숫자는 가장 마지막 숫자인 0, 3, 4이다.
(b) 각 측정값에서 확실한 숫자는 어림잡은 수를 제외한 21.3이므로 모두 3개씩 확실한 숫자이다.
(c) '측정 도구를 이용하여 최대한 가늠하여 측정한 수의 자릿수'인 유효 숫자는 이 세 측정값 모두 네 자리이다.

1.7

수치는 과학적 표기법으로 3.42×10^4 μA로 꼭 보고해야 옳다. 이유는 과학적 표기법을 쓰지 않은 수치인 34200 μA를 선임연구원이 보고 받았을 경우, 이 측정값이 정확히 어느 자리까지 측정이 이루어진 값인지, 즉 유효 숫자가 어디까지 인지를 신뢰할 수 없기 때문이다.

1.8

$\text{pH} = -\log[\text{H}^+] = 6.132$
$[\text{H}^+] = 10^{-6.132} = 7.38 \times 10^{-7}\ \text{M}$

1.9

관련 환산 인자: 1 L = 1.0567 qt(쿼터), 1 qt = 2 pt

$$1.000\ \text{L} \times \left(\frac{1.0567\ \text{qt}}{1\ \text{L}}\right) \times \left(\frac{2\ \text{pt}}{1\ \text{qt}}\right) = 2.113\ \text{pt}$$

1.10

사용할 수 있는 환산 인자를 먼저 확인한다.

1 mile = 1.609 km, 1 km = 1000 m
1 hour = 60 min, 1 min = 60 sec

위 환산 인자를 적당히 조합하여 원하는 단위로 바꿔가며 아래와 같이 연산식을 만들어 계산한다.

$$\frac{32.5\ \cancel{\text{mile}}}{1\ \cancel{\text{h}}} \times \frac{1.609\ \cancel{\text{km}}}{1\ \cancel{\text{mile}}} \times \frac{1000\ \text{m}}{1\ \cancel{\text{km}}} \times \frac{1\ \cancel{\text{h}}}{60\ \cancel{\text{min}}} \times \frac{1\ \cancel{\text{min}}}{60\ \text{s}} = 14.5\ \text{m/s}$$

2장

2.1

(a) 다이아몬드는 순수 탄소 원자들이 강하게 결합되어 있는 원소이다. 즉, 한 종류의 단일 원소로만 이루어진 물질이다.
(b) 이산화 탄소는 CO_2로 되어 있는 순물질로서 탄소(C) 원소와 산소(O) 원소가 결합된 화합물이다.
(c) 사람이 내뱉는 입김은 수증기, 이산화 탄소, 질소 등 다양한 기체들이 섞여있는 혼합물이다.

2.2

수소에 결합하는 탄소 비율을 판단해 보면

$$\text{메테인의 H : C 질량비} = \frac{5.70\ \text{g C}}{1.90\ \text{g H}} = 3.00$$

$$\text{프로페인의 H : C 질량비} = \frac{4.47\ \text{g C}}{0.993\ \text{g H}} = 4.50$$

$$\frac{\text{메테인에서 H:C 질량비}}{\text{프로페인에서 H:C 질량비}} = \frac{3.00}{4.50} = \frac{2}{3}$$

수소에 대한 탄소의 질량비가 2 : 3(=메테인 : 프로페인)으로 정수비가 성립하므로 배수 비례 법칙을 준수함을 확인할 수 있다.

2.3

(a) ○
(b) ×
(c) ×
(d) ○

2.4

(a) ×, 끓는점이 너무 높아 완벽한 액화나 증기화가 되지 않아 증류탑에서 가장 아래층에 수집이 되는 것이 아스팔트이다.
(b) ○, 섭씨 100도에서 물은 기화가 가능하지만, 소금은 고체로 존재하기 때문에 증류를 이용해서 분리가 가능하다.
(c) ×, 분별 깔때기는 기름과 물과 같이 두 가지 이상의 물질이 동일한 액체 상태를 보일 때, 이 성분 간 밀도 차이를 이용하여 층 분리 형성이 가능할 때 사용할 수 있는 분리 방법이다. 흙탕물은 물 층과 흙 층이라는 명확한 층분리가 일어나지 않는다.

2.5

그림 2.11을 참조하면
(a) B, Si, Ge, As, Sb, Te, Po
(b) 알칼리 금속: Rb, Cs, Fr
알칼리 토금속: Sr, Ba, Ra

3장

3.1

원소/이온명	원자 기호	양성자 수	중성자 수	전자 수
셀레늄	$^{79}_{34}Se$	34	46	34
알루미늄	$^{27}_{13}Al^{3+}$	13	14	10
인	$^{31}_{15}P^{3-}$	15	16	18
은	$^{108}_{47}Ag$	47	61	47

3.2

광자의 에너지 $E=h\nu$ ($h=6.626\times10^{-34}$ J·s, $\nu=4.29\times10^{16}$ s^{-1})

$$E=6.626\times10^{-34}\times4.29\times10^{16}$$
$$=2.84\times10^{-19}\text{ J}$$

∴ 광자의 에너지 $=2.84\times10^{-17}$ J

3.3

$n=3$에서 $n=1$의 전이가 $n=2$에서 $n=1$의 전이보다 에너지 차이가 크므로 방출되는 에너지의 양은 증가한다(단, ΔE 값은 음의 부호이므로 그 계산값은 감소한다). 그리고 빛의 에너지와 파장은 반비례하기 때문에 파장은 감소한다.

3.4

중성 원자는 전자의 개수가 곧 원자 번호이다.
(a) Pt(백금)
(b) U(우라늄)

3.5

존재할 수 없는 양자수는 ①, ②, ③ 이다.
이유는
①의 경우, 두 번째 껍질($n=2$)에서는 f 오비탈이 없기 때문에 각운동량 양자수 $l=3$이 될 수 없다.
②의 경우, s 오비탈(l)은 한 종류밖에 없기 때문에 자기 양자수 $m_l=-1$이 될 수 없다.
③의 경우, 두 번째 껍질($n=1$)에는 p 오비탈이 없기 때문에 각운동량 양자수 $l=1$이 될 수 없고, 동시에 스핀 양자수 $m_s=0$인 전자는 원자의 오비탈 안에 존재할 수 없다.

3.6 –어려운 문제임–

(a) [Xe]$4f^{14}5d^{9}6s^{1}$
(주의: 18족 원소인 제논(Xe)의 전자 배치에는 $4f^{14}$가 포함되어 있지 않기 때문에 $4f^{14}$를 대괄호 안으로 포함시킬 수가 없다.)
(b) [Rn]$5f^{3}6d^{1}7s^{2}$
(주의: 18족 원소인 라돈(Rn)의 전자 배치에는 $5f^{3}$가 배치를 포함되어 있지 않기 때문에 $5f^{3}$를 대괄호 안으로 포함시킬 수가 없다.)

4장

4.1

$Be^{2+} < Mg^{2+} < Ca^{2+} < Sr^{2+}$
Be^{2+}, Mg^{2+}, Ca^{2+}, Sr^{2+} 이온 모두 2족 원소이므로 원자 번호가 증가할수록 주기가 증가하여 전자 껍질이 증가하므로 같은 +2가 이온이라면 반지름이 커진다.

4.2

1차 이온화 에너지 크기: 원소 B < 원소 C < 원소 A
원소 A는 가장 바깥 껍질의 모든 오비탈이 짝전자로 다 채운 가장 안정적인 전자 배치($2s^22p^6$)이므로 전자 제거가 가장 어렵다. 원소 B와 C는 같은 3주기 원소로서 원자 번호가 원자 C가 B보다 더 큰(주기율표에서 원소 C가 더 오른쪽에 있는) 상황이다. 이 때문에 원자 반지름 크기를 비교하면 원자 C가 B보다

원자 반지름이 더 작으므로 1차 이온화 에너지는 원자 C가 더 크다.

4.3

(a) AlF_3 (b) CaSe (c) Cu_3PO_4 (d) $Fe_2(SO_4)_3$

4.4

(a) HBr (b) HI (c) SiC (d) SF_4

4.5

(a) $Na_2CO_3 \cdot 10H_2O$
(b) HCN
(c) H_3PO_4
(d) $Pt(BrO_3)_2$

5장

5.1

(a) $(:\ddot{F}:^-)(Al^{3+})(:\ddot{F}:^-)$
$(:\ddot{F}:^-)$

(b) $(Ba^{2+})(:\ddot{S}:^{2-})$

5.2

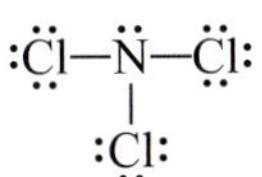

5.3

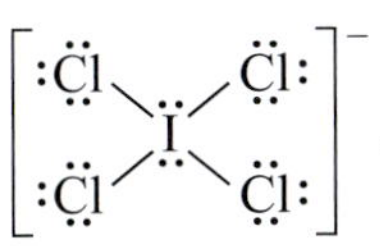

5.4

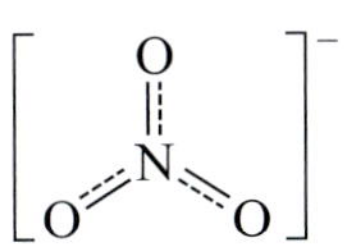

5.5

(b)가 올바른 루이스 구조이다. 두 가지 이유가 있다. 첫째, (a) 구조보다 (b) 구조가 비편재화가 잘 되어 있으며, 따라서 보다 더 안정한 구조이다. 둘째, 형식 전하를 매겨보면 아래와 같다. 같은 분자 내에 어떤 분자는 상대적으로 전자가 부족하여 +의 형식 전하를 띠고, 반면 다른 원자는 전자가 넘쳐서 −의 형식 전하를 띠고 있는 (a)의 상태는 분자 전체적으로 전자가 잘 골고루 분포되어 있어 전자들이 잘 비편재화 되어 있는 (b)의 상태에 비해 상대적으로 불안정하다.

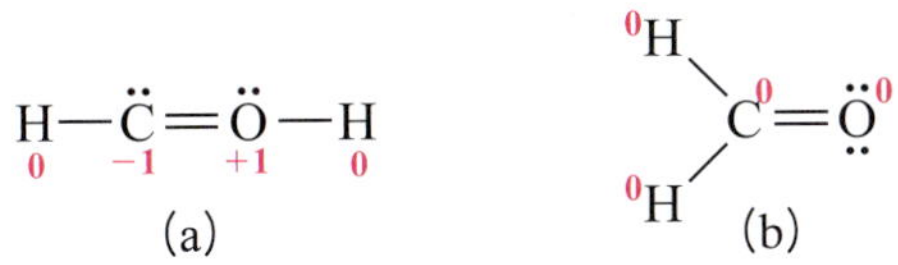

둘째, 위 구조 (a)의 형식 전하를 잘 살펴보면 C가 음의 형식 전하를 가지고 있고, O가 양의 형식 전하를 가지고 있다. 전기 음성도를 확인해보면 산소(3.5)가 탄소(2.5)보다 더 전기 음성도가 높다. 그렇다면 이론적으로 전기 음성도가 높은 원자와 낮은 원자가 서로 인접해 있을 경우에는 전기 음성도가 높은 원자인 산소 원자가 탄소 원자의 전자를 오히려 뺏는다고 봐야 한다. 만약, (a) 구조가 올바른 구조라면 산소의 형식 전하는 음의 값을, 탄소는 양을 형식 전하를 가져야 하지만 현재는 그 반대이므로 (a)는 틀린 구조라고 봐야 한다.

5.6

(a) 사면체형: PCl_4^-

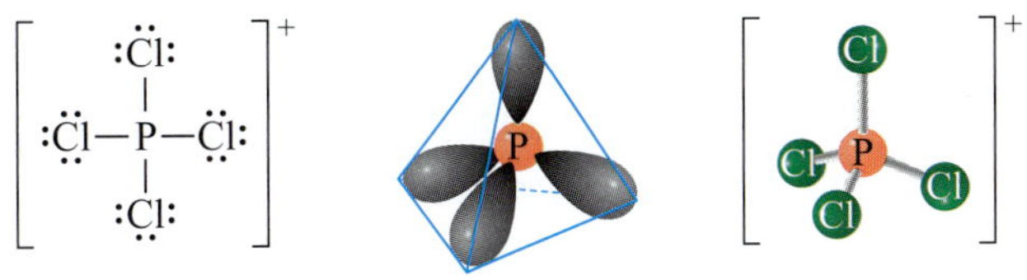

(b) 팔면체형: PCl_6^-

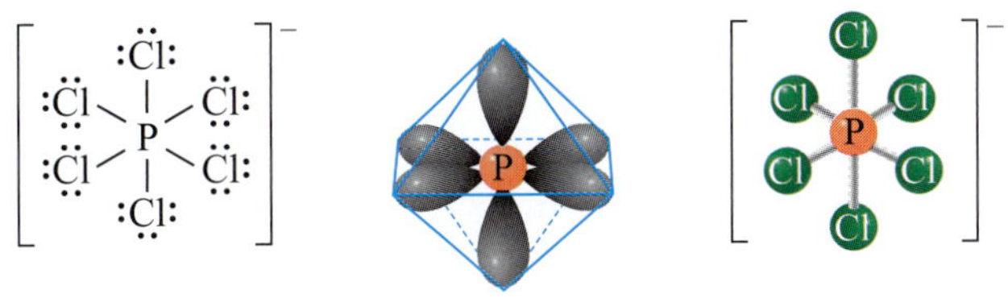

(c) 평면 사각형: XeF_4

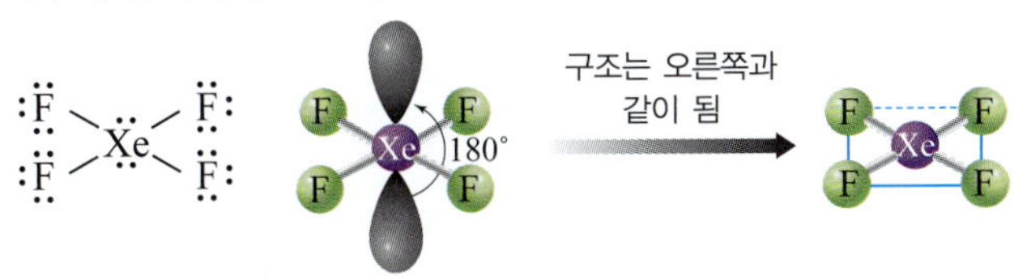

(d) 평면 삼각형: NO_3^-

5.7

굽은형 구조, 극성 분자

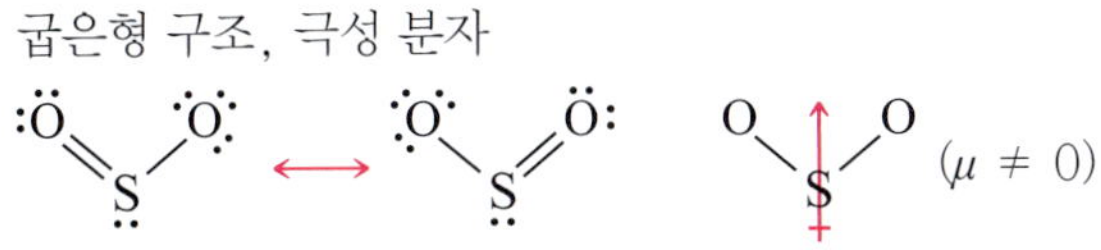

5.8

(a) 수소 결합, 쌍극자−쌍극자 힘, 분산력

NH_3는 수소 결합이 가능한 분자이면서, 쌍극자 모멘트가 있는 극성 분자이므로 쌍극자–쌍극자 힘이 가능하고, 분자 내에 두 개 이상의 전자를 가지고 있으므로 분산력도 가능하다.

(b) 분산력

CH_4은 입체 구조상 쌍극자 모멘트가 0인 비극성 분자이므로 분산력밖에 없다.

(c) 분산력

N_2은 비극성 분자이므로 분산력밖에 없다.

(d) 쌍극자–쌍극자 힘, 분산력

SO_2은 굽은 형의 쌍극자 모멘트가 있는 극성 분자이므로 쌍극자–쌍극자 힘이 가능하고, 분자 내에 두 개 이상의 전자를 가지고 있으므로 분산력도 가능하다.

6장

6.1

흑연을 구성하고 있는 모든 탄소-12의 질량이 곧 흑연의 질량이므로 다음과 같이 계산식을 세운다.

$$^{12}\text{C } 7.710\times10^{33}\text{개}\times\frac{1\text{ mol}}{6.022\times10^{23}\text{개}}\times\frac{12\text{ g}}{1\text{ mol}}=1.536\times10^{11}\text{ g}$$

흑연의 질량은 1.536×10^{11} g이다.

6.2

문제에서 제시된 내용에 의하면, 각 동위 원소의 자연 존재 비율은 아래와 같다.

동위 원소 원자 질량	존재 비율
234.1 amu	56.12 %
234.5 amu	x %
236.0 amu	43.88 − x %
평균 원자 질량: 234.9 amu	전체 존재 비율: 100.00 %

따라서, 다음과 같이 계산식을 세울 수 있다.

$$234.9\text{ amu}=(234.1\text{ amu}\times0.5612)+(234.5\text{ amu}\times x/100)+(236.0\text{ amu}\times(43.88-x)/100)$$

$\therefore x=2.248$

234.5 amu인 동위 원소의 자연 존재 비율(x) = 2.248%

236.0 amu인 동위 원소의 자연 존재 비율

$(43.88-x)=41.63$ %

6.3

암모니아의 분자식은 NH_3, 이산화 탄소의 분자식은 CO_2이므로

1) 암모니아 분자 1 mol에는 질소 원자 1 mol, 수소 원자 3 mol이 있다.

2) 이산화 탄소 분자 1 mol에는 탄소 원자 1 mol, 산소 원자 2 mol이 있다.

따라서, 다음과 같이 계산한다.

1)

N의 질량 = N 1 mol × 14.01 g/mol = 14.01 g

+) H의 질량 = H 3 mol × 1.008 g/mol = 3.024 g

암모니아 분자 전체 질량 = 17.03 g

2)

C의 질량 = C 1 mol × 12.01 g/mol = 12.01 g

+) O의 질량 = O 2 mol × 16.00 g/mol = 32.00 g

이산화 탄소 분자 전체 질량 = 44.01 g

암모니아의 몰질량: 17.03 g/mol

이산화 탄소의 몰질량: 44.01 g/mol

6.4

아세트산의 분자량은 60.05 g/mol이고, 아세트산을 구성하는 원소는 C, H, O이므로 다음과 같이 계산한다.

$$\text{C의 조성 백분율(\%)}=\frac{\text{탄소 원자만의 질량}}{\text{분자 전체 질량}}\times100=\frac{2\times12.01\text{ g}}{60.05\text{ g}}\times100=40.00\%$$

$$\text{H의 조성 백분율(\%)}=\frac{\text{탄소 원자만의 질량}}{\text{분자 전체 질량}}\times100=\frac{4\times1.008\text{ g}}{60.05\text{ g}}\times100=6.714\%$$

$$\text{O의 조성 백분율(\%)}=\frac{\text{산소 원자만의 질량}}{\text{분자 전체 질량}}\times100=\frac{2\times16.00\text{ g}}{60.05\text{ g}}\times100=53.29\%$$

따라서 아세트산의 조성 백분율은 탄소 40.00%, 수소 6.714%, 산소 53.29%이다.

6.5

문제에서 주어진 값 2.233 g Fe, 1.926 g S를 확인한다. 질량으로 값이 주어지면 바로 다음 단계를 진행한다.

$$\text{Fe: } 2.233\text{ g Fe}\times\frac{1\text{ mol Fe 원자}}{55.85\text{ g Fe}}=0.03998\text{ mol Fe 원자}$$

$$\text{S: } 1.926\text{ g S}\times\frac{1\text{ mol S 원자}}{32.07\text{ g S}}=0.06006\text{ mol S 원자}$$

각 몰수를 가장 작은 몰수로 나누어 정수로 만든다.

$$\text{Fe}=\frac{0.03998\text{ mol}}{0.03998\text{ mol}}=1.000$$

$$\text{S}=\frac{0.06006\text{ mol}}{0.03998\text{ mol}}=1.502$$

아직도 실험식에 사용할 수 있는 정수비를 얻지 못했으므로, 정수가 될 수 있도록 적절한 수를 곱하여, 최적의 정수비를 파악한다.

Fe: $1.000 \times 2 = 2.000$

S: $1.502 \times 2 = 3.004 \fallingdotseq 3$

Fe: S의 정수비가 2 : 3이므로 실험식은 Fe_2S_3이다.

6.6

문제에서 주어진 값(몰질량 42.08 g/mol, 14.3% H, 85.7% C)에 근거하여 물질을 100.0 g이라고 가정하면, 각 원소의 백분율은 각 원소의 g 수와 같다.

H: 14.3 g

C: 85.7 g

각 원소의 g 수를 몰수로 변환한다.

$$\text{H: } 14.3\text{ g H} \times \frac{1\text{ mol H 원자}}{1.008\text{ g H}} = 14.2\text{ mol H 원자}$$

$$\text{C: } 85.7\text{ g C} \times \frac{1\text{ mol C 원자}}{12.01\text{ g C}} = 7.14\text{ mol C 원자}$$

각 몰수를 가장 작은 몰수로 나누어 정수로 만든다.

$$\text{H: } \frac{14.2\text{ mol}}{7.14\text{ mol}} = 1.99 \fallingdotseq 2$$

$$\text{C: } \frac{7.14\text{ mol}}{7.14\text{ mol}} = 1.00$$

따라서 실험식은 CH_2이다.

실험식량은 $12.01 + 2 \times 1.008 = 14.03$ g/mol이고,

분자량 = 실험식량 × n(정수배)이므로

$$n = \frac{\text{분자량}}{\text{실험식량}} = \frac{42.08\text{ g}}{14.03\text{ g}} = 2.999 \fallingdotseq 3$$

따라서, 분자식은 $(CH_2)_3$, 즉 C_3H_6이다.

6.7

$$3H_2(g) + N_2(g) \longrightarrow 2NH_3(g)$$

6.8

$$(NH_4)_2Cr_2O_7(s) \xrightarrow[\triangle]{} 4H_2O(g) + N_2(g) + Cr_2O_3(s)$$

6.9

균형 맞춘 반응식은 다음과 같다.

$$C_6H_{12}O_6 + 6O_2 \longrightarrow 6CO_2 + 6H_2O$$

포도당 1 mol이 반응하면 6 mol의 이산화 탄소가 생성된다.

포도당:이산화 탄소 반응비 = 1 mol:6 mol

6.10

균형 맞춘 반응식으로부터 파악할 수 있는 몰수비는

$\frac{2\text{ mol }H_2}{2\text{ mol }H_2O}$와 $\frac{1\text{ mol }O_2}{2\text{ mol }H_2O}$이다.

따라서, 다음과 같이 계산식을 세워 계산할 수 있다.

$$1)\ 0.110\text{ mol }H_2O \times \frac{2\text{ mol }H_2}{2\text{ mol }H_2O} = 0.110\text{ mol }H_2$$

$$2)\ 0.110\text{ mol }H_2O \times \frac{1\text{ mol }O_2}{2\text{ mol }H_2O} = 0.055\text{ mol }O_2$$

수소 분자는 0.110 mol, 산소 분자는 0.055 mol 필요하다.

6.11

Al의 몰수(6.0 mol)를 통해서 H_2의 몰수로 단위 변환을 하고 H_2의 질량을 구하는 순서로 환산 인자를 적용하여 다음과 같은 계산식을 세운다.

$$6.0\text{ mol Al} \times \frac{3\text{ mol }H_2}{2\text{ mol Al}} \times \frac{2.016\text{ g }H_2}{1\text{ mol }H_2} = 18\text{ g }H_2$$

수소 기체 18 g이 생성된다.

6.12

$$43.9\text{ g }CO_2 \times \frac{1\text{ mol }CO_2}{44.1\text{ g }CO_2} = \frac{3\text{ mol }CH_3OH}{2\text{ mol }CO_2}$$
$$= 1.50\text{ mol }CH_3OH$$

1.50 mol의 메탄올이 소모되었다.

6.13

균형 반응식에 의하면 1 mol의 V_2O_5로 5 mol의 CaO을 생성할 수 있다.

따라서, 다음과 같이 환산식을 세워서 계산한다.

$$(1.54 \times 10^3)\text{ g }V_2O_5 \times \frac{1\text{ mol }V_3O_5}{181.9\text{ g }V_2O_5} \times \frac{5\text{ mol CaO}}{1\text{ mol }V_2O_5}$$

$$\times \frac{56.01\text{ g CaO}}{1\text{ mol CaO}} = 2370.95\text{ g CaO} = 2.37 \times 10^3\text{ g CaO}$$

따라서 2.37×10^3 g의 산화 칼슘을 얻을 수 있다.

6.14

1) 11.99 g HCl로 만들 수 있는 CO_2의 질량:

$$11.99\text{ g HCl} \times \frac{1\text{ mol HCl}}{36.46\text{ g HCl}} \times \frac{1\text{ mol }CO_2}{2\text{ mol HCl}}$$

$$\times \frac{44.01\text{ g }CO_2}{1\text{ mol }CO_2} = 7.236\text{ g }CO_2$$

2) 11.99 g $CaCO_3$로 만들 수 있는 CO_2의 질량:

$$11.99\text{ g }CaCO_3 \times \frac{1\text{ mol }CaCO_3}{100.1\text{ g }CaCO_3} \times \frac{1\text{ mol }CO_2}{1\text{ mol }CaCO_3}$$

$$\times \frac{44.01\text{ g }CO_2}{1\text{ mol }CO_2} = 5.272\text{ g }CO_2$$

결과적으로 적은 양의 이산화 탄소를 만들 수 있는 탄산 칼슘이 한계 반응물이며, 이 반응에서 생성되는 이산화 탄소의 질량은 5.272 g이다.

6.15

$$200.0\ \text{g MgBr}_2 \times \frac{1\ \text{mol MgBr}_2}{184.1\ \text{g MgBr}_2} \times \frac{2\ \text{mol AgBr}}{1\ \text{mol MgBr}_2} \times \frac{187.8\ \text{g AgBr}}{1\ \text{mol AgBr}} = 408.0\ \text{g AgBr}$$

AgBr의 이론적 수득량은 408.0 g이다.

$$\text{백분율 수율} = \frac{\text{실제 수득량}}{\text{이론적 수득량}} \times 100 = \frac{375.0\ \text{g}}{408.0\ \text{g}} \times 100 = 91.91\ \%$$

7장

7.1

(a) $HCl(aq) \longrightarrow H^+(aq) + Cl^-(aq)$
(b) $H_2SO_4(aq) \longrightarrow 2H^+(aq) + SO_4^{2-}(aq)$
(c) $C_6H_{12}O_6(aq) \longrightarrow$ (반응 없음)
(d) $H_2SO_3(aq) \longrightarrow 2H^+(aq) + SO_3^{2-}(aq)$

7.2

표 7.2와 표 7.3을 참고하면, 다음과 같은 침전이 생성됨을 알 수 있다.
(a) $CaCO_3(s)$
(b) $CaS(s)$

7.3

(a) 이 반응에서 등장하는 이온들의 조합으로 생성될 수 있는 침전 화합물은 $CaCO_3(s)$이다.
따라서, 전체 반응식(분자 반응식)과 이온 반응식을 다음과 같이 적어 볼 수 있다.

전체 반응식: $Na_2CO_3(aq) + CaCl_2(aq) \longrightarrow CaCO_3(s) + 2\,NaCl(aq)$
이온 반응식: $2Na^+(aq) + CO_3^{2-}(aq) + Ca^{2+}(aq) + 2\,Cl^-(aq) \longrightarrow CaCO_3(s) + 2\,Na^+(aq) + 2\,Cl^-(aq)$

여기서 구경꾼 이온을 제거하고 정리를 하면 최종적으로 알짜 이온 반응식을 다음과 같이 정리해서 적을 수 있다.

구경꾼 이온 제거:
$$\cancel{2\,Na^+(aq)} + CO_3^{2-}(aq) + Ca^{2+}(aq) + \cancel{2\,Cl^-(aq)} \longrightarrow CaCO_3(s) + \cancel{2\,Na^+(aq)} + \cancel{2\,Cl^-(aq)}$$
알짜 이온 반응식: $Ca^{2+}(aq) + CO_3^{2-}(aq) \longrightarrow CaCO_3(s)$

(b) 이 반응에서 등장하는 이온들의 조합으로 생성될 수 있는 침전 화합물은 $CaS(s)$이다.
따라서, 전체 반응식(분자 반응식)과 이온 반응식을 다음과 같이 적어 볼 수 있다.

전체 반응식: $(NH_4)_2S(aq) + CaI_2(aq) \longrightarrow CaS(s) + 2\,NH_4Cl(aq)$
이온 반응식: $2\,NH_4^+(aq) + S^{2-}(aq) + Ca^{2+}(aq) + 2\,I^-(aq) \longrightarrow CaS(s) + 2\,NH_4^+(aq) + 2I^-(aq)$

여기서 구경꾼 이온을 제거하고 정리를 하면 최종적으로 알짜 이온 반응식을 다음과 같이 정리해서 적을 수 있다.

구경꾼 이온 제거:
$$\cancel{2\,NH_4^+(aq)} + S^{2-}(aq) + Ca^{2+}(aq) + \cancel{2\,I^-(aq)} \longrightarrow CaS(s) + \cancel{2\,NH_4^+(aq)} + \cancel{2\,I^-(aq)}$$
알짜 이온 반응식: $Ca^{2+}(aq) + S^{2-}(aq) \longrightarrow CaS(s)$

7.4

분자 반응식: $NH_3(aq) + HCl(aq) \longrightarrow NH_4^+(aq) + Cl(aq)$
이온 반응식: 이 반응의 경우는 산인 HCl이 H^+와 Cl^-로 해리가 되는 과정이 있지만 염기인 암모니아는 해리되지 않고 오히려 H^+와 결합하는 예외적인 반응이므로 이온 반응식을 적을 수 없다.
알짜 이온 반응식: 이온 반응식을 적을 수 없으므로 소거할 구경꾼 이온도 없으므로 분자 반응식이 곧 알짜 이온 반응식이 된다.

7.5

(a) B: −3, H: +1
(b) C: −4, H: +1
(c) Cs: +1, H: −1
(d) K: +1, Br: +5, O: −2

7.6

(a) 이 반응에서 두 개의 아이오딘(I)은 산화수가 −1에서 0으로 증가하여 산화하였고, 하나의 염소(Cl)는 산화수가 +1에서 −1로 감소하여 환원하였다. 즉, 산화와 환원 과정에서 전자 두 개를 잃거나 얻으면서 반응이 진행되었다는 점을 알 수 있다. 이를 근거로 반쪽 반응식을 적으면 다음과 같다.

산화 반쪽 반응식: $2\,KI(aq) \longrightarrow I_2(s) + 2\,K^+(aq) + 2e^-$
환원 반쪽 반응식: $ClO^-(aq) + H_2O(l) + 2e^- \longrightarrow Cl^-(aq) + 2\,OH^-(aq)$

(b) 이 반응에서 두 개의 질소(N)는 산화수가 +5에서 +2으로 증가하여 환원하였고, 세 개의 황(S)는 산화수가 −2에서 0으로 감소하여 산화하였다. 즉, 산화와 환원 과정에서 전자 여섯 개를 잃거나 얻으면서 반응이 진행되었다는 점을 알 수 있다. 이를 근거로 반쪽 반응식을 적으면 다음과 같다.

산화 반쪽 반응식: $3\,H_2S(aq) \longrightarrow 3\,S(s) + 4\,H_2O(l) + 6\,e^-$
환원 반쪽 반응식: $2\,NO_3(aq) + 6e^- \longrightarrow 2\,NO(g)$

7.7

$M = \dfrac{n}{V}$ HCl의 화학식량: 36.46 g/mol

$n = M \times V$
$M = 0.540\ mol/L$
$V = 155\ mL = 0.155\ L$
$n = 0.540\ mol/L \times 0.155\ L = 0.0837\ mol\ HCl$

$$0.0837\ mol\ HCl \times \frac{36.46\ g}{mol\ HCl} = 3.05\ g\ HCl$$

7.8

$$C_1 \times V_1 = C_2 \times V_2$$
$C_1 = 11.3\ M$
$C_2 = 0.555\ M$
$V_1 = x\ L$
$V_2 = 1.00\ L$

$$x = \frac{0.555\ M \times 1.00\ L}{11.3\ L} = 49.1\ L$$

8장

8.1

1 atm = 760 torr

$$P(atm) = \frac{485}{760} = 0.638\ atm$$

8.2

$P_1 = 1.05\ atm$, $V_1 = 475\ mL$, $P_2 = 5.65\ atm$, $T =$ 일정

보일 법칙
$P_1V_1 = P_2V_2$

$$V_2 = \frac{1.05 \times 475}{5.65} = 88.3\ mL$$

8.3

$V_1 = 185\ mL$, $T_1 = 52\ °C = 325.15\ K$, $T_2 = -17\ °C = 256.15\ K$, $P =$ 일정

샤를 법칙
$$\frac{V_1}{T_1} = \frac{V_2}{T_2}$$

$$V_2 = 185 \times \frac{256.15}{325.15} \approx 145.8\ mL = 146\ mL$$

8.4

$n = 1.45\ mol$, $V = 20.0\ L$, $T = 25\ °C = 298.15\ K$.
$PV = nRT$

$$P = \frac{1.45 \times 0.0821 \times 298.15}{20.0} = 1.77\ atm$$

8.5

STP에서 기체의 몰부피 = 22.4 L/mol
$V = n \times 22.4 = 22.40 \times 22.4 = 5.0207 \times 10^2\ L$
$= 5.02 \times 10^2\ L$

8.6

$$밀도\ d = \frac{PM}{RT} = \frac{1.00 \times 32.00}{0.0821 \times 273.15} = 1.43\ g/L$$

8.7

질량 $m = 3.20\ g$, $V = 2.00\ L$, $T = 17\ °C = 290.15\ K$,
$P = 380\ torr = 0.500\ atm$

$$몰질량\ M = \frac{3.20 \times 0.0821 \times 298.15}{0.500 \times 2.00} \approx 78.3\ g/mol$$

8.8

STP 조건에서 모든 기체 1몰은 22.4 L의 부피를 차지한다.
필요한 H_2 몰수 = 부피/몰부피 = 50.0 L ÷ 22.4 L/mol
= 2.23 mol
반응식에 따르면, 1몰의 $NaBH_4$가 반응하여 4몰의 H_2를 생성한다.
이 몰비(1:4)를 사용하여 2.232 mol의 H_2를 얻는 데 필요한 $NaBH_4$의 몰수를 계산한다.

$$필요한\ NaBH_4\ 몰수 = 2.23\ mol\ H_2 \times \frac{1\ mol\ NaBH_4}{4\ mol\ H_2}$$
$$= 0.558\ mol\ NaBH_4$$

$NaBH_4$의 몰질량 = 37.83 g/mol
필요한 $NaBH_4$ 질량 = 몰수 × 몰질량
= 0.558 mol × 37.83 g/mol = 21.1 g

8.9

반응에 사용된 산소의 몰수 = 질량 ÷ 몰질량
= 19.5 g ÷ 32.00 g/mol = 0.609 mol
반응식에 따르면, 5몰의 O_2가 반응하여 4몰의 NO를 생성한다.

$$생성될\ NO의\ 몰수 = 0.609\ mol\ O_2 \times \frac{4\ mol\ NO}{5\ mol\ O_2}$$
$$≒ 0.487\ mol\ NO$$

$PV = nRT$

$$V = \frac{0.487 \times 0.0821 \times 298.15}{0.724} = 16.5 \text{ L}$$

8.10

공기 중 아르곤의 함량이 0.90 %이므로, 몰분율은 0.0090

P_{Ar} = 아르곤의 몰분율 × $P_{전체}$ = 0.0090 × 756 torr = 6.80 torr

torr → atm 단위 변환

P_{Ar} = 6.80 torr ÷ 760 torr/atm

∴ 아르곤의 부분 압력 = 9.0×10^{-3} atm

8.11

1) 각 기체의 몰(mol)수 계산

먼저 질소(N_2)와 산소(O_2)의 질량을 몰수로 변환

질소(N_2)의 몰질량: 약 28.02 g/mol

N_2 몰수(n_1) = 12.0 g ÷ 28.02 g/mol ≈ 0.428 mol

산소(O_2)의 몰질량: 약 32.00 g/mol

O_2 몰수(n_2) = 12.0 g ÷ 32.00 g/mol = 0.375 mol

전체 기체의 몰수

$n_{전체} = n_1 + n_2$ = 0.428 mol + 0.375 mol = 0.803 mol

2) 이상 기체 방정식을 이용해 압력(P) 계산

$P_{전체} \times V_{전체} = n_{전체} \times R \times T$

$V_{전체}$(부피): 2.50 L

$n_{전체}$(전체 몰수): 0.803 mol

$R_{전체}$(기체 상수): 0.0821 L·atm/(mol·K)

$T_{전체}$(절대 온도): 25 °C + 273.15 = 298.15 K

위 값을 모두 압력($P_{전체}$)에 대입하여 정리

$P_{전체}$ = 7.86 atm

8.12

i) 건조한 공기의 부분 압력 계산

돌턴의 부분 압력 법칙에 따라, 전체 대기압은 모든 구성 기체들의 부분 압력의 합과 같다. 습한 공기는 '건조한 공기'와 '수증기'의 혼합물로 볼 수 있다.

$P_{전체} = P_{건조\ 공기} + P_{수증기}$

따라서 건조한 공기만의 압력은 전체 기압에서 수증기의 부분 압력을 빼서 구할 수 있다.

$P_{건조\ 공기}$ = 766 torr − 18 torr = 748 torr = P_{O_2}

ii) 질소(N_2)와 산소(O_2)의 부분 압력 계산

문제에서 주어진 질소(78.0 %)와 산소(21.0 %)의 함량은 건조한 공기를 기준으로 한 비율.

그러므로 각 기체의 부분 압력은 위에서 계산한 건조한 공기의 압력(748 torr)에 각각의 비율을 곱하여 구한다.

질소의 부분 압력(P_{N_2}) = $P_{건조\ 공기}$ × 질소의 비율
= 748 torr × 0.780 ≈ 583 torr

산소의 부분 압력(P_{O_2}) = $P_{건조\ 공기}$ × 산소의 비율
= 748 torr × 0.210 ≈ 157 torr

8.13

$$u_{rms} = \sqrt{\frac{3RT}{M}} \Longleftrightarrow T = \frac{M \cdot u_{rms}^2}{3R}$$

여기서, 질소의 분자량 M의 단위가 g/mol이 아닌 Kg/mol을 대입해야 함에 유의한다.

$$T = \frac{0.0280 \times (1000)}{3 \times 8.314} = 1123 \text{ K}(850\ ^\circ\text{C})$$

∴ 질소 분자의 u_{rms}가 1000 m/s를 초과하려면 온도는 약 850°C 이상이어야 한다.

8.14

같은 온도와 압력에서 두 기체 A와 B의 확산 속도 비율은 각 기체의 몰질량(M)의 제곱근에 반비례한다.

$$\frac{속도_{H_2O}}{속도_{O_2}} = \sqrt{\frac{M_{O_2}}{M_{H_2O}}} = \sqrt{\frac{32.0 \text{ g/mol}}{18.0 \text{ g/mol}}} \approx 1.33$$

수증기는 산소보다 약 1.33배 더 빠르게 운동한다.

8.15

상수 a는 분자들이 서로 끌어당기는 힘(분자간 인력)의 세기를 나타낸다. 이 값이 클수록 분자간 인력이 강하다는 의미이다. 분자량이 큰 무극성 분자 사염화 탄소가 분자량이 작은 헬륨보다 런던 분산력이 작다. 즉, 분자간 인력이 사염화 탄소가 더 크기 때문에 a 값이 헬륨보다 크다.

상수 b는 기체 분자 자체가 차지하는 부피를 나타낸다. 분자의 크기가 클수록 b 값도 커진다. 원자 하나로 이루어진 헬륨 기체가 원자 5개로 구성된 사염화 탄소보다 분자의 크기가 작기 때문에 b값은 헬륨이 사염화 탄소보다 작다.

9장

9.1

(a) 경로 함수: 서울역에서 부산역까지 이동하는 경로는 다양하며(예: 경부고속도로, 중부내륙고속도로 이용), 어떤 경로를 선택하느냐에 따라 차량의 휘발유 소모량은 달라진다. 따라서 이는 이동 과정에 의존하는 경로 함수이다.

(b) 경로 함수: 원양어선이 바다를 항해할 때, 최종 목적지가 같더라도 어떤 항로를 거쳤는지에 따라 총 해상 이동 거리

는 달라진다. 이는 과정에 따라 값이 변하는 경로 함수에 해당한다.

(c) 상태 함수: 잠수함의 해저 깊이는 잠수함의 현재 위치에 의해서만 결정된다. 잠수함이 어떤 경로를 통해 그 깊이까지 도달했는지는 현재 깊이 값에 영향을 주지 않는다. 따라서 이는 시작점과 끝점에 의존하는 상태 함수이다.

9.2

(a) 발열 과정: 기체 상태인 수증기가 액체 상태인 물방울로 응결될 때는 에너지를 외부로 방출한다.

(b) 흡열 과정: 냉장고 내부에 있는 냉매는 액체에서 기체로 증발하면서 주변의 열을 흡수한다. 이 원리를 이용해 냉장고 내부를 차갑게 유지하는 것이므로, 이는 흡열 과정이다.

(c) 발열 과정: 에어컨 실외기에서는 실내에서 흡수한 열을 외부로 방출해야 한다. 이를 위해 기체 상태의 냉매를 압축하여 액체로 응축시키며, 이 과정에서 열이 방출된다.

(d) 발열 과정: 양초의 연소는 연료(파라핀)가 산소와 반응하여 빛과 열을 방출하는 화학 반응이다. 주변이 뜨거워지고 밝아지는 것에서 알 수 있듯이 명백한 발열 과정이다.

9.3

$W = -P \times \Delta V$

반응계가 14000 J의 일을 하였으므로, 계의 에너지는 감소(음수)했음을 알 수 있다.

$$W = -14000\text{ J} \times \frac{1\text{ L}\cdot\text{atm}}{101.3\text{ J}} = -138.17\text{ L}\cdot\text{atm}$$

$$= -7.82\text{ atm} \times \Delta V$$

$\Delta V = 17.67$ L

9.4

$\Delta H = \Delta U + P\Delta V$

ΔH: 엔탈피 변화량(+40,725 J)

ΔU: 내부 에너지 변화량(2.239×10^3 J = 2,239 J)

P: 압력(1 atm)

ΔV: 부피 변화량($V_{나중} - V_{처음}$)

1 L·atm = 101.325 J

$P\Delta V = \Delta H - \Delta U = 40{,}725\text{ J} - 2{,}239\text{ J} = 38{,}486\text{ J}$

(= 379.8 L·atm)

ΔV = 379.8 L·atm ÷ 1 atm = 379.8 L

$V_{수증기} = \Delta V + V_{물} = 379.8\text{ L} + 1\text{ L} = 380.8\text{ L}$

9.5

제시된 열화학 반응식은 얼음이 녹는 융해(melting) 과정이다.

융해: $H_2O(s) \longrightarrow H_2O(l)$, $\Delta H = +6{,}018.0$ J/mol

(1몰당 6018.0 J의 열을 흡수)

물이 어는 응고(freezing) 과정은 융해의 역반응이다. 따라서 반응 엔탈피(ΔH)의 부호가 반대이다.

응고: $H_2O(l) \longrightarrow H_2O(s)$, $\Delta H = -6{,}018.0$ J/mol

(1몰당 6018.0 J의 열을 방출)

방출되는 총 열량을 계산하기 위해, 143.3 g의 물이 몇 몰(mol)에 해당하는지 계산해야 한다. 물(H_2O)의 몰질량은 약 18.02 g/mol이다(H = 1.01, O = 16.00).

물의 몰수 = 143.3 g ÷ 18.02 g/mol = 7.952 mol

총 방출 열량 = 물의 몰수 × 응고열

= 7.952 mol × 6,018.0 J/mol ≈ 47,860 J

9.6

가해준 열량(q), 물질의 질량(m), 비열(c), 온도 변화량(ΔT) 사이의 관계식

$q = m \cdot c \cdot \Delta T$

$q = 122\text{ kJ} \times 1{,}000\text{ J/kJ} = 122{,}000\text{ J}$

$$\Delta T = \frac{q}{m \cdot c} = \frac{122.000\text{ J}}{500\text{ g} \times 4.184\text{ J/g °C}} \approx 58.3\text{ °C}$$

최종 온도 = 처음 온도 + 온도 변화량(ΔT)

= 25.0 °C + 58.3 °C = 83.3 °C

물의 최종 온도는 약 83.3 °C이다.

9.7

부록 E에서 표준 생성 엔탈피를 찾아보면 다음과 같다.

$\Delta H_f^\circ(Ag^+(aq))$ = +105.90 kJ/mol

$\Delta H_f^\circ(Cl^-(aq))$ = −167.2 kJ/mol

$\Delta H_f^\circ(AgCl(s))$ = −127.0 kJ/mol

$$\Delta H^\circ = [1 \times \Delta H_f^\circ(AgCl(s))] - [1 \times \Delta H_f^\circ(Ag^+(aq)) + 1 \times \Delta H_f^\circ(Cl^-(aq))]$$

$$= -127.0 - (105.90 - 167.2) = -65.7\text{ kJ}$$

9.8

반응식 1: $H_2(g) \longrightarrow 2H(g)$ $\Delta H^\circ = +436.4$ kJ

반응식 2: $Br_2(g) \longrightarrow 2Br(g)$ $\Delta H^\circ = +192.5$ kJ

반응식 3: $H_2(g) + Br_2(g) \longrightarrow 2HBr(g)$ $\Delta H^\circ = -72.4$ kJ

반응식 1과 2를 모두 역반응으로 바꾸고 $\frac{1}{2}$을 곱하면 다음과 같다.

$$H(g) \longrightarrow \frac{1}{2}H_2(g)$$

$\Delta H^\circ = (+436.4\text{ kJ}) \times (-1/2) = -218.2\text{ kJ}$ …… ①

$$Br(g) \longrightarrow \frac{1}{2}Br_2(g)$$

$$\Delta H° = (+192.5\ kJ) \times (-1/2) = -96.25\ kJ \cdots\cdots ②$$

반응식 3에 $\frac{1}{2}$을 곱한다.

$$\frac{1}{2}H_2(g) + \frac{1}{2}Br_2(g) \longrightarrow HBr(g)$$

$$\Delta H° = (-72.4\ kJ) \times (1/2) = -36.2\ kJ \cdots\cdots\cdots ③$$

식 ①, ②, ③를 모두 더한다.

$$H(g) + Br(g) \longrightarrow HBr(g)$$

$$\Delta H° = (-218.2\ kJ) + (-96.25\ kJ) + (-36.2\ kJ) = -350.6\ kJ$$

***정답:** −350.6 kJ

10장

10.1

(a) ○. 수소 결합은 전기 음성도가 매우 큰 플루오린(F), 산소(O), 질소(N) 원자와 수소 원자 사이의 결합에서 나타나는, 극단적으로 강한 형태의 쌍극자-쌍극자 힘이다. 따라서 일반적인 쌍극자-쌍극자 힘보다 훨씬 강하다.

(b) ×. 분산력은 분자량(전자의 수)이 클수록 강해지는 것이 맞지만, 분자의 모양에도 큰 영향을 받는다. 분자 간의 접촉 면적이 넓고 길쭉할수록 분산력이 강해지기 때문이다.

(c) ○. 분산력(런던 힘)은 전자의 순간적인 움직임으로 인해 발생하는 일시적인 쌍극자에 의해 생깁니다. 전자를 가진 모든 원자와 분자는 이러한 힘을 공통적으로 가지고 있다.

(d) ×. 소듐 양이온(Na^+)과 같은 이온이 물과 같은 극성 분자에 둘러싸일 때 작용하는 힘은 이온-쌍극자 힘이다. 물 분자의 부분적인 음전하를 띠는 산소 원자 쪽이 소듐 양이온을 향해 인력을 형성하는 원리이다. 이온-수소 결합이라는 용어는 사용하지 않는다.

10.2

할로젠 분자들(F_2, Cl_2, Br_2, I_2)은 모두 두 개의 동일한 원자가 결합한 무극성 분자이다. 따라서 이들 분자 사이에 작용하는 주된 힘은 분산력이다. 분산력의 크기는 분자 내 전자의 수(분자량)와 분자의 크기에 비례한다. 주기율표에서 아래로 내려갈수록($F_2 \longrightarrow Cl_2 \longrightarrow Br_2 \longrightarrow I_2$) 원자 번호가 커지므로, 전자의 수와 분자의 크기가 증가한다. 이에 따라 분산력이 강해진다.
분산력의 세기: $F_2 < Cl_2 < Br_2 < I_2$

10.3

네 분자 모두 공통적으로 −OH 부분이 있어서 수소 결합이 있는 것은 맞지만 이 현상의 이유는 분산력(van der Waals forces)의 증가 때문이다. 분산력의 크기는 분자 내 전자의 수(분자량)와 분자의 크기에 비례한다. 메탄올에서 뷰탄올로 갈수록 모든 분자가 가진 강력한 수소 결합에 더하여, 점점 더 강해지는 분산력이 추가된다.

10.4

단위 세포의 한 변의 길이(a) = 원자 하나의 지름($2r$)이라는 조건이 성립하는 구조는 단순 입방 격자뿐이다. 단순 입방 격자에서는 원자들이 정육면체의 각 꼭짓점에만 위치하고, 꼭짓점에 있는 원자들이 서로 변을 따라 접촉하고 있다. 따라서 단위 세포의 한 변의 길이는 정확히 원자 반지름의 두 배, 즉 원자의 지름과 같다($a = 2r$).

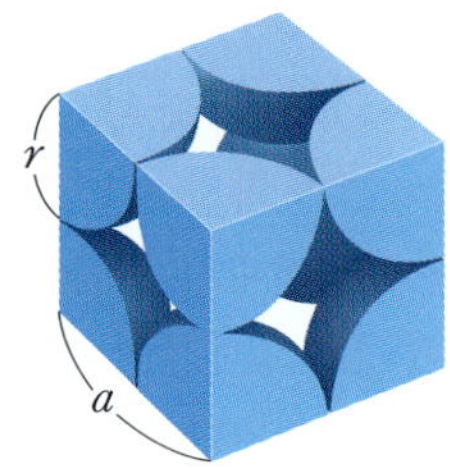

10.5

단위 세포 내 원자가 차지하는 비율 즉, 원자 충진율(채움 비율)은 다음 공식으로 계산한다.

원자 충진율 = 단위 세포 내 원자들의 총 부피 ÷ 단위 세포의 전체 부피 × 100%

체심 입방 격자(BCC) 구조에는 다음과 같이 총 2개의 원자가 포함(= 꼭지점 원자 + 체심 원자)된다.
- 꼭짓점 원자: 8개의 꼭짓점에 원자가 각각 1/8씩 포함되어, $8 \times 1/8 = 1$개
- 체심 원자: 단위 세포의 정중앙에 완전히 포함된 원자 1개
  원자를 반지름이 r인 구로 가정하면,

원자 2개의 총 부피 $V_{원자} = -\frac{4}{3}\pi r^3 = \frac{8}{3}\pi r^3$이다.

그림 10.5에 의하면 단위 세포의 한 변의 길이를 a라고 하면, 공간 대각선의 길이는 $4r$과 같다.

$$a = \frac{4r}{\sqrt{3}}$$

단위 세포 전체의 부피 $V_{단위\ 세포} = a^3 = \frac{64r^3}{3\sqrt{3}}$

$$원자\ 충진율 = \frac{V_{원자}}{V_{단위\ 세포}} \times 100 = \frac{\pi\sqrt{3}}{8} \times 100 \approx 68.0\%$$

10.6

(a) ×. 대부분의 공유 결정(원자성 고체)인 다이아몬드, 석영(SiO_2) 등은 부도체가 맞지만, 흑연(graphite)과 같은 예외도 있다. 흑연은 탄소 원자들이 그물처럼 층을 이루는 공유 결정을 형성하며, 각 층 내에서 자유롭게 움직일 수 있는 자

유 전자가 있어 전기가 잘 통하는 도체이다.

(b) ×. 이온성 고체는 양이온과 음이온의 정전기적 인력으로 결합된 고체(예: 소금, NaCl)를 말한다. 아이스크림의 주성분은 물(H_2O), 설탕, 지방과 같은 분자들이다. 따라서 아이스크림은 분자 간의 힘으로 응고된 분자성 고체 또는 불규칙하게 배열된 비결정성 고체에 해당한다.

(c) ○. 숯이 순수 탄소로 이루어져 있고 원자들이 공유 결합을 하는 것은 맞지만, '공유 결정'이 되려면 원자들이 다이아몬드나 흑연처럼 규칙적이고 반복적인 3차원 구조를 가져야 한다. 숯은 원자 배열이 불규칙한 비결정성 탄소이므로 결정성 고체가 아니다.

(d) ○. 초콜릿의 주성분은 카카오 버터(지방), 설탕, 테오브로민 등 명확한 분자 단위로 구성된 유기 화합물이다. 이 분자들이 분자 사이에 작용하는 힘(분산력 등)에 의해 서로 모여 고체 상태를 이루므로 분자성 고체이다.

10.7

계산에 반드시 알아야 하는 정보는 (a), (c), (e)이다.

(b) 증발열과 (d) 기체 비열은 아세트산이 기체로 변하거나 기체 상태일 때 필요한 정보이므로 이 계산과는 관련이 없다.

i) 액체 냉각 단계(80 °C → 어는점):

$$q_1 = (\text{질량}) \times (\text{액체 비열}) \times (\text{온도 변화})$$

80 °C의 액체 아세트산이 어는점까지 냉각되는 동안 방출하는 열량을 계산해야 한다. 이 계산에는 (c) 액체 아세트산의 비열이 필요하다.

ii) 상변환 단계(액체 → 고체): $q_2 = (\text{몰수}) \times (\text{용융열})$

어는점에 도달한 액체 아세트산이 모두 고체로 어는(응고) 동안 방출하는 열량을 계산해야 한다. 이 값은 용융열과 크기는 같고 부호는 반대이다. 따라서 (a) 아세트산의 용융열을 알아야 한다.

iii) 고체 냉각 단계(어는점 → −15 °C):

$$q_3 = (\text{질량}) \times (\text{고체 비열}) \times (\text{온도 변화})$$

모두 고체로 변한 아세트산이 어는점에서 −15 °C까지 냉각되는 동안 방출하는 열량을 계산해야 한다. 이 계산에는 (e) 고체 아세트산의 비열이 필요하다.

총 방출 열량 = $q_1 + q_2 + q_3$

10.8

(a) 4가지(흑연, 다이아몬드, 액체, 기체)

(b) 2개

(c) 흑연

(d) 매우 높은 온도로 가열하여 승화시켜야 한다.

11장

11.1

소금이 물에 들어가면, 물 분자의 부분적인 음전하를 띠는 산소 쪽이 나트륨 양이온(Na^+)을 둘러싸고, 부분적인 양전하를 띠는 수소 쪽이 염화 음이온(Cl^-)을 둘러싼다. 이 이온–쌍극자 힘이 소금의 이온 결합력보다 강하기 때문에, 이온들이 결정에서 떨어져 나와 물 분자에 둘러싸여 녹는다.

소금이 식용유에 들어가면, 무극성인 식용유 분자는 소금의 강한 이온 결합을 끊어낼 만큼 충분한 인력을 제공하지 못한다. 즉, 식용유 분자와 소금 이온 사이의 상호 작용이 매우 약하기 때문에 소금은 녹지 않고 그대로 바닥에 가라앉는다.

결론적으로, 물은 극성이라 이온 물질인 소금을 효과적으로 녹일 수 있지만, 식용유는 무극성이므로 그렇지 못한 것이다.

11.2

Na_2SO_4의 몰질량 = 142.1 g/mol

$Na_2SO_4 \cdot 10H_2O$의 몰질량 = 322.1 g/mol

녹여야 할 황산 소듐 수화물의 질량을 x g이라고 가정하면,

$$\text{용질의 질량} = \frac{142.1}{322.1} \times x = 0.4412x$$

$$\text{용액의 질량} = 100 + x$$

$$\text{질량 백분율 } 10\ \% = \frac{0.4412x}{100 \times x} \times 100$$

$$x = 29.3\ \text{g}$$

11.3

글루코스의 몰수: 1 mol × 0.272 = 0.272 mol

물의 몰수: 1 mol × 0.728 = 0.728 mol

글루코스의 분자량: 180.2 g/mol

물의 분자량: 약 18.02 g/mol

글루코스의 질량(용질): 0.272 mol × 180.2 g/mol = 49.01 g

물의 질량(용매): 0.728 mol × 18.02 g/mol = 13.12 g

용액의 총 질량: 49.01 g + 13.12 g = 62.13 g

$$\text{질량 백분율(\%)} = \frac{\text{용질의 질량}}{\text{용액의 질량}} \times 100$$

$$= \frac{49.01\ \text{g}}{62.13\ \text{g}} \times 100 \approx 78.9\ \%$$

11.4

전체 개수 = 29,462(강낭콩) + 2,931(완두콩) + 332(율무)
= 32,725개

각 곡물의 몰분율은 다음과 같다.

강낭콩: 29,462 ÷ 32,725 = 0.90

완두콩: 2,931 ÷ 32,725 = 0.090

율무: 332 ÷ 32,725 = 0.010

11.5

황산(H_2SO_4)의 몰질량: 98.08 g/mol

용질의 질량 = 0.221 mol × 98.08 g/mol ≈ 21.68 g

용액의 질량 = 용질의 질량 ÷ 질량 백분율 × 100

$$= \frac{21.68\text{ g}}{4.0\ \%} \times 100 \approx 540\text{ g}$$

11.6

용액의 부피: 2.29 L = 2,290 mL

용액의 질량 = 부피 × 밀도 = 2,290 mL × 1.109 g/mL

= 2,539.6 g

용매의 질량 = 용액 질량 − 용질 질량 = 2,539.6 g − 214.25 g

= 2,325.4 g = 2.3254 kg

NaOH의 몰질량: 40.00 g/mol

용질의 몰수 = 질량 ÷ 몰질량 = 214.25 g ÷ 40.00 g/mol

≈ 5.356 mol

몰랄 농도(m) = 용질의 몰수 ÷ 용매의 질량(kg)

= 5.356 mol ÷ 2.3254 kg ≈ 2.30 m

11.7

1 % = 10,000 ppm

1 ppm = 1,000 ppb

ppm 농도 = $(8.8\times10^{-5}) \times 10^4$ = 0.88 ppm

ppb 농도 = 0.88×10^3 = 880 ppb

11.8

헨리 법칙: $c_{O_2} = k \cdot P_{O_2}$

헨리 법칙 상수 k = 1.3×10^{-3} mol/L·atm

산소의 부분 압력(P_{O_2}): 0.22 atm

$c_{O_2} = k \cdot P_{O_2} = 1.3\times10^{-3}\text{ mol/L·atm} \times 0.22\text{ atm} = 2.9\times10^{-4}\text{ M}$

물속에 녹아있는 산소의 몰농도: 2.9×10^{-4} M

11.9

증기 압력 내림: $\Delta P = X_{용질} \cdot P^\circ_{용매}$

요소의 질량: 82.4 g

요소의 분자량: 60.06 g/mol

요소의 몰수: 82.4 g ÷ 60.06 g/mol = 1.372 mol

용액(소변)의 질량: 212 mL × 1 g/mL = 212 g

용매(물)의 질량 = 용액 질량 − 용질 질량

= 212 g − 82.4 g = 129.6 g

물의 몰수 = 129.6 g ÷ 18.02 g/mol = 7.192 mol

전체 몰수 = 요소 몰수 + 물 몰수

= 1.372 mol + 7.192 mol = 8.564 mol

$$\text{요소의 몰분율}(X_{요소}) = \frac{1.372\text{ mol}}{8.564\text{ mol}} \approx 0.160$$

순수한 물의 증기 압력($P^\circ_{물}$): 45.815 torr

$\Delta P = X_{용질} \cdot P^\circ_{용매} = 0.160 \times 45.815\text{ torr} \approx 7.34\text{ torr}$

11.10

벤젠과 톨루엔이 동일한 몰수로 섞여 있으므로, 각 성분의 몰분율(X)은 0.5이다.

순수한 벤젠의 증기 압력($P^\circ_{벤젠}$) = 96.0 mmHg

순수한 톨루엔의 증기 압력($P^\circ_{톨루엔}$) = 30.3 mmHg

$P_{벤젠} = X_{벤젠} \cdot P^\circ_{벤젠} = 0.5 \times 96.0\text{ mmHg} = 48.0\text{ mmHg}$

$P_{톨루엔} = X_{톨루엔} \cdot P^\circ_{톨루엔} = 0.5 \times 30.3\text{ mmHg}$

= 15.15 mmHg ≈ 15.2 mmHg

전체 증기 압력

$P_{전체} = P_{벤젠} + P_{톨루엔}$ = 48.0 mmHg + 15.2 mmHg

= 63.2 mmHg

11.11

어는점 내림 공식: $\Delta T_f = K_f \cdot m \cdot i$

$\Delta T_f = 0\text{ °C} - (-12.05\text{ °C}) = 12.05\text{ °C}$

$$m = \frac{\Delta T_f}{K_f \cdot i} = \frac{12.05\text{ °C}}{1.86\text{ °C}/m \times 1} = 6.48\ m$$

필요한 포도당 몰수 = 몰랄 농도 × 용매의 질량(kg)

= 6.48 mol/kg × 1,500 kg ≈ 9,720 mol

필요한 포도당 질량

= 몰수 × 분자량 = 9,720 mol × 180.1 g/mol ≈ 1,750,572 g

***정답:** 물 1,500 L에 약 1.75×10^6 g(1,750 kg)의 포도당을 녹여야 한다.

11.12

T(K) = 0 °C + 273.15 = 273.15 K

$\Pi = iMRT$

= (1) × (4.28 mol/L) × (0.08206 L·atm/mol·K)

× (273.15 K) ≈ 95.9 atm

11.13

$P_{용액} = X_{용매} \cdot P^\circ_{용매}$

물의 몰수 = 질량 ÷ 몰질량 = 96.5 g ÷ 18.02 g/mol

= 5.355 mol

소금(NaCl)의 몰수 = 질량 ÷ 몰질량 = 3.5 g ÷ 58.44 g/mol

= 0.0599 mol

총 입자의 몰수 = (물의 몰수) + (소금의 몰수 × 2)

= 5.355 mol + (0.0599 mol × 2) ≈ 5.475 mol

물의 몰분율 $X_{물}$ = 물의 몰수 ÷ 총 입자의 몰수

= 5.355 mol ÷ 5.475 mol = 0.978

$P_{바닷물} = X_{물} \cdot P^{\circ}_{물} = 0.978 \times 23.8\ \text{torr} \approx 23\ \text{torr}$

11.14

i) 100 g의 식염수가 있다고 가정하면,
  용질(소금)의 질량: 100 g × 0.9 % = 0.9 g
  용매(물)의 질량: 100 g − 0.9 g = 99.1 g = 0.0991 kg
  소금의 몰수 = 질량 ÷ 몰질량 = 0.9 g ÷ 58.44 g/mol
  ≈ 0.0154 mol
  몰랄 농도 (m) = 용질의 몰수 ÷ 용매의 질량(kg)
  = 0.0154 mol ÷ 0.0991 kg ≈ 0.155 m

ii) $\Delta T_b = K_b \cdot m \cdot i = (0.512\ °\text{C}/m) \times (0.155\ m) \times 1.9 \approx 0.151\ °\text{C}$
  식염수의 끓는점은 100 °C + 0.151 °C = 100.151 °C이며, 소수점 둘째 자리까지 나타내면 100.15 °C이다.

11.15

$\Delta T_f = K_f \cdot m \cdot i = (1.86\ °\text{C/m}) \times (0.155\ \text{m}) \times 1.9 \approx 0.55\ °\text{C}$
식염수의 어는점은 0 °C − 0.548 °C = −0.548 °C이며, 소수점 둘째 자리까지 나타내면 −0.55 °C이다.

11.16

i) 가정:
  용액의 밀도 = 1.0 g/mL → 1 L 용액의 질량 = 1,000 g
  용질 = 소금(NaCl), 몰질량 ≈ 58.44 g/mol
  반트호프 인자(i) = 2(NaCl ⟶ $Na^+ + Cl^-$로 완전 해리 가정)

ii) 소금의 질량 = 1,000 g × 3.5% = 35 g
  소금의 몰수 = 질량 ÷ 몰질량 = 35 g ÷ 58.44 g/mol
  ≈ 0.599 mol
  몰농도 $M_{바닷물}$ = 0.599 mol / 1 L = 0.599 M
  소금의 질량 = 1,000 g × 0.90% = 9.0 g
  소금의 몰수 = 질량 ÷ 몰질량 = 9.0 g ÷ 58.44 g/mol
  ≈ 0.154 mol
  몰농도 $M_{식염수}$ = 0.154 mol / 1 L = 0.154 M

  $\Delta M = M_{바닷물} - M_{식염수} = 0.599\ \text{M} - 0.154\ \text{M} = 0.445\ \text{M}$
  $\Delta \Pi = \Pi_{바닷물} - \Pi_{식염수} = iRT(M_{바닷물} - M_{식염수})$
  $= (2) \times (0.08206) \times (277.15) \times (0.445) \approx 20\ \text{atm}$
  두 용액의 삼투 압력 차이는 20 atm이다.

12장

12.1

화학 반응에서 각 물질의 반응 속도 비율은 화학 반응식의 계수비와 같다. 그래프에서 생성 속도는 시간에 따른 농도 변화량이므로, 각 직선의 기울기에 해당한다. 그래프의 임의의 시간(t)에서 각 생성물의 농도를 읽어 상대적인 속도 비율을 구한다. 그래프의 끝 지점을 기준으로 하면 다음과 같다.
[C]의 농도 ≈ 0.03 M
[D]의 농도 ≈ 0.01 M
[E]의 농도 ≈ 0.0015 M
따라서 각 생성 속도의 비율은 해당 시점에서의 농도 비율과 같다.
rateC : rateD : rateE = 0.03 : 0.01 : 0.0015 ≒ 60 : 20 : 3

$$\frac{1}{60}\frac{d[\text{C}]}{dt} = \frac{1}{20}\frac{d[\text{D}]}{dt} = \frac{1}{3}\frac{d[\text{E}]}{dt}$$

12.2

A(반응물): 0.40 M → 0.00 M, 변화량 = −0.40 M
B(반응물): 0.60 M → 0.00 M, 변화량 = −0.60 M
C(생성물): 0.00 M → 0.60 M, 변화량 = +0.60 M
D(생성물): 0.00 M → 0.40 M, 변화량 = +0.40 M

농도 변화량의 비율은 0.40 : 0.60 : 0.60 : 0.40이며, 이를 가장 간단한 정수비로 나타내면 2 : 3 : 3 : 2가 된다.
예측되는 화학 반응식은 2 A + 3 B ⟶ 3 C + 2 D이다.

12.3

(a) 속도식: rate = $k[S_2O_8^{2-}][I^-]$
(b) rate = $k[S_2O_8^{2-}][I^-]$
  실험 1의 데이터를 대입하여 속도 상수 k를 계산하면,
  $4.4 \times 10^{-4}\ \text{M/s} = k(0.075\ \text{M})(0.022\ \text{M})$
  속도 상수(k) = $0.27\ \text{M}^{-1}\text{s}^{-1}$
(c) 결정된 속도 식과 속도 상수를 이용하여 두 반응물의 농도가 모두 0.4 M일 때의 반응 속도를 계산한다.
  속도 = $(0.27\ \text{M}^{-1}\text{s}^{-1}) \times (0.4\ \text{M}) \times (0.4\ \text{M}) = 0.0432\ \text{M/s}$

12.4

1차 반응 속도식 적용: $\ln P_t - \ln P_0 = -kt$

$\ln(P_t/135\ \text{torr}) = -kt = -(6.794 \times 10^{-4}\ \text{s}^{-1}) \times (700\ \text{s})$
$= -0.47558$
$P_t = 135\ \text{torr} \times 0.6215 \approx 83.9\ \text{torr}$
700초 후의 잔여 압력은 약 83.9 torr이다.

12.5

영차 반응: 반응 B(이유: 반응 속도가 반응물의 농도와 무관하게 일정)
일차 반응: 반응 A(이유: 반응의 반감기($t_{1/2}$)가 반응물의 초기 농도와 관계없이 항상 일정)
이차 반응: 반응 C(이유: 반응이 진행될수록(농도가 낮아질수록) 반감기가 증가)

12.6

용아래니우스 방정식: $\ln k = -\frac{E_a}{R}\left(\frac{1}{T}\right) + \ln A$

문제의 그래프는 아레니우스 방정식과 연관있는 직선의 방정식이므로 직선의 기울기가 곧 $-\frac{E_a}{R}$이라는 것을 알 수 있다.

주어진 두 점 (0.00154, 1.35)과 (0.00165, −0.18)을 이용하여 그래프의 기울기(m)를 계산하면,

$$m = \frac{-0.18 - 1.35}{0.00165 - 0.00154} = -13909\ \text{K} = -\frac{E_a}{R} = \frac{E_a}{8.314\ \text{J/K}\cdot\text{mol}}$$

활성화 에너지(E_a)는 약 116 kJ/mol이다.

12.7

$T_1 = 25\ °\text{C} + 273.15 = 298.15\ \text{K}$

$T_2 = 35\ °\text{C} + 273.15 = 308.15\ \text{K}$

속도 상수 비율(k_2/k_1): 온도가 35 °C로 증가할 때 반응 속도가 2배 빨라진다고 했으므로, 속도 상수 역시 2배가 된다.

$k_2/k_1 = 2$

$$\ln\frac{k_2}{k_1} = -\frac{E_a}{R}\left(\frac{1}{T_2} - \frac{1}{T_1}\right) = \ln 2 = -\frac{E_a}{8.314}\left(\frac{1}{308.15} - \frac{1}{298.15}\right)$$

활성화 에너지(E_a)는 약 53 kJ/mol이다.

12.8

$$\text{속도} = k_2\left(\frac{k_1[O_3]^2}{k_{-1}[O_2]}\right)[O_3]$$

$$\text{속도} = \frac{k_1k_2}{k_{-1}}\frac{[O_3]^2}{[O_2]}$$

13장

13.1

(a) $K_c = \frac{(P_{HI})^2}{P_{H_2}P_{I_2}}$

(b) $K_p = \frac{(P_{ClF_3})^2}{(P_{F_2})^3P_{Cl_2}}$

13.2

평형 상수(K_c) 값은 1.4×10^{-6}

$[NO_2] = 5.0 \times 10^{-2}\ \text{M}$

$[NO] = 1.9 \times 10^{-3}\ \text{M}$

$[O_2] = 1.0 \times 10^{-3}\ \text{M}$

$$K_c = \frac{(1.9\times 10^{-3})^2(1.0\times 10^{-3})}{(5.0\times 10^{-2})^2} \approx 1.4 \times 10^{-6}$$

13.3

$$K_p = \frac{(P_{P_2})(P_{H_2})^3}{(P_{PH_3})^2}$$

$$P_{H_2} = \sqrt[3]{\frac{K_p(P_{PH_3})^2}{P_{P_2}}} = \sqrt[3]{\frac{398(0.919)^2}{4.41}} = 4.24\ \text{atm}$$

13.4

$K_c = [SO_3]^2 / ([SO_2]^2[O_2])$

$= (5.0\times 10^{-2})^2 / ((3.0\times 10^{-3})^2 \times 3.5\times 10^{-3}) = 7.9\times 10^4$

Δn = (생성물의 기체 몰수) − (반응물의 기체 몰수) = (2)

= (2 + 1) = −1

$K_p = K_c(RT)\Delta n$

$= (7.9 \times 10^4) \times (8.314)(800)^{-1} \approx 1203$

유효 숫자 두 자리를 고려하여 반올림하면 1.2×10^3

13.5

① $Na_2O(s) \rightleftharpoons 2Na(l) + \frac{1}{2}O_2(g)$, $K_c = 2 \times 10^{-25}$

② 역반응 $2Na(l) + O_2(g) \rightleftharpoons Na_2O_2(s)$,

$$K = \frac{1}{5 \times 10^{-29}} = 2 \times 10^{28}$$

$Na_2O(s) + \frac{1}{2}O_2(g) \rightleftharpoons Na_2O_2(s)$

$$K = (2 \times 10^{-25})(2 \times 10^{28}) = 4 \times 10^3$$

13.6

(a) $K_a = [Hb(O_2)_4] / ([Hb][O_2]^4)$

(b) $K_b = [Hb(CO)][O_2] / ([Hb(O_2)][CO])$

13.7

전해질의 평형 상수(K_a)는 해당 물질이 물에 녹았을 때 얼마나 많이 이온으로 나뉘는지(해리되는지)를 나타내는 척도이다. K_a 값이 클수록 더 많이 해리되어 더 많은 양의 이온을 생성한다.

$\infty > 3.5\times 10^{-4} > 3.5\times 10^{-8} > 4.9\times 10^{-10} > 2.3\times 10^{-11}$

HCl > HF > HOCl > HCN > HOI

13.8

염산의 산 해리 상수가 무한대라는 의미는 다음과 같다.

"염산은 물에 녹았을 때 반응이 역으로 돌아가지 않는 비가역적 반응에 가깝게 진행된다. 이로 인해 반응물인 HCl 분자는 거의 남아있지 않고(농도≈0), 대부분이 생성물인 H^+와 Cl^- 이온으로 존재하게 된다."

이처럼 물에 녹아 거의 100 % 이온화되는 물질을 강산(strong acid) 또는 강전해질이라고 부른다. 이 상황에서 K_a 값을 계산하

면 분모 값이 0에 가깝기 때문에 산 해리 상수가 무한대가 된다.

13.9

반응이 진행되면 기체 분자의 전체 개수가 4몰에서 2몰로 줄어든다. 르샤틀리에 원리에 따라, 압력을 높이면 계는 그 압력을 줄이려는 방향, 즉 기체 분자 수가 더 적은 쪽으로 평형을 이동시킨다. 따라서, 압력을 높게 유지하는 것이 암모니아 생산에 유리하다. 르샤틀리에 원리에 따라, 온도를 낮추면 계는 그 열을 보충하려는 방향, 즉 열을 생성하는 정반응 쪽으로 평형을 이동시킨다. 따라서 이론적으로는 온도가 낮을수록 암모니아의 평형 수득률(yield)이 높아진다. 평형 상태에서 생성물인 암모니아(NH_3)를 지속적으로 제거하면, 계는 줄어든 생성물을 보충하기 위해 정반응을 더 활발하게 진행한다.

***정답:** 압력을 높인다. 온도를 낮춘다. 생성물을 계속 제거한다.

13.10

이 특정 반응의 경우에는 평형 농도도 똑같이 10배 증가한다.

	$CO(g)$	$H_2O(g)$	$CO_2(g)$	$H_2(g)$
초기	1.50 M	1.50 M	0 M	0 M
변화	$-y$	$-y$	$+y$	$+y$
평형	$1.50 - y$	$1.50 - y$	y	y

온도가 같으므로 평형 상수($K_c = 4.24$)는 동일하다.

$$K_c = \frac{y^2}{(1.50-y)^2} = 4.24$$

$y \approx 1.01$ M

농도 결과

$[CO] = [H_2O] = 1.50 - y = 0.49$ M

$[CO_2] = [H_2] = y = 1.01$ M

이 결과는 예제 13.10의 평형 농도(0.049 M, 0.049 M, 0.101 M, 0.101 M) 각각에 정확히 10을 곱한 값과 같다.

13.11

	$H_2(g)$	$I_2(g)$	$2HI(g)$
초기	0.100 M	0.300 M	0 M
변화	$-y$	$-y$	$+2y$
평형	$0.100 - y$	$0.300 - y$	$2y$

$$K_c = \frac{(2y)^2}{(1.50-y)^2} = 90.5$$

$y \approx 0.0975$ M

생성물 $[HI] = 2 \times y = 2 \times 0.0975 = 0.195$ M

13.12

$K_p = K_c \cdot (RT)\Delta n$

$2.44 = K_c \times (0.08206 \times 1000)^1$

$K_c = 0.0297$

초기 상태에는 생성물인 CO와 H_2만 존재하므로, 평형에 도달하기 위해 반응은 역방향으로 진행된다. 따라서 반응물(H_2O)의 농도는 증가하고, 생성물(CO, H_2)의 농도는 감소한다. 고체 탄소 C(s)는 농도가 변하지 않아 평형식에 포함되지 않는다.

	$H_2O(g)$	$CO(g)$	$H_2(g)$
초기	0 M	1.20 M	1.40 M
변화	$+x$	$-x$	$-x$
평형	x	$1.20 - x$	$1.40 - x$

$$K_c = 0.0297 = \frac{[CO][H_2]}{[H_2O]} = \frac{(1.20-x)(1.40-x)}{x}$$

최종 평형 농도

$[H_2O] = x = 1.09$ M

$[CO] = 1.20 - x = 1.20 - 1.09 = 0.11$ M

$[H_2] = 1.40 - x = 1.40 - 1.09 = 0.31$ M

13.13

(a) 생성물인 Cl_2를 제거하면 계는 줄어든 Cl_2를 더 많이 생성하여 변화를 상쇄하려고 한다. 따라서 반응은 정반응(오른쪽, →)이 우세하게 일어나 평형이 오른쪽으로 이동한다.

(b) 평형을 같은 방향으로 이동시키는 다른 방법: 압력을 낮추면(또는 용기의 부피를 늘리면) 계는 압력을 다시 높이는 방향, 즉 기체 분자 수가 더 많은 쪽으로 평형을 이동시킨다. 따라서 압력을 낮추면 평형이 오른쪽으로 이동한다. 그리고 온도를 높이면(열을 가해주면) 계는 그 열을 소모하는 방향, 즉 정반응 쪽으로 평형을 이동시킨다. 또, 반응물인 PCl_5를 더 넣어주면 늘어난 반응물을 소모하기 위해 정반응이 활발해지므로 평형이 오른쪽으로 이동한다.

13.14

피스톤의 부피를 줄여 압력을 높이면 계는 압력을 줄이기 위해 기체 몰수가 더 적은 왼쪽으로 평형을 이동시키고, 결과적으로 역반응이 일어나게 된다.

13.15

반응열의 부호가 양수이므로 이 반응은 흡열 반응이다. 흡열 반응의 경우 화학 평형이 오른쪽으로 이동하여 생성물이 많이 생성되게 하려면 반응계를 가열하여 열에너지를 공급하면 된다.

14장

14.1

(b) $H_2PO_4^- + OH^- \longrightarrow HPO_4^{2-} + H_2O$

(a) $H_2S + H_2O \longrightarrow HS^- + H_3O^+$

(c) $H_2PO_4^- + H_3O^+ \longrightarrow H_3PO_4 + H_2O$

(d) $CN^- + H_2O \longrightarrow HCN + OH^-$

14.2

(a) H_2SO_3의 짝염기 $\longrightarrow HSO_3^-$

(b) $H_2PO_4^-$의 짝염기 $\longrightarrow HPO_4^{2-}$

14.3

(a) CN^-의 짝산 $\longrightarrow HCN$

(b) $H_2PO_4^-$의 짝산 $\longrightarrow H_3PO_4$

14.4

(a) ○

(b) ×

(c) ○

(d) ○

14.5

그림 14.2에 의하면 산성도(산의 세기) 순서가 레몬즙 > 식초 > 오렌지주스 > 맥주 > 아메리카노이므로, 짝염기의 염기도는 역순이다.

***정답:** 아메리카노 > 맥주 > 오렌지주스 > 식초 > 레몬즙

14.6

강산은 완전히 해리하므로,

$HNO_3 \longrightarrow H^+ + NO_3^-$

$[H_3O^+] = [HNO_3]_{초기} = 0.100$ M

14.7

$K_w = [H_3O^+][OH^-] = (1.5 \times 10^{-2}) \times [OH\ ] = 1.0 \times 10^{-14}$

$[OH^-]\ \ 6.7 \times 10^{-13}$ M

14.8

$pH = -\log[H_3O^+] = -\log(1.0 \times 10^{-8}) = 8.0$

$pOH = 14 - pH = 14 - 8.0 = 6.0$

14.9

$pH = -\log[H_3O^+] = -\log(1.0 \times 10^{-3}) = 3.00$

$[H_3O^+] = 1.0 \times 10^{-3}$ M

$pOH = 14 - 3.00 = 1.00$

$= -\log[OH^-] = -\log(1.0 \times 10^{-11})$

$[OH^-] = 1.0 \times 10^{-11}$

14.10

해리도 $\alpha = \frac{이온화}{100} = \frac{1.34}{100}$

초기 농도 $c = 0.100$ M

약산 $HA + H_2O \rightleftharpoons H_3O^+ + A^-$

약산에서 생성되는 $[H_3O^+] = \alpha C$

$[H_3O^+] = \alpha C = \frac{1.34}{100} \times 0.100 = 1.34 \times 10^{-3}$ M

14.11

$HClO_4$(과염소산)는 강산 → 물속에서 완전히 해리.

$HClO_4 \longrightarrow H^+ + ClO_4^-$

$[H_3O^+] = [HClO_4] = 1.5 \times 10^{-2}$ M

$pH = -\log(1.5 \times 10^{-2}) \approx 1.82$

$pOH = 14 - pH = 14 - 1.82 = 12.18$

14.12

초기 농도

$[HNO_2]_0 = 0.20$ M

해리된 양 $= 0.009$ M

평형 농도

$[H_3O^+]_{eq} = 0.009$ M

$[NO_2^-]_{eq} = 0.009$ M

$[HNO_2]_{eq} = 0.20 - 0.009 = 0.191$ M

해리 식: $HNO_2 + H_2O \rightleftharpoons H_3O^+ + NO_2^-$

산 해리 상수 $K_a = \frac{[H_3O^+][H_2^-]}{[HNO_2]} = \frac{(0.009)(0.009)}{0.191}$

$\approx 4.2 \times 10^{-4}$

14.13

HClO(하이포염소산)는 약산. $K_a = 3.0 \times 10^{-8}$

$HClO \rightleftharpoons H^+ + ClO^-$

초기 농도

$[HClO]_0 = 0.155$ M

$[H^+]_0 = 0$

평형 농도

$[HClO] = 0.155 - x \approx 0.155$

$[H^+] = x$

$[ClO^-] = x$

$$K_a = \frac{x^2}{0.155} = 3.0 \times 10^{-8}$$

$x = [H^+] \approx 6.8 \times 10^{-5}$

$pH = -\log[H^+] = -\log(6.8 \times 10^{-5}) = 4.17$

14.14

염기 해리 식: $N_2H_4 + H_2O \rightleftharpoons N_2H_5^+ + OH^-$

N_2H_4의 초기 농도 $C = 0.245$ M

생성된

$[OH^-]_{평형} = x$

$[N_2H_4]_{평형} = C - x = C = 0.245$ M

$$K_b = \frac{x^2}{C}$$

$x = \sqrt{(9.8 \times 10^{-7})(0.245)} \approx 4.9 \times 10^{-4}\ M = [OH^-]$

$pOH = -\log(4.9 \times 10^{-4}) = 3.31$

$pH = 14 - pOH = 14 - 3.31 = 10.69$

14.15

비타민 C(아스코브산)는 산으로서

$K_a \approx 7.9 \times 10^{-5}$ ($pK_a \approx 4.10$)

짝염기의 $K_b = \dfrac{K_w}{K_a} = \dfrac{1.0 \times 10^{-14}}{7.9 \times 10^{-5}} \approx 1.3 \times 10^{-10}$

15장

15.1

완충 용액: 1.0 M HF(산) + 1.0 M KF(염, F^- 공급)

$HF \rightleftharpoons H^+ + F^- \qquad K_a = \dfrac{[H^+][F^-]}{[HF]} = 7.2 \times 10^{-4}$

$[H^+] = K_a = (7.2 \times 10^{-4}\ M) \times \dfrac{1.0\ M}{1.0\ M} ≒ 7.2 \times 10^{-4}$ M

15.2

완충계: 약산 [HCN] = 0.003 M / 짝염기 CN^-

(NaCN → 완전 해리로 $[CN^-]$ = 0.025 M)

HCN $K_a = 4.9 \times 10^{-10} \Longrightarrow pK_a = -\log K_a = 9.31$

헨더슨-하셀바흐 식:

$$pH = pK_a + \log\frac{[A^-]}{[HA]} = 9.31 + \log\frac{0.025}{0.030} \approx 9.23$$

15.3

HCO^{3-}(산) $\rightleftharpoons H^+ + CO_3^{2-}$

HCO^{3-}의 $K_a = 5.6 \times 10^{-11} \Longrightarrow pK_a = -\log K_a \approx 10.25$

두 용액 혼합 후 전체 부피가 2 L 증가하므로

$$[HCO^{3-}] = \frac{0.20\ mol}{2.00\ L} = 0.100\ M$$

$$[CO_3^{2-}] = \frac{0.10\ mol}{2.00\ L} = 0.050\ M$$

헨더슨-하셀바흐 식:

$$pH = pK_a + \log\frac{[CO_3^{2-}]}{[HCO_3^-]} = 10.25 + \log\frac{0.050}{0.100} \approx 9.95$$

15.4

초기 HOCl 몰수: $n_{HA} = 0.018 \times 0.1570 = 2.826 \times 10^{-3}$ mol

(a) KOH 10.0 mL 첨가 시(완충 구간)

추가된 OH^- 몰수 $n_{OH^-} = 0.0300 \times 0.0100 = 3.00 \times 10^{-4}$ mol

중화 반응 후

$n_{HA} = (2.826 \times 10^{-3}) - (3.00 \times 10^{-4}) = 2.526 \times 10^{-3}$ mol

$n_{A^-} = 3.00 \times 10^{-4}$ mol

헨더슨-하셀바흐 식:

$$pH = pK_a + \log\frac{n_{A^-}/V_{혼합}}{n_{HA}/V_{혼합}}$$

$$= 7.456 + \log\frac{3.00 \times 10^{-4}}{2.526 \times 10^{-3}} \approx 6.53$$

(b) 당량점

당량점에 필요한 KOH 부피:

$$V_{eq} = \frac{n_{HA}}{0.0300} = 0.0942\ L = 94.2\ mL$$

총 부피 = 157.0 + 94.2 = 251.2 mL = 0.2512 L

당량점에서는 $A^- = OCl^-$ 용액(염기성),

OCl^-의 $K_b = \dfrac{K_w}{K_a} = \dfrac{1.0 \times 10^{-14}}{3.5 \times 10^{-8}} = 2.86 \times 10^{-7}$

중화 반응 완료 후

$$[A^-] = \frac{2.826 \times 10^{-3}}{0.2512} = 1.125 \times 10^{-2}\ M$$

	A^-	+	H_2O	$\rightleftharpoons$	HA	+	OH^-
처음	1.125×10^{-2} M						
변화	$-x$				$+x$		$+x$
평형	$(1.125 \times 10^{-2} - x)$ M				x M		x M

$$K_b = \frac{[HA][OH^-]}{[A^-]} = \frac{x^2}{1.125 \times 10^{-2} - x} = 2.86 \times 10^{-7}$$

$x = [OH^-] \fallingdotseq 5.67 \times 10^{-5}$ M

$pOH = -\log(5.67 \times 10^{-5}) = 4.246$

$pH = 14 - pOH = 9.75$

15.5

1) 반응식

$NH_3 + H^+ \longrightarrow NH_4^+$

2) 초기 몰수

$n(NH_3) = 0.100 \text{ M} \times 0.0250 \text{ L} = 2.50 \times 10^{-3}$ mol

$n(HCl) = 0.100 \text{ M} \times 0.0300 \text{ L} = 3.00 \times 10^{-3}$ mol

3) 과량의 산 몰수

$n_{과량}H^+ = 3.00 \times 10^{-3} - 2.50 \times 10^{-3} = 5.00 \times 10^{-4}$ mol

4) 총 부피 $V = 25.0 + 30.0 = 55.0$ mL $= 0.0550$ L

5) H^+의 농도

$$[H^+] = \frac{n_{과량}H^+}{V} = \frac{5.00 \times 10^{-4}}{0.0550} = 9.09 \times 10^{-3} \text{ M}$$

15.6

$K_{sp} = [Bi^{3+}]^2[S^{2-}]^3$

15.7

$K_{sp} = [Bi^{3+}]^2[S^{2-}]^3 = (2.0 \times 10^{-3})^2(3.0 \times 10^{-2})^3$

$= (4.0 \times 10^{-6})(2.7 \times 10^{-5}) \fallingdotseq 1.1 \times 10^{-10}$

15.8

염화납($PbCl_2$)은 물에 녹아 다음과 같이 이온화된다.

$PbCl_2(s) \rightleftharpoons Pb^{2+}(aq) + 2Cl^-(aq)$

$PbCl_2$의 몰용해도를 's'라고 하면, 충분히 용해 후 각 이온의 농도는 다음과 같다.

$[Pb^{2+}] = s$, $[Cl^-] = 2s$

$K_{sp} = [Pb^{2+}][Cl^-]^2 = (s)(2s)^2 = 4s^3 = 4 \times (3.9 \times 10^{-2})^3$

$\approx 2.4 \times 10^{-4}$

15.9

(a) 반응에서 생성될 수 있는 침전: 황산 스트론튬($SrSO_4$)

위 침전의 $K_{sp} = 3.2 \times 10^{-7}$ (부록 G)

$K_{sp} = [Sr^{2+}][SO_4^{2-}]$

$3.2 \times 10^{-7} = (3.0 \times 10^{-4})[SO_4^{2-}]$

$[SO_4^{2-}] = 1.1 \times 10^{-3}$ M (황산 이온의 농도가 이 정도는 되어야 침전 생성 가능하다는 의미)

침전을 형성하는 데 필요한 황산 이온(SO_4^{2-})의 농도는 H_2SO_4로부터 공급

$\therefore [SO_4^{2-}] = [H_2SO_4] = 1.1 \times 10^{-3}$ M

(b) 반응에서 생성될 수 있는 침전: 인산 은(Ag_3PO_4)

위 침전의 $K_{sp} = 1.8 \times 10^{-18}$ (부록 G)

$K_{sp} = [Ag^+]^3[PO_4^{3-}]$

$1.8 \times 10^{-18} = (1.25 \times 10^{-3})^3[PO_4^{3-}]$

$[PO_4^{3-}] = 9.2 \times 10^{-10}$ M (인산 이온의 농도가 이 정도는 되어야 침전 생성 가능하다는 의미)

침전을 형성하는 데 필요한 인산 이온(PO_4^{3-})의 농도는 H_3PO_4로부터 공급($[PO_4^{3-}] = [H_3PO_4]$)

$\therefore [PO_4^{3-}] = [H_3PO_4] = 9.2 \times 10^{-10}$ M

(c) 반응에서 생성될 수 있는 침전: 황화 구리(II)(CuS)

위 침전의 $K_{sp} = 8.5 \times 10^{-45}$ (부록 G)

$K_{sp} = [Cu^{2+}][S^{2-}]$

$8.5 \times 10^{-45} = (2.11 \times 10^{-4})[S^{2-}]$

$[S^{2-}] = 4.0 \times 10^{-41}$ M (황화 이온의 농도가 이 정도는 되어야 침전 생성 가능하다는 의미)

침전을 형성하는 데 필요한 황화 이온(S^{2-})의 농도는 Na_2S로부터 공급($[S^{2-}] = [Na_2S]$)

$\therefore [S^{2-}] = [Na_2S] = 4.0 \times 10^{-41}$ M

16장

16.1

(a) 온도가 높은 곳에서 낮은 곳으로 열은 자연히 흐른다($\Delta S_{우주} > 0$, 제2법칙).

→ 자발적 반응

(b) 중력을 거스르고 상승하려면 외부에서 일/에너지 공급 없이는 일어날 수 없다(자연 상태에서 $\Delta S_{우주} < 0$).

→ 비자발적 반응

16.2

(a) $HgCl_2(s) \longrightarrow HgCl_2(aq)$

고체가 용액(수화/해리)으로 되면서 입자의 자유도 증가

$\rightarrow \Delta S > 0$

(b) $NH_3(g) + H_2O(l) \longrightarrow NH_4OH(aq)$

($\approx NH_4^+$, OH^- 수용액)

기체가 사라져 용액 속 이온으로 되면서 기체 소멸 효과가 크다. $\rightarrow \Delta S < 0$

(c) $Ag^+(aq) + Cl^-(aq) \longrightarrow AgCl(s)$

용액 속 이온이 고체 침전으로 되면서 무질서도 감소

$\rightarrow \Delta S < 0$

(d) $2\ NO_2(g) \longrightarrow N_2O_4(g)$

기체 몰수가 2에서 1로 감소하여 자유도 감소 $\rightarrow \Delta S < 0$

16.3

$S°(H_2(g)) = 130.58\ J \cdot mol^{-1} \cdot K^{-1}$

$S°(O_2(g)) = 205.0\ J \cdot mol^{-1} \cdot K^{-1}$
$S°(H_2O(l)) = 69.9\ J \cdot mol^{-1} \cdot K^{-1}$
$\Delta S° = \Sigma S°(\text{생성물}) - \Sigma S°(\text{반응물})$
$= 2(69.9) - [2(130.58) - 205.0] = -3.26 \times 10^2\ J \cdot K^{-1}$

16.4

부록 E를 참고하면 다음과 같다.
$S°(Fe_2O_3(s)) = 89.96\ J \cdot mol^{-1} \cdot K^{-1}$
$S°(Fe(s)) = 27.15\ J \cdot mol^{-1} \cdot K^{-1}$
$S°(H_2O(g)) = 188.83\ J \cdot mol^{-1} \cdot K^{-1}$
$S°(H_2(g)) = 130.58\ J \cdot mol^{-1} \cdot K^{-1}$
$\Delta S° = \Sigma S°(\text{생성물}) - \Sigma S°(\text{반응물})$
$= [2(27.15) + 3(188.83)] - [1(89.96) + 3(130.58)]$
$= 139.09\ J \cdot K^{-1} = 1.4 \times 10^2\ J \cdot K^{-1}$

16.5

$\Delta G° = \Delta H° - T\Delta S° = 0$일 때의 교차 온도 T를 구한다.

교차 온도 $T = \dfrac{\Delta H°}{\Delta S°} = \dfrac{178.49 \times 10^3\ J}{163.18\ J/K} = 1,904\ K\ (= 821\ °C)$

16.6

$\Delta G° = \Delta H° - T\Delta S°$
위 식에 온도 $T = (35 + 273.15)\ K$, $\Delta H° = 178.49 \times 10^3\ J$, $\Delta S° = 163.18\ J/K$를 대입한다. $\Delta G°$의 부호를 통해 자발성 여부를 판단한다.
$\Delta G° = (178.49 \times 10^3) - (35 + 273.15)(163.18)$
$= 1.28 \times 10^6\ J > 0$ (양수)
∴ 이 반응은 비자발적 반응으로서 역반응만 가능하다.

16.7

표준 생성 자유 에너지($\Delta G_f°$) (부록 E)
$Fe_2O_3(s)$: −740.98 kJ/mol
$Fe(s)$: 0 kJ/mol (안정한 상태의 홑원소 물질)
$O_2(g)$: 0 kJ/mol (안정한 상태의 홑원소 물질)
$\Delta G° = \Sigma\Delta G_f°(\text{생성물}) - \Sigma\Delta G_f°(\text{반응물})$
$= 2\ mol \times (-740.98\ kJ/mol)$
$- (4\ mol \times 0\ kJ/mol + 3\ mol \times 0\ kJ/mol)$
$= -1481.96\ kJ$ (< 0이므로 자발적)

16.8

$\Delta G = \Delta G° + RT\ln Q$

$Q = \dfrac{[NH_2CONH_2]}{(P_{NH_3})^2(P_{CO_2})} = \dfrac{1.25}{(6.0)^2(6.0)} = \dfrac{1.25}{216} \approx 0.005787$

$\Delta G = (-13.6 \times 10^3) + (8.314)(298.15)\ln(0.05787)$
$\approx -26.4\ kJ/mol$ (< 0이므로 자발적으로 진행)

16.9

예제 16.9에서 $T = 298.15\ K$일 때, $K = 2.4 \times 10^4$이었으므로 평형 상수가 두 배인 $K = 4.8 \times 10^4$일 때 온도 T를 구하면 된다.
$\Delta G°(\text{일정}) = -RT\ln K$
$-25.1 \times 10^3 = -(8.314) \times T \times \ln(4.8 \times 10^4)$
$T ≒ 280\ K$
∴ 약 18 K 낮은 온도(≈ 298 → 280 K)로 바꾸면 평형 상수 K가 두 배가 된다.

17장

17.1

(a) $Zn + 2\ AgNO_3 \longrightarrow Zn(NO_3)_2 + 2\ Ag$
(b) $Cu + 4\ HNO_3 \longrightarrow Cu(NO_3)_2 + 2\ H_2O + 2\ NO_2$
(c) $3\ Cu(s) + 2\ NO_3^-(aq) + 8\ H^+(aq)$
$\longrightarrow 3\ Cu^{2+}(aq) + 4\ H_2O(l) + 2\ NO(g)$

17.2

$Cu(s)\,|\,MnO_4^-(aq),\ H^+(aq)\ \|\ Fe^{2+}(aq)\,|\,Fe(s)$

17.3

산화 반쪽 반응식: $Cu(s) \longrightarrow Cu^{2+}(aq) + 2e^-$
환원 반쪽 반응식: $Fe^{2+}(aq) + 2e^- \longrightarrow Fe(s)$
산화 전극: $Cu(s)$, 시간이 흐를수록 전극 질량 감소
환원 전극: $Fe(s)$, 시간이 흐를수록 전극 질량 증가

17.4

$Ag^+(aq) + e^- \longrightarrow Ag(s) \qquad \Delta H°_{red} = +0.80\ V$ (산화 전극)
$H_2O_2(aq) + 2\ H^+(aq) + 2\ e^- \longrightarrow 2\ H_2O(l)$
$\Delta H°_{red} = +1.77\ V$ (환원 전극)
$E°_{\text{전지}} = +1.77\ V - (+0.80\ V) = +0.97\ V$

17.5

$\Delta G° = RT\ln K$

(a) $65,620\ J = -(8.314)(298.15)\ln K$
$K = 7.08 \times 10^{-2}$
(b) $-160,190\ J = -(8.314)(298.15)\ln K$
$K = 1.16 \times 10^{28}$

17.6

$E°_{\text{전지}} = +0.97\ V,\ n = 2$
$\Delta G° = nFE°_{\text{전지}} = -2 \times 96500 \times 0.97 = -1.87 \times 10^5\ J$
$= -RT\ln K = -8.314 \times 298.15 \times \ln K$

$K = 6.3 \times 10^{32}$

17.7

$$E_{전지} = E^{\circ}_{전지} - \frac{0.0562}{n} \log \frac{[Cr^{3+}]^2}{[Cr^{2+}]^2[Co^{2+}]}$$

$$= (-0.28 - (-0.41)) - \frac{0.0592}{2} \log \frac{(2.0)^2}{(0.30)^2(0.20)} \approx 0.061 \text{ V}$$

전지의 전압이 양수이므로 이 전지는 작동 가능한 전지이다.

17.8

방향네른스트식:

$$E = E^{\circ} - \frac{0.0562}{n} \log Q$$

$n = 1$

$$Q = \frac{[저농도]}{[고농도]} = \frac{0.0040 \text{ M}}{0.40 \text{ M}} = 0.01$$

이 값을 네른스트식에 대입하면 전지의 기전력 $E = 0.118$ V이며, 전자의 흐름은 A 방향이다.

자발적인 반응은 농도 차이를 줄이는 방향으로 일어난다. 따라서 농도가 낮은 쪽(0.0040 M)에서는 은 이온(Ag^+)의 농도를 높여야 하고, 농도가 높은 쪽(0.40 M)에서는 농도를 낮춰야 한다.

17.9

사슴표 페인트(알루미늄, Al): 알루미늄의 표준 환원 전위(−1.66 V)는 아연(−0.76 V)보다 훨씬 낮다. 따라서 페인트가 긁혀 구조물이 노출되더라도, 알루미늄이 아연 대신 먼저 산화되어 구조물의 부식을 막아준다. (올바른 선택)

곰표 페인트(코발트, Co) & 참새표 페인트(구리, Cu): 코발트(−0.28 V)와 구리(+0.34 V)는 모두 아연(−0.76 V)보다 반응성이 작다. 만약 이 페인트를 사용하면, 오히려 아연-주석 합금 구조물이 희생양극 역할을 하게 되어 부식이 더욱 빠르게 진행된다. (잘못된 선택)

17.10

반쪽 반응(우, 니켈 전극)

$NiO(s) + H_2O(l) + e^- \longrightarrow Ni(OH)_2(s) + OH^-(aq) \Rightarrow Ni(OH)_2$

(1몰 생성에 전자 1몰 필요)

$M_{Ni(OH)_2} = 58.69 + 2(16 + 1) = 92.69 \text{ g mol}^{-1}$

$$n(Ni(OH)_2) = \frac{3.5 \text{ g}}{92.69 \text{ g mol}^{-1}} = 3.78 \times 10^{-2} \text{ mol}$$

$n(e^-) = n(Ni(OH)_2) = 3.78 \times 10^{-2}$ mol

$Q = nF = (3.78 \times 10^{-2}) \times 96{,}485 \approx 3.64 \times 10^3$ C

$$t = \frac{Q}{I} = \frac{3.64 \times 10^3 \text{ C}}{3.05 \text{ C s}^{-1}} \approx 1.19 \times 10^3 \text{ s} \approx 20분$$

17.11

시간(t): 4시간 × 3600초/시간 = 14,400초

전류(I): 35.0 A (또는 35.0 C/s)

전하량(C) = 전류(A) × 시간(s) = 35.0 C/s × 14,400 s
= 504,000 C

전자의 몰수 = 전하량 ÷ 96,500 C/mol e^-
= 504,000 C ÷ 96,500 C/mol e^- = 5.22 mol

환원 반응식: $X^{3+}(aq) + 3e^- \longrightarrow X(s)$

5.22 mol의 전자로 금속 X는 5.22 ÷ 3 = 1.74 mol이 생성된다. 이 몰수의 금속 X의 질량이 90.52라고 했으니 1 mol일 때의 이 금속의 질량, 즉 몰질량을 알아낼 수 있다.

몰질량(g/mol) = 질량 ÷ 몰수
≒ 52.0 g/mol (Cr의 몰질량과 일치)

∴ X는 Cr

18장

18.1

(a) 플루오린화테트라암민은

(b) 염화헥사아쿠아크로뮴(III)

(c) 테트라클로로바나듐(III)산 이온

18.2

(a) $[Fe(C_2O_4)_3]^{3+}$

(b) $[PtCl_4]^{2-}$

18.3

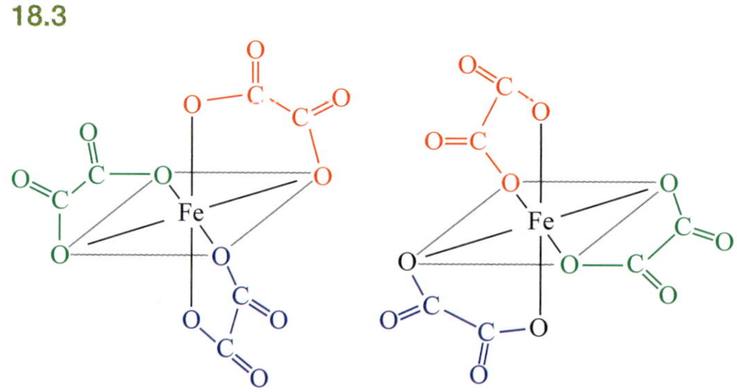

18.4

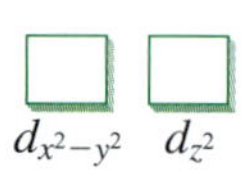

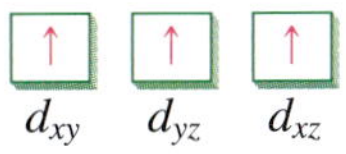

18.5

$[Fe(CN)_6]^{4-} < [VF_6]^{3-} = [Ni(en)_3]^{2+} < [Fe(H_2O)_6]^{2+}$

18.6

1개

19장

19.1

(a) ${}^{0}_{1}n$

(b) ${}^{49}_{26}Co$

(c) ${}^{188}_{74}W \longrightarrow {}^{0}_{-1}\beta + {}^{188}_{73}Ta$

19.2

m(양성자 1개의 질량): 1.67493×10^{-24} g $= 1.67493 \times 10^{-27}$ kg (SI 단위인 kg으로 변환)

c(광속): 3.00×10^8 m/s

이 값을 공식 $E = mc^2$에 대입하면,

$E = (1.67493 \times 10^{-27}\text{ kg}) \times (3.00 \times 10^8\text{ m/s})^2 \approx 1.51 \times 10^{-10}\text{ kg}\cdot\text{m}^2/\text{s}^2 = 1.51 \times 10^{-10}\text{ J}$

약 1.51×10^{-10} J의 에너지가 방출된다.

19.3

방사성 붕괴는 1차 반응 속도식을 따르므로,

$$\ln \frac{\text{나중 양}}{\text{처음 양}} = -kt,\ t_{1/2} = \frac{0.693}{k}$$

1) 원소 X가 1 % 남을 때까지 걸리는 시간

X의 반감기: 2.0일

속도 상수(k) = 0.3465 일$^{-1}$

$$t = -\frac{1}{0.3465}\ln(0.01) \approx 13.3\text{일}$$

2) 원소 Y가 1% 남을 때까지 걸리는 시간

Y의 반감기: 4.55일

속도 상수(k) = 0.1523 일$^{-1}$

$$t = -\frac{1}{0.1523}\ln(0.01) \approx 30.2\text{일}$$

19.4

반감기가 24.3일로 가장 긴 ^{32}P의 잔존량의 과다하게 있는지를 확인하는 것이 합당하다. 수입산 어류가 우리나라에 수입이 되어 음식점까지 납품되는 데 1~2주 이상 걸리는 점을 감안한다면 반감기가 일주일보다도 짧은 ^{24}Na, ^{32}P 원소의 충분한 양을 검출할 수 없기 때문이다.

20장

20.1

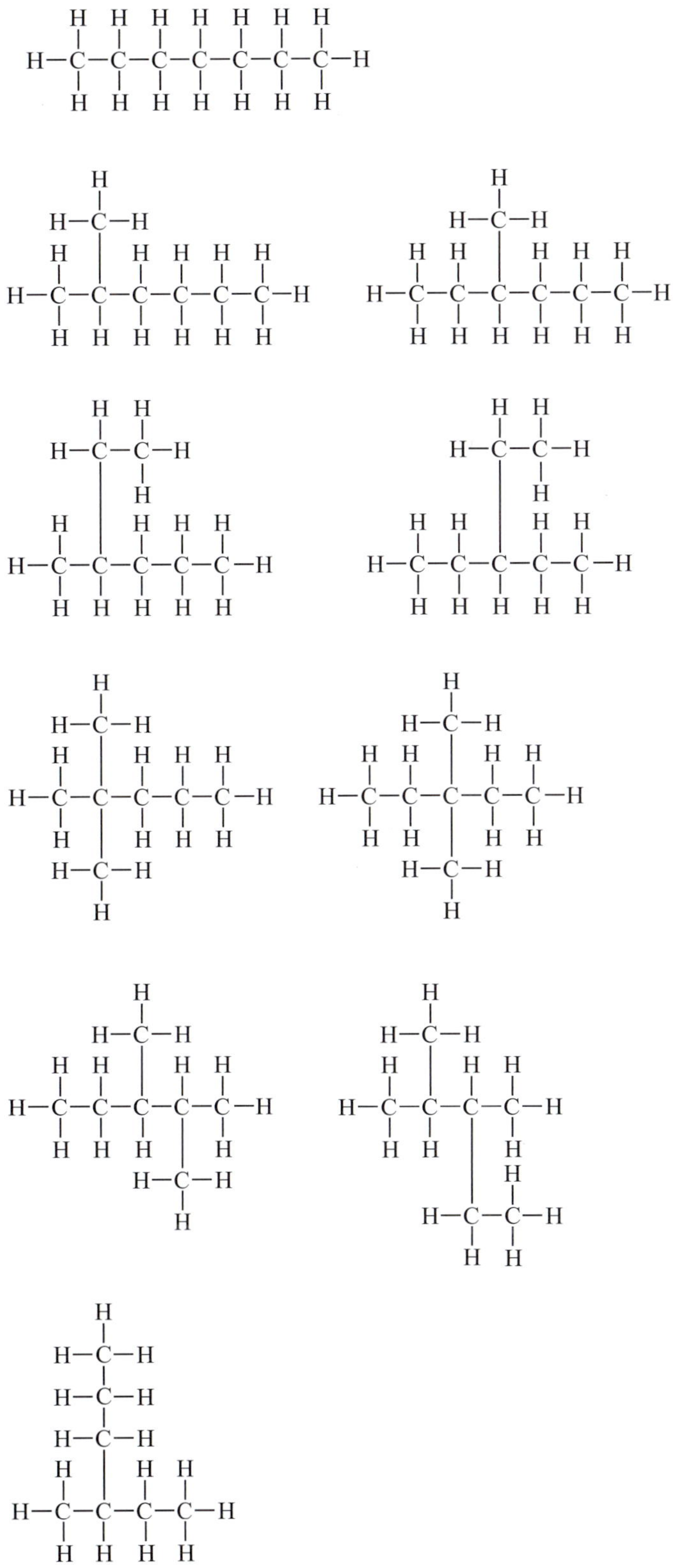

20.2

$C_{30}H_{59}OH$

20.3

메탄올(메틸 알코올)

20.4

(a) 

(b) 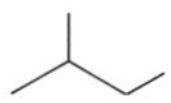

(c) 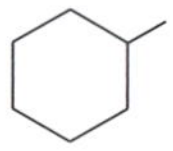

20.5

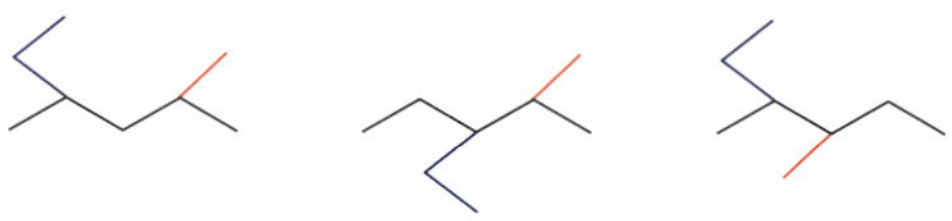

20.6

(a) sp^3, 109.5°

(b) sp^2, 120°

(c) sp, 180°

(d) sp^3, 109.5°

20.7

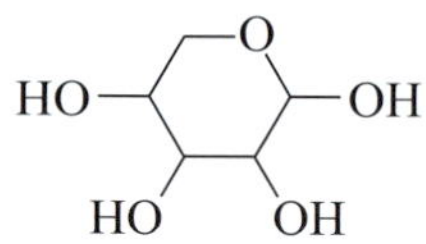

20.8

모든 알코올기는 2차 알코올이다.

20.9

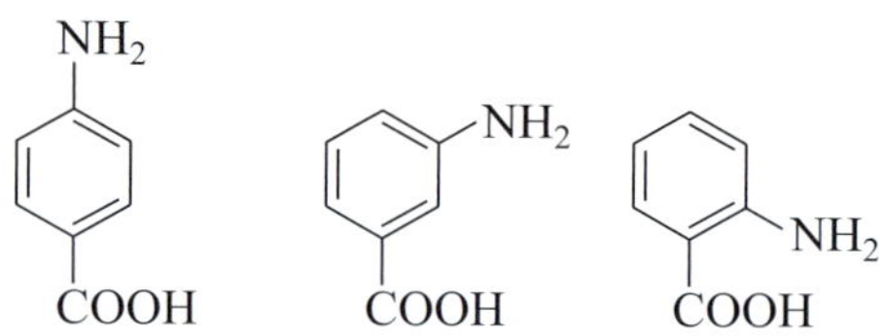

연습문제 정답 및 해설

1장

1.1 $580\ \text{Å} \times \dfrac{10^{-8}\ \text{cm}}{1\ \text{Å}} \times \dfrac{1\ \text{m}}{100\ \text{cm}} = 5.8 \times 10^{-8}\ \text{m}$

1.2 $660\ \text{nm} \times \dfrac{10^{-9}\ \text{m}}{1\ \text{nm}} \times \dfrac{100\ \text{cm}}{1\ \text{m}} = 6.6 \times 10^{-5}\ \text{cm}$

1.3 $450\ \text{mL} \times \dfrac{13.6\ \text{g}}{1\ \text{mL}} = 6{,}120\ \text{g} = 6.12 \times 10^{-5}\ \text{g}$

1.4 $52\ \text{주} \times \dfrac{7\text{일}}{1\text{주}} \times \dfrac{24\text{시간}}{1\text{일}} \times \dfrac{60\text{분}}{1\text{시간}} \times \dfrac{60\text{초}}{1\text{분}} \times$

$\dfrac{10^{-12}\text{피코초}}{1\text{초}} = 3.1 \times 10^{-5}\ \text{피코초}$

1.5 $°\text{F} = 1.8 \times °\text{C} + 32$

$102 = 1.8 \times x + 32$

$x = \dfrac{102 - 32}{1.8} = 39$

1.6 유효 숫자 두 자리
20만이라는 사람 수까지는 당시의 측정 방법으로 파악되었기에 역사서에 기록이 된 것이고, 천, 백, 십, 일의 자리 숫자까지는 측정을 하지 못한 것으로 봐야 한다. 따라서, 앞 2와 0, 이 두 숫자만 유효 숫자로 봐야 한다.

1.7 (a) <

$32.120\ \text{mg} \times \dfrac{\text{g}}{1000\ \text{mg}} \times \dfrac{1\ \text{kg}}{1000\ \text{g}}$

$= 3.2120 \times 10^{-5}\ \text{Kg} < 0.3212\ \text{Kg}$

(b) <

$1.128\ \text{m}^3 \times \left(\dfrac{100\ \text{cm}}{1\ \text{m}}\right)\left(\dfrac{100\ \text{cm}}{1\ \text{m}}\right)\left(\dfrac{100\ \text{cm}}{1\ \text{m}}\right)$

$= 1.128 \times 10^6\ \text{cm}^3 < 1{,}128{,}310\ \text{cm}^3$

(c) >

$645\ \text{nm} \times \dfrac{1\ \text{m}}{10^{-9}\ \text{nm}} \times \dfrac{10^3\ \text{mm}}{1\ \text{m}}$

$= 0.645 \times 10^{15}\ \text{mm} > 0.645 \times 10^6\ \text{mm}$

1.8 $123\ \text{달러} \times \dfrac{1\text{다스}}{3.25\text{달러}} \times \dfrac{12\text{개}}{1\text{다스}} = 454\text{개}$

1.9 $\text{밀도} = \dfrac{\text{질량}}{\text{부피}} = \dfrac{220.9\ \text{g}}{0.50\ \text{cm} \times 1.55\ \text{cm} \times 25.00\ \text{cm}}$

$= 11.401\ldots\ \text{g/cm}^3 = 11\ \text{g/cm}^3$

1.10 (a) $\dfrac{100 - 32}{1.8} = 37.7\ldots = 38\ °\text{C}$

(b) $63 \times 1.8 + 32 = 150\ °\text{F} = 1.5 \times 10^2\ °\text{F}$

(c) $\text{운동 에너지} = \dfrac{1}{2} \times 79\ \text{kg} \times (5.5\ \text{m/s})^2$

$= 1194.875\ \text{kg}\cdot\text{m}^2/\text{s}^2$

$\times \dfrac{1\ \text{J}}{1\ \text{kg}\cdot\text{m}^2/\text{s}^2} \times \dfrac{1\ \text{cal}}{4.184\ \text{J}}$

$= 285.58\ldots\ \text{cal} = 2.9 \times 10^2\ \text{cal}$

1.11 $9.85\ \text{L} \times \dfrac{1\text{갤런}}{3.785\ \text{L}} = 2.602\ldots\text{갤런} = 2.60\text{갤런}$

1.12 (a) 소수점 두 번째 자리까지 (0.01 m 단위까지)
(b) 소수점 첫 번째 자리까지 (0.1 kg 단위까지)
(c) 소수점 첫 번째 자리까지 (0.1 mg 단위까지)
(d) 소수점 세 번째 자리까지 (0.001 g 단위까지)

1.13

(a)	150,000,000 km	두 자리
	8분	한 자리(완전수)
	19초	두 자리
(b)	820 km	두 자리
	2호	한 자리(완전수)
	1993년	네 자리(완전수)
	9월	한 자리(완전수)
	26일	두 자리(완전수)
(c)	2024년	네 자리(완전수)
	81.4세	세 자리
	87.1세	세 자리
(d)	10만개쯤	두 자리
	20,000 ~ 25,000	각각 한 자리, 두 자리

1.14 (a) 10 (= 1×10^1, 유효 숫자 한 자리)
(b) 11.1 (유효 숫자 세 자리)

1.15 (a) 2.8×10^{-4}
(b) 1.65×10^{-7}
(c) 7.5

1.16 (a) 24 (숫자 5 이후에 어떤 값도 없고, 5 앞의 수가 짝수이므로)
(b) 30 (숫자 5 이후에 어떤 값도 없고, 5 앞의 수가 홀수이므로)
(c) 4 (숫자 5 이후에 어떤 값도 없고, 5 앞의 수가 홀수이므로)
(d) 4 (숫자 5 이후에 어떤 값도 없고, 5 앞의 수가 짝수이므로)

1.17 (a) 8.25×10^{-5} (유효 숫자 세 자리)
5.442×10^{-3} (유효 숫자 네 자리)
$8.25 \times 10^{-5} \times 5.442 \times 10^{-3}$
$= 4.49 \times 10^{-7}$ (유효 숫자 세 자리)
(b) 4.66×10^{16} (유효 숫자 세 자리)
9.1×10^{-5} (유효 숫자 두 자리)
$(4.66 \times 10^{16}) \div (9.1 \times 10^{-5}) = 0.512... \times 10^{21}$
$= 5.1 \times 10^{20}$ (유효 숫자 두 자리)

1.18 • 하루에 근로자가 실제 일하는 시간

$$\text{셔츠 120장} \times \frac{\text{단추 6개}}{\text{1장}} \times \frac{\text{18초}}{\text{단추 1개}} \times \frac{\text{1시간}}{\text{3600초}}$$
$= 3.60$ 시간

• 하루에 근로자가 버는 비용

$$\text{셔츠 120장} \times \frac{\text{800원}}{\text{1장}} = \text{96,000시간}$$

• 시간당 급여 $= \dfrac{\text{96,000원}}{\text{3.60시간}} = 2666.666...\text{원/시간}$
$= 26700\text{원/시간}$
$= 2.67 \times 10^4\text{원/시간}$

1.19 $1\ \text{J} = 1\ \text{kg} \cdot \text{m}^2/\text{s}^2$
운동 에너지

$$= \frac{1}{2} \times 1300\ \text{kg} \times \left(\frac{115\ \text{km} \times \dfrac{1000\ \text{m}}{1\ \text{km}}}{1\ \text{hr} \times \dfrac{3600\ \text{s}}{1\ \text{hr}}} \right)^2$$
$$\times \frac{1\ \text{J}}{1\ \text{kg} \cdot \text{m}^2/\text{s}^2} = 6.63 \times 10^5\ \text{J}$$

1.20 • 평균 $= \dfrac{6.21+6.22+6.21+6.31+5.99+6.02+6.11+6.19+6.23+6.30}{10}$
$= 6.18$

• 신뢰도 = 표준 편차

$$= \pm\sqrt{\frac{\sum_i (\text{평균}-\text{측정값}_i)^2}{10-1}} = \pm 0.107$$

1.21 1갤런 = 3.785 L

$$\frac{\text{84.05달러}}{\text{1갤런}} \times \frac{\text{1,232원}}{\text{1달러}} \times \frac{\text{1갤런}}{3.785\ \text{L}} = 27.36\text{원/L}$$

1.22 $\dfrac{\text{NaCl } 0.95\ \text{g}}{100.00\ \text{mL}} \times \dfrac{1000\ \text{mL}}{1\ \text{L}} = \dfrac{\text{NaCl } 9.5\ \text{g}}{1\ \text{L}}$

1.23 $\dfrac{1.051\ \text{g}}{1\ \text{mL}} \times \dfrac{1000\ \text{mL}}{1\ \text{L}} \times 4.211\ \text{L} = 4.426 \times 10^3\ \text{g}$

1.24 $-\log[\text{Ca}^{2+}] = 3.\underline{457}$ (세 자리)

$[\text{Ca}^{2+}] = 10^{-3.457} = 3.49140... \times 10^{-4} = \underline{3.49} \times 10^{-4}$ (세 자리)

1.25 • 금속 정육면체의 부피

$$\frac{1\ \text{cm}^3}{8.67\ \text{g}} \times 83\ \text{g} = 9.6\ \text{cm}^3$$

• 한 변의 길이

$$\sqrt[3]{9.6\ \text{cm}^3} = 2.125...\ \text{cm} = 2.1\ \text{cm}$$

2장

2.1 부피

2.2 원소

2.3 정수비

2.4 분별 증류

2.5 전성

2.6 (a), (c)

2.7 (a) 침전물 없는 수돗물 자체는 물과 미네랄이 골고루 섞인 균일 혼합물이다.
(b) 사이다와 콜라 같은 탄산음료는 물, 설탕, 이산화탄소, 기타 성분이 균일하게 섞여 있는 균일 혼합물이다.
(c) 오일과 식초, 야채는 균일하게 섞일 수 없으므로 불균일 혼합물이다.

(d) 사람과 축구공이 운동장에서 있는 상태가 균일할 수는 없다. 굳이 설명하자면 불균일 혼합 상태라고 할 수 있다.

2.8 (a) 합금은 고체 균일 혼합물이다.
(b) 윤활유 종류는 균일 혼합물이다.
(c) 토양 성분은 균일하게 섞여 있지 않다. 불균일 혼합 상태이다.
(d) 나무의 뿌리조직, 잎조직, 줄기 내부조직, 외부조직이 모두 균일한 구성을 이루고 있지 않다. 불균일한 상태라 봐야 한다.

2.9 (a) 순물질
(b) 혼합물
(c) 순물질
(d) 혼합물(겨자의 성분이 단일 성분이 아니다.)

2.10 (a) 타이타늄
(b) 탄탈럼
(c) 토륨
(d) 테크네튬
(e) 탈륨

2.11 (a) 화합물(고체)
(b) 화합물(기체)
(c) 혼합물(액체)
(d) 원소(기체)

2.12 (a) Fe
(b) Pb
(c) Ag
(d) Au
(e) Sb

2.13 (a) 은우: 주기율표의 원자 번호는 원소의 질량이 증가하는 순으로 부여한 것이다.
원영: 규소는 준금속으로서 반도체의 소재로 사용된다.
지은: Br(액체)과 I(고체)를 제외하고 상온에서 발견되는 모든 비금속 원소는 기체이다. 상온에서 기체로 존재하는 금속은 없다.
(b) 동석: 수소는 거의 비금속성을 띤다.
승범: 알려진 원소 중 가장 많은 원소는 금속 원소이다.

2.14 원소: (a), (c), (d)
화합물: (b), (e), (f)

2.15 (a) 기체 (b) 액체 (c) 고체

2.16 네 가지 모든 성질이 물리적 성질이다. 어떠한 성질도 금속의 본질을 변화시키지 않는다.

2.17 물리적 성질: (a), (b), (e)
화학적 성질: (c), (d), (f)

2.18 물리적 변화: (a), (c)
화학적 변화: (b), (d)

2.19 응축이란 기체가 액체로 응집하는 과정을 뜻한다.
$Cl_2(g) \rightarrow Cl_2(l)$

2.20 H:C 질량비가 메테인은 1:3이고 시료는 1:4이므로 질량비가 달라서 시료는 메테인이 아니다. 또한 H의 질량을 똑같이 1 g이라 가정하고 이 수소와 결합되어 있는 탄소의 질량을 계산해보면, 메테인은 4 g, 시료는 3 g으로, 메테인:시료 간에는 4:3이라는 배수 비례가 적용된다고 할 수 있다.

2.21 탄소:산소의 질량비는 화합물 1의 경우 1:1.33이고 화합물 2의 경우 1:2.66이다. 따라서 탄소에 대한 산소의 결합 질량비가 화합물 1:화합물 2 = 1:2의 정수비를 가지므로 배수 비례 법칙을 준수한다.

화합물 2의 화학식: CO_2

2.22 화합물 A와 B 모두 황 1 g당 산소가 몇 g 구성되어 있는지 주어진 자료를 바탕으로 계산한다. 황의 질량을 동일하게 맞추어 두고 그 황에 산소가 얼마나 결합되어 있는지를 비교하면 배수 비례 여부를 확인할 수 있다.

화합물 A: 황 $= \frac{8.60}{8.60}$ g(= 1 g) 산소 $= \frac{12.88}{8.60}$ g = 1.50 g

화합물 B: 황 $= \frac{6.00}{6.00}$ g(= 1 g) 산소 $= \frac{5.99}{6.00}$ g ≒ 1.00 g

산소의 배수 비례는 화합물 A:화합물 B = 3:2

2.23 SO_2

2.24 • 발견된 운석에 아연의 질량이 66.1 g이라면, 황의 질량은 33.9 g이라 할 수 있다.
이때, 아연 원자의 수

$= 66.1\text{ g} \times \frac{1\text{개}}{65.41\text{ g}} = 1.01\text{개}$

황 원자의 수 $= 33.9\text{ g} \times \frac{1\text{개}}{32.07\text{ g}} = 1.05\text{개}$

• 황과 아연의 성분비가 거의 1개:1개의 비로 존재한다. 즉, S:Zn = 1:1

2.25 (a) 거름
(b) 증류(또는 증발)
(c) 분별 증류
(d) 분별 깔때기
(e) 증류(또는 분별 증류)

3장

3.1 ○

3.2 ×

3.3 ×

3.4 ○

3.5 ×

3.6 파울리의 배타 원리

3.7 주양자수

3.8 확률

3.9 반발력

3.10 가림 효과

3.11 훈트의 규칙

3.12 (순서대로) $+\frac{1}{2}$, $-\frac{1}{2}$

3.13 최대 18개의 전자가 세 번째 주 에너지 준위($n=3$)에 존재할 수 있다.

3.14 (a) 전자기파 b. 진동수는 전자기파의 에너지에 비례하기 때문이다.
(b) 전자기파(빛)의 속도는 상수이므로 두 파 모두 이동 속도는 같다.
(c) 그림상 마루에서 마루까지의 길이가 긴 전자기파는 전자기파 a이므로 파장이 상대적으로 더 길다.

3.15 원자 내부라는 좁은 공간에서 음극을 띠고 있는 전자와 전자 사이의 반발력 때문에 에너지 준위에 있어 추가 변수가 발생하기 때문에 수소 이외의 원자들의 선 스펙트럼까지는 설명할 수 없는 것이 보어 모형의 한계이다.

3.16 $l=0,\ 1,\ 2$
$m_l=-2,\ -1,\ 0,\ +1,\ +2$

3.17 i) 파장 600 nm인 광자 1개의 에너지

$$E=\frac{hc}{\lambda}=\frac{(6.626\times10^{-34}\ \text{J}\cdot\text{s})(3.00\times10^{8}\ \text{m/s})}{6.00\times10^{-7}\ \text{m}}$$
$$=3.31\times10^{-19}\ \text{J}$$

ii) 빛 감지에 필요한 광자의 수(개)

$$= \text{빛 감지에 필요한 최소 에너지}\times\frac{\text{광자 1개}}{3.31\times10^{-19}\ \text{J}}$$

$$= 4.00\times10^{-17}\ \text{J}\times\left(\frac{\text{광자 1개}}{3.31\times10^{-19}\ \text{J}}\right)\fallingdotseq \text{광자 121개}$$

3.18 바닥 상태의 에너지 준위는 가장 안정한 $n=1$ 준위이고, 이 준위를 출발해서 전자가 완전히 떨어져 나가 원자에서 제거되려면 전자는 $n=\infty$ 위치에 있어야 한다. 발머-리드베리 식을 다음과 같이 이용한다.

$$\Delta E=-R_H\left(\frac{1}{n_f^2}-\frac{1}{n_i^2}\right)$$
$(n_i=1,\ n_f=\infty,\ R_H=2.178\times10^{-18}\ \text{J})$

$$\Delta E=-(2.178\times10^{-18}\ \text{J})\times\left(\frac{1}{\infty^2}-\frac{1}{1^2}\right)$$
$$=2.178\times10^{-18}\ \text{J}$$

수소의 전자를 완전히 제거하기 위해서는 2.178×10^{-18} J 에너지가 필요하다.

3.19 발머-리드베리 식을 다음과 같이 이용한다.

$$\Delta E=-h\nu\ (\Delta E<0,\ \text{에너지 방출})$$
$$=-R_H\left(\frac{1}{n_f^2}-\frac{1}{n_i^2}\right)$$
$(n_i=5,\ n_f=x,\ R_H=2.178\times10^{-18}\ \text{J},$
$\nu=7.39\times10^{13}\ \text{s}^{-1},\ h=6.626\times10^{-34}\ \text{J}\cdot\text{s})$

$$\Delta E=-(6.626\times10^{-34})(7.39\times10^{13})$$
$$=-(2.178\times10^{-18})\left(\frac{1}{x^2}-\frac{1}{5^2}\right)$$
$\therefore x\fallingdotseq 4$

가장 가까운 정수가 4이므로, 문제에서 말하는 전자는 $n=5$에서 $n=4$ 에너지 준위로 전이했다.

3.20 (a) F (플루오린) (b) S (황) (c) Mg (마그네슘)
(d) Ni (니켈)

3.21

	1s	2s	2p	3s	3p	4s	3d	4p
(a) O	↑↓	↑↓	↑↓ ↑ ↑					
(b) Ca	↑↓	↑↓	↑↓ ↑↓ ↑↓	↑↓	↑↓ ↑↓ ↑↓	↑↓		
(c) Ar	↑↓	↑↓	↑↓ ↑↓ ↑↓	↑↓	↑↓ ↑↓ ↑↓			
(d) Br	↑↓	↑↓	↑↓ ↑↓ ↑↓	↑↓	↑↓ ↑↓ ↑↓	↑↓	↑↓ ↑↓ ↑↓ ↑↓ ↑↓	↑↓ ↑↓ ↑
(d) Fe	↑↓	↑↓	↑↓ ↑↓ ↑↓	↑↓	↑↓ ↑↓ ↑↓	↑↓	↑↓ ↑ ↑ ↑ ↑	

3.22 (a) $1s^22s^1$

(b) $1s^22s^22p^63s^23p^3$(=[Ne]$3s^23p^3$)

(c) $1s^22s^22p^63s^23p^64s^23d^{10}$(=[Ar]$4s^13d^{10}$)

(d) $1s^22s^22p^63s^1$(=[Ne]$3s^1$)

(e) $1s^22s^22p^63s^23p^64s^1$(=[Ar]$4s^1$)

3.23

	1s	2s	2p	3s	3p	4s	4p	3d
(a) 맞음	↑↓	↑↓	↑ ↑ ↑					
(b) 틀림	↑↓	↑↓	↑↓ ↑↓ ↑↓	↑↓	↑↓ ↑↓ ↑↓	↑↓		↑↓ ↑↓ ↑↓ ↑ ↑
(c) 틀림	↑↓	↑↓	↑↓ ↑↓ ↑↓	↑↓	↑↓ ↑↓ ↑↓	↑↓		
(d) 맞음	↑↓	↑↓	↑↓ ↑↓ ↑↓	↑↓	↑↓ ↑ ↑			

3.24 12번 원소(Mg, 마그네슘)와 38번 원소(Sr, 스트론튬)가 Ca과 물리/화학적 성질이 유사할 것이다. 이들 세 원소의 전자 배치를 적어보면 맨 마지막에 체워지는 전자의 오비탈 위치가 s^2로 같다. 즉, 같은 2A족 원소로서 주기율표에 위치하고 있다.

3.25 – 어려운 문제

이 중성 원자는 최소 8개까지 전자를 가질 수 있다.

문제에서 제공하는 네 자리 양자수를 잘 보면, 이 원자는 현재 두 번째 껍질에 p 오비탈이 있는 것으로 확인되고, $2p_x$, $2p_y$, $2p_z$ 오비탈 중에서 p_x 오비탈에 아랫스핀 전자가 들어 있음을 알 수 있다. 이를 만족하는 최소한의 오비탈 도표를 그려보면 다음과 같다.

1s	2s	2p
↑↓	↑↓	↑↓ ↑ ↑

따라서, 이와 같은 네 자리 양자수를 가지려면 기본적으로 8개의 전자를 가져야만 한다. 즉, 다른 말로 설명하면 8개 이상의 전자를 가지는 원자라면 모두 이 네 자리 양자수의 전자를 가질 수 있다.

4장

4.1 ○

4.2 ×

4.3 ×

4.4 ○

4.5 ○

4.6 ×

4.7 ○

4.8 가림 효과

4.9 전자 친화도

4.10 전기 음성도

4.11 (순서대로) 일반명(관용명), 체계명

4.12 수화물

4.13 유기 화합물

4.14 마그네슘의 전자 배치는 $1s^22s^22p^63s^2$이고 여기서 전자 하나가 제거된 후의 마그네슘 +1가 양이온의 전자 배치는 $1s^22s^22p^63s^1$이다. 전자 제거 전의 전자 배치가 제거 후의 전자 배치보다 에너지상 더 안정하기 때문에 이온화 에너지가 더 많이 필요하다.

반면에 알루미늄의 전자 배치는 $1s^22s^22p^63s^23p^1$이고 여기서 전자 하나가 제거된 후의 알루미늄 +1가 양이온의 전자 배치는 $1s^22s^22p^63s^2$이다. 전자 제거 후의 전자 배치가 제거 전의 전자 배치보다 에너지상 더 안정하기 때문에 이온화 에너지가 더 적게 필요하다.

4.15 인의 전자 배치는 $1s^22s^22p^63s^23p^3$이고 여기서 전자 하나가 제거된 후의 인 +1가 양이온의 전자 배치는 $1s^22s^22p^63s^23p^2$이다. 전자 제거 전의 전자 배치가 제거 후의 전자 배치보다 에너지상 더 안정하기 때문에 이온화 에너지가 더 많이 필요하다.

반면에 황의 전자 배치는 $1s^22s^22p^63s^23p^4$이고 여기서 전자 하나가 제거된 후의 황 +1가 양이온의 전자 배치는 $1s^22s^22p^63s^23p^3$이다. 전자 제거 후의 전자 배치가 제거 전의 전자 배치보다 에너지상 더 안정하기 때문에 이온화 에너지가 더 적게 필요하다.

4.16 P > S > O

4.17 같은 3주기의 전자 껍질수를 갖는 원소이더라도 염소가 황보다 양성자의 수가 많다. 유효 핵전하가 증가함에 따라 원자 반지름이 비교적 작다.

4.18 (a) $Mg > Mg^{2+}$
(b) $P < P^{3-}$

4.19 $K^+ > Ca^{2+}$
K에서 K^+로 이온화가 진행되면 전자 배치상 [Ar]과 동일한 최외각 껍질이 세 번째 껍질인 이온이 되며, Ca도 Ca^{2+} 이온이 되면서 동일하게 [Ar]과 동일한 최외각 껍질이 세 번째 껍질인 이온이 된다. 결국, 두 이온은 전자의 수가 동일하다. 그러나 원자 번호 19번인 포타슘 이온에 비해 20번 칼슘의 핵전하가 더 크므로, 더 강한 인력으로 전자들을 잡아당긴다. 따라서 이온 반지름은 포타슘 이온보다 칼슘 이온이 더 작다.

4.20 (a) 비금속 원소끼리의 결합이므로 공유 결합 화합물
(b) 금속 양이온(Na^+)과 비금속 음이온(F^+) 간의 결합이므로 이온 결합 화합물
(c) 비금속 원소끼리의 결합이므로 공유 결합 화합물
(d) 금속 양이온(Mg^{2+})과 비금속 음이온(Br^-) 간의 결합이므로 이온 결합 화합물
(e) 비금속 원소끼리의 결합이므로 공유 결합 화합물

4.21 (a) F > Cl > Br > I > At > He
(b) C > F > N > O

4.22 (a) CO_3^{2-} (b) NH_4^+
(c) OH^- (d) MnO_4^-

4.23 (a) 염소(−1) 이온 두 개와 결합하고 있으므로 코발트 +2가 양이온(Co^{2+}), 염화 코발트(II)
(b) 산소(−2) 이온 두 개와 결합하고 있으므로 납 +4가 양이온(Pb^{4+}), 염화 납(IV)
(c) 질산(−1) 이온 세 개와 결합하고 있으므로 크로뮴 +3가 양이온(Cr^{3+}), 질산 크로뮴(III)
(d) 황산(−2) 이온 세 개와 결합한 두 개 양이온은 +3가 양이온(Fe^{3+}), 황산 철(III)

4.24 (a) $Al(OH)_3$ (b) $Mn(NO_3)_2$
(c) Cr_2O_3 (d) $Cu_3(PO_4)_2$

4.25 (a) 오플루오린화 인(펜타플루오린화 인)
(b) 삼염화 인
(c) 일산화 탄소
(d) 이산화 황

5장

5.1 ○

5.2 ×

5.3 ×

5.4 ○

5.5 ○

5.6 ×

5.7 ○

5.8 ○

5.9 편극

5.10 벡터

5.11 (두 칸 모두) 공명 참여 구조

5.12 VSEPR

5.13 1.9

5.14 극성 공유 결합

5.15 수소 결합

5.16 (a) 극성 공유 결합
H와 F가 모두 비금속 원소이기 때문에 공유 결합 화합물이며, H의 전기 음성도는 2.1, F의 전기 음성도는 4.0으로 둘 간의 차이가 1.9이므로 극성 공유 결합이다.

(b) 이온 결합
Na는 금속 원소, F는 비금속 원소이므로 기본적으로 이온 결합이다. Na의 전기 음성도는 0.9, F의 전기 음성도는 4.0으로 그 차이가 1.9를 초과하므로 이온 결합이다.

(c) 비극성 공유 결합
N과 Cl 모두 비금속 원소이므로 기본적으로 공유 결합에 해당하며, N와 Cl의 전기 음성도는 3.0로 같다. 따라서 전기 음성도의 차이가 없는 비극성 공유 결합이다.

(d) 이온 결합
Mg는 금속 원소, Br는 비금속 원소이므로 기본적으로 이온 결합이다. 다만, Mg의 전기 음성도는 1.2, Br의 전기 음성도는 2.8으로 그 차이가 1.9를 초과하지는 않는 예외의 경우에 해당한다.

(e) 극성 공유 결합
C와 F 모두 비금속 원소이므로 기본적으로 공유 결합에 해당하며, C의 전기 음성도는 2.5, F의 전기 음성도는 4.0으로 그 차이가 1.5이다. 극성 공유 결합.

5.17 (a)

H−C≡N:

(b)

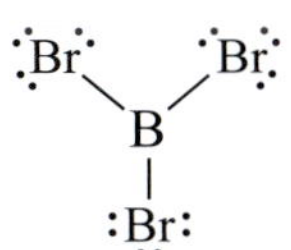

(c)

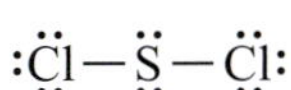

(d)

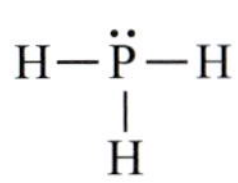

(e)

:C≡O:

5.18 이 문제는 팔전자 규칙의 예외 구조와 공명 참여 구조를 모두 나타내는 데에 중점을 두어야 한다.

(a)

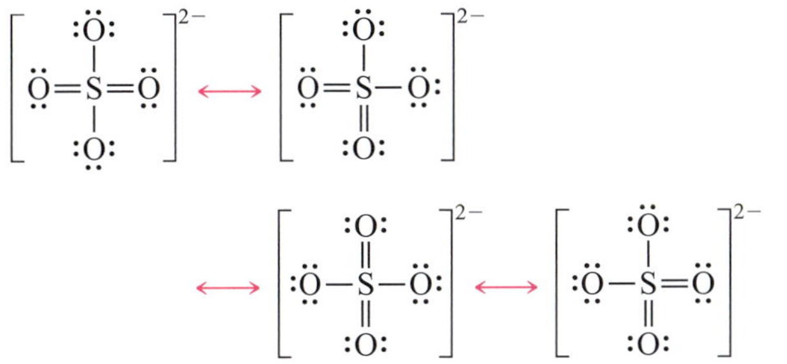

(b)

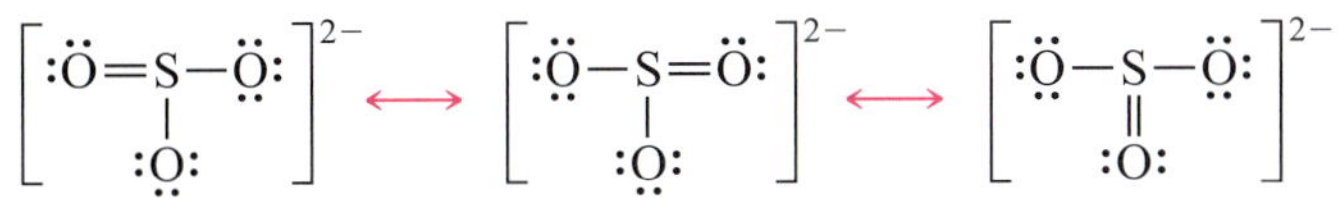

(c)

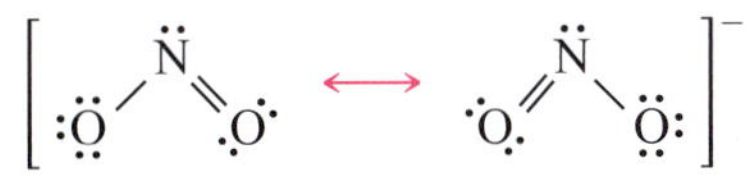

(d)

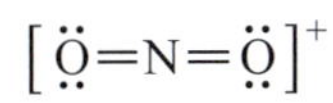

(e)

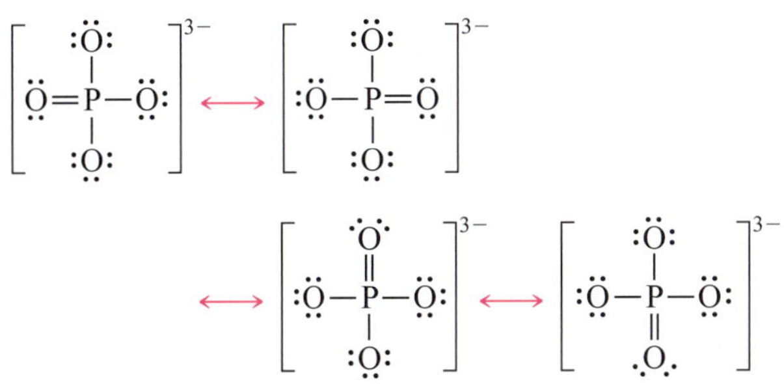

5.19

(a)

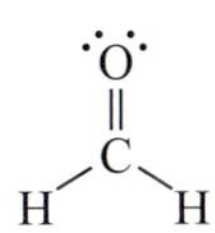

(b)

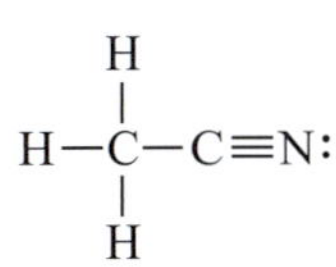

(c)

H−C≡C−H

(d)

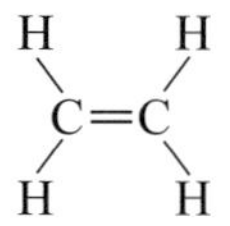

(e)

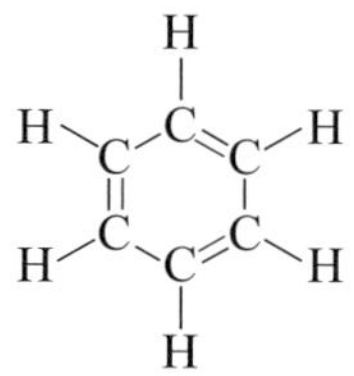

5.20 (a) 극성의 세기 = 전기 음성도 차이:
H—H < C—H < O—H < F—H
(b) 극성의 세기 = 전기 음성도 차이:
C—Cl = O—Cl < H—Cl < F—Cl

5.21 (a) HCl은 이원자 분자로서 원자-원자-원자가 이루는 결합각 자체가 존재하지 않는다.
(b) HCN은 결합각이 180도이다.
(c) BF_3는 결합각이 120도이다.
(d) H_2CO는 결합각이 약 120도이다(정확히 120는 아니지만 근접하다).
(e) PCl_3의 결합각은 암모니아와 비슷한 약 107도이다.

5.22 (a) HCN 선형 구조(직선형 구조)
(b) BBr_3 평면 삼각형 구조
(c) SCl_2 굽은 구조
(d) PH_3 삼각뿔형 구조
(e) CO 원자가 두 개만 있어서 중심 원자가 없는 관계로 VSEPR 모형을 적용할 수는 없지만 선형 구조에 가깝다고 볼 수 있다.

5.23 (a) SO_4^{2-}: 중심 원자 주변에 전하 구름이 네 개이므로 사면체 구조이다.
(b) SO_3^{2-}: 중심 원자 주변에 전하 구름이 세 개이므로 평면 삼각 구조이다.
(c) NO_2^-: 중심 원자 주변에 전하 구름이 세 개이므로 굽은형 구조이다.
(d) NO_2^+: 중심 원자 주변에 전하 구름이 두 개이므로 선형 구조이다.
(e) PO_4^{3-}: 중심 원자 주변에 전하 구름이 네 개이므로 사면체 구조이다.

5.24 (a) HCN는 쌍극자 모멘트가 있는 극성 분자이므로, 쌍극자-쌍극자 힘과 분산력이 있다.
(b) BBr_3는 쌍극자 모멘트가 없는 비극성 분자이므로, 분산력만 있다.
(c) SCl_2는 쌍극자 모멘트가 있는 극성 분자이므로, 쌍극자-쌍극자 힘과 분산력이 있다.
(d) PH_3는 쌍극자 모멘트가 있는 극성 분자이므로, 쌍극자-쌍극자 힘과 분산력이 있다.
(e) CO는 쌍극자 모멘트가 있는 극성 분자이므로, 쌍극자-쌍극자 힘과 분산력이 있다.

5.25 NaCl > H_2O > C_6H_6 > CO_2
(실제 끓는점: 1,465 °C 100 °C 80 °C −78 °C)

양이온과 음이온이 결합된 소금은 이온 간의 강력한 정전기적 인력으로 끓는점이 이 중에서 가장 높다.
다른 분자 중에서는 물이 수소 결합을 하므로 비극성 분자인 C_6H_6, CO_2보다 인력이 강하여 끓는점이 높다.
같은 비극성 분자이기만 하지만 분자량인 78인 C_6H_6가 분자량인 44인 CO_2보다 분산력이 더 커서 C_6H_6이 CO_2보다 끓는점이 높다.

6장

6.1 ○

6.2 ○

6.3 ○

6.4 ×

6.5 ×

6.6 ○

6.7 ○

6.8 ○

6.9 아보가드로수

6.10 (순서대로) 원자량, 분자량

6.11 분자식

6.12 반응 몰수비

6.13 한계 반응물(또는 한계 시약)

6.14 초과 반응물(또는 초과 시약)

6.15 이론적 수득량

6.16 $MgCl_2$ 27.6 g을 몰수로 환산하면 다음과 같다.

$$27.5\ g\ MgCl_2 \times \frac{1\ mol\ MgCl_2}{95.21\ g} = 0.2888\ mol\ MgCl_2$$

$MgCl_2$ 1 mol에 Mg^{2+}는 1 mol, Cl^-는 2 mol이 들어 있으므로, $MgCl_2$ 0.2888 mol에 포함된 Mg^{2+} 및 Cl^-의 몰수는 각각 0.2888 mol, 0.5776 mol이다.

6.17 (a) Hg_2Cl_2 = 472.1 g/mol
(b) $C_4H_8O_2$ = 88.10 g/mol
(c) CF_2Cl_2 = 120.9 g/mol

6.18 카페인($C_8H_{10}N_4O_2$)의 몰질량 = 194.2g/mol

$$125\ mg\ C_8H_{10}N_4O_2 \times \frac{1\ mol\ C_8H_{10}N_4O_2}{194.2\ g}$$

$= 0.644\ mmol\ C_8H_{10}N_4O_2$
$(0.644 \times 10^{-3})\ mol\ C_8H_{10}N_4O_2$
$\times (6.022 \times 10^{23}$개/mol$) = 3.88 \times 10^{20}$개 $C_8H_{10}N_4O_2$

6.19 (a) $SiCl_4 + 2H_2O \longrightarrow SiO_2 + 4HCl$
(b) $P_4O_{10} + 6H_2O \longrightarrow 4H_3PO_4$
(c) $CaCN_2 + 3H_2O \longrightarrow CaCO_3 + 2NH_3$
(d) $3NO_2 + H_2O \longrightarrow 2HNO_3 + NO$

6.20 분자량 = 실험식량 × n(정수배)이라는 점을 이용한다.
(a) HCO_2의 실험식량 = 45.02

$$n = \frac{\text{분자량}}{\text{실험식량}} = \frac{90.0}{45.02} \fallingdotseq 2$$

∴ 분자식 = $(HCO_2)_2 = H_2C_2O_4$

(b) C_2H_4O의 실험식량 = 44.05

$$n = \frac{\text{분자량}}{\text{실험식량}} = \frac{88}{44.05} \fallingdotseq 2$$

∴ 분자식 = $(C_2H_4O)_2 = C_4H_8O_2$

(c) CH_2의 실험식량 = 14.03

$$n = \frac{\text{분자량}}{\text{실험식량}} = \frac{84}{14.03} \fallingdotseq 6$$

∴ 분자식 = $(CH_2)_6 = C_6H_{12}$

(d) NH_2Cl의 실험식량 = 51.48

$$n = \frac{\text{분자량}}{\text{실험식량}} = \frac{51.48}{51.5} \fallingdotseq 1$$

∴ 분자식 = $(NH_2Cl)_1 = NH_2Cl$

6.21 생성된 물과 이산화 탄소에 함유된 수소와 산소는 모두 전적으로 톨루엔에서 온 것이다.
그리하여,
1) 톨루엔 속의 수소 질량 = 물에 함유된 수소의 질량

$$= 35.67\,mg\,H_2O \times \frac{(2 \times 1.008)\ mg\ H}{18.02\ mg\ H_2O} = 3.991\,mg\,H$$

2) 톨루엔 속의 탄소 질량 = 이산화 탄소에 함유된 탄소의 질량

$$= 152.5\ mg\ CO_2 \times \frac{12.01\ mg\ C}{44.01\ mg\ CO_2} = 41.62\ mg\ C$$

따라서, 톨루엔의 구성 원소의 질량은 다음과 같다.
H: 3.991 mg
C: 41.62 mg
이 값을 모두 몰수로 환산한다.

$$H:\ 3.991\ mg \times \frac{1\ mol}{1.008\ g} = 3.959\ mmol$$

$$C:\ 41.62\ mg \times \frac{1\ mol}{12.01\ g} = 3.465\ mmol$$

가장 작은 몰수로 전체를 나눈다.

$$H:\ \frac{3.959\ mmol}{3.465\ mmol} = 1.143$$

$$C:\ \frac{3.465\ mmol}{3.465\ mmol} = 1$$

간단한 정수비를 찾는다.
$H : C = 1.143 : 1 = 1.143 \times 7 : 1 \times 7$
$= 7.998 : 7 \fallingdotseq 8 : 7$
∴ 실험식은 $H_8C_7(=C_7H_8)$이다.

6.22 스타이렌의 질량이 100 g이라면 탄소가 92.3 g, 수소가 7.7 g이다.
각 원소를 몰수로 변환한다.

$$C:\ 92.3\ g \times \frac{1\ mol}{12.01\ g} = 7.68\ mol$$

$$H:\ 7.7\ g \times \frac{1\ mol}{1.008\ g} = 7.64\ mol$$

가장 작은 몰수로 전체 몰수를 나누어 간단한 정수비를 찾아서 실험식을 구한다.

$$C:\ \frac{7.68\ mmol}{7.64\ mmol} \fallingdotseq 1$$

$$H:\ \frac{7.64\ mmol}{7.64\ mmol} = 1$$

따라서, 실험식은 CH이고, 실험식량은 13.02 g/mol이다.
분자량 = 실험식량 × n(정수배)이므로,
104 g/mol = 3.02 g/mol × n
$n \fallingdotseq 8$
분자식은 $(CH)_8 = C_8H_8$이다.

6.23 (a) $2Fe_2O_3 + 3C \longrightarrow 4Fe + 3CO_2$
(b) Fe_2O_3의 몰질량은 159.7 g/mol이므로,

$$525\ g\ Fe_2O_3 \times \frac{1\ mol\ Fe_2O_3}{159.7\ g} = 3.29\ mol\ Fe_2O_3$$

(c) $525\ g\ Fe_2O_3 \times \frac{1\ mol}{159.7\ g} \times \frac{6.022 \times 10^{23}개}{1\ mol}$
$= 1.98 \times 10^{24}개$

6.24 HCl과 $CaCO_3$가 모두 소모되면서 생성할 수 있는 이산화 탄소의 부피를 계산한다.

$$2.35\ g\ HCl \times \frac{1\ mol\ HCl}{36.46\ g\ HCl} \times \frac{1\ mol\ CO_2}{2\ mol\ HCl} \times \frac{22.4\ L\ CO_2}{1\ mol\ CO_2} = 0.722\ L\ CO_2$$

$$2.35\ g\ CaCO_3 \times \frac{1\ mol\ CaCO_3}{100.1\ g\ CaCO_3} \times \frac{1\ mol\ CO_2}{1\ mol\ CaCO_3} \times \frac{22.4\ L\ CO_2}{1\ mol\ CO_2} = 0.526\ L\ CO_2$$

이산화 탄소 기체를 적게 생산하게 하는 반응물인 $CaCO_3$이 한계 반응물이다.
생성되는 이산화 탄소 기체의 부피는 0.526 L이다.

6.25 (a) $14.5\ g\ NiCO_3 \times \frac{1\ mol\ NiCO_3}{118.7\ g\ NiCO_3} \times \frac{1\ mol\ H_2SO_4}{1\ mol\ NiCO_3} \times \frac{98.08\ g\ H_2SO_4}{1\ mol\ H_2SO_2} = 12.0\ g\ H_2O$

(b) 먼저 $NiSO_4$의 이론적 수득량을 계산한다.

$$14.5\ g\ NiCO_3 \times \frac{1\ mol\ NiCO_3}{118.7\ g\ NiCO_3} \times \frac{1\ mol\ NiSO_4}{1\ mol\ NiCO_3} \times \frac{154.8\ g\ NiSO_4}{1\ mol\ NiSO_2} = 18.9\ g\ NiSO_4$$

이 중 78.9%가 실제 수득량이므로

실제 수득량 $= 18.9\ g\ NiSO_4 \times \frac{78.9}{100} = 14.9\ g\ NiSO_4$

7장

7.1 × (혼합물 → 순물질)

7.2 × (아니다 → 맞다)

7.3 ○

7.4 ○

7.5 ○

7.6 산화, 환원

7.7 염

7.8 구경꾼

7.9 희석(묽힘)

7.10 해리

7.11 전자, 전자

7.12 수용액

7.13 (a) 비전해질(표 7.2나 표 7.3의 용해도 규칙에 의하면 AgCl은 불용성 염이다.)
(b) 전해질(KOH는 강전해질이자 강염기이다.)
(c) 비전해질(표 7.1에 의하면 대표적 비전해질이다.)
(d) 전해질(표 7.2나 표 7.3의 용해도 규칙에 의하면 $MgCl_2$는 가용성 염이자 전해질이다.)

7.14 짝산은 반응 후 양성자(H^+)와 결합한 결과 화학종이고, 짝염기는 반응 후 양성자(H^+)와 분리된 결과 화학종이다(화학종이란 원자, 분자, 이온의 통칭이다).

	짝산	짝염기
(a)	NH_4^+	OH^-
(b)	H_3O^+	$C_2H_3O_2^-$
(c)	H_2O	HPO_4^{2-}
(d)	H_3O^+	Cl^-

7.15 (a) Ca^{2+} 이온과 CO_3^{2-}가 만났을 때, $CaCO_3(s)$ 침전이 생성된다.
(b) $CaCO_3(aq) + CaBr_2(aq) \longrightarrow 2\ NaBr(aq) + CaCO_3(s)$
(c) $2\ Na^+(aq) + CO_3^{2-}(aq) + Ca^{2+}(aq) + 2\ Br^-(aq) \longrightarrow 2\ Na^+(aq) + 2\ Br^-(aq) + CaCO_3(s)$
(d) $Na^+(aq)$와 $Br^-(aq)$
(e) $Ca^{2+}(aq) + CO_3^{2-}(aq) \longrightarrow CaCO_3(s)$

7.16 (a) $\cancel{2\ Na^+(aq)} + 2\ Cl^-(aq) + 2\ Ag^+(aq) + \cancel{SO_4^{2-}(aq)} \longrightarrow 2\ AgCl(s) + \cancel{2\ Na^+(aq)} + \cancel{SO_4^{2-}(aq)}$
$2\ Ag^+(aq) + 2\ Cl^-(aq) \longrightarrow 2\ AgCl(s)$
$Ag^+(aq) + Cl^-(aq) \longrightarrow AgCl(s)$
(b) $Cu(OH)_2(aq) + 2\ HCl(aq)$ (강염기+강산)
$\cancel{Ca^{2+}(aq)} + 2\ OH^-(aq) + 2\ H^+(aq) + \cancel{2\ Cl^-(aq)} \longrightarrow 2\ H_2O(l) + \cancel{Ca^{2+}(aq)} + \cancel{2\ Cl^-(aq)}$
$\cancel{2}\ H^+(aq) + \cancel{2}\ OH^-(aq) \longrightarrow \cancel{2}H_2O(l)$
$H^+(aq) + OH^-(aq) \longrightarrow H_2O(l)$
(c) $Sr^{2+}(aq) + 2\ Cl^-(aq) + 2\ Ag^+(aq) + SO_4^{2-}(aq) \longrightarrow 2\ AgCl(s) + SrSO_4(s)$
이 반응은 구경꾼 이온이 없으므로 위 식이 바로 알짜

이온 반응식이다.

7.17 (a) $CuBr_2(aq) \longrightarrow Cu^{2+}(aq) + 2\,Br^-(aq)$

	$CuBr_2(aq)$	$Cu^{2+}(aq)$	$2\,Br^-(aq)$
처음	1.24 M		
(100% 해리) 중간	−1.24 M	+1.24 M	+2.48 M
끝	0 M	1.24 M	2.48 M

(b) $K_2AsO_4(aq) \longrightarrow 2\,K^+(aq) + AsO_4^{2-}(aq)$

	$K_2AsO_4(aq)$	$2\,K^+(aq)$	$AsO_4^{2-}(aq)$
처음	3.50 M		
(100% 해리) 중간	−3.50 M	+7.00 M	+3.50 M
끝	0 M	7.00 M	3.50 M

(c) $NaHCO_3(aq) \longrightarrow Na^+(aq) + HCO_3^-(aq)$

	$NaHCO_3(aq)$	$Na^+(aq)$	$HCO_3^-(aq)$
처음	0.75 M		
(100% 해리) 중간	−0.75 M	+0.75 M	+0.75 M
끝	0 M	0.75 M	0.75 M

(d) $(NH_4)_2SO_4(aq) \longrightarrow 2\,NH_4^+(aq) + SO_4^{2-}(aq)$

	$(NH_4)_2SO_4(aq)$	$2\,NH_4^+(aq)$	$SO_4^{2-}(aq)$
처음	0.65 M		
(100% 해리) 중간	−0.65 M	+1.30 M	+0.65 M
끝	0 M	1.30 M	0.65 M

7.18 반응의 전/후를 비교했을 때, 산화수의 변화가 있으면 그 반응은 산화-환원 반응이다. 반대로 산화수의 변화가 없으면 산화-환원 반응이 아니다.

(a) $2\,Mg(s) + O_2(g) \longrightarrow 2\,MgO(s)$

산화수 0 0 +2−2

이 반응은 산화-환원 반응이다.

(b) $H_2(g) + F_2(g) \longrightarrow 2\,HF(g)$

산화수 0 0 +1−1

이 반응은 산화-환원 반응이다.

(c) $NH_3(g) + HCl(g) \longrightarrow NH_4Cl(s)$

산화수 −3+1 +1−1 −3+1−1

이 반응은 산화-환원 반응이 아니다.

(d) $2\,Na(s) + S(s) \longrightarrow Na_2S(s)$

산화수 0 0 +1−2

이 반응은 산화-환원 반응이다.

7.19 (a) O의 산화수는 −2로 일정(불변)하지만 N의 산화수가 +5에서 +2로 감소했으므로 환원 반쪽 반응이다.

(b) Zn의 산화수가 0에서 +2로 증가했으므로 산화 반쪽 반응이다.

(c) Ti의 산화수가 +3에서 +4로 증가했으므로 산화 반쪽 반응이다.

(d) Sn의 산화수가 +4에서 +2로 감소했으므로 환원 반쪽 반응이다.

7.20 NaOH의 몰질량 = 40.00 g/mol

$$\text{NaOH } 6.22\text{ g} \times \frac{1\text{ mol}}{40.00\text{ g}} \times \frac{1\text{ L}}{0.315\text{ mol}} = 0.494\text{ L}$$

***정답:** 494 mL

7.21 에탄올(C_2H_5OH) 1.77 g

에탄올의 몰질량: 46.07 g/mol

$$\frac{1.77\text{ g } C_2H_5OH}{85.0\text{ mL}} \times \frac{1\text{ mol}}{46.07\text{ g } C_2H_5OH} \times \frac{1000\text{ mL}}{1\text{ L}}$$

= 0.452 mol/L (M)

7.22 진한 황산 용액의 농도 $C_1 = 8.61$ M

필요한 황산의 부피 $V_1 = x$ L

묽은 황산 용액의 농도 $C_2 = 1.75$ M

묽은 황산 용액의 부피

$$V_2 = 5.0 \times 10^2\text{ mL} \times \frac{1\text{ L}}{1000\text{ mL}}$$

$$V_1 = x\text{ L} = \frac{C_2 \times V_2}{C_1}$$

$$= \frac{\left(\dfrac{5.00 \times 10^2}{1000}\text{ L}\right) \times 1.75\text{ M}}{8.61\text{ M}} = 0.101\text{ L}$$

***정답:** 101 mL의 진한 황산과 399 mL의 물을 혼합해야 1.75 M의 묽은 황산 용액 5.00×10^2 mL가 된다.

7.23 이 용액 속에는 아래와 같은 이온이 한꺼번에 존재한다.

양이온: Pb^{2+}, Ca^{2+}, Na^+

음이온: CH_3COO^-, S^{2-}, Cl^-

표 7.2와 표 7.3의 용해도 규칙에 따르면 Pb^{2+} 양이온은 S^{2-} 음이온과 Cl^- 음이온을 만나면 침전이 생성된다. 그리고 Ca^{2+}와 S^{2-}가 만나면 침전을 형성한다.

***정답:** $PbS(s)$와 $PbCl_2(s)$, $CaS(s)$가 생성

7.24 이 침전의 알짜 이온 반응식은 $Ag^+(aq) + Cl^-(aq) \longrightarrow AgCl(s)$이다.

KCl의 몰질량 = 74.55 g/mol, $AgNO_3$의 몰질량 = 169.9 g/mol

$$\text{KCl } 785\text{ mg} \times \frac{1\text{ g}}{1000\text{ mg}} \times \frac{1\text{ mol}}{74.55\text{ g}}$$

= 0.0105 mol (사용된 KCl의 mol수)

= KCl로부터 생성되는 Cl^-의 mol수

= $AgCl(s)$ 침전을 생성하는 데 필요한 Ag^+의 mol수

= 사용할 $AgNO_3$의 mol수

$$\therefore [AgNO_3(aq)] = \frac{\text{mol수}}{\text{부피 (L)}}$$

$$= \frac{0.0105 \text{ mol}}{25.8 \text{ M} \times \dfrac{1 \text{ L}}{1000 \text{ mL}}} = 4.07 \text{ M}$$

7.25 (a) 원소 N과 O의 산화수 변화가 보이는 반응 A와 B가 산화 환원 반응이다.

(b)

〈반응 A〉

원소 N의 산화수가 −3에서 +2로 변했으므로 N은 산화한 원소이다.

원소 O의 산화수가 0에서 −2로 변했으므로 O는 환원한 원소이다.

〈반응 B〉

원소 N의 산화수가 +2에서 +4로 변했으므로 N은 산화한 원소이다.

원소 O의 산화수가 0에서 −2로 변했으므로 O는 환원한 원소이다.

8장

8.1 ○

8.2 ○

8.3 ○

8.4 ○

8.5 ×, 가벼운 기체 분자일수록 확산 시 운동 속도가 빠르다.

8.6 확산, 분출

8.7 작음

8.8 절대 영도(0 K)

8.9 1, 273.15

8.10 압력 단위 변환 문제로 다음 관계식을 사용한다.

1 atm = 760 torr = 760 mmHg = 101.325 kPa
= 29.92 in.Hg

(a) 30.2 in.Hg를 torr와 kPa로 변환

• torr로 변환:

$$30.2 \text{ in.Hg} \times \frac{760 \text{ torr}}{29.92 \text{ in.Hg}} \approx 767 \text{ torr}$$

• kPa로 변환:

$$30.2 \text{ in.Hg} \times \frac{101.325 \text{ kPa}}{29.92 \text{ in.Hg}} \approx 102 \text{ torr}$$

(b) 752 torr를 in.Hg와 kPa로 변환

• in.Hg로 변환:

$$752 \text{ torr} \times \frac{29.92 \text{ in.Hg}}{760 \text{ torr}} \approx 29.6 \text{ in.Hg}$$

• kPa로 변환:

$$752 \text{ torr} \times \frac{760 \text{ torr}}{29.92 \text{ in.Hg}} \approx 100 \text{ kPa}$$

(c) 99.3 kPa를 torr와 in.Hg로 변환

• torr로 변환:

$$99.3 \text{ kPa} \times \frac{760 \text{ torr}}{101.325 \text{ kPa}} \approx 745 \text{ torr}$$

• in.Hg로 변환:

$$99.3 \text{ kPa} \times \frac{29.92 \text{ in.Hg}}{101.325 \text{ kPa}} \approx 29.3 \text{ in.Hg}$$

***정답:**

	torr	in.Hg	kPa
(a)	767	30.2	102
(b)	752	29.6	100
(c)	745	29.3	99.3

8.11

$$\frac{P_1V_1}{T_1} = \frac{P_2V_2}{T_2}$$

$T_1 = 27\ °C + 273.15 = 300.15\ K$

$T_2 = -5.00\ °C + 273.15 = 268.15\ K$

$P_1 = 2.50\ atm$

$P_2 = 1.50\ atm$

$V_1 = 22.4\ L$

$$V_2 = \frac{P_1V_1T_2}{T_1P_2} = \frac{(2.50 \text{ atm})(22.4 \text{ L})(268.15 \text{ K})}{(300.15 \text{ K})(1.50 \text{ atm})} \approx 33.4 \text{ L}$$

8.12 – 아보가드로 수: 1몰(mol)에 들어있는 입자(분자, 원자 등)의 수로, 약 6.022×10^{23}개/mol

– STP에서의 기체 몰 부피: STP(0 °C, 1 atm) 조건에서 모든 기체 1몰은 22.4 L의 부피를 차지

분자 수를 몰(mol)수 n으로 변환

$$n = \frac{1.00 \times 10^{25}\text{개}}{6.022 \times 10^{23}\text{개/mol}} = 16.6057... \text{ mol}$$

몰(mol)수를 부피(L)로 변환

$V = 16.6057... \times 22.4\ L/mol = 371.96...\ L \approx 372\ L$

***정답:** 372 L

8.13 STP에서 3.0 L의 메테인의 몰수

$$= \frac{3.0\ \text{L}}{22.4\ \text{L/mol}} \approx 0.134\ \text{mol}$$

메테인(CH_4)의 몰질량 = 16.05 g/mol

몰수 → 질량 변환

질량 = 0.137 mol × 16.05 g/mol ≈ 2.15 g

***정답:** 2.15 g

8.14 $PV = nRT$

$$T = \frac{PV}{nR} = \frac{(0.963\ \text{atm})(645\ \text{L})}{(25.2\ \text{mol})(0.0821\ \text{L}\cdot\text{atm/mol}\cdot\text{K})} = 300\ \text{K}$$

***정답:** 300 K

8.15 $$P_2 = \frac{P_1V_1T_2}{T_1V_2} = \frac{(1\ \text{atm})(775\ \text{mL})(268.15\ \text{K})}{(273.15\ \text{K})(615\ \text{mL})} \approx 1.37\ \text{atm}$$

***정답:** 1.37 atm

8.16 돌턴의 부분 압력 법칙에 따라, 기체의 부분 압력은 전체 압력에 그 기체의 몰분율을 곱한 값과 같다.

전체 몰수

$$n_{\text{전체}} = n_{O_2} + n_{CH_4} = 0.0750\ \text{mol} + 0.0221\ \text{mol} = 0.0971\ \text{mol}$$

메테인의 몰분율

$$\chi_{CH_4} = \frac{n_{CH_4}}{n_{\text{전체}}} = \frac{0.0221\ \text{mol}}{0.0971\ \text{mol}} \approx 0.228$$

메테인의 부분 압력

$$P_{CH_4} = P_{\text{전체}} \times \chi_{CH_4} = 694\ \text{torr} \times 0.228 ≒ 158\ \text{torr}$$

***정답:** 158 torr

8.17 $PV = nRT$, 몰질량 $M = \frac{\text{질량 } m}{\text{몰수 } n}$

$$n = \frac{PT}{RT} = \frac{(0.368\ \text{atm})(2.00\ \text{L})}{(0.0821\ \text{L}\cdot\text{atm/mol}\cdot\text{K})(290.15\ \text{K})} \approx 0.0309\ \text{mol}$$

$$M = \frac{m}{n} = \frac{6.40\ \text{g}}{0.0309\ \text{mol}} \approx 207\ \text{g/mol}$$

***정답:** 207 g/mol

8.18 SF_6의 몰질량(M) = 146.07 g/mol

$$\text{밀도 } d = \frac{\text{몰질량}}{\text{몰부피}} = \frac{146.07\ \text{g/mol}}{22.4\ \text{L/mol}} \approx 6.52\ \text{g/L}$$

***정답:** 6.52 g/L

8.19 $$n = \frac{PV}{RT} = \frac{(1.15\ \text{atm})(3.50\ \text{L})}{(0.0821\ \text{L}\cdot\text{atm/mol}\cdot\text{K})(290.15\ \text{K})} \approx 0.166\ \text{mol}$$

네온(Ne)의 몰질량 = 20.18 g/mol

질량 = n × 몰질량 = 0.166 mol × 20.18 g/mol ≈ 3.35 g

***정답:** 3.35 g

8.20 (a) $$d = \frac{(0.75\ \text{atm})(28.06\ \text{g/mol})}{(0.0821\ \text{L}\cdot\text{atm/mol}\cdot\text{K})(305.15\ \text{K})} \approx 0.84\ \text{g/L}$$

(b) $$d = \frac{(1.04\ \text{atm})(4.00\ \text{g/mol})}{(0.0821\ \text{L}\cdot\text{atm/mol}\cdot\text{K})(305.15\ \text{K})} \approx 0.153\ \text{g/L}$$

***정답:** (a) 0.84 g/L, (b) 0.153 g/L

8.21 $$P_{CH_4} = P_{\text{total}} - P_{H_2O} = 749\ \text{mmHg} - 30.0\ \text{mmHg} = 719\ \text{mmHg}$$

***정답:** 719 mmHg

8.22 (a)

- $CaCO_3$의 몰질량 = 40.08 + 12.01 + 3 × 16.00 = 100.09 g/mol
- 6.24 g $CaCO_3$의 몰수 = $\frac{6.24\ \text{g}}{100.09\ \text{g/mol}}$ ≈ 0.0623 mol
- 반응식에서 $CaCO_3$와 CO_2는 1 : 1 몰비로 반응하므로, 생성되는 CO_2의 몰수도 0.0623 mol
- STP에서 생성되는 CO_2의 부피 = 0.0623 mol × 22.4 L/mol ≈ 1.396 L
- mL로 변환: 1.396 L × 1000 mL/L = 1396 mL

(b)

- STP에서 52.6 L CO_2의 몰수 = $\frac{52.6\ \text{g}}{22.4\ \text{L/mol}}$ ≈ 2.35 mol
- 반응식에서 $CaCO_3$와 CO_2는 1 : 1 몰비이므로, 필요한 $CaCO_3$의 몰수도 2.35 mol

***정답:** (a) 1396 mL, (b) 2.35 mol

8.23 (a)

- 기체 반응의 부피비는 몰수비와 같다. (아보가드로 법칙)
- 반응식에서 NH_3와 O_2는 4 : 5의 몰비(부피비)로 반응
- 필요한 O_2의 부피 = 2.5 L NH_3 × $\frac{5\ \text{L}\ O_2}{4\ \text{L}\ NH_3}$ = 3.125 L

(b)

- STP에서 25 L NH_3의 몰수 = $\frac{25\ \text{L}}{22.4\ \text{L}}$ ≈ 1.116 L
- 반응식에서 NH_3와 H_2O는 4 : 6의 몰비로 반응한다.

• 생성되는 H_2O의 몰 수

$$= 1.116 \text{ mol } NH_3 \times \frac{6 \text{ mol } H_2O}{4 \text{ mol } NH_3} = 1.674 \text{ mol}$$

• H_2O의 몰질량 $= 2 \times 1.01 + 16.00 = 18.02$ g/mol

• 생성되는 H_2O의 질량

$$= 1.674 \text{ mol} \times 18.02 \text{ g/mol} \approx 30.2 \text{ g}$$

(c)

• 한계 반응물을 결정한다. 부피비는 몰수비와 같으므로,

– 25 L NH_3가 모두 반응하면 필요한 O_2는

$$25 \times \frac{5}{4} = 31.25 \text{ L } (O_2 \text{ 부족})$$

– 25 L O_2가 모두 반응하면 필요한 NH_3는

$$25 \times \frac{4}{5} = 20 \text{ L } (NH_3 \text{ 충분})$$

따라서 한계 반응물은 O_2

• 생성되는 NO의 부피는 O_2의 부피에 비례

(O_2 : NO = 5 : 4)

• 생성되는 NO의 부피 $= 25 \text{ L } O_2 \times \frac{5 \text{ L NO}}{4 \text{ L } O_2} = 20$ L

***정답:** (a) 3.125 L, (b) 30.2 g, (c) 20 L

8.24 • 초기 몰수를 계산

$$\text{C 몰수} = \frac{5.72 \text{ g}}{12.01 \text{ g/mol}} \approx 0.476 \text{ mol}$$

$$O_2 \text{ 몰수} = \frac{68.4 \text{ g}}{32.00 \text{ g/mol}} \approx 2.138 \text{ mol}$$

• 한계 반응물을 결정한다. C와 O_2는 1 : 1로 반응하므로, C(0.476 mol)가 한계 반응물

• 반응 후 기체의 몰수 계산

반응 후 플라스크 안의 전체 기체 몰수

$n_{total} = n_{CO_2} + n_{O_2} = 0.476 + 1.662 = 2.138$ mol

• 이상 기체 법칙 $PV = nRT$를 사용하여 전체 압력 계산

$$P = \frac{nPV}{V}$$

$$= \frac{(2.318 \text{ mol})(0.0821 \text{ L}\cdot\text{atm/mol}\cdot\text{K})(455.15 \text{ K})}{8.00 \text{ L}}$$

$$\approx 9.96 \text{ atm}$$

***정답:** 9.98 atm

8.25 • 초기 조건

$P_{He전} = 0.63$ atm

$V_{He전} = 1.2$ L

$P_{Ne전} = 2.8$ atm

$V_{Ne전} = 4.6 \text{ L} - 1.2 \text{ L} = 3.4$ L

(Ne가 차지하는 초기 부피는 탱크 전체 부피에서 유리병 부피를 뺀 값)

• 유리병이 깨진 후, 두 기체는 탱크 전체 부피(4.6 L)로 확산된다.

즉, $V_{He후} = V_{Ne후} = 4.6$ L

온도는 일정하므로 보일 법칙($P_전 V_전 = P_후 V_후$)을 각 기체에 적용하여 나중 부분 압력을 구한다.

• He의 부분 압력($P_{He후}$)

$$= \frac{P_{He전} V_{He전}}{V_{He후}} = \frac{(0.63 \text{ atm})(1.2 \text{ L})}{4.6 \text{ L}} \approx 0.16 \text{ atm}$$

• Ne의 부분 압력($P_{Ne후}$)

$$= \frac{P_{Ne전} V_{Ne전}}{V_{Ne후}} = \frac{(2.8 \text{ atm})(3.4 \text{ L})}{4.6 \text{ L}} \approx 2.07 \text{ atm}$$

9장

9.1 ×, 발열 반응이란 계에서 주위로 열에너지가 이동하는 반응을 말한다.

9.2 ×, 바다를 항해하는 원양어선의 해상 이동 거리는 경로 함수이다.

9.3 ×, 지구는 열린계이다.

9.4 ○

9.5 ○

9.6 열에너지

9.7 고립계

9.8 열역학 제1법칙

9.9 표준 생성 엔탈피

9.10 승화 엔탈피(승화열)

9.11 $Mg(s) + \frac{1}{2}O_2(g) \longrightarrow MgO(s) \qquad \Delta H = -602 \text{ kJ}$

9.12 연소는 열을 방출하는 발열 반응이고, 계(옥테인)에서 주위로 열이 빠져나가므로 q는 음수(−)이다.

기체의 몰수가 증가했으므로 계의 부피가 팽창한다. 계가 주위에 일을 하는 경우이므로 w는 음수(−)이다.

9.13 (a) 상태 함수

• 위도/경도 변화: 서울과 나리타의 위치는 정해져 있으므로 위치 변화량은 항상 동일

• 고도 차이: 두 공항의 해발고도 차이는 어떤 항로를 택하든 일정

• 직선 거리(변위): 지도상에서 서울과 나리타 사이의

직선 거리는 어떤 경로를 택하던 불변

(b) 경로 함수

- 실제 비행 거리: 기상 상황이나 관제에 따라 비행 항로가 달라지면 실제 이동 거리가 변화
- 소요 시간: 순풍을 타거나 항로가 짧아지면 비행시간이 단축
- 소모된 연료량: 비행 거리나 시간에 따라 소모되는 연료의 양이 변화

9.14 (a) 고체 KBr을 물에 용해시켰더니 용액이 차가워졌다. → 흡열 반응

(b) 천연가스가 가스레인지에서 연소한다. → 발열 반응

(c) 물이 주전자에서 끓는다. (액체 → 기체) → 흡열 반응

(d) 드라이아이스가 승화한다. (고체 → 기체) → 흡열 반응

(e) 진한 황산을 물에 용해할 때, 용액의 온도가 증가한다. → 발열 반응

9.15 열역학 제1법칙에 따라 내부 에너지 변화(ΔE)는 열(q)과 일(w)의 합이다.

$\Delta E = q + w$

(a) $\Delta E = (-47\text{ kJ}) + (+77\text{ kJ}) = +30\text{ kJ}$

(b) $\Delta E = (+103\text{ kJ}) + (-117\text{ kJ}) = -14\text{ kJ}$

(c) $\Delta E = (+5.5\text{ kJ}) + 0\text{ kJ} = +5.5\text{ kJ}$

9.16 외부 압력이 일정할 때 기체가 한 일(W) 공식

$$W = -P \times \Delta V$$

W: 기체가 한 일 (단위: J 또는 kJ)

P: 일정한 외부 압력 (단위: atm)

ΔV: 부피 변화량 (= 나중 부피 − 처음 부피) (단위: L)

외부 압력($P_{외부}$): 2.0 atm

처음 부피($V_{처음}$): 10.0 L

기체가 한 일(W): -2.5509 kJ

$= -2550.9\text{ J} / 101.325\text{ J/L}\cdot\text{atm}$

$= -25.17691...\text{ L}\cdot\text{atm}$

$W = -P * (V_{나중} - V_{처음})$

$-25.17691\text{ L}\cdot\text{atm} = -(2.0\text{ atm}) \times (V_{나중} - 10.0\text{ L})$

$V_{나중} = 22.588455\text{ L}$

***정답:** 23 L

9.17 $Q = c \times m \times \Delta T$

Q: 흡수하거나 방출한 열량 (단위: J 또는 kJ)

m: 물질의 질량 (단위: g 또는 kg)

c: 물질의 비열 (단위: J/g·°C 또는 J/kg·°C 등)

ΔT: 온도 변화량 (= 나중 온도 − 처음 온도) (단위: °C)

비열(c): 은(Ag)의 비열은 0.24 J/g·°C

처음 온도: 12.0 °C

나중 온도: 15.2 °C

흡수한 열량(Q): 1.25 kJ

ΔT = 나중 온도 − 처음 온도 = 15.2 °C − 12.0 °C = 3.2 °C

$Q = 1.25\text{ kJ} = 1.25 \times 1000\text{ J} = 1250\text{ J}$

$m = Q/(c \times \Delta T)$

$m = 1250\text{ J}/(0.24\text{ J/g}\cdot°\text{C} \times 3.2\text{ °C})$

$m = 1250\text{ J}/(0.768\text{ J/g})$

$= 1627.604...\text{ g}$

***정답:** Ag 약 1600 g ($= 1.6 \times 10^3$ g)

9.18 용액의 총 질량(m)

= 물의 질량 + KBr의 질량 = 125 g + 10.5 g = 135.5 g

온도 변화(ΔT) = 나중 온도 − 처음 온도

= 21.1 °C − 24.2 °C = −3.1 °C

$q_{용액} = 4.184\text{ J/g}\cdot°\text{C} \times 135.5\text{ g} \times -3.1\text{ °C} ≒ -1758\text{ J}$

$q_{반응} = -q_{용액} = -(-1758\text{ J}) = +1758\text{ J}$

10.5 g의 KBr이 녹을 때 1758 J의 열을 흡수했으므로,

1 g당 흡수 열량 $\Delta H = \dfrac{+1758\text{ J}}{10.5\text{ g}} \approx +167\text{ J/g}$

KBr의 몰질량 = 39.10 g/mol (K) + 79.90 g/mol (Br)

= 119.00 g/mol

녹인 KBr 몰수 $= \dfrac{10.5\text{ g}}{119.00\text{ g/mol}} \approx 0.0882\text{ mol}$

1 mol당 $\Delta H = \dfrac{+1758\text{ J}}{0.0882\text{ g/mol}} \approx +19932\text{ J/mol}$

kJ/mol 단위로 변환: +19.9 kJ/mol

***정답:** +167 J/g, +19.9 kJ/mol

9.19
- (2)번 식을 뒤집는다.

$P_4O_{10}(s) \longrightarrow P_4(s) = 5O_2(g)$

$\Delta H = +2967.3\text{ kJ}$ ······①

- (3)번 식을 뒤집고 좌우에 6을 곱한다.

$6PCl_5(g) \longrightarrow 6PCl_3(g) + 6Cl_2(g)$

$\Delta H = +505.2\text{ kJ}$ ······②

- (4)번 식 좌우에 10을 곱한다.

$10PCl_3(g) + 5O_2(g) \longrightarrow 10Cl_3PO(g)$

$\Delta H = +505.2\text{ kJ}$ ······③

- 위 ①, ②, ③식을 더하면 중간에 등장하는 $P_4(s)$, $6Cl_2(g)$, $4PCl_3(g)$을 소거하기 위해 (1)번 식을 그대로 더한다.

$P_4O_{10}(s) \longrightarrow \cancel{P_4(s)} + \cancel{5O_2(g)}$

$\Delta H = +2967.3\text{ kJ}$ ······①

$6PCl_5(g) \longrightarrow \cancel{6PCl_3(g)} + \cancel{6Cl_2(g)}$

$\Delta H = +505.2$ kJ ……②

$\cancel{10PCl_3(g)} + \cancel{5O_2(g)} \longrightarrow 10Cl_3PO(g)$

$\Delta H = +505.2$ kJ……③

$+)\ \cancel{P_4(s)} + \cancel{6Cl_2(g)} \longrightarrow \cancel{4PCl_3(g)}$ $\Delta H = -1225.6$ kJ

$P_4O_{10}(s) + 6PCl_5(g) \longrightarrow 10Cl_3PO(g)$ $\Delta H_{반응}$

• 모든 엔탈피 더하기

$\Delta H_{반응} = (+2967.3) + (+505.2) + (-2857.0) + (-1225.6)$

$= -610.1$ kJ

***정답:** -610.1 kJ

9.20 부록 E에서 찾은 값

• $\Delta H_f^\circ(Fe_2O_3(s)) = -822.16$ kJ/mol

• $\Delta H_f^\circ(CO(g)) = -110.5$ kJ/mol

• $\Delta H_f^\circ(Fe_3O_4(s)) = -1117.1$ kJ/mol

• $\Delta H_f^\circ(CO_2(g)) = -393.5$ kJ/mol

위 값을 식 9.14에 대입하여 표준 반응 엔탈피를 구한다.

$$\Delta H^\circ = [2 \times \Delta H_f^\circ(Fe_3O_4(s)) + 1 \times \Delta H_f^\circ(CO_2(g))] - [3 \times \Delta H_f^\circ(Fe_2O_3(s)) + 1 \times \Delta H_f^\circ(CO(g))] = -50.72 \text{ kJ}$$

***정답:** -50.72 kJ

9.21 열 평형 상태에서는 뜨거운 물체(철)가 잃은 열량과 차가운 물체(금)가 얻은 열량이 같다.

$$q_{잃음} = -q_{얻음}$$

$$c_{철} \times m_{철} \times (T_{나중\ 철} - T_{처음\ 철}) = -c_{금} \times m_{금} \times (T_{나중\ 금} - T_{처음\ 금})$$

$T_{나중\ 철} = T_{나중\ 금} = T_{나중}$

금(Au)의 비열(c)$= 0.129$ J/g·°C

철(Fe)의 비열(c)$= 0.444$ J/g·°C

$8.88(T_{나중} - 55.6) = -1.29(T_{나중} - 18.0)$

$T_{나중} = 50.83$ °C

***정답:** 50.8 °C

9.22 균형 맞춘 화학 반응식 쓰기

$$4CH_3NO_2(l) + 3O_2(g) \longrightarrow 4CO_2(g) + 6H_2O(g) + 2N_2(g)$$

1몰의 나이트로메테인 기준으로 반응식 변경

$$CH_3NO_2(l) + \frac{3}{4}O_2(g) \longrightarrow CO_2(g) + \frac{3}{2}H_2O(g) + \frac{1}{2}N_2(g)$$

부록 E에서 찾은 값

• $\Delta H_f^\circ(CH_3NO_2(l)) = -113.1$ kJ/mol

• $\Delta H_f^\circ(CO_2(g)) = -393.5$ kJ/mol

• $\Delta H_f^\circ(H_2O(g)) = -241.82$ kJ/mol

• $\Delta H_f^\circ(N_2(g)) = -\Delta H_f^\circ(O_2(g)) = 0$ kJ/mol

(표준 상태의 홑원소 물질이므로)

표준 연소 엔탈피(표준 연소열, ΔH°) 계산

(위 값을 식 9.14에 대입)

$$\Delta H^\circ = [\Delta H_f^\circ(CO_2(g)) + \frac{3}{2}\Delta H_f^\circ(H_2O(g)) + \frac{1}{2}\Delta H^\circ(N_2(g))] - [\Delta H_f^\circ(CH_3NO_2(l)) + \frac{3}{4}\Delta H_f^\circ(H_2O(g))] = -643.1 \text{ kJ}$$

***정답:**

$$CH_3NO_2(l) + \frac{3}{4}O_2(g) \longrightarrow CO_2(g) + \frac{3}{2}H_2O(g) + \frac{1}{2}N_2(g) \quad \Delta H^\circ = -643.1 \text{ kJ}$$

9.23 온도 변화(ΔT):

나중 온도 − 처음 온도 $= (-0.1\ °C) - (-15.0\ °C) = 14.9\ °C$

흡수된 열량(Q): 1.72 kJ =1720 J

질량(m): 55.8 g

$Q = c \times m \times \Delta T$이므로 $c = \dfrac{q}{m \cdot \Delta T}$이다.

여기에 위 값을 대입하면

$$c = \frac{1720 \text{ J}}{55.8 \text{ g} \times 14.9\ °C} = 2.07 \text{ J/g·°C}$$

***정답:** 얼음의 비열은 약 2.07 J/g·°C

9.24 표준 연소열은 물질 1몰이 완전히 연소할 때 방출하는 열량이다.

메탄올(CH_3OH)의 표준 연소열: 약 −726 kJ/mol

프로판올(C_3H_7OH)의 표준 연소열: 약 −2021 kJ/mol

두 물질의 연소열 차이

$= |-2021 \text{ kJ/mol}| - |-726 \text{ kJ/mol}|$

$= 2021 - 726 = 1295$ kJ/mol

***정답:** 같은 몰수를 사용했을 때, 프로판올은 메탄올보나 약 1295 kJ의 에너지를 더 방출한다.

9.25 철수가 18 °C의 물 24 L를 38 °C의 목욕물로 만들기 위해 46 °C의 뜨거운 물을 얼마나 섞어야 하는지 계산

이 계산은 '찬물이 얻은 열량 = 뜨거운 물이 잃은 열량'이라는 원리를 이용한다.

찬물 부피: 24 L = 24,000 mL

찬물 질량($m_{냉수}$): 24,000 mL × 1.00 g/mL = 24,000 g

찬물의 온도 변화($\Delta T_{냉수}$): 18 °C − 38 °C = −20 °C

뜨거운 물의 온도 변화($\Delta T_{온수}$): 46 °C − 38 °C = 8 °C

물의 비열(c): 4.184 J/g·°C

찬물이 얻은 열량($q_{얻음}$)과 뜨거운 물이 잃은 열량($q_{잃음}$)

은 같다.

$$q_{얻음} = -q_{잃음}$$
$$c \cdot m_{냉수} \cdot \Delta T_{냉수} = -c \cdot m_{온수} \cdot \Delta T_{온수}$$
$$m_{냉수} \cdot \Delta T_{냉수} = -m_{온수} \cdot \Delta T_{온수}$$
$$24,000\text{g} \times -20\ °\text{C} = -m_{온수} \times 8\ °\text{C}$$
$$m_{온수} = 60,000\ \text{g}$$

뜨거운 물의 질량 60,000 g을 부피(L)로 변환

$$= 60,000\ \text{g} \times \frac{1\ \text{mL}}{1.00\ \text{g}} \times \frac{1\ \text{L}}{1000\ \text{mL}} = 60\ \text{L}$$

***정답:** 60 L

10장

10.1 ○

10.2 ○

10.3 ×, 점성도는 액체의 흐름에 대한 저항 정도를 말한다.

10.4 ×, 고체인 얼음은 액체일 물보다 밀도가 작다.

10.5 ×, 고체 결정이 단순 입방체라면 배위수는 6이 된다.

10.6 공유 결합

10.7 응집력, 부착력

10.8 임계 온도, 임계 압력

10.9 승화, 석출

10.10 삼중점

10.11 (a) 극성 분자이므로 쌍극자-쌍극자 힘과 런던 분산력이 있다.
(b) 비극성 분자이므로 런던 분산력만 있다.
(c) 비극성 분자이므로 런던 분산력만 있다. (탄소와 수소로만 이루어져 있는 분자는 탄화수소로서 비극성 분자이다.)
(d) 극성 분자이지만 분자 내에 −O−H 결합이 있으므로 수소 결합과 런던 분산력이 있다.

10.12 수소 결합의 조건
1. 분자 내에 −N−H, −O−H, F−H 결합이 있을 것.
2. 위 결합을 하고 있는 수소 원자(H)가 인접한 분자의 N, F, O를 정전기적 인력으로 당겨야 함.

***정답:** (b), (c)

10.13 (a) 비결정성 고체(amorphous solid): 고무
이유: 고무는 원자나 분자가 규칙적인 결정 구조를 이루지 않고 무질서하게 배열된 고체
(b) 이온성 고체(ionic solid): Na_3PO_4 (인산 소듐)
이유: 금속 양이온(Na^+)과 다원자 음이온(PO_4^{3-}) 사이의 강한 정전기적 인력으로 결합된 화합물
(c) 분자성 고체(molecular solid): CBr_4(사브로민화 탄소)
이유: 독립적인 CBr_4 분자들이 분산력과 같은 약한 분자간 힘에 의해 서로 결합하여 이루어진 고체
(d) 공유성 그물 구조 고체(covalent network solid): 석영(SiO_2)
이유: 규소(Si)와 산소(O) 원자들이 강한 공유 결합으로 서로 그물처럼 연결되어 거대한 단일 분자를 형성하는 고체. '원자성 고체'라고도 함.
(e) 금속성 고체(metallic solid): 금(Au)
이유: 금속 원자들이 자유롭게 움직이는 '자유 전자의 바다'에 의해 둘러싸여 강한 금속 결합을 형성하는 고체

10.14 녹음(융해) 에너지: 분자들을 묶고 있던 인력을 느슨하게 만드는 데 필요한 에너지
증발(기화) 에너지: 분자들을 묶고 있던 인력을 완전히 끊어내는 데 필요한 에너지
분자 간 인력을 부분적으로 극복하는 것보다 완전히 극복하는 데 훨씬 더 많은 에너지가 필요하기 때문에, 일반적으로 $\Delta H_{증발}$이 $\Delta H_{녹음}$보다 항상 더 크다.

10.15 메탄올(CH_3OH)이 분자량이 비슷한 폼알데하이드(H_2CO)와 달리 상온, 상압에서 액체인 이유는 메탄올 분자 사이에 강력한 '수소 결합'이 작용하기 때문이다.
메탄올은 분자 내에 산소(O)와 수소(H)가 직접 결합된 하이드록시기(−OH)를 가지고 있다.
수소 결합은 일반적인 분자간 힘(쌍극자-쌍극자 힘)보다 훨씬 강력하다. 이 메탄올 분자들을 서로 단단히 묶어두기 때문에, 분자들이 자유롭게 흩어져 기체가 되기 어렵다. 따라서 상온에서 액체 상태를 유지한다.

10.16 5.00 g의 얼음을 −11.0 °C에서 30.0 °C의 물로 가열하는 데 필요한 총 에너지는 세 단계의 합으로 계산한다.
- 얼음 가열(q_1): −11.0 °C의 얼음을 0 °C의 얼음으로 가열
- 얼음 녹이기(q_2): 0 °C의 얼음을 0 °C의 물로 녹임(융해)
- 물 가열(q_3): 0 °C의 물을 30.0 °C의 물로 가열

물(H_2O)의 몰질량: 18.02 g/mol

물(H_2O)의 몰수$(n) = 5.00$ g/18.02 g/mol ≈ 0.277mol

q_1(얼음) $= n \times \Delta T \times$ (얼음의 몰열용량)
$= 0.277$ mol $\times 11.0$ K $\times 36.6$ J/K·mol
$= 0.1115$ kJ

q_2(융해) $= n \times \Delta T_{융해} = 0.277$ mol $\times 6.01$ kJ/mol
$= 1.665$ kJ

q_3(물) $= n \times \Delta T \times$ (물의 몰열용량)
$= 0.277$ mol $\times 30.0$ K $\times 75.4$ J/K·mol
$= 0.6265$ kJ

총에너지($q_{전체}$) $= 0.1115$ kJ $+ 1.665$ kJ $+ 0.6265$ kJ
≈ 2.403 kJ

***정답:** 2.40 kJ

10.17 수증기 응축(q_1): 100 °C의 수증기를 100 °C의 물로 액화(물의 증발열: 2260 J/g)

물 냉각(q_2): 100 °C의 물을 25 °C의 물로 냉각

q_1(응축) = 질량 × ($-\Delta H_{증발}$)
$= 375$ g $\times (-2260$ J/g$) = -847,500$ J

q_2(냉각) = 질량 × ΔT
$= 375$ g $\times 4.184$ J/g·°C $\times (25 - 100)$
$= -117,675$ J

총방출열$(q) = q_1 + q_2 = (-847,500$ J$) + (-117,675$ J$)$
$= -965,175$ J ⇦ 음수(−)는 에너지 방출을 의미한다.

정답: 방출되는 열은 965,175 J$(= 9.65 \times 10^5$ J$)$

10.18 이온성 액체(예: 용융된 소금)와 분자성 액체(예: 물)의 가장 큰 차이점은 액체를 구성하는 입자의 종류와 입자 사이의 힘이다.

(1) 이온성 액체(ionic liquid):
구성 입자: 양이온(+)과 음이온(−)
결합력: 이온들 사이의 강한 정전기적 인력(이온 결합)으로 뭉쳐 있음
특징: 이온들이 자유롭게 움직일 수 있어 전기가 잘 통한다.

(2) 분자성 액체(molecular liquid):
구성 입자: 전하를 띠지 않는 독립된 분자
결합력: 분자들 사이의 비교적 약한 분자간 힘(수소 결합, 쌍극자-쌍극자 힘 등)으로 뭉쳐 있음
특징: 자유롭게 움직이는 이온이 없어 일반적으로 전기가 잘 통하지 않는다.

10.19 클라우지우스-클라페이론(Clausius-Clapeyron) 식을 이용하여 이황화 탄소(CS_2)의 증발열($\Delta H_{증발}$)을 계산할 수 있다.

$$\ln\left(\frac{P_2}{P_1}\right) = -\frac{\Delta H_{증발}}{R}\left(\frac{1}{T_2} - \frac{1}{T_1}\right)$$

$P_1 = 100$ mmHg, $T_1 = -5.1$ °C $= 268.05$ K
$P_2 = 760$ mmHg(정상 끓는점이므로 대기압),
$T_2 = 46.5$ °C $= 319.65$ K
R(기체상수) = 8.314 J/mol·K
이를 대입하면 다음과 같고,

$$\ln\left(\frac{760}{100}\right) = -\frac{\Delta H_{증발}}{8.314}\left(\frac{1}{319.65} - \frac{1}{268.05}\right)$$

$\Delta H_{증발}$에 대하여 풀면 답을 얻을 수 있다.

***정답:** $\Delta H_{증발} = 28.0$ kJ/mol

10.20 면심 입방(FCC) 구조(그림 10.25)에 의하면

(1) 원자 반지름(r): FCC 구조에서 원자들은 면의 대각선 방향으로 접촉하며, 면 대각선의 길이는 $4r = a\sqrt{2}$의 관계를 가진다. (a = 단위세포 한 변의 길이)

구리 원자의 반지름 $r = \dfrac{a\sqrt{2}}{4} = 128$ pm

(2) 밀도(ρ): 밀도는 (단위 세포의 질량, m)/(단위세포의 부피, V)로 계산한다.

$V = a^3 = (362 \times 10^{-12}\ \text{m})^3 = 4.74 \times 10^{-23}\ \text{cm}^3$

면심 입장 단위 세포는 원자 4개를 포함하므로

$$m = \text{원자 4개} \times \frac{63.55\ \text{g/mol}}{6.022 \times 10^{23}\ \text{4개/mol}} = 4.22 \times 10^{-22}\ \text{g}$$

$$\rho = \frac{m}{V} = 8.90\ \text{g/cm}^3$$

***정답:** 8.90 g/cm^3

10.21 텅스텐은 체심 입방(BCC) 구조를 가진다. BCC 구조에서 원자들은 입체의 대각선 방향으로 접촉하며, 입체 대각선의 길이는 $4r = a^3$ 관계를 가진다.

$$r = \frac{a\sqrt{3}}{4} = \frac{317\ \text{pm} \cdot \sqrt{3}}{4} \approx 137\ \text{pm}$$

***정답:** 텅스텐 원자의 반지름은 137 pm이다.

10.22 납(Pb)이 면심 입방 구조라고 가정하고 이론적인 밀도를 계산하여 주어진 값(11.34 g/cm^3)과 비교해서 판단한다.

단위 세포 한 변의 길이$(a) = \dfrac{4 \times 175\ \text{pm}}{\sqrt{2}} = 4.95 \times 10^{-8}$ cm

부피$(V) = (4.95 \times 10^{-8}\ \text{cm})^3 \approx 1.21 \times 10^{-22}\ \text{cm}^3$

FCC 단위 세포에는 4개의 원자가 있고, 납의 원자량은 207.2 g/mol이다.

질량(m) = 원자 4개 $\times \dfrac{207.2\ \text{g/mol}}{6.022 \times 10^{23}\text{개/mol}}$

$= 1.38 \times 10^{-21}$ g

밀도$(\rho) = \dfrac{m}{V} \fallingdotseq 11.4\ \text{g/cm}^3$

***정답:** 계산된 밀도(11.4 g/cm^3)가 주어진 밀도(11.34 g/cm^3)와 거의 일치하므로, 납(Pb)은 면심 입방 구조이다.

10.23 초기 상태: T=200 K, P=66.5 atm

이 온도는 벤젠의 삼중점 온도(278.68 K)보다 훨씬 낮고, 압력은 임계 압력(48.34 atm)보다 높다. 따라서 벤젠은 고체(solid) 상태로 존재한다.

경로(1): 압력(P)을 66.5 atm으로 일정하게 유지하며 온도(T)를 585 K까지 올린다.

압력이 임계 압력보다 높은 상태에서 온도를 올리면 고체는 녹아 액체가 된다. 온도가 임계 온도(562.16 K)를 넘어서면 액체와 기체의 구분이 없는 초임계 유체(supercritical fluid) 상태가 된다.

경로 (2): 온도(T)를 585 K로 일정하게 유지하며 압력(P)을 38.5 atm까지 내린다.

온도가 임계 온도보다 높은 상태에서 압력을 임계 압력(48.34 atm) 아래로 낮추면 초임계 유체는 기체(gas) 상태가 된다.

경로 (3): 압력(P)을 38.5 atm으로 일정하게 유지하며 온도(T)를 278.66 K까지 내린다.

압력이 삼중점 압력(0.0473 atm)보다 훨씬 높은 상태에서 온도를 낮추면 기체는 응축하여 액체(liquid)가 된다. 최종 온도는 삼중점 온도와 거의 같다.

경로 (4): 온도(T)를 278.66 K로 일정하게 유지하며 압력(P)을 0.0025 atm까지 내린다.

온도를 삼중점 근처로 유지한 채 압력을 삼중점 압력(0.0473 atm)보다 훨씬 낮은 0.0025 atm까지 낮추면 액체는 기화하여 기체(gas) 상태가 된다.

***정답:** 벤젠은 고체 → 초임계 유체 → 기체 → 액체 → 기체 순서로 상태가 변한다.

10.24 주어진 상평형 조건을 바탕으로 각 설명의 참/거짓을 판별한다.

주요 정보

삼중점: 0.423 atm, 24.6 K

임계점: 26.9 atm, 44.4 K

고체의 밀도 > 액체의 밀도 (고체-액체 경계선이 양의 기울기를 가짐)

(a) 30 atm, 50 K에서 안정한 상은 액체이다.: × (거짓)

판단: 주어진 조건(30 atm, 50 K)은 임계 압력(26.9 atm)과 임계 온도(44.4 K)보다 모두 높다. 압력과 온도가 임계점보다 높은 영역에서는 액체와 기체를 구분할 수 없는 초임계 유체 상태로 존재한다.

(b) 1 atm, 24.6 K에서 안정한 상은 고체이다.: ○ (옳음)

판단: 주어진 온도(24.6 K)는 삼중점 온도와 같다. 이 온도에서 압력이 삼중점 압력(0.423 atm)보다 높은 1 atm이므로, 물질은 삼중점보다 높은 압력 영역에 위치한다. 고체의 밀도가 액체보다 크므로 고체-액체 경계선은 양의 기울기를 갖는다. 따라서 삼중점에서 수직으로 압력을 높이면 고체 영역으로 들어가게 된다.

(c) 0.2 atm에서 안정한 액체상은 존재하지 않는다.: ○ (옳음)

판단: 액체상은 삼중점 압력(0.423 atm) 이상의 압력에서만 안정하게 존재할 수 있다. 주어진 압력(0.2 atm)은 삼중점 압력보다 낮다. 이처럼 삼중점 압력보다 낮은 압력에서는 물질을 가열하면 고체에서 바로 기체로 변하는 승화 현상만 나타나고, 액체 상태를 거치지 않는다.

11장

11.1 ×, 용해도의 차이를 이용하여 혼합물로부터 순수한 물질을 분리하는 것을 분별 결정이다.

11.2 비휘발성 액체나 고체를 함유한 용액은 항상 순수한 용매보다 낮은 증기 압력을 갖는다.

11.3 ○

11.4 ○

11.5 ○

11.6 용해도

11.7 용매

11.8 균일

11.9 틴들 효과

11.10 친수성, 소수성

11.11 몰랄 농도는 용매 1 kg에 녹아있는 용질의 몰수(mol)로 정의된다.

용액의 질량이 100 g이라고 가정했을 때,

용질(소금)의 질량 = 100 g × 3.50 % = 3.50 g

용액의 부피 $= 100\ \text{g} \times \dfrac{1\ \text{mL}}{1.025\ \text{g}} = 97.56\ \text{mL} = 0.9756\ \text{L}$

용질(소금)의 몰수 계산
소금(NaCl)의 몰질량 ≈ 58.44 g/mol
소금의 몰수 = 3.50 g / 58.44 g / mol ≈ 0.0599 mol
몰농도(M) 계산
몰농도 = 용질의 몰수 / 용액 부피
= 0.0599 mol / 0.9756 L ≈ 0.614 M
***정답:** 용액의 몰농도 = 0.614 M

11.12 (a) 0.500 M KCl 수용액 vs. 0.500 %(질량)의 KCl 수용액
i) 0.500 M KCl 수용액: 용액 1리터(L, 약 1000g)에 0.500 몰(mol)의 KCl이 녹아있다.
ii) 0.500 %(질량) KCl 수용액: 용액 100그램(g)에 0.500 g의 KCl이 녹아있다.
= 용액 1000그램(g)에 5.00 g의 KCl이 녹아있다.
= 용액 1000그램(g)에 0.067 mol의 KCl이 녹아있다.
KCl의 몰질량: 74.55 g/mol

$$\text{KCl } 5.00\text{ g} \times \frac{1\text{ mol}}{74.55\text{ g}} = 0.067\text{ mol}$$

***정답:** 0.500 M은 0.067 m보다 훨씬 진한 농도이다.

(b) 1.75 M 글루코스 수용액 vs. 1.75 *m* 글루코스 수용액물에 용질(글루코스)을 녹이면 용액의 전체 부피가 늘어난다.
따라서 1.75 M 용액을 만들려면, 1.75몰의 글루코스를 1 kg보다 적은 양의 물에 녹여 최종 부피를 1 L로 맞춰야 한다.
반면, 1.75 *m* 용액은 1.75몰의 글루코스를 정확히 1 kg의 물에 녹인 것이다.
***정답:** 같은 1.75몰의 글루코스가 더 적은 양의 용매(물)에 녹아있는 1.75 M 수용액이 1.75 *m* 수용액보다 더 진한 용액이다.

11.13 용액의 질량 = 부피 × 밀도
= 1000 mL × 1.1094 g/mL = 1109.4 g
황산의 질량 = 용액의 질량 × 질량 백분율

$$= 1109.4\text{ g} \times \frac{16.0}{100} = 177.504\text{ g}$$

황산의 몰수 = 질량 ÷ 몰질량
= 177.504 g ÷ 98.08 g/mol ≈ 1.810 mol

$$\text{몰농도(M)} = \frac{\text{용질의 물수(mol)}}{\text{용액의 부피(L)}} = \frac{1.810\text{ mol}}{1\text{ L}} = 1.81\text{ M}$$

***정답:** 16.0 % 황산 수용액의 몰농도는 1.81 M

11.14 $P_{\text{오존}} = \chi_{\text{오존}} \times P_{\text{오존층 평균}}$
오존의 몰분율

$$\chi_{\text{오존}} = \frac{\chi_{\text{오존}}}{P_{\text{오존층 평균}}} = \frac{1.2\times10^{-6}\text{ mmHg}}{10\text{ mmHg}} = 1.2\times10^{-7}$$

이 몰분물 $\dfrac{O_3\ 1.2\text{ mol}}{\text{오존층 공기 }10^7\text{ mol}}$의 의미는 다음과 같이 생각할 수 있다.

$$\frac{O_3\ 1.2\text{ mol} \times \dfrac{48.00\text{ g}}{1\text{ mol}}}{\text{오존층 공기 }10^7\text{ mol} \times \dfrac{29\text{ g}}{1\text{ mol}}} \approx \frac{O_3\ 1.986\times10^{-1}\text{ g}}{\text{오존층 공기 }10^6\text{ g}}$$

이는 오존 공기 질량 10^6 g(= 백만 g) 중에 오존 분자가 약 2.0×10^{-1} g 포함되어 있다는 뜻과 같으므로, 2.0×10^{-1} ppm의 농도에 해당한다고 볼 수 있다.
***정답:** 2.0×10^{-1} ppm

11.15 (a) 증류수 속에서 적혈구의 팽창: 삼투 현상
(b) 배추가 발효가 되면서 유산균 생성: 생리적인 작용, 총괄성과는 관련 없음
(c) 진한 소금물에 찌그러진 오이피클: 삼투 현상
오이 내부의 물이 농도가 더 높은 외부의 소금물로 빠져나가면서 오이가 쪼그라든다.
(d) 온도가 올라감에 따라 설탕의 용해도 증가: 이는 용해 과정의 열역학적 특성으로 총괄성과는 무관
(e) 에틸렌글리콜 용액을 자동차 부동액으로 사용: 어는점 내림
물에 에틸렌글리콜을 첨가하여 어는점을 낮춤으로써 겨울철 냉각수가 어는 것을 방지한다.
***정답:** 총괄성과 관련 있는 현상은 (a), (c), (e)이다.

11.16 각 성분의 몰(mol)수 계산
에탄올(C_2H_5OH) 분자량: 46.07 g/mol
벤조산 분자량($C_7H_6O_2$): 122.12 g/mol
(1) 에탄올(용매) 몰수 = 100.00 g ÷ 46.07 g/mol
≈ 2.171 mol
(2) 벤조산(용질) 몰수 = 5.00 g ÷ 122.12 g/mol
≈ 0.041 mol
전체 몰수 = 2.171 mol + 0.041 mol = 2.212 mol

$$\text{에탄올의 몰분율}(\chi_{\text{에탄올}}) = \frac{2.171\text{ mol}}{2.212\text{ mol}} = 0.9815$$

$P_{\text{용액}} = \chi_{\text{에탄올}} \times P^\circ_{\text{에탄올}} = 0.9815 \times 100.5$ mmHg
≈ 98.64 mmHg
***정답:** 용액의 증기 압력은 약 98.6 mmHg이다.

11.17 (a) ×, 증기압: 비휘발성 용질(설탕)을 더 녹이면 용액의 증기압은 낮아진다. (증기압 내림)
(b) ×, 끓는점: 용질의 농도가 증가하면 용액의 끓는점은 올라간다. (끓는점 오름)
(c) ×, 어는점: 용질의 농도가 증가하면 용액의 어는점

은 내려간다. (어는점 내림)

(d) ○, 삼투압: 용액의 삼투압(Π)은 몰농도(M)에 비례($\Pi = iMRT$)하므로, 용질의 농도가 증가하면 삼투압은 높아진다.

***정답:** (d) 용액의 삼투압이 높아진다.

11.18 물의 어는점 내림 상수 $K_f = 1.86\ °C/m$

(a) 어는점 내림(ΔT_f)

= 순수 용매의 어는점 − 용액의 어는점

$= 0\ °C = (-0.380\ °C) = 0.380\ °C$

$$\text{반트호프 인자}(i) = \frac{\Delta T_f}{K_f \cdot m}$$

$$= \frac{0.380\ °C}{1.86\ °C/m \times 0.200\ m} = 1.02$$

***정답:** 1.02

(b) 100 % 해리 시 반트호프 인자(i): HF가 100 % 해리되면 1개의 HF 분자가 1개의 H^+ 이온과 1개의 F^- 이온, 즉 총 2개의 입자로 해리된다. 따라서 이론적인 반트호프 인자 $i = 2$

$\Delta T_f = i \cdot K_f \cdot m = 2 \times 1.86\ °C/m \times 0.200\ m = 0.744\ °C$

용액의 어는점 $= 0\ °C - \Delta T_f = 0\ °C - 0.744\ °C$

$= -0.744\ °C$

***정답:** $-0.744\ °C$

11.19 어는점 내림(ΔT_f) = 순수 용매의 어는점 − 용액의 어는점

$= 5.40\ °C - 4.95\ °C = 0.45\ °C$

$$\text{용액의 몰랄 농도}(m) = \frac{\Delta T_f}{K_f} = \frac{0.45\ °C}{5.12\ °C/m} \approx 0.0879\ m$$

나프탈렌의 몰(mol)수

= 몰랄 농도 × 용매의 질량(kg)

$= 0.0879\ mol/kg \times 0.100\ kg \approx 0.00879\ mol$

나프탈렌의 분자량 계산

= 질량 / 몰수 $= 0.00879\ mol \div 1.15\ g \approx 130.8\ g/mol$

***정답:** 나프탈렌의 분자량: 131 g/mol(유효 숫자 고려)

11.20 먼저 삼투압 공식($\Pi = MRT$)을 이용해 몰농도를 구한다.

몰농도 $= (3.6 \times 10^{-3}) \div (24.056) = 1.496 \times 10^{-4}\ M$

용액의 부피가 1.0 L이므로, 몰농도는 곧 용질의 몰수와 같다.

몰수 = 몰농도 × 용액의 부피(L)

$= 1.496 \times 10^{-4}\ mol/L \times 1.0\ L = 1.496 \times 10^{-4}\ mol$

몰질량 = 질량 ÷ 몰수

$= 10\ g \div (1.496 \times 10^{-4}\ mol) \fallingdotseq 66845\ g/mol$

***정답:** 물질의 1몰당 질량(몰질량)은 $6.7 \times 10^4\ g/mol$

11.21 삼투압은 용질의 몰농도에 정비례한다. 두 용액을 1 : 1의 부피비로 혼합하면 각 용질의 농도는 절반으로 희석된다.

(1) 혼합 후 각 용액의 부분 삼투압 계산

용액 A와 B를 같은 부피만큼 섞으면 전체 부피는 2배가 된다.

따라서 각 용질의 농도는 1/2로 줄어들고, 각 용질이 나타내는 부분 삼투압도 1/2이 된다.

용액 A의 부분 삼투압: $1.8\ atm \div 2 = 0.9\ atm$

용액 B의 부분 삼투압: $4.2\ atm \div 2 = 2.1\ atm$

(2) 혼합 용액의 전체 삼투압 계산

혼합 용액의 전체 삼투압은 각 성분의 부분 삼투압의 합과 같다.

$\Pi_{\text{전체}} = \Pi_A + \Pi_B = 0.9\ atm + 2.1\ atm = 3.0\ atm$

***정답:** 혼합 용액의 삼투압 = 3.0 atm

11.22 어는점 내림(ΔT_f)

= 순수 용매의 어는점 − 용액의 어는점

$= 0\ °C - (-4.3\ °C) = 4.3\ °C$

$$\text{반트호프 인자}(i) = \frac{\Delta T_f}{K_f \cdot m}$$

$$= \frac{4.3\ °C}{1.86\ °C/m \times 1.0\ m} = 2.31$$

***정답:** K_2SO_4 수용액의 반트호프 인자(i) = 2.3

11.23 끓는점 오름은 $\Delta T_b = 102.1\ °C - 100\ °C = 2.1\ °C$

끓는점 오름 공식($\Delta T_b = K_b \times m \times i$) 활용

$2.1 = 3.12 \times 0.512 \times m$

몰랄 농도 $m = 1.3146\ mol/kg$

몰랄 농도(m) = A의 몰수 / 물의 질량(kg)

물의 질량은 190 g이니까, kg으로 바꾸면 0.190 kg이다.

A의 몰수 $= 1.3146\ mol/kg \times 0.190\ kg \approx 0.24977\ mol$

A의 질량 = 9.12g ⇦ 이 질량이 몰수로는 0.24977 mol이라는 뜻

A의 몰질량 = A의 질량 ÷ A의 몰수 A의 몰질량

$= 9.12\ g \div 0.24977\ mol$

A의 몰질량 ≈ 36.51 g/mol

***정답:** 36.5 g/mol

11.24 (a) ○. 콜로이드의 대표적인 특징. 빛이 콜로이드 용액을 통과할 때 입자들이 빛을 산란시켜서 빛의 경로가 보이는 현상

(b) ○. 콜로이드는 입자가 균일하게 녹아있는 '용액'과 입자가 가라앉는 '현탁액'의 중간 상태. 미세한 입자들이 액체(또는 다른 매질) 속에 골고루 퍼져 있는 상태

(c) ○. 콜로이드 입자들은 보통 전하를 띠고 있어서 서로 반발하기 때문에 안정하게 분산 가능. 전하가 없으면 서로 뭉쳐서 침전됨

(d) × (정답). 콜로이드 입자는 거름종이는 통과할 수 있지만, 반투막은 통과 불가. 용액의 입자들은 둘 다 통과하고, 현탁액의 입자들은 둘 다 통과 불가능. 콜로이드 입자는 그 중간 크기라서, 거름종이의 구멍은 통과할 만큼 작지만 반투막의 미세한 구멍은 통과하지 못할 정도로 크다.

11.25 (a) ○(정답). 틴들 현상. 빛이 산란되는 덕분에 빛의 길이 눈에 보이는 것이 가능

(b) ×. 흡착 현상에 대한 설명. 콜로이드 입자가 크기에 비해 표면적이 넓어서 다른 물질을 잘 달라붙게 하는 성질.

(c) ×. 전기 영동(electrophoresis) 현상. 콜로이드 입자가 전하를 띠고 있기 때문에 전극을 걸어주면 반대 전하를 띠는 전극 쪽으로 이동하는 현상.

(d) ×. 브라운 운동(Brownian motion). 콜로이드 입자가 용매 분자들과 충돌해서 불규칙하게 움직이는 현상.

12장

12.1 ○

12.2 ×. 속도 법칙의 반응 차수는 0차, 1차, 2차 외에 3차 그 이상도 존재한다.

12.3 ○

12.4 ○

12.5 ×. 다단계 반응을 구성하고 있는 각각의 세부 단계 반응의 속도는 모두 다르다.

12.6 반감기

12.7 속도 결정 단계

12.8 전이 상태

12.9 기질

12.10 졸, 젤

12.11 $ClO_2 + 4\,Br^- + 4\,H^+ \longrightarrow Cl^- + 2\,Br_2 + 2\,H_2O$

에서 반응 속도는

$$r = -\frac{1}{1}\frac{\Delta[ClO_2]}{\Delta t} = -\frac{1}{4}\frac{\Delta[Br^-]}{t} = \frac{1}{2}\frac{\Delta[Br_2]}{t}$$

이고, 주어진 값은 $\frac{\Delta[Br_2]}{t} = +4.8\times10^{-6}\ M\ s^{-1}$이다.

1. 먼저 r을 계산한다.

$$r = \frac{1}{2}\frac{\Delta[Br_2]}{t} = (4.8\ \times10^{-6}) = 2.4\times10^{-6}\ M\ s^{-1}$$

(a) $\Delta[ClO_2]/\Delta t$

$$-\frac{\Delta[ClO_2]}{\Delta t} = r\text{이므로 } \frac{\Delta[ClO_2]}{\Delta t} = -2.4\times10^{-6}\ M\ s^{-1}$$

(b) $\Delta[Br^-]/\Delta t$

$$-\frac{1}{4}\frac{\Delta[Br^-]}{t} = r\text{이므로}$$

$$\frac{\Delta[Br^-]}{t} = -4r = -9.6\times10^{-6}\ M\ s^{-1}$$

***정답:** (a) $-2.4\times10^{-6}\ M\ s^{-1}$

(b) $-9.6\times10^{-6}\ M\ s^{-1}$

12.12 반응이 O_2에 대해 1차, $Cu(C_{10}H_8N_2)^{2+}$에 대해 2차이면

(a) 속도식

$v = k[O_2]^1[CuC_{10}H_8N_2)^{2+}]^2$

(b) 전체 반응 차수는 1+2=3으로 3차이다.

(c) $[CuC_{10}H_8N_2)^{2+}]$가 25% 감소(0.75배)하면

$$\frac{v'}{v_0} = \left(\frac{[O_2]'}{[O_2]_0}\right)^1\left(\frac{[Cu]'}{[Cu]_0}\right)^2 = 1\times(0.75)^2 = 0.5625$$

***정답:** 새 속도는 기존의 56.25%(즉 43.75% 감소).

12.13 (a) 일반적인 화학 반응식의 형태에서

속도$=k[NH_4^+]^m[NO_2^-]^n$이다.

먼저 실험 1과 실험 2의 데이터에 대입하여 다음과 같이 m 값을 계산한다.

실험 1 $7.2\times10^{-6} = k\times(0.24)^m(0.10)^n$ ……①

실험 2 $3.6\times10^{-6} = k\times(0.12)^m(0.10)^n$ ……②

식 ①을 식 ②로 나눈다.

$$\frac{7.2\times10^{-6}}{3.6\times10^{-6}} = \left(\frac{k}{k}\right)\left(\frac{0.24}{0.12}\right)^m\left(\frac{0.10}{0.10}\right)^n$$

$\therefore m = 1$

실험 2와 실험 3의 데이터에 대입하여 다음과 같이 n 값을 계산한다.

실험 2 $3.6\times10^{-6} = k\times(0.12)^m(0.10)^n$ ……②

실험 3 $5.4\times10^{-6} = k\times(0.12)^m(0.15)^n$ ……③

식 ②을 식 ③로 나눈다.

$\therefore n = 1$

결국, 이 반응의 반응 속도식은 속도$=k[NH_4^+][NO_2^-]$

***정답:** rate$=k[NH_4^+][NO_2^-]$

(b) 반응 속도식에 실험 2번 데이터를 대입한다.

$3.6\times10^{-6}\ M/sec = k\times(0.12\ M)(0.10\ M)$

***정답:** $k = 3.0\times10^{-4}\ M^{-1}\cdot s^{-1}$

(c) $[NH_4^+]_0 = 0.44\ M$, $[NO_2^-]_0 = 0.082\ M$,

$k = 3.0 \times 10^{-4}\ M^{-1} \cdot s^{-1}$를 속도식에 대입한다.

rate $= (3.0 \times 10^{-4}\ M^{-1} \cdot s^{-1})(0.44\ M)(0.082\ M)$

$= 1.0824 \times 10^{-5}$ M/sec

***정답:** 반응 속도 $= 1.1 \times 10^{-5}$ M/sec

12.14 25 °C에서 어떤 1차 반응의 반감기가 28 sec

1차 반응: $t_{1/2} = \dfrac{\ln 2}{k} = 28$ s

$$k = \frac{\ln 2}{t_{1/2}} = 0.693 \div 28\ s = 2.48 \times 10^{-2}\ s^{-1}$$

***정답:** $k = 2.48 \times 10^{-2}\ s^{-1}$ $(= 0.0248\ s^{-1})$

12.15 뷰타다이엔(A)에 대해 2차 반응

$$k = 4.0 \times 10^{-2}\ M^{-1} \cdot s^{-1}$$

$$[A]_0 = 0.0200\ M$$

다음 2차(단일 반응물) 적분식을 활용하여 계산한다.

$$\frac{1}{[A]_t} = kt + \frac{1}{[A]_0}$$

(a) 1시간(= 3600 s) 후 [A]

$$\frac{1}{[A]_{3600}} = (0.040)(3600) + \frac{1}{0.0200} = 144 + 50 = 194$$

$[A]_{3600} = 5.15 \times 10^{-3}$ M

***정답:** $[A] = 5.15 \times 10^{-3}$ M

(b) $[A] = 0.0020$ M에 도달할 때까지의 시간

$$kt = \frac{1}{0.0020} = \frac{1}{0.0200} = 500 - 50 = 450$$

$t = 1.125 \times 10^4$ s = 약 188분

***정답:** 약 188분

12.16 (a) 1단계와 2단계의 반응식을 더하고 반응 화살표(⟶) 좌우에 동일한 화학종은 소거해서 정리한다.

***정답:** $O_3(g) + O(g) \longrightarrow 2\ O_2(g)$

(b) Cl은 촉매(catalyst)이다. 촉매란 반응에 참여하여 반응 속도를 변화시키지만, 반응 전후에 원래 상태로 재생되어 전체 반응식에는 나타나지 않는 물질이다. Cl은 첫 번째 단계에서 반응물로 사용된 후, 두 번째 단계에서 다시 생성되어 전체 과정에서 소모되지 않고 오존 분해 반응을 반복적으로 일으킨다.

(c) ClO는 반응 중간체(reaction intermediate)이다. 반응 중간체란 다단계 반응의 과정 중 한 단계에서 생성되었다가 다음 단계에서 소모되어, 최종 생성물에는 포함되지 않는 물질을 말한다. ClO는 첫 번째 단계에서 생성된 후, 바로 두 번째 단계에서 반응물로 사용되어 사라지므로 반응 중간체에 해당한다.

12.17 (a) 주어진 조건을 식 12.18에 대입하여 계산한다.

$\ln \dfrac{k_1}{k_2} = -\dfrac{E_a}{R}\left(\dfrac{1}{T_1} - \dfrac{1}{T_2}\right)$에서

$k_1 = 1.3\ M^{-1}\ s^{-1}$, $k_2 = 23.0\ M^{-1}\ s^{-1}$, $T_1 = 700$ K, $T_2 = 800$ K를 대입하면

(R은 기체 상수 8.314 J/mol·K)

$$\ln \frac{1.3}{23.0} = -\frac{E_a}{8.314\ J/mol \cdot K}\left(\frac{1}{700\ K} - \frac{1}{800\ K}\right)$$

$E_a = 133768$ J/mol $= 133.8$ kJ/mol

(b) 750 K에서의 속도 상수를 k_3라 하고, (a)에서 구한 활성화 에너지 값과 식 (12.18)을 이용하여 다음과 같이 계산한다.

$T_1 = 700$ K일 때 $k_1 = 1.3\ M^{-1}\ s^{-1}$

$T_3 = 750$ K일 때 k_3

$R = 8.314$ J/mol·K

$E_a = 133623$ J/mol

$$\ln \frac{1.3\ M^{-1}\ s^{-1}}{k_3} = -\frac{133623\ J/mol}{8.314\ J/mol \cdot K}\left(\frac{1}{700\ K} - \frac{1}{750\ K}\right)$$

$k_3 = 5.9\ M^{-1}\ s^{-1}$

***정답:** (a) 133.8 kJ/mol

(b) $5.9\ M^{-1}\ s^{-1}$

12.18 1차 반응의 적분 속도식: $\ln[A]_t = -kt + \ln[A]0$

$t = 6$분 × 60초/분 = 360초

$\ln[N_2O_5]t = -(0.00583\ s^{-1})(360\ s) + \ln(0.200)$

$= -3.7082$

$[N_2O_5]t = e^{-3.7082} = 0.0245$ M

***정답:** 6분 뒤의 오산화 이질소 잔여 농도는 0.0245 M이다.

12.19 $\ln \dfrac{k_1}{k_2} = -\dfrac{E_a}{R}\left(\dfrac{1}{T_1} - \dfrac{1}{T_2}\right)$에 주어진 조건을 대입한다.

$E_a = 43800$ J/mol

$R = 8.314$ J/mol·K

$T_1 = 273.15$ K(0 °C)

$T_2 = 373.15$ K(100 °C)

$$\ln \frac{k_1}{k_2} = -\frac{43800}{8.314}\left(\frac{1}{273.15} - \frac{1}{373.15}\right)$$

$\dfrac{k_1}{k_2} = e^{-5.17}$이므로 $\dfrac{k_2}{k_1} = e^{5.17} \approx 175.9$

***정답:** 속도 상수는 약 176배 증가한다.

12.20 $A = k \cdot e^{E_a/RT}$

$$\frac{E_a}{RT} = \frac{104000\ J/mol}{(8.314\ J/mol \cdot K)(298.15\ K)} \approx 41.96$$

$A = (4.25 \times 10^{-4}\ s^{-1}) \times e^{41.96} = 7.1 \times 10^{14}\ s^{-1}$

***정답:** 충돌 빈도 인자 A = 약 7.1×10^{14}

12.21 $\ln\left(\frac{N_t}{N_0}\right) = -kt$

$\ln(0.90) = -k(1000\ 년)$

$-0.10536 = -k(1000\ 년)$

$k = 1.0536 \times 10^{-4}\ 년^{-1}$

$t_{1/2} = \frac{0.693}{1.0536 \times 10^{-4}\ 년^{-1}} \approx 6578년$

***정답:** 플루토늄-240의 반감기는 약 6600년(유효 숫자 2자리)

12.22 반응 속도는 활성화 에너지(E_a)에 의해 결정된다. 활성화 에너지가 클수록 반응 속도는 느려지고, 활성화 에너지가 작을수록 반응 속도는 빨라진다.

(1) 속도 결정 단계 찾기: 문제에 주어진 반응 메커니즘에서 2단계가 '느림'이라고 명시되어 있다. 이 가장 느린 단계가 전체 반응 속도를 결정하는 속도 결정 단계이다. 따라서 2단계의 활성화 에너지(E_{a2})가 세 단계 중에서 가장 커야 한다. 이 조건만으로도 (a)는 답에서 제외된다.

(2) 빠른 단계 비교: 1단계는 '매우 빠름', 3단계는 '빠름'으로 표시되어 있다. 이는 1단계가 3단계보다 더 빠르게 진행된다는 것을 의미한다. 따라서 1단계의 활성화 에너지(E_{a1})는 3단계의 활성화 에너지(E_{a3})보다 더 작아야 한다.

위의 두 조건을 종합하면 활성화 에너지의 크기는 $E_{a2} > E_{a3} > E_{a1}$ 순서가 되어야 한다. 이 관계를 올바르게 나타낸 에너지 도표는 (c)이다.

***정답:** (c)

12.23 (a) $H_2(g) + 2\ ICl(g) \longrightarrow I_2(g) + 2\ HCl(g)$

(b) 반응 중간체는 HI이다. 반응 중간체는 반응 메커니즘의 한 단계에서 생성되었다가 다음 단계에서 소모되는 물질로, 전체 반응식에는 나타나지 않는다. 위 반응에서 HI는 1단계에서 생성된 후 2단계에서 즉시 반응물로 사용되어 사라진다.

(c) 속도 결정 단계는 1단계이다. 속도 결정 단계는 전체 반응 속도를 좌우하는 가장 느린 단계를 말하며, 전체 반응의 속도식은 이 단계의 속도식과 일치한다.

1단계의 속도식: rate $= k_1[H_2][ICl]$

2단계의 속도식: rate $= k_2[HI][ICl]$

문제에서 주어진 전체 반응의 속도식이 rate $= k[H_2][ICl]$이므로, 1단계의 속도식과 형태가 같다. 따라서, 1단계가 가장 느린 속도 결정 단계임을 알 수 있다.

12.24 (a) 촉매는 자신은 소모되지 않으면서 반응 속도를 높여주는 물질이다. 촉매는 반응이 일어날 수 있는 새로운 경로를 제공함으로써, 반응에 필요한 활성화 에너지를 낮추는 원리로 작동한다.

(b) 촉매와 반응물의 물리적 상태(상, phase)에 따라 구분한다.

균일 촉매(homogeneous catalyst): 촉매와 반응물이 같은 상에 있는 경우. 예를 들어, 기체 상태의 반응물과 기체 상태의 촉매가 섞여 반응하는 경우가 해당.

불균일 촉매(heterogeneous catalyst): 촉매와 반응물이 다른 상에 있는 경우. 가장 흔한 예는 액체나 기체 상태의 반응물이 고체 촉매의 표면에서 반응하는 경우. 자동차의 배기가스 변환 장치에 사용되는 백금(고체) 촉매가 대표적인 예.

(c) 활성화 에너지(E_a) 측면: 촉매는 반응이 일어나는 데 필요한 문턱 에너지인 활성화 에너지를 낮춘다. 이것이 촉매가 반응 속도를 빠르게 하는 핵심 원리이다.

반응 엔탈피(ΔH) 측면: 촉매는 전체 반응의 엔탈피 변화에는 아무런 영향을 주지 않는다. 반응 엔탈피는 오직 반응물의 에너지 상태와 생성물의 에너지 상태의 차이에 의해서만 결정되기 때문이다. 촉매는 단지 반응이 더 쉽게 일어나도록 경로를 바꿀 뿐, 시작점과 도착점의 높이 차이를 바꾸지는 못한다.

12.25 촉매 사용으로 인해 활성화 에너지가 낮아질 때, 반응 속도가 얼마나 빨라지는지 아레니우스 식을 통해 계산할 수 있다.

아레니우스 식: $k = e^{-\frac{Ea}{RT}}$

(1) 활성화 에너지 차이 계산$(\Delta E_a) = E_{a무촉매} - E_{a촉매}$
$= (95 - 55)\ \text{kJ/mol} = 40{,}000\ \text{J/mol}$

(2) $\frac{k_{촉매}}{k_{무촉매}} = \frac{e^{-\frac{Ea_{촉매}}{RT}}}{e^{-\frac{Ea_{무촉매}}{RT}}} = e^{-\frac{Ea_{촉매} - Ea_{무촉매}}{RT}} = e^{-\frac{\Delta Ea}{RT}}$

$= e^{\frac{40{,}000}{8.314 \times 298.15}} = e^{16.14} \approx 1.02 \times 10^7$

즉, $(k_{촉매} : k_{무촉매})$의 비가 $(1.02 \times 10^7 : 1)$이라는 의미가 된다.

반응 속도는 속도 상수에 비례하므로 이 촉매를 사용하면 반응 속도는 1.02×10^7배 빨라진다.

***정답:** 반응 속도는 1.02×10^7배 빨라진다.

12.26 (a) 아레니우스 식

$\ln\left(\frac{k_2}{k_1}\right) = \frac{E_a}{R}\left(\frac{1}{T_1} - \frac{1}{T_2}\right)$에 대입

$T_1 = 838.15\ \text{K};\ k_1 = 0.066\ \text{L/mol·min}$

$T_2 = 1001.15\ \text{K};\ k_2 = 22.8\ \text{L/mol·min}$

$R = 8.314\ \text{J/K·mol}$

$E_a = 250,560$ J/mol ≒ 250.6 kJ/mol

(b) $T_1 = 838.15$ K; $k_1 = 0.066$ L/mol·min

$T_3 = 758.15$ K; $k_3 = ?$ L/mol·min

$R = 8.314$ J/K·mol

$E_a = 250.6$ kJ/mol

위 값을 아레니우스 식

$\ln\left(\frac{k_2}{k_1}\right)=\frac{E_a}{R}\left(\frac{1}{T_1}-\frac{1}{T_3}\right)$에 대입

$k_3 \fallingdotseq 0.001485$ L/mol·min

(c) $T_1 = 838.15$ K; $k_1 = 0.066$ L/mol·min

$T_4 = ?$ K; $k_4 = 11.6$ L/mol·min

$R = 8.314$ J/K·mol

$E_a = 250.6$ kJ/mol

위 값을 아레니우스 식

$\ln\left(\frac{k_4}{k_1}\right)=\frac{E_a}{R}\left(\frac{1}{T_1}-\frac{1}{T_4}\right)$에 대입

$T_4 \fallingdotseq 978.67$ K → 705.5 °C

12.27

(a)

$\ln[A]_t = -kt+\ln[A]0 = -2.58+2.3026 = -0.2774$

$[A]_t \fallingdotseq 0.7578$ g

(b)

$t_{1/2} = \frac{\ln(2)}{k} = 0.693/0.215\ \text{month}^{-1}$

$\fallingdotseq 3.22$ months

(c)

$[A]_t : [A]_0 = 0.35 : 1$

$[A]_t = 0.35[A]0$

$\ln[A]_t = -kt + \ln[A]_0$

$\ln(0.35[A]_0) = -0.215t + \ln[A]_0$

$t \fallingdotseq 4.88$ months

13장

13.1 ○

13.2 ×, 온도 변화로 속도 상수의 변화가 발생하기는 하지만 평형 상수도 변화한다.

13.3 ×, 촉매 사용은 평형 이동에 영향을 주지 않는다.

13.4 ○

13.5 ○

13.6 침전(생성)반응, 산-염기 중화 반응, 산화-환원 반응

13.7 반응 속도, 농도

13.8 동적 평형

13.9 촉매

13.10 역반응

13.11 (a) 만약 속도가 0이라면 모든 게 멈춘다는 뜻이다. 평형은 겉보기엔 멈춰 보여도 사실은 계속 움직이고 있으며, 정반응과 역반응의 속도가 같을 때 이뤄진다(동적 평형). 반응 속도가 0일 수는 없다.

(b) 만약 정반응 속도가 더 빠르면 반응물은 계속 줄어들고 생성물은 계속 늘어날 것이다. 아직 평형에 도달하지 않고 정반응이 우세하게 진행되고 있는 상태라고 봐야 한다.

(c) (b)번 설명과 마찬가지로 역반응 속도가 더 빠르다면 생성물이 계속 줄어들고 반응물이 계속 늘어나는 뜻으로 아직 평형에 도달하지 않고 역반응이 우세하게 진행되고 있는 상태이다.

(d) 평형 상태에서는 정반응으로 반응물이 생성물로 바뀌는 속도랑 역반응으로 생성물이 반응물로 바뀌는 속도가 완전히 똑같아져서 겉으로 보기에는 농도 변화가 없는 것처럼 보이는 것이다.

***정답:** (d)

13.12 반응 1을 그대로, 반응 3을 역반응으로 처리해서 이 두 반응식을 서로 더한다.

반응 1

$Na_2O(s) \rightleftharpoons 2Na(l) + \frac{1}{2}O_2(g),\ \ K_c = 2\times10^{-25}$

반응 3의 역반응

$+)\ 2Na(l) + O_2(g) \rightleftharpoons Na_2O_2(s),\ \ 1/K_3 = 1/(5\times10^{-29})$

전체 반응

$Na_2O(s) + \frac{1}{2}O_2(g) \rightleftharpoons Na_2O_2(s)$

$K = K_1/K_3 = (2\times10^{-25})/(5\times10^{-29})$

***정답:** $Na_2O(s) + \frac{1}{2}O_2(g) \rightleftharpoons Na_2O_2(s)\ \ K = 4\times10^3$

13.13 반응 1과 2를 그대로, 반응 3의 역반응을 모두 더한다.

반응 1

$Na_2O(s) \rightleftharpoons 2Na(l) + \frac{1}{2}O_2(g),\ \ K_1 = 2\times10^{-25}$

반응 2

$NaO(g) \rightleftharpoons Na(l) + \frac{1}{2}O_2(g),\ \ K_2 = 2\times10^{-5}$

반응 3의 역반응

$+)\ 2Na(l) + O_2(g) \rightleftharpoons Na_2O_2(s), \quad 1/K_3 = 1/(5 \times 10^{-29})$

전체 반응

$NaO(g) + Na_2O(s) \rightleftharpoons Na_2O_2(s) + Na(l)$

$K = (K_1 + K_2)/K_3 = (2 \times 10^{-25})(2 \times 10^{-5})/(5 \times 10^{-29})$

***정답:** $NaO(g) + Na_2O(s) \rightleftharpoons Na_2O_2(s) + Na(l)$

$K = 8 \times 10^{-2}$

13.14 반응 2를 2배 처리하고, 반응 3의 역반응을 더한다.

(반응 2) × 2

$2NaO(g) \rightleftharpoons 2Na(l) + O_2(g), \quad (K_2)^2 = (2 \times 10^{-5})^2$

반응 3의 역반응

$+)\ 2Na(l) + O_2(g) \rightleftharpoons Na_2O_2(s), \quad 1/K_3 = 1/(5 \times 10^{-29})$

전체 반응

$2NaO(g) \rightleftharpoons Na_2O_2(s)$

$K = (K_2)^2/K_3 = (2 \times 10^{-25})^2/(5 \times 10^{-29})$

***정답:** $2NaO(g) \rightleftharpoons Na_2O_2(s) \qquad K = 8 \times 10^{18}$

13.15 반응물과 생성물의 농도 계산

현재 용액 부피 = 10 L

$[CH_4] = 2.0\ mol \div 10\ L = 0.20\ M$

$[H_2S] = 4.0\ mol \div 10\ L = 0.40\ M$

$[CS_2] = 3.0\ mol \div 10\ L = 0.30\ M$

$[H_2] = 3.0\ mol \div 10\ L = 0.30\ M$

반응 지수 $Q_c = \dfrac{[CS_2][H_2]^4}{[CH_4][H_2S]^2} = \dfrac{(0.30)(0.30)^4}{(0.20)(0.40)^2} \approx 0.076$

***정답:** $Q_c(0.076) > K_c(0.0025)$이므로, 반응은 평형에 도달하기 위해 역반응 (←) 방향으로 진행한다. 즉, 생성물인 CS_2와 H_2가 소모되어 반응물인 CH_4와 H_2S가 생성된다.

13.16 (a) 주어진 초기 부분 압력

$P_{PH_3} = 0.0260\ atm$

$P_{P_2} = 0.871\ atm$

$P_{H_2} = 0.571\ atm$

반응 지수 $Q_p = \dfrac{(P_{P_2})(P_{H_2})}{(P_{PH_3})^2} = \dfrac{(0.871)(0.571)^3}{(0.0260)^2} = 240$

***정답:** $Q_p(240) < K_p(398)$이므로, 반응은 평형에 도달하기 위해 정반응 (→) 방향으로 진행된다.

(b)

$K_p = 398$

$P_{H_2} = 0.822\ atm$

$P_{P_2} = 0.412\ atm$

$K_p = \dfrac{(P_{P_2})(P_{H_2})}{(P_{PH_3})^2} = \dfrac{(0.412)(0.822)^3}{(P_{PH_3})^2} = 398$

$P_{PH_3} = 0.0240\ atm$

***정답:** $P_{PH_3} = 0.0240\ atm$

13.17 (a)

$Q_c = \dfrac{[Br_2][Cl_2]}{[BrCl]^2} = \dfrac{(0.035)(0.030)}{(0.050)^2} \approx 0.42$

***정답:** $Q_c > K_c$이므로, 반응은 평형에 도달하기 위해 역반응(←) 방향으로 진행하여 반응물인 BrCl을 더 생성한다.

(b)

	$2BrCl(aq)$	$\rightleftharpoons$	$Br_2(aq)$	+	$Cl_2(aq)$
초기(I)	0.05		0.035		0.03
변화(C)	$+2x$		$-x$		$-x$
평형(E)	$0.050+2x$		$0.035-x$		$0.030-x$

$K_c = 0.145 = \dfrac{[Br_2][Cl_2]}{[BrCl]^2} = \dfrac{(0.035-x)(0.030-x)}{(0.050+2x)^2}$

$\therefore x = 0.00757$

***정답:**

$[BrCl] = 0.050 + 2(0.00757) = 0.065\ M$

$[Br_2] = 0.035 + 0.00757 = 0.027\ M$

$[Cl_2] = 0.030 - 0.00757 = 0.022\ M$

13.18

	$ClF_3(g)$	$\rightleftharpoons$	$ClF(g)$	+	$F_2(g)$
초기	1.47		0		0
변화	$-x$		$+x$		$+x$
평형(E)	$1.47-x$		x		x

$K_P = 0.140 = \dfrac{(P_{ClF})(P_{F_2})}{P_{ClF_3}} = \dfrac{(x)(x)}{1.47-x}$

$\therefore x = 0.389$

***정답:**

$P_{ClF_3} = 1.47 - 0.389 \approx 1.08\ atm$

$P_{ClF}F = 0.389\ atm$

$P_{F_2} = 0.389\ atm$

13.19 주어진 반응은 발열 반응($\Delta H° = -91\ kJ < 0$)이며, 기체 몰수가 감소하는 반응($1+2\ mol \rightarrow 1\ mol$)이다.

(a) 온도 증가: 발열 반응에서 온도를 높이면, 시스템은 열을 소모하는 역반응을 선호하게 된다. 따라서 메탄올의 양은 감소한다.

(b) 부피 감소: 부피를 감소시키면(압력 증가), 시스템은 압력을 낮추기 위해 기체 몰수가 더 적은 쪽으로 평형을 이동시킨다. 이 반응에서는 생성물(메탄올) 쪽의 기체 몰수가 더 적으므로 정반응이 우세해진다. 따라서 메탄올의 양은 증가한다.

(c) 헬륨 첨가: (일정한 부피에서) 비활성 기체인 헬륨을

첨가하면 전체 압력은 증가하지만, 반응에 참여하는 기체들의 부분 압력이나 농도는 변하지 않는다. 따라서 평형은 이동하지 않고 메탄올의 양은 그대로 유지된다.

(d) CO 첨가: 반응물인 CO를 첨가하면, 시스템은 첨가된 CO를 소모하기 위해 정반응을 진행한다. 따라서 메탄올의 양은 증가한다.

(e) 촉매 제거: 촉매는 반응 속도에만 영향을 줄 뿐 평형의 위치 자체를 바꾸지는 못한다. 촉매를 제거하면 평형에 도달하는 시간이 길어질 뿐, 평형 상태에서의 메탄올 양은 그대로 유지된다.

13.20 주어진 반응은 발열 반응($\Delta H° < 0$)이며, 기체 분자 수가 감소하는(3 mol → 2 mol) 반응이다.

(a) 백금 촉매 첨가

촉매는 정반응과 역반응의 속도를 모두 같은 비율로 증가시켜 평형에 도달하는 시간을 단축시킬 뿐, 평형의 위치 자체를 이동시키지는 않는다. 따라서 CO의 양은 변하지 않는다.

(b) 온도 증가

이 반응은 발열 반응이므로, 온도를 높이면 계는 추가된 열을 소모하는 방향, 즉 흡열 반응인 역반응 쪽으로 평형이 이동한다. 역반응이 우세해지면 반응물인 CO의 양이 증가한다.

(c) 부피 감소와 압력 증가

부피를 감소시켜 압력을 높이면, 계는 압력을 낮추기 위해 기체 분자 수가 더 적은 쪽으로 평형을 이동한다. 반응물의 총 기체 몰수(2 + 1 = 3몰)가 생성물의 기체 몰수(2몰)보다 많으므로, 평형은 정반응 방향으로 이동한다. 따라서 CO가 더 많이 소모되어 그 양이 감소한다.

(d) 아르곤 기체의 첨가에 의한 압력 증가(일정 부피)

일정한 부피의 용기에 반응에 참여하지 않는 비활성 기체인 아르곤을 첨가하면 용기 내의 전체 압력은 증가하지만, CO, O_2, CO_2 각 기체의 부분 압력은 변하지 않는다. 평형은 각 기체의 부분 압력(또는 농도)에 의해 결정되므로 평형은 이동하지 않고, CO의 양도 유지된다.

(e) O_2 기체의 첨가에 의한 압력 증가

반응물인 O_2를 추가하면, 계는 추가된 O_2를 소모하는 방향인 정반응 쪽으로 평형을 이동한다. 정반응이 진행되면 또 다른 반응물인 CO가 함께 소모되므로, CO의 양은 감소한다.

13.21 $P_{total} = P_{NO_2} + P_{N_2O_4} = 1.50$ atm

따라서, $P_{N_2O_4} = 1.50 - P_{NO_2}$이다.

평형 상수 $K_p = \dfrac{P_{N_2O_4}}{(P_{NO_2})^2}$

$$216 = \frac{1.50 - P_{NO_2}}{(P_{NO_2})^2}$$

따라서, $P_{NO_2} = 0.081$ atm

***정답:**

$P_{NO_2} = 0.081$ atm

$P_{N_2O_4} = 1.50 - 0.081 = 1.42$ atm

13.22 초기에 NH_3만 있었으므로, 반응은 NH_3가 분해되는 역반응으로 진행되어 평형에 도달한다.

반응 계수비에 따라, N_2가 0.200 mol 생성되었다면, H_2는 $0.200 \times 3 = 0.600$ mol 생성된다.

용기 부피가 1.00 L 이므로, 평형 농도는 몰수와 같다.

$[N_2] = 0.200$ M

$[H_2] = 0.600$ M

$$K_c = \frac{[NH_3]^2}{[N_2][H_2]^3} = \frac{[NH_3]^2}{(0.200)(0.600)^3} = 4.20$$

$[NH_3] = 0.426$ M의 의미는 평형 상태에 도달했을 때, 1.00 L 부피 속에 암모니아가 0.426 mol이 있다는 것이다.

반응 계수비($N_2 : NH_3 = 1 : 2$)에 따라, N_2가 0.200 mol 생성되기 위해서는 반응 중에 NH_3가 $0.200 \times 2 = 0.400$ mol 분해되었다는 의미이므로,

초기 암모니아의 몰수 = 평형 상태의 암모니아 몰수 + 분해된 암모니아 몰수 = 0.426 mol + 0.400 mol = 0.826 mol

***정답:** NH_3 0.826 mol

13.23 주어진 반응식은 $3A + B \rightleftharpoons 4C$이며, 그래프는 반응이 시작된 후 40초에 평형에 도달했음을 보여준다.

(a)

[A] (붉은색 선) = 1.38 M

[B] (파란색 선) = 1.70 M

[C] (초록색 선) = 5.50 M

$$K_c = \frac{[C]^4}{[A]^3[B]} = \frac{(5.50)^4}{(1.38)^3(1.70)} = 204.8 \approx 205$$

***정답:** $K_c = 205$

(b)

[A] = 2.00 M(농도 자극)

[B] = 1.70 M

[C] = 5.50 M

$$Q_c = \frac{[C]^4}{[A]^3[B]} = \frac{(5.50)^4}{(2.00)^3(1.70)} \approx 67.3$$

$Q_c < K_c$이므로, 정반응이 진행되어 C의 농도는 증가

한다.

***정답:** C의 농도는 증가한다.

13.24 1 L의 풍선이 터져서 안에 있던 기체가 4 L 부피의 통 안으로 퍼지면, 부피가 4배로 늘어나기 때문에 기체의 압력은 1/4배로 감소한다.

	$N_2(g)$	+ $3\ H_2(g)$	$\rightleftharpoons 2\ NH_3(g)$
처음	0	0	$(410 \div 4)$
중간	$+a$	$+3a$	$-2a$
최종	a	$+3a$	$((410 \div 4) - 2a)$

$$K_p = K_c \times (RT)\Delta n$$
$$= 0.29 \times (8.314 \times 300)^{-2}$$
$$= 4.78 \times 10^{-4}$$

$$K_p = \frac{(1.025 - 2a)^2}{27a^3} = 4.78 \times 10^{-4}$$

$a = 0.494\ \text{atm} = P_{N_2}$

(3차 방정식의 해는 공학용 계산기를 이용하여 계산)

$P_{N_2} = 0.494\ \text{atm}$

$P_{NH_3} = (1.025 - 2a)\ \text{atm} = 0.037\ \text{atm}$

$P_{H_2} = 3a\ \text{atm} = 1.48\ \text{atm}$

***정답:** $P_{N_2} = 0.494\ \text{atm}$

$P_{NH_3} = 0.037\ \text{atm}$

$P_{H_2} = 1.48\ \text{atm}$

13.25 $N_2O_4(g) \rightleftharpoons 2\ NO_2(g)$

$$K_p = K_c \times (RT)\Delta n$$
$$= 0.491 \times (0.0821 \times 273.15)1 = 11.01...$$
$$= \frac{(P_{NO_2})^2}{P_{N_2O_4}}$$

	$N_2O_4(g)$	$\rightleftharpoons 2\ NO_2(g)$
처음		0.5×8
중간	$+a$	$-2a$
최종	a	$4.0 - 2a$

$$K_p = \frac{a^2}{4.0 - 2a} = 11.01$$

$a = 0.656$

***정답:** N_2O_4의 부분 압력 $= 0.656$ atm

13.26 $P_{전체} = P_{초기} \times (1 + 0.40) = 1.40 \times P_{초기}$

	$I_2(g)$	$I(g)$
초기	1	0
변화	$-\alpha$	$+2\alpha$
평형	$1 - \alpha$	2α

평형에서의 전체 몰수

$$n_{전체} = 1 - \alpha + 2\alpha = 1 + \alpha$$

압력은 몰수에 비례하므로

$$P_{전체} : P_{초기} = 1 + \alpha : 1$$

따라서, $\alpha = 0.40$

평형 상수

$$K = \frac{(P_I)^2}{P_{I_2}} = \frac{(\text{I의 몰분율})^2}{\text{I}_2\text{의 몰분율}}$$

$$= \frac{\left(\frac{2\alpha}{1+\alpha}\right)^2}{\frac{1-\alpha}{1+\alpha}} = \frac{4\alpha^2}{(1+\alpha)^2} \cdot \frac{1+\alpha}{1-\alpha} = \frac{4\alpha^2}{(1+\alpha)(1-\alpha)}$$

$= 0.76$

14장

14.1 ×, 강한 산은 강전해질로서 물에 용해되었을 때 70 % 이상 해리되는 산을 말한다.

14.2 ×, 산의 산성도가 강하면 반응 후 짝염기의 염기도는 상대적으로 약하다.

14.3 ×, K_w는 온도마다 값이 다르다.

14.4 ○

14.5 ○

14.6 100

14.7 7

14.8 양성자

14.9 전자쌍

14.10 25

14.11 NaOH는 브뢴스테드-로리 염기인 $OH^-(aq)$를 생산하는 이온 화합물이지만, NaOH 화합물 자체는 양성자(H^+)를 받을 수 없다. NaOH 자체를 브뢴스테드-로리 염기라고 부르기 어렵다.

14.12 물(H_2O)은 상황에 따라 루이스 산과 루이스 염기 모두로 작용할 수 있지만, 분자 구조상 산소에 고립 전자쌍을 두 쌍이나 가지고 있기 때문에 기본적으로 루이스 염기로 작용한다.

14.13 짝염기는 산에서 양성자(H^+)가 하나 제거된 화학종이다.

(a) HSO_4^-의 짝염기: SO_4^{2-}

(b) H_2SO_3의 짝염기: HSO_3^-

(c) $H_2PO_4^-$의 짝염기: HPO_4^{2-}

(d) NH_4^+의 짝염기: NH_3

(e) H_2O의 짝염기: OH^-

(f) NH_3의 짝염기: NH_2^-

14.14 (a) $Cu^{2+}(aq) + 4\ CN^-(aq) \rightleftharpoons Cu(CN)_4^{2-}(aq)$

CN^-가 Cu^{2+} 이온에 전자쌍을 제공

$Cu^{2+} + 4\ CN^- \rightleftharpoons Cu(CN)_4^{2-}(aq)$

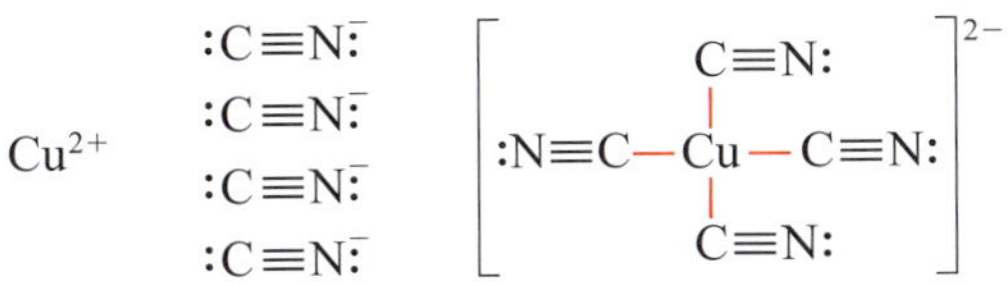

***정답:** 루이스 산: Cu^{2+}, 루이스 염기: CN^-

(b) $AlBr_3(aq) + Br^-(aq) \rightleftharpoons AlBr_4^-(aq)$

Br^-가 전자쌍이 부족한 $AlBr_3$의 알루미늄 원자에 전자쌍을 제공

$AlBr_3 + Br^- \rightleftharpoons AlBr_4^-$

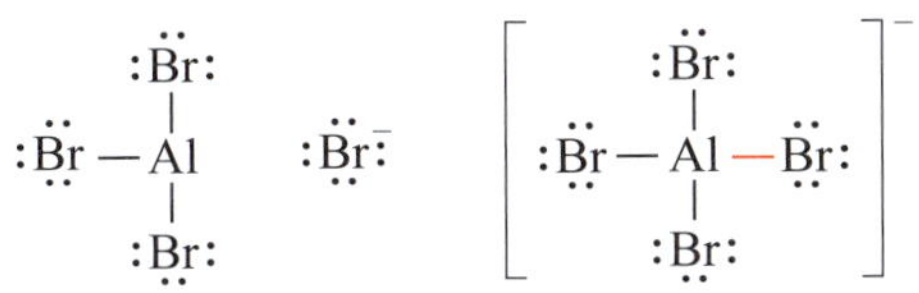

***정답:** 루이스 산: $AlBr_3$, 루이스 염기: Br^-

14.15 아질산 수용액의 해리 반응식:

$$HNO_2(aq) \rightleftharpoons H^+(aq) + NO_2^-(aq)$$

	HNO_2	H^+	NO_2^-
초기	1.5 M	0 M	0 M
변화	$-x$ M	$+x$ M	$+x$ M
평형	$1.5-x$ M	x M	x M

아질산의 $K_a = 4.5 \times 10^{-4} = [H^+][NO_2^-]/[HNO_2]$

$= (x)(x)/(1.5 - x) \fallingdotseq x^2/1.5$

※ $K_a (< 10^{-3})$가 매우 작으면 x 값이 매우 작기 때문에 $(1.5-x)$ M을 1.5 M으로 근사할 수 있다.

$x \fallingdotseq 0.0260\ M = [H^+]$

$pH = -\log[H^+] = -\log(0.0260) = 1.585$

$$\text{해리 백분율} = \frac{[\text{해리된 } HNO_2]}{[\text{초기 } HNO_2]} \times 100 = 1.73\ \%$$

***정답:** pH = 1.585, 해리 백분율 = 1.73 %

14.16 옥살산($H_2C_2O_4$)은 이양성자산이므로, 두 단계에 걸쳐 해리(이온화)된다. 각 단계의 평형을 순서대로 계산한다.

1차 해리 상수: $K_{a1} = 5.6 \times 10^{-2}$

2차 해리 상수: $K_{a2} = 5.4 \times 10^{-5}$

물의 이온곱 상수: $K_w = 1.0 \times 10^{-14}$

(1) 1차 해리 계산

	$H_2C_2O_4(aq)$	$\rightleftharpoons$ $H^+(aq)$	+ $HC_2O_4^-(aq)$
초기	0.20	0	0
변화	$-x$	$+x$	$+x$
평형	$0.20-x$	x	x

$$K_{a1} = \frac{[H^+][HC_2O_4^-]}{[H_2C_2O_4]} = \frac{x^2}{0.20-x} = 5.6 \times 10^{-2}$$

1차 해리 후 평형 농도 …… ①

$[H^+] \approx 0.0815$ M

$[HC_2O_4^-] \approx 0.0815$ M

$[H_2C_2O_4] = 0.20 - 0.0815 = 0.1185$ M

(2) 2차 해리 계산

	$HC_2O_4^-(aq)$	$\rightleftharpoons$ $H^+(aq)$	+ $C_2O_4^{2-}(aq)$
초기	0.0815	0.0815	0
변화	$-y$	$+y$	$+y$
평형	$0.0815-y$	$0.0815+y$	y

$$K_{a2} = \frac{[H^+][HC_2O_4^-]}{[HC_2O_4^-]} = \frac{(0.0815-y)(y)}{0.0815-y} = 5.4 \times 10^{-5}$$

$$K_{a2} \approx \frac{(0.0815-y)(y)}{0.0815-y} = y$$

$y = [C_2O_4^{2-}] \approx 5.4 \times 10^{-5}$ M

위에서 구한 값을 1차 해리 후 평형 농도(①)에 적용해서 최종 평형 농도를 요약하면

$[H_2C_2O_4] = 0.1185\ M \approx 0.12\ M$

$[HC_2O_4^-] = 0.0815 - y \approx 0.0815\ M \approx 0.082\ M$

$[H^+] = 0.0815 + y \approx 0.0815\ M \approx 0.082\ M$

$[C_2O_4^{2-}] = y \approx 5.4 \times 10^{-5}$ M

***정답:** $[H_2C_2O_4] = 0.12$ M, $[HC_2O_4^-] = 0.082$ M, $[H^+] = 0.082$ M, $[C_2O_4^{2-}] = 5.4 \times 10^{-5}$ M

14.17 NH_4Cl(염화 암모늄)은 물에 녹으면 NH_4^+ 이온과 Cl^- 이온으로 나뉘는데, Cl^- 이온은 pH에 영향을 주지 않는 구경꾼 이온이다. 하지만 NH_4^+ 이온은 약산인 NH_3(암모니아)의 짝산이므로 물과 반응하면 $H^+(H_3O^+)$ 이온을 내놓아 용액을 산성으로 만든다. 가능한 평형 반응식은 다음과 같다.

$$NH_4^+(aq) + H_2O(l) \rightleftharpoons NH_3(aq) + H_3O^+(aq)$$

이 반응에서 H_3O^+ 이온이 생성되기 때문에 용액의 pH가 결정된다. NH_4^+는 약산의 역할을 하며 표 14.3에서 보면 NH_4^+의 $K_a (= 5.6 \times 10^{-10})$를 확인할 수 있다.

	NH_4^+	NH_3	H_3O^+
초기	0.10 M	0 M	0 M
변화	$-x$ M	$+x$ M	$+x$ M
평형	$(0.10-x)$ M	x M	x M

$K_a = 5.6\times10^{-10} = [NH_3][H_3O^+]/[NH_4^+]$

$= (x)(x)/(0.10-x) ≒ (x)(x)/(0.10)$

$x = [H_3O^+] \approx 7.5\times10^{-6}$ M

$\therefore$ pH $\approx$ 5.12

***정답:** pH = 5.12

14.18 HF 수용액의 해리 평형 반응식:

$$HF(aq) \rightleftharpoons H^+(aq) + F^-(aq)$$

HF의 $K_a = 3.5\times10^{-4}$

	HF	H^+	F^-
초기	[초기 HF]	0	0
변화	$-x$	$+x$	$+x$
평형	[초기 HF] $-x$	x M	x M

$$K_a = \frac{x^2}{[\text{초기 HF}]-x} = 3.5\times10^{-4}$$

$$\text{해리 백분율} = \frac{x}{[\text{초기 HF}]}\times100$$

(a)

$$K_a = \frac{x^2}{0.050-x} = 3.5\times10^{-4}$$

$x = [H^+] = 0.0041$ M

$$\text{해리 백분율} = \frac{0.0041}{0.050}\times100 = 8.2\ \%$$

(b)

$$K_a = \frac{x^2}{0.050-x} = 3.5\times10^{-4}$$

$x = [H^+] = 0.013$ M

$$\text{해리 백분율} = \frac{0.013}{0.50}\times100 = 2.6\ \%$$

***정답:**

(a) 0.050 M HF(aq)의 해리 백분율: 약 8.2%

(b) 0.50 M HF(aq)의 해리 백분율: 약 2.6%

14.19 (a) 알짜 이온 반응식

$$(CH_3)_2NH(aq) + H_2O(l) \rightleftharpoons (CH_3)_2NH_2^+(aq) + OH^-(aq)$$

평형 상수식(K_b)

$$K_b = \frac{[(CH_3)_2NH_2^+][OH^-]}{[(CH_3)_2NH]}$$

(b)

알짜 이온 반응식

$$C_6H_5NH_2(aq) + H_2O(l) \rightleftharpoons C_6H_5NH_3^+(aq) + OH^-(aq)$$

평형 상수식(K_b)

$$K_b = \frac{[C_6H_5NH_3^+][OH^-]}{[C_6H_5NH_2]}$$

(c)

알자 이온 반응식

$$CN^-(aq) + H_2O(l) \rightleftharpoons HCN(aq) + OH^-(aq)$$

평형 상수식(K_b)

$$K_b = \frac{[HCN][OH^-]}{[CN^-]}$$

14.20 주어진 값: HBut의 $K_a = 2.0\times10^{-5}$ (유효 숫자 2개)

구하는 것: But^-의 pK_b

알고 있는 관계식: $K_a\times K_b = K_w$ (K_w는 25 °C에서 물의 이온곱 상수, 1.0×10^{-14})

But^-의 K_b 계산하기: $K_b = K_w/K_a = (1.0\times10^{-14})/(2.0\times10^{-5}) = 5.0\times10^{-10}$ (유효 숫자 2개)

But^-의 pK_b 계산: p$K_b = -\log(K_b) = -\log(5.0\times10^{-10}) = 9.3010... \approx 9.30$

***정답:** pK_b = 9.30

14.21 주어진 값: $[OH^-] = 2.0\times10^{-6}$ M (유효 숫자 2개)

K_w는 25 °C에서 물의 이온곱 상수, 1.0×10^{-14}

$[H_3O^+] = K_w/[OH^-] = (1.0\times10^{-14})/(2.0\times10^{-6})$

$= 0.5\times10^{-8} = 5.0\times10^{-9}$ M

용액의 성질 구별하기:

중성일 때: $[H_3O^+] = 1.0\times10^{-7}$ M (pH = 7)

산성일 때: $[H_3O^+] > 1.0\times10^{-7}$ M (pH<7)

염기성일 때: $[H_3O^+] < 1.0\times10^{-7}$ M (pH>7)

$[H_3O^+]$ 값 (5.0×10^{-9} M)은 $1.0\ x\times10^{-7}$ M보다 작아서 염기성(실제 바닷물은 약염기성)이다.

***정답:** $[H_3O^+] = 5.0\times10^{-9}$ M, 염기성

14.22 이 문제는 pH를 통해 $[H^+]$를 구하고, 초기 농도와 평형 농도를 이용해서 K_a를 계산하는 문제이다.

주어진 값: 초기 약산 농도 = 0.015 M(유효 숫자 2개), pH = 5.03(유효 숫자 2개)

$[H^+] = 10^{-pH} = 10^{-5.03} = 9.3325...\times10^{-6}$ M $= 9.3\times10^{-6}$ M(유효 숫자 2개)

위 $[H^+]$ 값은 곧 해리된 약산의 농도(X), 즉 평형 상태에서의 농도이다.

약산(HA)의 해리 반응식:

$$HA(aq) \rightleftharpoons H^+(aq) + A^-(aq)$$

평형 상태 도달 시

$[H^+] = X = 9.3 \times 10^{-6}$ M

$[A^-] = X = 9.3 \times 10^{-6}$ M

$[HA]_{평형} = [HA]_{초기} - X$

$= 0.015 - (9.3 \times 10^{-6})\ M \approx 0.015$ M

위 값을 모두 아래 식에 대입한다.

$$K_a = \frac{[H^+][A^-]}{[HA]_{평형}} = 5.766 \times 10^{-9} \approx 5.8 \times 10^{-9}$$

***정답:** $K_a = 5.8 \times 10^{-9}$

14.23 주어진 값: 초기 약염기 농도 = 0.35 M(유효 숫자 2개), pH = 11.84

$pOH = 14.00 - pH = 14.00 - 11.8 = 2.16$

$[OH^-] = 10^{-pOH} = 10^{-2.16} = 6.918 \times 10^{-3}$ M

$= 6.9 \times 10^{-3}$ M

위 $[OH^-]$ 값이 바로 해리된 약염기의 농도(X), 즉 평형 상태에서의 농도이다.

약염기(B)의 해리 반응식:

$$B(aq) + H_2O(l) \rightleftharpoons BH^+(aq) + OH^-(aq)$$

평형 상태 도달 시

$[OH^-] = X = 6.9 \times 10^{-3}$ M

$[BH^+] = X = 6.9 \times 10^{-3}$ M

$[B]_{평형} = [B]_{초기} - X = 0.35 - (6.9 \times 10^{-3}) \approx 0.3431$

위 값을 K_b 식에 모두 대입한다.

$$K_b = \frac{[BH^+][OH^-]}{[B]} \approx 1.4 \times 10^{-4}(\text{유효 숫자 2개})$$

14.24 주어진 값: 아스피린 초기 농도 = 0.10 M(유효 숫자 2개), 25 °C, pH = 2.27.

$[H^+] = 10^{-pH} = 10^{-2.27} = 0.0053703...$ M

$= 0.0054$ M(유효 숫자 2개)

일양성자산 아스피린($HC_9H_7O_4$)의 해리 방정식:

$$HC_9H_7O_4(aq) \rightleftharpoons H^+(aq) + C_9H_7O_4^-(aq)$$

	$HC_9H_7O_4(aq)$	$H^+(aq)$	$C_9H_7O_4^-(aq)$
초기	0.10 M	0 M	0 M
변화	$-x$ M	$+x$ M	$+x$ M
평형	$(0.10 - x)$ M	x M	x M

여기서 $x = [H^+] = 0.0054$ M

평형 농도:

$[H^+] = 0.0054$ M

$[C_9H_7O_4^-] = 0.0054$ M

$[HC_9H_7O_4] = 0.10\ M - 0.0054\ M = 0.0946$ M

$= 0.095$ M(유효 숫자 2개)

이 값을 다음 K_a 식에 대입한다.

$$K_a = \frac{[H^+][C_9H_7O_4^-]}{[HC_9H_7O_4]} = \frac{(0.0054)(0.0054)}{(0.095)}$$

$= 0.00030824... = 3.1 \times 10^{-4}$

***정답:** $K_a = 3.1 \times 10^{-4}$

14.25 주어진 값: 카페인 초기 농도 = 0.15 M, 25 °C, pH = 8.45(유효 숫자 2개).

카페인이 수용액에서 반응하는 평형 반응식:

$$C_8H_{10}N_4O_2(aq) + H_2O(l) \rightleftharpoons HC_8H_{10}N_4O_2^+(aq) + OH^-(aq)$$

$pOH = 14.00 - pH = 14.00 - 8.45 = 5.55$

$[OH^-] = 10^{-pOH} = 10^{-5.55} = 2.8183... \times 10^{-6}$ M

$= 2.8 \times 10^{-6}$ M(유효 숫자 2개)

	$C_8H_{10}N_4O_2(aq)$	$HC_8H_{10}N_4O_2^+(aq)$	$OH^-(aq)$
초기	0.15 M	0 M	0 M
변화	$-x$ M	$+x$ M	$+x$ M
평형	$(0.15 - x)$ M	x M	x M

여기서 $x = [OH^-] = 2.8 \times 10^{-6}$ M

평형 농도:

$[OH^-] = 2.8 \times 10^{-6}$ M

$[HC_8H_{10}N_4O_2^+] = 2.8 \times 10^{-6}$ M

$[C_8H_{10}N_4O_2] = 0.15\ M - (2.8 \times 10^{-6}\ M) ≒ 0.15$ M

이 값을 다음 K_b 식에 대입한다.

$$K_b = \frac{[OH^-][HC_8H_{10}N_4O_2^+]}{[C_8H_{10}N_4O_2]} = \frac{(2.8 \times 10^{-6})(2.8 \times 10^{-6})}{(0.15)}$$

$= 5.2266... \times 10^{-11} \approx 5.2 \times 10^{-11}$(유효 숫자 2자리)

***정답:** $K_b = 5.2 \times 10^{-11}$

15장

15.1 ○

15.2 ×, 완충 용액은 약산과 짝염기가 혼합된 수용액으로 만들 수 있다.

15.3 ○

15.4 ○

15.5 ○

15.6 르샤틀리에 원리

15.7 완충 범위

15.8 완충 용량

15.9 정성 분석

15.10 Ag^{+}, Hg^{+}, Pb^{2+}

15.11 주어진 값: pH = 4.50

완충 용액 성분: 아세트산(CH_3COOH, 약산)과 아세트산 소듐(CH_3COONa, 약산의 짝염기 CH_3COO^-)

구하는 것: $[CH_3COO^-]/[CH_3COOH]$ 농도비

아세트산(CH_3COOH)의 $K_a = 1.8 \times 10^{-5}$ (표 14.2 또는 부록 F)

i) 헨더슨–하셀바흐 식: $pH = pK_a + \log([짝염기] / [약산]) = pK_a + \log([CH_3COO^-]/[CH_3COOH])$

아세트산의 $pK_a = -\log(1.8 \times 10^{-5}) = 4.7447...$

≈ 4.74(유효 숫자 2개)

ii) 농도비 계산:

$pH = pK_a + \log([CH_3COO^-]/[CH_3COOH])$

$4.50 = 4.74 + \log([CH_3COO^-]/[CH_3COOH])$

$\log([CH_3COO^-]/[CH_3COOH]) = 4.50 - 4.74 = -0.24$

$[CH_3COO^-]/[CH_3COOH] = 10^{(-0.24)} = 0.5754...$

≈ 0.58

***정답:** $[CH_3COO^-]/[CH_3COOH] \approx 0.58$

15.12 주어진 값: [HF] = 0.25 M, [NaF] = $[F^-]$ = 0.10 M

HF의 $K_a = 3.5 \times 10^{-4}$ (표 14.2 또는 부록 F)

HF의 $pK_a = -\log(K_a) = -\log(3.5 \times 10^{-4}) = 3.4559...$

≈ 3.46(소수점 아래 2자리까지, 유효 숫자 2개)

- 헨더슨–하셀바흐 식:

$pH = pK_a + \log([F^-]/[HF]) = 3.46 + \log(0.10/0.25)$

≈ 3.06(소수점 아래 2자리까지, 유효 숫자 2개)

15.13 강산 + 강염기: pH = 7 (중성)

강산 + 약염기: pH < 7 (산성) → 짝산이 가수분해

약산 + 강염기: pH > 7 (염기성) → 짝염기가 가수분해

약산 + 약염기: pH는 K_a와 K_b의 상대적 크기에 따라 달라짐(일반적으로 7 근처)

(a)

HNO_3: 강산(질산)

KOH: 강염기(수산화 포타슘)

***정답:** 당량점의 pH = 7 (중성)

***이유:** 강산과 강염기가 완전히 중화되면, 생성되는 염(KNO_3)은 물에서 가수분해되지 않는 이온들(K^+, NO_3^-)로만 구성되어 pH에 영향을 주지 않으므로 중성인 pH 7이 된다.

(b)

HOI: 약산(K_a가 매우 작은 약산)

$Ba(OH)_2$: 강염기(바륨 수산화물, 강염기)

***정답:** 당량점의 pH > 7 (염기성)

***이유:** 약산과 강염기가 중화되면, 생성되는 염($Ba(IO)_2$)의 짝염기(IO^-)가 물에서 가수분해되어 OH^-를 생성하기 때문에 용액은 염기성을 띠게 된다.

(c)

HBr: 강산(브로민화수소산)

아닐린($C_6H_5NH_2$): 약염기

***정답:** 당량점의 pH < 7 (산성)

***이유:** 강산과 약염기가 중화되면, 생성되는 염($C_6H_5NH_3Br$)의 짝산($C_6H_5NH_3^+$)이 물에서 H^+를 생성하기 때문에 용액은 산성을 띠게 된다.

(d)

HNO_2: 약산(아질산)

KOH: 강염기(수산화 포타슘)

***정답:** 당량점의 pH > 7 (염기성)

***이유:** 약산과 강염기가 중화되면, 생성되는 염(KNO_2)의 짝염기(NO_2^-)가 물에서 OH^-를 생성하기 때문에 용액은 염기성을 띠게 된다.

15.14 아세트산(CH_3COOH)과 수산화 소듐(NaOH)은 약산–강염기 적정

아세트산의 K_a는 1.8×10^{-5}

초기 아세트산 (CH_3COOH) 몰수

= 0.120 mol/L × 0.0500 L = 0.00600 mol

(a) 수산화 소듐 25.0 mL 첨가하였을 때의 pH 계산

i) 첨가된 NaOH 몰수 계산:

NaOH 몰수 = 0.240 mol/L × 0.0250 L

= 0.00600 mol

ii) 반응 후 남은 물질 몰수 계산:

$$CH_3COOH(aq) + NaOH(aq) \longrightarrow CH_3COONa(aq) + H_2O(l)$$

초기 CH_3COOH: 0.00600 mol

초기 NaOH: 0.00600 mol

NaOH 몰수와 CH_3COOH 몰수가 정확히 같은 당량점인 상황이다.

iii) 당량점에서의 용액 조성 및 pH 계산: 당량점에서는 모든 아세트산이 아세트산 소듐(CH_3COONa)으로 반응하며, 이 아세트산 소듐은 약산의 짝염기인 CH_3COO^-를 포함하고 있어서 가수분해되어 용액을 염기성으로 만든다.

생성된 CH_3COO^- 몰수 = 0.00600 mol

전체 부피 = 50.0 mL + 25.0 mL
= 75.0 mL = 0.0750 L

$[CH_3COO^-]$ 농도 = 0.00600 mol/0.0750 L = 0.0800 M

CH_3COO^-의 K_b는 짝산인 CH_3COOH의 K_a를 알고 있으니 다음과 같이 계산할 수 있다.

$K_b = K_w \div K_a = (1.0 \times 10^{-14})/(1.8 \times 10^{-5})$
$= 5.556 \times 10^{-10}$

CH_3COO^-의 평형 반응:

$CH_3COO^-(aq) + H_2O(l) \rightleftharpoons CH_3COOH(aq) + OH^-(aq)$

	$CH_3COO^-(aq) + H_2O(l) \rightleftharpoons$	$CH_3COOH(aq)$	$+ OH^-(aq)$
초기	0.0800 M	0 M	0 M
변화	$-x$ M	$+x$ M	$+x$ M
평형	$(0.0800 - x)$ M	x M	x M

≒ 0.0800 M

$K_b = [CH_3COOH][OH^-]/[CH_3COO^-]$
$= x^2/(0.0800 - x) \approx x^2/0.0800 = 5.556 \times 10^{-10}$

$x = [OH^-] \approx 6.67 \times 10^{-6}$ M

$pOH = -\log[OH^-] = -\log(6.67 \times 10^{-6}) = 5.176...$
≈ 5.18

$pH = 14.00 - pOH = 14.00 - 5.18 = 8.82$

***정답:** pH = 8.82

(b) 수산화 소듐 25.0 mL 첨가하였을 때의 pH 계산

i) 첨가된 NaOH 몰수 계산:

NaOH 몰수 = 0.240 mol/L × 0.0250 L
= 0.00600 mol

ii) 반응 후 남은 물질 몰수 계산:

$CH_3COOH(aq) + NaOH(aq) \longrightarrow CH_3COONa(aq) + H_2O(l)$

초기 CH_3COOH: 0.00600 mol

초기 NaOH: 0.00600 mol

NaOH 몰수와 CH_3COOH 몰수가 정확히 같은 당량점인 상황이다.

iii) 당량점에서의 용액 조성 및 pH 계산: 당량점에서는 모든 아세트산이 아세트산 소듐(CH_3COONa)으로 반응하며, 이 아세트산 소듐은 약산의 짝염기인 CH_3COO^-를 포함하고 있어서 가수분해되어 용액을 염기성으로 만든다.

생성된 CH_3COO^- 몰수 = 0.00600 mol

전체 부피 = 50.0 mL + 25.0 mL = 75.0 mL = 0.0750 L

$[CH_3COO^-]$ 농도 = 0.00600 mol/0.0750 L = 0.0800 M

CH_3COO^-의 K_b는 짝산인 CH_3COOH의 K_a를 알고 있으니 다음과 같이 계산할 수 있다.

$K_b = K_w \div K_a = (1.0 \times 10^{-14})/(1.8 \times 10^{-5})$
$= 5.556 \times 10^{-10}$

iv) CH_3COO^-의 평형 반응:

$CH_3COO^-(aq) + H_2O(l) \rightleftharpoons CH_3COOH(aq) + OH^-(aq)$

	$CH_3COO^-(aq) + H_2O(l) \rightleftharpoons$	$CH_3COOH(aq)$	$+ OH^-(aq)$
초기	0.0800 M	0 M	0 M
변화	$-x$ M	$+x$ M	$+x$ M
평형	$(0.0800 - x)$ M	x M	x M

≒ 0.0800 M

$K_b = [CH_3COOH][OH^-]/[CH_3COO^-]$
$= x^2/(0.0800 - x) \approx x^2/0.0800 = 5.556 \times 10^{-10}$

$x = [OH^-] \approx 6.67 \times 10^{-6}$ M

$pOH = -\log[OH^-] = -\log(6.67 \times 10^{-6}) = 5.176...$
≈ 5.18

$pH = 14.00 - pOH = 14.00 - 5.18 = 8.82$

***정답:** pH = 8.82

15.15 i) 초기 완충 용액의 pH 계산:

[HCN] = 0.20 M

$[NaCN] = [CN^-] = 0.12$ M

$K_a = 6.2 \times 10^{-10}$

$pK_a = -\log(K_a) = -\log(6.2 \times 10^{-10}) = 9.2076...$
≈ 9.21

헨더슨-하셀바흐 식

$pH = pK_a + \log([CN^-]/[HCN])$
$= 9.21 + \log(0.12 / 0.20) \approx 8.99$

ii) 용액을 두 배로 묽혔을 때 pH 변화:

용액을 두 배로 묽히면, HCN과 CN^-의 농도가 각각 절반으로 줄어든다.

새로운 [HCN] = 0.20 M/2 = 0.10 M

새로운 $[CN^-]$ = 0.12 M/2 = 0.06 M

다시 헨더슨-하셀바흐 식에 대입

$pH = pK_a + \log([CN^-]/[HCN])$
$= 9.21 + \log(0.06/ 0.10) \approx 8.99$

iii) 완충 용액의 pH는 약산과 짝염기의 농도 비율([짝염기] /[약산])에 의해 결정된다. 용액을 묽히더라도, 약산과 짝염기의 농도가 같은 비율로 줄어들기 때문에, 이들의 농도 비는 일정하다. 헨더슨-하셀바흐 식에서 log([짝염기]/[약산]) 값이 일정하게 유지되기 때문에, pH도 유지된다.

***결과:** pH는 변하지 않고 일정함.

15.16 (a)

HF: 약산

NaF: 강염기 + 약산의 짝염기 (F^-)

***정답:** 완충 용액 ○ (약산(HF)과 그 짝염기(F^-)가 둘 다 상당한 양으로 존재하므로 완충 용액이 된다.)

(b)
HF: 약산
NaOH: 강염기
HF 몰수 = NaOH 몰수(같은 부피일 때 농도 같음)
***정답:** 완충 용액 × (약산과 강염기가 1:1로 반응하여 당량점에 도달한다. 이 경우 모든 HF가 F^-로 변하므로, 약산인 HF는 거의 남지 않고 짝염기인 F^-만 존재하게 되어 효과적인 완충 용액이 되지 못한다. 당량점에서는 짝염기의 가수분해로 pH가 결정된다.)

(c)
HF: 약산
NaOH: 강염기
HF 몰수(0.20 × 부피) > NaOH 몰수(0.10 × 부피)
***정답:** 완충 용액 ○ (약산 HF가 강염기 NaOH와 반응하고도 일부가 남고, 그 과정에서 짝염기 NaF(F^-)가 생성된다. 결과적으로 용액 내에 약산(HF)과 짝염기(F^-)가 함께 존재하게 되므로 완충 용액이 된다.)

(d)
HCl: 강산
NaF: 약산의 짝염기 (F^-)
***정답:** 완충 용액 × (강산(HCl)이 약산의 짝염기(F^-)와 반응하여 약산(HF)을 생성한다($HCl + F^- \longrightarrow HF + Cl^-$). 하지만 HCl은 강산이므로 용액에 남아있는 모든 F^-를 중화시키고 H^+ 이온을 남기거나, H^+ 이온이 없어진 후에도 HF만 존재하여 강산 + 약염기 혼합처럼 될 수 있다.)

15.17 혈액의 완충계(탄산(H_2CO_3)과 탄산수소 이온(HCO_3^-))에서 $[HCO_3^-]/[H_2CO_3]$ 농도비를 묻는 문제이다.
혈액의 pH = 7.40
짝산: H_2CO_3
짝염기: HCO_3^-
H_2CO_3의 $K_{a1} = 4.3 \times 10^{-7}$ (부록 F) (탄산은 다양성자산이지만, pH 7.4에서는 첫 번째 해리만 주로 고려.)
H_2CO_3의 $pK_a = -\log(K_a) = -\log(4.3 \times 10^{-7})$
$= 6.3665... \approx 6.37$

i) 헨더슨-하셀바흐 식:
$pH = pK_a + \log([HCO_3^-]/[H_2CO_3])$
$7.40 = 6.37 + \log([HCO_3^-]/[H_2CO_3])$
$\log([HCO_3^-]/[H_2CO_3]) = 7.40 - 6.37 = 1.03$
$[HCO_3^-]/[H_2CO_3] = 101.03 = 10.715... \approx 11$
(유효 숫자 2개)

ii) 이 결과는 혈액 속에서 탄산수소 이온(HCO_3^-)의 농도가 탄산(H_2CO_3) 농도보다 약 11배 정도 많다는 걸 의미한다(실제로 이 비율이 깨지면 혈액의 pH 균형이 깨져서 건강에 문제가 생길 수 있다).
***정답:** $[HCO_3^-]/[H_2CO_3] = 11$

15.18 HNO_3(질산)은 강산이고, NaOH(수산화 소듐)는 강염기이므로 강산-강염기 적정이다.

(a)
HNO_3 농도: 0.150 M
HNO_3 부피: 60.0 mL
HNO_3 몰수(mmol) = 농도 (M) × 부피 (mL)
= 0.150 mol/L × 60.0 mL
= 9.00 mmol
***정답:** 9.00 mmol

(b)
당량점은 강산인 HNO_3와 강염기인 NaOH의 몰수가 정확히 같아지는 지점이다.
HNO_3 초기 몰수 = 9.00 mmol
NaOH 농도 = 0.450 M
NaOH 몰수 = HNO_3 몰수 = 9.00 mmol
NaOH 부피(mL) = 필요한 NaOH 몰수(mmol)/NaOH 농도 (M) = 9.00 mmol/0.450 M = 20.0 mL
***정답:** 20.0 mL

(c)
강산(HNO_3)과 강염기(NaOH)가 반응하면 생성되는 염($NaNO_3$)은 중성염이다. 즉, Na^+ 이온과 NO_3^- 이온은 물에서 가수분해되지 않고, 용액의 pH에 영향을 주지 않는다. 따라서, 강산과 강염기의 중화 반응 당량점에서의 pH는 언제나 7.00이다.
***정답:** 7.00

15.19 NH_4Cl에서 나오는 NH_4^+(약산)이 NH_3와 평형 반응을 진행하고, 여기에 강염기(NaOH)가 혼합된 완충 용액을 조성한다.
NaOH 질량: 20.0 g
NH_4Cl 농도: 1.5 M
NH_4Cl 부피: 0.500 L
NaOH의 몰 질량(Na = 22.99, O = 16.00, H = 1.008)
= 39.998 g/mol
암모니아(NH_3)의 K_b 값 = 1.8×10^{-5}
물의 이온곱 상수 $K_w = 1.0 \times 10^{-14}$

i) 초기 몰수 계산:
NH_4Cl 몰수 = NH_4^+ 몰수 = 농도 × 부피
= 1.5 mol/L × 0.500 L = 0.75 mol
NaOH 몰수 = 질량/몰 질량 = 20.0 g/39.998 g/mol
= 0.50002... mol ≈ 0.500 mol

ii) NH_4^+와 NaOH의 반응
NH_4^+는 약산이고 NaOH는 강염기이므로 약산과 강

염기가 만나는 중화 반응이다.

$NH_4^+(aq) + NaOH(aq)$

$\longrightarrow NH_3(aq) + H_2O(l) + Na^+(aq)$

(Na^+ 이온은 구경꾼 이온, 평형 반응에서 중요하지 않는 이온)

초기:

NH_4^+: 0.75 mol

NaOH: 0.500 mol

NH_3: 0 mol

반응 후(한계 반응물인 NaOH가 모두 소모):

NH_4^+ 남은 몰수 = 0.75 mol − 0.500 mol = 0.25 mol

NaOH 남은 몰수 = 0 mol

NH_3 생성 몰수 = 0.500 mol (NaOH 몰수만큼 생성됨)

iii) 최종 용액의 농도 계산(부피는 0.500 L로 변하지 않는다고 가정):

$[NH_4^+]$ = 남은 NH_4^+ 몰수/전체 부피

= 0.25 mol/0.500 L = 0.50 M

$[NH_3]$ = 생성된 NH_3 몰수/전체 부피

= 0.500 mol/0.500 L = 1.0 M

***정답:** $[NH_4^+] = 0.50$ M, $[NH_3] = 1.0$ M

iv) 용액의 pH 계산

약산인 NH_4^+와 그 짝염기인 NH_3가 함께 용액에 존재하므로 완충 용액이다.

NH_4^+의 $K_a = K_w/K_b = (1.0 \times 10^{-14})/(1.8 \times 10^{-5})$

$= 5.556 \times 10^{-10}$

$pK_a = -\log(5.556 \times 10^{-10}) = 9.2559\ldots \approx 9.26$

헨더슨-하셀바흐 식

$pH = pK_a + \log([NH_3]/[NH_4^+])$

$pH = 9.26 + \log(1.0/0.50) = 9.26 + 0.3010\ldots$

$= 9.5610\ldots \approx 9.56$

***정답:** pH = 9.56

15.20 (a) 알짜 이온 반응식:

$$Ag_2CO_3(s) \rightleftharpoons 2Ag^+(aq) + CO_3^{2-}(aq)$$

***정답:** $K_{sp} = [Ag^+]^2[CO_3^{2-}]$

(b) 알짜 이온 반응식:

$$PbCrO_4(s) \rightleftharpoons Pb^{2+}(aq) + CrO_4^{2-}(aq)$$

***정답:** $K_{sp} = [Pb^{2+}][CrO_4^{2-}]$

(c) 알짜 이온 반응식:

$$Al(OH)_3(s) \rightleftharpoons Al^{3+}(aq) + 3\ OH^-(aq)$$

***정답:** $K_{sp} = [Al^{3+}][OH^-]^3$

(d) 알짜 이온 반응식:

$$Hg_2Cl_2(s) \rightleftharpoons Hg_2^{2+}(aq) + 2\ Cl^-(aq)$$

(수은은 특이하게도 +1가 이온일 때 Hg_2^{2+} 형태로 존재한다.)

***정답:** $K_{sp} = [Hg_2^{2+}][Cl^-]^2$

15.21 $HA(aq) + NaOH(aq) \longrightarrow NaA(aq) + H_2O(l)$

미지산 질량: 0.126 g

NaOH 농도: 0.0633 M

NaOH 첨가 부피: 18.4 mL

NaOH 몰수 = 농도 (M) × 부피 (L)

= 0.0633 mol/L × (18.4/1000) L

= 0.00116472 mol

미지산(HA)은 일양성자산이으로 NaOH와 몰수가 같다.

HA의 몰수 = 0.00116472 mol

HA의 몰질량(g/mol) = 질량(g)/몰수(mol) = 0.126 g/0.00116472 mol = 108.188... g/mol ≈ 108 g/mol

***정답:** 108 g/mol

15.22 $CaSO_4$ 몰질량 = 136.2 g/mol

i) $CaSO_4$의 몰용해도(s)

= 질량 용해도(g/L)/몰질량(g/mol)

= 0.67 g/L/136.2 g/mol

= 0.004921 mol/L ≈ 0.0049 M 또는 4.9×10^{-3} M

(유효 숫자 2개)

ii) K_{sp} 계산: $CaSO_4$가 해리되면 Ca^{2+}와 SO_4^{2-}가 각각 1:1로 생긴다. 따라서 평형 농도는

$[Ca^{2+}] = s$, $[SO_4^{2-}] = s$

$K_{sp} = [Ca^{2+}][SO_4^{2-}] = s^2 = (0.004921)^2$

$= 2.421\ldots \times 10^{-5} \approx 2.4 \times 10^{-5}$

***정답:** $K_{sp} = 2.4 \times 10^{-5}$

15.23 (a) SrF_2(플루오린화 스트론튬)의 용해도

$= 1.03 \times 10^{-3}$ M

$$SrF_2(s) \rightleftharpoons Sr^{2+}(aq) + 2\ F^-(aq)$$

주어진 값: 몰용해도$(s) = 1.03 \times 10^{-3}$ M(유효 숫자 3개)

평형 농도는

$[Sr^{2+}] = s = 1.03 \times 10^{-3}$ M

$[F^-] = 2s = 2(1.03 \times 10^{-3}) = 2.06 \times 10^{-3}$ M

$K_{sp} = [Sr^{2+}][F^-]^2 = 4s^3 = 4 \times (1.03 \times 10^{-3})^3$

$= 4.3709\ldots \times 10^{-9} \approx 4.37 \times 10^{-9}$

***정답:** $K_{sp} = 4.37 \times 10^{-9}$

(b) CuI(아이오딘화 구리(I))의 용해도 $= 1.05 \times 10^{-6}$ M

$$CuI(s) \rightleftharpoons Cu^+(aq) + I^-(aq)$$

주어진 값: 몰용해도$(s) = 1.05 \times 10^{-6}$ M(유효 숫자 3개)

$[Cu^+] = s = 1.05 \times 10^{-6}$ M

$[I^-] = s = 1.05 \times 10^{-6}$ M

$K_{sp} = [Cu^+][I^-] = s^2 = (1.05 \times 10^{-6})^2 = 1.1025 \times 10^{-12}$
$\approx 1.10 \times 10^{-12}$
***정답:** $K_{sp} = 1.10 \times 10^{-12}$

15.24 $Mg(OH)_2(s) \rightleftharpoons Mg^{2+}(aq) + 2\,OH^-(aq)$
주어진 값: 포화 용액의 pH = 10.35 (유효 숫자 2개)
$pOH = 14.00 - pH = 14.00 - 10.35 = 3.65$
$[OH^-] = 10^{(-pOH)} = 10^{-3.65} = 2.2387... \times 10^{-4}$ M
$\approx 2.2 \times 10^{-4}$ M
$Mg(OH)_2$의 몰용해도를 s라고 할 때,
해리 반응식에서 $[OH^-] = 2s$,
$s = [OH^-]/2 = (2.2387 \times 10^{-4}\text{ M})/2s$
$= 1.11935... \times 10^{-4}$ M
$K_{sp} = [Mg^{2+}][OH^-]^2 = 4s^3 = 4 \times (1.11935 \times 10^{-4})^3$
$= 5.607... \times 10^{-12} \approx 5.6 \times 10^{-12}$(유효 숫자 2개)
***정답:** $K_{sp} = 5.6 \times 10^{-12}$

15.25 공통 이온 효과와 K_{sp}를 이용해서 용해도를 비교하는 문제이다. 공통 이온 효과는 이미 용액에 존재하는 이온(여기서는 Ag^+ 이온)이 물에 잘 녹지 않는 염의 용해도를 감소시키는 현상이다.
몰용해도가 증가하는 순서 = K_{sp} 값이 큰 순서
Ag^+가 공통 이온이고, AgX 형태의 화합물이면 K_{sp}가 클수록 몰용해도도 크다. 주어진 용액은 0.0010 M $AgNO_3$이고 $[Ag^+] = 0.0010$ M이 초기 농도이다.
$AgNO_3$에 녹일 염들은 은(Ag) AgCl, AgBr, AgI 같은 종류의 침전물을 만들 수 있을 것이라 유추 가능하다.
부록 G에 의하면,
AgCl: $K_{sp} = 1.8 \times 10^{-10}$
AgBr: $K_{sp} = 5.4 \times 10^{-13}$
AgI: $K_{sp} = 8.5 \times 10^{-17}$
각각의 염이 0.0010 M $AgNO_3$ 용액에서 얼마나 녹을지 몰용해도를 계산하면 다음과 같다(s = 몰용해도).
$AgX(s) \rightleftharpoons Ag^+(aq) + X^-(aq)$
$K_{sp} = [Ag^+][X^-] = (0.0010 + s)s \approx 0.0010s$
K_{sp} 값이 매우 작으므로, s는 0.0010 M보다 훨씬 작고, 따라서 $(0.0010 + s) \approx 0.0010$으로 근사할 수 있다.
$s \approx K_{sp}/0.0010$
AgCl: $s \approx (1.8 \times 10^{-10})/(0.0010) = 1.8 \times 10^{-7}$ M
AgBr: $s \approx (5.4 \times 10^{-13})/(0.0010) = 5.4 \times 10^{-10}$ M
AgI: $s \approx (8.5 \times 10^{-17})/(0.0010) = 8.5 \times 10^{-14}$ M
몰용해도가 증가하는 순서: AgI(8.5×10^{-14} M) $<$ AgBr(5.4×10^{-10} M) $<$ AgCl(1.8×10^{-7} M)
***정답:** AgI $<$ AgBr $<$ AgCl

16장

16.1 ○

16.2 ○

16.3 ○

16.4 ○

16.5 ○

16.6 원소, 1

16.7 25, 1

16.8 자발적

16.9 (깁스) 자유 에너지

16.10 완전한 배열의 결정

16.11 (a) ○: ΔG가 양수(+)면 정방향으로 비자발적이고, 그 말은 역방향으로는 ΔG가 음수(−)가 되므로 자발적이라는 뜻. 깁스 자유 에너지는 방향성에 따라 부호가 반대.
(b) ×: 촉매는 반응의 속도를 빠르게 할 뿐, 반응의 자발성(ΔG)에는 영향을 주지 않는다. 자발적이지 않은 반응을 자발적으로 만들 수 없다. 자발적인 반응을 더 빠르게 할 수 있을 뿐이다.
(c) ×: 자발적 과정에서 전체 우주의 엔트로피($\Delta S_{우주} = \Delta S_{계} + \Delta S_{주위}$)는 항상 증가하지만, 계(system) 자체의 엔트로피($\Delta S_{계}$)는 증가할 수도 있고 감소할 수도 있다. 예를 들어, 물이 어는 것은 자발적이지만 계(물)의 엔트로피는 감소한다.
(d) ×: 자발성은 엔탈피(ΔH), 엔트로피(ΔS), 온도(T)에 모두 영향을 받는다($\Delta G = \Delta H - T\Delta S$). 흡열 반응($\Delta H > 0$)이라도 엔트로피 증가($\Delta S > 0$)가 크고 온도가 충분히 높으면 자발적일 수 있지만, 항상 자발적인 건 아니다. 발열 반응($\Delta H < 0$)이더라도 엔트로피 감소($\Delta S < 0$)가 너무 크면 비자발적일 수 있다.

16.12 (a) 비자발적: 열은 항상 고온에서 저온으로 흐르려고 한다. 25 °C 방 안의 얼음조각은 0 °C 이하일 테고, 방 공기는 25 °C로 얼음조각보다 온도가 높다. 따라서 열은 얼음조각에서 공기로 전달되는 게 아니라 공기에서 얼음조각으로 전달되어 얼음을 녹이려고 한다. 얼음조각으로부터 공기로 열이 전달되는 것은

스스로 일어나지 않는다.

(b) 자발적: 액체 물이 기체로 변하는 것은 엔트로피가 증가하는 과정이고, 주변에서 열을 흡수하여 자연스럽게 일어나는 현상이다.

(c) 자발적: 용질이 용매에 녹아 분산되는 과정은 엔트로피가 증가하고, 보통 용해열도 발열이거나 작아서 자연스럽게 일어난다.

(d) 자발적: 액체 질소의 끓는점은 약 −196 °C이다. 25 °C는 훨씬 높은 온도이므로, 액체 질소는 기체 질소로 빠르게 증발하며 주변에서 열을 흡수하는 자발적인 흡열 과정이다.

16.13 (a)

반응물 기체 몰수 = 1 + 3 = 4 mol

생성물 기체 몰수 = 2 mol

***정답:** 기체 몰수가 감소하므로, $\Delta S_{계} < 0$ (엔트로피 감소)

(b)

반응물 이온 = 2 mol(수용액)

생성물 고체 = 1 mol(고체)

***정답:** 수용액 이온이 고체로 침전되면서 무질서도가 감소하므로, $\Delta S_{계} < 0$ (엔트로피 감소)

(c)

반응물 = 수용액

생성물 = 액체 + 기체

***정답:** 액체(또는 수용액)에서 기체가 생성되면서 무질서도가 크게 증가하므로, $\Delta S_{계} > 0$ (엔트로피 증가)

(d)

반응물 기체 = 2 mol(원자 상태)

생성물 기체 = 1 mol(분자 상태)

***정답:** 기체 몰수가 감소하고, 더 복잡한 단일 분자로 뭉쳐지므로 무질서도가 감소한다. $\Delta S_{계} < 0$ (엔트로피 감소)

16.14 (a) ○. $\Delta G° = -RT \ln K_p$ 관계식에서, $\Delta G°$가 음수면 $\ln K_p$가 양수가 되고, K_p는 1보다 크게 된다. $K_p >$ 1이라는 것은 평형에서 생성물이 반응물보다 더 많다는 의미로, 반응이 자발적으로 생성물 쪽으로 진행됨을 나타낸다.

(b) ×. $\Delta G° = \Delta H° - T\Delta S°$ 이 식을 보면 $\Delta H° = -92.50$ kJ이므로 발열 반응($\Delta H° < 0$)이다.

기체 몰수 변화: 반응물(1 + 1 = 2 mol) → 생성물(1 mol)이므로, $\Delta S° < 0$ (엔트로피 감소)

발열 반응($\Delta H° < 0$)이면서 엔트로피 감소($\Delta S° < 0$)하는 반응은 저온에서는 $\Delta G° < 0$이지만, 고온에서는 $T\Delta S°$ 항이 $\Delta H°$보다 더 큰 음수 값으로 커지면서 $\Delta G°$가 양수가 될 수 있다. 즉, 모든 온도에서 자발적인 것은 아니다.

(c) ×. 온도를 높이면(계에 열을 가하면), 계는 추가된 열을 소모하는 방향으로 평형을 이동한다. 따라서 평형은 역반응 쪽(반응물 쪽)으로 이동하고, 역반응이 진행되면 생성물인 PCl_5의 농도는 감소하고 반응물인 PCl_3의 농도는 증가한다. 따라서, 온도가 증가하면 $[PCl_5]/[PCl_3]$는 반비례하여 감소한다.

(d) ○. 기체 반응물의 몰수(2 mol)가 기체 생성물의 몰수(1 mol)보다 많으므로, 반응이 진행될수록 계의 무질서도가 감소한다.

(e) ×. $\Delta H° = -92.50$ kJ로, 엔탈피 변화가 음수이므로 이 반응은 열을 방출하는 발열 반응이다.

16.15 (a) 비자발적. 물의 어는점은 0 °C이다. 2 °C에서는 물이 액체 상태로 존재하려는 경향이 있고 2 °C에서 물이 얼려면 주변에서 에너지를 빼앗아야 하는데, 스스로는 일어나지 않는다.

(b) 자발적. 철이 산소 및 물과 반응하여 녹스는 것은 자연 상태에서 스스로 일어나는 과정이다. 발열 반응이고 엔트로피 증가에 기여한다.

(c) 자발적. 기체 분자들이 더 넓은 공간으로 퍼져나가는 것은 엔트로피가 증가하는 과정이므로 항상 자발적으로 일어난다.

(d) 비자발적. 불포화 용액은 이미 용질이 다 녹아있는 상태이다. 여기서 용해된 용질(KCl)이 다시 고체로 석출되거나, 물이 분리되어 나오는 것은 스스로 일어나지 않는다. 오히려 더 많은 KCl이 녹아들어갈 수 있는 상태이다.

16.16 자발성 여부는 $\Delta S_{전체} (= \Delta S_{우주})$의 부호로 결정할 수 있다. $\Delta S_{전체}$가 양수(+)면 자발적, 음수(−)면 비자발적이다.

$$\Delta S_{전체} = \Delta S_{계} + \Delta S_{주변}$$

$\Delta S_{계}$의 부호 예측: 반응식을 보면 기체 몰수가 3 mol에서 2 mol로($3\ O_2(g) \longrightarrow 2\ O_3(g)$) 감소했다. 기체 몰수가 감소하면 계의 무질서도가 줄어들어서 $\Delta S_{계}$는 음수(−)이다.

$\Delta S_{주변}$의 부호 예측: 오존(O_3)은 산소(O_2)보다 불안정하고 이 반응은 에너지를 흡수하는 흡열 반응($\Delta H > 0$)이다. 흡열 반응은 주변으로부터 열을 흡수하므로, 주변의 엔트로피는 감소한다. $\Delta S_{주변}$은 음수(−)이다. ($\Delta S_{주변} = -\Delta H/T$에서 ΔH가 양수이면 $\Delta S_{주변}$은 음수이다.)

$\Delta S_{주변}$ 부호 결정: $\Delta S_{전체} = \Delta S_{계}(-) + \Delta S_{주변}(-) < 0$

번개가 이 반응을 일으킬 수 있는 것은 외부로부터 강한 에너지를 공급하기 때문이다.

***정답:** $\Delta S_{전체}$가 음수이므로, 25 °C에서는 이 반응은 비자발적이다.

16.17 $4\ Fe(s) + 3\ O_2(g) + H_2O(l) \longrightarrow 4\ Fe(OH)_3(s)$에서 반응에 참여하는 모든 화합물의 표준 생성 엔탈피 및 표준 생성 깁스 에너지는 다음과 같다(부록 E).

화합물	표준 생성 엔탈피 (ΔH_f°, kJ/mol)	표준 생성 깁스 엔탈피(ΔG_f°, kJ/mol)
$Fe(s)$	0	0
$O_2(g)$	0	0
$H_2O(l)$	−285.8	−237.1
$Fe(OH)_3(s)$	−823.0	−696.5

이를 이용하여 표준 반응 엔탈피, 표준 반응 깁스 에너지, 표준 반응 엔트로피를 구하면 다음과 같다.

$$\Delta H^\circ = [4 \times \Delta H_f{}^\circ(Fe(OH)_3)] - [6 \times \Delta H_f{}^\circ(H_2O)]$$
$$= [4 \times (-823.0)] - [6 \times (-285.8)]$$
$$= -3292 - (-1714.8) = -1577.2\ kJ$$

$$\Delta G^\circ = [4 \times \Delta G_f{}^\circ(Fe(OH)_3)] - [6 \times \Delta HG_f{}^\circ(H_2O)]$$
$$= [4 \times (-696.5)] - [6 \times (-237.1)]$$
$$= -2786 - (-1422.6) = -1363.4\ kJ$$

$$\Delta S^\circ = \frac{\Delta H^\circ - \Delta G^\circ}{T} = \frac{(-1577200\ J) - (-1363400\ J)}{298.15\ K}$$

$$= \frac{-213800\ J}{298.15\ K} \approx 717.1\ K/L$$

화합물 각각의 표준 엔트로피는 다음과 같다.

화합물	표준 엔트로피 (S°, J/mol·K)
$Fe(s)$	27.3
$O_2(g)$	205.0
$H_2O(l)$	69.9
$Fe(OH)_3(s)$	x (구하고자 하는 값)

$$\Delta S^\circ = [4 \times S^\circ(Fe(OH)_3)]$$
$$- [6 \times S^\circ(H_2O) + 3 \times S^\circ(O_2) + 6 \times S^\circ(H_2O)]$$
$$= -717.1 = [4x] - [4(27.3) + 3(205.0) + 6(69.9)]$$

$$x = \frac{426.5}{4} \approx 106.6\ J/mol \cdot K$$

***정답:** $Fe(OH)_3(s)$의 표준 엔트로피(ΔS°) = 107 J/mol·K

참고: 문제에서 "125 °C에서 자발적"이라는 조건은 계산된 열역학 값들이 타당한지 확인하는 역할을 한다. 계산된 ΔH°와 ΔS° 값을 이용해 125 °C(398.15 K)에서의 ΔG를 예측해 보면 음수 값이 나와 자발적이라는 조건과 일치함을 알 수 있다.

16.18 녹음(용해): 고체 → 액체 변화, $\Delta H > 0$, $\Delta S > 0$

$$\Delta G = \Delta H - T\Delta S$$

(a) 0 °C는 벤젠의 녹는점(5.5 °C)보다 낮은 온도이고, 이 온도에서는 고체 상태가 더 안정적이다. 즉, 액체가 고체로 변하는 얼음이 어는 과정(응고)이 자발적이며 녹는 것은 비자발적이다.

***정답:** $\Delta G > 0$ (비자발적)

(b) 15 °C는 벤젠의 녹는점(5.5 °C)보다 높은 온도이고, 이 온도에서는 액체 상태가 더 안정적이다. 즉, 고체가 액체로 변하는 녹는 과정이 자발적이다.

***정답:** $\Delta G < 0$ (자발적)

16.19 $\Delta H = -380.1\ kJ/mol = -380100\ J/mol$ (단위를 J로 통일)

$\Delta S = -95.00\ J/K \cdot mol$

자발적으로 일어나는 조건은 $\Delta G < 0$

$$\Delta G = \Delta H - T\Delta S < 0$$
$$= -380100\ J/mol - T \times (-95.00\ J/K \cdot mol) < 0$$

$\therefore T < 4001.05...\ K$

섭씨(°C)로 변환:

°C = K − 273.15 = 4001.05 − 273.15 = 3727.9 °C

***정답:** 이 반응은 약 3727.9 °C보다 낮은 온도에서 자발적으로 일어난다. (즉, $T < 4001$ K 또는 $T < 3728$ °C)

16.20 평형 상태에서는 $\Delta G = 0$이다. $\Delta G = \Delta H - T\Delta S = 0$이 되고, $\Delta S = \Delta H / T$ (T는 교차 온도).

$\Delta H_{용융} = 23.4\ kJ/mol = 23400\ J/mol$

녹는점 = −38.9 ˚C = −38.9 + 273.15 K = 234.25 K

$\Delta S_{용융} = \Delta H_{용융} / T_{녹는점}(K)$

$= 23400\ J/mol \div 234.25\ K$

$= 99.893...\ J/K \cdot mol \approx 99.9\ J/K \cdot mol$

(유효 숫자 3개)

$\Delta H_{증발} = 59.0\ kJ/mol = 59000\ J/mol$

끓는점 = 357 ˚C = 357 + 273.15 K = 630.15 K

$\Delta S_{증발} = \Delta H_{증발} / T_{끓는점}(K) = 59000\ J/mol \div 630.15\ K$

$= 93.62...\ J/K \cdot mol \approx 93.6\ J/K \cdot mol$

(유효 숫자 3개)

***정답:** $\Delta S_{용융} = 99.9\ J/K \cdot mol$, $\Delta S_{증발} = 93.6\ J/K \cdot mol$

16.21 ΔG(깁스 자유 에너지)는 실제 주어진 조건에서의 자발성을 나타내고, ΔG°(표준 깁스 자유 에너지)는 표준 조건(1기압, 1 M 등)에서의 자발성을 나타낸다.

$$\Delta G = \Delta G^\circ + RT \ln Q$$

$R = 8.314\ J/mol \cdot K$ (기체 상수) $= 0.008314\ kJ/mol \cdot K$

$T = 25$ ˚C $= 298.15$ K

Q(반응 지수) = [생성물]/[반응물] = $P_{HI}^2/(P_{H_2} \times P_{I_2})$

$= (1.75)^2/(5.25 \times 1.00) = 0.5838...$

$\Delta G = 2.60$ kJ/mol + (0.008314 kJ/mol·K) × (298.15 K) × ln(0.5838) = 1.266... kJ/mol ≈ 1.27 kJ/mol(유효 숫자 2개)

***정답:** $\Delta G > 0$이므로 주어진 조건에서 정반응 방향으로는 비자발적이다. 평형에 도달하기 위해 반응은 역반응으로 진행될 것이다.

16.22 약산의 해리 평형 상수(K_a)는 평형 상수 K의 일종이다. $\Delta G°$와 K(평형 상수) 사이의 관계식은 다음과 같다.

$$\Delta G° = -RT \ln K$$

$K = K_a = 4.5 \times 10^{-3}$(유효 숫자 2개)

$R = 8.314$ J/mol·K = 0.008314 kJ/mol·K

$T = 25$ °C = 298 K

$\Delta G° = -(0.008314$ kJ/mol·K) × (298 K) × ln(4.5×10^{-3})

= 13.397... kJ/mol

유효 숫자를 2개로 맞추면 $\Delta G°$ ≈ 13 kJ/mol

16.23 생성물 C의 분압이 0.100 atm에서 0.400 atm으로 +0.300 atm만큼 변했고, 반응 계수비에 따라 A는 −0.300 atm, B는 −0.600 atm만큼 변한다.

	A	2B	C
초기	1.00	1.00	0.100
변화	−0.300	−0.600	+0.300
평형	0.700	0.400	0.400

$$K_p = \frac{P_C}{(P_A)(P_B)^2} = \frac{(0.400)}{(0.700)(0.400)^2} = \frac{0.400}{0.122} \approx 3.57$$

R(기체 상수) = 8.314 J/K·mol

T(절대 온도) = 25 °C = 298 K

이 값을 $\Delta G° = -RT \ln K_p$에 대입하면

$\Delta G°$ ≈ −3150 J/mol ≈ −3.15 kJ/mol

***정답:** $\Delta G°$ = −3.15 kJ/mol

16.24 $B(aq) + H_2O(l) \rightleftharpoons BH^+(aq) + OH^-(aq)$ (염기성 해리)

온도: 25 °C(298 K)

$\Delta H°$ = −28.0 kJ/mol

$\Delta S°$ = −175 J/K· mol

초기 B 농도 = 0.125 M

$\Delta H°$ = −28.0 kJ/mol = −28000 J/mol

$\Delta S°$ = −175 J/K·mol

T = 298 K

$\Delta G° = \Delta H° - T\Delta S° = (-28000) - 298 \times (-175)$

= −28000 + 52150 = 24150 J/mol = 24.15 kJ/mol

$\Delta G° = -RT \ln K_b$

$\ln K_b = -24150/(8.314 \times 298) = -24150/2477.6$

≈ −9.74

$K_b = e^{-9.74} \approx 5.9 \times 10^{-5}$

	B	+	H_2O	⇌	BH^+	+	OH^-
초기	0.125				0		0
변화	+x				+x		+x
최종	0.125 − x				x		x(x가 작다고 가정)

$K_b = [BH^+][OH^-]/[B] \approx x^2/0.125$

$x^2 = K_b \times 0.125 = 5.9 \times 10^{-5} \times 0.125 = 7.375 \times 10^{-6}$

$x \approx 0.002715$ M

pOH = −log[OH^-] = −log(0.002715) ≈ 2.57

pH = 14 − pOH = 11.43

***정답:** pH = 11.43

16.25 $Br_2(g) \rightleftharpoons Br_2(l)$

$\Delta H° = \Delta H_f°(Br_2(g)) - \Delta H_f°(Br_2(l))$

$\Delta S° = S°(Br_2(g)) - S°(Br_2(l))$

$\Delta H°$ = 30.71 kJ/mol = 30710 J/mol

$\Delta S°$ = 245.3 − 152.3 = 93.0 J/(mol·K)

$T = \Delta H°/\Delta S°$ = 330.2 K(= 57.0 °C)

***정답:** Br_2의 끓는점은 57.0 °C이다.

17장

17.1 ○

17.2 ×, 화학 전지에서 산화가 일어나는 전극을 산화 전극 또는 음극, 환원이 일어나는 전극을 환원 전극 또는 양극이라고 한다.

17.3 ×, 표준 환원 전위 $E°_{red}$가 큰 양의 값일수록, 그 물질은 환원될 가능성이 크다.

17.4 ○

17.5 ○

17.6 부식

17.7 전기 분해

17.8 96500

17.9 농도차 전지

17.10 납축전지

17.11 (a) 산화 반쪽 반응: $(Cd \longrightarrow Cd^{2+} + 2\ e^-) \times 3$

\+ 환원 반쪽 반응: $(Sb^{3+} + 3\ e^- \longrightarrow Sb) \times 2$

전체 반응: $3\ Cd + 2\ Sb^{3+} \longrightarrow 3\ Cd^{3+} + 2\ Sb$

(b) 산화 반쪽 반응: $(Cu^+ \longrightarrow Cu^{2+} + e^-) \times 2$

\+ 환원 반쪽 반응: $Mb^{2+} + 2\ e^- \longrightarrow Mg$

전체 반응: $2\ Cu + Mg^{2+} \longrightarrow Cu^{2+} + Mg$

(c) 산화 반쪽 반응:

$2\ Cr^{3+} + 7\ H_2O \longrightarrow Cr_2O_7^{\ 2-} + 14\ H^+ + 6\ e^-$

\+ 환원 반쪽 반응: $ClO_3^{\ -} + 6\ H^+ + 6\ e^- \longrightarrow Cl^- + 3\ H_2O$

전체 반응: $2\ Cr^{3+} + ClO_3^{\ -} + 4\ H_2O \longrightarrow Cr_2O_7^{\ 2-} + Cl^- + 8\ H^+$

17.12 (a) 염다리가 필요하다.

(b) 전극 A가 환원 전극이다(전극 B보다 표준 환원 전위가 더 크다).

(c) 전극 B에서 전극 A로 이동

(d) 환원 전극 $E°_{red}$ − 산화 전극 $E°_{red} = E°_{전지}$

$E°_{전지} = -0.01\ V - (-1.10\ V) = +1.00\ V$

17.13 (a) Fe 전극에서 Mn 전극으로 전자 이동(반응식에서 Fe는 전자를 잃고, Mn는 전자를 얻는다.)

(b) Fe 전극

(c) $MnO_4^{\ -}(aq) + 5\ e^- + 8\ H^+(aq) \longrightarrow Mn^{2+}(aq) + 4\ H_2O(l)$

17.14 $E°_{red}$ 값이 클수록 좋은 환원제이다(표 17.1 참고).

(a) I^- (b) Cu (c) $Hg_2^{\ 2+}$

17.15 (a) $\Delta G° = -nFE°$에서 $E° < 0$이면 $\Delta G° > 0$이다.

(b) $\Delta G° = -RT \ln K > 0$이 되려면 $\ln K < 0$, $K < 1$이다.

(c) $\Delta G° > 0$이면 비자발적인 산화 반응이므로, 전지로서 기능할 수 없으며 일을 할 수 없다.

17.16 (a) ○. 전지 표기법의 규칙에 따라 왼쪽에 위치한 Zn 극은 산화 전극이며, 산화 전극에서는 항상 산화 반응이 일어난다. 따라서 이 설명은 옳다.

(b) ×. 전자는 산화 전극(Zn)에서 환원 전극(Ag)으로 이동한다. 하지만 전류의 방향은 양전하의 이동 방향으로 정의하며, 전자의 이동 방향과 반대이다. 따라서 전류는 Ag 극에서 Zn 극으로 이동한다.

(c) ×. 염다리는 두 용액의 전하 균형을 맞춰주어 전하가 쌓이는 것을 막고, 회로를 완성하여 전자가 계속 흐를 수 있게 하는 필수적인 요소이다. 염다리가 없으면 반응은 거의 즉시 멈춘다.

(d) ×. Ag 전극이 담겨 있는 전해 용액 속의 은 이온(Ag^+)의 농도를 의미한다. 환원 반응($Ag^+(aq) + e^- \longrightarrow Ag(s)$)이 진행되면 용액 속의 Ag^+ 이온이 소모되므로 Ag^+ 이온의 농도는 감소한다.

17.17 (a) ○. 갈바니 전지에서 산화가 일어나는 산화 전극은 음극(−)이다. Zn이 산화되므로 이 설명은 옳다.

(b) ○. 반응성이 더 큰 Zn은 전자를 잃고 산화된다.

(c) ○. 전자는 산화 전극(Zn)에서 환원 전극(Ag)으로 흐른다. 전류의 방향은 전자의 이동 방향과 반대이므로, 환원 전극(Ag, +극)에서 산화 전극(Zn, −극)으로 흐른다.

(d) ×. 이 전지의 기전력($E_{전지} = 0.76\ V$)은 산화되는 물질(Zn)과 환원되는 물질(H^+)의 전위차에 의해 결정된다. 여기서 Ag 전극은 H^+가 환원되는 반응 표면으로만 작용한다. 반응성이 H보다 작은 구리(Cu)로 교체하더라도, 구리 역시 반응하지 않고 H^+가 환원되는 표면 역할만 하므로, 이론적인 기전력은 변하지 않는다. 따라서 기전력이 더 커진다는 설명은 틀렸다.

17.18

(a) $Cr_2O_7^{\ 2-}(aq) + I^-(aq) + 8\ H^+ \longrightarrow 2\ Cr^{3+}(aq) + IO_3^{\ -} + 4\ H_2O$

(Cr: +6 → +3, +6 e^-; I: −1 → +5, −6 e^-)

(b) $MnO_4^{\ 2-}(aq) + CH_3OH(aq) + 4\ H^+(aq) \longrightarrow Mn^{2+}(aq) + HCOOH(aq) + 3\ H_2O(l)$

(Mn: +6 → +2, +4 e^-; C: −2 → +2, −4 e^-)

(c) $I_2(s) + 5\ OCl^-(aq) + H_2O(l) \longrightarrow 2\ IO_3^{\ -}(aq) + 5\ Cl^-(aq) + 2\ H^+(aq)$

(I: 0 → +5, −10 e^-; Cl: +1 → −1, +10 e^-)

(d) $As_2O_3(aq) + 2\ NO_3^{\ -}(g) + 2\ H_2O(l) \longrightarrow 2\ H_3AsO_4(aq) + N_2O_3(aq) + 4\ H^+(aq)$

(As: +7 → +4, +6 e^-; N: −1 → +5, −6 e^-)

(e) $2\ MnO_4^{\ -}(aq) + Br^-(aq) + 2\ H^+(aq) \longrightarrow 2\ MnO_2(s) + BrO_3^{\ -}(g) + H_2O(l)$

(Mn: +7 → +4, +6 e^-; Br: −1 → +5, −6 e^-)

(f) $Pb(OH)_4^{\ 2-}(aq) + ClO^-(aq) + 2\ H^+(aq) \longrightarrow PbO_2(s) + Cl^-(aq) + 3\ H_2O(l)$

(Pb: +2 → +4, −2 e^-; Cl: +1 → −1, +2 e^-)

17.19 부록 H를 참조한다.

(a) $Cr^{2+} \longrightarrow Cr^{3+} + e^-$

$$E^\circ_{ox} = +0.41\ V\ (E^\circ_{red} = -0.41\ V)$$

$Sn^{4+} + 2\ e^- \longrightarrow Sn^{2+} \qquad E^\circ_{red} = +0.15\ V$

$E^\circ_{전지}$ = 환원 전극 E°_{red} − 산화 전극

$$E^\circ_{red} = +0.15\ V - (-0.41\ V) = +0.56\ V$$

(b) $Mn^{2+} + H_2O_2 \longrightarrow 2\ MnO_2 + 2\ H^+$

+2 0 +4 +1

$Mn^{2+} + 2\ H_2O \longrightarrow MnO_2 + 4\ H^+ + 2\ e^-$

$$E^\circ_{ox} = -1.23\ V\ (E^\circ_{red} = +1.23\ V)$$

$H_2O_2 + 2\ H^+ + 2\ e^- \longrightarrow 2\ H_2O$

$$E^\circ_{red} = +1.78\ V$$

$E^\circ_{전지}$ = 환원 전극 E°_{red} − 산화 전극

$$E^\circ_{red} = +1.78\ V - (+1.23\ V) = +0.55\ V$$

17.20 (a) $Ba \longrightarrow Ba^{2+} + 2\ e^-$

$$E^\circ_{ox} = -2.90\ V\ (E^\circ_{red} = +2.90\ V)$$

$Cr^{3+} + e^- \longrightarrow Cr^{2+} \qquad E^\circ_{red} = -0.41\ V$

$E^\circ_{전지}$ = 환원 전극 E°_{red} − 산화 전극

$$E^\circ_{red} = -0.41\ V - (+2.90\ V) = -3.31\ V\ (< 0)$$

$\Delta G^\circ = -nFE^\circ_{전지}$에서 $E^\circ_{전지} < 0$이므로 $\Delta G^\circ > 0$이다. 반응은 비자발적.

(b) $Co^{2+} + 2\ e^- \longrightarrow Co \qquad E^\circ_{red} = -0.28\ V$

$Cu \longrightarrow Cu^{2+} + 2\ e^-$

$$E^\circ_{ox} = -0.34\ V\ (E^\circ_{red} = +0.34\ V)$$

$E^\circ_{전지} = -0.28\ V - (+0.34\ V) = -0.62\ V\ (< 0)$

반응은 비자발적이다.

(c) $S + 2\ H^+ + 2\ e^- \longrightarrow S^{2-} \qquad E^\circ_{red} = +0.14\ V$

$4\ OH^- \longrightarrow O_2 + 2\ H_2O + 4\ e^-$

$$E^\circ_{ox} = -0.40\ V\ (E^\circ_{red} = +0.40\ V)$$

$E^\circ_{전지} = +0.14\ V - (+0.40\ V) = +0.54\ V\ (> 0)$

반응은 자발적이다.

17.21 (a) $Fe \longrightarrow Fe^{2+} + 2\ e^-$

$$E^\circ_{ox} = +0.44\ V\ (E^\circ_{red} = -0.44\ V)$$

$Ni^{2+} + 2\ e^- \longrightarrow Ni \qquad E^\circ_{red} = -0.25\ V$

$E^\circ_{전지} = -0.25\ V - (-0.44\ V) = +0.19\ V$

$$E^\circ_{전지} = \frac{0.0592\ V}{n} \log K$$

에서 $n = 2$이고 그 값은 +0.19 V이므로 대입하면 다음과 같다.

$$+0.19\ V = \frac{0.0592\ V}{2} \log K$$

$K = 10^{6.418} = 2.62 \times 10^6$

(b) $Co \longrightarrow Co^{2+} + 2\ e^-$

$$E^\circ_{ox} = +0.28\ V\ (E^\circ_{red} = -0.28\ V)$$

$2\ H^+ + 2\ e^- \longrightarrow H_2 \qquad E^\circ_{red} = 0.00\ V$

$E^\circ_{전지} = 0.00\ V - (-0.28\ V) = +0.28\ V$

$n = 2$이다.

$$+0.28\ V = \frac{0.0592\ V}{2} \log K$$

$K = 10^{9.46} = 2.88 \times 10^9$

(c) $2\ Br^- \longrightarrow Br_2 + 2\ e^-$

$$E^\circ_{ox} = -1.07\ V\ (E^\circ_{red} = +1.07\ V)$$

$MnO_4^- + 8\ H^+ + 5\ e^- \longrightarrow Mn^{2+} + 4\ H_2O$

$$E^\circ_{red} = +1.51\ V$$

$E^\circ_{전지} = +1.51\ V - (+1.07\ V) = +0.44\ V$

전하 균형을 맞추면 $n = 10$이다.

$$+0.44\ V = \frac{0.0592\ V}{10} \log K$$

$K = 10^{74.57} = 2.11 \times 10^{74}$

17.22 (a) 전기 분해 시간은 48시간이다. $t = 172800$초.

$Cr^{3+}(aq) + 3\ e^- \longrightarrow Cr(s)$

전자 3 mol당 Cr 1 mol(= 51.996 g)이 얻어진다.

48시간 동안 흐른 총전하량(C)

$= A \times t = 760 \times 172800 = 1313280\ C$

흐른 전자의 총 몰수

$$= 1313280\ C \times \frac{1\ mol}{96500\ C} = 13.6\ mol\ e^-$$

생성되는 Cr의 몰수

$$= 13.6\ mol\ e^- \times \frac{1\ mol\ Cr}{3\ mol\ e^-} = 4.54\ mol\ Cr$$

생성되는 Cr의 질량

$$= 4.54\ mol\ Cr \times \frac{51.996\ g\ Cr}{1\ mol\ Cr} = 235.87\ g\ Cr$$

(b) $t = 8$시간 $= 28800$초

0.250 mol Cr을 얻기 위해 필요한 전자의 몰수

$$= 0.250\ mol\ Cr \times \frac{3\ mol\ e^-}{1\ mol\ Cr} = 0.750\ mol\ e^-$$

0.750 mol의 전자가 지닌 전하량 $= A \times t$

$$0.750\ mol \times \frac{96500\ C}{1\ mol} = (x\ A) \times 28800초$$

$$x\ A = \frac{0.750 \times 96500}{28800} = 2.51\ A$$

17.23 (a) ×. 방전 시 전해질인 묽은 황산(H_2SO_4)이 소모되고 물(H_2O)이 생성된다. 용액에서 상대적으로 밀도가 큰 황산이 줄어들고 물이 늘어나므로, 전해질 용액의 밀도는 감소한다.

(b) ×. 음극(−): Pb(원자량 약 207)가 $PbSO_4$(분자량 약 303)로 변한다.
양극(+): PbO_2(분자량 약 239)가 $PbSO_4$(분자량 약 303)로 변한다.
두 전극 모두 더 무거운 물질인 황산납($PbSO_4$)으로 변하므로, 양쪽 극의 질량은 모두 증가한다.

(c) ×. 전체 반응식에서 볼 수 있듯이, 반응물인 Pb와 PbO_2는 모두 생성물인 $PbSO_4$로 변한다.

(d) ○. 이것은 반응식의 계수비를 확인하는 문제이다.

$$2\,H_2SO_4 + Pb + PbO_2 \longrightarrow 2\,PbSO_4 + 2\,H_2O$$

반응식에서 Pb와 H_2SO_4는 1:2의 몰비로 반응한다. 따라서 Pb가 0.5몰 반응할 때, 필요한 H_2SO_4의 양은 1몰이다.

$$0.5\text{ mol Pb} \times \frac{2\text{ mol }H_2SO_4}{1\text{ mol Pb}} = 1\text{ mol }H_2SO_4$$

17.24 시간(t) = 16분 5초 = (16 × 60) + 5 = 965초
전하량(Q) = 전류(I) × 시간(t) = 10 A × 965 s = 9650 C
전자의 몰수 = 전하량(Q)/패러데이 상수(F)
= 9650 C/96500 C/mol = 0.1 mol
구리 이온의 환원 반응: $Cu^{2+}(aq) + 2\,e^- \longrightarrow Cu(s)$
반응식에 따라 전자 2몰이 구리 1몰을 석출
석출된 구리의 몰수
= 0.1 mol 전자 × (1 mol Cu/2 mol 전자) = 0.05 mol
구리의 질량 계산:
질량 = 몰수 × 원자량 = 0.05 mol × 64 g/mol = 3.2 g
***정답:** 구리 3.2 g이 석출

17.25 두 용액이 직렬로 연결되어 전기가 흐를 때, 각 전극을 통과하는 전자의 몰수는 동일하다.
석출된 구리의 몰수 = 질량/원자량 = 3.2 g/64 g/mol
= 0.05 mol
구리 환원 반응($Cu^{2+} + 2\,e^- \longrightarrow Cu$)에 따라 필요한 전자는 구리 몰수의 2배
흐른 전자의 몰수
= 0.05 mol Cu × (2 mol 전자/1 mol Cu)
= 0.1 mol 전자
동일하게 0.1 mol의 전자가 은 이온을 환원
은 환원 반응: $Ag^+(aq) + e^- \longrightarrow Ag(s)$
반응식에 따라 전자 1몰이 은 1몰을 석출
석출된 은의 몰수
= 0.1 mol 전자 × (1 mol Ag/1 mol 전자) = 0.1 mol
석출된 은의 질량 = 몰수 × 원자량
= 0.1 mol × 108 g/mol = 10.8 g
***정답:** (d)

18장

18.1 (a) $[Co(NH_3)_5Cl]Cl_2$
(b) $Na_2[MoOCl_4]$
(c) $[Ni(NH_3)_6]Br_2$
(d) $[Co(en)_2(H_2O)(en)]Cl$

18.2 (a) 염화테트라암민다이클로로로듐(III)
(b) 질산트라이암민트라이브로모몰리브데넘(II)
(c) 테트라브로모구리(II)산 암모늄
(d) 다이아쿠아비스옥살레이토루테늄(III)산 소듐

18.3

(a)

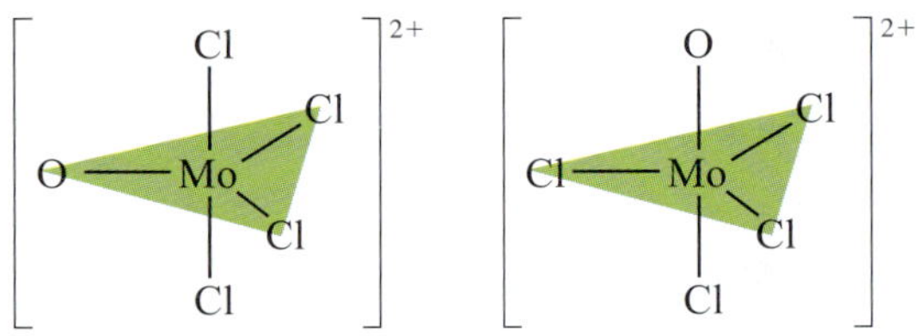

거울상 이성질체 없음 　 거울상 이성질체 없음

(b)

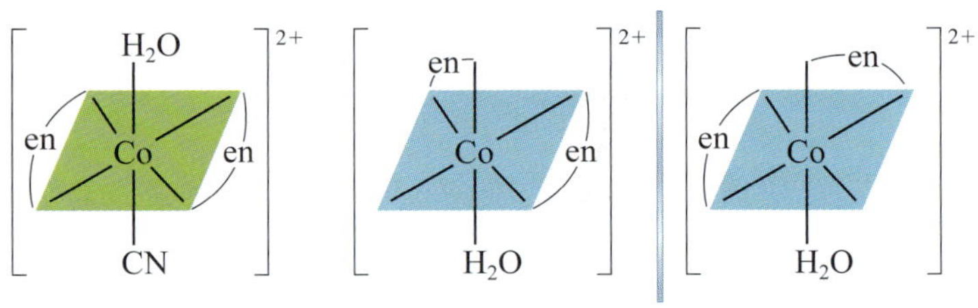

거울상 이성질체 없음 　 거울상 이성질체 있음

(c)

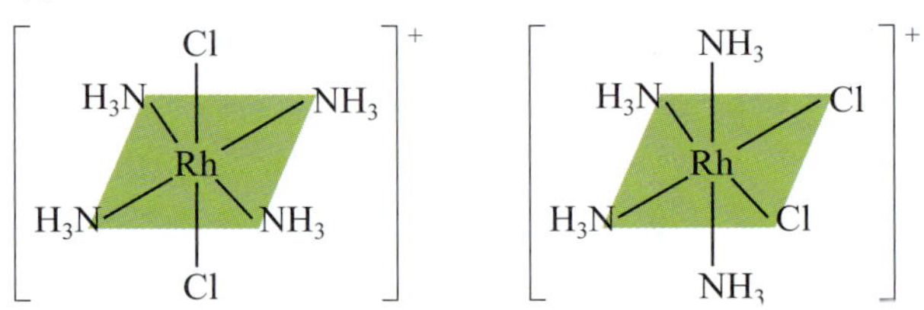

거울상 이성질체 없음 　 거울상 이성질체 없음

18.4 600 nm, 파란색

18.5 (a) Ni 산화수: +2, $3d^8$, (b) Co 산화수: +2, $3d^7$, (c) Cr 산화수: +3, $3d^3$, (d) CO 산화수: +3, $3d^6$,

18.6 (a) $3d^6$

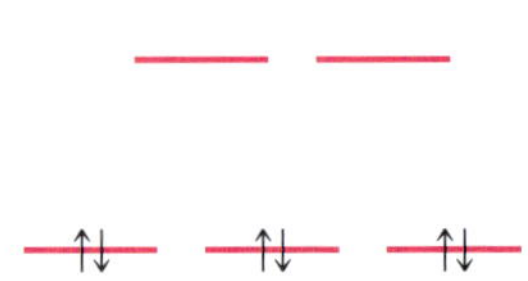

(b) $3d^7$

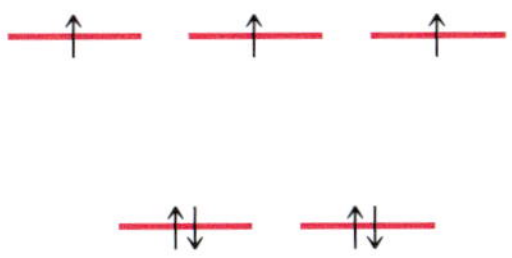

(c) $3d^6$

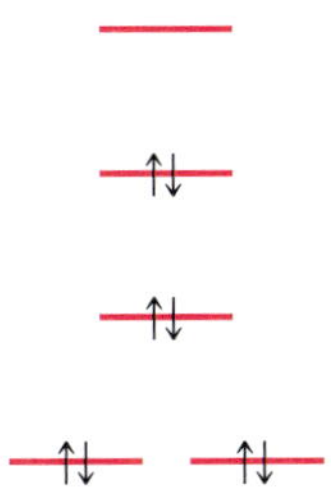

18.7

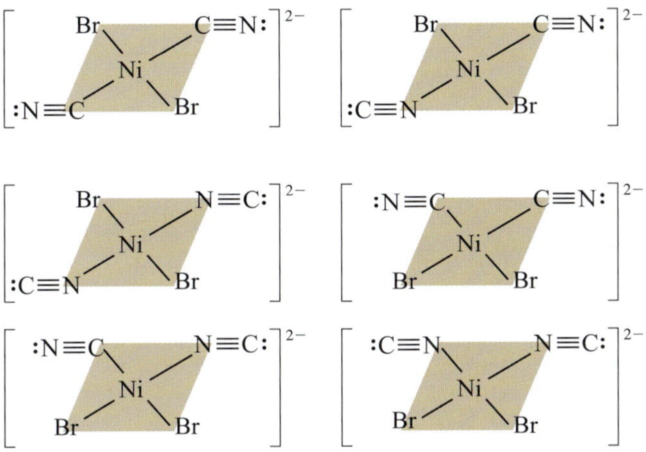

18.8 $Fe(CN)_6^{3-} = [Mn(H_2O)_6]^{2+} > [Cr(en)_3]^{2+} > FeF_6^{3-}$

18.9 (a) 참, (b) 참, (c) 거짓, (d) 참

18.10 (a) 참, (b) 거짓, (c) 참, (d) 거짓, (e) 거짓, (f) 참

18.11 (a) 참, (b) 거짓, (c) 참

18.12 (a), (b), (c)

18.13 두 착이온 모두 (가)에 해당한다.

18.14

(a)

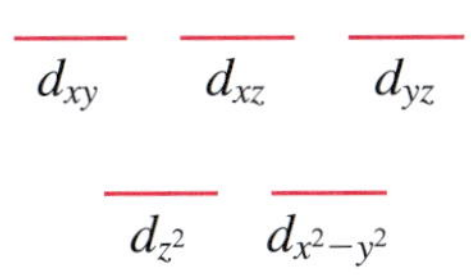

(b)

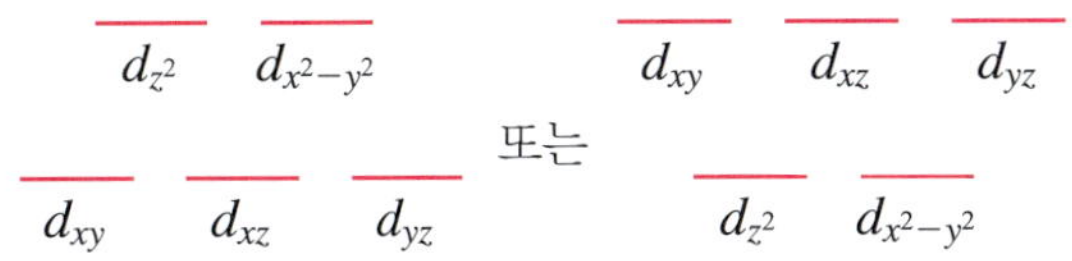

(c)

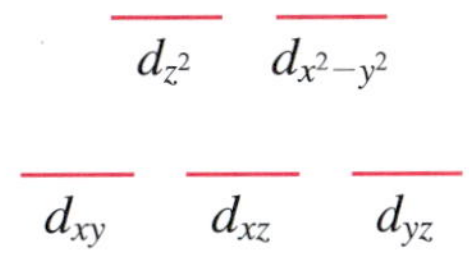

18.15 홀전자 수는 (a) 0개, (b) 2개, (c) 2개이다.

18.16 $Co(CN)_6^{3-} > Co(en)_3^{3+} > Co(H_2O)_6^{3+} > CoI_6^{3-}$

18.17 (a) $Cr(NH_3)_6^{3+}$
(b) $Cr(H_2O)_4Cl_2^{+}$
(c) $Cr(H_2O)_6^{3+}$

18.18 Ti^{3+}, V^{3+}는 달리 Sc^{3+} 금속 이온으로 만들어진 착이온이 특정 파장의 빛을 흡수하는 것이 불가능하기 때문에 색깔을 띠는 것이 불가능하다.

18.19 홀전자는 5개이다.

18.20 (a) 거울상 이성질체
(b)

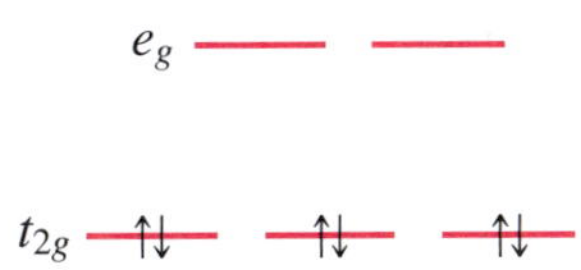

18.21

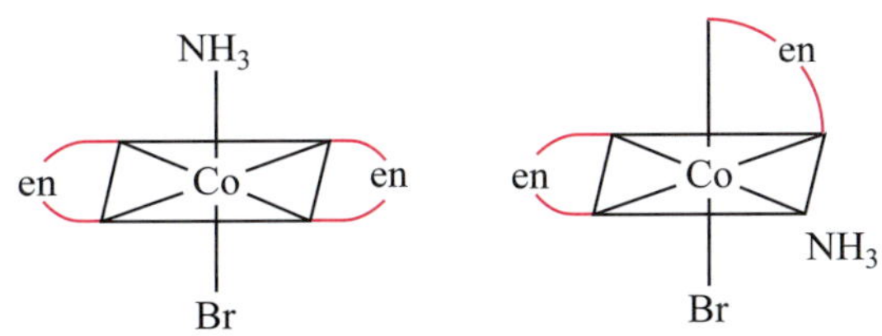

트랜스 시스

18.22

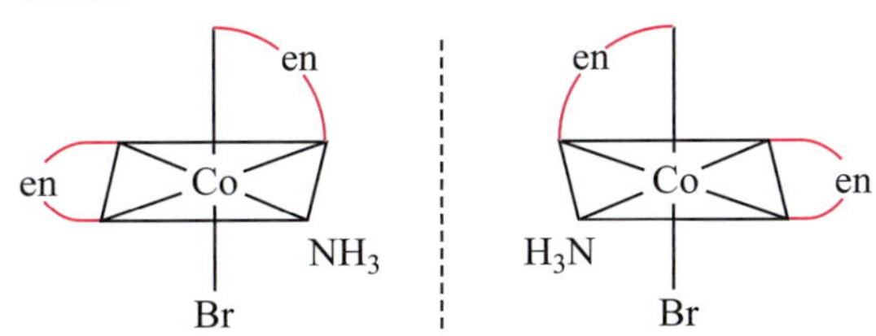

18.23 *d* 오비탈

18.24 고립 전자쌍

18.25 홀전자

19장

19.1 ${}^{237}_{93}\text{Np} \longrightarrow {}^{4}_{2}\text{He} + {}^{233}_{91}\text{Pa}$

19.2 m(1.00년) = (5.0 g) × e⁻(0.0564 × 1.00) ≈ 4.73 g

***정답:** 약 4.73 g

19.3 1) 비율 계산

$$\frac{A}{A_0} = \frac{7.90\times10^3}{1.84\times10^4} = 0.42935$$

따라서

$$\frac{A_0}{A} = 2.329\ (= 1/0.42935)$$

2) 붕괴 상수

$$\lambda = \frac{\ln 2}{T_{1/2}} = \frac{0.693147}{5.73\times10^3\,\text{yr}} = 1.209\times10^{-4}\ \text{yr}^{-1}$$

3) 나이 t

$$t = \frac{1}{\lambda}\ln\left(\frac{A_0}{A}\right) = \frac{1}{1.209\times10^{-4}}\ln(2.329)$$

$$\approx 6.99\times10^3\ \text{yr}$$

또는 반감기 식을 바로 쓰면

$$t = T_{1/2}\log_2\left(\frac{A_0}{A}\right) = 5730\times\log_2(2.329)$$

$$\approx 6.99\times10^3\ \text{yr}$$

***정답:** 약 6,990년

19.4 1) 주어진 값

$T_{1/2} = 5730$ yr

현대 시료(금방 벌목한 나무)의 활성:

$A_0 = 13.6\ \text{min}^{-1}\ \text{g}^{-1}$

유적지 숯의 활성: $A = 3.1\ \text{min}^{-1}\ \text{g}^{-1}$

2) 기본식

동일 질량, 동일 조건이면 활성은 남아 있는 ^{14}C의 원자수에 비례한다.

$$\frac{A}{A_0} = e^{-\lambda t},\quad \lambda = \frac{\ln 2}{T_{1/2}}$$

따라서

$$t = \frac{1}{\lambda}\ln\left(\frac{A_0}{A}\right) = T_{1/2}\log_2\left(\frac{A_0}{A}\right)$$

3) 비율 계산

$$\frac{A_0}{A} = \frac{13.6}{3.1} = 4.3871$$

4) 나이 계산

$$t = 5730\times\log2(4.3871) = 5730\times\frac{\ln 4.3871}{\ln 2}$$

$$\approx 5730\times2.132 \approx 1.22\times10^4\ \text{yr}$$

***정답:** 약 12,200년

19.5 1) 질량 결손(Δm) 계산

(양성자 6개 + 중성자 6개 질량) − (실제 원자핵 질량) ≈ 1.6428×10^{-28} kg

2) 결합 에너지(E) 계산

아인슈타인의 질량-에너지 등가 원리($E = \Delta mc^2$)를 이용해 원자핵 1개당 에너지를 구한다.

3) 몰당 에너지 계산: 원자핵 1개당 에너지에 아보가드로 수를 곱하여 계산한다.

***정답:** 약 8.90×10^9 kJ/mol

19.6 핵반응식

${}^{1}_{0}n + {}^{235}_{92}\text{U} \longrightarrow {}^{144}_{58}\text{Ce} + {}^{90}_{38}\text{Sr} + x({}^{1}_{0}n) + y({}^{\ 0}_{-1}e)$

에서 질량수와 원자 번호의 합을 균형 맞춘다.

질량수(A) 균형: $1 + 235 = 144 + 90 + x$

$\therefore x = 2$

원자 번호(Z) 균형: $92 = 58 + 38 - y$

$\therefore y = 4$

***정답:** 중성자 2개, 전자 4개

19.7 양전자를 방출하는 핵은 안정도 띠의 아랫부분에 위치한다. 양전자 방출 가능성이 높은 핵종은 질소-14, 탄소-11, 산소-15이다.

${}^{13}_{7}\text{N} \longrightarrow {}^{13}_{6}\text{C} + {}^{\ 0}_{+1}\beta$

${}^{11}_{6}\text{C} \longrightarrow {}^{11}_{5}\text{B} + {}^{\ 0}_{+1}\beta$

${}^{15}_{8}\text{O} \longrightarrow {}^{15}_{7}\text{N} + {}^{\ 0}_{+1}\beta$

19.8 (a)와 (c)

19.9 1) 질량 결손(Δm) 계산

^{24}Mg 원자는 양성자 12개, 중성자 12개, 전자 12개로 구성된다.

구성 입자 총질량

= (12 × 1.00728 amu) = (12 × 1.00866 amu)

= (12 × 5.486 × 10^{-4} amu) = 24.19786 amu

Δm = (구성 입자 총질량) − (실제 원자 질량)

= 24.19786 amu − 23.9850 amu = 0.21286 amu

2) 결합 에너지(E_b) 계산

질량 결손을 kg로 변환하면 다음과 같다.

0.21286 amu × (1.66054 × 10^{-27} kg/amu)

≈ 3.5343 × 10^{-28} kg

아인슈타인의 질량-에너지 등가 원리에 의해 원자 1개당 에너지를 구한다.

$E_b = (3.5346 \times 10^{-28}\ \text{kg}) \times (2.9979 \times 10^8\ \text{m/s})^2 \approx 3.1767 \times 10^{-11}\ \text{J}$

1몰당 에너지를 구하기 위해 아보가드로 수를 곱한다.

$E = (3.1767 \times 10^{-11}\ \text{J/atom}) \times (6.022 \times 10^{23}\ \text{atoms/mol}) \approx 1.91 \times 10^{13}\ \text{J/mol}$

***정답:** 1.91 × 10^{13} J/mol

19.10 1) 단위 변환

활동도(A)와 반감기($T_{1/2}$)를 SI 단위계(Bq, 초)로 통일한다.

$A = 2.9 \times 10^4$ dpm ≈ 483.3 Bq

$T_{1/2} = 1.3 \times 10^9$년 ≈ 4.10 × 10^{16}초

2) 붕괴 상수(λ) 계산

$$\lambda = \frac{\ln 2}{T_{1/2}} = \frac{0.693}{4.10 \times 10^{16}\ \text{s}} \approx 1.69 \times 10^{-17}\ \text{s}^{-1}$$

3) 시료 내 원자 수(N) 계산

$$N = \frac{A}{\lambda} = \frac{483.3\ \text{s}^{-1}}{1.69 \times 10^{-17}\ \text{s}^{-1}} \approx 2.86 \times 10^{19}\text{개의 원자}$$

4) 몰질량(M) 계산

$$M = \frac{\text{질량} \times \text{아보가드로 수}}{\text{원자 수}}$$

$$= \frac{(0.0100\ \text{g}) \times (6.022 \times 10^{23}\ \text{mol}^{-1})}{2.86 \times 10^{19}} \approx 210\ \text{g/mol}$$

***정답:** 210 g/mol

19.11 (a) A: $^{241}_{94}$PU, B: $^{241}_{95}$Am, C: $^{237}_{93}$Np, D: $^{233}_{91}$Pa, E: $^{233}_{92}$U

(b) ① $^{1}_{0}$n, ② $^{4}_{2}\alpha$, ③ $^{4}_{2}\alpha$, ④ $^{1}_{0}$n

19.12 (a) $^{257}_{63}$En

(b) 3 $^{1}_{0}$n

19.13 (a) $^{231}_{90}\text{Th} \longrightarrow {}^{233}_{91}\text{Pa} + {}^{0}_{-1}\text{e}$

(b) $^{201}_{80}\text{Hg} \longrightarrow {}^{0}_{-1}\text{e} + {}^{201}_{79}\text{Au}$

19.14 1) 질량 결손(Δm) 계산

반응 전 질량:

239.0516 amu + 1.00867 amu = 240.06027 amu

반응 후 질량:

145.93022 amu + 90.91020 amu + (3 × 1.00867 amu)

= 239.86643 amu

반응 전 질량 − 반응 후 질량 = 0.19384 amu

2) 방출 에너지 계산

질량 결손을 kg로 변환하면 다음과 같다.

0.19384 amu × (1.66054 × 10^{-27} kg/amu)

≈ 3.2188 × 10^{-28} kg

아인슈타인의 질량-에너지 등가 원리에 의해 원자 1개당 방출 에너지를 구한다.

$E = (3.2188 \times 10^{-28}\ \text{kg}) \times (2.9979 \times 10^8\ \text{m/s})^2 \approx 2.8929 \times 10^{-11}\ \text{J}$

1몰당 에너지를 구하기 위해 아보가드로 수를 곱한다.

$E = (2.8929 \times 10^{-11}\ \text{J/atom}) \times (6.022 \times 10^{23}\ \text{atoms/mol}) \approx 1.742 \times 10^{10}\ \text{J/mol}$

***정답:** 1.74 × 10^{10} kJ/mol

19.15 1) 필요한 Pu의 몰수 계산

문제 19.14에서 1몰의 Pu는 1.74 × 10^{10} kJ의 에너지를 방출한다.

$$\text{필요한 몰수} = \frac{\text{필요한 에너지}}{\text{몰당 방출 에너지}} = \frac{1230\ \text{kJ}}{1.74 \times 10^{10}\ \text{kJ/mol}} \approx 7.07 \times 10^{-8}\ \text{mol}$$

2) 질량 계산

Pu의 몰질량은 약 239.05 g/mol이다.

질량 = 몰수 × 몰질량

= (7.07 × 10^{-8} mol) × (239.05 g/mol)

≈ 1.69 × 10^{-5} g

***정답:** 1.69 × 10^{-5} g

19.16 에너지(J) 변환: $E = 1.4040 \times 10^{27}\ \text{kJ} = 1.4040 \times 10^{30}\ \text{J}$

질량 결손 계산($\Delta m = E/c^2$)

$$\Delta m = \frac{1.4040 \times 10^{30}\ \text{J}}{(2.9979 \times 10^8\ \text{m/s})^2} \approx 1.56 \times 10^{13}\ \text{kg}$$

***정답:** 1.56 × 10^{13} kg

19.17 1) 초기 ^{238}U의 양 계산

현재 남아 있는 납(^{206}Pb)은 모두 ^{238}U이 붕괴하여 생성된 것이므로, 이를 역산하여 원래 존재했던 ^{238}U의 양을 구한다.

생성된 ^{206}Pb의 몰수

$$= \frac{1.63\ \text{mg}}{206\ \text{g/mol}} = \frac{0.00163}{206\ \text{g/mol}} \approx 7.91 \times 10^{-6}\ \text{mol}$$

이는 붕괴된 ^{238}U의 몰수와 같다.

붕괴된 ^{238}U의 질량

= (7.91 × 10^{-6} mol) × (238 g/mol) ≈ 0.00188 g

= 1.88 mg

초기 ^{238}U의 질량(N_0)
= (현재 U 질량) + (붕괴된 U 질량)
= 5.51 mg + 1.88 mg = 7.39 mg

2) 나이(t) 계산
1차 반응 속도 법칙을 이용하여 나이를 계산한다.
현재 ^{238}U의 질량(N_t)은 5.51 mg, 반감기($T_{1/2}$)는 4.5 × 10^{9}년이므로

$$t = \frac{T_{1/2}}{\ln(2)} \ln\left(\frac{N_0}{N_t}\right) = \frac{4.5 \times 10^9\text{년}}{0.693} \ln\left(\frac{7.39\text{ mg}}{5.51\text{ mg}}\right)$$

$\approx (6.49 \times 10^9) \times \ln(1.341) \approx (6.49 \times 10^9) \times 0.293$
$\approx 1.91 \times 10^9$년

***정답:** 1.91×10^9년

19.18 $^{238}_{94}\text{PU} \longrightarrow {}^{234}_{92}\text{U} + {}^{4}_{2}\alpha$

19.19 8.34×10^{-3}년$^{-1}$

19.20 약 193년

19.21 (a) (순서대로) ^{228}Ra, ^{228}Ac
(b) (순서대로) ^{237}Np, ^{233}U, ^{229}Th

19.22 ^{238}U : ^{206}Pb = 43 : 1

19.23 (순서대로) 핵분열, 핵융합

19.24 양전자

19.25 양성자, 중성자

20장

20.1

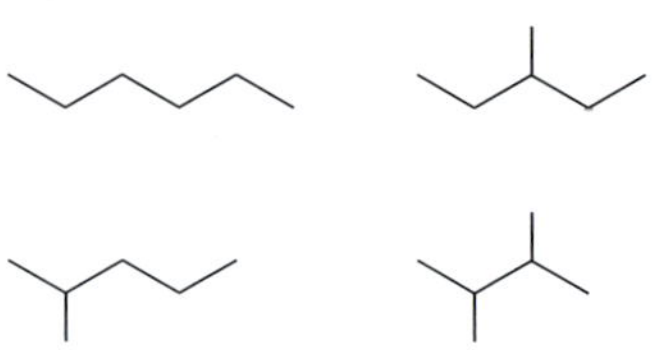

20.2 (a) 알케인, (b) 알켄, (c) 알카인, (d) 알켄, (e) 알케인 (f) 알케인, (g) 알켄, (h) 알카인

20.3 (a) 케톤기: 두 개, 아민기: 네 개
(b) 알코올기: 네 개, 케톤기: 한 개, 에터기: 한 개
(c) 아민기: 두 개, 카복실기: 한 개, 케톤기: 한 개
(d) 알코올기: 두 개, 카복실기: 두 개

20.4 (a) $CH_3(CH_3)_2CH_2CH_2CHCHCH_3$, C_8H_{18}
(b) $CH_2C(CH_3)CHCH_2$, C_5H_8
(c) C_6H_6, C_6H_6

20.5 (a) 2차 아민
(b) 3차 아민
(c) 1차 아민
(d) 3차 아민

20.6 (a) 2차 알코올
(b) 1차 알코올
(c) 3차 알코올
(d) 2차 알코올

20.7 (a) (다)
(b) (가)
(c) (라)
(d) 보기 중에 없음

20.8 (a) 에스터기 1개
(b) 알코올기 1개
(c) 아마이드기 1개

20.9 가지가 있는 알케인에 비해 가지가 없는 사슬형 알케인은 전자의 쏠림 현상에 의해 발생하는 분자 내 (+)극과 (−)극의 편극 현상이 보다 뚜렷하게 발생하여 결과적으로 분산력이 강해진다. 분산력이 강할수록 분자간 인력이 강하여 녹는점과 끓는점이 높아진다.

20.10 (a), (b), (c)

20.11 최고 끓는점: 사이클로헵테인, 최저 끓는점: 사이클로프로페인

20.12

(a)

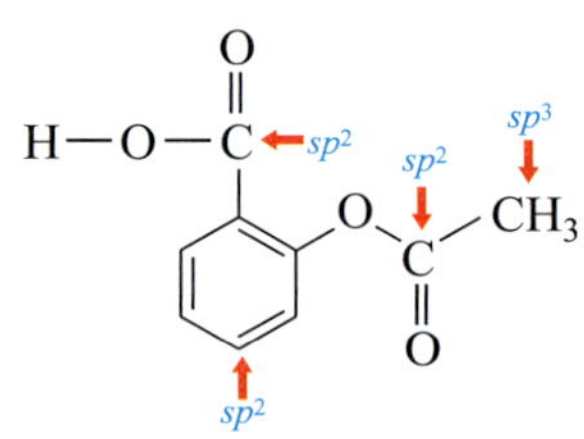

(b)

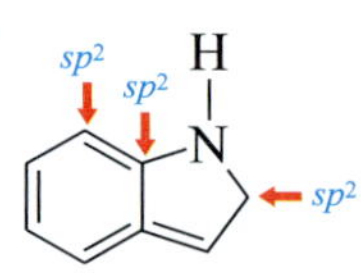

20.13

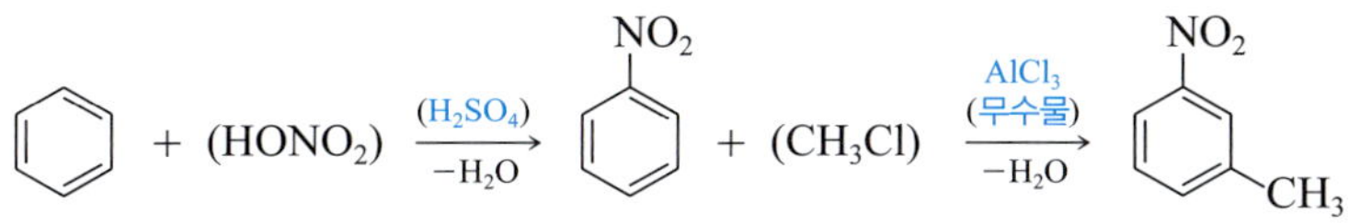

20.14

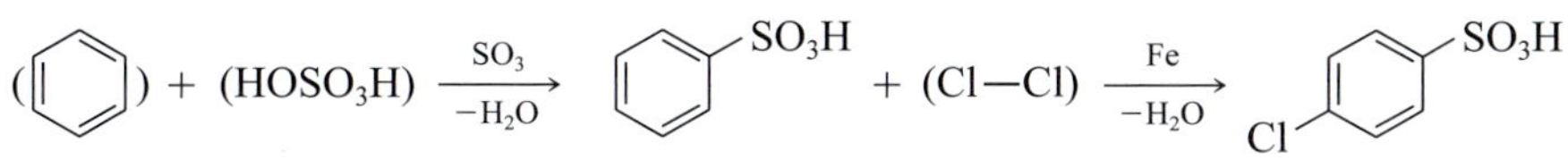

20.15

(a) 에스터기

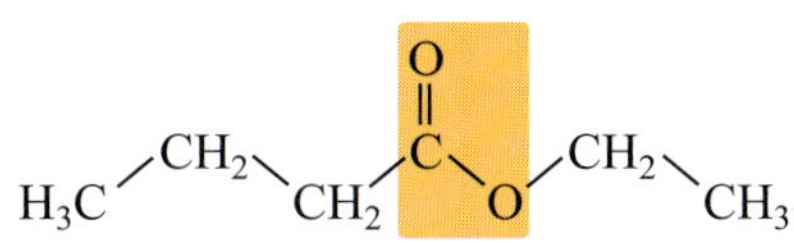

(b) 카복실기, 에스터기

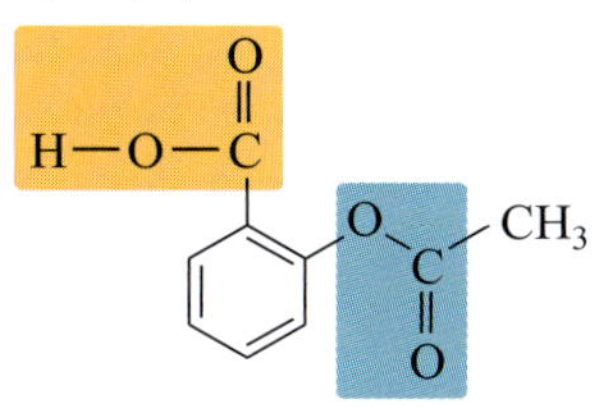

(c) 카복실기, 알코올기

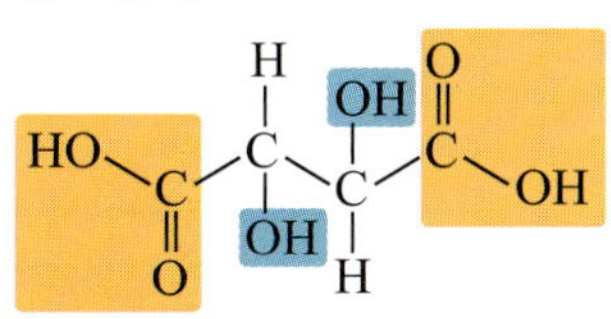

(d) 싸이올기

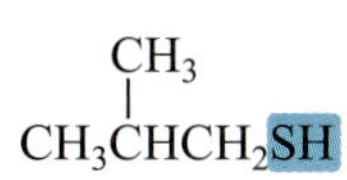

20.16 모든 아미노산이 카복실기가 있다.

20.17 시스테인, 아스파라진, 타이로신, 트레오닌

20.18 시스테인

20.19 타이로신, 트립토판, 페닐알라닌

20.20 알지닌, 트립토판

20.21 (순서대로) *sp*, 180

20.22 (두 칸 모두 공통적으로) 벤젠

20.23 109.5

20.24 구조

20.25 카보닐

찾아보기

ㅇ

ㅈ

ㅎ

저자 및 감수진 소개

강효찬　대구보건대학교 임상병리학과 교수
권성학　한경국립대학교 브라이트칼리지 교수
박경호　한양대학교 창의융합교육원 교수
민길식　경북대학교 화학교육과 교수
유규선　전주대학교 토목환경공학과 교수
이동기　세종대학교 나노신소재공학과 교수
이택호　부산대학교 화학교육과 교수
정윤성　한국공학대학교 생명화학공학과 교수
제재영　국립부경대학교 휴먼바이오융합전공 교수
최용화　경북대학교 식물자원학과 교수

Helle Visdom 일반화학

저　자　정윤성
감　수　강효찬 · 권성학 · 박경호 · 민길식 · 유규선 · 이동기 · 이택호 · 제재영 · 최용화
발 행 인　김지영
발 행 처　자유아카데미
주　소　경기도 파주시 회동길 37-42
　　　　파주출판도시
전　화　031-955-1321
팩　스　031-955-1322
홈페이지　www.freeaca.com
전자우편　main@freeaca.com (대표)
　　　　editor@freeaca.com (편집)
　　　　crm@freeaca.com (영업)
등　록　제406-2003-017호, 1980. 7. 12.
제1판1쇄　2026년 1월 5일 발행

ISBN 979-11-5808-782-1　93430

118가지 원소

원소	원소 기호	원자 번호	상대적 원자량	원소	원소 기호	원자 번호	상대적 원자량
Actinium	Ac	89	(227)	Mendelevium	Md	101	(258)
Aluminum	Al	13	26.98	Mercury	Hg	80	200.6
Americium	Am	95	(243)	Molybdenum	Mo	42	95.95
Antimony	Sb	51	121.8	Moscovium	Mc	115	(288)
Argon	Ar	18	39.95	Neodymium	Nd	60	144.2
Arsenic	As	33	74.92	Neon	Ne	10	20.18
Astatine	At	85	(210)	Neptunium	Np	93	(237)
Barium	Ba	56	137.3	Nickel	Ni	28	58.69
Berkelium	Bk	97	(247)	Nihonium	Nh	113**	(284)
Beryllium	Be	4	9.012	Niobium	Nb	41	92.91
Bismuth	Bi	83	209.0	Nitrogen	N	7	14.01
Bohrium	Bh	107	(270)	Nobelium	No	102	(259)
Boron	B	5	10.81	Oganesson	Og	118	(294)
Bromine	Br	35	79.90	Osmium	Os	76	190.2
Cadmium	Cd	48	112.4	Oxygen	O	8	16.00
Calcium	Ca	20	40.08	Palladium	Pd	46	106.4
Californium	Cf	98	(251)	Phosphorus	P	15	30.97
Carbon	C	6	12.01	Platinum	Pt	78	195.1
Cerium	Ce	58	140.1	Plutonium	Pu	94	(244)
Cesium	Cs	55	132.9	Polonium	Po	84	(209)
Chlorine	Cl	17	35.45	Potassium	K	19	39.10
Chromium	Cr	24	52.00	Praseodymium	Pr	59	140.9
Cobalt	Co	27	58.93	Promethium	Pm	61	(145)
Copernicium	Cn	112	(285)	Protactinium	Pa	91	(231.0)
Copper	Cu	29	63.55	Radium	Ra	88	(226)
Curium	Cm	96	(247)	Radon	Rn	86	(222)
Darmstadtium	Ds	110	(281)	Rhenium	Re	75	186.2
Dubnium	Db	105	(268)	Rhodium	Rh	45	102.9
Dysprosium	Dy	66	162.5	Roentgenium	Rg	111	(280)
Einsteinium	Es	99	(252)	Rubidium	Rb	37	85.47
Erbium	Er	68	167.3	Ruthenium	Ru	44	101.1
Europium	Eu	63	152.0	Rutherfordium	Rf	104	(265)
Fermium	Fm	100	(257)	Samarium	Sm	62	150.4
Flerovium	Fl	114	(289)	Scandium	Sc	21	44.96
Fluorine	F	9	19.00	Seaborgium	Sg	106	(271)
Francium	Fr	87	(223)	Selenium	Se	34	78.97
Gadolinium	Gd	64	157.3	Silicon	Si	14	28.09
Gallium	Ga	31	69.72	Silver	Ag	47	107.9
Germanium	Ge	32	72.63	Sodium	Na	11	22.99
Gold	Au	79	197.0	Strontium	Sr	38	87.62
Hafnium	Hf	72	178.5	Sulfur	S	16	32.06
Hassium	Hs	108	(277)	Tantalum	Ta	73	180.9
Helium	He	2	4.003	Technetium	Tc	43	(98)
Holmium	Ho	67	164.9	Tellurium	Te	52	127.6
Hydrogen	H	1	1.008	Tennessine	Ts	117	(294)
Indium	In	49	114.8	Terbium	Tb	65	158.9
Iodine	I	53	126.9	Thallium	Tl	81	204.4
Iridium	Ir	77	192.2	Thorium	Th	90	232.0
Iron	Fe	26	55.85	Thulium	Tm	69	168.9
Krypton	Kr	36	83.80	Tin	Sn	50	118.7
Lanthanum	La	57	138.9	Titanium	Ti	22	47.87
Lawrencium	Lr	103	(262)	Tungsten	W	74	183.8
Lead	Pb	82	207.2	Uranium	U	92	238.0
Lithium	Li	3	6.94	Vanadium	V	23	50.94
Livermorium	Lv	116	(293)	Xenon	Xe	54	131.3
Lutetium	Lu	71	175.0	Ytterbium	Yb	70	173.1
Magnesium	Mg	12	24.31	Yttrium	Y	39	88.91
Manganese	Mn	25	54.94	Zinc	Zn	30	65.38
Meitnerium	Mt	109	(276)	Zirconium	Zr	40	91.22